Die chemische Betriebskontrolle in der Zellstoff- und Papier-Industrie

und anderen Zellstoff verarbeitenden Industrien

Von

Dr. phil. **Carl G. Schwalbe**
Professor der Chemie und Vorsteher des Holzforschungs-Institutes der Forstl. Hochschule Eberswalde

und

Dr.-Ing. **Rudolf Sieber**
Direktor der Holzzellstoffabrik Gröditz bei Riesa a. Elbe der Firma Kübler & Niethammer

Dritte, vollständig umgearbeitete Auflage

Mit 71 Textabbildungen

Berlin
Verlag von Julius Springer
1931

ISBN-13: 978-3-642-89455-8 e-ISBN-13: 978-3-642-91311-2
DOI: 10.1007/978-3-642-91311-2

**Alle Rechte, insbesondere das der Übersetzung in fremde Sprachen, vorbehalten.
Copyright 1931 by Julius Springer in Berlin.**

Softcover reprint of the hardcover 3rd edition 1931

Vorwort zur dritten Auflage.

Eine Sammlung der wichtigsten chemischen Untersuchungsmethoden der Zellstoff erzeugenden oder verarbeitenden Industrien sollte das vorliegende, 1919 zuerst erschienene Werk darstellen. Es erschien zweckmäßig, nicht nur erprobte Methoden der Betriebskontrolle zu bringen, sondern auch neue Vorschläge zu ihrer Verbesserung. Es ist bei dem gegenwärtigen, teilweise noch recht problematischen und primitiven Zustande der Methodik kaum möglich, in vielen Fällen mit Bestimmtheit zu behaupten, eine gewisse Methode sei die beste. Der in Frage kommende Methodenschatz ist noch lange nicht so gut durchgearbeitet wie z. B. derjenige der anorganischen Großindustrie.

Bezüglich des Umfanges dieser Methodensammlung ist festzustellen, daß in erster Linie die Bedürfnisse der Zellstoff- und Papierfabriken berücksichtigt wurden. Da aber noch zahlreiche andere Industrien Zellstoff in steigendem Maße verarbeiten, wie z. B. die Sprengstoff-, Zelluloid-, Kunstseide-Industrien u. a. m., schien auch die Aufnahme derjenigen Sondermethoden zweckmäßig, die im Arbeitsbereich der Zellstoff verarbeitenden Industrien den Zellstoff selbst betreffen. Die Abgrenzung wurde in der Weise gezogen, daß alle Untersuchungsmethoden ausgeschaltet wurden, die sich nicht auf das Ausgangsmaterial Zellstoff, sondern auf die Fertigerzeugnisse der jeweiligen Industrie beziehen.

Auf einigermaßen vollständige Wiedergabe der Untersuchungsmethoden für den Kesselhausbetrieb — im ersten Kapitel des Buches — wurde absichtlich verzichtet. Die Kontrollmethoden für den Kesselhausbetrieb, also die Untersuchungsmethoden für Wasser, Kohle, Schmiermittel sind in vielen Werken eingehend bzw. erschöpfend dargestellt. Es ist nicht beabsichtigt, mit diesen Sonderwerken in Wettbewerb zu treten. Es sollte hier nur das Notwendige gegeben werden. Man wollte dazu beitragen, daß der Kontrolle des Kesselhausbetriebes in jeder Fabrik, die überhaupt eine Dampferzeugungsstätte besitzt, die erforderliche Beachtung geschenkt wird.

Im Winter 1920/21 war die erste Auflage vergriffen. Die zweite Auflage ist 1922 erschienen. Die Fertigstellung der dritten Auflage hat sich leider sowohl durch die starke dienstliche Behinderung des einen von uns (Schwalbe), als auch durch die überraschend große Fülle des zu bewältigenden Materials sehr verzögert. Insbesondere sind auf dem Gebiete der Faserstoffanalyse entsprechend dem großen Interesse, welches die Zelluloseforschung in den letzten 10 Jahren gefunden hat, äußerst zahlreiche Arbeiten erschienen. Es war deshalb notwendig, in der dritten Auflage die einschlägigen Abschnitte einer vollständigen Neubearbeitung zu unterziehen. Das Kapitel VI der zweiten Auflage wurde in zwei neue zerteilt: „Untersuchung der Halbstoffe“ und „Untersuchung der gebleichten Zellstoffe“. Logischerweise mußte das Kapitel V „Bleiche“ der zweiten Auflage zwischen diese beiden eingeschaltet werden. Die überragende Bedeutung der Holzzellstoffe machte es wünschenswert, diese Abschnitte weiterhin zu unterteilen und den Holzzellstoffen die Bast- und Baumwollzellstoffe gegenüberzustellen, um größere Übersichtlichkeit und leichteres Auffinden gewünschter Untersuchungsmethoden zu erreichen.

Auch die Betriebskontrolle im Kesselhaus, in den Natron-, Sulfitzellstoff- und Papierfabriken hat während des letzten Jahrzehnts so erhebliche Fortschritte gemacht, daß eine gründliche Umarbeitung der betreffenden Abschnitte erforderlich wurde. Bei der schon erwähnten Fülle des zu bewältigenden Materials mußte für die dritte Auflage eine straffere Arbeitsteilung durchgeführt werden. Es sind deshalb die Abschnitte über Kesselhaus, Zellstoff- und Papierfabrikation und Abwasser von R. Sieber bearbeitet und verantwortlich gezeichnet worden, während die Abschnitte „Rohfaserstoffe“, „Halbstoffe“, „Bleiche“ und „gebleichte Zellstoffe“ von C. Schwalbe redigiert worden sind. Doch haben sich die Verfasser gegenseitig ihre sorgfältig geführten Zettelkataloge für das Gesamtgebiet der Betriebskontrolle zugänglich gemacht und bezüglich der Stoffanordnung und Auswahl in regem Gedankenaustausch gestanden.

Während der Drucklegung sind zahlreiche Aufsätze erschienen, deren Berücksichtigung wünschenswert gewesen wäre. Nach Möglichkeit wurden die betreffenden Literaturstellen noch in die Fußnoten des umbrochenen Satzes eingefügt, so daß die Literatur des ersten Halbjahres 1931 zu einem erheblichen Teile doch wenigstens in der Form des Zitats angegeben worden ist.

Sehr erfreulich ist es, daß bei der neuen Auflage die einschlägigen Industrien ihr Interesse an der Betriebskontrolle durch Zuweisung von Analysenvorschriften bekundet haben, wodurch nun endlich ein im Vorwort zu den früheren Auflagen geäußerter Wunsch der Verfasser in Erfüllung gegangen ist. Diese Materialzuwendungen sind im Text des Buches ihrer Herkunft nach natürlich genau gekennzeichnet. An dieser Stelle sei nochmals allen Firmen, die sich kritisch oder ergänzend an dem Zustandekommen der neuen Auflage beteiligten, unser verbindlichster Dank ausgesprochen.

Eberswalde und Gröditz bei Riesa, Juli 1931.

Carl G. Schwalbe. R. Sieber.

Inhaltsverzeichnis.

I. Die chemische Betriebskontrolle in Kesselhaus und Kraftanlage.

Von Rudolf Sieber.

IX. Die Untersuchung von Abwässern. Von Rudolf Sieber.

X. Anhang.

I. Die chemische Betriebskontrolle in Kesselhaus und Kraftanlage.

Von **Rudolf Sieber.**

Die Untersuchung des Kesselspeisewassers und des Fabrikationswassers.

Allgemeines. Für jede Fabrik, die eine Dampfkesselanlage zur Krafterzeugung besitzt, ist reines Wasser ein wichtiges Erfordernis. Für Zellstoff- und Papierfabriken, die außerdem einen sehr hohen Verbrauch an Fabrikationswasser haben, ist sein Reinheitsgrad von ganz besonderer Bedeutung.

Das natürliche Wasser, sei es Quell-, Grund- oder Flußwasser, enthält neben mechanischen Verunreinigungen anorganischer und organischer Natur gewisse Mengen von Salzen gelöst. Vorzugsweise sind es die Bikarbonate, Sulfate und Chloride des Kalziums und Magnesiums, die den Mineralstoffgehalt der natürlichen Wässer bedingen. Enthält ein Wasser viele derartige Stoffe, so wird es als „hart" bezeichnet; ist es arm an Salzen, so liegt ein „weiches" Wasser vor. Außer Salzen kommen ferner im Wasser auch freie Säuren und gelöste Gase vor.

Die „Härte" eines Wassers wird also durch die gelösten Mineralstoffe bedingt. Die Bikarbonate verursachen die sogenannte „vorübergehende" oder „temporäre" Härte. Wird nämlich kalziumbikarbonathaltiges Wasser aufgekocht, so schwindet mit dem Entweichen von Kohlendioxyd die Löslichkeit des dabei entstehenden Kalziumkarbonates, damit aber zugleich ein Teil der Härte. Die verbleibende „permanente" oder „bleibende" Härte oder „Resthärte", auch „Nichtkarbonathärte" genannt, rührt von den oben schon erwähnten Sulfaten oder Chloriden sowie Silikaten und auch Nitraten des Kalziums oder Magnesiums her. Weil meist Kalziumsulfat der Urheber der bleibenden Härte ist, spricht man wohl auch von „Gipshärte", während man die vorübergehende Härte, weil von Karbonaten herrührend, als „Karbonathärte" bezeichnet. Ganz scharf sind diese Bezeichnungen nicht. Man erhält nämlich verschiedene Werte, wenn man die Karbonathärte durch Aufkochen des Wassers und Abfiltrieren der nicht völlig ausgeschiedenen Karbonate oder durch direkte Titration dieser mit Säure bestimmt. Weiter ist leicht einzusehen, daß eine bleibende Härte größer als die Gipshärte ist, sie besteht aus dieser, vermehrt um einen wechselnden Anteil an gelösten Magnesiumsalzen.

Die Härte eines Wassers wird in Graden ausgedrückt. In Deutschland zeigt 1° deutsche Härte an, daß in 100000 Gewichtsteilen Wasser ein Gewichtsteil Kalziumoxyd, also Ätzkalk oder die äquivalente Menge Magnesium, gebunden an Kohlensäure, Schwefelsäure, Salpetersäure oder Salzsäure, vorhanden ist; im Liter derartigen Wassers ist also 1 cg CaO (0,01 g) vorhanden.

In Frankreich beziehen sich die Härtegrade auf Gewichtsteile Kalziumkarbonat in 100000 Gewichtsteilen Wasser. In England beziehen sich die Gewichtsteile Kalziumkarbonat auf 70000 Teile Wasser, weil ein „grain" Kalziumkarbonat auf eine Gallone kommt, nämlich 0,0648 g auf 4,543 l. Die verschiedenen Härtegrade verhalten sich demnach wie 1 (deutsche Härte) zu 1,79 (französische Härte) zu 1,25 (englische Härte).

Ein Wasser wird als weich bezeichnet, wenn es nicht mehr als 8° deutsche Härte aufweist. Ein Wasser von 8—16° gilt als mittelhart, ein solches von über 16° als hart. Die Härtegrade als solche geben allein noch kein eindeutiges Bild über die Verwendbarkeit eines Wassers im Kesselbetrieb. Von maßgebendem Einfluß ist nämlich auch die Art der vorhandenen Härtebildner. So sind die Karbonate von Kalzium und Magnesium viel weniger gefährlich als die entsprechenden Sulfate und Silikate. Diese geben harten, schwer zu entfernenden Kesselstein, jene hingegen nur schlammartige Ablagerungen.

Große Beachtung muß auch dem Gehalt des Rohwassers an gelösten Gasen und Säuren geschenkt werden, da solche häufig als Ursache für korrodierende Wirkungen an den Eisenteilen und den Metallarmaturen am Kessel selbst wie auch an den Rohrleitungen festgestellt worden sind.

Für das Fabrikationswasser der Zellstoff- und Papierfabriken ist Freiheit von mechanischen Verunreinigungen wesentlich; ebenso sind Färbung und Durchsichtigkeit von großem Einfluß. Trübes Wasser muß daher filtriert werden, gegebenenfalls nach erfolgter chemischer Vorbehandlung. Weiches Wasser ist im allgemeinen auch für die Fabrikation dem harten vorzuziehen und beispielsweise bei der Herstellung von Löschpapier unerläßliche Bedingung.

Von ausschlaggebender Bedeutung für die Herstellung hochweißer Halbstoffe und Papiere ist ferner der Eisengehalt des Fabrikationswassers. Es sollte möglichst frei hiervon sein.

Die Zusammensetzung des natürlichen Wassers ist sehr schwankend. Bei Flußwasser können heftige Regengüsse im oft weit entfernten Quellgebiet der Flüsse die physikalische und chemische Beschaffenheit erheblich ändern. Beim Grundwasser machen sich die Schwankungen des Grundwasserspiegels in der Zusammensetzung ebenfalls bemerkbar; auch der Einfluß der Jahreszeit ist unverkennbar.

Die im Wasser gelösten Stoffe sind von deutlichem Einfluß auf die Fabrikationsprozesse, insbesondere bei der Leimung und Mahlung der kolloiden Stoffasern. Der ständige Wechsel der Menge dieser gelösten Stoffe verlangt, um Störungen in der normalen Fabrikation und auch im Kesselhausbetrieb zu vermeiden, eine regelmäßige Überwachung des Rohwassers.

Die Bestimmung der Härte des Wassers.

Die Bestimmung der Härte des Wassers kann auf verschiedene Weise erfolgen. Für weniger scharfe Anforderungen genügen die älteren Verfahren von Clark oder von Boutron und Boudet. Diesen Methoden liegt die Tatsache zugrunde, daß sich das in Seifenlösungen enthaltene fettsaure Kalium mit den im Wasser gelösten Salzen der Erdalkalien und des Magnesiums umsetzt. Hierbei werden diese Metalle als unlösliche Salze der Fettsäuren abgeschieden, während die vorher mit ihnen verbundenen anorganischen Säuren lösliche Kaliumsalze bilden. Sobald diese Umsetzung beendet ist, gibt ein geringer Überschuß an Seifenlösung beim Schütteln der zu titrierenden Flüssigkeit einen längere Zeit nicht verschwindenden Schaum. Die beiden erwähnten Methoden werden wegen ihrer einfachen und raschen Durchführbarkeit häufig im Betrieb angewandt. Sie können auch von Ungeübten ausgeführt werden und sind daher zur laufenden Überwachung der Wasserreinigungsanlagen in den Kesselhäusern sehr geeignet. Hier sei die von Clark eingehender beschrieben.

Methode von Clark. Bei der Ausführung der Bestimmung verfährt man wie folgt. Man gibt eine abgemessene Wassermenge — bei weichen Wässern 100 cm^3, bei harten 50—25 cm^3, die man mit destilliertem Wasser auf 100 cm^3 verdünnt — in einen 200 cm^3 fassenden Stöpselzylinder. Zu dieser Wasserprobe läßt man aus einer Bürette die Seifenlösung in immer kleiner werdenden Proben fließen, indem man nach jedem Zusatz den verschlossenen Zylinder kräftig durchschüttelt. Der den Endpunkt der Titration anzeigende Schaum ist dicht und feinblasig, er soll mindestens 5 Minuten lang bestehen bleiben, ohne zu zerreißen. Die verbrauchten Mengen an Seifenlösung sind nicht proportional der Härte des Wassers; zur Ermittlung dieser Größe muß man sich empirischer Tabellen bedienen. Gewöhnlich wird die im Anhang abgedruckte, von Faißt und Knauß gegebene Zahlentafel 1 benutzt.

Es ist nach dieser Methode möglich, sowohl die gesamte als auch die permanente Härte zu ermitteln. Jene wird in der oben beschriebenen Weise im unbehandelten Wasser festgestellt, diese wird nach dem Kochen der Wasserprobe und Abfiltrieren des Niederschlages im Filtrat bestimmt.

Die Methode gibt nicht völlig genaue Werte. An und für sich ist das Verfahren nur dann brauchbar, wenn die Menge der Magnesia gegenüber dem Kalk gering ist. Übersteigt die Summe beider ein gewisses Maß — 12° Härte —, so hat eine entsprechende Verdünnung des Wassers zu erfolgen. Für gereinigte Wässer sind daher die Werte genauer als für rohe. Bei Gegenwart von viel Magnesiumsalzen hat es sich als zweckmäßig erwiesen, vor dem Schütteln einige Minuten zu warten, da Magnesiumsalze langsam reagieren. Stark eisenhaltige Wässer sollen bei der Clarkschen Methode falsche Zahlen geben. Weiter beeinträchtigen kolloide Stoffe nach J. D. Ruiys[1] die Genauigkeit der Methode, und die Werte fallen auch zu hoch aus bei der Gegenwart von organischer Substanz.

Herstellung und Einstellung der Seifenlösung. Die Herstellung der Seifenlösung geschah früher vielfach nach der von Clark gegebenen Vorschrift aus Bleipflaster und Kaliumkarbonat oder durch Auflösen einer bestimmten Menge käuflicher Kaliseife in Alkohol. Besonders die letzte Art der Darstellung wird umständlich durch den zu bestimmenden Wassergehalt der Seife. Viel einfacher ist folgende Herstellung der Seifenlösung: 10,08 g = 11,25 cm^3 Ölsäure, die in sehr reinem Zustande käuflich ist, werden in 500 cm^3 Alkohol gelöst. Die Lösung wird nach Zusatz von 1 cm^3 einer 0,5proz. Phenolphthaleinlösung mit 2,5 g chemisch reinem Ätzkali, welches in 100 cm^3 destilliertem Wasser und 100 cm^3 Alkohol gelöst wurde, versetzt. Zweckmäßig fügt man $^4/_5$ der Ätzkalilösung auf einmal zu, den Rest hingegen nur in kleinen Mengen bis zur Neutralisation der Oleinsäure. Beim Neutralisieren ist ein Schütteln der Lösung zu vermeiden, man rührt zweckmäßig nur mit einem Glasstab um. Durch weiteren Alkoholzusatz wird diese alkalische Lauge so weit verdünnt, daß 45 cm^3 100 cm^3 einer 12° harten Gips- (oder Bariumchlorid-) Lösung entsprechen.

Bei dieser Verdünnung ist es nach v. Cochenhausen[2] zweckmäßig, nicht verdünnten, sondern absoluten Alkohol zu verwenden. Es wird hierbei die hydrolytische Zersetzung der Kaliumoleatlösung durch Wasser etwas verhindert, die Schaumbildung ist schärfer zu erkennen, während gleichzeitig die Fehler der Methode verringert werden.

Zur Einstellung der Seifenlösung kann entweder eine Bariumchlorid- oder eine Gipslösung dienen. Die Bariumchloridlösung wird durch Auflösen von 0,523 g $BaCl_2 \cdot 2$ aq in 1 l destillertem Wasser erhalten. Da Bariumchlorid im Rohwasser nicht vorkommt, hat v. Cochen-

[1] Ruiys, J. D.: Über den störenden Einfluß von Kolloiden bei der Härtebestimmung von Wasser nach Clark. Chem. Weekbl. Bd. 11, S. 599. 1914; Wasser u. Abwasser Bd. 14, Nr. 6, S. 169. 1919. Siehe auch Ruiys: Wasser u. Abwasser Bd. 9, S. 342. 1915.

[2] v. Cochenhausen: Z. angew. Chem. Bd. 19, S. 2024. 1906.

hausen ein im Wasser enthaltenes Salz zur Titerstellung in Vorschlag gebracht, nämlich den Gips. Eine 12° harte Lösung dieses Salzes erzeugt man wie folgt. Bei Temperaturen von 0—30° enthält 1 l Kalkwasser 1,350—1,219 g CaO. Durch Titrieren mit $^n/_5$ Schwefelsäure (Methylorange-Indikator) läßt sich genau die gelöste Kalkmenge ermitteln. Bei dieser Bestimmung, die sehr rasch ausgeführt werden kann, erhält man eine vollkommen neutrale Gipslösung von bekanntem Gehalt, welche sich durch Verdünnen mit destilliertem Wasser auf 12° Härte (12 cg CaO im Liter) bringen läßt. Hat z. B. die Titration einer beliebigen Menge der klaren Kalkwasserlösung ihren Gehalt an CaO zu a g im Liter ergeben, so ist sie zu verdünnen auf $\frac{1000 \cdot a}{0{,}12}$ cm³. Mit der auf diese Weise ohne jede Wägung erhaltenen Titerlösung erfolgt die Einstellung der Seifenlösung in der gleichen Weise wie die Titration der Härte selbst. Man gibt 100 cm³ der Gipslösung in den Stöpselzylinder und titriert mit der Seifenlösung bis zum Verbleiben des Schaumes. Auf Grund dieser Bestimmung erfolgt dann die Verdünnung der Seifenlösung auf die oben angegebene Konzentration.

Methode nach Pfeiffer-Wartha-Lunge. a) Bestimmung der Alkalinität oder der vorübergehenden, temporären Härte. 100 cm³ Wasser werden kalt unter Verwendung von 1—2 Tropfen Methylorange (1 : 1000) als Indikator mit $^n/_{10}$ Salzsäure, bis zum Auftreten des ersten rötlichen Scheines titriert. Verwendet man Alizarin als Indikator, so ist kochend zu titrieren, bis die zwiebelrote Farbe in Gelb umschlägt und auch nach anhaltendem Kochen nicht wiederkehrt[1]. Es wird hierdurch die gebundene Kohlensäure, also die im Wasser durch Bikarbonate verursachte Härte (temporäre) bestimmt. Man erhält ihren Wert in deutschen Graden durch Multiplikation der verbrauchten Kubikzentimeter Salzsäure mit 2,8, da 1 cm³ $^n/_{10}$ Säure 2,8 mg CaO entspricht.

b) Gesamthärte. Man versetzt 100 cm³ der nach a titrierten Wasserprobe mit einem Überschuß einer Lösung, die für gewöhnliche Verhältnisse aus gleichen Teilen $^n/_{10}$ Natronlauge und Sodalösung besteht, und kocht die Mischung einige Minuten lang. Darauf spült man sie in einen Kolben von 200 cm³ Inhalt, läßt abkühlen und füllt bis zur Marke auf. Man filtriert nun durch ein trockenes Filter, verwirft die ersten Anteile des Filtrates und titriert in weiteren 100 cm³ das überschüssige Alkali mit $^n/_{10}$ Salzsäure unter Verwendung von Methylorange-Indikator. Aus der Zahl der insgesamt verbrauchten Kubikzentimeter Alkali (auf 200 cm³ des Filtrates bezogen) erhält man durch

[1] Nach Wartha, erwähnt bei Winkler: Z. angew. Chem. Bd. 29, S. 218. 1915, sieht man den Farbenumschlag äußerst scharf, wenn man das Titrieren in einer glänzenden Schale aus Platin oder Silber vornimmt.

Multiplikation mit 2,8 die Gesamthärte des Wassers. Die Differenz von Gesamt- und temporärer Härte ergibt die permanente Härte. Nach Winkler[1] soll man bei mäßig hartem Wasser von dem üblichen Laugengemisch 25 cm^3 anwenden, bei sehr hartem Wasser aber 50 cm^3.

Um bei dieser Bestimmung stets richtige Resultate zu erhalten, ist der Zusatz eines genügenden Überschusses — etwa dem der doppelten Wassermenge entsprechenden — von Soda-Natronlauge Bedingung. Ist im Wasser viel Magnesia enthalten, so muß der Gehalt an Natronlauge im Alkaligemisch erhöht werden. Bei unbekannten Wässern empfiehlt es sich aus diesem Grunde, stets zwei Bestimmungen mit verschiedenen Mengen an Soda und Natronlauge auszuführen, besonders dann, wenn man diese Bestimmungsmethode ausschließlich für die Ermittlung der Härte zugrunde legt. Es dürfte in diesem Falle auch zweckmäßig sein, die nach dem Zurücktitrieren verbleibenden Filtrate auf etwaigen Gehalt an Kalzium und Magnesium zu prüfen.

Es ist weiterhin zu beachten, daß bei der Titration stets die gleiche Menge von Methylorangelösung verwandt und immer auf den gleichen Farbton titriert wird. Bei gelblicher Eigenfarbe des zu untersuchenden Wassers begegnet daher die Durchführung dieser Methode nicht selten Schwierigkeiten.

Die Resultate der Bestimmung sind größtenteils etwas zu niedrig, doch haben neuerdings ausführliche Untersuchungen[2] gezeigt, daß dieser Fehler unter normalen Verhältnissen 0,1—0,5 Härtegrade nicht übersteigt und daß nur im Falle eines ungenügenden Überschusses an Lauge erhebliche Fehler auftreten.

Enthält das zu prüfende Wasser Eisen und Mangan, so ergibt die Methode infolge der Einwirkung dieser Salze auf das Alkaligemisch meistens etwas zu hohe Werte. Alkalikarbonate haben hingegen keinen Einfluß auf die Resultate der Gesamthärtebestimmung.

Nach v. Cochenhausen ist es zweckmäßig, statt 100 250 cm^3 Wasser zur Bestimmung zu benutzen, wobei nach dem Fällen auf 500 cm^3 verdünnt und in 250 cm^3 des Filtrates das überschüssige Alkali ermittelt wird.

Als Glasgefäße benutzt man, wie auch bei den anderen Härtebestimmungen, bei welchen mit alkalischen Flüssigkeiten gearbeitet wird, am besten solche aus widerstandsfähigem Jenaer Glas.

Nach Winkler[3] kann man die Härtebestimmung nach V. Wartha dadurch vereinfachen, daß man das Fällen kalt vornimmt und in

[1] Winkler: Beitrag zur Wasseranalyse. Z. angew. Chem. Bd. 34, S. 143. 1921.

[2] Man vergleiche Zink u. Hollandt: Z. angew. Chem. Bd. 27, S. 235. 1914 und die dort gegebene Literaturübersicht.

[3] Winkler, L.: Beiträge zur Wasseranalyse Z. f. Elektrochem. Bd. 20, S. 204. 1914; Z. angew. Chem. Bd. 34, Nr. 24, S. 115 bis 116. 1921.

einem Anteil der durch Absetzen klar gewordenen Flüssigkeit das Zurückmessen vornimmt. Die Ausführung des Verfahrens gestaltet sich wie folgt:

Von dem Untersuchungswasser werden 100 cm³ mit 2 Tropfen Methylorangelösung (1 : 1000) versetzt und die „Alkalinität" wird mit $^n/_{10}$ Salzsäure genau bestimmt. Die Flüssigkeit wird in einen Meßzylinder von 200 cm³ gegossen, 50 cm³ $^n/_{10}$ Natriumhydroxyd-Natriumkarbonatlösung werden hinzugefügt und mit dem Spülwasser auf 200 cm³ ergänzt. Es wird durchgeschüttelt und der Meßzylinder bis zum anderen Tage bei Zimmerwärmegrad stehengelassen, endlich mit einer engen Heberöhre 100 cm³ der kristallklar gewordenen Flüssigkeit abgelassen, noch ein Tropfen Methylorangelösung hinzugegeben und das Zurückmessen mit $^n/_{10}$ Salzsäure ausgeführt.

Die Stärke der Lauge bestimmt man unter den gleichen Verhältnissen, indem man 100 cm³ destilliertes Wasser abmißt, 2 Tropfen Methylorangelösung, dann so viel $^n/_{10}$ Salzsäure (etwa 0,1 cm³) hinzufügt, bis die Übergangsfarbe eintritt, 50 cm³ Lauge zugibt und auf 200 cm³ verdünnt. Von dieser Flüssigkeit werden 100 cm³ mit einem Tropfen Methylorangelösung versetzt und mit $^n/_{10}$ Salzsäure titriert.

Bestimmung der Karbonat- und Gesamthärte nach Blacher[1]. Die Gesamthärte wird mit $^n/_{10}$ Kaliumpalmitatlösung bestimmt, und zwar folgendermaßen: 100 cm³ Wasser werden mit 2 Tropfen einer wässerigen Methylorangelösung 1 : 1000 versetzt und mit $^n/_{10}$ Schwefelsäure oder Salzsäure neutralisiert, bis die gelbe Farbe in ein deutliches Rot umgeschlagen ist, und dann rund 10 Minuten lang gekocht. Der Säureverbrauch gibt bei Rohwasser die Karbonathärte an. Sollte die Methylorangefarbe beim Weiterarbeiten stören, so kann man sie durch einige Tropfen schwaches Bromwasser beseitigen. Nach dem Abkühlen wird 1 cm³ einer 1proz. Phenolphthaleinlösung hinzugefügt und darauf tropfenweise $^n/_{10}$ Natronlauge, bis die Phenolphthaleinrötung deutlich erkennbar ist. Dann wird die schwache Rotfärbung durch einen Tropfen $^n/_{10}$ Säure wieder beseitigt und sofort (!) die Titration mit der Palmitatlösung vorgenommen, wobei man bis zur deutlichen Rotfärbung titrieren muß. Die verbrauchten Kubikzentimeter an Palmitatlösung mit 2,8 multipliziert, zeigen die Gesamthärte in deutschen Härtegraden an. An Stelle von Methylorange kann man auch den von Blacher empfohlenen Indikator Dimethylamidoazobenzol = Methylrot (1 Tropfen einer 1proz. alkoholischen Lösung) verwenden, doch ist der Umschlag mit Methylorange meist in genügender Weise erkennbar[2].

Die Palmitatlösung nach Blacher wird in folgender Weise hergestellt: 25,63 g Palmitinsäure werden in 250 g Glyzerin und etwa

---

[1] Ausführungsform von Noll: Z. angew. Chem. Bd. 31, S. 59. 1918.

[2] Weißenberger: Z. angew. Chem. Bd. 35, S. 177. 1922.

400 cm³ 90proz. Alkohol unter Erwärmen auf dem Wasserbade gelöst. Hierauf setzt man Phenolphthalein hinzu, neutralisiert mit alkoholischem Kali bis zur schwachen Rotfärbung und füllt nach dem Erkalten mit 90proz. Alkohol zu 1 l auf.

Den Titer der Palmitatlösung ermittelt man entweder mit einer Chlorbariumlösung von 0,523 g im Liter oder mit Gipslösung, wie sie auch bei der Clarkschen Seifenmethode zur Anwendung kommt, oder schließlich mit Kalkwasser. In der Tabelle 2 im Anhang sind die Faktoren zusammengestellt, die für die Berechnung der Härte in Frage kommen, falls die Palmitatlösung zu stark oder zu schwach sein sollte.

Winkler[1] gibt für die Herstellung der Palmitatlösung eine andere Vorschrift, bei der das kostspielige Glyzerin in Wegfall kommt.

Zur Darstellung der Kaliumpalmitatlösung gibt man hiernach in einen Kolben 500 cm³ konzentrierten Weingeist (von 95%), 300 cm³ destilliertes Wasser, 0,1 g Phenolphthalein und 25,6 g reinste Palmitinsäure; gewöhnliche stearinsäurehaltige Palmitinsäure ist nicht verwendbar. Man erwärmt auf dem Dampfbade und setzt unter Umschwenken so lange klare weingeistige Kaliumhydroxydlösung hinzu, bis alles gelöst und die Lösung schwach rosenrot geworden ist. Sollte man zuviel Kaliumhydroxydlösung hinzugefügt haben, so entfärbt man die Flüssigkeit mit einem Tropfen Salzsäure und gibt nun wieder Kaliumhydroxydlösung bis zur blaß rosenroten Färbung hinzu. Die Kaliumhydroxydlösung bereitet man sich durch Lösen von 7—8 g zu Pulver zerriebenem Kaliumhydroxyd in etwa 50 cm³ warmem konzentrierten Weingeist. Nach dem Erkalten wird die Palmitatlösung mit konzentriertem Weingeist zu 1000 cm³ ergänzt.

Zur Bestimmung des Titers der Kaliumpalmitatlösung kann man wie bereits erwähnt gemäß dem Vorschlage Blachers auch Kalkwasser benutzen. Nach Winklers Beobachtungen verfährt man hierbei zweckmäßig wie folgt: In eine etwa 200 cm³ fassende Flasche gibt man 40—50 cm³ klares Kalkwasser, das aus gebranntem Marmor und reinem destilliertem Wasser bereitet wurde, und titriert mit $^{n}/_{10}$ Salzsäure; als Indikator dient 1 Tropfen Methylorangelösung (1 : 1000).

Die neutrale Flüssigkeit wird nun mit gewöhnlichem, also kohlensäurehaltigem destillierten Wasser auf etwa 100 cm³ verdünnt und mit einem Tropfen verdünntem Bromwasser (0,5%) versetzt, wodurch sofortige Entfärbung erfolgt. Man gibt jetzt zur Flüssigkeit 1 cm³ 0,5proz., mit konzentriertem Weingeiste bereitete Phenolphthaleinlösung, darauf tropfenweise so lange $^{n}/_{10}$ Natronlauge, bis die Flüssigkeit kräftig rot gefärbt erscheint und diese Farbe auch nach einigem Stehen nicht mehr verblaßt. Zur Flüssigkeit läßt man unter Umschwenken langsam so lange $^{n}/_{10}$ Salzsäure tropfen, bis sie eben farblos geworden ist, und fügt

[1] Winkler: Z. analyt. Chem. Bd. 53, S. 412. 1913; S. 409—415. 1914.

noch einen Tropfen $^n/_{10}$ Salzsäure als Überschuß hinzu. In diese Lösung gibt man dann unter fleißigem Umschwenken so viel Kaliumpalmitatlösung, bis die anfänglich von der Bildung des Kalziumpalmitates schneeweiße Flüssigkeit nicht nur eben bemerkbar, sondern ausgesprochen rosenrot gefärbt erscheint, und diese Färbung auch einige Minuten bestehen bleibt. Von der verbrauchten Kaliumpalmitatlösung werden als Korrektur 0,3 cm^3 in Abzug gebracht. Ist die Kaliumpalmitatlösung richtig, so beträgt die verbrauchte korrigierte Menge davon ebensoviel, als $^n/_{10}$ Salzsäure beim anfänglichen Titrieren des Kalkwassers benötigt wurde.

Eisen und Mangansalze werden bei Bestimmung der Gesamthärte mit den wahren Härtebildnern mitbestimmt. Zur Korrektur genügt es für praktische Zwecke, für Eisen- und Mangansalze den 10. Teil der bei dem Liter Wasser berechneten Eisen- und Manganmenge als solche von den berechneten Härtegraden abzuziehen, um die wirkliche oder korrigierte Härte zu erhalten[1].

Nach neueren Untersuchungen[2] läßt sich die Blacher-Methode auch für erheblich durch organische Stoffe verunreinigte Wässer noch verwenden, und sie ist für alle in der Technik vorkommende Prüfungen brauchbar[3].

Anmerkung: Statt Äthylalkohol wird zur Bereitung der Seifenlösung auch Propylalkohol empfohlen[4].

Die Einzelbestimmung der im Wasser vorhandenen Stoffe.

Kalkbestimmung. Die Bestimmung des Kalkes geschieht durch Fällen mit oxalsaurem Ammon und nachheriges Titrieren des in Schwefelsäure gelösten Niederschlages mit $^n/_{10}$ Permanganatlösung.

Aus 100 cm^3 des zu untersuchenden Wassers werden Aluminium- und Eisensalze durch Ausfällen mit Ammoniak abgeschieden. Die abfiltrierte klare Lösung wird mit Ammonchlorid versetzt und zum Sieden erwärmt. In der kochenden Lösung fällt man durch Zusatz einer siedenden Ammoniumoxalatlösung das Kalzium. Man läßt den Niederschlag über einer kleinen Flamme sich grobkristallinisch absetzen, was $^1/_4$—$^1/_2$ Stunde erfordert, und trennt Niederschlag und Flüssigkeit durch Absaugen unter Benutzung eines Büchnertrichters. Um ein Durchgehen des Niederschlages zu vermeiden, legt man zwei Filterblätter, welche etwa $^1/_2$—1 cm im Durchmesser größer als der

[1] Fischer, H.: Z. öffentl. Chem. Bd. 20, S. 377. 1914; Chem.-Zg. Repertorium Bd. 39, S. 260. 1915.

[2] Kanhäuser, F.: Chem.-Zg. Bd. 47, S. 57. 1923.

[3] Weißenberger: Z. angew. Chem. Bd. 35, S. 177. 1922.

[4] Krieger: Chem.-Zg. Bd. 45, Nr. 21, S. 172—173 und Nr. 69, S. 559—609. Auch Winkler empfiehlt Propylalkohol. Z. angew. Chem. Bd. 34, S. 143. 1921.

Büchnertrichter sind, übereinander und versieht sie mit acht gleichmäßig voneinander entfernten radialen Einschnitten derart, daß die inneren Endpunkte dieser Einschnitte auf einem Kreise vom Durchmesser des Büchnertrichters liegen (Abb. 1).

Die entstehenden Lappen biegt man nach oben um (Abb. 2) und legt beide Filterblätter so in den Trichter, daß die Lappen seine seitlichen Wände berühren, wobei man noch darauf achtet, daß die Einschnitte des einen Filters gegen die des anderen etwas verschoben werden. Nach dem Anfeuchten saugt man die Filter fest in die Nutsche ein.

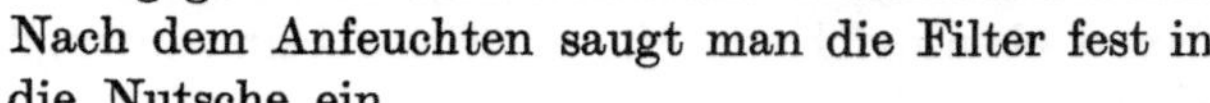

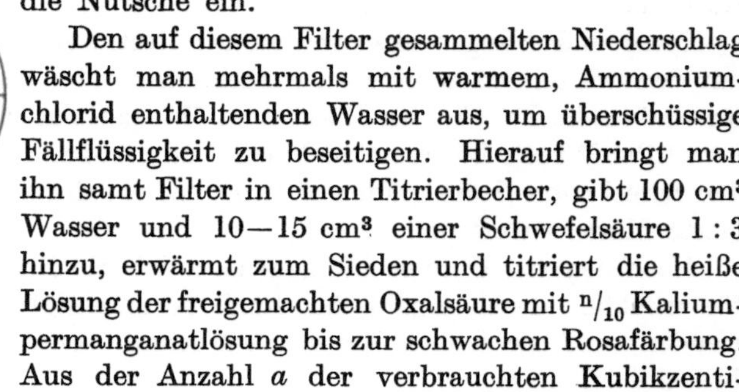

Abb. 1 und 2. Gefaltetes Filter.

Den auf diesem Filter gesammelten Niederschlag wäscht man mehrmals mit warmem, Ammoniumchlorid enthaltenden Wasser aus, um überschüssige Fällflüssigkeit zu beseitigen. Hierauf bringt man ihn samt Filter in einen Titrierbecher, gibt 100 cm³ Wasser und 10—15 cm³ einer Schwefelsäure 1 : 3 hinzu, erwärmt zum Sieden und titriert die heiße Lösung der freigemachten Oxalsäure mit $^n/_{10}$ Kaliumpermanganatlösung bis zur schwachen Rosafärbung. Aus der Anzahl a der verbrauchten Kubikzentimeter Meßflüssigkeit berechnet sich der Gehalt an CaO in 100 cm³ Wasser zu: CaO $= a \cdot 0{,}002804$ g [1].

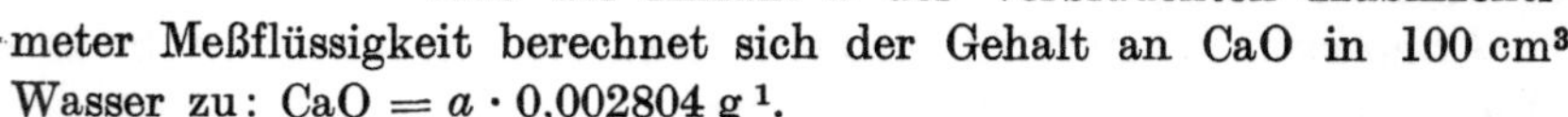

Magnesiabestimmung. Obgleich die Bestimmung dieser Salze für Zellstoff- und Papierfabriken in den Kalirevieren ziemliches Interesse hat, ist bis jetzt eine einwandfreie, allgemein anerkannte Methode zu ihrer Bestimmung nicht im Gebrauch. Die Menge der Magnesiasalze wird meist indirekt ermittelt. Die Härtebestimmung gibt die Summe von Kalzium- und Magnesiumsalzen, die Bestimmung des Kalziums (s. vorigen Abschnitt) kann mit so großer Genauigkeit durchgeführt werden, daß die Differenz bei der Bestimmung einen ziemlich richtigen Wert für vorhandene Magnesiumsalze geben muß. Da die Härte selbst als CaO ausgedrückt wird, ergibt sich auch diese Differenz als CaO, und sie muß demnach noch in Äquivalente MgO umgerechnet werden nach der Gleichung: CaO : MgO = 56 : 40.

Sehr empfohlen wird folgende Methode der Bestimmung der Magnesiahärte nach Froboese-Noll [2]: 100 cm³ Wasser werden mit 2 Tropfen Methylorangelösung versetzt und mit $^n/_{10}$ Salzsäure oder Schwefelsäure neutralisiert, bis die Farbe deutlich in Rot umgeschlagen ist, und darauf 10 Minuten gekocht. Dann werden 5 cm³ einer gesättigten Natriumoxalatlösung (5proz. Lösung) hinzugefügt und damit noch ganz kurze

[1] Über die Bestimmung der Kalkhärte mittels Kaliumoleatlösung vgl. man L. Winkler: Z. analyt. Chem. Bd. 53, S. 414. 1914.

[2] Froboese-Noll: Z. angew. Chem. Bd. 31, S. 6. 1918.

Zeit (1—2 Minuten) gekocht. Nach dem Abkühlen wird 1 cm^3 1proz. Phenolphthaleinlösung zugesetzt und mit $^n/_{10}$ Natronlauge der Phenolphthaleinneutralpunkt eingestellt. Die schwache Rötung wird mit einem Tropfen $^n/_{10}$ Säure wieder beseitigt und dann die Titration mit Palmitatlösung vorgenommen, bis eine deutliche Rotfärbung eingetreten ist. Die verbrauchten Kubikzentimeter an Palmitatlösung, mit 2,8 multipliziert, ergeben die Magnesiahärte in deutschen Graden. Ist der Magnesiagehalt des Wassers sehr gering, so empfiehlt es sich, 200 cm^3 Wasser für die Bestimmung zu nehmen. In diesem Falle ergibt sich die Magnesiahärte durch Multiplikation der verbrauchten Kubikzentimeter mit 1,4[1].

Ammonsalze dürfen bei der Ausführung dieser Methode nicht vorhanden sein. Daher fällt man den Kalk mit Natriumoxalat aus.

Titrimetrisches Verfahren zur Bestimmung von Kalk und Magnesia nach Legler. Ein in seiner Durchführung einfaches Verfahren zur titrimetrischen Bestimmung von Kalk und Magnesia ist das von Legler angegebene[2]. Diese Methode, welche auch noch für später zu beschreibende Untersuchungen verwandt werden kann, beruht auf der Fällbarkeit des Magnesiums durch Alkalihydroxydlösung und des Kalziums durch Kaliumoxalatlösung. Beide Fällungsmittel von einem bestimmten Gehalt werden durch Zurücktitrieren ihres nichtverbrauchten Teiles mit $^n/_{10}$ Schwefelsäure bzw. $^n/_{10}$ Kaliumpermanganat bestimmt. Legler wendet die kohlensäurefreie Natronlauge und das neutrale Kaliumoxalat in einer Lösung an, von der er dann einen aliquoten Teil einem bestimmten Volumen des zu untersuchenden Wassers zusetzt, dann aufkocht, um den entstehenden Niederschlag dichter zu machen, und nach dem Erkalten mit reinem destilliertem Wasser auf ein bestimmtes Volumen auffüllt und abfiltriert. Den einen Teil des Filtrates versetzt er mit überschüssiger $^n/_{10}$ Schwefelsäure (oder Salzsäure) und titriert mit $^n/_{10}$ Alkali und Phenolphthalein als Indikator zurück; der andere Flüssigkeitsanteil wird mit Schwefelsäure angesäuert, auf etwa 70° C erwärmt und mit $^n/_{10}$ Kaliumpermanganat bis zur bleibenden Rotfärbung titriert.

Enthält das Wasser erfahrungsgemäß oder laut Vorprüfung große Mengen organischer Substanzen, die zur Oxydation ihrerseits schon einen Teil Permanganatlösung erfordern, so wird man zweckmäßig das Wasser in einer Platinschale eindampfen, den trockenen Rückstand durch Glühen von der organischen Substanz befreien und den Glührückstand mit wenig Salzsäure und Wasser wieder auflösen.

Liegen sehr weiche Wässer vor, so verdampft man eine bestimmte Menge in der Porzellanschale mit überschüssiger Salzsäure zur Trockne.

---

[1] Eine ähnliche Ausführungsform beschreibt Monhaupt: Chem.-Zg. Bd. 42, S. 338. 1918.

[2] Basweiler: Papierfabrikant Bd. 19, S. 425. 1921.

Stark gipshaltige Wasser versetzt man zweckmäßig mit einem Überschuß von $^n/_{10}$ Säure, kocht die Kohlensäure fort und neutralisiert die Flüssigkeit nach dem Erkalten mit $^n/_{10}$ Lauge unter Verwendung eines Tropfens Methylorange (wässerige Lösung) als Indikator. Aus dem Säureverbrauch läßt sich hierbei gleichzeitig mit großer Annäherung die Menge der gebundenen Kohlensäure berechnen.

$$1\ \text{cm}^3\ ^n/_{10}\ \text{HCl} = \frac{\text{CO}_2}{2 \cdot 1000 \cdot 10} = 0{,}0022\ \text{g CO}_2.$$

Man wendet bei dieser Neutralisation Methylorange zweckdienlich als Indikator an, weil dieses nur in geringem Maße reduzierend auf die $^n/_{10}$ Kaliumpermanganatlösung einwirkt.

Zusammengefaßt ergibt sich, daß zur Härtebestimmung nach Legler folgende Lösungen erforderlich sind:

1. $^n/_{10}$ Schwefelsäure,
2. $^n/_{10}$ Natronlauge,
3. $^n/_{10}$ Kaliumpermanganat,
4. Härtelösung nach Legler.

Herstellung der Härtelösung. 30 g neutrales Kaliumoxalat, auf der Hornschalenwaage abgewogen, und etwa 8 g kohlensäurefreies Natriumhydroxyd werden in destilliertem oder besser doppelt destilliertem Wasser gelöst und auf 1000 cm³ im Meßkolben aufgefüllt.

Zur Herstellung der kohlensäurefreien Natronlauge kann man das reine karbonatfreie Natriumhydroxyd von Merck benutzen, von dem man die ungefähre Menge in einem gut verschlossenen Wägegläschen abwiegt. Man kann sich aber auch die kohlensäurefreie Natronlauge selbst herstellen; zu diesem Zweck läßt man 4,5—5 g reines metallisches Natrium im Exsikkator auf einem trichterförmigen Platinsieb über einem Bechergläschen mit rund 30 cm³ doppelt destilliertem Wasser zerfließen. Der Exsikkator muß tubuliert sein und durch ein mit Natronkalk gefülltes Röhrchen mit der Außenluft in Verbindung stehen. Nach 3—4 Tagen ist das Natrium meist ganz zerflossen und wird nun so schnell wie möglich in den 1000 cm³-Meßkolben gespült, in dem sich am besten schon die 30 g neutrales Kaliumoxalat befinden. Es bedarf keines Hinweises, daß man die Härtelösung stets verschlossen halten muß, da sonst aus der Luft begierig Kohlensäure angezogen wird; aus diesem Grunde empfiehlt es sich auch, die beim Titrieren gebrauchte Bürette durch ein Natronkalkröhrchen zu verschließen.

Bei der Einstellung der Härtelösung verfährt man nun in der gleichen Weise wie bei der Einstellung einer empirischen Normallösung. Man nimmt also z. B. je 10 cm³ der Härtelösung, versetzt sie mit einem Überschuß von $^n/_{10}$ Schwefelsäure und titriert mit $^n/_{10}$ Kalilauge zurück; damit hat man den Titer gegen $^n/_{10}$ Schwefelsäure. Als Indikator verwendet man bei dieser Titration Phenolphthalein. Weitere je 10 cm³ Härtelösung werden mit verdünnter Schwefelsäure angesäuert und dann bei 70—80° C mit $^{n}/_{10}$ Kaliumpermanganat bis zur schwachen Rötung titriert; hierdurch erhält man den Titer der Härtelösung gegen $^{n}/_{10}$ Permanganat.

Ausführung der Bestimmung. Ein aliquoter Teil der eingestellten Härtelösung wird einer genau gemessenen Menge des zu untersuchenden Wassers in einem Meßkolben mit eingeschliffenem Stopfen zugefügt, zur besseren, körnigen Absetzung des Niederschlages wird aufgekocht und nach dem Erkalten auf ein bestimmtes Volumen mit destilliertem Wasser aufgefüllt. Man filtriert durch ein trockenes Filter und titriert von dem Filtrat je aliquote Teile, wie beim Einstellen mit $^{n}/_{10}$ Schwefelsäure und $^{n}/_{10}$ Kaliumpermanganat. Aus der Differenz des Schwefelsäure- bzw. Kaliumpermanganatverbrauches in cm³ $^{n}/_{10}$ Lösungen gegenüber der Einstellung errechnet sich im ersten Falle die äquivalente Menge Magnesia, im letzten Falle die äquivalente Menge Kalk.

Im nachfolgenden soll ein kleines Beispiel aus der Praxis gegeben werden[1].

Die Härtelösung war, wie oben erwähnt, hergestellt worden, indem die kohlensäurefreie Natronlauge durch Zerfließenlassen von etwa 5 g metallischem Natrium im Exsikkator gewonnen wurde. Die Einstellung ergab für:

10 cm³ Härtelösung = 22,80 cm³ $^{n}/_{10}$ Schwefelsäure,
10 cm³ Härtelösung = 32,96 cm³ $^{n}/_{10}$ Kaliumpermanganat,

wobei die angewandten Normallösungen folgende Faktoren hatten:

$^{n}/_{10}$ Kalilauge: Faktor = 1,000
$^{n}/_{10}$ Schwefelsäure: Phenolphthalein-Faktor = 1,015,
$^{n}/_{10}$ Kaliumpermanganatlösung: Faktor = 0,9898.

Genau 200 cm³ Wasser wurden mit 20 cm³ der obigen Härtelösung in einem 250 cm³-Meßkolben mit eingeschliffenem Stopfen versetzt. Um den entstandenen Niederschlag dichter zu machen, wurde aufgekocht und nach dem Erkalten auf genau 250 cm³ mit doppelt destilliertem Wasser aufgefüllt und durchgeschüttelt.

I. Magnesiahärte: Je 50 cm³ der durch ein trockenes Filter filtrierten 250 cm³ wurden mit 15,5 cm³ $^{n}/_{10}$ Schwefelsäure im Überschuß versetzt und mit 6,9 cm³ Kalilauge im Mittel zurücktitriert. Der Verbrauch an $^{n}/_{10}$ Schwefelsäure belief sich also bei Berücksichtigung der Faktoren auf

8,83 cm³ $^{n}/_{10}$ Säure.

[1] Blasweiler: a. a. O.

Der Gehalt des vorliegenden Wassers an Magnesiumoxyd in Gramm pro Liter errechnet sich unter Beobachtung der Wertigkeiten und Verdünnungen, in einer Formel zusammengezogen, zu:

$$5\left(2 \cdot 22{,}80 - \frac{250}{5} \cdot 8{,}83\right) \cdot \frac{40}{2 \cdot 1000 \cdot 10} \text{ g MgO pro Liter}$$
$$= 0{,}0145 \text{ g MgO in } 1000 \text{ cm}^3.$$

Auf 100000 cm³ kommen demnach 1,45 g MgO, oder als Kalziumoxyd ausgedrückt: 1,45 · 1,4 = 2,03 g CaO.

Mithin beträgt die Magnesiahärte: 2,03° deutsche Härte.

II. Kalkhärte: Je 50 cm³ des Filtrates wurden mit etwa 25 cm³ verdünnter Schwefelsäure angesäuert und bei 70—80° mit $^n/_{10}$ Kaliumpermanganatlösung bis zur schwachen Rötung titriert. Der Verbrauch ergab sich bei Berücksichtigung der Faktoren zu 12,34 cm³ $^n/_{10}$ Kaliumpermanganat.

Der Gehalt des Wassers an Kalziumoxyd in Gramm pro Liter errechnet sich auch hier unter Berücksichtigung der Wertigkeiten und Verdünnungen, in einer Formel zusammengezogen, zu:

$$5\left(2 \cdot 32{,}95 - \frac{250}{50} \cdot 12{,}34\right) \cdot \frac{56{,}1}{2 \cdot 1000 \cdot 10} \text{ g CaO pro Liter}$$
$$= 0{,}0586 \text{ g CaO in } 1000 \text{ cm}^3.$$

Auf 100000 cm³ kommen demnach 5,86 g CaO.

Mithin beträgt die Kalziumhärte: 5,86° deutsche Härte.

Laut vorliegenden Bestimmungen beträgt also die Gesamthärte des untersuchten Wassers in deutschen Graden:

5,86° Kalkhärte
2,03° Magnesiahärte
———
7,89° Gesamthärte

Dieselbe Versuchsreihe hätte man nun mit abgekochtem Wasser zu wiederholen, um so die „bleibende“ und „vorübergehende“ Härte zu bestimmen. Bei der laufenden Kontrolle von gereinigtem Kesselspeisewasser käme dagegen nur der einmalige Arbeitsgang in Frage.

Die Leglersche Methode liefert in einigermaßen geübten Händen Werte von $^1/_{100}$° deutscher Härte genau, wie mit künstlich hartem Wasser nachgewiesen wurde; man erhält die Kalk- und Magnesiahärten überdies getrennt; außerdem dürfte die Ausführung der Untersuchung nur unwesentlich mehr Zeit erfordern als die Härtebestimmung mit Seifenlösungen; vorausgesetzt ist hierbei, daß die erforderlichen Lösungen, im besonderen die Härtelösung, immer zu mehreren Litern eingestellt werden.

Für die Praxis, besonders bei täglicher Kontrolle des Fabrikationswassers, empfiehlt Blasweiler, die Härtelösung in einer großen

Rollflasche mit aufgesetzter Einlaufbürette anzusetzen. Die Rollflasche wird durch ein Natronkalkröhrchen mit der Außenluft verbunden, damit die nachströmende Luft frei von Kohlensäure ist. Auf diese Weise hält sich die Härtelösung wochenlang und ist stets zum Gebrauch bereit.

Bestimmung von Chlor (Chloriden). Ein hoher Gehalt an Chloriden ist für Industriewässer schädlich. Eisen und andere Metalle werden von chloridhaltigem Wasser, besonders wenn in ihm außerdem noch Sauerstoff gelöst ist, leicht angegriffen. Als sehr schädlich gilt Chlormagnesium; ein hoher Gehalt an diesem Chlorid kann ein Wasser zur Kesselspeisung unbrauchbar machen.

Zur Bestimmung der Chloride dampft man 250—1000 cm^3 Wasser bis auf etwa 100—200 cm^3 ein. In dieser Lösung kann das Chlor, gegebenenfalls nach erfolgter Filtration, entweder nach Volhard oder nach Mohr ermittelt werden.

Nach Volhard versetzt man die eingedampfte Lösung mit etwas Salpetersäure und dann mit so viel Kubikzentimetern einer $^{n}/_{10}$ Silbernitratlösung, daß alles Chlor als Silberchlorid ausgefällt wird und noch ein Überschuß von Silberlösung vorhanden ist. Nach Zugabe einiger Kubikzentimeter einer gesättigten, als Indikator dienenden Auflösung von Eisenalaun (Ferriammoniumsulfat) titriert man den Überschuß der Silberlösung mit $^{n}/_{10}$ Rhodanammonlösung zurück. Das Auftreten einer hellrotbraunen Farbe zeigt den Endpunkt der Titration an. Die Differenz zwischen der verbrauchten Silberlösung und Rhodanlösung zeigt das Chloridchlor an. Jedes verbrauchte Kubikzentimeter der Silberlösung entspricht 0,00355 g Cl.

Bei der Mohrschen Methode benötigt man nur eine $^{n}/_{10}$ Silbernitratlösung. Das eingedampfte Wasser, das bei dieser Bestimmung durch Na_2CO_3 schwach alkalisch zu machen ist, wird mit 4—5 Tropfen einer als Indikator benutzten, gesättigten gelben Kaliumchromatlösung versetzt. In diese Flüssigkeit läßt man unter beständigem Umrühren die Silberlösung einlaufen, bis der anfangs entstehende weiße Niederschlag von Chlorsilber eine auch beim Umrühren nicht mehr verschwindende rötliche Farbe angenommen hat. Hierzu braucht man einen Überschuß von etwa 0,2 cm^3 der $^{n}/_{10}$ Silberlösung, welcher von der gesamten verbrauchten Menge abzuziehen ist.

Bei manchen Wässern soll diese „Chromat-Methode" Schwierigkeiten verursachen, so daß der Volhardschen Methode oft der Vorzug gegeben wird.

Sind in dem zu untersuchenden Wasser größere Mengen organischer Substanzen, so müssen diese, da sie gleichfalls silberverbrauchend wirken, vor der Bestimmung des Chlors beseitigt werden. Man erhitzt zu diesem Zwecke das Wasser zum Sieden und läßt so lange neutrale

Permanganatlösung zufließen, bis das Wasser schwach rot gefärbt ist. Nach 5 Minuten langem Kochen muß diese Färbung noch bestehen, sonst sind noch einige Tropfen der Permanganatlösung zuzusetzen. Durch vorsichtiges tropfenweises Zugeben von Alkohol zur heißen Flüssigkeit entfernt man den Überschuß an Permanganat. Man läßt einige Zeit stehen, filtriert von abgeschiedenen Manganoxydverbindungen ab und behandelt das so gereinigte Wasser in der oben beschriebenen Weise weiter.

Im übrigen sind noch störend bei der Ausführung Eisensalze, Alkalien und freie Säuren mit Ausnahme der Kohlensäure. Eisen wird durch Zugabe von Natriumbikarbonat entfernt. Man filtriert den entstehenden Niederschlag ab und verwendet das klare Filtrat zur Untersuchung. Bevor stark alkalische, also beispielsweise enthärtete Kesselwässer untersucht werden, neutralisiert man sie mit chlorfreier Schwefel- oder Phosphorsäure, bis das als Indikator benutzte Phenolphthalein entfärbt wird. Freie Säuren neutralisiert man durch Zugabe von chlorfreiem Natriumbikarbonat oder aber durch Titration mit $^{n}/_{10}$ Lauge, wobei Methylorange als Indikator angewandt wird. Man titriert auf deutlich gelbe Farbe, die bei der nachfolgenden Chlorbestimmung nicht stört.

Bestimmung von Eisen. Bei den verhältnismäßig kleinen Mengen, die gewöhnlich im Wasser enthalten sind, geschieht die Bestimmung des Eisens am schnellsten und besten kolorimetrisch in der von Lunge gegebenen Ausführungsform.

Zu ihrer Durchführung benötigt man zwei möglichst ganz gleichartige Meßzylinderchen, die etwa 30 cm³ fassen und mit Teilung und gut eingeschliffenem Glasstöpsel versehen sind. An Reagenzien sind erforderlich: 1. eine 10proz. Rhodanammonlösung, 2. reiner Äther, 3. 30proz. reinste Salpetersäure, 4. eine Ammoniak-Eisenalaunlösung, welche im Liter 0,010 g Eisen enthält. Da eine solche verdünnte Eisensalzlösung sich schnell zersetzt, bereitet man sich eine konzentriertere durch Auflösen von 8,630 g Eisenalaun in einem Liter mit etwas (5 cm³ konzentrierte) Schwefelsäure versetztem Wasser. Die zur Bestimmung benutzte Lösung stellt man vor den Versuchen durch Verdünnen von 1 cm³ der konzentrierten auf 100 cm³ her.

Zur Bestimmung selbst werden 50—200 cm³ Wasser mit 1 cm³ der reinen Salpetersäure versetzt und zur Oxydation des Oxyduleisens aufgekocht. Unter Umständen dampft man ein, bis die Flüssigkeit in einen 100 cm³-Meßkolben gespült werden kann. Man füllt nach dem Erkalten bis zur Marke auf und pipettiert 5 cm³ des Wassers in einen der kleinen Meßzylinder. Nach Zusatz von 5 cm³ Rhodanammonlösung und 10 cm³ Äther schüttelt man bis zur Entfärbung der wässerigen

Schicht gut durch. In das zweite Zylinderchen gibt man 5 cm³ destilliertes Wasser, das wie die Probe des Gebrauchswassers in je 100 cm³ 1 cm³ der reinen Salpetersäure enthält, und setzt nun die gleichen Mengen Rhodanlösung und Äther zu. Aus einer möglichst feingeteilten Bürette ($^1/_{20}$ cm³) setzt man darauf zu dieser Probe unter öfterem Durchschütteln so viel der verdünnten Eisenalaunlösung hinzu, daß der Farbton der Ätherschicht in beiden Zylindern gleich tief ist. Insgesamt sollen hierbei nicht mehr als 2 cm³ der Eisenlösung verbraucht werden, andernfalls ist die Gebrauchswasserprobe vorher entsprechend zu verdünnen. Es ist zweckmäßig, die beiden Proben nach diesem ersten Zusatz der Eisenlösung einige Zeit sich selbst zu überlassen, nach einigen Stunden etwa aufgetretene Unterschiede in den Färbungen zu korrigieren und den dann erhaltenen Verbrauch an Eisenlösung der Rechnung zugrunde zu legen.

Es ist schwer, genaue zahlenmäßige Grenzen für den höchstzulässigen Eisengehalt des Fabrikationswassers zu geben. Aller Wahrscheinlichkeit nach spielt die Form, in welcher das Eisen im Wasser vorkommt, eine größere Rolle, als man gewöhnlich annimmt. Nur dadurch lassen sich die höchst schwankenden Angaben über den zulässigen Höchstgehalt erklären. Hierfür werden nämlich Werte von 0,07—0,2 g im Liter genannt. Von wesentlicher Bedeutung ist jedenfalls, daß das fertig vorbereitete Fabrikationswasser für hochwertige Erzeugnisse auch bei längerem Stehen an der Luft nicht durch sich in kolloidaler Form abscheidendes Eisen getrübt wird. Dies kann unter Umständen noch bei einem so geringen Gehalt wie 0,1 mg im Liter eintreten. Bei einem Gehalt von 2 mg im Liter kann das Auftreten dieser Trübung wohl immer beobachtet werden.

Bestimmung der freien Kohlensäure. Freie Kohlensäure, die sich durch Schäumen des Wassers und Korrosion der Kesselwände unangenehm bemerkbar machen kann, wird quantitativ nach Trillich bestimmt.

Man füllt einen 100 cm³ fassenden, mit einem Glasstöpsel verschließbaren Meßkolben, dessen Marke möglichst tief unten am Hals sich befindet, mit dem zu prüfenden Wasser. Hierbei verfährt man so, daß man das Wasser durch ein bis nahe zum Boden der Flasche reichendes Glasrohr einlaufen und mehrere Minuten durch den Kolben strömen läßt. Man entfernt mittels einer Pipette das über der Marke stehende Wasser und titriert nach Zusatz einiger Tropfen Phenolphthaleinlösung unter ständigem, aber vorsichtigem Umschwenken mit $^n/_{10}$ Sodalösung, bis eine schwache rote Färbung auftritt, welche auch nach 5 Minuten langem Stehen des verstöpselten Kolbens noch deutlich erkennbar bleibt. Jedes Kubikzentimeter der verbrauchten Meßflüssigkeit entspricht 2,2 mg Kohlensäure.

Nachdem man durch einen Vorversuch die ungefähre Höhe des Kohlensäuregehaltes festgestellt hat, führt man weitere Bestimmungen durch, bei welchen zu der Wasserprobe der größte Teil der beim Vorversuch benötigten Lauge auf einmal zugesetzt und nur der dann kleine Restbedarf tropfenweise zugeteilt wird.

Aus erklärlichen Gründen stören bei dieser Bestimmung im Wasser vorhandenes Eisen und größere Mengen Karbonathärte. Durch vorherige Zugabe von einigen Kubikzentimetern gesättigter Seignettesalzlösung läßt sich dieser Einfluß beseitigen. Mit steigendem Gehalt des Wassers an Karbonathärte müssen an den nach der Methode erhaltenen Werten Korrekturen angebracht werden, welche in der Zahlentafel 3 im Anhang angegeben sind.

Bestimmung des Sauerstoffgehaltes. Der im Wasser gelöste Sauerstoff, der Anlaß zu starken Korrosionen geben kann, wird nach Winklers[1] jodometrischer Methode bestimmt.

In Gegenwart von Alkali wird durch Sauerstoff überschüssiges Manganohydroxyd zu Manganihydroxyd oxydiert. Zur Flüssigkeit wird Kaliumjodid und Salzsäure gegeben, wobei sich eine dem gelösten Sauerstoff äquivalente Menge Jod ausscheidet, die mit Natriumthiosulfatlösung titriert wird; aus dieser Jodmenge läßt sich die Sauerstoffmenge berechnen.

Erforderliche Lösungen: 1. Manganochloridlösung (40 g $MnCl_2$ 4 H_2O in 100 cm³ Wasser gelöst). Das Salz darf Eisen nicht enthalten; in einer angesäuerten Kaliumjodidlösung soll es höchstens Spuren von Jod freimachen.

2. Konzentrierte jodkaliumhaltige Natronlauge. Von nitritfreiem, reinstem Natriumhydroxyd wird 1 Teil in 2 Teilen Wasser gelöst. Zu je 100 cm³ dieser Lauge setzt man 10 g Kaliumjodid. Wird eine Probe dieser jodkaliumhaltigen Natronlauge mit Salzsäure angesäuert, so darf Stärkelösung nicht sogleich gebläut werden; Karbonat soll möglichst nicht vorhanden sein.

3. Konzentrierte Salzsäure.

4. $^{n}/_{100}$ Natriumthiosulfat-Lösung.

Die Bestimmung wird in Flaschen mit eingeschliffenem Glasstöpsel von 125 bzw. 250 cm³ Fassungsraum ausgeführt, deren Inhalt genau ausgemessen werden muß. Die Flasche wird vollständig mit dem zu untersuchenden Wasser gefüllt; am besten wird das Wasser einige Zeit mittels eines bis auf den Boden reichenden Rohres durch die Flasche geleitet. Die Reagenzien werden mit Pipetten von 1 cm³ Inhalt, die bis auf den Grund des Gefäßes eingesenkt werden, zugefügt. Zunächst wird ohne Rücksicht auf das Überlaufen der Flasche 1 cm³ der kaliumjodidhaltigen Natronlauge eingetragen, hierauf 1 cm³ der Manganosalzlösung;

[1] Z. analyt. Chem. Bd. 53, S. 615—672. 1914.

die Flasche wird nun verschlossen, indem man den angefeuchteten Stopfen derart aufsetzt, daß Luftblasen in ihr nicht zurückbleiben. Durch Umschütteln wird der Flascheninhalt sorgfältig gemischt. Nach einigen Minuten setzt sich ein flockiger Niederschlag ab, und die im oberen Teil der Flasche befindliche Flüssigkeit klärt sich bald völlig. Etwa nach einer Viertelstunde, während welcher man die Flasche im Dunkeln verwahrt, werden mit einer langstieligen Pipette 5 cm³ konzentrierte Salzsäure eingetragen, worauf die Flasche abermals verschlossen und geschüttelt wird. Der Niederschlag löst sich dann rasch. Die vom Jod gefärbte Flüssigkeit wird ohne Verlust in einen Erlenmeyerkolben überführt und darin mit $^{n}/_{100}$ Natriumthiosulfatlösung, gegebenenfalls nach Zusatz von etwas Kaliumjodid, titriert; 1 cm³ einer $^{n}/_{100}$ Thiosulfatlösung entspricht 0,0559 cm³ oder 0,08 mg Sauerstoff (von 0° und 760 mm Druck).

Bei der Berechnung der Analyse ist als angewandte Wassermenge der um die 2 cm³ zugesetzte Reagenzlösungen verminderte Gesamtinhalt der benutzten Flasche einzusetzen. Ist dieser korrigierte Inhalt der Flasche V, n die Anzahl der verbrauchten Kubikzentimeter $^{n}/_{100}$ Thiosulfat, so ist der Sauerstoffgehalt in

$$\mathrm{mg/l} = n \cdot \frac{0{,}08 \cdot 1000}{V} = \frac{80}{V} \cdot n\,,$$

$$\mathrm{cm^3/l} = \frac{55{,}9}{V} \cdot n\,.$$

Da die Lösefähigkeit des Wassers für Sauerstoff von der Temperatur abhängig ist, so ist diese bei der Probenahme festzustellen.

Bestimmung der organischen Substanzen (Humus). Oxydierbarkeit. Ein großer Gehalt des Kesselspeisewassers an organischen Stoffen kann infolge seiner Wirkung als Sauerstoffüberträger auf die Kesselwand schädigend wirken und beim Vorkommen im Fabrikationswasser die Güte der Halbstoffe und Papiere beeinträchtigen.

Zu einer vergleichenden Bestimmung der Menge solcher organischen Stoffe benutzt man ihre Eigenschaft, durch Kaliumpermanganat oxydiert zu werden.

Zur Ausführung der Bestimmung gibt man 100 cm³ des Wassers in ein Becherglas, fügt 10 cm³ Schwefelsäure 1 : 3 und so viel Kubikzentimeter $^{n}/_{100}$ Kaliumpermanganatlösung hinzu, daß die Flüssigkeit stark rot gefärbt wird. Nun erhitzt man zum Sieden und kocht genau 5 Minuten lang. Nach Zugabe von 10 cm³ $^{n}/_{100}$ Oxalsäure titriert man mit $^{n}/_{100}$ Permanganat die wieder farblos gewordene Flüssigkeit bis zur schwachen Rotfärbung. Die Gesamtzahl der verbrauchten Kubikzentimeter $^{n}/_{100}$ Permanganat, vermindert um 10 cm³ $^{n}/_{100}$ Oxalsäure, gibt den Grad der Oxydierbarkeit des Wassers in Kubikzentimeter $^{n}/_{100}$

Permanganat. Man berechnet ihn meist als Sauerstoffverbrauch auf 100000 Teile Wasser. 1 cm³ $^{n}/_{100}$ Permanganat entspricht 0,08 mg Sauerstoff.

Untersuchung des Fabrikationswassers auf Klarheit und Farbe.

Das Fabrikationswasser kann größere Mengen von Schwebestoffen enthalten, die man meist durch Absitzen, Abtrennen und Filtration und Wägung des auf dem Filter verbleibenden Rückstandes bestimmen kann. Wird der Filterrückstand verascht, so kann man auf diese Weise die mechanischen organischen und anorganischen Verunreinigungen des Wassers nebeneinander bestimmen, wenn das Gewicht der Asche von dem Gesamtgewicht des Niederschlags abgezogen wird.

Zur Bestimmung der Klarheit und Farbe kann man das Wasser in einen Zylinder von farblosem Glase von etwa 30 cm Höhe und 4 cm Weite einfüllen und diesen auf weißes Papier stellen. Zum Vergleich wird ein ebenso großer Zylinder mit völlig farblosem und klarem Wasser gefüllt, daneben gestellt und nunmehr werden Farbton und Trübung der Flüssigkeit beobachtet, indem man von oben in die Zylinder hineinsieht. Die Huminsubstanzen verleihen dem Wasser eine gelbliche Farbe, die beim Stehen nicht verschwindet. Etwa sich abscheidendes Eisen verursacht eine rötlichbraune, Kalziumkarbonat eine weiße, und Schwefelmetall eine schwarze Farbe.

Trübung und Färbung kann man zahlenmäßig durch eine von Dernby[1] vorgeschlagene, kolorimetrische Untersuchung festlegen. Gemäß dieser wird die Färbung durch Vergleich mit Karamellösungen oder aber Lösungen geeigneter Farbstoffe, wie Bismarckbraun oder Tropäolin ermittelt. Die Trübung wird bestimmt durch Vergleich mit Mastixsuspensionen von bekanntem Gehalt. Zu deren Darstellung werden 2 g Mastix in 50 cm³ absolutem Alkohol gelöst. Diese Lösung läßt man bei 18° mittels einer Pipette in feinem Strahl in einen Meßkolben von 200 cm³ einlaufen, welcher 140 cm³ klares destilliertes Wasser enthält. Nach Zusatz der Mastixlösung wird bis zur Marke mit destilliertem Wasser aufgefüllt. Jedes Kubikzentimeter enthält demnach 10 mg Mastix. Bei der Bestimmung der Trübung muß man von dieser Normalflüssigkeit ausgehen und geeignete Verdünnungen herstellen. Zur besseren Erkenntnis wird als Hintergrund schwarzes Papier verwendet. Der Trübungsgrad wird zweckmäßig als mg Mastix im Liter angegeben. Sind die Wässer gleichzeitig gefärbt und getrübt, so muß man sich Vergleichslösungen durch Mischung von Farbstoff- und Mastixlösungen herstellen.

---

[1] Journ. f. Gasbeleucht. u. Wasserversorg. Bd. 59, S. 641—643. 1916; Wasser u. Abwasser Bd. 2, S. 328. 1917.

Die chemische Reinigung des Kesselspeisewassers und ihre Überwachung.

Allgemeines. Als technische Enthärtungsverfahren für das Speisewasser kommen in Betracht:

1. Das Kalk-Soda-Verfahren,
2. Das Ätznatron-Soda-Verfahren,
3. Das Soda-Verfahren mit Rückführung,
4. Das Permutit-Verfahren.

Zu 1. Beim Kalk-Soda-Verfahren wird die Karbonathärte des Rohwassers durch Ätzkalk, die übrige Härte durch Soda entfernt, und zwar werden alle Kalziumsalze in unlösliches Karbonat, alle Magnesiasalze in unlösliches Hydrat umgewandelt. Im Überschuß zugegebener Ätzkalk wird durch überschüssige Soda in Karbonatform ausgefällt, ebenso wird freie Kohlensäure durch Ätzkalk gebunden. Die Umsetzungen spielen sich nach folgenden Gleichungen ab:

Karbonathärte

$$Ca(HCO_3)_2 + Ca(OH)_2 = 2\,CaCO_3 + 2\,H_2O \qquad (1)$$
$$Mg(HCO_3)_2 + Ca(OH)_2 = CaCO_3 + MgCO_3 + 2\,H_2O \qquad (2a)$$
$$MgCO_3 + Ca(OH)_2 \rightleftarrows Mg(OH)_2 + CaCO_3 \qquad (2b)$$

freie Kohlensäure

$$CO_2 + Ca(OH)_2 = CaCO_3 + H_2O \qquad (3)$$

Nichtkarbonathärte

$$CaSO_4 + Na_2CO_3 \rightleftarrows CaCO_3 + Na_2SO_4 \qquad (4)$$
$$MgSO_4 + Na_2CO_3 \rightleftarrows MgCO_3 + Na_2SO_4 \qquad (5a)$$
$$CaCl_2 + Na_2CO_3 = CaCO_3 + 2\,NaCl \qquad (6)$$
$$MgCl_2 + Na_2CO_3 = MgCO_3 + 2\,NaCl \qquad (7a)$$
$$MgCO_3 + Ca(OH)_2 \rightleftarrows Mg(OH)_2 + CaCO_3 \qquad (5b\ u.\ 7b)$$

Die Gleichungen 5b und 7b verlangen, um in der gewünschten Richtung zu verlaufen, zufolge ihrer Umkehrbarkeit einen Überschuß an Ätzkalk; die Gleichungen 4 und 5a fordern aus entsprechenden Gründen einen solchen von Soda.

Zu 2. Das Ätznatron-Soda-Verfahren unterscheidet sich dadurch vom vorbesprochenen, daß an Stelle des Ätzkalkes hier Ätznatron tritt. Durch dieses wird die Karbonathärte entfernt, während zur Beseitigung der übrigen Härte auch hier Soda dient. Demnach bleiben die Gleichungen zur Beseitigung der Nichtkarbonathärte (4) bis (7a) genau die gleichen wie oben. Die freie Kohlensäure wird durch Ätznatron neutralisiert. Die zur Umsetzung der Karbonathärte notwendigen Reaktionen lassen sich in folgende Gleichungen kleiden:

Karbonathärte

$$Ca(HCO_3)_2 + 2\,NaOH = CaCO_3 + Na_2CO_3 + 2\,H_2O \qquad (1)$$
$$Mg(HCO_3)_2 + 2\,NaOH = MgCO_3 + Na_2CO_3 + 2\,H_2O \qquad (2a)$$
$$MgCO_3 + 2\,NaOH = Mg(OH)_2 + Na_2CO_3 \qquad (2b, 5b, 7b)$$

freie Kohlensäure

$$CO_2 + 2\,NaOH = Na_2CO_3 \qquad (3)$$

Bei diesen Umsetzungen entsteht Soda, welche mit zur Beseitigung der Nichtkarbonathärte verbraucht wird. Im Vergleich zum vorigen Verfahren genügt hier unter den gleichen Bedingungen eine geringere Menge von in den Prozeß einzuführender Soda, um das gleiche Endergebnis zu erzielen.

Zu 3. Beim reinen Sodaverfahren spielen sich die folgenden Vorgänge ab:

Karbonathärte:

$$Ca(HCO_3)_2 + Na_2CO_3 \rightleftarrows CaCO_3 + NaHCO_3 \quad (1)$$

$$Mg(HCO_3)_2 + Na_2CO_3 \rightleftarrows MgCO_3 + NaHCO_3 \quad (2a)$$

$$2\,NaHCO_3 = Na_2CO_3 + CO_2 + H_2O \quad (3)$$

Nichtkarbonathärte:

$$CaSO_4 + Na_2CO_3 \rightleftarrows CaCO_3 + Na_2SO_4 \quad (4)$$

$$MgSO_4 + Na_2CO_3 \rightleftarrows MgCO_3 + Na_2SO_4 \quad (5a)$$

$$CaCl_2 + Na_2CO_3 = CaCO_3 + 2\,NaCl \quad (6)$$

$$MgCl_2 + Na_2CO_3 = MgCO_3 + 2\,NaCl \quad (7)$$

Man erkennt ohne weiteres, daß diese Umsetzungen nicht zu einwandfreier Enthärtung führen, da sämtliche Magnesiumsalze in noch schwach lösliches Karbonat umgewandelt werden. Weiter bedingt der größte Teil dieser Reaktionen einen ganz erheblichen Überschuß des Fällungsmittels. Das Verfahren wird daher in der Praxis so ausgeführt, daß aus dem Kessel ständig eine bestimmte Menge Wasser zum Reiniger zurückgeführt wird. Auf diese Weise gelangt in ihn Ätznatron, welches dann seinerseits zu einer vollkommenen Enthärtung des Rohwassers beiträgt. Unter dem Einflusse von Druck und höherer Temperatur spielt sich nämlich im Kessel folgende Spaltungsreaktion ab:

$$Na_2CO_3 + H_2O \rightarrow 2\,NaOH + CO_2 \quad (8)$$

Aus dem Kessel entnommenes Wasser enthält statt der ursprünglich eingeführten Soda Ätznatron. Diese Reaktion ist doch erst bei einem Kesseldruck von 50 atü und einer Temperatur von über 250° vollkommen. Bei niederen Drücken ist der Grad der Spaltung von folgender Größe:

Kesseldruck atü . .	3	12	15	20	30	50
Umgesetzte Soda %	Spuren	50	65	78	85	100

Das dem Reiniger zugeführte Ätznatron tritt nun mit der Karbonathärte des Rohwassers in genau der gleichen Weise in Reaktion, wie es die Gleichungen (1) bis (2b) beim Ätznatron-Soda-Verfahren darstellen. Ebenso wird auch hier die Kohlensäure durch das Ätznatron neutralisiert. Das chemische Endergebnis dieses Verfahrens stimmt also im wesentlichen mit dem des vorigen überein.

Zu 4. Das Permutitverfahren gewinnt in neuerer Zeit in erheblichem Maße Eingang in der Industrie. Die Enthärtung wird hier durch ein auf synthetischem Wege hergestelltes Erzeugnis, den Permutit, durchgeführt. Das in ihm enthaltene Alkali setzt sich in einfachem Austausch mit den Kalzium- und Magnesiumsalzen des Wassers um. Die Reaktionsgleichungen sind folgende:

$$Ca(HCO_3)_2 + Na_2P = CaP + 2\,NaHCO_3 \qquad (1)$$

$$Mg(HCO_3)_2 + Na_2P = MgP + 2\,NaHCO_3 \qquad (2)$$

$$CaSO_4 + Na_2P = CaP + Na_2SO_4 \qquad (3)$$

$$MgSO_4 + Na_2P = MgP + Na_2SO_4 \qquad (4)$$

$$CaCl_2 + Na_2P = CaP + 2\,NaCl \qquad (5)$$

$$MgCl_2 + Na_2P = MgP + 2\,NaCl \qquad (6)$$

P = Permutitrest.

Bestimmung der für die Reinigung erforderlichen Menge an Chemikalien.

Die Ermittlung der für die Ausreinigung der Härte erforderlichen Chemikalienmenge kann angenähert durch einen entsprechenden Versuch im kleinen oder aber auf rechnerischem Wege erfolgen.

Ermittlung durch praktischen Versuch. Handelt es sich beispielsweise darum, die zur Ausreinigung nach dem Kalk- und Sodaverfahren erforderlichen Chemikalien zu bestimmen, so kann man wie folgt verfahren:

a) Bestimmung der Sodamenge. Man versetzt 500 cm^3 des Wassers mit 10 cm^3 $^n/_5$ Sodalösung, dampft zur Trockne ein, löst den verbleibenden Rückstand in wenig Wasser, filtriert durch ein kleines Filter und wäscht dieses bis zum Verschwinden der alkalischen Reaktion aus. Im gesamten Filtrat bestimmt man durch Zurücktitrieren mit $^n/_5$ Säure unter Benutzung von Methylorange-Indikator die verbrauchte Sodamenge. Sind a cm^3 Sodalösung verbraucht worden, so ist die für je 1 l des Wassers zur Entfernung der bleibenden Härte notwendige Soda gleich $2 \cdot a \cdot 0{,}0106$ g, da 1 cm^3 $^n/_5$ HCl 0,0106 g Na_2CO_3 entspricht.

b) Bestimmung der Kalkmenge. Es werden 500 cm^3 des Wassers mit 100 cm^3 klarem Kalkwasser, dessen CaO-Gehalt vorher durch Titrieren z. B. mit $^n/_5$ Salzsäure und Phenolphthalein ermittelt worden ist, versetzt. Man erwärmt etwa $^1/_2$ Stunde im bedeckten Gefäß und filtriert nach dem Erkalten durch ein trockenes Faltenfilter. 500 cm^3 des Filtrates werden sogleich mit $^n/_5$ Salzsäure titriert. Die verbrauchte Säuremenge gibt nach der Vermehrung um $^1/_5$ (wegen der vorherigen Verdünnung der 500 auf 600 cm^3) die Menge des unverbrauchten CaO. Zieht man diese Menge von der ursprünglich in 100 cm³ Kalkwasser enthaltenen Menge CaO ab, so ergibt der verdoppelte Wert die zur Ausreinigung der Erdalkalikarbonate erforderliche CaO-Menge für 1 l des untersuchten Wassers. Es entspricht 1 cm³ $^n/_5$ Salzsäure 0,0056 g CaO.

Rechnerische Ermittlung. Die rechnerische Ermittlung der benötigten Chemikalienmengen läßt sich beim Bekanntsein der Zusammensetzung der Härte des Rohwassers auf verschiedene Weise und für jedes Verfahren durchführen. Eine leicht verständliche Art der Berechnung hat Hundeshagen[1] gegeben. Die nachstehende Zusammenstellung ist zur Erleichterung solcher Rechnungen und zu ihrer raschen Durchführung angegeben.

1° deutsche Härte wird bedingt durch:								
Kalziumsalze mg/l	CaO	10,0	Magnesiumsalze mg/l	MgO	7,14	Säurereste mg/l	CO_2	7,9
	$CaCO_3$	17,9		$MgCO_3$	15,0		CO_3	10,7
	$Ca(HCO_3)_2$	29,0		$Mg(HCO_3)_2$	26,0		SO_3	14,3
	$CaSO_4$	24,3		$MgSO_4$	21,4		SO_4	17,1
	$CaCl_2$	19,8		$MgCl_2$	17,0		Cl	12,7

a) Kalk-Soda-Verfahren. Bezeichnet man nach dem Vorschlag von Hundeshagen mit

$\mathfrak{Ca}$ die Kalkhärte
$\mathfrak{Mg}$ die Magnesiahärte
$\mathfrak{K}$ die Karbonathärte
$\mathfrak{N}$ die Nichtkarbonathärte
$\mathfrak{c}$ das Härteäquivalent der freien Kohlensäure (s. die Zusammenstellung),
} in Graden deutscher Härte

so sind zur Durchführung des Verfahrens folgende Mengen an 100proz. Chemikalien erforderlich.

1. Ätzkalk $g/m^3 = 10{,}0\ (\mathfrak{K} + \mathfrak{Mg} + \mathfrak{c})$,
2. Soda $g/m^3 = 18{,}9\ \mathfrak{N}$.

Man überzeugt sich leicht von der Richtigkeit dieser Gleichungen. Aus den oben angegebenen Gleichungen (1) bis (3) für das Kalk-Soda-Verfahren ergibt sich, daß für jedes Äquivalent Karbonathärte, bestehe sie aus Kalzium- oder Magnesiumbikarbonat, zunächst ein Äquivalent Ätzkalk notwendig ist zwecks ihrer Überführung in Monokarbonat. Außerdem erfordert jedes Äquivalent der Magnesiahärte — sowohl in Form von Karbonat- als auch Nichtkarbonathärte — die ihm äquivalente Menge Ätzkalk zur Umwandlung des Karbonates in das unlösliche Hydrat. Siehe die Gleichungen (2b), (5b) und (7b). Schließlich verbraucht jedes

[1] Hundeshagen, F.: Z. öffentl. Chem. Bd. 13, H. 23. 1907.

Äquivalent freie Kohlensäure ein Äquivalent Ätzkalk zur Überführung in Kalziumkarbonat. Berücksichtigt man noch, daß 1° deutsche Härte 10 mg Ätzkalk je Liter entspricht, so kommt man zu obenstehender Gleichung. Entsprechend ergibt sich aus den Gleichungen für die Unschädlichmachung der Nichtkarbonathärte, daß je 1 Äquivalent Kalzium- oder Magnesiumsulfat oder Chlorid je 1 Äquivalent Soda hierfür erfordert. Es verhält sich 1 Äquivalent Soda im absoluten Gewicht zu dem von einem Äquivalent Ätzkalk wie:

$$Na_2CO_3/2 : CaO/2 = 53 : 28 = 1{,}89 : 1\,.$$

Die 1° deutscher Härte bedingende Ätzkalkmenge von 10 mg ist also chemisch gleichwertig 18,9 mg Soda.

b) Ätznatron-Soda-Verfahren. Die entsprechenden Gleichungen zur Ermittlung der Chemikalienmengen für die Ausreinigung des Wassers lauten hier:

$$\text{Ätznatron g/m}^3 = 14{,}3\,(\mathfrak{K} + \mathfrak{Mg} + \mathfrak{c})\,, \qquad (1)$$

$$\text{Soda g/m}^3 = 18{,}9\,(\mathfrak{N} - \mathfrak{K} - \mathfrak{Mg} - \mathfrak{c}) = 18{,}9\,(\mathfrak{Ca} - [2\,\mathfrak{K} + \mathfrak{c}])\,. \qquad (2)$$

Die Gleichung (1) ergibt sich aus der entsprechenden beim vorigen Verfahren, wenn man das Wirkungsgradverhältnis von Ätzkalk zu Ätznatron berechnet und dann den gefundenen Wert in die oben gegebene Gleichung einsetzt. Es ist $NaOH : CaO/2 = 40 : 28 = 1{,}43 : 1$. Folgende Überlegung führt zu Gleichung (2). Der Gesamtsodabedarf ist genau der gleiche wie beim Kalk-Soda-Verfahren. Da nun aber beim Ätznatron-Soda-Verfahren gemäß den früher gegebenen Gleichungen (1) bis (2b) bei der Umsetzung der Karbonathärte und der Neutralisation der freien Kohlensäure selbst Soda gebildet wird, die mit an weiteren Umsetzungen teilnehmen kann, so läßt sich die Menge der von außen zugeführten Soda um einen entsprechenden Betrag vermindern. Diese im Prozeß selbst entstehende Sodamenge ist gleich $18{,}9(\mathfrak{K} + \mathfrak{Mg} + \mathfrak{c})$. Zieht man diesen Wert von $18{,}9 \cdot \mathfrak{N}$ ab und beachtet noch, daß $\mathfrak{K} + \mathfrak{N} = \mathfrak{Ca} + \mathfrak{Mg}$ ist, so kommt man zu Gleichung (2). Aus ihr ergibt sich, daß unter Umständen ein Sodazusatz unnötig sein kann. Dies ist der Fall, wenn die durch Kalzium bedingte Härte gleich oder kleiner als der Klammerausdruck $2\,\mathfrak{K} + \mathfrak{c}$ ist.

c) Sodaverfahren mit Rückführung. Die Zugabe von Soda und die Rückführung von Kesselwasser müssen so geregelt werden, daß in den Reiniger genügend Soda gelangt zur Beseitigung der Karbonathärte sowie zur Neutralisation der freien Kohlensäure. Es spielen sich dann die gleichen Vorgänge wie beim Ätznatron-Soda-Verfahren ab. Es ist also die erforderliche Sodamenge für die Nichtkarbonathärte:

$$\text{Soda g/m}^3 = 18{,}9\,(\mathfrak{Ca} - [2\,\mathfrak{K} + \mathfrak{c}])\,.$$

Für die Umsetzung der Karbonathärte wird eine Ätznatronmenge benötigt, die wie beim vorigen Verfahren gleich ist:

$$\text{Ätznatron g/m}^3 = 14{,}3\,(\mathfrak{K} + \mathfrak{Mg} + \mathfrak{c})\,.$$

Die Sodamenge, aus welcher dieses Ätznatron durch vollkommene Spaltung entstehen könnte, ist gleich:

$$\text{Soda g/m}^3 = 18{,}9\,(\mathfrak{K} + \mathfrak{Mg} + \mathfrak{c})\,.$$

Eine vollkommene Spaltung der Soda beim Durchlauf durch den Kessel vorausgesetzt, würde der Gesamtsodabedarf gleich der Summe der beiden Einzelanteile sein:

$$\left.\begin{aligned}\text{Soda g/m}^3 &= 18{,}9\,(\mathfrak{Ca} - [2\,\mathfrak{K} + \mathfrak{c}]) + 18{,}9\,(\mathfrak{K} + \mathfrak{Mg} + \mathfrak{c}),\\ &= 18{,}9\,(\mathfrak{Ca} - \mathfrak{K} + \mathfrak{Mg}),\\ &= 18{,}9\,\mathfrak{N}.\end{aligned}\right\}\quad(1\,\mathrm{a})$$

Zufolge der unvollständigen Spaltung muß aber die Sodamenge um denjenigen Betrag erhöht werden, der sich unverändert im zurückgeführten Kesselwasser befindet. Liegen beispielsweise die Verhältnisse so, daß nur 30% der Soda gespalten werden können (s. o.), so muß die das Ätznatron liefernde Sodamenge um den Betrag

$$\frac{100 - 30}{100} \cdot 18{,}9\,(\mathfrak{K} + \mathfrak{Mg} + \mathfrak{c})$$

erhöht werden. Allgemein wird, wenn $\mathfrak{Sp}$ den Spaltungsanteil der Soda bezeichnet, die Gesamtsodamenge zur Durchführung des Verfahrens:

$$\text{Soda g/m}^3 = 18{,}9\left(\mathfrak{N} + \frac{(100 - \mathfrak{Sp})\,(\mathfrak{K} + \mathfrak{Mg} + \mathfrak{c})}{100}\right). \qquad (1\,\mathrm{b})$$

Die aus diesen Gleichungen errechneten Chemikalienmengen weichen stets mehr oder weniger von den tatsächlich erforderlichen ab. Das gleiche gilt übrigens für die durch Versuche im kleinen Maßstab ermittelten. Man kann daher diese Zahlen zunächst nur als einen Anhaltspunkt für den Betrieb betrachten, und die praktische Erfahrung wird lehren müssen, in welcher Weise sie zu korrigieren sind. Der Grund für diese Abweichungen ist darin zu suchen, daß der Reaktionsverlauf nicht immer streng der in den Gleichungen dargestellte zu sein scheint, daß ferner die Temperatur im Reiniger und die Zeit, die zur Umsetzung zur Verfügung steht, von Einfluß auf deren Verlauf ist und daß ein von verschiedenen Verhältnissen abhängiger Überschuß an wirksamen Stoffen vorhanden sein muß. Schließlich ist zu beachten, daß die benutzten Chemikalien nur die in der Technik übliche Reinheit aufweisen. Im günstigen Sinne auf den Chemikalienverbrauch wirkt die bereits bei mäßig erhöhter Temperatur eintretende Spaltung der Bikarbonate im Reiniger:

$$Ca(HCO_3)_2 \rightarrow CaCO_3 + CO_2 + H_2O\,.$$

Unter den gewöhnlich in der Praxis obwaltenden Temperaturverhältnissen werden etwa 35—45% der im Rohwasser vorhandenen Bikarbonate in dieser Weise in Monokarbonate umgewandelt.

Untersuchung der Rohstoffe zur Wasserreinigung.

Zur Reinigung des Wassers von Härtebestandteilen kommen, wie aus dem Vorstehenden hervorgeht, Ätzkalk, Soda und Ätznatron in Betracht. Der Wirkungswert der angelieferten Chemikalien wird wie im nachstehenden angegeben bestimmt.

Gebrannter Kalk. Ätzkalk wird fast ausschließlich auf seinen Gehalt an wirksamen Kalziumoxyd untersucht.

Vorbedingung für die Analyse ist ein möglichst gut gezogenes Durchschnittsmuster. Die Probenahme kann in ganz ähnlicher Weise, wie es bei der Kohle beschrieben wird, geschehen. 100 g eines solchen Durchschnittsmusters werden in einer Porzellanschale sorgfältig gelöscht, indem man zweckmäßig heißes, destilliertes Wasser auf die groben Ätzkalkstücke aufspritzt, bis diese zu zerfallen beginnen. Nachträglich ist noch so viel Wasser hinzuzusetzen, daß ein teigiger Brei entsteht. Für die Feinheit und Gleichmäßigkeit des zu untersuchenden Breies oder der daraus zu bereitenden Kalkmilch ist es von Vorteil, die angeteigte Masse einige Stunden, womöglich über Nacht, stehenzulassen, wobei aber die Möglichkeit der Aufnahme von Kohlensäure ausgeschlossen werden muß. Der entstandene Brei wird dann in einen Halbliterkolben gebracht und mit destilliertem Wasser bis zur Marke aufgefüllt. Nach tüchtigem Umschütteln werden 100 cm^3 herauspipettiert, in einen weiteren Halbliterkolben übertragen, in diesem wieder zur Marke aufgefüllt und von dem nochmals gut gemischten Inhalt 25 cm^3, die 1 g Ätzkalk entsprechen, zur Untersuchung gezogen. Der trüben Kalkmilch werden einige Tropfen Phenolphthaleinlösung zugefügt, dann wird mit normaler Salzsäure titriert, bis die Rosafarbe verschwunden ist. Der Farbenumschlag tritt ein, wenn aller freier Kalk neutralisiert, aber kohlensaurer Kalk noch nicht angegriffen ist. Erforderlich ist langsames gutes Umrühren beim Titrieren. Jedes Kubikzentimeter der Normalsäure entspricht 0,02804 g Kalziumoxyd.

Die Titration des Kalkes kann auch mit Normal-Oxalsäure in Gegenwart von Phenolphthalein vorgenommen werden, welche nur auf das vorhandene Kalziumoxyd, nicht aber auf das Kalziumkarbonat einwirkt.

Für den Fall, daß im Ätzkalk eine größere Menge von nicht durchgebranntem Gestein, also vorzugsweise noch Karbonat enthalten ist, sei zu seiner Bestimmung folgende Methode gegeben:

Man ermittelt durch Auflösen einer Probe in einer gemessenen Menge Normalsalzsäure und Zurücktitrieren mit Normalalkali unter Benutzung von Methylorange den Gehalt von Kalziumoxyd und Kalziumkarbonat zusammen. In einer zweiten Probe ermittelt man nach der oben beschriebenen Vorschrift das Kalziumoxyd. Die Differenz der nach beiden Bestimmungen erhaltenen Werte ergibt die Menge des nicht durchgebrannten Kalkes, ausgedrückt als Kalziumoxyd.

Der Ätzkalk enthält außer kohlensaurem Kalk als Verunreinigungen Sand und kieselsäurehaltige Materie. Um diese Verunreinigungen zu bestimmen, werden 10 g abgewogen und mit einer zum Lösen hinreichenden Menge Säure in einer Porzellanschale behandelt; der Inhalt der Porzellanschale wird bis zur Trockne auf dem Wasserbade verdampft, nochmals mit starker Salzsäure angefeuchtet und wiederum abgeraucht und eingedunstet, um alle Kieselsäure unlöslich zu machen. Hierauf wird mit heißem Wasser auf ein Filter gespült, das Filter verascht und die Asche gewogen.

Gute Ätzkalksorten haben 80—95, ja bis 98% CaO, der Kalziumkarbonatgehalt bewegt sich etwa zwischen 4 und 17%. Nichtdurchgebrannte Teile sowie sandige Beimengungen sind für seine technische Verwendung wertlos. Soll der Kalk[1] für Hadernkochung Verwendung finden, so darf er nicht mehr als 2% Magnesiumoxyd und 2% Kieselsäure, Eisen, Aluminium oder andere unlösliche Stoffe enthalten. Der Kohlendioxydgehalt darf 2% nicht übersteigen. Der Minimalgehalt an Kalziumoxyd für solche Sorten sollte 95% betragen.

Man kann von dem Wert eines Ätzkalkes auch dadurch rasch eine Vorstellung gewinnen, daß man eine von Schwalbe und Grimm[2] gemachte Beobachtung für analytische Zwecke ausnutzt.

Nach Schwalbe und Grimm zeigt nämlich der Gehalt des aus ihm hergestellten Kalkwassers an, ob der betreffende Ätzkalk ausgiebig ist oder nicht. Nur ein guter Ätzkalk kommt dem theoretischen Höchstwert von 1,23 g CaO im Liter nahe.

Zur Wertbestimmung des Kalkes löscht man eine Probe ab, rührt sie dann zur Kalkmilch an und verdünnt hiervon einen kleineren Teil stark mit Wasser. In dem Maße, wie das entstehende Kalkwasser im Gehalt vom theoretischen Wert abweicht, ist der Kalk von minderer Güte.

Kalkmilch. Den Gehalt der für technische Zwecke hergestellten Kalkmilch kann man annähernd durch ein Aräometer feststellen. Die Genauigkeit der Aräometerbestimmung hängt namentlich von der Einhaltung der normalen Temperatur von 15° ab. Es ist empfehlenswert, von Zeit zu Zeit die Richtigkeit der Aräometerbestimmung durch eine Titration zu prüfen. Da nach Lenart[3] aber auch

[1] Paper Bd. 25, Nr. 25, S. 16. 1920.

[2] Vgl. H. Grimm: Über die Einwirkung von Alkalien und alkalischen Erden auf Spinnfaser-Zellstoffe (Hadernkochung). Zellstoff u. Papier Bd. 1, Nr. 1, S. 7 bis 10, Nr. 2, S. 33—56. 1921.

[3] Lenart, Georg: Wie bestimmt man am zweckmäßigsten den Ätzkalkgehalt der Kalkmilch? Z. Ver. Dtsch. Zuckerind. 1919, 1.—15. Januar; Chem. Zentralbl. II, S. 560—561. 1919; IV, S. 1099. 1919.

die Titration der Kalkmilch nicht genügend genau durchführbar ist, empfiehlt er für ihre Wertbestimmung das spez. Gewicht mittels eines rohen Pyknometers festzustellen. Als ein solches kann ein Glas- oder Metallzylinder von bekanntem Inhalt (500—1000 cm^3) dienen. Aus dem so ermittelten spez. Gewicht läßt sich unter Benutzung der Zahlentafel im Anhang die zugehörige Konzentration ablesen. Die Zahlentafel 4 gilt für eine Temperatur von 20°, und es ist zu beachten, daß diese bei der Bestimmung eingehalten wird. Bei 30° sind die spez. Gewichte um rund 0,002, und bei 40° um rund 0,005 geringer als bei 20°.

Kalkwasser. Die Gehaltsbestimmung des technischen Kalkwassers erfolgt am vorteilhaftesten durch Titration mit $^n/_{10}$ oder $^n/_5$ Säure unter Benutzung von Phenolphthalein als Indikator.

Soda. Die Soda kommt in den Handel teils als wasserfreies oder kalziniertes Salz, teils als kristallinische Ware. In der Industrie wird vorzugsweise wasserfreie Soda (englische Bezeichnung soda ash oder alkali 58%) verwandt. Ihr Gehalt an Soda soll 98—100% Natriumkarbonat betragen. Je nach der Herstellung kommen in ihr mehr oder weniger große Mengen von charakteristischen Verunreinigungen vor.

Bei sogenannter Leblanc-Soda ist Sulfat, Ätznatron und Schwefelnatrium die häufigste Verunreinigung; bei sogenannter Ammoniaksoda bestehen die Fremdstoffe aus Bikarbonat, Chlorid und allenfalls Ammoniak.

Eisen- und Aluminiumhydroxyd sollen nicht vorhanden sein.

Der Gehalt an Natriumkarbonat in der Soda wird in verschiedenen Ländern ganz unterschiedlich bezeichnet. In Deutschland bedeuten die „Grade" den Prozentgehalt der Soda an Natriumkarbonat. In England bezeichnet man mit „Graden" den Prozentgehalt an Natriumoxyd Na_2O in der Ware. Diese englischen oder Newcastlergrade sind jedoch infolge der Anwendung eines unrichtigen Atomgewichtes für Natrium etwas höher als der tatsächliche Gehalt. In Frankreich und Belgien gibt man die Grade nach Descroizilles an. Die französischen Grade bedeuten diejenige Menge von Schwefelsäure, die von 100 Teilen der betreffenden Soda neutralisiert wird. Als Meßflüssigkeit stellt man sich eine Schwefelsäurelösung her, die genau 100 g Schwefelsäure im Liter enthält.

Folgende Zahlentafel gibt einen Vergleich der verschiedenen Grade[1]. Diese Tafel gilt auch für Ätznatron.

% Na_2O	40	50	55	58	60	70	75
Deutsche Grade (% Na_2CO_3)	68,39	85,48	94,03	99,16	102,58	119,69	128,23
Engl. (Newcastlegrade) . . .	40,52	50,66	55,72	58,76	60,79	70,92	75,99
Descroizillesgrade	63,22	79,03	86,93	91,68	94,84	110,64	118,55
% NaOH	51,60	64,50	70,96	74,83	77,40	90,30	96,77

[1] Nach Ullmann: Enzyklopädie der technischen Chemie.

Die Kristallsoda enthält gewöhnlich etwa 62% Kristallwasser, so daß der Wirkungswert eines bestimmten Gewichtsteiles nur rund 37% von dem des gleichen an kalzinierter Soda beträgt. Als Verunreinigung findet sich hier gewöhnlich rund 1% Natriumsulfat vor. Sodavorräte müssen an einem trockenen Orte gelagert werden, da Soda bis zu 10% Feuchtigkeit anzieht. Die Probenahme zur Untersuchung muß aus sehr verschiedenen Teilen der Packung, Fässer oder Säcke, geschehen. Am besten bedient man sich eines Probestechers, um eine gute Durchschnittsprobe zu ziehen. Vor der titrimetrischen Bestimmung ist es erforderlich, eine Wasserbestimmung durchzuführen dadurch, daß man die Proben ausglüht. Das Glühen muß, um Kohlensäureverluste zu vermeiden, bei Temperaturen unter 300° geschehen; am sichersten wendet man einen im Sandbad stehenden Platintiegel an.

Die Titration wird nach einer Vereinbarung der deutschen Sodafabrikanten wie folgt ausgeführt: 2,6502 g des geglühten und wieder erkalteten Materials werden aufgelöst und ohne Filtration mit Normalsalzsäure titriert; jedes Kubikzentimeter Normalsalzsäure zeigt bei Anwendung obiger Menge 2,0% Soda an. Als Indikator dient Methylorange, etwa 2 Tropfen einer Lösung von 1 Teil Methylorange in 1000 Teilen Wasser.

Ätznatron. Ätznatron, auch kaustische Soda oder kaustisches Natron oder schlechthin Natron genannt, kommt gewöhnlich in fester Form, und zwar eingegossen in Blechtrommeln, in den Handel, doch wird es auch als wässerige Lauge in verschiedener Stärke geliefert. In Deutschland sind in der Hauptsache folgende 3 Sorten marktgängig:

Deutsche Grade	120	125	128
Entspricht NaOH % . .	90,3	94,3	96,6
Englische Grade . . .	71,5	74,5	76,3

Die Ware wird nach dem Prozentgehalt an Ätznatron verkauft, doch wird dieser, wie aus der Aufstellung hervorgeht, zumeist auf Karbonat umgerechnet. Die Gradbezeichnung der Ware in andern Ländern ist wieder die gleiche wie bei der Soda. Es entspricht demnach eine Ware mit 100% Ätznatron 132,5 deutschen Graden oder 78,5 Newcastler Graden oder endlich 122,5 Graden nach Decroizilles.

Als Lauge kommt das Natriumhydrat mit 36, 40 und maximal mit 50° Bé in den Handel. Es entsprechen diese Zahlen einem Gehalt von 30, 35 und 49 Gewichtsprozenten NaOH.

Die Probeentnahme muß mit genügender Geschwindigkeit geschehen, da Wasser- und Kohlensäureanziehung sehr rasch erfolgt, so daß sie selbst in wohlverschlossener Flasche noch bemerkbar wird. Bei der Durchschnittsprobe muß man Stücke verwerfen, die eine blinde Kruste aufweisen, bzw. die Kruste durch Abkratzen entfernen.

Bei Probeentnahme aus den Trommeln muß man Stücke aus sehr verschiedenen Teilen des Ätznatronblockes zur Untersuchung bringen. Das in die Trommeln im geschmolzenen Zustande eingegossene Ätznatron erstarrt naturgemäß in den äußeren Schichten rascher als in der Mitte. In den länger flüssigen Anteilen sammeln sich die Verunreinigungen an.

Die Bestimmung des Gesamtalkalis geschieht wie folgt:

50 g der Ätznatronprobe werden in 1 l aufgelöst und 50 cm^3 der Lösung — 2,5 g der Substanz — mit Normalsäure und Methylorange titriert. Diese Titration wird der Berechnung in Graden zugrunde gelegt.

Zur Bestimmung des eigentlichen Ätznatrongehaltes wird zunächst mit Säure unter Anwendung von Phenolphthalein titriert, bis die rote Farbe eben verschwunden ist, was eintritt, wenn die vorhandene Soda in Natriumbikarbonat umgesetzt ist. Hierauf wird Methylorange zugesetzt und weiter bis zum Auftreten der Rotfärbung titriert. Sind zur ersten Titration n cm^3, zur zweiten allein m cm^3 verbraucht, so entsprechen $2\,m$ dem vorhandenen Natriumkarbonat, $n-m$ dem vorhandenen Natriumhydroxyd. 1 cm^3 $^n/_1$ Säure neutralisiert 0,04 g NaOH oder 0,053 g Na_2CO_3.

Die Bestimmung des im Ätznatron enthaltenen Wassers erfolgt in einem Erlenmeyerkolben von etwa $^1/_4$ l Inhalt, dessen Boden gerade von der Probe bedeckt wird. Auf diesen Kolben wird nach Füllung mit dem Ätznatron ein Trichterchen aufgesetzt, worauf man in einem Sandbade 3—4 Stunden auf 150° erhitzt. Durch das Aufsetzen des Trichters wird Kohlensäureabsorption verhindert. Den Kolben läßt man an freier Luft erkalten und wägt dann zurück.

Die Titration der fertig gelieferten Natronlauge wird sinngemäß in ähnlicher Weise vollzogen. Die für den technischen Gebrauch hergestellten Lösungen können natürlich durch bloße Aräometerbestimmung unter Einhaltung der üblichen Vorsichtsmaßregeln (insbesondere richtiger Temperatur) geprüft werden.

Die Prüfung des gereinigten Kesselspeisewassers.

Allgemeines. Aus der Bedeutung der Wasserreinigung für die Wirtschaftlichkeit der Dampfkesselanlage und des störungsfreien Arbeitens der gesamten übrigen Fabrikanlage ergibt sich die Notwendigkeit ihrer Kontrolle. Die Unvollständigkeit der sich bei der Reinigung abspielenden Reaktionen, die Schwankungen der sie beeinflussenden Temperatur, ferner der leicht mögliche Fall der Überlastung der Reinigungsanlage bei angestrengtem Betrieb machen eine ständige, fortlaufende Überwachung des Gesamtverlaufes erforderlich.

Diese Kontrolle der Wirksamkeit der Anlage findet in einfacher Weise durch eine Untersuchung des gereinigten Wassers statt. Dort, wo eine

Enteisenungsanlage vorhanden ist, muß auch deren richtiges Arbeiten zeitweilig durch Eisenbestimmungen kontrolliert werden.

Außerdem ist es unter allen Umständen erforderlich, sich durch gelegentliche Untersuchungen des Kesselinnern von der Güte der Ausreinigung zu überzeugen.

Die tägliche Prüfung des gereinigten Kesselwassers erstreckt sich zunächst auf die Ermittlung der Resthärte. Weiter ist es empfehlenswert, ständig die Alkalität des Kesselinhaltes zu prüfen. Die Erfahrung hat nämlich gelehrt, daß zwecks Verhinderung von Korrosionen und als Schutzmittel gegen Steinansätze eine bestimmte Alkalität nicht unterschritten werden soll (Schwellenwert der Alkalität). Dann ist weiterhin dem Gesamtsalzgehalt des Kesselwassers eine gewisse Aufmerksamkeit zu schenken, da dessen hohes Anwachsen Neigung zum Überschäumen hervorrufen kann. In weiteren Abständen sind dann noch der Gehalt an Sauerstoff und der an freier Kohlensäure zu ermitteln.

Praktische Erfahrungen haben zur Festlegung folgender Grenz- oder Schwellenwerte für den Kesselinhalt geführt.

Resthärte. Die im Kesselinhalt feststellbare Härte sollte als Höchstwert 2° deutsche Härte nicht überschreiten. Die Löslichkeit des Kalziumkarbonates bringt es mit sich, daß unter Umständen allein bis zu 1,9° deutsche Härte durch diese Verbindung bedingt werden können. Die Bestimmung der Resthärte kann entweder nach der Methode von Blacher oder, was für den Betrieb besonders geeignet ist, nach der Seifenmethode von Clark erfolgen.

Alkalität. Diese soll in Form von NaOH mindestens 0,4 g und in Form von Na_2CO_3 mindestens 1,85 g im Liter betragen. Beide Verbindungen können sich gegenseitig, und zwar im Verhältnis $NaOH : Na_2CO_3 = 1 : 4{,}5$ ersetzen. Um einen einfachen Ausdruck für die unter Umständen aus beiden Basen zusammengesetzte Alkalität zu erhalten, hat man als Maßstab hierfür die Natronzahl eingeführt, eine Zahl, welche das Gesamtalkali als NaOH in 1 l Kesselwasser angibt[1]. Es ist die

$$\text{Natronzahl} = \text{NaOH} + \frac{\text{Na}_2\text{CO}_3}{4{,}5}.$$

Der Wert dieser Zahl sollte immer über 400 liegen, andererseits 2000 nicht überschreiten.

Bestimmung der Natronzahl. Man titriert 10 cm³ des dem Kessel entnommenen und abgekühlten Wassers unter Benutzung von Phenolphthalein als Indikator mit $^n/_{10}$ Salzsäure bis zum Farbloswerden. Der erhaltene Säureverbrauch sei p cm³. Zur Probe setzt man einige

[1] Schmidt, Karl: Reinigung und Untersuchung des Kesselspeisewassers. Wasser u. Abwasser Bd. 14, Nr. 2, S. 62. 1919.

Tropfen Methylorange und titriert weiter mit $^n/_{10}$ Säure, bis die gelbe Färbung in braunorange übergeht. Der Gesamtverbrauch an Säure (also einschließlich p) bis zu diesem Punkte sei m. Es zeigt der Verbrauch:

$$p = \mathrm{NaOH} + \frac{\mathrm{Na_2CO_3}}{2}$$

und

$$m = \mathrm{NaOH} + \mathrm{Na_2CO_3}$$

an. Daraus ergibt sich die vorhandene Menge an:

$$\mathrm{Na_2CO_3\ mg/l} = 1060\,(m - p)$$

$$\mathrm{NaOH\ \ mg/l} = \ \ 400\,(2p - m)\,.$$

Nach einigen Vereinfachungen ergibt sich hiermit die Natronzahl zu:

$$\text{Natronzahl} = 564\,p - 164\,m\,.$$

Wenn m größer als $2\,p$ ist, kann kein freies Ätznatron vorhanden sein; ein Teil der Soda ist dann durch freie Kohlensäure in Bikarbonat übergeführt worden. Dessen Menge ergibt sich dann zu

$$\mathrm{NaHCO_3\ mg/l} = 840\,(m - 2p)\,.$$

Bestimmung der OH-Ionenkonzentration. Die obengenannten Zahlen für den Mindestgehalt des Speisewassers an Alkali entsprechen einer Wasserstoffionenkonzentration von

$$p_{\mathrm{H}}^{20^\circ} = 12{,}1 \qquad \text{und} \qquad p_{\mathrm{H}}^{200^\circ} = 9{,}4\,.$$

Die Alkalität des Speisewassers oder, genauer gesagt, seine Konzentration an OH-Ionen ließe sich auch durch die laufende Kontrolle seines p_{H}-Wertes überwachen. Die genaue Ermittlung dieses Wertes im meist salzreichen Speisewasser ist jedoch durchaus nicht zu den einfachen Bestimmungen zu zählen, so daß man sich meist mit der titrimetrischen Ermittlung der Natronzahl begnügt. Die kolorimetrischen Methoden geben eigenen Erfahrungen zufolge nicht sehr genaue, oft ganz unbefriedigende Zahlen, ganz abgesehen davon, daß die normale Ausrüstung der Meßeinrichtung sich fast immer auf Gebiete unter $p_{\mathrm{H}} = 11$ beschränkt. Wenn es nun auch Indikatoren für das hier in Frage kommende Gebiet starker Alkalität gibt (beispielsweise Tropäolin O p_{H} 11,1 bis 12,2, gelb-orangebraun; Alizaringelb p_{H} 10,1 bis 12,1, gelb-lila; Poirrierblau p_{H} 11,0 bis 13,0, blau-rosa), so darf jedenfalls die Genauigkeit solcher Messungen bei der nicht immer bekannten Salzzusammensetzung im Speisewasser nicht zu hoch angeschlagen werden. Allenfalls kann man diese Methode dazu benutzen, um unter Verzicht auf große Genauigkeit im Speisewasser festzustellen, ob die vorhandene Alkalität oberhalb des Grenzwertes liegt. Dies kann mit Lösungen der oben aufgeführten Indikatoren meist durchgeführt werden.

Genaue Werte des p_H-Wertes lassen sich hier nur durch elektrometrische Bestimmungen ermitteln, welche Untersuchung doch teuere Einrichtungen voraussetzt. Wie in allen Fällen bei der Betriebskontrolle, eignen sich hierzu gut die als Potentiometer gedrängt und gegen äußere Einflüsse widerstandsfähig gebauten Instrumente[1]. Mit ihnen ist jedenfalls das Arbeiten einfacher und rascher möglich als mit den Meßdrahtapparaturen. Während früher derartige Instrumente vor allem in Amerika und England viel benutzt wurden, bürgert sich ihre Anwendung jetzt langsam auch bei uns ein. Über die Ausführung von Messungen mit diesen Apparaten muß doch auf Spezialwerke verwiesen werden[2].

Es sei in diesem Zusammenhang schließlich erwähnt, daß, wie kürzlich Baylis[3] nachwies, die Ermittlung des p_H-Wertes bei dem Enthärtungsvorgang die Möglichkeit gibt, die günstigsten Bedingungen für diesen Prozeß ausfindig zu machen.

Gesamtsalzgehalt. Als Vergleichsmaßstab hierfür dient für praktische Zwecke die Bestimmung des spez. Gewichtes des Kesselwassers entweder mit dem Aräometer oder mit der Baumé-Spindel. Als unbedenklich gelten bis zu 20 g Salze im Liter. Diese Zahl entspricht unter durchschnittlichen Verhältnissen 2° Bé.

Gehalt an Gasen. Der Gehalt an freier Kohlensäure im Dampf (Kondensat aus dem Kessel) soll 35 mg/l Kondensat nicht überschreiten, der an Sauerstoff soll nicht mehr als 5 mg/l Dampfkondensat betragen.

Qualitative Prüfung des gereinigten Wassers auf Magnesiumkarbonat. Es ist bei mit Ätzkalk und Soda ausgereinigtem Kesselwasser empfehlenswert, daß man von Zeit zu Zeit sich davon überzeugt, ob die alkalische Reaktion des Reinwassers wirklich nur durch Soda, und nicht auch durch etwa noch nicht zu Hydroxyd umgesetztes Magnesiumkarbonat bedingt ist. Zur Prüfung, durch welchen der beiden in Betracht kommenden Stoffe die alkalische Reaktion des gereinigten Wassers verursacht wird, ist folgende Probe vorgeschlagen worden:

100 cm³ des gereinigten Wassers werden auf dem Wasserbade zur Trockne eingedampft. Der Rückstand wird mit 5 cm³ 50proz. Alkohol

---

[1] Bekannt für die Herstellung von solchen Instrumenten ist die Firma Leeds und Northrup, Philadelphia, Pa. 4901 Stenton Arc. In Deutschland wird ein für die Betriebskontrolle geeignetes Instrument nach Thrun und Tödt von der Firma Ströhlein & Co. G. m. b. H. in Braunschweig gebaut (s. Wochenbl. f. Papierfabr. Bd. 59, S. 1040. 1928). Der Preis der amerikanischen Instrumente schwankt zwischen 300—400 Dollar, jener der in Deutschland hergestellten bewegt sich ebenfalls in dieser Höhe.

[2] Man vergleiche besonders das ausführlich diese Untersuchungen darstellende Werk: Mislowitzer, E.: Die Bestimmung der Wasserstoffionenkonzentration von Flüssigkeiten. Berlin: Julius Springer 1928.

[3] Baylis, John R.: Die Wasserstoffionenkontrolle bei der Wasserenthärtung. Ind. and Engin. Chem. Bd. 20, S. 1191. 1928.

ausgelaugt, und einige Tropfen des Auszuges werden auf Kurkumapapier gebracht. Entsteht hierbei auf dem Papier ein brauner Fleck, so wird die Alkalität des Wassers durch Soda bewirkt sein. Bleibt das Papier jedoch unverändert, so ist auf Vorhandensein von Magnesiumkarbonat zu schließen, das in dem verdünnten Alkohol unlöslich ist und daher nicht färbend wirken kann.

Untersuchung von Kondensaten und Destillaten.

Allgemeines. Die zur Kesselspeisung mitverwendeten Kondenswässer und Destillate (von thermischen Wasserreinigungsanlagen stammend) müssen gleichfalls einer ständigen Kontrolle unterworfen werden. Diese erstreckt sich vor allem auf die Ermittlung der Härte, des Gehaltes an Sauerstoff sowie an Öl. Die Feststellung der Härte ist deshalb notwendig, weil die Kondensatoren und Kühler, in denen der Dampf niedergeschlagen wird, doch durch Undichtigkeiten Rohwasser oder andere Kühlflüssigkeiten durchlassen können. Die Prüfung auf Sauerstoff ist gerade für Dampfkondensate von besonderer Bedeutung, weil solche aus der Luft begierig dieses Gas aufnehmen, und zwar um so mehr, je weiter ihre Temperatur unter den Siedepunkt fällt. 80grädiges Wasser vermag etwa 3,5, 60grädiges bereits 5,2 mg Sauerstoff je Liter aufzunehmen. Auf aus den Schmiermitteln stammendes Öl und Fett muß geprüft werden, weil diese die inneren Wandungen der Heizflächen überziehen können und dadurch Anlaß zu Wärmestauungen mit schwerwiegenden Folgen geben.

Die Durchführung dieser Prüfungen auf Härte und Sauerstoffgehalt erfolgt nach den bereits früher gegebenen Vorschriften.

Prüfung auf Öl und Fett. a) Qualitativ. Schon das äußere Aussehen kann darüber Aufschluß geben, ob Öl und Fett im Kondensat vorhanden sind. Ist dies nämlich der Fall, so ist das Wasser ganz schwach milchig getrübt. Mit Sicherheit läßt sich der Nachweis der Anwesenheit dieser Stoffe dadurch erbringen, daß man auf eine Probe des Wassers ein kleines Stückchen Kampfer oder Paraphenylendiamin wirft. Das Kampferstückchen gerät auf der Oberfläche von öl- und fettfreiem Wasser in rasche, kreisende Bewegung, während es auf diese Stoffe enthaltendem Wasser zufolge anderer Oberflächenspannung sich vollkommen ruhig verhält.

b) Quantitativ. Enthält das Kondensat mehr als 1 mg Öl im Liter, so kann man es dem Wasser durch Ausschütteln mit Äther im Scheidetrichter entziehen. Es genügt zwei- bis dreimaliges Ausäthern der einzelnen Portionen der Gesamtmenge des zur Prüfung benutzten Wassers. Man sammelt die einzelnen Auszüge in einem kleinen Kolben und entwässert sie durch Zugabe von ein wenig frischgeglühtem Natriumsulfat oder festem Kalziumchlorid. Nach mehrstündigem Stehen, währenddessen man den Kolben öfters umschwenkt, filtriert man den Äther in ein gewogenes Gefäß, wäscht mit etwas frischem Äther nach, dampft ab und wägt den Rückstand.

Ist weniger als 1 mg Öl im Liter enthalten, so muß man das Öl vorerst durch eine im Wasser erzeugte Fällung auf dieser niederschlagen, es gleichsam konzentrieren. Aus der Fällung wird dann das Öl durch Extraktion mit Äther im Soxhlet gewonnen. Man gibt zur Ausführung dieser Bestimmung zu 2 l Kondensat etwa 0,3 g Aluminiumsulfat, erhitzt bis nahe zum Kochen, fügt Ammoniak bis zur schwach alkalischen Reaktion hinzu und läßt dem Niederschlag, auf dem sich das vorhandene Öl sammelt, Zeit zum Absetzen. Man filtriert dann durch ein fettfreies (mit Äther ausgewaschenes) Filter, wäscht mehrere Male mit heißem Wasser, trocknet den Niederschlag vollständig und extrahiert dann wie angegeben.

Prüfung auf schweflige Säure. In unserer Industrie gelangt bisweilen Kondenswasser oder vorgewärmtes Wasser zum Kesselspeisen, bei dem die Möglichkeit nicht ausgeschlossen ist, daß es zufolge von Undichtigkeiten in der Apparatur schweflige Säure enthält. Da diese Eisen unter den Bedingungen, wie sie im Kessel herrschen, stark angreift, so müssen solche Wässer ständig auf einen etwaigen Gehalt hieran beobachtet werden. Die Prüfung geschieht in bekannter Weise durch Titration einer größeren Probe des abgekühlten Wassers mit $^{n}/_{50}$ oder $^{n}/_{100}$ Jodlösung. Einige Tropfen müssen genügen, um in dem mit Stärke versetzten Wasser deutliche Blaufärbung hervorzurufen.

Zur Kontrolle der Flockungsreaktion bei der Betriebswasserreinigung.

Die Reinigung des Betriebswassers durch Behandeln mit Aluminiumsulfat ist in vielen Werken unserer Industrie in Gebrauch. Abgesehen von der chemischen Untersuchung des Fällungsmittels, über welche Näheres im Abschnitt Papier gesagt wird, ist hier besonderes Augenmerk dem eigentlichen Flockungsvorgang zu widmen. Erfahrungsgemäß spielt sich dieser bei einer bestimmten Wasserstoffionenkonzentration (p_H) am vorteilhaftesten ab. Wie die Untersuchung an vielen Wässern gezeigt hat, liegt die für diese Flockung geeignetste p_H auf der sauren Seite der Wasserstoffionenskala, nämlich um etwa $p_H = 6$ [1]. Der genaue, günstigste Wert für ein bestimmtes Wasser muß durch Versuche ermittelt werden, und es ist hierbei ein besonderes Augenmerk sowohl dem quantitativen Verlauf wie auch der Beschaffenheit der ausfallenden Flocken zu widmen. Diese sollen grob sein und Neigung zum raschen

---

[1] Splittgerber, A.: Betriebswasser in der Papier- und Zellstoff-Industrie. Papierfabrikant. Bd. 29, S. 81. 1931.

Absetzen zeigen. Alkalische Reaktion ist zu vermeiden, da schon bei p_H größer als 7,5 die Flocken wieder beginnen, sich aufzulösen.

Die Kontrolle der Wasserstoffionenkonzentration läßt sich, da die Betriebswässer doch zumeist annähernd farblos sind, mit guter Genauigkeit auf kolorimetrischem Wege durchführen. Es kann hier sowohl die Doppelkeilmethode[1] wie auch das Folienkolorimeter[2], wie endlich auch die sehr rasch arbeitende Tüpfelapparatur nach Tödt[3] benutzt werden. Alle die Methoden gestatten bei genügender Übung die Bestimmung mit einer Genauigkeit von $\pm 0,1$ durchzuführen.

Es sei in diesem Zusammenhange erwähnt, daß nach A. Klein[2] der p_H-Wert des Wassers auch deutlich das mehr oder weniger rasche Absetzen der mechanischen Verunreinigungen beeinflußt. Auch hierfür läßt sich auf empirischem Wege das Optimum bestimmen.

Was den Bedarf an Aluminiumsulfat zur Beseitigung der für manche Fabrikationsbelange — vor allem bei der Leimung, dann aber auch bei der Bleiche — störenden Karbonathärte betrifft, so werden nach Splittgerber[4] für je 1° Karbonathärte theoretisch 40 mg einer 15,3% Al_2O_3 enthaltenden Ware benötigt. Weiter entsprechen 50 mg der durchschnittlichen Handelsware mit 15—16% Tonerde 10 mg gebundener Kohlensäure oder 20 mg Bikarbonathärte. Schon Neubauer[5] machte aber darauf aufmerksam, daß erst bei einem deutlichen Überschuß die Ausfällung vollkommen ist, weshalb er 50 mg Aluminiumsulfat obigen Gehaltes für je 1° Karbonat anzuwenden empfiehlt.

Beachtenswerte Literatur.

Vereinigung der Großkesselbesitzer E. V., Kesselbetrieb. Charlottenburg 1927. Eine Sammlung praktischer Erfahrungen, darunter auch solchen über die Beurteilung des Speisewassers und über seine Enthärtung.

Blacher, C.: Chem.-Zg. Bd. 49, S. 959. 1925. Die Dezimaltropfflasche als technischer Titrierapparat. Der Verfasser beschreibt eine von ihm erdachte Ausführung der Tropfflaschen. Diese soll sich zur Bestimmung der Härte für die Praktiker besser eignen als die Tropfbürette.

Haupt: Speisewasser für Hochdruckkessel. Wochenbl. f. Papierfabr. Bd. 58, S. 387. 1927. 0,4 g NaOH im Liter entspricht $p_H^{20°} = 12{,}1$ und $p_H^{200°} = 9{,}4$. Dampfkondensate sollen nicht mehr als 30 bis 35 mg CO_2, 2 mg O_2 und 5 mg Öl im Liter enthalten, wenn sie als Speisewasser Verwendung finden sollen.

---

[1] Man vergleiche E. Oeman: Maßanalytische Verfahren. Berlin: Papier-Zg. 1928.

[2] Man vergleiche A. Klein: Wasserstoffionenkonzentration, deren Beziehung und Bestimmung in der Papier-Industrie. Papierfabrikant. Bd. 26, S. 145 u. 150. 1928.

[3] Über neue vereinfachte Methoden zur p_H-Messung. Wochenbl. f. Papierfabr. Bd. 59, S. 1040. 1928.

[4] S. o. Anm. 1 a. S. 36.

[5] Neubauer, E.: Über die bei der Leimung der Papiermasse stattfindenden chemischen Reaktionen. Papierfabrikant. Bd. 10, S. 1308. 1912.

Die Untersuchung der Kohle.

Probenahme.

Vorbedingung zur Erzielung richtiger Werte bei der Untersuchung von Brennstoffen ist eine sachgemäße Probenahme.

Folgende Vorschrift wird hierfür empfohlen[1]: Von jeder auf den Lagerplatz gebrachten Ladung (Karre, Korb u. dgl.) wird eine Schaufel, beim Abladen eines Wagens jede zwanzigste oder dreißigste Schaufel in Körbe oder mit Deckel versehene Kästen geworfen. Diese Rohprobe (etwa 250 kg) wird auf einer glatten Unterlage zu Walnußgröße zerkleinert, gründlich durchgemischt und zu einer quadratischen, etwa 10 cm hohen Schicht ausgebreitet. Durch die Diagonalen teilt man das Quadrat in 4 Teile, entfernt zwei einander gegenüberliegende Dreiecke und mischt das Verbleibende nach weiterer Zerkleinerung nochmals. Hierauf teilt man wieder wie vorher und fährt mit derselben Arbeitsweise fort, bis je nach Größe der Lieferung eine Probemenge von 1—10 kg verbleibt, die in luftdicht verschlossenen Gefäßen (Blechbüchsen) dem Laboratorium zur Untersuchung übergeben wird.

Von einem bereits abgeladenen Kohlenhaufen muß man an verschiedenen Stellen, auch innen und unten, Proben entnehmen und diese in der gleichen Weise auf eine geringere Menge bringen. Es ist hier, wie oben, stets darauf zu achten, daß in den zuerst genommenen Proben das Verhältnis von Stücken zu Grus dem der ganzen Lieferung möglichst entspricht. Die dem Laboratorium übergebenen Proben werden sogleich nach Ankunft gewogen und in flacher Schicht auf einer Blech- oder Glasunterlage ausgebreitet. Die allmählich statthabende Gewichtsabnahme bis zur Gewichtskonstanz gibt den Wasserverlust bis zur Lufttrockenheit an: Gruben- oder grobe Feuchtigkeit. Dieser Trockenprozeß benötigt bei Steinkohlen 1—2 Tage, bei Braunkohlen 4—8 Tage.

Die lufttrockene Kohle wird im Porzellanmörser oder in einer Kugelmühle weiter auf Grießgröße zerkleinert und die Menge des Pulvers nach oben angegebenem Verfahren auf etwa 100 g reduziert, die nach weitgehendster Pulverisierung in einer Stöpselflasche aufbewahrt werden. Vor jeder der folgenden Untersuchungen ist diese Probe gut durchzumischen.

Chemische Untersuchung.

Feuchtigkeitsbestimmung. Man trocknet eine Probe von etwa 10 g in einem Wägeglas 2 Stunden lang bei 105°. Die in Prozenten ausgedrückte Gewichtsabnahme ist das hygroskopische Wasser oder der Feuchtigkeitsgehalt.

---

[1] Nach den „Normen für Leistungsversuche an Dampfkesseln und Dampfmaschinen“.

Bei Kohlen, die bei der Temperatur von 105° Zersetzung durch den Sauerstoff der Luft erleiden — vornehmlich Braunkohlen —, muß das Trocknen im Kohlensäurestrom geschehen.

Da getrocknete Kohle sehr hygroskopisch ist, muß stets im verschlossenen Wägeglas gewogen werden. Selbst gut eingeschliffene Wägegläser verlieren bei monatelanger Benutzung durch Gestaltsveränderung den luftdichten Schluß, müssen also häufig erneuert werden.

Hygroskopische und grobe Feuchtigkeit sind von Wichtigkeit für die Beurteilung des Heizwertes einer Kohle, da zur Verdampfung des in der Kohle enthaltenen Wassers Wärme verbraucht wird.

Der Wassergehalt der Kohlen nimmt mit ihrem geologischen Alter ab: gasreiche (junge) Kohlen enthalten bis 7% hygroskopisches Wasser, Anthrazit-(gasarme) Kohlen dagegen höchstens 2%.

Die berechtigten Einwendungen, welche gegen diese Art der Bestimmung der Feuchtigkeit geltend gemacht worden sind — Wasser kann auch durch Zersetzung der Kohle bei der Trockentemperatur entstehen —, haben schon vor einiger Zeit dahin geführt, an die Stelle der Bestimmung des Wassers durch eine Trockenbestimmung eine direkte Methode der Wasserbestimmung in der Kohle zu setzen. Besonders Schläpfer hat sich in neuester Zeit mit dieser Frage beschäftigt[1] und in Anlehnung an früher ausgearbeitete Wasserbestimmungsmethoden für Getreidekörner, Zellstoff u. a. m. eine Methode angegeben, welche auf einer Destillation des Brennmaterials mit Xylol in einer indifferenten Atmosphäre beruht. Mit dem Xylol folgt hierbei alles Wasser aus dem Brennstoff mit in eine vorgelegte Meßröhre hinüber. Näheres über diese Art der Bestimmung des Wassergehaltes findet man im Abschnitt „Faserrohstoffe".

Aschenbestimmung. Man verbrennt 2—3 g Kohle in einem flachen Schälchen über einem Bunsenbrenner oder besser in einem Muffel- oder elektrischen Ofen. Ein ganz allmähliches Anwärmen ist erforderlich, um ein Zusammenbacken besonders bei Steinkohlen zu vermeiden. Die Temperatur darf eine gewisse Grenze, die bei Rotglut liegt, nicht überschreiten, da sonst die Verflüchtigung von mineralischen Bestandteilen und Kohlensäure aus Karbonaten stattfinden kann. Es ist zweckmäßig, den Tiegel in dem runden Ausschnitt einer schrägliegenden Asbestplatte über der Flamme zu erhitzen, um auf diese Weise den Eintritt von frischer Luft zum Tiegelinhalt zu erleichtern; auch ist ein öfteres Umrühren der Probe mit einem Platindraht anzuraten. Die Veraschung ist gewöhnlich in 2—3 Stunden beendet. Die erhaltene Asche muß frei von schwarzen, unverbrannten Kohleteilchen sein.

[1] Z. angew. Chem. Bd. 27, S. 52. 1914. Man vergleiche auch C. Blacher u. G. Girgensohn: Brennstoffanalytische Untersuchungen. Chem.-Zg. Bd. 48, S. 357. 1924.

Bei Braunkohle ist die Bestimmung leicht, schwieriger bei Koks, bei dem eine höhere Temperatur und längeres Erhitzen nötig ist.

Die Hauptbestandteile des mineralischen Rückstandes der Kohle — der Aschengehalt sollte 10% nicht überschreiten — sind Eisen-, Aluminium- und Kalziumoxyd und Kieselsäure. Die Menge der Asche, sowie ihre Zusammensetzung sind beim Dampfkesselbetrieb von Bedeutung für die Zeit, in welcher der Rost verschlackt wird (Rostbetriebsdauer). Starkes Schlacken tritt besonders dann ein, wenn die Menge der Kieselsäure annähernd gleich der Menge Eisenoxyd oder Kalk ist, da es in diesem Falle beim Verfeuern der Kohle häufig zur Bildung von leicht schmelzenden Silikaten kommt.

Schwefelbestimmung. Am gebräuchlichsten ist die Methode von Eschka. Man vermengt 0,5—1 g Kohle mit der $1^1/_2$-fachen Menge eines innigen Gemisches von 2 Teilen gebrannter reiner Magnesia und einem Teil wasserfreier reiner Soda in einem geräumigen Tiegel, der entweder aus Platin oder aus Porzellan besteht. Den unbedeckten Tiegel setzt man in eine durchlochte Asbestplatte und erwärmt mit einem Brenner die untere Hälfte zum Glühen. Nach beendigter Überführung des Schwefels in Sulfate, die durch öfteres Umrühren der Masse (mit dem Platindraht) unterstützt wird und spätestens nach 2 Stunden beendet ist, wird der erkaltete Tiegelinhalt in einem Becherglas mit heißem Wasser übergossen. Man setzt alsdann Bromwasser bis zur bleibenden Gelbfärbung zu und kocht zur vollständigen Lösung auf. Man dekantiert durch ein Filter, wäscht mit heißem Wasser aus, säuert das Filtrat mit Salzsäure an und kocht bis zum Verschwinden des Bromgeruches. In der klaren Lösung fällt man in der Siedehitze mit Bariumchlorid die Schwefelsäure als Sulfat. Der Niederschlag wird in bekannter Weise aufgearbeitet.

1 Teil $BaSO_4$ entspricht 0,1374 g S (log = 0,13792—1). Wenn Magnesia oder Soda nicht schwefelsäurefrei sind, so muß der Schwefelsäuregehalt der Mischung bestimmt und in Betracht gezogen werden.

Die Soda ist vor der Schmelzoperation gut zu entwässern, da sonst leicht Klumpenbildung eintritt[1].

Ein anderes Verfahren zur Schwefelbestimmung in Kohle hat Brunck[2] angegeben (modifiziert von Holliger[3]). Auf das Verfahren, bei welchem als Aufschließmischung ein Gemenge von (selbstbereitetem) Kobaltoxyd und entwässerter Soda zur Anwendung gelangt, kann hier nur verwiesen werden.

Ein abgeändertes Verfahren, das kein Kobaltoxyd benutzt, empfiehlt Krieger[4]. Dazu wird die Substanz in ein Verbrennungsschiffchen ein-

[1] Nach Krieger (Chem.-Zg. Bd. 39, S. 23. 1915) liefert die Methode von Eschka zu hohe Werte; 0,25% sind in Abzug zu bringen.

[2] Z. angew. Chem. Bd. 18, S. 1560. 1905.

[3] Z. angew. Chem. Bd. 22, 436. 1909.

[4] Krieger: Chem.-Zg. Bd. 39, S. 23. 1915.

gewogen und auf dessen ganze Länge gleichmäßig verteilt. Je nach dem Schwefelgehalt, der in den meisten Fällen ungefähr bekannt ist, wird 0,5—1 g Substanz angewandt. Die Verbrennung erfolgt in schwer schmelzbarem Verbrennungsrohr im Sauerstoffstrom unter Einwirkung von Kieselsteinen als Katalysatoren. Diese werden statt der sonst wohl verwandten Platinabfälle in einer 10 cm langen Schicht in das Verbrennungsrohr eingefüllt; vor der Substanz befindet sich eine ebenso lange Kupferspirale. Diese Anordnung hat den Zweck, mit möglichst geringer Erhitzung bei der Verbrennung auszukommen. Ohne Erhitzung nach dem Beginn der Verbrennung zu arbeiten, wie Holliger angegeben hat, dürfte bei Koks nicht angängig sein, da hierbei die Verbrennung aufhört. Der Sauerstoff wird durch die schwach rotglühende Kupferspirale erhitzt; auf diese Weise wird die Verbrennungstemperatur nicht zu hoch gehalten. Die Verbrennungsgase durchstreichen mit geringer Geschwindigkeit die ebenfalls rotglühende Schicht der Kieselsteine. Sollte die Verbrennung beim Entgasen der Substanz nicht vollständig gewesen sein, so findet hier eine nachträgliche Verbrennung statt, da die Steine katalytisch wirken und sie zu höherer Temperatur, als die Entzündungstemperatur der Verbrennungsgase beträgt, erhitzt sind.

Um diese vollständige Verbrennung zu ermöglichen, ist es notwendig, daß der Sauerstoff im Überschuß vorhanden ist. Es ist dies leicht festzustellen, wenn hinter die an das Verbrennungsrohr angeschlossenen Absorptionsgefäße noch eine Flasche mit Natronlauge angeschlossen ist. Die Zuführung von Sauerstoff und die Erhitzung des Verbrennungsschiffchens muß so geregelt sein, daß überschüssiger Sauerstoff diese Flasche durchstreicht. Dies gelingt bei etwas Übung leicht. Das Ende der Verbrennungsröhre, welche einseitig zu etwa 4 mm ausgezogen ist, da die Gesamtbeschickung von einer Seite erfolgen kann, muß natürlich derart heiß gehalten werden, daß eine Kondensation an dieser Stelle nicht erfolgt. Die gebildete Schwefelsäure wird in einer Vorlage, die mit titrierter $^{n}/_{5}$ Sodalösung beschickt ist, aufgefangen und der Schwefelgehalt auf einfache Weise durch Titrieren bestimmt. Kontrolluntersuchungen nach der Eschka-Methode, unter Beachtung aller Fehlerquellen — es mußte 0,25% Schwefel in Abzug gebracht werden[1] — und die gravimetrische Bestimmung des Schwefels in der Absorptionsflüssigkeit ergaben immer übereinstimmende Werte, die höchstens um 0,02% schwankten. Die Sodalösung wird mit Salzsäure zurücktitriert, so daß es stets möglich ist, den Schwefel auch noch durch Fällung zu bestimmen.

Den vielen Vorteilen dieser Methode steht ein Nachteil gegenüber: ein Teil des Schwefels kann in der Asche zurückgehalten werden. Er kann bei normalen Kohlen, die auch immer die gleich zu-

[1] S. o. Anm. 1 a. S. 40.

sammengesetzte Asche haben, nur an Kalk und Magnesia gebunden sein, da die Tonsubstanz der Asche durch Schwefel und dessen Oxydationsprodukte nicht angegriffen wird. Nach umfangreichen Untersuchungen enthält die Asche der westfälischen Kohle etwa 2,5% Kalk und 1% Magnesia. Es ist selbstverständlich, daß durch diesen hohen Gehalt — auf Kohle berechnet etwa 0,20% Kalk — ein Zurückhalten der Schwefelsäure schon möglich ist, da bekanntlich wohl Magnesiumsulfat, aber nicht Kalziumsulfat durch organische Substanzen zu Oxyd reduziert wird. Trotzdem ist in der Asche nur wenig Schwefel gefunden worden, bei der hauptsächlich untersuchten Kohle schwankt er zwischen 0,03 und 0,05%, ein Wert, der allerdings nicht vernachlässigt werden darf. Dieser Schwefelgehalt in der Asche kann nach Eschka bestimmt werden.

An Stelle des Kieselsteinkontaktes ist ein Platinstern, wie ihn Dennstedt verwendet, sehr zu empfehlen[1].

Der Schwefel kommt in der Kohle vorzugsweise als Schwefelkies (Eisensulfid) vor; außerdem als Kalziumsulfat (Gips) und an organische Stoffe gebunden. Für den Dampfkesselbetrieb ist zu beachten, daß bei der Verbrennung schwefelhaltiger Kohle Schwefeldioxyd entsteht, das die Kesselwandungen und die anderen Eisenteile der Feuerungsanlage angreift.

Der mittlere Schwefelgehalt deutscher Steinkohlen beträgt etwa 1—1,5%; Braunkohlen enthalten im Durchschnitt etwa 2%.

Koksbestimmung, d. i. Bestimmung der nicht vergasbaren Bestandteile. Man erhitzt 1 g des lufttrockenen Kohlenpulvers in einem mit einem Deckel verschlossenen Platintiegel, der in einem Platindreieck ruht, über einem gewöhnlichen Bunsenbrenner, bis keine brennbaren Gase mehr zwischen Tiegelrand und Deckel entweichen. Der ganze Versuch dauert nur wenige Minuten; es ist bei seiner Ausführung auf folgendes zu achten: die Höhe der Bunsenbrennerflamme soll mindestens 18 cm betragen, und sie soll in einem zugfreien Raum brennen; die Entfernung des Tiegelbodens von der Brennermündung soll (höchstens) 3 cm sein. Der Tiegel wird samt Deckel vor und nach dem Versuch gewogen. Die Koksausbeute wird, um vergleichbare Zahlen zu erhalten, auf aschefreie Kohle berechnet. Es ist bei dem Versuch zulässig, wenn auch weniger gut, sich statt des Platintiegels und Drahtdreiecks eines dünnwandigen Nickeltiegels und Nickeldreiecks zu bedienen.

Sowohl die Menge, als auch die Beschaffenheit des bei der Koksprobe verbleibenden Rückstandes gibt Anhaltspunkte für die Eigenschaften und Verwendbarkeit der betreffenden Kohle. Anthrazitkohlen geben selten weniger als 90% Koksausbeute, gasreiche Kohlen

[1] Siehe auch Appitzsch: Z. angew. Chem. Bd. 26, S. 503—504. 1913. Vgl. auch die Apparatur von Dennstedt in diesem Buche im Abschnitt Schwefelkies.

oft nur 50%. Der Koksrückstand kann entweder ein fester, zusammengeschmolzener glänzender Kuchen oder ein nicht geschmolzenes Kokspulver sein. Kohlen, die das erstere bei der Probe ergeben, sind vorzugsweise für die Herstellung von gutem Koks geeignet (Back- oder Fettkohlen), während jene, die ein Kohlenpulver hinterlassen (Mager- oder Sandkohlen), für Hausbrand und Schachtofenfeuerung am Platze sind. Zwischen beiden stehen die Sinterkohlen mit 75—90% Koksausbeute. Sie sind für Dampfkesselfeuerung am besten geeignet.

Außer der hier gegebenen Koksbestimmung nach Muck ist vielfach die amerikanische Probe von Constam[1] in Gebrauch. Sie unterscheidet sich von jener nur dadurch, daß die Flammenhöhe des zum Versuch benutzten Bunsenbrenners 20 cm betragen soll und der Boden des Tiegels sich beim Versuch 6—8 cm über der Brennermündung befindet. Die Verkokungszeit wird mit 7 Minuten angegeben. Die Oberfläche des Deckels soll blank werden, die Unterseite sich aber mit einem Kohlebeschlag überziehen.

Heizwertbestimmung. Es ist möglich, aus den bei der Elementaranalyse einer Kohle erhaltenen Werten für den Kohlenstoff-, Wasserstoff- und Sauerstoffgehalt und unter Berücksichtigung der hygroskopischen Feuchtigkeit mittels der sogenannten „Verbandsformel“ (Dulong) einen Wert für die Heizkraft des Brennmaterials zu berechnen. Diese Berechnungsweise hat an und für sich keine wissenschaftliche Berechtigung, da in der Kohle die Elemente keineswegs frei vorhanden sind, vielmehr miteinander komplizierte, nicht näher bekannte Verbindungen von unbekannten Heizwerten bilden. Die Übereinstimmung der nach der Verbandsformel errechneten Heizwerte mit den kalorimetrisch ermittelten ist trotzdem im allgemeinen genügend. Je jünger der Brennstoff ist, desto größer werden die Abweichungen (Holz, Torf, Braunkohle).

Vollkommen zuverlässige Angaben können aber nur durch die kalorimetrische Messung der Verbrennungswärme erzielt werden. Diese Bestimmung wird im Prinzip folgendermaßen ausgeführt: 1 g des Brennstoffes wird in einer stählernen, mit Platin oder Emaille ausgefütterten Bombe, nachdem Sauerstoff bis zum Druck von 25 Atmosphären eingepreßt worden ist, durch einen elektrischen Funken zur plötzlichen Verbrennung gebracht. Die hierbei entstehende Wärme wird aus der Temperatursteigerung des die Bombe umgebenden Wassermantels bestimmt. So einfach dieses Prinzip der Methode auch ist, so verlangt sie doch bei ihrer Ausführung viel Übung, wenn sie einwandfreie Ergebnisse zeitigen soll. Abgesehen hiervon ist die Apparatur ziemlich kostspielig[2], alles

---

[1] Z. angew. Chem. Bd. 17, S. 737. 1904.

[2] Neuerdings kommen Bomben aus Edelstahl (Krupp) in den Handel, welche einer Auskleidung nicht bedürfen und daher billiger sind. (Firma Fr. Hugershoff, Leipzig.)

Gründe, welche eine derartige, im Fabriklaboratorium von Zellstoff- und Papierfabriken doch nur gelegentlich auszuführende Bestimmung für diese wenig geeignet machen. Die Ermittlung des Heizwertes wird daher zweckmäßig anerkannten Handelslaboratorien, die sich dauernd mit solchen Untersuchungen beschäftigen, überlassen, oder den Laboratorien der Dampfkesselrevisionsvereine übertragen.

Ausführliches über die kalorimetrische Heizwertbestimmung findet man z. B. in Lunge-Berl[1], „Chemisch-technische Untersuchungsmethoden".

Die Überwachung des Feuerungsbetriebes.

Allgemeines. Es ist der Zweck dieses Abschnittes, darüber Auskunft zu geben, in welchem Umfang im Rahmen der chemischen Betriebskontrolle die Dampfkesselanlage zu überwachen ist. Anweisungen und Vorschriften über die Durchführung von Leistungsversuchen sollen hier nicht mitgeteilt werden, da eine solche Aufgabe nicht in das Gebiet der Betriebskontrolle fällt. Die Aufgabe der Betriebskontrolle beschränkt sich darauf, zu ermitteln, ob der Verbrennungsvorgang den dem Stand der Technik entsprechenden Höchstgrad erreicht und wodurch und in welchem Ausmaß Verluste bedingt sind.

Die Verluste, welche beim Feuerungsbetrieb auftreten und deren Größe weil, beeinflußbar, ständig festzustellen ist, sind:

1. Die durch Verbrennbares in den Ascherückständen bedingten,
2. die durch den Wärmegehalt der abziehenden Rauchgase verursachten und
3. die durch unvollkommene Verbrennung von Bestandteilen des Brennstoffes entstehenden.

Verluste durch Verbrennbares in den Ascherückständen.

Diese Verluste sind häufig größer als angenommen wird. Sie können teils durch fehlerhafte Auswahl des Rostes und des Brennstoffes, teils durch Überlastung der Feuerung bedingt sein. Auch können Beschickungsfehler vorliegen. Zur Bestimmung dieser Verluste wird von den Ascherückständen, deren anfallende Menge übrigens auch ermittelt werden muß, eine größere Durchschnittsprobe entnommen, und zwar auf die Art, wie es bereits bei der Probeentnahme von Kohle beschrieben worden ist. Nach entsprechender Zerkleinerung wägt man 2—3 g in einem Tiegel oder einer Schale ab, verbrennt und glüht über freier Flamme oder im elektrischen Ofen. Der Verlust stellt den Gehalt an brennbaren Stoffen in der angewandten Probe dar. Bei der Berechnung dieser Ver-

[1] Lunge-Berl: Chem.-techn. Untersuchungsmethoden, S. 428—443, 7. Aufl. Berlin: Julius Springer 1921.

luste in Wärmeeinheiten ist zu beachten, daß die brennbaren Bestandteile der Asche zumeist koksartiger Natur sind. Nach Aufhäuser beträgt ihr durchschnittlicher Heizwert:

in Steinkohlenaschen etwa 8000 WE.
in Braunkohlenaschen etwa 5750 WE.

Verluste durch die fühlbare Wärme der Abgase und durch unvollkommene Verbrennung.

Die vollkommene Verbrennung aller Feuerungsmaterialien erfordert im Betrieb eine Luftmenge, die über das theoretische Maß hinausgeht. Eine Feuerung wird um so günstiger arbeiten, je geringer dieser Luftüberschuß bei vollständiger Verbrennung ist. Da den Verbrennungsgasen stets eine bestimmte Wärme belassen werden muß, um in den Zügen und dem Schornstein eine gewisse Geschwindigkeit des Gasstromes zu erzielen, so bringt jeder unnötige Überschuß an Luft natürlich einen Wärmeverlust mit sich. Dieser Verlust kann bei starkem Zug sehr beträchtlich sein. Ungünstig beeinflußt wird der Wirkungsgrad der Feuerung weiterhin durch eine unnötig hohe Temperatur der abziehenden Rauchgase. Es ist daher ganz besonders notwendig, gerade dieser Verlustquelle eine große Aufmerksamkeit zuzuwenden. Die Bestimmung des Wärmeverlustes durch die Abgase setzt außer der Kenntnis ihrer Temperatur auch die ihres Volumens voraus. Dieses Volumen wird indirekt durch eine Untersuchung der Zusammensetzung der Abgase bestimmt. Aus der Zusammensetzung der Brennstoffe folgt ohne weiteres, daß bei einer gerade vollkommenen, also theoretischen Verbrennung nur folgende Bestandteile in den Rauchgasen vorhanden sind: Kohlensäure aus dem Kohlenstoff, Wasserdampf aus dem Wasserstoff und Schwefeldioxyd aus dem Schwefel stammend. Außerdem muß noch Stickstoff vorhanden sein, welcher mit dem zur Verbrennung notwendigen Sauerstoff aus der Luft mitfolgt. Sobald die Verbrennung mit Luftüberschuß wie immer in der Praxis erfolgt, ist außerdem noch Sauerstoff in den Rauchgasen. Wird eine unzureichende Menge von Verbrennungsluft zugeführt, so wird ein Teil des Kohlenstoffes nicht vollkommen verbrannt, und die Rauchgase enthalten dann merkbare Mengen von Kohlenoxyd und außerdem zufolge unvollkommener Verbrennung des Wasserstoffes auch leichte und schwere Kohlenwasserstoffe, vor allem Methan. Für praktische Zwecke genügt es, die Rauchgase auf Kohlensäure, Kohlenoxyd und Sauerstoff zu untersuchen, um einerseits eine Vorstellung von der Feuerungsführung zu erhalten und andererseits die Verluste durch die Abgase berechnen zu können. Durch die Analyse der Rauchgase erhält man gleichzeitig die erforderlichen Grundlagen, um die etwaigen Verluste durch unvollkommene Verbrennung errechnen zu können.

Untersuchung der Rauchgase. Je nach dem Zweck, den die Rauchgasanalyse erfüllen soll, ist der Ort der Probenahme zu wählen. Wenn es sich darum handelt, die gute Bedienung des Feuers zu überwachen, so wird man die Probe möglichst dicht hinter dem Rost entnehmen, doch an einer Stelle, wo man mit Sicherheit bereits auf gute Durchmischung der Gase rechnen kann. Will man andererseits den durch die Rauchgase bedingten Verlust — Schornsteinverlust — erfassen, so muß die Probe dem Fuchs entnommen werden, und zwar kurz vor seinem Einmünden in den Schornstein, oder unmittelbar hinter dem Ekonomiser. Zufolge der stets vorhandenen Durchlässigkeit des Mauerwerks wird man hier immer einen merkbar kleineren Gehalt an Kohlensäure feststellen können als unmittelbar hinter der Feuerung.

Der Rauchkanal besitzt an geeigneten Stellen meistens Öffnungen, welche vermittels eingeführter Rohre solche Probenahmen auszuführen gestatten. Derartige Rohre müssen genügend weit in den Kanal hineinreichen, um wirklich eine gute Durchschnittsprobe entnehmen zu können. Die Untersuchungsapparate können unmittelbar an diese Rohrleitung angeschlossen werden, und das Untersuchungsergebnis zeigt in diesem Falle einen Momentanwert der Zusammensetzung der Gase an. Statt dessen kann man auch die Probe unter Benutzung eines Aspirators entnehmen, der durch Auslauf des in ihm enthaltenen Wassers oder Paraffinöles sich selbsttätig in einem gewissen Zeitraum mit angesaugtem Rauchgas füllt, welches dann in bestimmten Zwischenräumen untersucht wird. Man erhält bei dieser Arbeitsweise einen Durchschnittswert der Zusammensetzung des Gases während des betreffenden Zeitabschnittes.

Die Untersuchung kann entweder durch selbsttätig arbeitende und registrierende Apparate erfolgen oder durch Handapparate vorgenommen werden. Der gebräuchlichste Handapparat ist der von Orsat. Er ist in zahlreichen Ausführungen im Handel, welche gegenüber der ursprünglichen im folgenden näher beschriebenen Form manche Vorteile und Vereinfachungen bieten.

Orsat-Apparat. Der Apparat (Abb. 3) besteht aus der 100 cm³ fassenden Gasbürette *A* mit Niveauflasche *B*, welche einerseits durch die Hähne *d*, *e*, *f* mit den Absorptionsgefäßen *D*, *E*, *F*, andererseits durch Hahn *a* mit der äußeren Luft oder dem Gasbehälter (Aspirator) in Verbindung gesetzt werden kann. Es enthalten die Orsatröhren *D* Kalilauge, *E* alkalische Pyrogallollösung und *F* ammoniakalische Kupferchlorürlösung. (Über die Bereitung der Lösungen s. unten.)

Handhabung. Die Gasbürette *A* wird durch Heben der Niveauflasche *B* mit Wasser gefüllt. Erreicht das Wasser die oberhalb der Ausbauchung angebrachte Marke, so wird der auf dem Schlauch befindliche Quetschhahn geschlossen. Durch die Öffnung *C* wird nach erfolgtem Öffnen von *a* durch Senken der Flasche *B* und Lüften des

Quetschhahnes Gas angesaugt. Diese erste Probe dient, da sie noch mit der in den Zuleitungen befindlichen Luft gemengt ist, nur zum Ausspülen des Apparates. Nach dem Umstellen des Dreiweghahnes *a* wird dieses Gasgemenge durch Heben von *B* ausgetrieben und die Ausspülung noch zweimal in der gleichen Weise wiederholt. Hierauf erfolgt die Füllung mit dem zur Untersuchung bestimmten Gas, bis gerade zur oberen Marke. Einen etwa im Innern befindlichen Überdruck beseitigt man durch rasches Öffnen von *a*. Das Gas wird nun durch Öffnen von *d* und Heben von *B* in die Orsatröhre *D* gepreßt. Nach dem Zurücksaugen in die Bürette liest man das Volumen ab, wobei man beachten muß, daß bei der Ablesung die Flasche *B* so zu halten ist, daß das Wasser in ihr und in *A* gleich hoch steht. Das verschwundene Volumen stellt, wenn, wie meist der Fall, 100 cm³ Gas zur Analyse verwandt werden, den Prozentsatz der Rauchgase an Kohlensäure dar.

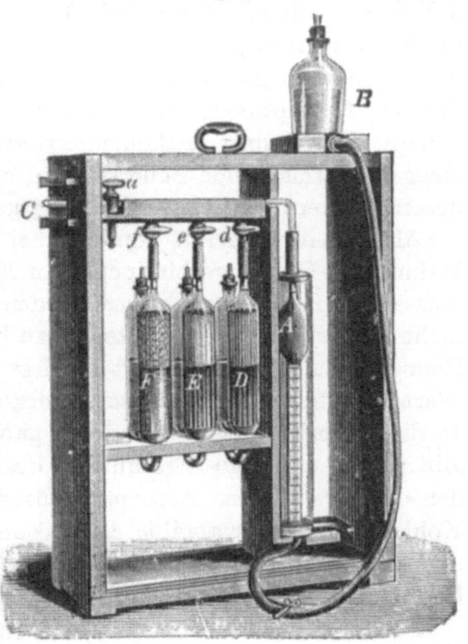

Abb. 3. Orsat-Apparat.

Es erfolgt dann in derselben Weise die Überführung des Gases in die Pyrogallollösung und die Bestimmung des Volumenverlustes infolge der Absorption des Sauerstoffes, worauf schließlich durch Absorption in der letzten Flasche durch die ammoniakalische Kupferchlorürlösung Kohlenoxyd absorbiert, und so der Gehalt der Rauchgase an diesem Gase ermittelt wird. Das nachher noch verbleibende Volumen stellt der Hauptsache nach den Prozentgehalt an Stickstoff dar.

Bereitung der Absorptionsflüssigkeiten. Das Gefäß *D* wird mit 110 cm³ Kalilauge vom spez. Gewicht 1,25 (27proz., im Liter 34 g, 1 Teil Ätzkali, 3 Teile Wasser) gefüllt. Diese Lösung reicht sehr lange aus. Zur Füllung von *E* mischt man ein Volumen einer 22proz. Pyrogallollösung mit dem 5—6fachen Volumen sehr konzentrierter Kalilauge (3 Teile Ätzkali auf 2 Teile Wasser) und gibt wieder etwa 110 cm³ dieser Mischung in die Flasche. Statt dieser Lösung kann *E* auch mit dünnen Phosphorstängelchen gefüllt werden, die sich unter Wasser befinden und die durch Umhüllen der Flasche mit schwarzem Papier vor

Lichteinwirkung geschützt werden. Neuerdings ist auch Natriumhydrosulfit in alkalischer Lösung zu demselben Zweck empfohlen worden. Die Absorption des Sauerstoffes erfolgt bei beiden Agenzien schnell nur oberhalb Temperaturen von 18°. Man läßt daher den Apparat vor Ausführung der Analyse längere Zeit in der Nähe des warmen Kesselmauerwerks stehen.

Zur Absorption von Kohlenoxyd dient eine Kupferchlorürlösung, die folgendermaßen hergestellt wird. Man gibt zu einer Auflösung von 250 g Salmiak in 750 cm^3 Wasser 250 g Kupferchlorür und schüttelt kräftig durch. Vor dem Einfüllen in das Absorptionsgefäß mischt man 3 Volumen dieser Lösung mit 1 Volumen konzentriertem Ammoniak (25%). Die Absorption geht langsam vor sich, so daß man das Gas in der hiermit gefüllten Röhre zweckmäßig etwas länger als in den übrigen Absorptionsgefäßen beläßt. Die Flüssigkeit ist öfters zu erneuern, da sie sonst an kohlenoxydarme Gase CO abgibt (s. oben). Das Reagens vermag auch Sauerstoff zu absorbieren, weshalb es erst nach dessen Entfernung zur Anwendung gelangen darf.

Als Fehlerquellen kommen bei der Analyse vor allem undichte Hähne und Gummiverbindungen in Frage. Die Hähne des Apparates müssen mit Paraffin geschmiert werden, das von den Absorptionslösungen nicht angegriffen wird. Weiter ist zu bemerken, daß die Kupferchlorürlösung genau nach Vorschrift bereitet werden muß, wenn man richtige Werte erhalten will. Es kann sonst vorkommen, daß die Lösung Ammoniak an die Gasprobe abgibt und so zu ganz unrichtigen Ergebnissen Anlaß gibt. Auch unnötiges Erschüttern des Apparates sollte vermieden werden, da gerade diese Absorptionslösung leicht bereits lose gebundenes Kohlenoxyd wieder abgibt. Die Lösung soll geeigneter für ihren Zweck und auch haltbarer werden, wenn auf je eine Füllung des Orsatgefäßes für die Kupferchlorürlösung 1 g Zinnchlorür $SnCl_2$ zugegeben wird.

Die vielen verschiedenen Typen von selbsttätigen und registrierenden Untersuchungsapparaten werden ausnahmslos für die fortlaufende Kontrolle der Feuerung benutzt und sollen dem Heizer eine Handhabe für ihre Bedienung geben. Von diesen Apparaten wird entweder der Kohlensäure- oder der Sauerstoffgehalt der Rauchgase hinter der Feuerung bestimmt. Nur einige wenige sind mit Einrichtungen zur gleichzeitigen Bestimmung des Kohlenoxydgehaltes versehen.

Temperatur- und Zugmessung. Für die Berechnung des Wärmeverlustes durch die Rauchgase ist es nötig, die Temperatur der Gase im Fuchs zu messen. Die Messung geschieht mittels eines in den Rauchkanal reichenden Thermometers, dessen Skala außerhalb des in dem Mauerwerk steckenden Teiles angebracht ist und dort abgelesen werden kann.

Die Messung des Zuges erfolgt zweckmäßig mit Verbundzugmessern. Sie dienen der Messung des Unterdruckes im Fuchs und des Zuggefälles zwischen Feuerraum und Fuchs.

Auswertung der Rauchgasanalyse. Für die Zwecke der Betriebskontrolle begnügt man sich bei der Auswertung der Rauchgasanalysen mit Näherungsformeln, wobei man aber immer beachten muß, daß bei deren Aufstellung rechnerische Vereinfachungen getroffen worden sind, welche die Genauigkeit des Ergebnisses verringern. Es sei jedoch erwähnt, daß auch genaue Formeln nur dann von Wert sind, wenn die Analyse wirklich verläßliche Zahlen ergeben hat. Gerade auf den Erhalt solcher Zahlen muß man ganz besondere Bedeutung legen, ganz gleich, mit welchen Formeln man dann die Auswertung vornimmt.

a) Abgasverluste. Je nach dem Brennstoff muß man hier mit verschiedenen Formeln rechnen. Es bezeichne in den Formeln:

T die Temperatur der Abgase,
t die Temperatur der in die Feuerung eintretenden Verbrennungsluft,
CO_2 den Kohlensäuregehalt der Rauchgase,
CO den Kohlenoxydgehalt,
O_2 den Sauerstoffgehalt.

1. Steinkohlen. Der Verlust durch die fühlbare Wärme der Abgase ist bei Steinkohlen in Anteilen des Gesamtheizwertes:

$$V = 0{,}65 \cdot \frac{T - t}{CO_2}$$

bei vollständiger Verbrennung,

$$V' = 0{,}65 \cdot \frac{T - t}{CO_2 + CO + 0{,}33}$$

bei unvollständiger Verbrennung.

2. Braunkohlen.

$$V = k \cdot \frac{T - t}{\underbrace{CO_2 + CO + 0{,}3}_{s}}$$

bei vollständiger ($CO = 0$) oder unvollständiger Verbrennung.

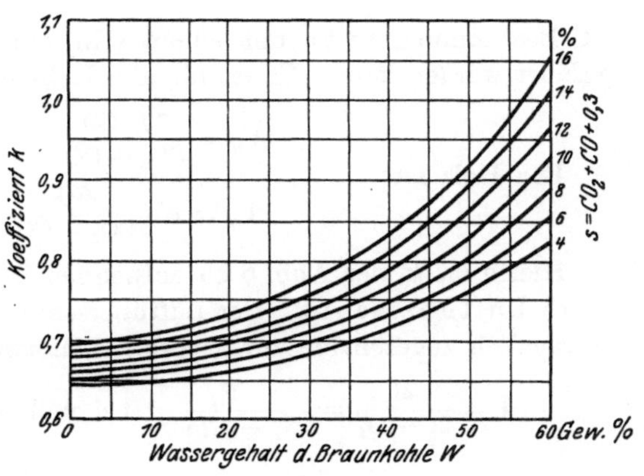

Abb. 4.

Zufolge des bei Braunkohlen oft erheblichen und schwankenden Wassergehaltes ist der Zahlenwert k nicht wie bei Steinkohlen von konstanter Größe. Für verschiedene Wassergehalte der Kohle und wechselnde Werte von s kann k aus der Abb. 4 entnommen werden[1].

3. Holz. Auch beim Holz, das in der Form von Abfällen und Schälspänen aus den Holzputzereien mit wechselndem Wassergehalt zur Ver-

[1] M. vgl. Herberg: Feuerungstechnik 3. Aufl. S. 123. Berlin 1922.

feuerung gelangt, ist ihm bei der Berechnung des Schornsteinverlustes Rechnung zu tragen. Es ist dieser Verlust:

$$V = k\frac{T - t}{CO_2}.$$

Der Wert für k ist bei bekanntem Wassergehalt der Abb. 5 zu entnehmen[1].

b) Verluste durch unvollständige Verbrennung. Die Anwendung von Näherungsformeln ist hier um so mehr berechtigt, als die

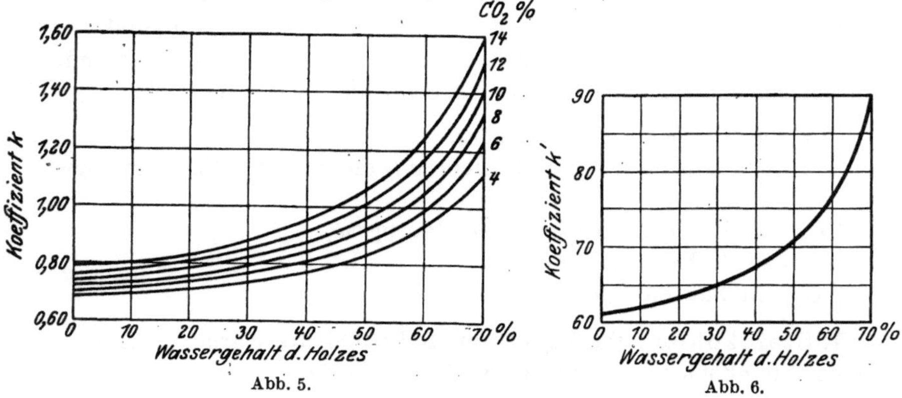

Abb. 5.

Abb. 6.

CO-Bestimmung nicht mit einem sehr hohen Genauigkeitsgrad ausgeführt werden kann. Es ist für alle Kohlen:

$$V_u = \frac{70 \cdot CO}{CO_2 + CO}.$$

Für Holz ist:

$$V_u = k' \cdot \frac{CO}{CO_2 + CO}.$$

Hierin ist k' der Abb. 6 zu entnehmen[2].

c) Luftüberschuß. Der Luftüberschuß, das ist das Verhältnis der tatsächlich zugeführten zur theoretisch notwendigen Luftmenge, ist

$$\lambda = \frac{21}{21 - O_2} = \frac{N_2}{N_2 - 3,75\,O_2} \text{ bei vollständiger Verbrennung,}$$

$$\lambda' = \frac{N_2}{N_2 - 3,75(O_2 - \frac{1}{2} \cdot CO)} \text{ bei unvollständiger Verbrennung.}$$

d) Maximaler Kohlensäuregehalt der Verbrennungsgase. Um den Heizern möglichst sichere Anweisungen über die Feuerungsführung geben zu können, ist es wünschenswert, den maximalen Kohlensäuregehalt zu kennen, mit welchem das angewandte Feuerungsmaterial ohne Luftüberschuß gerade vollkommen verbrennen würde. Dieser theoretische Höchstwert weicht zufolge des Gehaltes der Kohle vor allem an Wasserstoff von der Zahl 21 mehr oder weniger stark ab. Beim Be-

[1] Sieber, R.: Z. u. P. Bd. 4, S. 147. 1924. [2] S. Sieber, R.: a. a. O.

kanntsein der Zusammensetzung des Brennstoffes kann dieser maximale Kohlensäuregehalt $CO_{2\,max}$ immer berechnet werden. Er läßt sich jedoch auch aus einer Reihe von Rauchgasanalysen (gleichzeitige Bestimmung von CO_2 und O_2) beim Verbrennen des gleichen Brennstoffes ermitteln. Es ist:

$$CO_{2\,max} = \frac{21 \cdot CO_2}{21 - O_2},$$

wenn CO_2 und O_2 die Mittelwerte der Analysenreihe darstellen.

Beachtenswerte Literatur.

Bestimmung des Heizwertes der Braunkohle. Papier-Zg. Bd. 45, Nr. 66, S. 2330 bis 2331. 1920.

Besprechung von Formeln zur Bestimmung des Heizwertes. Durch geeignete Schaubilder kann man bei Kenntnis des Wasser- und Aschengehaltes den Kohlenheizwert bestimmter Erzeugungsgebiete ablesen. Die Formeln geben auch für Steinkohle genügend genaue Werte.

Über Formeln zur Berechnung des Heizwertes vgl. die folgenden beiden Literaturstellen:

Banco, R.: Bestimmung des Heizwertes. Feuerungstechn. Bd. 8, S. 168, 15. 7.; Chem. Zentralblatt Bd. 4, Nr. 13, S. 422. 1920. Heizwertbestimmung von Steinkohle, Braunkohle und Torf. Papier-Zg. Bd. 45, Nr. 96, S. 3554. 1920.

Binder, Otto H.: Studien über die Berechnung des Heizwertes aus der Konstitution der Verbindung. Chem.-Zg. Bd. 45, Nr. 18, S. 141. 1921.

Bahr, H.: Schnellbestimmung des Schwefels, besonders in Kohle. Chem.-Zg. Bd. 48, S. 428. 1924.

Es wird eine Methode beschrieben, bei welcher die Kohle durch Mischen mit Aluminiumgrieß und Bariumsuperoxyd brikettiert und dann verbrannt wird. Hierbei wird vorhandener Schwefel in Form von Bariumsulfid quantitativ gebunden. Dieses wird mit Säure zersetzt und der erhaltene Schwefelwasserstoff wird in einem Zehnkugelrohr aufgefangen und als Kadmiumsulfid gebunden. Dessen Bestimmung erfolgt dann durch Titration mit Jodlösung. Die Methode ist sehr rasch ausführbar (etwa 1 Stunde wird benötigt), und die Genauigkeit soll anderen Methoden nicht nachstehen.

Die Untersuchung der Mineral-Schmieröle.

Allgemeines. Die heutzutage weitaus am meisten verwendeten Schmieröle sind mineralischer Herkunft. Die Mineralöle haben, dank ihrer Unveränderlichkeit und ihres billigeren Preises die frühere Schmierung mit fetten Ölen nahezu vollkommen verdrängt. Reine Mineralöle bleiben bis auf ihre Farbe an der Luft unverändert, sie trocknen weder ein, noch spalten sie Säuren ab oder bilden gar harte Krusten. Bezüglich ihrer Schmierwirkung kommen die besseren Sorten den Fettölen mindestens gleich. Infolge der hervorragenden Stellung, welche diese Öle unter den Schmiermitteln einnehmen, soll hier allein von ihrer Prüfung die Rede sein.

Die Prüfung eines Öles hat vornehmlich auf jene Eigenschaften und Kennziffern zu geschehen, die beim Kauf für die Beurteilung der Güte an erster Stelle stehen. Es sind dies neben dem spezifischen Gewicht und dem äußeren Aussehen vor allem die Zähflüssigkeit und der Flammpunkt. Außerdem ist stets auf etwa vorhandene freie Säure zu prüfen.

Erst an zweiter Stelle kann sich je nach den obwaltenden Umständen eine weitergehende qualitative Untersuchung des Schmiermittels auch auf das Vorkommen der weiter unten angeführten Verunreinigungen und Beimengungen erstrecken. Von solchen Zusätzen sind wiederum fette Öle und Harzöle von erheblich größerer Bedeutung als die übrigen noch zu erwähnenden.

Hinsichtlich der quantitativen Bestimmung einiger solcher Beimengungen muß auf Sonderwerke[1] für Schmiermitteluntersuchung verwiesen werden.

Bestimmung des spezifischen Gewichtes. Die Bestimmung des spezifischen Gewichtes dient bei Mineralölen nur zum Vergleich von Ölen gleicher Herkunft und zur Klassifizierung. Diese Größe wird mit hinreichender Genauigkeit mittels des Aräometers bestimmt. Häufig zu findende Zahlenwerte von Handelsölen zeigt nachfolgende Zusammenstellung.

	Spez. Gewicht	Flamm-punkt	Flüssigkeitsgrad (E°) bei		
			20°	50°	100°
Sehr leichtes Öl (Spindelöl)	0,902	173°	11,8	1,8	—
Leichte Maschinenöle	0,905	170°	12,9	—	—
	0,909	190°	25,0	6,0	—
Mittelschweres Maschinenöl	0,915	198°	16,0	4,3	—
Schwere Maschinenöle	0,920	193°	26,8	—	—
	0,923	211°	40,3	9	—
Zylinderöle	0,920	322°	—	48	6,25
	0,924	329°	—	—	6,76
	0,918	319°	—	—	6,22

Bestimmung der Zähflüssigkeit (Viskosität). Die Zähflüssigkeit eines Öles wird gemessen durch Bestimmung der Zeit, die ein gewisses Volumen Öl benötigt, um aus einer feinen Öffnung auszufließen. Diese Zeit vergleicht man mit der Zeitspanne, deren das gleiche Volumen Wasser unter den gleichen Bedingungen zum Ausfließen bedarf.

Bedeutung der Zähflüssigkeit für Beurteilung der Güte der Öle. Beim Vergleich von Ölen gleicher Reinigung (Farbe) läßt sich aus ihrer Zähflüssigkeit auf ihre Schlüpfrigkeit schließen, d. h. einem zäher flüssigen Mineralöl wird zugleich auch eine größere Schlüpfrigkeit eigen sein als einem dünneren von annähernd gleicher Farbe. Für die

[1] Vgl. z. B. D. Holde: Kohlenwasserstofföle und Fette. 6. Aufl. Berlin: Julius Springer 1924.

Beurteilung eines Öles ist nun seine Schlüpfrigkeit mit von ausschlaggebender Bedeutung: je schlüpfriger es ist, um so wirtschaftlich vorteilhafter stellt sich innerhalb gewisser Grenzen sein Gebrauch.

Die Zähflüssigkeit (Viskosität) bestimmt man zumeist mit dem ursprünglich von Engler angegebenen Viskosimeter, das doch neuerdings besonders von Holde mit Abänderungen versehen worden ist, die ein genaueres und einfacheres Arbeiten gestatten. Die Durchführung der Untersuchung ist bei allen diesen Apparaten im Grunde genommen die gleiche, weshalb es genügen wird, sie an Hand des Originalapparates von Engler zu beschreiben.

Abb. 7 stellt diesen Apparat dar, der nach festgesetzten Maßen gebaut wird. Das innere, mit einem Deckel verschließbare Gefäß dient zur Aufnahme des zu prüfenden Öles. Es besitzt an der Innenwandung Marken, welche die Höhe angeben, bis zu der in ihm das zum Versuch vorgeschriebene Volumen von 240 cm³ Flüssigkeit reicht, und welche gleichzeitig zur Beurteilung der genauen horizontalen Aufstellung des Apparates dienen. Nach unten läuft das oben zylindrisch geformte Gefäß konisch zu einem Abflußröhrchen zu, das mittels eines durch den Deckel reichenden Stöpsels verschlossen werden kann. Dieses innere Gefäß ist von einem Heizbad umgeben, das mit Wasser oder Öl gefüllt wird. Durch einen verschiebbar angebrachten Kranzbrenner läßt sich das Bad und damit das Öl im inneren Behälter schnell auf jede erforderliche Temperatur bringen. Diese wird an den in der Abbildung sichtbaren Thermometern abgelesen. Die ausfließende Flüssigkeit, Wasser oder Öl, wird in einem Meßkolben aufgefangen, der bei 200 und 240 cm³ Marken trägt.

Abb. 7. Viskosimeter.

Zur Ausführung der Bestimmung ist zunächst die Eichung des Apparates mit Wasser erforderlich. Er wird nach seiner Reinigung mit Alkohol und Äther mit Wasser von etwa 20° unter Anwendung eines Meßkolbens genau bis zu den Marken im inneren Gefäß gefüllt. Man bringt seine Temperatur mittels des Heizbades genau auf 20° und benetzt durch mehrmaliges Lüften des Stöpsels das Ausflußrohr des Gefäßes. Ist nach dem Untersetzen des ausgetropften Meßkolbens der Apparat zur Messung vollkommen vorbereitet, so zieht man den Stöpsel und beobachtet mittels einer Stoppuhr die Zeit in Sekunden, die verstreicht, bis der Meßkolben sich bis zur Marke 200 cm³ anfüllt. Den Versuch wiederholt man mehrfach derart, daß man schließlich eine Anzahl nicht mehr als eine halbe Sekunde voneinander abweichender Werte erhält. Den Mittelwert aus ihnen setzt man gleich 1. Bei richtig gebauten Engler-Apparaten liegt er zwischen 50—52 Sekunden. Der erhaltene Wert muß von Zeit zu Zeit nachgeprüft werden.

Prüfung der Öle. Nach dem Reinigen und Austrocknen wird der Apparat in der gleichen Weise wie oben beschrieben mit Öl gefüllt und für den Versuch auf die gewünschte Temperatur gebracht. (Bei Anwendung höherer Temperaturen erwärmt man das zu prüfende Öl schon außerhalb des Bades nahe auf diese und gibt es erst dann in das gleichfalls vorgewärmte Bad.) Darauf wird genau wie oben die Auslaufzeit bestimmt. Das Verhältnis der Auslaufzeit der Öle zu der (gleich 1 gesetzten) des Wassers wird als Ergebnis der Prüfung angegeben. Man bezeichnet diesen Wert mit Englergrad (E°).

Über die Temperatur, bei welcher verschiedene Öle zu prüfen sind. Es ist üblich — besonders in Gutachten —, Mineralöle außer bei 50° auch bei 20° auf ihre Zähflüssigkeit zu prüfen, indem man betont, daß erfahrungsgemäß die Unterschiede in dieser Größe bei niedriger Temperatur, d. h. 20°, deutlicher erkennbar sind. Da aber für die Praxis die Temperatur von 20° von keiner großen Bedeutung ist, vielmehr ein Wert für die Zähflüssigkeit gerade bei der Lagertemperatur gewünscht wird und diese Temperatur zumeist zwischen 40—70° liegt, so scheint es angebracht, für die Praxis nur die Temperatur von 50° für gewöhnliche Maschinenöle zugrunde zu legen. Die Zähflüssigkeit bei dieser Temperatur wird auch im allgemeinen in den Angeboten der Händler angegeben. Von den Zylinder- und Heißdampfölen gilt Ähnliches über eine Prüfung bei höherer Temperatur. 100° darf hier als die niedrigste brauchbare Versuchstemperatur gelten, und obgleich bei solchen Ölen die Viskosität bei dieser Temperatur von den Händlern gewöhnlich angegeben wird, scheint es doch zweckmäßiger, die Versuchstemperatur auf etwa 180° oder noch höher festzusetzen.

Allgemein muß gesagt werden, daß die Zähflüssigkeit möglichst bei der Temperatur bestimmt wird, der die Öle bei ihrer Verwendung ausgesetzt sind.

Prüfung der Viskosität kleiner Ölproben. Man kommt im Betriebslaboratorium häufig in die Lage, die Viskosität kleiner Musterproben von Öl zu untersuchen.

Die neueren Viskosimeter besitzen zur Durchführung dieser Aufgabe ein kleines Hilfsgefäß, das sich in das große einsetzen läßt. Seine Aufnahmefähigkeit beträgt 25 cm³, und die Bestimmung der Auslaufzeit wird mit 20 cm³ durchgeführt. Sind die zur Verfügung stehenden Proben noch kleiner, so kann man die Viskosität durch Auslaufenlassen des Öles aus kleinen Pipetten bestimmen. Geeigneter für vorliegenden Zweck ist der in Abb. 8 angegebene einfache Apparat von Mallison[1]. Er liefert da, wo eine große Genauigkeit nicht erforderlich ist, gut vergleichbare Werte.

Der Apparat gestattet, die Geschwindigkeit zu beobachten, mit der die zu prüfenden Öle in nahezu waagerecht liegenden Glasröhren dahinfließen. An einem etwas schräg gestellten Grundbrett ist mit zwei Scharnieren ein zweites Brett befestigt, welches 3—4 Blechzwingen zur Aufnahme von Glasröhren (Reagenzröhren) trägt. Mittels einer Klammer läßt sich das bewegliche Brett in senkrechter Stellung feststellen, nach Lösung der Klammer kann man es samt den daran befestigten Gläsern zur nahezu waagerechten Lage umkippen. Will man die Viskosität eines Öles, z. B. eines Kaufmusters, bestimmen, so füllt man das Öl in eine der Reagenzröhren ein, und zwar bis zu einer in etwa $2^1/_2$ cm Höhe eingeritzten Marke. In die anderen Röhren füllt man in gleicher Weise Öle ein, deren Viskosität man kennt. Um etwa vorhandene Kristalle zu lösen und die vergleichenden Öle auf die gleiche Versuchstemperatur zu bringen, stellt man dann die mit Öl beschickten Röhren in ein Glas mit warmem Wasser. Nach einiger Zeit werden die Röhren herausgenommen und in den Blechzwingen befestigt. Nach Lösen der Klammer wird das die Röhren tragende Brett umgekippt, bis es auf dem schwach schräg gestellten Grundbrett aufliegt. Man beobachtet die Geschwindigkeit, mit der die Öle in den Röhren vorwärts fließen und gewinnt dabei durch den Vergleich mit den Ölen bekannter Viskosität ein Maß für jene des zu prüfenden Öles. Beispielsweise war für 3 Teerfettöle verschiedener Viskosität die in der gleichen Zeit durchflossene Weglänge die folgende:

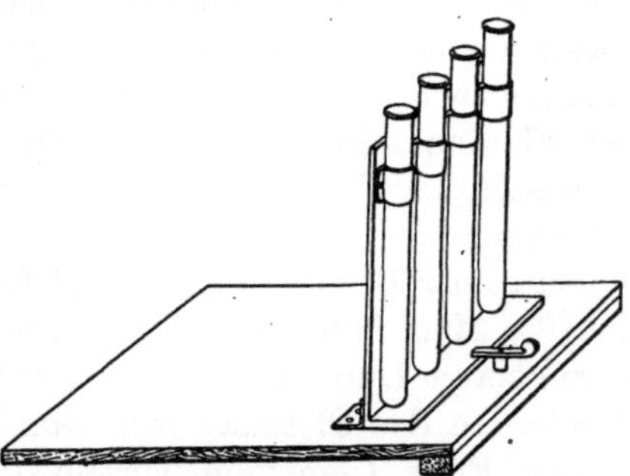

Abb. 8. Viskositätsprüfer für kleine Proben nach Mallison.

Viskosität bei 50°:	2,0	2,4	3,1° E
Weglänge:	14	12	8 cm

Der Apparat gestattet also zwecks vorläufiger Orientierung schnelle Beobachtung geringer Viskositätsunterschiede. Die Öle müssen kristall-

[1] Mallison: Chem.-Zg. Bd. 45, S. 135. 1921. Der Apparat wird von der Firma Vereinigte Fabriken für Laboratoriumsbedarf, Berlin N 39, Scharnhorststraße 22, in den Handel gebracht.

frei sein und dürfen auf ihrer Oberfläche auch keine Kristallhaut zeigen. Es empfiehlt sich ferner, vor dem Versuch die Glaswandungen mit dem betreffenden Öl zu benetzen, damit das Fließen des Öles nicht durch Staub, Fett usw. beeinträchtigt wird.

Bestimmung des Flammpunktes. Bei allen Ölen, welche zur Schmierung von unter Dampf gehenden Maschinenteilen verwendet werden, ist die Verdampfbarkeit zu berücksichtigen. Da die Verdampfbarkeit selbst umständlich zu bestimmen ist, hat man als Vergleichsmaßstab für diese Größe den einfacher zu ermittelnden Flammpunkt eingeführt. Der Flammpunkt eines Öles ist diejenige Temperatur, bei welcher seine leichter flüchtigen Bestandteile verdampfen und brennbare Gase entwickeln. Es soll diese Temperatur wesentlich höher als die der zu schmierenden Zylinder oder Schieberkästen sein. Es ist handelsüblich geworden, nicht nur Zylinderöle, sondern überhaupt alle mineralischen Maschinenöle hinsichtlich ihrer Qualität nach der Höhe des Flammpunktes zu beurteilen. Bei Maschinenlager- und Transmissionsölen soll der Flammpunkt mindestens 160°, bei Zylinderölen für Naßdampf wenigstens 200°, bei solchen für hochüberhitzten Dampf 350—400° erreichen.

Zu seiner Bestimmung genügt für die Praxis folgende Versuchsvorschrift. Man füllt in einen Tiegel von ungefähr 40 cm^3 Inhalt und 4 cm oberem Durchmesser das zu prüfende Öl bis etwa 1 cm vom oberen Rande. In das Öl senkt man ein Thermometer derart ein, daß sein unteres Ende 1 cm vom Tiegelboden entfernt ist. Auf einem Sandbad erwärmt man darauf den Tiegel samt Öl zunächst auf 120°. Von da ab steigert man die Temperatur nur langsam und gleichmäßig, so daß ihre Zunahme in der Minute 5° keinesfalls überschreitet. Von je 5 zu 5° Temperatursteigerung führt man eine kleine Lötrohrflamme in gleicher Höhe mit dem Tiegelrand über die Oberfläche des Öles. Diese Flamme soll sich jedesmal mindestens 4 Sekunden lang über dem Öl befinden. Sobald die erste schwache Explosion der über dem Öl befindlichen Dämpfe erfolgt, ist der Flammpunkt erreicht. Beim Versuch ist darauf zu achten, daß jegliche Luftströmung vermieden wird, was gegebenenfalls durch Aufstellung von Pappschirmen erreicht werden muß.

Genauere Ergebnisse erhält man mit den Apparaten nach Abel oder Pensky-Martens[1]. Vor der Flammpunktbestimmung muß man das Öl durch Chlorkalzium von einem etwaigen Wassergehalt (s. unten) befreien.

Bestimmung des Stockpunktes. Von Wert ist bei der Untersuchung von Ölen, die in der Winterkälte Verwendung finden sollen, auch eine Bestimmung des Kälte- oder Stockpunktes.

[1] Man vgl. D. Holde: Kohlenwasserstofföle und Fette. 6. Aufl. Berlin: Julius Springer 1924.

Zu seiner Ermittlung füllt man ein Reagenzglas etwa zur Hälfte mit dem zu prüfenden Öl und verschließt das Glas mit einem durchbohrten Kork, durch welchen ein Thermometer bis ins Öl geführt wird. Das Reagenzglas stellt man in eine Kältemischung und beobachtet nun bei verschiedenen Kältegraden durch Neigen des Glases sein allmähliches Dickflüssigwerden und schließliches Erstarren.

Säuregehalt und freies Alkali. Mineralöle sollen möglichst frei von Säuren sein. Der Säuregehalt der Öle kann durch die Anwesenheit sowohl organischer als anorganischer Säuren veranlaßt sein. Die Gegenwart der ersteren ist kaum von irgendwelcher Bedeutung; jeder Gehalt an Mineralsäure aber — vornehmlich kommt hier von der Raffination herrührende Schwefelsäure in Betracht — ist für die Dauer von ungünstigem Einfluß auf die Beschaffenheit der Gleitflächen der mit derartigen Ölen zu schmierenden Lager und Wellen. Um das Vorhandensein solcher Säuren nachzuweisen, kann man einer Ölprobe in einem kleinen Glasgefäß etwas Kupferoxydul zusetzen. Nach ca. 20—30 Minuten nimmt säurehaltiges Öl eine lichtgrüne bis blaugrüne Farbe an, während säurefreies Öl unverändert bleibt.

Zylinderöle, insbesondere solche für die Schmierung von Gasmotorenzylindern, kann man zweckmäßig in der Weise auf etwaigen Säuregehalt prüfen, daß man einige Tropfen des zu untersuchenden Öles auf ein blank geriebenes Messing- oder Kupferblech bringt. Tritt nach Verlauf von 5—6 Tagen eine hellgrüne Färbung des Öles ein oder bildet sich ein hellgrüner Niederschlag, so enthält das Öl Säuren, die Zylinder und Kolben sehr schnell angreifen würden. Gutes Öl behält dagegen seine Farbe.

Zum Nachweis der Säuren kann man auch eine Ölprobe — etwa 100 cm^3 — mit der gleichen Menge destillierten Wassers ausschütteln, den wässerigen Auszug abfiltrieren und ihn durch Zugabe einiger Tropfen Methylorangelösung auf seine Reaktion prüfen. Tritt Rotfärbung ein, so können sowohl Mineralsäuren wie auch niedere wasserlösliche Fettsäuren vorhanden sein. Auf Schwefelsäure im besonderen prüft man noch durch Zugabe von Bariumchlorid und Salzsäure zum Wasserauszug. Ist Schwefelsäure vorhanden, so bestimmt man ihre Menge durch Titration mit $^n/_{10}$ Alkali. Es ist üblich, den Säuregehalt von Ölen in Milligramm SO_3 anzugeben, d. h. man gibt an, wieviel Milligramm SO_3 erforderlich sind, um die zur Neutralisation von 100 g Öl benötigte Alkalimenge abzubinden. Die Schmieröle des Handels weisen im allgemeinen nur Spuren von Säuren, und zwar von organischen, auf. Es sind in dunklen Ölen gewöhnlich nicht mehr als 0,3%, in hellen selten mehr als 0,02% freie Säure zu ermitteln. Bei einem geringeren Gehalt als 0,01% gilt das Öl als säurefrei.

Freies Alkali, das gleichfalls von der Raffination herrühren kann, wird in entsprechender Weise — durch Prüfung des Wasserauszuges mit

Phenolphthalein — nachgewiesen und der Menge nach bestimmt. Es kommt — ebenso wie freie Schwefelsäure — verhältnismäßig sehr selten in Ölen vor (s. auch Asche).

Nachweis von Wasser. Die Gegenwart von Wasser ist für alle Schmieröle unerwünscht. Enthalten Öle Wasser, so gibt sich das, wenigstens bei hellen Ölen, schon dadurch zu erkennen, daß beim Durchschütteln einer Probe eine Trübung auftritt. Erwärmt man diese Probe längere Zeit auf dem Wasserbad, so verschwindet die Trübung, um beim Erkalten nicht mehr wiederzukehren (Unterschied von festen, sich nur in der Wärme im Öl lösenden Paraffinteilchen). Von dunklen Ölen füllt man einige Kubikzentimeter in ein Reagenzglas und erhitzt dieses, nachdem die Wände gut mit Öl benetzt wurden, unter Umrühren des Inhaltes bis auf etwa 160°. Vorhandenes Wasser gibt sich durch Emulsionsbildung auf der Glaswandung zu erkennen. Auch Schäumen kann eintreten. Öl für Dochtschmierung sollte keinesfalls mehr als 0,5% Wasser enthalten. Quantitativ wird das Wasser durch Destillation einer Ölprobe mit Toluol oder Xylol bestimmt. (Siehe Wasserbestimmung in pflanzlichen Rohstoffen.)

Gehalt an Asche. Man ermittelt den Aschengehalt von Ölen durch vorsichtiges Abschwelen von etwa 25 g Öl in einer Porzellan- oder Platinschale, worauf man den Rückstand verascht, zur Wägung bringt und ihn auf seine Zusammensetzung prüft. Hierbei hat man vornehmlich auf Alkali (Rückstände von Raffinerien) zu achten.

Falls ein Öl in Benzin vollkommen löslich ist und seine wässerige oder schwach salzsaure Ausschüttelung beim Eindampfen keinen Rückstand hinterläßt, ist eine Prüfung auf den Aschengehalt unnötig.

Der Aschengehalt von Maschinenölen soll 0,01%, der von Zylinderölen 0,1% nicht übersteigen. Alkali darf nur in Spuren vorhanden sein.

Nachweis von Harzölen. Mineralöle enthalten manchmal als Verfälschung einen Zusatz von Harzölen. Eine derartige Beimengung ist insofern schädlich, als solche Schmieröle leicht trocknen und die Schlüpfrigkeit herabsetzen, oft sogar durch Bildung harter Krusten die Lagerreibung erhöhen und das Reinigen der Lager und der Wellen erschweren.

Der Nachweis von Harzölen läßt sich durch die Cholesterinprobe von Liebermann erbringen. Zu ihrer Ausführung löst man in einem Reagenzglas eine kleine Probe des Öles in Essigsäureanhydrid und überschichtet die Lösung mit einigen Tropfen konzentrierter Schwefelsäure. Falls Harzöle zugegen sind, gibt sich das durch eine rosa bis rot gefärbte, auf der Oberfläche schwimmende Schicht zu erkennen.

Nachweis von fetten Ölen. Fette Öle sind infolge ihrer Veränderlichkeit (Ranzigwerden) in den meisten Fällen ungeeignete Zusätze für mineralische Schmieröle, besonders dann, wenn es sich um Öle handelt, die bei höherer Temperatur verwendet werden sollen. Qualitativ läßt sich die Anwesenheit von fetten Ölen dadurch nachweisen, daß bei der Einwirkung von Natriumhydroxyd bei höherer Temperatur auf diese Öle Seifenbildung eintritt. Zu diesem Nachweis erhitzt man eine Probe des Öles mit einem Stückchen Natriumhydroxyd etwa eine Viertelstunde lang im Ölbad bei ungefähr 250°. Man läßt dann langsam abkühlen und achtet auf etwa sich bildenden Seifenschaum und auf eine eintretende Gelatinierung an der Oberfläche der Flüssigkeit.

Je nachdem es sich bei der Untersuchung um helle, dunkle oder Zylinderöle handelt, ist die Probe mehr oder weniger scharf. Bei hellen Ölen verursacht bereits $^1/_2$% Beimengung an fettem Öl das Auftreten eines blasigen Schaumes; in dunklen Ölen müssen mindestens 2% und in Zylinderölen mindestens 1% fettes Öl sein, um diese Erscheinung hervorzurufen.

Nachweis von Steinkohlenteerölen. Mineralischen Maschinenölen sind bisweilen hochsiedende Steinkohlenteeröle beigemengt. Infolge ihrer geringen Viskosität bilden diese einen nur minderwertigen Zusatz. Valenta[1] hat eine einfach auszuführende Reaktion angegeben, um ihre Anwesenheit in Schmierölen nachzuweisen. Dieser Nachweis beruht auf der Löslichkeit von Steinkohlenteerölen in Dimethylsulfat. Man führt ihn in der Weise aus, daß man eine Probe des Öles in einem graduierten Meßzylinder mit dem doppelten Volumen Dimethylsulfat 1 Minute lang schüttelt, worauf man die Flüssigkeit sich in zwei Schichten trennen läßt und die Volumendifferenz abliest. Da Dimethylsulfat außerordentlich ätzend und giftig ist, empfiehlt sich große Vorsicht.

Nachweis von Asphalt. Da die Öle als natürliche Bestandteile Asphalt gelöst enthalten, so ist auf diesen nur dann zu prüfen, wenn es sich um die Feststellung dunkler, im Öl suspendierter Stoffe handelt. Man filtriert zum Zweck des Asphaltnachweises diese Stoffe ab. Stellen sie Asphalt dar, so ist das meistens an ihrem Aussehen schon äußerlich erkennbar. Ihre Löslichkeit in Benzol und ihre Unschmelzbarkeit bei Wasserbadtemperatur kennzeichnen diese Schwebestoffe weiter als Asphalt.

Nachweis von Seife. Seifen werden Schmierölen in geringer Menge zwecks Verdickung und zur Erzielung einer größeren Emulgierfähigkeit beigemengt. Auf ihr Vorhandensein ist zu schließen, wenn beim Schütteln einer Ölprobe mit Wasser eine weiße, schleimige Trübung auftritt, welche Phenolphthalein schwach rötet.

Nachweis von Zeresin. Dampfzylinderölen wird manchmal zwecks Erzielung einer salbenartigen Beschaffenheit eine geringe Menge Zeresin zugesetzt. Der Nachweis einer derartigen Beimengung läßt sich wie folgt erbringen. Man löst eine geringe Menge Öl in 4 Teilen Äther und fügt

[1] Valenta: Chem.-Zg. Bd. 30, S. 266. 1906.

darauf etwa 3 Teile Alkohol hinzu. Tritt die Abscheidung eines weißen Niederschlages auf, so filtriert man ihn ab, wäscht ihn mit Alkohol aus und bestimmt seinen Schmelzpunkt. Liegt dieser zwischen 65—70°, so ist die Anwesenheit von Zeresin erwiesen. Etwa mitgefällte Erdölharze lassen sich vom Zeresin durch Auskochen des Niederschlages mit Alkohol trennen.

Untersuchung aus dem Betrieb wiedergewonnener Öle. In größeren Betrieben ist es üblich, besonders die besseren Maschinenöle nach erfolgter Benutzung durch geeignete Vorrichtungen zu reinigen und ein zweites Mal zu verwenden. Solche wiedergewonnenen Öle sind zur Kontrolle des Reinigungsapparates und zur Ermittlung ihrer Schmierwirkung von Zeit zu Zeit zu prüfen. Diese Prüfung erfolgt nach denselben Gesichtspunkten wie jene der frischen Öle. Es ist zu beachten, daß etwa in größerer Menge vorhandenes Wasser vorher durch Entwässerung mit Chlorkalzium und dann erfolgendes Abfiltrieren entfernt wird. Auch mechanische Verunreinigungen müssen bei Anwesenheit in größerer Menge vor den Versuchen durch Filtrieren entfernt werden.

Von der Reinheit kann man sich dadurch überzeugen, daß man etwas Öl auf ein Stück weißes Papier streicht; gegen das Licht gehalten muß der dadurch entstehende durchscheinende Fleck klar und gleichmäßig sein, andernfalls sind mechanische Verunreinigungen im Öl enthalten, die seine Schmierwirkung beeinträchtigen würden.

Bei Ölen, die von Heißdampfmaschinen stammen, ist eine Untersuchung des wiedergewonnenen Öles immer zu empfehlen. Durch die Hitze in den Zylindern wird häufig eine Zersetzung von neutralen Fettstoffen unter Bildung freier Säuren verursacht. Auch werden meistens teerige Stoffe im Öl angereichert. Diese Veränderungen sind bei Wiederverwendung der Öle im Auge zu behalten.

Die Untersuchung der konsistenten Schmierfette.

Allgemeines. Die Untersuchung dieser Schmiermaterialien bewegt sich in ähnlichen Linien wie die der Öle. Sie sollen keinen zu hohen Wassergehalt besitzen und vor allem frei von mineralischen festen Beimengungen außer möglicherweise Graphit und Spuren von Ätzkalk sein. Für den Verwendungszweck ist von Bedeutung der Tropfpunkt. Bisweilen macht sich auch die Bestimmung des Seifengehaltes und die des Konsistenzgrades notwendig. Über die Durchführung der letzten beiden Bestimmungen vergleiche man das erwähnte Werk von Holde.

Man kann bereits aus dem äußeren Anschein einige Schlüsse ziehen. Gute Fette haben vollkommen homogene Beschaffenheit und gleichmäßige Farbe. Körnige Seifen- oder Kalkteilchen sind in ihnen nicht enthalten. Auch zeigen sie beim Stehen kein Entmischen oder Verharzen.

Bestimmung des Wassergehaltes. Für praktische Zwecke genügt zumeist Trocknung des Fettes bei etwa 120° C im Trockenschrank. Zu diesem Zweck wiegt man genau 50 g des Versuchsfettes in eine Porzellanschale ein, läßt 3—4 Stunden, wenn erforderlich auch länger, trocknen, bis sich nach jedesmaligem Erkalten und Wägen das Gewicht nicht mehr ändert. Aus dem Unterschied im Gewicht vor und nach dem Trocknen errechnet man den prozentualen Gehalt an Wasser. Die Erwärmung des Fettes auf 100° C hat möglichst langsam und vorsichtig zu geschehen, damit kein plötzliches Verdampfen des Wassers, verbunden mit Spritzen und Überschäumen, eintritt.

Statt dessen kann der Wassergehalt wie bei den Ölen auch durch Destillation einer Probe mit Toluol oder einem anderen, mit Wasser nicht mischbaren, hochsiedenden Kohlenwasserstoff bestimmt werden. Konsistente Maschinen-Staufferfette sollen höchstens 4% Wasser enthalten, Kugellager- und hochschmelzende Fette nicht mehr als 2%.

Bestimmung des Tropfpunktes. Zur Ermittlung des Tropfpunktes bedient man sich des Apparates von Ubbelohde (Abb. 9)[1]. Er besteht aus dem Thermometer *a*, das durch die federnde Metallhülse *b* mit dem kleinen Aufnahmegefäß für die Fettprobe *e* verbunden werden kann. Das Gefäß *e* besitzt am Boden eine Öffnung und bei *d* 3 Sperrstäbe, um Hülse und Gefäß stets in der gleichen Weise miteinander zu verbinden. Das Gefäß *e* wird unter Vermeidung von Luftblasen mit dem zu prüfenden Fett gefüllt, und Hülse samt Thermometer werden dann so aufgesetzt, daß sie zueinander in die Lage kommen, wie die Abbildung es angibt. Der Apparat wird dann in einem etwa 4 cm weiten Reagenzrohr durch Kork befestigt und in einem großen Wasserbad (Becherglas von 3 l Inhalt auf Asbestdrahtnetz) so erhitzt, daß der Wärmeanstieg 1° in der Minute beträgt. Hochschmelzende Kalypsolfette, die zwischen 100 bis 200° C schmelzen, erhitzt man statt in einem Wasserbad in einem Bad von Paraffinöl. Die Temperatur, bei welcher sich eine deutliche Wölbung am Ende der Hülse zu bilden beginnt, ist der Fließbeginn, diejenige, bei welcher der erste Tropfen abfällt, der Tropfpunkt.

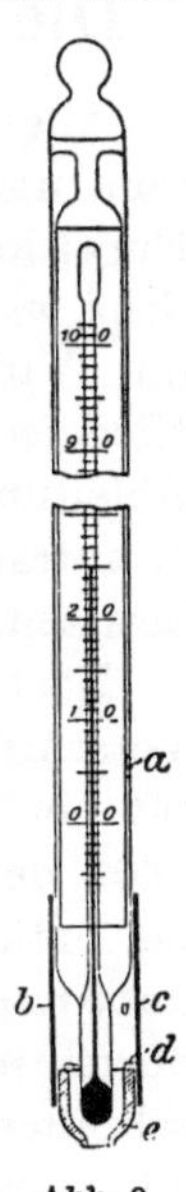

Abb. 9.

Prüfung auf mineralische Bestandteile. Man löst eine Probe in Aceton oder einer Mischung von Benzin (90 T.) und Alkohol (10 T.). Beschwerungsmittel wie Gips, Schwerspat, Stärkemehl, Graphit und Ruß bleiben hierbei ungelöst zurück. Etwa vorhandener freier Kalk rührt von der Darstellung der konsistenten Fette her und ist daher, falls seine Menge nicht allzu groß ist, als ein normaler Bestandteil anzu-

[1] Holde: a. a. O. S. 43.

sehen. Er ist leicht nachzuweisen durch Erhitzen einer Fettprobe mit phenolphthaleinhaltigem neutralem 80proz. Alkohol: Das Auftreten der bekannten Rotfärbung zeigt freien Kalk an.

Fettfleckprobe. Ein erbsengroßes Stückchen des Fettes bringt man auf einem Papierfilter durch Erwärmen im Trockenschrank zum Schmelzen, und zwar zweckmäßig so, daß der flüssig werdende Anteil in eine daruntergestellte Schale abtropfen kann. Da auch die Seifen vom Papier gleichmäßig aufgesaugt werden, so bleiben die Beschwerungsmittel und die sonstigen Verunreinigungen auf seiner Oberfläche zurück. Gute Fette hinterlassen keine Rückstände. Fette, die sich auf dem Papier zersetzen oder lackartige Rückstände ergeben, sind für den Betrieb ungeeignet, da sie sich im Gebrauch entsprechend verhalten werden[1].

Die Untersuchung von Transformatorenölen.

Allgemeines. Transformatorenöl muß frei von Säuren und Wasser sein, um, seinem Zweck entsprechend, gut zu isolieren und um ohne Einwirkung auf die Kupferausrüstung der Transformatoren zu sein. Sehr wichtig ist ferner, daß diese Öle bei der dauernden Erwärmung im Transformator nicht teilweise verdampfen sowie verharzen und Niederschläge absetzen, da durch Abscheidungen auf den Spulen die Ableitung von Wärme verhindert und das Arbeiten des Transformators beeinträchtigt wird. Endlich sollen sie einen nicht zu hohen Flammpunkt besitzen.

Nach den von der Vereinigung der Elektrizitätswerke ausgegebenen Vorschriften sollen das spez. Gewicht bei 15° 0,85—0,92 und die Viskosität bei 20° nicht über 8 E° sein; der Flammpunkt soll nicht unter 160°, der Stockpunkt nicht über —5° liegen. Der Verdampfungsverlust bei 5stündigem Erhitzen darf 0,4% nicht überschreiten. Das Öl muß unbedingt frei von Alkali, Säure und Wasser sein; suspendierte Teile dürfen nicht vorhanden sein. Der Aschengehalt darf 0,01% nicht überschreiten. Ferner soll auch nach einer 70stündigen Erwärmung auf 120° unter Durchleitung von reinem Sauerstoff (Verharzungsprobe) das Öl selbst noch vollständig klar sein und sich auch in Benzin vom spez. Gewicht 0,700 klar lösen; die Teerzahl soll 0,3% nicht übersteigen.

Die Ermittlung von Wasser-, Säure- bzw. Alkali- sowie Aschengehalt geschieht, wie bereits bei den Schmierölen erwähnt. Ebenso werden, wie dort beschrieben, die übrigen Konstanten bestimmt.

Bestimmung des Verdampfungsgrades. Man wägt in einem Porzellantiegel — zweckmäßig benutzt man hierzu die Tiegel der Flamm-

---

[1] Diese Probe ist von Keßler angegeben. Man vgl. Holde: a. a. O.

punktsbestimmungsapparate — eine Probe des Öles ab und beläßt sie während 5 Stunden in einem auf 160° erwärmten Trockenschrank. Nach dieser Zeit bestimmt man aus dem Gewichtsverlust die prozentuale Verdampfungsmenge.

Bestimmung der Verteerungszahl und Verharzungsprobe. 150 g Öl werden in einem 400 cm³ fassenden Erlenmeyerkolben 70 Stunden lang ununterbrochen in einem gleichmäßig erwärmten Ölbad dauernd auf 120° gehalten, während gleichzeitig ein Sauerstoffstrom durchgeleitet wird. Der Sauerstoff wird in zwei vorgeschalteten Waschflaschen erst mit konzentrierter Kalilauge (spez. Gewicht 1,32) und dann mit konzentrierter Schwefelsäure (spez. Gewicht 1,84) gewaschen und mit einer Geschwindigkeit von 2 Blasen in der Sekunde durch die Ölprobe geleitet. Der benutzte Erlenmeyerkolben wird mit einem für das Gaseinführungsrohr durchbohrten und an der Seite außerdem eingekerbten Korkpfropfen verschlossen. Das Gaseinleitungsrohr soll 1—2 mm über dem Gefäßboden münden. Nach dem erfolgten Durchleiten des Sauerstoffes werden 50 cm³ des gut gemischten Öles dem Kolben entnommen, in einem mit Rückflußkühler versehenen Erlenmeyerkolben 20 Minuten lang auf siedendem Wasserbad mit 50 cm³ einer Lösung erwärmt, welche aus je 1 l 96proz. Alkohol und Wasser besteht und außerdem 75 g Ätznatron enthält. Ohne den Kühler zu entfernen, schüttelt man danach den Kolben 5 Minuten lang kräftig. Nach dem Abkühlen wird sein Inhalt in einen Scheidetrichter gefüllt und ein möglichst großer Anteil der sich unten absetzenden alkohol-alkalischen Lösung durch ein Filter in einen Kolben abgelassen. 40 cm³ hiervon werden abpipettiert in einen Scheidetrichter gegeben und hier mit einigen Kubikzentimetern konzentrierter Salzsäure versetzt, bis zugefügtes Methylorange deutlich rot wird. Mit 50 cm³ reinem rückstandsfreiem Benzol nimmt man die durch das Ansäuern abgeschiedenen Teerstoffe auf, ohne jedoch den Scheidetrichter zu stark zu schütteln. Das Ausschütteln wird noch ein zweites Mal wiederholt, worauf die Benzolauszüge vereinigt und dann mit Wasser ausgewaschen werden. Die Benzollösung der Teerstoffe wird alsdann durch Destillation auf dem Wasserbad vom Lösungsmittel befreit und der Rückstand nach 10 Minuten langem Trocknen bei 105° gewogen.

Die erhaltene Teermenge wird auf 100 g Öl berechnet und gibt die Verteerungszahl an.

Um das lange Gasdurchleiten und Erhitzen zu umgehen, hat die AEG ein Schnellverfahren zur Bestimmung dieser Zahl ausgearbeitet. In einem trockenen, 400 cm³ fassenden Erlenmeyerkolben wiegt man 3 g Natriumsuperoxyd ab, gibt 50 g des zu prüfenden Öls und 50 cm³ der oben erwähnten alkoholischen Natronlauge hinzu. Nach Aufsetzen eines Rückflußkühlers erwärmt man auf dem Wasserbad vorsichtig unter öfterem Umschütteln 20 Minuten lang. Wird die Reaktion zu stark, so entfernt man den Kolben vom Wasserbad. Hiernach arbeitet man in der gleichen Weise, wie oben angegeben wurde, weiter. Zufolge des größeren Alkaligehaltes des Reaktionsgemisches muß man den Säurezusatz entsprechend erhöhen.

Die Untersuchung der Putzwollen und Putzlappen.

Allgemeines. Der Verbrauch an diesen Materialien in einer Fabrik ist derart erheblich, daß es sich verlohnt, das verhältnismäßig kostspielige Material einer Kontrolle zu unterwerfen.

Bei der Untersuchung ist zunächst die Art und Gleichmäßigkeit des Materials und seine Farbe festzustellen; insbesondere muß geprüft werden, ob bei Lappen das Gewebe nicht zu durchlässig ist, bei Wolle die Fäden fest oder lose gedreht sind und ob sie lange oder kurze Beschaffenheit haben. Im letzteren Falle können beim Maschinenbetrieb leicht Verstopfungen von Schmierlöchern entstehen. Auch der Gehalt an Feuchtigkeit muß ermittelt werden und bei der schon einmal gebrauchten und daraufhin wieder gereinigten Ware der Öl- und Fettgehalt. Von Interesse ist schließlich auch der Gehalt an Staub, Sand und anderen Fremdstoffen, endlich von besonderem Wert die Untersuchung auf Saugfähigkeit.

Die weißen Putzmaterialien sind im allgemeinen die qualitativ besseren und teureren. Als Rohmaterial kommt Baumwolle, weniger oft Leinen in Betracht. Hanf und Jute sind nicht besonders geeignet, sie besitzen zwar eine erhebliche Saugfähigkeit, sind aber im allgemeinen zu kurzfaserig. Putzwolle soll aus möglichst gleichartigem Material bestehen, daher sollten Baumwollfäden nicht mit Jute u. dgl. vermischt werden. Ob es sich um neue oder bereits gebrauchte Ware handelt, erkennt man vor allem an dem meist fettigen Griff des gebrauchten Materials. Bisweilen gibt auch die verwaschene Farbe hierüber Aufschluß.

Feuchtigkeitsbestimmung. Zur Bestimmung der Feuchtigkeit wird eine gute Durchschnittsprobe aus verschiedenen Stellen des Probeballens im Gesamtgewicht von etwa 3 kg entnommen. Eine kleine Menge von 200 g wird auf einer Waage mit einer Genauigkeit von etwa 0,1 g abgewogen und in einem Trockenschrank bei 105° bis zur Gewichtskonstanz getrocknet. Das Probenehmen und die Wägungen müssen sehr schnell durchgeführt werden, da die Stoffe hygroskopisch sind. Für genauere Bestimmungen ist es zweckmäßig, die Wägungen in einem dicht schließenden Blechgefäß durchzuführen. Das völlig trockene Material läßt man 24 Stunden nach der Wägung an der Luft liegen und ermittelt durch abermalige Wägung den Gehalt an Wasser im luftfeuchten Zustande, die normale Feuchtigkeit.

Der normale Feuchtigkeitsgehalt beträgt bei Putzmaterial aus Baumwollfäden 7—8%, aus Leinenfäden 5—6%, aus Hanffäden 10—11%, aus Jutefäden 12—13%, im Mittel kann man mit einem Feuchtigkeitsgehalt von etwa 7—9% rechnen.

Öl- und Fettgehalt. Zu seiner Bestimmung wird eine Menge von 200 g in einer Flasche mit dicht schließendem Stopfen mit einer Fett auflösenden Flüssigkeit wie Benzin, Benzol oder Tetrachlorkohlenstoff übergossen. Tetrachlorkohlenstoff ist am zweckmäßigsten, weil er weder brennbar ist, noch explosive Gase entwickelt. Nach 10—12stündigem Stehen der Putzwolle oder Lappen mit dem Tetrachlorkohlenstoff werden sie aus der Flüssigkeit herausgenommen, die eingesaugte Menge gut herausgewrungen und die gesamte Flüssigkeitsmenge oder ein aliquoter Teil wird destilliert. Aus dem Rückstandsgewicht wird die Fettmenge berechnet.

Gehalt an mineralischen Beimengungen. Zur Bestimmung des Gehaltes an Staub, Sand und anderen Fremdkörpern werden 200 bis 1000 g über einem Bogen weißen Papiers zerpflückt; Sand und feste Fremdkörper fallen sofort heraus; der feinere Staub wird durch vorsichtiges Abklopfen gewonnen. Aus dem Unterschied der Gewichte vor und nach der Reinigung ergibt sich der Gehalt an Staub; gegebenenfalls kann dieser der Menge nach durch Wägen auch selbst ermittelt werden.

Bestimmung der Saugfähigkeit. Zu ihrer Ermittlung wird der Klemmsche Apparat zur Prüfung von Löschpapier benutzt. Im Prinzip besteht er in einem Gestell mit einem verschiebbaren Querarm, an welchem die einzelnen für die Untersuchung bestimmten Putzwollfäden oder Gewebestreifen aufgehängt werden. Die Fäden oder Streifen müssen zur vergleichsweisen Feststellung der Saugfähigkeit gleiche Längen besitzen. Durch eingehängte Bleikügelchen mit Haken werden sie straff gehalten. Sie tauchen in eine flache Ölschale, die mit den im Betrieb verwendeten Ölsorten gefüllt wird, und zwar so, daß sie etwa 1 mm tief hineinhängen. Bei dem Versuch wird die Saughöhe innerhalb eines bestimmten Zeitraumes, z. B. von 15 Minuten, bestimmt.

Bei sehr ungleichmäßigem Putzwollematerial ist der Apparat nicht anwendbar; in solchen Fällen ist es zweckmäßig, einen von Schreiber[1] konstruierten Apparat zu benutzen. Die mit Öl getränkte Putzwolle wird in einer bestimmten Zeiteinheit einem bestimmten Druck ausgesetzt und die hierbei von der Putzwolle zurückgehaltene Ölmenge bestimmt.

[1] Papierfabrikant Bd. 13, S. 473. 1915.

II. Die Untersuchung der Rohfaserstoffe.

Von **Carl G. Schwalbe.**

Einleitung.

Der Untersuchung der gebräuchlichen Rohfaserstoffe[1] (Holz, Stroh, Jute, Flachs, Baumwoll-Linters usw.) wird im allgemeinen in Halbstoffwerken fälschlicherweise nur eine geringe Bedeutung beigemessen. Es sollte eigentlich selbstverständlich sein, daß man bei der Einführung neuer Rohmaterialien für die Fasererzeugung sich über deren Zusammensetzung, besonders über ihren Gehalt an verwertbarer Zellulose, im klaren ist. Aber auch schon bei der Einführung neuer Sorten der bisher verwendeten Rohmaterialien sollte deren Untersuchung besondere Aufmerksamkeit gewidmet werden. Weiterhin scheint es kaum zweckmäßig, Änderungen im Aufschlußverfahren oder überhaupt neue Verfahren einführen zu wollen, ohne von der Zusammensetzung des verwendeten Faserstoffs Kenntnis zu haben. Schließlich sei noch erwähnt, daß auch bei der Erzeugung von Halbstoffen für bestimmte Sonderzwecke, die Eignung der zu ihrer Darstellung dienenden Rohstoffe durch eine Untersuchung dieser erbracht werden sollte. Man kann ohne Übertreibung behaupten, daß durch eine sachgemäße Prüfung der Rohstoffe viel an Geld, nutzlosen Versuchen und Arbeit gespart werden kann.

Es muß nun allerdings gesagt werden, daß ein einheitliches, allgemein anerkanntes Untersuchungsschema[2] zur Prüfung von Faserstoffen auf ihre Verwendbarkeit und Brauchbarkeit für die Zwecke der Halbstofferzeugung noch nicht vorhanden ist und weiterhin, daß noch mancher Zweifel über die Brauchbarkeit der hierbei zu verwendenden Methoden besteht. Da ferner für die Beurteilung eines Rohstoffes in den einzelnen Fabriken verschiedene Faktoren maßgebend sein können, sollen im folgenden nur solche Untersuchungsmethoden näher beschrieben werden, welche im allgemeinen bei jedem Rohstoff anwendbar und von Bedeutung sind.

---

[1] Schwalbe, C. G.: Die chemische Untersuchung pflanzlicher Rohstoffe und der daraus abgeschiedenen Zellstoffe. Verlag der Papier-Zg., C. Hofmann, Berlin 1920.

[2] Schwalbe, C. G.: Papierfabrikant Bd. 27, S. 293. 1929.

Von physikalischen Bestimmungsmethoden kommt in Betracht die Ermittlung des spez. Gewichtes (Raumgewicht), bei den chemischen Methoden ist zu berücksichtigen, daß eine Elementaranalyse von Rohfaserstoffen, je nach der Herkunft des Rohstoffes, außerordentlich verschieden ausfallen kann und infolgedessen eine praktische Bedeutung nicht besitzt. Wichtiger ist die Ermittlung der Haupt- und Nebenbestandteile der Rohfaser, nämlich z. B. von Hemizellulosen, Zellulose und Lignin, ferner von Harz, Fett, Asche und Wasser.

Es ist üblich, die Ergebnisse der Faseruntersuchung auf völlig trockene, gegebenenfalls auch aschefreie Substanz umzurechnen, um vergleichbare Werte zu erhalten. Es ist ferner zweckmäßig, jede Untersuchung nur mit lufttrockenem Analysenmaterial auszuführen, weshalb die Bestimmung der Feuchtigkeit und des Aschengehaltes vor jeder anderen Prüfung bewerkstelligt werden muß. Eine nähere Untersuchung der Asche ist im allgemeinen nur beim Stroh und verwandten aschereichen Rohstoffen notwendig, da in diesem Falle der Kieselsäuregehalt von Bedeutung für das Aufschlußverfahren ist. Bei Hölzern ist weit wichtiger, als bei anderen Rohstoffen, die Ermittlung ihres Gehaltes an Harz und Fetten, da die hierdurch gewonnenen Zahlen von ausschlaggebender Bedeutung für die Wahl des sauren oder alkalischen Aufschlußverfahrens sein können. Die wichtigste Untersuchung von Rohstoffen, besonders neuer, ist stets die Ermittlung ihres Gehaltes an verwertbarer Zellulose. Die hierbei erhaltenen Zahlen liegen zwar gewöhnlich höher als die in der Praxis gewonnenen Kocherausbeuten, jedoch entscheiden sie von vornherein über die wirtschaftliche Verwertbarkeit eines Rohstoffes zur Halbstofferzeugung.

Von den obenerwähnten Untersuchungsschemen ist das älteste und verbreitetste dasjenige von Cross und Bevan. Diese Autoren schlugen vor[1], bei einem pflanzlichen Rohstoff folgende Daten zu bestimmen: Wassergehalt, Fett, Wachs, Harz, Asche, alkalische Hydrolyse mit 1- und 10proz. Natronlauge, Zellulose, Merzerisierbarkeit, Nitrierbarkeit, Gewichtsverlust durch Kochen mit 20proz. Essigsäure, Kohlenstoffgehalt.

In der Folge hat dieses Analysenschema durch Schwalbe[2], insbesondere aber in den Vereinigten Staaten, mehrfache Abänderung erfahren. W. H. Dore[3] hat vorgeschlagen, die Bestimmung des Trocken-

---

[1] Textbook of papermaking. London 1907, S. 92ff.

[2] Schwalbe, Carl G.: Ein Analysenschema für die Untersuchung pflanzlicher Rohfaserstoffe. Z. angew. Chem. 31, Bd. 1, S. 193. 1918. — Selman, A., Waksman u. Kenneth R. Stevens: Ein Gang zur direkten chemischen Analyse von Pflanzenmaterial. Ind. and Engg. Chem., Analytical Edition Bd. 2, S. 167. 1930; Referat: Cellulosechemie Bd. 11, S. 160 Nr. 7. 1930.

[3] Dore, W. H.: Journal Ind. Engg. Chem. Bd. 12, S. 476 u. 984. 1920; Cellulosechemie Bd. 1, S. 62—63. 1920. — Vgl. auch Schorger: The Chemistry of Cellulose and Wood. New York 1926, S. 496ff.

gehaltes des Benzol- und Alkoholextraktes, des Gehaltes an Zellulose, Lignin, Pentosan und Mannan, der wasser- und alkalilöslichen Substanz vorzunehmen.

Neuestens haben die Forest Products Laboratories[1] ein Schema für Holzuntersuchung aufgestellt. Dieses Schema ist bei der folgenden Beschreibung der Untersuchungsmethoden berücksichtigt worden.

Vorbereitung der Rohfaserstoffe zur Analyse.

Vortrocknung.

Da beim Eintrocknen von Pflanzenstoffen Veränderungen der Saftbestandteile, insbesondere aber von Harz und Fett vorkommen, welch letztere zum Teil in organischen Lösungsmitteln unlöslich werden, muß man das Alter der Proben bei genauen Analysen berücksichtigen.

Beim Eintrocknen der Pflanzengewebe scheint bei den Fasern außerdem eine Art „Verhornung"[2] einzutreten, wodurch sie widerstandsfähiger gegen das Eindringen von Reagenzien werden. Man wird also auch aus diesem Grunde bei genauesten Analysen angeben müssen, welches „Lageralter" die Proben haben, das heißt wie alt die zur Analyse verwendeten Proben sind, bzw. bei welcher Temperatur sie getrocknet wurden, da eine Temperaturerhöhung eine Beschleunigung der „Verhornung" hervorruft.

Es ist leider vielfach noch üblich, im angeblichen Interesse strenger Wissenschaftlichkeit der Untersuchung, von dem bei 100° getrockneten Material auszugehen. Eine solche Trocknung ist bei Mineralstoffen wohl unschädlich, nicht aber bei den Faserstoffen, welche in ihrer Reaktionsfähigkeit auf das Empfindlichste geschädigt werden, so daß erheblich abweichende Werte die Folge sind, wenn man lufttrockenes Material oder das völlig trockene, bei 105° erhaltene, analysiert. Es ist deshalb auch nicht statthaft, das Material der Trockenprobe nachträglich noch zu weiteren Bestimmungsmethoden, außer der Veraschung, zu benutzen. Der geeignetste Feuchtigkeitsgehalt für die Untersuchung ist der bei normaler Luftfeuchtigkeit in dem Faserstoff enthaltene. Vollkommen „grünes" Pflanzenmaterial muß einer Vortrocknung an der Luft oder bei niederen Temperaturen von 20—30°, gegebenenfalls unter Zuhilfenahme der Luftleere, unterworfen werden, damit die üblichen Bestimmungen der ätherlöslichen Substanz und andere Bestimmungen möglich werden. Durch den 40—60% betragenden Wassergehalt mancher Rohfaserstoffe (z. B. Holz) werden manche Reagenzien zu stark verdünnt und greifen den Rohfaserstoff nicht normal an.

---

[1] Vgl. Mark W. Bray: Paper Trade J., Tappi Section Bd. 87, S. 241—250. 1928.

[2] Vgl. Carl G. Schwalbe: Zellstoff u. Papier Bd. 1, S. 11—15. 1921.

Das Trocknen solch frischer Pflanzenmaterialien gelingt verhältnismäßig rasch, wenn man sie auf Hürden ausbreitet, bei welchen der Rahmen mit grobem Sackgewebe bespannt ist, so daß die Feuchtigkeit auch nach unten absinken kann.

Zerkleinerung.

Zur chemischen Analyse müssen die Rohfaserstoffe zerkleinert werden. Je weiter die Zerkleinerung geht, um so schärfer ist der Angriff der Reagenzien. Das Ziel der Zerkleinerung ist: Zerteilung der Faserbündel ohne Bildung von Staub. Dieser wird bei der Analyse zu stark angegriffen, während grobe Faserbündel nur in den äußeren Schichten, z. B. von Chlor, aufgeschlossen werden. Demnach ist das Absieben feinster Staubteilchen eine, wenn auch häufig unvermeidliche Fehlerquelle, da Entmischung eintreten kann und das gröbere abgesiebte Material eine Durchschnittsprobe nicht mehr darstellt. Während der Zerkleinerung ist ein Absieben zu empfehlen, weil dann die Zerkleinerung rascher und mit geringerer Staubbildung zu Ende geführt werden kann. Ein Wiederbeimischen des abgesiebten Staubes ist im Interesse der Verarbeitung von Durchschnittsproben wünschenswert, aber in Einzelfällen (z. B. bei der Zellulosebestimmung nach Cross und Bevan) zu verwerfen. Als Zerkleinerungswerkzeug kommt für lose Fasern, wie Baumwolle, Flachs u. dgl. die Schere in erster Linie in Frage; für Gräser, wie Stroh, ein Häckselmesser oder eine Häckselschneidemaschine. Eine Quetschung der grobgeschnittenen Materialien ist zur Zertrümmerung von Knoten und zwecks leichteren Eindringens der Chemikalienlösungen empfehlenswert.

Für Hölzer kommen Beil und Säge, Raspel und Feile in Betracht. Bei der Zerkleinerung, etwa durch Mahlen in einer Exzelsiormühle, kann eine Änderung des Feuchtigkeitsgehaltes[1] auftreten. Es ist ferner zu berücksichtigen, daß die Materialien häufig nicht unerhebliche Mengen von Metall aus den Mahlscheiben aufnehmen, wodurch der Aschegehalt eine sehr merkliche Änderung erfährt. — Empfohlen wird auch das Hobeln oder Fräsen feiner 0,5 cm langer, $^1/_{10}$ mm dicker Hobelspäne, ferner eine Zerteilung durch Quetschen und Hämmern, möglichst bis zur Freilegung der Zelle getrieben, endlich Bohren mit dem Zentrumsbohrer, der keine Staubbildung verursacht.

Soll der Staub abgesiebt werden, so ist eine Vereinbarung der Maschenweite des Siebes erforderlich. Sind viele gleichartige Analysen auszuführen, so empfiehlt es sich, den maschinell angetriebenen Laboratoriums-Plansichter, der früher von Gebrüder Seck in Dresden, jetzt von der Miag in Braunschweig mit genau vorgeschriebener Maschenweite

[1] Neubauer: Die Änderung des Feuchtigkeitsgehaltes der Futtermittel beim Mahlen, eine Fehlerquelle bei der Analyse. Landw. Versuchsstationen Bd. 94, S. 1—8; Chem.-Zg. Bd. 44, Nr. 8, S. 17. 1920.

für die Malzanalyse gebaut wird, zu benutzen. Bei der Zerkleinerung von Hölzern wird man ferner berücksichtigen müssen, daß sich die Gesamtholzmasse aus Kern- und Splintholz zusammensetzt. Durch Ausschneiden von Sektoren aus Stammscheiben ist es möglich, Durchschnittsproben zu erhalten, welche das richtige Verhältnis der beiden Holzarten aufweisen.

Bestimmung des spezifischen Gewichtes und des Raumgewichtes[1].

Der Wert eines pflanzlichen Rohstoffes zur Eignung für die Halbstoffgewinnung beruht in hohem Maße auf seinem Volumen- oder Raumgewicht. Es ist für die Wirtschaftlichkeit des Aufschlußprozesses in verschiedener Hinsicht nicht gleichgültig, welche Volumenmengen des Rohstoffes in 1 m^3 Raum untergebracht werden können. Das eigentliche spez. Gewicht der Faserstoffe oder der Holzsubstanz interessiert in diesem Zusammenhange viel weniger als gerade das Raumgewicht. Das Volumen, das in den Pflanzenfaserstoffen und in den Hölzern nicht von den Zellwandungen erfüllt wird, nennt man das Porenvolumen. Wenn man bezeichnet mit:

v das Volumen,
g das absolute Gewicht,
s das spez. Gewicht,
r das Raumgewicht und mit
p das Porenvolumen,

so gelten die Beziehungen

$$r = \frac{g}{v},$$

$$p = \left(1 - \frac{r}{s}\right)v = \left(1 - \frac{g}{v \cdot s}\right)v,$$

d. h. in Prozenten des gesamten Volumens entfallen auf die Poren: $100\left(1 - \frac{g}{v \cdot s}\right)$ Raumteile.

Bestimmung des spez. Gewichtes. Zu seiner Ermittlung beim Holz und anderen in Frage kommenden Faserstoffen werden diese zu einem feinen Pulver geraspelt oder gemahlen. Hierbei ist sehr darauf zu achten, daß durch die Zerkleinerungswerkzeuge keine Verunreinigung des Materials erfolgt. Unter Anwendung eines Pyknometers wird mit Wasser als Flüssigkeit in bekannter Weise dann das spez. Gewicht dieses Pulvers bestimmt.

Für die meisten in Frage kommenden Hölzer beträgt das spez. Gewicht der eigentlichen Holzfasersubstanz im Mittel 1,56. Das Porenvolumen beträgt daher bei ihnen im Durchschnitt: 100 (1—0,64 Raumgewicht) ausgedrückt in Anteilen des Gesamtvolumens.

---

[1] Sieber: Papierfabrikant Bd. 21, S. 505. 1923.

Bestimmung des Raumgewichtes. Sie erfolgt mit kleinen Substanzproben in Apparaten, welche als Volumenometer[1] bezeichnet werden. Eine gewogene Probe wird in diesen Apparat gebracht; hierdurch wird eine dem Volumen der Probe entsprechende Menge im Apparat befindlichen Quecksilbers verdrängt. Diese Menge wiederum kann unmittelbar aus dem Ansteigen einer Quecksilbersäule ermittelt werden.

Sofern es sich um Hölzer handelt und größere Probestücke vorliegen, kann das Raumgewicht sehr einfach dadurch ermittelt werden, daß man sich Würfel oder kreisförmige Scheiben daraus schneidet, sie genau ausmißt und wägt. Ist die Zahl der Messungen nicht zu klein, so sind die erhaltenen Werte in ihrer Genauigkeit für die Zwecke der Praxis vollauf ausreichend.

Beachtenswerte Literatur.

Bergström, H.: Veränderung von Sägespänen und Hackholz beim Lagern (Kohlensäure im Holz wachsender Bäume). Papierfabrikant Bd. 22, S. 37. 1924.

Hale, J. D.: Der Einfluß des Wachstums auf die Dichtigkeit und Fasereigenschaften von Papierholz. Pulp and Paper Magazine Bd. 22, S. 273. 1924; Referat: Papierfabrikant Bd. 22, S. 429. 1924.

Joachim, L.: Kontrolle der Holzvorbereitung in Zellstoffabriken. Zellstoff u. Papier Bd. 6, S. 346. 1926.

Es wird beschrieben wie mittels einer besonderen Entnahmevorrichtung leicht eine Durchschnittsprobe des von einem Transportband geförderten Holzes entnommen werden kann. Weiter wird eine ausführliche Mitteilung gegeben, wie diese Durchschnittsprobe unter Benutzung eines kleinen Laboratoriumssichters auf die anteilige Menge der verschiedenen Größen der einzelnen Schnitzel untersucht werden kann. Auf die Bedeutung der Gleichförmigkeit des Hackgutes wird hingewiesen.

Mork, Elias: Die Qualität des Fichtenholzes unter besonderer Rücksichtnahme auf Schleif- und Papierholz. Papir-Journalen Bd. 16, H. 4—10. 1928. Referat: Papierfabrikant Bd. 26, S. 741. 1928.

Wilson, C., R. W. Stearns, I. G. Maclaurin, P. I. Murer: Holzmessungen. Paper Trade J., Technical Sect. Bd. 86, S. 152. 1928.

Nach einem Bericht der Holzkommission der Canadian Pulp and Paper Association kommen als Standardeinheiten für die Holzmessung der Kubikfuß und das Gewicht in Frage. Im allgemeinen wird die Bestimmung des Volumens zweckmäßig sein, in Sonderfällen kann auch die Feststellung des Gewichtes sich vorteilhaft erweisen. Zwischen dem Durchschnittsvolumen des frischen Holzes und dem Gewicht besteht ein konstantes Verhältnis. An Hand zahlreicher schematischer Zeichnungen werden die Feststellungen des Komitees eingehend erläutert.

Lundberg, G.: Trocken-Raumgewicht von Kiefern- und Fichtenholz. Svenska Skogsvårdsföreningens Tidskr. H. 3/4. 1928; Referat: Papierfabrikant Bd. 27, S. 349. 1929.

Alden, Chester W.: Holzmessungen bei Einlieferung in die Fabrik. Paper Trade J., Tappi Sect. Bd. 88, S. 112 v. 18. April 1929.

In dem Aufsatz werden Verfahren zur Messung und Wägung von Holz, das auf dem Wasser- und Bahnwege der Fabrik zugeführt wird, beschrieben. Häufige

[1] Man vgl. z. B. bei H. E. Wahlberg: Zellstoff u. Papier Bd. 2, S. 133. 1922.

Feuchtigkeitsmessung an den Hackspänen wird empfohlen. An den Ausführungen der Holzkommission (vgl. vorstehendes Referat) wird Kritik geübt.

Soltau, G.: Einfluß des spez. Gewichtes von Fichtenholz auf Raumausbeute. Zellstoff u. Papier Bd. 9, S. 283. 1929; vgl. ferner Papierfabrikant Bd. 28, S. 645. 1930.

Johansson, D.: Qualitätsbestimmung von Zellstoffholz. Svensk Pappers Tidning Bd. 33, S. 598. 1930; Referat Chem. Zbl. 1930 II, 2330.

Johnsen, Bjarne u. Charles H. Reese: Beurteilung von Zellstoffholz. Paper Trade J., Tappi Sect. Bd. 91, S. 108—110. 1930 vom 11. Sept.

Die Untersuchungen, welche sich auf die Beziehungen zwischen der wirklichen Holzmenge und der Ausbeute an Zellstoff erstreckten, ergeben, daß der ausschlaggebende Faktor das spez. Gewicht des Holzes ist. Bei geringem spez. Gewicht sind im Verhältnis die Aufwendungen an Dampf, Chemikalien, Arbeit usw. viel höher als bei Holz von hohem spez. Gewicht. Bei der Untersuchung wurde die Anzahl von Stämmen in 1 Cord Holz, Rindenprozente, Länge und Durchmesser der Stämme berücksichtigt.

Bestimmung der akzessorischen (Neben-) Bestandteile der Rohfaserstoffe.

Bestimmung des Wassergehaltes (Trockengehaltes).

In Trockenapparaten.

Die Ermittlung des Feuchtigkeitsgehaltes von Faserrohstoffen, so einfach sie erscheint, ist vielfach der Gegenstand von Erörterungen gewesen[1]. Besonders ist über die hierbei anzuwendende Temperatur viel gestritten worden. Niedere Temperaturen sollen die Feuchtigkeit nicht ganz beseitigen, bei hohen soll die Faser chemische Veränderungen erleiden. In letzter Zeit ist es fast allgemein üblich geworden, die Feuchtigkeitsbestimmung durch Trocknen einer Probe bei 105° im Luft-, Dampf- oder Toluol-Trockenschrank vorzunehmen. Man trocknet so lange, bis eine Abnahme des Gewichtes nicht mehr festzustellen ist. Gewöhnlich sind beim Holz hierzu 4—5 Stunden erforderlich. Um der Möglichkeit vorzubeugen, für die weitere Untersuchung durch Trocknung chemisch verändertes Analysenmaterial zu verwenden, nimmt man, wie bereits erwähnt, zur Trockenbestimmung stets eine Sonderprobe und verwendet zur weiteren Untersuchung lufttrockenes Material. Bei Serienbestimmungen des Trockengehaltes besteht insofern eine Gefahr ungleicher Erhitzung, als die Temperaturen in verschiedenen Teilen der Trockenöfen nicht gleich hoch zu sein pflegen. Eine Fehlerquelle bedeutet auch das Aufsetzen der Wägegläser auf Metalleinsätze des Trockenschrankes, wodurch starke Überhitzungen eintreten können. Es muß zwischen dem Metall und dem Wägeglas eine Zellstoffpappe dazwischengeschaltet werden. Wesentlich ist die Anwendung kleiner

[1] Schwalbe, Carl G.: Papierfabrikant Bd. 23, S. 537. 1925.

Faserproben in großen Wägegläsern, möglichst locker eingelagert. Die Methode ist unzuverlässig bei Fasermaterialien, welche bei der Trockentemperatur sich unter Abgabe von Gasen oder Dämpfen zersetzen, wie z. B. bei stark harz- und terpentinhaltigen Holzproben.

Eine gewisse Beschleunigung der Trockenbestimmung kann man durch Anwendung der Luftleere erreichen. Nach Gaefke[1] hat sich folgende von Hempel angegebene Apparaturanordnung als zweckmäßig erwiesen.

Die Wägegläser tragen oben einen eingeschliffenen Deckel, der Deckel verjüngt sich zu einem Rohr, das einen Glashahn besitzt. Die Gläser werden auf einem Wasserbade erhitzt und gleichzeitig evakuiert. Mit einer Gaede-Kapselluftpumpe erreicht man in 2 Stunden Gewichtskonstanz. Vom Einfüllen bis zur letzten Wägung des Materials kommt dieses nicht mit der Luft in Berührung; eine Wiederaufnahme von Wasser ist also ausgeschlossen. Zersetzung der Faserstoffe kommt auch nicht in Frage, da die Temperatur im Gläschen während des Erhitzens 90° nicht übersteigt. Das Aufbewahren der Probe geschieht in einem mit Phosphorpentoxyd beschickten Exsikkator.

Empfohlen wird auch ein Vakuumtrockenapparat, etwa nach Art der Kempfschen Trockenpistole, in der die Trocknung über Phosphorpentoxyd bei der Kochtemperatur des Wassers und in Luftleere vorgenommen wird, wobei schon nach einigen Stunden die betreffenden Substanzen leicht und unzersetzt getrocknet werden können. Die Werte sollen mit den nach der üblichen Methode gewonnenen gut übereinstimmen.

Eine wesentliche Beschleunigung erfährt die Trocknung auch durch Bewegung der Trockenluft, wenn diese durch das zu trocknende Material hindurch gesaugt wird. Es ist das Verdienst von Obermiller[2], den Vorteil derartiger Trocknung nachdrücklich hervorgehoben zu haben. Obermiller hat auch Wägegläschen konstruiert, welche das Durchsaugen von Luft während der Trocknung gestatten.

Für genaue Versuche über Ausbeute, z. B. bei den Kochungen, kann es zuweilen nötig werden, den Wassergehalt des zur Kochung verwendeten Rohmaterials, beispielsweise Holz, festzustellen. Es wird dies zweckmäßig bei den fertig sortierten Hackspänen geschehen. Man wird sich bemühen müssen, eine gute Durchschnittsprobe des gehackten Holzes zu erlangen. Es scheint darum zweckmäßig, das Holz in kleinen Mengen von einem Transportband abzunehmen und diese kleinen Mengen, etwa eine Handvoll, zu einer größeren 1—2-kg-Probe zu vereinigen.

---

[1] Gaefke: Dissertation. Dresden 1919.

[2] Obermiller: Messung und Regulierung der Luftfeuchtigkeit für technische u. wissenschaftliche Zwecke. Z. angew. Chemie Bd. 36, S. 429. 1923; Bd. 37, S. 940. 1924; Bd. 40, S. 419. 1927.

Die Wasserbestimmung in diesen Hackspänen kann in Trockenschränken, die auf irgendeine Weise auf die jetzt übliche Temperatur von 95—105° geheizt werden, geschehen. Doch ist darauf zu achten, daß, wenn man die sogenannte absolute Feuchtigkeit, also den Gesamtwasserverlust bestimmen will, das Abkühlen der im Trockenschrank erhitzt gewesenen Probe in einem geschlossenen Gefäß geschehen muß. Ein einfacher Versuch belehrt darüber, daß das heiße Holz, auf eine Wagschale gebracht, beim Abkühlen außerordentlich rasch sein Gewicht durch Anziehen von Wasser verändert, so daß genauere Bestimmungen nur möglich sind, wenn man die Abkühlung im geschlossenen Gefäß vornimmt[1]. Als solche Gefäße können gutschließende Blechbüchsen oder große weithalsige Glasflaschen mit eingeriebenem Glasstopfen angewendet werden. Damit nicht durch die Erwärmung der Glasflasche beim Einsetzen des kalten Glasstopfens Undichtigkeiten entstehen, ist es zweckmäßig, die Glasflasche samt Stopfen auch in dem Trockenschrank anzuwärmen und dann heiß die Späne einzufüllen. Für die Trocknung wird je nach den Ventilationsverhältnissen des Trockenschrankes ein verschiedener Zeitraum, durchschnittlich, wie bereits erwähnt, ein solcher von 4—5 Stunden erforderlich sein. Bei den meisten oder wenigstens sehr vielen Trockenschränken ist auf genügende Ventilation in der Bauart nicht hinreichend Rücksicht genommen, so daß es vorkommen kann, daß die Wände des Trockenschrankes an kälteren Stellen von dem ausgetriebenen Wasser beschlagen.

Die Bestimmung des Wassers in diesen Hackspänen hat zur Berechnung der Kocherausbeute nur dann Zweck, wenn sie wirklich genau ausgeführt wird. Denn da die Probe nur klein ist, wird mit einem gewaltigen Faktor multipliziert, und die Fehler, die bei der Wasserbestimmung gemacht werden, multiplizieren sich sehr erheblich. Bei harzreichem Holz muß man gewärtigen, daß durch die Trocknung bei 100° nicht nur Wasser, sondern auch etwas Terpentinöl, ja auch Harzöl, durch Erhitzung des im Holz vorhandenen Harzes bei längerer Trockendauer mit fortgehen und nun, da das Wasser durch Differenzwägung bestimmt wird, als Wasser in Anrechnung gebracht werden.

Durch Destillation mit wasserabstoßenden Flüssigkeiten.

Um diese Fehler vollständig auszuschalten, kann man die Methode der Wasserbestimmung mit Hilfe von Petroleum oder Toluol anwenden. Diese beruht im Prinzip darauf, daß man die wasserhaltige Substanz, Kohle, Holz, Zellstoff, Papier usw. mit Petroleum oder irgendeinem über 100° siedenden, mit Wasser nicht mischbaren Kohlenwasserstoff bis zur

[1] Gut geeignet, aber auch kostspielig sind Apparate, bei welchen der Trockenvorgang unterbrochen und eine Waage eingeschaltet wird, so daß die Wägung ohne Herausnahme der Trockenprobe aus dem Ofen erfolgen kann.

Destillationstemperatur des betreffenden Kohlenwasserstoffs oder Kohlenwasserstoffgemisches erhitzt. Der destillierende Kohlenwasserstoff reißt das vorhandene Wasser mit über. Fängt man das Destillat in einer Meßröhre auf, so kann man direkt, da sich Wasser und Kohlenwasserstoff sehr rasch wieder trennen, die Menge Wasser in Kubikzentimeter ablesen. Die Methode hat auch noch den Vorteil, daß sie außerordentlich rasch durchgeführt werden kann. Die Destillation wird kaum mehr als $^1/_2$—$^3/_4$ Stunden erfordern, und die Ablesung kann sogleich oder $^1/_4$ Stunde nachher mit genügender Genauigkeit erfolgen. Weiter ist ein Vorteil, daß sich bei dieser Art der Feuchtigkeitsbestimmung unschwer größere Substanzmengen in Arbeit nehmen lassen.

Für die Destillation sind sowohl Glas- wie Metallgefäße empfohlen worden. Letztere sind wegen der geringeren Feuersgefahr entschieden vorzuziehen. Zerspringt nämlich ein Glasgefäß, in dem Petroleum oder Toluol destilliert wird, so entsteht ein Brand, der eine höchst unangenehme Verrußung des Arbeitsraumes zur Folge hat. Bei der Verwendung eines Metallgefäßes ist ein solches Springen nicht möglich. Auch ist die schnelle Erwärmung des Gefäßes weniger gefährlich als das rasche Anheizen eines Glaskolbens. Ein zur Durchführung der Wasserbestimmung geeigneter Apparat ist von Schwalbe beschrieben worden[1]. Der damals und auch heute noch empfohlene Apparat besteht aus einem Kupfergefäß *A* von etwa 20 cm Höhe und 15 cm größtem Durchmesser. Das Gefäß aus gehämmertem Kupfer, innen verzinnt, ist kesselartig oben zu einer im Durchmesser etwa 10 cm weiten Öffnung zusammengezogen. Durch eine Verschraubung mit Bleidichtung ist eine Art Retortenhelm *B* aufgedichtet, der ein längeres, innen ebenfalls verzinntes Kupferrohr trägt, welches im oberen Teil schräg abwärts, im unteren Teil senkrecht nach unten gebogen ist (Abb. 10).

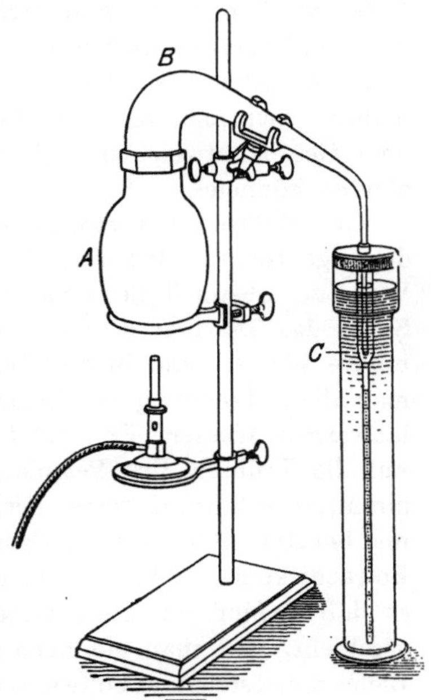

Abb. 10. Schwalbes Wasserbestimmungsapparat.

Man bringt durch die weite Öffnung das zu untersuchende Fasermaterial hinein, verschließt am besten im Schraubstock die Dichtung des

[1] Schwalbe: Papierfabrikant Bd. 6, S. 551—553. 1908. — Man vgl. ferner die kostspieligere Apparatur, die von Franz Fischer (München, Auestr. 110) herausgebracht ist. Vgl. auch den Abschnitt V in diesem Buche.

Retortenhalses und erhitzt das Gefäß, welches etwa zur Hälfte mit Fasermaterial und Petroleum gefüllt und in eine Klammer eingespannt ist, mit einem großen Brenner (Teclu o. dgl.) bis zum Sieden des Petroleums. Die Dämpfe fließen durch den Helm und das anschließende Rohr und kühlen sich an der Luft genügend weit ab, um aus dem unteren Ende des Rohrs nicht mehr als Dampf, sondern als Flüssigkeit auszutreten. Diese Mündung des Rohrs ist in den Hals eines Meßgefäßes *C* eingesetzt, welches im oberen Teil birnenförmig erweitert, im unteren Teil sich als enge Meßröhre darstellt. Das ganze Gefäß wird in einen geräumigen Zylinder mit Wasser eingesenkt, das die Kondensation aller etwa noch nicht abgekühlten Dämpfe hervorruft. Zwischen das Kühlgefäß und die Retorte stellt man zweckmäßig einen Asbestschirm, damit nicht die Dämpfe, die etwa aus dem Gefäß entweichen, sich an der Flamme unter der Retorte entzünden können[1].

Das Meßrohr hat zweckmäßig etwa folgende Dimensionen: Länge der eigentlichen Meßröhre 40 cm, Weite dieses Teiles 0,5 cm, lichte Weite des oberen Teiles 6 cm, Höhe des erweiterten Teiles 15—20 cm*. Sollte das Destillat sich nur schwer in 2 Schichten, nämlich in eine untere Wasser- und in eine obere Petroleumschicht trennen, so kann man diese Trennung beschleunigen durch Einhängen des Gefäßes in lauwarmes Wasser. Es genügt aber in den meisten Fällen, wenn man auf die Trübung des Petroleums[2] durch Wasser keinerlei Rücksicht nimmt, da erfahrungsgemäß der entstehende Fehler nur $^1/_{10}$ cm^3 ausmacht und bei 200—500 g angewendetem Untersuchungsmaterial nicht mehr in Betracht kommt. Wichtig für glatte Durchführung der Bestimmung ist es, daß die Meßröhre stets sauber erhalten wird, was am besten dadurch geschieht, daß man sie nach dem Gebrauch mit einer Mischung von Bichromatlösung und Schwefelsäure, darauf mit fließendem Wasser, also dem Wasser der Wasserleitung, spült und nun an einem warmen Ort mit der Mündung nach unten trocknen läßt. Das Gefäß muß in seinem Innern stets völlig fettfrei gehalten werden. Auch ein Ausdämpfen in strömendem Wasserdampf soll Fettspuren entfernen. Sind nämlich auch nur Spuren von Fett vorhanden, so setzen sich Tropfen von Wasser an der Wandung des Gefäßes an und sind nur schwer zum Abfließen nach unten zu bringen. Man kann dieses Abfließen zuweilen dadurch hervorrufen, daß man mit einem vorher ausgeglühten und wieder

[1] Ein etwaiger Brand darf selbstverständlich nicht mit Wasser, sondern muß durch Aufwerfen von Sand oder mit modernen Feuerlöschern gelöscht werden.

* Die Apparate können von der Firma Erhardt & Metzger, Nachfolger, in Darmstadt bezogen werden.

[2] Die Löslichkeit von Wasser in Petroleum beträgt nur 0,005%. Groschuff: Z. Elektrochemie Bd. 17, S. 348—354. 1911; Chem. Zbl. 1911, I, S. 1741.

erkalteten Draht die Glaswand an der Stelle reibt, an der die Tropfen sich angesetzt haben, wodurch sie zum Abfließen gebracht werden können[1].

Wislicenus[2] hat nachstehende Angaben über Zeitdauer und Genauigkeit der Methode gemacht. Bei einer Einwage von 50 g braucht man etwa 400—500 g Xylol oder Reinpetroleum vom Siedepunkt 150° bis maximal 200°. Die Ablesefehler betragen für jedes 0,5-cm-Meßrohr, bei 50 g Einwage von Fasermaterial mit 10—15% Wassergehalt mit 400 g Xylol bis zur Klärung im Kühlrohr destilliert, $\pm 0{,}01$ cm³, also $\pm 0{,}02$%. Für mehr als 10% Wassergehalt braucht man mehrere Meßrohre. Für 50% Wassergehalt würde der Ablesefehler erst 0,1% werden. Das endgültige Ablesen kann erst nach dem Absitzenlassen der Trübung geschehen. Die Klärung verläuft nicht gleichmäßig und nicht der Zeitdauer einfach proportional. Während 5—6 Stunden nimmt die Wassermenge im Meßrohr noch deutlich zu. Für sehr genaue Bestimmung sollte man daher die Flüssigkeit sich über Nacht völlig klären lassen.

Trotz der schon erwähnten Feuersgefahr wird die Xylolmethode vielfach in Glasgefäßen durchgeführt. Da derartige Apparate gegenwärtig aus Resistenzglas gefertigt werden, gehört deren Zerspringen zu den Ausnahmen.

Hat man sehr gleichmäßiges Rohmaterial zur Verfügung, so genügen auch kleinere Mengen als die oben angegebenen zur Wasserbestimmung. Dann ist es zweckmäßig, zur Wasserbestimmung den von Besson[3] beschriebenen Destillationsapparat aus Glas anzuwenden.

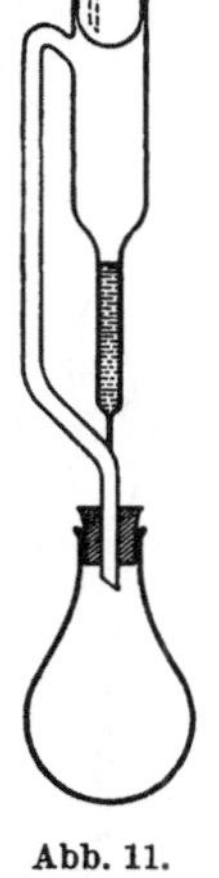

Abb. 11. Bessons Wasserbestimmungsapparat.

Auf einen Kolben ist, wie die Abb. 11 zeigt, ein Destillationsrohr aufgesetzt, das mit der oben stark erweiterten Meßröhre derart verschmolzen ist, daß die von einem eingehängten Metallkühler abtropfende Flüssigkeit direkt in das Meßrohr gelangt. Der Kolben wird mit Toluol, Petroleum oder Xylol und der Substanz beschickt. Es wird so lange destilliert, bis der vom Kühler abtropfende Kohlenwasserstoff völlig klar ist. Die erforderliche Dichtung des unteren Korkstopfens — der obere ist durch den eingehängten Kühler ersetzt — erreicht man leicht durch eine Umhüllung mit einem Stanniolblatt. Natürlich muß in diese Hülle eine Öffnung für den Durchgang der Destillationsröhre mit einem Korkbohrer eingestanzt werden.

[1] Nach Wislicenus kann man durch Schleudern des Meßrohres die Tropfen von der Wand lösen und zum Abfluß bringen. Zellstoff u. Papier Bd. 1, S. 85. 1921.

[2] Wislicenus: Zellstoff u. Papier Bd. 1, S. 85. 1921.

[3] Besson: Chem.-Zg. Bd. 41, S. 346. 1917.

Die Xylolmethode hat sich neuerdings sehr eingeführt. Es sind zahlreiche neue Glasapparate ersonnen worden, von denen einige Konstruktionen mit Normalschliffen abgebildet seien (Abb. 12 u. 13). Bei diesen Apparaten ist ein Ersatz etwa gesprungener Teile, die alle mit Normalschliff untereinander verbunden sind, leicht möglich. Die Verwendung von Glasschliffen gewährt natürlich gegenüber der oben beschriebenen Besson-Apparatur mit Korkstopfen den Vorteil völliger Dichtigkeit der Rohrverbindungen.

An Stelle der feuergefährlichen brennbaren Flüssigkeiten sind von verschiedenen Seiten unbrennbare empfohlen worden z. B. von Draz[1]

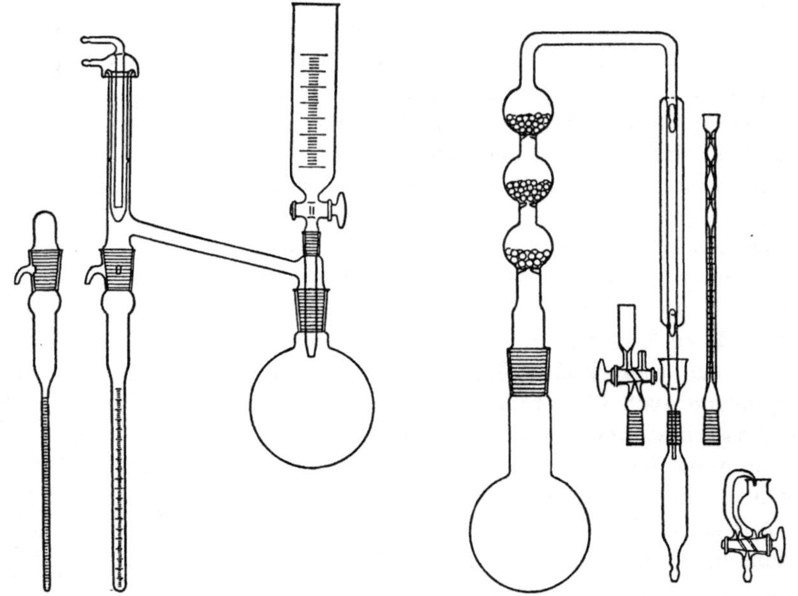

Abb. 12. Apparat von Pritzker und Jungkunz. Abb. 13. Apparatur von Tausz und Rumm.

Azetylentetrachlorid, von van der Werth[2] Tetrachloräthan. Mit diesen Flüssigkeiten kann selbstverständlich ohne Gefahr in Glas gearbeitet werden. Vorstehend ist noch die Apparatur von Tausz und Rumm für Tetrachloräthan abgebildet (Abb. 13).

---

[1] Draz: Paper Ind. Bd. 9, S. 1148. 1927. Referat: Chem. Zbl. 1928 I, S. 274.

[2] van der Werth: Chem.-Zg. Bd. 52, S. 23—24. 1928. Referat: Chem. Zbl. 1928 I, S. 1209. Weitere Literatur über Wasserbestimmung nach der Xylolmethode: Vgl. Normann: Z. angew. Chem. Bd. 38, S. 380. 1925. — Herbst, H.: Chem.-Zg. Bd. 50, S. 383. 1926. — Spiehl-Striemann: Z. angew. Chem. Bd. 40, S. 464. 1927. — Pritzker, J., u. R. Jungkunz: Z. analyt. Chem. Bd. 72, S. 208. 1927. — Sebelik, O.: Z. analyt. Chem. Bd. 73, S. 70. 1928. — Friedrichs: Chem.-Zg. Bd. 53, S. 287. 1929.

Die Bestimmung des Aschengehaltes.

Die Bestimmung des Aschengehaltes kann mit jener Probe vorgenommen werden, welche zur Ermittlung der Feuchtigkeit gedient hat. Die Veraschung geschieht durch anfänglich vorsichtiges Verglimmen bei möglichst niedriger Temperatur und nachheriges stärkeres Glühen der im Platinschälchen oder in der Quarzschale abgewogenen Probe. Zu hohe Temperaturen sind zu vermeiden, um das Verflüchtigen von Mineralbestandteilen und das Sintern der Asche zu verhüten. Die Asche schließt besonders in gesintertem Zustande häufig noch Kohleteilchen ein. Diese hartnäckig zurückbleibenden Reste von Kohle kann man durch Zugabe geringer Mengen von Ammonnitrat, besser noch durch Befeuchten mit einer 3proz. chlor- und schwefelsäurefreien Wasserstoffsuperoxydlösung, Trocknen der befeuchteten Masse auf dem Wasserbade und erneutes Glühen zur Verbrennung bringen.

Bei verhältnismäßig stark kalkhaltigen Aschen, wie sie häufig vorliegen, wird der Kalk in der Form von Ätzkalk gewogen. Will man Wiederanziehung von Kohlensäure aus der Luft vermeiden und den Kalk der Asche als kohlensauren Kalk berechnen, so muß die Asche mit Ammonkarbonatlösung befeuchtet und darauffolgend bei 100° getrocknet werden.

Will man in der Asche etwa Chlor und Schwefel bestimmen, so müssen unter Umständen größere Mengen von Substanz, etwa 10 g, in einer geräumigen Platinschale zur Veraschung gebracht werden. Vor der Veraschung wird jedoch die Masse mit 50 cm³ einer chlor- und schwefelsäurefreien 5proz. Sodalösung unter Zugabe von etwas reiner 5—10proz. Ätznatronlösung angerührt und auf dem Wasserbade unter öfterem Umrühren zur Trockne eingedampft. Die trockne Masse wird unter allmählicher Steigerung der Temperatur verkohlt, die Kohle mit einem Pistill trocken zerrieben und möglichst weitgehend verbrannt. Die entstandene Asche nebst den verbliebenen Kohlenresten werden vorsichtig mit 3proz. chlor- und schwefelsäurefreier Wasserstoffsuperoxyd-Lösung gut befeuchtet, der Schaleninhalt auf dem Wasserbade zum Trocknen gebracht, im Luftbade scharf getrocknet und wie oben geglüht, mit dem Pistill zerrieben und nochmals geglüht. Alsdann wird die verbliebene Asche mit heißem Wasser auf dem Wasserbade unter gutem Durchrühren ausgelaugt, und die Lösung von dem zurückbleibenden Unlöslichen durch ein dickes oder doppeltes Filter in ein geräumiges Becherglas abfiltriert. Sind auf dem Filter noch wesentliche Mengen von Kohle zurückgeblieben, so bringt man dasselbe mit Inhalt in die Platinschale zurück, verascht völlig, laugt nochmals aus und filtriert die Lösung zu der oben erhaltenen.

Bestimmung des Chlors. Das blanke Filtrat wird nach dem Erkalten vorsichtig mit Salpetersäure angesäuert und mit Silbernitrat in geringem Überschuß versetzt. Das gebildete Chlorsilber wird durch Umrühren zum Zusammenballen gebracht und das ganze zu schwachem Sieden erhitzt. Nach eintägigem Stehen wird das abgesetzte Chlorsilber in einen Gooch-Tiegel abfiltriert, mit heißem Wasser und zuletzt mit etwas Alkohol ausgewaschen, getrocknet und gewogen.

Bestimmung des Schwefels. In dem erhaltenen Filtrat wird das überschüssige Silbernitrat durch Salzsäure ausgefällt, das gebildete Chlorsilber abfiltriert und die starke Salzsäurelösung in der Porzellanschale zur Trockne eingedampft, um die Kieselsäure abzuscheiden. Der Rückstand wird im Luftbade scharf getrocknet, mit Salzsäure und heißem Wasser aufgenommen und nach dem Abfiltrieren des Ungelösten, im Filtrat die Schwefelsäure mit Chlorbarium gefällt. Der Niederschlag wird nach 12stündigem Stehen abfiltriert und als Bariumsulfat getrocknet und gewogen.

Der Schwefel kann auch direkt im Rohmaterial ohne vorherige Veraschung nach Krieger[1] durch Verbrennen mit Salpetersäure bestimmt werden. Die Verbrennung mit Salpetersäure ist eine vollständige, und es gelingt leicht, eine blanke Lösung zu erhalten, welche auch bei Wasserzusatz nichts ausscheidet. Die Arbeitsweise ist folgende: Die getrocknete Substanz im Gewicht von etwa 4 g wird in einem Kjeldahlkolben von ungefähr 400 cm³ mit 20 cm³ Salpetersäure vom spez. Gewicht 1,48 übergossen und der Inhalt gut gemischt. Es wird alsdann mit kleiner Flamme erhitzt, bis alle Substanz verschwunden ist. Die Salpetersäure wird durch stärkeres Erhitzen zum Teil abgekocht und mit 200 cm³ heißem Wasser verdünnt, filtriert und heiß mit Bariumchlorid versetzt. Durch Versuche wurde festgestellt, daß Kieselsäure — auch bei Halmfrüchten — dabei nicht in Lösung geht und daher ein Eindampfen nicht notwendig ist.

Bestimmung des Kieselsäuregehaltes. Zur Bestimmung der Kieselsäure wird die Asche mehrfach mit reiner Salzsäure in einer Porzellanschale zur Trockne eingedampft, schließlich auf einem Filter gesammelt, das Filter im Platintiegel verascht und gewogen.

Zur Kontrolle wird der Inhalt des Platintiegels mit Flußsäure unter Zugabe von einigen Tropfen konzentrierter Schwefelsäure unter einem Abzug verdampft. Damit die Flußsäuredämpfe im Arbeitsraum nicht belästigen, stellt man den Platintiegel unter einen Tonrohrkrümmer, der an den Abzugsschacht angebaut ist. Auf diese Weise wird auch die Ätzung der im Abzug vorhandenen Glasscheiben durch Flußsäure vollständig vermieden.

[1] Krieger: Chem.-Zg. Bd. 39, S. 23. 1915.

Bestimmung des Gehaltes an harz-, fett- und wachsartigen Stoffen und ätherischen Ölen.

Die Faserrohstoffe enthalten je nach ihrer Art sehr verschiedene Mengen von Harz, Fett, Wachs und ätherischen Ölen. Harz, Fett und ätherische Öle sind z. B. charakteristisch für die Nadelhölzer; Fette und Wachse für Stroharten, Bastfasern und Samenhaare. Es ist üblich, den Gehalt an solchen Stoffen, welche die Verarbeitbarkeit des Rohmaterials auf Papierfasern unter Umständen erheblich beeinflussen, durch Extraktion mit neutralen organischen Lösungsmitteln zu bestimmen. Es ist dabei zu berücksichtigen, daß Harz, Fett und Wachs usw. nicht gleichmäßig in den Faserrohstoffen verteilt sind und demnach verhältnismäßig große Materialmengen der Extraktion unterworfen werden müssen, um einen Durchschnittswert zu gewinnen. So ist z. B. die Stammbasis eines Nadelholzbaumes wesentlich harzreicher als der Wipfelteil. Ebenso ergeben sich Unterschiede bezüglich des Harzgehaltes im Splint und Kern. Bei der Probenahme für die Extraktion muß diesen Verhältnissen Rechnung getragen werden. Besondere Aufmerksamkeit muß auch dem Lageralter der Proben geschenkt werden. Es ist nachgewiesen, daß z. B. frisches Sägemehl ganz andere Harzmengen bei der Extraktion ergibt als länger gelagertes Sägemehl. Die Harz- und Fettbestandteile erleiden, besonders rasch bei stärkerer Erwärmung, Veränderungen, so daß sie teilweise in den organischen Lösungsmitteln unlöslich werden. Man muß also das Alter der Proben berücksichtigen und, wenn feuchtes Material zu verarbeiten ist, nur bei mäßigen Temperaturen trocknen[1].

Die Lösungsmittel.

Für die Extraktion der genannten Stoffe sind äußerst zahlreiche organische Lösungsmittel vorgeschlagen worden. Man kann sie in zwei Gruppen einteilen: die mit Wasser völlig oder teilweise mischbaren und die wasserabstoßenden Lösungsmittel. Zu den ersteren zählen von den im häufigen Gebrauch befindlichen Lösungsmitteln der Alkohol und der Äther, zu den letzteren Benzol und die Chlorkohlenwasserstoffe.

Der Äther als Lösungsmittel erfreut sich wohl der größten Beliebtheit. Er hat, wie der Alkohol, den Vorzug, mit Wasser (wenigstens teilweise) mischbar zu sein, so daß man eine völlige Benetzung und Durchdringung des wasserhaltigen Rohfaserstoffes erreicht. Als Nachteile des Äthers gelten die große Flüchtigkeit, welche erhebliche Verluste an Äther bedingt, ferner die Explosionsgefahr; sie ist nicht zu leugnen, da der Äther bei längerem Aufbewahren Superoxyde bildet, die beim Ein-

[1] Vgl. hierzu den früheren Abschnitt „Vorbereitung der Rohfaserstoffe zur Analyse" u. Schwalbe-Schulz, Chem.-Zg. Bd. 42, S. 230. 1918.

dampfen zur Explosion neigen. Wenn man jedoch die Vorsicht braucht, längere Zeit unbenutzt gebliebenen Äther mit Ferrisulfatlösung unter Zusatz von etwas Schwefelsäure zu schütteln, so werden die Superoxyde beseitigt. Als Probe auf Superoxyd-Gehalt kann die Reaktion mit Jodkaliumstärke dienen. Bei Gegenwart von Superoxyd fällt Jod aus, welches den Stärkekleister blau färbt, wenn man für genügenden Zusatz von Wasser zum Äther Sorge getragen hat. Der Äther soll auch Kondensations-Produkte bilden und dadurch zu falschen Ergebnissen führen. Da aber die Harz-Fettbestimmung an und für sich wenig genau ist, dürfte der durch unlösliche Kondensations-Produkte bewirkte Fehler ohne Belang sein.

Der Alkohol ist eigentlich kein besonders gutes Lösungsmittel für Fette und Wachse, hat aber den Vorzug, die Faserrohstoffe völlig zu durchtränken und zum Teil Stoffe zu lösen, welche zur Charakteristik der betreffenden Faserstoffe dienen können. Ein Nachteil liegt darin, daß diese Lösefähigkeit sich auch auf kohlenhydratartige Stoffe, z. B. Zucker erstreckt, so daß häufig mit Alkohol zu hohe Werte für Harz, Fett, Wachs usw. erzielt werden. Wird nämlich das extrahierte vermeintliche Harz-Fett mit Wasser ausgezogen, so zeigt es sich, daß ein erheblicher Teil dabei in Lösung geht. Zweckmäßig ist daher Anwendung des Alkohols nach der Ätherextraktion, um gegebenenfalls charakteristische Inhaltsstoffe der Faser in diesem Extrakt quantitativ bestimmen zu können.

Das Benzol ist in seiner Lösefähigkeit für Harz, Fett und Wachs außerordentlich wirksam. Der Nachteil liegt in seiner wasserabstoßenden Eigenschaft, so daß wasserhaltige Membranen erst dann durchdrungen werden, wenn das Lösungsmittel das Wasser aus den Geweben in Dampfform mit fortgeführt hat. Die Mischung von Benzol und Alkohol[1] ist sehr beliebt und unleugbar äußerst wirksam, wenn man sich das Ziel setzt, möglichst viel Harz-Fett aus den Rohfasern herauszuholen. Der Nachteil des Gemisches liegt aber darin, daß man bei Wiederverwendung des abdestillierten Lösungsmittels nicht sicher ist, ob das übliche Verhältnis von 1 Vol.-Teil zu 1 Vol.-Teil noch vorhanden ist und es demnach vorkommen kann, daß bei Serienbestimmungen die verschiedenen Proben mit verschieden zusammengesetzten Lösungsmitteln ausgezogen werden.

Die Chlorkohlenwasserstoffe haben ebenso wie das Benzol ein hervorragendes Lösevermögen für echte Harze, Fette und Wachse. Sie haben den ferneren Vorzug, im Gegensatz zu den bisher erwähnten Lösungsmitteln nicht brennbar zu sein und demnach eine Feuersgefahr auszuschließen. Viele von den Chlorkohlenwasserstoffen haben den

[1] In Deutschland meist 1 : 1, in den Vereinigten Staaten 1 : 3 Volumteile.

Nachteil, daß sie bei der Berührung mit wasserhaltiger Faser Salzsäure abspalten und Zersetzungen des Fasermaterials hervorrufen. Schon aus diesem Grunde ist die sehr beliebte Verwendung von Chlorkohlenwasserstoff als organisches Lösungsmittel etwas bedenklich. Wird doch häufig diese Extraktion als einleitende Operation vor der Untersuchung von Faserrohstoffen als notwendig erachtet. Das Dichlormethan soll sich nicht zersetzen, ebensowenig das Chloroform. Natürlicherweise spielt bei der Verwendung auch der Preis eine Rolle, so daß wohl z. B. Chloroform und auch Dichlormethan bei Massenanalysen nicht wohl angewendet werden können.

Die Extraktionsapparate.

Die in Frage kommenden Extraktionsapparate lassen sich in zwei Gruppen einteilen. Bei der einen erfolgt die Herauslösung der Extrakte durch das flüssige Lösungsmittel, bei der andern geschieht sie im Dampf der Löseflüssigkeit. In der ersten Gruppe wieder gibt es Apparate, bei denen die Lösung der Extraktstoffe durch unmittelbares Auskochen des Gutes erreicht wird. Bei ihnen reichern sich die harz- und fettartigen Stoffe dauernd in der Löseflüssigkeit an und ändern also deren Beschaffenheit. Im Gegensatz hierzu wird bei anderen durch sinnreiche Einrichtungen bewirkt, daß das Gut dauernd mit nahezu unverändertem flüssigen Lösungsmittel in Berührung kommt (Soxhlet-Apparat). Gerade diese Apparattype ist zur Erlangung von Extrakten, welche nicht mit anderen Stoffen gemengt sind, sehr gut geeignet, wenn auch zugegeben werden muß, daß sie im allgemeinen teuer in der Anschaffung sind und die Extraktion in ihnen längere Zeit als in der erstgenannten Gruppe erfordert. Nach Jonas[1] sind die bei der Soxhlet-Arbeit auftretenden Unstimmigkeiten auf Temperaturunterschiede zurückzuführen. Es ist nicht gleich, ob bei mäßiger Temperatur oder bei Siedetemperatur des Lösungsmittels gearbeitet wird.

Ganz allgemein sollte man bei den Bestimmungen Apparate wählen, welche größere Mengen des sperrigen und leichten Gutes aufnehmen können. Auch sollte man trotz der höheren Kosten alle anderen Verbindungen als Glasschliffe vermeiden. Kork- oder gar Gummipfropfen geben immer lösliche Stoffe an die organischen Lösungsmittel ab, und bei den verhältnismäßig geringen Extraktmengen, um die es sich im vorliegenden Falle zumeist handelt, können dadurch ganz mißweisende Ergebnisse erzielt werden.

Für das Erhitzen der Apparatur ist unmittelbare Heizung mit der elektrischen Heizplatte immer einer solchen auf dem Wasserbad vorzuziehen. Die Dämpfe, welche vom Wasserbad aufsteigen, kondensieren

[1] Jonas: Wochenbl. f. Papierfabr., Festheft 1930, S. 97.

sich zum Teil an den kalten Kühlerwandungen und das Kondensat kann in mehr oder weniger großer Menge auch noch durch Glasschliffe in das Innere des Extraktionskolbens gelangen und dann die Aufarbeitung erschweren.

Es erübrigt sich, die allgemein bekannten Konstruktionen der Soxhlet-Apparate näher zu erläutern. Es sei darauf hingewiesen, daß neustens diese Apparate mit Normal-Glasschliffen geliefert werden, so daß beim Zerbrechen eines Teiles der Apparatur nicht der ganze Apparat wertlos ist, sondern nur ein Teil ersetzt werden muß. Solche Formen von neuzeitlichen Soxhlet-Apparaten zeigen die nebenstehenden Abbildungen[1].

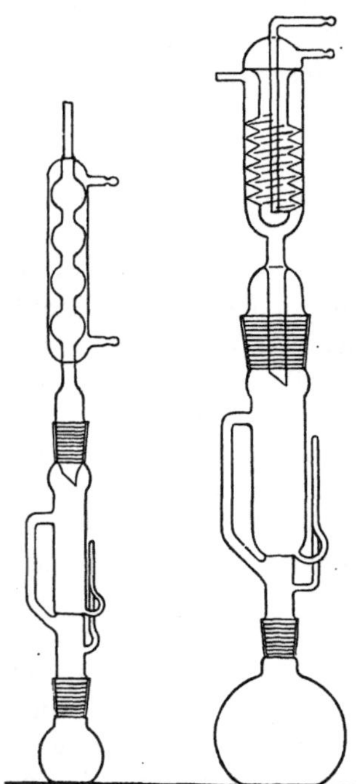

Abb. 14. Soxhlet-Apparatur für Zellstoffextraktion.

Die verhältnismäßig sehr kostspieligen Soxhlet-Apparate, insbesondere in der von Jonas beschriebenen Form, werden in der Praxis häufig durch die Extraktionskölbchen nach Besson ersetzt. Abb. 15 veranschaulicht eine von Besson[2] angegebene Apparatur, bei welcher die Extraktion im Dampfstrom erfolgt.

Abb. 15. Bessons Harzbestimmungsapparat.

Wie aus der Abbildung ersichtlich ist, ruht zwecks Vermeidung von Korkverbindungen die Extraktionshülse im weithalsigen Extraktionskolben selbst auf Glasvorsprüngen. Der obere Teil des Kolbens wird von einem kleinen Nickelkühler ziemlich dicht anschließend ausgefüllt. An diesem Kühler mit halbrundem Boden und einem Abtropfvorsprung kondensiert sich das Lösungsmittel[3], tropft in die Hülse und durch diese in den Kolben. Das Gewicht des Kolbens ist klein genug,

[1] Beschreibung und Abbildung einer Soxhlet-Apparatur, bei welcher mit siedendem Lösungsmittel gearbeitet wird, s. Jonas, Wochenblatt für Papierfabrikation Festheft 1930, S. 97.

[2] Besson: Chem.-Zg. Bd. 30, S. 860. 1915.

[3] Wendet man ein Wasserbad zur Erwärmung an, so kondensiert auf dem Kühler Wasser und gelangt unter Umständen in den Kolben. Zur Vermeidung dieses Übelstandes umkleidet man den oberen Teil des Kolbens mit einem Filtrierpapierring, über den der vorspringende Rand des Kühlers herübergreift.

um ihn auf der analytischen Feinwaage wägen zu können. Nach beendeter Extraktion wird der Kühler und die Hülse entfernt, ein gutschließender, mit Stanniol überzogener Kork mit gebogenem Ableitungsrohr auf den Kolben aufgesetzt und nunmehr ein Kühler angeschlossen. Das Lösungsmittel wird durch direkte Erhitzung oder durch solche im Wasserbad abdestilliert. Der Rückstand wird in üblicher Weise getrocknet und der Kolben direkt auf die analytische Waage gebracht. Jedes Umfüllen wird also vermieden. Statt runder Kolben sind der Standsicherheit wegen solche von Erlenmeyer-Form mehr zu empfehlen.

Der Nachteil des Bessonschen Extraktionsapparates ist die häufig beobachtete mangelhafte Dichtung der die Extraktionshülse tragenden Glasspitzen, die manchmal nicht genügend dicht verschmolzen sind, so daß Lösungsmittel verloren geht.

Einen Apparat, welcher sowohl das Auskochen des Gutes wie auch sein Ausziehen im Dampfstrom ermöglicht, hat H. Wislicenus[1] angegeben (Abb. 16). Aus oben angeführten Gründen empfiehlt es sich jedoch, den mit Stanniol überzogenen Korkpfropfen der Abbildung durch Glasschliff zu ersetzen. Das Wesentliche des Apparates ist die verschiebbare Aufhängevorrichtung für die Extraktionshülse. Durch das Kühlrohr des Kugelkühlers wird ein Aluminiumdraht geschoben, an welchem die Hülse selbst oder ein Drahtgehänge oder ein Säckchen befestigt wird. Durch die Extraktionshülse mit verstärktem Rand wird zweckmäßig ein Draht hindurchgestochen und oben zu einer Öse mit herabhängenden Abtropfenden zusammengedreht und am langen Hängedraht so befestigt, daß beim Herunterlassen in die Flüssigkeit die Hülse sich nicht aushaken kann. Ist der Kolbenhals etwas knapp, so muß der Hülsenrand durch Umfassung mit Draht rund gehalten werden.

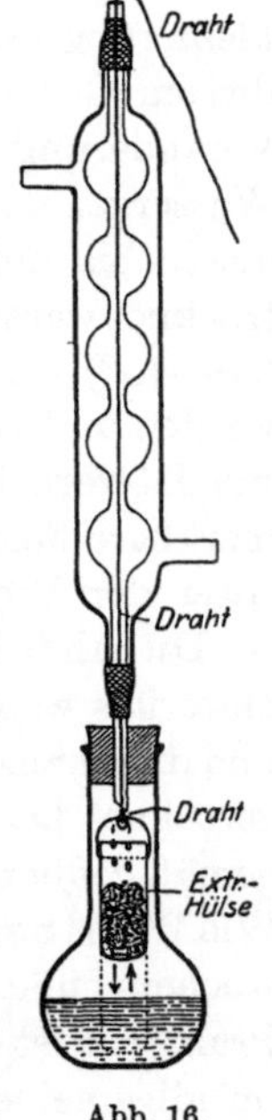

Abb. 16. Wislicenus' Extraktionsapparat.

Der Hauptvorteil dieses einfachsten Extrahiergerätes liegt darin, daß man die Substanz zunächst im groben durch Eintauchen erst rasch auskochen, dann die letzten Spuren von Harz und Fett sehr leicht

[1] Zellstoffchem. Abh. Bd. 1, S. 72. 1920.

Einen im Prinzip ähnlichen Apparat hat Graefe (Braunkohle 1907, S. 223) beschrieben. In einem Erlenmeyer-Kolben hängt an dem mit Stanniol gedichteten Korkpfropfen eine Extraktionshülse aus Filtrierpapier. Der Stopfen trägt einen Rückflußkühler, aus dem das Lösungsmittel in die Hülse tropft. Die Extraktionszeit beträgt nur ein Viertel der bei Soxhletapparaten erforderlichen Zeitspanne.

durch Heraufziehen der Extraktionshülse in den Dampfraum im Kolbenhals vollkommen ausziehen kann. Durch diese Kombination wird erheblich an Zeit gespart, ein Vorteil, welcher aber nur durch eine Vermengung des Extraktes mit anderen Stoffen erkauft wird.

Die Extraktion.

Vorbereitung des Materials für die Untersuchung. Die Schnelligkeit der Extraktion wird immer durch eine weitgehende Zerkleinerung des Materials begünstigt. Bei Hölzern empfiehlt es sich aus diesem Grunde, grobe Feilspäne zur Anwendung zu bringen. Um eine Veränderung der Zusammensetzung des Lösungsmittels durch den Wassergehalt des Gutes möglichst in engen Grenzen zu halten, muß dieses bis auf einen Feuchtigkeitsgehalt von etwa 5—15% herab getrocknet werden[1]. Diese Vortrocknung darf jedoch nur bei mäßiger Wärme (30—40°) erfolgen, da höhere Temperaturen ein teilweises Unlöslichwerden und auch eine Zersetzung der Extraktstoffe herbeiführen können. Bei Hölzern ist beobachtet worden, daß mit zunehmender Lagerdauer merkbare Mengen der Extraktstoffe unlöslich werden, weshalb hier das Alter der Probe berücksichtigt werden muß[2].

Durchführung der Extraktion. Je nach der Sperrigkeit des Materials werden 10—20 g hiervon in den Extraktionsapparat gebracht und dieser zusammengesetzt. Man extrahiert vom beginnenden Sieden an gerechnet bei Soxhletapparaten 4—6 Stunden, welche Zeit erfahrungsgemäß genügt. Je länger man extrahiert, um so größere Werte erhält man. Wie Wahlberg[3] nachgewiesen hat, kann man eine Extraktion von Holz wochen- und monatelang fortsetzen, ohne ein Ende zu erreichen. Praktisch ist diese Beobachtung natürlich ohne Belang. Man hilft sich im allgemeinen dadurch, daß man eine willkürliche Extraktionsdauer z. B. eben die schon erwähnten 4—6 Stunden als normal ansieht. Allerdings kommt es dabei auch auf die Wirksamkeit der verwendeten Apparatur an, so daß bei wenig wirksamen Apparaten 4 Stunden noch zu kurz sein können und bei Massenanalysen eine durch die Erfahrung festgelegte längere Zeitdauer anzuwenden ist. Von Bedeutung ist außer genauer Einhaltung der Extrahierzeiten eine Angabe über die Zahl der Abheberungen bei der Soxhlet-Apparatur. Danach wird das Lösungsmittel aus dem Kolben des Extraktionsapparates abdestilliert, der Kolben etwa 15 Minuten lang im Trockenschrank getrocknet und dann gewogen. Ist die Extraktion mit Apparaturen durchgeführt worden, deren Kolben zur Wägung auf der Feinwaage zu groß sind, so wird das den Extrakt gelöst

[1] Man vgl. Schwalbe: Zellstoff u. Papier Bd. 1, S. 3. 1921.

[2] Schwalbe u. Schulz: Chem.-Zg. Bd. 42, S. 229. 1918. — Sieber: Das Harz der Nadelhölzer. 2. Aufl. S. 36 u. 98. Berlin: Verlag Hofmann 1925.

[3] Wahlberg, H. E.: Zellstoff u. Papier Bd. 2, S. 129. 1922.

haltende Lösungsmittel nach und nach in einen kleineren Kolben überführt und aus diesem abdestilliert. Man vermeide, wenn möglich, ein Filtrieren der Extraktlösung, da hierbei Verluste meist nicht zu umgehen sind. Bei Soxhletapparaten kann man durch Einschieben eines kleinen Wattepfropfens in das Heberrohr verhindern, daß Teilchen des Gutes mit in den Kolben gelangen. Bei solchen Apparaten ist es empfehlenswert, das Gut in der Hülse mit etwas Watte abzudecken, um zu verhindern, daß Teile hiervon durch das vom Kühler zurücktropfende Lösungsmittel herausgeschleudert werden.

Untersuchung des Rohextraktes.

Will man möglichst genaue Zahlen für den Gehalt eines Rohstoffes an eigentlichen harz-, fett- und wachsartigen Stoffen gewinnen, so ist dies erfahrungsgemäß nur erreichbar, wenn der Rohextrakt einer weiteren Untersuchung unterworfen wird. Die dann gewonnenen Zahlen, deren Erhalt aber Zeit und erhebliche Mehrarbeit erfordert, stellen sichere und vor allem vergleichbare Werte dar.

Der in vorbeschriebener Weise erhaltene Extrakt ist zumeist ein Gemisch von harz-, fett- und wachsartigen Stoffen. Die Trennung des Rohextraktes erfolgt zweckmäßig nach folgendem Schema[1].

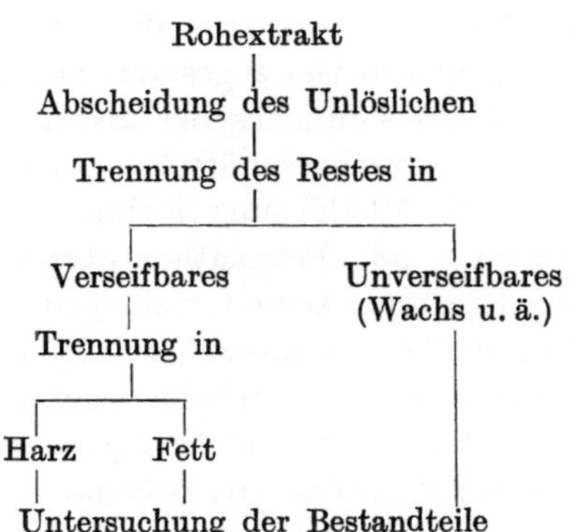

Abscheidung und Bestimmung des Unlöslichen (der nicht zu den harz-, fett- und wachsartigen Stoffen gehörenden Beimengungen).

Als solches sind hier die Bestandteile des Rohextraktes bezeichnet, welche sich nicht in warmer alkoholischer Kalilauge lösen. Nimmt man Ätherextrakt in Arbeit, so löst sich dieser zumeist in der Kalilauge, trotzdem er ja einen nicht unbeträchtlichen Teil nichtverseifbarer, wachsartiger Bestandteile enthält. Bei Rohextrakten, welche mit Alkohol er-

[1] Man vgl. Sieber: Über das Harz der Nadelhölzer und die Entharzung von Zellstoffen, S. 135. Berlin 1925.

halten werden, verbleibt häufig ein Teil ungelöst. Seine Abfiltrierung begegnet, da sie in der Wärme erfolgen muß, meist einigen Schwierigkeiten. Leichter wird die Abtrennung dieser Begleitstoffe bisweilen in einem späteren Stadium des Analysenganges, nämlich bei der Scheidung des Harzes vom Fett. Nach der Veresterung mit Säure werden die Begleitstoffe in den organischen Lösungsmitteln unlöslich und können als braune Fällung im Scheidetrichter vom harz- und fetthaltigen Gemisch leichter abgetrennt werden. Bei der Analyse von Roh-Ätherextrakt wird man, wie gesagt, selten Schwierigkeiten durch derartiges Unlösliche haben, weshalb man hier unmittelbar den Rohextrakt zur Trennung von Verseifbarem und Unverseifbarem in Arbeit nehmen kann.

Trennung in Verseifbares und Unverseifbares. Diese geschieht so, daß man eine gewogene Menge des Rohextraktes zunächst mit alkoholischer Normal- oder halbnormaler Kalilauge am Rückflußkühler verseift. Die Dauer der Verseifung wähle man nicht kürzer als etwa 1 Stunde. Danach läßt man nur mäßig abkühlen und füllt den Kolbeninhalt in einen kleineren Scheidetrichter. Man spült mit Wasser und Alkohol nach und zuletzt — nach dem Abkühlen des Trichterinhaltes — muß ein wenig Petroläther nachgegeben werden (Siedepunkt 35—50°). Man hat darauf zu achten, daß die Konzentration des Alkohols in der auszuschüttelnden Lösung stets reichlich über 50% verbleibt. Vom Petroläther wird insgesamt so viel zugesetzt, daß seine Menge etwa ein Viertel bis ein Drittel des Volumens der alkalischen Flüssigkeit ausmacht. Dann wird gut durchgeschüttelt. Nach erfolgter Trennung in zwei Schichten wird die Alkalilösung in einen zweiten Scheidetrichter abgelassen und neuerlich mit Petroläther ausgeschüttelt. Insgesamt werden meist vier derartige Ausschüttelungen genügen. Jedenfalls muß der Petroläther schließlich wasserklar bleiben. Alle Petrolätherauszüge werden in einem größeren Scheidetrichter vereinigt und hierin ihrerseits mit einigen Kubikzentimetern 1proz. Lauge, der man das gleiche Volumen Alkohol zugesetzt hat, zweimal ausgeschüttelt. Darauf wird der Petroläther mit Wasser mehrere Male gewaschen, in einen gewogenen Kolben abgelassen, aus diesem abgedampft und der Kolbeninhalt endlich bei 50—70° getrocknet. Die Wägung gibt das Unverseifbare.

Zur alkalischen Seifenlösung wird die letzterwähnte kleine Laugenmenge gesetzt, die zur Ausschüttelung des Petroläthers gedient hat. Man säuert an, fügt Äther hinzu und schüttelt gut durch. Harz und Fett werden vom Äther gelöst und können in entsprechender Weise wie das Unverseifbare in wägbarer Form abgeschieden werden: Summe des Verseifbaren. Es ist empfehlenswert, nach der erstmaligen Ausschüttelung der sauren Flüssigkeit sie in einen anderen Trichter zu überführen und hier etwa noch rückständiges Harz und Fett ihr durch eine neuerliche Ausschüttelung zu entziehen.

Trennung in fett- und harzartige Stoffe. Diese Trennung erfolgt nach der von Wolff und Scholze abgeänderten Twitchell-Methode[1]. Zu ihrer Ausführung verfährt man folgendermaßen.

Für je 1 g in einem kleinen Kolben abgewogenes Gemisch verwendet man zur Lösung 5 cm³ absoluten Methyl- oder Äthylalkohol. Ist alles gelöst, setzt man halb soviel des Veresterungsgemisches hinzu. Dieses besteht aus 1 Teil konz. Schwefelsäure und 4 Teilen absol. Methyl- oder Äthylalkohol. (Unter guter Kühlung zusammengießen!) Der Kolbeninhalt wird dann 3—5 Minuten gelinde am Rückflußkühler gekocht. Nach gutem Abkühlen überführt man den Inhalt des Kolbens in einen kleineren Scheidetrichter, in welchen man außerdem etwa das 4—5fache Volumen der die Harzsäuren und Fettester haltenden Flüssigkeit an 10proz. Kochsalzlösung gibt. Vermittelst weiterhin zugefügten Äthers schüttelt man nun obengenannte Bestandteile aus. Eine zweimalige Ausschüttelung wird zumeist genügen, um die Fettester und die Harzsäuren der wässerigen Flüssigkeit völlig zu entziehen. Die Ätherlösung wird gut mit neuer Salzlösung gewaschen und um ihr die Harzsäuren zu entziehen, dann mit verdünnter Lauge ausgeschüttelt. Man verwendet 1proz. Lauge, und zwar zur ersten Ausschüttelung etwas mehr als theoretisch erforderlich ist und zu zwei folgenden etwa je ein Drittel dieser Menge. Man kann überschlägig annehmen, daß meist beiläufig 40% des Gemisches aus Harz mit einer Säurezahl von rund 200 besteht. Durch diese Behandlung wird das Harz in im Äther unlösliches Natriumresinat überführt. Die diese Verbindung haltenden alkalischen Auszüge werden in einem Scheidetrichter vereinigt, es wird angesäuert, Äther zugegeben und das abgeschiedene Harz durch Schütteln in diesen übergeführt. Die Ätherlösung wird mehrmals mit destilliertem Wasser gewaschen, dann in einen gewogenen Kolben abgelassen, aus welchem der Äther abdestilliert wird. Nach kurzem Trocknen im Wassertrockenschrank wird gewogen: Harzsäuren.

Zur Überführung der Fettsäureester in die Säuren verseift man nach Vertreibung des größten Teiles des sie gelöst haltenden Äthers am Rückflußkühler mit alkoholischer Lauge in der Wärme. Auch hier ist die Dauer der Verseifung etwa eine Stunde. Alsdann treibt man Äther und Alkohol so weitgehend als möglich ab und gibt in den Kolben ein wenig warmes Wasser. Die erhaltene Seifenlösung wird in einem Scheidetrichter mit Säure zersetzt, und die abgeschiedenen Fettsäuren werden nach Ausschütteln mit Äther wie die Harzsäuren in wägbarer Form gewonnen: Fettsäuren.

---

[1] Chem.-Zg. Bd. 38, S. 382. 1914.

Untersuchung der Einzelbestandteile.

Löslichkeit der Auszüge und Einzelbestandteile in Petroläther. Sie wird wie folgt ausgeführt. Eine nicht zu kleine Menge der zu untersuchenden Probe wird in einem etwa 200 cm^3 fassenden Kölbchen oder Becher auf der analytischen Waage genau abgewogen, zweckmäßig zusammen mit einem kleinen, späterhin als Rührer dienenden Glasstab. Diese Harz- und Fettmenge wird darauf mit 50 cm^3 Petroläther übergossen und gut verrührt. Nachdem die lösende Wirkung des Petroläthers in der Kälte, durch öfteres Umrühren unterstützt, 2 Stunden lang angedauert hat, wird die über der am Boden sich absetzenden ungelösten Masse stehende Flüssigkeit vorsichtig in einen gewogenen Glaskolben gefüllt und der im Becherglas oder Kölbchen verbliebene Rückstand nochmals 15 Minuten lang mit 100 cm^3 Petroläther behandelt, welcher dann in der gleichen Weise abgegossen wird. Aus dem Kolben wird die Flüssigkeit abdestilliert und der erhaltene Rückstand, wie auch der im Becherglas verbliebene, bei 40—50° vorsichtig getrocknet. Der Kontrolle halber wiegt man am besten beide Proben.

Es ist zweckmäßig, die Trennung der Petrolätherlösung vom Rückstand im Becherglas durch einfaches vorsichtiges Abgießen zu bewirken. Die Verwendung eines Büchnertrichters mit eingelegtem Filterblatt zum Trennen durch Absaugen bringt große Schwierigkeiten mit sich durch das Klettern der Harzlösung über die Ränder des Trichters, und die Methode wird in diesem Falle sehr ungenau.

Ihre Genauigkeit ist an und für sich nicht groß (1—$1^1/_2$% Unterschiede), aber das ist vornehmlich durch die ungleiche Zusammensetzung der verwendeten Extrakte bedingt. Es ist, um gute Resultate zu erhalten, die Einhaltung der gleichen Versuchsbedingungen ebenso erforderlich wie die Benutzung eines guten Durchschnittsmusters des Fett- und Harzgemisches.

Es sei noch darauf aufmerksam gemacht, daß bei neueren Untersuchungen immer bemerkt wurde, wie Trocknen bei 100° schon innerhalb kurzer Zeit einen nicht unbeträchtlichen Rückgang der Löslichkeit in Petroläther bewirkt. Aus diesem Grunde darf man also zur Ermittelung der genannten Eigenschaft nur solche Proben verwenden, die vorsichtiger Trocknung ausgesetzt waren. Erst weitere Untersuchungen dürften erweisen, ob die Bestimmung der Petrolätherlöslichkeit der Extrakte ein Mittel darstellt, sie schärfer zu charakterisieren.

Bestimmung der Säure-, Verseifungs- und Esterzahl. Die Säurezahl (S.Z.) gibt die Anzahl Milligramme KOH an, welche zur Neutralisation von 1 g Fett oder Harz erforderlich sind.

Zu ihrer Bestimmung werden geringere Mengen der zu untersuchenden Substanz (0,2—0,3 g) in 50 cm^3 90proz. Alkohol gelöst und mit

$^n/_{10}$ Alkalilösung titriert. Als Indikator werden vorteilhaft einige Tropfen einer Auflösung von 1 g Alkaliblau in 100 cm³ Alkohol verwendet.

Aus der Zahl der verbrauchten Kubikzentimeter v und der Menge a der angewandten Substanz in Gramm berechnet sich die

$$\text{S.Z.} = \frac{v \cdot 5{,}6}{a}.$$

Die Verseifungszahl (V.Z.) gibt die Anzahl Milligramme KOH an, welche 1 g Fett oder Harz bei der Verseifung auf heißem Wege zu binden vermag.

Die gleichen Mengen an Substanz wie oben werden in 50 cm³ Alkohol gelöst und mit 10 cm³ einer alkalischen $^n/_{10}$ Kalilauge am Rückflußkühler $^1/_2$ Stunde lang auf dem Wasserbade gekocht. Das unverbrauchte Alkali wird mit einer $^n/_{10}$ Salzsäure zurücktitriert.

Aus dem verbrauchten Alkali berechnet sich in der gleichen Weise wie oben die

$$\text{V.Z.} = \frac{v \cdot 5{,}6}{a}.$$

Die Bestimmung der V.Z. gestaltet sich bei dunklen Harzen oft äußerst ungenau. Auch bei hellen Harzen treten Schwankungen in den Werten der einzelnen Bestimmungen sehr häufig auf, und dies ist weniger durch etwaige Unsicherheiten der Titration bedingt, als vielmehr durch Veränderungen, die im Laufe der Bestimmung vornehmlich mit dem Harz statthaben.

Die Esterzahl (E.Z.), auch wohl Ätherzahl (Ä.Z.) genannt, gibt die Differenz zwischen Verseifungs- und Säurezahl an.

Statt die Verseifungszahl zu bestimmen, kann auch die Esterzahl ermittelt werden. Es geschieht dies dadurch, daß man die zur Bestimmung der Säurezahl bereits benutzte Probe mit 10 cm³ $^n/_{10}$ alkoholischer Lauge versetzt, wie oben beschrieben am Rückflußkühler kocht und dann die Menge des überschüssigen Alkalis ermittelt.

Bestimmung der ätherischen Öle.

Die ätherischen Öle kann man aus dem Extrakt durch Destillation gewinnen. Zu berücksichtigen ist allerdings, daß dabei die etwa gleichzeitig anwesenden Harze eine beginnende Zersetzung erleiden können, so daß man vorsichtigerweise die Destillation mit Wasserdampf anwendet. Man kann auch die ätherischen Öle direkt durch Behandeln des Rohfaserstoffes mit überhitztem Wasserdampf gewinnen. Es ist recht schwierig, die ätherischen Öle auf diese Weise vollständig auszublasen. Bei zu hoher Dampftemperatur (180° und mehr) können Verkohlungen und damit Verunreinigungen der ätherischen Öle eintreten. Bei Hölzern ist eine Druckkochung mit Natronlauge bei Temperaturen zwischen 150 und 180° sehr geeignet, um durch weitgehende Zersetzung des Holzmaterials das ätherische Öl freizulegen, so daß glatte Destillation erfolgt.

Die geringen Verunreinigungen der Öle mit Spuren von Merkaptanen sind für die quantitative Erfassung der ätherischen Ölmengen bedeutungslos. Als Apparatur ist ein Autoklav mit angeschlossenem, gut wirkenden Kühler notwendig. Eine 3stündige Erhitzung des Holzes etwa in Hackspanform mit der 5fachen Menge Natronlauge von 15% genügt zur völligen Zerfaserung des Holzes. Die Abdestillation des ätherischen Öls kann schon nach einstündigem Erhitzen begonnen werden. Sie wird so lange durchgeführt, bis das Destillat oben aufschwimmende wasserunlösliche Öltropfen nicht mehr erkennen läßt.

Bestimmung des Stickstoffgehaltes.

Diese Bestimmung wird wohl nur selten bei den Faserrohstoffen durchgeführt, welche zur Herstellung von Papierfasern dienen. Von den Rohstoffen für Papier enthalten die Hölzer nur sehr geringfügige Mengen an Stickstoff. Solche sind freilich größer bei den Stroharten, Bastfasern und Samenhaaren. Jedoch scheint der Gehalt an Stickstoff für die Aufschließung der Rohfaserstoffe zu Halbstoffen bedeutungslos zu sein. Von einigem Wert ist seine Bestimmung nur bei der Untersuchung der Halbstoffe. So kann man bei der Verarbeitung von Baumwollinters die Güte der Aufschließung an dem Stickstoffgehalt der gereinigten Fasern erkennen. Je geringer dieser Gehalt ist, um so wirksamer war die Aufschließung. Das für die Untersuchung der Halbstoffe geeignete Verfahren der Stickstoffbestimmung ist in dem entsprechenden Abschnitt VII beschrieben.

Die Bestimmung der wasserlöslichen Stoffe.

Die Rohfaserstoffe enthalten stets wasserlösliche Bestandteile, jedoch meist in einer sehr geringen Menge, die allerdings abhängig ist von dem Lebens- bzw. Lageralter des Rohmaterials. Je älter und trockner diese sind, um so geringer ist häufig auch der Gehalt an wasserlöslicher Substanz. Als wasserlösliche Substanzen kommen in Frage die Pflanzensäfte, als deren Hauptinhaltsstoffe neben Eiweißspuren Kohlehydrate verschiedener Art zu nennen sind. Ferner seltener Gerbstoffe und noch seltener Farbstoffe. Die Bedeutung dieser Bestimmung wird sehr verschieden beurteilt. Vielfach wird sie ganz vernachlässigt, während besonders in den Vereinigten Staaten erheblicher Wert auf die Feststellung der Kalt- und Heißwasserlöslichkeit gelegt wird. In Einzelfällen ist sicherlich die Bestimmung von hohem Wert, wie z. B. bei Untersuchung des Holzes von Lärchenarten nach L. E. Wise[1]. Hat ferner doch Raitt[2]

[1] Wise, L. E., Hawley u. Wise: The Chemistry of Wood. New York 1926. S. 176.

[2] Raitt, W.: Papierfabrikant Bd. 10, S. 1471. 1912.

gezeigt, daß durch einfache Wasserkochung von Bambus diejenigen Stoffe entfernt werden, welche bei dem späteren alkalischen Aufschluß die mangelhafte Bleichbarkeit des Bambushalbstoffes bedingen. Es würde also in diesem Falle von Wert sein, zu wissen, wieviel auskochbare Substanz in dem Rohbambus enthalten ist. Die Forest Products Laboratories geben folgende Vorschrift für die Bestimmung der Kalt- und Heißwasserlöslichkeit[1]:

Kaltwasserlöslichkeit: 2 g lufttrockne Substanz, deren Feuchtigkeitsgehalt vorher bestimmt worden ist oder völlig trocknes (bei 100° getrocknetes) Material werden in einen 400 cm³ fassenden Erlenmeyer gebracht und mit 300 cm³ destilliertem Wasser übergossen. Man läßt das Gemisch bei Raumtemperatur unter häufigem Umrühren 48 Stunden lang digerieren. Hierauf wird das Fasermaterial in einen gewogenen Goochtiegel oder Porzellan- oder Glastiegel mit porösem Boden überführt, mit kaltem Wasser ausgewaschen und hierauf im Trockenschrank bei 105° bis zu konstantem Gewicht getrocknet. Zur Trocknung sind gewöhnlich 4 Stunden notwendig. Der Gewichtsverlust der angewendeten Substanz gibt die Menge wasserlöslicher Stoffe im Rohmaterial an.

Heißwasserlöslichkeit: 2 g Untersuchungsmaterial im lufttrocknen oder völlig trocknen Zustand werden in einem 200 cm³ fassenden Erlenmeyer, der mit Rückflußkühler versehen ist, mit 100 cm³ destilliertem Wasser 3 Stunden lang erhitzt. Der Erlenmeyer wird in ein siedendes Wasserbad gehängt. Nach dieser Zeit wird das Fasermaterial in einem Filtriertiegel mit heißem Wasser gewaschen und bei 105° zu konstantem Gewicht getrocknet. Der Gewichtsverlust bei der Heißwasserextraktion gibt die Menge der in kochendem Wasser löslichen Substanzen an.

Die Bestimmung der Hauptbestandteile der Rohfaserstoffe.

Hemizellulosen.

Die pflanzlichen Rohfaserstoffe enthalten größere oder geringere Mengen von Hemizellulosen. Beispielsweise sind in den Bastfasern und Stroharten und in den Laubhölzern große Mengen von Holzgummibestandteilen enthalten, die zum allergrößten Teil aus Pentosanen bestehen, während die Nadelhölzer weniger Pentosan, aber mehr Hexosan enthalten. Die Hemizellulosen lassen sich durch alkalische Hydrolyse zu einem erheblichen Teil in Lösung bringen, insbesondere ist die Löslich-

[1] Forest Products Laboratories: Chemische Analyse von Zellstoff und Zellstoffholz. Paper Trade J., Tappi Sect. Bd. 87, S. 241. 1928.

keit groß bei den Laubhölzern, Stroharten und Bastfasern. Man kann deshalb über die Eigenart eines Rohstoffes durch die summarische Bestimmung der Alkalilöslichkeit Anhaltspunkte gewinnen. Doch ist zu empfehlen, sich durch eine Untersuchung der einzelnen Hemizellulosen über die wesentlichen Arten dieser zu vergewissern.

Alkalilöslichkeit.

Löslichkeit in 1proz. Natronlauge[1]. 2 g lufttrocknes oder völlig trocknes (bei 105° getrocknetes) Untersuchungsmaterial werden in einen 250 cm^3 fassenden Erlenmeyerkolben gebracht und 100 cm^3 2proz. Ätznatronlösung hinzugefügt. Der Kolben wird im siedenden Wasserbade nach Bedeckung mit einem Uhrglas 1 Stunde lang erhitzt. Der Inhalt des Kochkolbens wird gelegentlich mit einem Glasstabe umgerührt oder umgeschüttelt. Nach Ablauf der genannten Zeit wird das unlöslich gebliebene Material durch einen Filtriertiegel abfiltriert, mit heißem Wasser ausgewaschen, hierauf mit 10proz. Essigsäure, dann wieder mit heißem Wasser gewaschen und dann zu konstantem Gewicht bei 105° C getrocknet. Der Unterschied zwischen dem Anfangsgewicht und dem Endgewicht entspricht der Menge der alkalilöslichen Substanz.

Man kann an den gefundenen Werten eine Korrektur anbringen für die wasserlösliche Substanz, indem man den für diese gefundenen Wert von dem für Alkalilöslichkeit ermittelten abzieht. Diese Korrektur setzt voraus, daß alle Stoffe, welche in heißem Wasser leicht löslich sind, auch in 1proz. Natronlauge sich als löslich erweisen, wofür große Wahrscheinlichkeit besteht.

Löslichkeit in 10proz. Kalilauge. Mit der Konzentration der Alkalilösung wächst der Angriff auf den Rohfaserstoff. In den Vereinigten Staaten wird nach folgender Vorschrift die Löslichkeit in 10proz. Kalilauge bestimmt: 2 g völlig trocknes (bei 105° C getrocknetes) Ausgangsmaterial werden in einen 250-cm^3-Erlenmeyerkolben gebracht, mit 100 cm^3 10proz. Kalilauge übergossen und am Rückflußkühler 3 Stunden im Chlorkalziumbade zum Sieden erhitzt. An Stelle der 10proz. Kalilauge kann auch eine 7proz. Natronlauge angewendet werden. Nach beendeter Erhitzung wird der Inhalt des Erlenmeyers in 1 l destilliertes Wasser eingegossen und das Alkali mit Essigsäure bis zur sauren Reaktion versetzt. Aus der Lösung fällt ein Niederschlag von β-Zellulose aus. Hierauf wird durch einen Filtriertiegel filtriert und das im Tiegel verbleibende Fasermaterial mit heißem Wasser, Alkohol und Äther ausgewaschen, bei 105° getrocknet und hierauf gewogen. Der Gewichtsverlust entspricht der alkalilöslichen Substanz.

[1] Vorschrift der Forest Products Laboratories: Paper Trade J., Tappi Sect. Bd. 87, S. 242. 1928.

Furfurol- (Pentosan-) Bestimmung[1].

Für viele pflanzliche Rohstoffe sehr charakteristisch ist deren Gehalt an sogenannten Pentosanen. Diese können durch Abspaltung von Furfurol mit 12—13proz. Salzsäure bestimmt werden. Für das von Tollens und seinen Schülern ausgearbeitete Verfahren zur Bestimmung von Pentosan ist nachstehende Ausführungsform empfehlenswert. Da es sich, was Tollens selbst mehrfach betont hat, um eine konventionelle Bestimmung handelt, müssen zur Erzielung vergleichbarer Werte alle Einzelheiten der Apparatur und Arbeitsweise peinlich genau eingehalten werden.

Tollens Vorschrift für die Pentosanbestimmung.

Die Ausführung der Bestimmung gestaltet sich wie folgt: In einem Kolben von etwa 3—400 cm^3 Inhalt werden etwa 2 g genau abgewogenes lufttrockenes Rohmaterial, wie Holz u. dgl., mit 100 cm^3 Salzsäure vom spez. Gewicht 1,06 übergossen. Die Salzsäure bereitet man sich aus 100 Gewichtsteilen Salzsäure vom spez. Gewicht 1,19 und 245 Gewichtsteilen Wasser. Hierauf wird im Ölbad oder Chlorkalziumbad auf 160° erhitzt. Das durch Wasserkühlung erhaltene Destillat wird in einem als Vorlage dienenden Meßzylinder gesammelt und für jede überdestillierten 30 cm^3 werden vermittels eines durch den Stopfen des Kolbens führenden Tropftrichters 30 cm^3 frische Salzsäure nachgefüllt. Dies wird so lange fortgesetzt, bis 360 cm^3 abdestilliert sind bzw. nur so lange, bis ein Tropfen des Destillates mit Anilinazetatpapier eine Rotfärbung nicht mehr ergibt. Das Anilinazetatpapier erhält man durch Tränken von Filtrierpapierstreifen mit einer Lösung aus 2 cm^3 Anilin (rein oder frisch destilliert) in 20 cm^3 10proz. Essigsäure.

Bestimmung des Furfurols als Phlorogluzid. Zu dem Destillat wird Phlorogluzinlösung (5 g Phlorogluzin in 1 l Salzsäure vom spez. Gewicht 1,06) zugegeben. Nicht nur die doppelte Menge des voraussichtlich erforderlichen Phlorogluzins, sondern darüber hinaus noch 0,15 g desselben sind anzuwenden. Für einen Pentosangehalt bis zu 5% sind 80 cm^3 der 5proz. Lösung erforderlich. Die Benutzung 5proz. Phlorogluzinlösung empfiehlt sich, da bei Verwendung 10proz. Phlorogluzinlösungen ein Auskristallisieren zu befürchten ist. Dann wird mit Salzsäure vom spez. Gewicht 1,06 auf 400 cm^3 aufgefüllt und die Mischung auf 80—85° erwärmt. Nach frühestens $1^1/_2$—2 Stunden wird der Niederschlag in einem bei 95—98° getrockneten und gewogenen Filtriertiegel gesammelt, mit etwa 50 cm^3 Wasser ausgewaschen unter Beobachtung der Vorsichtsmaßregel, daß der Niederschlag erst zum Schluß trocken gesaugt werden darf. Durch zu frühzeitiges Trockensaugen entstehen

[1] Hierzu Böddener u. Tollens: J. Landwirtsch. Bd. 58, S. 232. 1910.

nämlich Risse im Niederschlag, wodurch völliges Auswaschen unmöglich wird. Der Filtriertiegel wird im Wägeglas bei 95—98° getrocknet und gewogen und das Furfurol nach der Formel[1]

$$\text{Furfurol} = (\text{Phlorogluzid} + 0{,}001)\ 0{,}571$$

berechnet.

Da die Umrechnung des Furfurols auf Pentosan etwas unsicher ist, sollte man neben dem Pentosanwert auch stets den Furfurolwert angeben, also gewissermaßen nach dem Vorschlag von Jäger und Unger die „Furfurolzahl" mitteilen.

Kritische Bemerkungen zur Tollens-Vorschrift.

Die von Tollens und Böddener[2] selbst vorgeschlagene und vorstehend beschriebene Abänderung der Originalmethode, statt kalter, heiße Fällung des Phlorogluzins, läßt sich nicht gut innerhalb einer 8stündigen Arbeitszeit durchführen; auch wird sie bei Gegenwart von Methylpentosan unzuverlässig. Deshalb sollte man die Destillation am Nachmittag eines Arbeitstages durchführen, über Nacht die Fällung mit Phlorogluzin stehenlassen und die Analyse am andern Tage beenden. — Das von Tollens empfohlene Metallbad zur gleichmäßigen Erhitzung des Destillationskolbens ist recht kostspielig. Man erhält recht gute Werte mit Ölbädern[3], wenn sie beim Dickwerden rechtzeitig erneuert werden, weit bessere noch mit den Chlorkalziumbädern. Brauchbar sind, jedoch nicht so gleichmäßige Erhitzung gewährleistend, die Babobleche, bei denen die Flammgase den Kolben umspülen, also eine Luftbadheizung angewendet wird. Am bequemsten sind natürlich elektrische Heizplatten mit Einstellung einer bestimmten Temperatur (250°), da so Schwankungen in der Destillation durch Schwankungen des Gasdruckes ausgeschlossen werden. Zweckmäßig ist die Erhitzung mehrerer Proben gleichzeitig, wodurch die Gleichmäßigkeit des Destillationsvorganges bei den Kontrollbestimmungen leichter zu erreichen ist. Praktisch ist Destillation von 4 Proben im gleichen Bad, bzw. auf derselben Heizplatte.

Rund- oder Stehkolben von 500 cm³ Inhalt kommen nur in Frage, wenn Ölbäder, Luft- oder Chlorkalziumbäder Verwendung finden. Für die Heizplatten ist die Erlenmeyer-Form (500 cm³ Inhalt) mit möglichst ebenem Boden empfehlenswerter. Es ist darauf zu achten, daß tatsächlich der Boden ganz eben ist; bei welligem Boden ist die Wärmeübertragung weit schlechter. Die Erlenmeyer haben bei einem Inhalt von 500 cm³ einen größten Durchmesser von 9,5 cm, eine Höhe von 17,5 cm. Der Destillationsaufsatz besteht aus einem zweifach durchbohrten Gummistopfen mit Tropftrichter von zylindrischer Form, der Meß-

[1] Vgl. Zahlentafel zur Umrechnung im Anhang, Abschnitt II.
[2] Vgl. Koydl: Österr.-ungar. Z. f. Zuckerind. Bd. 43, S. 208—231.
[3] Lenze, Pleus, Müller: Cellulosechemie Bd. 2, S. 24. 1921.

striche zum Abmessen der während der Destillation zugegebenen Salzsäure trägt. Die Höhe des Aufsatzes vom Kolbenhals bis zur Krümmung des abwärts gebogenen Destillationsrohres beträgt 4,5 cm. Das Destillationsrohr hat 6 mm lichte Weite, die Länge des Kühlermantels beträgt 40 cm, die Kühlerlänge von der Krümmung des Rohres bis zum Abtropfende 74 cm. Das Destillat wird in einem Meßzylinder aufgefangen. Das Abschließen des Destillates von der Luft ist befürwortet, aber noch nicht allgemein eingeführt worden[1].

Nach Klingstedt[2] soll man, um einigermaßen richtige Werte zu erhalten, die Destillation nur so lange fortsetzen, bis die Pentosane eben zersetzt worden sind. Eine Destillatmenge von 150—180 cm³ ist ausreichend. — Nach Gierisch[3] ist die Furfurolausbeute in weitgehendem Maße abhängig von der Einwage. Vergleichbare Werte können nur bei Verwendung gleich großer Einwagen erhalten werden.

Nach Pervier und Gortner[4] wird bei der üblichen Destillation die Salzsäure zu hochprozentig (16—18%), so daß sie das Furfurol zu zersetzen beginnt. Die Autoren schlagen deshalb vor, die Destillation unter Durchleiten eines langsamen Dampfstromes vorzunehmen. Sie geben für ihre Arbeitsweise folgende Vorschrift: Man leitet durch ein Gemisch von 0,2—0,5 g pentosehaltigen Materials und 200 cm³ 12proz. HCl (D. 1,06) in einem $^3/_4$ l-Kolben einen langsamen Dampfstrom und erwärmt mit einer kleinen Flamme derart, daß die Dämpfe eine Temperatur von 103 bis 105° haben. Am Ende der Destillation enthält der Kolben etwa die Hälfte des ursprünglichen Volumens. Nach dieser Methode wurden bei allen reinen pentosehaltigen Substanzen die berechneten Werte für Furfurol gefunden.

Nach Kullgren und Tydén[5] wird die Konzentrationsänderung der Salzsäure vermieden, wenn man eine mit Kochsalz gesättigte 13,5proz. Salzsäure verwendet. Die Destillation soll nach diesen Autoren 100 Minuten dauern, in welcher Zeit 250 cm³ überzudestillieren sind. Längere Destillation ist zwecklos, weil dann Oxymethylfurfurol abgespalten wird.

Bei der Bestimmung der Pentosane mittels Furfurolabscheidung muß berücksichtigt werden, daß auch Saccharose, Maltose, Glykose und Stärke bei der Einwirkung von Salzsäure der vorgeschriebenen Kon-

[1] Schmeil: Zellstoff u. Papier Bd. 1, S. 196. 1921. — Gaefke: Dissertation. Dresden 1919.

[2] Klingstedt: Z. analyt. Chem. Bd. 66, S. 129—160. 1925.

[3] Gierisch: Cellulosechemie Bd. 6, S. 93. 1925.

[4] Pervier u. Gortner: J. Ind. Engg. Chem. Bd. 15, S. 1167. 1923; Referat: Chem. Zbl. 1924 I, S. 2617.

[5] Kullgren u. Tydén: Über die Bestimmung von Pentosanen. Ingeniörsvetenskapsakademiens Handlingar 1929, Nr. 94; Svenska Bokhandelscentralen A.-B., Stockholm. Referat: Cellulosechemie Bd. 11, S. 15. 1930.

zentration Destillate liefern, aus denen man Phlorogluzide[1] abscheiden kann.

Infolge der Abspaltung von Methylfurfurol und Oxymethylfurfurol fallen die Werte für Furfurol häufig zu hoch aus. Das Methylfurfurol kann infolge seiner Löslichkeit in Alkohol durch eine Alkoholwäsche des Phlorogluzid-Niederschlages entfernt werden (vgl. unten).

Klingstedt[2] hat festgestellt, daß das Phlorogluzid des Methylfurfurols auch nach 8stündigem Stehen in Alkohol löslich ist. Das ebenfalls mit ausfallende Phlorogluzid des Oxymethylfurfurols ist nach Gierisch[3] jedoch nur teilweise löslich, so daß seine Abtrennung vom Furfurol-Phlorogluzid vermittels Alkohol nur unvollständig bleibt.

Nach Testoni[4] werden durch eine nochmalige Destillation des furfurolhaltigen Destillates die störenden Nebenbestandteile zersetzt. Auch Kullgren[5] gibt an, daß durch eine nochmalige Destillation das Oxymethylfurfurol fast völlig zerstört wird, ebenso auch Methylfurfurol.

Bestimmung des Furfurols vermittels Barbitursäure: Zur Vermeidung der durch Mitfällung von Methylfurfurol und von Oxymethylfurfurol entstehenden Fehler ist als Fällungsmittel an Stelle des Phlorogluzins die Barbitursäure vorgeschlagen und von Sieber[6] zuerst für die Untersuchung von Zellstoff angewendet worden. Sieber macht über die Ausführung der Methode folgende Angaben: Das wie üblich erhaltene Destillat wurde mit in 12proz. Salzsäure gelöster gesättigter und dann filtrierter Barbitursäurelösung (etwa 2proz.) versetzt, worauf sich in kurzem nach häufigem Rühren das rein gelb gefärbte Kondensationsprodukt ausschied. Angewandt wurde für jede Fällung das 6- bis 8fache der zu erwartenden Furfurolmenge. Das Kondensationsprodukt wurde nach etwa 20stündigem Stehen im Gooch-Tiegel (Asbestfilter) gesammelt, getrocknet und gewogen. Kondensationsprodukt $\times$ 0,4659 = Furfurol. Die Werte sind erheblich niedriger, als man sie mit Phlorogluzin erhält. Zudem ist die Methode für die allgemeine Anwendung in der Fabrikpraxis zu kostspielig, in Rücksicht auf den hohen Preis der erforderlichen Barbitursäure. — Bei der Barbitursäure-Fällung soll man nach Gierisch[7] am besten keine Salzsäure nachfüllen, sondern von vornherein mit 200 cm³ Salzsäure arbeiten, die man kochend über das Untersuchungsmaterial gießt. Eine Einwage von mehr als 2 g ist zu vermeiden.

[1] Testoni: Staz. sperm. agrar. ital. Bd. 50, S. 97—108. 1917; Chem. Zbl. Bd. 2, S. 865. 1918.

[2] Klingstedt: Z. analyt. Chem. Bd. 66, S. 129. 1925.

[3] Gierisch: Cellulosechemie Bd. 6, S. 93, Ziff. 5. 1925.

[4] Testoni: Staz. sperim. agrar. ital. Bd. 56. S. 378—385. 1923: Referat: Chem. Zbl. 1924 I, S. 947.

[5] S. o. Anm. 5 a. S. 97.

[6] Sieber: Zellstoff u. Papier Bd. 2, S. 253. 1922.

[7] Gierisch: Cellulosechemie Bd. 6, S. 93. 1925.

Bestimmung des Furfurols vermittels der Bromid-Bromat-Methode.

An Stelle einer Fällung mit Phlorogluzin ist von verschiedenen Autoren: Pervier und Gortner, sowie von Powell und Whitaker[1] die Titration des Furfurols mit Bromid-Bromat vorgeschlagen worden. Kullgren und Tydén[2] haben diese Methode eingehend studiert und verbessert. Die Autoren kommen auf Grund ihrer Versuche zu folgender Vorschrift.

Für pentosan- und methylpentosanhaltige Substanzen. Es wird am besten eine Quantität, die 0,15—0,20 g Xylose oder Rhamnose oder aber 0,20—0,30 g Arabinose entspricht, eingewogen. Die eingewogene Menge wird zusammen mit 100 cm³ 13,15proz. Salzsäure (spez. Gewicht 1,065) in den Destillationskolben gebracht, worauf 19—20 g Kochsalz hinzugefügt werden. Die Destillation geschieht in einem mit angeschmolzenem Einfülltrichter und Destillationsaufsatz versehenen Rundkolben mit Anwendung von Baboblech und Brenner mit Regulierschraube. Die Dauer der eigentlichen Kochzeit (die Zeit des Aufheizens also nicht mitgerechnet) ist 100 Minuten für Xylose und 140 Minuten für Arabinose und Rhamnose mit einer Destillationsgeschwindigkeit von 25 cm³ in 10 Minuten. Sind 25 cm³ abdestilliert, so werden 25 cm³ neue Säure von der erwähnten Konzentration aus dem Trichter des Apparates zugesetzt usw. Bei Xylose läßt man nahezu 250 cm³ und bei Arabinose 350 cm³ hinüberdestillieren und bringt die Destillate in Meßkolben von 250 cm³ bzw. 400 cm³ (da Kolben von 350 cm³ nicht Standardware sind) und füllt mit Säure von der erwähnten Konzentration bis zur Marke auf. Aus jedem Kolben werden mit der Pipette 2 Proben zu je 100 cm³ entnommen, die man in 500 cm³ fassende Erlenmeyer-Kolben rinnen läßt, die mit Korken verschlossen werden. Während die Probe abgekühlt wird, setzt man mittels eines Meßzylinders 200 cm³ 1,58n-Natronlauge zu, und die Abkühlung wird fortgesetzt, bis die gewöhnliche Zimmertemperatur (18—19°) erreicht ist. Hierauf werden 10 cm³ einer Ammoniummolybdat-Lösung mit einem Gehalt von 25 g je Liter und alsdann 25 cm³ einer Bromat-Bromid-Lösung, die im Liter 1,392 g $KBrO_3$ und 10 g KBr enthält und hinsichtlich des Bromats eine 0,05n-Lösung darstellt, zugesetzt. Die Probe wird auf eine weiße Unterlage gebracht, um festzustellen, wann sie eine erkennbare Gelbfärbung zeigt. Das pflegt innerhalb 0—2 Minuten, gewöhnlich in $^1/_4$ Minute, zu erfolgen; ein Versehen bis zu $^1/_2$ Minute veranlaßt noch keinen größeren Fehler. Von diesem Zeitpunkt an gerechnet muß die Probe 4 Minuten stehen, worauf eine kleine Quantität

[1] Powell u. Whitaker: J. Soc. Chem. Ind. Bd. 43, S. 367. 1924.
[2] Kullgren u. Tydén: a. a. O. S. 60.

(etwa 1 g) festes KJ zugesetzt und die Lösung sofort umgeschüttelt wird. Dann soll die Lösung 5—10 Minuten stehen, und darauf wird auf gewöhnliche Weise mit 0,05 n-Thiosulfat und Stärke als Indikator titriert.

Der Bromatverbrauch für jede Titrierprobe ist somit gleich dem zugesetzten Bromatvolumen minus dem verbrauchten Thiosulfatvolumen. Durch Multiplizieren mit 5/2 bei Xylose und 4 bei Arabinose und Rhamnose erhält man den gesamten Bromatverbrauch für jede Analysenprobe. Ist dieser Gesamtverbrauch n cm³ 0,05n-$KBrO_3$, so beträgt die erhaltene Menge in Gramm bei

Furfurol = $n \times 0{,}00240$[1],
Xylose = $n \times 0{,}00425$,
Arabinose = $n \times 0{,}00506$,
Rhamnose ($C_6H_{12}O_5 \cdot H_2O$) = $n \times 0{,}00346$,
Xylan = $n \times 0{,}00374$,
Araban = $n \times 0{,}00445$,
Pentosane im allgemeinen $n \times 0{,}00410$,
Rhamnosan = $n \times 0{,}00278$.

Für pentosanhaltige Substanzen bei Gegenwart von Hexosen und Polyosen: Es wird am besten eine Substanzmenge eingewogen, die ungefähr 0,075—0,1 g Furfurol ergeben kann. Die Destillation wird in derselben Weise ausgeführt, wie vorher beschrieben. (In gewissen Fällen entsteht bei der Destillation Schaum; deshalb wird direkte Flamme mit Baboblech angewandt, so daß die Kochung schnell im beliebigen Augenblick unterbrochen werden kann.) Bei der Untersuchung von Fichtenholz (andere Holzarten sind nicht geprüft worden) und Fichtenzellstoff braucht die Destillation nicht länger als 100 Minuten (= 250 cm³ Destillat) zu dauern, vorausgesetzt, daß das Holz fein gemahlen ist. Zum Destillat fügt man 2 cm³ (bzw. 3 cm³, wenn das Destillat 350 cm³ ausmacht) Salzsäure vom spez. Gewicht 1,19, worauf in derselben Weise wie vorstehend beschrieben bis zur Marke mit 13,15proz. HCl aufgefüllt wird. Vom Destillat werden 100 cm³ zum Umdestillieren[2] entnommen, was in demselben Apparat geschieht wie die erste Destillation. In den Kolben bringt man ferner 19—20 g Kochsalz. Darauf wird in derselben Weise destilliert wie früher, also unter Zusatz neuer Säure, sobald 25 cm³ hinüberdestilliert sind usw. Das Destillat wird in einem Meßzylinder aufgefangen. Sind 100 cm³ überdestilliert, so ist alles Furfurol bzw. Methylfurfurol übergegangen. Das Destillat wird in einen Erlenmeyer-Kolben gegossen, neutralisiert und in derselben Weise titriert wie oben beschrieben (zu beachten ist, daß das Bromat im Überschuß ist). Die Be-

[1] Die Gleichung gibt die Furfurolmenge im Destillat an. Soll die Bestimmung der Furfurolmenge in der ursprünglichen Probe gelten, so müssen 3,1% von der erhaltenen Menge hinzugerechnet werden.

[2] Am besten nimmt man zwei solcher Proben, um Doppelanalysen zu erhalten.

rechnung wird in derselben Weise wie oben ausgeführt, jedoch mit dem Zusatz, daß zu den für Xylose usw. gefundenen Werten 3,1 % zugefügt wird als Kompensation des während der Destillation zersetzten Furfurols. Kommt Rhamnosan in der Probe vor, so soll die Berechnungsformel für Pentosane im allgemeinen angewendet werden. Man erhält dann, auch wenn Pentosane anwesend sind, die Summe des Rhamnosan und der Pentosane.

Bestimmung des Furfurols mit Hydroxylaminchlorhydrat nach Noll[1].

Nach Noll[1] kann man Furfurol mit Hydroxylaminchlorhydrat quantitativ umsetzen, wobei die Salzsäure des Chlorhydrats in Freiheit gesetzt wird und durch Titration unter Zuhilfenahme von Methylorange als Indikator bestimmt werden kann. Das wie üblich erhaltene Furfuroldestillat wird unter Kühlung mit festem Ätznatron abgestumpft und schließlich mit $^{n}/_{10}$ Natronlauge genau gegen Methylorange neutralisiert. Die neutral gestellte Flüssigkeit wird sodann je nach dem zu erwartenden Pentosangehalt mit 25—50 cm³ (genau gemessen) Hydroxylaminchlorhydrat-Lösung (70 : 1000) versetzt und unter öfterem Umschütteln eine Stunde bei Zimmertemperatur stehengelassen. Darauf erfolgt Titration der abgespaltenen Salzsäure mittels $^{1}/_{10}$ Natronlauge unter Berücksichtigung des für einen Blindversuch mit der gleichen Hydroxylaminmenge erforderlichen Natronverbrauches. Es entspricht 1 cm³ $^{n}/_{10}$ NaOH = 0,0096 g Furfurol. Das Furfurol kann, wie üblich, auf Pentosan umgerechnet werden[2].

Bestimmung von Methylfurfurol.

Der wie vorstehend beschrieben gewonnene Niederschlag enthält sowohl Furfurol- wie Methylfurfurol-Phlorogluzid. Um Methylfurfurol gesondert bestimmen zu können, was unter Umständen zur Charakterisierung von pflanzlichen Rohstoffen Interesse haben könnte, zieht man nach dem Verfahren von Tollens den Niederschlag mit Alkohol aus, was wohl zweckmäßig in dem oben bei der Harzextraktion beschriebenen Besson- oder Wislicenus-Apparat geschieht, in die man den Filtriertiegel hineinsetzen bzw. aufhängen kann. Man extrahiert so lange, bis der aus dem Filtriertiegel abtropfende Alkohol farblos ist. Der Tiegel wird hierauf 2 Stunden lang getrocknet und wieder gewogen. Das nunmehrige Gewicht, vom ursprünglichen Gewicht abgezogen, gibt das Gewicht des Methyl-Phlorogluzids und damit dasjenige von Methylfurfurol und Methylpentosan[3].

[1] Noll: Papierfabrikant Bd. 29, S. 33. 1931.

[2] Jedoch empfiehlt Noll, wie dies oben auch auf S. 96 bereits vorgeschlagen ist, lediglich eine Furfurolzahl anzugeben. — Die Werte, die man nach der Hydroxylamin-Methode erhält, sind höher als die mittels Phlorogluzin ermittelten.

[3] Man vgl. hierzu: Schorger: J. Ind. Engg. Chem. Bd. 9, S. 556—566. 1917.

Die Bestimmung ist wie oben erwähnt wenig zuverlässig; die erhaltenen Werte zeigen außerordentlich starke Schwankungen[1]. Es gibt sonach gegenwärtig keine brauchbare Methode für die Bestimmung von Methylpentosan.

Bestimmung von Mannan und Galaktan nach Schorger[2].

Nach Schorger ist ein Gehalt an diesen Stoffen charakteristisch für die Nadelhölzer, so daß es unter Umständen von Interesse ist, auch diese Hexosane zu bestimmen. Die Schorgersche Methode wird nach Dore[3] zweckmäßig wie folgt durchgeführt:

Bestimmung des Mannans.

10 g Holz werden $3^1/_2$ Stunden lang mit 150 cm³ Salzsäure vom spez. Gewicht 1,025 in einem Erlenmeyer unter Rückfluß hydrolysiert. Nach dieser Zeit wird abfiltriert, der Holzrückstand in einen Kochbecher überführt und einige Minuten lang mit 100 cm³ Wasser warm digeriert. Durch ein Filter wird die Flüssigkeit abgegossen, der Holzrückstand in den Kochbecher zurückgespült, erneut mit 100 cm³ Wasser erwärmt und dieses Extrahieren so lange wiederholt, bis etwa 500 cm³ Filtrat, einschließlich des ersten stark sauren Auszuges, angesammelt sind. Dieses Filtrat wird mit Natronlauge neutralisiert, dann wieder mit einer Spur Essigsäure sauer gemacht und bis auf ein Volumen von 150 cm³ auf dem Wasserbade eingedampft. Die Flüssigkeit wird nun in einen mit eingeschliffenem Glasstopfen versehenen Erlenmeyer gebracht. Hierauf wird ein Gemisch von 10 cm³ Phenylhydrazin und 20 cm³ Wasser zugefügt und mit Eisessig angesäuert. Das Mannosehydrazon scheidet sich sofort aus. Man läßt mehrere Stunden unter häufigem Umschütteln stehen und filtriert dann durch einen Gooch-Tiegel, der mit einer Filterscheibe von merzerisiertem Baumwollgewebe versehen ist. Das Mannosehydrazon wird mehrfach mit kaltem Wasser, dann mit Azeton gewaschen, hierauf bei 100° getrocknet und gewogen. Durch Multiplikation der gefundenen Gewichtsmenge mit dem Faktor 0,6 wird die Mannanmenge berechnet.

Bestimmung des Galaktans.

5 g des Untersuchungsmaterials werden in ein Becherglas gebracht, mit 60 cm³ Salpetersäure vom spez. Gewicht 1,15 übergossen. Das Becherglas wird nun im Wasserbade so lange erhitzt, bis die Flüssigkeit auf etwa 20 cm³ eingedampft ist, wobei eine Höchsttemperatur von 87° nicht überschritten werden darf. Der Becherglasinhalt wird hierauf bis auf 75 cm³ mit heißem Wasser verdünnt, dann filtriert

[1] Unger, E., u. R. Jäger: Berichte Bd. 36, S. 1222. 1903.

[2] Schorger: J. Ind. Engg. Chem. Bd. 9, S. 748. 1917.

[3] Dore: Gesamtanalyse der Nadelhölzer. J. Ind. Engg. Chem. Bd. 12, Nr. 5, S. 476 bis 479. 1920; Papierfabr. Bd. 18; Cellulosechemie Bd. 1, S. 62—65. 1920.

und der Rückstand auf dem Filter ausgewaschen, bis das Filtrat farblos abläuft. Das Gesamtvolumen beträgt dann gewöhnlich 200 cm³. Diese Flüssigkeitsmenge wird im Wasserbade auf 10 cm³ eingedampft bei einer Höchsttemperatur von 87°. Man läßt nun mehrere Tage stehen, damit die so gebildete Schleimsäure sich ausscheiden kann. Zunächst scheiden sich große Kristalle von Oxalsäure aus, dann folgt die Abscheidung der Schleimsäure. Zur weiteren Erleichterung der Kristallisation wird der Kristallbrei nunmehr heftig umgerührt. Man läßt noch 24 Stunden lang stehen und verdünnt den Kristallbrei mit 20 cm³ kaltem Wasser. Die großen Kristalle lösen sich hierbei wieder, die Schleimsäure nicht. Nach abermals 24 Stunden wird die Schleimsäure durch einen mit Asbest beschickten Gooch-Tiegel abfiltriert, mit 50 cm³ Wasser, 60 cm³ Alkohol, endlich einige Male mit Äther gewaschen. Hierauf wird 3 Stunden lang bei 100° getrocknet, dann gewogen. Aus der Gewichtsmenge wird das Galaktan durch Multiplikation mit dem Faktor 1,2 berechnet.

Bestimmung von Pektin durch Methylalkohol-Abspaltung.

Nach Untersuchungen, die von Fellenberg[1] bzw. Ehrlich durchgeführt haben, spaltet das im Pflanzenreich weitverbreitete Pektin mit verdünnter Natronlauge Methylalkohol ab, der durch kolorimetrische Bestimmung des bei der Oxydation entstehenden Formaldehyds gemessen werden kann.

Vor der Bestimmung müssen etwa vorhandene ätherische Öle entfernt werden, was am einfachsten durch Extraktion mit organischen Lösungsmitteln geschieht. Man wird die Extraktion zweckmäßig nach der oben für Harz, Fett, Wachs usw. gegebenen Vorschrift durchführen, kann sich jedoch mit kurzer Extraktionsdauer von etwa 1 Stunde begnügen, da der Extraktionsrückstand nach von Fellenberg zweckmäßig noch mit Wasserdampf destilliert wird, um eine Quellung des Materials hervorzurufen. Bei dieser Wasserdampfdestillation gehen etwa noch vorhandene ätherische Öle mit fort. Man bringt dann das Untersuchungsmaterial im Gewicht von 1—2 g in einen 400 cm³-Kolben, fügt 40 cm³ Wasser hinzu und destilliert unter Verwendung eines senkrechten Kühlers 20 cm³ davon ab. Der Rückstand wird noch heiß (bei etwa 80—90°) mit 5 cm³ 10proz. Natronlauge (10 g NaOH + 90 cm³ Wasser) versetzt, der Pfropfen mit dem Verbindungsrohr sogleich wieder aufgesetzt und der Kolben nach gründlichem Umschwenken 5 Minuten stehengelassen. Nun werden 2,5 cm³ verdünnte Schwefelsäure (1 Volumen konz. Säure + 1 Volumen Wasser) hinzugefügt und 16,2 cm³ abdestilliert, wobei man als Vorlage ein gewogenes Reagenzglas benützt,

[1] Fellenberg, Th. von: Mitteilungen für Lebensmitteluntersuchung und Hygiene aus dem Lab. d. Schweiz. Gesundheitsamtes Bd. 7, S. 59. 1916.

welches bei 6, 10 und 12 cm³ Marken trägt. Das Destillat wird in einen neuen Kolben gebracht, mit 5 Tropfen Natronlauge[1] und 5 Tropfen 10proz. Silbernitratlösung[2] versetzt und wieder destilliert, bis 10 cm³ übergegangen sind. Durch eine letzte Destillation gewinnt man ein Destillat von 6 cm³. Man stellt dessen Gewicht auf 2 Dezimalen genau fest und führt die kolorimetrische Methylalkohol-Bestimmung damit aus.

Dazu sind folgende Lösungen notwendig:

1. Alkohol-Schwefelsäure, hergestellt durch Lösen von 20 cm³ reinem, absolutem Alkohol oder 21 cm³ 95proz. Alhohol in Wasser, Zusetzen von 40 cm³ konz. Schwefelsäure und Verdünnen mit Wasser auf 200 cm³.

2. Kaliumpermanganatlösung, 5 g $KMnO_4$ in 100 cm³.

3. Oxalsäurelösung, 8 g in 100 cm³.

4. Konz. Schwefelsäure.

5. Fuchsinschweflige Säure, bereitet durch Lösen von 5 g Fuchsin, 12 g Natriumsulfit und 100 cm³ n-Schwefelsäure zum Liter[3].

6. Methylalkohol-Lösung von 1 g in 100 cm³, erhalten durch Lösen von 12,67 cm³ (= 10 g) Methylalkohol „Kahlbaum“ zum Liter und eine ebensolche Lösung von 0,1 g in 100 cm³, erhalten durch Verdünnen der eben genannten Lösung auf das Zehnfache[4].

Von dem methylalkoholhaltigen Destillat werden 3 cm³ in einem 40—50 cm³ fassenden weiten Reagenzglase mit 1 cm³ Alkohol-Schwefelsäure und mit 1 cm³ Permanganat-Lösung versetzt, einmal umgeschüttelt und genau 2 Minuten sich selbst überlassen. In gleicher Weise behandelt man drei Typen, von denen der erste 0,5 cm³ 1proz. Methylalkohollösung (= 5 mg) und 2,5 cm³ Wasser, der zweite 1 cm³ 0,1proz. Lösung (= 1 mg) und 2 cm³ Wasser, der dritte 0,3 cm³ 0,1proz. Lösung (=0,3 mg) und 2,7 cm³ Wasser enthält. Nach 2 Minuten setzt man überall 1 cm³ Oxalsäurelösung zu und neigt die Reagenzgläser in der Weise, daß die Flüssigkeit alle etwa an der Wandung hängenden Tropfen Permanganat mit sich nimmt. Einige Sekunden nach dem Oxalsäurezusatz hat die Lösung Madeirafarbe angenommen. Man setzt nun 1 cm³ konz. Schwefel-

[1] Zur Zurückhaltung flüchtiger Säuren.

[2] Silberoxyd soll etwa vorhandene Aldehyde und Terpene oxydieren.

[3] Diese Lösung muß vorsichtig vom Licht abgeschlossen, am besten in einer von schwarzem Papier umgebenen Stöpselflasche aufbewahrt werden. So hält sie sich sehr lange Zeit. Nach $6^1/_2$ Monaten wurde beispielsweise eine um nur 12% schwächere Färbung erhalten wie mit einer frisch bereiteten Lösung. Am Licht aufbewahrt ändert hingegen die Lösung ihre Wirksamkeit verhältnismäßig schnell. Am besten löst man das Fuchsin in etwa 600 cm³ Wasser in der Hitze, kühlt ab, ohne sich darum zu kümmern, daß die Lösung dabei trüb wird, fügt nun erst die Lösung des Sulfits und die Schwefelsäure hinzu und füllt zum Liter auf. Nach einigen Stunden ist die nunmehr bräunlichgelbe Lösung gebrauchsfertig.

[4] Die Methylalkohol-Lösungen sind sehr haltbar. Nach $6^1/_2$ Monate langem Aufbewahren in einer Stöpselflasche am Tageslicht erhielt man mit der verdünnteren Lösung noch genau dieselbe Intensität, wie mit einer frisch bereiteten.

säure zu (am besten aus einer Pipette mit recht enger Mündung, um das Aufsteigen von Luftblasen zu verhindern) und gleich darauf 5 cm³ fuchsinschweflige Säure und mischt gehörig um, indem man wieder die Wandungen des Gefäßes mit der Flüssigkeit abspült. Man läßt nun 1 Stunde stehen und vergleicht die zu prüfende Lösung vorerst mit bloßem Auge mit den Typen. Die genaue kolorimetrische Vergleichung geschieht mit dem Typ, welcher der Lösung in der Farbstärke am nächsten steht. Ist es der Typ von 5 mg, so verdünnt man mit 100 cm³ Wasser, ist es einer der beiden anderen, so verdünnt man mit 25 cm³ Wasser und vergleicht die Intensitäten im Kolorimeter.

Wenn der Gehalt bedeutend höher ist als derjenige des Typs, so empfiehlt es sich, die kolorimetrische Prüfung zu wiederholen unter Verwendung der auf die Typstärke berechneten Menge des Destillates, wobei man mit Wasser auf 3 cm³ ergänzt.

Aus der gefundenen Farbstärke ergibt sich nach den Tabellen im Anhang (Zahlentafeln zu Abschnitt II) der Gehalt an Methylalkohol in der verwendeten Flüssigkeitsmenge.

Berechnung: Der Prozentgehalt des Untersuchungsmaterials an Methylalkohol ist:

$$M = \frac{g \cdot D}{10 \cdot d \cdot G},$$

wobei

G = verwendete Menge Substanz in g,
D = Gewicht des Destillates in g,
d = zur Reaktion verwendete Menge Destillat in cm³,
g = gefundener Methylalkohol in mg.

Der Pektingehalt ist dann $P = 10 \cdot M$.

Beispiel: Verwendete Menge Untersuchungsmaterial = 2 g (G),
Gewicht des Destillates = 6,49 g (D),
davon zur Reaktion verwendet = 3 cm³ (d),
Methylalkohol darin = 1,20 mg (g)

$$X = \frac{1{,}20 \cdot 6{,}49}{10 \cdot 3 \cdot 2} = 0{,}130.$$

Der Methylalkohol-Gehalt beträgt 0,130%, somit der Pektingehalt der Probe 1,30%.

Bestimmung des Zellulosegehaltes.

Zur Bestimmung des Gehaltes an Zellulose in Rohstoffen ist eine große Anzahl der verschiedenartigsten Methoden vorgeschlagen worden. Bei der wohl noch verbreitetsten Methode von Cross und Bevan werden die Inkrusten der Zellulose durch Chlor und Alkali löslich gemacht. Bei einem neueren Verfahren von E. Schmidt ist das Chlor durch Chlordioxyd ersetzt. Nach Kürschner kann man die Inkrusten durch Oxydation mit alkoholischer Salpetersäure bestimmen. Klason will sie mit Natriumbisulfitlösung unter Druck herauslösen. Nach König wird die Rohfaser, also im wesentlichen die Zellulose, durch abwechselnde Behandlung der Rohfaserstoffe mit kochender dünner Schwefelsäure und Kalilauge erhalten, Kiesel und Semiganowski wollen die Zellulose in Glukose überführen und diese bestimmen. Nach Bühler endlich kann man die Inkrusten mit Phenol in Lösung bringen.

Die zuerst erwähnte Methode von Cross und Bevan beruht im wesentlichen darauf, daß die Nichtzellulose der Rohfaserstoffe (Holz und Stroh) durch die Einwirkung von feuchtem Chlorgas in ein Derivat verwandelt wird, welches sowohl durch gewisse organische Lösungsmittel, als auch durch Alkalien und neutrale Sulfitlösungen entfernt werden kann. Bei der Behandlung der Lignozellulose und dem nachherigen Lösen des Lignins mit einem dieser Lösungsmittel bleibt im wesentlichen die Zellulose unverändert zurück, ist allerdings stets noch pentosanhaltig.

Zellulosebestimmung nach Cross und Bevan.

Die ursprüngliche Methode von Cross und Bevan hat im Laufe der Zeit zahlreiche Abänderungen erfahren. Nachstehend ist eine Ausführungsform beschrieben, wie sie sich durch Zusammenfassung der von verschiedenen Autoren[1] vorgeschlagenen Ausführungsformen ergibt. Sie hat den Vorteil, daß die Substanz während der Chlorierungen und Auswaschungen mit Natriumsulfit in ein und demselben Gefäß verbleiben kann.

Apparatur:

Das Wesentliche der Apparatur ist ein zur Chlorierung geeignetes Gefäß. Während man früher hierzu einen in besonderer Weise vorgerichteten Gooch-Tiegel benutzte, ist es seit der Einführung der porösen Jenaer Glas- und Berliner Porzellan-Filtertiegel möglich, solche für die Chlorierung anzuwenden. Dieser Tiegel muß von einem Kühlgefäß mit Eiswasser umgeben sein. Das Chlorgas wird von oben zugeleitet und dann durch den auf einer Saugflasche befestigten Tiegel

[1] Vgl. Sieber u. Walter: Bestimmungsmethode von Zellulose im Holz nach dem Verfahren von Cross u. Bevan. Papierfabrikant Bd. 11, S. 1179. 1913. — Mahood, S. A.: Einige Beobachtungen über die Bestimmung von Zellulose in Holz. J. Ind. Engg. Chem. Bd. 12, S. 873—875. 1920; Cellulosechemie Bd. 18, S. 94. 1920. — Dore, W. H.: Die Bestimmung der Zellulose in Hölzern. J. Ind. Engg. Chem. Bd. 12, Nr. 3 v. 3. März, S. 264—269. 1920. Paper Bd. 26, S. 10—15, Nr. 1 v. 10. März; Chem. Zentralblatt Bd. 4, S. 57. 1920.

abgesaugt. Als Chlorentwicklungsapparat kann man eine Vorrichtung benutzen (vgl. Abb. 17), mit welcher man aus Kaliumpermanganat und roher Salzsäure Chlor entwickelt. Bequemer ist es natürlich, wenn man aus einer kleinen Stahlflasche mit Reduzierventil den Chlorgasstrom entnehmen kann.

In der Zeichnung (Abb. 17) ist der Kühlmantel für das Chlorierungsgefäß nicht mitgezeichnet.

Vorbereitung des Analysenmaterials.

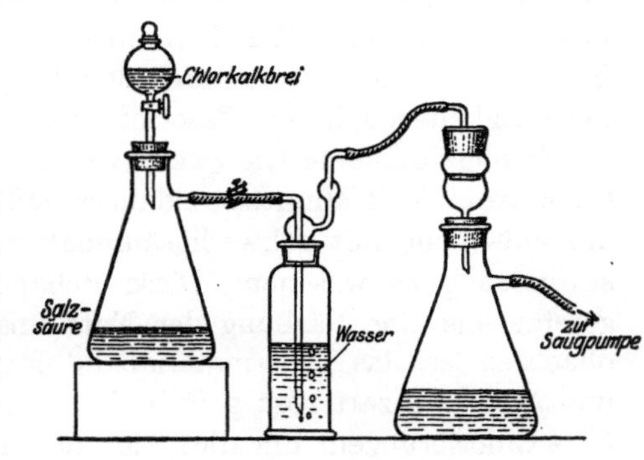

Abb. 17. Chlorierungsapparat nach Sieber-Walter.

Das Untersuchungsmaterial, Holz oder Stroh, wird auf geeignete Weise zerkleinert, wobei staubförmige Teilchen und grobe Teilchen ausgesondert werden müssen, so daß bei Holzmehl z. B. die Probe aus Teilchen zusammengesetzt ist, welche ein 75iger Sieb passieren, aber nicht mehr durch ein 110er Sieb hindurchgehen können. Die gut durchgemischte Probe im Gewicht von 0,8—1 g wird zunächst in einer geeigneten Vorrichtung, z. B. der Hülse eines Soxhlet-Apparates oder einem grobporigen Filtertiegel mit Alkohol oder Alkohol-Benzolgemisch ausgezogen, wofür etwa 3—4 Stunden zu rechnen sind. Man kann auch den Tiegel in ein Becherglas einhängen und darin mit Alkohol auskochen oder die Entfernung von Harz-Fett direkt an der Saugpumpe vornehmen. Das noch vom Lösungsmittel feuchte Untersuchungsmaterial wird aus dem grobporigen Tiegel mit heißem Wasser in einen feinporigen Tiegel überführt. Diesen Tiegel befestigt man auf einer Saugflasche und wäscht den Tiegelinhalt mit kochendem Wasser, worauf man mit der Saugpumpe das Wasser soweit absaugt, daß stark gefeuchtetes Fasermaterial im Tiegel zurückbleibt. Der Tiegel wird nun in das Kühlgefäß eingesetzt und mit dem Kühlgefäß wieder auf der Saugflasche befestigt. Hierauf wird ein Gummistopfen mit Gaszuleitungsrohr aufgesetzt und der Chlorgasapparat in Gang gebracht.

Chlorierung.

Die erste Chlorierung soll etwa 3—4 Minuten dauern, wobei man einen langsamen Chlorstrom von 1, höchstens 2 Blasen Chlorgas je Sekunde die vorgeschaltete Waschflasche passieren läßt. Hierauf wird der Zufluß von Chlorgas abgestellt, der Gummistopfen des Filtertiegels entfernt, zunächst mit einer etwa 1proz. Lösung von Schwefligsäuregas in Wasser gewaschen und dann der Tiegel mit heißer 3proz. Natriumsulfitlösung angefüllt. Man rührt mit einem Glasstab um, läßt die Lösung einige Minuten im Tiegel stehen, worauf man absaugt und mehrfach mit Natriumsulfitlösung digeriert und wieder absaugt, bis die ablaufende Flüssigkeit farblos ist. Das Fasermaterial selbst färbt sich durch diese Behandlung zunächst orangefarben, eine Farbe, die bei den darauffolgenden Chlorierungen mehr und mehr zurückgeht. Ist das Fasermaterial durch Waschen mit heißem Wasser von Natriumsulfit befreit, so saugt man Luft durch den Tiegelinhalt, wodurch der geeignete Feuchtigkeitsgehalt des Fasermaterials wiederhergestellt wird.

Es folgt nunmehr die zweite Chlorierung, wobei man wiederum den Chlorstrom 3—4 Minuten andauern läßt, ihn dann wieder abschaltet, um aufs neue mit schwefligsäurehaltigem Wasser und mit Natriumsulfitlösung zu waschen. Diese Behandlungen werden so lange fortgesetzt, bis eine Färbung der Natriumsulfitlösung nicht mehr zu beobachten ist, das Fasermaterial die orange-gelbe Farbe eingebüßt hat und nur noch zart rosa gefärbt ist. Im allgemeinen genügen bei Holz 3—4 Chlorierungen, um dies Ziel zu erreichen.

Legt man Wert auf eine völlig weiße Faser, so kann man mit einer 0,1proz. Permanganatlösung nachbleichen. Durch Behandlung mit einer Lösung von Schwefligsäuregas in Wasser entfernt man den gebildeten Braunstein. Es folgt ein gründliches Waschen mit Wasser, hierauf ein mehrstündiges Trocknen und Wägen.

Von Bedeutung für den Ausfall der Chlorierungen ist die Einwirkung des Lichtes. Man sollte keinesfalls im direkten Sonnenlicht arbeiten[1]. Ferner die gute Kühlung[2]. Ebenfalls von Wichtigkeit ist der Zeitfaktor. Bei langer Chlorierung fallen die Werte für α-Zellulose (vgl. den Abschnitt VII) bei deren Bestimmung in der isolierten Zellulose zu niedrig aus[3].

An Stelle der Wäsche mit Natriumsulfitlösung ist eine solche mit 1—2proz. Natronlauge vorgeschlagen worden, z. B. von Rassow[4]. Nach Dore[5] bewirkt jedoch das Alkali eine Hydrolyse und damit eine Verminderung der Ausbeute an α-Zellulose, sowie an Gesamtzellulose; sie ist deshalb zu verwerfen. Das Verhältnis der α-Zellulose zur Gesamt-

---

[1] Ritter: Cellulosechemie Bd. 11, S. 202. 1930.

[2] Mahood, S. A.: J. Ind. Engg. Chem. Bd. 12, S. 873—875. 1920; Cellulosechemie Bd. 1, S. 94. 1920.

[3] Ritter u. Fleck: Cellulosechemie Bd. 5, S. 79. 1924; Papierfabrikant Bd. 22, S. 416. 1924.

[4] Rassow, B., u. A. Zschenderlein: Z. angew. Chem. Bd. 34, S. 204—206. 1921.

[5] Dore, W. H.: Die Bestimmung der Zellulose in Hölzern. J. Ind. Engg. Chem. Bd. 12, S. 264—269. 1920; Paper Bd. 26, S. 10—15. 1920; Chem. Zbl. Bd. 4, S. 57. 1920.

zellulose ist praktisch das gleiche, ob mit vorhergehender Hydrolyse oder ohne diese gearbeitet wird. Es geht daraus hervor, daß auch die widerstandsfähigste Zellulose während der Hydrolyse ebenso stark angegriffen wird, wie die weniger widerstandsfähigen Zellulosetypen. Während der Chlorierung werden die Hemizellulosen hydrolysiert und lösen sich in den Waschwässern auf. Eine Vorbehandlung zum Zwecke der Entfernung von Hemizellulosen ist also überflüssig. Eine beträchtliche Menge der Furfurol gebenden Substanz (wahrscheinlich Oxyzellulose) verbleibt im Rückstande und wird von den hydrolytisch wirkenden Behandlungen nicht beeinflußt. Der Rest der Furfurol gebenden Substanz (wahrscheinlich Xylan) wird leicht hydrolysiert und während der Chlorierung aufgelöst.

Nach Heuser und Haug[1] ist jedoch für die Zellulosebestimmung in Stroh der Ersatz des Natriumsulfits durch Natronlauge notwendig.

Wie eben erwähnt, ist die nach dem Verfahren von Cross und Bevan erhaltene Zellulose stets pentosanhaltig. Will man einen Einblick in die Zusammensetzung eines pflanzlichen Rohfaserstoffes gewinnen, so ist es unbedingt erforderlich, eine Pentosanbestimmung in der nach Cross und Bevan gewonnenen Zellulose vorzunehmen, worauf ja oben schon hingewiesen worden ist. Johnsen und Hovey[2] haben sich bemüht, die Entfernung der Pentosane vor der Chlorierung durch eine Behandlung mit Glyzerin-Essigsäure zu erreichen. Nach ihren Analysenergebnissen wird in der Tat durch eine solche Behandlung eine erhebliche Menge von Pentosan herausgelöst. Die Autoren verfahren wie folgt: Geraspeltes, durch ein 80—100 Maschensieb getriebenes Material wird $^1/_2$ Stunde mit heißem Alkohol auf dem Wasserbad ausgezogen und mit Alkohol nachgewaschen. Hierauf wird es mit einer Mischung von Eisessig und Glyzerin (60 g Eisessig, 92 g Glyzerin) 4 Stunden im Ölbad auf 135° C am Rückfluß erhitzt. Nach dem Auswaschen mit heißem Wasser wird das Material der üblichen Chlorierung nach Sieber und Walter unterworfen. Nach Mahood[3] sind die Werte von Johnsen und Hovey jedoch unsicher, weil sowohl die Hemizellulosen wie die Furfurol bildenden Bestandteile angegriffen werden.

[1] Heuser, E., u. A. Haug: Über die Natur der Zellulose aus Getreidestroh. (Z. angew. Chem. Bd. 31, S. 99—100, 103—104. 1918). „Über die Natur der Zellulose aus Getreidestroh mit besonderer Berücksichtigung der Furoide." Dissertation von Dr. A. Haug, Darmstadt 1916; ferner Schriften des „Vereins für Zellstoff- und Papier-Chemiker und Ingenieure" Bd. 11. Berlin: Verlag der Papier-Zg. — Heuser u. Cassens haben eine Chlorierung in Tetrachlorkohlenstoff empfohlen. Die Methode hat sich jedoch anscheinend nicht eingeführt. Vgl. Papierfabrikant Bd. 20, Festheft S. 80. 1922; ferner Text. Forschg Bd. 4, S. 113. 1922.

[2] Johnsen u. Hovey: Pulp and Paper Mag. Can. Bd. 16, S. 85. 1918.

[3] Mahood, S. A.: Einige Beobachtungen über die Bestimmungen von Zellulose in Holz. J. Ind. Engg. Chem. Bd. 12, S. 873—875, Sept. 1920; Papierfabrikant Bd. 18, Beilage Zellulosechemie S. 94. 1920.

Zellulosebestimmung mit der Gasbürette nach Bray und Roe[1].

In den Vereinigten Staaten haben die Bemühungen, die Zellulosebestimmung nach Cross und Bevan zu verbessern, zu einer Apparatur geführt, in welcher mit Chlorgas unter einem gewissen Überdruck gearbeitet wird, was die Auslösung der Inkrusten beschleunigt. Die Arbeitsmethode ist von den Forest Products Laboratories als offizielle Methode übernommen worden. Sie ist nachstehend auszugsweise wiedergegeben:

Das zu untersuchende Material wird zunächst mit Alkohol-Benzolgemisch von Harz-Fett und Wachs befreit und nach dem Trocknen in die nachstehend beschriebene Apparatur gebracht (vgl. Abb. 18).

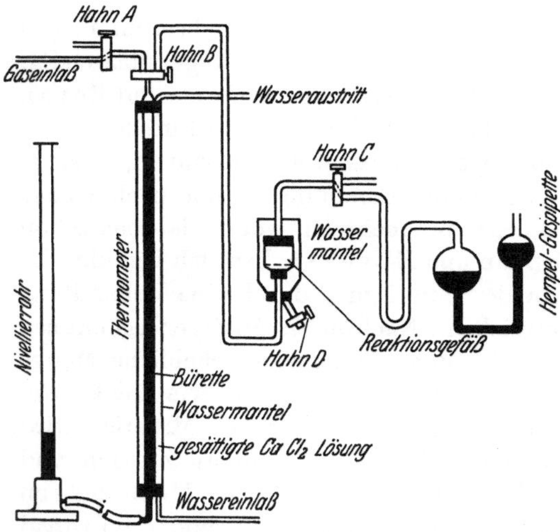

Abb. 18. Zellulosebestimmung nach Bray und Roe mit Gasbürette.

Apparatur: Der Chlorierungsapparat der Abbildung besteht aus einem Nivellierrohr mit Halter, zwei Dreiwegehähnen besonderer Konstruktion, einem Thermometer, einer Hempel-Präzisionsgasbürette, die mit einem Dreiwegehahn ausgerüstet ist, einem Wasserkühlmantel für die Gasbürette, einer Hempelschen Gaspipette, verschiedenen Jenaer Glasfiltertiegeln Nr. 3 von 35 cm³ Fassungsraum mit einem Filterboden von der Porosität 5 oder 7.

Untersuchungsmaterial: Angewendet werden 2 g einer guten Durchschnittsprobe, die mit Alkohol-Benzol von Harz-Fett und Wachs befreit und bei 105° getrocknet worden ist.

Arbeitsverfahren: Das Material (2 g) wird in einen Jenaer Glasfiltertiegel mit porösem Boden eingewogen und mit kochendem Wasser gefeuchtet, das überschüssige Wasser wird an der Saugpumpe abgesaugt. Aus dem mit einem Stopfen verschlossenen Tiegel wird dann auch nach oben noch die an den Glaswänden hängende Feuchtigkeit abgesaugt. Er wird hierauf in den Kühlmantel eingesetzt und zwischen der Gas-

[1] Bray u. Roe: Paper Trade J., Tappi Sect. Bd. 91, S. 123. 1930. — Vgl. ferner Roe: J. Ind. Engg. Chem. Bd. 16, S. 8. 1924. — Bray u. Andrews: Paper Trade J. Bd. 76, Nr. 8 v. 22. Februar 1923.

bürette und der Gaspipette eingeschaltet, wie dies die Abbildung zeigt, mit Hilfe zweier Gummistopfen, durch welche die Zu- und Ableitung des Gases besorgende Kapillarglasröhren gesteckt sind. Nunmehr wird das in der Gasbürette enthaltene Chlorgas so schnell wie möglich durch den Tiegel in die Gaspipette übergedrückt. Das Kühlwasser im Kühlmantel sollte die Temperatur von 23,5—32° haben. Während der ersten Chlorierung absorbieren die angewendeten Mengen des Untersuchungsmaterials etwa 230 cm^3 Chlorgas bei Raumtemperatur und atmosphärischem Druck. Infolgedessen ist eine neue Füllung der Gasbürette notwendig, die man am besten durch Anschluß der Gasbürette mit Hilfe des Dreiwegehahns an ein Vorratsgefäß mit Chlorgas vollzieht. Die erste Chlorierung braucht 3—4 Minuten. Nach dieser Zeit wird der Tiegel aus der Apparatur entfernt und das Untersuchungsmaterial mit ungefähr 50 cm^3 destilliertem Wasser und anschließend mit 50 cm^3 3proz. Lösung von Schwefeldioxyd in Wasser, hierauf wieder mit 50 cm^3 Wasser und dann mit 50 cm^3 frisch bereiteter 3proz. Natriumsulfitlösung gewaschen.

Das Material wird hierauf aus dem Tiegel mit Hilfe eines Glasspatels in ein Becherglas von 250 cm^3 gebracht und die letzten Spuren des Fasermaterials werden aus dem Glastiegel mit Hilfe von 100 cm^3 Natriumsulfitlösung herausgewaschen. Für jede Wäsche im Tiegel braucht man etwa 15 cm^3. Nachdem 60 cm^3 als Waschwasser der Lösung verbraucht sind, bringt man 10 cm^3 Portionen derselben auf ein Uhrglas, stellt den Tiegel hinein und saugt nach Verschließung des Tiegels mit einem Stopfen nach oben ab, um die Poren desselben freizuwaschen. Das Becherglas wird hierauf mit einem Uhrglas bedeckt und im kochenden Wasserbade während 30 Minuten erhitzt. Hierauf werden die Fasern wieder in den Glastiegel zurückgebracht und mit ungefähr 250 cm^3 destilliertem Wasser darin ausgewaschen. Die einmalige Chlorierung reicht nicht aus zur Entfernung der Inkrusten, so daß die Behandlung mit Chlor und diejenige mit Natriumsulfit mehrfach wiederholt werden muß, bis die Fasern nur noch einen sehr schwachen rosa Farbton bei Zufügung der Natriumsulfitlösung zeigen.

Die zweite und dritte Chlorierung soll nicht mehr als 2—3 Minuten dauern. Verlängerte Einwirkungsdauer des Chlors schafft zusammen mit der durch die sich bildende Salzsäure bewirkte Hydrolyse sekundäre Reaktionen. Man erhält zu geringe Ausbeuten an Zellulose und wechselnde Gehalte der Zellulose an α-Zellulose (vgl. Abschnitt VII). Nachdem alles Lignin entfernt ist, werden die Fasern gut mit Wasser, Alkohol und Äther ausgewaschen und dann bei 105° getrocknet.

Sperrflüssigkeit: Die zur Füllung der Gasbürette und Gaspipette notwendige Chlorkalziumlösung muß bei Raumtemperatur gesättigt sein. Man läßt so lange Chlorgas hindurchtreten, bis sie mit diesem gesättigt ist. Die Gasbürette wird bei Nichtgebrauch des Apparates dauernd mit Chlorgas gefüllt erhalten.

Bestimmung der Skelettsubstanz nach E. Schmidt.

Da bei der Aufschließung mit Chlorgas der Angriff der Zellulose nicht ganz zu vermeiden ist, hat E. Schmidt[1] zur Bestimmung der Zellulose an Stelle von Chlor Chlordioxyd vorgeschlagen. Das Chlordioxyd soll nur die Inkrusten angreifen, die Zellulose unverändert lassen; aber auch das Chlordioxyd vermag nicht die sämtlichen Inkrusten: Lignin und Hemizellulosen zu beseitigen, sondern es verbleiben bei der Zellulose gewisse Anteile von Hemizellulosen (Pentosan usw.), ein Rückstand, den E. Schmidt „Skelettsubstanz“ genannt hat. Nach

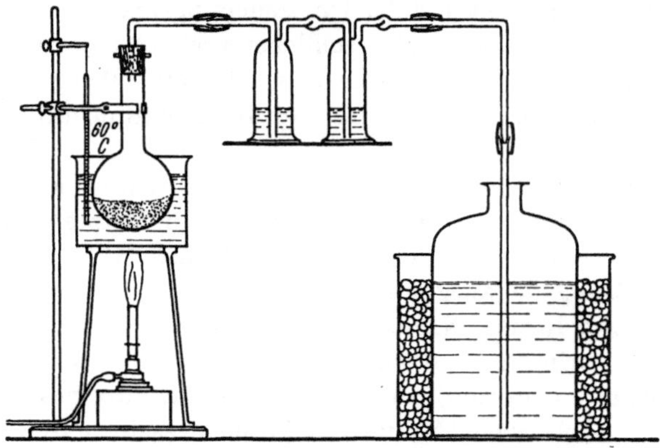

Abb. 19. Darstellung von Chlordioxyd.

den zahlreichen Veröffentlichungen des Autors und der Kritik von verschiedenen Seiten scheint in der Tat festzustehen, daß es mit Hilfe dieser allerdings sehr umständlichen Methode gelingt, besser reproduzierbare Werte für ein Gemenge von Hemizellulosen und Zellulose zu erhalten, als es nach der Methode von Cross und Bevan möglich ist. Bei wiederholter Anwendung von Chlordioxyd in sehr dünnen Lösungen kommt schließlich ein Punkt, bei welchem ein Angriff der Skelettsubstanz nicht mehr beobachtet werden kann, während man bekanntlich bei wiederholter Chlorbehandlung mit dauernden Verlusten von Substanz zu rechnen hat.

Die Methode wird wie folgt ausgeführt[2]:

Zur Darstellung von Chlordioxydlösung werden im Rundkolben ($1^1/_2$ l) der Abb. 19 240 g Kaliumchlorat und 200 g kristallisierte Oxal-

[1] Schmidt, E.: Ber. dtsch. chem. Ges. Bd. 56, S. 23. 1923; Bd. 57, S. 1834. 1924.

[2] Vgl. die Beschreibung in Heß: Die Chemie der Cellulose. S. 237. Leipzig: Akademische Verlagsgesellschaft 1928.

säure mit einer abgekühlten Lösung von 120 cm³ konz. Schwefelsäure in 400 cm³ Wasser übergossen und unter Ausschluß des direkten Tageslichtes auf etwa 60° erhitzt. Das entstehende Chlordioxyd wird nach dem Waschen aufgefangen (braune Flasche). Nach etwa 5 Stunden ist die Chlordioxyd-Entwicklung beendet. Die gewonnene Lösung enthält etwa 2% Chlordioxyd.

Zur Bestimmung des Chlordioxydgehaltes in wäßrigen Lösungen bedient man sich zweckmäßig der in Abb. 20 angegebenen Apparatur. Die Bürette, die zur Aufnahme der Chlordioxydlösung dient, hat einen Inhalt von 10 cm³ und trägt an ihrem oberen Ende einen eingeschliffenen Ventilstopfen. Das Auslaufrohr ist 17 cm lang. Das Titriergefäß (Erlenmeyer-Kolben aus Jena-Glas von 500 cm³) ist durch den aufgeschliffenen Aufsatz fest verschließbar.

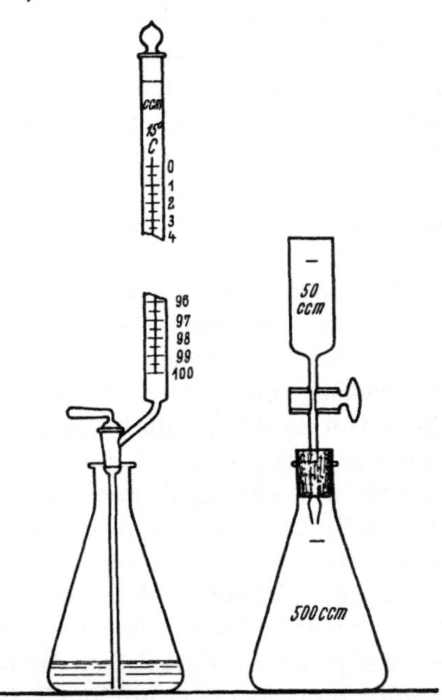

Abb. 20. Bestimmung des Chlordioxydgehaltes in wäßrigen Lösungen.

Zur Titration wird die in der Vorratsflasche befindliche Chlordioxydlösung auf +7° abgekühlt, in die Bürette eingefüllt und diese mit dem Ventilstopfen verschlossen. Hierauf wird die Bürette etwa zehnmal umgekehrt und der Überdruck durch mehrmaliges Öffnen des Ventiles ausgeglichen. Nach Ablassen von 10 cm³ der Lösung wird der Meniskus eingestellt und das Auslaufrohr der Bürette in den mit 100 cm³ Wasser beschickten Erlenmeyer-Kolben eingesenkt. Die langsam eingelassene Chlordioxyd-Lösung lagert sich als Schicht am Boden des Gefäßes ab. Nach Entfernen der Bürette wird der Kolben mit dem Aufsatz verschlossen, dessen unterhalb des Hahnes befindlicher Teil zuvor durch Ansaugen mit Wasser gefüllt wurde. Das Titriergefäß wird mit einem passenden Bleiring beschwert und bis zum Hals des Kolbens in Eiswasser gestellt. Das durch die Abkühlung entstehende Vakuum gestattet die zur Titration erforderlichen Reagenzien in den Kolben einzusaugen, ohne diesen öffnen zu müssen. Ohne Luft einströmen zu lassen, werden nacheinander eingeführt:

1. 3 cm³ 2 n Schwefelsäure,
2. 1,5 cm³ 2n wässerige Jodkaliumlösung,
3. 2—3 cm³ Wasser zum Nachspülen.

Nach Zusatz der Reagenzien wird der Kolbeninhalt kräftig durchgeschüttelt und das Gefäß 5 Minuten bei Zimmertemperatur sich selbst überlassen. Dann wird die zur Titration des ausgeschiedenen Jods erforderliche Hauptmenge Natriumthiosulfatlösung aus der Bürette in den Aufsatzzylinder gegeben, in den gekühlten Kolben eingesaugt und mit 3 cm^3 Wasser nachgespült. Nach kräftigem Durchschütteln des Kolbeninhaltes wird das Gefäß gekühlt und durch Einsaugen einiger Kubikzentimeter Wasser das noch vorhandene Vakuum aufgehoben. Nach dem Abnehmen des Aufsatzes wird gut mit Wasser abgespült und das noch vorhandene Jod bei offenem Gefäß unter Verwendung von Stärke als Indikator titriert. Die Fehlergrenze der ClO_2-Bestimmung ist $\pm$ 2%.

E. Schmidt und Mitarbeiter haben 0,0675proz. (= $^n/_{20}$), 0,27proz. (= $^n/_5$) und 0,027proz. Chlordioxyd-, aber auch wesentlich konzentriertere Lösungen, nämlich 8proz. Chlordioxyd auf Zellwandmaterial zur Einwirkung gebracht. Zellulose wird von so hoch konzentriertem Chlordioxyd angegriffen. Eine 0,3proz. Lösung ist die obere Grenze, bei der die Zellulose im Lagerversuch gegen ClO_2 resistent ist; es wird daher 0,27proz. Chlordioxyd-Lösung als zweckmäßig empfohlen. Als geeignete Konzentration des nach dem Chlordioxyd zur Einwirkung kommenden Natriumsulfits wird 2% angegeben.

Als Beispiel zur Entfernung des Lignins sei der Aufschluß von Holz (Buchenholz, Fichtenholz oder Kiefernholz) beschrieben. Durch etwa 6stündige warme Extraktion der Sägespäne mit Alkohol-Benzol (1 : 1) werden diese von dem größten Teil des Harzes befreit. Nach dem Abfiltrieren, Nachwaschen mit Alkohol-Benzol und Trocknen auf dem Wasserbad werden die Späne durch Mahlen zerkleinert und durch ein Maschensieb (960 Maschen/cm^2) von gröberen Anteilen getrennt. Nach erneuter 6stündiger Extraktion mit warmem Alkohol-Benzol werden 100 g Holzmehl in einer braunen Glasstöpselflasche mit 2—3 l $^n/_5$ Chlordioxydlösung übergossen. Da sich allmählich ein Überdruck entwickelt, so befestigt man die Glasstopfen am Flaschenhals durch eine Ligatur. Die Flasche wird unter öfterem Umschütteln bei Raumtemperatur in diffusem Tageslicht, zweckmäßig auf die Seite gelegt, aufbewahrt. Nach etwa 24 Stunden wird das schwach rötliche Holzmehl abgenutscht, mit Wasser gewaschen und in einer Porzellanschale mit etwa 2 l Wasser angerührt, um das eingeschlossene Chlordioxyd herauszulösen. Auf der Nutsche wird solange mit Wasser gewaschen, bis das Waschwasser aus angesäuerter Jodkalium-Lösung (Stärkezusatz) kein Jod mehr abscheidet und dann das Mehl in $1^1/_2$ l einer 2proz. Natriumsulfitlösung eingetragen. Nach $1^1/_2$stündigem Erwärmen und Umrühren auf dem Wasserbad wird abgesaugt, mit heißem Wasser nachgewaschen und in einer Porzellanschale mit reichlich heißem Wasser angerührt. Nach etwa 1 Stunde wird wieder abgenutscht und nochmals mit heißem Wasser gewaschen. Um das Lignin völlig zu entfernen, ist jetzt die Chlordioxyd-Natriumsulfiteinwirkung in derselben Weise so oft zu wiederholen, bis innerhalb der angegebenen Fehlergrenze kein Chlordioxyd mehr verbraucht wird. Das ist nach etwa insgesamt 7—8maliger Einwirkung der Fall.

Das so gewonnene Präparat ist ligninfrei; es enthält aber möglicherweise noch einen Teil der begleitenden Kohlenhydrate, die durch erschöpfende Einwirkung von verdünnter Natronlauge entfernt werden müssen. Erst dann erhält man reine Zellulose, deren Reinheitsgrad durch den Drehwert in Kupferamin-Lösung zu kontrollieren ist.

An Stelle des beschriebenen zweistufigen Verfahrens — Behandlung mit Chlordioxyd und nachfolgend mit Natriumsulfitlösung — hat E. Schmidt[1] ein neues Einstufenverfahren entwickelt. Die beiden bisher getrennten Behandlungen im Zweistufenverfahren können gleichzeitig an der verholzten Faser bei Raumtemperatur erfolgen, wenn man die Einwirkung von Chlordioxyd auf die verholzte Faser in Gegenwart geeigneter Verbindungen durchführt, die gegenüber Chlordioxyd weitgehend beständig sind, die wasserunlöslichen Oxydationsprodukte der Zellwand in wasserlösliche Form überführen und das saure p_H des Reaktionsgemisches, das sich während der Umsetzung zwischen Chlordioxyd und den oxydierbaren Zellwandanteilen einstellt, nach dem Neutralpunkt hin verschieben. Diesen Anforderungen genügen z. B. Pyridin und Phosphatpuffer vom $p_H = 6{,}8$.

Zellulosebestimmung mit alkoholischer Salpetersäure nach Kürschner.

In neuester Zeit hat Kürschner[2] eine Methode angegeben, welche ebenso wie die Chlormethode auf einer Oxydation der Nichtzellulosebestandteile der Rohfasern beruht. Bei der mehrfach wiederholten Kochung der Rohfasern mit alkoholischer Salpetersäure werden die Inkrusten bis auf einen gewissen Anteil des Pentosans in Lösung gebracht und rein weiße, unangegriffene Zellulose bleibt zurück. Die Methode wird nach den Angaben des Verfassers wie folgt durchgeführt:

1,000 g des trockenen, in kleinen Drehspänen vorliegenden Holzes werden mit 25 cm³ 20 volumproz. alkoholischer Salpetersäure (4 Volumteile Alkohol + 1 Volumteil HNO_3) übergossen. Die alkoholische Salpetersäure wird durch Eingießen von Salpetersäure in Alkohol stets frisch bereitet. Das 200-cm³-Kölbchen ist durch Glasschliff mit einem

[1] Schmidt, E., Yuan Chi Tang, Wilhelm Jandebeur: Naturwissensch. Bd. 18, S. 734. 1930.

[2] Kürschner: Z. f. Untersuchung d. Lebensmittel Bd. 59, S. 484—494. 1930; Technologie u. Chemie d. Papier- u. Zellstoffabrikation, Beilage zum Wochenblatt für Papierfabrikation Bd. 26, S. 125—132. 1929.

Rückflußkühler verbunden. Der Kolbeninhalt wird während 60 Minuten auf dem Wasserbade unter Rückfluß und Ausschluß des Sonnenlichtes zum kräftigen Sieden erhitzt. Nach dem Entfernen des Kölbchens vom Wasserbad pflegt sich das aufzuschließende Material sehr rasch auf dem Boden abzusetzen, so daß die darüberstehende gelbe Lösung in einen bereitgestellten, mit der Luftpumpe verbundenen Porzellan- oder Glasfiltertiegel ohne weiteres abgegossen werden kann und nur geringe Mengen des Bodensatzes mit den letzten Anteilen der Lösung mitgerissen werden. Hierauf wird angesaugt, wobei die Flüssigkeit in wenigen Sekunden durchfiltriert.

Der geringe, auf dem Glas- oder Porzellanfilter verbliebene Rückstand wird mit Hilfe eines Teiles der zu der nachfolgenden Kochung gebrauchten Lösung von 25 cm^3 20 Volum-proz. (4 Volumteile Alkohol + 1 Volumteil HNO_3) alkoholischer Salpetersäure (die in einer kleinen Spritzflasche frisch hergestellt wurde) in das Kölbchen zurückgespült. Dies geht ohne Schwierigkeit verlustlos vor sich und die zweite, gegebenenfalls dritte Kochung erfolgt hierauf in ebensolcher Weise; sodann wird das gesamte, im Kölbchen ungelöst zurückgebliebene Material abfiltriert. Meist sind darin nach der zweiten Kochung nur mehr Spuren von Ligninen anwesend. Die schließlich im Filtertiegel verbliebene rein weiße Zellulose wird mit destilliertem Wasser gut gewaschen und bei ganz allmählich ansteigender Temperatur getrocknet und gewogen. Gewichtskonstanz der Präparate konnte erst bei 108° C erzielt werden.

Bestimmung der Zellulose nach Klason.

Zur Bestimmung der Zellulose im Holz hält Klason[1] die Aufschließung mit Natriumbisulfit-Lösung bestimmter Konzentration für die beste Methode.

Das Holz, im Höchstfalle 10 g, wird in der Dicke von einem Zündholz und etwa 1 cm Länge in Druckflaschen von 150 cm^3 Rauminhalt gebracht, hierzu werden 100 cm^3 einer Kochsäure, die im Liter 80 g Natriumbisulfit und 200 cm^3 n-Salzsäure enthält, zugesetzt. Die Erhitzung geschieht bei etwa 98° im Dampfschrank so lange, bis der Rückstand nicht mehr an Gewicht abnimmt. Die Erhitzungsdauer beträgt 6—8 Tage. Die Kochlauge wird innerhalb dieser Zeit verschiedene Male erneuert.

Die vorstehend skizzierte Methode ist durch die lange Zeitdauer für die Praxis wohl zu umständlich. Die nach dieser Methode abgeschiedene Zellulose ist übrigens auch nicht pentosanfrei. Klason selbst gibt 3% Pentosan für eine aus 100jährigem Fichtenholz isolierte Zellulose an.

[1] Klason: Zellulosegehalt des Fichtenholzes. Zellstoffchem. Abhandlungen Bd. 1, S. 105—114. Nr. 5, 19121; Papierfabrikant Bd. 19, Beilage Zellulosechemie Bd. 2, Nr. 3, S. 40. 1921.

Zellulosebestimmung nach König.

Eine pentosanfreie Zellulose erhält man nach dem Verfahren von König, bei welchem das Rohmaterial mit Glyzerin-Schwefelsäure, am besten unter Druck, aufgeschlossen wird. Durch diesen scharfen Aufschluß wird aber auch die Zellulose stark angegriffen, völlig kurzfaserig und teilweise in Hydrozellulose verwandelt, wie die mikroskopischen Bilder solcher Zellulose, insbesondere nach deren kurzem Verreiben im Mörser, deutlich zeigen. Es besteht die Gefahr, daß, wie bei jeder Hydrozellulosebildung, ein gewisser Anteil in Zucker verwandelt, also löslich gemacht wird, so daß Verluste an Zellulose und damit zu niedrige Werte erhalten werden. Die besonders bei Untersuchung von Futterstoffen angewendete Methode wird wie folgt beschrieben:

Herstellung einer möglichst pentosanfreien Rohfaser nach J. König[1]. 3 g lufttrockene bzw. 5—14% Wasser enthaltende Substanz werden in einem Kolben oder in einer Porzellanschale mit 200 cm³ Glyzerin von 1,23 spez. Gewicht, welches 2% konz. Schwefelsäure enthält, versetzt, durch häufiges Schütteln bzw. Rühren mit einem Glasstabe gut verteilt und entweder am Rückflußkühler bei 133—135° 1 Stunde gekocht, oder in einem Autoklaven bei 137° (= 3 Atmosphären) 1 Stunde lang gedämpft. Darauf läßt man erkalten, verdünnt den Inhalt des Kolbens oder der Schale auf ungefähr 400 bis 500 cm³, kocht nochmals auf und filtriert heiß durch einen Gooch-Tiegel. Den Rückstand wäscht man mit ungefähr 400 cm³ siedendem Wasser, darauf mit erwärmtem verdünnten Alkohol und Äther aus und wägt nach dem Trocknen bis zur Gewichtskonstanz. Nach Abzug des nach dem Veraschen erhaltenen Rückstandes erhält man als Differenz der beiden letzten Wägungen die Menge der aschefreien Rohfaser.

Bestimmung der Zellulose, des Lignins und des Kutins in den Rohfasern nach J. König[1]. Man stellt zunächst, wie oben geschildert, die Rohfaser nach dem von J. König angegebenen Verfahren dar. Der Rohfaserrückstand in dem Gooch-Tiegel oder auf der Porzellanschale wird nicht getrocknet, sondern nach dem Absaugen des zuletzt zum Auswaschen verwendeten Äthers und Verdunstenlassen desselben an der Luft nebst dem Asbestfilter verlustlos in ein etwa 800 cm³ fassendes Becherglas gebracht und unter Bedecken mit einem Uhrglase oder einer Glasplatte mit 100 oder 150 cm³ chemisch reinem, 3-gewichtsproz. Wasserstoffsuperoxyd, sowie 10 cm³ 24proz. Ammoniak versetzt und einige Zeit (etwa 12 Stunden) stehengelassen. Dann werden 10 cm³ 30-gewichtsproz., chemisch reines Wasserstoff-

---

[1] König, J.: Untersuchung landwirtschaftlich und gewerblich wichtiger Stoffe. 4. Aufl., S. 292ff. 1911.

superoxyd zugesetzt und dieser Zusatz, wenn die Sauerstoffentwicklung aufgehört hat, noch 2—6mal, d. h. so oft wiederholt, bis die Masse (Rohfaser) völlig weiß geworden ist. Beim dritten und fünften Zusatz von konz. Wasserstoffsuperoxyd fügt man auch noch je 5 cm^3 (oder 10 cm^3) des 24proz. Ammoniaks hinzu. Um die Arbeit zu vereinfachen, kann man Wasserstoffsuperoxyd und Ammoniak in graduierten Zylindern mit eingeschliffenen Glasstöpseln vorrätig halten und aus diesen die jedesmal erforderlichen Flüssigkeitsmengen zusetzen, denn ein genaues Abmessen der Flüssigkeiten bei dem jedesmaligen Zusatze ist nicht notwendig. Wenn die Substanz völlig weiß geworden ist, erwärmt man etwa 1—2 Stunden auf dem Wasserbade und kann dann, wenn das Wasserstoffsuperoxyd rein war, d. h. mit Ammoniak keinerlei Niederschlag oder Trübung gab, sofort und glatt durch ein zweites Asbestfilter filtrieren.

Der abfiltrierte und ausgewaschene Rückstand wird samt Asbestfilter 2 Stunden mit 75 cm^3 Kupferoxydammoniak-Lösung[1] unter öfterem Umrühren, zuletzt kurze Zeit bei ganz geringer Wärme, auf dem Wasserbade behandelt und die Flüssigkeit durch einen Gooch-Tiegel mit schwacher Asbestlage filtriert. Wenn von der ersten Rohfaser-Filtration ziemlich viel Asbest in der Flüssigkeit vorhanden ist, kann man auch ohne eine zweite Asbestlage ein genügend dichtes Filter dadurch erhalten, daß man die Flüssigkeit umrührt und das erste Filtrat so oft zurückgibt, bis es völlig klar geworden ist. Die letzten Reste der ammoniakalischen Lösung werden unter Zufügung von etwas frischem Kupferoxydammoniak behufs Auswaschens abgesaugt, das Filtrat beiseite gestellt, der Rückstand im Tiegel dagegen unter Anwendung einer neuen Saugflasche genügend mit Wasser nachgewaschen, darauf bei 105—110° getrocknet, gewogen, geglüht und wieder gewogen. Der Glühverlust ergibt die Menge des nicht oxydierbaren, im Kupferoxydammoniak unlöslichen Teiles der Rohfaser, das Kutin.

Das Filtrat von diesem Rückstande, d. h. die Lösung der Zellulose in Kupferoxydammoniak, wird mit 300 cm^3 80proz. Alkohol versetzt und damit stark verrührt; hierdurch scheidet sich die gelöste Zellulose in großen Flocken quantitativ wieder aus. Sie wird im Porzellan-Gooch-Tiegel gesammelt, zuerst mit warmer verdünnter Schwefelsäure, dann genügend mit warmem Wasser, zuletzt mit Alkohol und Äther ausgewaschen, bei 107—110° getrocknet, gewogen und verascht. Der Gewichtsunterschied zwischen dem Gewicht des Tiegelinhalts vor und nach dem Glühen ergibt die Reinzellulose.

Der Unterschied von Gesamtrohfaser (Zellulose + Kutin) ergibt die Menge des oxydierbaren Anteiles der Rohfaser, das sogenannte Lignin.

[1] Vorschrift für Herstellung der Kupferoxydammoniak-Lösung im Abschnitt: Untersuchung der gebleichten Zellstoffe.

Zur Vervollständigung der Übersicht über die allgemein üblichen Methoden der Zellulosebestimmungen sei hier auch eine Vorschrift für die Weender-Rohfaserbestimmung[1] mitgeteilt:

Rohfaserbestimmung nach Henneberg und Stohmann (Weender-Verfahren). 3 g der lufttrockenen, fein gepulverten Substanz werden mit 200 cm³ einer 1,25proz. Schwefelsäure $^1/_2$ Stunde gekocht, dann läßt man absitzen, dekantiert und kocht den Rückstand in derselben Weise zweimal mit demselben Volumen Wasser auf. Die erforderliche Schwefelsäure wird aus 50 g konz. Schwefelsäure und Wasser unter Auffüllung zu 1 l bereitet. Von dieser verdünnten Schwefelsäure nimmt man 50 cm³ und fügt noch 150 cm³ Wasser hinzu.

Die abgehobenen Flüssigkeitsmengen läßt man in Zylindern absitzen und gibt die niedergeschlagenen Teilchen nach dem Abhebern der Flüssigkeit in das Gefäß mit der zu untersuchenden Substanz zurück. Darauf kocht man den Rückstand $^1/_2$ Stunde mit 200 cm³ einer 1,25proz. Kalilauge (von einer Lösung von 50 g Kaliumhydroxyd in Wasser bis zu 1 l verdünnt nimmt man 50 cm³, dazu 150 cm³ Wasser), filtriert durch ein gewogenes Filter und kocht den Rückstand noch zweimal mit demselben Volumen Wasser $^1/_2$ Stunde, bringt alles auf ein getrocknetes, gewogenes Filter, wäscht mit heißem und kaltem Wasser, zuletzt mit Alkohol und Äther aus, trocknet, wägt und verascht. Filterinhalt minus Asche ergibt die Menge Rohfaser (auch wohl Holzfaser genannt).

Eine neuzeitliche Ausführungsform, durch welche schnell gearbeitet werden kann und dabei doch Fehler vermieden werden, haben Tomula und Puranen[2] wie folgt beschrieben:

Rohfaserbestimmung nach Tomula und Puranen.

Von der feingemahlenen Analysensubstanz (sie muß ein 1-mm-Sieb passieren) werden 3 g eingewogen und in einen kurzhalsigen 500-cm³-Kolben gebracht. Nach dem Zusetzen von 50 cm³ 5proz. Schwefelsäure und 150 cm³ Wasser wird mit aufgesetztem Rückflußkühler 30 Minuten gekocht. Dann läßt man die Flüssigkeit sich etwas abkühlen, worauf sie mit 20 cm³ 28proz. Kalilauge versetzt wird. Nun wird wieder 30 Minuten gekocht und heiß durch Asbestfilter filtriert, fünfmal mit warmer 1,25proz. Schwefelsäure gewaschen. Zum Schluß spült man den Rückstand noch gründlich mit heißem Wasser und dann mit Alkohol und Äther aus. Statt des Alkohols und Äthers kann auch Azeton zur Anwendung kommen. Durch Veraschen des bis zur Gewichtskonstanz (bei 105° C) getrockneten Rückstandes ermittelt man die Menge der Rohfaser.

---

[1] Vorschrift nach J. König: Untersuchung landwirtschaftl. u. gewerblich wichtiger Stoffe. 4. Aufl., S. 296.

[2] Tomula u. Puranen: Suomen Kemistilehti, Acta Chemica Fennica Nr. 8—9, III vk. vom 15. Okt. 1930.

Bestimmung der Zellulose durch Verzuckerung.

Kiesel und Semiganowsky[1] geben ein Verfahren an, um Zellulose in fast theoretischer Ausbeute in Glykose überzuführen (nach den bisherigen Verfahren gelang dies nur bis zu 96% der Theorie). Die reine Zellulose (Filter Nr. 597 von Schleicher und Schüll) wird in der 7- bis 10fachen Menge 80proz. H_2SO_4 $2^1/_2$ Stunden bei Zimmertemperatur stehengelassen, die 15fache Menge der angewandten H_2SO_4 an H_2O zugesetzt und die farblose Lösung 5 Stunden im siedenden Wasserbade erhitzt. Der Gehalt an Glykose, bestimmt nach den Methoden von Bertrand[2] und von Willstätter und Schudel, ergab 99,6% der Theorie: $(\alpha)D^{21,5} = +42,54°$. Ein Teil der Lösung wurde abgedampft und kristallisierte vollständig. Schwefelsäuren von 70 und 95% gaben geringere Ausbeuten an Glykose. Zugesetztes Eiweiß (Gelatine, Kasein) ändert die Ausbeute nicht. Die Verfasser unterwarfen verschiedene Zucker der gleichen Behandlung wie die Zellulose und gewannen sie in folgenden Mengen wieder: Glykose 99,7%, Mannose 97,7%, Galaktose 99,9%, Fruktose 26,0%, Invertzucker 66,06%, Xylose 72,2% und Arabinose 84,5%. Für die Bestimmung der Zellulose in Pflanzenstoffen soll man das Material durch 3—5stündiges Erwärmen mit 2proz. HCl von leicht hydrolysierbaren Kohlehydraten befreien. Der Rückstand soll, wie oben angegeben, verzuckert und die Glykosemenge bestimmt werden. — Bei Abwesenheit von Pentosen und Ketosen kann das Material direkt verzuckert und die durch Hydrolyse mit 2proz. HCl erhaltenen Zucker in Abzug gebracht werden.

Die vorstehend beschriebene Arbeitsweise ist nach W. Fuchs[3] für Holz nicht geeignet, da beim Fichtenholz eine erhebliche Abweichung von den bekannten Zellulosewerten gefunden worden ist.

Zellulose-Bestimmung nach Bühler.

Nach Bühler werden die Inkrusten durch Erhitzen zellulosehaltigen Materials mit Phenol unter Druck gelöst. Durch Zusatz von Salzsäure wird diese Herauslösung bei niedrigerem Druck möglich. Nach neuen Untersuchungen von Kalb und Schoeller[4] ist die Methode unter bestimmten Bedingungen empfehlenswert zur Feststellung des Zellulosegehaltes.

Das Untersuchungsmaterial wurde in fein zerfasertem Zustande, Holz in Form von Sägemehl, welches ein Sieb von 100 Maschen pro

---

[1] Kiesel u. Semiganowsky: Ber. dtsch. chem. Ges. Bd. 60, S. 333. 1927. Referat: Chem. Zbl. 1927 I, 1624.

[2] Bertrand: Vgl. Abschnitt IV, Untersuchung der Sulfitablaugen.

[3] Fuchs, W.: Ber. dtsch. chem. Ges. Bd. 60, S. 1327. 1927.

[4] Kalb u. Schoeller: Cellulosechemie Bd. 4, S. 37. 1923.

Quadratzentimeter passierte, angewandt, zur Reinigung nacheinander mit Wasser, 80proz. und reinem Aceton ausgelaugt und im Wasserbad-Trockenschrank (96°) zur Konstanz gebracht.

4 g des so zubereiteten Materials wurden in ein großes Reagenzglas von etwa 3 cm Weite und 18 cm Höhe gebracht und mit 50 g trockenem, geschmolzenem Phenol, dem die nötige Menge konz. Salzsäure (höchstens 5% vom Phenolgewicht) aus einer Bürette zugemischt worden war, übergossen. Das Reagenzglas oder mehrere solcher wurden in ein Wasserbad tief eingesenkt und mit einem Korken verschlossen, durch dessen Öffnung ein starker Glasstab zum zeitweisen Durchrühren der Masse lose eingesteckt blieb. Nach beendeter Behandlung wurde der Inhalt quantitativ mit Wasser und etwas verdünnter Natronlauge in ein größeres Gefäß gespült und weiter mit möglichst wenig Natronlauge bis zur Lösung des Phenols und Phenollignins versetzt[1]. Die ungelöst bleibende Zellulose wurde auf einer Filterplatte mit Filter von bekanntem Gewicht abgesaugt, bis zum Farbloswerden des Filtrates mit Wasser, dann mit sehr verdünnter Salz- oder Essigsäure und wieder gründlich mit Wasser gewaschen, getrocknet und samt Filter gewogen.

Bestimmung von Lignin.

Die pflanzlichen Rohfaserstoffe sind mit Ausnahme der Baumwollfaser mehr oder weniger verholzt. Sie enthalten Stoffgemenge, welche charakteristische Farbreaktionen geben, die bei den aus der Rohfaser abgeschiedenen Zellulosen ganz fehlen oder nur in sehr abgeschwächtem Maße zu erkennen sind. Die Verholzung ist gekennzeichnet durch ein Aufnahmevermögen der Rohfaserstoffe für Chlor, welches den aus der Rohfaser abgeschiedenen Zellulosearten fehlt. Die verholzende Materie wird mit Lignin bezeichnet, worunter von manchen Autoren ein seiner Konstitution nach noch unbekannter Stoff oder von anderen Forschern ein Stoffgemenge verstanden wird. Zur qualitativen Bestimmung der verholzenden Materie dienen die schon erwähnten, nachstehend beschriebenen Farbreaktionen. Zur quantitativen Bestimmung von Lignin hat man direkte und indirekte Methoden. Bei den direkten Methoden ist man bemüht, den Zellulosen- und Hemizellulosen-Inhalt der Rohfaserstoffe in Lösung zu bringen, um das Lignin als unlöslichen Rückstand zu erhalten. Bei den indirekten Methoden versucht man, charakteristische Reaktionen dieses noch unbekannten Stoffes oder Stoffgemenges zur quantitativen Bestimmung oder zur Gewinnung von Vergleichswerten auszunutzen.

---

[1] Überschüssiges freies Alkali verursacht Zelluloseverluste und ist daher zu vermeiden. Die Aufarbeitung kann übrigens auch durch Verdünnen und Waschen mit Aceton, welches Phenollignin spielend löst, bewerkstelligt werden.

Farbreaktionen der verholzenden Stoffe (des Lignins).

Zur Erkennung der Verholzung sind Färbemethoden, und zwar insbesondere die Rotfärbung mit Phlorogluzin-Salzsäure und die Gelbfärbung mit Anilinsulfat im Gebrauch. Mit ersterem Reagens erhält man bei Anwesenheit verholzter Fasern eine mehr oder weniger tiefe Rotfärbung, mit letzterem eine hellere oder sattere Gelbfärbung.

Zur Herstellung der Phlorogluzin-Salzsäurelösung wird 1 g Phlorogluzin in 50 cm^3 Alkohol gelöst und unmittelbar vor dem Gebrauch ein Anteil des Reagenses mit dem halben Volumen konz. Salzsäure vermischt. Wendet man schwächere Salzsäure an, so wird das Eintreten der Rotfärbung unter Umständen stark verzögert. Es ist unzweckmäßig, das Reagens mit Salzsäure versetzt aufzubewahren, da es sich allmählich, insbesondere bei Lichteinwirkung, zersetzt, während die alkoholische Phlorogluzinlösung eine ziemliche, immerhin aber auch noch begrenzte Haltbarkeit besitzt. An Stelle von Phlorogluzin-Salzsäure wird von Peyer[1] Kobaltrhodanid empfohlen. Einer Lösung von 9 Teilen Kobaltnitrat in 6 Teilen Wasser werden 2,5 Teile Rhodankalium, in 2,5 Teilen Wasser gelöst, hinzugefügt. Verholzte Teile färben sich braun mit einem Stich ins Grüne.

Zur Herstellung des Anilinsulfatreagenses werden nach Herzberg[2] 5 g schwefelsaures Anilin in 50 cm^3 destilliertem Wasser gelöst und 1 Tropfen Schwefelsäure beigefügt. Die farblose Flüssigkeit ist nicht lichtbeständig.

Nach Jentsch[3] erhält man mit einer wässerigen Lösung von Phenylhydrazinchlorhydrat eine tief orangegelbe Färbung, die beim Trocknen unter der Wirkung des Luftsauerstoffes in ein charakteristisch leuchtendes Hellgrün übergeht. Durch Erhitzen kann der Eintritt der Reaktion wesentlich beschleunigt werden. Die Aufbewahrung des Reagenses muß, da es lichtempfindlich ist, in dunkler Flasche geschehen. Über die zweckmäßigste Konzentration hat Jentsch keine Angabe gemacht.

Die angegebenen Farbreaktionen versagen zuweilen bei pflanzlichen Rohstoffen, häufiger noch bei gewissen Halbzellstoffen, z. B. bei angebleichter Jute. In solchen Fällen ist die Mäulesche Reaktion[4] empfehlenswert. Man behandelt die zu untersuchende Faser mit etwas $^n/_{10}$ Permanganatlösung, wäscht nach 5—10 Minuten mit Wasser aus,

---

[1] Peyer: Original: Apoth.-Zg. Bd. 44, S. 334. 1929; Referat: Chem. Zbl. 1929 II, 75.

[2] Herzberg: Papierprüfung. 4. Aufl., S. 133. 1915. Berlin.

[3] Jentsch: Wochenbl. f. Papierfabr. Bd. 49, S. 60. 1918.

[4] Mäule: Fünfstücks Beiträge z. wissenschaftl. Botanik Bd. 4, S. 166. 1900. Vgl. Graefe: Mh. Bd. 25, S. 1025. 1904. — Über Versagen auch der Mäule-Reaktion bei Hanf und Flachs berichtet Haller: Färber-Zg. 1919, S. 31.

löst den entstandenen Braunstein mit Salzsäure oder schwefliger Säure weg, wäscht abermals und legt dann in konz. Ammoniakflüssigkeit ein. Bei Gegenwart von Lignin tritt Rotfärbung auf[1].

Direkte Methoden der Ligninbestimmung.

Mit 72proz. Schwefelsäure nach Klason, J. König u. a.

Zur Bestimmung des Lignins hat König[2] nach dem Vorgang von Klason und von Ost und Wilkening[3] 72proz. Schwefelsäure angewendet, welche die Zellulose löst und das Lignin in braunen Flocken unaufgelöst zurückläßt. Allerdings ist nicht anzunehmen, daß bei der Behandlung mit so starker Schwefelsäure das Lignin völlig unverändert bleibt, es wird sicherlich Azetylreste verlieren und wahrscheinlich verharzen.

Die Bestimmung wird folgendermaßen durchgeführt: Das zu untersuchende pflanzliche Rohfasermaterial wird mit Alkohol oder mit einem Alkohol-Benzolgemisch im Soxhletapparat oder am Rückflußkühler mehrere Stunden extrahiert, um Harze und Fette bzw. Wachs zu entfernen. Nach beendeter Extraktion wird mit Alkohol, dann mit heißem Wasser nachgewaschen, das Material getrocknet, in ein starkwandiges Gefäß überführt und bei einer Einwage von 1—2 g mit etwa 50 cm³ 72proz. Schwefelsäure übergossen. Durch Verrühren mit einem Glasstabe sucht man möglichst gleichmäßige Benetzung der Faserteilchen mit der Schwefelsäure zu erreichen. Das Gemisch bleibt 48 Stunden stehen, worauf man stark mit Wasser (etwa $^1/_2$ l) verdünnt und dann bis zum Sieden erhitzt. Das Aufheizen hat den Zweck, schleimige Zellulosedextrine, die bei der Filtration sehr hinderlich sind, zu zerstören. Nach dem Aufkochen läßt man erkalten und absitzen, dekantiert möglichst von dem Niederschlage durch einen mit Asbestpolster beschickten Gooch-Tiegel und wäscht mit kochendem Wasser den Niederschlag völlig aus, bringt ihn jedoch erst gegen Ende des Auswaschens in den Tiegel, um die schwierige Filtration nicht unnötig zu verlängern. Ist der Niederschlag in den Gooch-Tiegel überführt und völlig ausgewaschen bis zur Schwefelsäurefreiheit des Filtrates, wird bei 105° getrocknet, gewogen, hierauf geglüht, so das Lignin verascht und wieder gewogen. Der Unterschied bei den Wägungen gibt die Menge des vorhanden gewesenen aschefreien Lignins an.

---

[1] Nach Schorger: J. Ind. Chem. Engg. Bd. 9, S. 501—516. 1917; Chem. Zbl. 1918 I, S. 844, tritt bei Harthölzern eine tiefrote Färbung, bei Nadelhölzern nur eine dunkelbraune Färbung auf, die bei allmählicher Entfernung des Lignins in ein nicht charakteristisches Braungrau übergeht.

[2] König u. Becker: Dissertation von E. Becker-München 1918. — Auch König u. Rump: Z. Unters. Nahrungsmittel Bd. 28, S. 184. 1914.

[3] Ost u. Wilkening: Chem.-Zg. Bd. 36, S. 461. 1910.

Die vorerwähnte Schwierigkeit des Filtrierens wird von Müller und Herrmann[1] in nachstehend beschriebener Weise umgangen:

Die für die Ligninbestimmung am besten geeignete direkte Methode, bei der die Zellulose aus dem zurückbleibenden Lignin herausgelöst wird, hat wenig Verbreitung gefunden, weil die Filtration von derartigen Ligninsuspensionen außerordentlichen Schwierigkeiten begegnet; alle bisher bekannten Filterstoffe verstopften sich in kurzer Zeit. Verfasser haben nun im Naphthalin, in feinverteilter Form angewandt, ein besonders geeignetes Filtermaterial gefunden. Aus vollkommen reinem Naphthalin wird eine 5proz. Lösung in Alkohol hergestellt, etwa 10—20 cm^3 dieser Lösung, 0,5—1,0 g Naphthalin enthaltend, unter Umschwenken in das doppelte Volumen Wasser eingegossen und der Naphthalinschaum in den Glas- oder Porzellanfiltertiegel gebracht. Dieses gleichmäßige Naphthalinpolster hält auch feinste Suspensionen zurück, ohne zu verstopfen. Nach beendeter Filtration wird das Naphthalin auf dem Wasserbade wegsublimiert und der Rückstand wie üblich getrocknet.

Die Vollendung des Aufschlusses mit 72proz. Schwefelsäure kann man durch Untersuchung unter dem Mikroskop erkennen. Eine kleine Fasermenge, mit Chlorzinkjod-Lösung oder Jod-Schwefelsäure behandelt, darf keine Blaufärbung der Faser mehr erkennen lassen. Das letzte Filtrat beim Auswaschen im Gooch-Tiegel darf mit Fehling-Lösung keine Reduktion hervorrufen. Diese würde auf die nicht vollständig gelungene Entfernung von Zellulosedextrinen oder zuckerartigen Stoffen hindeuten.

Eine neuere Ausführungsform der Schwefelsäure-Bestimmung ist von Schwalbe und Lange[2] ausgearbeitet worden. Bei dieser Methode wird 62,5proz. Schwefelsäure, die sogenannte Guignet-Konzentration verwendet. Durch die Schwefelsäure wird die Zellulose in den kolloiden Zustand übergeführt. Die Methode läßt sich, wie nachstehende Beschreibung ergibt, rascher durchführen als die Königsche Arbeitsweise.

1 g geraspeltes Zellstoffholz wird mit 25 cm^3 62,5proz. Schwefelsäure übergossen und unter gelegentlichem Umrühren 5 Stunden stehengelassen. Jetzt wird direkt durch Asbest im Gooch-Tiegel filtriert, und zwar bei ganz geringem Vakuum, da sich sonst das Asbestpolster verstopft. Dann wird mit 62,5proz. Schwefelsäure, schließlich mit Wasser bis zur Schwefelsäurefreiheit gewaschen. Das Lignin wird 4 Stunden bei 105 bis 110° getrocknet, der Glühverlust ergibt den Wert des aschefreien Lignins.

Die Ligninpräparate enthalten freie Schwefelsäure; die Schwefelsäuremenge ist bei Verwendung 72proz. Schwefelsäure am größten,

[1] Müller u. Herrmann: Papierfabrikant Bd. 24, S. 185. 1926.

[2] Schwalbe u. Lange: Z. angew. Chem. Bd. 39, S. 608. 1926; bzw. Werner Lange: Dissertation. Berlin 1928.

bei Verwendung von 62proz. nach einer Tabelle von Hägglund am geringsten. Bei der Arbeitsweise von Schwalbe-Lange kann schwefelsäurefreies Lignin erhalten werden.

Mit Salzsäure nach Willstätter, Wohl und Krull.

König und Rump[1] haben durch Erhitzen der fein gemahlenen Substanz mit 1proz. Salzsäure unter einem Druck von 6 Atmosphären Lösung des Zelluloseanteils erzielt. Nach König und Becker[2] hat sich bei vergleichender Prüfung der vorgenannten Methoden ergeben, daß es besser ist, Holz mit gasförmiger Salzsäure in Anlehnung an eine Versuchsanordnung von Krull[3] zu behandeln.

Die Arbeitsweise von Wohl und Krull deckt sich im Prinzip mit der Versuchsanordnung, die Willstätter und Zechmeister[4] bei ihren Versuchen zur Hydrolyse der Zellulose im Holz angewendet haben. Hochkonzentrierte Salzsäure vom spez. Gewicht 1,21, etwa 40—42proz., löst, wie die eben genannten Autoren gefunden haben, die Zellulose der verholzten Pflanzenfaser auf, während das Lignin ungelöst zurückbleibt. Krull erzeugt die überkonzentrierte Salzsäure während der Aufschließung. Er verfährt wie folgt:

1 g der mit Alkohol-Benzol ausgezogenen Substanz (Holzmehl) wird mit 6 cm³ Wasser in ein weites dickwandiges Reagenzglas gebracht und in die Masse unter Eiskühlung so lange Chlorwasserstoff eingeleitet, bis sie sich nicht mehr verändert und dünnflüssig wird. (Bei Laubholzmehl färbt sich dann die Masse schwarzbraun, bei Tannen- und Kiefernholzmehl smaragdgrün.) Zur Förderung der Hydrolyse läßt man 24 Stunden stehen, wodurch auch die Nadelholzmehle tief braun werden. Nachdem eine mikroskopische Untersuchung Zellulose nicht mehr erkennen läßt, wird mit Wasser im Verhältnis von 1 : 10 verdünnt, das Lignin im Gooch-Tiegel abfiltriert, mit heißem Wasser nachgewaschen, getrocknet und gewogen und das Lignin durch Glühverlust bestimmt.

Auch bei dieser Methode ist es notwendig, auf Vollendung der Hydrolyse der Zellulose zu prüfen. Bei erneuter Behandlung des Lignins mit hochkonz. Salzsäure darf reduzierende Substanz nicht mehr in Lösung gehen, besonders darf unter dem Mikroskop eine Probe die bekannte Blaufärbung mit den üblichen Zellulosereagenzien: Jod-Schwefelsäure, Chlorzink-Jod nicht mehr hervorrufen.

---

[1] König u. Rump: Z. Unters. Nahrungs- u. Genußmittel Bd. 28, S. 177. 1914.

[2] König u. Becker: Die Bestandteile des Holzes und ihre wirtschaftliche Verwertung. H. 26 der Veröffentlichungen der Landwirtschaftskammer für die Provinz Westfalen. Münster i. W. 1918, S. 6. — Ernst Becker: Dissertation. Münster 1918.

[3] Krull, H.: Versuche über Verzuckerung der Zellulose. Dissertation. Danzig 1916.

[4] Willstätter u. Zechmeister: Ber. dtsch. chem. Ges. Bd. 46, S. 2401. 1914.

Mit Säure-Gemischen.

An Stelle von Salzsäure allein hat man auch Mischungen verschiedener Mineralsäuren verwendet. Nach Hottenroth[1] oder nach H. Schwalbe[2] soll man Mischungen von Schwefelsäure mit etwas Salzsäure verwenden. Nach Hägglund[3] ist dieses Gemisch nicht brauchbar. Klason[4] hat neuestens dieser Methode vor der von ihm früher angewendeten (mit 66proz. Schwefelsäure allein) den Vorzug gegeben. Er gibt folgende Vorschrift:

Das geraspelte und gesiebte lufttrockene Holz wird mit Äther extrahiert und in einem Wägeglas von mindestens 60 cm³ bei 100° getrocknet. Im Wägeglas wird 1—1,3 g eingewogen. Die Probe wird nun mit 50 cm³ Schwefelsäure von etwa 66% H_2SO_4 versetzt, wonach mit einem Glasstab umgerührt wird, bis die Gelatinierung beendet ist. Am folgenden Tag wird wieder einigemal umgerührt, wonach das Ganze bis zum nächsten Tage stehenbleibt. Dann wird mit Wasser verdünnt und das Lignin durch einen Alundumtiegel abfiltriert und gewaschen, bis das Filtrat nur wenig Schwefelsäure enthält. Dann werden 50 cm³ 0,5proz. Salzsäure zugesetzt und mit aufgelegtem Deckel etwa 12 Stunden im Dampfschrank erhitzt. Danach wird der Tiegel wieder in die Vorrichtung eingesetzt und vollständig von Schwefelsäure reingewaschen. Bei dieser Filtrierung geht die Lösung fast ebenso leicht wie Wasser durch den Tiegel. Das Lignin ist recht hygroskopisch und nimmt bei gewöhnlicher Temperatur bis 8% Wasser auf. Bei dem Wägen muß darauf Rücksicht genommen werden. Nach der Wägung wird das Lignin verascht und der Tiegel mit Wägeglas wieder gewogen. Die Differenz ist das Gewicht des aschefreien Lignins.

Nach Wenzl[5] ist es vorteilhaft, Salzsäure mit Phosphorpentoxyd zusammen anzuwenden.

Indirekte Methoden der Ligninbestimmung.

Bei den indirekten Methoden zur Ligninbestimmung werden Spaltstücke des Lignins quantitativ bestimmt. Ein Rückschluß auf die Menge des Lignins ist, da dessen Molekulargröße nicht bekannt, unstatthaft. Bei Vergleichsanalysen geben aber die Zahlen für die Spaltstücke wertvolle Anhaltspunkte über die mutmaßliche Menge des Ligninanteils der verholzten Faser.

---

[1] Hottenroth: D.R.P. 306818. 1918.

[2] Schwalbe, H.: Papierfabrikant Bd. 23, S. 174. 1925; Bd. 23, S. 406. 1925; Bd. 23, S. 420. 1925.

[3] Hägglund, E.: Papierfabrikant Bd. 23, S. 406. 1925.

[4] Klason: Cellulosechemie Bd. 12, S. 37. 1931.

[5] Wenzl, H.: Papierfabrikant Bd. 22, S. 101—106. 1924; Bd. 23, S. 305. 1925.

Bestimmung der Methyl- oder Methoxylzahl.

Nach Benedikt und Bamberger[1] wird durch Erhitzung der rohen Pflanzenstoffe mit Jodwasserstoff aus den in der Substanz vorhandenen Oxymethylgruppen das Methyl herausgelöst, als Jodmethyl flüchtig gemacht, an Silber gebunden und gewogen. Allerdings muß berücksichtigt werden, daß Methyl auch in der Form von Methylalkohol, an Pektin gebunden, vorhanden sein kann. Für den im Pektin enthaltenen Methylalkohol (siehe oben) sind daher Abzüge zu machen, da auch er als Jodmethyl verflüchtigt wird. Die Methode ist für das Fabriklaboratorium infolge der Verwendung sehr kostspieliger Reagenzien zu teuer.

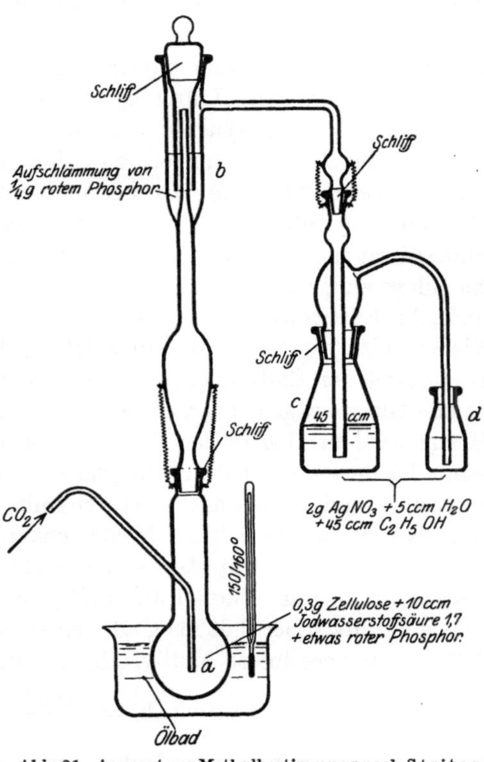

Abb. 21. Apparat zur Methylbestimmung nach Stritar.

Als Apparatur sehr empfehlenswert ist die von Stritar[2] angegebene Form (Abb. 21). Durch Anwendung von Glasschliffen ist die durch Verwendung von Korkverbindung auftretende Fehlerquelle vermieden. Der Apparat besteht aus einem Zersetzungsgefäß, einem Kühlrohr[3], das durch einen Wassermantel auf 50—70° gehalten werden kann, einem vorgeschalteten Gefäß für eine Aufschlemmung von rotem Phosphor und aus einem Kölbchen, das mit alkoholischer Silberlösung beschickt ist.

Es ist von höchster Wichtigkeit, eine Durchschnittsprobe des zu untersuchenden Materials mit großer Sorgfalt zu entnehmen, da nur

---

[1] Benedikt u. Bamberger: Mh. Bd. 15, S. 509. 1894.

[2] Stritar: Z. analyt. Chem. Bd. 42, S. 579. 1903. — Ferner Hans Meyer: Analyse und Konstitutionsermittlung organischer Verbindungen. 3. Aufl., S. 739ff. Berlin: Julius Springer 1916.

[3] In der Abbildung ist der Apparat ohne Wassermantel gezeichnet, der aber doch sehr zweckmäßig ist. Ein sehr brauchbares Modell der Firma Paul Haak, Wien IX/3, Garelligasse 4, mit Wassermantel wurde von der Firma Dr. Heinrich Göckel, Berlin NW 6, Luisenstr. 21, bezogen.

kleine Mengen (je nach dem Methylgehalt 0,1—0,3 g) auf einmal im Apparat verarbeitet werden können. Nachdem das Zersetzungskölbchen mit der lufttrockenen, genau abgewogenen Materialprobe beschickt ist, werden 10 cm^3 Jodwasserstoffsäure vom spez. Gewicht 1,7 und etwas roter Phosphor hinzugefügt. Das Kölbchen wird hierauf an den mit Wasser von 50—70° betriebenen Kühler angeschlossen und durch das seitliche Rohr des Kölbchens ein langsamer Kohlendioxydstrom geleitet. Das Kölbchen wird nunmehr in einem Ölbad auf 150—160° erhitzt. Die abdestillierenden Jodmethyldämpfe gehen durch das vorgelegte, mit etwa $^1/_4$ g in Wasser aufgeschlemmtem, rotem Phosphor beschickte Gefäß und gelangen von dort in das Kölbchen für alkoholische Silbernitratlösung. In diesem befinden sich 25 cm^3 einer 4proz. alkoholischen Silbernitratlösung. Zur Herstellung dieser löst man 2 g Silbernitrat in 5 g Wasser und verdünnt mit 45 cm^3 absolutem Alkohol. Nachdem einige Zeit erwärmt wurde, trübt sich die in der Vorlage befindliche Silbernitratlösung, wird aber rasch wieder klar. Ein grauer Niederschlag setzt sich ab, ein Zeichen, daß die Reaktion beendet ist. Ist hiermit der Endpunkt festgestellt, so wird das in die Vorlage mündende Glasrohr gelöst und die am unteren Ende anhängende kleine Menge Niederschlag in das Kölbchen gespült, und hierauf wird der gesamte Niederschlag in ein Becherglas übertragen, auf 500 cm^3 mit Wasser aufgefüllt und nach dem Ansäuern mit Salpetersäure bis zur Hälfte eingedampft, wobei sich der Niederschlag ganz klar absetzt. Man sammelt ihn in einem mit Asbest beschickten Gooch-Tiegel, wäscht mit Wasser, dann mit Alkohol aus und trocknet bei 120°.

Da 1 g Jodsilber 0,06383 g CH_3 entspricht, ergibt sich die auf 1000 g Zellstoff umgerechnete Methylzahl aus der Formel:

$$\text{Methylzahl} = \frac{0{,}06383 \cdot N \cdot 1000}{A}.$$

In dieser Formel bedeutet N die Menge des Niederschlags in Gramm, A die angewandte Menge Substanz völlig trocken berechnet[1].

Da die erwähnte Methode von Zeisl nicht ohne weiteres erkennen läßt, ob lediglich Methoxyl und nicht etwa Äthyl vorliegt, haben Hägglund und Sundroos[2] unter Benutzung der Methoden von Feist bzw. Willstätter und Ützinger den Nachweis erbracht, daß im Holz der Fichte nur Methoxylgruppen vorkommen. Hägglund[3] schlägt ferner vor, bei Holzanalysen in Rücksicht auf den wechselnden Gehalt der abscheidbaren Lignine an Azetylgruppen, den Gehalt an azetylfreiem Lignin für die Holzarten anzugeben. Er findet für Fichte und Kiefer 27,5%.

---

[1] Siehe auch A. Chambovet: Paper Bd. 25, S. 29, Nr. 8. 1920.

[2] Hägglund u. Sundroos: Chem. Zbl. Bd. 95, S. 674. 1924 II; Biochem. Z. Bd. 146, S. 222—225.

[3] Hägglund: Cellulosechemie Bd. 4, S. 76. 1923.

Methylalkohol-Bestimmung nach von Fellenberg[1].

Es ist oben beschrieben worden, wie der Pektingehalt pflanzlicher Rohstoffe durch Bestimmung des Methylalkohols ermittelt werden kann. Die Summe des Methylgehaltes des Pektins und des Lignins kann bestimmt werden, wenn man den pflanzlichen Rohstoff mit 72proz. Schwefelsäure zersetzt, wobei auch der Methylgehalt des Lignins als Methylalkohol abgespalten wird.

Zur Gesamtmethylalkohol-Bestimmung werden je nach dem zu erwartenden Methoxylgehalt 0,2—0,5 g fein gemahlene Substanz verwendet. Harz und fettreiche Stoffe werden auf einem Faltenfilter viermal mit starkem Alkohol und zweimal mit Äther ausgezogen und im Trockenschrank getrocknet. Das extrahierte Material wird in einem 300—400 cm³ fassenden Kolben mit 15 cm³ 72proz. Schwefelsäure übergossen, der Kolben mit einem senkrechten Kühler verbunden, dessen Mündung in ein als Vorlage dienendes, gewogenes, graduiertes Reagenzglas taucht und der Zwischenraum zwischen Mündungsrohr und Reagenzglas mit nicht entfetteter Watte verstopft, um Verluste durch Verdunstung zu vermeiden. Kühler und Reagenzglas werden mit Wasser befeuchtet; letzteres trägt Marken bei 6, 10, 16,2 und 25 cm³. Man erhitzt nun den Kolben und hält die Flüssigkeit 10 Minuten lang in ganz schwachem Sieden; dabei sollen nicht mehr als 1—2 cm³ überdestillieren. Von Zeit zu Zeit schwenkt man den Kolben etwas um, damit durch das meist eintretende Schäumen am Rand heraufgestiegene Teilchen wieder heruntergeschwemmt werden. Zum Schluß läßt man abkühlen, gibt in einem Guß 25 cm³ Wasser hinzu, setzt den Pfropfen mit dem Verbindungsrohr sogleich wieder auf und destilliert 25 cm³ ab. Das Destillat wird in einen frischen Kolben gebracht, mit etwa 1 cm³ Wasser nachgespült, mit Natronlauge (1 : 2) unter Zusatz eines Stückchens Lakmuspapier alkalisch gemacht und wieder durch den inzwischen ausgespülten Kühler destilliert, bis etwa 16,2 cm³ übergegangen sind. Bei sehr geringen Methoxylgehalten folgen noch 1—2 Anreicherungsdestillationen, wobei man bei der ersten 10, bei der zweiten 6 cm³ übergehen läßt. Das Enddestillat wird gewogen und kolorimetrisch geprüft, wie bei der Bestimmung des Pektin-Methylalkohols angegeben worden ist. Aus dem Ergebnis kann die Methylalkohol- oder die Methylzahl berechnet werden.

Durch Subtraktion des Pektin-Methylalkohols vom Gesamt-Methylalkohol erhält man den Methylalkohol des Lignins. Will man beide Bindungsarten des Methylalkohols in derselben Probe bestimmen, was bei sehr geringen Ligningehalten zu empfehlen ist, so wird der nach

[1] v. Fellenberg, Th.: Mitteilungen a. d. Gebiet d. Lebensmitteluntersuchung u. Hygiene Bd. 8, S. 28. 1917. Bern.

Bestimmung des Pektins erhaltene Destillationsrückstand abgesaugt, mit heißem Wasser, Alkohol und Äther ausgewaschen, getrocknet und der Schwefelsäuredestillation unterworfen.

Nach Sieber wird man auf die Bestimmung des aus dem Pektin stammenden Methylalkohols bei stark verholzter Faser völlig verzichten können, da der Pektingehalt derartiger Fasern außerordentlich gering ist.

Methylalkohol-Bestimmung nach Melander[1].

Statt kolorimetrisch kann der Methylalkohol-Gehalt des nach Fellenbergs Vorschrift erhaltenen Destillats quantitativ nach Melander wie folgt bestimmt werden. Das Verfahren beruht darauf, daß man die Methylgruppe durch Einwirkung von Phosphor und Jod in Methyljodid überführt, welches nach Kirpal und Bühn[2] titrimetrisch bestimmt wird. Die erforderliche Apparatur ist nebenstehend abgebildet (Abb. 22). *1* ist ein Jenaer Kolben, dessen Hals mit einem Schliff *2* (Hg-Dichtung) für das Wasserstoffzuführungsrohr versehen ist. Der Kolben ist ferner durch Schliff *3* (Hg-Dichtung) mit einem Kühler *4* verbunden, dessen inneres Rohr in eine Waschflasche *6* mündet. Gegen Saugwirkung ist ferner das Rohr mit einer Kugel *5* versehen. Die Waschflasche enthält eine Aufschlemmung von etwas rotem Phosphor in Wasser. *9* ist das Absorptionsgefäß, welches einige Kubikzentimeter Pyridin enthält. Dieses Gefäß ist mit der Waschflasche durch das Rohr *7* und die Kautschukligatur *8* verbunden, wobei Glas gegen Glas stößt.

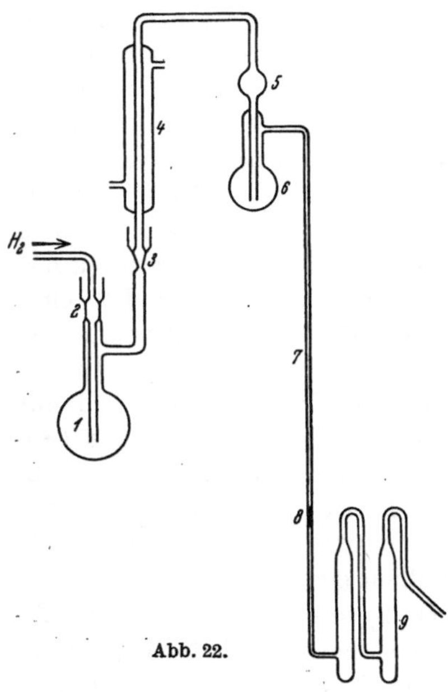

Abb. 22.

Eine Bestimmung wird folgendermaßen ausgeführt: 22 g Jod werden abgewogen und in den Kolben *1* gebracht. Darauf werden 5 cm³ der zu bestimmenden Methylalkohollösung (am besten etwa 2proz.) in den Kolben eingefüllt. Der Apparat wird zusammengefügt, kaltes Wasser in den Kühler gelassen, das Waschwasser auf 50° erwärmt und der Kolben *1* mit Inhalt mit Eis gekühlt. Nachdem die Mischung gut ge-

[1] Melander, K. H. A.: Svensk Pappers Tidning Nr. 14, S. 277. 1921; Referat: Papierfabrikant Bd. 19, S. 1253. 1921.

[2] Ber. dtsch. chem. Ges. Bd. 47, S. 1084. 1914.

kühlt ist, setzt man 2 g roten Phosphor zu. Die Eiskühlung wird jetzt unterbrochen, damit die Reaktion einsetzen kann; wenn sie zu heftig wird, reguliert man sie durch Kühlung. Durch Einleiten von Wasserstoff bei genügender Geschwindigkeit erreicht man, daß keine Saugwirkung eintritt und daß möglichst wenig Gas die Waschflasche passiert. Nachdem die Hauptmenge des Methylalkohols umgesetzt ist, wird der Kolben in einem Wasserbad auf rund 70° $^1/_2$ Stunde lang erwärmt. Der Kühler wird noch kalt gehalten und sehr langsam Wasserstoff durchgeleitet. Darauf wird das Methyljodid abdestilliert. Zu diesem Zweck erwärmt man das Wasserbad zum Sieden, füllt den Kühler mit warmem Wasser und leitet einen lebhaften Wasserstoffstrom hindurch. Das Abdestillieren soll nach $^1/_2$ Stunde beendet sein. Danach wird der Apparat auseinander genommen und die Pyridinlösung mit dem beim Ausspülen des Absorptionsgefäßes erhaltenen Waschwasser auf dem Wasserbad eingedampft. (Abzug!) Das Pyridinjodmethylat wird in Wasser gelöst, einige Tropfen Natriumchromat-Lösung hinzugefügt, worauf mit $^n/_{10}$ Silbernitrat-Lösung titriert wird.

Bestimmung der Azethylgruppen (saure Hydrolyse) nach Schorger.

Nach Schorger[1] ergeben sich bemerkenswerte Unterschiede bei der Destillation von Harthölzern bzw. Nadelhölzern mit Schwefelsäure, also bei saurer Hydrolyse. Die Essigsäuremengen, die man erhält, sind bei den Harthölzern erheblich höher als bei den Nadelhölzern, so daß diese Destillation zur Unterscheidung von pflanzlichen Rohfasern mit Vorteil benutzt werden kann.

Nach Schorger verfährt man folgendermaßen[2]:

Ungefähr 2 g Sägemehl oder dgl. werden in einen Erlenmeyer von 250 cm³ gebracht und 100 cm³ 2,5proz. Schwefelsäure hinzugefügt. Der Erlenmeyer wird mit einem Rückflußkühler verbunden und der Inhalt des Kolbens 2 Stunden lang im schwachen Sieden erhalten, worauf man abkühlen läßt. Das Innere des Kühlers wird mit destilliertem Wasser ausgewaschen und der Inhalt der Erlenmeyer-Flasche in eine 250-cm³-Meßflasche übergeführt. Mit kohlensäurefreiem, destilliertem Wasser wird bis zur Marke aufgefüllt und die Lösung dann unter häufigem Umschütteln einige Stunden stehengelassen und filtriert.

Ein weithalsiger Rundkolben von 750 cm³ Inhalt wird mit einem Gummistopfen versehen, der einen Tropftrichter trägt, ferner ein Glasrohr, das zu einer Kapillare ausgezogen ist und am oberen Ende mit

[1] Die Chemie des Holzes. I. Teil. Methoden und Ergebnisse der Analyse einiger amerikanischer Holzarten. J. Ind. Chem. Engg. Bd. 9, S. 556—561. 1917.

[2] Eine neuzeitliche Ausführungsform der sauren Hydrolyse nebst Sonderapparatur hat Mark W. Bray beschrieben: Paper Trade J., Technical Sect. Bd. 87, S. 247. 1928.

einem Stück Vakuumschlauch und einem Schraubenquetschhahn versehen ist. Die Kapillare muß bis zu dem Boden des Rundkolbens reichen. Der Gummistopfen trägt endlich noch einen Destillieraufsatz. An diesen schließt sich ein gewöhnlicher Kühler an, dem eine Vorlage von 500 cm^3 Fassungsraum vorgelegt wird, die man mit fließendem, kalten Wasser kühlt und mit einem Manometer und einer Saugpumpe in Verbindung setzt. In den Rundkolben bringt man einige Stücke Bimsstein und fügt 200 cm^3 des Filtrates zu, das man, wie oben beschrieben, erhalten hat. (Falls es sich um Harthölzer handelt, wendet man nur 100 cm^3 an.) Der Rundkolben wird in einem Öl- oder Wasserbad auf 85° erhitzt, während der Druck im Apparat auf 40—50 mm reduziert wird. Wenn man den Inhalt des Rundkolbens bis auf 20 cm^3 abdestilliert hat, fügt man durch den Tropftrichter destilliertes Wasser zu, Tropfen für Tropfen mit derselben Geschwindigkeit, wie die Destillation vor sich geht. Sobald 100 cm^3 Waschwasser überdestilliert sind, wird mit $^n/_{100}$ Natronlauge titriert unter Verwendung von Phenolphthalein als Indikator. Wenn (a) 200 cm^3 oder (b) 100 cm^3 der Lösung zur Destillation verwendet wurden, wird die Zahl der verwendeten Kubikzentimeter Natronlauge für (a) mit $^5/_4$, für (b) mit $^5/_2$ multipliziert und als Essigsäure berechnet. Das destillierte Wasser, welches man bei der Bestimmung braucht, soll frisch ausgekocht und kohlensäurefrei sein. Da die Möglichkeit besteht, daß bei der vorgeschlagenen Methode Schwefelsäure mit übergerissen wird, ist es zweckmäßig, nach der Arbeitsweise von Wenzel[1] eine mit Glasperlen gefüllte Vorlage einzuschalten.

Bestimmung der Chlorzahl nach Waentig, Gierisch und Kerenyi[2].

Wird Chlor auf verholzte Pflanzenfasern zur Einwirkung gebracht, so wird es absorbiert. Aus der Menge des aufgenommenen Chlors kann ein Rückschluß auf den Grad der Verholzung gezogen werden. Nach Waentig und Kerenyi verfährt man folgendermaßen:

Eine geeignet große gewogene Menge[3] des entharzten, locker geschichteten, gut durchfeuchteten, aber keine tropfbare Feuchtigkeit

[1] Man vergleiche Wenzel: Chem.-Zg. Bd. 39, Nr. 10, S. 11. 1915. — Heuser: Chem.-Zg. Bd. 39, Nr. 10, S. 11. 1915. — Endlich W. Schmeil: Bambus als Papierrohstoff. Diss. Dresden 1921; Zellstoff u. Papier Bd. 1, H. 6, 166. 1921.

[2] Waentig-Gierisch: Z. angew. Chem. Bd. 32, Nr. 44, A. 173—175. 1919. — Waentig, P. u. E. Kerenyi: Zur Ligninbestimmung in verholzter Faser. Zellstoff. chem. Abhandlungen Bd. 1, S. 65—71, Nr. 3. 1920; Papierfabr. Bd. 18, Nr. 48, S. 920. 1920. — Gierisch, W.: App. z. Bestimmung d. Chlorzahl. Textl. Forsch. Bd. 1, Nr. 4, S. 105—107. 1919.

[3] Die zweckmäßig anzuwendende Menge von Untersuchungsmaterial hat sich zu richten nach der Chloraufnahmefähigkeit und Sperrigkeit der Probe. Hölzer nehmen beispielsweise bis 50%, Zellstoff nimmt nur wenige Prozente Chlor auf.

mehr enthaltenden Untersuchungsmaterials[1] wird in ein mit Chlorkalzium beschicktes Chlorierungsgefäß von einer aus der beigefügten Abb. 23 ersichtlichen Form gebracht[2] und das Gefäß samt Inhalt je nach seiner Größe auf einer genauen technischen oder analytischen Waage tariert. Darauf wird durch das Gefäß in der durch die Pfeilrichtung in den Abbildungen angedeuteten Weise ein langsamer Strom von trockenem Chlorgas geschickt. Nach 2—4 Stunden, je nach der Chloraufnahmefähigkeit des Materials, wird die Chlorierung unterbrochen und nach Verschluß der Chlor-Zu- und -Austrittsstelle das Gefäß gewogen. Darauf wird nochmals $^1/_2$ Stunde Chlor eingeleitet und die Wägung in derselben Weise wiederholt. Wenn die Gewichtszunahme des Gefäßes zwischen zwei aufeinanderfolgenden Wägungen nur noch 1% oder weniger der Gesamtgewichts-Zunahme beträgt, wird nunmehr in der gleichen Richtung zur Entfernung des überschüssigen Chlorgases ein langsamer trockener Luftstrom 5—10 Minuten durch das Gefäß geschickt und nunmehr die endgültige Wägung vorgenommen.

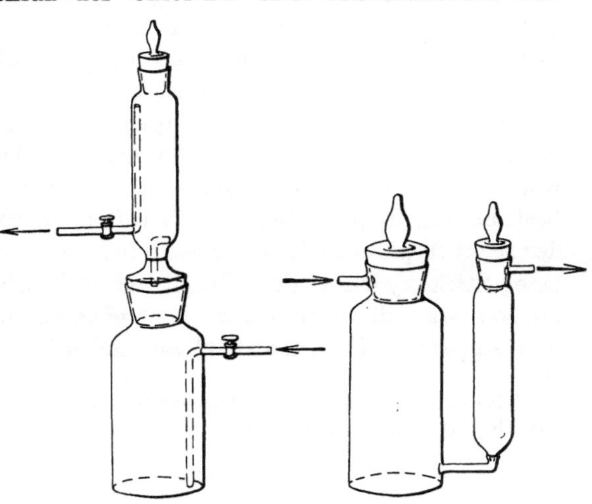

Abb. 23. Chlorzahlbestimmung nach Waentig.

Die Differenz zwischen dem ursprünglichen Gewicht des Chlorierungsgefäßes samt Inhalt und dem zuletzt festgestellten, berechnet in Prozenten der angewandten harzfreien, trockenen Substanz wird als die Chlorzahl des Materials bezeichnet.

Diese Chlorzahl bildet ein Maß für die leicht chlorierbaren bzw. oxydierbaren Bestandteile der Pflanzenfaser, die man gemeinhin als „Lignin" zu bezeichnen pflegt. Bei Hölzern kann man aus der Chlorzahl den näherungsweisen Gehalt des Holzes an Lignin berechnen, indem man die Chlorzahl mit 0,71 multipliziert (d. h. die Chlorzahl durch 140 dividiert und mit 100 multipliziert).

---

[1] Holz verwendet man am besten in Form von etwa 0,3 mm dicken Hobelspänen, Stroh- und Pflanzenstengel, nachdem sie der Quellung in einer geeigneten Vorrichtung ausgesetzt waren.

[2] Die Gefäße werden in verschiedener Größe von der Firma C. Wiegand, Dresden-N., Hauptstr. 32, angefertigt.

Die unter „Bestimmung der Zellulose“ geschilderte Apparatur von Roe eignet sich auch zur Bestimmung der Chlorzahl. Man kann mit Hilfe der Gasbürette die verbrauchte Menge Chlor messen und so auch volumetrisch zur Chlorzahl gelangen.

Bestimmung des Salpetersäure-Verbrauchs nach Hempel-Seidel-Richter.

Der leitende Gedanke dieser noch wenig verwendeten Ligninbestimmungsmethode ist die Zersetzung von 13proz. Salpetersäure durch die „Inkrusten“ der pflanzlichen Rohstoffe, also durch das Lignin. Aus der Salpetersäure entstehen gasförmige Stickoxyde, die aufgefangen und titrimetrisch gemessen werden.

Da die Methode bisher hauptsächlich an Holzzellstoffen erprobt ist, soll sie erst im Abschnitt: „Untersuchung der Halbstoffe“ beschrieben werden. Möglicherweise eignet sie sich aber auch gut für die Ligninbestimmung in pflanzlichen Rohstoffen, insbesondere, wenn man von der recht hypothetischen Umrechnung auf Lignin absieht und lediglich eine „Stickoxydzahl“ der pflanzlichen Rohstoffe angibt. Je höher diese, um so stärker die Verholzung. Eine neue vereinfachte Ausführungsform und Apparatur hat Richter[1] angegeben.

[1] Richter: Wochenbl. f. Papierfabr. Bd. 59, S. 767. 1928. Vgl. Abschnitt: Die Untersuchung der Halbstoffe.

III. Die chemische Betriebskontrolle in der Natron- und Sulfatzellstoff-Fabrikation.

Von **Rudolf Sieber.**

Die Untersuchung der chemischen Hilfsstoffe.

Als Chemikalien kommen in Betracht: Ätznatron, Soda, Ätzkalk, Sulfat und Bisulfat.

Die Wertbestimmung der drei erstgenannten wurde bereits im ersten Abschnitt beschrieben, so daß hier nur auf einige besondere Prüfungen einzugehen ist.

Ätzkalk.

Allgemeines. Die Untersuchung des Ätzkalkes auf seinen Gehalt an Kalziumoxyd vermag noch nichts Endgültiges über seinen Wert für den Kaustizierprozeß auszusagen. Auf die Vollständigkeit dieses Prozesses und seinen Verlauf sind von Einfluß der Gehalt an Kieselsäure und Magnesiumoxyd. Die Kieselsäure kann bei einem zu scharf gebrannten Kalk ein vollkommenes Ablöschen verhindern durch Einschluß wertvoller Kalziumoxydteilchen in eine Silikathülle. Ein größerer Magnesiumoxydgehalt ist, abgesehen davon, daß er nur einen nutzlosen Ballast darstellt, insofern nachteilig, als er die Schnelligkeit des Absetzens des Kalkschlammes stark vermindert. Um daher einen besseren Maßstab für seine Bewertung zu erhalten, hat man vorgeschlagen, mit dem Kalk einen Kaustizierversuch vorzunehmen und hierbei sowohl den Grad der Umsetzung als auch die Art des Absetzens des Schlammes zu beobachten. Was die Ausführung dieser Versuche anbetrifft, so sind sie vielfach als verkleinertes Abbild der praktischen Betriebsverhältnisse durchgeführt worden, und erst in letzter Zeit hat man Ansätze gemacht, die Versuchsbedingungen genau festzulegen.

Kaustizierversuch. a) Nach H. L. Joachim[1]. Zu einer kochenden Lösung von 5 g Na_2CO_3 in 250 cm^3 Wasser fügt man 2,5 g feingesiebten Ätzkalk. Man kocht 30 Minuten lang und hält während dieser Zeit das Volumen konstant. Dann überführt man das Ganze in einen 250 cm^3-Meßzylinder und beobachtet die Absitzgeschwindigkeit und das Absitzvolumen des Kalkschlammes. Von der überstehenden klaren Lösung

[1] Paper Trade J. Bd. 54, S. 54. 1926.

entnimmt man Proben, in welchen man das Ätznatron und das Gesamtalkali bestimmt, und zwar nach einer der weiter unten zu beschreibenden Methoden. Aus den erhaltenen Werten berechnet man die Kaustizität der Lösung. Es ist diese

$$k = \frac{NaOH}{NaOH + Na_2CO_3} \cdot 100.$$

Der Wert k soll bei der Probe 82—85 ergeben, d. h. von der Gesamtsoda soll dieser Prozentsatz in Hydrat übergeführt worden sein.

b) Nach der Vorschrift der Mead Pulp and Paper Co.[1]. Man benutzt als zu kaustizierende Lösung eine solche von 200 g Na_2CO_3 in 1,5 l Wasser. Sie wird erwärmt, worauf 100 g Kalk in erbsengroßen Stückchen eingetragen werden. Nach erfolgtem Ablöschen des Kalkes erhitzt man weiter bis zum Sieden und erhält die Reaktionsmischung hierbei eine Stunde. Nach dem Absitzen bestimmt man wieder die Kaustizität. Die gröbere Form des Kalkes hat man gewählt, um den Verhältnissen der Praxis näherzukommen.

1 g CaO vermag theoretisch 1,8906 g Na_2CO_3 in 1,427 g NaOH umzuwandeln.

Absitzgeschwindigkeit. Die Absitzgeschwindigkeit bei dem Kaustizierversuch bestimmt man vorteilhaft so, daß man, wie es auch Joachim vorschlägt, die gesamte Reaktionsflüssigkeit nach dem Versuch in einen Meßzylinder bringt, gut umschüttelt und jeweils die Höhe der Schlammschicht abliest, welche sich nach bestimmten Zeitintervallen einstellt. Die erhaltenen Werte zeichnet man am besten graphisch auf. Da die Temperaturverhältnisse nicht ohne Einfluß auf die Ergebnisse sind, muß man sie möglichst annähernd gleichhalten.

Der zur Kaustizierung benutzte Kalk soll nicht weniger als 95% wirksames Kalziumoxyd enthalten. Der Magnesiumoxydgehalt soll $1^1/_2$, der Kieselsäuregehalt $1^1/_2$—2% nicht überschreiten.

Sulfat.

Allgemeines. Das in der Sulfatzellstoff-Industrie benutzte Natriumsulfat ist wasserfreie oder kalzinierte Ware, auch Glaubersalz oder Sulfat (englisch sodium sulphate oder saltcake) genannt. Wenn auch gemahlenes Sulfat in den Handel kommt, so wird in den Zellstoffwerken doch zumeist ungemahlene Ware verwandt. Sie besteht aus einem Gemenge von Salzklumpen verschiedener Größe und feinerem Salz. Der Gehalt an Na_2SO_4 schwankt in weiten Grenzen zwischen 88—98%. Von einer Durchschnittsware verlangt man mindestens 94—95%, und ein geringerer Gehalt berechtigt zum Abzug vom Preis pro rata. — Die häufigsten Beimengungen und Verunreinigungen sind unlösliche Bestandteile — Sand —, Wasser, freie Schwefelsäure, Eisen als Ferro-

[1] Paper Trade J. Bd. 54, S. 54. 1926.

sulfat, Kalzium als Gips, bis zu 1% Kochsalz und in manchen Sorten auch etwas Magnesiumsulfat. Die Untersuchung des Sulfats erstreckt sich auf die Feststellung der Art und der Menge dieser Bestandteile und die Ermittlung des Gehaltes an eigentlichem Natriumsulfat; außerdem ist die äußere Beschaffenheit zu begutachten.

Äußere Beschaffenheit. Es muß beachtet werden, ob das Salz klumpig oder fein ist, ferner welche Größe die Klumpen etwa haben. Salz, das sehr grobklumpig ist und große Stücke enthält, ist zumeist etwas ungleich in der Zusammensetzung. Im Innern der Klumpen kann man bisweilen noch nicht umgesetztes Kochsalz neben freier Säure feststellen. Solche Salze ändern auch während der Lagerung noch ihre Zusammensetzung. Am vorteilhaftesten sind natürlich gleichmäßig zusammengesetzte, feine oder nicht zu grobgeklumpte Sorten. Bei der Probenahme ist darauf zu achten, daß vom Groben und Feinen Material entsprechend ihrer Menge entnommen wird.

Feuchtigkeitsbestimmung. 5—10 g Sulfat werden in einem geräumigen Wägeglas in dünner Schicht bei 100° einige Stunden lang getrocknet. Der Gewichtsverlust gibt die hygroskopische Feuchtigkeit an.

Bestimmung des Unlöslichen. Man löst eine genau gewogene Menge von etwa 20 g Sulfat in mäßig warmem Wasser und trennt das Unlösliche durch Filtrieren ab. Das Filter wird verascht und der Rückstand gewogen. Es ist zweckmäßig, das Filtrat sowie die hier erhaltenen Waschwässer in einem 200 cm^3-Meßkolben aufzufangen und diese Lösung für weitere Untersuchungen zu benützen.

Bestimmung der freien Säure. Hierzu werden 25 cm^3 der eben erwähnten Lösung mit Normal- oder $^n/_2$ Lauge unter Anwendung von Methylorange als Indikator bis zum Farbumschlag titriert. 1 cm^3 $^n/_1$ NaOH = 0,049 g H_2SO_4. Es ist üblich, die gesamte Azidität, also auch die etwa vorhandener Salzsäure oder sauer reagierender Salze, als Schwefelsäure auszudrücken.

Die Auflösung des Sulfates ist häufig mehr oder weniger gelblich gefärbt, ein Umstand, welcher das Titrieren mit Methylorange bisweilen unmöglich macht. In solchen Fällen ist es vorteilhaft, die Azidität auf jodometrischem Wege zu ermitteln. Man versetzt hierzu die abpipettierte Probe mit 5 cm^3 einer Lösung von jodsaurem Kalium (3:100) und 1 cm^3 10proz. Kaliumjodidlösung. Es tritt bei Vorhandensein von Säure Jodabscheidung ein; die in Freiheit gesetzte Jodmenge wird mittels $^n/_{10}$ Thiosulfatlösung ermittelt. 1 cm^3 $^n/_{10}$ Thiosulfat = 0,0049 g H_2SO_4. Da man hier mit $^n/_{10}$ Lösungen arbeitet, muß man entsprechend geringere Mengen der Sulfatlösung anwenden oder sie weiter verdünnen.

Bestimmung des Eisens. 10 g Sulfat werden in Wasser gelöst; die Lösung wird zum Sieden erhitzt und durch zugefügtes Zinnchlorür sämtliches vorhandene Eisen zu Oxydul reduziert. Der Überschuß des

Zinnsalzes wird durch Zugabe von Quecksilberchloridlösung entfernt und die gesamte Lösung in einen geräumigen Titrierbecher gefüllt, welcher etwa 250—300 cm^3 Wasser mit 2 g Mangansulfat und so viel Tropfen $^n/_{10}$ Permanganat enthält, daß der Inhalt gerade gerötet wird. Man titriert nun die nach Zugabe der Sulfatlösung wieder entfärbte Flüssigkeit bis zur schwachen Rotfärbung. Es entspricht 1 cm^3 Permanganatlösung 0,005584 g Fe = 0,0072 g FeO = 0,0152 g $FeSO_4$.

Bestimmung der Tonerde. Man fällt in 25—50 cm^3 der Vorratslösung das Aluminium und das Eisen in bekannter Weise als Hydroxyd. Von der erhaltenen Gewichtsmenge zieht man die sich aus der vorigen Bestimmung ergebende Menge FeO ab. Der Rest stellt das Aluminiumoxyd dar. 1 g Al_2O_3 = 3,35 g $Al_2(SO_4)_3$.

Bestimmung des Kalkes. Im Filtrat von der Tonerdebestimmung wird das Kalzium nach Zugabe von Ammonchlorid und Ammoniak mit oxalsaurem Ammoniak gefällt; der Niederschlag wird filtriert, mit ammoniakhaltigem Wasser gewaschen, geglüht und als CaO zur Wägung gebracht. 1 g CaO = 2,43 g $CaSO_4$.

Hat eine Vorprobe ergeben, daß Magnesia in merkbaren Mengen vorhanden ist, so muß das gefällte und gewaschene Kalziumoxalat nochmals in verdünnter Salzsäure gelöst und dann die Fällung wiederholt werden, um im Niederschlag bei der ersten Fällung okkludiertes Magnesiumoxalat zu entfernen.

Bestimmung der Magnesia. Die Gesamtfiltrate (erste und zweite Fällung) von der Kalkbestimmung werden weitgehend eingeengt, worauf hierin das Magnesium als Pyrophosphat gefällt wird. Auch hier wird in bekannter Weise aufgearbeitet und der Niederschlag schließlich in einem Gooch- oder Neubauer-Tiegel zur Wägung gebracht. 1 g $Mg_2P_2O_7$ = 0,3621 g MgO = 0,541 g $MgSO_4$.

Bestimmung von Natriumchlorid. 20—50 ccm der Vorratslösung werden genau neutralisiert, worauf nach Zusatz von etwas Kaliumchromatlösung mit $^n/_{10}$ Silbernitratlösung bis zur gelbroten Farbe titriert wird. Nach Abzug von 0,2 cm^3 für den Indikator entspricht 1 cm^3 $^n/_{10}$ Silberlösung = 0,00585 g NaCl = 0,007108 g Na_2SO_4.

Bestimmung des Natriumsulfates. Man löst eine genau gewogene Menge von etwa 1 g der Durchschnittsprobe des Salzes, fällt die Tonerde, das Eisen und das Kalzium mit Ammoniak und oxalsaurem Ammon, filtriert und dampft das Filtrat nach Zugabe einiger Tropfen reiner Schwefelsäure vorsichtig zur Trockne ein, und zwar am besten in einer Platinschale. Aus dem trockenen Rückstand vertreibt man durch ganz schwaches Glühen alle Ammonsalze, löst dann nochmals in wenig heißem Wasser und filtriert in eine gewogene Platinschale, in welcher man die Lösung auf dem Wasserbad bis zur Trockne eindampft. Den Salzrückstand erhitzt man über freier Flamme bei schwacher

Rotglut so lange, bis keine Dämpfe von SO_3 mehr entweichen. Man läßt abkühlen und wägt. Zum Schaleninhalt gibt man dann ein wenig festes Ammonkarbonat, erhitzt von neuem bis alles Ammoniaksalz entfernt ist, und wägt wieder.

Der Rückstand enthält sämtliche Natriumsalze als Sulfat, ebenso etwa vorhandenes Magnesium in dieser Form.

Auswertung der Analyse. Vom Rückstand der Sulfatbestimmung zieht man das auf Sulfat umgerechnete Kochsalz und die gleichfalls auf schwefelsaures Salz umgerechnete Magnesia ab. Der erhaltene Wert stellt die Menge des vorhandenen Na_2SO_4 dar. Die Summe von Natriumsulfat, Kochsalz, Magnesiumsulfat, Gips, Eisen- und Tonerdesulfat, Wasser und freier Säure sowie unlöslichem Rückstand muß 100 ergeben.

Natriumbisulfat.

Dieses Salz, auch bloß Bisulfat oder saures Sulfat oder Weinsteinpräparat (englisch nitre cake) genannt, wird weniger zur Deckung der Alkaliverluste als zur Abscheidung des flüssigen Harzes benutzt. Früher fiel es in erheblichen Mengen bei der Herstellung der Salpetersäure an; seit deren Erzeugung aus der Luft steht es nur noch in beschränkten Mengen zur Verfügung. Es kommt entweder in größeren Klumpen oder in Kuchenform in den Handel; Weinsteinpräparat — eine reinere Sorte — wird immer in kleinen Stücken geliefert.

Der Gehalt an freier Schwefelsäure schwankt zwischen 15—40%. Als Beimengungen kommt meistens etwas Kalziumsulfat (1—2%) und hygroskopisches Wasser vor, daneben, je nach der Reinheit, mehr oder weniger Eisen.

Die Untersuchung erfolgt nach den gleichen Richtlinien wie die des neutralen Sulfates.

Die Untersuchung der Schmelzlaugen und der kaustizierten Laugen.

Allgemeines. Neben belanglosen Verunreinigungen enthalten die Frischlaugen oder „Weißlaugen" Natriumhydroxyd, Natriumsulfit, Natriumsulfid, Natriumkarbonat und Natriumsulfat sowie meist geringe Mengen Natriumsilikat. Für den selteneren Fall, daß nicht mit Sulfat als Rohstoff gearbeitet wird, sondern die Verluste an Natriumverbindungen durch Soda gedeckt werden, kommen nur Natriumhydroxyd und Natriumkarbonat in Betracht. Die Kontrolle der Frischlaugen allein durch Bestimmung des spezifischen Gewichtes mit Aräometer ist ungenügend, da hierbei nichts über das wichtige Verhältnis von Natriumhydroxyd und Natriumsulfid zu Gesamtalkali oder über den

Grad der Kaustizierung ausgesagt wird. Außerdem kann die noch häufig geübte Bestimmung des spezifischen Gewichts heißer Laugen mit Aräometer, die für 15° geeicht sind, zu großen Irrtümern Veranlassung geben.

Eine ausführliche Vorschrift zur Ermittlung der Bestandteile der Weißlaugen haben Lunge und Lohöfer[1] gegeben. Die Leitgedanken dieser für die Betriebskontrolle allerdings zu umständlichen Methode sind die folgenden.

In der Frischlauge kann man das Gesamtalkali, d. h. die Summe von Natriumhydroxyd, Natriumsulfid, Natriumsulfit und Natriumkarbonat durch Titration mit Normalsäure und zwei Indikatoren bestimmen. Der Indikator Phenolphthalein zeigt von den vorgenannten Stoffen an: $NaOH + {}^1/_2 Na_2S + {}^1/_2 Na_2CO_3 + Na_2SiO_3$, der Indikator Methylorange zeigt an: $Na_2CO_3 + NaOH + Na_2S + Na_2SiO_3 + {}^1/_2 Na_2SO_3$. Ferner gestatten jodometrische Bestimmungen die Ermittlung von Sulfit plus Sulfid, wie auch die alleinige von Sulfit. Endlich ist es möglich, auf gewichtsanalytischem Wege nach Eindunsten der Lauge und Abrauchen des Rückstandes mit Salzsäure in üblicher Weise die Kieselsäure zu ermitteln. Ein Berechnungsbeispiel für diese Methode wird unten im Abschnitt „Untersuchung der Schmelzsoda“ gegeben.

Statt dieser alle Bestandteile der Laugen erfassenden Methode wendet man in den Zellstoffwerken zumeist solche Untersuchungsverfahren an, welche sich auf die Bestimmung der Hauptbestandteile beschränken. Weitverbreitet ist die Anwendung einer schon von Kirchner gegebenen Methode, bei der man einerseits das Gesamtalkali mit Methylorange und Normalsäure, andererseits das wirksame Alkali in einer mit Bariumchlorid behandelten Laugenprobe durch Titration mit Säure unter Anwendung von Phenolphthalein als Indikator ermittelt. Eine dritte Titration mit ${}^n/_{10}$ Jod ergibt das Sulfid, und das Ergebnis aller drei Bestimmungen ermöglicht die Berechnung der vorhandenen Mengen an Na_2CO_3, NaOH und Na_2S.

Durch Chlorbarium wird in der Laugenprobe die Soda ausgefällt, das entstehende Schwefelbarium spaltet sich in lösliches Sulfhydrat und Bariumhydroxyd, so daß man in der Lösung die obigen Stoffe mit Ausnahme der Soda und des löslichen Natriumsulfits, welches in unlösliches Bariumsulfit übergeht, titrieren kann. Da die Frischlaugen meist nur wenig Silikat enthalten, ist diese Methode anwendbar.

Nielsen[2] hat für Laugen der Holzzellstoffabriken vorgeschlagen, zur Umgehung dieser Jodtitration die Soda, wie oben beschrieben, mit Chlorbarium zu fällen und das Filtrat mit Hilfe der zwei Indikatoren Phenolphthalein und Methylorange auf seinen Gehalt an Natrium-

[1] Lunge u. Lohöfer: Z. angew. Chem. Bd. 14, S. 1125. 1901; auch Chem.-techn. Unters.-Meth., 7. Aufl. Bd. 1, S. 942ff. 1921.

[2] Nielsen: Papierfabrikant Bd. 11, S. 1441. 1913.

sulfid zu prüfen. Der Indikator Phenolphthalein gibt hier die Summe von NaOH + $^1/_2$ Na_2S an. Der Indikator Methylorange die Summe von NaOH + Na_2S. Bestimmt man noch das Gesamtalkali durch Titration einer zweiten Laugenprobe mit Säure und Methylorgange, so hat man auch hier die erforderlichen Grundlagen, um die genannten drei Hauptbestandteile der Laugen errechnen zu können, und zwar bei alleiniger Anwendung von Normalsäure als Meßflüssigkeit.

Den gleichen Gedanken wie Nielsen verfolgt Bergman. Wird der Kieselsäuregehalt und der Sulfitgehalt vernachlässigt, was bei der Kochung von Holz zulässig ist, so wird die Bestimmung der Weißlauge mit nur einer Meßflüssigkeit unter Anwendung zweier Indikatoren auch noch auf andere Art möglich.

Für die sich abspielenden titrimetrischen Vorgänge hat Bergman[1] folgenden Gedankengang und nachstehende Formelzusammenstellung gegeben.

Zieht man in Betracht, daß der Silikatgehalt bei Herstellung von Zellstoff aus Holz verhältnismäßig unbedeutend und der Sulfitgehalt ebenfalls nicht sehr bedeutend ist, kann man, um eine einfache annähernde Bestimmung der wichtigsten Bestandteile der Lauge zu ermöglichen, annehmen, daß man bei Verwendung von Methylorange als Indikator in der Hauptsache titriert:

$$\text{I. } Na_2CO_3 + NaOH + Na_2S$$

sowie mit Phenolphthalein als Indikator

$$\text{II. } {}^1/_2 Na_2CO_3 + NaOH + {}^1/_2 Na_2S .$$

Die zur Berechnung der drei Unbekannten Na_2CO_3, NaOH, Na_2S nötige dritte Gleichung kann man auf zweierlei Weise erhalten. Man kann einmal Na_2S jodometrisch bestimmen, dabei bewußt übersehen, daß die Gegenwart von Sulfit einen zu hohen Wert für diese Menge bedingt. Man erhält dann die dritte Gleichung mit dem Wert für das Sulfid:

$$\text{III. } Na_2S .$$

Die Aufgabe läßt sich indes einfacher lösen, unter Anwendung von nur einer Titrierflüssigkeit, nämlich Säure. Zu diesem Zweck bedient man sich des bekannten Verfahrens, kaustische Alkalien in Gegenwart von Karbonat mittels Titration mit Säure nach Zusatz eines Überschusses von Bariumchloridlösung zu bestimmen; hierdurch bestimmt man mit Phenolphthalein als Indikator:

$$\text{IV. } NaOH + {}^1/_2 Na_2S .$$

Je nachdem, wie man drei der obigen vier Bestimmungsarten verbindet, erhält man etwas verschiedene Verfahren zur Bestimmung und

[1] Bergman, S. K.: Schnellmethoden bei der Betriebskontrolle von Laugen für Sulfatstoffherstellung. Zellstoff u. Papier Bd. 1, Nr. 4, S. 95—99. 1921.

Berechnung von Karbonat, Hydroxyd und Sulfid. Bezeichnet man die bei den Titrationen verbrauchte Anzahl Kubikzentimeter Normallösung auf eine gewisse Menge Lauge, z. B. so:

10 cm^3 Lauge bei der Titration mit Säure, Methylorange $= a$ cm^3 $^n/_1$
10 cm^3 Lauge bei der Titration mit Säure, Phenolphthalein $= b$ cm^3 $^n/_1$
10 cm^3 Lauge bei der Titration mit Säure, Bariumchlorid und Phenolphthalein $= c$ cm^3 $^n/_1$
10 cm^3 Lauge bei der Titration mit Säure und Jod $= d$ cm^3 $^n/_1$

so erhält man folgende Ausdrücke und aus ihnen berechnete Werte für Na_2CO_3, NaOH und Na_2S in 10 cm^3 Lauge, ausgedrückt in a, b, c und d:

Nur alkalimetrische Titrationen

I. $Na_2CO_3 + NaOH + Na_2S = a$.
II. $^1/_2\, Na_2CO_3 + NaOH + {}^1/_2\, Na_2S = b$.
IV. $NaOH + {}^1/_2\, Na_2S = c$.

$Na_2CO_3 = 2\,(b - c)$ cm^3 $^n/_1$.
$NaOH = 2\,(b - a)$ „ „
$Na_2S = 2\,(a + c - 2\,b)$ „ „

Alkalimetrische und jodometrische Titration

A.

I. $Na_2CO_3 + NaOH + Na_2S = a$ cm^3 $^n/_1$.
II. $^1/_2\, Na_2CO_3 + NaOH + {}^1/_2\, Na_2S = b$ „ „
III. $Na_2S = d$ „ „

$Na_2CO_3 = 2\,(a - b) - d$ „ „
$NaOH = 2\,b - a$ „ „
$Na_2S = d$ „ „

B.

I. $Na_2CO_3 + NaOH + Na_2S = a$ cm^3 $^n/_1$.
III. $Na_2S = d$ „ „
IV. $NaOH + {}^1/_2\, Na_2S = c$ „ „

$Na_2CO_3 = a - c - {}^1/_2\, d$ cm^3 $^n/_1$.
$NaOH = c - {}^1/_2\, d$ „ „
$Na_2S = d$ „ „

Von diesen drei Vorschlägen ist der nur alkalimetrische ohne Zweifel der einfachste, da nur eine einzige Titrierflüssigkeit und zwei Indikatoren nötig sind, was bei der Betriebskontrolle ein unbestreitbarer Vorteil ist. Lunge und Lohöfer verwerfen allerdings die Anwendung der Bariumchloridmethode in Gegenwart von Silikat, da sie nachweisen, daß nur ein Teil des Silikats, 50—60%, aus der Lösung gefällt wird.

Nach Bergman bleibt der Gehalt an Silikat und Sulfit während des Betriebes einigermaßen konstant, die Analysenergebnisse werden sonach in vollständig befriedigender Weise die wechselnden Mengen der Hauptbestandteile Hydroxyd, Sulfid und Karbonat darstellen. Auf rein mathematischem Wege kann man leicht veranschaulichen, wo die Fehler sich ausgleichen und wo sie sich häufen. So z. B. stellt man fest, daß man bei Anwendung der alkalimetrisch-jodometrischen Methode A bei der Berechnung des Karbonats nach der Formel $Na_2CO_3 = 2(a - b) - d$ stets einen völlig exakten Wert für diese Menge erhält, was darauf beruht, daß bei der Berechnung der Einfluß der Silikat- und Sulfitmengen, wenn sie auch noch so groß sind, vollständig ausgeschaltet wird; aber andererseits ist leicht nachzuweisen, daß die Werte für das Karbonat bei Anwendung der allein alkalimetrischen Methode $Na_2CO_3 = 2(b - c)$ in den meisten Fällen zu hoch ausfallen, da der Silikatfehler in dieser Menge erscheint. In letzterem Falle spielen jedoch auch zwei chemische Faktoren eine Rolle, nämlich die bekannte Tatsache, daß bei Titration von Karbonaten mit Phenolphthalein als Indikator der Umschlag selten genau auf dem Punkte eintritt, wo die Hälfte des Karbonats neutralisiert ist, und die berührte Ungenauigkeit bei der Bariumchloridmethode.

Daß der Sulfidgehalt bei der jodometrischen Titration, die Bestimmung von d, immer um so viel zu hoch ausfällt, wie der Sulfitgehalt der Lauge bedingt, liegt in der Natur der Sache. Mit hin und wieder ausgeführten Kontrollbestimmungen von Silikat und Sulfit kann man leicht überwachen, ob die Fehler angemessene Grenzen überschreiten, und wenn dies der Fall ist, kann man durch Einführung geeigneter Korrektionen die Werte richtigstellen.

Zu diesen Ausführungen ist, soweit in ihnen vom Einfluß der Kieselsäure die Rede ist, noch folgendes zu bemerken. S. Köhler[1] hat nachgewiesen, daß Lunges und Lohöfers Feststellungen über die Fehler, die der Bariumchloridmethode bei Gegenwart von Silikaten anhaften, nicht unter allen Verhältnissen zutreffen. Er zeigte an Hand einer größeren Versuchsreihe, daß die Reaktion:

$$Na_2SiO_3 + BaCl_2 \rightarrow 2\,NaCl + BaSiO_3$$

bei Einhaltung bestimmter Bedingungen praktisch genommen vollständig von links nach rechts verläuft, also zu einer vollkommenen Ausfällung des Silikates führt. Solche Bedingungen lassen sich bei Ausführung der Bestimmung ohne Schwierigkeiten einhalten.

Eine Frage, welche bei diesen Titrationen noch besonderer Erörterung bedarf, ist die, welche Indikatoren hierfür zweckmäßig anzuwenden sind. Es ist eine längst bekannte Tatsache und oben ist ihr

[1] Teknisk Tidskrift, Abt. Chemie 1920, S. 208.

bereits flüchtig Erwähnung getan worden, daß gerade Phenolphthalein für diese Titrationen kein einwandfreier Indikator ist. Auch gegen Methylorange läßt sich einwenden, daß sein Umschlag für manche Augen und besonders bei künstlichem Licht der genügenden Schärfe entbehrt. E. Oeman hat hierdurch angeregt, die bisherige Art der Titration dieser Laugen einer kritischen Prüfung unterworfen. Er empfiehlt auf Grund seiner Versuchsergebnisse die Anwendung anderer genauer und schärfer arbeitender Indikatoren. Oeman[1] fand, daß die bei der Titration der Karbonat- und kaustizierten Laugen mit Säure auftretenden drei charakteristischen Indikationspunkte durch folgende Wasserstoffionenkonzentration gekennzeichnet sind:

$p_H = 11{,}0$ für die Neutralisation von $NaOH + {}^1/_2\,Na_2S$,
$p_H = 9{,}0$ für die Neutralisation von $NaOH + {}^1/_2\,Na_2S + {}^1/_2\,Na_2CO_3$,
$p_H = 4{,}0$ für die Neutralisation von $NaOH + Na_2S + Na_2CO_3$.

Diesen Wasserstoffionenkonzentrationen entsprechen die Umschläge folgender Indikatoren:

$p_H = 11{,}0$ Nilblau bei Umschlag von rot alkalisch nach blaurot sauer.
$p_H = 9{,}0$ Thymolblau beim Umschlag von blau alkalisch nach gelb sauer.
$p_H = 4{,}0$ Bromphenolblau beim Umschlag von blau alkalisch nach gelb sauer.

Die Anwendung von Phenolphthalein, das seinen Umschlagspunkt bei p_H 8,0 —10,0 hat, muß für den zweiten Indikationspunkt selbst für die Verhältnisse der Praxis viel zu ungenaue Werte ergeben. Tatsächlich hat Oeman bei seiner Benutzung Abweichungen von 5—10% vom wahren Wert beobachten können.

Mit Hilfe der drei genannten Indikatoren wäre es möglich, auch die Titration der Sulfatlaugen allein mit Säure auszuführen, ohne daß von der sonst erforderlichen Bariumchloridmethode Gebrauch gemacht wird. Einer solchen Arbeitsweise steht aber die Tatsache entgegen, daß der Umschlag des Indikators Nilblau von Rot nach Blaurot nur für geübte Augen gut wahrzunehmen ist. Deshalb ist es empfehlenswert, die oben mit *c* bezeichnete Titration zur Bestimmung des Wertes von $NaOH + {}^1/_2\,NaS$ nach der Ausfällung des Karbonates mit Chlorbarium durchzuführen; hierbei wird nun wieder Nilblau angewandt, aber diesmal bis zu dessen ausgeprägtem und starkem Umschlag nach Blau titriert. In diesem Zusammenhang hat Oeman nachgewiesen, daß es zwecks Erhalt einwandfreier Werte richtig ist, diese Titration *c* in Gegenwart der Fällung vorzunehmen und nicht etwa so zu verfahren, daß man den Niederschlag sich absetzen läßt und nur klare Lösung zur Bestimmung benutzt. Es hat sich nämlich gezeigt, daß der

[1] Oeman, Maßanalytische Verfahren. Berlin: Verlag Pap.-Zg. 1928.

ausfallende Niederschlag stets Alkali absorbiert, so daß bei seiner Entfernung immer etwas zu niedrige Werte gefunden werden.

Nur der Vollständigkeit halber sei erwähnt, daß es noch einen weiteren Weg gibt, ohne die Bariumchloridfällung anzuwenden, allein auf azidimetrischem Weg die drei Hauptkomponenten der Lauge zu bestimmen. Wenn man eine Laugenprobe zu Quecksilberchloridlösung fließen läßt, der soviel Säure zugesetzt wurde, daß das Gesamtalkali gerade neutralisiert wird, so setzt sich das Sulfid quantitativ nach folgender Gleichung um:

$$2\,H_2S + 3\,HgCl_2 = 4\,HCl + HgCl_2 \cdot 2\,HgS\,.$$

Die neutrale Lösung wird also wieder sauer und die entstehende Salzsäuremenge ist ein Maß für das ursprünglich vorhanden gewesene Sulfid. Diese Methode hat jedoch weniger für die Betriebskontrolle als für theoretische Untersuchungen Bedeutung.

Durchführung der einzelnen Titrationen zwecks Ermittlung der Werte für a, b und c. 5 oder 10 cm^3 der Lauge werden mit destilliertem Wasser auf das Fünffache verdünnt, 5 Tropfen Bromphenolblau (oder Methylorange) zugegeben und mit $^n/_2$ oder $^n/_1$ Salzsäure auf gelb (rot) titriert. Das Ergebnis zeigt an $a = Na_2CO_3 + NaOH + Na_2S$, also das Gesamtalkali. Eine zweite gleiche Probe titriert man unter Anwendung von Thymolblau (oder Phenolphthalein) bis zum Umschlag nach Gelb (farblos). Das Ergebnis zeigt $b = NaOH + {}^1/_2\,Na_2CO_3 + {}^1/_2\,Na_2S$ an.

Bariumchloridmethode für Holzzellstofflaugen mit niedrigem Kieselsäuregehalt. Man verdünnt die Laugenprobe von 5 oder 10 cm^3 auf etwa das doppelte Volumen und fügt einen Überschuß von Bariumchloridlösung hinzu. Für die meisten Fälle werden hierzu 15 bis 20 cm^3 20proz. Bariumchloridlösung ausreichend sein. Ohne das vollständige Absetzen des Niederschlages abzuwarten, titriert man nach etwa einer Minute nach Zusatz von 5 Tropfen Nilblau (Phenolphthalein) mit $^n/_2$ oder $^n/_1$ Säure bis zum Umschlag von Rot nach Graublau (Farbloswerden). Man erhält auf diese Weise den Wert $c = NaOH + {}^1/_2\,Na_2S$ oder $NaOH + NaHS$. Es ist zweckmäßig, den Indikator erst gegen Ende der Titration zuzusetzen.

Bariumchloridmethode für Laugen mit größerem Kieselsäuregehalt. Um eine vollständige Ausfällung des Silikats zu erzielen, darf die Lauge, auf das Gesamtalkali gerechnet, nicht stärker verdünnt werden als auf 0,5 normal, und die Ausfällung ist bei Siedetemperatur vorzunehmen. Nach Köhlers Angaben läßt man den gebildeten Niederschlag sich absetzen und titriert eine Probe der darüberstehenden klaren Lösung mit Methylorange (Nilblau). Man erhält in diesem Falle als Endwert $e = Na_2S + NaOH$. Es sei noch bemerkt, daß das Titrieren der klaren Lösung einen kleinen Fehler bedingen wird, teils weil der Niederschlag etwas Alkali adsorbiert, teils weil sein eigenes Volumen vernachlässigt wird. Die Ausfällung nimmt man hier am besten in einem Meßkolben vor, um nach ihrer Durchführung auf ein bestimmtes Volumen verdünnen zu können.

Bestimmung des Sulfids. 10 cm^3 Lauge werden mit destilliertem Wasser auf 100 cm^3 verdünnt und hiervon 10 cm^3 zur Titration mit $^n/_{10}$ Jodlösung verwandt. Diese wird zur Vermeidung von Verlusten an Schwefelwasserstoff zweckmäßig so ausgeführt, daß man in eine geräumige, mit etwa 100—150 cm^3 destilliertem Wasser gefüllte Porzellanschale genügend Essigsäure gibt, um die Laugenprobe zu neutralisieren und außerdem soviel Jodlösung, daß wenigstens der allergrößte Teil des Sulfids bereits umgesetzt wird. Die hierzu erforderliche Jodmenge kennt man zumeist aus der Erfahrung, nötigenfalls wird sie durch einen Vorversuch ermittelt. Nach Zusatz von etwas Stärkelösung titriert man bis zum Auftreten der Blaufärbung. In diese Jodlösung läßt man dann vorsichtig unter mäßigem Umrühren die Laugenprobe einlaufen. Direkte Titration der angesäuerten Laugenprobe gibt bis zu 10% zu kleine Werte. Das Ergebnis dieser Titration zeigt an $d = Na_2S +$ verschiedene andere schwefelhaltige Verbindungen. (Siehe nachstehend.)

Zur Bestimmung der übrigen schwefelhaltigen Verbindungen in der Lauge. Mit der Jodtitration wird, wie schon erwähnt, nicht allein das Sulfid erfaßt, vielmehr wirken auf ihr Ergebnis noch eine Reihe anderer in der Lauge vorkommender Verbindungen des Schwefels ein. Neben Polysulfiden sind das Thiosulfat und Sulfit. Die genaue Ermittlung von Sulfid und Sulfit kann bei der Kontrolle des Schmelzofenbetriebes gelegentlich erforderlich sein, weshalb hier etwas näher darauf eingegangen werden soll. Die in der Literatur angegebenen Methoden zur Bestimmung der einzelnen Schwefelverbindungen sind erfahrungsgemäß nicht sehr genau. Dies gilt besonders von der Zinkacetatmethode, bei welcher vor der Ermittlung des Sulfits das Sulfid durch das Zinksalz ausgefällt wird. Die hierbei erhaltene Fällung ist doch niemals frei von Sulfit, vielmehr wird stets eine nicht unbeträchtliche Menge hiervon mit niedergerissen. Auch bei Anwendung von Kadmiumkarbonat statt Zinkazetat werden keine vorteilhafteren Verhältnisse erzielt. Genauere Bestimmungen von Sulfid und Sulfit sind von Sieber[1] angegeben worden.

Bestimmung von Na_2S. Die Bestimmung beruht auf folgendem. Gibt man zu Alkalisulfid, das sich in einem von Luft abgeschlossenen und mit Kohlensäure gefüllten Kolben befindet, Magnesiumchlorid und erhitzt zum Sieden, so spielen sich folgende Reaktionen ab:

$$2\,Na_2S + 2\,MgCl_2 + 2\,H_2O = Mg(SH)_2 + Mg(OH)_2 + 4\,NaCl$$

$$Mg(SH)_2 + 2\,H_2O = Mg(OH)_2 + 2\,H_2S\,.$$

[1] Papierfabrikant Bd. 21, S. 91. 1923.

Der gebildete Schwefelwasserstoff kann durch weiter durchgeleitete Kohlensäure ausgetrieben werden, und in einer vorgelegten, mit Jod gefüllten Zehnkugelröhre aufgefangen werden.

Zur Ausführung der Bestimmung benutzt man einen 500 cm³ fassenden Erlenmeyer-Kolben, der einerseits mit einem Kohlensäureapparat, andererseits mit einer Zehnkugelröhre verbunden ist. Der Verschlußpfropfen des Kolbens ist außer mit den Zu- und Ableitungsrohren noch mit einem Tropftrichter versehen. Man füllt in den Kolben etwas Wasser und 20 cm³ der 1:10 verdünnten Lauge; man vertreibt die Luft durch Ingangsetzen des Kohlensäureapparates und läßt dann aus dem Tropftrichter Magnesiumchloridlösung zutropfen. Hiervon muß genügend angewandt werden, um auch das vorhandene Alkali umzusetzen. Der Tropftrichter wird dann wieder verschlossen und nun der Inhalt des Kolbens unter dauerndem Durchleiten der Kohlensäure bis zum Sieden erhitzt. Nachdem man sich überzeugt hat, daß kein weiterer Schwefelwasserstoff mehr entweicht, unterbricht man die Gaszuleitung, führt den Inhalt des Zehnkugelrohres quantitativ in einen Titrierbecher über und titriert den Überschuß von $^{n}/_{10}$ Jodlösung mit Thiosulfat zurück.

Bestimmung des Sulfits. Auch hier wird der gleiche Apparat wie bei der vorigen Bestimmung angewandt. In den Kolben füllt man zunächst soviel Salzsäure, wie zur Neutralisation der Laugenprobe (10—20 cm³) erforderlich ist und außerdem einen Überschuß von Quecksilberchloridlösung (50—100 cm³). Dann wird die Laugenprobe aus dem Tropftrichter vorsichtig zugeträufelt. Es tritt unmittelbar Umsetzung aller schwefelhaltigen Salze ein. Das Sulfid bildet $HgCl_2 \cdot 2HgS$, das Thiosulfat die gleiche Verbindung, das Sulfit, das durch die zugesetzte Säure in Bisulfit übergeführt worden ist, geht mit dem Quecksilbersalz die Verbindung $Hg(NaSO_3)_2$ ein. Der Erlenmeyer-Kolben wird nach erfolgter Umsetzung mit Kohlensäure gefüllt und dann allmählich zum Sieden erhitzt. Hierbei wird allein die komplexe Quecksilberverbindung des Sulfites zersetzt, und zwar unter Freiwerden von schwefliger Säure, die durch weiter durchgeleitete Kohlensäure allmählich in die mit einer gemessenen Menge Jodlösung beschickte Zehnkugelröhre getrieben wird. Es ist zweckmäßig, nach erfolgter Füllung des Apparates mit Kohlensäure durch den Tropftrichter noch etwas Salzsäure zuzusetzen, wodurch die Austreibung der SO_2 beschleunigt wird. Da die gesamte, im ursprünglich vorhandenen Sulfit anwesende SO_2 in Freiheit gesetzt wird, so läßt sich der Gehalt der Lauge an Sulfit leicht errechnen, nachdem der Überschuß der Jodlösung in der Zehnkugelröhre zurücktitriert worden ist. 1 cm³ $^{n}/_{10}$ Jodlösung entspricht 0,0063 g Na_2SO_3.

Bestimmung des Thiosulfats. Eine Laugenprobe wird mit $^{n}/_{10}$ Jod in der oben angegebenen Weise titriert. Dann gibt man in einen Titrierbecher diese ermittelte Jodmenge, weiter soviel Säure, daß die anzuwendende Laugenprobe gerade neutralisiert wird (Gesamtalkali) und etwa 100 cm³ destilliertes Wasser. In diese Mischung läßt man nun eine zweite Laugenprobe einlaufen. Es tritt vollkommen Neutralisation des Gesamtalkalis ein und außerdem setzt das Jod sich mit dem aus dem Sulfid sich entwickelnden Schwefelwasserstoff und mit etwa vorhandenem Sulfit und Thiosulfat um. Das Thiosulfat wird nach bekannter Reaktion in Tetrathionat übergeführt. Dieses hat die Fähigkeit, sich in neutraler Lösung mit Kaliumzyanid quantitativ nach folgender Gleichung umzusetzen[1]:

$$Na_2S_4O_6 + 3\,KCN + H_2O = Na_2S_2O_3 + K_2SO_4 + KCNS + 2\,HCN.$$

Es wird also Thiosulfat zurückgebildet, das wiederum mit Jod bestimmt werden kann. Seine Menge beträgt die Hälfte des ursprünglich vorhandenen. Nach erfolgter Umsetzung mit Jod und Säure wird die Laugenprobe unter Benutzung von Phenolphthalein mit Ammoniak tropfenweise möglichst genau neutralisiert und auf etwa 200 cm³ verdünnt; dann werden ungefähr 10 cm³ 5 proz. KCN-Lösung zugesetzt. Die Lösung bleibt bei Zimmertemperatur 10—15 Minuten unter dem Abzug (Blausäure!) stehen und es wird schließlich mit Jodlösung zurücktitriert. Bei dieser Bestimmung müssen die angegebenen Konzentrationsverhältnisse eingehalten werden. Die Neutralisation muß wie angegeben mit Ammoniak geschehen, da die fixen Alkalien leicht Tetrathionat zerstören.

In diesem Fall entspricht 1 cm³ $^n/_{10}$ Jodlösung $0{,}0158 \cdot 2 = 0{,}0316$ g $Na_2S_2O_3$.

Im Gegensatz zu den früher empfohlenen Bestimmungen der verschiedenen Schwefelverbindungen sind die vorstehend angegebenen sämtlich solche, die auf ihrer direkten Ermittlung und nicht auf Differenzmethoden beruhen. Es ist empfehlenswert sowohl für die Sulfit- als auch Thiosulfatbestimmung, nicht zu kleine Laugenproben, etwa 2—5 cm³ Originallauge anzuwenden, da die Mengen dieser Bestandteile meist nicht erhebliche sind.

Bestimmung des Silikats. Je nach dessen Menge werden 10—20 cm³ Lauge zur Bestimmung verwandt und in einem geräumigen Erlenmeyer-Kolben zusammen mit etwa 50 cm³ Wasser zum Sieden erhitzt. Zur kochenden Lösung setzt man aus einer Pipette langsam starke Salzsäure zu, bis saure Reaktion eingetreten ist. Man dampft nun die saure Lösung weiter ein, überführt sie dann in eine Abdampfschale, in welcher man den Rückstand mehrere Male bis zur Trockne eindampft und schließlich wiederholt mit konz. Salzsäure abraucht. Aus ihm laugt man dann durch Zusatz von wenig heißem Wasser alle löslichen Salze aus

[1] Kurtenacker, A., u. A. Fritsch: Chem. Zentralbl. 1922, IV, S. 843.

und bringt die unlösliche Kieselsäure auf ein Filter. Dieses wird sorgfältig ausgewaschen, in einem Platintiegel verascht, worauf der Rückstand geglüht und nach dem Erkalten gewogen wird. 1 g Kieselsäure entspricht 2,03 g Natriumsilikat.

Bestimmung des Natriumsulfats. Sie erfolgt in der Lösung der Natriumsalze, welche man beim Auslaugen des mit Salzsäure abgerauchten Rückstandes der vorigen Bestimmung erhalten hat. Diese filtrierte Lösung, sowie die Waschwässer vom Auswaschen des Kieselsäurerückstandes werden auf ein kleineres Volumen eingedampft, dann werden Eisen, Aluminium und Kalzium mit Ammoniak und oxalsaurem Ammon ausgefällt, filtriert und in der hiervon befreiten Lösung wird das Sulfat durch Fällen mit Bariumchlorid bestimmt. 1 g $BaSO_4$ = 0,609 g Na_2SO_4.

Bestimmung des Gesamtalkaligehaltes. Aus einer Laugenprobe von 5 cm³ wird die Kieselsäure wie oben angegeben entfernt. Die dem Rückstand vom Abrauchen durch Auslaugen entzogenen Salze werden von Eisen, Tonerde und Kalzium befreit, und die verbleibende Lösung wird zur Trockne verdampft und nach dem Vertreiben der Ammonsalze mit Schwefelsäure abgeraucht. Das Gesamtalkali wird hierdurch in Sulfat übergeführt. Es kann nun entweder direkt gewichtsanalytisch ermittelt werden oder aber der Salzrückstand wird gelöst und in seiner Auflösung die Schwefelsäure mit Bariumchlorid in bekannter Weise gefällt und als Sulfat zur Wägung gebracht. 1 g $BaSO_4$ = 0,266 g Na_2O und 1 g Na_2SO_4 = 0,436 g Na_2O.

Die drei zuletzt aufgezählten Bestimmungen lassen sich vereinen und mit der gleichen Laugenprobe als Ausgangsmaterial durchführen. Man ermittelt zunächst die Kieselsäure und benutzt dann einen Teil der hiervon befreiten Lösung zur Sulfat-, den Rest zur Gesamtalkalibestimmung.

Auswertung der Analysenergebnisse. Der tatsächliche Gehalt an den einzelnen Bestandteilen in der Lauge errechnet sich, wenn nach den früher angewandten Bezeichnungen a, b, c und d die erforderlichen Kubikzentimeter $^n/_1$ Säure oder $^n/_1$ Jod für je 10 cm³ unverdünnte Lauge darstellen, zu folgenden Zahlen:

$$
\begin{aligned}
Na_2CO_3 &= 10{,}6\ (b - c) && \text{g im Liter}\\
&= 5{,}3\ (2[a - b] - d) && \text{g ,, ,,}\\
&= 5{,}3\ (a - c - {}^1/_2 d) && \text{g ,, ,,}\\
NaOH &= 4{,}0\ (2b - a) && \text{g ,, ,,}\\
&= 4{,}0\ (c - {}^1/_2 d) && \text{g ,, ,,}\\
Na_2S &= 7{,}8\ (a + c - 2b) && \text{g ,, ,,}\\
&= 3{,}9\ d && \text{g ,, ,,}
\end{aligned}
$$

Das Sulfid ist in wässeriger Lösung nach folgender Gleichung gespalten:

$$Na_2S + H_2O \rightarrow NaHS + NaOH.$$

Daher ist es richtiger, den Gehalt der Lauge an diesen Spaltungsprodukten anzugeben. Der Gesamtgehalt der Lauge an Ätznatron ergibt sich demzufolge zu:

$$\begin{aligned} \text{Gesamt NaOH} &= 4{,}0\,(2b - a) + 4{,}0 \cdot {}^1/_2 \cdot 2\,(a + c - 2b) \\ &= 4{,}0\,c \text{ g im Liter} \\ &= 4{,}0\,(2b - a + {}^1/_2\,d) \text{ g im Liter.} \end{aligned}$$

Der Gehalt an Sulfhydrat wird:

$$\begin{aligned} NaHS &= 5{,}6\,(a + c - 2b) \text{ g im Liter,} \\ &= 2{,}8\,d \quad \text{g ,, ,,} \end{aligned}$$

Der Gesamtgehalt der Lauge an Natriumoxyd ist:

$$Na_2O = 3{,}1 \cdot a \text{ g im Liter.}$$

Kaustizitätsgrad. Es hat sich in der überwiegenden Zahl der Fabriken eingebürgert, den chemischen Wert einer Lauge durch ihren Kaustizitätsgrad, oder kürzer ihre Kaustizität, auszudrücken. Hierbei war der Gedanke leitend, statt mehrerer Zahlen für den Gehalt an verschiedenen Einzelbestandteilen möglichst nur eine einzige, die Lauge aber gut charakterisierende Zahl anzugeben. Dem Inhalt des Wortes entsprechend, würde der Kaustizitätsgrad das Verhältnis an kaustischem zu Gesamtalkali bedeuten. Tatsächlich besagt aber der Zahlenwert, welcher zumeist in der Praxis angegeben wird, etwas anderes. Es ist nämlich üblich, in den Fabriken die Kaustizität so zu bestimmen, daß man die Lauge sowohl mit Phenolphthalein wie mit Methylorange als Indikator titriert und das Verhältnis zwischen den verbrauchten Mengen Normalsäure, in Prozenten ausgedrückt, berechnet; mit andern Worten, man berechnet nach den oben angewendeten Bezeichnungen den Zahlenwert $k = \frac{100\,b}{a}$; je größer diese Zahl ist, um so höher ist die Kaustizität. Diese Berechnung bedeutet, wie auch Bergman betont, keinerlei Bestimmung des Äquivalenzverhältnisses zwischen kaustischen Alkalien und der Gesamtalkalinität, sondern ist ein Wert ohne exakte Bedeutung. Dagegen kann man durch Vergleichen der Werte der Phenolphthaleintitration bei der Schmelzeauflösung und bei der Weißlauge die Zunahme der Kaustizität bei unveränderter Gesamtalkalinität bestimmen, jedoch nicht ihren absoluten Wert.

Zweifellos wäre es richtiger, statt dieses Wertes einen solchen einzuführen, welcher das Verhältnis des wirksamen zum Gesamtalkali bezeichnet. Für das reine Sodaverfahren ergibt sich diese Zahl zu

$$k_1 = 100 \cdot \frac{NaOH}{NaOH + Na_2CO_3} = 100 \cdot \frac{2b - a}{a}.$$

Beim Sulfatverfahren sind die Anschauungen vorläufig noch darüber geteilt, was man als wirksames Alkali betrachten soll. Vielfach wird die Summe von Ätznatron und gesamtem Sulfid als solches betrachtet. Von anderer Seite wird dem entgegengehalten, daß auf Grund der oben erwähnten Spaltung des Sulfids in wässeriger Lösung hier nur die Summe des Ätznatrons und der Hälfte des Sulfids als wirksames Alkali zu betrachten ist. Je nach dieser Auffassung ergeben sich dann verschiedene Werte für den Kaustizitätsgrad. Es wird:

$$k_2 = 100 \frac{NaOH + Na_2S}{NaOH + Na_2S + Na_2CO_3} = 100 \cdot \frac{a + 2c - 2b}{a}$$

$$= 100 \cdot \frac{2b - a + d}{a}$$

$$= 100 \cdot \frac{c + {}^1/_2 d}{a},$$

$$k_3 = 100 \frac{NaOH + {}^1/_2 Na_2S}{NaOH + Na_2S + Na_2CO_3} = 100 \frac{c}{a}$$

$$= 100 \cdot \frac{2b + {}^1/_2 d - a}{a}.$$

An einem Beispiel sei das Vorstehende erläutert. Es habe die Titration ergeben:

$a = 44{,}0$ cm³ ⁿ/₁ Säure	alles für 10 cm³ Originallauge.
$b = 35{,}6$ „ „ „	
$c = 32{,}5$ „ „ „	
$d = 10{,}6$ „ „ Jod	

Es entspricht dann in 10 cm³ Lauge das:

Na_2CO_3 = 6,2 cm³ $^n/_1$ Säure
NaOH = 27,2 „ „ „
Na_2S = 10,6 „ „ Jod

Der wirkliche Gehalt an diesen Bestandteilen ist:

Na_2CO_3 = 32,9 g im Liter
NaOH = 108,8 „ „ „
Na_2S = 41,3 „ „ „

Dieses Ergebnis läßt sich auch so ausdrücken:

Na_2CO_3 = 32,9 g im Liter
gesamt NaOH = 130,0 „ „ „
NaHS = 29,7 „ „ „

Der Gesamtgehalt an Natriumoxyd ist:

$$Na_2O = 136{,}4\ \text{g im Liter.}$$

Es ergibt sich ferner:

$$k = 100 \cdot \frac{b}{a} = \frac{35{,}6}{44{,}0} \sim 81\,,$$

$$k_2 = 100\,\frac{c + {}^1\!/_2 d}{a} = \frac{37{,}8}{44{,}0} \sim 86\,,$$

$$k_3 = 100\,\frac{c}{a} = \frac{32{,}5}{44{,}0} \sim 74\,.$$

Reduktionsgrad. Von Hejne[1] ist vorgeschlagen worden, das Verhältnis $Na_2S : (Na_2S + Na_2SO_4)$ in den Schmelzlaugen zu bestimmen, um so ein Maß für Güte des Reduktionsprozesses zu erhalten.

Sulfidität. Ebenso empfiehlt Hejne[1], das Verhältnis $Na_2S : (Na_2S + NaOH)$, ausgedrückt in Na_2O, zu errechnen und als Sulfidität zu bezeichnen. Aus verschiedenen Gründen erscheint es doch zweckmäßig, nach Sieber als Maß für die anwesenden Schwefelalkalien lediglich den Wert Gramm Schwefel im Liter anzugeben. Man erhält diese Zahl beispielsweise aus dem Verbrauch bei der Jodtitration d (s. oben):

$$S\ g/l = 1{,}6\,d\,.$$

Indikatoren. Die neuen von ihm vorgeschlagenen Indikatoren empfiehlt Oeman zumeist in 0,4proz. Lösung anzuwenden. Man löst 0,4 g feinzerriebenen Farbstoff in 20 cm³ warmem Alkohol und verdünnt dann mit Wasser auf 100 cm³. Von diesen Lösungen genügen 2 bis 4 Tropfen als Zusatz zur zu titrierenden Flüssigkeit. Das Nilblau wird als Sulfat angewendet.

Zur Kontrolle des Kochungsverlaufes.

Allgemeines. Eine Kontrolle des Kochungsverlaufes auf chemischem Wege dürfte nur in wenigen Fabriken bis jetzt versucht worden sein. Man begnügt sich zumeist damit, die Kochung nach einem bestimmten Druck- oder auch Temperaturdiagramm durchzuführen. Dem wechselnden Feuchtigkeitsgehalt des angewandten Holzes, der in groben Zügen durch Auswiegen einer genau abgemessenen Probe bestimmt wird, wie auch den kleinen Schwankungen in der Stärke der Weißlauge, trägt man Rechnung durch Änderung des Verhältnisses der Mengen von Schwarz- zu Weißlauge, welche zur Kochung verwandt werden. Vereinzelt sind auch die Kocher mit Stoffprobenehmern ausgerüstet, die gestatten, vor Abschluß der Kochung sich von der Beschaffenheit des Kochgutes zu überzeugen.

[1] Hejne: Modernes Kontrollsystem bei der Herstellung von Sulfatzellstoff. Sv. Papperstidn. Bd. 10, S. 249. 1926.

Es besteht wohl kein Zweifel, daß die laufende Kontrolle der Abnahme des wirksamen Alkalis in der Kochlauge eine gute Handhabe abgäbe zur besseren Verfolgung des Verlaufes und des richtigen Abschlusses der Kochung, aber so lange hier nicht wirklich verläßliche Methoden vorhanden sind, ist die Einführung einer solchen Kontrolle nicht als Fortschritt zu bewerten. Auf welche Weise vielleicht eine genaue zuverlässige und nicht zu schwierig durchführbare Bestimmung der wirksamen Alkalien in der Kochlauge möglich ist, soll bei der Untersuchung der Schwarzlaugen ausgeführt werden.

Die Schwierigkeiten, die sich einer genauen Untersuchung der Laugen auf ihren Gehalt an wirksamen Alkalien besonders im späteren Verlauf der Kochung entgegenstellen, haben Christiansen veranlaßt, eine Methode auszuarbeiten, welche ermöglichen soll, an Hand der Zunahme der Menge der organischen Stoffe den jeweiligen Stand der Kochung festzulegen.

Kochungskontrolle durch Bestimmung der organischen Stoffe in der Kocherlauge[1]. Eine Anzahl Reagenzgläser von gleichem Durchmesser, etwa 2,5 cm, werden mit Strichen bei 10, 15 und 30 cm^3 Inhalt versehen. Mit einer Pipette werden 10 cm^3 Lauge in eins der Gläser gebracht, dazu kommen 5 cm^3 50proz. Schwefelsäure zum Fällen der organischen Stoffe. Durch die Reaktionswärme wird die Fällung so weit erhitzt, daß sie sich zusammenballt. Dann wird das Glas vorsichtig mit Wasser bis zur Höhe von 30 cm^3 gefüllt. Diese Probe wird in bestimmten Zeitabständen im Verlauf einer Kochung ausgeführt. Nach einiger Übung lassen sich die Höhen der gefällten Mengen leicht vergleichen, auch läßt sich leicht finden, wann die Fällung das den Endpunkt der Kochung charakterisierende Ausmaß erreicht hat.

Die Untersuchung der Schwarzlaugen.

Allgemeines. Die Schwarzlauge ist durch die in ihr vorhandenen gelösten organischen Bestandteile stark dunkel gefärbt. Dieser Umstand erschwert in hohem Maße die titrimetrische Bestimmung ihrer Einzelteile. Hinzu kommt, daß durch die beim Titrieren notwendige Verdünnung mit Wasser sowie zufolge der Änderung der Zusammensetzung der Lauge während des Titrierens selbst gewisse Veränderungen in der Lauge hervorgerufen werden, welche nicht ohne Einfluß auf das Endergebnis zu sein scheinen. Es sind einige Vorschläge bekannt geworden, welche diese Übelstände verringern sollen, wenigstens so weit, daß eine einigermaßen richtige Bestimmung möglich wird. So ist empfohlen worden, für die Bestimmung der wirksamen Alkalien, die Barium-

[1] Christiansen, Chr.: Über Natronzellstoff, S. 82. Berlin 1913.

chloridmethode zu verwenden, da die Fällung des Karbonats zu einer Aufhellung der dunklen Flüssigkeit führt. Neuerdings hat Matzner eine Methode veröffentlicht, bei welcher vor Ausführung der eigentlichen Titration die dunkelfärbenden Stoffe durch Kochsalz ausgefällt werden. Einen ähnlichen Vorschlag hat Oeman gemacht. Als Fällmittel für die organischen Substanzen eignet sich nach seinen Angaben Äthylalkohol sehr gut. Im großen und ganzen kann doch gesagt werden, daß rasch auszuführende sichere Bestimmungsmethoden für die wesentlichen Bestandteile der Schwarzlauge, also für das Alkalihydrat und das Sulfid, noch nicht zur Verfügung stehen. Möglicherweise kann hier die Anwendung elektrometrischer Titrationen zu besseren Ergebnissen führen.

Vielleicht eröffnen die Versuche von C. Kullgren[1] neue Wege, um hier zum Ziel zu kommen. Kullgren hat mit seinen Mitarbeitern verschiedene neue Methoden auf ihre Brauchbarkeit für die Bestimmung des Gehaltes an wirksamem Alkali in Koch- und Schwarzlaugen geprüft. Es ist bemerkenswert, daß es ihm gelang, wenn einstweilen auch nur auf eine Art, die für die Zwecke der Betriebskontrolle kaum anwendbar sein dürfte, genaue Werte wenigstens bei Laugen von reinen Natronstoffkochungen zu erhalten. Damit ist jedenfalls eine Methode gegeben, welche erlaubt, die Genauigkeit der bereits vorhandenen wie auch die von neueren zu prüfen. Kullgren hat auch die Verwendbarkeit elektrometrischer Methoden für diesen Zweck untersucht, wobei er fand, daß die Bestimmung der Leitfähigkeit mit genügender Genauigkeit benutzt werden kann, um einen Einblick in den Verlauf der Änderung der Alkalität während der Kochung zu erhalten, sofern es sich um reine Natronkochungen handelt. Andererseits gab die Methode der elektrischen p_H-Messungen nicht befriedigende Werte, insonderheit nicht bei den Sulfatlaugen. Hier konnte außerdem deutlich eine Vergiftung der Elektroden beobachtet werden. Trotzdem wäre es jedenfalls zu begrüßen, wenn dieses Gebiet eingehend bearbeitet würde. Es besteht nämlich immer noch begründete Aussicht, daß sich das Problem der genauen Alkalibestimmung in den Schwarzlaugen durch auch in dem Betriebe durchführbare elektrometrische Messungen seiner Lösung näherbringen läßt, und zwar entweder durch Methoden der elektrometrischen Maßanalyse selbst oder aber über dem Wege der p_H-Messung mit den verhältnismäßig einfach zu handhabenden Potentiometern unter Anwendung von gegen Vergiftung widerstandsfähigen Elektroden. Es sei für diese Zwecke auf die Nichtgaselektroden aufmerksam gemacht, von denen beispielsweise die Wolfram-Manganelektrode sich für technische

[1] Kullgren, C: Über die Änderung der Alkalität und über die Wirkung des Schwefelnatriums bei der alkalischen Herstellung von Zellstoff. Abh. Nr. 65 Schwed. Akad. Ingenieurwiss. Stockholm 1927.

Messungen in Abwässern als vollauf brauchbar erwiesen hat[1]. Die geringere Genauigkeit dieser Elektroden beim Vergleich mit der Wasserstoffelektrode sollte bei den technischen Messungen kein Hindernis für ihre Verwendung darstellen.

Bestimmung der wirksamen Alkalien. Bariumchloridmethode. a) Nach Sutermeister[2]. 25 cm^3 der Schwarzlauge werden mit 300 cm^3 Wasser verdünnt, 10 cm^3 einer konzentrierten Chlorbariumlösung, die 400 g im Liter enthält, werden hinzugefügt, um die Karbonate und die organischen Säuren, soweit sie unlösliche Bariumsalze geben, auszufällen. Die über dem Niederschlag stehende Flüssigkeit wird mit Normalsäure titriert. Den Endpunkt kann man am besten erkennen, wenn man einen Tropfen der Lösung von einem Glasstab in eine Phenolphthaleinwasserlösung fallen läßt, die den Boden eines auf weißer Unterlage stehenden Kochbechers eben bedeckt. Wenn der Tropfen keine rote Farbe in seiner unmittelbaren Umgebung in der Indikatorlösung hervorruft, wird der Endpunkt als erreicht angenommen. Die Methode ist nur annähernd richtig, doch kann man eine Genauigkeit bis zu 5% erhalten. Schwierig ist erstens die Unterscheidung der roten Farbe des Indikators gegenüber der braunen Farbe des Tropfens, zweitens die langsame Entwicklung der roten Farbe um den Tropfen. Bedenklich ist, daß der Endpunkt mit der Verdünnung wechselt.

Sutermeister hat neuerdings empfohlen, den Indikator auf einer Tüpfelplatte zur Anwendung zu bringen und hierbei folgendermaßen zu verfahren.

Die Säure muß man zur gefällten Lauge ganz langsam hinzufügen und die Reaktion als beendet ansehen, wenn nach 2 Minuten langem Stehen auf der Tüpfelplatte eine rosa Färbung nicht mehr bemerkbar ist. Wenn auch der Endpunkt der Reaktion infolge der Gegenwart von organischen Farbstoffen und des durch Bariumchlorid gefällten Schlammes nicht sehr scharf ist, bekommt man doch bei einiger Übung ziemlich gut übereinstimmende Zahlen. Ein schärfer zu erkennender Endpunkt wird erhalten, wenn man die Flüssigkeit filtriert oder den Schlamm absitzen läßt und die klare Flüssigkeit zur Titration verwendet.

b) Nach Kullgren. 10 cm^3 Lauge werden mit 50 cm^3 kohlensäurefreiem Wasser in einem 100 cm^3 fassenden Kolben verdünnt. Die Lösung wird erwärmt und darauf mit 15 cm^3 heißer, kalt gesättigter Lösung von Bariumchlorid gefällt. Die Probe bleibt dann bis zum Erkalten stehen, worauf sie bis zur Marke mit Wasser verdünnt und

[1] Vgl. E. Misslowitzer: Die Bestimmung der Wasserstoffionenkonzentration in Flüssigkeiten, S. 229ff. Berlin: Julius Springer 1928.

[2] Sutermeister, Edwin, u. Rafsky, Harold R.: Die Natronbestimmung in der Schwarzlauge. Paper, 28. VIII. 1912, S. 23.

dann filtriert wird. Vom Filtrat wird eine bestimmte Menge unter Benutzung von Phenolphthalein mit Säure titriert.

Bestimmung von Schwefelnatrium. Zur Bestimmung des Schwefelnatriums in der Schwarzlauge empfiehlt Kress[1] folgende von McNaughton nachgeprüfte Methode.

Als Meßlösung wird eine Zinklösung benutzt, von der 1 cm^3 0,01 g Schwefelnatrium entspricht. Zur Herstellung werden 16,746 g reinstes gepulvertes Zink in einem kleinen Überschuß von Salpetersäure gelöst und so viel Ammoniak hinzugefügt, bis der sich bildende Niederschlag wieder vollständig aufgelöst ist. Die Lösung wird dann auf 2000 cm^3 verdünnt. Es muß so viel Ammoniak vorhanden sein, daß das Zink, wenn auf dieses Volumen verdünnt wird, nicht ausfällt. Als Indikator dient eine ammoniakalische Nickelammonsulfatlösung.

Die Bestimmung wird von McNaughton folgendermaßen ausgeführt: 50 cm^3 Schwarzlauge werden mit Wasser auf 1 l aufgefüllt und 20 cm^3 dieser Lösung, die nunmehr 1 cm^3 der ursprünglichen Schwarzlauge entsprechen, mit destilliertem Wasser auf 100 cm^3 verdünnt. Die Zinkmeßflüssigkeit wird aus einer Bürette hinzugegeben. Die Umsetzung wird als beendet betrachtet, wenn bei Berührung einer kleinen Menge der Lösung mit etwa 3 Tropfen ammoniakalischer Nickelsulfatlösung auf einer Porzellanplatte ein schwarzer Niederschlag von Schwefelnickel sich bildet.

Untersuchung der Schwarzlaugen nach Fällung mit Kochsalz nach A. Matzner[2]. Nach Feststellung von Matzner kann ein sehr erheblicher Teil der organischen färbenden Stoffe in der Lauge durch Neutralsalze ausgefällt werden. Am besten soll sich hierzu Kochsalz eignen.

20 cm^3 Ablauge werden in einem Halbliterkolben aus Jenaer Glas mit so viel gemahlenem neutralen Kochsalz zusammengebracht, daß ein dicker Sirup entsteht. Hierauf fügt man abwechselnd destilliertes Wasser und Salz unter fortwährendem Schütteln des verkorkten Kolbens so lange hinzu, bis derselbe über die Hälfte gefüllt ist. Dabei ist stets darauf zu achten, daß am Boden des Kolbens ein Salzüberschuß vorhanden ist. Nun erhitzt man zum Sieden, filtriert nach einigem Kochen den Kolbeninhalt durch einen Heißwassertrichter, wäscht mit heißer, gesättigter Kochsalzlösung und fängt das Filtrat in einem 500 cm^3 Meßkolben auf, den man schließlich bis zur Marke auffüllt. Das Erhitzen zum Sieden und das nachfolgende Filtrieren durch den Heißwassertrichter hat den Zweck, restliche Anteile der kolloidal gelösten organischen Stoffe, die nur in siedender, gesättigter Kochsalzlösung unlöslich sind, auszuflocken.

---

[1] Kress: Paper S. 30. 23. II. 1916.

[2] Matzner, A.: W. f. P. Bd. 56, S. 1556. 1925.

Je 100 cm^3 von der so gereinigten, schwach gelblich gefärbten Flüssigkeit entsprechen 4 cm^3 der ursprünglichen Ablauge. Der Farbenumschlag läßt sich darin sowohl mit Phenolphthalein und Methylorgange als auch bei der Jodtitration scharf und deutlich erkennen. Ein Schwanken des Endpunktes kann nicht mehr eintreten, da die störenden organischen Verbindungen nicht mehr vorhanden sind.

Es sei bemerkt, daß noch nicht ermittelt worden ist, ob durch die beschriebene Vorbehandlung irgendwelche Spaltungen der organischen Natriumverbindungen eintreten, ein Umstand, der von Einfluß auf das Titrationsergebnis sein könnte.

Untersuchung der Schwarzlaugen nach Ausfällung mit Alkohol nach Oemans Vorschrift[1]. 25 cm^3 Schwarzlauge werden in einem verschließbaren Kolben in der Kälte mit 225 cm^3 95proz. Äthylalkohol versetzt. Der Kolben wird verschlossen und bleibt 2—3 Stunden ruhig stehen. Nach dieser Zeit hat sich die Fällung abgesetzt, und die darüberstehende Lauge ist rotbraun gefärbt. Von dieser Lösung werden je 25 cm^3 zur Titration ohne Verdünnung mit $^n/_{10}$ Salzsäure und $^n/_{10}$ Jod = 2,5 cm^3 Schwarzlauge benutzt. Als Indikator wird für die Titration mit Säure auch hier Nilblau verwandt. Die braunrote Farbe der Lösung geht allmählich über Braun nach Grün über, und die Säurezugabe wird so lange fortgesetzt, bis die grüne Farbe auch nach dem Umschütteln der Probe noch Bestand behält. Durch diese Titration, welche in der nicht weiter zu verdünnenden Lösung erfolgen soll, erhält man den Wert für $NaOH + {}^1/_2 Na_2S$.

Für die Titration mit Jodlösung werden 25 cm^3 klare alkoholische Lösung mit 25 cm^3 Wasser versetzt, dem 5 cm^3 2n-Säure zugefügt wurden. Darauf wird unmittelbar mit der Jodlösung titriert. Der Umschlag ist sehr deutlich, und die blaue Farbe hält sich unverändert während mehrerer Minuten. Der scharfe Umschlag und die Beständigkeit der blauen Farbe lassen berechtigterweise annehmen, daß der Einfluß anderer Stoffe auf die Titration nur ein äußerst geringer sein kann.

Als Vorteil dieser Methode ist anzuführen, daß bei der Anwendung von Alkohol als Fällmittel eine Hydrolyse in der Lauge nicht stattfinden kann, weshalb die Wahrscheinlichkeit, daß sie in der ursprünglichen Form zur Untersuchung gelangt, sehr groß ist. Nachteilig ist andererseits, daß das Ergebnis erst nach längerer Zeit vorliegt.

Bestimmung des Sulfats und der Kieselsäure. Diese Bestandteile werden in der gleichen Weise, wie es bei der Untersuchung der Weißlaugen beschrieben wurde, auch hier ermittelt.

Bestimmung des Gesamtgehaltes an Natriumsalzen. Für die Ermittlung des Gesamtalkaligehaltes sind folgende beiden Vorschriften gegeben worden.

---

[1] Oeman, a. a. O.

Methode nach Moe[1]. 5—10 cm^3 der Schwarzlauge werden in eine kleine Porzellanschale gebracht. Zweckmäßig mißt man die Lauge nicht dem Volumen nach, sondern wägt sie in einem Wägeglas ab und berechnet das Volumen aus dem Gewicht und dem spezifischen Gewicht, da dies wesentlich genauere Resultate gibt, als wenn man aus einer Pipette oder Bürette mißt. Zur Flüssigkeit fügt man dann Salzsäure im Überschuß, dampft zur Trockne ein und verbrennt bei dunkler Rotglut. Durch dieses Verfahren werden alle Natronverbindungen, außer dem Sulfat, in Chlornatrium übergeführt. Die Salze werden dann aus dem Rückstand ausgelaugt, die Lösung filtriert, bis zu einem passenden Volumen eingedampft und mit Silberlösung titriert unter Verwendung von Kaliumchromat als Indikator. Es ist wichtig, daß jedes Teilchen Natriumchlorid aus dem kolloiden Rückstand herausgelaugt wird. 1 cm^3 $^n/_{10}$ $AgNO_3$ entspricht 0,00310 g Na_2O.

In einer zweiten Probe der Flüssigkeit wird dann das Sulfat mit Chlorbarium bestimmt. Man benutzt in diesem Falle zweckmäßig eine größere Menge der Flüssigkeit, da der Gehalt an Sulfat verhältnismäßig klein ist. Aus den Werten der beiden Bestimmungen kann man die Gesamtmenge an Natriumverbindungen in der Flüssigkeit berechnen.

Methode nach E. Heuser[2]. 5 cm^3 Schwarzlauge werden mit Wasser und verdünnter Schwefelsäure versetzt und so lange gekocht, bis kein Schwefelwasserstoff mehr entweicht. Beim Kochen ballt sich die organische Substanz zusammen und kann von der Flüssigkeit durch Filtrieren getrennt werden. Das Filtrat dampft man nun auf dem Wasserbade ein und raucht anschließend die überschüssige Schwefelsäure auf einem allmählich angeheizten Sandbade ab. Da mit konzentrierter Schwefelsäure nicht alle organische Substanz ausgefällt wird, so färbt sich der Rückstand auf dem Sandbade mit zunehmender Konzentration dunkelbraun und schließlich schwarz. Man unterbricht nun hier zweckmäßig das Abrauchen und gießt die konzentrierte Lösung noch heiß vorsichtig in Wasser, wobei die Kohle sich in amorpher Form abscheidet und leicht durch Filtrieren von der Flüssigkeit getrennt werden kann. Das Filtrat dampft man nun nochmals ein und raucht die überschüssige Schwefelsäure vollständig ab. Den Rückstand glüht man mit etwas Ammonkarbonat, bis die Asche weiß ist, was nun leicht vor sich geht. Nach dem Erkalten löst man sie in Wasser unter Zusatz von Salzsäure, erhitzt zum Kochen und fällt mit kochender Bariumchloridlösung die Schwefelsäure der in Sulfat übergeführten Alkalisalze als $BaSO_4$.

Bestimmung des Gesamtalkalis in schwefelfreien Laugen. Wenn Schwarzlaugen vorliegen, die dem reinen Natronverfahren entstammen,

[1] Moe, Carl: Paper Bd. 14, S. 156. 25. II. 1914.
[2] Heuser, Emil: Papier-Zg. Bd. 36, S. 2158. 1911.

so kann durch Veraschung und direkte Titration der Asche die Gesamtmenge der Natriumverbindungen bestimmt werden.

50 cm³ Schwarzlauge werden in einer Platinschale zur Trockne verdampft, der Rückstand wird über einem Bunsenbrenner verascht, die gelösten Salze werden mit heißem, destilliertem Wasser ausgelaugt, und die gesamte erhaltene Lösung wird mit normaler Schwefelsäure unter Verwendung von Methylorange als Indikator titriert. Die Anzahl von Kubikzentimeter Säure, die erforderlich ist zur Erreichung des Farbenumschlages, multipliziert mit 0,62, gibt in Gramm den Gesamt-Na_2O-Gehalt in einem Liter Schwarzlauge an.

Die Untersuchung der Sulfatschmelze (Schmelzsoda).

Allgemeines. Für die Untersuchung der Schmelzsoda bzw. Sulfatschmelze hat Kirchner[1] eine Anweisung gegeben. Nach Lunge und Lohöffer[2] handelt es sich bei Kirchner um Wiedergabe einer von Lunge und Lohöffer[3] zur Untersuchung der Leblanc-Rohsoda vorgeschlagenen Methode. Diese Rohsoda ist aber in ihrer Zusammensetzung derart verschieden von der Schmelzsoda, daß bei einer Übertragung hierauf Rücksicht genommen werden muß. Die Rohsoda enthält nämlich nur unbedeutende Mengen von Schwefelnatrium, die Schmelzsoda hat dagegen einen sehr erheblichen Gehalt an Natriumsulfid. Stammt die Schmelzsoda aus Strohzellstoff-Fabriken, so ist ein bedeutender Gehalt an Natriumsilikat vorhanden, der die Anwendung der Bariumchloridmethode, wie sie Kirchner vorschlägt, Lunge aber verwirft, nur unter ganz bestimmten Versuchsbedingungen erlaubt.

Die Schmelzsoda ist an der Luft sehr veränderlich; sie zieht Feuchtigkeit und Kohlendioxyd an und oxydiert sich sehr rasch. Die Probenahme und das Zerkleinern müssen also mit tunlichster Beschleunigung vorgenommen werden, und die Aufbewahrung der Proben muß in luftdicht schließenden Gefäßen geschehen.

Untersuchung der Schmelze nach Lunge. Nach Lunge werden zur Untersuchung 50 g eines gepulverten Durchschnittsmusters der Schmelze durch längeres Schütteln mit etwa 500 cm³ kohlensäure- und luftfreiem Wasser von etwa 45° in einem 1-Liter-Meßkolben gelöst und dann bis zur Marke aufgefüllt.

---

[1] Kirchner, E., Das Papier. 3. Teil: Halbstoffe. S. 102.

[2] Lunge: Taschenbuch für die Sodaindustrie; ferner Chemisch-technische Untersuchungsmethoden Bd. 1, S. 940. 1921. 7. Aufl.

[3] Lunge u. Lohöffer: Z. angew. Chem. Bd. 14, S. 1125. 1901.

Die Untersuchung der Lösung geschieht im übrigen nach Methoden, wie sie oben im Abschnitt Weißlauge beschrieben worden sind; statt der in der Originalvorschrift angegebenen Indikatoren wird man auch hier die dort empfohlenen verwenden. Zur Bestimmung der Alkalität werden vorteilhaft 20 cm^3 = 1 g Substanz angewandt, ebensoviel für die Bestimmung von Sulfid und Sulfit. Für diejenige des Sulfits allein wendet man 100 cm^3 Lösung an, für die Bestimmung des Silikats ist die Anwendung von 20 cm^3 vorteilhaft. Nachstehend sind die Bestimmung und Berechnung der Bestandteile der Schmelzsoda in einem Beispiel nach Lunge gegeben. Es sei jedoch bemerkt, daß das hier gegebene Beispiel eine vollkommene Analyse der Schmelze darstellt. In vielen Fällen wird man auf eine solche, ziemlichen Zeitaufwand benötigende Analyse verzichten und sich mit der Bestimmung von NaOH, Na_2CO_3 und Na_2S begnügen, dabei dem Gedankengang von Bergman (s. oben) folgend. Dadurch vereinfacht sich die Analyse erheblich und kann häufiger ausgeführt werden. Von Zeit zu Zeit wird man jedoch zweckmäßig eine Gesamtanalyse der Schmelze ausführen.

Kirchners Vorschrift unterscheidet sich wie erwähnt von der Lunges in der Hauptsache dadurch, daß bei ihr die Bariumchloridmethode Anwendung findet. Soweit es sich um Laugen aus Holzzellstoff-Fabriken handelt, sind die Bedenken, welche Lunge hiergegen hat, unbegründet. Solche Schmelzen enthalten nur geringe Mengen Silikat (3,0—4,5%). Will man den hierdurch bedingten Fehler mit Sicherheit vermeiden, so ist die Fällung unter den Bedingungen auszuführen, welche bereits oben bei der Untersuchung der Laugen angegeben wurden. Bei Schmelzen von Strohstoff-Fabriken, die einen erheblichen Kieselsäuregehalt (von 10—20%) haben können, muß man immer unter diesen Bedingungen bei der Fällung arbeiten, um einwandfreie Werte zu erzielen.

Beispiel der Untersuchung einer Schmelze nach Lunge. Untersuchungsergebnisse:

1. Unlösliches:

a) 10,0039 g Schmelze gaben 1,0836 g Rückstand
b) 10,0000 g „ „ 1,0805 g „

Gewicht des Rückstandes nach dem Glühen:

a) 1,0000 g, folglich 0,0836 g Kohle,
b) 0,9904 g, „ 0,0901 g „

2. Alkalität in Kubikzentimeter $^n/_5$ HCl

mit Phenolphthalein 49,39; 49,33; im Mittel 49,36 cm^3
„ Methylorange 76,74; 76,74; „ „ 76,74 „

3. $Na_2S + Na_2SO_3$.

40,23 cm³ $^{n}/_{10}$ J_2
40,27 „ $^{n}/_{10}$ J_2 } im Mittel 40,25 cm³ $^{n}/_{10}$ J_2.

4. Na_2SO_3.

0,40 cm³ $^{n}/_{10}$ J_2
0,40 „ $^{n}/_{10}$ J_2 } im Mittel 0,40 cm³ $^{n}/_{10}$ J_2.

5. Na_2SiO_3.

0,0699 g SiO_2
0,0701 g SiO_2 } im Mittel 0,0700 g SiO_2.

6. Na_2SO_4.

0,0536 g $BaSO_4$
0,0534 g $BaSO_4$ } im Mittel 0,0535 g $BaSO_4$.

Berechnung:

1 cm³ $^{n}/_{5}$ HCl entspricht 0,0106 g Na_2CO_3 und 0,0080 g NaOH.
1 „ $^{n}/_{10}$ J_2 „ 0,0039 g Na_2S und 0,0063 g Na_2SO_3.
1 g SiO_2 „ 2,028 g Na_2SiO_3.
1 g Na_2SiO_3 „ 81,63 cm³ $^{n}/_{5}$ HCl.
1 g $BaSO_4$ „ 0,6089 g Na_2SO_4.

Durch $^{n}/_{5}$ HCl und Methylorange = 76,74 cm³ werden angezeigt:

$$Na_2CO_3 + NaOH + Na_2SiO_3 + Na_2S + {}^1/_2\,Na_2SO_3.$$

Durch $^{n}/_{5}$ HCl und Phenolphthalein = 49,36 cm³:

$$NaOH + Na_2SiO_3 + {}^1/_2\,Na_2S + {}^1/_2\,Na_2CO_3.$$

$$[76{,}74 - 0{,}10 \text{ (für } {}^1/_2\,Na_2SO_3)] - 49{,}36 = 27{,}28 \text{ cm}^3\ {}^n/_5\ \text{HCl}.$$

$$2 \cdot 27{,}28 = 54{,}56 \text{ cm}^3\ {}^n/_5\ \text{HCl} = Na_2S + Na_2CO_3.$$

$$40{,}25 \text{ cm}^3\ {}^n/_{10}\ J_2 = Na_2S + Na_2SO_3.$$

$$40{,}25 - 0{,}40 = 39{,}85 \text{ cm}^3\ {}^n/_{10}\ J_2 = Na_2S.$$

$$0{,}40 \text{ cm}^3\ {}^n/_{10}\ J_2 = Na_2SO_3.$$

$$54{,}56 - \frac{39{,}85}{2} = 34{,}64 \text{ cm}^3\ {}^n/_5\ \text{HCl} = Na_2CO_3.$$

$$49{,}36 - 27{,}28 = 22{,}08 \text{ cm}^3\ {}^n/_5\ \text{HCl} = NaOH + Na_2SiO_3.$$

In 1 g Schmelzsoda sind demnach:

Na_2CO_3 = 34,64 · 0,0106 = 0,3672 g
Na_2SiO_3 = 0,0700 · 2,028 = 0,1420 g
Diese Silikatmenge entspricht 11,59 cm³ $^{n}/_{5}$ HCl
NaOH = (22,08 − 11,59) · 0,008 = 0,0839 g
Na_2S = 39,85 · 0,0039 = 0,1554 g
Na_2SO_3 = 0,40 · 0,0063 = 0,0025 g
Na_2SO_4 = 0,0535 · 0,6089 = 0,0326 g
Unlösliches = Rückstand = 0,1081 g
(davon Kohle = 0,0086 g).

Ganz ähnlich gestaltet sich die Untersuchung der Schmelze, welche beim reinen Natronverfahren erhalten wird. Durch die praktisch vollkommene Abwesenheit von Sulfid erübrigen sich einige Bestimmungen. Da der Kohlegehalt solcher Schwarzasche nicht selten ganz erheblich ist, kann es in vielen Fällen zwecks Erleichterung des Auslaugens und Lösens ratsam sein, die Schmelzprobe vor der Inarbeitnahme in der Platinschale schwach zu glühen, um auf diese Weise einen Teil der Kohle zu verbrennen.

Die Untersuchung des Kaustizier-Kalkschlammes.

Allgemeines. Im Kaustizierschlamm interessiert der Gehalt an beim Auswaschen verbliebenen Alkaliverbindungen und der an Ätzkalk. Die Alkaliverbindungen, welche im Schlamm vorkommen, sind genau die gleichen wie die der Lauge. Aus begreiflichen Gründen soll ihre Menge so klein als möglich sein. Eine Ermittlung des Ätzkalkgehaltes ist erforderlich, um zu vermeiden, daß hiervon ein mehr als notwendiger Überschuß zur Anwendung gelangt. Eine Gesamtanalyse des Schlammes wird sich wohl nur für den Fall erforderlich machen, daß er für irgendwelche weiteren Zwecke Verwendung findet. Vorschriften für die Untersuchung dieses Schlammes sind früher von Lunge und von Christiansen gegeben worden. Diese Methoden sind teils ungenau, teils nur für den Schlamm des heute seltener geübten reinen Natronverfahrens ausgearbeitet worden. Bei dem im allgemeinen geringen Gehalt an wertvollen Alkalisalzen erfordert deren Ermittlung ein sorgfältiges Arbeiten, und auf alle Fälle sollte man vermeiden, den Gehalt hieran mittels Differenzmethoden zu ermitteln. Bei den ganz beträchtlichen Schlammengen, welche je Tonne Stoff anfallen (etwa 500—600 kg trockener Schlamm), müssen selbst kleine Fehler bei der Bestimmung sich sehr stark auswirken, wenn man aus dem Ergebnis die Gesamtverluste der Kaustizieranlage berechnen will. Es kann sich daher unter Umständen die gewichtsanalytische Bestimmung des Alkaligehaltes trotz ihres größeren Aufwandes an Arbeit und Zeit rechtfertigen, um wirklich verläßliche Zahlen zu erhalten. Die im nachstehenden beschriebenen Bestimmungen sind unter Beachtung des Vorstehenden zusammengestellt, und zwar aus Vorschriften, welche teils von Sieber[1] und teils von Walter und Gunkel[2] gegeben wurden.

Bestimmung des Trockengehaltes. Der Trockengehalt des Schlammes wird durch Trocknen einer größeren Durchschnittsprobe von 200 bis 300 g in flacher Schicht bei 100° ermittelt.

[1] Papierfabrikant Bd. 21, S. 91. 1923. [2] Z. u. P. 4. I. 1924.

Bestimmung des Gesamtalkaligehaltes. 25 cm^3 Kaustizierschlamm werden in einem blechernen Meßgefäß von normaler Tiegelform abgemessen — die Probe kann natürlich auch gewogen werden —, mit wenig Wasser in ein Becherglas gespült und mit überschüssiger Ammonkarbonatlösung versetzt. Es wird dann so lange ausgekocht, bis kein Ammoniak mehr entweicht, worauf der Becherglasinhalt in einen 500 cm^3-Meßkolben gespült, zur Marke aufgefüllt und gut durchgeschüttelt wird. Der so ausgekochte Schlamm läßt sich schwer durch gewöhnliches Filterpapier klar filtrieren. Man läßt deshalb entweder klar absetzen oder filtriert besser durch eine Filterkerze, die sofort ein sauberes Filtrat gibt. Der erste Durchfluß wird verworfen, dann werden 200 cm^3 des blanken Filtrats in einen Titrierbecher oder eine Porzellanschale pipettiert und unter Benutzung von Methylorange mit $^n/_{10}$ HCl titriert. Durch das bloße Auskochen mit Ammonkarbonat werden NaOH, Na_2S und Na_2SiO_3 genau so in Soda umgesetzt, wie durch das mehrmalige Eindampfen bis zur Trockne nach Lunge, nur daß man auf diese Weise in kürzerer Zeit zum Ziel kommt. Falls man keinen allzu großen Überschuß an Ammonkarbonat genommen hat, sind schon nach 5—10 Minuten Kochen das Ammoniak und überschüssige kohlensaure Ammon vollständig verflüchtigt. Es entspricht 1 cm^3 $^n/_{10}$ Salzsäure 0,0031 g Na_2O.

Nach Feststellung von Walter und Gunkel wird bei der Behandlung mit Ammonkarbonat auch die Hälfte von Na_2SO_3 und ein kleiner Teil des Sulfats in Soda übergeführt und als solche mitbestimmt.

Ergibt die qualitative Prüfung des Filtrats mit Bariumchlorid einen merklichen Niederschlag, so kann anschließend das Sulfat nach der Chlorbariumfällmethode bestimmt werden. 1 g $BaSO_4$ entspricht 0,266 g Na_2O.

Die Summe des so ermittelten Na_2O-Gehaltes gibt die Gesamtmenge des vorhandenen Alkalis an.

Hat eine erste Bestimmung ergeben, daß die Menge dieses Gesamtalkalis sehr klein ist und daß selbst bei einer Vergrößerung der Einwage keine zuverlässigen Ergebnisse auf titrimetrischem Wege erzielt werden dürften, so ist es zweckmäßiger im Filtrat das gesamte Alkali durch Abrauchen mit Schwefelsäure in Sulfat überzuführen. Dessen Bestimmung kann dann unmittelbar durch Wägen des Rückstandes oder aber durch Fällung mit Bariumchlorid erfolgen.

Bestimmung des Gehaltes an Ätzkalk. Eine neue Probe von 25 cm^3 — gegebenenfalls wieder gewogen — wird in einen 500 cm^3 fassenden Meßzylinder gespült und mit 100 cm^3 10proz. Ammonchloridlösung versetzt. Unter häufigem Schütteln läßt man das Ammonsalz etwa $^1/_2$ bis 1 Stunde einwirken. Hierbei setzt sich neben den Alkalisalzen bloß das als Oxyd vorhandene Kalzium zu Chlorid um. Nach dem Abfiltrieren, unter Benutzung von Saugtrichter und Flasche, wird im Filtrat das Kalzium mit oxalsaurem Ammon gefällt und seine Menge dann durch Titration des gebildeten Kalziumoxalats mit $^n/_{10}$ Permanganat ermittelt. 1 cm³ $KMnO_4$ gleich 0,0028 g CaO.

Abgekürztes Verfahren von Walter und Gunkel. Diese Methode ist nur dann anwendbar, wenn die Alkali- und Ätzkalkmengen nicht sehr klein sind.

Eine Probe von 25 bis 50 cm³ Schlamm — gewogen oder abgemessen — wird in einer mit Glaspfropfen dicht verschließbaren Flasche mit 5 l Wasser versetzt, gut durchgeschüttelt und mindestens 1 Stunde unter öfterem Schütteln stehengelassen. Dann wird durch ein gewöhnliches Filter filtriert, das erste Filtrat verworfen und vom folgenden 200 cm³ genommen zur Titration mit $^n/_{10}$ HCl unter Benutzung von Methylorange als Indikator. Auf diese Weise wird der Gehalt an NaOH, Na_2CO_3, Na_2S, Na_2SiO_3 und etwa $^1/_2$ Na_2SO_3 (weniges von Na_2SO_4) plus dem $Ca(OH)_2$ bestimmt. Dann pipettiert man vom Filtrat 200 cm³ ab und versetzt diese mit Ammonkarbonat. Nach dem Auskochen des Ammoniaks versetzt man mit Methylorange und titriert mit $^n/_{10}$ HCl die Soda. Aus der Differenz der beiden Bestimmungen erhält man den Ätzkalk. 1 cm³ $^n/_{10}$ HCl entspricht 0,0028 g CaO.

Gesamtanalyse. Gegen 2—3 g Schlamm, wenn sein Trockengehalt etwa 50% beträgt, werden in verdünnter Salzsäure heiß gelöst und vom verbleibenden Unlöslichen, in der Hauptsache Kohle, abfiltriert. Das Filtrat wird eingedampft und mit konzentrierter Salzsäure mehrmals abgeraucht; der Rückstand wird mit Wasser und wenig verdünnter Salzsäure ausgelaugt. Die ausgewaschene Kieselsäure wird abfiltriert und gewogen. Das hiervon befreite Filtrat wird in bekannter Weise für die Mengenbestimmung des Eisens, der Tonerde sowie des Kalziums und Magnesiums benutzt. Schließlich werden in der dann noch verbleibenden Lösung die Alkalien bestimmt, und zwar auf die Weise, welche bereits oben, beispielsweise bei der Untersuchung des Sulfats, beschrieben worden ist.

Weil die zuerst bestimmte Kohle meist stark kieselsäurehaltig ist, muß durch Veraschen der organische Anteil bestimmt werden, der verbleibende Rückstand auf Kieselsäure und auf Eisen und Tonerde geprüft und die entsprechenden Korrekturen angebracht werden.

Verschiedenes.

Die Untersuchung der Waschwässer der Diffusörbatterien.

In vielen Fabriken werden diese Waschwässer lediglich mit dem Aräometer nach Baumé geprüft. Die Fehler, welche hierdurch auftreten können, beispielsweise durch Änderungen in der Temperatur, sind hinlänglich bekannt. Bei den ganz beträchtlichen Wassermengen, die an dieser Stelle abfließen, können dort zufolge ungenauer Kontrolle bedeutsame Alkalimengen verlorengehen. Es ist deshalb jedenfalls sicherer, durch Titration sich von dem Alkaligehalt der Abwässer zu überzeugen oder doch wenigstens durch mehrere Stichproben am Tage die Arbeitsweise und Angabe der Aräometerspindeln nachzuprüfen. In einigen Fabriken hat man versucht, eine laufende Kontrolle der Waschwässer dadurch zu erreichen, daß man dauernd ihr elektrisches Leitvermögen mißt und es auf einem entsprechend geeichten Instrument im Betrieb zur Angabe bringt. Zu langes und zu kurzes Waschen des Stoffes soll auf diese Weise vermieden werden. Der Salzgehalt des Fabrikationswassers bedingt gewisse Korrekturen, welche jedoch leicht angebracht werden können[1].

Anmerkungsweise sei erwähnt, daß man auf diese letzterwähnte Art auch die Waschwässer des Kaustizierschlammes laufend prüfen kann.

Die Untersuchung der Schmelzofengase.

Allgemeines. Die Schmelzofengase werden vor ihrem Entweichen ins Freie wärmetechnisch im Drehofen und im Scheibenverdampfer oder in Abgaskesseln ausgenutzt. Wie bei gewöhnlichen Rauchgasen muß daher auch bei ihnen zwecks Vermeidung eines allzu großen Luftüberschusses der Kohlensäuregehalt überwacht werden. Außerdem kann mit Rücksicht auf die Umgebung der Fabrik eine gelegentliche Untersuchung dieser Gase auf schwefelhaltige Bestandteile und im besonderen auf Merkaptan erforderlich werden. Mit den Gasen entweicht zumeist auch Alkali. Dieser Salzverlust durch den Schornstein ist doch im allgemeinen viel kleiner als verbreitet angenommen wird. Die zu seiner Bestimmung im Rahmen einer Betriebskontrolle bislang vorgeschlagenen Methoden versagen sämtlich, weil sie nicht Rücksicht auf die Tatsache nehmen, daß das Alkali in ganz verschiedenen Formen mit dem Gas abzieht und weil fast immer mit viel zu kleinen Gasmengen gearbeitet wird. Eine genaue Ermittlung dieses Alkaliverlustes ist eine schwierig durchzuführende Bestimmung. Es sei nur andeutungsweise erwähnt, daß zu ihrer Durchführung größere gemessene Gasmengen mittels eines Ventilators abgesaugt und in entsprechend große Waschgefäße gedrückt werden müssen.

Bestimmung des Kohlensäuregehaltes. Sie erfolgt in der gleichen Weise und mit denselben Mitteln, wie es bei der Untersuchung der Rauchgase gewöhnlicher Dampfkesselfeuerungen beschrieben worden

[1] Textor, Clinton u. W. Hoffman: Alkalibestimmung durch elektrolytische Leitfähigkeit, s. Literaturauszüge Chemischer Teile 1927, S. 133, und W. N. Geer: Leitfähigkeits- und Wasserstoffionenmessungen. Paper Trade J. Bd. 89, Jg. 58, H. 4, S. 51. 1929.

ist. Es ist zufolge des Gehaltes an Staub und Wasser auf gute Filtration der Gase vor ihrem Eintritt in den Untersuchungsapparat zu achten. Bei der Absorption in Ätznatron werden außer der Kohlensäure auch noch vorhandenes Schwefeldioxyd und Schwefelwasserstoff mitbestimmt.

Bestimmung der schwefelhaltigen gasförmigen Bestandteile. Man saugt mittels eines Aspirators mehrere Liter Gas durch zwei hintereinander geschaltete Waschflaschen ab. Die beiden Waschflaschen sind mit etwa 10proz. Ätznatronlauge beschickt, der man etwas Wasserstoffsuperoxyd oder Bromlösung zugesetzt hat. Um zu vermeiden, daß feste Staubbestandteile oder in Wasserdampf gelöstes Salz mit in die Waschflaschen gelangt, muß das Gas durch ein bis zwei U-Röhrchen geleitet werden, welche mit Watte lose vollgestopft sind und als Filter dienen. Auch die Einschaltung eines Kühlers in die Gasabsaugeleitung zwecks Abkühlung der Gase unter ihren Taupunkt und die Abscheidung des hierbei entstehenden Kondensats vor dem Eintritt in die Waschflaschen kann sich erforderlich machen. Der Inhalt der beiden Waschflaschen wird nach beendetem Versuch in einen Becher gespült, nochmals mit Wasserstoffsuperoxyd oder Brom versetzt und darauf weitgehend eingedampft, wobei von Zeit zu Zeit der Zusatz von Oxydationsmittel wiederholt wird. Man säuert dann an und bestimmt die in Sulfat übergeführten Schwefelverbindungen als Bariumsulfat. 1 g Bariumsulfat entspricht 0,1374 g Schwefel.

Bestimmung von Merkaptan. Man saugt, wie vorstehend beschrieben, eine größere Gasprobe durch zwei hintereinander geschaltete Waschflaschen. Als Absorptionsmittel verwendet man hierbei eine Lösung von Quecksilberzyanid. Nach Klason[1] kann man nämlich die Merkaptane neben Schwefelwasserstoff nachweisen und quantitativ bestimmen, wenn man sie auf Quecksilberzyanid wirken läßt. Es bildet sich dabei schwarzes Schwefelquecksilber und weißes Quecksilbermerkaptid nebst Zyanwasserstoff (!) gemäß der Reaktionsgleichung:

$$Hg(CN)_2 + 2\,HSCH_3 = Hg(SCH_3)_2 + 2\,HCN$$

$$Hg(CN)_2 + H_2S = HgS + 2\,HCN.$$

Die beiden ausfallenden Quecksilberverbindungen sind in Wasser vollkommen unlöslich und unveränderlich. Sie können ihrer Menge nach also durch Wägen bestimmt werden, nachdem sie im mit Asbest beschickten Goochtiegel gesammelt, gewaschen und getrocknet worden sind.

In dem erhaltenen Niederschlag wird anschließend das Merkaptan gemäß folgendem ermittelt: In einem geschlossenen Erlenmeyerkolben,

[1] Klason: Hauptversammlungsbericht des Vereins der Zellstoff- und Papier-Chemiker 1908, S. 33 und Klason u. Carlson: Berichte der deutschen chem. Gesellschaft Bd. 39, S. 738. 1906.

der mit aufgesetztem und mit Salzsäure gefülltem Tropftrichter sowie mit einem Gasableitungsrohr ausgerüstet ist, wird das Merkaptid durch Eintropfenlassen der Säure zersetzt. Hierbei spielt sich, ohne daß das Quecksilbersulfid irgendwie angegriffen wird, der folgende Vorgang ab:

$$Hg(SCH_3)_2 + HCl = Hg\genfrac{}{}{0pt}{}{SCH_3}{Cl} + HSCH_3,$$

d. h. die Hälfte des Merkaptans wird in Freiheit gesetzt. Durch Erwärmen wird es ausgetrieben und mittels des Gasleitungsrohres in vorgelegten Alkohol geleitet und dort absorbiert. Nach Verdünnung des Alkohols mit Wasser wird das Merkaptan mit $^n/_{10}$ Jodlösung titriert. Diese Reaktion verläuft nach folgender Gleichung:

$$2\,CH_3SH + 2\,J = CH_3SSCH_3 + 2\,HJ.$$

1 cm^3 $^n/_{10}$ Jod entspricht 0,0048 g Methylmerkaptan. 1 g Methylmerkaptan erfordert zur Bindung 1,321 g Quecksilberzyanid. 1 g Quecksilbersulfid entspricht 0,146 g Schwefelwasserstoff. Auch dessen Menge kann bei dieser Bestimmung mitermittelt werden.

Da bei dieser Untersuchung gasförmiger Zyanwasserstoff entsteht, ist mit gewisser Vorsicht zu arbeiten. Am zweckmäßigsten schließt man das Austrittsrohr der zweiten Waschflasche an eine Leitung, die ins Freie führt, oder man schaltet eine weitere Flasche nach, welche eine Aufschwemmung von gefälltem Schwefeleisen und Ammoniak enthält.

Zum Nachweis und zur annähernd quantitativen Bestimmung von Merkaptan in den Abgasen der Sulfatzellstoff-Fabriken hat Klason die Anwendung von Papierstreifen, die mit Bleiazetat getränkt sind, empfohlen. Das Bleimerkaptid ist schön gelb in der Farbe, während Bleisulfid schwarz ist. Wenn man also diese Papierstreifen in den Rauchkanal einbringt, so werden sie allmählich eine braune Farbe annehmen. Auf empirischem Wege kann man sich eine Skala von gefärbtem Reagenzpapierstreifen herstellen, deren einzelne Stufen bestimmtem Gehalt der Gase an Merkaptan und Schwefelwasserstoff entsprechen. Vergleicht man mit ihr die Farbe des Probestreifens, welcher eine bestimmte Zeitlang dem Gasstrom im Rauchkanal ausgesetzt wurde, so erhält man einen angenäherten Wert für den Gehalt des abziehenden Gases an den genannten Schwefelverbindungen.

Die Untersuchung der Nebenprodukte der Natron- und Sulfatzellstoff-Fabriken.

Flüssiges Harz.

Allgemeines. Aus den Schwarzlaugen scheiden sich beim Stehen als Kruste, obenauf schwimmend, schmierige dunkelbraune Harzseifen (schwedisch såpa oder tall-olja) ab. Aus ihnen gewinnt man durch Spaltung mit Bisulfat oder auch mit Schwefelsäure das sog. flüssige Harz, fälschlich im deutschen Tallöl bezeichnet (schwedisch: flytande harts, englisch: liquid resin). Es stellt eine mehr oder weniger dunkelbraune dickflüssige Mischung von im Nadelholz vorkommenden Harz- und Fettsäuren dar. In dieser Form kommt es in überwiegendem Maße in den Handel; nur einige wenige Fabriken stellen aus ihm durch Umdestillieren im Vakuum reinere Erzeugnisse dar. Das flüssige Harz wird in der Hauptsache untersucht auf seinen Gehalt an Wasser, Asche und Schwefel und die Menge der vorhandenen unverseifbaren Bestandteile. Der Gehalt an verseifbaren Stoffen wird selten direkt bestimmt, vielmehr gibt man zumeist als solchen den Rest an, welcher von 100 nach Abzug vom Gehalt an Wasser, Asche und Unverseifbarem verbleibt. Bisweilen wird noch die Angabe der Säurezahl verlangt.

Probenahme. Der schwierigste Teil der Untersuchung des flüssigen Harzes bildet die Entnahme einer richtigen Durchschnittsprobe. Zufolge seiner Dickflüssigkeit und daher schweren Mischbarkeit kann es sehr leicht vorkommen, daß die Fässer der gleichen Sendung kein gleichartiges Produkt darstellen. Zur Erlangung eines guten Durchschnittsmusters muß man infolgedessen von möglichst vielen Fässern eine Probe nehmen. Hierzu verfährt man am besten folgendermaßen. Man wärmt ein eisernes Rohr von 15—20 mm lichtem Durchmesser mäßig an (etwa 30—35°) und senkt es dann in das nach oben gewendete Spundloch des Fasses ein. Zufolge seines eigenen Gewichtes sinkt das Rohr langsam in das Harz ein, wobei es sich gleichzeitig hiermit füllt. Wenn es auf dem Boden des Fasses angelangt ist, zieht man es an dem herausragenden Ende heraus und entleert seinen Inhalt in das Sammelgefäß für die Proben. In diesem Gefäß werden die Proben aller Fässer nach mäßigem Erwärmen gut durchgemischt.

Bestimmung des Wassergehaltes (und der flüchtigen Bestandteile). Man trocknet eine Probe von 3—5 g auf einem flachen Uhrglas bei 105° eine bestimmte Zeit. Da es unmöglich ist, auf diese Weise zum konstanten Gewicht zu kommen, muß zwischen Lieferer und Abnehmer über die Trockendauer eine Vereinbarung getroffen werden. Man erhält zuverlässigere Werte beim Trocknen im Vakuum bei 100°. Die Gewichtsabnahme bei dieser Art der Wasserbestimmung beruht zu einem kleinen Teil auch auf der Verflüchtigung gewisser Bestandteile des flüssigen Harzes.

Bestimmung des Aschengehaltes. Man erwärmt etwa 1 g der Durchschnittsprobe im offenen Tiegel bis zur Entzündungstemperatur. Durch weiteres vorsichtiges Erhitzen gelingt es dann, die Verbrennung des Harzes ohne große Rußbildung im Gang zu erhalten. Gegen Ende der Verbrennung erwärmt man stärker, um den gebildeten Koks restlos zu verbrennen. Befeuchten der Asche mit Wasserstoffsuperoxyd und nochmaliges Glühen bringt die letzten Kohlenreste zum Verbrennen.

Bestimmung des Schwefelgehaltes. 2—5 g Harz werden in einem Eisentiegel genau abgewogen. Hierzu gibt man 2 g einer aus gleichen Teilen bestehenden Mischung von Soda und Natriumsuperoxyd und verrührt möglichst gleichmäßig. Der bedeckte Tiegel wird dann anfangs ganz mäßig, später stärker erwärmt, wodurch sein Inhalt allmählich verbrennt. Man erhitzt dann bis zur Rotglut und löst die erhaltene Schmelze nach dem Erkalten in Wasser. In der Lösung wird nach dem Ansäuern das gebildete Sulfat durch Bariumchlorid gefällt. 1 g $BaSO_4$ entspricht 0,1374 g S.

Bestimmung der unverseifbaren Bestandteile. Man gibt zu etwa 10 g in einem Kolben abgewogenem Harz 100 cm^3 etwa $^n/_1$ alkoholische Kalilauge und verseift 1 Stunde lang am Rückflußkühler. Den abgekühlten Inhalt des Kolbens führt man in einen Scheidetrichter über und schüttelt ihn nacheinander mit 150, 50, 30 und 30 cm^3 zwischen 30 und 50° siedendem Petroläther aus. Die vereinigten Petrolätherauszüge werden zweimal mit je 20 cm^3 50proz. mit einigen Tropfen Kalilauge versetztem Alkohol ausgeschüttelt. Die eingedampften Petrolätherauszüge versetzt man dann mit einigen Tropfen absolutem Alkohol und erwärmt sie bis zum Verschwinden des Alkohols, welcher bei seinem Verdampfen etwa vorhandenes Wasser mit entfernt. Den gesamten Rückstand der Petrolätherauszüge trocknet man alsdann etwa 10 Minuten lang im Wassertrockenschrank und bringt ihn nach dem Erkalten zum Wiegen.

Bestimmung von Harz und Fett. Sie erfolgt in der vom Unverseifbaren befreiten Seifenlösung in der gleichen Weise, wie es bereits oben im Kapitel der Untersuchung der pflanzlichen Rohstoffe, Abschnitt Harz und Fettgehalt, beschrieben worden ist.

Bestimmung der Säurezahl. 0,5 g Harz werden in 50 cm^3 Äther gelöst und 50 cm^3 Alkohol und 25 cm^3 Wasser hinzugefügt. Nach Zugabe von 5—6 Tropfen α-Naphtholphthalein titriert man mit $^n/_{10}$ Natronlauge, bis der anfängliche braune Umschlag scharf einem solchen nach Grünbraun weicht.

Terpentinöl.

Allgemeines. Das beim alkalischen Kochverfahren gewonnene Terpentinöl kommt im rohen und gereinigten Zustand in den Handel. Zur Bewertung des Rohöles hat Klinga ein Verfahren ausgearbeitet, dessen Grundlage eine fraktionierte Destillation darstellt. Viel schwieriger ist die Bewertung der gereinigten Öle. Wenn auch Farbe und Abdampfrückstand zur Begutachtung herangezogen werden, so ist es doch zur Zeit üblich, die Qualität der Ware in erster Linie nach ihrem Geruch zu beurteilen. Diese Geruchsprobe ist zweifellos für den Erfahrenen von großem Wert, ihr Ergebnis läßt sich aber nicht unzweideutig festlegen. Ein Nachteil ist weiter, daß Standardproben dieser Öle ständig ihren Geruch ändern: er wird immer besser.

Bewertung von Terpentinrohölen nach Klinga[1]. 150 cm³ Rohöl werden in einen kurzhalsigen Destillationskolben gefüllt. Der Kolben trägt einen Fraktionieraufsatz, und dieser ist mit einem Kühler verbunden. Zum Auffangen der verschiedenen Fraktionen dienen Meßzylinder. Mittels eines Asbestmantels werden der Kolben und der Aufsatz vor Zugluft geschützt. Während der Destillation wird der Kolben langsam und stets gleichmäßig erhitzt, und zwar so, daß in der Minute 3—4 cm³ Destillat übertritt. Man fängt zwei Fraktionen auf, die eine bis 150°, die zweite von 151—180°. Bei 180° bricht man die Destillation ab. Die zweite Fraktion (151—180°) wird dann mit 10proz. Natronlauge geschüttelt und die Volumenverminderung festgestellt. Erfahrungsgemäß ist mit für die Praxis ausreichender Genauigkeit der in der Lauge unlösliche Teil der zweiten Fraktion proportional dem Gehalt des Rohöles an Terpentin. Aus diesem Grunde nennt Klinga die Zahl der nach dem Ausschütteln verbleibenden Kubikzentimeter Öl die Wertziffer des Rohöles. Der bis 150° übergehende Anteil stellt ein Maß für den vorhandenen Vorlauf dar. Ebenso geben Farbe und Geruch der beiden Fraktionen Anhaltspunkte zur Beurteilung des Rohöles. Nachstehend seien zwei Beispiele nach Klinga angegeben.

Nr.	Spezifisches Gewicht	Volumen der Fraktion			Wertziffer
		-150°	150—180°	Rückstand	
		cm³			
1	0,873	1	134	15	134
2	0,873	3	134	13	134

Methylalkohol.

In einer Reihe von Fabriken wird Methylalkohol gewonnen. Das erste Destillat kommt als Handelsware nicht in Betracht, erst nach erfolgter Umdestillation erreicht es einen Reinheitsgrad, der es verkäuflich macht. Der Analysengang für dieses Produkt wird ungefähr der gleiche sein wie der für den rohen Holzgeist aus der Verkohlungsindustrie. Es wären also zu ermitteln der wahre Methylalkoholgehalt und der Gehalt an Azeton, ferner vielleicht noch die Aufnahmefähigkeit für Brom, und schließlich wären Farbe und Klarheit zu beurteilen. Für alle diese Methoden gibt es genaue Ausführungsvorschriften, die auch hier anwendbar sind[2].

---

[1] Klinga, J.: Analysenmethoden für rohe Terpentin- und Teeröle. Bihang till Jern-Kontorets Annaler Bd. 18, S. 27. 1917; Dt. Parfümerie-Zg. Bd. 3, S. 107 bis 109. 1917; Z. angew. Chem. Bd. 30, S. 313. 1917.

[2] Man vgl. Klar: Holzverkohlung. Berlin 1923.

Außerdem ist noch von besonderer Wichtigkeit die Bestimmung des Schwefelgehaltes in diesen Methylalkoholsorten. Sie wird dadurch erschwert, daß es sich bei den schwefelhaltigen Beimengungen um sehr leicht flüchtige und veränderliche Verunreinigungen handelt. Eine für vorliegenden Zweck gut geeignete Methode ist die von Gasparini[1]. Sie besteht darin, daß eine Probe des Sprites in einem geschlossenen Apparat durch elektrolytisch aus konzentrierter Salpetersäure erzeugte nitrose Gase auf nassem Wege verbrannt wird. Hierbei werden die schwefelhaltigen Bestandteile zu SO_3 oxydiert und können als solches bestimmt werden. Die Methode läßt sich auch für sehr unreinen Sprit benutzen. Sie gibt, soweit eigene Erfahrungen in Betracht kommen, gut übereinstimmende Werte.

Beachtenswerte Literatur.

Hasselstroem, Torsten: Sulfatschwarzlaugenuntersuchung. Chem. Centralbl. 1927, II, Nr. 18, S. 2247.

Postowski, I., u. W. Pljusnin: Untersuchung und Reinigung des Sulfat-Terpentins. Chem. Centralbl. 1928, II, Nr. 19, S. 2071.

Whitson, Alice I.: Bestimmung des nutzbaren Kalks im ungelöschten und gelöschten Kalk. Chem. Centralbl. 1923, II, S. 1173.

Im Bureau of Standards mischt man 1,4 g fein gemahlenen Kalk im Becherglas mit 200 cm³ heißem Wasser, erhitzt vorsichtig, kocht 3 Minuten, kühlt, setzt 2 Tropfen Phenolphthalein zu und titriert mit n-HCl unter heftigem Rühren möglichst schnell, zuletzt langsamer, bis die Farbe in 1—2 Sekunden nicht wiedererscheint. Dieser Vorversuch wird im 1 l-Meßkolben, dessen Stopfen ein kurzes ausgezogenes Glasrohr hat, mit 5 cm³ weniger HCl wiederholt und die Anzahl Kubikzentimeter mit A bezeichnet. Man zerdrückt dann etwaige Klümpchen, füllt zur Marke mit frisch gekochtem Wasser auf, schüttelt 4—5 Minuten, läßt $^1/_2$ Stunde absetzen und titriert 200 cm³ langsam, bis die Lösung 1 Minute farblos bleibt. Werden die jetzt verbrauchten Kubikzentimeter HCl mit B bezeichnet, so ist der nutzbare CaO-Gehalt $= 2\,A + 5\,B$ (Chem. Metallurg. Engineer. Bd. 25, S. 740. 19. X. 1921).

Stevens, R. H., u. A. I. Abrams: Kalkschlammanalyse. Paper Trade J. Bd. 54, Nr 8, S. 243. 1926.

Die beschriebene Methode umfaßt außer der Trockenbestimmung die Ermittlung des Gehaltes an freiem Kalk, an Na_2O, an Natriumsulfat und Gips. Die Bestimmungen werden teils titrimetrisch (Na_2O), teils gravimetrisch (Wassergehalt, CaO, $CaSO_4$, Na_2SO_4) durchgeführt.

Dorr, I. V., u. A. W. Bull, Über die Kaustizierung von Sodalaugen. Wochenbl. f. Papierfabr. Bd. 58, S. 1260. 1927.

Auf die Bedeutung der Korngröße des Ätzkalkes für den Absitzprozeß wird hingewiesen. Ferner wird der Einfluß des Rührens und jener der Temperatur bei der Kaustizierung besprochen.

Hinman, E. S.: Die technische Betriebskontrolle in der Natronzellstoffabrik. Paper Trade J., Tappi Sect. Bd. 87, S. 206. 1928.

Die einzelnen Arbeitsvorgänge werden besprochen und Angaben über die Kontrolle gemacht.

---

[1] Man vgl. H. Meyer: Konstitutionsermittlung. 3. Aufl. 1916, S. 250ff.

Pauli, K.: Eine neue Schnellmethode zur Analyse von Sulfhydrat- und ähnlichen Laugen. Chem. Centralbl. 1926, II, S. 1080/81.

Verf. hat das kombinierte J- und Hg-Verfahren (Lunge-Berl, Chem.-techn. Untersuchungsmethoden Bd. 1, S. 924. 7. Aufl.) in der Weise ab- und zu einem Schnellverfahren umgeändert, daß er die J- und die Hg-Acidität einerseits in der ursprünglichen, andererseits in der [mittels $Ba(OH)_2$] carbonatfrei gemachten Lösung bei gleicher Verdünnung bestimmte und auf diese Weise die für die Berechnung erforderlichen Daten erhielt (Z. anal. Chem. Bd. 68, S. 286—298.

Winsvold, A.: Brauchbare Methoden für die Titration von Sulfat-Weißlauge. Papier-Journ. Bd. 17, S. 182. 1929.

Kleinere Abänderungen der Titrationen unter Berücksichtigung der Arbeiten von Oeman werden beschrieben.

Cinvess, Frances J.: Untersuchung der Schwarzlauge. Paper Trade J., Tappi Sect. Bd. 91, S. 200. 1930.

IV. Die chemische Betriebskontrolle in der Sulfitzellstoff-Fabrikation.

Von **Rudolf Sieber.**

Die Untersuchung der chemischen Hilfsstoffe.

Als Rohmaterialien zur Herstellung der Kochflüssigkeit kommen in Betracht: Kalkstein, Schwefel, Schwefelkies und Gasreinigungsmasse.

Kalkstein.

Allgemeines. Bei der Auswahl des Kalksteins muß in erster Linie jener berücksichtigt werden, der sich mit mäßigen Kosten beschaffen läßt und daneben die nötige Reinheit besitzt. In dieser Hinsicht wird ein Produkt verlangt, das möglichst frei von fremden Stoffen ist und der Hauptsache nach aus Kalziumkarbonat mit geringen Beimengungen von Magnesiumkarbonat besteht. Vielfach wird jedoch auch Dolomit verwandt, der größere Mengen von Magnesiumkarbonat enthält.

Zur Herstellung der Kochlauge soll nach Remmler[1] ausgeprägt kristallinischer Kalkstein besser geeignet sein als amorpher. Je besser kristallinisch und je höher das spezifische Gewicht, um so größer die Ergiebigkeit an Bisulfit. Genauere Aufklärung über die Eignung des Steins gibt möglicherweise die Prüfung seiner Reaktionsfähigkeit nach dem Vorschlag von Humm.

Ein erheblicherer Gehalt an Magnesium kann die Kochung beeinflussen, da Magnesiumsulfit verhältnismäßig leicht wasserlöslich ist im Gegensatz zum Kalziumsulfit. Durch eine Magnesiumbestimmung wird man sich über die annähernde Höhe des Gehaltes vergewissern müssen.

Unter Berücksichtigung dieses erstreckt sich die Prüfung des Kalksteins auf die Ermittlung seines Kalk- bzw. Magnesiagehaltes, ferner auf die Bestimmung fremder Beimengungen, als welche sandige Stoffe, ferner Eisen und seltener organische Substanzen in Betracht kommen.

Die Untersuchung des Kalksteins kann man in üblicher Weise nach Auflösen in Salzsäure vornehmen, man kann sich aber mit Vorteil auch einer Untersuchungsmethode von Desgraz bedienen, bei welcher die Lösung des Steins nach dem Glühen in Ammoniumchlorid erfolgt.

---

[1] Die Herstellung der Sulfitlauge. 2. Aufl. Berlin: Verlag der Pap.-Zg. 1925.

Bestimmung der Zusammensetzung des Kalksteins. a) Nach Lösen in Salzsäure. Man löst 5 g einer guten Durchschnittsprobe des Kalksteins in mäßig konzentrierter Salzsäure. Dieses Auflösen nimmt man, um hierbei ein Herausspritzen von Flüssigkeit zu vermeiden, in einem Erlenmeyerkolben mit aufgesetztem Trichter vor. Nach erfolgtem Lösen verdünnt man auf 100—150 cm³.

Bestimmung des unlöslichen Rückstandes und der organischen Stoffe. Man filtriert die Lösung durch ein Filter in einen 500 cm³ fassenden Meßkolben, bringt hierbei den verbliebenen Rückstand aufs Filter und wäscht dies gut aus. Das Filter wird verascht und der Rückstand geglüht. Werden größere Mengen organischer Stoffe vermutet, so trocknet man das Filter bei 100°, wiegt es in einem verschlossenen Wägegläschen und verascht es erst dann in einem Tiegel. Die Differenz ergibt die Menge der organischen Substanzen.

Bestimmung von Aluminium- und Eisenoxyd. Das Filtrat wird im Meßkolben bis zur Marke aufgefüllt. Von der Lösung werden je nach der Reinheit des Steins 100—200 cm³ abpipettiert und in ein Becherglas gegeben. Durch Zusatz von Ammoniak in der Wärme werden in üblicher Weise die genannten Oxyde gemeinschaftlich gefällt.

Bestimmung des Eisens. Je nach Reinheit des Kalksteins werden 100—200 cm³ der Lösung in einem Erlenmeyerkolben mit wenig reinem, eisenfreiem Zink in der Wärme behandelt, wodurch das Eisen zur Ferroverbindung reduziert wird. Man gießt vom Zink vorsichtig ab, wäscht es mehrmals aus, setzt zur Lösung und den Waschwässern 50 cm³ Schwefelsäure (1 : 10) und etwas eisenfreie Mangansulfatlösung und titriert nun in der Wärme mit $^{n}/_{10}$ Permanganatlösung bis zur schwachen Rosafärbung. 1 cm³ dieser Lösung entspricht 0,005585 g Eisen oder 0,007185 g FeO.

Statt mit Zink kann man die Reduktion auch mit Zinnchlorürlösung vornehmen. Diese wird hergestellt durch Auflösen von 125 g Zinnchlorür in 100 cm³ konzentrierter Salzsäure und Verdünnen der Lösung auf 1 l. Man setzt zur Auflösung des Kalksteins bei Siedetemperatur so viel der Lösung zu, daß deutliche Farblosigkeit erreicht wird und beseitigt einen Überschuß des Zinnsalzes durch Zugabe von etwas gesättigter Quecksilberchloridlösung. Nach Zusatz von einigen Kubikzentimetern 10proz. Mangansulfatlösung kann die Titration mit Permanganat erfolgen.

Bestimmung des Kalziums. Im Filtrat von der Tonerde- und Eisenbestimmung wird das Kalzium mit Ammonoxalat unter Zugabe von Ammonchlorid gefällt. Wenn wenig Magnesium anwesend ist, kann die Fällung wie üblich aufgearbeitet werden. Bei Gegenwart größerer Magnesiamengen wird der Niederschlag, der dann immer Magnesia enthält, nach dem Abfiltrieren und Auswaschen nochmals in wenig verdünnter Salzsäure gelöst, worauf in der erhaltenen Lösung die Kalkfällung wiederholt wird. Dann erst wird der Niederschlag filtriert, gewaschen, verascht, geglüht und gewogen.

Wenn es sich darum handelt, die laufende Lieferung eines Kalksteins zu überwachen, so kann man folgendes einfachere Verfahren zur Kalkbestimmung anwenden. Voraussetzung ist hierbei doch, daß der Magnesiagehalt nicht zu hoch ist und daß er einigermaßen gleichbleibt. Man löst 1 g einer guten Durchschnittsprobe in 25 cm^3 Normalsalzsäure in einem Erlenmeyerkolben unter Einhaltung der oben angegebenen Vorsichtsmaßregeln. Man kocht auf, läßt erkalten und titriert unter Anwendung von Methylorange den Säureüberschuß mit $^n/_1$ Alkalilösung zurück. 1 cm^3 $^n/_1$ Säure entspricht 0,028 g CaO oder 0,050 g $CaCO_3$.

Bestimmung der Magnesia. a) Gewichtsanalytisch. Man dampft das Gesamtfiltrat von der Kalziumbestimmung einschließlich des von der Umfällung stammenden auf etwa 250—300 cm^3 ein. Nach schwachem Ansäuern fügt man einen Überschuß von Ammon- oder Natriumphosphatlösung hinzu, versetzt mit einigen Tropfen Phenolphthalein, erhitzt zum Sieden und gibt nun langsam unter beständigem Umrühren 10proz. Ammoniak hinzu. Nachdem die Flüssigkeit alkalisch geworden ist, fügt man noch etwa $^1/_5$ ihres Volumens an Ammoniak zu und läßt erkalten. Nach einigem Stehen — bei wenig Magnesium nach 12 Stunden — filtriert man durch einen Gooch- oder Neubauertiegel, wäscht mit etwa 3proz. Ammoniak, trocknet und glüht im Tiegelofen, bis die Fällung rein weiß ist. 1 g Niederschlag entspricht dann 0,3621 g MgO oder 0,7572 g $MgCO_3$.

b) Schnellanalyse nach A. Desgraz[1]. Von dem feingepulverten, bei 110° C getrockneten Probegut wägt man in einem zuvor ausgeglühten gewogenen Porzellanschälchen 1 g ab und glüht bei etwa 930—950° C bis zum konstanten Gewicht. Man findet so den Glühverlust.

Der Glührückstand wird mit einigen Tropfen Wasser benetzt. Schon aus dem Glühverlust der Farbe des Glührückstandes und aus seinem Verhalten beim Löschen lassen sich Schlüsse ziehen, welche über die Art des vorliegenden Gesteins Aufschluß geben. Desgraz gibt hierfür folgende Übersicht:

Glühverlust	Verhalten beim Löschen	Farbe	Gesteinsart
unter 41%	langsames Löschen	gelblich	unreiner, SiO_2-Al_2O_3-Fe_2O_3-reicher Kalkstein
über 41% bis etwa 44%	rasches Löschen und Zerfallen	weiß	reiner, ergiebiger Kalkstein
über 44%	rasches Löschen und Zerfallen	weiß	bituminöser, sonst reiner Kalkstein
über 44%	langsames Löschen Zerfall nach langer Zeit	graugelb	Dolomit

[1] Z. angew. Chem. Bd. 35, S. 714. 1922.

Nach dem Löschen spritzt man den Inhalt des Schälchens mit wenig Wasser in ein Becherglas von 150 cm³ Inhalt und übergießt ihn mit 30 cm³ einer konzentrierten Chlorammonlösung. Man gibt in das Schälchen ebenfalls einige Kubikzentimeter der Chlorammonlösung und stellt es warm, um etwa anhaftende Teilchen zu lösen und vereinigt den Schälcheninhalt mit dem des Becherglases.

Man kocht den Inhalt des Becherglases, bis der sofort auftretende Ammoniakgeruch verschwunden ist, hält das Becherglas dabei bedeckt und ersetzt das verdampfende Wasser. Hierdurch werden die ursprünglich als Karbonate vorhandenen Oxyde des Kalziums und des Magnesiums in Chloride übergeführt, während die anderen Bestandteile des Gesteins, Silikate, Phosphate, Sulfate, Eisen- und Manganoxyde, Tonerde usw. unzersetzt bleiben.

Man muß dabei darauf achten, daß die Flüssigkeit nicht zu stark eindampft, weil bei zu starker Konzentration der Chloridlösung das gebildete Chlormagnesium unter Bildung von Salzsäure, welche den sonst unlöslichen Rückstand angreift, leicht zerlegt wird. Das gilt besonders bei der Untersuchung von Dolomit und Magnesit.

Der meist flockige, hellbraunrote bis dunkelbraune Rückstand wird abfiltriert, mit heißem Wasser ausgewaschen, geglüht und gewogen. Er kann, wenn erforderlich, zur Bestimmung von SiO_2, Fe_2O_3, Al_2O_3, P_2O_5 usw. benutzt werden.

Das wasserklare Filtrat wird in einem Meßkolben aufgefangen und auf 500 cm³ aufgefüllt. Das Kalzium wird als Oxalat bestimmt.

Zur Bestimmung der Magnesia kann das Filtrat aus der Kalkfällung verwendet werden durch Fällung als Magnesiumammoniumphosphat in gewohnter Weise. Zeitsparend ist es aber, wenn man die Lösung der Chloride verwendet und unter Umgehung der Kalkfällung wie folgt verfährt.

100 cm³ der ursprünglich erhaltenen Chloridlösung werden in einem Becherglas von 300 cm³ mit 10 cm³ 10 proz. Zitronensäure, 50 cm³ Ammoniak 0,91 spez. Gewicht und 30 cm³ Ammonphosphatlösung (50 g im Liter) versetzt und stark gerührt. Empfehlenswert ist es, nach dem bisher nicht veröffentlichten Verfahren von L. Stahl[1] die Fällung bei 80° C vorzunehmen und das Becherglas unter starkem Rühren sofort in fließendem kaltem Wasser zu kühlen.

Der Niederschlag von körnigem Ammoniummagnesiumphosphat setzt sich sehr rasch zu Boden und kann, besonders bei höherem MgO-Gehalt, nach einer halben Stunde abfiltriert werden.

Man filtriert durch einen Neubauer- oder einen Goochtiegel, wäscht mit 2 proz. Ammoniakwasser bis zur Chlorfreiheit aus, glüht und wägt als Magnesiumpyrophosphat.

[1] Siehe Desgraz a. a. O.

Durch dieses Verfahren spart man erheblich an Zeit, da es nicht erforderlich ist, die Kieselsäure abzuscheiden, Eisenoxyd, Tonerde usw. zu fällen.

Die vorher nicht als Karbonate von Kalzium oder Magnesium vorhandenen Verbindungen werden nicht zersetzt, können aber in dem Rückstand der Chlorammoniumbehandlung bestimmt werden.

Bestimmung der Reaktionsfähigkeit des Kalksteins nach Humm[1]. Nach Humm ist die Reaktionsfähigkeit eines Kalksteins, d. h. sein Vermögen, mit der schwefligen Säure und dem Wasser im Laugenturm zu reagieren, in hohem Maße bedingt durch sein Porenvolumen. Je größer bei gleicher Härte und gleichem spez. Gewicht das Porenvolumen ist, desto reaktionsfähiger ist der Stein. Die Reaktionsfähigkeit wird durch Bestimmung der Mengenabnahme eines Kalksteinwürfels beim Eintauchen in $^{n}/_{1}$ Salzsäure während einer bestimmten Zeit ermittelt. Zur Ausführung der Bestimmung fertigt man sich aus den zu prüfenden Kalksteinen polierte Würfel an, deren Volumen und Gewicht genau ermittelt wird. Diese Würfel werden zum Anätzen genau 1 Minute lang in $^{n}/_{1}$ Salzsäure von 15° gehängt, darauf wird kurz abgespült, getrocknet und gewogen. Die Würfel werden hierauf wieder in der gleichen Weise 1 Minute lang in das Salzsäurebad gebracht und anschließend wie oben behandelt. Aus der Mengenabnahme beim zweiten Versuch berechnet man die Abnahme in Gramm je 1 dm^3, welcher Wert als Ausdruck der Reaktionsfähigkeit gilt. Von verschiedenen Kalksteinen ist jener der reaktionsfähigste, welcher bei diesem Versuch den höchsten Wert ergibt.

Schwefel.

Allgemeines. Der für die Herstellung von Sulfitlauge verwendete Schwefel ist so gut wie ausschließlich sizilianischer oder nordamerik-nischer Herkunft, nur vereinzelt dürfte solcher Schwefel Anwendung finden, welcher als Nebenprodukt bei der Erzeugung anderer Chemikalien anfällt. Der sizilianische Schwefel kommt in verschiedenen Sorten in den Handel, welche sich durch ihr Aussehen und den Aschengehalt voneinander unterscheiden. Für die Verwendungszwecke der Technik kommen nur die zweite und die dritte Sorte in Frage. Die zweite Sorte (englisch: seconds, italienisch: sekonda vantaggiata) weist einen schönen Glanz und eine ausgesprochen gelbe Farbe auf. Ihr Aschengehalt beträgt im Durchschnitt 0,2—0,3%. Die dritte Sorte, die Hauptmenge des Handels (englisch: third, italienisch: terza vantaggiata) besitzt nur einen matten Glanz und mehr weißgelbe Farbe. Der Aschengehalt dieser Sorte ist Schwankungen unterworfen. Er beträgt bisweilen nur wenig mehr als 0,5%, kommt im Mittel aber auf 0,6—1,5%,

[1] Untersuchung an Sulfitlaugentürmen. Biberach a. Riß: Güntter-Staib-Verlag 1929. S. 12ff.

sehr selten ist er höher als 2%, und nur ganz ausnahmsweise wurde er mit 4% ermittelt. Der amerikanische Schwefel übertrifft in der gehandelten Menge das italienische Erzeugnis um das Vielfache. Er kommt nur in einer Sorte in der Technik zur Verwendung, und zwar gewöhnlich in Stückform. Sein garantierter Schwefelgehalt schwankt zwischen 99,0—99,5%. Freisein von Arsenik und Selen wird für ihn gewährleistet.

Die Untersuchung des Schwefels hat sich vornehmlich auf die Prüfung des Aschengehaltes zu erstrecken. In besonderen Fällen ist auf Feuchtigkeit und das Vorhandensein von Selen zu prüfen. Eine Prüfung auf bituminöse Substanzen erübrigt sich, da die zur Erzeugung der Sulfitlauge verwendeten Sorten sizilianischen Schwefels nur sehr geringe Mengen und der amerikanische Schwefel selten Spuren solcher Stoffe enthalten.

Bestimmung des Aschengehaltes. Zur Bestimmung des Aschengehaltes werden von einer guten Durchschnittsprobe in einem Platin- oder Porzellantiegel 10—15 g genau abgewogen, dann verbrannt und verascht, worauf der Rückstand wiederum zur Wägung gebracht wird.

Bestimmung der Feuchtigkeit. Eine Bestimmung der Feuchtigkeit ist nur dann erforderlich, wenn der Verdacht vorliegt, daß der Schwefel durch absichtliches Befeuchten beschwert wurde, oder dann, wenn der Schwefel durch zufällige Einwirkung von Regen genäßt wurde. Die Bestimmung wird wie folgt ausgeführt. Es wird möglichst rasch — um Wasserverdunstung zu vermeiden — eine gute Durchschnittsprobe von etwa 100 g, aus gröberen Stücken bestehend, genommen. Nach dem Abwiegen wird die Probe auf dem Wasserbade oder im Trockenschrank bei ungefähr 70° $^1/_2$ bis 1 Stunde lang getrocknet und alsdann aus dem Gewichtsverlust der Prozentgehalt an Wasser berechnet.

Prüfung auf Selen. Der Einfluß, den schon Spuren von seleniger Säure auf den Verlauf und Ausfall von Sulfitkochungen haben[1], kann es unter Umständen notwendig machen, den Schwefel auf die Anwesenheit dieses Stoffes zu prüfen. Zu diesem Zweck verpufft man eine Probe des Schwefels mit Salpeter, löst die Schmelze in Salzsäure und setzt zur Lösung schweflige Säure; etwa vorhandenes Selen wird als rotes Pulver gefällt.

Reed[2] hat folgende Probe vorgeschlagen: 0,5 g des Schwefels werden mit 5 cm³ einer 5proz. Zyankaliumlösung (!) gekocht, worauf abfiltriert und das Filtrat mit Salzsäure angesäuert wird; nach einstündigem Stehen soll keine rote Färbung von Selen entstehen. Zuweilen färbt sich die Flüssigkeit durch entstehende Persulfozyansäure

---

[1] Klason: Hauptversammlungsbericht des Vereins der Zellstoff- und Papier-Chemiker 1909, S. 61; 1911, S. 81.

[2] Reed: Chem.-Zg. Bd. 21, Rep. S. 252. 1897.

gelblich, eine Erscheinung, welche jedoch ohne Bedeutung ist. Auch ist darauf zu achten, ob die Rotfärbung nicht etwa durch vorhandenes Eisen bewirkt wird, welches mit dem beim Versuch entstehenden Rhodankalium reagiert. Eine für quantitative Bestimmung des Selens geeignete Methode von Klason und Mellqvist ist im folgenden Abschnitt: „Schwefelkies" beschrieben.

Schwefelkies.

Allgemeines. Im reinen Zustand hat der Schwefelkies, Pyrit oder Markasit, die Zusammensetzung FeS_2, woraus sich sein theoretischer Höchstgehalt an Schwefel mit 53,3% ergibt. In den natürlichen Lagern kommt er doch nur sehr selten in dieser reinen Form vor. Ihn begleiten vor allem Kupferkies, Zinkblende, Bleiglanz, geringe Mengen von Arsen- und Selenmineral, sowie Spuren von Silber und Gold. Außerdem enthält er mehr oder weniger Gangart. Arsen und insbesondere Selen sind für die Zwecke der Zellstoffindustrie unerwünschte, ja schädliche Beimengungen; Kupfer, Zink und Blei sind nachteilig, weil sie beim Abrösten Schwefel zurückhalten.

Die Verwendung von deutschem, in Meggen gewonnenem Kies tritt hinter jener von spanischem, portugiesischem, italienischem, griechischem und norwegischem zurück, soweit die Herstellung von Sulfitlauge in Frage kommt. Diese Kiese kommen zumeist nach erfolgter Zerkleinerung und Anreicherung in der natürlichen Zusammensetzung zum Versand. Eine Ausnahme hiervon machen die „gewaschenen" spanischen Kiese (englisch: leached ores). Sie sind als Markasit an der Luft leicht oxydierbar, wobei der in ihnen enthaltene Kupferkies in Kupfersulfat übergeht, das dann mit Wasser ausgelaugt werden kann. Der verbleibende Rückstand, eben der gewaschene Kies, enthält dann selten mehr als 0,3 bis 0,5% Kupfer, während davon im Ausgangsprodukt $3-4^1/_2$% vorhanden sind.

Schwefelkies kommt entweder als Stückkies oder als Feinkies in den Handel. Stückkies soll so zerkleinert sein, daß die größten Teile noch durch ein Sieb mit 50 mm Maschenweite gehen, andererseits aber nicht mehr als 10% Feines (englisch: mull) enthalten ist, dessen Korngröße unter 12 mm beträgt. Für Feinkies wird gewöhnlich vorgeschrieben, daß das Korn 6—12 mm haben soll und daß vom „Überkorn" höchstens 10% vorhanden sein dürfen.

Der Kies wird nach dem Gehalt an Schwefel bewertet und gehandelt. Während der Preis früher gewöhnlich in der Landeswährung pro Tonne angegeben wurde, ist es jetzt weitgehend eingeführt, ihn nach der „Einheit" oder nach „unit" zu bestimmen. Für deutsche Verhältnisse bedeutet der Preis der Einheit jenen Betrag in Mark, welcher für je 1% Schwefel in der metrischen Tonne aufzuwenden ist. Beim englischen

„unit“ ist der entsprechende Betrag in Pence je Prozent Schwefel in der englischen Tonne (1017 kg) gemeint. An einem Beispiel sei das erläutert. Beträgt beispielsweise der Preis der Einheit 0,50 M., so bedeutet dies für einen Kies mit 48% Schwefel einen Preis pro Tonne Kies von $48 \cdot 0{,}50 = 24$ M. Ganz ähnlich wird, wenn der Preis pro unit 6 d ist, der Preis der englischen Tonne Kies $6 \cdot 48 = 288$ d $= 24$ sh.

Während die meisten anderen Sorten mit einem gewährleisteten Grundgehalt an Schwefel verkauft werden, erfolgt der Verkauf der spanischen Sorten gewöhnlich tel quel, d. h. ohne eine Gewähr für einen bestimmten Schwefelgehalt.

Die Berechnung des Kieses geschieht nach dem analytisch ermittelten Schwefelgehalt. Sowohl der Käufer als auch der Händler lassen eine Untersuchung ausführen, und es ist üblich, den Mittelwert beider Analysen der Berechnung zugrunde zu legen, wenn der Unterschied beider Analysen 0,5% nicht übersteigt. Ist er größer, so lassen beide Parteien in von ihnen hierfür zur Verfügung gestellten Proben durch einen Dritten eine Schiedsanalyse ausführen, deren Ergebnis für die Berechnung maßgebend ist.

Die Bestimmung des Schwefels im Kies erfolgt jetzt wohl allgemein nach der ursprünglich von Lunge gegebenen Vorschrift. Diese Methode hat sich trotz gewisser Umständlichkeiten in der Durchführung doch als jene erwiesen, welche die zuverlässigsten Werte ergibt. Allerdings sind gegenüber der ursprünglichen Vorschrift manche vorteilbedingenden Abänderungen in Gebrauch gekommen. Die nachstehende Ausführungsart stützt sich im wesentlichen auf die Vorschrift des staatlichen Materialprüfungsamtes in Stockholm. Sie ist das Ergebnis einer umfangreichen Nachprüfung der Methode durch die chemische Abteilung dieses Amtes[1].

Probenahme. Nur bei Entnahme von Proben, welche wirkliche Durchschnittsmuster darstellen, können verläßliche und übereinstimmende Analysenwerte erwartet werden. Es ist meist Brauch, die Entnahme der Durchschnitts- oder Generalprobe während der Löschung oder Entladung der Sendung durch vereidete Probenehmer vornehmen zu lassen. Von der gezogenen Gesamtprobe wird bei Feinkies ohne weiteres, bei Stückkies nach erfolgter Zerkleinerung auf höchstens 10 mm Korn die Feuchtigkeitsprobe abgeschieden, unmittelbar anschließend in das zur Aufnahme bestimmte Gefäß gefüllt und versiegelt. Die Größe dieser Probe soll 1,5—2,0 kg betragen. Für jedes zu Analysenzwecken benutzte Muster werden nach erfolgter Zerkleinerung (s. nächsten Abschnitt) auf höchstens 1—2 mm Korn mindestens 1 kg, bei etwa weiter durch-

[1] Om Bestämmning av Svavel i Svavelkis av Erik J: son Virgin. Meddelande 22 från Statens Provningsanstalt Stockholm 1924. Man vgl. den Auszug in deutscher Sprache in Papierfabrikant. Bd. 23, S. 144, Nr 9. 1925.

geführter Zerkleinerung auf höchstens 1 mm Korn 0,3—0,5 kg abgeteilt, in das zur Aufnahme bestimmte Gefäß gefüllt und versiegelt. In dieser Form gelangen die Proben zumeist zum Laboratorium.

Vorbereitung der Proben zur Analyse. Die Feuchtigkeitsprobe wird im ursprünglichen Zustand verwandt. Die Analysenprobe wird entweder bei mäßiger Temperatur im Trockenschrank nicht über 40°, da sonst leicht Oxydation erfolgen kann, oder bei gewöhnlicher Temperatur getrocknet. Bei diesem Trocknen wird die Probe in dünner Schicht auf einer geeigneten Unterlage ausgebreitet. Nach dem Trocknen erfolgt die Zerkleinerung zu einem Korn von höchstens 0,1 mm, in welchem Zustand die Probe zur Analyse kommt. Zu diesem Zweck erfolgt zunächst die Zerkleinerung auf ein größtes Korn von etwa 2 mm. Im Anschluß hieran wird die Probe nach gutem Durchmischen in der Art, wie es beim Ziehen der Durchschnittsproben üblich ist, auf die Hälfte vermindert (man vergleiche hierfür das oben bei der Entnahme von Durchschnittsproben von Kohlen Gesagte S. 38). In gleicher Weise wird dann die Probe nach erfolgtem Weiterzerkleinern auf 1 mm größtes Korn auf 0,3 kg vermindert. Der Restbestand wird auf ein größtes Korn von 0,25 mm zerkleinert, und 2 Proben von je 10—20 g werden weiter auf die endgültige Feinheit von etwa 0,1 mm gebracht. Die Zerkleinerung bis auf 1 mm kann entweder in einer Walzenmühle erfolgen oder durch Zerschlagen (nicht Zerreiben) mit einem Stahlhammer auf einer amboßartigen Stahlplatte. Die anschließende Zerkleinerung erfolgt am besten in einer Stahlkugelmühle oder aber ebenfalls durch Zerschlagen auf der Stahlplatte. Das schließliche Zerreiben von 0,25 auf 0,1 mm Korn erfolgt im Achatmörser. Es ist unzweckmäßig, die Zerkleinerung etwa weiter treiben zu wollen. Hierbei kann leicht Veränderung des Kieses infolge von Oxydation eintreten, auch kann durch Abnutzung des Achatmörsers Kieselsäure in die Probe gelangen. Es ist ferner sehr wichtig, sich davon zu überzeugen, daß die verwandten Zerkleinerungsvorrichtungen durch harte Kiese nicht mechanisch abgenutzt werden und demzufolge verändernd auf die Probe einwirken. Am sichersten geht man immer beim Zerkleinern der Proben durch Schlag auf der Hartstahlplatte. Die fertigen Proben werden in einem gut schließenden Wägeglas verwahrt. Sie sollen, um Änderung des eine große Oberfläche bietenden Kieses zufolge von Oxydation auszuschließen, möglichst bald nach der Zerkleinerung zur Untersuchung gelangen.

Feuchtigkeitsbestimmung. Von der hierzu bestimmten Probe werden nach gutem Durchmischen, doch ohne weitere Zerkleinerung, 2 Proben von 0,1—1,0 kg je nach der Korngröße im Trockenschrank bei 105° bis zum konstanten Gewicht getrocknet. Der Mittelwert beider Bestimmungen wird als Ergebnis angegeben.

Bestimmung des Schwefelgehaltes. 1. Man wägt 0,5 g der für die Analyse feingepulverten Kiesprobe ab und bringt sie in ein 250 bis 300 cm^3 fassendes Becherglas der niedrigen Form. Das Glas wird mit einem Uhrglas bedeckt.

2. Hierzu setzt man vorsichtig 20 cm^3 frisch bereitete Salpeter-Salzsäure, welche man durch Mischen von 3 Vol. Salpetersäure vom spez. Gewicht 1,40 mit 1 Vol. Salzsäure vom spez. Gewicht 1,19 hergestellt hat. Während der Zugabe der Säure muß der Becher möglichst mit dem Uhrglas bedeckt gehalten werden, da häufig ein schwaches Aufbrausen stattfindet. Ohne weiter zu schütteln oder zu erwärmen, bleibt der bedeckte Becher jetzt so lange stehen, bis der Kies mit Ausnahme der Gangart vollkommen gelöst erscheint. Es ist zweckmäßig, dieses Auflösen während der Nacht vor sich gehen zu lassen, wobei der Becher unter dem Abzug verwahrt wird. Scheidet sich beim Auflösen etwas Schwefel ab, so erwärme man nicht gleich, sondern lasse die Probe wie angegeben ruhig stehen. Der Schwefel löst sich zumeist wieder nach einiger Zeit schon in der Kälte, ganz sicher aber bei der späteren Erwärmung.

3. Nach dem erfolgten Lösen des Kieses wird der bedeckte Becher $^3/_4$ Stunden lang auf dem kochenden Wasserbad erhitzt. Man nimmt hierauf, ohne es abzuspülen, das Uhrglas fort und dampft auf dem Wasserbad zur Trockne ein. Um Verluste zu vermeiden, darf man den Becher nicht in das Wasserbad einsenken.

4. Der Trockenrückstand wird in 5 cm^3 verdünnter Salzsäure vom spez. Gewicht 1,12 unter Erwärmen gelöst, wobei das Becherglas bedeckt sein muß. Man spült das Uhrglas vorsichtig ab und dampft den Becherinhalt nochmals zur Trockne ein. Salzsäure von obigem spez. Gewicht erhält man durch Mischen von 2 Teilen konzentrierter Säure (spez. Gewicht 1,19) mit 1 Teil Wasser.

5. Möglichst unter Anwendung einer Tropfflasche wird der Trockenrückstand mit 2 cm^3 Salzsäure vom spez. Gewicht 1,19 gefeuchtet und erwärmt. Hierbei geht alles, außer der Gangart, in Lösung. Man spült das den Becher beim Zusatz der Säure bedeckende Uhrglas ab und verdünnt den Becherinhalt auf etwa 100 cm^3 mit warmem Wasser. Der ungelöste Rückstand wird abfiltriert, mit etwa 50 cm^3 warmem Wasser gewaschen und das Filtrat in einem 250 cm^3 fassenden Becher aufgefangen.

6. In der warmen Lösung fällt man das Eisen mit 20 cm^3 Ammoniak vom spez. Gewicht 0,96 und erwärmt auf 60—70°. Nach 15 Minuten langem Erwärmen filtriert man durch ein 10 cm-Filter. Nachdem man den Niederschlag auf dem Filter gesammelt hat, wäscht man ihn zweimal mit 25 cm^3 heißem Wasser aus und spült ihn dann noch einmal zurück in den Becher. Mit insgesamt 50 cm^3 Wasser wird der Nieder-

schlag hierin nochmals aufgekocht, dann wieder auf dem gleichen Filter gesammelt und schließlich mit 75 cm³ warmem Wasser fertig ausgewaschen.

7. Der Eisenhydroxydniederschlag wird mit wenig Wasser ein zweites Mal in den zur Fällung benutzten Becher gespült und durch Zugabe von 5 cm³ Salzsäure vom spez. Gewicht 1,12 in Lösung gebracht. Diese Lösung wird auf etwa 100 cm³ verdünnt, zum Sieden erhitzt, worauf 5 cm³ Bariumchloridlösung 110 g/l zugefügt werden. Wenn sich nach 24 Stunden eine Fällung gebildet hat, so wird sie abfiltriert, für sich oder zusammen mit der Hauptfällung gewogen. Im allgemeinen enthält die Eisenhydroxydfällung keinen Schwefel, wenn man das Auswaschen wie unter 6 angegeben ausführt.

8. Das Filtrat von der Eisenfällung wird mit einigen Tropfen Methylorange versetzt und vorsichtig durch tropfenweises Zusetzen von konzentrierter Salzsäure neutralisiert. Nach Erreichung der Neutralität setzt man noch einen Überschuß von 1 cm³ Säure zu und verdünnt bis auf etwa 350 cm³.

9. Der Becherinhalt wird über einer Flamme zum Sieden erhitzt, der Brenner dann entfernt, und nun werden auf einmal unter kräftigstem Umrühren 20 cm³ kochende Bariumchloridlösung (110 g/l) zugefügt. Zum Abmessen und Erhitzen der Bariumchloridlösung wird ein weites Proberohr benutzt.

10. Man läßt die Fällung sich mindestens $^1/_2$ Stunde absetzen und dekantiert darauf die klare Lösung durch ein 9 cm-Filter. Zur Sicherheit prüft man im Filtrat mit Bariumchlorid, ob die Fällung vollständig war. Die Fällung wird im Becher mit 100 cm³ kochendem Wasser übergossen, es wird kräftig umgerührt und nach etwa 5 Minuten langem Absetzen wird neuerlich dekantiert. Nachdem man noch zwei weitere Male in der gleichen Weise gewaschen und dekantiert hat, bringt man den Niederschlag aufs Filter, wo er bis zum Verschwinden der Chlorreaktion im Waschwasser gewaschen wird.

11. Das Filter samt Niederschlag wird ohne Trocknung in einen gewogenen Platintiegel gegeben, und zwar derart, daß die Spitze nach oben kommt. Im elektrischen Tiegelofen oder über der Gasflamme wird das Filter dann bei mäßiger Temperatur verkohlt, ohne daß die entstehenden Gase sich entzünden. Danach erhitzt man kräftiger, bis sämtliche Kohle verbrannt ist. Schließlich glüht man mit aufgelegtem Deckel bis zum konstanten Gewicht. Dieses Glühen darf jedoch nicht vor dem Gebläse vorgenommen werden, sondern muß über einem Teclu- oder Mekerbrenner oder im elektrischen Tiegelofen erfolgen.

12. Nach dem Erkalten im Exsikkator wird gewogen. 1 g $BaSO_4$ = 0,1374 g S.

13. Sämtliche Reagenzien werden mittels Blindversuch auf ihren Gehalt an Schwefel in Form von Sulfat geprüft.

Statt das Eisen durch Fällen mit Ammoniak auszuscheiden und durch Filtrieren zu beseitigen, kann man in einfacherer Art seinen Einfluß auf die Fällungsvorgänge des Bariumsulfats ausschließen. Es geschieht dies durch Reduktion der Ferri- zur Ferrostufe. Nach Gyzander[1] eignet sich für vorliegenden Zweck ganz besonders Hydroxylaminchlorhydrat $NH_3(OH)Cl$.

Bei Durchführung dieser Abänderung des Lungeschen Verfahrens verfährt man bis zum Punkt 4 wie vorstehend angegeben, worauf man gemäß folgendem weiterarbeitet.

5a. Der Eindampfrückstand wird genau in der gleichen Weise wie unter 5 beschrieben behandelt und nach dem Lösen von der Gangart abfiltriert, wobei man das Filtrat in einen 600 cm^3 fassenden Becher (niedriges Modell) laufen läßt.

6a. Zur klaren eisenhaltigen Lösung setzt man 20 cm^3 einer Lösung, welche im Liter 20 g Hydroxylaminchlorhydrat und 100 g Ammoniumchlorid enthält. Die Analysenlösung wird nach diesem Zusatz auf 350 cm^3 verdünnt.

7a. Man erwärmt zum Kochen, wodurch die Reduktion der Eisensalze erfolgt, was sich an der Entfärbung der Flüssigkeit zu erkennen gibt.

Die anschließende Ausfällung der Schwefelsäure mit Bariumchlorid wie auch die Aufarbeitung des Niederschlages erfolgt wie unter 9—11 beschrieben.

Berechnung der Ergebnisse der Schwefelbestimmung. In jeder der beiden fein zerkleinerten Analysenproben wird außer dem Schwefelgehalt noch besonders der Feuchtigkeitsgehalt bestimmt. Dies erfolgt durch Trocknen von etwa 5 g bei 105° während 1 Stunde. Die getrockneten Proben dürfen aus oben angegebenen Gründen nicht für Analysenzwecke verwandt werden.

Nach der Ermittlung der Durchschnittswerte der Schwefel- und Feuchtigkeitsbestimmungen in den Einzelproben wird der gesamte Mittelwert der absolut trockenen Probe ermittelt. Das Ergebnis wird mit nur einer Dezimale angegeben.

Bestimmung des Kupfergehaltes. a) Als Sulfid. 12,5 g feinst pulverisierter und getrockneter Kies werden in einem hohen Becherglas mit 110 cm^3 Wasser und 1 cm^3 konzentrierter Schwefelsäure übergossen. Darauf wird vorsichtig konzentrierte Salpetersäure (spez. Gewicht 1,4) so lange zugefügt, bis kein Aufschäumen mehr erfolgt. Während dieser Operation hält man das Becherglas durch eine passende Porzellanschale bedeckt, um Herausspritzen zu vermeiden. Man erhitzt nun einige Minuten zum starken Sieden, entfernt dann die von den Säuredämpfen abgespülte Schale und dampft unter Umschwenken den In-

[1] Chem. News Bd. 93, S. 213. 1906.

halt des Bechers bis zur Salzabscheidung ein. Durch vorher erwärmtes Wasser wird der Brei dann wieder in Lösung gebracht. In einen 250 cm^3-Kolben überführt, wird mit Wasser bis zur Marke aufgefüllt. Von der Lösung werden 200 cm^3 (= 10 g der Ausgangssubstanz) durch ein trockenes Filter filtriert, um Kieselsäure und Blei zurückzuhalten. Aus dem Filtrat wird in bekannter Weise das Kupfer durch längeres Einleiten von Schwefelwasserstoff gefällt. Dies Einleiten hat so lange zu geschehen, bis Zusammenballen des Niederschlages eingetreten ist. Der Niederschlag wird durch Dekantieren mit Wasser ausgewaschen, dann etwa auf das Filter gekommene Substanz zur Hauptmenge zurückgegeben und so viel starke Natriumsulfidlösung zugesetzt, daß nach einigen Minuten langem Kochen aller etwa vorhandene Schwefel gelöst ist. Man verdünnt jetzt mit heißem Wasser und läßt den Niederschlag sich absetzen. Darauf filtriert man die Arsen und Antimon enthaltende Lösung ab und wäscht das Schwefelkupfer mit heißem Wasser aus. Die quantitative Bestimmung geschieht schließlich in bekannter Weise durch Reduktion des Kupfersulfids zu Sulfür.

Was die Menge Ausgangssubstanz anlangt, so sind bei 3—5% Kupfer schon 6 g ausreichend, bei etwa 2% nehme man 12,5 g.

b) Elektrolytisch nach der Methode der Duisburger Hütte angegeben von E. Mengler[1]. Man behandelt 5 g des feingeriebenen und getrockneten Kieses in einem schräggestellten Erlenmeyerkolben mit 50 cm^3 Salpetersäure vom spez. Gewicht 1,2; verdampft die Lösung, bis Schwefelsäuredämpfe entweichen, bringt die trockenen Salze mit 50 cm^3 Salzsäure vom spez. Gewicht 1,19 in Lösung, setzt Natriumhypophosphit (2 g NaH_2PO_2, in etwas Wasser aufgelöst) hinzu und dampft bei 110—120° C — am besten in einem unter Druck stehenden Dampfkasten — zur Trockne, wodurch alles Arsen reduziert und entfernt wird[2]. (Kiesabbrände werden direkt in Salzsäure gelöst und wie vorstehend eingedampft.) Zur Umwandlung der Chlorverbindungen in Sulfate setzt man etwa 7 cm^3 konzentrierte Schwefelsäure sowie etwas Salpetersäure hinzu und dampft wieder zur Trockne ein, bis starke Schwefelsäuredämpfe entweichen. Die Salpetersäure löst hierbei etwa vorhandenes Kupfersulfid. Dieses kann entstehen durch die energische Einwirkung der unterphosphorigen Säure auf freie Schwefelsäure. Sie wird zunächst unter Bildung von phosphoriger Säure zu Schwefeldioxyd reduziert, das von der phosphorigen Säure weiter zu Schwefel oder Schwefelwasserstoff reduziert wird, von denen sowohl der Schwefel in statu nascendi als auch der Schwefelwasserstoff aus dem Kupfersalz Kupfersulfid niederschlagen kann. Die trockene Salzmasse wird jetzt mit heißem Wasser aufgenommen, das Bleisulfat mit dem Rückstande nach dem

---

[1] Chem.-Zg. Bd. 43, S. 729. 1919.

[2] Lunge: Schwefelsäurefabrikation, 4. Aufl., Bd. 1, S. 113.

Erkalten abfiltriert und der Filterrückstand mit schwefelsäurehaltigem Wasser ausgewaschen. Zum Filtrat gibt man eine Lösung von 1 g Zitronensäure und 2 g Ammonnitrat, verdünnt auf etwa 200 cm^3 und schlägt das Kupfer elektrolytisch auf einem Platinzylinder (Kathode) von etwa 200 cm^3 Oberfläche nieder. Am geeignetsten ist ein Strom von 2,8 Volt und 0,3—0,4 Amp. Bei stärkerem Strom tritt oft Stickoxydgas auf, welches die vollständige Fällung des Kupfers verhindert. Die zu elektrolysierende Lösung enthält immer noch geringe Mengen Blei, die sich nur zum Teil am positiven Pol als Superoxyd abscheiden und zum anderen Teil mit dem Kupfer an der Kathode niedergeschlagen werden, weshalb eine nochmalige Fällung erforderlich ist. Zu diesem Zweck werden beide Elektroden schnell aus dem Elektrolyten entfernt, in ein passendes Becherglas gestellt und das abgeschiedene Kupfer wird in entsprechend verdünnter, heißer Salpetersäure gelöst. Nachdem die erkaltete Lösung mit etwas Schwefelsäure versetzt worden ist, wird sie nochmals mit einem Strom von 0,25 Amp. elektrolysiert, wodurch die noch vorhandene Bleimenge an der Anode als Superoxyd abgeschieden und das Kupfer an der Kathode rein erhalten wird. Arsen- und bleifreie Kiese (5 g) löst man direkt in 50 cm^3 Salpetersäure (spez. Gew. 1,2) und 20 cm^3 verdünnte Schwefelsäure (etwa 50proz.), dampft zur Trockne, nimmt mit Wasser auf und filtriert. Nach Zusatz von Zitronensäure und Ammonnitrat wird die Lösung einmal elektrolysiert.

Bestimmung und Nachweis des Selens in Schwefelkiesen und Schwefel. Schwefelkies ist fast stets etwas selenhaltig. Das Verhältnis zwischen Schwefel und Selen schwankt zwischen 1 : 10000 und 1 : 100000[1]. Größere Mengen Selen, die in die Kochlauge gelangen, führen Kalziumbisulfit in Gips, bzw. Schwefligsäure in Schwefelsäure über, so daß ersteres für den Kochprozeß verlorengeht. Nach einiger Kochzeit sinkt daher bei Gegenwart von größeren Selenmengen der Schwefligsäure- und Kalkgehalt ziemlich plötzlich ab. Der Zellstoff wird dunkelfarbig, ist klebrig, schwer auswaschbar und schwer bleichbar. Bei Herstellung leicht bleichbaren Zellstoffes, wobei höhere Temperatur in Anwendung kommt, ist die Schädigung am stärksten zu bemerken.

Nachweis des Selens. Zum Nachweis, daß der verwendete Kies Selen enthält, kann man von dem Schlamm in den Gasleitungen der Zellstoffabrik ausgehen. Er wird bis zur neutralen Reaktion ausgewaschen und auf dem Wasserbade mit konzentrierter Zyankaliumlösung behandelt, bis er die rötliche Farbe verloren hat. Beim Zusatz von Salzsäure zum Filtrat wird Selen in kirschroten Flocken — unter Entwicklung großer, äußerst giftiger Blausäuregasmengen (unter Abzug oder im Freien arbeiten!) — ausgefällt.

[1] Torgensen, J. C., u. Chr. Bay: Papierfabrikant. Bd. 12, S. 483. 1914.

Bestimmung des Selens nach Klason und Mellqvist[1]. Für den Fall, daß Kiese vorliegen, werden 20—30 g von dem fein geriebenen Material in konzentrierter Salzsäure vom spez. Gewicht 1,19 unter Zusatz von Kaliumchlorat gelöst. Einige Kiese lassen sich durch diese Behandlung zwar nicht so leicht in Lösung bringen, man gewinnt aber den Vorteil, daß alles Abrauchen wegfällt, das bei Anwendung des Königswassers als Lösungsmittel notwendig ist. Nachdem der Kies sich gelöst hat und die Gangart abfiltriert worden ist, wird zu der sauren Lösung metallisches Zink in Stücken hinzugesetzt, bis alles Eisenchlorid durch entwickelten Wasserstoff reduziert worden ist. Hierbei wird auch die Selensäure teilweise reduziert. Nachdem die reduzierte Lösung weiter mit Salzsäure angesäuert und gekocht worden ist, wird das Selen durch Zusatz von Zinnchlorürlösung ausgefällt, worauf der Niederschlag, nachdem er sich abgesetzt hat, in einem mit Asbestfilter beschickten Goochtiegel gesammelt wird. Um die Fällung von Arsen zu befreien, wird sie in einer Zyankaliumlösung gelöst und aus dieser wird das Selen durch Zugabe von konzentrierter Salzsäure ausgefällt (Entwicklung von Blausäuredämpfen!). Das so isolierte Selen wird auf einem Asbestfilter im Goochtiegel gesammelt und sodann in eine gleich zu beschreibende Sublimationsröhre gebracht und zu seleniger Säure verbrannt, die mittels Wasser herausgelöst und nach der jodometrischen Methode titriert wird.

Die Sublimationsröhre besteht aus 1 mm dickem, schwer schmelzbarem Glas, ist an einem Ende stark verjüngt und hat in ihrem weiteren Teile eine Länge von 280 mm und einen Durchmesser von 10 mm. (Solche Röhren werden auch bei der gewichtsanalytischen Zuckerbestimmung zum Sammeln des Kupferoxyduls benutzt.) An der Stelle der Verjüngung wird zunächst ein durchlöcherter Platinkegel eingesetzt, hierauf ein dichtes Asbestfilter von in Wasser aufgeschwemmtem, ausgeglühtem Asbest eingebracht. Auf diesen Asbestpfropf bringt man das Asbestpolster mit der Selenfällung. Nach dem Trocknen der Röhre wird an ihrem anderen Ende ein zweiter Pfropf von ebenfalls ausgeglühtem Asbest eingepreßt und hierauf die Röhre vorsichtig an ihrer Verjüngung mittels einer kleinen Flamme erhitzt, während durch die Röhre ein langsamer Sauerstoffstrom geleitet wird. Das Selen verbrennt zu seleniger Säure, die sich in der Röhre gleich hinter der erhitzten Stelle absetzt. Um die selenige Säure vollkommen frei von metallischem Selen zu erhalten, wird das Sublimat mittels einer Flamme nach dem zweiten Pfropfen am anderen Ende der Röhre getrieben. Ist das Selen mit Schwefel gemischt, so muß man das Sublimat zwischen den Pfropfen mehrmals hin und her treiben, bevor man es rein weiß erhält, weil das Selen nicht eher oxydiert wird, als bis der Schwefel und alle schweflige

[1] Klason u. Mellqvist: Hauptversammlungsbericht des Vereins der Zellstoff- und Papier-Chemiker 1911, S. 81—91.

Säure ausgetrieben sind. Die so erhaltene selenige Säure wird aus der Röhre mit Wasser herausgelöst und in einen Kolben mit eingeschliffenem Pfropf gebracht; die Lösung wird bis auf 100—300 cm^3 verdünnt, worauf je nach dem Volumen 2—10 Tropfen chlorfreie Salzsäure vom spez. Gewicht 1,19 hinzugesetzt werden. Nachdem der Kolben auf dem Wasserbade erwärmt und die Luft oberhalb der Lösung durch Einleiten von Kohlensäure vertrieben worden ist, werden 2—5 g jodatfreies Jodkalium hinzugesetzt. Der Stopfen wird danach aufgesetzt und der Kolben umgeschüttelt, bis das Jodkalium gelöst ist, wonach er in fließendem Wasser abgekühlt und 1 Stunde lang im Dunkeln stehengelassen wird. Das freigemachte Jod wird mittels Thiosulfatlösung unter Anwendung von Stärkelösung als Indikator gemessen.

Die Reaktion spielt sich nach folgender Gleichung ab:

$$SeO_2 + 4\,HJ = Se + 2\,H_2O + 2\,J_2\,.$$

1 cm^3 $^n/_{10}$ Thiosulfatlösung entspricht 0,0028 g SeO_2 und 0,00198 g Se. Bei sehr geringen Mengen Selen kann es ratsam sein, mit $^n/_{100}$ Lösungen zu arbeiten.

Diese Methode kann auch dazu benutzt werden, Selen in Schwefel zu bestimmen. Man bringt in eine Verbrennungsröhre von 1 m Länge und 20 mm Durchmesser eine dichte, etwa 5 cm lange Asbestschicht durch Eingießen von in Wasser aufgeschwemmtem Asbest in die Röhre, worauf nach dem Trocknen der Röhre der Asbestpfropfen ausgeglüht wird. Der zu untersuchende Schwefel wird in Porzellanschiffchen gefüllt, die 10—14 g fassen und in der Röhre unter Durchleiten eines Sauerstoffstromes verbrannt. Das Selen wird vollständig von dem

Zusammensetzung verschiedener Schwefelkiese.

Sorte	Eisen	Schwefel	Kupfer	Zink	Blei	Arsen	Kieselsäure	Kristallform	Herkunftsland
Meggener	34,9	41–43	—	6,0–9,0	0,4	0,07	6,0–12,0		Deutschland
Björkaasen	45	48–51	2,6	1,3	0,3	Sp.	2,5	kristallin	Norwegen
Sulitelma	40	42–45	3–4	4,5	0,03	0,0	6,5	„	„
Orkla	38,5	41,5–43,5	2,0	1,6	0,3	0,05	11,0	amorph	„
Bossmo	43,5	49	0,5	0,5	0,0	Sp.	3,0	kristallin	„
Stordö	39	39–41	Sp.	0,2	0,0	Sp.	9,0	„	„
Rio Tinto Waschk. .	43	46,5–48,5	0,4	0,5	0,7	0,3	3,1	„	Spanien
Perunal	45	49,5–51,0	0,7	0,2	0,2	0,2	3,0	„	„
Tharsis Waschkies .	44	47,5–50,0	0,7	0,3	0,3	0,2	4,0	„	„
Pena Waschkies . .	40	45–47	0,3	0,8	0,2	0,1	2,5	„	„
Pomaron Waschkies	43	47,5–49,5	0,3	0,7	0,4	0,2	5,5	„	Portugal
San Domingo . . .	43	48–49	1,0	0,3	0,5	0,2	2,0	„	„
Agordo	40,5	43,5–47,0	1,0	0,7	0,5	0,2	7,5	amorph	Italien
Montecatini . . .	43,5	47–48	0,0	0,0	Sp.	Sp.	5,5	kristallin	„
Kassandra	44	48–49	0,1	0,2	0,2	0,2	4,5	„	Griechenland
Outokumpu . . .	42	44	3,9	1,9	—	—	6,7	„	Finnland

Asbestfilter aufgefangen. Zur Herauslösung des Selens aus der Röhre und dem Asbestpfropfen wird Zyankaliumlösung angewendet. Aus dieser Lösung wird das Selen durch starkes Ansäuern mit Salzsäure (Vorsicht wegen der Entwicklung von Blausäuredämpfen. Im Freien arbeiten!) und Einleiten von schwefliger Säure behufs Reduzierung etwa gebildeter seleniger Säure ausgefällt. Da bei Gegenwart von viel Salzen das Selen sehr langsam ausfällt, muß die Lösung in der Wärme stehen und abdunsten, bis die Salze auszukristallisieren beginnen. Die schwefelhaltige Fällung wird darauf in die Sublimationsröhre gebracht und die Analyse in der gleichen Weise wie beim Kies beschrieben zu Ende geführt.

Gasreinigungsmasse.

Allgemeines. Als Ausgangsmaterial für die Schwefeldioxydgewinnung ist die Gasreinigungsmasse stark in Anwendung gekommen. Der Gehalt dieses Materials an nutzbarem Schwefel schwankt in weiten Grenzen. Für die Zwecke der Zellstoffindustrie kommen vornehmlich nur Massen mit mehr als 40% Schwefel in Frage. Die Untersuchung erstreckt sich auf den Wassergehalt und den an Schwefel. Bislang steht eine endgültige Einigung über die Durchführung der Untersuchungen noch aus. Dieser Umstand erklärt, weshalb gerade bei der Analyse der Gasmassen so wechselnde und verschiedene Ergebnisse gefunden werden. Die Bewertung erfolgt immer nach dem Gehalt an mit Schwefelkohlenstoff extrahierbarem Schwefel.

Probenahme[1]. Von jedem Wagen wird eine Durchschnittsprobe von etwa 10—15 kg genommen. Sie wird, wenn notwendig, zerstampft, durchgeschaufelt, im Quadrat ausgebreitet und durch Ziehen der Diagonalen und Entfernen je zweier gegenüberliegender Dreiecke auf etwa 5 kg gebracht. Nun wird sie noch durch ein Sieb von 5 mm² Maschenweite getrieben, Zurückbleibendes so weit zerkleinert, daß es ebenfalls hindurchgeht. Aus dieser Probe werden dann 3 Musterflaschen von etwa 250 g Inhalt, die für die eigene Untersuchung, den Verkäufer und die evtl. Schiedsanalyse bestimmt sind, abgefüllt und versiegelt.

Bestimmung des Trockenverlustes[2]. In einer flachen, glasierten Porzellanschale (Satte) von etwa 80 mm Durchmesser und 15 mm Höhe wägt man mindestens 25 g, besser 50—100 g, ab und stellt die so gefüllte Schale in einen Trockenschrank. Dieser wird mittels eines Thermostaten auf etwa 80° erwärmt. Im allgemeinen wird die Gewichtskonstanz mit Sicherheit nach 4 Stunden erreicht. Die Wägungsdiffe-

---

[1] Wentzel: Über die ausgebrauchte Gasreinigungsmasse der Gasanstalten und die Untersuchung dieses Materials. Z. angew. Chem. Bd. 31, S. 45, 78, 128. 1918.

[2] Wirtschaftliche Vereinigung Deutscher Gaswerke usw.: Z. angew. Chem. Bd. 31, S. 45. 1918.

renzen dürfen 0,05 g nicht überschreiten. Die Schale läßt man im Exsikkator oder an einer anderen trockenen Stelle erkalten. Der Gewichtsverlust ergibt die ursprüngliche Feuchtigkeit.

Bestimmung des Schwefels. a) Nach der Schüttelmethode. Die getrocknete Masse wird fein zerkleinert und abgesiebt. Von diesem Material wägt man 10 g ab und bringt sie durch einen glatten Pulvertrichter in einen Mischzylinder von 100 cm³ Inhalt, der auch bei 105 cm³ eine Marke hat. Der Zylinder wird mit etwa 75 cm³ reinem, frisch destilliertem Schwefelkohlenstoff gefüllt und mit einem Glasstopfen verschlossen. Dann werden Masse und Lösungsmittel öfters umgeschüttelt und einige Stunden sich selbst überlassen. Nun wird mit Schwefelkohlenstoff bis zur Marke 105 cm³ aufgefüllt, nochmals umgeschüttelt und die Masse zum Absitzen gebracht. Wenn die Extraktionsflüssigkeit, die je nach dem Gehalt und der Reinheit der Masse hellgelb bis tief dunkelbraun gefärbt ist, völlig klar geworden ist, pipettiert man 50 cm³ hiervon vorsichtig heraus. Diese 50 cm³ läßt man durch ein kleines Filter in einen gewogenen Kolben von etwa 150 cm³ fließen. Der Kolben soll zur Verhinderung von Siedeverzügen einen Siedestein (oder Nagel od. dgl.) enthalten. Das Filter wird sogleich mit Schwefelkohlenstoff ausgewaschen und der Kolben auf einem schwach siedenden Sicherheitswasserbade oder vermittels einer elektrischen Heizvorrichtung vom Lösungsmittel befreit. Die letzten Reste Schwefelkohlenstoff werden durch Einblasen trockener Luft oder durch Liegenlassen an der Luft entfernt. Dann wird der Kolben bei 100° getrocknet und zur Wägung gebracht. Die Gewichtszunahme ergibt, mit 20 multipliziert, den Prozentgehalt an Rohschwefel. Diese wird dann durch Multiplikation mit $\frac{100 - \%\ \text{Wasser}}{100}$ auf die ursprüngliche Masse umgerechnet. — Die Bestimmung wird stets doppelt angesetzt. Unterschiede über 1% bedingen eine Wiederholung. Die Schwefelkohlenstoffreste werden gesammelt, durch Destillation gereinigt und wieder verwendet.

b) Nach der Methode von Drehschmidt[1]. Als Extraktionsgefäß dient hier ein Tiegel mit durchlöchertem Boden, ähnlich dem Goochschen, aber mit geraden Wänden und umgebördeltem Rand. Derselbe wird zunächst in einen Gummiring und mit diesem in die in Abb. 24 gezeichnete Saugvorrichtung eingehängt, dann mit fein zerzupftem, in Wasser aufgeschwemmtem, reinem Asbest beschickt, den man mehrmals mit destilliertem Wasser an der Saugpumpe auswäscht. Der so vorbereitete Tiegel wird getrocknet und geglüht und nach seinem Erkalten im Exsikkator gewogen und mit 10 g Masse gefüllt. Tiegel und Masse werden bei 90° im Trockenschrank getrocknet. Der Gewichtsverlust nach dem Erkalten im Exsikkator ergibt den Feuchtigkeitsgehalt der

[1] Wentzel: Z. angew. Chem. Bd. 31, S. 128. 1918.

Masse. Nun bringt man den Tiegel in einen mit 3 Nasen versehenen Glasaufsatz, der oben mit einem gut wirkenden Rückflußkühler, unten mit dem vorher gewogenen und mit reinem, über Kalk abdestilliertem und über Quecksilber aufbewahrtem Schwefelkohlenstoff beschickten Kolben verbunden ist (Abb. 25). Um ein späteres Spritzen zu vermeiden, tut man gut, auch die Masse im Tiegel mit etwas Schwefelkohlenstoff anzufeuchten. Nun erhitzt man auf dem Wasserbade und extrahiert so lange, als das Extraktionsmittel noch gefärbt abtropft. Wenn es $^1/_2$ Stunde lang wasserklar abgelaufen ist, kann man sicher sein, daß die Extraktion beendet ist. Den Tiegel bringt man unmittelbar nach Abschluß der Extraktion in den Trockenschrank. Aus dem Kolben destilliert man den Schwefelkohlenstoff ab, verjagt die letzten Reste durch Ausblasen mittels eines Handgebläses und setzt den Kolben ebenfalls in den Trockenschrank. Nach dem Erkalten im Exsikkator wird gewogen, und man erhält sowohl durch den Verlust des Tiegels wie durch die Zunahme des Kolbens den Gehalt an Rohschwefel.

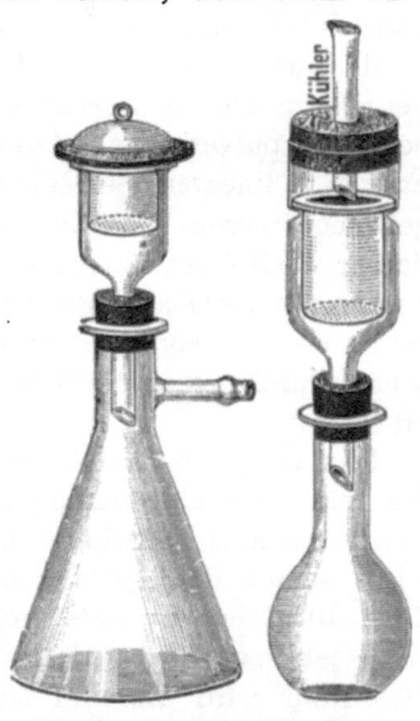

Abb. 24 und 25. Schwefelbestimmung nach Drehschmidt.

c) Nach Opfermann-Fleischer[1]. 10 g Gasmasse werden mit etwa 1 g Blutkohle und etwa 0,5 g Kaliumkarbonat innig gemischt und in eine Hülse von Schleicher und Schüll gegeben, die leicht mit einem Wattepfropfen verschlossen ist. Diese wird in einen Extraktionsapparat gegeben, dessen Kolben mit Schwefelkohlenstoff gefüllt ist. Als Extraktionsapparat eignet sich besonders der von Wislicenus[2] angegebene, welcher aus einem geräumigen Erlenmeyerkolben mit aufgesetztem Kühler besteht. Die Extraktionshülse mit ihrer Füllung wird an einem dünnen, durch das Kühlerrohr geführten Draht befestigt. Der Apparat wird so weit mit Schwefelkohlenstoff gefüllt, daß die bis dicht über dem Boden hängende Hülse zum größten Teil darin eintaucht. Man kocht zunächst im siedenden Schwefelkohlenstoff etwa $^1/_4$ Stunde lang aus, dann zieht man die Hülse in den Dampfraum hinauf und extrahiert nochmals 1 Stunde lang. Nach Angaben von Fleischer ist diese Zeitdauer voll ausreichend, um den Schwefel restlos in Lösung zu bringen.

[1] Zellstoff u. Papier Bd. 1, S. 73 u. 106. 1921.

[2] Man vgl. den Abschnitt „Untersuchung pflanzlicher Rohstoffe“: Harz-, Fett- und Wachsbestimmung.

Der Schwefelkohlenstoff wird dann abdestilliert und der Rückstand nach kurzem Trocknen gewogen.

Die Zugabe von Kaliumkarbonat zum Extraktionsgut soll verhindern, daß Verunreinigungen aus der Gasmasse mit herausgelöst werden.

d) Nach Stravorinus[1]. Man benutzt zur Bestimmung 10 g eines bei 80° im Trockenschrank getrockneten Musters, das nach dem Trocknen feinst pulverisiert und durch ein Seidenflorsieb B 30, also mit 30 Öffnungen je linearem Zentimeter und 900 Maschen je Quadratzentimeter getrieben wurde. Als Extraktionsgefäß wird ein Glasrohr von 25 mm lichter Weite benutzt, das einseitig zu einer Spitze ausgezogen ist, welche mit einer schrägen Öffnung endet. Die Abmessungen des Glasrohres sind folgende: Länge des zylindrischen Teiles 15 cm, der Spitze 5 cm, Durchmesser der Öffnung 2 mm im Lichten, Gesamtinhalt etwa 60 cm^3.

Man bringt in das Glasrohr einen kleinen Wattebausch und drückt ihn leise und gleichmäßig an; hierauf bringt man 5 g Noritpulver (medizinische Adsorptionskohle, Medizinalnorit, feinst gepulvert), klopft leise, so daß die Kohle sich gleichmäßig zusammenlegt und schüttet dann 10 g des zu untersuchenden Gasmassemusters auf die Kohle. Auch jetzt wird durch leises Klopfen das Pulver gleichmäßig verteilt. Das Rohr wird dann in einer Klemme senkrecht stehend befestigt und eine gewogene gläserne Kristallisationsschale von etwa 100 cm^3 Inhalt untergestellt. In das Rohr wird bis oben hin Schwefelkohlenstoff gefüllt. Die Flüssigkeit durchdringt die Reinigungsmasse, löst hieraus den Schwefel auf, durchläuft nachher die Noritkohle, welche Teer und Öl zurückhält und fängt nach etwa einer Viertelstunde an, aus dem Rohr zu tropfen. Der Wattebausch genügt, um Noritteilchen zurückzuhalten. Man läßt den Schwefelkohlenstoff ganz auslaufen und füllt das Rohr noch zweimal mit frischer Flüssigkeit nach. Im ganzen verbraucht man etwa 150 cm^3 Schwefelkohlenstoff für eine Bestimmung bisweilen weniger, doch genügt diese Menge vollständig zur restlosen Extraktion des Schwefels. Wenn man nachmittags mit der Bestimmung, anfängt, so kann man gerade gegen Ende der Arbeitszeit das Rohr zum zweitenmal nachfüllen. Wenn man bei dieser Bestimmung unter einem gut ziehenden, geschlossenen Abzug arbeitet, so kann man die Analyse sich selbst während der Nacht überlassen und findet am nächsten Morgen den Schwefelkohlenstoff verdunstet und den Schwefel in schönen Kristallen abgeschieden. Eine kurze Nachtrocknung im Trockenschrank genügt, um Gewichtskonstanz herbeizuführen. Jede Analyse wird doppelt ausgeführt.

---

[1] Die Mitteilung dieser Untersuchungsmethode verdanken wir der Freundlichkeit von Herrn Direktor K. Rieth in Memel. Man vgl. D. Stravorinus: Chem. Centralbl. 1927, I, S. 1100.

Wünscht man sich ein Urteil zu bilden über die Menge der Teer- und Ölsubstanzen in der Masse, so kann daneben ein dritter Versuch ohne Norit gemacht werden. Wiederholte Stichproben haben gezeigt, daß mit der angegebenen Menge Schwefelkohlenstoff der freie Schwefel quantitativ erhalten wird. Die Anwendung einer weiteren Menge des Lösungsmittels lieferte bei der Verdunstung immer nur einen unwägbaren Rückstand.

Gemäß dieser Vorschrift gewinnt man den angewandten Schwefelkohlenstoff nicht zurück. Es ist jedoch ohne Schwierigkeiten möglich, diesem Mangel abzuhelfen, und zwar dadurch, daß man als Auffanggefäß statt der Kristallisierschale ein gewogenes Kölbchen verwendet. Man deckt es lose durch ein mit einer Öffnung versehenes Uhrglas ab und läßt durch die Öffnung das zur Extraktion benutzte Glasrohr bis in den Hals des Kolbens reichen.

Gesamtschwefelbestimmung nach Lenander[1]. 0,5—1 g der feingepulverten getrockneten Masse werden in 25 cm³ konzentrierter Salpetersäure unter Zusatz von ca. 1,5 g Kaliumchlorat gelöst. Die Lösung wird nach einstündigem Stehen auf dem Wasserbad zur Trockne eingedampft und der Rückstand nach zweimaligem Abrauchen mit konzentrierter Salzsäure zwecks Zerstörung der Salpetersäure mit 10 cm³ konzentrierter Salzsäure und 100 cm³ Wasser aufgenommen und durch ein doppeltes Filter filtriert. Das Filtrat wird auf 1000 cm³ verdünnt und 100 cm³ davon werden unter schwachem Sieden ammoniakalisch gemacht. Nach dem Abfiltrieren der Fe-Fällung wird mit Salzsäure angesäuert und die Lösung kochend mit $BaCl_2$-Lösung gefällt.

Prüfung des extrahierten Schwefels auf seine Reinheit[2]. Will man den Gehalt an Reinschwefel in den so extrahierten Proben feststellen, so bringt man den Kolbeninhalt mit wenig Schwefelkohlenstoff wieder in Lösung und spült in eine Porzellanschale, aus der man das Lösungsmittel auf dem Wasserbade verdunstet. Vom Rückstand wiegt man etwa 0,5 g genau ab und oxydiert vorsichtig in einem Erlenmeyerkolben mit aufgelegtem Uhrglas mittels rauchender Salpetersäure. Sobald kein ungelöster Schwefel mehr zu sehen ist, bringt man den Inhalt des Kolbens in eine Porzellanschale und dampft zweimal mit konzentrierter Salzsäure ab, filtriert von der Kieselsäure und fällt, wie üblich, in der Hitze mit Bariumchlorid. 1 g $BaSO_4$ entspricht 0,1374 g S.

Die Differenz zwischen beiden Bestimmungen zeigt die Menge der im Rohschwefel enthaltenen Verunreinigungen an, welche meistens 1,5% nicht zu übersteigen pflegen.

[1] Lenander, J.: Mitteilung, betreffend die Bestimmung des Gesamtschwefelgehaltes in der Reinigungsmasse. Sv. Kemsk. Tidskr. Bd. 32, S. 184, 185, November 1920; Chem. Centralbl. 1921, II, Nr 5, S. 237, 238.

[2] Wentzel: Z. angew. Chem. Bd. 31, S. 78. 1918.

Bestimmung des austreibbaren oder gewinnbaren Schwefels in Kies oder Gasmasse.

Allgemeines. Die Gesamtmenge des im Kies nach der Methode von Lunge ermittelten Schwefels ist im Betrieb nicht gewinnbar. Vor allem bleiben je nach dem Gehalt an Kupfer und Zink mehr oder weniger größere Mengen Schwefel im Abbrand. In gleicher Weise werden auch bei der Abröstung der Gasmasse durch den meist immer vorhandenen Kalk wie auch durch Eisen selbst Schwefelanteile in nicht austreibbarer Form gebunden. Aus diesen Gründen sind Bestimmunsgmethoden vorgeschlagen worden, welche ermöglichen sollen, allein den verwertbaren Schwefel in den genannten Rohstoffen zu ermitteln. Wenn es sich auch bislang nicht eingebürgert hat, Kies und Gasmasse auf Grund der Ergebnisse solcher Methoden zu kaufen, so lassen diese doch auf das Verhalten der Rohstoffe im Betrieb schließen und geben für ihre Bewertung wertvolle Fingerzeige. Endlich kann man nach Sieber[1] auf diesem Wege auch ermitteln, welches Verhältnis zwischen den Schwefelresten im Abbrand und dessen anfallender Menge besteht, eine Zahl, die für Kalkulationsrechnungen oft erwünscht ist.

Bestimmung des austreibbaren Schwefels nach Dennstedt und Hassler[2]. Die Abb. 26 gibt die Versuchsanordnung wieder. Als Verbrennungs-

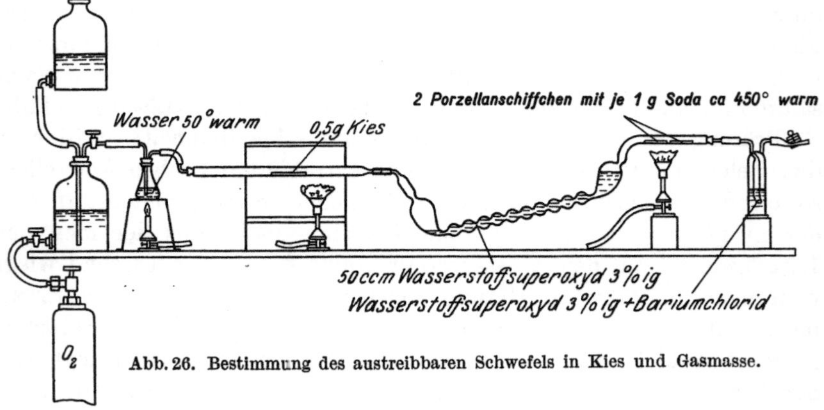

Abb. 26. Bestimmung des austreibbaren Schwefels in Kies und Gasmasse.

rohr dient ein solches aus Quarz. Der mit Wasser gefüllte Erlenmeyerkolben hat den Zweck, dem durchstreichenden Sauerstoff so viel Feuchtigkeit zuzuführen, daß die anhydrithaltigen Verbrennungsgase leicht bis in das Absorptionsrohr geführt werden. Enthält das Verbrennungsgas keine Feuchtigkeit, so schlägt sich das Anhydrit nämlich leicht an den kälteren Stellen des Quarzrohres nieder. Die hinter das Absorptions-

---

[1] Zellstoff u. Papier Bd. 1, S. 75. 1921.

[2] Z. angew. Chem. Bd. 18, S. 1562. 1905.

rohr geschaltete Waschflasche dient zur Kontrolle der Geschwindigkeit des Gasstromes (1 Blase in der Sekunde) und der Vollständigkeit der Absorption. Die Durchführung der Analyse geschieht im wesentlichen wie die einer Verbrennung. Man beginnt mit der Erwärmung des Schiffchens an dessen hinterem Ende. Nach vollendetem Ausbrennen des Schwefels, was innerhalb 30 Minuten erfolgt, glüht man das Schiffchen nochmals einige Minuten vollkommen durch und läßt es dann im Sauerstoffstrom erkalten. Der Inhalt der Absorptionsröhre wird in einen Becher gespült. Hierzu kommt der Inhalt der beiden Porzellanschiffchen und eine Ausspülung des Verbrennungsrohres. In der gesamten Lösung wird dann in bekannter Weise die Schwefelsäure durch Bariumchloridfällung ermittelt. 1 g $BaSO_4$ entspricht 0,1374 g S.

Im Anschluß an die Schwefelbestimmung wird die Menge des verbliebenen Abbrandes sowie dessen Gehalt an Schwefel ermittelt.

In ganz entsprechender Weise wird die Untersuchung bei Gasmasse durchgeführt.

Über die Auswertung der Analysen vergleiche man den Abschnitt: Untersuchung der Abbrände.

Betriebsuntersuchungen in der Laugenstation.

Untersuchung der Röst- und Verbrennungsgase von Kies- und Schwefelöfen.

Allgemeines. Die Kontrolle des Verbrennungs- oder Röstvorganges der schwefelhaltigen Rohstoffe erfolgt durch Untersuchung der Zusammensetzung der aus den Öfen abziehenden Gase. Für die Sulfitlaugenbereitung ist allein das Dioxyd wertvoll, das Trioxyd ist wertlos, ja schädlich. Hieraus ergibt sich die Notwendigkeit, die Gase auf beide Bestandteile zu untersuchen. Während die Ermittlung des Gehaltes an Dioxyd mit genügender Genauigkeit und rasch durchführbar ist, sind alle bislang bekannt gewordenen Methoden zur Bestimmung des SO_3-Gehaltes noch mehr oder weniger mit Mängeln behaftet. E. Schmidt[1] hat vor einigen Jahren die verschiedenen Röstgasuntersuchungsmethoden kritisch geprüft und gefunden, daß die Ungenauigkeit der meisten SO_3-Bestimmungsmethoden teilweise so groß ist, daß die Ergebnisse auch für die Anforderungen der Praxis ohne Wert sind. Der größte Teil der bekannten Methoden beruht auf der Absorption des SO_3 in Alkalilösung. Wie nun Schmidt richtig bemerkt, ist hierbei nicht darauf Rücksicht genommen, daß durch den stets im Röstgas vorhandenen Sauerstoff eine Oxydation des gleichzeitig im Alkali zu Sulfit absorbierten Dioxydes erfolgt. Dieser Umstand muß, wie aus den

[1] Papierfabrikant Bd. 23, S. 229. 1925.

folgenden Erörterungen hervorgeht, von ganz bedeutsamem Einfluß auf das Ergebnis der Untersuchung sein. Beispielsweise wird bei der von Dieckmann[1] angegebenen Methode das Röstgas durch eine mit Phenolphthalein und Methylorange versetzte Alkalilösung geleitet, und es werden hierbei die Gasmengen festgestellt, welche notwendig sind, um nacheinander die Umschläge beider Indikatoren hervorzurufen. Es schlägt zuerst das Phenolphthalein um, und zwar dann, wenn das vorhandene Alkali durch SO_2 und SO_3 in die Neutralsalze beider Säuren verwandelt worden ist:

$$SO_2 + 2\,NaOH = Na_2SO_3 + H_2O$$

$$SO_3 + 2\,NaOH = Na_2SO_4 + H_2O\,.$$

Bei einem weiteren Durchleiten des Gases erfolgt der Methylorangeumschlag dann, wenn das anfangs gebildete neutrale Sulfit in Bisulfit übergeführt worden ist:

$$Na_2SO_3 + SO_2 + H_2O = 2\,NaHSO_3\,.$$

Es läßt sich also auf diese Weise ein Maß einerseits für $SO_2 + SO_3$, anderseits ein solches für SO_2 allein finden. Der im Gas stets noch vorhandene Sauerstoff oxydiert aber je nach den obwaltenden Temperaturbedingungen Teile des anfänglich gebildeten Sulfits zu Sulfat, welches keinen Einfluß mehr auf den Umschlag des Indikators ausübt. Es wird deshalb an schwefliger Säure zu wenig, an Trioxyd zu viel gefunden. Die wechselnden Bedingungen bei der Absorption erklären weiterhin, warum auch die Ergebnisse dieser Bestimmung so großen Schwankungen unterworfen sind.

Es war bereits seit langem bekannt, daß die Trioxydbestimmungen durch Absorption in Alkali mit Fehlern behaftet sind. Es hat aus diesem Grunde auch nicht an Vorschlägen gefehlt, diese Verbindung durch Filtration oder durch Kondensation zu ermitteln. Richter hat eine solche Methode beschrieben[2]. Bei ihrer Ausführung wird das Gas durch eine eisgekühlte, mit Glaswolle beschickte Filtrationsröhre geleitet, das darin niedergeschlagene SO_3 wird anschließend wieder herausgelöst und dann titrimetrisch oder gewichtsanalytisch bestimmt. Die Methode vermag aber ebenfalls keine richtigen Werte zu geben, weil nämlich das Trioxyd beim Schmelzpunkt des Eises noch eine viel zu hohe Dampfspannung besitzt, um eine restlose Kondensation zu gewährleisten.

Schmidt hat, um alle diese Übelstände zu vermeiden, eine Methode empfohlen, welche ursprünglich von A. Frank angegeben worden ist. Sie besteht darin, daß eine bestimmte Gasmenge durch hintereinander geschaltete, mit Jod- und Alkalilösung beschickte Waschflaschen gesaugt

[1] Papierfabrikant Bd. 19, S. 285. 1921. [2] Wochenbl. f. Pap. 1923, S. 1521.

wird, worauf dann nach Beendigung des Versuches der Überschuß an beiden Agenzien zurückgemessen wird. Bei dieser Methode ist der Luftsauerstoff ohne Einfluß, und weiter hat sie den großen Vorteil, daß SO_2 und SO_3 in der gleichen Gasprobe ermittelt werden. Dies ist insofern sehr wichtig, als die Zusammensetzung der Röstgase dauernd Schwankungen unterworfen ist, weshalb bei Benutzung verschiedener Proben für die Ermittlung der Einzelbestandteile unrichtige Werte erzielt werden.

Es soll nicht unerwähnt bleiben, daß auch die Frank-Schmidtsche Methode nicht immer richtige Werte für SO_3 geben dürfte, wenn man nach der mitgeteilten Vorschrift verfährt. Es ist ja bekannt, daß gerade das Trioxyd mit Wasserdampf gemischt einen außerordentlich feinen Nebel bildet, welcher einer Absorption in Wasser oder Alkali ganz hartnäckig Widerstand entgegenstellt. Man kann bei dem Untersuchen des Gases daher oft beobachten[1], daß das aus der letzten Absorptionsflasche austretende Gas noch immer eine Trübung ausweist. Wenn man also zu richtigen Zahlen kommen will, muß man diesem Umstand durch entsprechende Auswahl der Apparatur Rechnung tragen.

Jedenfalls darf man aber mit Recht behaupten, daß nach dem gegenwärtigen Stande die Frank-Schmidtsche Methode die zuverlässigsten Werte für das SO_2 im Gas geben wird. Hiermit soll doch nicht gesagt werden, daß die älteren Methoden für immer ihre Rolle ausgespielt haben. Um die obenerwähnte Fehlerquelle, nämlich den Einfluß des Sauerstoffes, auszuschließen, ist vorgeschlagen worden, reduzierend wirkende Stoffe der Alkalilösung zuzusetzen. Berl[2] empfiehlt als solchen Stoff Zinnchlorür ($SnCl_2$), dessen Eigenschaft als negativer Katalysator schon lange bekannt ist. Es wäre zweifellos lohnend, unter Beachtung dessen, wenigstens die Methode von Dieckmann einer Nachprüfung zu unterziehen, um so mehr als auch bei ihr Di- und Trioxyd in der gleichen Probe bestimmt werden. Sie besitzt weiter, da sie sich nur einer einzigen Meßlösung bedient, große Vorteile für den Betrieb und ist jedenfalls viel rascher ausführbar als alle anderen bislang angegebenen.

Bestimmung des Schwefeldioxydes im Gas. a) Mit Hilfe der Originalapparatur nach Reich[3]. Die von Reich zuerst angegebene Vorschrift beruht auf folgendem. Die Verbrennungsgase werden durch eine mit einer bestimmten Menge $^{n}/_{10}$ Jodlösung beschickte Absorptionsflasche hindurchgesaugt, bis Entfärbung der mit Stärke gebläuten Jodlösung erfolgt. Die Abb. 27 zeigt im Prinzip die Anordnung von Reich zur Durchführung der Methode.

---

[1] Chem.-Zg. Bd. 45, S. 693. 1921.

[2] Berl, E.: Die Bestimmung von Schwefeldioxyd in Röstgasen. Papierfabr. Bd. 21, S. 80. 1923; Chem.-Zg. Bd. 45, S. 93. 1921.

[3] Neuere Formen des Reichschen Apparates: Rabe, Z. angew. Chem. Bd. 27, S. 217. 1914.

Man gibt in die ungefähr 200 cm³ fassende Flasche A 50 cm³ destilliertes Wasser, einige Kubikzentimeter Natriumbikarbonatlösung, etwas

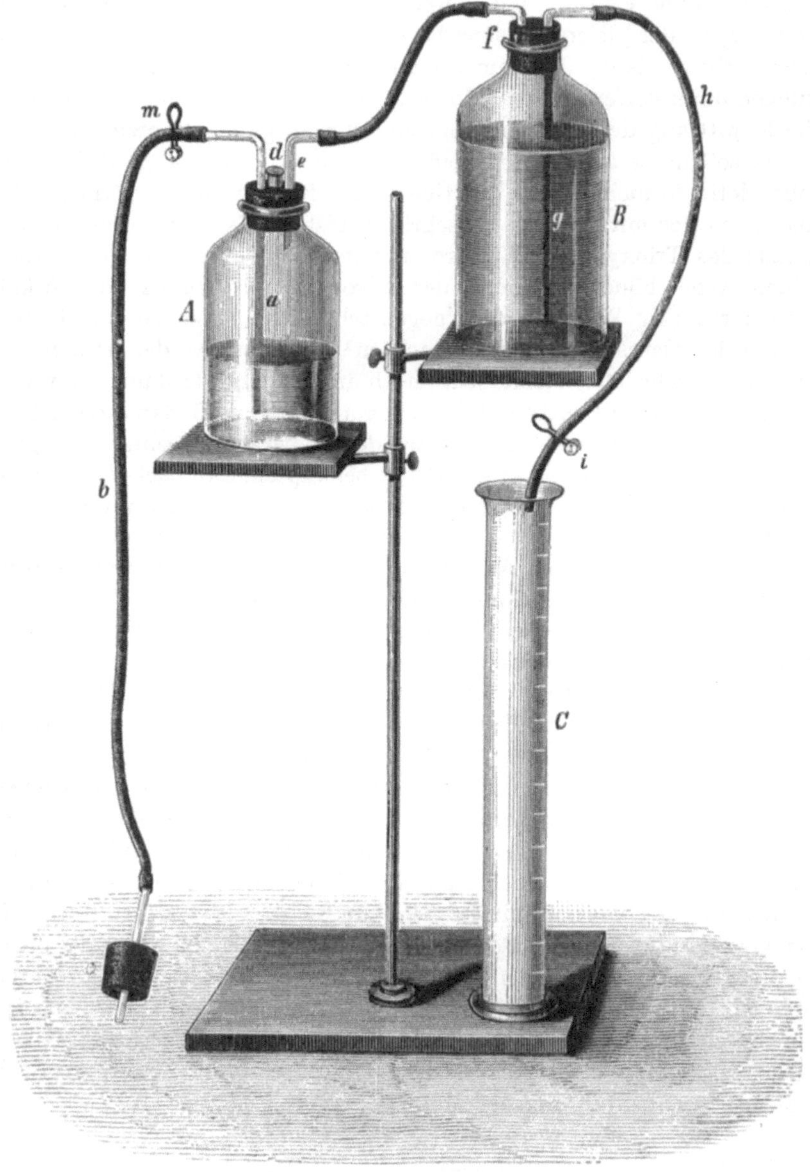

Abb. 27. Reichscher Apparat.

Stärkelösung und so viel Tropfen Jodlösung, daß der Inhalt der Flasche tiefblau gefärbt wird. Die Flasche B, welche etwa 1 l faßt, füllt man vollkommen mit Wasser und verbindet den Apparat nach dem Aufsetzen der Kautschukpfropfen *e* und *f* mittels des Korkes *c* mit der in dem Gasleitungsrohr für die Untersuchung vorgesehenen Öffnung.

Vor der Ausführung der Analyse wird der Apparat zunächst auf Dichtheit geprüft. Dies geschieht durch Schließen des Quetschhahnes *m* und dann erfolgendes Öffnen des Quetschhahnes *i*. Wenn der Apparat dicht ist, so läuft nur wenig Wasser aus dem Schlauch *h* aus. Ist dies nicht der Fall, so muß für dichteren Schluß gesorgt werden.

Es ist weiterhin noch der Schlauch *b* und das Glasrohr *a* mit dem zu untersuchenden Gas zu füllen. Man öffnet zu diesem Zweck Hahn *m*, alsdann Hahn *i* und läßt nun langsam Wasser aus *h* fließen, bis durch das in die Flasche *A* eintretende Gas das Wasser entfärbt wird. Sobald dies der Fall ist, schließt man Hahn *i*, zieht den kleinen Stöpsel *d*, läßt durch die Öffnung 10 cm^3 $^n/_{10}$ Jodlösung aus einer Pipette in die Flasche einlaufen, worauf man den Stöpsel *d* wiederum aufsetzt. Um die in *A* befindliche Luft auf den gleichen Verdünnungsgrad zu bringen, welchen sie bei der folgenden Beobachtung hat, öffnet man langsam Hahn *i*, bis das Gas zum unteren Ende von *a* herabgesogen ist. Alsdann schließt man *i*, schüttet das im Meßzylinder *C* angesammelte Wasser aus und stellt diesen wiederum auf seinen Platz. Nun öffnet man den Hahn *i* und läßt unter häufigem Umschwenken der Flasche *A* so viel Gas erst rasch, dann langsamer eintreten, daß der Inhalt von *A* vollkommen entfärbt wird. In dem Augenblick der Entfärbung schließt man Hahn *i* und liest das ausgelaufene Wasservolumen ab.

Die Berechnung ist folgende: Die Einwirkung von schwefliger Säure auf Jod findet statt nach der Gleichung:

$$J_2 + 2H_2O + SO_2 = H_2SO_4 + 2HJ.$$

Die angewandten 10 cm^3 $^n/_{10}$ Jodlösung entsprechen demnach 0,032 g SO_2 und dies sind, da 1 l schweflige Säure 2,9266 g wiegt, $\frac{1000 \cdot 0,032}{2,9266} = 10,95$ cm^3 bei 0° und 760 mm Barometerstand. Sind z. B. 125 cm^3 Wasser aus *B* ausgelaufen, so zeigen diese an, daß ebensoviel Kubikzentimeter Gas durchgesaugt und nicht von der Jodlösung gebunden worden sind, insgesamt wurden demnach $125 + 10,95 = 135,95$ cm^3 Verbrennungsgase abgesaugt. Hierin sind vorhanden:

$$\frac{10,95 \cdot 100}{135,95} = 8,1\% \text{ (Volumenanteile) } SO_2.$$

Diese Rechnung gilt natürlich nur für Normalbedingungen. Da solche in den Betrieben nicht die Regel sind, müssen wenigstens für die abweichende Temperatur Korrekturen angebracht werden[1]. Um die dann erforderlichen ständig wiederkommenden Rechnungen zu ersparen,

[1] Sieber: Zellstoff u. Papier Bd. 3, S. 100. 1923.

ist im Anhang ein Nomogramm wiedergegeben, welches beim Bekanntsein der Temperatur rasch ermöglicht, den wahren Gehalt des Gases an SO_2 zu ermitteln. Der Rechnung ist die Temperatur zugrunde zu legen, welche im Gasraum des Aspirators herrscht, denn es ist die Änderung des Volumens dieses Gasraumes, welche bei der Durchführung der Bestimmung gemessen wird. Wenn man wirklich vergleichbare Zahlen erhalten will, so ist es nicht angebracht, die Temperaturmessung bei der Bestimmung außer acht zu lassen. (Die 10,95 cm^3 sind im Nomogramm bereits berücksichtigt.)

b) Unter Benutzung der Schillingschen Gasabsorptionsflasche. Eine etwas handlichere Apparatur ergibt sich, wenn man nach dem Vorschlage von Krull als Absorptionsgefäß eine Gaswaschflasche benutzt, wie sie von Schilling angegeben[1] (s. die Abb. 28).

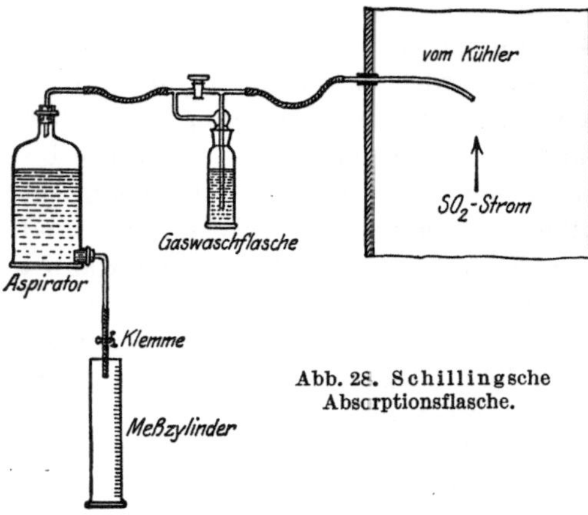

Abb. 28. Schillingsche Absorptionsflasche.

Die Untersuchung mit dieser Apparatur wird folgendermaßen durchgeführt. In die Waschflasche werden etwa 100 cm^3 Wasser und 10 cm^3 $^n/_{10}$ Jodlösung und etwas Stärkelösung eingefüllt. Die Flasche wird dann zwischen Gasentnahmerohr und Aspirator geschaltet. Bei Stellung des Hahnes auf Durchgang prüft man die Apparatur auf Dichtheit und saugt bei gleicher Hahnstellung und, ohne das ausfließende Wasser zu messen, so lange Gas hindurch, bis die ganze Apparatur damit gefüllt ist. Danach stellt man den Hahn um und läßt, nachdem man den Meßzylinder unter den Ausfluß des Aspirators gestellt hat, die Röstgase durch die Jodlösung hindurchstreichen, bis Entfärbung eingetreten ist. Man kann, indem man durch geeignete Stellung des Quetschhahnes gegen Ende der Reaktion nur noch Gasblasen in langsamer Folge hindurchperlen läßt, den Endpunkt wie bei der Titration aus der Bürette genau treffen.

Die Berechnung des SO_2-Gehaltes geschieht wie oben angegeben.

Bestimmung von Schwefel-Dioxyd und Trioxyd im Gas nach Frank und Schmidt[2]. Die erforderliche Apparatur und deren Anordnung zeigt Abb. 29.

---

[1] Die Waschflasche ist gesetzlich geschützt und wird von der Firma Wilhelm Keiner & Co., Stützerbach in Thüringen, hergestellt.

[2] Papierfabrikant Bd. 23, S. 229. 1925.

Die Durchführung der Untersuchung geschieht so, daß nach Prüfung der Dichtheit der Apparatur 250 cm³ Gas durch die 3 Flaschen gesaugt werden.

Darauf wird der Inhalt der 3 Waschflaschen in ein Becherglas gespült und der Jodüberschuß mit $^n/_{10}$ Thiosulfat und die Säure mit $^n/_{10}$ Natronlauge gemessen. Die Reaktionen, welche sich hier abspielen, sind folgende:

$$SO_2 + J_2 + H_2O = SO_3 + 2\,HJ. \quad (1)$$

$$SO_3 + 2\,HJ + 4\,NaOH = Na_2SO_4 + 2\,NaJ + 3\,H_2O. \quad (2)$$

Man erkennt, daß gemäß Gleichung (1) aus 1 Molekül SO_2 (= 2 Äquivalenten SO_2), 1 Molekül SO_3 und 2 Moleküle Jodwasserstoff, also die doppelte Anzahl von Säureäquivalenten entsteht. Dazu tritt noch die im Röstgas schon vorhandene Menge von SO_3 hinzu. Werden also z. B. 20 cm³ $^n/_{10}$ Jod und 41 cm³ $^n/_{10}$ NaOH verbraucht, so zeigen die 20 cm³ Jod die Menge SO_2 und $41 - (2 \cdot 20) = 1$ cm³ NaOH die Menge SO_3 an; seien dabei 250 cm³ Wasser aus dem Aspirator abgelaufen, so errechnet sich die Röstgaszusammensetzung (ohne Berücksichtigung von Temperatur und Barometerstand) zu:

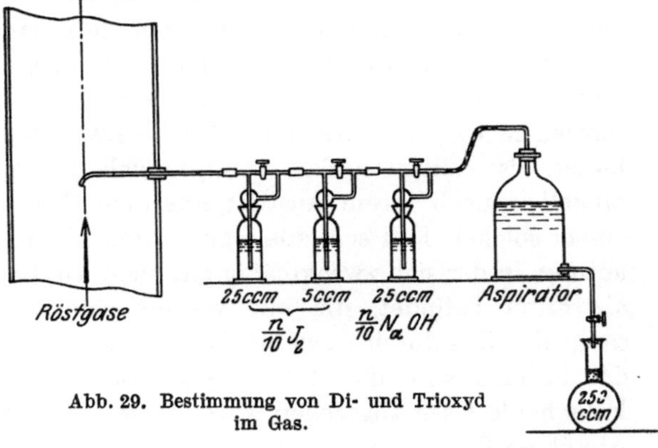

Abb. 29. Bestimmung von Di- und Trioxyd im Gas.

$$20 \cdot 1{,}095 = 21{,}9 \text{ cm}^3\ SO_2 \text{ entsprechend } 8{,}03 \text{ Vol.-\% } SO_2,$$

$$1 \cdot 1{,}095 = 1{,}1 \text{ cm}^3\ SO_3 \text{ entsprechend } 0{,}40 \text{ Vol.-\% } SO_3,$$

$$\frac{0{,}40}{8{,}03 + 0{,}40} = 5{,}5 \text{ rel. \% } SO_3.$$

Zur Rechnung sei bemerkt, daß 10 cm³ $^n/_{10}$ Meßlösung (hier Alkali) auch 10,95 cm³ SO_3 unter Normalbedingungen zu neutralisieren vermögen. Es sei noch erwähnt, daß es hier ganz nebensächlich ist, mit welchem Indikator die azidimetrische Titration durchgeführt wird, denn es handelt sich ja nur um die Titration starker Säuren, nämlich von Schwefelsäure und Jodwasserstoff. Für die Betriebskontrolle ist es praktisch, wegen der immerhin großen Verdünnung und der oft, besonders im Winter, herrschenden schlechten Lichtverhältnisse Phenolphthalein als Indikator zu verwenden. Dann ist es jedoch unbedingt notwendig, nur mit kohlensäurefreiem Wasser zu arbeiten, das man sich leicht herstellen kann, indem man durch eine 10-l-Flasche mit destilliertem Wasser während mehrerer Stunden einen kohlensäurefreien Luftstrom durchsaugt.

Um die Absorption des Trioxydes vollständig zu machen, empfiehlt es sich, das Gaseinleitungsrohr der mit Natronlauge gefüllten Flasche mit einer ganzen Anzahl von feinen Eintrittsöffnungen zu versehen. Dadurch wird der Gasstrom in viele kleine Blasen aufgelöst, welche leichter und vollständiger von der Lauge absorbiert werden. Auch kann es vorteilhaft sein, noch eine zweite mit Natronlauge gefüllte Flasche mit in die Apparatur einzuschalten, um die Absorption restlos zu gestalten.

Untersuchung der Gase unter Benutzung von Gasproberöhren und anderen Einrichtungen. Für manche Zwecke kann es vorteilhafter sein, bei der Untersuchung so zu verfahren, daß man eine größere Gasprobe aus der Leitung abzieht und erst dann diese Probe analysiert. Dies kommt vor allem dort in Frage, wo die Aufstellung der früher beschriebenen Apparaturen oder deren Anwendung selbst Schwierigkeiten bietet, also beispielsweise, wenn es sich darum handelt, die Gase unmittelbar nach ihrem Austritt aus dem Röstofen zu untersuchen. In einem solchen Fall schließt man mittels einer möglichst kurzen Rohrleitung, in der sich zweckmäßig ein nicht zu dicker Asbestwollepfropfen als Filter befindet, die mit Wasser gefüllte Gasproberöhre an und saugt das Gas durch Auslaufenlassen des Wassers an. Nach Beendigung der Füllung wird die Röhre verschlossen und der Inhalt untersucht. Falls heiße Gase abgezogen wurden, ist auf deren Volumänderung beim Abkühlen Rücksicht zu nehmen. Die Untersuchung geschieht entweder unter Benutzung der früher beschriebenen Methoden oder nach den Regeln der Gasanalyse.

Kontinuierlich arbeitende Gasuntersuchungsapparate haben ebenfalls Eingang in den Laugenbereitungsanlagen gefunden, und zwar sowohl solche, die auf dem Absorptionsprinzip (Ados, Mono) beruhen, als auch solche, welche die unterschiedlichen spezifischen Gewichte (Apparat der Union-Apparate-Baugesellschaft[1]) oder die verschiedene spezifische Wärmeleitfähigkeit oder noch andere unterschiedliche Eigenschaften von schwefliger Säure einerseits und Luft oder Sauerstoff und Stickstoff andererseits als Grundlage der Bestimmung ausnutzen. Die Aufgabe der gleichzeitigen und vor allem zuverlässigen Bestimmung von Di- und Trioxyd in den Gasproben ist mit solchen Apparaten bislang noch nicht restlos gelöst. Auch ist es ein Mangel der meisten dieser Apparate, daß sie dem chemischen Angriff der Gase sowohl innerlich als äußerlich auf die Dauer nicht standzuhalten ver-

[1] Dommer: Beitrag zur SO_2-Bestimmung im Röstgas. Papierfabrikant Bd. 24, S. 417. 1926.

mögen. Erst in neuerer Zeit hat man versucht, dem dadurch abzuhelfen, daß man alle Metallteile vergoldet und weitgehend geeignetes Holz als Aufbaustoff verwendet.

Es sei endlich erwähnt, daß auch mit dem Orsat-Apparat die Zusammensetzung der Gase geprüft werden kann, ohne daß aber damit ein besonderer Vorteil verbunden zu sein scheint[1].

Prüfung der Gase auf Sublimat und Röststaub. Zur Prüfung von Schwefelverbrennungsgas auf Sublimat-Schwefel bedient man sich eines großen weiten und dickwandigen Reagenzglases, welches mittels eines durchbohrten Korkes in eine Öffnung der Gasleitung so eingesetzt wird, daß es möglichst bis über deren Mitte hineinragt und leicht herausgenommen werden kann. Das Reagenzglas ist mit einem doppelt durchbohrten Korken verschlossen, durch dessen Öffnungen Zu- und Ableitung für ständig fließendes Wasser in das Innere des Reagenzrohres führen. An der äußeren gekühlten Oberfläche schlagen sich etwa mitgeführte Schwefeldämpfe des Gases nieder. Auf diese Weise können bei der Beobachtung der Oberfläche des Glases sehr rasch Fehler in der Führung der Verbrennung erkannt werden.

Zur Prüfung des Gehaltes an Staub in den Röstofengasen führt man im allgemeinen nur qualitative Proben aus. Man steckt in die Gasleitung vor dem Eintritt in die Türme einen Porzellan- oder Milchglasstab, und zwar in der gleichen Weise, wie vorstehend bei dem Sublimatprüfer beschrieben. Nach dem sich darauf innerhalb einer gewissen Zeit absetzenden Staube läßt sich annähernd die Wirkung der Wäscher oder der elektrischen Gasreinigungsanlage beurteilen.

Quantitative Bestimmungen werden so ausgeführt, daß man größere Gasproben — 20 bis 50 l — mit Hilfe eines Aspirators absaugt und hierbei in den Gasstrom mit Watte beschickte und gewogene Chlorkalziumröhrchen einschaltet. Die Zunahme des Gewichtes der Röhrchen gibt Aufschluß über den Staubgehalt. Liegt Grund zu der Annahme vor, daß auf diese Weise auch Trioxyd aufgefangen wird, so ist es zweckmäßiger, das Filtermaterial nach beendetem Versuch im Platintiegel zu verbrennen und aus dessen Gewichtzunahme die Staubmenge — meist Eisenoxyd — zu ermitteln.

In manchen Fabriken wird die Reinheit des Gases auch so beurteilt, daß man durch eine längere Strecke des Gasstromes mit Hilfe von in den Rohren angebrachten und leicht zu reinigenden Fenstern blickt. Meist wird hierbei die Gassäule mittels einer vor einem der Fenster außen angebrachten Lampe beleuchtet. Auf diese Weise kann man auch sehr gut die durch Trioxyd bedingten Nebel beobachten und gegebenenfalls Vergleiche anstellen.

---

[1] Ramsin, L. K.: Absorption von SO_2 im Orsat-Apparat. Chem. Centralbl. 1928, I, S. 1925.

Apparate zur kontinuierlichen Staubmessung sind in unserer Industrie anscheinend noch nicht in Brauch gekommen. In der Eisenhüttenindustrie benutzt man hierzu beispielsweise einen Apparat, der unter dem Namen Kapnograph[1] bekannt geworden ist. Er läßt auch eine quantitative Abschätzung der Staubmenge im Gas zu. Der Apparat arbeitet so, daß ein kleiner Teilstrom des Gases durch eine kleine Düse auf einen mittels eines Uhrwerks bewegten Papierstreifen geblasen wird. Die Intensität des Beschlages läßt an Hand von Standardproben einen sicheren Schluß auf den Staubgehalt des Gases zu. In seiner jetzigen Ausführung dürfte der Apparat allerdings noch nicht für die Zwecke der Gasuntersuchungen in den Zellstoffwerken geeignet sein, da vor allem seine Abbaustoffe dem Angriffe der sauren Gase nicht standhalten. Aber es besteht kein Zweifel, daß sich dieser Mangel beseitigen und auch noch andere Hindernisse aus dem Wege räumen lassen.

Auswertung der Gasanalyse. a) Bei Verbrennung von Schwefel. Wenn reiner Schwefel gerade vollständig ohne Luftüberschuß zu Dioxyd verbrennt, entsteht ein Gas mit 21% SO_2. Bei einer gleichartigen Verbrennung zu ausschließlich SO_3 müßte sich ein Gas mit 14,9% SO_3 ergeben. In der Praxis findet die Verbrennung immer mit einem Luftüberschuß statt, und das entstehende Gas enthält neben Dioxyd und Luft stets etwas SO_3. Auf Grund der obwaltenden Gas- und Verbrennungsgesetze kann man ableiten[2], daß das Mengenverhältnis der Einzelbestandteile durch folgende Gleichung geregelt wird:

$$SO_2 + \frac{21}{14,9} SO_3 + O_2 = 21$$

oder

$$SO_2 + 1,4\, SO_3 + O_2 = 21\,.$$

Hierin sind SO_2, SO_3 und O_2 die Volumengehalte an diesen Stoffen in 100 cm³ Gas. Die Kenntnis der Zusammensetzung des Gases ermöglicht die Berechnung des Luftüberschusses λ_s, d. h. des Verhältnisses von wirklich angewandter Verbrennungsluftmenge L_p zur hieran theoretisch erforderlichen L_{th}. Es ist mit großer Annäherung

$$\lambda_s \sim \frac{21}{SO_2 + 1,4\, SO_3}\,.$$

b) Bei Kiesbetrieb. Hier bestimmt die folgende Gleichung das gegenseitige Mengenverhältnis der Einzelbestandteile[3]:

$$SO_2 + 1,31\, SO_3 + 0,77\, O_2 = 16,1\,.$$

Der Luftüberschuß λ_k ist bei Kiesbetrieb zu ermitteln aus:

$$\lambda_k = \frac{N_2}{N_2 - 3,8\, O_2}\,.$$

---

[1] Stahl u. Eisen 1914, S. 1346; 1929, S. 1447, H. 40.

[2] Sieber: Zellstoff u. Papier Bd. 3, S. 97. 1923. [3] Sieber, a. a. O.

N_2 ist der Gehalt an Stickstoff in 100 cm^3 Gas. Es ist:

$$N_2 = 100 - (O_2 + SO_2 + SO_3),$$
$$O_2 = 21 - (1{,}3\ SO_2 + 1{,}7\ SO_3).$$

Untersuchung der Abbrände.

Allgemeines. Von den verschiedenen Untersuchungsvorschriften ist jene von Lunge und Stierlin nicht für alle Kiesabbrände verwendbar. Soweit eigene Beobachtungen maßgebend sind, hängt die Genauigkeit von der Zusammensetzung der Kiese ab. Je mehr Kupfer, Zink und Blei vorhanden ist, desto unsicherer scheinen die Ergebnisse zu werden. Bei der Schmelzaufschließung nach List können die Ergebnisse ebenfalls etwas fehlerhaft werden, und zwar durch Löslichwerden von Kieselsäure. Diesen Fehler wird man doch bei Betriebsuntersuchungen zumeist übersehen können. Genaue Ergebnisse zeitigt die nasse Aufschließung mit Säure, die daher immer dann angewandt wird, wenn wirklich richtige Zahlen erforderlich sind, beispielsweise bei Abgabe der Abbrände an Hüttenwerke.

Probenahme. In jeder Schicht wird eine Probe von etwa 300 g Abbrand, wie er dem Ofen entfällt, genommen. Die in einem verschließbaren Blechbehälter gesammelten Proben werden alle 3 oder 6 Tage zur Untersuchung zum Laboratorium gegeben. Die gesamte Probe wird durch Zerschlagen mit einem Stahlhammer auf einer Stahlplatte grob zerkleinert. Nach gutem Durchmischen wird, wie bereits mehrfach beschrieben (Kohle, Schwefelkies), ein Muster von etwa $^1/_4$—$^1/_5$ der Größe des ursprünglichen abgeteilt und dieses weitgehender zerkleinert. In gleicher Weise verfährt man noch ein- bis zweimal, um endlich im Achatmörser 10—20 g der letzterhaltenen Probe möglichst fein zu zerreiben. Die derart fertig vorbereitete Probe verwahrt man in einem geschlossenen Wägeglas auf.

Schwefelbestimmung in Kiesabbränden. a) Nach Lunge und Stierlin[1]. Man wiegt genau 2 g Natriumbikarbonat, dessen alkalimetrischen Wirkungswert man vorher bestimmt hat, in einem Nickeltiegel von etwa 25 cm^3 Inhalt ab. Zu diesem Natriumbikarbonat setzt man genau 3,20 g des feinst pulverisierten Abbrandes und 2 g fein zerriebenes Kaliumchlorat. Mittels eines abgeplatteten Glasstabes mengt man alles gut durch und erhitzt nun die Masse 30 Minuten lang über einer 3—4 cm hohen Flamme, deren Spitze noch etwa 2—3 cm vom Tiegelboden entfernt bleibt. Weitere 20 Minuten erhitzt man mit größerer, gerade den Tiegelboden berührender Flamme, um endlich 10 Minuten lang mit so starker Flamme zu erhitzen, daß der Tiegelboden in schwache Rotglut gerät. Hierbei darf jedoch der Tiegelinhalt nicht zum Schmelzen

[1] Lunge u. Stierlin: Z. angew. Chem. Bd. 19, S. 21. 1906.

kommen, sondern nur sintern. Während des Erhitzens darf die Masse nicht umgerührt werden, der Tiegel ist vielmehr verschlossen zu halten. Nach Beendigung des Erhitzens wird der Tiegelinhalt in eine Porzellanschale gegeben und der Tiegel mit Wasser nachgewaschen. Nach Zusatz von 25 cm^3 konzentrierter, völlig neutraler und von Chlormagnesium freier Kochsalzlösung erhitzt man den Inhalt der Porzellanschale zum Sieden, filtriert das Unlösliche durch ein Filter Schleicher und Schüll Nr. 590 und wäscht alsdann bis zum Verschwinden der alkalischen Reaktion mit neutralem kochsalzhaltigen Wasser aus. Nach dem Abkühlen titriert man die Lösung unter Zusatz von Methylorange mit $^n/_1$ Salzsäure, von welcher 1 cm^3 0,053 g Na_2CO_3 und 0,0160 g S anzeigt. Verbrauchen 2 g Bikarbonat A cm^3 und benötigt die Lösung zum Zurücktitrieren B cm^3 der Normalsäure, so berechnet sich der Gehalt des Abbrandes an Schwefel zu:

$$S = \frac{0{,}016 \cdot (A - B)}{3{,}2} \cdot 100 = \frac{A - B}{2} \, \% .$$

Nach dieser Methode erhält man den Gesamtschwefel im Röstrückstand, also auch jenen Schwefel, der in der Gangart gebunden ist.

Die Lunge-Stierlinsche Methode läßt sich nach Sieber[1] in ihrer Ausführungsform vereinfachen und schneller durchführbar gestalten. Am langwierigsten ist bei ihr das Auswaschen des nach der Schmelze unlöslichen Teiles des Abbrandes. Diese Zeit läßt sich jedoch wesentlich einschränken, wenn man unter Benutzung eines Saugtrichters filtriert. Das Filter für diesen wird genau in der gleichen Weise wie das bereits bei der Bestimmung des Kalkes im Wasser beschrieben wurde, hergestellt. Um auch kolloidales Eisenhydroxyd zurückzuhalten, wird auf das Filter eine feine Schicht von geglühter Kieselgur gebracht. Hierzu verwendet man gut mit Wasser ausgewaschene und wieder aufgeschlemmte Gur. Man erhält, wenn das Filter richtig hergestellt wurde, fast immer farblose Filtrate. Zur Analyse verfährt man sonst genau in der gleichen Weise wie nach Lunge, nur daß man jetzt eben auf dem Saugtrichter auswäscht. Man dekantiert den Schmelzrückstand 1—2mal, bringt ihn dann möglichst vollständig auf das Filter, überdeckt noch 2—3mal mit heißem Wasser, zwischen welchen Operationen man jedesmal trocken saugt. Bei Benutzung eines Saugtrichters von etwa 6 cm Durchmesser gelingt es, ohne Schwierigkeiten ein Filtrat von nicht mehr als 200 cm^3 zu erhalten, das man ohne Eindampfen unmittelbar zur Titration benutzen kann. Bisweilen ist das Filtrat durch eine Spur kolloidales Eisenhydroxyd ganz schwach rötlich gefärbt, doch hat die Erfahrung gelehrt, daß diese Tönung ohne irgendwelchen Einfluß auf das Ergebnis der Titration und die Genauigkeit des Farbumschlages ist. Der Rück-

[1] Zellstoff u. Papier Bd. 1, S. 75. 1921.

stand auf dem Filter zeigt manchmal nach dem 5maligen Dekantieren bzw. Auswaschen noch eine minimale alkalische Reaktion gegen Phenolphthalein, auch dies ist ohne Bedeutung bei der folgenden Titration mit $^n/_1$ Säure. Was die Zeitdauer der Untersuchung anlangt, so läßt sie sich bequem in $1^1/_4$ Stunden durchführen (ohne die Vorbereitung des Abbrandes zu rechnen). Bei einiger Übung kann man bereits in einer Stunde glatt fertig werden.

b) Nach List, abgeändert von Sieber[1]. Zu 0,5 g in einem Eisentiegel abgewogenem, feinpulverisierten Abbrand gibt man 5 g trockenes Natriumsuperoxyd, mischt gut durch, bedeckt mit einem Deckel und erwärmt zunächst vorsichtig über einer Flamme. Nach einigen Minuten erhitzt man allmählich stärker, bis die gesamte Reaktionsmasse zum Schmelzen kommt. Man schüttelt den Tiegel vorsichtig einige Augenblicke und läßt ihn dann erkalten. Dann stellt man ihn mit dem Boden nach oben in eine mit etwa 100 cm³ Wasser gefüllte Porzellanschale, welche man zur Vermeidung des Herausspritzens mit einem großen Uhrglas überdeckt. Mit einem Glasstab neigt man den Tiegel vorsichtig, so daß das Wasser langsam eindringen kann. Die Lösung der Schmelze erfolgt zuerst sehr heftig; sobald sie ruhiger vor sich geht, legt man den Tiegel ganz um, spritzt das Uhrglas ab und bringt durch Erwärmen die Schmelze bis auf das gebildete Eisenhydroxyd vollkommen in Lösung. Der Tiegel wird mehrere Male gut mit heißem Wasser ausgespült und die Lösung der Schmelze durch vorsichtige Zugabe von konzentrierter Salzsäure (spez. Gewicht 1,19) schwach angesäuert. Hierbei geht alles Eisen in Lösung. Man filtriert und läßt das Filtrat sowie die Waschwässer in einen 350—400 cm³ fassenden Becher laufen. Zur Reduktion des Eisens setzt man 20 cm³ einer Lösung zu, welche 20 g Hydroxylaminchlorhydrat und 100 g Ammonchlorid im Liter enthält und erwärmt zum Sieden. Nachdem die Lösung farblos geworden ist, erfolgt die Fällung des Schwefels als Sulfat mit Bariumchlorid. Werden 0,5 g Abbrand zur Bestimmung verwandt und a g Bariumsulfat gefunden, so ist der Schwefelgehalt im Abbrand:

$$S = 27{,}5 \cdot a\% .$$

c) Nach Lunge auf nassem Wege. 0,5—1 g Abbrand werden genau abgewogen und in einen Erlenmeyerkolben von 150 cm³ Fassungsvermögen gegeben. In den Hals des Kolbens setzt man einen kleinen Trichter, dessen Rohr abgesprengt worden ist. Man fügt zwecks Oxydation zur Probe zunächst 15 cm³ Salpetersäure vom spez. Gewicht 1,4 und läßt einige Minuten stehen. Alsdann setzt man eine Mischung hinzu, welche 15 cm³ Wasser, 5 cm³ Salzsäure (spez. Gewicht 1,19) und 2 g Kalisalpeter enthält. Das ganze wird auf dem siedenden Wasserbad

[1] Papierfabrikant Bd. 23, S. 209. 1925.

belassen, bis alles außer der Kieselsäure in Lösung gegangen ist. Während dieser Zeit wird der Kolben mit dem Trichter bedeckt gehalten. Man entfernt dann den Trichter und dampft auf dem Bad zur Trockne ein. Das Eindampfen zur Trockne wird zweimal wiederholt, wobei jedesmal 10 cm³ konzentrierte Salzsäure zugegeben werden. Der schließlich erhaltene Rückstand wird mit 3 cm³ Salzsäure vom spez. Gewicht 1,19 angefeuchtet und erwärmt, bis alles außer der Kieselsäure und der Gangart gelöst ist. Nach Zusatz von 100 cm³ warmem Wasser wird vom Ungelösten filtriert und das Filtrat mit den Waschwässern wird in einem 250 cm³ fassenden Becher aufgefangen. Die erhaltene Lösung wird zum Sieden erhitzt und in ihr der Schwefel als Sulfat mit Chlorbarium gefällt.

Bei den kleinen Mengen Schwefel, welche in den Abbränden vorhanden sind, ist die vorherige Abscheidung des Eisens nicht unbedingt erforderlich, da der hierdurch bedingte Fehler das Ergebnis nicht sehr erheblich beeinflußt. Genauere Zahlen erhält man auch hier nach Beseitigung des Eisens oder nach seiner Reduktion gemäß der früher angegebenen Vorschrift von Gyzander.

Bestimmung des Schwefels in Gasmasseabbränden. In dem Abbrand der Gasmasse befindet sich der Schwefel zumeist an Kalk und Eisen gebunden vor. Die Bestimmung seiner Menge erfolgt in diesen Abbränden entweder durch Aufschluß mit Natriumsuperoxyd oder auf nassem Wege durch Oxydation und Lösen in Salpetersäure. Bei Ausführung beider Methoden verfährt man in der gleichen Weise, wie es oben bei der Untersuchung der Kiesabbrände beschrieben worden ist.

Bestimmung des Kupfergehaltes. Seine Ermittlung erfolgt genau in der gleichen Weise wie oben für Schwefelkies beschrieben.

Auswertung der Abbrandanalysen. Das Ergebnis der Abbranduntersuchung gibt erst in Verbindung mit der Menge des anfallenden Abbrandes darüber Aufschluß, wie groß der durch den Restschwefel bedingte Verlust in Anteilen des gekauften Schwefels ist. Eine solche Zahl ist für Kalkulationsrechnungen oft sehr erwünscht. Man erhält beim Rösten des Kieses und der Gasmasse bekanntlich immer eine geringere Abbrandmenge. Es hängt hauptsächlich von der Zusammensetzung des Kieses ab, wieviel davon anfällt. Die Bestimmung dieser Menge durch einen Versuch im großen erfordert Vorbereitungen und führt ziemliche Umstände mit sich.

Man kann diese Mengen, wie Sieber[1] gezeigt hat, entweder durch Versuche im kleinen oder durch Rechnung ermitteln. Ihre Bestimmung durch den Versuch erfolgt nach der oben beschriebenen Methode für die Bestimmung des austreibbaren Schwefels in Kies oder Gasmasse.

---

[1] Zellstoff u. Papier Bd. 1, S. 75. 1921.

Man führt zunächst eine möglichst weitgehende Abröstung durch und dann noch 2—3 weitere Versuche, bei denen man durch Veränderung der Verbrennungszeit und der Abrösttemperatur versucht, andere Werte für den rückständigen Schwefelgehalt in den Abbränden zu erhalten. Nach Beendigung eines jeden Versuches wird die erhaltene Abbrandmenge gewogen und der Gehalt an Schwefel darin bestimmt.

Aus den erhaltenen Werten zeichnet man sich eine Kurve, welche die Werte für den Schwefelrückstand in Abhängigkeit von den Rückstandsmengen darstellt, wobei diese in Prozenten der angewandten Kiesmenge ausgedrückt werden. Mit Hilfe der Werte dieser Kurve läßt sich eine zweite Kurve aufzeichnen, welche unmittelbar den prozentualen Verlust vom Gesamtschwefel bei verschiedenem Schwefelrückstand in den Abbränden zeigt.

Da man diese Kurven bei der Verarbeitung einer Kiessorte nur einmal bestimmen muß, so ist die vorzunehmende Arbeit nicht sehr ins Gewicht fallend. Es verhalten sich die einzelnen Kiese ganz verschieden, und es ist bisweilen notwendig, zur Erzielung einer sicheren Kurve eher einige Bestimmungen mehr auszuführen.

Zu bemerken wäre schließlich noch, daß bei Aufzeichnung der Kurven darauf Rücksicht genommen werden kann, daß ein geringer Prozentsatz des Schwefels überhaupt nicht austreibbar ist. Als nutzbarer Schwefel wäre in diesem Falle nicht der Gesamtschwefel, sondern nur der besonders zu bestimmende austreibbare Schwefel der Rechnung zugrunde zu legen. Die Entscheidung, welche Rechnungsart zu wählen ist, muß dem einzelnen überlassen bleiben.

Diese Methode wird in allen Fällen befriedigende Ergebnisse zeitigen. Mit einer für viele praktische Zwecke genügenden Genauigkeit kann man auch auf rechnerischem Weg zum Ziel kommen[1]. Hierbei muß man allerdings gewisse vereinfachende Voraussetzungen machen. So muß man diesen Rechnungen zugrunde legen, daß der Kies, wie er in der Praxis verwandt wird, gegenüber dem 100proz., also jenem, der den theoretischen Höchstwert an Schwefel, 53,4%, enthält, nur durch eine sich beim Rösten indifferent verhaltende Gangart unterscheidet. Weiter muß man die Annahme machen, daß der Restschwefel im Abbrand am Eisen in der ursprünglichen Form gebunden ist. Die im folgenden entwickelten Beziehungen werden weiterhin nur dann Gültigkeit besitzen, wenn der Gehalt im Kies an anderen Schwefelerzen wie CuS und ZnS nur gering ist.

100 Teile absolut reiner Kies geben 66,7 Teile Abbrand. Ein Kies, der S% Schwefel enthält, gibt $1{,}25 \cdot S$ Teile Fe_2O_3 beim Rösten. Außerdem entfällt die Gangart, welche $(100 - 1{,}88\,S)$ Teile ausmacht. Der

[1] Zellstoff u. Papier Bd. 3, S. 97. 1921.

Gesamtabbrand A_t von 100 Teilen Kies bei restloser Ausröstung, d. h. bei einem Schwefelgehalt im Abbrand von 0%, wird also:

$$A_t = 1{,}25\,S + (100 - 1{,}88\,S) = 100 - 0{,}63\,S. \tag{1}$$

Sind im Abbrande s% Schwefel und, wie angenommen, in der Hauptsache als FeS_2 vorhanden, so setzen sich die Abbrände zusammen aus:

a) der Gangart: $(100 - 1{,}88\,S)$ Teile;

b) aus dem Fe_2O_3, das aus dem abgerösteten Teil des Pyrites entsteht. Ist der Anteil des abgerösteten Kieses $V/100$ vom Gesamtkies, so werden gebildet:

$$Fe_2O_3 = 1{,}25 \cdot S \cdot \frac{V}{100} \text{ Teile;}$$

c) aus dem unverändert bleibenden FeS_2. Ist die Gesamtmenge des Abbrandes bei unvollständiger Abröstung gleich A_p mit s% Schwefelgehalt, so sind insgesamt im Abbrand vorhanden:

$$FeS_2 = 1{,}88 \cdot \frac{s \cdot A_p}{100}.$$

Berücksichtigt man nun, daß

$$\frac{V}{100} \cdot 1{,}88\,S + \frac{s \cdot A_p}{100} \cdot 1{,}88 = 1{,}88\,S \tag{2}$$

ist und berechnet hieraus V als $100 - \frac{s \cdot A_p}{S}$, so findet man schließlich die Gesamtmenge des aus 100 Teilen Kies anfallenden Abbrandes mit:

$$A_p = \frac{100 - 0{,}63 \cdot S}{100 - 0{,}63 \cdot s} \cdot 100. \tag{3}$$

Der Schwefelverlust F in Anteilen des im Kies vorhandenen Schwefels errechnet sich endlich zu:

$$F = \frac{\frac{100}{S} - 0{,}63}{\frac{100}{s} - 0{,}63} \cdot 100\%. \tag{4}$$

Um jedesmal die Rechnung zu ersparen, ist im Anhang eine Fluchtlinientafel gegeben worden (Abb. 68). Zu ihrem Gebrauch sucht man auf Leiter 1 den Schwefelgehalt des Kieses auf, dann auf 2 den durch die Untersuchung ermittelten Schwefelgehalt der Abbrände. Der Schnittpunkt der Verbindungslinie beider Punkte mit Leiter 3 gibt eine Zahl, welche unmittelbar den Verlust in Prozenten des im Kies vorhandenen Schwefels darstellt.

Wie leicht einzusehen, stellt Gleichung (4) nur einen Näherungswert dar.

Für Gasreinigungsmassen läßt sich eine entsprechende Rechnung nicht durchführen; diese Massen sind nämlich in ihrer Zusammensetzung sehr großen Schwankungen unterworfen und irgendwelche bestimmten Beziehungen zwischen diesen Schwankungen und dem Schwefelgehalt bestehen nicht.

Kontrolle des Wäscherbetriebes.

Allgemeines. Zwecks Vermeidung eines zu großen Verlustes an wertvollem Dioxyd ist es notwendig, die aus dem Gaswäscher austretenden Waschwässer auf ihren Gehalt an diesem Stoff zu prüfen. Hierbei kann man sich durch Ermittlung des Gehaltes an Schwefelsäure gleichzeitig von dem Wirkungsgrad des Wäschers überzeugen. Da die Waschwässer immer erhöhte Temperatur besitzen (50—75°), müssen die entnommenen Proben zur Vermeidung von Verlusten bis zur Abkühlung in verschlossenen Flaschen verwahrt werden.

Bestimmung des Gehaltes an schwefliger Säure und Schwefelsäure in den Waschwässern. Von dem abgekühlten Wasser werden 5 cm^3 in einen Titrierbecher gegeben, welcher 150 cm^3 Wasser enthält. Mit $^n/_{10}$ Jodlösung wird dann nach Zusatz von Stärke auf Blaufärbung titriert. Nach Entfärbung mit einem Tropfen verdünnter Thiosulfatlösung und Zusatz von Methylorange oder Methylrot wird die gleiche Probe mit $^n/_{10}$ NaOH bis zum Neutralpunkt weiter titriert. Wenn für 5 cm^3 Waschwasser a cm^3 Jod- und b cm^3 Alkalilösung verbraucht wurden, so ist der Gehalt an:

$$SO_2 = \frac{0{,}0032 \cdot a \cdot 100}{5} = 0{,}064\,a\,\%$$

$$SO_3 = \frac{0{,}0040 \cdot (b - 2a) \cdot 100}{5} = 0{,}080\,(b - 2a)\,\%\,.$$

Untersuchung der Turmabgase.

Allgemeines. Mit Rücksicht auf die Nachbarschaft und zwecks Prüfung der Turmarbeit ist die laufende Untersuchung der Turmabgase erforderlich. Die austretenden Gase sollen normalerweise nicht über 0,002—0,003 Vol.-% Dioxyd enthalten, eine Forderung, welcher meist ohne Schwierigkeiten Genüge geleistet werden kann. Außer SO_2 enthalten diese Gase in den meisten Fällen merkbare Mengen von mit Wasserdampf gemischtem Trioxyd in Form eines feinen Nebels. Dessen genaue Bestimmung ist aus den gleichen Gründen, wie sie bei der Untersuchung der Röstgase erwähnt wurden, schwieriger.

Bestimmung des Dioxydgehaltes. Sie kann nach einer der obenerwähnten Methoden zur Untersuchung der Röstgase durchgeführt werden. Statt $^n/_{10}$ wird hier jedoch $^n/_{100}$ Jodlösung verwandt. 1 cm^3 dieser Lösung entspricht 0,1095 cm^3 SO_2 unter Normalbedingungen.

Bestimmung der Gesamtsäure. Sie erfolgt so, daß eine größere Gasmenge durch eine mit Alkalilösung beschickte Gaswaschflasche gesaugt wird. In Anbetracht des Umstandes, daß die Gase viel Kohlensäure enthalten, wird eine titrimetrische Bestimmung, würde sie nun mit

$^{n}/_{10}$ oder $^{n}/_{100}$ Alkalilösung ausgeführt, wenig zuverlässige Werte ergeben. Es ist daher genauer, die Bestimmung gravimetrisch zu Ende zu führen. Zu diesem Zwecke oxydiert man in der Alkalilösung nach beendetem Durchsaugen auch die schweflige Säure zu Schwefelsäure und fällt deren Gesamtmenge in bekannter Weise mit Bariumchlorid. 1 g $BaSO_4$ entspricht 95,6 cm^3 SO_3 unter Normalbedingungen. Von der Gesamtmenge der so ermittelten Säure ist der darauf entfallende Anteil der schwefligen Säure abzuziehen, um das ursprünglich vorhandene Trioxyd zu erhalten.

Es sei bemerkt, daß zur Bestimmung der Schwefelsäure in der nichtoxydierten Lösung wahrscheinlich auch die Raschigsche Methode (s. Bestimmung des SO_4-Ions) mit Erfolg benutzt werden kann.

Nachweis kleinster Mengen von schwefliger Säure nach Frank. 2 g Stärke werden mit Wasser angerieben, in 100 cm^3 kochendes Wasser eingerührt und nach dem Aufkochen wird eine Lösung von 0,5 g jodsaurem Kalium (nicht Jodkalium) in wenig Wasser hinzugefügt. In die wieder erkaltete Flüssigkeit taucht man Filtrierpapier und trocknet es dann; gasförmige schweflige Säure ruft auf ihm nach dem Anfeuchten blaue Färbung hervor. Bei Prüfung von Flüssigkeiten muß man das Reagenzpapier zuvor mit verdünnter Salzsäure befeuchten. Es muß gut verschlossen und gegen Lichteinwirkung geschützt aufbewahrt werden.

Untersuchung der Frischlaugen und der gegasten Laugen.

Allgemeines. Über die Bestimmung der Einzelbestandteile der Frischlaugen und der gegasten Laugen ist in den letzten Jahren eine ganze Reihe von Untersuchungen bekannt geworden[1], welche dazu beigetragen hat, auf diesem Arbeitsgebiet bis zu einem erheblichen Grad Klarheit zu schaffen. Man kann zunächst aus diesen Arbeiten ableiten, daß die Bestimmung der schwefligen Säure mittels der Jodtitration unzweifelhaft richtige Werte ergibt, wenn auf die besonderen Eigenschaften der schwefligen Säure, namentlich auf ihre hohe Flüchtigkeit genügend Rücksicht genommen wird. Die ständig wiederkehrenden Einwände, daß die Umsetzung zwischen Jod und schwefliger Säure, welche sich nach folgender Gleichung abspielt:

$$2\,SO_2 + J_2 + 2\,H_2O = 2\,H_2SO_4 + 2\,HJ\,,$$

unvollständig sei, müssen als widerlegt betrachtet werden.

[1] Sander: Wochenbl. f. Pap. Bd. 52, S. 2051. 1920; Sieber: Zellstoffchem. Abh. Bd. 1, S. 1 u. 95. 1920; Rosenlund: Zellstoffchem. Abh. Bd. 1, S. 121. 1920; Sieber: Zellstoff u. Papier Bd. 2, S. 199. 1922; Graap: Papierfabrikant, Festheft 1929, S. 115; Schmidt, E., u. C. Hönn: Papierfabrikant Bd. 27, S. 813. 1929; Deutsch: Zellstoff u. Papier Bd. 2, S. 56. 1922; Oeman: Maßanalytische Verfahren und deren Anwendung in Zellstoffabriken. Berlin: Verlag Papier-Zg. 1928. Diese Arbeit ist eine ergänzte Zusammenstellung früherer Veröffentlichungen von Oeman in Papierfabrikant Bd. 24, S. 267, 285 u. 299. 1926.

Die in der gegasten Säure mitvorhandenen organischen Stoffe, in erster Linie Säuren, wirken nur in ganz untergeordnetem Maße auf das Ergebnis der Titration ein, so daß auch für solche Säuren die Jodtitration Anwendung finden kann.

Statt Jodlösungen hat A. Noll[1] zur Titration solche vorgeschlagen, welche Chlor-Amin (p-Toluolsulfonchloramid-Natrium) als wirksamen Stoff enthalten. Wenn auch dieses Salz vor Jod den unbestreitbaren Vorzug der Billigkeit hat, so ist doch andererseits beobachtet worden, daß damit hergestellte Meßlösungen nicht die wünschenswerte Konstanz des Titers zeigen und besonders mit zunehmendem Alter sich rasch verändern können. Erst eine Bekanntgabe von an verschiedenen Orten mit dieser Meßlösung gemachten Erfahrungen wird darüber zu entscheiden gestatten, ob sie als ein vollwertiger und zuverlässiger Ersatz der Jodlösung gelten kann.

Die weiterhin vorgeschlagene Methode der Titration der gesamtschwefligen Säure mit Hypochloritlauge[2] entsprang wohl vor allem den Bedürfnissen der Inflationszeit nach einer billigen die Jodlösung ersetzenden Bestimmungsart. Ihrer allgemeinen Einführung hat wohl vor allem die geringe Beständigkeit der Lösungen im Wege gestanden.

Es ist durch die erwähnten neueren Untersuchungen weiterhin geklärt worden, in welcher Weise es möglich ist, auf titrimetrischem Wege auch für die in den Laugen vorhandene freie Säure und damit auch für den Kalk zuverläßliche Werte zu erhalten. Dies ist im Betriebslaboratorium und im Betrieb nicht erreichbar auf dem Wege der weitgehend benutzten direkten Alkalititration unter Anwendung von Phenolphthalein als Indikator. Die Tatsache, daß einmal dessen Umschlag unscharf ist und weiter der Umstand, daß der stets vorhandene Kohlensäuregehalt der Lauge, wie auch der des bei der Titration mit verwendeten Wassers stört, machen die Methode, welche an sich auf richtiger theoretischer Grundlage beruht, zu unsicher und ungenau. Oeman hat gezeigt, daß durch Einführung eines anderen Indikators, nämlich des Thymolphthaleins, wesentlich bessere Ergebnisse bei dieser Methode erzielt werden können. Dieser Indikator zeichnet sich gegenüber dem Phenolphthalein durch ein viel kleineres Umschlagsintervall, also durch einen viel ausgeprägteren Farbumschlag aus, und besitzt auch eine gerade für diese Titration geeignete Lage des Umschlagsintervalles auf der Skala der Wasserstoffionenkonzentrationen. Dieses Intervall liegt bei p_H 9,3—10,5. Während beim Phenolphthalein leicht Abweichungen von mehreren Prozenten (6—7) vom richtigen Wert vorkommen können,

[1] Noll, A.: Chloramin als Jodersatz. Zellstoff u. Papier Bd. 4, S. 218. 1924; Papierfabrikant Bd. 22, S. 385. 1924.

[2] Braun, Die Bestimmung der gesamtschwefligen Säure in der Frischlauge mittels Hypochlorit. Wochenbl. f. Papierfabr. Bd. 55, S. 2892. 1924.

kann der Fehler bei Anwendung des neu vorgeschlagenen Indikators ohne Schwierigkeiten unter 1% gehalten werden.

Statt die Bestimmung der gesamten und der freien Säure in zwei getrennten Proben vorzunehmen, kann man sie nach einem ursprünglich von Höhn stammenden Vorschlag auch in der gleichen Probe nacheinander ermitteln. Höhn benutzt als Meßflüssigkeit Alkali und Phenolphthalein als Indikator. Auch in diesem Falle ist, wie Sieber gezeigt hat, Phenolphthalein kein vorteilhafter Indikator, obwohl hier nur starke Säuren zur Titration gelangen. Besser eignet sich Methylrot oder Bromphenolblau. Diese Titration mit Alkali kann nach Sander-Dieckmann[1] durch eine jodometrische ersetzt werden, was dadurch geschieht, daß man die Probe, welche zur Bestimmung der gesamtschwefligen Säure gedient hat, nach der erfolgten Entfärbung mit Thiosulfat mit etwas Kaliumjodat versetzt und das hierdurch ausgeschiedene Jod mit Thiosulfat zurückmißt. Da die ausgeschiedene Jodmenge in einem bestimmten Verhältnis zur vorhandenen freien Säure steht, wird also in dieser Weise deren Menge bekannt.

Der Vorteil dieser Methode besteht darin, daß man einen deutlichen Farbenumschlag auch bei künstlicher Beleuchtung erhält, aber es ist doch, wie E. Schmidt[2] gezeigt hat, ein Irrtum, wenn man annimmt daß die Methode gegenüber dem Einfluß der Kohlensäure im Titrationsgemisch ganz unempfindlich ist. Weiter ist sehr darauf zu achten, daß die Reaktion sich nicht in zu sehr verdünnter Lösung abspielt, da sie dann, wie ebenfalls von Schmidt betont wurde, erst nach langer Zeit vollständig wird. Außer ihrer verhältnismäßigen Kostspieligkeit haftet ihr aber, wie übrigens auch der Höhnschen, schließlich noch der Nachteil an, daß sich Ablesungsfehler an den Büretten stärker bemerkbar machen als bei jenen Methoden, welche Gesamt- und freie Säure in verschiedenen Proben bestimmen. Für gegaste Säuren, also solche, welche bereits organische Stoffe enthalten, ist die Sander-Dieckmannsche Methode weniger zu empfehlen. Der große Jodüberschuß, der während der Titration in der Flüssigkeit vorhanden ist, kann Anlaß zu Reaktionen mit den organischen Substanzen geben, so daß je nach deren Menge ein Teil des Jods auf unkontrollierbarem Wege verschwindet. Für diese gegasten Säuren eignet sich auch die Höhnsche Methode nur dann, wenn das gegen organische Säuren empfindliche Phenolphthalein durch andere oben erwähnte Indikatoren ersetzt wird.

Um die besagten Schwierigkeiten bei der Bestimmung der freien Säure zu umgehen, sind Methoden in Vorschlag gebracht worden, durch

[1] Wochenbl. f. Pap. Bd. 46, S. 1764. 1915.

[2] Schmidt, E.: Prüfen der Sulfitlauge. Zellstoff u. Papier Bd. 7, S. 56. 1927. Als Entgegnung auf W. H. Birchard: Ein Vergleich der Prüfungsmethoden für die Sulfitkochlauge. Chem. Centralbl. 1926, II, S. 1806.

welche andere Bestandteile der Laugen bestimmt werden sollen. Zweck dieser Abänderungen war es natürlich, genauere Ergebnisse als bei den üblichen Verfahren zu erreichen. So ist von Sander empfohlen worden, einerseits die wirklich freie Säure, nämlich die über Bisulfit vorhandene, zu bestimmen und daran anschließend unmittelbar das als Bisulfit gebundene SO_2. Sander bedient sich zur Ausführung dieser Methode der Fähigkeit des Quecksilberchlorids, sich mit Bisulfit unter Bildung einer äquivalenten Menge Salzsäure umzusetzen, und ermittelt deren Menge dann auf alkalimetrischem Wege. Unter Ausschaltung jodometrischer Titrationen ist es so möglich, die Zusammensetzung der Lauge zu finden. Die Methode ist bei verschiedenen Untersuchungen über den Verlauf des Sulfitkochprozesses angewendet worden, und zwar mit gutem Erfolge. Ihr Anwendungsgebiet dürfte aber wohl auf das Laboratorium beschränkt bleiben, und zwar deshalb, weil einerseits Methylorange als Indikator angewendet werden muß, also ein Indikator, der ein geübtes Auge voraussetzt, und andererseits, weil die Mitverwendung des außerordentlich giftigen Quecksilberchlorids außerhalb des Laboratoriums immerhin bedenklich erscheint. Ein anderer Vorschlag von Oeman geht dahin, nach der Ermittlung der gesamtschwefligen Säure auf jodometrischem Wege in einer zweiten Probe die über Bisulfit vorhandene freie Säure durch Titration mit Alkali zu bestimmen und hierbei Bromphenolblau als Indikator zu benutzen. Oeman hat durch eingehende Untersuchungen bewiesen, daß man derart zu guten Ergebnissen gelangt. Sowohl Sanders als Oemans Methode können unbedenklich auch für gegaste Säuren Verwendung finden.

Alle die bekannt gewordenen titrimetrischen Methoden lassen eine Ermittlung des Kalkgehaltes der Laugen letzten Endes doch nur auf indirektem Wege zu. Das ist ganz offenbar ein Mangel, da ja gerade für diesen wichtigen Bestandteil der Lauge eine direkte Bestimmungsmethode erwünscht sein muß. Ob das kürzlich von E. Graap[1] bekannt gemachte Verfahren zur direkten Kalkbestimmung hier eine durchgreifende Wandlung bedeutet, werden erst noch auszuführende Untersuchungen dartun müssen. Die bislang bekannten Verfahren zur Bestimmung des Kalkes in der Lauge — das oxydimetrische und das gewichtsanalytische Verfahren — sind für die Zwecke des Betriebes noch zu umständlich und teilweise auch zeitraubend, außerdem haftet ihnen der Nachteil an, daß bei ihrer Anwendung lediglich der Gesamtkalk, also außer dem Sulfitkalk auch der als Sulfat vorhandene, bestimmt wird. Ein Maß für den Sulfitkalk allein vermögen sie nicht zu geben, wenn nicht gleichzeitig in der Lauge der Gips über dem Wege einer SO_4-Bestimmung ermittelt wird. Für diese Bestimmung des Sulfations verfügen wir über

[1] Papierfabrikant, Festheft 1929, S. 115.

einwandfreie Methoden, auch zur Bestimmung seltener vorkommender Schwefelverbindungen in der Lauge, wie Thiosulfat und Thionat, sind Verfahren bekannt geworden. Endlich sei erwähnt, daß auch zur Bestimmung von Magnesia neben Kalk in der Lauge ein titrimetrisches Verfahren beschrieben wurde.

Zur praktischen Ausführung der Untersuchung der Sulfitlaugen. Bei der Entnahme von Proben mit der Pipette ist immer zu beachten, daß durch starkes und kräftiges Saugen besonders in an freier Säure reichen Laugen leicht eine Änderung ihrer Konzentration hervorgerufen wird. Wenn irgend angängig, soll man immer eine größere Probe, mindestens 10 cm³ als Ausgangssubstanz anwenden, diese auf 100 cm³ verdünnen und hiervon wieder 10 cm³ zur Untersuchung nehmen. Das zur Verdünnung bei den Titrationen angewandte Wasser soll möglichst frei von Kohlensäure sein, und es ist empfehlenswert, es vor der Titration unter Benutzung des jeweiligen Indikators zu neutralisieren. Will man Verluste durch Abdunsten der freien Säure oder durch Oxydation vermeiden, so läßt man zweckmäßig vor Einbringen der zu untersuchenden Probe in das Titriergefäß bereits einen Teil der Meßflüssigkeit einlaufen. Die Konzentration der Lauge an flüchtiger schwefliger Säure wird so sehr rasch herabgesetzt und die Gefahr, daß Verluste eintreten, erheblich gemindert.

Im Betrieb bedeutet es meist einen Zeitgewinn, wenn man Büretten benutzt, welche je nach der angewandten Methode eine solche Teilung besitzen, daß die Ablesung unmittelbar den Prozentgehalt der zu untersuchenden Lauge ergibt.

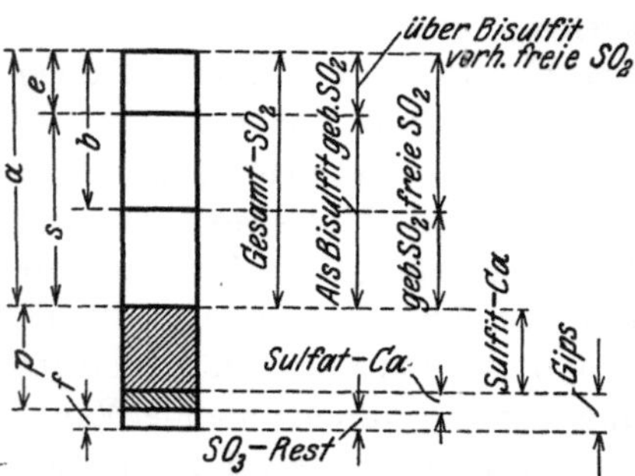

Abb. 30. Schematische Darstellung der Zusammensetzung der Sulfitlaugen. a = Jodtitration; b = Titration der freien SO_2 nach Winkler; e = Titration der über Bisulfit vorhandenen freien Säure (Oeman, Sander); s = Titration des Bisulfits nach Sander; p = Bestimmung des Gesamtkalks mit Permanganat; f = SO_4-Bestimmung.

Definitionen. Die gesamte schweflige Säure in der Lauge setzt sich zusammen aus solcher, die als Bisulfit anwesend und solcher, welche darüber hinaus als wirklich freie Säure vorhanden ist. In der Praxis bezeichnet man als freie Säure doch etwas anderes, nämlich jenen Teil der schwefligen Säure, welcher nicht als neutrales Sulfit an Kalk gebunden ist. Die gebundene Säure ist dementsprechend jene, welche in Form des neutralen Sulfits sich in der Lauge befindet. Ganz mißweisend wird dieser Anteil manchmal als „Kalk“ bezeichnet. Die schematische Darstellung klärt das Gesagte weiter auf (Abb. 30).

Gehaltsbestimmung durch Spindelung. Es ist allgemein üblich, die in der Laugenstation erzeugten Rohlaugen durch Spindelung — meistens mit einer Bé-Grad-Spindel zu kontrollieren. Man muß sich bewußt sein, daß diese Art der Kontrolle nur ein ungefähres Bild über die Zusammensetzung der Lauge geben kann, da sowohl der Gehalt der Lauge an Kalk b, wie auch der an schwefliger Säure a von Einfluß auf das spez. Gewicht der Lauge s ist. Humm[1] hat gezeigt, daß hierbei der Einfluß des Kalkes etwa 3mal so groß als der der schwefligen Säure ist. Es besteht folgende Beziehung:

$$s = 1 + 0{,}0051\,(a + 3b),$$

oder, wenn das spez. Gewicht in Bé-Graden n ausgedrückt wird,

$$n = 0{,}746\,\frac{a + 3b}{1 + 0{,}0051\,(a + 3b)}\,.$$

Ist durch Erfahrungswerte ermittelt, innerhalb welcher Grenzen das Verhältnis von schwefliger Säure zu Kalk schwankt, so lassen sich Tabellen anlegen, aus denen nach Kenntnis der Bé-Grade auf den Gehalt der Lauge an den beiden Komponenten geschlossen werden kann. Wie bei allen Spindelungen ist auch hier auf die Temperatur der zu untersuchenden Lauge zu achten, gegebenenfalls sind Abweichungen von der Normaltemperatur in Rechnung zu stellen.

Bestimmung der gesamtschwefligen Säure. 10 cm³ der verdünnten Lauge (1 : 10) werden in einen Titrierbecher gegeben, welcher 100 cm³ Wasser, etwas Stärkelösung und einen Teil der erforderlichen Jodlösung oder Chloraminlösung enthält. Hiervon wird weiter unter langsamem Umschwenken so viel zugefügt, bis deutliche und bleibende Blaufärbung eintritt. Es entspricht 1 cm³ $^{n}/_{10}$ Jodlösung 0,0032 g SO_2.

Bestimmung der freien Säure. a) Nach Winkler, abgeändert von Oeman. 10 cm³ der verdünnten Lauge werden zu 100 cm³ im Titrierbecher befindlichem Wasser gegeben, einige Tropfen Thymolphthalein werden zugesetzt, worauf unter langsamem Umschwenken mit $^{n}/_{10}$ Alkali die ursprünglich farblose Lösung bis zur reinblauen Farbe titriert wird. 1 cm³ = 0,0032 g SO_2.

b) Nach Höhn, abgeändert von Sieber. In der mit Jod zur Bestimmung der Gesamt-SO_2 titrierten Laugenprobe, wird die blaue Stärkefarbe durch einige Tropfen (Tropfflasche) verdünnte Thiosulfatlösung beseitigt. Einige Tropfen Methylrotlösung werden zugesetzt, worauf die jetzt rotgefärbte Flüssigkeit mit $^{n}/_{10}$ Alkali bis zur deutlich gelben Farbe titriert wird. Werden hierzu b' cm³ Meßlösung benötigt, so ist die Menge der freien Säure in der angewandten Probe

$$(b' - a) \cdot 0{,}0032 \text{ g } SO_2\,.$$

Wurde bei dieser Bestimmung Chloramin-, statt Jodlösung benutzt, so ändert sich in der Ausführung nichts, hingegen ist die Berechnung

[1] Humm: Untersuchung an Sulfitlaugentürmen. Biberach a. Riß: Günther-Staib-Verlag 1929.

eine andere. Da hier keine dem Chlor entsprechende Menge freier Salzsäure entsteht, sondern neutrales Kochsalz, so gibt der Verbrauch an Natronlauge unmittelbar das Maß der freien Säure an. Es ist also deren Menge

$$b' \cdot 0{,}0032 \text{ g } SO_2 .$$

c) Nach Sander-Dieckmann. Man benutzt, wie eben unter b beschrieben, die Probe, in welcher bereits die Bestimmung der Gesamtsäure erfolgte. Sie wird in gleicher Weise entfärbt, worauf 5 cm³ einer 3proz. Lösung von Kaliumjodat (KJO_3) zugesetzt werden. Das hierdurch ausgeschiedene Jod wird mit $^n/_{10}$ Thiosulfat zurückgemessen. Da die Reaktion mit dem Jodat sich nach folgenden Gleichungen abspielt, gilt für die Berechnung das gleiche wie unter b. Werden vom Thiosulfat b' cm³ verbraucht, so ist die Menge der freien Säure $(b' - a) \cdot 0{,}0032$.

$$3\,H_2SO_3 + 3\,J_2 + 3\,H_2O = 3\,H_2SO_4 + 6\,HJ$$

$$3\,H_2SO_4 + 6\,HJ + 2\,KJO_3 + 10\,KJ = 3\,K_2SO_4 + 6\,KJ + 6\,J_2 + 6\,H_2O$$

$$6\,J_2 + 12\,Na_2S_2O_3 = 12\,NaJ + 6\,Na_2S_4O_6 .$$

Bestimmung der über Bisulfit vorhandenen freien Säure nach Oeman. Man gibt in einen Titrierbecher etwa 100 cm³ Wasser, einen Teil der zur Titration erforderlichen $^n/_{10}$ Alkalilösung und 1 cm³ 0,04proz. Bromphenolblaulösung als Indikator. (Wie oben erwähnt, kann hier auch Methylorange benutzt werden.) Hierzu setzt man 5 cm³ unverdünnte Lauge und titriert, bis die gelblichgrüne Farbe einer schwach blauen gewichen ist. 1 cm³ $^n/_{10}$ Alkali entspricht hier 0,0064 g SO_2.

Bestimmung der als Bisulfit vorhandenen schwefligen Säure nach Sander. Die in der vorbeschriebenen Weise neutral gestellte Laugenprobe wird mit 20—30 cm³ kalt gesättigter Quecksilberchloridlösung (!) versetzt, wodurch sie von neuem sauer wird gemäß folgenden Umsetzungen:

$$NaHSO_3 + HgCl_2 = HCl + HgCl \cdot SO_3 \cdot Na$$

$$Ca\begin{matrix} \diagup HSO_3 \\ \diagdown HSO_3 \end{matrix} + \begin{matrix} HgCl_2 \\ HgCl_2 \end{matrix} = 2\,HCl + (HgCl \cdot SO_3)_2 \cdot Ca .$$

Die entstandene Säure wird mit $^n/_{10}$ Alkali bestimmt. Werden hierzu s cm³ verbraucht und wurden zur Bestimmung der ganz freien Säure (s. vorstehende Bestimmung) e cm³ benötigt, so ist die Menge des zur Neutralisation des eigentlichen Bisulfits benötigten Alkalis gleich $(s - e)$. 1 cm³ $^n/_{10}$ Alkali entspricht auch hier 0,0064 g SO_2.

Bestimmung des als Bisulfit gebundenen Kalkes nach Graap. Man versetzt 5 cm³ unverdünnte Lauge mit 25 cm³ $^n/_{10}$ Oxalsäure, kocht bis zum Verschwinden des SO_2-Geruches aus und titriert dann mit

$^n/_{10}$ NaOH und Phenolphthalein die überschüssige Oxalsäure zurück. 1 cm³ $^n/_{10}$ Oxalsäure entspricht 0,0028 g CaO oder 0,0032 g SO_2.

Aus der Gleichung:

$$Ca\begin{matrix}\diagup HSO_3 \\ \diagdown HSO_3\end{matrix} + \begin{matrix}COOH \\ COOH\end{matrix} = Ca\begin{matrix}\diagup OOC \\ \diagdown OOC\end{matrix} + \underset{\substack{\text{verschwindet} \\ \text{d. Kochen}}}{2\,SO_2} + H_2O$$

und aus der Tatsache, daß eine etwaige Umsetzung mit Gips ohne Einfluß auf den azidimetrischen Titer der Lösung bleibt, folgt, daß der Verbrauch an Oxalsäure tatsächlich ein Maß für vorhandenes Kalziumbisulfit ist. Leider ist noch nicht erwiesen, ob während des Auskochens der Lösung schweflige Säure in Schwefelsäure verwandelt und dadurch das Ergebnis fehlerhaft beeinflußt wird.

Bestimmung des Gesamtkalkes (Sulfit- + Sulfatkalk). a) Maßanalytisch. 5 cm³ Lauge werden mit 100 cm³ Wasser und einigen Kubikzentimeter konzentrierter Salzsäure in einem Erlenmeyerkolben zum Sieden erhitzt und hierbei so lange belassen, bis der Geruch nach schwefliger Säure verschwunden ist. Dann gibt man etwa 5 cm³ einer gesättigten Salmiaklösung und etwa ebensoviel einer halbnormalen (nahezu gesättigten) Ammoniumoxalatlösung hinzu. Erwärmt man nach erfolgter Fällung die Flüssigkeit 5—10 Minuten auf einem doppelten Drahtnetz oder einer Asbestplatte mit kleiner Flamme, so wird der Niederschlag von Kalziumoxalat genügend grobkörnig, um sich rasch durch ein Filter abfiltrieren zu lassen. Man kann übrigens auch das Kalziumoxalat in einem kleinen Büchnertrichter mit doppeltem Filter an der Saugpumpe absaugen. (Man vergleiche die Kalkbestimmung im Abschnitt: Untersuchung des Fabrikationswassers.) Hat der Niederschlag Neigung zum Durchgehen durch das Filter, so hilft oft auch ein Zusatz von Salmiaklösung beim Auswaschen. Jede Filtrierschwierigkeit wird beseitigt durch Zugabe von Kieselgur vor der Filtration. Das Auswaschen muß mit warmem Wasser durchgeführt werden. Eine zwei- oder dreimalige Füllung des Filters genügt, um es frei von Ammonoxalat zu bekommen. Das Filter samt Niederschlag wird nunmehr in den sauber gespülten Erlenmeyerkolben zurückgebracht, wieder mit 150 cm³ kochendem Wasser übergossen, worauf 10 cm³ einer Schwefelsäure hinzugefügt werden, die 1 Gewichtsteil Säure auf 3 Gewichtsteile Wasser enthalten, und nunmehr wird fast bis zum Sieden erhitzt; hierbei löst sich der an dem Filter haftende und die Flüssigkeit als Trübung erfüllende Niederschlag vollständig. Anschließend wird heiß mit $^n/_{10}$ Kaliumpermanganatlösung bis zur Rosafärbung titriert. 1 cm³ $KMnO_4$ = 0,0028 g CaO.

Bei Filtern schlechter Sorte kann bei der Titration ein Fehler entstehen, indem von der Filtersubstanz Permanganat verbraucht wird. Will man diesen Fehler ganz ausschalten, so empfiehlt es sich, das Filter mit dem ausgewaschenen Kalziumoxalatniederschlag auseinanderzufalten, auf eine dünne Glasplatte zu legen und mit siedendem Wasser den anhaftenden Niederschlag unter Anwendung eines Trichters in ein passendes Gefäß zu bringen, in welchem dann also die Lösung mit Schwefelsäure bei Abwesenheit von Filtrierpapier durchgeführt wird.

b) Gewichtsanalytisch. Man fällt in der gleichen Weise den Kalk wie oben beschrieben und sammelt den Niederschlag dann auf einem gewöhnlichen Filter. Nach erfolgtem Auswaschen wird das Filter im Tiegel verascht und der Rückstand geglüht. Man erhält bei der Wägung CaO.

Bestimmung von Kalk und Magnesia in Dolomitlaugen. a) Titrimetrisch nach Sieber[1]. Die analytischen Grundlagen dieser Methode sind die folgenden: Magnesiumsalze geben mit Alkali- oder Erdalkalihydroxyd bekanntlich ein praktisch unlösliches Hydroxyd, z. B.:

$$MgSO_4 + Ba(OH)_2 = \underbrace{Mg(OH)_2 + BaSO_4}_{\text{unlöslich}}$$

Versetzt man also eine neutrale Magnesiumsalzlösung beispielsweise mit $^n/_{10}$ $Ba(OH)_2$-Lösung und titriert die vom Niederschlag befreite Lösung dann mit Salzsäure unter Benutzung von Phenolphthalein als Indikator bis zum Neutralpunkt, so gibt der Verbrauch an Barytlösung ein Maß für die Menge des anwesenden Magnesiumoxydes. Bei dieser Bestimmung ist lediglich darauf zu achten, daß Kohlensäure mit der Barytlösung Karbonat bildet, sie ist also bei der Bestimmung soweit als möglich fernzuhalten.

Das Kalzium andererseits wird durch Fällen mit Ammonoxalat und Titration mit Permanganat ermittelt. Wenn gemäß folgender Vorschrift verfahren wird, so findet eine gegenseitige Beeinflussung beider Bestimmungen nicht statt.

Magnesiabestimmung. Eine abgemessene Probe der Sulfitlauge, 10 oder 20 cm³, wird nach Verdünnen auf 150—200 cm³ in einem Erlenmeyerkolben zum Sieden erhitzt, wobei möglichst gerade so viel Salzsäure zugesetzt wird, als erforderlich ist, um sämtliches SO_2 auszutreiben. Nach genügendem Kochen wird die Lösung nach Zusatz von Phenolphthalein vorsichtig mit einer karbonatfreien Lauge, am besten Barytlösung, genau neutralisiert. Nachdem neuerlich zum Sieden erhitzt wurde, läßt man langsam aus einer Pipette eine gemessene Menge (20—50 cm³) $^n/_{10}$ Barytlösung in den Kolben fließen. Nach einigen Minuten langem Kochen wird die heiße Lösung unter Benutzung von Saugflasche und Büchnertrichter filtriert; der Rückstand auf dem Filter wird mehrmals mit mäßig warmem Wasser gewaschen, worauf schließlich der Kolbeninhalt mit $^n/_{10}$ Salzsäure zurücktitriert wird.

1 cm³ verbrauchte Barytlösung entspricht 0,002 g MgO. Bei Gips enthaltenden Säuren ist es empfehlenswert, in nicht zu konzentrierter

[1] Papierfabrikant Bd. 21, S. 235. 1923.

Lösung zu arbeiten, um Umsetzungen zwischen Bariumhydroxyd und ihm, welche zu einer Verminderung des Titers zufolge Abscheidung von schwerer löslichem Kalziumhydroxyd führen könnten, zu vermeiden.

Kalkbestimmung. Hier sind möglichst alle jene Versuchsbedingungen einzuhalten, durch die eine Mitausfällung von Magnesium bzw. sein Mitreißen bei der Fällung des Kalziums als Oxalat vermieden wird. Die Fällung ist also in Gegenwart von Ammonchlorid und mit einem größeren Überschuß des Fällmittels vorzunehmen. Vor der eigentlichen Fällung ist auch hier durch Kochen mit verdünnter Salzsäure die schweflige Säure auszutreiben.

Die hier beschriebene Magnesiumbestimmung gleicht derjenigen, welche bei der Leglerschen Härtebestimmungsmethode[1] verwendet wird. Verfügt man über eine Leglersche Lösung, so kann diese selbstverständlich hier Anwendung finden. Im anderen Falle ist es jedenfalls bequemer, eine $^{n}/_{10}$ Barytlösung zu verwenden. Diese ist nicht nur einfacher herzustellen, sondern auch leichter von Kohlensäure freizuhalten und für vorliegenden Zweck geeigneter. Auch dürfte die Fällung des Magnesiumhydroxydes bei ihrer Anwendung zufolge der Bildung von unlöslichem Bariumsulfat vollständiger sein.

b) Gewichtsanalytisch. Man bestimmt zunächst die Summe der gemischten Sulfate. Hierzu raucht man in einem Platin- oder Quarztiegel 25 cm³ der Frischlauge mit 1 cm³ konzentrierter Schwefelsäure ab, glüht dann und bringt schließlich zur Wägung. Der Rückstand wird in etwas verdünnter Salzsäure gelöst, in einen Becher überführt, mit Ammoniak alkalisch gemacht, zum Sieden erhitzt, worauf mit Ammonoxalat das Kalzium gefällt wird. Der Niederschlag wird nach dem Abfiltrieren und Auswaschen nochmals gelöst und umgefällt, um mitniedergeschlagene Magnesia zu beseitigen und dann in der üblichen Weise aufgearbeitet; das Ergebnis wird auf Kalziumsulfat umgerechnet. Dieser Wert von der Summe der Sulfate abgezogen ergibt das Magnesiumsulfat, das seinerseits wieder auf Oxyd umgerechnet wird.

$$CaO \cdot 2{,}4279 = CaSO_4;\quad MgSO_4 \cdot 0{,}3349 = MgO.$$

Bemerkt sei, daß man auch bei diesen Bestimmungsmethoden außer den als Sulfit vorhandenen Kalzium- und Magnesiamengen jene mitbestimmt, welche als Sulfat in der Lauge vorhanden sind.

Bestimmung des SO_4-Ions. a) Gewichtsanalytisch. Man gibt in einen 300 cm³ fassenden Erlenmeyerkolben etwa 100 cm³ Wasser und 5—10 cm³ konzentrierte Salzsäure und bedeckt ihn mit einem durchlochten Uhrglas. Durch dessen Öffnung führt man ein rechtwinklig gebogenes Glasrohr, dessen einer Schenkel bis über den Spiegel der Flüssigkeit im Kolben reicht und dessen anderer Schenkel mit einem

[1] S. d. Abschnitt: Härtebestimmung im Wasser.

Kohlensäureentwicklungsapparat in Verbindung gesetzt wird. Während man den Kolben zum Sieden erhitzt, leitet man dauernd einen schwachen Kohlensäurestrom in ihn hinein. In die siedende Flüssigkeit läßt man die Laugenprobe (25 oder 50 cm³) einlaufen und vertreibt durch weiteres Kochen und bei ständigem Durchleiten von Kohlensäure die vorhandene schweflige Säure vollständig. Ist dies beendigt, so filtriert man den Kolbeninhalt und bestimmt im Filtrat in bekannter Weise die Schwefelsäure. Für genauere Untersuchung ist vor dem Fällen Entfernung des die Bestimmung beeinflussenden Gipses notwendig. Dies geschieht durch Kochen mit Ammonkarbonat, wobei sämtliches SO_4 an Alkali gebunden wird, das vom sich abscheidenden kohlensauren Kalk leicht durch Filtration getrennt werden kann.

$$1\ \text{g}\ BaSO_4 = 0{,}3430\ \text{g}\ SO_3 = 0{,}5833\ \text{g}\ CaSO_4 = 0{,}2403\ \text{g}\ CaO.$$

Die Bestimmung des SO_4-Ions ohne Benutzung der Kohlensäureatmosphäre gibt stets zu hohe Werte.

b) Maßanalytisch nach E. Schmidt und C. Hönn[1]. Diese kürzlich veröffentlichte Methode beruht auf der Anwendung der von Raschig empfohlenen Bestimmung von Schwefelsäure als Benzidinsulfat. Die erforderliche Benzidinchlorhydratlösung wird nach folgender Vorschrift hergestellt. 5 g Benzidin verreibt man gut mit 10 cm³ Wasser und spült den Brei mit etwa 100 cm³ Wasser in einen Kolben. Man fügt 4 cm³ konzentrierte Salzsäure (1,19) hinzu, verschließt den Kolben und schüttelt gut um. In kurzer Zeit löst sich alles zu einer braunen Flüssigkeit, die nur wenn nötig filtriert wird. Durch Verdünnen dieser Lösung auf 2 l erhält man das zur Fällung der Schwefelsäure geeignete Reagenz.

Zur Ausführung der Bestimmung läßt man zu 100 cm³ der nach vorstehender Anleitung hergestellten Benzidinlösung 50 cm³ Rohlauge fließen. Die entstehende Fällung wird nach 5 Minuten auf einen Trichter mit Porzellansiebplatte und zwei kleinen Papierfiltern abfiltriert. Der auf dem Filter gesammelte Niederschlag wird scharf abgesaugt und mit nur 10 cm³ kaltem Wasser gewaschen. Den Niederschlag mit den Filtern bringt man in einen 200 cm³ fassenden Erlenmeyerkolben; man setzt darauf 50 cm³ destilliertes Wasser zu, verschließt den Kolben mit einem Gummipfropfen und schüttelt kräftig durch, bis das Filtrierpapier zerfasert ist. Dann erwärmt man die Flüssigkeit auf 50°, versetzt mit 2 Tropfen Phenolphthalein und titriert mit $^{n}/_{10}$ Natronlauge. Nach bleibender Rötung wird bis zum Sieden erhitzt und, falls Entfärbung eintritt, wieder auf Rotfärbung titriert.

$$1\ \text{cm}^3\ ^{n}/_{10}\ NaOH = 0{,}0040\ \text{g}\ SO_3 = 0{,}0028\ \text{g}\ CaO.$$

[1] Papierfabrikant Bd. 27, S. 813. 1929.

Die Methode ist dank ihrer raschen Durchführbarkeit und Einfachheit für die Zwecke der Betriebskontrolle gut geeignet. Die Ergebnisse sind sehr genau. Sie ist anwendbar für jede Art der Rohlaugen[1], ganz gleich, ob sie außer Kalzium noch andere Basen enthalten oder nicht. Für Kochlaugen und wohl auch für Gaslaugen ist sie nicht benutzbar, da die Gegenwart organischer Stoffe störend wirkt.

Bestimmung des Gesamtschwefelgehaltes. 5 cm³ Lauge werden mit 100 cm³ Wasser und einigen Kubikzentimetern Bromlösung versetzt. Sollte der Zusatz des Oxydationsmittels nicht reichen, was sich durch Wiederentfärbung der Flüssigkeit zu erkennen gibt, so muß hiervon noch so viel zugegeben werden, daß die gelbe Farbe Bestand hat. Man läßt einige Minuten stehen und erhitzt dann zum Sieden. Der vorhandene Kalk wird mit Ammonkarbonat gefällt, der Niederschlag abfiltriert, und in dem klaren Filtrat wird in bekannter Art die Schwefelsäure mit Bariumchlorid gefällt. 1 g des erhaltenen $BaSO_4$ entspricht 0,1374 g S.

Statt Brom kann man auch Wasserstoffsuperoxyd zur Überführung sämtlicher vorhandenen Oxydationsstufen des Schwefels in Schwefelsäure anwenden. Diese Oxydation wird anfangs in saurer und später in alkalischer Lösung ausgeführt, da einige Thionate nur in Gegenwart von Alkali restlos in Schwefelsäure umgewandelt werden. Auch hier muß in der Wärme gearbeitet werden.

Bestimmung von Thiosulfat- und Thionat-Schwefel in der Sulfitlauge[2]. a) Qualitative Proben. Prüfung auf Thiosulfat mittels der Reaktion von Pozzi-Escot[3]. 5 cm³ Lauge werden mit 5 cm³ 10proz. Ammonium-Molybdatlösung versetzt, und das Gemisch wird dann vorsichtig mit konzentrierter Schwefelsäure unterschichtet. Setzt man darauf das die Probe enthaltende Reagenzglas dem Licht aus, so entsteht bei Anwesenheit von Thiosulfat an der Berührungszone beider Flüssigkeitsschichten eine tiefdunkelblaue Färbung. Die Schnelligkeit des Erscheinens und die Tiefe der Färbung geben einen ungefähren Anhaltspunkt über die Menge des vorhandenen Thiosulfates. Die Reaktion ist außerordentlich empfindlich.

Prüfung auf Thionate. Versetzt man eine Laugenprobe mit etwas festem, feinpulverisiertem Quecksilberchlorid (!) und schüttelt um, bis der Geruch nach schwefliger Säure verschwunden ist, so zeigt eine nach kurzer Zeit eintretende weiße Trübung der Laugenprobe an, daß sich in ihr noch andere Oxydationsstufen des Schwefels als Di- und Trioxyd vorfinden. Die Reaktion ist doch nicht eindeutig für Thionate,

---

[1] Man vgl. aber bei Lauber: Wochenbl. f. Papierfabr., Festheft 1930, S. 50. Hier wird erwähnt, daß bei Laugen, welche nur sehr geringe Mengen Gips enthielten, die Methode versagt hat.

[2] Man vgl. Sieber: Zellstoff u. Papier Bd. 2, S. 51. 1922.

[3] Pozzi-Escot: Bull. Soc. Chim. Bd. 13, S. 401. 1913.

da auch Thiosulfat die erwähnte Trübung hervorruft. Es ist ferner darauf zu achten, daß auch in reinen Sulfitlösungen, allerdings erst nach stundenlangem Stehen, eine feine Fällung (Kalomel) sich absetzt.

b) Quantitative Bestimmung. Thiosulfat und Thionate kommen in der Lauge nur in ganz geringen Mengen vor, weshalb es ratsam ist, vor ihrer Bestimmung die vorhandene schweflige Säure zu beseitigen oder sie in eine Form überzuführen, in welcher sie nicht störend wirkt.

Man kann zu diesem Zwecke so verfahren, daß man die Laugenprobe mit neutralem Strontiumkarbonat versetzt und unter häufigem Schütteln längere Zeit damit in einer geschlossenen Flasche stehen läßt. Zur Beschleunigung der Umsetzung kann man die Reaktionsflüssigkeit auf 25 bis 30° erwärmen. Durch das Strontiumkarbonat wird der größte Teil der schwefligen Säure in sehr schwer lösliches Strontiumsulfit umgesetzt. Man filtriert von der Fällung ab und benutzt für die folgende Untersuchung das erhaltene klare Filtrat. In ihm wird zunächst der noch verbliebene Rest der schwefligen Säure durch Jodlösung zu Sulfat oxydiert, wobei gleichzeitig das Thiosulfat in Tetrathionat umgewandelt wird. Die eigentliche Bestimmung des Thiosulfat- und Thionatschwefels beruht auf folgendem. Sämtliche in Frage kommenden Thionate wie auch das Thiosulfat werden durch naszierenden Wasserstoff unter Bildung von Schwefelwasserstoff reduziert[1]. Dieser kann abgetrieben und quantitativ bestimmt werden. Den erforderlichen Wasserstoff erzeugt man am zweckmäßigsten aus schwefelfreiem Aluminium und Salzsäure. Die Ausführung der Bestimmung geschieht in dem abgebildeten Apparat, der weiter keiner Erläuterung bedarf (Abb 31).

Hinzuzufügen wäre nur, daß die dort auch angegebenen Mengenverhältnisse der Reagenzien je nach der Menge des zu erwartenden Schwefels verändert werden müssen. In den Kolben füllt man die, wie oben angegeben, vorbereitete und filtrierte Laugenprobe. Man fügt etwas Wasser hinzu, verschließt wieder und leitet zunächst eine Viertelstunde lang Kohlensäure durch den Kolben, dann setzt man die Hälfte der Salzsäure zu, worauf nach einer Weile die Reaktion in Gang kommt. Man gibt ab und zu wieder etwas von der Säure hinzu und erwärmt schließlich ganz mäßig. Die Reduktion muß langsam durchgeführt werden, und sie beansprucht etwa 1—2 Stunden. Gegen Ende der Bestimmung kann man ungefähr bis auf 80° kommen. Es ist zweckmäßig, sich zu überzeugen (mit Pb-Papier), ob die Reaktion beendet ist. Der mit Thiosulfat gefüllte Erlenmeyerkolben am Ende des Zehnkugelrohres hat den Zweck, etwa verflüchtigtes Jod wieder aufzufangen. Der

[1] Man vgl. A. Sander: Z. angew. Chem. Bd. 28, S. 9 u. 273. 1915; Bd. 29, S. 11 u. 16. 1916.

Inhalt des Absorptionsrohres wird quantitativ in einen größeren Titrierbecher gegeben, der Inhalt des Erlenmeyerkolbens zugefügt und der Überschuß der Jodlösung mit Natriumthiosulfat zurückgemessen. Hieraus kann der in Form von Schwefelwasserstoff abgespaltene Schwefel berechnet werden, und er gibt, wie oben erwähnt, ein Maß für die Gesamtmenge an Thiosulfat und Thionaten in der Lauge. 1 cm³ $^{n}/_{10}$ Jod = 0,0016 g S.

Falls die qualitativen Proben auf genannte Verbindungen positiv ausgefallen sind, so wird man bei Anwendung von 25—50 cm³ Lauge zur Bestimmung schon verläßliche Werte erhalten.

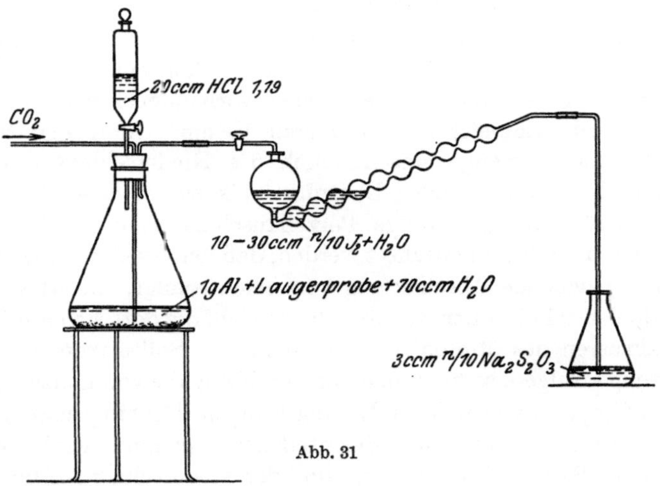

Abb. 31

Bestimmung von Selen in der Sulfitlauge. a) Kolorimetrische Probe von Meyer und Jannek[1]. Zu je 1 cm³ der zu untersuchenden Lauge wird 0,1 g festes Natriumhydrosulfit zugesetzt und energisch geschüttelt, wodurch nach einigen Sekunden Orange- bis Rotfärbung auftritt. Wenn die Färbung sich nicht mehr vertieft, wird etwas Soda zugegeben. Die nunmehr verbleibende Farbe wird kolorimetrisch mit derjenigen verglichen, die man bei Anwendung von Selenlösung bekannten Gehaltes bekommt. Die Grenze des sicheren Nachweises liegt bei 1 : 120000. Engt man dünnere Lösungen vor der Prüfung ein, so kommt man auf 1 : 160000 als Grenze.

b) Kolorimetrische Schnellprüfung nach Wolkoff[2]. Man erhitzt 10 cm³ der Lauge, welche man, wenn sie trüb ist, filtriert hat, mit 2 cm³ konzentrierter Salzsäure in einem Reagenzglas $^1/_2$ Stunde lang auf dem Wasserbad. Im Anfang muß man hierbei vorsichtig

[1] Meyer u. Jannek: Z. analyt. Chem. Bd. 50, S. 536. 1915.
[2] Wolkoff, Selenhaltige Schwefelkiese. Zellstoff u. Papier Bd. 5, S. 355. 1925.

zu Wege gehen, um Verluste bei dem stürmischen Entweichen der schwefligen Säure zu verhindern. Man vergleicht dann über einem weißen Papierblatt die Farbe der abgekühlten Flüssigkeitssäule mit der Farbe einer gleich hohen Flüssigkeitssäule der nicht erhitzten zu prüfenden Lauge. Der mehr oder minder stark rötliche Ton der erhitzt gewesenen Probe zeigt die Gegenwart von Selen. Bei einigermaßen erheblichem Selengehalt bildet sich nach 24 Stunden auf dem Boden des Glases ein schwacher Belag von Selen. Erhitzt man die Probe zu kurze Zeit, so erhält man keine genügend starke Färbung. Bei zu langem Erhitzen andererseits kann die gelbbraune Färbung oxydierten Eisens die Gegenwart von Selen verdecken.

c) Quantitative Bestimmung[1]. Je nach der Menge des zu erwartenden Selens werden 5—10 l mit so viel konzentrierter Schwefelsäure vorsichtig versetzt, daß sämtlicher vorhandener Kalk als Sulfat gebunden wird. Zumeist reichen hierzu 10 cm^3. Man engt diese so behandelte Laugenmenge einschließlich des Niederschlags durch Erhitzen auf dem Wasser- oder Dampfbad bis auf etwa 4 l ein, wobei man als Gefäß eine geräumige Porzellanschale benutzt. Bei diesem Eindampfen muß darauf geachtet werden, daß keine sich in einer Rötung bemerkbar machende Abscheidung von Selen erfolgt. Da dies zumeist am Rande der Schale auftritt, empfiehlt es sich, die dort sich abscheidenden Salzkrusten des öfteren herunterzuspülen. Sollte trotzdem Selenabscheidung erfolgen, so kann man sie durch Zugabe von konzentriertem Wasserstoffsuperoxyd wieder in Lösung bringen. Die eingeengte Lösung, deren Bodensatz frei von roten Selenteilchen sein muß, wird unter Benutzung eines Saugtrichters filtriert und der Niederschlag auf dem Filter wird mit kaltem Wasser gewaschen. Das erhaltene Filtrat wird anschließend weiter eingedunstet, und zwar bis auf rund 400—500 cm^3 Auch hierbei muß etwa sich abscheidendes Selen, wie bereits erwähnt, wieder gelöst werden. Man bringt die Lösung dann in einen geräumigen Erlenmeyerkolben und fügt etwa 25—30 cm^3 konzentrierter Salzsäure hinzu. Alsdann leitet man in den erwärmten Kolbeninhalt etwa 30 Minuten lang schweflige Säure ein. Zur Unterstützung der Reduktion fügt man dann 1 g Hydroxylaminchlorhydrat zu und setzt das Einleiten der schwefligen Säure noch etwa 20 Minuten lang fort. Sollte das sich abscheidende Selen nach diesem Zeitraum noch zu fein verteilt sein, so kann man durch längere Zeit währendes Erwärmen auf 80—90° es allmählich in eine filtrierbare Form überführen. Auf einer kleinen Nutsche trennt man dann durch Absaugen den Niederschlag von der Flüssigkeit. Sollte Selen mit durchs Filter gehen, so kann man dieses durch Zugabe von aufgeschwemmter Kieselgur dichten. Das Filter mit

[1] Siehe Wochenbl. f. Papierfabr., Beilage Technologie Bd. 27, S. 49. 1930.

dem Niederschlag bringt man in ein Becherglas, in welchem man ihn durch Zugabe von konzentrierter Salzsäure und etwas konzentriertem Wasserstoffsuperoxyd in der Kälte löst. Man filtriert und fällt im Filtrat wieder, wie oben beschrieben, durch Einleiten von schwefliger Säure. Die Selenfällung wird dann in einem gewogenen mit Asbest beschicktem Goochtiegel gesammelt. Statt dessen kann man die Bestimmung auch auf titrimetrischem Wege zu Ende führen. Hierzu verfährt man mit der ersten Selenfällung so, wie dies oben bei der Selenbestimmung im Kies beschrieben wurde, d. h. man verbrennt sie zu seleniger Säure, welche dann jodometrisch bestimmt wird.

Die Kontrolle der Kochung und die Untersuchung der Kochlaugen.

Allgemeines. Gegenstand der Betriebskontrolle in der Kocherei ist die Verfolgung und die Bestimmung des richtigen Abschlusses des Kochungsvorganges. In diesen Aufgabenbereich gehört zunächst die Untersuchung der Kochlauge beim Beginn des Aufschlußprozesses. Die Kochlauge kann in ihrer ursprünglichen Zusammensetzung von jener der gegasten sich durch einen etwas größeren Gehalt an organischen Stoffen unterscheiden. Es ist durch verschiedene Untersuchungen doch gezeigt worden, daß bei Einhaltung gewisser Versuchsbedingungen die Zusammensetzung der Kochlauge in diesem Stadium einwandfrei ermittelt werden kann, und zwar mit Hilfe von Methoden, welche früher bereits beschrieben worden sind. Dies gilt, wie besonders bemerkt werden soll, auch für die Ermittlung des Kalkgehaltes. Es ließ sich nämlich feststellen, daß die Differenz vom mit Permanganat bestimmten Gesamtkalk und vom gesondert ermittelten Gipskalk ziemlich genau der Menge des aus der titrimetrischen Bestimmung der freien und der gesamtschwefligen Säure errechneten Sulfitkalkes entspricht[1].

Die weitere Verfolgung des Kochungsvorganges bezweckt letzten Endes den Erhalt eines Zellstoffes bestimmter Qualität und Eigenschaft. Vom chemischen Standpunkt aus betrachtet ist die Kochung ein Prozeß, dessen Durchführung ganz allgemein gesagt die bis zu einem gewünschten Grad erfolgende Herauslösung der Inkrusten aus dem Holz durch die Lauge bezweckt. Wenn nun die Gewinnung von möglichst gleichartig aufgeschlossenem Zellstoff angestrebt wird, so ist zweifellos eine der wichtigsten Voraussetzungen hierzu, daß man von vornherein möglichst gleiche Ausgangsbedingungen für die durchzuführende Reaktion schafft, also vor allem dafür sorgt, daß das Verhältnis der reagierenden Stoffe einigermaßen gleich bleibt. Von den reagierenden Stoffen wird die

[1] Sieber: Papierfabrikant Bd. 23, S. 209. 1925.

Lauge bei geregeltem Betrieb in ihrer Zusammensetzung nur geringe Schwankungen aufweisen. Wenn weiter bei einigermaßen gleichartiger Herkunft des Holzes sein Feuchtigkeitsgehalt und die Größe der Hackspäne sich nur in engen Grenzen ändern, so wird in groben Zügen der Zustand beim Beginn der Reaktion immer gleich sein. Unter solchen Verhältnissen besteht die Möglichkeit, durch ständige Beobachtung und Untersuchung des einen der reagierenden Stoffe, nämlich der leicht faßbaren Lauge, den Aufschlußvorgang genügend sicher verfolgen zu können und zum richtigen Zeitpunkt abzubrechen.

Die Untersuchung der Lauge im späteren Verlauf der Kochung kann grundsätzlich auf zwei verschiedene Arten erfolgen. Entweder kann die Abnahme der wirksamen anorganischen Agenzien festgestellt oder aber die Zunahme der in ihr sich anreichernden organischen Stoffe verfolgt werden. Beide Arten der Untersuchung sind jede für sich oder vereint in Gebrauch. Untersuchungen zwecks Auffindung von brauchbaren Methoden zur Ermittlung der Menge der gesamtschwefligen Säure und jener des Kalks in der ihren Gehalt an organischen Stoffen ständig erhöhenden Kochlauge sind mehrfach ausgeführt worden. Durch neuere Untersuchungen von Sieber und auch von Oeman[1] ist gezeigt worden, daß die Bestimmung der gesamten wirksamen schwefligen Säure auf jodometrischem Wege bis zum Kochungsabschluß mit genügender Genauigkeit durchgeführt werden kann. Dagegen sind bis jetzt alle Bemühungen gescheitert, für die Ermittlung der freien schwefligen Säure eine einwandfreie Methode zu finden. Der Umstand, daß während der Kochung andere freie Säuren gebildet werden, erschwert jene Bestimmung außerordentlich, und selbst die versuchsweise Anwendung anderer Indikatoren hat hier bislang keine Abhilfe bringen können. Damit ist gleichzeitig auch gesagt, daß es eine Bestimmung für den Sulfitkalk in der Form, wie sie bei der Frischlauge ausgeführt wird, für die Kochlauge im späteren Stadium der Kochung nicht gibt. Gerade dies ist unbestreitbar ein großer Mangel; ist es doch deshalb nicht möglich, zahlenmäßig genau festzulegen, wie weit man jeweils noch vom Zustand des vollkommenen Kalkmangels ist, einem Punkt, den man im Hinblick auf das dann drohende leichte Umschlagen und Schwarzwerden der Kochung möglichst nicht überschreiten soll.

Man ist lange der Ansicht gewesen, daß die bereits von Mitscherlich angegebene Ammoniakprobe eindeutig Aufschluß über den Kalkgehalt der Kochlauge gäbe. Oeman[2] wies zuerst nach, und später sind seine Feststellungen von anderen bestätigt worden, daß dies ein Irrtum ist. Die mit Ammoniak erhaltene Fällung stellt vielmehr ein Maß für die in der Lauge noch verfügbare Menge an gesamtschwefliger (und lose ge-

[1] Sieber, a. a. O., und Oeman: Maßanalytische Verfahren. Berlin 1928.

[2] Oeman: Papierfabrikant Bd. 14, S. 509. 1916.

bundener) Säure dar. Was also durch die laufend bei einer Kochung ausgeführte Ammoniakprobe dargestellt wird, ist nicht die Abnahme des noch für organische Bindungen und die Neutralisation von Säuren verfügbaren Kalkes, sondern nichts anderes als die Abnahme des Titers der ursprünglich vorhandenen gesamtschwefligen Säure. Ganz so bedeutungslos als Maßstab für die Menge des für obige Zwecke noch verfügbaren Kalkes, wie nach diesen Erörterungen anzunehmen wäre, ist nun die Ammoniakprobe doch nicht. G. Petterson[1] hat nämlich an Hand einer eingehenden Untersuchung gezeigt, daß dank der heute zumeist üblichen Art der Entnahme der Laugenproben aus dem Kocher trotz allem ein gewisser Zusammenhang zwischen dem Ausfall der Ammoniakprobe und dem Gehalt der Lauge an verfügbarem Kalk (Sulfitkalk) besteht. Bei der Probenahme ohne Kühler entweicht zufolge der plötzlichen Entspannung stets SO_2, aber die Menge der verbleibenden wird durch die Menge des noch vorhandenen Kalkes mitbestimmt. Da man nun nach dem gerade Zuvorgesagten mit der Ammoniakprobe ein Maß für noch in der Lauge vorhandenes SO_2 erhält, ist ohne weiteres ersichtlich, daß wirklich zwischen der Höhe der Fällung und dem Kalkgehalt der Lauge eine Beziehung obwaltet. Diese Beziehung kann man natürlich geradeso gut, wenn nicht besser, auch mit der Jodtitration der Lauge verfolgen. Jodtitration und Ammoniakprobe laufen also letzten Endes auf das gleiche hinaus: vorausgesetzt, daß die Lauge in der jetzt üblichen Weise ohne Kühler abgezapft wird, besteht ihr Wert darin, daß sie wenigstens bis zu einem gewissen Grade einen Rückschluß auf den noch vorhandenen Sulfitkalk zulassen.

Da auch Sanders Quecksilberchloridmethode zufolge der schwierigen Erkennung des Indikatorumschlages versagt hat, so sind, um über den bestehenden Mangel einer Kalkbestimmung hinwegzuhelfen, sowohl von Sieber[2] als auch von Oeman[3] neuere Vorschläge gemacht worden. Diese neuen Methoden sind allerdings noch nicht an einem genügend großen Material geprüft worden.

Die Beurteilung des Zustandes der Kochung nach dem Gehalt der Laugen an organischen Stoffen erfolgt weniger durch quantitative Bestimmungen, als durch Beobachtungen qualitativer Merkmale. Bei dem gegenwärtigen Standpunkt der Kochungskontrolle ist zweifellos die Beobachtung der Farbe ein gutes hierher gehöriges Hilfsmittel, sei es, daß diese unmittelbar in der Lauge oder aber erst nach Ausfällung des Kalkes durch Alkali geprüft wird[4]. Voraussetzung für die Zu-

---

[1] Petterson, G.: Die Mitscherlich-Probe bei der Sulfitzellstoffkochung. Papierfabrikant Bd. 22, S. 613. 1924.

[2] Man vgl. Sieber: a. a. O. [3] Oemann, Maßanalytische Verfahren.

[4] Fleury, Überwachung des Sulfitkochprozesses, Paper Bd. 35, S. 663. 1925. Siehe Papierfabrikant Bd. 23, S. 273. 1925.

verlässigkeit der Probe ist jedenfalls die Verwendung von Holz, das in seiner Herkunft möglichst gleichartig bleibt. Hägglund[1] insbesonders betont, daß das gegen Ende der Kochung auftretende Dunkelwerden der Lauge zur Zeit als eins der zuverlässigsten Mittel angesehen werden muß, um den bedenklich erscheinenden Kalkmangel beizeiten mit Sicherheit zu erkennen. Hiergegen ist doch einzuwenden, daß dieser Farbumschlag nur allmählich eintritt. Infolgedessen kann allein auf Grund der Beobachtung der Farbe die Kochung nur dann abgebrochen werden, wenn man über Vergleichsfarblösungen verfügt. Die quantitativen Feststellungen des Gehaltes der Laugen an organischen Stoffen durch Messung mit dem Areometer oder durch Bestimmung ihrer Viskosität dürften nur vereinzelt in Anwendung stehen. Auch über die allgemeine Brauchbarkeit dieser Methoden ist man noch nicht unterrichtet. Zu den wenigen quantitativen Methoden zur Bestimmung des Fortschrittes der Kochung durch Mengenermittlung definierter organischer Bestandteile der Lauge gehört ein von Rassow und Kraft[2] gemachter Vorschlag. Hiernach soll als Maß für jenen Fortschritt die Bestimmung der Zunahme der α-Ligninsulfosäure dienen. Nach Beobachtungen in der Praxis[3] ist diese Methode nicht frei von Mängeln und in ihrer Ausführung noch zu zeitraubend.

Bei den vorstehenden Erörterungen war bislang von der Voraussetzung ausgegangen, daß dank gleichartiger Beschaffenheit von Lauge und Holz und nicht wesentlich verschiedenen Mengenverhältnissen beider zueinander bei Beginn der Kochungen im wesentlichen stets gleiche Anfangsbedingungen obwalten. Es sind doch Fälle denkbar, und in der Praxis treten sie nicht so selten ein, wo derartige Bedingungen nicht bestehen. So können die Holzmengen, welche in den Kocher kommen, beispielsweise als Folge veränderlichen Wassergehaltes oder dank anderem spez. Gewicht schwanken. Sonach kann unter solchen Verhältnissen die Menge der miteinander reagierenden Stoffe eine ständig veränderliche werden. Es ist leicht einzusehen, daß es dann schwer, ja bisweilen unmöglich sein kann, allein aus der Beschaffenheit der Lauge etwas Unzweideutiges über den jeweiligen Stand des Aufschlußvorganges zu sagen, ganz gleich, welche Untersuchungsmethode man auch immer hier anwenden wird. In solchen Fällen ist es jedenfalls angezeigt, sich anderer Hilfsmittel zu bedienen, um wenigstens gegen das Ende der Kochung nicht ganz ohne verläßliche Richtschnur zu sein. Als solches Hilfsmittel kommt hier die Entnahme von Proben des Kochgutes selbst in Frage. Diese Probeentnahme von Stoff aus dem verschlossenen

[1] Svensk Kemisk Tidskrift Bd. 36, S. 133. 1924.

[2] Kraft, H.: Dissert. Leipzig 1928. Man vgl. Papierfabrikant Bd. 27, S. 489, 508, 524. 1929; Zellstoff u. Papier Bd. 9, S. 93. 1929.

[3] Wochenbl. f. Papierfabr. Bd. 60, S. 767. 1929.

Kocher ist, wenn auch in primitiver Weise, beinahe so alt wie die Sulfitstoffindustrie selbst. Für die Begutachtung so erhaltener Kochgutproben sind bemerkenswerte Angaben gemacht worden, wenn auch nicht immer im Auge behalten wurde, daß gerade hier ganz besondere Ansprüche an das Prüfverfahren gestellt werden. Diese sind kurz angedeutet: rasche Ausführungsmöglichkeit, je kürzer, desto besser, und einwandfreies und zahlenmäßiges Anzeigen des Aufschlußgrades auch bei Ausführung von mit chemischen Arbeiten wenig vertrauten Leuten.

Versucht man, das Vorstehende über die Kontrolle der Kochung noch einmal kurz zusammenzufassen, so läßt sich etwa folgendes sagen. Wenn man den Vorteil genießt, besonders dank gleicher Holzbeschaffenheit immer oder doch periodenweise die gleichen Ausgangsbedingungen zu haben, so ist eine Kontrolle des Verlaufes der Kochung und die Feststellung des Endpunktes durch fortlaufende Untersuchung der Lauge möglich. Ist hier einmal der genaue normale Kochverlauf festgestellt, so muß letzten Endes jede Untersuchungsmethode, welche überhaupt den Verlauf der Kochung verfolgen läßt, zum Ziel führen. Hierbei ist natürlich weiter vorausgesetzt, daß keine Schwierigkeiten bestehen, den normalen Temperatur- und Druckverlauf bei der Kochung einzuhalten. Überall jedoch, wo man von vornherein stark wechselnde Bedingungen bereits beim Kochungsbeginn hat, wird eine Untersuchung der Lauge allein unzureichend sein, um das gewünschte Endziel zu erreichen, nämlich die Erzeugung eines stets gleichartigen Stoffes. In solchen Fällen wird es immer vorteilhafter sein, an Hand von dem Kocher entnommenen Stoffproben den Zeitpunkt für den Abbruch der Kochung festzulegen. Damit ist gewiß nicht gesagt, daß die Anwendung von Stoffprobenehmern allein auf solche besonderen Ausnahmen beschränkt werden sollte. Sie sind im Gegenteil unter allen Betriebsverhältnissen eines der sichersten Hilfsmittel bei der Überwachung der Kochungen.

Über die Entnahme der Proben. Es ist zur Genüge bekannt, daß an unterschiedlichen Stellen des Kochers ganz verschiedene Temperaturen herrschen, daß der Umlauf der Lauge, vorausgesetzt, daß sie nicht umgepumpt wird, nicht überall im Kocher in der gleichen Weise erfolgt, kurz, daß die Reaktionsbedingungen im Kocher nicht einheitliche sind. Was man als Laugen- oder Stoffprobe aus dem Kocher erhält, zeigt daher zumeist deren Beschaffenheit in der Umgebung des Probenehmers an. Allein die praktische Erfahrung ermöglicht es, aus der Beschaffenheit einer solchen Probe Rückschlüsse auf den Gesamtinhalt des Kochers zu tun. Die Entnahme von Laugenproben erfolgt wohl gewöhnlich ohne Kühler. Man hat durch Schaltung eines solchen hinter den Probehahn versucht, Proben zu erhalten, die in ihrer Zusammensetzung mit der Lauge im Kocher übereinstimmen. Bei dem hohen Druck im Kocher erscheint es aber sehr zweifelhaft, dies Ziel auf solche Weise erreichen zu können. Man wird sich vor allem bemühen müssen, die Proben möglichst immer in gleicher Weise zu entnehmen, dann wird man auch ohne Kühler gute Vergleichswerte erhalten. Die entnommenen Laugenproben werden zweckmäßig vor der Untersuchung im verschlossenen Gefäß rasch abgekühlt. Zur Titration verdünnt man auch hier 10 cm³ der Lauge mit Wasser auf 100 cm³ und verwendet 10—20 cm³ der verdünnten Lösung.

Bestimmung der gesamtschwefligen Säure. Sie erfolgt durch Titration mit $^{n}/_{10}$ Jod unter Einhaltung der bei der Untersuchung der Frischlaugen mitgeteilten Versuchsbedingungen. Es ist nicht empfehlenswert, die $^{n}/_{10}$ Jodlösung durch eine schwächere zu ersetzen. In diesem Fall wird die Einwirkung der organischen Substanz auf das Ergebnis der Titration besonders gegen Schluß der Kochung nicht unbedeutend. Die Berechnung des Ergebnisses erfolgt wie früher mitgeteilt wurde.

Bestimmung der freien schwefligen Säure und des Sulfitkalkes in der Kochlauge zu Beginn der Kochung. Die Mengenermittlung dieser beiden Bestandteile in der ursprünglichen Kochlauge wird nach den gleichen Methoden vorgenommen, wie sie bei der Untersuchung der Frischlaugen beschrieben worden sind.

Bestimmung der Gesamtmenge der freien Säuren im späteren Verlauf der Kochung. (Freie schweflige und freie organische Säuren.) Man titriert eine verdünnte Laugenprobe mit $^{n}/_{10}$ Alkali unter Anwendung von Thymolphthalein als Indikator. Phenophthalein kann bei dieser Bestimmung auch Anwendung finden, dann ist es jedoch unbedingt erforderlich, das bei der Ausführung der Titration benötigte Verdünnungswasser vorher unter Anwendung dieses Indikators neutral zu stellen. Da man die einzelnen Säuren in der Lauge ihrer Menge und Zusammensetzung nach nicht kennt, ist es am einfachsten, das Ergebnis in Normalität auszudrücken. Werden beispielsweise für 1 cm³ unverdünnte Kochlauge a cm³ $^{n}/_{10}$ Alkali benötigt, so ist die Normalität der Kochlauge gleich $0{,}1 \cdot a$.

Bestimmung des Sulfitkalkes im späteren Verlauf der Kochung. (Die folgenden Methoden sind Vorschläge, welche noch nicht vollkommen durchgeprüft worden sind.) a) Vorschlag von Oeman. 10 cm³ Kochlauge werden 6 Minuten lang in einem Erlenmeyerkolben gekocht, wodurch die freie und die halbgebundene schweflige Säure vertrieben werden. Anschließend wird die Probe abgekühlt, mit Wasser auf 150 cm³ verdünnt, 1 cm³ 2n-Salzsäure zugegeben und sogleich mit $^{n}/_{10}$ Jodlösung titriert. Es entspricht 1 cm³ davon 0,006 g $CaSO_3$ und 0,0028 g CaO. Voraussetzung für die Erlangung verläßlicher Werte ist die genaue Einhaltung der Kochzeit und die Vermeidung stärkeren Erhitzens als notwendig. Um besonders im Betrieb die Durchführung dieser Probe zu erleichtern, hat Oeman empfohlen, das Erhitzen durch Blasen von Dampf über die Oberfläche der Probe zu ersetzen.

b) Vorschlag von Sieber. Fällungsprobe für die Praxis. Neutralisiert man eine Kochlauge bis zu dem Punkt, wo alle freien Säuren abgesättigt sind, so zeigt der im Verlauf einer Kochung hierbei erhaltene Niederschlag ständige Abnahme, und er verschwindet schließlich vor Ausgang der Kochung zumeist vollständig. Da diese so erhaltenen Fällungen von Kalziumsulfit keine Beziehung zu dem Gehalt der Lauge an schwefliger Säure zeigen, besteht kein Zusammenhang mit der Mitscherlichprobe, welche sich ja im stark alkalischen Mittel abspielt. Zur Ausführung der Probe bestimmt man in der Kochlauge, wie oben angegeben, zunächst die Gesamtmenge der freien Säuren durch Titration mit $^n/_{10}$ Alkali. Darauf gibt man in ein geräumiges Reagenzrohr 20 cm^3 unverdünnte Kochlauge, kühlt ab und setzt nun unter ständigem gutem Umschwenken aus einer Bürette so viel $^n/_1$ Alkalilösung, als man zur Titration von 2 cm^3 Lauge $^n/_{10}$ Alkalilösung benötigt hätte. Um sicher zu sein, daß der Neutralpunkt nicht überschritten wird, empfiehlt es sich, eher etwas weniger $^n/_1$ Lauge als notwendig anzuwenden, um so mehr, als es ja nur darauf ankommt, die freie und die halbgebundene schweflige Säure und nicht die organischen Säuren zu neutralisieren. Der erhaltene Niederschlag dürfte ein Maß für noch vorhandenen Sulfitkalk darstellen. Verschwindet er, so besteht die Gefahr des Umschlagens der Kochung.

Es sei bemerkt, daß es bei Ausführung der Probe vor allem darauf ankommt, zu vermeiden, daß jeweils ein Überschuß an Alkali in der Flüssigkeit ist, weshalb man durch gutes Umschwenken für dessen rasche und gleichmäßige Verteilung in der Laugenprobe sorgen muß.

c) Vorschlag von Sieber. Quantitative Bestimmung für wissenschaftliche Untersuchungen. Zur Ausführung werden anfangs 5, im späteren Verlauf der Kochung 10 cm^3 Kochlauge angewandt. Man gibt sie ohne irgendwelche Verdünnung in einen kleinen Erlenmeyerkolben und setzt 2 cm^3 einer Zinnchlorürlösung hinzu, welche durch Lösen von 0,23 g $SnCl_2 \cdot 2\,H_2O$ in 1 l Wasser erhalten wurde. Dieser Zusatz hat den Zweck, Oxydation des Sulfits zu Sulfat bei der nachfolgenden Behandlung zu verhindern. Auf einer elektrischen Wärmeplatte oder im Dampfbad dampft man zur Trockne ein. Zum Trockenrückstand im Kolben setzt man einige Tropfen kaltes Wasser, wodurch die organische Substanz sowie die organischen Kalkverbindungen wieder in Lösung gehen. Man gießt diese dunkle Lösung durch ein Filter und wäscht den Rückstand im Kolben nochmals mit wenig kaltem Wasser nach. Dann durchstößt man das Filter mit einem Glasstab, spritzt den etwa auf das Filter gekommenen Anteil des ausgefallenen anorganischen Kalkes in den unter den Trichter gestellten, die Hauptmenge hiervon enthaltenden Erlenmeyerkolben, gibt 150 cm^3 Wasser hinzu und säuert mit einigen Tropfen Salzsäure an. Darauf wird unmittelbar mit $^n/_{10}$ Jodlösung titriert. 1 cm^3 $^n/_{10}$ Jod entspricht 0,006 g $CaSO_3$ oder 0,0028 g CaO.

Ammoniakprobe nach Mitscherlich. Die Probe beruht darauf, daß ein reichlicher Überschuß von Ammoniak in der Kochlauge eine Fällung von Kalk hervorruft, deren Abnahme laufend während einer Kochung verfolgt wird. Zu ihrer Ausführung benötigt man eine Reihe von gleich weiten, etwa 200 mm langen Probegläsern. Man füllt die durch Erfahrung festgestellte konzentrierte Ammoniakmenge in die Gläser und läßt die Kochlauge dann in diese bis nahe zum oberen Rand hineinlaufen. Man verschließt das Reagenzrohr mit einer kleinen Gummiplatte, schüttelt um und läßt absitzen. Die nach den einzelnen Stunden der Kochung ausgeführten Proben verwahrt man bis zum Abschluß der Kochung in einem Gestell, wodurch man mit einem Blick deren Verlauf erkennen kann. Während die anfangs erhaltenen Fällungen rein weiß sind, weisen die vom späteren Verlauf der Kochung gelbliche Tönung auf. Aus der Änderung der Farbe, wie auch aus der Art, wie der Niederschlag entsteht und sich absetzt, können auf Grund von Erfahrungen Rückschlüsse auf den Stand der Kochung erfolgen.

Vergleich der Farbe der Kochlaugen mit der von Standardproben. Kochlaugenproben lassen sich als Farbvergleichsproben nicht mit Vorteil verwenden. Es ist nämlich häufig beobachtet worden, daß sie selbst im eingeschmolzenen Zustande ihren Farbton ändern. Er wird gewöhnlich mit der Zeit dunkler. Besser geeignet sind schon Proben verschieden starker Jodlösungen (in Jodkalium). Die die verschiedenen Jodlösungen enthaltenden, hermetisch verschlossenen oder zugeschmolzenen Glasröhren muß man jedoch unbedingt vor Licht bewahren, sonst ändern auch sie ihre Farbe bald. Sehr gut haben sich in manchen Fabriken für diesen Zweck verschiedene starke Kaffeelösungen oder Ölproben bewährt. Wenn sie in dicht verschlossenen Proberöhren aufbewahrt werden, sollen auch mit der Zeit keine Farbtonänderungen eintreten. Man wird sich im allgemeinen derartige Standardproben nur für die Endlaugen der Kochung herstellen, als ausschließliches Hilfsmittel zur Feststellung des Abschlusses der Kochung wird man sie aber kaum benutzen.

Die von Fleury[1] angegebene kolorimetrische Vergleichsprobe wird gemäß nachstehender Vorschrift ausgeführt. 50 cm^3 der zu prüfenden Lauge werden mit 25 cm^3 Ammoniak (1 : 5) und 25 cm^3 Alkohol (1 : 1) versetzt, worauf die ausfallenden Kalk- und Magnesiumsulfite abfiltriert werden. Das Filtrat wird nach einer stets gleichen Verdünnung in einem Kolorimeter geprüft, als welches von Fleury im besonderen

[1] Fleury, a. a. O.

Hess-Ives Photometer empfohlen wird. Der Zusatz von Alkohol soll nach Fleury die störende Oxydationsfähigkeit der Aldehydgruppen zu Karboxyl aufhalten.

Bestimmung der relativen Zunahme der α-Ligninsulfosäure nach Rassow und Kraft. Man verdünnt 50 cm³ Lauge in einem 100 cm³ fassenden Meßkolben durch Auffüllen bis zur Marke. Von dieser verdünnten Laugenlösung werden 30 cm³ in einen zweiten, 100 cm³ Meßkolben gegeben und hierin mit 20 cm³ Benzidinlösung der unten angegebenen Konzentration gefällt. Nach gutem Umschütteln wird bis zur Marke aufgefüllt. Man läßt absitzen und filtriert dann durch ein trockenes Faltenfilter in ein trockenes Becherglas. Nachdem man die ersten Anteile des Filtrates verworfen hat, fängt man weiter davon so viel auf, daß man ohne Schwierigkeit 10 cm³ abpipettieren kann. In diesen 10 cm³ bestimmt man das überschüssige Benzidin nach Raschigs Vorschrift. Zu diesem Zweck versetzt man die 10 cm³ in einem Becherglas mit 30 cm³ einer Glaubersalzlösung, welche 50 g Natriumsulfat im Liter enthält. Das sich abscheidende Benzidinsulfat bringt man nach kurzem Stehen quantitativ auf einen Büchnertrichter, saugt langsam ab und wäscht mehrere Male mit kleinen Mengen kalten Wassers. Der Niederschlag wird samt dem Filter in einen Erlenmeyerkolben gegeben, welcher etwa 50 cm³ Wasser enthält; der Kolben wird mit einem Gummipfropfen verschlossen und so lange geschüttelt, bis das Filter zerfasert ist. Nachdem der Pfropfen abgespült wurde, kocht man auf, gibt Phenolphthalein hinzu und titriert mit $^{n}/_{10}$ Alkali. Den Verbrauch hieran bezeichnen Rassow und Kraft als die Natronlaugenzahl der betreffenden Lauge. Die Menge des an die α-Ligninsulfosäure gebundenen Benzidins steht im umgekehrten Verhältnis zu der Natronlaugemenge, welche für die Neutralisation der aus dem Benzidin abgespaltenen Schwefelsäure verbraucht wird. Daher stehen auch die Natronlaugezahlen im umgekehrten Verhältnis zu den Mengen jener α-Ligninsulfosäure. Führt man diese Bestimmung während einer Kochung in regelmäßigen Abständen durch, so ergeben die erhaltenen Werte eine Kurve, welche über die Zunahme der α-Ligninsulfosäure unterrichtet.

Herstellung der Benzidinlösung. Man verreibt 40 g reines Benzidin mit 40 cm³ destilliertem Wasser. Den erhaltenen Brei spült man mit 750 cm³ Wasser in einen 1000 cm³ fassenden Kolben und gibt 50 cm³ konzentrierte Salzsäure (spez. Gewicht 1,19) hinzu. Der Kolben wird schließlich mit Wasser bis zur Marke aufgefüllt. Sollten möglicherweise einige Anteile des Benzidins nicht gelöst worden sein, so muß man den Kolbeninhalt filtrieren. Man ermittelt zunächst, wieviel Kubikzentimeter $^{n}/_{10}$ Alkali den bei der Untersuchung der Kochlaugen benutzten 20 cm³ Benzidinlösung entsprechen. Zu diesem Zweck verdünnt man in einem Meßkolben 20 cm³ der Benzidinlösung mit Wasser auf 100 cm³, fällt von dieser verdünnten Lösung 10 cm³ in der oben angegebenen Weise mit Natriumsulfat und titriert den erhaltenen Niederschlag mit $^{n}/_{10}$ Alkali.

Bestimmung des Gesamtkalkgehaltes. Man fällt in der gleichen Weise, wie bei der Untersuchung der Frischlaugen beschrieben, nach dem Ansäuern und Austreiben der schwefligen Säure in einer Laugenprobe den Kalk mittels Ammonoxalat. Die weitere Aufarbeitung des Niederschlags erfolgt wie dort beschrieben. Statt dessen kann man auch die Laugenprobe zur Trockne eindampfen, den Rückstand veraschen und in der Asche den Kalk bestimmen.

Bestimmung des SO_4-Ions (Gips). In jenen Laugen, welche aus der ersten Hälfte der Kochung stammen, läßt sich das SO_4-Ion in gleicher Weise bestimmen wie in den Frischlaugen. Mit dem weiteren Fortschreiten der Kochung treten jedoch Schwierigkeiten auf: der Niederschlag, welcher mit Bariumchlorid erhalten wird, enthält zumeist organische Substanzen, welche seiner weiteren Aufarbeitung sehr hinderlich sein können. Das Arbeiten in großer Verdünnung — 25 cm³ Kochlauge in 250—300 cm³ Wasser — während des Austreibens der schwefligen Säure im Kohlensäurestrom durch Kochen mit Salzsäure sowie beim späteren Fällen mit Chlorbarium erleichtert die Bestimmung oft wesentlich. In Fällen, wo auch diese Arbeitsweise versagen sollte, empfiehlt sich die Anwendung einer von Sander gegebenen Vorschrift, welche im Abschnitt: Untersuchung der Ablauge beschrieben ist. Schließlich sei erwähnt, daß man durch Sättigen mit Kochsalz aus der Kochlauge organische Bestandteile ausfällen kann und dann eine Lauge erhält, in welcher die SO_4-Bestimmung weniger schwierig auszuführen ist. Über die Berechnung vergleiche man den Abschnitt: Untersuchung der Frischlaugen.

Bestimmung der organisch gebundenen schwefligen Säure nach Klason. In einer Probe der Lauge bestimmt man die gesamtschweflige Säure auf üblichem jodometrischem Wege, entfärbt die Lösung mit einem Tropfen Thiosulfatlösung und macht dann die Flüssigkeit mit Hilfe einer 10proz. Kalilauge stark alkalisch, um schweflige Säure aus ihren Aldehyd- oder Ätherverbindungen frei zu machen. Man läßt 20 Minuten in der Kälte stehen, säuert dann an und titriert wiederum mit Jod. Der bei der zweiten Titration erhaltene Jodverbrauch gibt die Menge schwefliger Säure an, welche organisch gebunden ist.

Stoffprobeentnahme aus dem Kocher.

Von den in den Handel gebrachten Probenehmern sind nachstehend einige erwähnt. Über Untersuchungsmethoden für mit solchen Apparaten entnommene Stoffproben vergleiche man den Abschnitt „Aufschlußgradbestimmung von Zellstoffen“.

Stoffprobenehmer Bauart Kuhn. Die Abb. 32 zeigt den Aufbau dieses Probenehmers, die Abb. 33 verdeutlicht seinen Einbau sowie seine Handhabung. Das Rohr *a* wird durch die Kocherwand geführt und mittels Gegenmutter *b* an der eisernen Kocherwand befestigt. Als Absperrorgan für das Rohr *a* wird entweder ein Dreiweghahn, Dreiwegventil oder Dreiwegschieber *c* an dem Flansch *d* befestigt und an Flansch *e* des Absperrorganes der Stoffprobeentnehmer selbst. An den Flansch *f* des Absperrorganes *c* ist ein Dampfventil *r* angeschlossen. Die Möglichkeit der Dampfeinführung durch Flansch *f* ist nötig, um mögliche Verstopfungen des Rohres *a* in das Kochinnere blasen zu können.

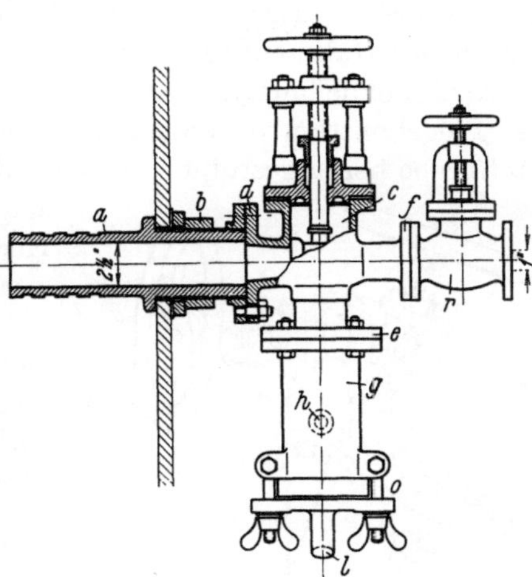

Abb. 32. Stoffproben-Entnahmeapparat System Kuhn.

Der Stoffprobeentnehmer besteht aus einer Kammer *g* mit Flüssigkeitsablauf *h* und eingeschraubter Stoffprobenaufnahmehülse. Die Hülse besitzt feine Löcher, durch welche die mit der Stoffprobe aus dem Kocher gekommene Flüssigkeit durch den ständig offenen Stutzen *h* ablaufen kann. Mit dem Griff *l* der Hülse wird diese gegen die Dichtungsflächen gepreßt und dann mittels der Flügelschrauben *o* befestigt.

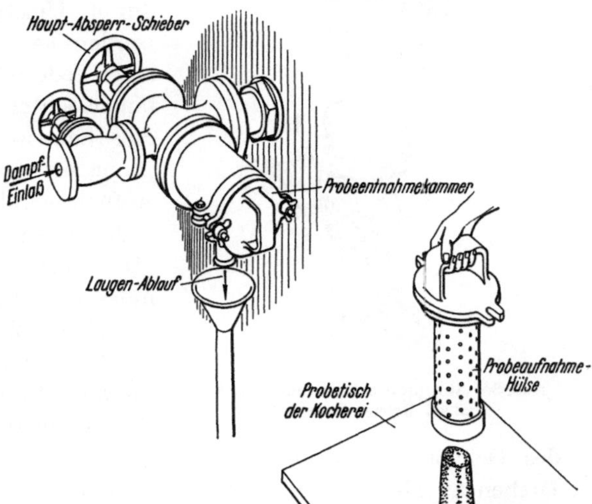

Abb. 33. Stoffproben-Entnahmeapparat System Kuhn.

Die Probenentnahme aus dem Kocher geht wie folgt vor sich: Die Hülse sitzt festgeschraubt in der Kammer *g*. Das Absperrorgan *c* wird auf „Durchgang" gestellt, d. h. die Verbindung zwischen Kocherinnerm und Probenentnehmer geschaffen, worauf durch den Überdruck, unter dem die Stoffmasse im Kocher steht, Stoff aus dem Kocher in die Aufnahmehülse gedrückt wird und die miteingedrückte Flüssigkeit durch die Löcher der Hülse entweicht und durch Ablauf *h* abläuft.

Nach Schließung des Absperrorganes wird die Hülse nach Lösung der Flügelmuttern *o* herausgenommen und die in der Hülse sitzende Stoffprobe herausgestülpt. Nachdem die Hülse wieder in die Kammer *g* eingeschraubt ist, kann eine nächste Kochprobe dem Kocher entnommen werden.

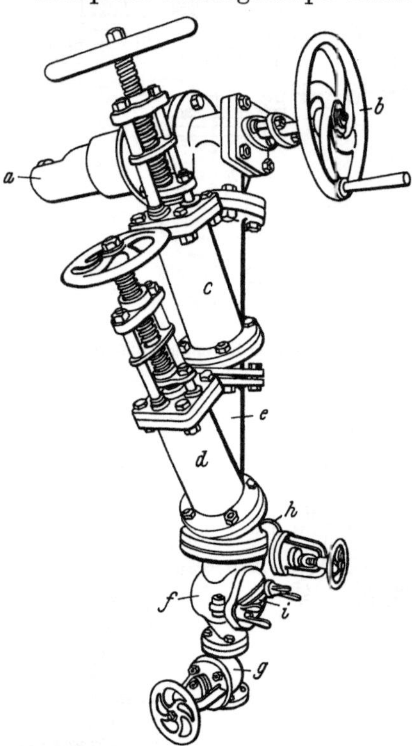

Abb. 34. Stoffproben-Entnahmeapparat Bauart Reisten-Biewald.

Die in den letzten Jahren mehr in Gebrauch gekommene dichtere Füllung der Kocher hat ihrerseits bewirkt, daß der Aufnahmehülse der Stoff mit weniger Kochlauge zugeführt wird. Dadurch preßt sich der Stoff so fest in die Löcher der Hülse, daß die Probe nicht in der einfachen Weise wie bei ungestampften Kochern durch Umstülpen herausgenommen werden kann. Durch das Einsetzen einer federnden oder geteilten und feingelochten Innenhülse läßt sich diese Schwierigkeit beheben; die Stoffprobe sitzt nicht mehr direkt in der Aufnahmehülse, sondern befindet sich in der Innenhülse, welche mit der Stoffprobe zusammen aus der Aufnahmehülse herausgestülpt werden kann.

Stoffproben-Entnahmeapparat (D.R.P. Nr. 394679), **Bauart Reisten-Biewald.** In die Kocherwandung wird ein bis in den Kocherraum reichendes Gehäuse *a* eingebaut, in welchem eine Schnecke lagert. Durch Drehen an einem Handrad *b* wird durch die Schnecke ein bestimmtes Probequantum aus dem Kocher herausgeholt. In der Schnecke ruhendes Probegut wird in den Kocher zurückgedreht. Im Ruhezustande bildet die Schnecke gleichzeitig einen Abschluß gegen möglicherweise vordringendes Kochergut. An dem senkrecht nach unten zeigenden Stutzen des Schneckengehäuses sind zwei Schrägsitzkolbenschieber *c* und *d* mit Schnellschlußspindel oder Stoffbüchsenhähne und die Entnahmekammer *f* angeordnet. Durch Öffnen des ersten Schiebers oder Hahnes fällt das Probequantum in die durch die beiden Schieber oder

Hähne gebildete Kammer *e*. Das Probequantum setzt sich auf dem zweiten Schieber oder Hahn ab, so daß der Raum des ersten Schiebers oder Hahnes nur noch mit Lauge gefüllt ist. Er kann daher leicht geschlossen werden. Durch Öffnen des zweiten Schiebers oder Hahnes fällt das Probegut in den siebartigen Zylinder der Entnahmekammer. Die Lauge geht durch das untere Ventil *g* ab. Das Probequantum wird dann durch Öffnen des Wasserventils *h* ausgewaschen, die Klappe *i* geöffnet und der Zylinder mit der Probe aus der Kammer *h* herausgenommen.

Stoffprobenehmer nach Bauart F. Voltz Sohn. Den Aufbau zeigt Abb. 35. Soll dem Kocher eine Stoffprobe entnommen werden, so öffnet man das Dampfventil *a*. Der einströmende Dampf drückt den in dem Kocherstutzen *b* befindlichen Stoff in den Kocher hinein. Dann öffnet man das Hauptventil *c*, das Laugenablaßventil *d* und schließt das Dampfventil *a*. Der Kocherdruck drückt nun den Stoff in den Stoffentnahmezylinder *e*. Man schließt das Laugenablaßventil *d* und öffnet das Dampfventil *a*, wodurch der Stoff aus dem Hauptventil wieder in den Kocher hineingedrückt wird. Nun schließt man das Hauptventil *c* und das Dampfeinströmventil *a*, öffnet das Laugeablaßventil *d*, löst die Klappschrauben *f* und nimmt den Stoffbehälter samt Stoffprobe aus dem Entnahmezylinder mittels des Handgriffes heraus. Hat man die Stoffprobe entnommen, steckt man den Stoffbehälter wieder in den Entnahmezylinder hinein und zieht die beiden Klappschrauben *f* an.

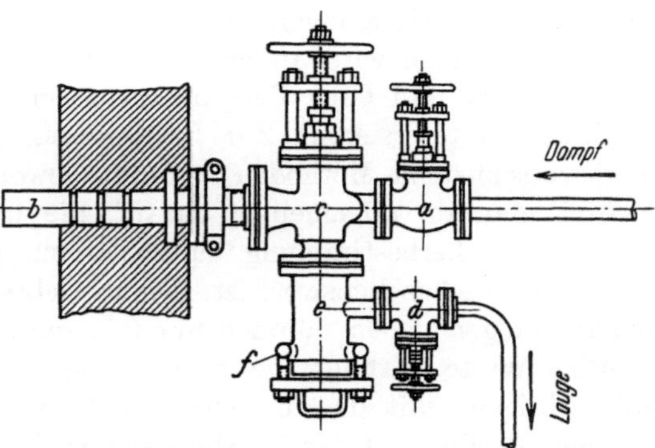

Abb. 35. Stoffproben-Entnahmeapparat Bauart Voltz.

Die Untersuchung der Ablaugen.

Allgemeines. Je nach ihrem Verwendungszweck ergibt sich die Notwendigkeit, die Ablaugen auf gewisse Bestandteile zu untersuchen. Auch dort, wo die Lauge durch Einleiten in den Flußlauf beseitigt wird, kann mit Hinblick auf den Einfluß, den dies auf die Beschaffenheit des Wassers ausübt, eine öftere Untersuchung erforderlich sein. In diesem Fall interessiert besonders der Gehalt der Lauge an freier schwefliger Säure. Trotz verschiedener Arbeiten ist es bislang nicht möglich gewesen, gerade hierfür eine einwandfreie Methode zu finden.

Der Umstand, daß ein Teil der schwefligen Säure sich in der Ablauge auch in sehr loser organischer Bindung vorfindet, erschwert jene Bestimmung sehr, denn auch solche lose gebundene schweflige Säure kann bei einigen der üblichen Methoden leicht die Gegenwart vorhandener freier Säure vortäuschen. Es wird daher zweckmäßig sein, wenn man bei derartigen Feststellungen immer angibt, in welcher Weise der entsprechende Wert gefunden wurde. Man wird also beispielsweise von mit Jod direkt titrierbarer schwefliger Säure oder von durch Destillieren mit Wasserdampf oder Essigsäure abtreibbarer Säure sprechen und anderes mehr. Auch dann ist es bei dem labilen Verhalten der Ablauge angezeigt, noch genau die Arbeitsweise zu beschreiben. Es scheint besonders notwendig, gerade hierauf hinzuweisen, da Unterlassungen schon sehr häufig der Anlaß zu großen Differenzen bei solchen Bestimmungen gewesen sind. Bei der weiteren Verwertung der Sulfitablauge wird außer dem Gehalt an schwefliger Säure noch der an Asche und Gips, der an Gesamtschwefel, aber vor allem jener an Zucker interessieren. Zur Bestimmung des Zuckers in der Lauge sind verschiedene Methoden bekannt geworden. In der Praxis verzichtet man im allgemeinen darauf, die übrigen organischen Stoffe vor der Zuckerbestimmung zu entfernen, obwohl leicht einzusehen ist, daß dies wünschenswert ist. Die in Gebrauch gekommenen Zuckerbestimmungen geben nämlich nur mit reinen Zuckerlösungen wirklich richtige Werte. Erfolgt die Beseitigung der organischen Stoffe nicht, was übrigens mit den bestehenden Vorschriften nicht ohne gleichzeitigen Einfluß auf das Ergebnis der Zuckerbestimmung durchführbar ist, so erhält man letzten Endes nur Vergleichswerte. Da man bei der Gesamtzuckerbestimmung außer den vergärbaren auch noch die nicht gärenden ermittelt, also auch jene, welche für die Spritgewinnung bedeutungslos sind, stellen die erhaltenen Ergebnisse für die Bewertung der Laugen ohnehin nur Vergleichszahlen dar. Deshalb hat es eine gewisse Berechtigung, wenn man für die Zwecke der Betriebskontrolle auf die immerhin zeitraubende und umständliche Entfernung der organischen Substanzen vor der Zuckerbestimmung verzichtet. Um alle diese Nachteile zu vermeiden, bestimmt man vielfach den für die Spriterzeugung allein wertvollen Zucker durch Vergärung. Die Ausführung dieser Bestimmung erfolgt in Saccharometer genannten Apparaten. Wenn auch die damit erreichte Genauigkeit keine allzu große ist, so genügt sie doch für den praktischen Betrieb.

Bestimmung verschiedener Bindungsarten der schwefligen Säure. a) Mit Jod titrierbare schweflige Säure. Oeman gibt hierfür die folgende Vorschrift[1]. Die abgemessene Menge Sulfitablauge (5 oder

---

[1] Oeman: Maßanalytische Methoden. S. 101. Berlin 1928.

10 cm³) wird mit Wasser auf das zehnfache Volumen verdünnt. Das Verdünnungswasser soll so viel Salzsäure enthalten, daß das zu titrierende Gemisch ungefähr 0,02 n wird, d. h. je 100 cm³ zu titrierende Flüssigkeit müssen einen Zusatz von 2 cm³ $^{n}/_{1}$ Salzsäure erhalten. Nach weiterem Zusatz von Stärkelösung titriert man mit $^{n}/_{10}$ Jod, wobei man möglichst immer die gleiche Zeit, etwa 1 Minute, einhalten soll. Auf diese Weise erhält man bei der Bestimmung ziemlich gleichmäßige Werte.

Statt mit Jodlösung kann auch hier mit Chloraminlösung titriert werden. Schepp[1] gibt hierfür folgende Vorschrift: 10 cm³ der Ablaugenprobe werden im 100-cm³-Kölbchen bis zur Marke aufgefüllt. Hiervon werden 10 cm³ mit etwa 100 cm³ Wasser verdünnt, darauf werden 10 cm³ Chlorzinkjodstärkelösung sowie 5—8 Tropfen verdünnter Salzsäure (1 : 1) zugegeben, und schließlich wird mit $^{n}/_{100}$ Chloraminlösung bis zur bleibenden Blaufärbung titriert.

b) Durch Kochen mit Säuren abtreibbare schweflige Säure. Diese Bestimmung ist aus dem Bestreben hervorgegangen, die direkte Jodtitration durch eine sichere Methode zu ersetzen. Durch Zugabe einer stärkeren Säure beabsichtigte man, die schweflige Säure aus ihren anorganischen Bindungen auszutreiben, um dann das Destillat nach dem erfolgten Kondensieren in einem Kühler in Jod aufzufangen.

Es hat sich jedoch gezeigt, daß sowohl bei Anwendung von Schwefelsäure als auch von Phosphorsäure nicht nur die tatsächlich vorhandene freie und an Kalk gebundene schweflige Säure aus der Flüssigkeit entfernt wird, sondern noch ein Teil jener schwefligen Säure in Freiheit gesetzt wird, die in der Flüssigkeit an zuckerartige Stoffe gebunden ist. Wird die Destillation längere Zeit fortgesetzt, so kommt man doch niemals zu einem völligen Aufhören der Schwefligsäureabspaltung, weil schließlich auch die an das Lignin gebundene schweflige Säure abgespalten wird. Um eine derart weitgehende Spaltung zu verhüten, hat Stutzer[2] vorgeschlagen, an Stelle der starken Mineralsäure mit Essigsäure zu destillieren. Wenn man die Destillation stets im gleichen Apparat bei gleich starker Erwärmung als eine sog. konventionelle Methode ausübt, vermag sie leidlich übereinstimmende Werte zu geben. Stutzer[2] gibt für die Ausführung folgende Vorschrift:

In einen Erlenmeyerkolben von 750 cm³ Inhalt werden 250 cm³ Wasser gebracht, die Luft aus dem Kolben wird durch Kohlensäure verdrängt, der Kolben erhitzt, 25 cm³ Ablauge und 25 cm³ einer 25proz. Essigsäure werden hinzugegeben, worauf man 15 Minuten lang kocht. Die Dämpfe werden in einem Kühler kondensiert und in vorgelegter

[1] Diese Mitteilung verdanken wir der Freundlichkeit von Herrn Dr. Schepp in Firma Hoesch & Co., Pirna bei Dresden.

[2] Stutzer, A.: Chem.-Zg. Bd. 34, S. 1167—1168. 1910.

gemessener Jodlösung aufgefangen. Durch Rücktitration des Jodüberschusses wird die durch schweflige Säure verbrauchte Jodmenge ermittelt.

Da bei der Destillation möglicherweise organische, jodverbrauchende Stoffe mit überdestillieren können, so dürfte für genauere Arbeiten es zweckmäßiger sein, das in der Vorlage zu Schwefelsäure oxydierte Schwefeldioxyd gravimetrisch zu bestimmen.

Froboese[1] empfiehlt aus diesem Grunde eine etwas abgeänderte Methode. Als Vorlageflüssigkeit bei der sonst gleichartigen Destillation dient eine Wasserstoffsuperoxyd enthaltende Auflösung von Natriumbikarbonat, deren Gesamtwirkungswert genau bekannt ist. Nach beendeter Destillation wird der Überschuß an Alkalisalz mit Salzsäure zurücktitriert, wobei Methylorange als Indikator dient. Es ist empfehlenswert, ein langes Kühlrohr zu verwenden, um das Übergehen flüchtiger organischer Säuren zu vermeiden. Größere Mengen dieser könnten sonst das Ergebnis beeinflussen. Gegebenenfalls kann anschließend an die titrimetrische Bestimmung die schweflige Säure gravimetrisch bestimmt werden, da sie durch das Wasserstoffsuperoxyd zu Schwefelsäure oxydiert worden ist.

Es mag hier vielleicht angezeigt sein, zu erwähnen, daß auf Grund von Oemans Beobachtung es möglich sein dürfte, den sonst als freie schweflige Säure bezeichneten Anteil durch Auskochen ohne Säurezusatz und Auffangen des Destillats in Jodlösung zu bestimmen.

Bestimmung des Gesamtschwefels. a) Durch Schmelzen mit Natriumsuperoxyd. 5 cm^3 Sulfitablauge werden in einem etwa 25 cm^3 fassenden Eisentiegel mit einigen Kubikzentimetern konzentrierter Natronlauge versetzt, bis deutlich alkalische Reaktion eingetreten ist. Man vermeide bei dieser anfänglichen Neutralisation die Verwendung von Soda, da hierbei leicht Überschäumen des Tiegelinhaltes auftreten kann. Der Tiegelinhalt wird dann auf der elektrischen Wärmeplatte oder über kleiner Flamme vorsichtig zur Trockne verdampft. Zum Trockenrückstand gibt man 4 g einer Mischung, bestehend je zur Hälfte aus Natriumkarbonat und Natriumsuperoxyd. Der Tiegel wird bedeckt und nun zunächst über ganz kleiner Flamme erwärmt. Im Verlauf von einer Stunde steigert man langsam die Stärke der Flamme, wodurch allmählich ein Zusammensintern des Tiegelinhaltes herbeigeführt wird. Man fügt nochmals $^1/_2$ g Superoxyd hinzu und erhitzt jetzt rasch bis zur Rotglut. Der Inhalt des Tiegels muß schließlich zu einer dünnflüssigen Masse schmelzen. Man läßt den Tiegel erkalten und löst dann den Inhalt in heißem Wasser, dem man etwas Brom oder Wasserstoffsuperoxyd zugesetzt hat. Die erhaltene Lösung wird filtriert und in

[1] Froboese: Arb. d. Reichsgesundh.-Amtes Bd. 52, S. 657. Dez. 1920.

ihr nach dem Ansäuern der Schwefel mit Bariumchlorid als Sulfat gefällt. Für sehr genaue Bestimmungen kann sich die Abscheidung der meist aus dem Kalkstein stammenden Kieselsäure erforderlich machen.

b) Durch Oxydation mit konzentrierter Salpetersäure. Um bei dieser Art der Bestimmung Verluste zu vermeiden, verfährt man zweckmäßig wie folgt. Man versetzt 5 cm³ Ablauge in einem geräumigen Porzellantiegel mit einigen Kubikzentimetern konzentrierter Bromlösung und erwärmt etwa $^1/_4$ Stunde auf dem siedenden Wasserbad. Durch diese Vorbehandlung wird die Ablauge so weit oxydiert, daß beim folgenden Zugeben von Säure keine Verflüchtigung von Schwefeldioxyd eintreten kann. Sollte der Bromgeruch vor der angegebenen Zeit verschwinden, so muß neuerlich Brom zugegeben werden. Man versetzt dann mit 10 cm³ konzentrierter Salpetersäure und erhitzt weiter auf dem Wasserbad. Um die organische Substanz der Lauge vollständig zu zerstören, muß der Salpetersäurezusatz mehrmals wiederholt werden. Zum Vertreiben der Salpetersäure wird dann etwas konzentrierte Salzsäure zugegeben und nochmals eingedampft. Hierauf wird mit Wasser aufgenommen, filtriert und im Filtrat die Schwefelsäure in bekannter Weise mit Bariumchlorid gefällt.

Bestimmung des SO_4-Ions (Gips). In vielen Fällen wird man auch hier die Ausführungsart anwenden können, wie sie bei der Untersuchung der Kochlaugen beschrieben wurde. Sollte zufolge des höheren Gehaltes an organischen Verbindungen jene Vorschrift zu keinem zufriedenstellenden Werte führen, so kann man eine von Sander angegebene Methode anwenden[1]. Nach Sanders Vorschrift verfährt man wie folgt.

In einem enghalsigen Erlenmeyerkolben werden 20 cm³ Ablauge unter Durchleiten eines ziemlich lebhaften Stromes von Wasserstoff oder Kohlensäure zum Sieden erhitzt und hierauf 20 cm³ konzentrierte Salzsäure zugegeben. Hierdurch werden sowohl das ligninsulfosaure Kalzium und aldehydschwefligsaure Salze als auch etwa vorhandene anorganische Sulfite zersetzt, und sämtliche in der Ablauge enthaltene schweflige Säure wird ausgetrieben. Das durchgeleitete Gas beschleunigt einerseits das Austreiben des Schwefeldioxyds, anderseits verhindert es den Zutritt des Luftsauerstoffs, der unerwünschte Oxydationen und infolgedessen eine Neubildung von Schwefelsäure bewirken könnte. Das Kochen der Lauge wird von dem Zusatz der Salzsäure an gerechnet noch mindestens eine Stunde lang fortgesetzt. Es muß auf dem Wasserbade vorgenommen werden, dem man zweckmäßig Kochsalz zusetzt, da beim Erhitzen auf freier Flamme durch das in Klumpen am Boden des Kolbens ausgeschiedene Lignin häufig ein starkes Stoßen der Lösung zu beobachten ist.

---

[1] Chem.-Zg. Bd. 47, S. 336. 1923 und Papierfabrikant Bd. 21, S. 283. 1923.

Nach einstündigem Kochen gibt man 50 cm³ heißes destilliertes Wasser zu dem Kolbeninhalt, zerdrückt mit dem Gaseinleitungsrohr die auf dem Boden des Kolbens festhaftenden Klumpen von Lignin und dekantiert die Flüssigkeit durch ein gewöhnliches Filter in ein Becherglas. Hierbei muß man sorgfältig darauf achten, daß zunächst kein Lignin mit auf das Filter gelangt, da es die Poren des Filters vollkommen verklebt, so daß das Abfiltrieren viele Stunden dauert. Erst nachdem man das Lignin im Kolben mehrmals mit heißem destillierten Wasser gründlich ausgewaschen hat, spült man es schließlich mit auf das Filter und wäscht es auf diesem nochmals aus.

Das salzsaure Filtrat wird zum Sieden erhitzt und mit siedender Chlorbariumlösung versetzt. Das Erhitzen der Lösung wird noch 10 Minuten lang fortgesetzt und dabei ständig mit dem Glasstab lebhaft umgerührt. Nach 12stündigem Stehen wird filtriert. Trotz dieser Maßnahmen gelingt es bisweilen nicht, eine gut filtrierbare Lösung zu erhalten, denn mit dem Bariumsulfat werden auch organische Stoffe niedergeschlagen, die den Niederschlag äußerst schwer filtrierbar machen.

Wenn ein klares Filtrat nicht zu erzielen ist, hebert man nach dem vollständigen Absitzen des Niederschlags die darüberstehende gelb- bis braungefärbte Flüssigkeit vorsichtig ab und setzt darauf etwas mit Salzsäure angesäuertes Wasser hinzu. Das Bariumsulfat läßt sich dann ohne Schwierigkeiten filtrieren.

Das Filter mit dem Niederschlag wird getrocknet und im Porzellantiegel verascht. Da hierbei häufig viel schwerverbrennliche Kohle abgeschieden und das Bariumsulfat zum Teil zu Bariumsulfid reduziert wird, benetzt man den Glührückstand nach dem Erkalten mit einigen Tropfen konzentrierter Schwefelsäure, raucht diese vorsichtig ab und glüht den Rückstand nochmals so lange, bis er rein weiß ist.

Bestimmung von Essig- und Ameisensäure. Sie erfolgt nach einer von Heuser abgeänderten Methode von Wenzel. Die Ausführung der Bestimmung ist beschrieben im Abschnitt: Untersuchung der pflanzlichen Rohstoffe, saure Hydrolyse nach Schorger. Die Sulfitablauge wird vor der Ausführung der Untersuchung mit Jodlösung schwach oxydiert, um den größten Teil der schwefligen Säure in Schwefelsäure überzuführen. In dem bei der Bestimmung erhaltenen Destillat ist stets auf schweflige Säure zu prüfen und gegebenenfalls deren Menge bei der titrimetrischen Bestimmung der Essig- und Ameisensäure zu berücksichtigen.

Bestimmung des Trockengehaltes und der Asche. In einem gewogenen Tiegel dampft man nach und nach 10 cm³ Ablauge zur Trockne ein. Es empfiehlt sich mit einem scharfen Spatel den erhaltenen Rückstand im Tiegel zu zerkleinern und dann im Trockenschrank längere Zeit zu trocknen, um alle Feuchtigkeit zu entfernen. Nach dem Wiegen wird geglüht, bis der Rückstand frei von Kohleteilchen ist.

Gesamtzuckerbestimmung. a) Nach Glaßmann[1]. Die von Glaßmann gegebene Vorschrift zur Bestimmung von Hexosen und Pentosen beruht auf deren in alkalischer Lösung quantitativ verlaufenden Umsetzung mit Quecksilberzyanid nach folgender Gleichung:

$$CH_2(OH)(CHOH)_4CHO + 3\,Hg(CN)_2 + 6\,KOH$$
$$= COOH(CHOH)_4 \cdot COOH + 4\,H_2O + 6\,KCN + 3\,Hg\,.$$

Das hierbei entstehende Quecksilber stellt ein Maß für den Zuckergehalt der Lösung dar. Es kann titrimetrisch auf zwei verschiedene Weisen bestimmt werden. Entweder löst man es in Salpetersäure und titriert es dann mit Ammonrhodanat oder aber man löst es in einem Überschuß von $^n/_{10}$ Jodlösung und titriert anschließend das überschüssige Jod mit Thiosulfatlösung zurück. Diese letzte Methode ist von M. Kleinstück[2] besonders deshalb empfohlen worden, weil Jod- und Thiosulfatlösung ohnehin immer in den Laboratorien der Zellstoff-Fabriken vorhanden sind.

Zur Ausführung der Bestimmung auf gewöhnlichem Wege sind erforderlich: Eine alkalische Quecksilberzyanidlösung, welche durch Auflösung von 10 g Quecksilberzyanid und 14,5 g reinem Natriumhydrat in einem Liter destillierten Wassers erhalten wird; eine $^n/_{10}$ Rhodanammonlösung, die in bekannter Weise mittels einer $^n/_{10}$ Silberlösung eingestellt wird (s. Anhang, Abschnitt d), und Eisenammonsulfatlösung (Herstellung s. Anhang) als Indikator. Wird die Titration auf jodometrischem Wege vorgenommen, so treten an Stelle der Rhodanlösung $^n/_{10}$ Jod und $^n/_{10}$ Thiosulfat.

Schließlich läßt sich nach einer kürzlich von E. Graap[3] gegebenen Vorschrift die Bestimmung auch auf elektrischem Wege durchführen.

Die Umsetzung der Zucker mit der Quecksilberlösung wird wie folgt durchgeführt. Man verdünnt von der zu untersuchenden Lauge 20 cm³ mit Wasser auf 100 cm³. In einem Erlenmeyerkolben erwärmt man 100 cm³ der alkalischen Quecksilberlösung mit 150 bis 200 cm³ Wasser zum Sieden und läßt dann, ohne das Kochen zu unterbrechen, 5 cm³ der verdünnten (gleich 1 cm³ unverdünnte) Sulfitlauge in die siedende Flüssigkeit im Kolben einlaufen. Nach erfolgtem Zusatz der Lauge wird das Kochen noch $^1/_2$ Minute aufrecht erhalten. Die gebildete Fällung läßt man bei 60—70° sich absetzen; dies Absetzen ist zumeist nach 15 Minuten vollständig.

---

[1] Ber. chem. Ges. Bd. 39, S. 503. 1906.

[2] Zellstoff u. Papier Bd. 3, S. 51. 1923.

[3] Graap, E.: Papierfabrikant, Festheft 1929, S. 115.

Die dann folgende Filtration muß mit gewisser Vorsicht ausgeführt werden, da sie sich sonst sehr zeitraubend gestaltet. Nach Glaßmanns Vorschrift filtriert man durch einen mit Asbest beschickten Goochtiegel. Dies nimmt doch ziemlich viel Zeit in Anspruch, weshalb man zweckmäßig nach Sieber mittels eines Büchnertrichters die Filtration durchführt. Der Trichter wird dann in der bereits im Abschnitt Kalkbestimmung im Fabrikationswasser beschriebenen Weise mit zwei Filtern ausgerüstet; diese werden vor dem Filtrieren noch mit ein wenig aufgeschwemmtem Kieselgur gedichtet. Zweckmäßig wird bei dieser Art der Filtration die Reaktionsflüssigkeit nach der Umsetzung der Zucker noch etwas mehr verdünnt. Sollte im Anfang ein wenig vom Niederschlag durchgehen, so gießt man das anfängliche Filtrat aufs Filter zurück, nachdem man ihm ein wenig aufgeschwemmten Kieselgur zugefügt hat.

Eine andere ebenfalls rasch auszuführende Art des Filtrierens der Lösung hat Kleinstück[1] angegeben. Hiernach legt man auf einen kleinen Büchnertrichter ein gewöhnliches Filter und bringt darauf so viel Kieselgur, als ein Reagenzglas durchschnittlicher Größe etwa bis zu einem Drittel faßt. Die Kieselgur wird im Reagenzglas gut mit Wasser durchmischt und bei Einhaltung eines schwachen Vakuums auf dem Filter gleichmäßig verteilt. Die mit Quecksilberzyanid gefällte Sulfitlauge gießt man nach dem Absetzen des Niederschlags vorsichtig von diesem ab, gibt zum Rückstand im Erlenmeyerkolben etwas heißes Wasser und ein wenig verdünnte Essigsäure. Nach gutem Umschwenken läßt man wieder etwas absitzen und dekantiert neuerlich. Dies wiederholt man noch zwei- bis dreimal. Auf diese Weise gelangt nur sehr wenig Quecksilber auf die Filterschicht. Die Kieselgur im Trichter spült man schließlich in den die Hauptmenge des Quecksilbers enthaltenden Erlenmeyerkolben zurück.

Titrimetrische Bestimmung des gefällten Quecksilbers. 1. Mit Rhodanammonlösung. Man löst den Quecksilberniederschlag in heißer 30proz. Salpetersäure. Hierzu reichen 25—30 cm³. Man verdünnt die erhaltene Lösung, welche frei von Untersalpetersäure sein muß, mit Wasser und titriert mit $^{n}/_{10}$ Rhodanammonlösung unter Anwendung von Eisenammonsulfat als Indikator. Hat man nach Sieber unter Anwendung eines Büchnertrichters über Papierfilter titriert, so übergießt man diese nach erfolgtem Waschen mit der warmen Salpetersäure in einer Porzellanschale und filtriert dann unmittelbar nochmals mittels des Büchnertrichters, wobei diesmal ein Filter ohne Kieselgurdichtung verwandt werden kann. Das Behandeln der Papierfilter mit der warmen Salpetersäure soll nicht länger als

[1] a. a. O.

notwendig erfolgen, da sonst aus dem Papier Stoffe in die Flüssigkeit gelangen, welche störend bei der Titration wirken können.

2. Jodometrisch. Man bringt die meist geringe Menge Quecksilber, die auf dem Filter oder der Kieselgurschicht sich vorfindet, durch Abspülen mit Wasser in den Erlenmeyerkolben, welcher dessen Hauptmenge enthält. Zum Kolbeninhalt setzt man dann 20 cm³ $^n/_{10}$ Jodlösung und schüttelt gut durch. Hierbei setzt sich das Quecksilber zu $HgJ_2 \cdot 2\,KJ$ um. Nach etwa einer Minute ist sämtliches Quecksilber in dieses lösliche Salz übergegangen, und die Rücktitration des überschüssigen Jods kann mit $^n/_{10}$ Thiosulfat vorgenommen werden. Der hierbei auftretende Umschlag von Graugrün nach Rotgelb ist sehr scharf.

1 cm³ $^n/_{10}$ Rhodan- oder Jodlösung entspricht 0,003 g Zucker. Bei Anwendung von 1 cm³ unverdünnter Lauge für die Bestimmung und bei A cm³ Verbrauch der $^n/_{10}$ Meßlösung, ergibt sich also der Gehalt an Zucker in der Lauge zu:

$$Z = 0{,}3 \cdot A\,\%\,.$$

b) Elektrometrische Zuckerbestimmung nach Glassmann-Graap[1]. Den Aufbau der Apparatur zeigt Abb. 36. Im Becherglas befindet sich die zu titrierende Lösung. In das Glas tauchen einerseits die Indikatorelektrode, andererseits ein mit einem Glasfilter Schott und Gen. 12 G. 4 unten abgeschlossenes weites Glasrohr, das mit der Umschlaglösung gefüllt wird und in welches die zweite Elektrode eingeführt ist. Beide Elektroden bestehen aus U-förmig unten umgebogenen Glasröhrchen, welche Quecksilber als Elektrodenmaterial enthalten.

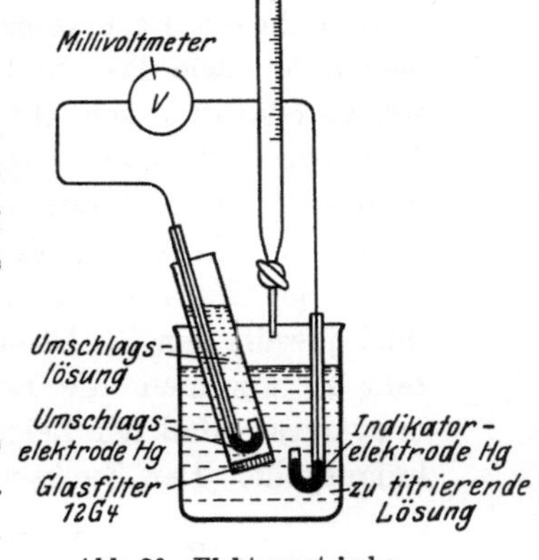

Abb. 36. Elektrometrische Zuckerbestimmung.

Die erforderliche Quecksilberzyanidlösung empfiehlt Graap in der halben Konzentration wie oben angegeben zu verwenden. Für ihre Einstellung für die Zwecke der elektrometrischen Titration und die Herstellung der Umschlagslösung gibt Graap folgende Vorschrift:

Man bringt 50 cm³ Quecksilberzyanidlösung zum Sieden und gibt tropfenweise 10 cm³ einer beliebigen Sulfitablauge 1 : 10 zu, worauf man noch etwa 1 Minute kochen läßt. Den gebildeten Quecksilberniederschlag filtriert man nach dem Absitzen durch einen Goochtiegel mit Asbestfilter, wäscht gut aus und suspendiert das Asbest mit dem Quecksilberniederschlag in 25 cm³ Essigsäure 1 : 5. Nach Zugabe von 20 cm³ $^n/_{10}$ Jodlösung titriert man mit Stärke als Indikator mit

[1] Graap, a. a. O.

$^{n}/_{10}$ Thiosulfat zurück. Ist die Anzahl der verbrauchten Kubikzentimeter Jod a, so ist der Zuckergehalt der untersuchten Lauge:

$$Z = a \cdot 0{,}3\,\%.$$

Zu neuen 50 cm³ Quecksilberlösung gibt man in gleicher Weise wie oben beschrieben so viel Ablauge, daß sicher alles Quecksilber gefällt wird, wozu 0,07 g Zucker erforderlich sind. Aus der vorangehenden Zuckeranalyse kann man sich leicht errechnen, in wieviel Kubikzentimeter verdünnter Ablauge diese Zuckermenge enthalten ist. Dieser Quecksilberniederschlag wird nun in gleicher Weise titriert; die Anzahl der verbrauchten Kubikzentimeter $^{n}/_{10}$ Jod sei b. Diese b cm³ ergeben mit 0,3 multipliziert den Zuckerfaktor der Quecksilberzyanidlösung.

Herstellung der Umschlagslösung. Die Umschlagslösung wird durch Fällung von 50 cm³ Quecksilberzyanidlösung mit $\frac{10 \cdot b}{a}$ cm³ der 1 : 10 verdünnten Ablauge hergestellt und kann nach dem Absitzen des Quecksilberniederschlages dekantiert und sofort verwendet werden.

Da Quecksilberzyanid eine sehr wechselnde Zusammensetzung hat, ist es nötig, für jede neu angesetzte Lösung sowohl den Zuckerfaktor zu bestimmen, als auch neue Umschlagslösung herzustellen.

Ausführung der Bestimmung. 50 cm³ Quecksilberzyanidlösung werden in ein Becherglas abpipettiert. Dazu gibt man die Indikatorelektrode sowie das mit Umschlagslösung und Umschlagselektrode versehene Glasfilter, schließt das Millivoltmeter an und erhitzt zum Sieden. Nunmehr läßt man tropfenweise die zu untersuchende Ablauge, die man so weit verdünnt, daß sie etwa 0,5% Zucker enthält, zulaufen, wobei der Ausschlag des Meßinstrumentes allmählich sinkt. Gegen Ende der Titration darf die Zugabe nicht zu schnell erfolgen, man muß jeweils den Stillstand des Voltmeters abwarten, um nicht in Gefahr zu kommen, die Lösung überzutitrieren. Übertitration erkennt man daran, daß der Zeiger des Meßinstrumentes allmählich über Null hinausgeht. Der Zuckergehalt der Ablauge errechnet sich dann zu:

$$Z = \frac{\text{Zuckerfaktor} \times \text{Verdünnung der Ablauge}}{\text{cm}^3\ \text{Ablauge}}\,\%.$$

Die potentiometrische Zuckertitration ist äußerst einfach, so daß sie von jedem Laboranten ausgeführt werden kann. Die Einstellung der Quecksilberzyanidlösung sowie die Bereitung der Umschlagslösung sieht zunächst kompliziert aus; hat man sie aber einmal durchgeführt, so bietet sie keinerlei Schwierigkeiten mehr und dürfte in etwa 30 Minuten durchzuführen sein.

c) Nach Fehling-Bertrand. Zu dieser Bestimmung sind folgende Lösungen erforderlich.

Fehlingsche Lösung I. Man löst 34,64 g chemisch reines Kupfersulfat in 500 cm³ destillierten Wassers.

Fehlingsche Lösung II. 173 g Seignettesalz (Tartarus natronatus) werden in Wasser gelöst, hierzu werden 100 cm³ Natriumhydratlösung, welche durch Lösen von 516 g Natriumhydrat in 1000 cm³ Wasser bereitet wurde, gegeben und das Ganze wird zu 500 cm³ aufgefüllt. Fehlingsche Lösung I wird mit Fehlingscher Lösung II zu gleichen Teilen bei Verwendung gemischt. Die gemischte Lösung ist nur 24 Stunden haltbar.

Ferrisulfatlösung. Sie wird erhalten durch Lösen von 50 g Ferrisulfat in wenig Wasser, vorsichtige Zugabe von 200 g Schwefelsäure und schließliches Auffüllen der Mischung zu einem Liter mit Wasser. Diese Lösung darf Permanganat nicht reduzieren, d. h. sie muß nach Zugabe einiger Tropfen $^n/_{10}$ Permanganatlösung deutliche Rosafärbung zeigen. Sollte dies nicht der Fall sein, so muß so lange von der Permanganatlösung zugesetzt werden, bis der Farbumschlag erfolgt. Erst dann ist die Lösung zum Gebrauch fertig.

Als Titrationsflüssigkeit wird $^n/_{10}$ Permanganatlösung verwandt.

Die Ausführung der Bestimmung gestaltet sich wie folgt. Von der zu untersuchenden Lauge verdünnt man 20 cm³ auf 100 cm³. Man erhitzt in einem 250 cm³ fassenden Erlenmeyerkolben eine Mischung von je 30 cm³ Fehlingsche Lösung I und II zum Sieden. In die siedende Lösung läßt man langsam aus einer Pipette 25 cm³ der verdünnten (gleich 5 cm³ der unverdünnten) Lauge einlaufen. Von dem Augenblick an, da die Flüssigkeit im Kolben wieder zum Sieden gelangt, läßt man nochmals genau zwei Minuten kochen. Darauf gibt man sofort 100 cm³ kaltes Wasser in den Kolben und läßt die erkaltete Lösung einige Zeit sich klären. Dann wird vom ausgeschiedenen Kupferoxydul abfiltriert. Dies kann entweder durch einen mit Asbest beschickten Goochtiegel oder mittels eines Büchnertrichters erfolgen. Der Büchnertrichter wird zu diesem Zweck mit zwei Filtern beschickt, welche durch gereinigte, reduktionsfreie Kieselgurlösung gedichtet werden. Der auf dem Filter gesammelte Kupferniederschlag wird gut mit heißem Wasser ausgewaschen. Man übergießt ihn dann, je nach seiner Menge, mit 30 bis 50 cm³ Ferrisulfat-Schwefelsäure, wodurch das rote Kupferoxydul schwarzblau wird und sich dann rasch mit hellgrüner Farbe löst. Sobald die dunkle Farbe verschwunden, d. h. alles Kupfer gelöst ist, filtriert man nochmals, wäscht gut mit mäßig warmem Wasser nach und titriert das Filtrat dann mit $^n/_{10}$ Permanganat bis zum Auftreten der Rosafärbung. Bei der zweiten Filtration kann man sich ebenfalls eines Büchnertrichters bedienen; man wird dann zweckmäßig das Filtrat gleich im Filtrierkolben titrieren. Die Berechnung des Zuckergehaltes der angewandten Lauge geschieht unter Anwendung der im

Anhang wiedergegebenen Tabelle von Meisel. Ist p der Verbrauch an $^n/_{10}$ Permanganatlösung in Kubikzentimetern, so ist die Menge des abgeschiedenen Kupfers gleich $p \cdot 0{,}00636$ g und die des Kupferoxyduls gleich $p \cdot 0{,}007157$ g.

Abscheidung der organischen Verbindung vor der Gesamtzuckerbestimmung. Die Entfernung der organischen Stoffe kann auf zwei verschiedenen Wegen geschehen, keine von beiden Methoden ist jedoch ohne Mängel.

a) Abtrennung mit Alkohol. Hierfür haben König und Becker[1] folgende Vorschrift gegeben. 50 cm³ Lauge werden nach der Neutralisation mit Kreide in einer Glasschale auf dem Wasserbade eingedampft, filtriert, ausgewaschen und das Filtrat wird bis fast zur Trockne eingedampft. Der Sirup wird dann mit 10—20 cm³ heißem Wasser gelöst und in einen 200-cm³-Kolben eingefüllt, gegebenenfalls noch etwas eingedampft, worauf allmählich 95proz. Alkohol in kleinen Portionen von jedesmal 25 cm³ unter gutem Umschwenken zugesetzt wird. Zuletzt füllt man mit Alkohol bis zur Marke auf und mischt nochmals tüchtig durch. Nachdem sich der entstandene Niederschlag, der die Dextrine enthält, abgesetzt hat, filtriert man die klare alkoholische Lösung ab. Ein aliquoter Teil des Filtrats, beispielsweise 25 cm³, wird in einem Erlenmeyerkolben gebracht und aus diesem der Alkohol durch vorsichtiges Erwärmen auf dem Wasserbade abdestilliert. Der Rückstand wird in 50 cm³ Wasser gelöst und in der Lösung der Zucker bestimmt. Bei dieser Methode können durch die Schwerlöslichkeit der Zucker in Alkohol Verluste eintreten.

b) Fällung mit Bleiessig[2]. Die erforderliche Bleilösung stellt man folgendermaßen her. 300 g essigsaures Blei und 100 g Bleiglätte werden 3 Stunden lang mit 50 cm³ Wasser behandelt, wobei dessen Volum dauernd möglichst gleich bleiben soll. Nach dieser Zeit fügt man 950 cm³ kochendes Wasser hinzu, schüttelt gut um und läßt am besten über Nacht in einer Flasche absitzen. Die klare Lösung hebert man vorsichtig vom Bodensatz ab, sie ist dann gebrauchsfertig. Zur Beseitigung eines Bleiüberschusses nach erfolgter Fällung ist außerdem noch eine 5proz. Sodalösung erforderlich. Zur Abscheidung der organischen Verbindungen versetzt man 20 cm³ Lauge in einem 100 cm³ fassenden Kolben mit 10 cm³ Bleiessiglösung, und füllt auf 100 cm³ auf. Man schüttelt durch und läßt absitzen. Dann filtriert man durch ein trockenes Faltenfilter und fällt in 50 cm³ des Filtrats den Bleiüberschuß gerade mit Soda wieder aus. Ein Überschuß hieran muß

---

[1] König, J., u. E. Becker: Die Bestandteile des Holzes und ihre wirtschaftliche Verwertung. Heft 26 der Veröffentlichungen der Landwirtschaftskammer für die Provinz Westfalen. Münster i. W. S. 23. 1918.

[2] Dieckmann, R.: Wochenbl. f. Papierfabr. Bd. 47, S. 1772—1773. 1916.

vermieden werden, da Alkali zerstörend auf die Zucker einwirkt. Weiter ist zu beachten, daß vorhandene Mannose mit Bleiessig eine Fällung gibt. Um hierdurch bedingte Fehlerquellen auszuschließen, empfehlen Lottermoser und Mathiesen[1] den Niederschlag in kleinen Portionen abzufiltrieren und jede Portion mit kochendem Wasser gründlich auszuwaschen. In solchem Wasser ist die Mannose-Bleifällung nämlich leicht löslich. Die Filtrierung des Bleiniederschlags ist oft mit sehr großen experimentellen Schwierigkeiten verbunden, weshalb man gut tut, nicht sehr große Laugenmengen auf einmal in Arbeit zu nehmen.

Bestimmung des vergärbaren Zuckers. 200 cm^3 Ablauge werden bei 70—80° zur Bindung der für die Gärung schädlichen schwefligen Säure neutralisiert. Hierzu verwendet man anfangs fein pulverisierten gebrannten Kalk und später, wenn man sich dem gewünschten Endpunkt der Neutralisation nähert, feinpulverisiertes Kalziumkarbonat. Auf diese Weise vermeidet man Zerstörung von Zucker durch etwa überschüssig zugegebenen Ätzkalk. Bei seiner Zugabe muß, um zu starke lokale alkalische Reaktion zu vermeiden, ständig gerührt oder geschüttelt werden. Die Abstumpfung wird so weit durchgeführt, daß 10 cm^3 der Lauge noch etwa 1 cm^3 $^n/_{10}$ NaOH bis zur vollständigen Neutralisation (Phenolphthaleinpapier) verbrauchen. Nach dem Absetzen des Neutralisierschlammes wird die Probe filtriert. Die Vergärung wird in dem Präzisionssaccharometer von Lohnstein oder von Weidenkaff-Rieth vorgenommen und zwar nach den Vorschriften, welche den Apparaten mitfolgen.

Die Untersuchung eingedickter Ablaugen.

Allgemeines. Die eingedickten Sulfitablaugen, die sog. Sulfitlaugenextrakte, kommen für verschiedene Zwecke in unterschiedlichen Qualitäten in den Handel. Während es bei den gewöhnlichen, besonders in der Klebstoffindustrie verwendeten Extrakten zumeist nur darauf ankommt, daß sie die richtige Grädigkeit besitzen und ihre Farbe und Durchsichtigkeit die gewünschte ist, bedürfen die für die Gerbereien bestimmten Extrakte einer besonderen Prüfung. Sie erstreckt sich außer auf die Ermittlung des Gehaltes an Trockensubstanz, Asche, Kalk und Eisen vor allem auf die Bestimmung der gerbtechnisch wertvollen Stoffe. Diese wird nach Methoden durchgeführt, wie sie die Lederchemie vorschreibt. Im folgenden ist nur die Proctersche Filtermethode beschrieben, während über die Ausführung der sonst noch in Gebrauch befindlichen Schüttelmethode auf einschlägiges Quellenmaterial verwiesen werden muß.

[1] Man vgl. Lottermoser u. Mathiesen: Technologie und Chemie der Papier- und Zellstoff-Fabrikation. Beilage zum Wochenbl. f. Papierfabr. Bd. 26, S. 39. 1929.

Bestimmung der Grädigkeit des Extraktes. Diese erfolgt mit dem nach Baumé geeichten Äreometer bei 15°. Die im Anhang wiedergegebene Zahlenzusammenstellung von Dieckmann gibt Aufschluß über die Zusammensetzung von bis zu verschiedener Stärke eingedickten Laugen.

Bestimmung des Trockenrückstandes und der Asche. 5 g Extrakt werden in einer flachen Platinschale abgewogen und auf dem Wasserbad zur Trockne eingedampft. Hierbei muß von Zeit zu Zeit die Haut, welche sich an der Oberfläche des Extraktes bildet, mit einem Glasstab durchstoßen werden, um sie wieder durchlässig für den darunter angesammelten Wasserdampf zu machen. Anschließend wird dann im Trockenschrank bei 105° getrocknet. Nach Erreichen eines einigermaßen konstanten Gewichtes wird gewogen. Der Trockenrückstand wird dann zunächst verschwelt und schließlich bis zum Verschwinden der letzten Kohleteilchen geglüht. Die oft hartnäckig an der Asche festsitzenden Kohleteilchen können rascher zum Verbrennen gebracht werden, wenn man nach dem Erkalten mit Wasserstoffsuperoxyd befeuchtet und dann vorsichtig wiederum bis zur vollen Hitze erwärmt.

Bestimmung des Eisengehaltes. Sie erfolgt in der Asche, nach deren Lösen in Salzsäure und Filtration der erhaltenen Lösung. Die Fällung des Eisens wird in bekannter Weise mit Ammoniak vorgenommen; ist viel Tonerde anwesend, muß die Eisenbestimmung in der Auflösung der Asche nötigenfalls kolorimetrisch erfolgen (s. Abschnitt Wasseruntersuchung). Qualitativ prüft man auf Eisen in einer wässerigen Lösung des Extrakts, und zwar auf die beiden Oxydationsstufen mit rotem und gelbem Blutlaugensalz.

Bestimmung des Kalkgehaltes. Im Filtrat von der Eisenbestimmung wird der Kalk mit Ammonoxalat gefällt und diese Fällung wird in üblicher Weise aufgearbeitet.

Quantitative Analyse von Sulfitlaugen-Gerbextrakten. a) Herstellung der Lösung. Man stellt sich eine wässerige Auflösung des Extraktes her, welche in 100 cm³ 0,2 g Trockensubstanz enthält. Zum Auflösen des Extraktes wird mäßig warmes Wasser verwandt. Die Auflösung wird in einem Meßkolben vorgenommen.

b) Bestimmung des Gesamtrückstandes. Von der erhaltenen Lösung werden nach gutem Durchschütteln 50 cm³ in einer flachen Nickelschale auf dem Wasserbad zur Trockne eingedampft. Nach dem Erkalten im Exsikkator wird gewogen. Das erhaltene Gewicht sei a.

c) Bestimmung des Gesamtlöslichen. Man filtriert 500 cm³ der Gerbextraktlösung durch ein Filter Schleicher und Schüll Nr. 590. Die ersten 250 cm³ des Filtrats werden verworfen und nur der restliche Teil darf zur weiteren Untersuchung verwandt werden. Von der erhaltenen Lösung werden 50 cm³ in einer Nickelschale eingedampft und nach dem Erkalten im Exsikkator gewogen. Das erhaltene Gewicht sei *b*.

d) Bestimmung der von Hautpulver aufnehmbaren Stoffe nach der Procterschen Filtermethode[1]. Erforderlich ist schwach chromiertes Hautpulver, wie es die „Deutsche Versuchsanstalt für Leder-Industrie" in Freiberg i. Sa. in den Handel bringt. Dieses Hautpulver soll möglichst hell und wollig sein, den Gerbstoff schnell und vollständig aufnehmen und nur wenig lösliche Stoffe enthalten. Der Chromoxydgehalt soll etwa 0,3—0,5% betragen. Die Ausfällung des Gerbstoffes wird in dem Procterschen Glockenfilter vorgenommen, dessen Einrichtung aus der Abb. 37 ersichtlich ist.

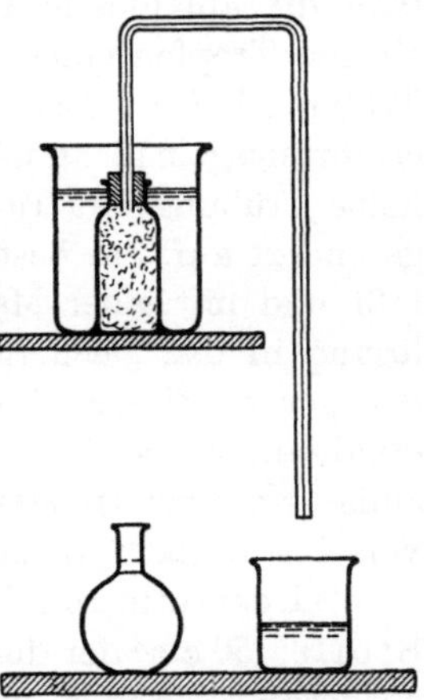

Abb. 37. Proctersches Glockenfilter.

Es besteht aus einer zylindrischen Glasglocke, deren Verjüngung einen durchbohrten Kautschukstopfen trägt. Durch dessen Öffnung ist ein zweimal rechtwinklig gebogenes Heberhaarrohr gesteckt. Das Ende des kürzeren Schenkels schneidet mit dem unteren Ende des Stopfens ab. Die Größenverhältnisse der Glocke sollen folgende sein: Länge 7 cm, Durchmesser des zylindrischen Teiles 3 cm und des verjüngten Teiles 1,8 cm. Soll das Glockenfilter für die Gerbstoffaufnahme vorbereitet werden, so kommt in den oberen Teil der Glocke zunächst ein kleiner Bausch von trockner, gut ausgewaschener Baumwolle, der ein Eindringen von Hautpulver in das Haarrohr verhüten soll. Man füllt nunmehr die Glocke mit 7 g lufttrockenem Hautpulver, und zwar so, daß dieses ziemlich festgestopft wird und nicht von selbst aus der Glocke fällt. Namentlich an den Rändern muß man fester stopfen, damit sich die Gerbstofflösung nicht an den Glaswandungen hinaufzieht. Das Glockenfilter ist alsdann zum Gebrauch fertig. Man spannt das Heberohr in eine Klemme ein, senkt die Glocke fast bis auf den Boden eines 150—200 cm³ fassenden Becherglases und gießt in dieses ungefähr 125 cm³ der gerbstoffhaltigen Lösung (man kann hierzu die nicht gefilterte Lösung oder den zuerst ablaufenden Anteil der durch die Filterkerze hindurch gegangenen Lösung verwenden, aber nur dann, wenn zum Filtern eine vollständig trockne Kerze benutzt wurde). Das Hautpulver saugt infolge der Saugkraft die Lösung langsam von selbst an, und man wartet, bis die Glocke

[1] Mit Genehmigung von Prof. Dr. Johannes Paeßler aus der Sonderschrift: Die Verfahren zur Untersuchung der pflanzlichen Gerbemittel und Gerbstoffauszüge, H. 1. Freiberg: Gerlachsche Buchdruckerei 1912.

sich vollständig vollgesaugt hat. Man saugt hierauf an dem längeren Schenkel des Heberrohres schwach, bis die Lösung langsam abtropft. Das Abtropfen soll so erfolgen, daß auf die Minute etwa 5—8 Tropfen kommen und daß das Durchlaufen der erforderlichen Menge der Lösung im ganzen 2—3 Stunden dauert. Man erhält im Stopfen bald soviel Übung, daß dieser Forderung genügt wird. Die ersten Anteile der vom Gerbstoff befreiten Lösung lassen sich nicht zur Bestimmung der Nichtgerbstoffe verwenden, weil sie noch die Hauptmenge der löslichen Bestandteile des Hautpulvers enthalten. Aus diesem Grunde muß man die ablaufende Lösung so lange verwerfen, als eine Probe mit einigen Tropfen einer Tanninlösung noch einen Niederschlag oder eine Trübung liefert. Bei Verwendung eines guten Hautpulvers kann man erfahrungsgemäß annehmen, daß nach Ablauf von 30 cm³ die Lösung keine Trübung mit Tanninlösung gibt. Die weitere Lösung fängt man gesondert auf, am besten in einem kleinen Kölbchen, das etwa 60 cm³ faßt und mit einer Marke versehen ist. Hat man 125 cm³ Gerbstofflösung in das Becherglas gegossen, so genügt dies, um etwa 60 cm³ der gerbstofffreien Lösung zur Bestimmung der Nichtgerbstoffe zu erhalten. Diese Lösung muß vollständig klar und wasserhell sein; einige Kubikzentimeter dürfen auf Zusatz eines Tropfens einer Lösung von 1% weißem Leim und 10% Kochsalz keine Trübung geben.

e) Bestimmung der nicht vom Hautpulver aufgenommenen Stoffe. 50 cm³ der durch das Glockenfilter gegangenen Lösung werden wiederum, wie oben angegeben, zur Trockne eingedampft, worauf der Rückstand bestimmt wird. Das erhaltene Gewicht sei c.

f) Berechnung des Ergebnisses. Es ist $a-b$ das Unlösliche, b das Gesamtlösliche, $b-c$ die Menge der vom Hautpulver aufgenommenen Stoffe, c die Menge der nicht vom Hautpulver aufnehmbaren Stoffe.

g) Prüfung des Hautpulvers. Zur Prüfung eines Hautpulvers auf seine Verwendbarkeit verfährt man genau in der gleichen Weise, wie bei der Ausfällung des Gerbstoffes, nur mit dem Unterschied, daß man destilliertes Wasser durch das Hautpulver filtriert (es ist der sog. „blinde Versuch"). Nach Verwerfen der ersten Anteile des durchgefilterten Wassers (etwa 30 cm³) dampft man von den weiteren 60 cm³ wässeriger Flüssigkeit 50 cm³ ein und trocknet den Rückstand in der beschriebenen Weise. Soll das Hautpulver verwendbar sein, so darf der Trockenrückstand 5 mg nicht übersteigen.

Die Betriebskontrolle in der Sulfitspritfabrik.

An dieser Stelle soll nur von chemischer Kontrolle die Rede sein. Bezüglich der bakteriologischen Kontrolle muß auf einschlägige ausführliche Fachliteratur verwiesen werden. (Z. B. Lindner, Mikroskopische Betriebskontrolle in den Gärungsgewerben, Berlin 1909; W. Henneberg, Gärungsbakteriologisches Praktikum. Betriebsuntersuchungen, Berlin 1909.)

Untersuchung der Rohstoffe.

Von den in der Spritfabrik benutzten Rohstoffen kann, soweit es Kalkstein und Ätzkalk für die Neutralisierung der Ablaugen betrifft, auf vorhergehende Kapitel verwiesen werden. (Kalk siehe bei Wasserreinigung, Kalkstein bei Herstellung der Sulfitlaugen.)

Da Kalkstein häufig als feingemahlenes Mehl bezogen wird und zwecks schneller Durchführung der Neutralisation ein gewisser Feinheitsgrad erwünscht ist, wäre möglicherweise eine Prüfung auf den geeigneten Grad der Zerkleinerung zweckmäßig. Diese könnte in ähnlicher Weise geschehen wie bei der Bestimmung des Feinheitsgrades von Schwefel nach Chancel: Durchschütteln einer Probe mit Äther in einem Meßzylinder und Ablesen des endgültigen Volumens des sich absetzenden Kalkmehles. Wie weit diese Methode geeignet ist, muß noch durch Versuche bestimmt werden.

Über die Untersuchung der Ablauge vergleiche man das vorhergehende Kapitel.

Untersuchung der Nahrungsstoffe für die Hefe.

Als solche kommen zur Zeit wohl hauptsächlich Ammonsulfat, Phosphorsäure, Superphosphate und Ammonphosphat in Frage.

Ammonsulfat.

Allgemeines. Die technisch reine Ware kommt mit einem gewährleisteten Gehalt von 20% Stickstoff in den Handel. Gewöhnlich liegt der Stickstoffgehalt bei 20,5%, um nur ausnahmsweise 21% zu erreichen. Der im Salz vorhandene Gehalt an freier Schwefelsäure liegt zumeist zwischen 0,1—0,2%; er soll doch 0,5% nicht überschreiten. Der Wassergehalt der Ware beträgt gewöhnlich 1—1,5%, er nimmt mit der Lagerungszeit zu.

Ammonsulfat kommt meist in schwach feuchtem Zustande in den Handel und weist häufig ein wenig saure Reaktion auf.

Feuchtigkeitsgehalt. Die Feuchtigkeit wird durch Trocknen einer Probe von 5—10 g des Salzes bei 100—105° bestimmt.

Ammoniakgehalt. Seine Ermittlung, die wichtigste Bestimmung, geschieht in bekannter Weise durch Austreiben der Base nach Zusatz von fixem Alkali und Auffangen in Schwefelsäure. Man löst 10 g Salz, verdünnt auf 500 cm^3 und nimmt zur Destillation 50 cm^3, entsprechend 1 g Sulfat. Man verdünnt im Destillationskolben mit etwa 150—200 cm^3 Wasser, fügt 5 cm^3 etwa $^n/_2$ Natronlauge zu und destilliert in eine Vorlage mit 200 cm^3 $^n/_1$ Lauge, deren Überschuß nach dem Versuch zurücktitriert wird (Indikator Methylorange). 1 cm³ $^n/_1$ Säure entspricht 0,01703 g NH_3. (Reines Salz enthält 25,78% NH_3.)

Schwefelsäuregehalt. In 50 cm³ obiger Lösung (1,0 g Sulfat) wird in üblicher Weise mit Bariumchlorid die Schwefelsäure gefällt und bestimmt.

Bisweilen erforderlich ist die

Bestimmung freier Schwefelsäure. Sie geschieht durch Titrieren von 50 cm³ der gleichen Lösung mit $^n/_{10}$ Alkali unter Benutzung von Methylorange als Indikator.

Phosphorsäure.

Technische Phosphorsäure enthält gewöhnlich 30—32% Phosphorsäure-Anhydrid (P_2O_5). Doch kommt auch eine 40proz. Ware in den Handel. Allgemein angenommene Methoden zur Bestimmung der Reinheit der Ware gibt es bislang nicht.

Die genaue Ermittlung der Phosphorsäure geschieht, da viele die endgültige Ausfällung störenden, zahlreichen Verunreinigungen (Pb, Al und Fe sowie Ca) vorhanden sind, meist so, daß die Säure erst durch Ammoniummolybdat abgeschieden, dann wieder gelöst und schließlich mit Magnesiamixtur quantitativ gefällt wird. Man vergleiche Superphosphate.

Superphosphate.

Superphosphate und Ammonphosphat kommen in sehr verschiedenen Sorten in den Handel. Die Bestimmungsmethoden dieser Salze wie auch die des Ammonphosphates gründen sich in der Hauptsache auf die Anforderungen, welche bei ihrer Anwendung als Düngemittel gestellt werden. Für die Belange der Sulfitspritfabriken wird man wohl in erster Linie auf den Gehalt an löslicher Phosphorsäure Wert legen, daneben außer dem Trockengehalt möglicherweise noch die Gesamtphosphorsäure ermitteln.

Feuchtigkeitsgehalt. Er wird wie oben beim Ammonsulfat beschrieben, bestimmt.

Wasserlösliche Phosphorsäure. Die Bestimmung soll hier nur in groben Zügen wiedergegeben werden. 20 g Phosphat werden in einer Reibschale mit Wasser angerührt, wobei man größere Stückchen mit einem Pistill leicht zerdrückt. Die Aufschwemmung wird in eine 1-l-Flasche gespült, worauf bis zur Marke aufgefüllt wird. Man schüttelt während eines Zeitraumes von 2 Stunden mehrmals um und läßt schließlich absitzen. Die Flüssigkeit wird dann durch ein trockenes Filter gegossen und die klare Lösung zur Bestimmung benutzt. Je nach dem Gehalt werden hiervon 50—100 cm³ benutzt. Zu je 50 cm³ der Lösung setzt man etwa 150 cm³ einer 5proz. salpetersauren Ammonmolybdatlösung. (75 g molybdänsaures Ammon werden in 500 cm³ Wasser und die erhaltene Lösung wird in 500 cm³ Salpetersäure vom spezifischen

Gewicht 1,2 eingegossen. Die Mischung wird einige Tage am warmen Orte aufbewahrt, wenn nötig geklärt und im Dunkeln aufbewahrt.) Nach etwa 5stündigem Stehen bei 50° prüft man auf Vollständigkeit der Fällung, dekantiert, wenn alles gefällt war, mehreremal, wobei stets mit der auf 1 : 4 verdünnten Molybdänlösung gewaschen wird. Der Niederschlag wird endlich auf einem kleinen Filter gesammelt und mit der verdünnten Molybdänlösung bis zum Verschwinden der Kalkreaktion im Filtrat gewaschen. Das so gewonnene phosphormolybdänsaure Ammon wird in wenig verdünntem, warmem Ammoniak wieder aufgelöst, was am besten unmittelbar durch Übergießen auf dem Filter geschieht. Die erhaltene Lösung wird durch Salzsäurezusatz nahezu neutralisiert und ihr durch etwa 5 cm^3 konzentrierten Ammoniak eine bekannte Alkalität gegeben. In die dann abgekühlte Flüssigkeit, deren Volumen etwa 70—80 cm^3 betragen soll, läßt man unter ständigem Umrühren ganz langsam 20 cm^3 Magnesiamixtur einlaufen, worauf man noch etwa 10—15 cm^3 konzentriertes Ammoniak zugibt. Der ausgeschiedene Niederschlag von Magnesium-Ammonium-Phosphat wird in bekannter Weise aufgearbeitet und durch Glühen in Magnesiumpyrophosphat verwandelt. 1 g $Mg_2P_2O_7$ entspricht 0,8535 g PO_4.

Gesamtphosphorsäure. Ihre Bestimmung unterscheidet sich von jener der wasserlöslichen nur dadurch, daß sie in einer sauren Auflösung des Phosphats vorgenommen wird. Man löst 10—20 g des Phosphats in warmer, mäßig verdünnter Salpetersäure. Sollte hierbei ein Teil unlöslich bleiben, so kann die Lösung durch Zugabe von Salzsäure unterstützt werden. Man sammelt die Lösung in einem 1-l-Meßkolben und füllt zur Marke auf. In einer bestimmten Menge der durch ein trockenes Filter filtrierten Auflösung wird dann, wie vorher beschrieben, die Menge der Phosphorsäure ermittelt.

Ammonphosphat.

Feuchtigkeit und Ammoniakgehalt werden, wie beim Ammonsulfat mitgeteilt, bestimmt, der Phosphorsäuregehalt wird wie bei den Phosphaten beschrieben ermittelt.

Betriebsanalysen.

Säuregrad der Maische. Für den günstigsten Verlauf der Gärung ist eine schwach saure Reaktion der Maische erforderlich. Die Ermittlung des Säuregrades — das Optimum ist nicht für alle Heferassen das gleiche — geschieht wie folgt: 20 cm^3 vom Neutralisationsturm kommende Ablauge werden mit $^n/_{10}$ Alkali titriert, wobei der Endpunkt durch Tüpfeln auf Phenolphthaleinpapier festgestellt wird. Man gibt den Säuregrad unmittelbar als Kubikzentimeter $^n/_{10}$ Natronlauge an, welche zur Neutralisation der stets gleich großen Probemenge notwendig sind. Nach Oeman[1] erhält man die günstigsten Spritausbeuten, wenn die Azidität der Maische 0,02—0,03 normal ist, doch arbeitet man in den Betrieben gewöhnlich bei etwa 0,04 normal.

Bestimmung der Wasserstoffionenkonzentration der Maische. Der Verlauf der alkoholischen Gärung ist in bedeutsamem Maße abhängig von der Wasserstoffionenkonzentration der Maische, und die Ausbeute wird durch die Höhe dieses Wertes beeinflußt. Mit der vorstehend beschriebenen Untersuchung erhält man lediglich ein Maß für die absolute Konzentration der Maische an Säuren — vor allem Essig- und Ameisensäure. Zu einer exakten Zahl für den p_H-Wert der Maische, auf den es ankommt, kann man durch elektrometrische Messungen kommen. Hägglund[2] hat derartige Messungen unter Benutzung der gesättigten Kalomelelektrode und mit strömendem Wasserstoff vorgenommen, eine Messung, welche sich bei Anwendung von Potentiometern und der Chinhydronelektrode wohl auch im Betriebe durchführen lassen wird. Da jedoch solche Instrumente nur vereinzelt zur Verfügung stehen, sei bemerkt, daß man nach Erfahrungen in der Praxis den p_H-Wert der Maische bei einiger Übung auch kolorimetrisch feststellen kann. Hierzu eignet sich bei der dunklen Maische das Wulffsche Folienkolorimeter[3]. Die Bestimmung kann bei Benutzung dieser Apparatur mit einer Genauigkeit von $\pm 0,2$ ausgeführt werden, was für den vorliegenden technischen Zweck wohl ausreichend erscheint.

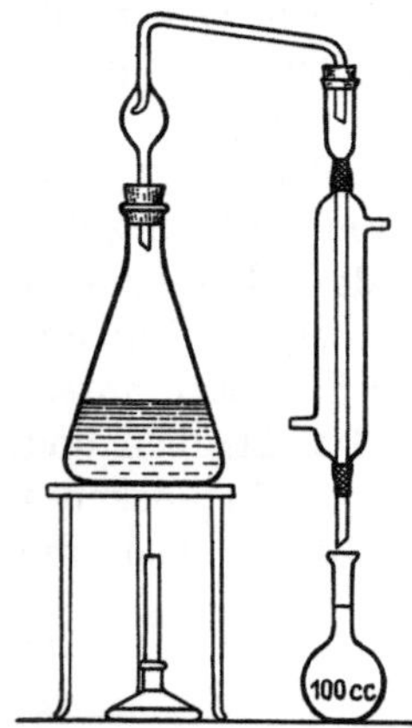

Abb. 38. Spritbestimmung in der vergorenen Sulfitlauge.

Das Optimum der Spritausbeute liegt je nach der Heferasse bei einem etwas anderen Werte. Im allgemeinen werden die günstigsten Ausbeuten bei p_H-Werten der Maische zwischen 5,5 und 6,0 erzielt.

Bestimmung der Spritausbeute. Man destilliert aus 250 oder 500 cm³ der vergorenen Ablauge nach Zusatz von Soda bis zur alkalischen Reaktion den Sprit zusammen mit einer kleineren Wassermenge ab. Hierzu benutzt man den Apparat nach Abb. 38, welcher keiner weiteren Erläuterung bedarf. Man fängt als Destillat 100 cm³ in einem Meßkölbchen auf und bestimmt mittels eines Lutterprobers im Destillat den Alkoholgehalt. Meistens geben die Lutterprober den Gehalt an Volumprozent an.

---

[1] Oeman: Tekn. Tidskr., Avd. Kemi o. Bergsvetenskap Bd. 45, S. 34. 1915.

[2] Hägglund, E.: Zur Kenntnis der Gärung der Sulfitablauge. Papierfabrikant Bd. 21, S. 401. 1923.

[3] Nach freundlichen Mitteilungen von Herrn Dr. Graap, Maxau, und Herrn Dr. Schepp, Pirna.

Bei der Destillation ist, um Stoßen und Überschäumen zu vermeiden, nicht mehr Soda als notwendig anzuwenden.

Die Ermittlung des Alkoholgehaltes im Destillat kann natürlich auch durch Ermittlung des spez. Gewichts mittels des Pyknometers geschehen. Die Bestimmung mittels Lutterprober genügt jedoch den Ansprüchen der Praxis im allgemeinen vollkommen. Zweckmäßig ist es, vor Anwendung eines neuen Lutterprobers diesen durch pyknometrische Bestimmung zu kontrollieren. Auf genaue Einhaltung der für den Lutterprober vorgeschriebenen Normaltemperatur ist zu achten.

Untersuchung des Sulfitsprites.

Allgemeines. Die Untersuchung des Sprits erstreckt sich außer auf seine Gehaltsermittlung auf das äußere Aussehen, den Geruch, das Verhalten beim Verdünnen, auf die Ermittlung des Trocken- und Aschenrückstandes, des Säuregehaltes, des Schwefelgehaltes, die Bestimmung der vorhandenen Aldehyd-, Ester- und Methylalkoholmengen. Endlich kommen noch Prüfungen auf Furfurol und Fuselöl in Betracht, sowie einige Proben, wie die von Vitalli und die Oxydationsprobe mit Permanganat.

Spezifisches Gewicht und Alkoholgehalt. Es wird in bekannter Weise mittels des Pyknometers oder der Westphalschen Waage festgestellt. Statt hiermit den Alkoholgehalt zu ermitteln, benutzt man die schneller zum Ziele führenden Alkoholometer: Aräometer, die unmittelbar Volum- bzw. Gewichtsprozent ablesen lassen. Bei sehr hochprozentigen Spriten ergibt die Westphalsche Waage zu ungenaue Werte, weshalb hier in Ermanglung von Alkoholometern das spez. Gewicht mit dem Pyknometer bestimmt werden muß.

Die Beurteilung des äußeren Aussehens geschieht durch Einfüllen einer größeren Menge (500—1000 cm³) Sprit in einen farblosen Glaszylinder. Man beobachtet die Färbung in der Durchsicht (häufig eine Spur gelblich), sowie, ob feine Trübungen vorhanden sind.

Verhalten beim Verdünnen. Um zu ermitteln, ob im Sprit Stoffe enthalten sind, die nur in Alkohol löslich sind, verdünnt man eine Probe von 250 cm³ mit Wasser auf 1 l. Eine auftretende Trübung läßt genannte Stoffe erkennen.

Bei der Prüfung auf Geruch ist festzustellen, ob mehr oder weniger starker Aldehyd- und Fuselgeruch vorhanden ist. Durch Verreiben einiger Tropfen Sprit auf dem flachen Handteller läßt sich meist eine bessere Beurteilung erlangen.

Trockenrückstand. 250—500 cm³ Sprit werden nach und nach in einem kleinen gewogenen Kolben abdestilliert, worauf der Rückstand nach kurzem Trocknen im Trockenschrank zur Wägung gebracht wird. Es ist empfehlenswert, den Kolben statt mittels Korkpfropfen durch einen eingeschliffenen Pfropfen und Glasrohr mit dem Kühler zu verbinden. Aus Korkpfropfen löst der Sprit so viel Bestandteile, daß unter Umständen ganz mißweisende Ergebnisse erzielt werden.

Man kann auch so verfahren, daß man die abgemessene Spritmenge nach und nach aus einem größeren Platintiegel verdampft und den so erhaltenen Rückstand nach dem Trocknen zur Wägung bringt. (Siehe auch die nächste Bestimmung.)

Aschenrückstand. 250–500 cm^3 Sprit werden wie oben bis auf etwa 50 cm^3 abdestilliert und darauf diese in einem gewogenen Tiegel zur Trockne verdampft. Der dann geglühte Rückstand wird gewogen. Diese Bestimmung kann gegebenenfalls mit der vorstehenden vereinigt werden, indem man vor dem Glühen den Trockenrückstand im Tiegel zur Wägung bringt. Am geeignetsten sind Platintiegel.

Säuren. 50 cm^3 Sprit werden nach Verdünnung mit 150 cm^3 Wasser unter Zusatz von Phenolphthalein bis zur alkalischen Reaktion titriert. Die Berechnung erfolgt auf Essigsäure. 1 cm^3 $^n/_{10}$ NaOH = 0,006 g CH_3COOH.

Gesamtgehalt an schwefliger Säure. Man gibt 25 cm^3 $^n/_1$ Kalilauge in einen 200 cm^3 fassenden Kolben. Mittels einer Pipette setzt man hierzu 50 cm^3 auf $^1/_2$–$^1/_4$ Stärke verdünnten Sprit. Nach 10 bis 15 Minuten langem Stehen werden 10 cm^3 Schwefelsäure, bestehend aus 1 Teil konzentrierter Säure und 3 Teilen Wasser, zugesetzt, worauf der Inhalt des Kolbens sogleich mit $^n/_{10}$ Jodlösung nach Zusatz von Stärke bis zur Blaufärbung titriert wird. Man titriert, bis die blaue Färbung einige Sekunden stehen bleibt. Bei dieser Bestimmung muß man sich davor hüten, zu weit zu titrieren, da ein Überschuß nicht mit Thiosulfat wieder zurückgenommen werden kann. Es entspricht 1 cm^3 $^n/_{10}$ Jod 0,0032 g SO_2.

Ester. 50 cm^3 Sprit werden nach der Neutralisation mit 25 cm^3 $^n/_{10}$ Alkali $^1/_2$ Stunde lang am Rückflußkühler am Wasserbad gelinde gekocht. Nach dieser Zeit läßt man abkühlen und titriert den Alkaliüberschuß unter Benutzung von Phenolphthalein zurück. Den Estergehalt drückt man in Gramm Äthylazetat aus. Es entspricht 1 cm^3 $^n/_{10}$ NaOH = 0,0088 g $C_2H_3OOC_2H_5$.

Bestimmung von Azetaldehyd. a) Nach der Methode von Brochet und Cambier. Diese Methode beruht auf der Umsetzung, welche nach folgender Gleichung zwischen Aldehyd und salzsaurem Hydroxylamin statthat:

$$CH_3COH + NH_2OH \cdot HCl = HCl + H_2O + CH_3CH{:}NO\,.$$

Für jedes vorhandene Mol Aldehyd wird also 1 Mol Salzsäure in Freiheit gesetzt.

Zur Durchführung der Bestimmung läßt man zu 10 cm³ in einem Becher befindlichem Sprit 100 cm³ einer 0,4proz. Hydroxylaminchlorhydratlösung fließen. Den Becher stellt man zwecks Vervollständigung der Reaktion an einen warmen Ort ungefähr 30° warm und titriert nach etwa 1 Stunde nach erfolgtem Abkühlen die in Freiheit gesetzte Salzsäure.

Als Indikator muß Methylorange angewendet werden, welches neutral gegen das bei der Reaktion nicht umgesetzte Hydroxylaminsalz reagiert.

Sowohl der zu untersuchende Sprit wie auch die Hydroxylaminlösung müssen vor der Ausführung der Bestimmung neutral gegen Methylorange gestellt werden. 1 cm³ $^{n}/_{10}$ Alkali entspricht 0,0044 g Aldehyd.

b) Nach der Methode von Ripper[1]. Bei dieser Methode wird die bekannte Fähigkeit der Aldehyde (und Ketone), Bisulfit addieren zu können, zur Grundlage ihrer Bestimmung gemacht. Diese Reaktion verläuft beim Azetaldehyd nach folgender Gleichung:

$$CH_3CHO + KHSO_3 = CH_3COH \cdot KHSO_3\,.$$

Versetzt man eine Aldehydlösung mit einer bekannten Menge Bisulfit, so kann, da die Aldehydverbindung auf Jod nicht einwirkt, nach erfolgter Umsetzung der Überschuß an Bisulfit durch Titration mit Jod gefunden werden. Der Verbrauch an Jod gibt somit ein Maß für die vorhandene Aldehydmenge an. Die Konzentration des Aldehyds darf in der zu untersuchenden Lösung nicht mehr als 0,5% betragen, der zu untersuchende Alkohol ist dementsprechend mit destilliertem Wasser zu verdünnen. Zu beachten ist ferner, daß in alkoholischer Lösung die Jodstärkereaktion nicht eintritt, weshalb man das Erscheinen der gelben Jodfarbe als Endpunkt der Titration ansehen muß.

Man verfährt im übrigen wie folgt: 25 cm³ der verdünnten Alkohollösung läßt man zu 50 cm³ einer Lösung von 12 g Kaliumbisulfit im Liter fließen, und zwar verwendet man als Reaktionsgefäß ein kleines verschließbares Kölbchen von etwa 150 cm³ Inhalt. Nach erfolgter Mischung bleibt das Kölbchen etwa 15 Minuten lang stehen. Während dieser Zeit kann man den Titer der Bisulfitlösung mit $^{n}/_{10}$ Jodlösung überprüfen. Man titriert dann im Reaktionsgefäß das nicht verbrauchte Bisulfit mit Jod zurück. 1 cm³ $^{n}/_{10}$ Jod entspricht 0,0022 g Aldehyd.

Bestimmung des Methylalkoholgehaltes. Für vergleichende Untersuchungen im Betrieb hat sich als am zweckmäßigsten die Methode von Denigès erwiesen. Die Methode besteht in der Überführung des Methylalkohols in Formaldehyd und dessen kolorimetrischer Bestim-

[1] Siehe Hans Meyer: Konstitutionsermittlung organischer Verbindungen. 3. Aufl. 1916.

mung mittels fuchsinschwefliger Säure. Vorhandener Aldehyd ist ohne größeren Einfluß auf das Ergebnis.

Man verdünnt 10 cm³ des zu prüfenden Sprites auf 100 cm³ mit destilliertem Wasser. In einem Reagenzrohr versetzt man 1 cm³ dieser verdünnten Spritlösung mit 1 cm³ einer Schwefelsäure, die erhalten wurde durch Einlaufenlassen von 20 cm³ konzentrierter Säure in 80 cm³ Wasser. Nach dem Säurezusatz fügt man 1 cm³ 5proz. Kaliumpermanganatlösung hinzu und genau 2 Minuten später 1 cm³ 8proz. Oxalsäure. Man neigt das Reagenzrohr so, daß alle Tropfen an der Wandung von der Flüssigkeit bespült werden und mit dieser folgen. Nach wenigen Sekunden hat die Flüssigkeit schwach gelbbraune Farbe angenommen. Zu diesem Zeitpunkt setzt man mit einer Pipette 1 cm³ konzentrierte Schwefelsäure und darauf sofort 5 cm³ fuchsinschweflige Säure hinzu. Durch Neigen des Rohres und Drehen um seine Längsachse mischt man den Inhalt gut durch. Nach einstündigem Stehen verdünnt man mit 50 cm³ Wasser und füllt die Lösung in ein Kolorimeterrohr. Den entstandenen Farbton vergleicht man im Kolorimeter mit jenem, welcher auftritt, wenn eine Methylalkohollösung bekannter Stärke mit in der gleichen Weise behandelt wird.

Als Standardproben werden Mischungen von Methylalkohol und Äthylalkohol benutzt. Dieser ist durch einen Blindversuch auf Freisein von Methylalkohol zu prüfen, bevor er zur Herstellung der Mischungen benutzt wird. Bei der durchgeführten Probe nach Denigès darf er höchstens eine schwache Rosafärbung geben.

Hat man beispielsweise bei dem ersten Versuch gefunden, daß die zu untersuchende Probe einen Methylalkoholgehalt hat, welcher etwa zwischen 2,0—2,5% Methylalkohol enthält, so führt man einen neuen Versuch aus, wobei man Standardlösungen mit 2,2 und 2,4% Methylalkohol benutzt. Auf solche Weise wird man dann vielleicht finden, daß der Gehalt bei 2,3% liegt. Dieses Verfahren ist zwar umständlicher, gibt jedoch gute Werte, da größere Farbunterschiede im Kolorimeter nicht zur Beurteilung gelangen. Wenn man nur wässerige Methylalkohollösungen benützt, so sind die Werte weniger genau. Auch bei höherem Methylalkoholgehalt — über 3,5% — lassen die Werte infolge gleichzeitig gesteigerter Mengen anderer Verunreinigungen im Sprit in ihrer Genauigkeit zu wünschen. Dies gilt besonders, wenn man absolute, nicht Vergleichswerte, zu erlangen beabsichtigt.

Oxydationsprobe mit Permanganat. Das Ergebnis dieser Bestimmung gibt einen ungefähren Anhaltspunkt über die Menge an vorhandenen organischen Verunreinigungen im Sprit, welcher selbst nur langsam von verdünntem Permanganat angegriffen wird. Man füllt zur Ausführung der Probe 50 cm³ des Sprites in einen verschließbaren Meßzylinder von 100 cm³ Inhalt. Man bringt den Inhalt genau auf eine Temperatur von 15° und setzt dann 1 cm³ einer Kaliumpermanganatlösung zu, welche 0,1 g des Salzes in 500 cm³ gelöst enthält. Alsdann schüttelt man um und beobachtet, welche Zeit vergeht, bis die anfänglich rotviolette Farbe einem lachsfleischfarbenen Tone Platz gemacht hat. Die Permanganatlösung soll möglichst frisch sein, ferner ist bei Vergleichsversuchen darauf zu achten, daß die Spritproben annähernd gleich stark sind (95/96 Volumprozent).

Vittallische Probe. Ganz ähnlichem Zweck wie die vorhergehende dient diese Probe. Zu ihrer Ausführung unterschichtet man im Reagenzglas eine Spritprobe mit konzentrierter Schwefelsäure. Die mehr oder weniger dunkelrote Zone, die an der Berührungsfläche entsteht, gilt als ein Maß für die Reinheit des Sprites. Sehr reine Sprite zeigen nur ein ganz schwach getöntes Band.

Furfurol. Zum Nachweis dient essigsaures Anilin. Es erzeugt mit selbst geringen Mengen Furfurol eine orangerote Färbung. Das Reagens stellt man sich jedesmal frisch her. Man verwendet zur Bestimmung 10 cm³ Sprit, 0,5 cm³ Anilin und 2 cm³ Eisessig. Da die Intensität der eintretenden Färbung ziemlich genau dem Furfurolgehalt proportional ist, kann man mittels Vergleichslösungen von bekanntem Furfurolgehalt (1:1000 — 1:10000) kolorimetrisch seine Höhe ermitteln.

Gesamtschwefelgehalt im Sulfitsprit. Nach Vorschrift der Ethyl A. B., Stockholm, verfährt man hierzu wie folgt. 50 cm³ Sprit werden in einem Becher mit der gleichen Menge destillierten Wassers versetzt. Alsdann wird soviel Bromlösung zugefügt, daß starke Gelbfärbung eintritt. Man läßt die Probe eine Stunde stehen, wobei durch wiederholte Zugabe von Brom diese Färbung aufrecht erhalten werden muß. Der Überschuß an Brom wird dann verjagt, ebenso die größte Menge des Alkohols durch Kochen, worauf in bekannter Weise der zu Schwefelsäure oxydierte Schwefel mit Bariumchlorid gefällt wird. Man kann anstatt mit Bromlösung die Oxydation auch durch eine Mischung von Brom mit Alkali durchführen. Ob genügend alkalische Bromlösung zugesetzt wurde, erkennt man hier am Geruch. Im übrigen verfährt man sonst ganz genau wie oben.

Ist sehr wenig Schwefel vorhanden, so muß man zur Erlangung sicherer Werte mehr Sprit zum Versuch anwenden. Es ist immer zweckmäßig, nach erfolgter Fällung zur Vervollständigung der Reaktion die Reaktionsflüssigkeit über Nacht stehen zu lassen und dann erst zu filtrieren. 1 g $BaSO_4$ entspricht 0,1374 g S.

Untersuchung von Fuselölen.

Allgemeines. Nebenerzeugnisse von Brennereibetrieben dürfen nach dem deutschen Branntweinsteuergesetz nur dann steuerfrei in den Verkehr übergehen, wenn ihr Gehalt an Ölen mindestens 75% beträgt. Da Fuselöl außer diesen der Hauptsache nach nur Wasser und Äthylalkohol enthält, so beschränkt sich die Untersuchung des Produktes auf die Ermittlung weniger Zahlen.

Bestimmung des Wassergehaltes. Man versieht ein weites Reagenzrohr mit Marken (Diamantstrich) bei 30, 32,5 und 40 cm³ Inhalt, reinigt es sorgfältig mit Chromkali-Schwefelsäure und heißem Wasser und trocknet es. In dieses Glas füllt man 30 cm³ Chlorkalziumlösung vom spez. Gewicht 1,225 und dann bis zur Marke 40 cm³ das zu untersuchende Fuselöl. Nach Aufsetzen eines gut passenden Pfropfens schüttelt man etwa 1 Minute lang kräftig durch, worauf man die Flüssigkeit sich durch senkrechtes Aufstellen des Rohres in zwei Schichten trennen läßt. Nach einiger Zeit liest man die Höhe der Ölschicht ab, nicht ohne vorher durch rasches Vor- und Zurückdrehen um die senkrechte Achse des Rohres die an seinen Wänden haftenden Öltropfen nach oben getrieben zu haben. Die Ölschicht soll nach unten hin wenigstens bis zum 32,5-cm³-Strich reichen, was einem Fuselölgehalt von 75% entsprechen würde. Die benötigte Chlorkalziumlösung wird hergestellt durch Auflösen von 25 g wasserfreiem Salz in 100 cm³ destilliertem Wasser und folgendes Filtrieren der Lösung.

Prüfung auf Alkoholgehalt. In einem Scheidetrichter werden 50 cm³ Fuselöl nacheinander dreimal mit 100 cm³ obiger Chlorkalziumlösung gut durchgeschüttelt und die nach der Trennung ablaufenden wässerigen Salzlösungen, die den Äthylalkohol enthalten, vereinigt. Man destilliert nun 100 cm³ dieser Lösung in eine Vorlage ab und bestimmt im Destillat mittels eines Lutterprobers (oder Pyknometers) den Prozentgehalt an Alkohol.

Beachtenswerte Literatur.

Rohstoffe.

Moerbeek, B. H.: Über Schwefelbestimmung in ausgebrauchter Gasmasse. Literaturauszüge 1923, II, S. 24.

0,5 g Gasmasse werden mit einigen Tropfen Alkohol gut befeuchtet und dann im Sauerstoffstrom verbrannt. Das hierbei entstehende Gas wird in einer gemessenen Menge Natronlauge aufgefangen. Nach Überführung sämtlichen Dioxyds in Schwefelsäure durch Zugabe von Wasserstoffsuperoxyd wird der Überschuß der Natronlauge zurückgemessen. Aus dem Verbrauche kann die vorhandene Schwefelmenge in der Probe errechnet werden.

Laugenbereitung.

Dieckmann, R.: Die Betriebskontrolle in der Zellstoffindustrie. Papierfabrikant Bd. 23, S. 317. 1925.

Eine Zusammenstellung von bekannten Untersuchungsmethoden im Betrieb der Zellstoffwerke wird gegeben. Erwähnt sei im besonderen eine Methode zur Schwefelbestimmung in den Abbränden von Sznayder. Der Aufschluß der Abbrände erfolgt hierbei durch ein Gemisch von Soda und Zinkoxyd. Die neutralgestellte Auflösung der Schmelze wird mit einem Überschuß von $^n/_5$ Bariumchloridlösung versetzt und deren Überschuß dann mit $^n/_5$ Sodalösung zurückgemessen. Aus der verbrauchten Menge Chlorbariumlösung kann der Schwefelgehalt der Abbrände errechnet werden. Die Methode soll nach Dieckmann zufriedenstellende Ergebnisse zeitigen.

Ramsin, L. K.: Über Absorption von schwefliger Säure im Orsat-Apparat. Chem. Centralbl. 1928, I, S. 1925.

Konopatzki, Die Bestimmung des Schwefeltrioxyds in den Ofengasen. Bumaschnaja Promisch-Lenost Bd. 7, S. 2086. 1928. Man vgl. Literaturauszüge 1929; Chemie S. 125.

Nach der Vorschrift wird die Gasprobe in eine evakuierte Wulffsche Flasche abgezogen, in diese dann überschüssige Jodlösung eingesaugt und deren Überschuß mit Thiosulfat zurücktitriert. Anschließend wird durch eine Titration mit Natronlauge die gebildete Säure gemessen und endlich aus den erhaltenen Zahlen der Gehalt an Di- und Trioxyd im Gas errechnet.

McKay, R. J., u. D. E. Ackermann: Bestimmung kleiner Schwefeldioxydmengen in der Luft. Ind. a. Engin. Chem. Bd. 20, S. 538. 1928. Man vgl. Technol. u. Chem. d. Papier- u. Zellstoff-Fabr., Beibl. z. Wochenbl. f. Papierfabr. H. 1, S. 9. 1929.

Die Bedeutung von Schwefelgasen in der Luft wird hinsichtlich ihrer physikalischen und chemischen Einflüsse besprochen. Die Schnellmethode der „Selby Smelter Commission" zur Bestimmung von Schwefeldioxyd, die genau beschrieben wird, kann mit einigen Abänderungen, Konzentration der Lösungen und Größe der Probe auch auf die Bestimmung des Schwefeldioxydgehalts von Abgasen angewendet werden. Die Gasprobe wird in eine mit Jodstärkelösung beschickte, evakuierte Flasche gezogen. Nach erfolgter Oxydation wird die Lösung durch Hinzufügen einer Normal-Jodlösung auf die gleiche Blauintensität wie die einer Vergleichslösung gebracht. Eine Reihe von Vorsichtsmaßregeln, die für eine erfolgreiche Anwendung der Methode ausschlaggebend sind, wobei hauptsächlich auf eine exakte Ausführung der Probenahme zu achten ist, wird beschrieben.

Gille, H.: Über Absorption chemischer Nebel. Zugleich Vorschlag einer Methode zur Bestimmung von Schwefeltrioxyd in feuchten Röstgasen. Z. angew. Chem. Bd. 39, Nr 12, S. 401. 1926.

Laugentitration.

Mayr, C., u. J. Peyfuss: Maßanalytische Bestimmung von schwefliger Säure und Thioschwefelsäure durch Oxydation mit Brom im Statu nascendi. Z. anorg. u. allgem. Chem. Bd. 127. 1923.

Die Methode besteht darin, daß man aus Bromat und Salzsäure in Freiheit gesetztes Brom im Statu nascendi auf die schweflige Säure oder Thioschwefelsäure haltende Lösung einwirken läßt; darauf wird das überschüssige Brom mit Kaliumjodid zu Jod und Bromkali umgesetzt und das Jod mit Thiosulfat titriert. Die Methode verlangt zwecks Vermeidung von Oxydation durch Luft Umsetzung im Kohlensäurestrom. Sie kommt mehr für theoretische Untersuchungen als zur eigentlichen Betriebskontrolle in Frage.

Macaulay: Chem. Zentralbl. 1922, II, S. 1202. Über die Reaktion zwischen Jod und schwefliger Säure.

Schweflige Säure wird quantitativ in Schwefelsäure übergeführt. Zu kleine Werte werden durch Verdunstungsverluste bedingt.

Kocherkontrolle.

Moerbeek, B. H.: Kocherkontrolle zur Erhaltung eines regelmäßigen Stoffes. Papierfabrikant Bd. 22, S. 409. 1924.

Es wird empfohlen, auf Grund der Kontrolle des Aufschlußgrades (Sieberzahl) die geeignetste Druck- und Temperaturkurve der Kochung ausfindig zu machen und diese dann den Kocherwärtern als Hilfsmittel zu geben.

Leander, Matti: Verfahren zur Kontrolle der Konzentration von Kochsäure für die Sulfitzellstoffabrikation. Papierfabrikant Bd. 25, Nr. 31, S. 494. 1927.

Ablaugenuntersuchung.

Gerngroß, O.: Ein neuartiger Nachweis einiger künstlicher Gerbstoffe in natürlichen Gerbstoffauszügen. Z. angew. Chem. Bd. 38, S. 1081. 1925. Man vgl. Papierfabrikant Bd. 24, S. 497. 1926, und die dort angegebenen Literaturstellen der Arbeiten von Gerngroß.

Die Methode besteht darin, daß für die Unterscheidung und Erkennung von künstlichen und natürlichen Gerbstoffen ultraviolettes Licht benutzt wird.

Biehler: Über die Wirkung löslicher Kalksalze auf die quantitative Dextrosebestimmung und ihre Ursache. Zellstoff u. Papier Bd. 3, S. 231. 1923.

Bei der quantitativen Bestimmung von Traubenzucker mit Fehling-Lösung bewirken Kalziumsalze einen Kupferverlust. Dieser Fehler läßt sich durch vorheriges Ausfällen der Kalksalze vermeiden. Der Überschuß des Fällungsmittels (Ammonoxalat) muß dann beseitigt werden. Unter Beachtung des Umstandes, daß in den Sulfitlaugen lösliche Kalksalze vorhanden sind, ist die obige Feststellung möglicherweise für die Zuckerbestimmung in den Ablaugen von Interesse und Bedeutung.

Iljin, W.: Bestimmung des Zuckers mittels Fehlingscher Lösung und Zentrifugierens. Chem. Zentralbl. 1929, I, Nr. 3, S. 419.

Sulfitsprit.

Pringsheim, H., u. E. Kuhn: Über die quantitative Bestimmung von Azeton, Methylalkohol und Furfurol nebeneinander. (Aus dem Laboratorium des Kriegsausschusses für Ersatzfutter.) Z. angew. Chem. Bd. 32, Nr. 71, S. 286—290. 1919.

Furfurol wird mit Phenylhydrazin bestimmt, Azeton aus dem Filtrat destilliert und mit Jodlösung und Thiosulfat titriert, mit Methylalkohol, Azeton und Bichromat behandelt und der Überschuß des Bichromat mit Ferroammoniumsulfatlösung zurücktitriert.

Heuser, Emil, u. Aschkenasi: Die Bestimmung des Methylalkohols im Sulfitsprit. Papierfabrikant Bd. 18, S. 611—615, Nr. 33. 1920.

Das Verfahren der Methylalkoholbestimmung nach W. König läßt sich auf Sulfitsprit anwenden unter Berücksichtigung einer empirischen Korrektur von 20 mg bei einer Einwaage von 3 g Sprit. (Oxydation mit Bichromat-Schwefelsäure.)

Hägglund, E., T. Johnson u. N. Lindholm: Über die Bestimmung von Methylalkohol in Äthylalkohol (Sulfitsprit). Zeitschr.-Schau Papierfabr. Bd. 25, S. 445. 1927.

Die Verfasser empfehlen, von den physikalischen Methoden jene mit dem Zeissschen Eintauchrefraktrometer. Im genau auf 50 Vol.-% verdünnten Sprit kann mit diesem Instrument rasch der Methylalkoholgehalt ermittelt werden. Die Genauigkeit der Methode beträgt etwa 0,1%. Noch genauer arbeiten die chemischen Methoden, bei welchen der Methylalkohol durch Oxydationsmittel (Permanganat, Wasserstoffsuperoxyd und Bleisuperoxyd) in Formaldehyd übergeführt wird, welcher selbst nach Behandlung mit verschiedenen Reagenzien kolorimetrisch bestimmt werden kann. Die größte Bedeutung kommt der Denigès-Methode zu, die in der von Georgia und Morales ausgearbeiteten Modifikation (Journ. Ind. Eng. Chem. Bd. 18, S. 304. 1926) besonders empfohlen wird.

Fotijew: Die Bestimmung der Wasserstoffionenkonzentration in Sulfitablaugen. Literat. Auszüge 1930, Papierfabrikant Bd. 28, S. 31.

Der Verfasser hat eine besondere kolorimetrische Methode unter Benutzung von Thymolblau ausgearbeitet. Zur Verringerung des Einflusses der Eigenfärbung der Laugen werden diese stets im gleichen Verhältnis mit Wasser verdünnt. Die Annahme, daß hierbei die p_H-Werte stets gleichartig verändert werden, ist durch Versuche bestätigt worden.

V. Die Untersuchung der Holzstoffe und ungebleichten Holzzellstoffe (Halbstoffe).

Von **Carl G. Schwalbe.**

Zu den wichtigsten Halbfabrikaten der Papierfabrikation gehören die Holzstoffsorten. Von gleicher Bedeutung wie diese sind die eigentlichen Zellstoffe, welche durch die sogenannte Aufschließung, die nahezu völlige oder teilweise Beseitigung der Inkrusten, erhalten werden. Außer den eigentlichen Holzzellstoffen gewinnen die Halbzellstoffe an Bedeutung, die Stufen zwischen der völlig verholzten Faser und den inkrustenarmen Holzzellstoffen darstellen. Diese enthalten demnach noch erhebliche Mengen von Lignin bzw. anderen Inkrusten. Zu solchen Halbzellstoffen gehören seit langem die nach dem Sulfatverfahren erkochten Kraftzellstoffe und neuestens die Sulfithalbzellstoffe, die in den Vereinigten Staaten als sogenannter „semichemical pulp" hergestellt werden.

Als Halbzellstoffe kann man auch diejenigen Erzeugnisse auffassen, die durch Einwirkung von Basen, vorzugsweise Kalk, aber auch Ätznatron und Soda oder Natriumsulfit auf Stroh und verwandte Rohfaserstoffe erhalten werden. Hierher gehört der Gelbstrohstoff und die zahlreichen Sorten von Strohhalbzellstoffen, die, insbesondere in neuster Zeit, nach den verschiedenen Modifikationen der Natriumsulfit-Verfahren hergestellt werden. Neben diesen Strohhalbzellstoffen stehen die eigentlichen Strohzellstoffe, bei welchen die Beseitigung der Inkrusten in solchem Maße erfolgt ist, daß die Erzeugnisse bleichbar werden.

Als Halbstoffe sind endlich zu bezeichnen die Faserarten, welche durch Kochen von Hadern aus Jute, Flachs, Hanf, Baumwolle mit Kalk oder Alkalien erhalten werden. Endlich auch diejenigen Halbstoffe des Handels, die von den Halbstoffwerken fabrikmäßig für die Bedürfnisse der Papierfabriken erzeugt werden.

Holzstoff (Holzschliff).

Unter Holzstoff, Holzschliff versteht man im allgemeinen die beim Anpressen geradgewachsener Holzstempel (Fichte, Kiefer, Aspe) an Schleifsteine gewonnenen Fasermaterialien. Dem weißen Holzstoff nahe steht der braune Holzstoff, bei dessen Erzeugung dem Schleifen ein Dämpfen oder ein Kochen mit Wasser oder Dämpfen und Kochen gemeinsam (Lignocell) vorhergeht. Zu den Holzstoffsorten wird man auch die Fasermaterialien rechnen, die man bei einer Zerfaserung von kleinstückigem Holzmaterial durch das sogenannte Explosionsverfahren erhält. Das unter hohem Dampfdruck stehende Holz wird plötzlich vom Druck entlastet, wodurch ein Zerreißen der Faserbündel hervorgerufen wird. Es entstehen Faserstoffe, welche für die Herstellung von Pappen (Masonite) brauchbar sind.

In der Holzstoff-Fabrikation spielen naturgemäß die physikalischen Methoden der Untersuchung die Hauptrolle. Um die Holzschliffanalyse haben sich besonders verdient gemacht: Teicher[1], Brecht[2] und Per Klem[3]. Es werden die Splitter, die Faserlänge, die Festigkeitseigenschaften und Reinheit im mikroskopischen und makroskopischen Bilde bestimmt.

Für die Abtrennung des sogenannten „Mehlstoffes" sind Verfahren von Per Klem und von Campbell[4] angegeben worden. Der Gehalt an Mehlstoff gibt ohne weiteres einen Anhaltspunkt für die Eignung eines Holzschliffs für ein bestimmtes Papier.

Außerdem wird durch die Mahlgradbestimmung die rösche oder schmierige Mahlung des Holzschliffes festgelegt. Die physikalischen Methoden sollen, dem Plan des Werkchens entsprechend, hier nicht im einzelnen besprochen werden. Es wird wiederum auf Herzbergs Papierprüfung bzw. auf die Originalliteratur verwiesen.

Nur mit der sogenannten Blauglasmethode soll eine Ausnahme gemacht werden, weil sie in der Fachliteratur noch nicht beschrieben ist.

Blauglas-Methode.

Für die Zwecke der Betriebskontrolle hat sich in den meisten Schleifereien die Blauglasmethode (blue-glass test) zur raschen Beurteilung der Länge, der Gleichförmigkeit und der sonstigen Beschaffenheit des vom Schleifer kommenden Stoffes eingeführt. Bei der Methode wird eine stark mit Wasser verdünnte Probe des Stoffes gegen einen aus einer blauen Glasscheibe bestehenden Hintergrund betrachtet und gegebenenfalls unter diesen Bedingungen mit einem als Standard dienenden Muster verglichen. Gegen den dunklen Hintergrund heben sich die

---

[1] Teicher: Zellstoff u. Papier Bd. 4, S. 113 u. 253. 1924; Papierfabrikant Bd. 22, S. 571. 1924.

[2] Brecht: Papier-Fabr. Bd. 25, S. 809. 1927.

[3] Per Klem: Wochenbl. f. Papierf. Bd. 60, S. 711. 1929; Papierfabrikant Bd. 27, S. 467. 1929 und Bd. 27, S. 443. 1929.

[4] Campbell: Paper Trade J., Tappi Section Bd. 91, S. 98—99. 1930. Referat: Wochenbl. f. Papierfabr. Bd. 61, S. 1550. 1930.

weiß oder schwach gelblich gefärbten Fasern sehr deutlich ab, wodurch die Beurteilung und Bewertung sehr erleichtert wird.

Der nachstehend beschriebene Apparat (Abb. 39) ist für die Ausführung der Methode sehr geeignet[1]; er läßt sich selbstverständlich auch mehr oder weniger vereinfacht — beispielsweise ohne Vergrößerungsglas — anwenden. Der untere Rahmen *B* bietet Raum für drei oder mehr verschiebbare Tröge *A*, deren Boden aus durchsichtigem Glas *I* besteht. Der Rahmen *B* läßt sich durch den Kasten *F* verschieben, an welchem seitlich die Leuchtquelle *C* angebracht ist, welche aus einer matten elektrischen Lampe besteht, deren Licht mittels des Weißblechreflektors *D* durch die matte Glasscheibe *J* auf die Trogfüllung geworfen wird. In der Decke des Kastens ist eine Vergrößerungslinse *E*, im Boden die blaue Glasscheibe *G* eingelassen. Über der Linse sitzt eine Pappblende *H* zum Ausschluß von störendem Licht. Die Handhabung der Apparatur ist

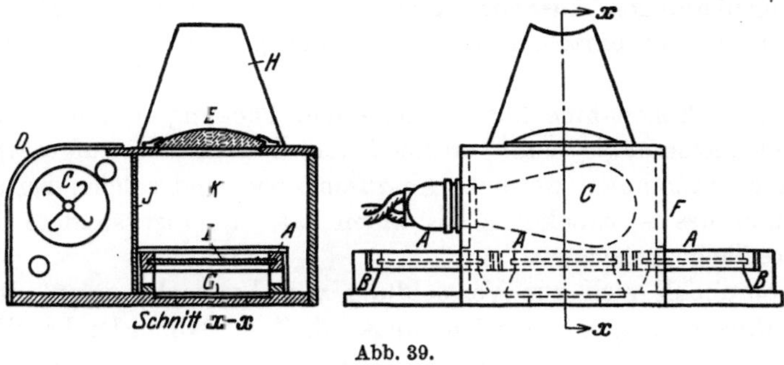

Abb. 39.

einfach. In den einen der Tröge wird die zu prüfende, mit sehr viel Wasser verdünnte Stoffmischung, in die beiden anderen werden die Standardproben gegossen und durch Verschieben der Tröge miteinander verglichen. Die Methode, welche sich übrigens für die Bewertung aller Faserstoffe eignet, gibt oft sehr gute Fingerzeige für die Fabrikation.

Bestimmung des Trockengehaltes.

Die Trockenbestimmung wird nach den üblichen Verfahren (vgl. Abschnitt II) ausgeführt. Jedoch ist bei hydraulisch gepreßtem Holzstoff nach Roschier[2] eine besondere Auswahl der Bogen im gepreßten Stapel erforderlich, um zu richtigen Zahlen über den durchschnittlichen Trockengehalt zu gelangen.

Bezüglich der Bestimmung des Trockengehaltes existiert eine Vereinbarung des Vereins Deutscher Holzstoff-Fabrikanten mit

[1] The Manufacture of Pulp and Paper Bd. 3, § 8, S. 31. Mc Graw-Hill Book Company, Inc. New York 1922.

[2] Roschier: Nach finnischem Original: Wochenbl. f. Papierfabr. Bd. 56, S. 17. 1926; vgl. auch Zellstoff u. Papier Bd. 6, S. 76. 1926.

dem Verein Deutscher Papierfabrikanten über Probenahme usw., die nachstehend zum Abdruck gebracht ist[1].

Zur Probenahme heranzuziehender Anteil der Lieferung. Der zur Probenahme heranzuziehende Anteil der Lieferung soll in allen Fällen mindestens 2% des Gewichtes betragen, und zwar müssen aus je 15000 kg Naßgewicht zur Probenahme herangezogen werden:

a) bei loser Verladung (Eisenbahnwagen oder Achsfuhrwerk) von zusammengelegten Paketen oder unverpackten Rollen nicht weniger als 10 solcher Packungseinheiten.

b) bei Lieferung in verschnürten Päcken oder verschnürten Rollen im Gewicht von je 100 kg und darüber (Eisenbahnwagen oder Schiffsladungen) nicht weniger als 5 solcher Packungseinheiten.

Bei Schiffsladungen, welche aus mehreren einzeln berechneten Eisenbahnwagenladungen zusammengesetzt sind, müssen die Packungseinheiten aus den einzelnen Wagenladungen gezeichnet und numeriert werden.

Die zur Probenahme heranzuziehenden Packungseinheiten müssen tunlichst gleichmäßig von verschiedenen Stellen der aufgestapelten Lieferung entnommen werden. Auszuschließen sind solche, bei denen die Gefahr des Austrocknens bestanden hat, also insbesondere die an der Oberfläche gelegenen.

Es empfiehlt sich zur Vermeidung von Verwechslungen, die zur Probenahme herangezogenen Packungseinheiten (Ballen, Päcke, Wickel) mit dem Datum des Frachtbriefes oder der Wagennummer zu bezeichnen.

Bei Schabstoff oder Brockenstoff in Säcken sind die Proben sackweise entsprechend zu ziehen.

Probenahme. Die Entnahme von Trockenproben aus den zur Probenahme herangezogenen Packungseinheiten geschieht in der Regel durch Stanzen, Bohren oder in Streifen.

Gestanzt wird feuchter Stoff in Paketen und Ballen. Bei Paketen ist durch alle Lagen zu stanzen, bei Ballen mindestens 8 cm tief. Das Ausbohren erfolgt bei Trockenstoff in Ballen usw. am zweckmäßigsten 5 cm tief.

Als Stanze ist ein unten von außen geschärftes Stahlrohr von mindestens 5 cm lichter Weite und als Bohrer ein ebensolches Rohr mit gezahntem und gestauchtem Rand zu benutzen.

Bei Probenahme in Streifen sind die Tafeln aus oberen, mittleren und unteren Lagen zu wählen. Ein 6—8 cm breiter Streifen aus der

[1] Zellstoff u. Papier Bd. 8, S. 297—298. 1928. — Bezüglich der amerikanischen Gebräuche bei der Trockengehalts-Bestimmung vgl. man Paper Trade Journal Jahrg. 54, Bd. 82, S. 51. 1926; Referat Papierfabrikant Bd. 24, S. 588. 1926.

Mitte des Bogens wird von der ganzen Breite der Tafeln am zweckmäßigsten über die Kante einer Holzleiste abgebrochen.

Probebehandlung. Es ist zu empfehlen, insgesamt eine Probemenge von etwa 2000 g in 4 Teilen von je etwa 500 g zu entnehmen. Die Wägung hat unmittelbar nach der Probenahme auf einer genügend empfindlichen Waage zu erfolgen.

Eine der vier Teilproben dient zur erstmaligen Bestimmung des Trockengehaltes, die übrigen werden zu etwa notwendig werdenden Überprüfungen bei Beanstandungen, mit genauer Angabe des Feuchtgewichtes bei der Probenahme, gesondert eingeschlagen und sorgfältig aufbewahrt.

Luftdichte Aufbewahrung ist (auch in Streitfällen) nicht nötig, wenn die Wägung des feuchten Stoffes vor vertrauenswerten Zeugen stattgefunden hat.

Von den drei zurückgelegten Teilproben ist eine für eine etwaige Nachprüfung durch die beteiligten Firmen, die beiden übrigen sind für die Schiedsprüfung im Streitfalle bestimmt.

Werden Proben zur Nachprüfung an eine Prüfungsstelle gesandt, so ist bei zuverlässiger Feststellung des Feuchtgewichts unmittelbar bei der Probenahme eine vor Verdunstung schützende Verpackung nicht nötig; nur wenn das Feuchtgewicht bei der Probenahme nicht zuverlässig festgestellt worden ist, muß die Versendung in luftdicht verschlossenen Gefäßen erfolgen, am besten im Blechgefäß mit Gummidichtung und Schraubverschluß. Einschlagen in Ölpapier oder feuchten Stoff derselben Sendung kann nur als mangelhafter Notbehelf gelten.

Trocknung. Die Trocknung soll in einem geeigneten Apparat bei 100—105° C vorgenommen und bis zum gleichbleibenden Gewicht durchgeführt werden.

Erreichung der Gewichtsbeständigkeit ist anzunehmen, wenn die Gewichtsabnahme zwischen den letzten beiden Wägungen nicht mehr als 0,1% beträgt. Zwischen den letzten beiden Wägungen muß, wenn das Trockengut zur Wägung aus dem Trockner herausgenommen wird, eine Zeitspanne von mindestens 30 Minuten liegen; bei Trocknern in Verbindung mit einer Waage genügen 15 Minuten zur Erkennung der Gewichtsbeständigkeit.

Wägung. Am empfehlenswertesten sind Trockner, die das Wägen ohne Entnahme aus dem Apparat erlauben. Bei Wägung nach Entnahme der Proben aus dem Trockner ist das Absoluttrockengewicht nur annäherungsweise bestimmbar, weil der sich abkühlende Stoff begierig Feuchtigkeit aus der Luft ansaugt.

Berechnung des Lufttrockengehaltes. Das gefundene absolute Trockengewicht ist in dem Verhältnis von 88 : 100 auf das Lufttrockengewicht umzurechnen, wobei die Dezimalstellen auf ganze Zehntel nach unten abzurunden sind.

Beispiel:

Feuchtigkeitsgewicht der Probe . . . . 500 g,
Absolutes Trockengewicht . . . . 153,5 g,
Lufttrockengehalt $\frac{153{,}5 \cdot 100 \cdot 100}{500 \cdot 88} = 34{,}88\,\%$, abgerundet 34,8%.

Trotz erdenklichster Sorgfalt weichen erfahrungsgemäß mehrere Ermittlungen, die neben oder nacheinander oder von verschiedenen Stellen vorgenommen werden, fast stets etwas voneinander ab. Weicht die Prozentzahl nicht mehr als 1 nach oben oder unten ab, gilt die Ermittlung des Verkäufers als zutreffend.

Werden vom Empfänger größere Abweichungen gemeldet, wird zunächst zur Feststellung des Trockengehaltes einer zweiten der zurückgelegten Teilproben geschritten. Ergeben auch diese Ermittlungen keine Übereinstimmung, so ist nach Ziffer 4 Abs. 4 der „Verkaufsbedingungen“ des Vereins Deutscher Holzstoff-Fabrikanten zu verfahren.

Makroskopisch-kolorimetrische Bestimmung.

Als chemische Methode der Holzstoffbestimmung ist die kolorimetrische Bestimmung mit Phloroglucinsalzsäure zu werten. Sie ist brauchbar, wenn es sich um kleine Prozentsätze (bis zu 10%) von Holzschliff in Fasergemischen handelt. Je größer der Holzschliffgehalt in einem Papier, um so unzuverlässiger wird die Methode. Man hat deshalb versucht, rein chemische Methoden zu schaffen.

Phloroglucin-Methode von Croß, Bevan und Briggs.

Unter diesen ist diejenige von Croß, Bevan und Briggs[1] von einiger Bedeutung für die Industrie geworden. Sie beruht auf dem Adsorptionsvermögen des Holzschliffes für Phloroglucinlösung.

Nach den Autoren handelt es sich bei der Einwirkung von Phloroglucin in Gegenwart von Salzsäure auf die Ligninzellulose um zwei verschiedene Reaktionen: 1. um die Bildung eines rot gefärbten Körpers; die Grenze dieser Reaktion wird bereits bei einer weniger als 1% der Lignozellulose betragenden Phenolmenge erreicht; 2. um die weitere Vereinigung mit Phloroglucin, wobei sich eine Substanz bildet, die beim Waschen mit Wasser nicht zerlegt wird.

Auf Grund dieser Beobachtung ließ sich ein Titrationsverfahren ausarbeiten, bei welchem aus der Differenz von zwei genau unter denselben Bedingungen ausgeführten Phloroglucinbestimmungen die von der Lignozellulose aufgenommene Phloroglucinmenge ermittelt werden kann. Die erhaltene Zahl gibt den Gehalt an Lignozellulose des zu untersuchenden Präparates an.

[1] Berichte der deutschen chem. Ges. Bd. 40, S. 319. 1917; Chem.-Zg. Bd. 31, S. 725. 1907.

Erforderliche Lösungen: 1. Eine Lösung von 2,5 g reinem Phloroglucin in 500 cm³ verdünnter Salzsäure vom spez. Gewicht 1,06; 2. eine Lösung von 2 cm³ eines 40proz. Formaldehyds in 500 cm³ Salzsäure vom spez. Gewicht 1,06.

Arbeitsweise: 2 g fein zerkleinerter Lignozellulose, deren Wassergehalt in einer besonderen Probe ermittelt war, werden genau abgewogen. Die Substanz wird dann in einen trockenen Kolben gegeben und sofort mit 40 cm³ Phloroglucinlösung bedeckt. Der verkorkte Kolben wird geschüttelt und dann einige Stunden, am besten über Nacht, stehengelassen. Am Morgen wird die Flüssigkeit durch einen sehr kleinen, im Trichterhals angebrachten Baumwollpfropfen abfiltriert, 10 cm³ hiervon mit einer Pipette abgemessen und in einen Filtrierkolben gegeben.

Diese 10 cm³ der Lösung werden mit 10 cm³ Salzsäure vom spez. Gewicht 1,06 verdünnt und ungefähr auf 70° erwärmt. Die Formaldehydlösung wird dann aus einer Bürette in Mengen von je 1 cm³ mit einem Male zugegeben. Nach jedesmaligem Zusatz dieser Menge läßt man die Flüssigkeit 2 Minuten stehen, ehe man sie prüft, wobei die Temperatur konstant auf 70° gehalten wird. Der Fortgang der Reaktion wird dadurch verfolgt, daß man einen Tropfen der Flüssigkeit ohne vorherige Filtration auf ein Indikatorpapier bringt. Als letzteres wird am besten halbgeleimtes Zeitungspapier angewandt[1]. Man läßt den Tropfen 10 Sekunden lang einwirken und schleudert ihn ab. Solange noch unausgefälltes Phloroglucin vorhanden ist, wird alsdann ein roter Fleck sichtbar. Gegen das Ende der Titration wird die Flüssigkeit nur in Mengen von je 0,25 cm³ hinzugegeben, indem man nach jeder Zugabe eine Pause von 2 Minuten vor der Prüfung eintreten läßt. Nahe am Endpunkt der Reaktion erscheint der rote Fleck immer langsamer auf dem Indikatorpapier und man muß schließlich die feuchte Stelle trocknen, indem man sie ungefähr eine Minute lang in einer Entfernung von 20 cm über die Flamme eines Bunsenbrenners hält, um den Fleck beobachten zu können. Die Titration ist beendet, wenn kein roter Fleck mehr hervorgerufen wird.

Nach der Titration werden 10 cm³ der ursprünglichen Phloroglucinlösung in genau derselben Weise zur Kontrolle titriert, und die Menge des durch die Lignozellulose adsorbierten Phloroglucins wird aus der Differenz der beiden Titrationsergebnisse berechnet. Dieser Phloroglucin-Adsorptionswert wird dann in Prozenten des Trockengewichtes der Lignozellulose ausgedrückt.

Eine kritische Bearbeitung der Methode durch Chintschin[2] hat ergeben, daß die Werte bis zu 5% verschieden ausfallen, je nachdem

---

[1] Ein Tropfen einer Phloroglucin-Lösung, die 1 : 30000 verdünnt ist, ruft auf diesem Papier in einer Minute einen roten Fleck hervor.

[2] Chintschin: Papierfabrikant Bd. 26, S. 280. 1928; Bd. 27, S. 255. 1929; Zelltoff u. Papier Bd. 8, S. 460. 1928.

man eine frisch bereitete oder eine längere Zeit aufbewahrte Phloroglucin-Lösung verwendet.

Paranitranilin-Methode.

Eine weitere Methode zur Bestimmung des Holzschliffes hat Kotibhasker[1] angegeben. Er verwendet Paranitranilin-Lösung zur Bestimmung nach folgender Vorschrift:

Es wurde eine Lösung von p-Nitranilin in verdünnter Salzsäure gebraucht. Sie enthielt annähernd 1 g im Liter.

Die Lösung wurde gegen Titanchloridlösung eingestellt. Je 2 g des Holzschliffs wurden in Form dünner Blättchen genau abgewogen, in ein weithalsiges, gut verschließbares Gefäß gebracht und mit einer abgemessenen Menge der p-Nitranilinlösung versetzt. Mehrere solcher Proben wurden dann längere Zeit sich selbst überlassen. Am Ende der Adsorptionsperiode wurde die Flüssigkeit durch Glaswolle abfiltriert. 10 cm^3 des Filtrats wurden mit einem abgemessenen Volumen Titanchloridlösung (im Überschuß), sodann mit Salzsäure versetzt, um das Titanchlorid vor Zersetzung zu schützen, und die Mischung 8—10 Minuten lang in einem Kohlensäurestrom gekocht, um völlige Reduktion herbeizuführen. Die Flasche wurde darauf unter der Wasserleitung abgekühlt und das überschüssige Titanchlorid durch Titration mit eingestellter Eisenalaun-Lösung zurücktitriert, wobei Kaliumthiozyanat als Indikator diente. Die vollständige Adsorption erfordert etwa 6—24 Stunden, je nach der Feinheit der Holzschliffblättchen und der angewendeten Temperatur. Die Anwendung von Wärme scheint die Adsorption zu beschleunigen.

Adsorptions-Methode von Croland[2].

Bei der Methode von Croland wird das Adsorptionsvermögen des Holzschliffs für Phenol und aromatische Basen in getrennten Proben gemessen, worauf man durch eine mathematische Berechnung den Gehalt an verholzter Faser ermitteln kann. Croland hat das Adsorptionsverfahren auf Papiere mit mehr als zwei verschiedenen Faserarten ausgedehnt. Er versetzt einen Teil des Papiers mit eingestelltem Phenol, einen anderen mit einer aromatischen Base und ermittelt die adsorbierten Mengen durch Titrieren. Die schon ermittelten Adsorptionsbeträge der Faserarten ermöglichen dann durch Auflösung zweier Gleichungen mit zwei Unbekannten die Fasermengen zu ermitteln.

---

[1] Kotibhasker: Papierfabrikant Bd. 19, S. 490. 1921; Chem. Zentralblatt II, S. 573. 1921.

[2] Croland: Paper 1924, Nr. 7, 8, 9; Referat nach „Le Moniteur de la Papeterie Française". Vgl. auch Papierfabrikant Bd. 22, S. 184. 1924 u. Zellstoff u. Papier Bd. 4, S. 114. 1924.

Kaliumpermanganat-Methode nach Teicher.

Die vorstehend beschriebenen Methoden haben eine Kritik durch Teicher[1] erfahren, der an Stelle der vorgenannten Methoden die Messung des Holzschliffgehaltes mit Hilfe von angesäuerter Kaliumpermanganat-Lösung empfiehlt. Die Bestimmung wird folgendermaßen ausgeführt:

Das zu untersuchende Papiermuster wird geraspelt, davon genau 1 g in einen etwa 300 g fassenden Erlenmeyerkolben getan und eine Mischung von 10 cm³ konz. Salzsäure (spez. Gewicht 1,19) mit 90 cm³ dest. Wasser hinzugefügt. Durch Umherschwenken vermischt man etwa 2 Minuten lang den Papierstoff mit der Säure, regelt dabei die Temperatur, die 20° betragen muß und gibt dann rasch 15 cm³ $^{n}/_{10}$ Kaliumpermanganat-Lösung hinzu. Man beobachtet nun die Zeit nach Sekunden, die zur Entfärbung verbraucht wird.

Es ist notwendig, die Temperatur genau einzuhalten. Um die Temperaturzunahme durch Schwefelsäure-Zusatz zu vermindern, wurde sie durch Salzsäure ersetzt. Während der 2 Minuten Quellzeit kann dann die Temperatur durch Erwärmen oder Abkühlen unter der Wasserleitung geregelt werden. Es ist zweckmäßig, die Kaliumpermanganat-Lösung rasch zuzusetzen. Es empfiehlt sich deshalb, diese in einem Kölbchen vorher abzumessen und dann bei gegebener Zeit schnell hinzuzufügen.

Ermittlung des Holzschliffgehaltes in Papieren durch Ligninbestimmung nach Halse.

In neuester Zeit hat die Methode von Halse[2] Beachtung gefunden. Die Methode wird wie folgt ausgeführt: 1 g lufttrocknes Zeitungspapier, in eine 250 cm³-Glasflasche (weiter Hals, Glasstöpsel) gebracht, wird mit 50 cm³ konz. HCl (38%) und nach gutem Durchdringen mit 5 cm³ konz. H_2SO_4 versetzt, im Laufe der ersten Stunden mehrere Male stark geschüttelt, bis zum nächsten Tag stehengelassen, der Inhalt mit Wasser verdünnt, in ein 750 cm³-Becherglas und auf ein Volumen von 500 cm³ gebracht. Nach mehreren Minuten Kochzeit läßt man das Lignin absetzen, die überstehende, klare Flüssigkeit abfließen und den Bodensatz durch einen porösen Tiegel (Norton Alundum, R. A. 98) filtrieren, wäscht mit wenig Wasser gut aus und trocknet den Tiegel bei 100° bis zum konst. Gewicht, das als Maß des Holzstoffanteils im Papier gelten kann (wenn dieses aschenfrei ist). Bei Füllstoffzusatz muß eine Aschenprobe vorgenommen werden. Unter Zugrundelegung der Berechnung: 100 Teile trockener Füllstoff = 88 Teile Asche erhält man

[1] Teicher: Zellstoff u. Papier Bd. 4, S. 113. 1924.

[2] Halse: Bestimmung von Zellstoff und Holzstoff im Papier. Original: Papir-Journalen Bd. 10, S. 121. 1926; Referat: Papierfabrikant Bd. 24, S. 631. 1926.

den Gehalt an „reinem“ Lignin. Folgende Tabelle soll die Bestimmung unterstützen:

% Holzstoff	00	30	40	50	60
% Sulfitzellstoff . . .	100	70	60	50	40
g Lignin	0,030	0,101	0,125	0,145	0,166
% Holzstoff	70	80	90	100	
% Sulfitzellstoff . . .	30	20	10	00	
g Lignin	0,188	0,215	0,240	0,266	

Zur rascheren Ablesung bedient man sich zweckmäßig einer graphischen Zusammenstellung (Holzstoff: Lignin).

Die Berechnung erfolgt nach der Formel

$$\% \text{ Holzstoff} = \frac{100 \cdot (L - C)}{T - C}.$$

L = g reines Lignin in 1 g lufttrockenem Papier,
T = g „ „ „ 1 g „ Holzstoff = 0,266,
C = g „ „ „ 1 g „ Sulfitzellstoff = 0,030.

Fehlerquellen: Wechselnder Gehalt des Sulfitzellstoffes und Holzstoffes an Lignin (die oben angegebenen Werte sind gute Durchschnittswerte). Wechselnde Feuchtigkeitsmengen im lufttrockenen Zustand. Auf die Berücksichtigung des durchschnittlichen Aschengehalts von Zellstoff und Holzstoff (= 5%) ist verzichtet.

Die Methode von Halse hat von verschiedenen Seiten Kritik erfahren. Korn[1] hat nachgewiesen, daß die von der argentinischen Behörde behauptete Genauigkeit der Methode auf Bruchteile von Prozenten in Wirklichkeit nicht besteht, weil der Gehalt der Zellstoffe und des Holzschliffs an Lignin schwankt. In ähnlicher Weise haben sich auch Franke und Müller[2], sowie Riesenfeld und Hamburger[3] geäußert.

Unterscheidung von gebleichtem und ungebleichtem Holzstoff.

Die Unterscheidung von gebleichtem und ungebleichtem Holzstoff kann man nach einer Vorschrift des Staatlichen Untersuchungsamtes Mailand[4] in folgender Weise treffen:

Im gebleichten Holzschliff sind stets Schwefelverbindungen enthalten. Man kocht 2—5 g Holzschliff mit einer mit Salzsäure angesäuerten Lösung von Zinnchlorür in einem Becherglas. Bleiazetatpapier wird eingehängt. Es wird schwarz, wenn gebleichter Holzschliff vorliegt.

---

[1] Korn: Wochenblatt f. Papierfabr. Bd. 60, S. 236. 1929; Papier-Fabr. Bd. 27, S. 142, 255. 1929; Zellstoff u. Papier Bd. 9, S. 230. 1929.

[2] Franke u. Müller: Wochenbl. f. Papierfabr. Bd. 60, S. 484. 1929.

[3] Riesenfeld u. Hamburger: Cellulosechemie Bd. 10, S. 125. 1929.

[4] Zellstoff u. Papier Bd. 8, S. 158. 1928; Papierfabrikant Bd. 27, S. 108. 1929.

Nach G. P. Müller[1] verfährt man wie folgt:

10 g gebleichter Holzschliff (naß) werden gut zerkleinert in einen Erlenmeyerkolben gebracht, 100 cm³ $^{n}/_{10}$ Jodlösung zugefügt und zwei Stunden stehengelassen. Während dieser Zeit wird des öfteren kräftig umgeschüttelt. Dann wird, unter Verwendung des ganzen Kolbeninhaltes, mit Thiosulfatlösung titriert wie bei der Prüfung von Natriumbisulfit.

Für den Betrieb interessant ist der Nachweis von Nakamura und Sasaoka[2] bezüglich des verschiedenen Pentosangehaltes des Holzschliffes am Schleifstein und auf dem Sieb. Der Schleifstein-Holzstoff hat hohen, der Sieb-Holzstoff geringen Pentosangehalt.

Verfärbung des Holzstoffes durch eisenhaltiges Wasser; Bestimmung des Eisengehaltes im Fabrikationswasser.

Infolge des, wenn auch schwachen Gerbstoffgehaltes der Nadelhölzer tritt durch einen Eisengehalt des Wassers selbst nur von 0,1 mg je Liter eine merkliche Verfärbung des Holzschliffes auf. Es muß daher der Eisengehalt des Wassers einer beständigen Kontrolle unterzogen werden, die mit Hilfe einer Schwefelnatrium-Lösung durchgeführt werden kann.

Die Probe wird wie folgt ausgeführt[3]:

Die Prüfung des Wassers auf Eisen erfolgt am besten nach Kluth mit einer 10proz. Natriumsulfit-Lösung, die aus chemisch reinem Schwefelnatrium bereitet und in braunen, gut schließenden Flaschen mit Glasstopfen gut haltbar ist. Zur Untersuchung verwendet man einen 300 mm hohen, 25 mm weiten Glaszylinder mit ebenem Boden, der zum Schutze gegen seitlich einfallendes Licht mit einer Metallhülse umgeben ist. Das zu untersuchende Wasser wird in diesen Zylinder gebracht und dann mit 1 cm³ der obenerwähnten Lösung versetzt. Nun blickt man von oben durch die Wassersäule auf eine in 3—4 cm Entfernung befindliche weiße Unterlage und beobachtet die Farbenveränderung, die je nach der vorhandenen Eisenmenge sofort oder in kurzer Zeit eintritt, und zwar von Grüngelb bis Schwarzbraun. Das im Wasser enthaltene Eisen verwandelt sich dabei in Ferrosulfid, das in kolloidaler Form in Lösung bleibt. Wenn das Wasser nur geringe Eisenmengen enthält, dann empfiehlt es sich, einen zweiten Glaszylinder, in dem sich nicht mit der Lösung versetztes Wasser befindet, aufzustellen, um Farbvergleiche anstellen zu können. Bei einem Gehalt von 0,5 mg

---

[1] Müller, G. P.: Zellstoff u. Papier Bd. 10, S. 866. 1930.

[2] Nakamura u. Sasaoka: Nach japanischem Original: Chem. Zentralblatt II, S. 303. 1928.

[3] Papierfabrikant Bd. 22, S. 23. 1924. Man vergleiche auch Abschnitt I: Wasseruntersuchung.

Eisen im Liter ist der Farbton dunkelgrün bis braunschwarz, bei 1 mg Eisen und mehr kann man die Grünfärbung auch schon nach 2—3 Minuten in einem Reagenzglas beobachten.

Beachtenswerte Literatur.

Clark: Prüfung und Kontrolle von Holzschliff. Papier-Fabr. Bd. 25, S. 248. 1927, Paper Trade Review Jahrg. 47, Bd. 86, Nr. 16, S. 1192—96, 1238—40. 1926. Pulp & Paper Magazine Bd. 24, Nr. 51, S. 1555—58. 1926.

Neben der oben im Text beschriebenen Blauglas-Methode sind empfehlenswert Prüfungen auf Schmierigkeitsgrad und Festigkeit zur Erlangung zahlenmäßiger Werte.

Riley, Edwin A.: Paper Trade Journal, Tappi Section Bd. 88, S. 95 v. 21. Febr. 1929. Pulp Stone Grit in Mechanical Pulp.

Die Verluste an Steinmaterial betragen beim Holzschliff je Tonne Holzstoff zwischen 5,5 und 1,57 englische Pfund. Durch sorgfältige Aufbereitung kann ein erheblicher Teil des Steinmaterials aus dem Holzstoff entfernt werden.

Holz- und Strohzellstoffe.

Von Holzzellstoffen wird eine große Zahl verschiedener Sorten: Sulfit-, Natron- und Sulfatzellstoffe hergestellt. Innerhalb der einzelnen Gruppen werden bekanntlich wieder die Mitscherlich-Stoffe, die Ritter-Kellner-Stoffe und sehr viele Typen zäher, weicher und fester Zellstoffarten unterschieden. Bei der Unterscheidung der Zellstoffsorten spielen sowohl physikalische wie chemische Untersuchungsmethoden eine Rolle.

Nachstehend sind zunächst einige Methoden zur Unterscheidung der Zellstoffarten angegeben:

Unterscheidung der Zellstoffarten.

Die Unterscheidung der Zellstoffarten geschieht im allgemeinen am besten auf mikroskopischem Wege, wobei die Anwendung von Färbemethoden sehr vorteilhaft ist. Man kann so die Sulfit- und Natronzellstoffe unterscheiden. Es ist dies auch möglich auf Grund des größeren oder geringeren Harzgehaltes.

Mikroskopische Unterscheidung von Sulfit- und Sulfat- (Natron-) Zellstoffen.

Nach Klemm[1] geschieht diese durch eine gesättigte, mit 2% Alkohol versetzte Lösung von Rosanilinsulfat in Wasser, die mit Schwefelsäure versetzt ist, bis sie einen violetten Schimmer angenommen hat.

Von den Zellstoffen färbt sich:

1. Ungebleichter Sulfitzellstoff tief violettrot.

2. Gebleichter Sulfitzellstoff nimmt dagegen eine weniger ins Violett spielende rote Farbe an.

[1] Klemm: Papierindustrie-Kalender, S. 124. 1931.

3. Ungebleichter Natronzellstoff färbt sich durchschnittlich noch etwas weniger intensiv als gebleichter Sulfitzellstoff.

4. Gebleichter Natronzellstoff erhält nur einen schwach rötlichen Schimmer oder färbt sich überhaupt nicht.

Die bei alleiniger Anwendung der Rosanilinlösung nicht mögliche Unterscheidung von gebleichtem Sulfit- und ungebleichtem Natronzellstoff läßt sich aber dennoch treffen, wenn außerdem noch eine Prüfung mit Malachitgrün in essigsaurer Lösung (der Farbstoff wird in 2proz. wässriger Essigsäure gelöst) ausgeführt wird. Färbt sich der Zellstoff mit Rosanilinsulfat rot, mit Malachitgrün deutlich grün, so hat man es mit ungebleichtem Natronzellstoff zu tun; färbt er sich mit Rosanilinsulfat wohl auch rot, mit Malachitgrün dagegen schwach blau oder gar nicht, so ist auf gebleichten Sulfitzellstoff zu schließen.

Klemm[1] empfiehlt außer der eben erwähnten Rosanilinprobe zur mikroskopischen Untersuchung von Zellstoffgemischen in Papieren vorheriges Ausfärben mit Sudanlösung. Die in Natron- und Sulfatzellstoffen enthaltenen Markstrahlzellen sind frei von Inhaltsstoffen, die sich mit Sudan rot färben, während sie sich bei Sulfitzellstoffen — selbst gebleichten — stets durch Sudan rot anfärben.

Die Farblösung ist ein Gemisch von Alkohol und Wasser, Glyzerin und Sudan III. Es wird in 3 Teilen Alkohol 1 Teil Wasser und Sudan III bis zur Sättigung aufgelöst. Von dieser Lösung A werden 2 Teile mit 1 Teil Glyzerin zur gebrauchsfertigen Lösung B vermischt.

Nach Lofton und Merritt[2] färbt man zweckmäßig mit einem Malachit-Fuchsin-Gemisch nach folgender Vorschrift vor der mikroskopischen Betrachtung aus:

Die beste Unterscheidung der zwei Stoffe läßt sich mit einer Mischung aus einem Teil einer 2proz. wässerigen Malachitgrünlösung und 2 Teilen einer 1proz. wässerigen Lösung von basischem Fuchsin oder Magenta erzielen. Diese Mischung färbt Sulfatzellstoff-Fasern blau oder blaugrün und Sulfitzellstoff-Fasern purpurn oder scharlach. Zeigen sich aber in Sulfatzellstoff, dessen Herkunft einwandfrei feststeht, bei einer Vorprobe purpurne Fasern, so enthält die Mischung zuviel Fuchsin und es muß etwas mehr Malachitgrün zugesetzt werden. Zeigen sich andererseits im Sulfitzellstoff grüne oder blaue Fasern, so ist zuviel Malachitgrün vorhanden und es muß Fuchsin zugesetzt werden. Zur Ausführung der Färbung verfährt man in folgender Weise: Die zu untersuchende Probe wird in Wasser oder 1proz. Natronlauge einige Minuten gekocht, und die Fasern durch Schütteln in einem Probierrohr mit Wasser und

[1] Klemm: Wochenbl. f. Papierfabr. Bd. 48, S. 2159—2161. 1917.

[2] Lofton, R. E., u. M. F. Merritt: Unterscheidung von ungebleichten Sulfit- und Sulfatzellstoffasern. „Paper Maker's Monthly Journ." Bd. 59, S. 55. 1921, Nr. 2; Papierfabrikant Bd. 19, S. 664—66. 1921.

Glaskugeln zerkleinert. Man entnimmt dann einige Fasern mit einer Nadel oder einem fein ausgezogenen Glasrohr, bringt sie auf den Objektträger und trocknet mittels Filtrier- oder Löschpapier. Man bringt dann 2 oder 3 Tropfen der gemischten Farbstofflösung auf, läßt sie 2 Minuten einwirken und zieht währenddessen die Fasern mit der Nadel in der Farblösung herum. Dann entfernt man die überschüssige Farblösung mit Filtrierpapier und behandelt mit 3—4 Tropfen verdünnter Salzsäure (1 cm^3 konz. Salzsäure von 37% auf 1 l destilliertes Wasser). Man läßt die verdünnte Säure 10—30 Sekunden auf dem Objektträger und bewegt und zerfasert die Faserbündel während dieser Zeit soweit wie möglich. Dann entfernt man die Säure mit Filtrierpapier, gibt 3—4 Tropfen destilliertes Wasser hinzu, bewegt wieder gründlich und entfernt das Wasser mittels Löschpapier. Ist so alle Farbe beseitigt, so gibt man einen oder zwei Tropfen Wasser hinzu und bringt das Deckglas auf. Ist noch zuviel Farbe vorhanden, so muß nochmals mit destilliertem Wasser gespült werden. Dann folgt die Prüfung unter dem Mikroskop. Die abweichende Färbung läßt nicht nur die eine oder andere Faser erkennen, sondern gestattet auch, bei einiger Übung ihre Mengen zu schätzen.

Wisbar[1] empfiehlt, bei Anwendung vorstehenden Verfahrens nicht auf dem Objektträger, sondern im Reagenzglas zu färben. In höchstens 1proz. Natronlauge wird die Probe zerfasert und ein erbsen- bis bohnengroßes Klümpchen im Reagenzglas 1—2 Minuten mit einer Farbstoffmischung, die 0,044% Fuchsin, ebensoviel Malachitgrün und 0,1% Salzsäure enthält, gefärbt. Diese Mischung ist nur beschränkte Zeit haltbar. Die Färbungen, welche mit dieser Mischung erhalten werden, sind im allgemeinen andere als die auf dem Objektträger erzeugten. Die Sulfitstoff-Färbung dürfte als rotviolett (nicht purpurrot), die Färbung der Natronzellstoff-Fasern als rotstichiges Blau, öfters auch als reines oder als grünstichiges Blau zu bezeichnen sein.

Nach Alexander soll man zur Unterscheidung der Zellstoffarten wie folgt verfahren.

Erforderlich sind folgende 3 Lösungen: 1. 0,2 g Kongorot in 300 cm^3 destilliertem Wasser, 2. 100 g Kalziumnitrat in 50 cm^3 destilliertem Wasser, 3. Herzbergs Chlorzinkjod-Lösung in der bekannten Zusammensetzung.

Die zu prüfende Probe wird zunächst mit 2 Tropfen der Kongorot-Lösung eine Minute lang behandelt, danach der Überschuß der Lösung abgesaugt und die Probe getrocknet. Die gefärbte Probe wird darauf in 3 Tropfen der Kalziumnitrat-Lösung getaucht, in welcher sie eine Minute liegenbleibt. Zum Schluß wird 1 Tropfen der Herzberg-Lösung hinzugefügt, das Ganze schnell und sorgfältig gemischt und das Deck-

[1] Wisbar: Wochenbl. f. Papierfabr. Bd. 54, S. 1993—96. 1923.

gläschen aufgelegt. Die Prüfung kann sofort erfolgen, doch scheint der Ton der Farben etwas kräftiger zu werden, wenn man das Präparat 3—4 Minuten vor der Prüfung liegenläßt. Der Sulfitzellstoff muß ein gleichmäßig gefärbtes Blaßrot (Nelkenrot) und Natronzellstoff ein tiefes Blau annehmen. Die Gefäße einer Natronzellstoff-Faser aus Hartholz färben sich am schwersten in der richtigen Weise; wenn diese die Färbung des Sodastoffes zeigen, ist die Lösung richtig.

Nach Korn[1] läßt sich die Methode vereinfachen dadurch, daß man die Vorfärbung mit Kongorot-Lösung wegläßt und das Kalziumnitrat in stärkerer Lösung (auf 100 g $Ca(NO_3)_2$ 25 cm³ Wasser) anwendet. Man bringt die in üblicher Weise vorbereitete Probe in 3 Tropfen der Nitratlösung, setzt nach einer Minute 1 Tropfen Chlorzinkjod-Lösung dazu und wartet einige Minuten. Es färben sich dann Sulfitzellstoffe bräunlichrot mit violettem Stich, Natronzellstoffe violett bis graublau; Lumpen nehmen eine ähnliche, aber etwas hellere und leuchtendere Färbung wie Sulfitzellstoff an, Holzschliff wird gelb gefärbt, desgleichen der Inhalt der Markstrahlzellen von Sulfitzellstoff. Die Farbunterschiede dürften deutlicher sein, als sie mit Hilfe von Kongorot-Lösung erzielt werden.

Nach dieser Methode ergeben alle Sulfitzellstoffe, sowie die Natronzellstoffe von Laubhölzern, Stroh, Esparto und Schilf auch in gebleichtem Zustande die charakteristische Färbung, während die Natronzellstoffe mancher Nadelhölzer, besonders die aus Kiefernholz, häufig nicht mehr sicher von Sulfitzellstoff zu unterscheiden sind.

Unterscheidung durch den Harzgehalt nach Schwalbe.

Nach Schwalbe[2] lassen sich die sogenannten Cholesterin-Reaktionen des Harzes zur Erkennung von Natron- bzw. Sulfitzellstoff heranziehen. Wird nämlich Harz mit Essigsäureanhydrid und konz. Schwefelsäure versetzt, so tritt zunächst Rosafärbung, dann Blau- bzw. Grünfärbung ein. Es wird also der Sulfitzellstoff zufolge seines verhältnismäßig hohen Harzgehaltes diese Reaktion deutlicher zeigen müssen als Natronzellstoff mit dem außerordentlich niederen Harzgehalt. Der Versuch lehrt, daß man beim Sulfitzellstoff deutliche Grünfärbung, beim Natronzellstoff höchstens ein schmutziges Gelb erhält. Zur Ausführung der Reaktion verfährt man wie folgt: Man übergießt zwei zweckmäßig zerzupfte Probestückchen von Natron- und Sulfitzellstoff, gebleicht oder ungebleicht, im Gewicht von etwa 0,5 g mit etwa je 5 cm³ Tetrachlorkohlenstoff[3] (CCl_4) und erwärmt bis zum Sieden, gießt die Flüssigkeit in Reagenzgläser ab, fügt etwa ½ cm³ Essigsäureanhydrid $(CH_3CO)_2O$

[1] Korn: Wochenbl. f. Papierfabr. Bd. 56, S. 1417—20. 1925.
[2] Schwalbe: Wochenbl. f. Papierfabr. Bd. 36, S. 2640. 1906.
[3] Auch Chloroform kann verwendet werden.

(nicht Eisessig) zu jeder der Proben, tropft konzentrierte reine Schwefelsäure hinzu, und sieht dann beim Sulfitzellstoff zunächst eine zarte rosarote Färbung (auf weißem Grunde sehr deutlich). Diese verschwindet aber rasch und macht bei weiterer Zugabe von konzentrierter Schwefelsäure einer grünen Färbung Platz. Der Zusatz von Schwefelsäure ist so zu bemessen, daß Trennung in zwei Schichten erfolgt, deren obere deutlich grün ist, während die untere farblos bleibt. Es sind im ganzen etwa 6—10 Tropfen Schwefelsäure erforderlich. Beim Natronzellstoff treten die Farbreaktionen nicht auf, höchstens macht sich, wie schon erwähnt, ein schmutziges Gelb bemerkbar.

Bei sehr stark gepreßten Zellstoffpappen muß man die Einwirkung des Tetrachlorkohlenstoffs längere Zeit ($^1/_4$—$^1/_2$ Stunde), womöglich unter gelegentlichem Erwärmen, andauern lassen, um das Harz zu extrahieren. Läßt man die Proben und Lösungsmittel bedeckt über Nacht stehen, so ist Erwärmung nicht nötig.

Die Reaktion tritt sowohl bei gebleichten wie ungebleichten Zellstoffen auf. Man kann übrigens schon beim Aufgießen der Tetrachlorkohlenstofflösung auf Uhrgläser und Verdunstenlassen den Sulfitzellstoffextrakt erkennen: infolge des höheren Harzgehaltes trübt sich dieser sehr rasch, und die milchige Flüssigkeit hinterläßt Harzspuren, während beim Natronzellstoff die Trübung erst spät oder gar nicht auftritt.

Beachtenswerte Literatur.

Korn: Phlorogluzin-Reaktion bei unvollständig aufgeschlossenem Sulfitzellstoff. Zellstoff u. Papier Bd. 6, S. 397—98. 1926.

Bei der Prüfung auf Holzschliff-Zusatz zum Papier geben die nicht völlig aufgeschlagenen Zellstoffe dann Rotfärbung mit dem Phlorogluzinreagens, wenn der Zellstoff vor Ausführung der Reaktion eine Behandlung mit Natronlauge erfahren hat.

Samuelsen: Zerfall von Holzschliff durch Pilze. Paper Trade Journal Bd. 55, Vol. 84, S. 45. 1927. Papir-Journalen Bd. 22, S. 268. 1926. Papierfabrikant Bd. 25, S. 677. 1927.

Bestimmung des Trockengehaltes von Zellstoffen.

Alle Halbstoffe werden mit einem gewissen Feuchtigkeitsgehalt geliefert. In Deutschland und Österreich, wie auch in der Tschechoslovakei ist die Basis, auf welcher der Zellstoff gehandelt wird, ein Wassergehalt von 12%, d. h. alle Angaben des Handels beziehen sich auf ein Erzeugnis mit einem Gehalt von 88 Teilen völlig trockenem Zellstoff in 100 Teilen der Ware. Diese gleiche Normalfeuchtigkeit gilt im übrigen auch für andere Halbstoffe wie Strohstoff und Holzschliff, und auch für Lumpenhalbstoff hat sie sich allgemein eingeführt. In Skandinavien und in Finnland ist als Normalfeuchtigkeit dagegen meist eine solche von 10 Teilen Wasser in 100 Teilen Erzeugnis in Gebrauch.

Bei der großen Bedeutung, welche aus wirtschaftlichen Gründen einer möglichst genauen Trockengehalts-Bestimmung zukommt, ist es begreiflich, daß man schon seit langem versucht hat, einheitliche und allseitig anerkennbare Methoden zu ihrer Durchführung auszuarbeiten. Wenn einige dieser Methoden auch erhebliche Verbreitung gefunden haben, so ist doch bislang noch keine allgemein angenommen und anerkannt worden. Die Schwierigkeiten der Bestimmung liegen weniger in der Ausführung der eigentlichen Trockengehalts-Ermittlung, als vor allem in der Entnahme einer richtigen Durchschnittsprobe. Je größer bereits von der Herstellung her die Schwankungen im Trockengehalt des Erzeugnisses sind, um so weniger genau und zuverlässig wird auch das Ergebnis der Untersuchung, welche beim Empfänger der Ware an einem nur kleinen Bruchteil der Ware vorgenommen wird. Es ist jedenfalls eine Erfahrungstatsache, daß unter solchen Umständen verschiedene Untersucher auch dann unterschiedliche Werte finden, wenn sie die gleiche Sendung nach genau übereinstimmender Vorschrift prüfen. Man hat daher in der klaren Erkenntnis dessen versucht, bereits in den Erzeugungsstätten durch laufende Kontrolle die Variationen im Feuchtigkeitsgehalt des Erzeugnisses möglichst in engen Grenzen zu halten. Man unterstützt diese Kontrolle durch besonders für diesen Zweck gebaute Regler an den Entwässerungsmaschinen. Dank dieser Maßnahmen sind tatsächlich in vielen Fällen die Unterschiede in den Ergebnissen der Feuchtigkeitsuntersuchung beim Erzeuger und beim Käufer auf kleinere Beträge als es früher der Fall war, gebracht worden.

Vorschrift für die Trockengehalts-Bestimmung.

Während die eigentliche Ermittlung des Feuchtigkeitsgehaltes in ihrer Durchführung an der Erzeugungsstätte in gleicher Weise gehandhabt wird wie beim Käufer der Ware, erfolgt die Entnahme der Probe zumeist unterschiedlich.

Probenahme an der Erzeugungsstätte. Es hat sich bewährt, als Einzelprobe jedesmal einen Streifen der ganzen Erzeugungsbreite der Entwässerungsmaschine anzuwenden. Die Zahl der zu entnehmenden Proben richtet sich in erster Linie nach der Häufigkeit und dem Ausmaß der beobachteten Schwankungen im Trockengehalt des von der Maschine kommenden Stoffes. Wenn die Bahn einen ziemlich gleichmäßigen Trockengehalt aufweist, so genügen weniger zahlreiche Proben, um ein zuverlässiges Ergebnis zu erzielen, als wenn diese Voraussetzung nicht erfüllt ist. Auf Grund von praktischen Feststellungen wird jeweils bestimmt, in welchem Zeitintervall (alle $^1/_4$, $^1/_2$ oder $^1/_1$ Stunde), oder welchem Produktionsintervall alle $^1/_2$, $^1/_1$ oder $^2/_1$ Tonne die Proben zu entnehmen sind. Um sicher zu sein, daß die damit Beauftragten sich an die gegebenen Vorschriften halten, läßt man alle Proben mit einem Zeit- und Datumstempel versehen.

Probeentnahme beim Käufer. Von den hierfür ausgearbeiteten Vorschriften seien die zwei bekanntesten erwähnt[1].

Die Bohrmethode (engl. auger method). Sie besteht darin, daß in mindestens 5%, aber nicht weniger als 10 Ballen der Sendung, durch Ausbohren von der Oberseite des Ballens aus Proben entnommen werden. Die Probelöcher, von denen in jedem zu prüfenden Ballen nur eins geschnitten wird, müssen in je 5 nacheinander gebohrten Ballen auf einer Diagonale quer über der Ballenoberseite liegen. Die Abb. 40 veranschaulicht dies. Die Löcher werden meist mit einem Bohrer von 4 Zoll (10,16 cm) Durchmesser und bis zu einer Tiefe von 3 Zoll (7,62 cm) in den Ballen gebohrt. Aus jedem Bohrloch werden 10 Scheiben für die Feuchtigkeitsbestimmung wie folgt ausgewählt:

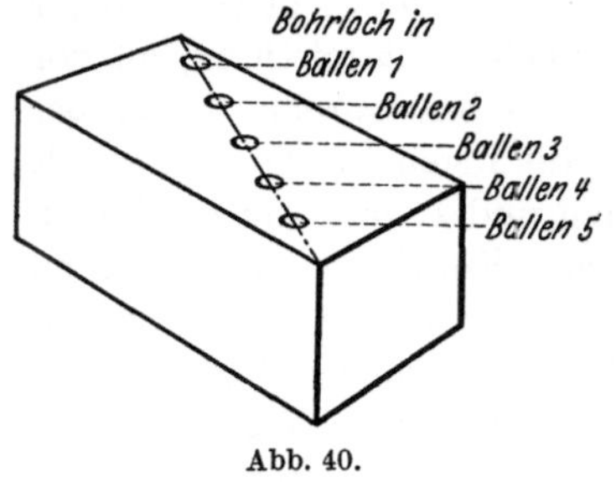

Abb. 40.

1 Scheibe vom 2. Blatt nach der Umhüllung,
2 Scheiben 1 Zoll (2,5 cm) tief,
3 Scheiben 2 Zoll (5,05 cm) tief,
4 Scheiben 3 Zoll (7,62 cm) tief.

10 Scheiben.

Alle Proben werden unmittelbar nach der Entnahme gewogen oder bis zur Wägung in luftdichten Gefäßen aufbewahrt.

Die Bohrmethode kann auch bei Rollen angewandt werden. Bei der ersten Rolle wird das Loch 2 Zoll (5,05 cm) von einem Ende entfernt senkrecht zur Achse der Rolle gebohrt; bei der nächsten beträgt der Abstand des Zentrums des Bohrloches 2 + 4 Zoll = 6 Zoll, bei der dritten Rolle 2 + 4 + 4 = 10 Zoll von der Stirnseite; man versetzt also bei jeder folgenden Rolle das Zentrum um 4 Zoll nach dem anderen Stirnende der Rolle hin, bis die Entfernung des Zentrums eines Loches wieder etwa 2 Zoll von diesem andern Ende entfernt ist. In ganz gleicher Weise bohrt man dann eine weitere Gruppe von Rollen. Dies wird dann so oft wiederholt, bis alle ausgewählten und zu prüfenden Rollen gebohrt sind. Die Entnahme der einzelnen zu prüfenden Scheiben geschieht dann in der gleichen Weise wie es bei der Untersuchung der Ballen oben beschrieben wurde.

[1] Nach Privatmitteilung von R. Sieber. Man vgl. Sindall u. Bacon: The Testing of Woodpulp, London, Marchaut, Singer & Co. 1912. Vgl. ferner Strachan, Papierfabrikant Bd. 24, S. 392. 1926 und Papierfabrikant Bd. 24, S. 510. 1926.

Die Keil- oder Wedge-Methode[1]. Bei dieser Methode sollen ebenfalls 5%, mindestens aber 10 der Ballen der Prüfung unterworfen werden. Da bei großen Partien die Prüfung von 5% der Ballenmenge einen ganz erheblichen Aufwand an Zeit und Arbeit bedingt, pflegt man in solchen Fällen doch gewöhnlich einen kleineren Prozentsatz zu prüfen. Nach der Auswahl der Ballen werden in ihnen zunächst diejenigen Bogen gekennzeichnet, aus welchen Teile für die eigentliche Feuchtigkeitsbestimmung geschnitten werden. Diese Kennzeichnung

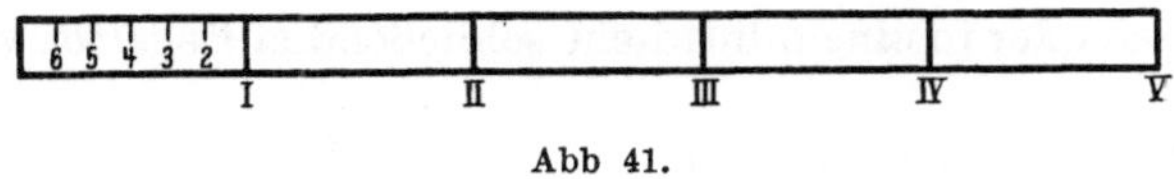

Abb 41.

erfolgt mit einem Maßstab, dessen Länge gleich der durchschnittlichen Dicke der zu untersuchenden Ballen ist, und welcher mit einer Teilung versehen wird, wie es die Abb. 41 angibt. Je sechs der ausgewählten Ballen bilden eine Gruppe für sich, und die Abb. 42 läßt erkennen, wie beispielsweise aus dem ersten, dem dritten und dem sechsten Ballen jeder Gruppe die 5 Prüfbogen gezogen werden. Bei Ballen 1 wird die

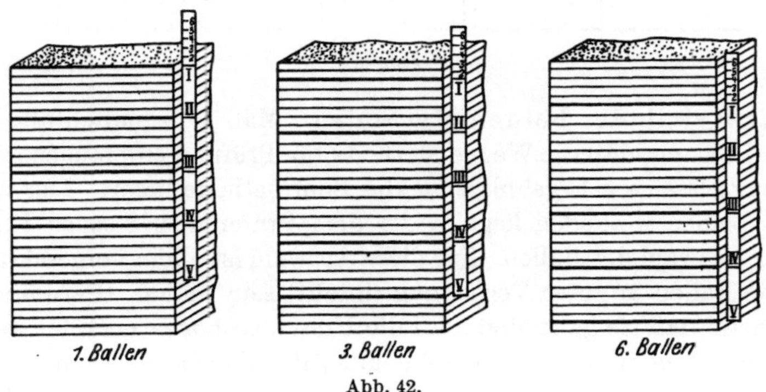

Abb. 42.

I der oberen Maßstabteilung an den obersten Bogen angelegt, die römischen Ziffern I—V bestimmen dann die 5 Bögen, welche außer dem obersten herausgenommen werden. Beim Ballen 3 wird die 3, beim Ballen 6 die 6 an den obersten Bogen angelegt, und die 5 Bögen jedes dieser Ballen werden dann wieder durch die Lage der Ziffern I—V gekennzeichnet. Aus den insgesamt 30 Probebögen einer Ballengruppe werden nun vom Mittelpunkt der Bögen aus Keilstücke herausgeschnitten, und zwar nur eins aus jedem Bogen. Der Scheitelwinkel aller Keilstücke ist gleich und beträgt 12°. Während man früher zur Festlegung dieses Winkels ein Instrument anwandte, geschieht diese

[1] Man vgl. auch The Manufacture of Pulp and Paper. McGraw-Hill Book Company New York 1922, Vol. III, § 8, S. 22.

jetzt allgemein nur nach dem Augenmaß. Aus der Abb. 43 ist ersichtlich, nach welchen Regeln die Lage des Keils in den einzelnen Probebögen bestimmt wird. Man erkennt, daß in den 5 Bögen des gleichen Ballens die Keilstücke um je 72° voneinander herausgeschnitten werden und weiter, daß der erste Keil eines jeden Bogens gegenüber dem entsprechenden Bogen des vorhergehenden Ballens um 12° im Sinne der Drehrichtung des Uhrzeigers verschoben ist. Es ist endlich erkennbar, daß sämtliche Keilstücke aneinandergelegt gerade einen ganzen Zellstoffbogen bilden würden. Die gesammelten Keilstücke werden auch hier möglichst sofort gewogen oder in einem luftdicht schließenden Behälter verwahrt[1].

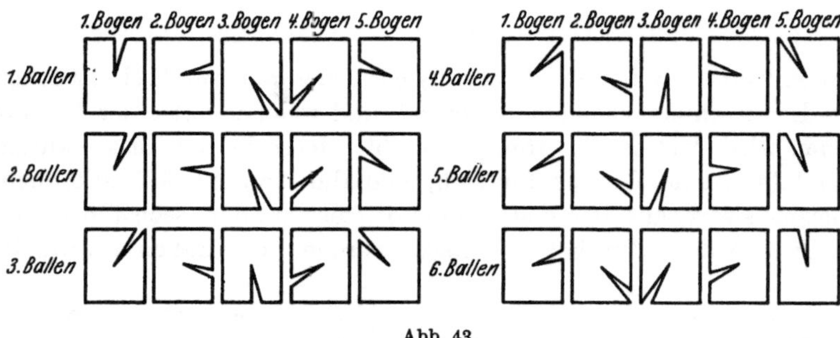

Abb. 43.

Zur Kritik der beiden Methoden. Man ist ziemlich allgemein der Auffassung, daß die Wedge-Methode für Prüfung empfangener Ware weit zuverlässigere Ergebnisse als die Bohrmethode liefert. Der wunde Punkt beider Methoden liegt in der dem Prüfer überlassenen Freiheit bei der Auswahl der Ballen. Für diese Auswahl ist allein vorgeschrieben, daß die Ballen in guter Verfassung (intakt) sein sollen. Hierunter versteht man, daß sie ganz sind, daß die Umschlagsbogen noch im wesentlichen erhalten sind und daß schließlich die Fabriksmarke noch deutlich erkennbar ist. Ballen, welche durch Wasser oder Regen beschädigt wurden, brauchen nicht von der Prüfung ausgeschlossen zu werden. Dagegen sollen solche Ballen ausgesondert werden, welche in irgendeiner Weise besonders abweichend vom Durchschnitt sind. Diese wenigen und dehnbaren Bestimmungen lassen dem Zufall zu großen Spielraum. Daher kommt es nicht selten vor, daß eine Anzahl Ballen geprüft wird, welche ziemlich dicht aufeinanderfolgend erzeugt wurde, und nicht, wie wünschenswert, Ballen aus möglichst allen Stadien der Erzeugung der betreffenden Lieferung. Wenn auch viele Fabriken zur Vermeidung dessen ihre Ballen auf dem Umschlag mit laufenden Erzeugungsnummern versehen, so ist es doch eine Erfahrungstatsache, daß die

[1] Vgl. hierzu V. Öhman: Tekn. Tidskr., Kemi, Nr. 3, S. 24. 1927; Referat: Papierfabrikant Bd. 25, S. 643. 1927.

Prüfer dies nur sehr selten beachten und sich dadurch bei ihrer Wahl beeinflussen lassen. In diesem Punkte sollte jedenfalls die Vorschrift strenger lauten.

Probeentnahme in feuchten Halbstoffrollen. Oben ist bereits angegeben worden, wie nach der Bohrmethode der Wassergehalt von Halbstoffen bestimmt werden kann, welche in Rollen geliefert worden sind. Diese Methode eignet sich in der Hauptsache nur für weitgehend trockenen Stoff, welcher bei der Lagerung nicht sehr wesentliche Änderung seines Feuchtigkeitsgehaltes durchmacht. Liegt Halbstoff in feuchten Rollen vor, so muß berücksichtigt werden, daß die Änderung des Wassergehaltes im Querschnitt der Rolle ganz unterschiedlich ist. Außen erfolgt sie natürlich viel rascher als im Innern. Man erhält unter solchen Verhältnissen nur dann richtige Zahlen, wenn aus der Rolle Proben herausgenommen werden in der Weise, daß von jeder einzelnen Stofflage ein prozentual gleicher Teil vom Umfang in die zu untersuchende Probe eingeht[1]. Eine solche Probe hätte die Form eines Keiles, dessen spitzes Ende im Mittelpunkt liegt und dessen stärkstes Ende mit dem äußeren Umfang der Rolle zusammenfällt. Da sich solche Proben mit gewöhnlichen Hilfsmitteln nur schwer nehmen lassen, hat D. J. Kuhn[2] hierfür ein Spezialwerkzeug (D.R.P. angemeldet) erdacht. Seine Anwendung geht aus der Abb. 44 hervor.

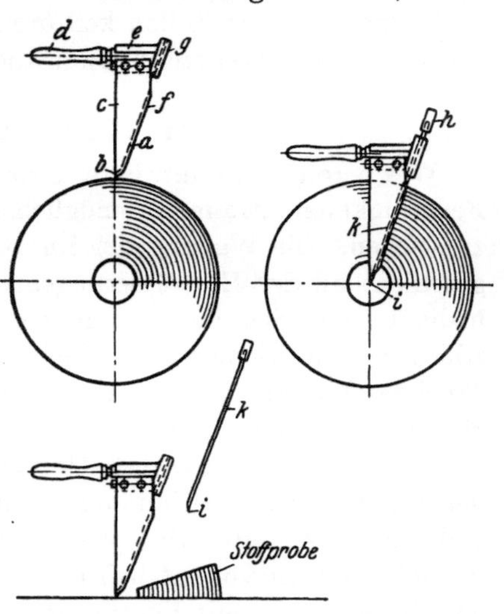

Abb. 44.
a = Schneide. b = Schneide, c = ⊏ förmige Stahlmesser, d = Griff, e = Kopfstück, g = Nase, h = Amboßstück, i = Schneide, k = Meißel.

Das mit den Schneiden a und b versehene ⊏ förmige Stahlmesser c ist in dem mit einem Griff d ausgerüsteten Kopfstück e befestigt.

An der z. B. unter 30° schräg stehenden Seite f des Kopfstückes e gleitet in den Nasen g der mit einem Amboßstück h und mit der Schneide i versehene Meißel k.

Zwecks Entnahme keilförmiger Trockenproben wird:

I. das ⊏ förmige Stahlmesser c zentrisch auf die Halbstoffrolle aufgesetzt und

[1] Wiesler, Bo.: Feuchtigkeitsbestimmung in feuchten Zellstoffrollen.

[2] Erweiterter Sonderdruck eines Aufsatzes von D. J. Kuhn: Wochenbl. f. Papierfabr. H. 37. 1930.

II. mit wenigen Hammerschlägen bis zum Kern der Halbstoffrolle getrieben und hierauf

III. der Meißel *k* in die Nasen *g* eingesetzt und

IV. mit einigen Hammerschlägen auch der Meißel *k* bis zum Kern der Halbstoffrolle geschlagen, um hierauf das Werkzeug aus der Rolle zu nehmen und

V. die keilförmige Stoffprobe nach Entfernung des Meißels *k* auf den Probetisch abzulegen.

Das neuartige Werkzeug wird für Schnittbreiten von 60—80 mm und für verschiedene Schnittiefen angefertigt. In Fällen, wo lediglich den Stirnseiten der Rollen keilförmige Stoffproben entnommen werden sollen, wird das Werkzeug etwas anders ausgeführt, wie dargestellt.

Trocknung und Wägung.

Wie bereits erwähnt, ist es sehr empfehlenswert, alle Muster für die Feuchtigkeitsbestimmung möglichst unmittelbar nach der Entnahme zu wiegen. Die Wägung der im Betrieb laufend genommenen Muster geschieht an der Entwässerungsmaschine. Zum Wägen dieser Proben bedient man sich am besten genauer Zeigerwaagen, welche rasches Ablesen ermöglichen und Gewichtssätze entbehrlich machen. Als Trockenschränke können solche mit Dampf- oder mit elektrischer Heizung Anwendung finden. Gegen dampfgeheizte Schränke wird vielfach geltend gemacht, daß Undichtigkeiten der Heizleitungen leicht das Ergebnis der Bestimmung beeinflussen können. Zahlreiche in der Industrie verwandte Dampftrockenschränke beweisen jedoch, daß sie in vielen Fällen vollauf befriedigend arbeiten. Es ist sehr zu empfehlen, die Schränke mit Ventilatoren auszurüsten, welche durch schnellen Luftwechsel ein sehr rasches Trocknen herbeiführen. Als Trocknungstemperatur sollte man für die Zwecke der Praxis 100° allgemein einführen. Der Forderung, bis zum konstanten Gewicht zu trocknen, läßt sich in der Praxis nicht gut gerecht werden, da ihre Erfüllung eine beträchtliche Zeitdauer der Bestimmung bedingen würde. Man muß auf Grund von Erfahrungen eine bestimmte Normaldauer ausfindig machen, bei welcher praktisch genommen der absolute Trockengehalt erreicht wird. Diese Normaldauer ist außer von der Einrichtung des Trockenschrankes von der Größe und dem Wassergehalt der Proben abhängig.

Wasserbestimmung nach der Destillationsmethode.

Es ist bereits im Abschnitt *II* erwähnt worden, daß sich der Wassergehalt verschiedener Stoffe auch dadurch ermitteln läßt, daß man aus ihnen durch Destillation mit einem indifferenten Kohlenwasserstoff das Wasser abtreibt und in meßbarer Form in einer Vorlage auffängt.

Obwohl diese Methode sehr rasch die Ergebnisse gewinnen läßt, hat sie für vorliegenden Zweck bislang wenig Eingang in die Praxis gefunden. Der Grund dafür liegt wohl darin, daß ein Mangel an einer Apparatur bestand, welche in Einfachheit des Aufbaues und Widerstandsfähigkeit, wie auch leichter Bedienbarkeit, den Anforderungen der Praxis entsprach. Durch einen von Fr. Fischer[1] gebauten Apparat ist dieser Mangel in weitem Maße behoben worden, so daß gerade für die laufende Kontrolle der Erzeugung die Möglichkeit zur Benutzung der Destillationsmethode im Betrieb besteht.

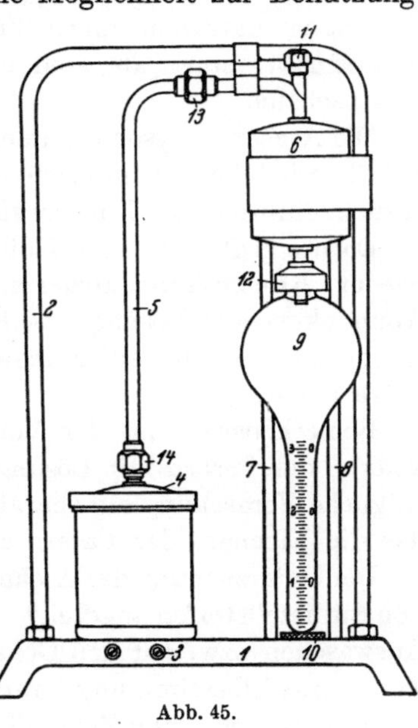

Abb. 45.

Der Apparat von Fischer besteht im wesentlichen aus der Retorte *4* (s. Abb. 45), dem Kühler *6*, die durch das Steigrohr *5* und die Verschraubungen *13* und *14* miteinander verbunden werden und der gläsernen graduierten Vorlage *9*. Die Erwärmung der Retorte erfolgt durch die elektrische Heizplatte *1*, an der zur Befestigung der Apparatur geeignete Rohre angebracht sind. Die Bedienung der Apparatur ist sehr einfach. Die abgewogene Halbstoffprobe wird in die Retorte gefüllt, der Kohlenwasserstoff (Toluol, Chlorkohlenwasserstoff, Xylol, Petroleum o. ä.) zugegeben, worauf die Retorte nach erfolgtem Anschluß an das Steigrohr erhitzt wird. Sobald die Destillation in Gang kommt, scheidet sich in der Vorlage das Destillat in Wasser und Kohlenwasserstoff. Die Menge des sich zu unterst absetzenden Wassers kann an der auf der Vorlage angebrachten Skala ohne weiteres abgelesen werden. Eine solche Destillation läßt sich in diesem Apparat in 15 bis 20 Minuten ausführen, so daß man also die Ergebnisse sehr rasch erhält. Um eine scharfe und vollständige Trennung des übergehenden Wassers vom Kohlenwasserstoff zu erhalten, muß man, wie in Abschnitt *II* schon erwähnt, auf Fettfreiheit der Vorlage achten.

Die Bestimmung der Asche in Zellstoffen.

Die Aschebestimmung in Zellstoffen geschieht nach den schon im Abschnitt II beschriebenen Methoden. Für die Veraschung der Zell-

[1] Zu beziehen von Fr. Fischer, München, Auestr. 110. Vgl. hierzu Abschnitt II, S. 75.

stoffe wird nicht ausschließlich der Tiegel oder die Schale verwendet, sondern vielfach auch Platindrahtnetz-Spiralen, in welche das zusammengerollte Zellstoffmaterial eingeschoben und dann in einem elektrischen Ofen verascht wird.

Die Arbeit in Platintiegeln ist insofern etwas mühsamer, als man in dem verhältnismäßig kleinen Tiegel dauernd neues Material zuführen muß, um die Ascheprobe an einer genügend großen Menge (etwa 5 g) vornehmen zu können. Die Platin- und Quarzschalen sind in dieser Beziehung natürlich angenehmer. Die letzteren nutzen sich verhältnismäßig stark ab, sind aber im Gebrauch doch billiger als die Platinschalen.

Die Aschenanalysen stimmen häufig sehr schlecht überein, was wohl auf die erheblichen Unterschiede im Aschegehalt einzelner Zellstoffbogen zurückzuführen ist[1]. Eine sorgfältige Probenahme ist deshalb angezeigt.

Da die geglühte Asche Kalziumoxyd enthält, kann sie aus der Luft wieder Kohlensäure anziehen. Man kann durch Abdampfen mit Ammonkarbonat-Lösung das Kalziumoxyd in Kalziumkarbonat überführen und so den Fehler ungleichmäßiger Anziehung von Luftkohlensäure ausschalten.

Bemerkenswert ist der Vorschlag von K. Czapla[2], durch Imprägnieren der Fasern mit Lösungen von Cer- und Thorsalzen und nachträgliche Veraschung ein charakteristisches Aschenskelett zu gewinnen, das die Eigenart der Fasern zu erkennen gestattet.

Die Untersuchung der Asche auf Schwefel ist bei Aschebestimmungen von Sulfitzellstoffen angezeigt. Der Schwefelgehalt deutet auf schlechtes Auswaschen bzw. auf den Gehalt an Kalziumsulfit und Kalziumsulfat. Zur Schwefelbestimmung kann die nachstehend beschriebene Methode benutzt werden. 50 g Zellstoff werden in einer Quarzschale vorsichtig verascht. Die Asche wird in 15 cm³ konzentrierter Salzsäure gelöst und im Meßkolben zu 250 cm³ mit Wasser aufgefüllt. Davon werden 100 cm³ mit Wasser verdünnt, mit 20 cm³ einer 5proz. Ammonazetatlösung versetzt, zum Sieden erhitzt und mit siedender $^{1}/_{1}$ n-Chlorbarium-Lösung gefällt. Aus dem erhaltenen Bariumsulfat wird der Schwefel berechnet.

Bestimmung des Aufschlußgrades.

Die Aufschlußgrad-Bestimmung bezweckt die Beurteilung des Grades der Inkrustenentfernung. Durch die Aufschließprozesse sind Lignin und die Hemizellulosen teilweise entfernt und Zellulose ist bloßgelegt. Es gilt qualitativ und quantitativ zu erkennen, wie weit der Aufschluß

[1] Vgl. Schwalbe: Referat über Harz-Fett-Bestimmung. Jahresbericht des Vereins der Zellstoff- und Papier-Chemiker und -Ingenieure 1930, S. 99.

[2] Czapla, K.: Original: Faserforschung Bd. 8, S. 238. 1930; Referat: C. C. II, S. 2331. 1930.

getrieben wurde, wieviel Lignin und sonstige Inkrusten noch im Zellstoff vorhanden sind. Zu solchen Feststellungen können natürlich die im Abschnitt II beschriebenen Methoden zur Lignin- und Hemizellulosebestimmung dienen. Doch sind für die Bedürfnisse der Holzzellstoffindustrien eine Anzahl von Methoden ausgearbeitet worden, die speziell bei Holzzellstoffen zur Anwendung kommen und, was für den Betrieb wichtig ist, in sehr kurzer Zeit die Feststellung des Aufschlußgrades gestatten. Man kann die Methoden zur Bestimmung des Aufschlußgrades in verschiedene Gruppen einteilen und etwa die kolorimetrischen, die Lignin-, die Chlorgas-, Hypochlorit- und Permanganat-Methoden unterscheiden.

Kolorimetrische Methoden.

Man kann den Aufschlußgrad durch Ausnutzung des verschiedenartigen Anfärbevermögens der stark inkrustierten und der mehr oder weniger weit aufgeschlossenen Fasern erkennen. Derartige Methoden spielen gegenwärtig eine Rolle in der sogenannten Kocherkontrolle, wenn, wie dies in Abschnitt IV beschrieben, durch Probenehmer dem Sulfitzellstoffkocher gegen Ende der Kochung Stoffproben entnommen sind, die auf ihren Aufschlußgrad beurteilt werden sollen.

Aufschlußgrad nach P. Klemm.

Man wendet nach Klemm[1] eine gesättigte Auflösung von Malachitgrün in einer 2proz. Essigsäure an. Der zu prüfende Zellstoff wird in einer Porzellanschale mit Wasser zum Brei zerfasert. Man setzt dann etwas Malachitgrünlösung dazu, bringt den Faserbrei auf ein Sieb oder Filter und wäscht mit Wasser aus, bis dieses farblos überläuft. Besonders gut läßt sich die Färbung beobachten, wenn man aus dem stark verdünnten Faserbrei ein Papierblatt formt, dieses abgautscht und dann naß oder trocken die Farbe beurteilt. Sehr gut gebleichter Sulfitzellstoff färbt sich ganz schwach hellblau an, halbgebleichter Stoff dunkelhimmelblau, ungebleichter weicher Stoff hellgrün, ungebleichter fester Stoff grün und ungebleichter harter Stoff tiefdunkelgrün. Aus dem Farbton der ungebleichten Stoffe kann man demnach auf den Aufschlußgrad Schlüsse ziehen. Selbstverständlich wird auch eine Betrachtung unter dem Mikroskop von Vorteil sein.

Mikroskopische Untersuchung nach Asker.

Für diese hat Asker[2] folgende Arbeitsweise angegeben: Ein wenig Stoffbrei wird auf den Objektträger eines Mikroskops von 30—40facher Vergrößerung mit Zeichenokular gebracht und mit Malachitgrün-Lösung betropft. Der Stoff wird mit einem Deckgläschen abgedeckt

[1] Papierindustrie-Kalender 1931, S. 116ff.
[2] Asker: Papierfabrikant Bd. 16, S. 12, 133—34. 1918.

und die überflüssige Lösung mit Filtrierpapier abgesaugt. Das gefärbte Präparat wird durch das Zeichenokular auf eine Fläche projiziert und mit Hilfe einer Farbskala, die man sich nach einem erstklassigen Stoff bereitet hat, die Intensität der Färbung bestimmt. Je heller die Fasern sind, um so bleichbarer ist der Stoff, d. h. um so höher sein Aufschlußgrad.

Aufschlußgrad-Bestimmung mit Chlorkalk-Lösung.

Den Aufschlußgrad kann man ferner erkennen durch Behandlung eines Stoffes mit frischer Chlorkalklösung. In ein Becherglas oder Stutzen von etwa 2 Liter Inhalt füllt man eine Bleichlauge mit etwa 20 g wirksamem Chlor im Liter ein. Man taucht dann einen breiten Streifen der zu untersuchenden Zellstoffpappe in die Lösung, zieht langsam heraus und betrachtet im auffallenden Lichte, wie die Farbe verschwindet und in welcher Schnelligkeit die Bleichwirkung eintritt. Zeigt sich eine zarte Rosafärbung, die schnell in ein reines, helles Gelb und dann in Weiß übergeht, so ist der Stoff leicht bleichbar, also weitgehend aufgeschlossen. Wird die Farbe aber dunkler rot, schlägt sie in schmutzig Dunkelgelb um und wird nur langsam weiß, so liegt ein schwer bleichbarer Zellstoff vor. Im letzteren Falle treten häufig braune Stippen, Splitter u. dgl. in Erscheinung, ein Zeichen für den ungleichmäßigen Aufschluß des Zellstoffes.

Aufschlußgradbestimmung mit Hilfe von Bichromat.

Empfohlen wird auch die Behandlung mit Bichromat[1] in folgender Ausführung: Eine Lösung von Kaliumbichromat, die 0,25 g im Liter und außerdem 10 cm³ Salzsäure (etwa normal) enthält, wird in Mengen von 3—5 cm³ rasch nacheinander auf die zu untersuchende Probe gegossen. Ein paar Sekunden nach dem Eingießen wird eine rote Färbung auftreten, die ihre größte Farbtiefe nach ungefähr 3 Minuten zeigt. Mit Zuhilfenahme einer Farbenskala kann man leicht eine Einteilung der Zellstoffproben treffen. Je nach dem Gehalt der Lösung an Bichromat oder Salzsäure läßt sich die rote Färbung satter oder heller gestalten. Je stärker die Rotfärbung, um so weniger bleichfähig ist der Zellstoff.

Aufschlußgrad-Bestimmung mit salpetriger Säure nach Johnsen.

Durch salpetrige Säure erfahren die Ligninreste eine Oxydation, wodurch die Zellstoffasern eine mehr oder minder braune Farbe annehmen. Durch Vergleich der Färbung mit derjenigen bekannter Zellstofftypen läßt sich der Aufschlußgrad kolorimetrisch abschätzen[2].

[1] Wochenbl. f. Papierfabr. Bd. 45, 1858—1859 [1914]. — Heinz C. Lane: „Papier" Bd. 15, S. 17 (16. Sept. 1914).

[2] Papierfabrikant Bd. 11, S. 977—979. 1913.

Aufschlußgrad-Bestimmung nach Richter mit Salpetersäure.

Richter[1] hat eine kolorimetrische Methode zur Aufschlußgradprüfung angegeben, welche auf der Verfärbung einer Salpetersäure durch den mehr oder minder großen Gehalt an Inkrusten beruht. Je höher dieser ist, um so dunkler färbt sich die 13proz. Salpetersäure, mit welcher man den Stoff eine Zeitlang hingestellt hat. Das Verfahren dürfte jedoch gegenüber den später zu beschreibenden Permanganatverfahren, die in gewissem Sinne auch kolorimetrische Methoden zur Aufschlußgrad-Bestimmung darstellen, unterlegen sein.

Bestimmung des Aufschlußgrades nach Klason.

Zur Bestimmung des Aufschlußgrades ist von Klason[2] Lösen einer Zellstoffprobe in konzentrierter Schwefelsäure empfohlen worden. Je besser aufgeschlossen Zellstoff ist, um so heller bleibt die Farbe der Schwefelsäure. Aus dem mehr oder weniger braunen Farbton der Lösung, den man kolorimetrisch durch Vergleich mit „Standard"-Proben ermittelt, kann man den Aufschlußgrad beurteilen. Das Verfahren ist sehr gut geeignet, um bei Herstellung bestimmter Zellstoffsorten im laufenden Betrieb die bei der Kochung vorgekommenen Unregelmäßigkeiten aufzudecken, dagegen versagt es häufig[3], wenn man Handelszellstoffe sehr verschiedener Herkunft und Herstellungsart im Aufschlußgrad miteinander vergleichen will. Klason hat die Methode wie folgt beschrieben:

Die Bestimmung gründet sich darauf, daß man eine bestimmte Menge Zellstoff in einer abgemessenen Menge konzentrierter Schwefelsäure löst. Die Färbung, welche dabei erzielt wird, vergleicht man mit derjenigen, welche von einer gleich großen Menge Zellstoff mit bekanntem Ligningehalt, die in einer gleichen Menge Säure gelöst worden ist, hervorgerufen wird. Die Erfahrung hat dabei gelehrt, daß man zweckmäßig so verfährt, daß 22 mg lufttrockener Zellstoff, die etwa 20 mg absolut trockenem Stoff entsprechen, in einer zylinderförmigen Flasche von 50 cm^3 Rauminhalt, welche mit gewöhnlicher Kubikzentimeter-Graduierung und genau schließendem, eingeschliffenem Pfropfen versehen ist, in 20 cm^3 konzentrierter Schwefelsäure gelöst werden. Gleichzeitig macht man eine Gegenprobe mit Zellstoff von bekanntem Ligningehalt oder mit dem Zellstoff, mit dem man die Probe vergleichen will.

Nachdem beide Proben aufgelöst sind, was durch kräftiges Schütteln erleichtert wird, vergleicht man die Farbe der beiden Lösungen auf

[1] Richter, E.: Wochenbl. f. Papierfabr. Bd. 43, S. 1631, 3485. 1912. — Schwalbe-Sieber: 2. Aufl. 1922, S. 263.

[2] Klason: Papier-Ztg. Bd. 35, S. 3781. 1910.

[3] Vgl. beispielsweise E. Richter: Wochenbl. f. Papierfabr. Bd. 43, S. 1633. 1912.

die Weise, daß die Flaschen zwischen Auge und Tageslicht gehalten werden, wobei zu beachten ist, daß die beiden Lösungen bei der Prüfung gleich lange gestanden haben sollen. Der erste Eindruck, den das Auge bei diesem Vergleich bekommt, ist in der Regel der richtigste. Das Auge nimmt so den geringsten Unterschied im Ligningehalt gleich wahr. Dadurch, daß man die dunklere Farbe mit Schwefelsäure verdünnt, bis die Lösungen gleich gefärbt erscheinen, erhält man einen Maßstab für den Ligningehalt. Die Bestimmung wird um so schärfer, je näher die Ligningehalte in den beiden Proben aneinander liegen. Es ist deshalb zweckmäßig, getrennte Gegenproben für scharf gekochte und getrennte für leicht gekochte Stoffe anzuwenden. Bequemer wäre es allerdings, als Gegenproben besonders hergestellte Farbenskalen anzuwenden. Es ist indes noch nicht gelungen, solche von richtiger Nuance, die zugleich völlig haltbar sind, zu bereiten.

Dem Fabrikanten gibt dieses Verfahren eine Handhabe, um Stoff von beständigem Ligningehalt zu bekommen, und es leistet besonders gute Dienste, wenn verschiedene Sorten von Holz gekocht werden sollen oder Änderungen in der Kochdauer, Kochtemperatur oder Konzentration der Kochlauge stattfinden.

Die zu untersuchenden Proben müssen recht fein und gleichmäßig zerkleinert sein. Man zerreibt sie auf einem Reibeisen — etwa wie für die Kupferzahlbestimmung — und wendet das feinste abgesiebte Material zur Schwefelsäureprobe an.

Nach von Zweigbergk[1] soll man von starkfaserigem Stoff 25 mg lufttrockenes Material nehmen, bei gut gekochtem, bleichbarem Stoff 50 mg, bei Zwischensorten zwischen 25 und 50 mg. Die vollkommene Lösung in 20—25 cm³ Schwefelsäure wird durch kräftiges Schütteln beschleunigt. Den auftretenden Farbton vergleicht man mit dem der Vergleichsprobe und führt Farbengleichheit durch Verdünnen mit Schwefelsäure herbei. Durch Ablesen der Kubikzentimeterzahlen kann man das Ligninverhältnis aus dem Verhältnis dieser Zahlen berechnen.

Als beste Schwefelsäurekonzentration wird ein Gemisch von 4 Teilen konzentrierter Schwefelsäure und 1 Teil Wasser angegeben, da konzentrierte Schwefelsäure allein zu rasch löst und auch bei reinen Vergleichsproben deutlich gelbe Farbtöne hervorrufen kann.

Fluoreszenzmethode nach H. Kirmreuther, E. Schlumberger und W. Nippe[2].

Betrachtet man Zellstoffproben in dem Lichte einer nur ultraviolette Strahlen durchlassenden Quarzlampe, so fluoreszieren unge-

---

[1] Zweigbergk, G. v.: Papier-Zg. Bd. 37, S. 2506. 1912.

[2] Kirmreuther, H., E. Schlumberger u. W. Nippe: Papierfabrikant Bd. 24, S. 106. 1926. Vgl. ferner H. G. Klein: Zellstoff und Papier Bd. 11, S. 81. 1931.

bleichte Sulfitzellstoffe mit violetter Farbe, gebleichte Sulfitzellstoffe, Holz und Holzschliff geben nur schwach bläuliches Leuchten, Natronzellstoff fluoresziert braun und nach der Bleiche mit bläulichem Licht, ähnlich wie gebleichter Sulfitzellstoff. Die Fluoreszenz nimmt in ihrer Intensität mit steigenden Chlorverbrauchszahlen zu, und man kann daher an dem Grade der Fluoreszenz den Aufschlußgrad erkennen. Bei Zellstoffen, deren Chlorverbrauchszahlen um 0,5% auseinander liegen, werden noch deutliche Unterschiede wahrgenommen. Für absolute Messungen eignet sich hingegen die Methode weniger, da während der Bestrahlung die Intensität der Fluoreszenz langsam abnimmt.

Bestimmung des Ligningehaltes.

Im Abschnitt II sind eine Anzahl von Methoden zur Ligninbestimmung beschrieben, welche auch zur Untersuchung von Zellstoffen Verwendung finden können. Man kann, wie dort ausgeführt ist, durch eine Behandlung mit starken Mineralsäuren die Zellulose in Lösung bringen, wobei das Lignin zurückbleibt.

Ligninbestimmung mittels Schwefelsäure.

Die Nachteile dieser Methode sind in dem betreffenden Abschnitt schon gekennzeichnet. Die völlige Auflösung der Zellulose und Hemizellulosen bereitet Schwierigkeiten, ebenso die Filtration. Durch die in dem genannten Abschnitt beschriebenen Abänderungsvorschläge von Schwalbe und Lange ist die Methode wesentlich verbessert worden. Jedoch ist sie gegenüber den später zu beschreibenden Methoden verhältnismäßig langwierig, behält aber ihre Bedeutung als eine Kontrollmethode für diese.

Ligninbestimmung nach Willstätter-Krull.

Außer durch Schwefelsäure kann auch die Zellulose mit hochkonzentrierter Salzsäure nach Willstätter zur Lösung gebracht werden, ein Verfahren, das Krull[1] durch die Anwendung gasförmiger Salzsäure verbessert hat.

Die zerkleinerte Zellstoffprobe wird — nach einem Vorschlag von Sieber — zunächst mit wenig konzentrierter Salzsäure gerade angefeuchtet, gut durchgeknetet und alsdann an einen mäßig warmen Ort oder in ein Becherglas mit warmem Wasser gestellt (nicht über 50—60°). Hierdurch wird innerhalb kurzer Zeit der Zellstoff vollkommen zermürbt, besonders schnell, wenn man mit einem Glasstab die Masse öfters

[1] Krull: Diss. Danzig 1916, S. 19. — Schwalbe: Die chemische Untersuchung pflanzlicher Rohstoffe und der daraus abgeschiedenen Zellstoffe. Berlin 1920, S. 139.

durchknetet. Nunmehr wird in das Reaktionsgefäß getrocknetes Salzsäuregas unter Kühlung mit Eiswasser oder kaltem Wasser eingeleitet, bis sich die Zellulose gelöst hat, worauf das ungelöst gebliebene Lignin abfiltriert werden kann.

Ligninbestimmung mittels Salz- und Schwefelsäure-Gemischen.

Das verstärkte Lösevermögen solcher Gemische ist in den Methoden von H. Wenzl und H. Schwalbe ausgenutzt und diese sind in Abschnitt II erwähnt worden. Nachstehend noch eine Ausführungsform von Sieber:

Der zerkleinerte Zellstoff wird mit wenig konzentrierter Salzsäure angefeuchtet und durchgeknetet und darauf bei mäßiger Wärme so lange digeriert, bis der Zellstoff vollständig zermürbt ist, wie dies oben bei der Beschreibung der Methode Willstätter-Krull schon erwähnt worden ist. Die schließlich erhaltene krümlige Masse wird mit konzentrierter Schwefelsäure übergossen. Es erfolgt dann außerordentlich rasche Auflösung selbst bei den härtesten Stoffen.

Gerade diese setzen der notwendigen Zerkleinerung oft größeren Widerstand entgegen. Dadurch kommen bisweilen größere Teilchen mit in die zu untersuchende Probe und überziehen sich dann in der Schwefelsäure mit einer pergamentartigen Schicht, welche die Auflösung sehr erschwert. Die Filtration des Lignins wird manchmal, jedoch nicht immer erleichtert, wenn die auf 1 : 10 verdünnte Reaktionslösung bis zum Sieden erhitzt wird.

Ligninbestimmung mittels Dimethylanilin-Schwefelsäure-Gemisch nach Noll[1].

Die Methode, welche in 4 Minuten quantitative Verzuckerung der Zellulose gewährleistet, wird wie folgt ausgeführt: Der feinst gemahlene Zellstoff wird mit Dimethylanilin durchtränkt und mit 78proz. Schwefelsäure verzuckert, wobei die Vollständigkeit der Reaktion in einem Kontrollversuch durch das Verhalten gegen Alkohol kontrolliert werden kann. Durch einen Kunstgriff gelingt es, das an sich gut filtrierbare Lignin so auszuflocken, daß es auf einem gewöhnlichen Filter in einer halben Stunde filtriert und säurefrei ausgewaschen werden kann. Das so gewonnene Lignin zeigt nicht die Skelettstruktur der Faser und ist chlor-, stickstoff- und schwefelfrei. Es zeigt sich ferner, daß der Harzgehalt des Ausgangsmaterials kaum einen Einfluß auf den Ligninbefund ausübt.

---

[1] Vgl. Referat eines Vortrages. Papierfabrikant Bd. 29, S. 314. 1931. Zellstoff und Papier Bd. 11, S. 409. 1931.

Ligninbestimmung nach von Fellenberg: Vorschrift für Zellstoffe von Sieber[1].

Da der Methoxylgehalt des Lignins für dieses charakteristisch ist, kann man auch, wie dies nach von Fellenberg bereits im Abschnitt II beschrieben wurde, den Methoxylgehalt zum Maß der Ligninmenge benutzen. In Rücksicht auf die zu verwendenden kostspieligen Chemikalien hat die Methode nur als gelegentliche Kontrollmethode für das Fabriklaboratorium Bedeutung. Es soll daher nur auf die von Sieber gemachten Ausführungen verwiesen werden. Sieber hat der erwähnten Methode eine für die Anwendung auf Zellstoff geeignete Form gegeben.

Salpetersäuremethode nach Hempel-Seidel-Richter.

Diese Methode beruht auf der Reduktion der Salpetersäure durch die Inkrusten der verholzten Pflanzenfaserstoffe. Die entstehenden Stickoxyde werden bestimmt und aus ihrer Menge ein Rückschluß auf die vorhandenen Inkrustenmengen gezogen. Die Methode beruht auf der Tatsache, daß verholzte Pflanzenstoffe beim Erwärmen mit verdünnter Salpetersäure aus dieser Stickoxyde abspalten, die, in Absorptionsgefäßen aufgefangen, titrimetrisch bestimmt werden können. Je mehr Stickoxyde entweichen, um so stärker der Verholzungsgrad, um so größer also die Ligninmenge.

E. Richter[2] hat die früher gegebene Ausführungsform verbessert; er gibt folgende neue Beschreibung der Methode und Apparatur (Abb. 46):

A ist ein 500-cm³-Destillierkolben im Wasserbad mit hochangesetztem Ableitungsrohr, in dem Hals ist ein Kühler eingeführt mit durchgehendem Luftzuführungsrohr;

B ist ein Peligot-Rohr mit Wasserfüllung;

C ist ein Blasenzähler für zugeführten Sauerstoff;

D ist ein Absorptionsturm, der mit Wasser berieselt wird; durch eine fein ausgezogene Spitze am Wasserzuführungsrohr werden bei bestimmtem Heberdruck etwa 700 cm³ destilliertes Wasser pro Stunde zugeführt;

E ist ein Peligot-Rohr mit Wasserfüllung;

F und *G* sind Kugelrohre mit konzentrierter Schwefelsäure gefüllt;

bei *H* setzt die Wasserstrahlpumpe mit Quetschhahn an.

[1] Sieber, R.: Über die Bestimmung des Verholzungsgrades (Lignin) in Zellstoffen und Holz. Zellstoff u. Papier Bd. 1, S. 223. 1921. Vgl. ferner Schwalbe-Sieber, 2. Aufl., S. 278—79.

[2] Richter, E.: Die frühere Ausführungsform vgl. Wochenbl. f. Papierfabr. Bd. 43, S. 1631—1634. 1912 u. Schwalbe-Sieber: Betriebskontrolle, 2. Aufl., S. 267—272. Die neue Ausführungsform vgl. Wochenbl. f. Papierfabr. Bd. 59, S. 767—771. 1928.

Die Absorptionsapparate selbst werden am einfachsten durch Gummibänder auf einem Brett mit Fuß festgehalten. Diese Gummibänder und die eigenen Gummiverbindungen der Apparate, welch letztere Glas auf Glas und absolut dicht sitzen müssen, geben den Gefäßen eine sehr erwünschte Beweglichkeit, wenn erforderlich, und das verhütet vielfach Bruch, besonders wenn die Apparatur als Routinebestimmung in weniger geschickte Hände kommt[1].

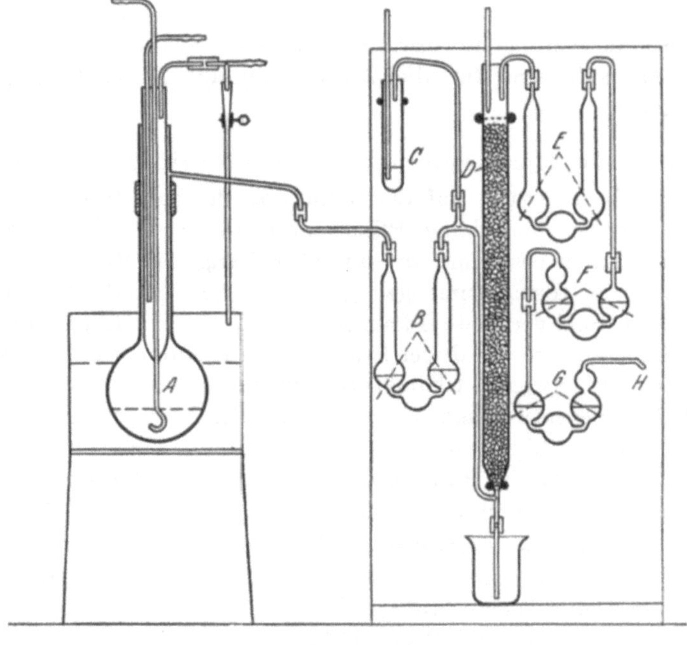

Abb. 46.

Zur Bestimmung der Salpetersäurezahl wird der Kolben mit etwa 5 g beiläufig lufttrockenem, etwas zerzupftem Zellstoff (oder 3 g Holz) und 100 cm³ 13proz. Salpetersäure beschickt. Nach Füllung sämtlicher Röhren wird zunächst für 5—10 Minuten das Wasserbad zum Sieden gebracht und sinngemäß fast gar kein Luftstrom durch den Kolbeninhalt gesaugt, gleichzeitig aber alles mit Sauerstoff gefüllt, *D* nur gelegentlich berieselt.

Wenn das Wasserbad siedet, wird der Luftstrom etwas verstärkt und die Sauerstoffzufuhr ebenfalls. Man läßt das Wasserbad 60 Minuten sieden und unterbricht dann die Verbindungen. Zu bemerken ist, daß

[1] Evtl. kann man ein Glasrohr zur Spitze ausziehen, auf ein bestimmtes Luftvolumen eichen und nach Sicherung durch ein anderes Glasrohr zwischen Saugpumpe und Apparat einschalten für vollen Betrieb ohne Quetschhahn.

es auf 5 Minuten natürlich nicht ankommt, da 1 Stunde bei weitem genügt, um alle gebildeten Stickoxyde aus der Masse zu entfernen. Es ist aber vielleicht praktisch, sich auf gewisse Zeiten ungefähr festzulegen. In der ersten Hälfte der 60 Minuten gibt man 2—3 kleine Blasen Sauerstoff per Sekunde, in der zweiten Hälfte genügen 1—2 Blasen (lichte Weite des eintauchenden Sauerstoffrohres etwa 2—2,5 mm); Sauerstoffverbrauch in den ersten 20 Minuten etwa 1—$1^1/_2$ Liter.

Die entwickelten Stickoxyde werden absorbiert und zwar in Form von Salpetersäure und salpetriger Säure in der wässerigen Lösung. Der Rest von N_2O_3 wird von der Schwefelsäure aufgenommen. Aus dem Gesamtgehalt an N_2O_3 wird der Prozentgehalt der Verunreinigungen berechnet, wobei die entstandene Salpetersäure als N_2O_3 eingesetzt wird.

Alle wässerigen Lösungen werden zu einem Liter vereinigt und die Schwefelsäuregefäße in einen 500-cm^3-Kolben entleert, mit destilliertem Wasser nachgespült und aufgefüllt. Z. B. 100 cm^3 der wässerigen Lösung verbrauchen 19,0 cm^3 $^n/_{100}$ KOH, diese 19 cm^3 entsprechen 0,1064 g KOH in 1000 cm^3.

100 cm^3 der Lösung verbrauchen 9,0 cm^3 $KMnO_4$(1 cm^3 = 0,000433 g N_2O_3, oder 0,00127 g Fe, oder 0,00145 g Cu), das entspricht 0,0390 g N_2O_3. Das Verhältnis KOH zu N_2O_3 = 1,474, also 0,039 · 1,474 = 0,0575 g KOH. 0,1064 — 0,0575 = 0,0489 g KOH als HNO_3 titriert. Diese Menge als N_2O_3 berechnet, ergibt sich, wenn man 0,0489 g mit 0,678 multipliziert, was gleich ist 0,0332 g N_2O_3. Die Schwefelsäurelösung ergibt mit $KMnO_4$ titriert 0,0402. Man addiert alle drei Teile N_2O_3 und erhält 0,1124 g N_2O_3 für 5 g lufttrockenen Zellstoff. Berechnet auf 10 g absolut trockenen Stoff ergibt das 0,2496 g N_2O_3.

Setzt man 0,773 g N_2O_3 gleich 20 (Prozent Lignin in extrahierter Jute) oder 1,076 g N_2O_3 gleich 28 (Prozent Lignin in altem, gesundem, trockenem Fichtenholz), so erhält man eine Salpetersäurezahl von 6,5 für 0,2496 g N_2O_3.

Extrahiert man die Zellulose zuerst mit Äther, Alkohol und dann mit Wasser, so kommt man zu Prozenten Lignin, welche sich mit den Zellulosebestimmungen vergleichen lassen, bzw. ungefähr die Differenz zwischen Prozent Zellulose und 100 ergeben. (Für Zellstoffe gültig.) Die etwas umständliche Berechnung von N_2O_3 kann man, wenn man reichlich Standardlösungen hat, durch Tabellen wesentlich erleichtern und abkürzen.

Da die Salpetersäurezahl etwas vom Harzgehalt der Zellstoffe abhängig ist, eignet sie sich besser für eine Routinebestimmung, bei welcher eine Beeinflussung immer in ungefähr der gleichen Art erfolgt. Die Ligninzahl dagegen gibt nach Entfernung des Harzes mit Äther, Alkohol und Wasser ganz ausgezeichnete Vergleichszahlen, wie sich in vielen Hunderten Versuchen erwiesen hat und noch erweist.

Chlorgasmethoden.

Da die verholzenden Bestandteile der Rohfaserstoffe durch Addition Chlor aufnehmen und Chlor verbrauchen durch Oxydation, kann man aus der Menge des Chlorverbrauchs auf die Menge der verholzten Materie, des Lignins, schließen.

Chlorzahlbestimmung nach Wäntig-Gierisch (Wäntig-Kerenyi).

Im Abschnitt „Untersuchung der Rohfaserstoffe" ist bereits die Bestimmung des Verholzungsgrades nach Wäntig-Gierisch erwähnt worden. Nach den Angaben der Autoren und weiterhin solchen von Wäntig und Kerenyi ist das Verfahren wohl geeignet zur Wertbestimmung von Zellstoffen. Je nach der Menge der noch vorhandenen verholzten Materie wird mehr oder weniger Chlor absorbiert. Die Ausführungsvorschrift ist in dem eben erwähnten Abschnitt gegeben.

Bestimmung der Chlorzahl nach Roe[1].

Die Roesche Methode beruht wie diejenige von Wäntig-Gierisch auf der Absorption von Chlorgas durch die verholzende Materie der Faserstoffe. Der große Vorteil der Roe-Bestimmung ist die sehr kurze Zeitdauer ($^1/_4$ Stunde). Aus der Chlorverbrauchszahl nach Roe kann man den Bleich-Chlorverbrauch durch die Beziehung 1 : 2,5 mit ziemlicher Sicherheit berechnen. Nachstehend ist eine Ausführungsform von D. Johansson[2] beschrieben.

Unter Chlorzahl nach Roe versteht man die Menge Chlorgas in g, die bei Zimmertemperatur während 15 Minuten von 100 g trocken gedachtem Stoff aufgenommen wird. Bei dieser Methode wirkt reines Chlorgas bei Atmosphärendruck auf den feuchten Stoff ein. Das angewendete Medium ist im Unterschied zu den anderen Bestimmungsmethoden immer im Überschuß und in derselben Konzentration während der ganzen Reaktionszeit vorhanden, was ein prinzipieller Vorteil ist. Die Reaktionszeit mit 15 Minuten ist deshalb gewählt, weil die Chloraufnahme nach dieser Zeit auch bei festen Stoffen praktisch beendet ist.

Zur Ausführung braucht man einen besonderen Apparat. Ein solcher ist von Roe[3] konstruiert und von Genberg und Houghton[4] etwas abgeändert worden. D. Johansson hat den Apparat weiter modifiziert und konnte dadurch u. a. den Gebrauch von Gummi-

---

[1] Roe: Journ. Ind. Engg. Chem. 1924, S. 808.

[2] Johansson, D.: Svensk Pappers Tidning Bd. 33, S. 278. 1930.

[3] Vgl. Abschnitt II.

[4] Genberg u. Houghton: Paper Trade Journal Bd. 57, Vol. 88, S. 71—78, 53—59. 1929; Referat: Papierfabrikant Bd. 28, S. 720. 1930.

stopfen umgehen. Die Konstruktion geht aus der beigegebenen Abbildung hervor (vgl. Abb. 47).

Die Methode wird wie folgt beschrieben: 2 g trocken gedachter, zerkleinerter Stoff werden in die Reaktionsflasche B eingeführt, ebenfalls Wasserdampf, bis das Gewicht um 2,5 g vermehrt ist. Am einfachsten leitet man Dampf aus einer Kochflasche mit siedendem Wasser hinein. Nach Abkühlung auf 20° C wird der Glasschliff der Flasche B gut eingefettet und die Flasche in dem Apparat befestigt. Auf den Boden des umgebenden Gefäßes legt man evtl. einen Gummischwamm, wodurch die Flasche gegen den Schliff gedrückt wird. Durch den Hahn K_2 stellt man Atmosphärendruck in B ein, worauf K_2 geschlossen wird. In die Bürette A wird Chlorgas direkt aus einer Chlorbombe eingefüllt. Die Sperrflüssigkeit in D (30 g Chlorkalzium in 100 cm³ Wasser) soll mit Chlor gesättigt sein, was sich in einfacher Weise zusammen mit der Einführung des Chlors ausführen läßt. Nachdem das von Chlor eingenommene Volumen gemessen ist, wird das Chlor in B eingeführt durch Heben von D und Einstellung der Hähne K_1, K_2 und K_3. Die in B befindliche Luft geht dann in den rechten Schenkel des U-Rohrs C über. D wird nun so aufgehängt, daß in dem ganzen System Atmosphärendruck herrscht. Entsprechend der stattfindenden Absorption des Chlors muß D gehoben werden. Nach 15 Minuten wird D herabgelassen, damit die Sperrflüssigkeit in C wie am Beginn der Analyse in den rechten Schenkel hochgedrückt wird, worauf der Hahn K_3 zugedreht und das Gasvolumen abgelesen wird. Von der absorbierten Menge subtrahiert man ein bestimmtes Volumen (etwa 2,5 cm³), das durch einen einmaligen blinden Versuch (2 g Filtrierpapier mit 2,5 g Wasser) bestimmt wird. Wenn Temperatur und Druck bekannt sind, kann das Gewicht des absorbierten Chlors berechnet werden. Die Chlorzahl wird nach der Formel

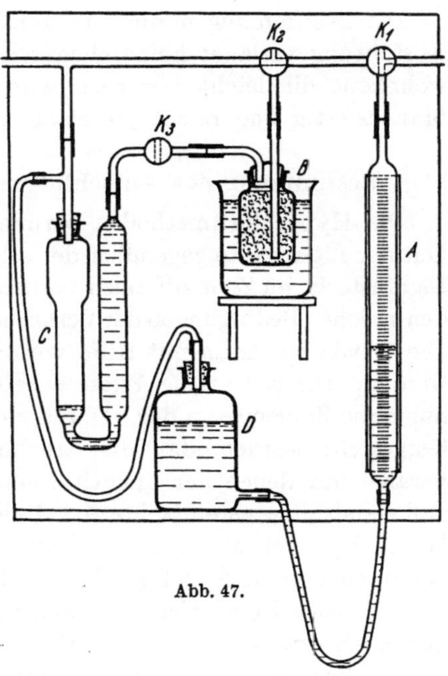

Abb. 47.

$$\frac{0{,}0004168 \cdot V \cdot h}{f \cdot g}$$

berechnet, wobei

V = korrig. absorbiertes Volumen Chlorgas,
h = Barometerstand in mm Hg,
$f = 1 + \frac{t}{273}$,
t = ° C,
g = Gramm abs. tr. Stoff,
Temperatur soll 20° C betragen.

Wenn $t = 20°$ C und $g = 2{,}00$ g, ist die Chlorzahl $0{,}00001942 \cdot V = h$.

Die Bestimmung nimmt im ganzen 25 Minuten in Anspruch. Die Ausführung verlangt keine chemische Schulung, nur eine gewisse Gewohnheit, die leicht erworben wird. Die Chlorbombe ist immer gebrauchsfertig und reicht jahrelang.

Bestimmung des Aufschlußgrades mittels Hypochloriten.

Die Hypochloritmethoden beruhen auf der leichteren Oxydierbarkeit der Ligninreste gegenüber der schwierigeren der Zellulose. Je mehr Ligninstoffe im Zellstoff noch vorhanden sind, desto größer wird unter den gleichen Bedingungen der Verbrauch an einem Oxydationsmittel sein. Die Oxydation kann mit Hilfe von Hypochloritlösungen vorgenommen werden. Die auf solche Weise erhaltenen Ergebnisse stellen zunächst nur reine Zahlenwerte dar. Durch eine Reihe von Versuchen ist jedoch festgestellt worden, daß die Ergebnisse dieser Methoden tatsächlich parallel mit denen der quantitativen Ligninbestimmung verlaufen, so daß sie als eine vereinfachte Art dieser bezeichnet werden können. Ihr Wert liegt vor allem darin, daß sie der Praxis ein Mittel an die Hand geben, möglichst rasch und dabei mit genügender Genauigkeit eine wichtige Kennziffer eines Zellstoffes zu ermitteln. Es sei schließlich noch erwähnt, daß die Zahlen für den Aufschlußgrad kein Maß für die Festigkeitseigenschaften des Zellstoffes geben können, sondern allein auf dessen chemische Zusammensetzung Rückschlüsse zu ziehen erlauben.

Vorbereitung der Zellstoffe zur Analyse[1].

Bei feuchtem Stoff. Liegt der Stoff in feuchter Form vor, so preßt man ihn mit der Hand fest aus und wiegt dann hiervon 21 g ab. Mit Vorteil kann man nach A. Noll[2] auch eine Präzisionszentrifuge zur Stoffdichtebestimmung, System Pan Separator Gesellschaft, Tilsit, benutzen (s. Abb. 48), auf deren Konstruktion hier nicht näher eingegangen werden kann. Man erhält aus Stoffbrei in kürzester Frist

---

[1] Sieber, Privatmitteilung und Zellstoff u. Papier. Bd. 2, S. 27—29. 1922.
[2] Noll, A.: Papierfabrikant Bd. 26, S. 664—667. 1928.

einen hohlen Zylinder des Schleudergutes (s. Abb. 49). Das Gewicht des herausgenommenen Zylinders in g, multipliziert mit einer konstanten Zahl (Faktor), dividiert durch das Gewicht der angewandten Stoffprobe in g ergibt den Trockengehalt in Prozent absolut.

$$\text{Stoffdichte} = \frac{\text{Gewicht des Schleudergutes} \cdot \text{Faktor}}{\text{Gewicht der angewandten Stoffprobe}}.$$

(Die konstante Zahl wird vor der ersten Ingebrauchnahme der Zentrifuge nach der Gebrauchsanweisung ermittelt und bleibt dann für die betreffende Maschine unverändert.)

Beispiel: Die zu untersuchende Stoffprobe 500 g, konstante Zahl 25,5, herausgenommenes Schleudergut 98,4 g:

$$\frac{98{,}4 \cdot 25{,}5}{500} = 5{,}02\% \text{ abs.}$$

Abb. 48. Panzentrifuge.

Abb. 49. Fertiger Stoffkuchen aus der Zentrifuge.

Bestimmung der Chlorverbrauchszahl nach Sieber (Sieberzahl[1]).

Bei der Ausführung der Methode ist auf stets gleiche Gesamtalkalinität der Reaktionsflüssigkeit, sowie auf gleiche Versuchstemperatur zu achten. Als geeignete Versuchstemperatur hat sich die von 20° erwiesen; als brauchbare Gesamtalkalinität in dem Reaktionsgemisch eine solche, wie sie 10 cm³ $^{n}/_{10}$ Alkali entspricht. Als Versuchsprobe werden 5 g Zellstoff benutzt, an Chlor 0,3 g, d. i. 6% auf den Zellstoff berechnet angewandt.

Zur Ermittlung der genauen Menge des angewandten Stoffes bestimmt man in einer zweiten Probe des ausgepreßten Stoffes den Feuchtigkeitsgehalt und rechnet späterhin unter Zugrundelegung des gefundenen Wertes das Ergebnis der Aufschlußgradbestimmung auf genau 5 g absolut trockenen Stoff um. Die abgewogene Menge von 21 g fest ausgepreßtem Stoff, welche also etwa 16 g Wasser enthält, wird

[1] Vgl. auch Moerbeck, Papierfabrikant Bd. 22, S. 409—410. 1924.

in ein 750 cm³ fassendes braunes oder grünes Pulverglas mit eingeschliffenem Glasstopfen gegeben. 150 — 16 = 134 cm³ destilliertes Wasser werden zugefügt, worauf die Flasche nach dem Verschließen gut durchgeschüttelt wird, bis der Stoff gleichmäßig verteilt ist. Die Flasche wird dann in ein Wasserbad gesetzt, dessen Temperatur 20° beträgt und darin etwa $^1/_4$ Stunde lang belassen.

Bei trockenem Stoff. Trockener Stoff muß zunächst in Breiform gebracht werden. Man wiegt von maschinentrockenem Stoff 5,5 g ab, welche bei 90% Trockengehalt etwa 5,0 g absolut trockenem Stoff entsprechen. Man zerreißt die Probe in kleine Stückchen und bringt sie in ein Pulverglas. Zur gleichen Zeit setzt man eine Trockenbestimmung mit einer zweiten Probe des zu untersuchenden Stoffes an, um später das Ergebnis der Aufschlußgradbestimmung auf genau 5 g absolut trockenen Stoff korrigieren zu können. Zu dem Stoff in der Pulverflasche fügt man 150 — 0,6 = 149,4 g Wasser und setzt die Flasche dann in ein Wasserbad, dessen Temperatur 35—40° beträgt. Der Stoff erweicht hier dann bald so weit, daß er durch Stoßen und Rühren mit einem starken Glasstab oder noch einfacher durch Anwendung eines elektrisch betriebenen Rührers oder Quirls vollkommen aufgelöst und zerfasert werden kann. Ist dies erreicht, so verfährt man weiter in der gleichen Weise, wie es oben bei der Untersuchung von feuchtem Stoff beschrieben wurde.

Herstellung der Reaktionslösung. Man stellt sich zwei Chlorkalklösungen her, von denen die eine mit etwa 30 g, die zweite mit 80—90 g gutem Chlorkalk im Liter bereitet wird. Beide Lösungen werden filtriert (Saugflasche) und in braunen Flaschen mit wenig Paraffinöl überdeckt aufbewahrt. Aus beiden Lösungen wird, wie nachstehend beschrieben, die Reaktionslösung gemischt, welche gleichfalls in einer braunen Flasche unter Paraffinöl aufbewahrt wird. Zweckmäßig steht diese Flasche unmittelbar in Verbindung mit einer Bürette, aus welcher die jeweils notwendige Menge der Lösung entnommen werden kann. Man mischt soviel Lösung, als man in einer Betriebswoche benötigt. Von den einzelnen Lösungen stelle man nur soviel dar, als in zwei Wochen gebraucht wird. Kontrolle des Titers der Mischlösung wird außer am Anfang kaum weiter erforderlich sein. Die beiden Chlorkalklösungen, die anfangs dargestellt wurden, titriere man vor jeder Mischung von neuem.

Für Titration des Chlorgehaltes der beiden Lösungen werden 5 cm³ der Lösungen, für die Bestimmung der Alkalinität — Oxydation mit Wasserstoffsuperoxyd und darauf folgende Titration mit $^n/_{10}$ Säure — 25 cm³ angewandt. Setzt man nun für die stärkere Lösung:

die Anzahl Kubikzentimeter $^n/_{10}$ As_2O_3 für 5 cm³ der Lösung gleich p,
„ „ „ $^n/_{10}$ Säure „ 25 cm³ „ „ „ v

sowie die entsprechenden Werte bei der schwächeren Lösung gleich q und w, so sind zur Herstellung einer Mischlösung mit der gewünschten Eigenschaft erforderlich von der starken Lösung

$$x = \frac{422\,w - 250\,q}{w\,p - v\,q}\ \text{cm}^3$$

und von der zweiten Lösung

$$y = \frac{250\,p - 422\,v}{w\,p - v\,q}\ \text{cm}^3.$$

$x + y$ cm³ der Mischlösung enthalten dann 0,3 g Chlor und die 10 cm³ $^{n}/_{10}$ NaOH entsprechende Alkalimenge. Wie oben angegeben, mischt man ein Vielfaches dieser Menge, um etwa einen Wochenbedarf zu erhalten.

Zu der wie oben beschrieben vorbereiteten Probe werden weitere 100 cm³ destilliertes Wasser, welche auf den Zellstoff berechnet genau 6% wirksames Chlor — entnommen der obigen Mischlösung — enthalten, hinzugegeben. Die Flasche mit der Stoffprobe bleibt während des Versuches dauernd im Bad von 20°.

Genau eine Stunde nach dem Zusetzen der Lösung trennt man nach nochmaligem Durchmischen durch Abgießen durch ein kleines Bronzesieb die Stoffprobe von der Flüssigkeit, die man in einem andern Becher auffängt. Aus diesem entnimmt man mittels einer Pipette 50 cm³ und bestimmt deren Chlorgehalt in üblicher Weise.

Auswertung des Ergebnisses. Es läßt sich aus dem Ergebnis der Titration leicht berechnen, wieviel Gramm Cl unter den genannten Verhältnissen von 100 g Zellstoff verbraucht werden. Es ist jedoch zweckmäßiger, die als Chlorverbrauchszahl bezeichnete Ziffer zu berechnen, da man dann zu besser vergleichbaren Zahlen kommt. Die Berechnungsgrundlage ist folgende. Der Zellstoff, welcher genau die Menge von 6% Chlor verbraucht, bei dem also zum Zurücktitrieren am Ende des Versuches 0 cm³ $^{n}/_{10}$ As_2O_3 erforderlich sind, hat die Chlorverbrauchszahl 100 erhalten. Entsprechend wird jenem, bei welchem der Chlorverbrauch 0 war, bei welchem also 50 cm³ der Reaktionsflüssigkeit am Ende des Versuches 16,9 cm³ $^{n}/_{10}$ As_2O_3 erforderten, die Zahl 0 zugeteilt. Das Intervall zwischen 0—16,9 cm³ ist in 100 Teile geteilt worden, und es bewegen sich alle möglichen Chlorverbrauchszahlen zwischen 0—100. Um die Rechnung zu vermeiden, ist im Anhang eine Tafel wiedergegeben, welche aus dem Verbrauch an Meßflüssigkeit sofort die genannte Sieber-Zahl entnehmen läßt. Die Tafel bezieht sich auf absolut trockene Zellstoffe. Gleichzeitig enthält diese Tafel die den Chlorverbrauchszahlen entsprechenden Werte für Lignin, (nach Willstätter) sowie sonstige Eigenschaften der Zellstoffe.

Chlorverbrauchszahl nach Sieber-Humm[1].

Humm hat der Methode von Sieber nachstehende Ausführungsform gegeben:

Die Sieberzahl wird so bestimmt, daß man 5 g Zellstoff (absolut trocken) während einer Stunde bei 20° mit 0,3 g Chlor und Alkali, entsprechend 10 cm³ $^n/_{10}$ NaOH, in 2proz. Stoffdichte behandelt und dann den Chlorverbrauch titrimetrisch ermittelt. Das prozentuale Verhältnis von verbrauchtem zum anfänglichen Chlor wird durch die Sieberzahl ausgedrückt.

Für die Bereitung der Chlorkalklösung wird von folgenden Erwägungen ausgegangen. Wie bekannt, ist eine starke Bleichlösung relativ viel weniger alkalisch als eine schwache. Es muß sich deshalb zwischen den Extremen, konzentrierter Hypochloritlösung und gesättigter Kalkhydratlösung, eine Lösung finden, welche in einer 0,3 g Chlor entsprechenden Menge genau soviel Alkali enthält, als 10 cm³ $^n/_{10}$ NaOH entspricht. Zur systematischen Ermittlung dieser konstanten Chlorkonzentration bereitet man verschiedene Bleichlösungen mit wechselndem Gehalt an wirksamem Chlor, sättigt diese mit Kalkhydrat (gelöschtem Kalk) und bestimmt im Filtrat sowohl das wirksame Chlor, wie auch die Alkalinität nach bekannten Methoden. Es zeigt sich, daß das Löslichkeitsprodukt des Kalziumhydroxyds mit steigender Hypochloritkonzentration stetig erniedrigt wird, und zwar von einem Maximum bei chlorfreier Lösung von 1,26 g CaO/Liter bis zu 0,986 g CaO/Liter bei 24,85 g Chlor/Liter, gemäß folgender Versuchsreihe:

g w. Cl/L.	cm³ $^n/_{10}$ NaOH pro 20 cm³ Lsg.	0,3 g w. Cl =cm³ Lsg.	cm³ Lsg. entspr. cm³ $^n/_{10}$ NaOH
24,85	7,04	12,1	4,26
20,00	7,10	15,0	5,32
14,65	7,20	20,5	7,38
10,20	7,40	29,4	10,87
7,50	7,60	40,0	15,20
4,95	7,85	60,6	23,80
2,45	8,20	122,5	50,20
1,25	8,55	240,0	100,30
0,00	8,98	∞	∞

Aus dieser Tabelle ist leicht zu ersehen, daß die erforderliche Lösung ungefähr 10 g Chlor/Liter enthalten muß. Für die genauere Ermittlung der Chlorkonzentration dient die graphische Interpolation, welche für unseren Fall die Zahl 11,0 ergibt, was besagt, daß man zur Herstellung der Standardlösung nur eine Bleichlösung mit genau 11 g wirksamem Chlor im Liter benötigt, die mit überschüssigem Kalk gesättigt werden muß. Die Aufschlämmung wird filtriert, das Filtrat kann sofort

[1] Humm, W.: Papierfabrikant Bd. 27, S. 387. 1929.

benutzt werden. Von dieser klaren Lösung sind für jeden Versuch 27,3 cm³ nötig, welche 0,3 g wirksames Chlor und die erforderliche Menge Gesamtalkali enthalten. Um den Einfluß der Luftkohlensäure auszuschalten, ist es vorteilhaft, statt des empfohlenen Paraffinöls Benzol zu benutzen, die Lösung braucht dann je nach Bedarf nur alle 14 Tage erneuert zu werden. Zweckmäßig wird aber bisweilen der Titer des Chlorgehalts kontrolliert. Verwendet man hierbei 10 cm³ Lösung, die mit $^n/_{10}$ As_2O_3 titriert werden, so ist der neue Titer = 846 : cm³ As_2O_3.

Für die Bestimmung des wirksamen Chlors empfiehlt es sich, Pipetten zu 3,55 cm³ zu verwenden. Der Chlorgehalt pro Liter entspricht dann unmittelbar der Bürettenablesung. Diese Pipetten sind nicht teurer als die normalen und können bei jedem Glasbläser bezogen werden.

Das Abmessen der „Sieberlauge" wird durch einen Titrierapparat nach Schiff wesentlich erleichtert und vermindert gleichzeitig die Zersetzung durch Licht und Luft, wenn die Vorratsflasche aus braunem Glas besteht. Auch kann in solchen Apparaten die überschüssige Lauge in diese zurückfließen, wodurch wesentlich an der Vorratslösung gespart wird.

Bei der Bestimmung der Sieberzahl wird man in den seltensten Fällen absolut trockene Zellstoffproben benutzen, vielmehr kommen meist feuchte Proben zur Untersuchung. Jedenfalls ist es ratsam, ganz trockene Muster nicht zu raspeln, wie von Sieber angegeben wurde, sondern über Nacht einzuweichen und erst am folgenden Tage zu untersuchen. Der Zellstoff läßt sich dann leicht durch Schütteln zerteilen. Falls die Zellstoffpappe geraspelt wurde, erhält man für die Sieberzahl viel zu hohe Werte, welche sich mit denen einer feuchten Probe nicht vergleichen lassen.

Im Betrieb wird man sich womöglich Proben vom Ende der Naßpartie beschaffen, die einen ziemlich konstanten Trockengehalt aufweisen. Sonst fertigt man sich Handmuster von gut ausgewaschenem, eingedickten Stoff an, die einen Trockengehalt von etwa 30% besitzen, wenn sie mittels einer Spindelpresse abgepreßt wurden. Bei einiger Übung kann dieser geschätzt werden, so daß für den Versuch eine gewisse Menge, die etwa 5 g absolut trocken entspricht, abgewogen und die Trockengehaltsbestimmung mit einer gleichen Menge nebenher ausgeführt wird. Der Chlorverbrauch muß dann allerdings nachträglich auf 5 g umgerechnet werden, was am einfachsten mittels des Rechenschiebers, eines Nomogramms oder einer verschiebbaren Skala geschieht. Auf diese letztere wird weiter unten noch eingegangen.

Für die Genauigkeit dieser Bestimmung ist es wichtig, daß man auch den Wassergehalt der Probe beim Verdünnen auf 2% berücksichtigt. Wendet man bei 36% Stoff 14 g an, so enthält diese Menge bereits 9 g Wasser, so daß die zuzufügende, verdünnte Chlorlösung nur 250−9 g, also 241 cm³ beträgt. Bei 30proz. Stoff muß aus der gleichen

Überlegung heraus mit nur $238\frac{1}{2}$ cm³ Wasser verdünnt werden. Um die jedesmalige Ausrechnung zu umgehen, kann man einen Maßkolben zu 250 cm³ benutzen, der zwischen 235—250 cm³ in cm³ geteilt ist und beziffert die Skala folgendermaßen: bei 249 cm³ mit 6, bei 243 cm³ mit 12 usf., wobei diese Zahlen angeben, welche Stoffmenge man eingewogen hat. Bei der Ausführung der Bestimmung geht man so vor, daß zunächst die erforderliche Chlorlösung aus der Bürette in den Maßkolben gebracht wird, dann füllt man bis zur entsprechenden Marke mit Wasser auf und zerteilt mit dieser verdünnten Lösung den Zellstoff in einer 500 cm³ Weithalsflasche mit Glasstopfen durch Schütteln. Dann stellt man die Flasche in einen Thermostaten und beläßt sie während einer Stunde bei 20° darin.

Im übrigen ist es durchaus nicht gleichgültig, ob man zu viel oder zu wenig Zellstoff verwendet, wie folgende Versuche zeigen, die mit wechselnden Stoffmengen angestellt wurden:

Harter Stoff:

g Stoff abs. tr.	Chlorverbr. cm³ As_2O_3	Sieberzahl	Abweichung %
6,35	16,4	76,0	—7,3
6,05	16,0	78,5	—4,8
5,3	14,6	81,5	—1,2
5,0	13,95	82,5	± 0,0
4,8	13,4	83,0	+ 0,6
4,0	11,4	84,3	+ 2,2

Leicht bleichbarer Stoff:

g Stoff abs. tr.	Chlorverbr. cm³ As_2O_3	Sieberzahl	Abweichung %
7,05	3,8	15,9	—7,6
6,7	3,7	16,2	—5,8
5,6	3,2	16,9	—1,7
5,0	2,9	17,2	± 0,0
3,9	2,3	17,5	+ 1,7

Daraus ist ersichtlich, daß man bei zu geringer Stoffmenge zu hohe, bei höherer Stoffmenge zu tiefe Sieberzahlen erhält, und zwar sind die prozentualen Abweichungen bei harten und bleichbaren Stoffen ungefähr die gleichen. Diese Erscheinung erklärt sich aus dem verschiedenen Einfluß der Konzentration an wirksamem Chlor, die bei größerer Stoffmenge rascher abfällt und dementsprechend gegen das Ende des Versuchs die Reaktion verlangsamt.

Schreitet man nach Ablauf der Reaktionszeit zur Analyse, so kann man entweder nach Ehrenfried[1] vorgehen oder aber den Chlorverbrauch unmittelbar durch Zurücktitrieren bestimmen. Bedeutet g das Gewicht der absolut trockenen Probe und t den Titer des unverbrauchten Chlors, so berechnet sich die Sieberzahl nach der Formel

$$S = \frac{(16{,}9 - t)\,5}{16{,}9 \cdot g} \cdot 100\,.$$

Wie oben bereits erwähnt wurde, kann man die Berechnung ganz umgehen, wenn man sich eines Rechenschiebers bedient, wie er nach-

[1] Ehrenfried schlägt vor, mit arseniger Säure zu übersättigen, stark anzusäuern und mit Kaliumbromat-Lösung zu titrieren. Vgl. Abschn. VI (Bleiche). Papierfabrikant Bd. 25, S. 130. 1927 und Papierfabrikant Bd. 26, S. 169. 1928.

stehend (Abb. 50) skizziert ist und welcher eine rückläufige Skala besitzt, so daß man nach einer einzigen Einstellung auf die Trockensubstanz unmittelbar das Ergebnis ablesen kann. In der Einteilung der Trockengewichte sind die Abweichungen, welche sich aus der Anwendung verschiedener Stoffmengen ergeben, schon berücksichtigt.

An Hand dieser Ausführungen darf behauptet werden, daß es auch dem Nichtchemiker gelingen dürfte, die Bestimmung der Sieberzahl ohne besondere Schwierigkeiten vorzunehmen.

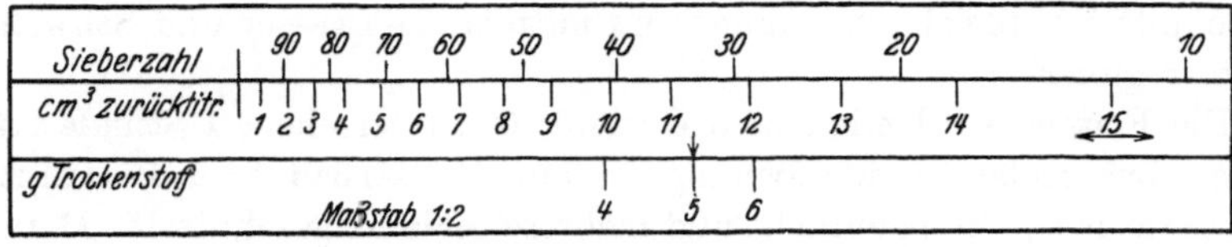

Abb. 50.

Vorschrift der Feldmühle, Papier- und Zellstoffwerke A.-G.

Nach Angaben der Firma kommt die Methode der Chlorverbrauchszahl in der Hauptsache für die Bleicherei zur Ermittlung der erforderlichen Bleichlaugenmenge in Frage. Hier erscheint es aber zweckmäßig, die Chlorkalklösung nicht besonders im Laboratorium zu bereiten, sondern die im Betrieb verwendete Lösung zu nehmen. Die Bestimmung wird folgendermaßen ausgeführt: Die im Betrieb verwendete Chlorkalklösung wird nach Bestimmung des aktiven Chlors und des CaO mit Hilfe einer vorrätig gehaltenen Kalkmilch und destilliertem Wasser auf die angegebene Konzentration an Chlor und Alkali eingestellt. Von der genauen Einhaltung der Temperatur wird der Einfachheit halber im allgemeinen abgesehen, da die Fehler infolge der geringen Temperaturschwankungen des Laboratoriums kleiner sind als die anderen Faktoren (z. B. Probenahme). Dagegen wird der Trockengehalt des unter einer Kopierpresse ausgepreßten Stoffes berücksichtigt durch eine parallel angesetzte gleich große Probe. Um die Ausrechnung zu sparen, wird eine Tabelle benutzt, in der oben das Trockengewicht und seitlich die für die Rücktitration gebrauchten cm³ As_2O_3 angegeben sind. Die Fläche wird dann für Laboratoriumszwecke durch die Chlorverbrauchszahlen, für Betriebszwecke direkt durch die für den Holländer anzuwendende Anzahl von m³ Chlorlauge (die stets in gleicher Konzentration hergestellt wird) ausgefüllt.

Chlorverbrauchszahl nach Enso.

Die Enso-Chlorzahl ist nach Bergman[1] eine Modifikation der Bleichbarkeitsprüfung von Wrede (vgl. Abschnitt VI). Sie wird folgen-

[1] Bergman, G. K.: Papierfabrikant Bd. 24, S. 744. 1926.

dermaßen durchgeführt: Für die Bestimmung werden 10 g lufttrockener (90%) Zellstoff angewandt, der von Hand in kleine Stücke zerrissen und mit 250 cm³ Wasser in eine ungefähr 2 l fassende Porzellanschale eingetragen wird. Die durchweichten Zellstoffstücke werden zwischen den Händen so lange gequetscht und zerrieben, bis ein homogener Stoffbrei daraus entstanden ist. Dieser wird quantitativ in eine 1-l-Kochflasche gebracht, worauf 100 cm³ $^n/_4$ Chlorkalklösung, enthaltend 0,886 g aktives Chlor, zugesetzt werden. Die Gesamtalkalinität der zugesetzten Lösung soll 20 cm³ $^n/_{10}$ Alkali entsprechen; sie wird nach Abschnitt VI, Bleiche, bestimmt und mittels Kalkwasser und Schwefelsäure reguliert.

Die Flasche wird mit einem Gummistöpsel versehen, 1 Stunde lang ohne vorhergehende Erwärmung in ein Wasserbad von konstanter Temperatur (+ 40°) gebracht und mehrere Male umgeschüttelt. Darauf wird unverbrauchtes aktives Chlor direkt im Stoff mit $^n/_4$ arseniger Säure zurücktitriert. Jodkaliumstärkepapier kommt als Indikator zur Anwendung.

Der Unterschied zwischen zugefügten cm³ $^n/_4$ Chlorkalklösung (100 cm³) und verbrauchten cm³ $^n/_4$ arseniger Säure ergibt, multipliziert mit 0,0886 die Vergleichschlorzahl in Prozenten.

Chlorverbrauchszahl nach Sieber-Bergman[1].

2 oder besser 3 Muster des trockenen Stoffes, je 10 g wiegend, werden mit destilliertem Wasser gut gemischt, ähnlich wie dies bei der sogenannten Ensoprobe vorgeschrieben ist, und man fügt allmählich zunehmende Mengen von Chlorkalklösung hinzu, bis am Ende der Probe ein Überschuß von aktivem Chlor in der Mischung enthalten ist. Man verdünnt dann die Probe mit Wasser auf einen Stoffgehalt von $3^1/_2$%, und die Alkalität der Lösung muß sich zu dem darin enthaltenen aktiven Chlor verhalten wie 0,058 zu 1. Nach gründlichem und raschem Mischen wird die Probe auf 40° C erwärmt und 5 Stunden bei dieser Temperatur unter gelegentlichem Umrühren erhalten, worauf man den Überschuß an überflüssigem Chlor in üblicher Weise bestimmt. Aus dem Ergebnis berechnet man die Bergmansche Chlorzahl.

Chlorverbrauchszahl nach Kleinstück mit Natriumhypochlorit[2].

Kleinstück hat die von Sieber verwendete Kalziumhypochlorit-Lösung durch Natriumhypochlorit ersetzt. Die Herstellung dieser Lösung ist nach Kleinstück einfacher als die der Kalziumhypochlorit-

[1] Vgl. Lampén, A.: Zellstoff u. Papier Bd. 8, S. 289—293. 1928.

[2] Kleinstück, M.: Wochenbl. f. Papierfabr. Bd. 59, S. 981. 1928; ferner Privatmitteilung der Firma Hoesch & Co., Pirna.

Lösung und ergibt, wie Vergleichsanalysen gezeigt haben, völlig übereinstimmende Werte. Nachstehend die Vorschrift Kleinstücks für Herstellung und Anwendung der Natriumhypochlorit-Lösung.

Die Natriumhypochlorit-Lösung kommt mit einem Gehalt von etwa 150 g alktivem Chlor pro Liter in den Handel. Zweckmäßig verdünnt man sie zunächst auf etwa das Fünffache. Man bestimmt dann in bekannter Weise in 5 cm³ das Chlor (Zahl a) und in 25 cm³ den Gehalt an Alkali (Zahl b). Dann sind 0,3 g Chlor in $\frac{422,5}{a}$ cm³ der verdünnten Hypochlorit-Lösung enthalten (x). In dieser Menge beträgt das Alkali $\frac{16,9 \cdot b}{a}$, mithin sind für x cm³ der verdünnten Lösung

$$\left(10 - \frac{16,9 \cdot b}{a}\right) \mathrm{cm}^3\ {}^{\mathrm{n}}/_{10} - \mathrm{NaOH}$$

zuzusetzen (y).
Die Mischlösung beträgt also:

$$x + y = \left[\frac{422,5}{a} + \left(10 - \frac{16,9 \cdot b}{a}\right)\right] \mathrm{cm}^3.$$

Beispiel: $a = 18,6$; $b = 5,3$;

$$x = \frac{422,5}{18,6} = 22,72 \mathrm{~cm}^3;$$

$$y = 10 - \frac{16,9 \cdot 5,3}{18,6} = 5,18 \mathrm{~cm}^3;$$

$x + y = 22,72 + 5,18 = 27,9$ cm³.

Steht nun z. B. von der verdünnten Hypochlorit-Lösung 1 Liter zur Verfügung, so gilt weiter:

$$\frac{22,78}{5,3} = \frac{1000}{z}.$$

Daraus folgt:

$$z = 228,$$

das heißt 1000 cm³ der Lösung sind mit 228 cm³ n/10 NaOH zu versetzen.

Kontrolle der Mischlösung auf Richtigkeit:

1. Chlor: 10 cm³ werden mit ${}^{\mathrm{n}}/_{10}$—As_2O_3 titriert. Es müssen gebraucht werden: $\frac{845}{M}$ cm³ ${}^{\mathrm{n}}/_{10}$—As_2O_3.

2. Alkali: 50 cm³ werden mit ${}^{\mathrm{n}}/_{10}$—HCl titriert. (Nach Zerstörung der unterchlorigen Säure mit H_2O_2!) Es müssen gebraucht werden: $\frac{500}{M}$ cm³ ${}^{\mathrm{n}}/_{10}$—HCl.

In beiden Fällen bedeutet M die Menge der Mischlösung in cm³ (in unserem Falle 27,9).

Die Chlorverbrauchszahl ermittelt man am einfachsten mit Hilfe der Formel:

$$\text{ClVZ} = 100 - 5{,}9 \cdot t,$$

wobei t die Menge an $^{n}/_{10}$—As_2O_3 in cm^3 bedeutet, die für 50 cm^3 der überschüssigen Hypochloritlösung verbraucht wird.

Bestimmung des Aufschlußgrades mittels Hypobromit nach Tingle.

An Stelle der Chlorzahl nach Sieber empfiehlt Tingle[1] die Feststellung einer Bromzahl. Tingle benutzt zur Bestimmung der Bromzahl eine Lösung von 8 g Brom in 100 cm^3 n. Natronlauge aufgefüllt auf 1 Liter, Einstellen durch Zusatz von Jodkalium und Titration mit $^{n}/_{10}$ Thiosulfat auf etwa $^{n}/_{10}$ Bromlösung. Das Material zur Untersuchung muß in Lösung vorliegen. Als Lösungsmittel dient eine Mischung von 450 cm^3 Salzsäure (D. 1,19) und 50 cm^3 Schwefelsäure (D. 1,84), welche Holzschliff oder Papierbrei in 5 Minuten gelatiniert und löst. In gewissen Fällen ist es besser, die Probe zunächst mit der Salzsäure zu mischen und dann die Schwefelsäure zuzugeben. Zur Ausführung der Bestimmung gibt man 0,6 bis 0,75 g der trockenen Probe in einen trocknen 200-cm^3-Glasstopfenkolben, fügt 30 cm^3 Säuregemisch zu und schüttelt bis zur Lösung. Darauf werden 20—25 cm^3 Bromlösung zugegeben und unter öfterem Schütteln $^1/_2$ Stunde stehengelassen, nach Zusatz von 2 g Jodkalium, gelöst in 25 cm^3 Wasser, mit Wasser verdünnt und mit Thiosulfat zurücktitriert. Indikator Stärkelösung. Endpunkt über Rosa in Cremefarbe. Bromzahl = Einwage: Verbrauchte cm^3 $^{n}/_{10}$ Bromlösung. Aus ihr läßt sich leicht der Chlorfaktor, das ist die Menge des zur Bleichung von 100 g Material nötigen Chlors berechnen wie folgt:

$$\frac{\text{verbrauchte cm}^3\ ^{n}/_{10}\ \text{Bromlösung} \cdot 0{,}00355 \cdot 100}{\text{Einwage}}.$$

Bestimmung des Aufschlußgrades mit Permanganatlösungen.

Nach Johnsen und Parsons[2] kann man den Aufschlußgrad durch Behandlung der Zellstoffe mit Permanganatlösung ermitteln. Die Inkrustenreste werden durch das Permanganat oxydiert und der Verbrauch an Permanganat gibt ein Maß für die Menge der vorhandenen Inkrusten. Der Verbrauch hängt von der Konzentration der Lösung, der Zeit der Einwirkung und der Temperatur ab. Die Bestimmung wird wie folgt ausgeführt:

---

[1] Tingle: Journ. Ind. Engg. Chem. Bd. 14, S. 40—42. 1922; Referat: C. C. II, S. 536. 1922. Ausführungsform des Verfahrens von Andrews und Bray in Schorger: Chemistry of cellulose and wood, S. 547. New York 1926.

[2] Johnsen u. Parsons: Zellstoff u. Papier Bd. 2, S. 258—261. 1922.

10 g trocken gedachter Zellstoff, in etwas destilliertem Wasser aufgeschlagen, werden in eine 500 cm^3 fassende, weithalsige Flasche mit eingeschliffenem Stöpsel gebracht und destilliertes Wasser zugegeben, bis im ganzen 225 cm^3 Wasser in der Flasche vorhanden sind (einschließlich des im Zellstoff vorhandenen Wassers). Der Inhalt wird auf dem Wasserbade auf 25° C erwärmt und genau 25 cm^3 $^n/_1$ Permanganatlösung hinzugefügt. Der Inhalt wird mit einem starken Glasstabe unter häufigem Umrühren genau eine Stunde bei 25° C stehengelassen. Dann wird die Flasche geschlossen, kräftig geschüttelt und etwa 100 cm^3 der Lösung abgesaugt. Hiervon werden 10 cm^3 mit einer Pipette abgemessen und in einen Erlenmeyer-Kolben gebracht, in welchem sich 10 cm^3 $^n/_{10}$ Oxalsäure in etwa 100 cm^3 warmem, mit Schwefelsäure angesäuertem Wasser befinden. Diese Lösung wird nun mit $^n/_{10}$ Permanganatlösung titriert. Die Anzahl cm^3, die zum Titrieren erforderlich ist, wird die Permanganatzahl (P.Z.) genannt.

Für schwer bleichbaren Zellstoff, dessen P.Z. größer als 10 ist, wird es notwendig sein, statt 10 g Zellstoff nur 5 g zu verwenden und das Resultat mit 2 zu multiplizieren.

Nach Johnsen[1] läßt sich aus der Permanganatzahl PZ der Verbrauch an Chlor zum Bleichen von 100 g abstr. Stoff berechnen, wenn man die PZ mit einem Faktor multipliziert, der den Wert

$$f = 0{,}415 + \mathrm{PZ} \cdot 0{,}025$$

hat. Der Chlorverbrauch ist demnach

$$\mathrm{Cl} = \mathrm{PZ}\,(0{,}415 + 0{,}025\ \mathrm{PZ}).$$

Als günstigste Ausführungsform der Kaliumpermanganat-Methode empfiehlt H. L. Joachim[2], die Behandlung des Zellstoffes in einer Art Buttermaschine vorzunehmen. 29,5 g zentrifugierter Zellstoff (= 10 g lufttrockener) werden mit 1 Liter Wasser von 37° und 25 cm^3 verdünnter H_2SO_4 (1 : 4) 1 Minute in der Maschine gerührt, dann 25 cm^3 n. $KMnO_4$-Lösung zugefügt und genau 7 Minuten bei 37° gerührt. Darauf wird das überschüssige Permanganat mit Oxalsäure zurücktitriert.

Bestimmung des Aufschlußgrades nach Johnsen-Roschier.

Roschier[3] hat zur Grundlage der Aufschlußgradbestimmung die Zeit genommen, welche verfließt, bis eine gewisse Menge Permanganat verbraucht ist. Die Methode ist nachfolgend beschrieben:

---

[1] Siehe Zellstoff u. Papier 1922, S. 261.

[2] Zellstoff u. Papier Bd. 7, S. 361. 1927; Papierfabrikant Bd. 29, 317, 335. 1931.

[3] Roschier: Pappers- och Träverutidskrift Nr. 7. 1922; Zellstoff u. Papier Bd. 2, S. 184—186. 1922.

Von lufttrockenem Zellstoff werden 2 g feingeraspelte, von feuchtem Zellstoff aber 6 g von Hand ausgedrückter Masse, am praktischsten auf einer einfachen Apothekerwaage mit Hornschalen abgewogen. In ein Glasgefäß von 300—400 g Inhalt aus farblosem Glas und mit eingeschliffenem Pfropfen werden 80 cm³ $^{n}/_{100}$ Kaliumpermanganatlösung gegossen, die jetzt mit 1,6 cm³ $^{n}/_{1}$ Schwefelsäure angesäuert wird. Der abgewogene und zu einem Ball geformte Zellstoff wird in das Gefäß gefüllt, und der Pfropfen aufgesteckt, dann eine Sekundenuhr in Gang gesetzt. Naturgemäß muß dies schnell geschehen. Das Gefäß wird hierauf ruhig und gleichmäßig in der Hand geschüttelt, während man die Uhr in der anderen Hand hält. Wenn man für einige Augenblicke mit dem Schütteln aufhört, kann man, indem man das Gefäß, damit die Lösung sich von der Masse trennt, leicht neigt, feststellen, ob die Lösung noch violett ist oder nicht. Im Augenblick, in dem die Farbe von rotviolett in farblosgelb oder gelbbraun übergeht, wird die Sekundenuhr abgestellt. Der Farbenumschlag kann am sichersten festgestellt werden, wenn man die klare Lösung in durchfallendem Licht betrachtet. Da die Reaktionszeit von der Temperatur stark beeinflußt wird, muß bei der Bestimmung die Temperatur der Permanganatlösung gemessen werden.

Auf Grund einer Reihe von Bestimmungen, ausgeführt mit unmittelbar gekochten Sulfitzellstoffen von wechselndem Aufschlußgrad, hat es sich erwiesen, daß die Entfärbungszeit der Permanganatlösung in Sekunden bei 20° ist:

Leicht bleichbarer Zellstoff	70	Sek.
schwer bleichbarer Zellstoff	50—70	„
mittelharter Zellstoff	35—50	„
gewöhnlich harter Zellstoff	25—35	„
sehr harter Zellstoff	25	„

Nach Karlberg und Hagfeldt[1] soll man bei Untersuchung von Sulfatzellstoff wie folgt verfahren:

Eine 2 g lufttrocknem Stoff entsprechende Menge wird in einer Porzellanschale mit Wasser übergossen, aufgeschlagen, mit der Hand ausgedrückt und in eine Glasflasche von 300—400 cm³ Inhalt (eingeschl. Stopfen) gebracht, in die vorher 80 cm³ $^{n}/_{75}$ $KMnO_4$-Lösung und 2,4 cm³ $^{n}/_{1}$ H_2SO_4 eingefüllt wurden. Gleichzeitig wird eine Sekundenuhr in Gang gesetzt, die Glasflasche langsam bis zum Übergang der violetten in die gelbe oder gelbbraune Farbe geschüttelt und die Uhr abgestellt. Die Anzahl Sekunden ergeben die Roschierzahl. Die Bestimmungstemperatur wird auf 20° C gehalten. Unter Ein-

[1] Karlberg, R., und K. Hagfeldt: Svensk Papp. Tidn. Bd. 33, S. 594. 1930; Referat: Papierfabrikant Bd. 28, S. 757. 1930.

haltung genannter Vorschriften mögen für die verschiedenen Qualitäten von Sulfatzellstoff etwa folgende Entfärbungszeiten gelten:

Leicht bleichbarer Sulfatzellstoff	55 Sek.
schwer bleichbarer Sulfatzellstoff	35—55 „
mittelharter Sulfatzellstoff	25—35 „
harter Sulfatzellstoff	25 „

Bezüglich der Einwirkung von $KMnO_4$-Lösung auf harten und bleichfähigen Stoff scheinen zuweilen unberechenbare Unterschiede zu bestehen, die von dem Verhältnis, in dem Roschier- und Sieberzahl normalerweise zueinander stehen, abweichen, aber im großen und ganzen wenig von Bedeutung sind. Besonders wichtig ist die Entnahme einer guten Durchschnittsprobe, da ungleiche Werte bei Proben, die demselben Bogen entnommen waren, beobachtet worden sind.

Bestimmung des Aufschlußgrades nach Johnsen-Björkman[1].

Björkman ist bei der von ihm ausgearbeiteten Ausführungsform der Permanganatmethode wieder zu der schon von Johnsen empfohlenen Titration des unverbrauchten Permanganats zurückgekehrt. Die Methode wird wie folgt beschrieben:

Sie beruht auf der Bleichbarkeit von Zellstoff mit Kaliumpermanganat und auf der Möglichkeit, das nicht verbrauchte Kaliumpermanganat nach folgender Reaktionsgleichung zurückzutitrieren:

$$2\,KMnO_4 + 10\,FeSO_4 + 8\,H_2SO_4 = K_2SO_4 + 2\,MnSO_4 + 5\,Fe_2(SO_4)_3 + 8\,H_2O\,.$$

Zur Bestimmung werden folgende Lösungen gebraucht: $^n/_{50}$ $KMnO_4$, $^n/_1$ H_2SO_4 und $^n/_{50}$ Ferrosulfatlösung. Hergestellt wird die letztere Lösung durch Auflösung von etwa 8 g Ferroammoniumsulfat in etwa 500 cm³ Wasser unter Zugabe von 50 cm³ konzentrierter Schwefelsäure, Auffüllen auf 1000 cm³ und Titerstellung gegen $^n/_{50}$ Kaliumpermanganat.

Zur Bleichung werden 2 g feingeriebener trockener Zellstoff angewandt, die mit 5 cm³ Wasser befeuchtet werden, oder 5 g feuchter Stoff, der mit der Hand auf etwa 60% Wassergehalt ausgepreßt ist. Der Zellstoff wird eingegeben in ein Becherglas von etwa 600 cm³ Inhalt, in dem sich 150 cm³ $^n/_{50}$ Kaliumpermanganatlösung und 5 cm³ $^n/_1$ H_2SO_4 befinden, die auf 25° C angewärmt sind. Bei der Zugabe des Zellstoffs wird eine Stoppuhr in Gang gesetzt und nach genau 30 Sekunden werden aus einem bereitstehenden zweiten Becherglas 100 cm³ Ferrosulfatlösung zugegossen, das momentan alles $KMnO_4$, das noch nicht mit der Zellulose reagiert hat, beseitigt. Das Glas, in

[1] Björkman: Pappers- och Trävarutidskrift för Finland, Nr. 2 vom 31. 1. 1927 u. Wochenbl. f. Papierfabr. Bd. 58, S. 323. 1927 u. Papierfabrikant Bd. 25, S. 708 und 729. 1927.

dem sich die Ferrosulfatlösung befand, wird mit 40 cm³ Wasser nachgespült (bei Anwendung von feuchtem Zellstoff mit 42 cm³) und dieses Spülwasser auch in das Bleichgefäß gegossen. Dann wird nach 10 Sekunden der seit Beginn des Versuches in Bewegung befindliche Rührer stillgesetzt (vgl. Abb. 51).

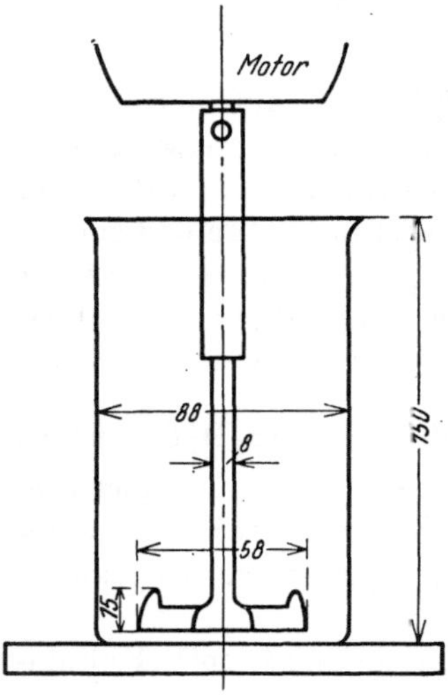

Abb. 51.

Im Bleichgefäß befinden sich nun insgesamt 300 cm³ Flüssigkeit:

150 cm³	$^{n}/_{50}$ $KMnO_4$-Lösung,
5 cm³	$^{n}/_{1}$ H_2SO_4-Lösung,
5 bzw. (3) cm³	H_2O, eingeführt mit der Zellstoffprobe,
100 cm³	$^{n}/_{50}$ $FeSO_4$-Lösung,
40 (42) cm³	Spülwasser
300 cm³.	

Aus dieser Lösung werden nun 100 cm³ mit einer Pipette abgesaugt, die man gegen das Mitreißen von Fasern durch einen vor die Mündung gehaltenen Goochtiegel schützt, und in denselben wird die nichtverbrauchte Menge $FeSO_4$ mit $^{n}/_{50}$ Kaliumpermanganat zurücktitriert. Da kleine Faserteilchen sich nicht ganz ausschließen lassen, soll die Titration möglichst schnell vor sich gehen und beim ersten Auftreten einer Rötung abgebrochen werden. Die Berechnung der von 2 g Zellstoff in 30 Sekunden verbrauchten Menge Kaliumpermanganat erfolgt nach der Gleichung:

$$\text{Verbrauch} = 150 - (100 - 3 \cdot a),$$

worin a die zum Zurücktitrieren verbrauchten cm³ $KMnO_4$ bedeuten.

Die Ergebnisse dieser Methode lassen sich mit andern Werten für den Aufschlußgrad sehr gut in Beziehung setzen. Die Methode hat den Vorzug, nur etwa 2—3 Minuten für jede Bestimmung in Anspruch zu nehmen und nicht von dem subjektiven Farbsinn des Ausführenden abhängig zu sein[1].

Ausführungsform von Steinschneider (A.-G. für Maschinenpapierfabrikation, Aschaffenburg[2]). Diese Ausführungsform stellt eine wesentliche Vereinfachung der Originalmethode vor, denn anstatt der Unterbrechung der Permanganatbleiche durch Ferrosulfat und Rücktitration des Überschusses an diesem wird einfach nach einer bestimmten Zeit die entstandene Kohlensäure gemessen. Zur Durch-

[1] Vgl. auch C. Björkman: Papierfabrikant Bd. 25, S. 729. 1927. Vgl. auch A. Küng: Papierfabrikant Festheft, Bd. 29, 73—77. 1931.

[2] Privatmitteilung.

führung der Bestimmung dient ein Apparat, der in nachfolgender Zeichnung wiedergegeben ist (Abb. 52). Die Skala des Apparates ist nach den Kohlensäuremengen von typischen Zellulose-Standardmustern verschiedenen Aufschlußgrades so geeicht, daß man direkt die Björk-

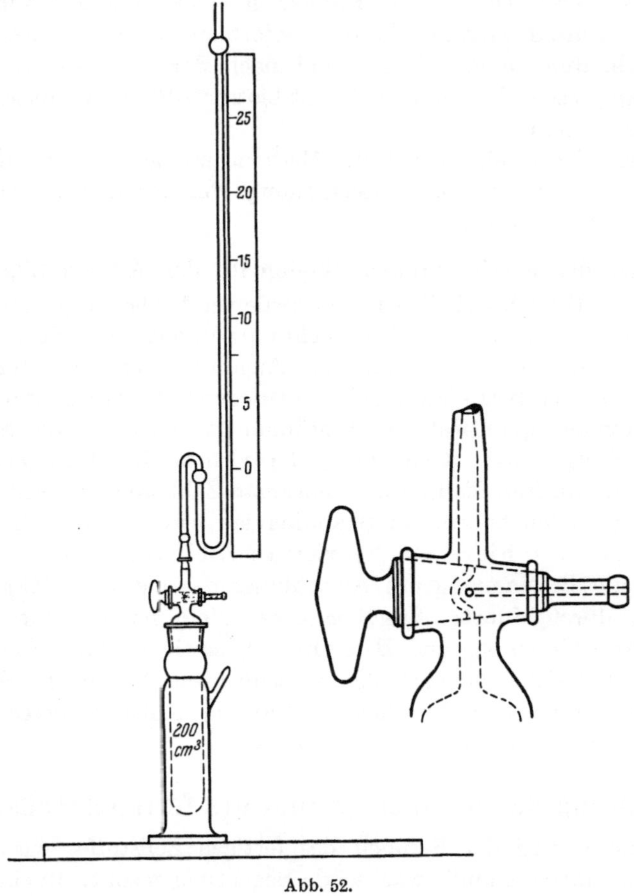

Abb. 52.

man-Zahl ablesen kann[1]. Für die Durchführung der Bestimmung wird folgende Vorschrift gegeben.

Um eine Beeinflussung der Bestimmung durch Temperaturschwankungen nach Möglichkeit zu vermeiden, ist das Reaktionsgefäß mit einem luftleeren Mantel umgeben. Man füllt in das Reaktionsgefäß bis zur Marke (200 cm³) eine verdünnte Schwefelsäure, die man aus 1 Liter Wasser und 27 cm³ konzentrierter Schwefelsäure bereitet. Dann

[1] Der Apparat wird von der Firma Herbig, Darmstadt, Schloßgartenstraße, hergestellt.

werden aus einem Meßgefäß 20 cm³ $KMnO_4$ zugegeben und das Ganze geschüttelt. Inzwischen werden 10 g nasser, fest ausgepreßter Zellstoff abgewogen und in das Reaktionsgefäß gebracht. Beim Verschließen des Apparates ist durch geeignete Hahnstellung zunächst zu entlüften, dann wird durch Drehen des Hahnes geschlossen und 1 Minute geschüttelt. Darauf wird der Apparat sofort an das Manometer mittels Schliffverbindung angeschlossen und nach der verbindenden Hahnstellung abgelesen. Das Manometer ist bis zur 0-Stellung mit gefärbtem Amylalkohol gefüllt.

In dieser Form eignet sich die Methode infolge ihrer raschen Ausführungsart besonders zur Untersuchung von aus den Kochern entnommenen Stoffproben.

Kritik der Bestimmungsmethoden für den Aufschlußgrad.

Über die Brauchbarkeit der verschiedenen Methoden gehen die Ansichten weit auseinander. In Rücksicht darauf, daß man mit den kolorimetrischen Methoden zahlenmäßige Angaben nicht erhalten kann, kommen für die Betriebskontrolle vorwiegend die rasch und einfach auszuführenden quantitativen Bestimmungsmethoden wie Sieber-, Enso-, Bergman-, Roschier-, Björkman-Zahl in Frage. In Deutschland dürften Sieber- und Björkman-Zahl wohl die weiteste Verbreitung gefunden haben. In Skandinavien wird mit der Enso-, der Bergman-, Roschier- und Björkman-Zahl gearbeitet.

Über die Bestimmung des Aufschlußgrades hat u. a. Hägglund[1] Versuche durchgeführt. Erwähnenswert sind ferner Aufsätze von R. Sieber[2], Genberg und Houghton[3], sowie v. Possanner. Eine Zahlentafel, welche die nach den verschiedenen Methoden erhaltenen Werte in Vergleich zieht, hat Sieber im Anhang dieses Buches gegeben, worauf hier verwiesen werden soll.

Bestimmung des Reinheitsgrades des fertigen Zellstoffes[4].

Der Bewertung der Reinheit des fertigen Zellstoffes wird in den Erzeugungsstätten ständig wachsende Beachtung gezollt. In einfachster Form erfolgt die Beurteilung der Reinheit durch Betrachtung der Oberflächen und der Durchsicht des durch Eintauchen in Wasser durchscheinend gemachten Probebogens. Diese Methode hat natürlich den Nachteil, daß sie rein subjektiv ist und daß sich das Ergebnis nicht

[1] Hägglund, E.: Papierfabrikant, Festheft 1928, S. 88—92. Vgl. auch die Zusammenstellung über Aufschlußgrad-Bestimmung von G. Teschner: Technologie und Chemie der Papier- und Zellstoffabrikation Bd. 25, S. 93. 1928.

[2] Zellstoff u. Papier Bd. 2, S. 27—29. 1922.

[3] Paper Trade Journal vom 25. 4. 1929, S. 71—73. Vgl. v. Possanner: Papierfabrikant Bd. 29, 348. 1931.

[4] Sieber, R.: Privatmitteilung.

in bestimmten Zahlen ausdrücken läßt. Um diesen Mängeln abzuhelfen, versucht man vielfach die Zahl der Flecke mengenmäßig zu erfassen. Zu diesem Zweck werden aus dem Bogen rechteckige oder quadratische Stücke von einem bestimmten Flächenausmaß herausgeschnitten und zunächst mit Wasser durchtränkt. Dann legt man sie auf eine von unten beleuchtete Glasscheibe und zählt alle sichtbaren Flecke aus. Das Ergebnis wird auf ein Einheitsgewicht, beispielsweise 100 g, umgerechnet. Diese Methode setzt, um einen zuverlässigen Mittelwert zu erhalten, voraus, daß die Zahl der Prüfmuster nicht zu klein ist. Da nun wieder die Auszählung der Flecke auf einer größeren Anzahl Proben sich sehr zeitraubend gestalten kann, hilft man sich häufig so, daß man nur bestimmte Ausschnitte des Probebogens prüft. Beispielsweise verfährt man in manchen Fabriken derart, daß man die Probe mit einer Kupferplatte bedeckt, welche eine bestimmte Anzahl gleich großer Löcher (1—$1^1/_2$ cm im Durchmesser) besitzt und nun die Löcher zählt, in denen sich Flecke vorfinden. Das Ergebnis dieser schneller durchführbaren Prüfung gibt man in Form des Quotienten aus der Zahl der angemerkten und der Zahl der Gesamtlöcher an. Die Probebogen wähle man auch hier nicht größer als 20—25 cm im Quadrat. Auf dieser Fläche können durch entsprechende Löcher in der Abdeckplatte 49 oder 64 Stellen untersucht werden. Statt gelochter Kupferplatten werden zur Abgrenzung der zu untersuchenden Ausschnitte auch häufig grobmaschige Drahtnetze verwandt, doch ist erfahrungsgemäß das Arbeiten mit gelochten Abschirmplatten weniger ermüdend.

Eine weitere vergleichende Methode besteht im folgenden. Man stellt sich beispielsweise 8—10 verschiedene Handmuster von Zellstoffen her, welche gradweise die ganze Skala vom reinsten bis geringwertigsten Erzeugnis darstellen. Diese Muster werden unter einer oder zwischen zwei Glasplatten befestigt. Von unten her können die dünnen Muster durch zerstreutes Licht gut beleuchtet werden. Mit diesen Standardproben werden die ganz entsprechend hergestellten Muster der täglichen Erzeugnisse verglichen und danach klassifiziert.

Es kann oft für die Betriebsleitung von sehr großem Wert sein, über den Charakter der Flecke näher unterrichtet zu werden[1]. In solchen Fällen werden die Flecke herauspräpariert und unter dem Mikroskop, gegebenenfalls unter Anwendung chemischer Reagenzien untersucht. Die am häufigsten im Zellstoff zu findenden Flecke bestehen aus Splitterteilchen, Rinde, vermodertem Holz und Astteilchen; sie können an ihrem Aufbau unter dem Mikroskop leicht erkannt werden. Harzflecke werden nach dem Herauspräparieren durch ihre Löslich-

[1] Man vgl. H. Roschier u. A. Backman: Über Flecke im Zellstoff. Pappers och Trävarutidskrift för Finland 1923, H. 5.

keit in Alkohol erkannt. Meist besitzen sie eine charakteristische runde oder ovale Form; sie sind braun bis lichtgelb durchsichtig und schon durch diese Eigenschaften unter dem Mikroskop erkennbar. Eisen- und Kupferflecke werden sichtbar, wenn man die Probebogen nach erfolgtem Durchtränken mit verdünnter Salpetersäure (10%) in eine 1 proz. Lösung von gelbem Blutlaugensalz legt: Eisenflecke erscheinen blau, Kupferflecke rotbraun. Kupfersulfid, von den Kocherschlangen stammend, löst sich nicht in verdünnter Salpetersäure, weshalb für sie die Probe versagt. Flecke, welche von Kupfersulfid zu stammen scheinen, prüft man nach dem Herauspräparieren unter dem Mikroskop, indem man sie in konz. Salpetersäure auf dem Objektträger löst, die Säure abdampft und schließlich den Eindampfrückstand mit gelbem Blutlaugensalz befeuchtet. Bleiflecke, welche als schwarzes Superoxyd vorkommen, werden ebenfalls durch mikrochemische Analyse nachgewiesen: Lösen in konz. Salzsäure und Befeuchten des abgekühlten Verdampfungsrückstandes mit wenig Wasser führt zur Bildung von Bleichloridkristallen. Kalkflecke sehen meist grau aus, sind hart, sandig und brüchig. Sie weist man dadurch nach, daß man auf einem Objektträger nach dem Lösen in verdünnter Schwefelsäure durch Abdampfen das Entstehen von Gipskristallen hervorruft. Die Charakterisierung von Algen- und Pilzflecken, welche besonders im Sommer im Zellstoff vorkommen, geschieht ebenfalls mikroskopisch.

Bestimmung der Einzelbestandteile der Inkrustenreste.

Als solche Bestandteile können genannt werden die Hemicellulosen, also Pentosan, Mannan, Galaktan, Lignin und Zellulose.

Bestimmung von Pentosanen in Holzzellstoffen.

Zur Pentosanbestimmung können die in Abschnitt II schon wiedergegebenen Methoden von Tollens bzw. Kullgren benutzt werden. Powell und Whittaker[1] haben bezüglich der letzteren Methode eine Ausführungsform gegeben, die jedoch durch die Kullgrensche überholt ist. Diese Methode ist im Abschnitt VII, Untersuchung der gebleichten Zellstoffe wiedergegeben. Auf die neue Hydroxylamin-Methode von Noll für Bestimmung des Furfurols ist bereits im Abschnitt II hingewiesen worden.

Bestimmung von Mannan und Gelaktan.

Hierfür sind die in Abschnitt II gegebenen Vorschriften bzw. die Angaben in Abschnitt VII zu vergleichen.

---

[1] Powell, W., u. H. Whittaker: Cellulosechemie Bd. 5, S. 54. 1924.

Bestimmung des Lignins.

Unter den Methoden der Bestimmung des Aufschlußgrades sind diejenigen für die Ligninbestimmung, wie z. B. die Schwefelsäure und die Salzsäuremethode wiedergegeben, so daß auf die oben gemachten Angaben verwiesen werden kann.

Bestimmung der Zellulose.

Das hierfür zweckmäßigste Verfahren von Roe ist bereits im Abschnitt II und oben unter den Chlorgasmethoden der Bestimmung des Aufschlußgrades wiedergegeben bzw. erwähnt worden.

Bestimmung eines Gehaltes an Zellulose-Abbauprodukten.

Bei den Aufschließverfahren ist hydrolytischer Abbau unvermeidlich. Infolgedessen enthalten die ungebleichten Zellstoffe gewisse Mengen von hydrolysierten Zellulosen und Hemizellulosen. Man kann diese Stoffe an ihrem Reduktionsvermögen erkennen. Doch kann dieses Reduktionsvermögen auch auf Gehalt der ungebleichten Zellstoffe an Kochlaugenresten zurückzuführen sein. Gewöhnlich wird man in ungebleichten Zellstoffen die Bestimmung der wasserunlöslichen reduzierenden Stoffe nicht vornehmen. Diese Bestimmung ist im allgemeinen nur bei gebleichten Zellstoffen üblich und dort in Abschnitt VII unter der Bezeichnung „Kupferzahl“ beschrieben.

Zuweilen werden allerdings auch Kupferzahlen bei den ungebleichten Zellstoffen festgestellt. Nach E. Richter kommt ihnen eine besondere Bedeutung zu für die Festigkeitseigenschaften der Zellstoffe. Man vergleiche hierzu die im Abschnitt VII, Untersuchung der gebleichten Zellstoffe, bei der Beschreibung der Kupferzahl gemachten Angaben über die Richterschen Untersuchungen.

Die Bestimmung der wasserlöslichen Bestandteile von Zellstoffen.

Holzzellstoffe enthalten zuweilen gewisse Mengen von wasserlöslichen Bestandteilen, deren Menge man bisher jedoch noch wenig zur Charakterisierung der Holzzellstoffarten herangezogen hat. Renker erhielt z. B. 1,3%. Opfermann[1] fand ganz ähnliche Werte, 1,54% und 1,55%. Bei der etwaigen Bestimmung solcher wasserlöslichen Stoffe soll man nach Opfermann wie folgt verfahren:

In einem für die Kupferzahl bestimmten Kolben mit Glasrührer werden 20 g lufttrockener Stoff $1^1/_2$ Stunde unter Rühren mit destilliertem

[1] Vgl. „Die chemische Untersuchung pflanzlicher Rohstoffe und der daraus abgeschiedenen Zellstoffe.“ Verlag der Papier-Zg., Carl Hofmann, Berlin SW.11. 1920, S. 39ff. Ferner Schwalbe-Sieber: Betriebskontrolle 2. Aufl., S. 260.

Wasser ausgekocht, abgenutscht, vom Filter getrennt und dieselbe Manipulation nochmals vorgenommen. Das klare Filtrat trübt sich allmählich nach dem Erkalten und scheidet eine weiße gallertartige Verbindung aus. Die Flüssigkeit wird samt der Ausscheidung, die sich teils zu Boden gesetzt hat, teils an der Wandung des Becherglases hängt, in einer Platinschale eingedampft. Der erhaltene getrocknete Rückstand wird gewogen, verascht und wieder gewogen. Es ergibt sich beispielsweise, daß 1,3% gesamtlösliche Bestandteile sich aus 0,57% anorganischen und 0,74% organischen Stoffen zusammensetzen. Der wässerige Auszug der Zellstoffe kann zur Prüfung auf Schwefelgehalt bzw. Gehalt an schwefliger Säure benutzt werden. Nach Noll[1] kommen für diesen Zweck folgende Methoden in Frage:

In einem der üblichen Glühröhrchen wird die gepulverte Substanzprobe, es genügen einige Zentigramm, mit einem Überschuß von reinem Eisenpulver zunächst gut vermischt, dann über dem Bunsenbrenner einige Minuten zum Glühen gebracht und das heiße Röhrchen in einem kleinen Quantum verdünnter reiner Salzsäure zersprengt. War Schwefel anwesend, so tritt sofort intensiver Schwefelwasserstoffgeruch auf, und der Sicherheit halber kann man bei nur spurenhafter Schwefelanwesenheit oder bei sehr geringer angewandter Substanzmenge die Schmelze mit der Säure erhitzen, wobei sich auch die geringste Spur von Schwefel noch bekannt gibt (Prüfung mit Bleiacetatpapier). Sehr empfindlich läßt sich die Reaktion auch gestalten, wenn man den salzsauren Auszug alkalisch macht und die Anwesenheit von Schwefel durch die mit Nitroprussidlösung auftretende Blaufärbung feststellt.

Eine größere Probe Zellstoff oder Papier wird gezupft, mit destilliertem Wasser gut aufgeschlagen und der resultierende, mit noch etwas Wasser verdünnte Stoffbrei einige Zeit auf dem Wasserbad digeriert. Nun filtriert man ab, säuert das Filtrat mit Salzsäure an und gibt etwas chemisch reines Zink hinzu. Es entwickelt sich Wasserstoff, welcher im statu nascendi etwa vorhandene schweflige Säure zu Schwefelwasserstoff reduziert, den man dann am Geruch und der Schwärzung von Bleiacetatpapier erkennt. Noch empfindlicher ist die Reaktion, wenn man die Flüssigkeit vom Zink abgießt, mit Natronlauge alkalisiert und mit frisch bereiteter Lösung von Nitroprussidnatrium die Identität von Schwefelwasserstoff feststellt.

Der nach vorstehender Beschreibung gewonnene wässerige Extrakt von Zellstoff oder Papier wird auf dem Wasserbad einige Zeit unter häufigem Umschütteln mit etwas Zinkstaub behandelt und sodann filtriert, bei welcher Behandlungsweise etwa vorhanden gewesene schweflige Säure in Hydrosulfit übergeführt worden ist. Man macht jetzt

[1] Noll, A.: Papierfabrikant, Festheft 1928, S. 59—61.

mit Natronlauge eben alkalisch und prüft mit einem Streifen Indanthrengelbpapier, den man in die Flüssigkeit hineinwirft. Bei Anwesenheit von Hydrosulfit färbt sich das gelbe Papier nach einiger Zeit blau, indem das Indanthrengelb durch das gebildete Natriumhydrosulfit in sein kornblumenblau gefärbtes Leukoprodukt übergeführt wird, wodurch der Nachweis der schwefligen Säure erbracht ist.

An Stelle des Indanthrengelb-Papiers kann man sich auch einer wässerigen Suspension von Indanthrengelb bedienen, die man wie folgt bereitet. Ein kleines Quantum Indanthrengelb *G* in Pulver oder in Teig wird in destilliertem Wasser gut aufgeschüttelt und sodann durch ein benetztes Filter gegossen. Die feine Suspension des an sich in Wasser unlöslichen Farbstoffes läuft größtenteils durch das Filter hindurch und ist dem Reagenzpapier an Empfindlichkeit noch überlegen.

Ein anderer Farbstoff, der sich für den Nachweis der schwefligen Säure in der Form des Hydrosulfits sehr gut eignet, ist das Methylenblau. Dasselbe wird durch die geringsten Spuren Hydrosulfit in farbloses Leukomethylenblau übergeführt. Zur Ausführung der Reaktion bedient man sich einer passend verdünnten Farbstofflösung, etwa 1 : 10000, oder eines Methylenblau-Reagenzpapiers, indessen ist die Reaktion mit der Lösung schärfer. Man gibt zu dem auf schweflige Säure zu prüfenden wässerigen Zellstoff- oder Papierauszug eine Spur Zinkstaub und versetzt unter Schütteln mit einigen Tropfen der Farbstofflösung. Ist Hydrosulfit bzw. war ursprünglich schweflige Säure vorhanden, so tritt Entfärbung ein. Beim Arbeiten mit Methylenblaupapier wirft man einen Streifen desselben in die mit Zinkstaub versetzte, auf schweflige Säure zu prüfende Lösung hinein, wobei sich im positiven Falle der eben geschilderte Vorgang abspielt.

Ferner empfiehlt es sich, die Zellstoff- oder Papierproben beim Extrahieren mit Wasser nicht etwa zu kochen, da sonst unter Umständen reduzierende Stoffe anderer Art herausgelöst werden, die ebenfalls auf die Reagenzien Indanthrengelb *G*, Methylenblau reduzierend einwirken können. Auch ist es zweckmäßig, mehrere Prüfungsverfahren nebeneinander auszuführen.

Bestimmung von Harz und Fett.

Die Bestimmung von Harz und Fett geschieht nach den im Abschnitt II beschriebenen Methoden für die Ermittlung des Harz-Fett-Gehaltes von Rohfaserstoffen. Die Bestimmungen werden meist in der Soxhlet-Apparatur oder im Besson-Kölbchen vorgenommen. Die Zellstoffe werden entweder im zerzupften oder geraspelten Zustande angewendet. Da der Raspelstoff Staub enthält, muß dafür gesorgt werden, daß dieser Staub in der Besson- oder Soxhlet-Apparatur nicht in die Extraktlösung gelangen kann, was durch Verschluß der Extraktionshülse mit Wattebäuschchen usw. geschehen kann. Eine Untersuchung der Harz-Fett-Bestandteile in ungebleichten Holzzellstoffen in 9 verschiedenen Laboratorien[1] hat gezeigt, daß die Werte für Harz-Fett durch Extraktion mit Äther ermittelt, außerordentlich große Streuung aufweisen, was zum Teil der verschiedenen Apparatur, verschiedenen Arbeitsweise, zum Teil aber auch der ungleichmäßigen Verteilung von Harz und Fett in den Zellstoffen zugeschrieben werden muß. Als Lösungsmittel wurde von den Mitgliedern der Analysenkommission der Äther bevorzugt. Die Gründe für und gegen die Anwendung von Äther sind ebenfalls schon im Abschnitt II dargelegt.

Bestimmung der alkohollöslichen Substanzen.

Neben Äther wird auch Alkohol bei der Bestimmung von Zellstoff verwendet. Es ist nach Opfermann für viele Zellstoffe die Menge des Alkoholextraktes geradezu charakteristisch für dessen Güte. Wie schon im Abschnitt II ausgeführt worden ist, löst an und für sich der Alkohol[2] allerdings Stoffe, welche nicht zum Harz-Fett-Gehalt der Fasern gehören, z. B. zuckerähnliche Stoffe.

Selbstverständlich muß man bei den Extraktionen bestimmte Zeiten einhalten, wenn man vergleichbare Werte bekommen will. Eine völlige Extraktion der in Alkohol löslichen Stoffe kann innerhalb der üblichen Zeit nicht erreicht werden. Da man aber auch nach wochenlanger Extraktion[3] immer noch wieder mit den Lösungsmitteln etwas aus den Fasern herausziehen kann, ist es praktisch ohne Belang, eine absolute Genauigkeit anzustreben.

Die Temperatur des Lösungsmittels ist bei der Soxhletapparatur nicht immer so hoch wie sie sein sollte. Die von Jonas vorgeschlagene Siede-Soxhlet-Apparatur und ihre Kritik ist schon im Abschnitt II des Buches gegeben. Zur Gewinnung von Durchschnittswerten ist es angezeigt, eine größere Anzahl (8—10 Proben) derselben Zellstoffpappen-Lieferung nebeneinander zu untersuchen, wozu eine Batterie von einfachen Besson-Kölbchen dienen kann, wie sie Lauber[4] skizziert hat.

---

[1] Schwalbe, C. G.: Die Bestimmung von Harz und Fett. Wochenbl. f. Papierfabr. Bd. 62, S. 279—980. 1931; Jahresbericht 1930 des Vereins der Zellstoff- u. Papier-Chemiker u. -Ingenieure S. 99—104.

[2] Werden Zellstoffe mit Alkohol gewaschen, dann getrocknet, so können Alkoholmengen hartnäckig festgehalten werden und dem Trocknen widerstehen, eine Tatsache, die allerdings noch nicht allgemein anerkannt ist und von manchen Forschern (vgl. Renker u. König) bestritten wird. Nach Richter ist es deshalb zweckmäßig, erst mit Äther, dann mit Alkohol, schließlich mit Wasser auszuziehen. Wochenbl. f. Papierfabr. Bd. 49, S. 1632. 1918.

[3] Wahlberg, H. E.: Zellstoff u. Papier Bd. 2, S. 129, 155, 202. 1922.

[4] Lauber: Jahresbericht der Zellstoff- u. Papier-Chemiker u. -Ingenieure 1929, S. 154; vgl. ferner E. Richter: Wochenbl. f. Papierfabr. Bd. 62, S. 549. 1931.

Für die Praxis des Papiermachers kommt es wenig darauf an, wieviel Gesamtharz in den Fasern enthalten ist, vielmehr darauf, ob dieses Harz klebrig ist und zur Bildung von Harzflecken Anlaß gibt. Das frische Harz ist klebriger als das alte Harz, welch letzteres durch Oxydation kristallin und spröde wird.

Bestimmung des Gesamtgehaltes an fett-, harz- und wachsartigen Bestandteilen.

Eine größere Durchschnittsprobe — etwa 20 g — Zellstoff wird fein zerzupft. Nach gutem Durchmengen entnimmt man eine Probe zur Feuchtigkeitsbestimmung und wiegt für die Extraktion je nach Größe des verfügbaren Apparates, 10 oder 15 g auf einer genauen Zeigerwaage ab. Nach Einfüllen dieser Probe in den Apparat und dessen Ingangsetzung extrahiert man 4 Stunden lang. Danach wird, wie bereits bei der gleichen Bestimmung bei Faserrohstoffen beschrieben, aufgearbeitet.

Bestimmung des petrolätherlöslichen Harzes.

Da das kristalline Harz in Petroläther nicht löslich ist, hat man versucht, durch Bestimmung des petrolätherlöslichen Harzes ein Maß für die Menge des klebrigen Harzes zu gewinnen. Man kann entweder die Zellstoffprobe direkt mit Petroläther ausziehen oder den Ätherextrakt, der bis zur Sirupdicke eingedampft ist, auf seine Petrolätherlöslichkeit prüfen. Die oben erwähnte Untersuchung in neun verschiedenen Laboratorien hat ergeben, daß die Petrolätherwerte eine geringere Streuung zeigen als die Ätherwerte. Jedoch hat es sich herausgestellt, daß die verbreitete Anschauung, im Sommer enthielten die Zellstoffe mehr und klebrigeres Harz als im Winter, in ihrem ersten Teil nicht zutrifft. Die Menge des Harzes schwankt sowohl im Winter wie im Sommer ganz außerordentlich. Größere Klebrigkeit des Harzes im Sommer dürfte mit der höheren Wassertemperatur zusammenhängen. Die größere Klebrigkeit hat auch mit dem Gehalt an Kalziumsulfit und Sulfat nur insofern zu tun, als die Kriställchen dieser Mineralstoffe Anlaß zur Zusammenballung von Harzen geben.

Bestimmung des klebrigen Harzes nach C. G. Schwalbe[1]: 25 g Zellstoff werden in etwa 1 cm² große Stückchen fein zerzupft, nicht geschnitten, wobei man möglichst die dicken Zellstoffpappen zu spalten sucht. Der zerzupfte Zellstoff wird in ein Pulverglas von 500 cm³ Inhalt, das sich mit Glasstopfen oder gutem Korkstopfen einigermaßen dicht verschließen läßt, gebracht und mit 300 cm³ Äther übergossen. Vom Äther bedeckt bleibt die Probe 12 Stunden, am einfachsten über Nacht stehen. Dann wird der Äther abgegossen, jedoch der Zellstoff

[1] Schwalbe, C. G.: Wochenbl. f. Papierfabr. Bd. 45, S. 2286—2288. 1914.

nicht etwa ausgepreßt, sondern nur abtropfen gelassen. Man wird dann zwischen 220 und 230 cm³ Äther wieder erhalten, der Rest bleibt im Zellstoff aufgesaugt. In einer Kochflasche destilliert man nun den Äther aus 200 cm³ Filtrat ab — Verdunsten ist wegen des relativ großen Ätherverlustes und der Feuersgefahr nicht angebracht — bis nur noch etwa 5 cm³ Flüssigkeit vorhanden sind. Diese werden auf ein großes Uhrglas von etwa 15 cm Durchmesser ausgegossen, die Kochflasche mit etwa 2 cm³ Äther nachgespült und nun das Uhrglas an einem erschütterungs- und staubfreien Ort zur Verdunstung des Ätherextraktes hingestellt. Gleichzeitig stellt man den Ätherextrakt des Kontrollmusters zur Verdunstung hin. Das Harz scheidet sich in der Mitte des Uhrglases als klarer, durchsichtiger Überzug ab. Das Fett umgibt als weißer, milchiger, trüber Rand den Harzüberzug. Aus der Breite des Fettringes kann man unter Berücksichtigung des Vergleichsmusters Schlüsse auf die vorhandene schädliche Fettmenge ziehen. Nach einigen Stunden kann man auch durch Betasten des klaren Harzringes feststellen, ob dieser klebrig-harzig oder ölig ist. Um zu verhüten, daß zufällig bei der verhältnismäßig geringen Zellstoffmenge ein Stück Zellstoffpappe untersucht wird, das gerade sehr arm an Ätherextrakt ist, wird man das Versuchsmaterial von verschiedenen Stellen ein und desselben Bogens, womöglich aus verschiedenen Bogen entnehmen und zweckmäßig gleich eine Kontrollprobe ansetzen. Abgesehen vom Zupfen des Zellstoffes ist die erforderliche Arbeitsleistung nicht groß.

Bestimmung des klebrigen Harzes nach Sieber: Nach Sieber[1] soll man das klebrige Harz in dem Wasser bestimmen, welches bei der Mahlung der Zellstoffe in der Lampén-Mühle abgerieben wird. Sieber macht über die Bestimmung folgende Angaben: Je mehr von dem ursprünglich im Zellstoff vorhandenen Harz, Fett und Wachs beim Mahlen von den Fasern abgelöst und im Stoffwasser verteilt wird, desto größer wird unter sonst gleichen Umständen die Wahrscheinlichkeit sein, daß Harzausscheidungen eintreten können. Gleichartige Vermahlungsbedingungen können für Versuchszwecke beispielsweise mittels der Lampénschen Mühle eingehalten werden. Die eigentliche Untersuchung wird sich dann auf die Bestimmung der Extraktstoffe im unveränderten Halbstoff, sowie auf die nach seiner Vermahlung erzeugten Papiere zu erstrecken haben. Zwecks Vorbereitung des Zellstoffes für die Vermahlung wird in diesem Falle wie folgt verfahren. Die abgewogene Zellstoffprobe von 40 g wird in kleine Stückchen zerrissen und in einem starkwandigen Porzellanbecher mit wenig Wasser überdeckt über Nacht sich selbst überlassen. Nach dieser

[1] Harz der Nadelhölzer, 2. Aufl., S. 140. Berlin: Carl Hofmann 1925.

Zeit ist der Zellstoff so erweicht, daß er leicht durch stampfendes Bearbeiten mit zwei Holzstäben in kurzer Zeit gequollen und unter allmählicher Zugabe von mehr Wasser gut zerfasert werden kann. Stoff und Auflösungswasser werden dann in die Mühle gefüllt. Nach der Mahlung werden in bekannter Weise Papierblätter — 150 g/m² — geformt, welche nach dem Zerschneiden in schmale Streifen im Soxhlet extrahiert werden. Der Zellstoff wird außerdem ungemahlen untersucht auf seinen Gesamtextraktgehalt. Die Differenz beider Bestimmungen gibt dann unmittelbar jene Menge an Harz- und Fettstoffen an, welche durch die Mahlung von den Fasern abgelöst werden. Je größer diese Menge ist, desto wahrscheinlicher wird das Auftreten von Harzschwierigkeiten sein.

Physikalisch-mechanische Prüfung der Holzzellstoffe.

Neben den chemischen Prüfungen spielt gegenwärtig mit Recht die mechanische Untersuchung der Holzzellstoffe eine große Rolle. Es ist unumgänglich notwendig, das Verhalten der Faser bei der Bearbeitung im Holländer zu kennen und die Festigkeitseigenschaften festzustellen. Die Festigkeit der aus dem Zellstoff gefertigten Papiere kann nicht aus der Festigkeit der einzelnen Fasern abgeleitet werden, ganz abgesehen davon, daß die Methode zur Festigkeitsbestimmung dieser für das Fabriklaboratorium als zu mühsam und umständlich erscheint[1]. Die Festigkeit des späteren Papierblattes hängt, abgesehen von der Eigenfestigkeit der Faser, von einer großen Zahl von Faktoren ab, vor allen Dingen von der Kräuselung und Verfilzungsfähigkeit, welche die Fasern im nassen Zustand besitzen, von ihrer Oberflächenbeschaffenheit, von ihrer Plastizität, der sie bedeckenden Schleimhaut und dem zwischen den Fasern bei der Mahlung entstandenen strukturlosen Schleim. Für diese letztgenannten Eigenschaften der Plastizität und des Schleimbildungs-Vermögens ist die Quellbarkeit der Faser in Wasser und die Schleimbildung bei mechanischer Bearbeitung ausschlaggebend. Diese mechanische Bearbeitung erfahren die Fasern erst im Holländer. Man hat sich besonders in den Vereinigten Staaten bemüht, ohne diese schwer reproduzierbaren Mahlungsprüfungen auszukommen und die Festigkeit eines Holzzellstoffes aus den Papierblättern zu erschließen, die man aus ungemahlenen Fasern erhält. Während man in den Vereinigten Staaten mit den erzielten Erfolgen stellenweise zufrieden ist, glaubt man in Europa aus einer solchen Festigkeitsprüfung keine maßgeblichen Schlüsse ziehen zu können. Nachstehend sollen die Methoden zur Bestimmung der wichtigsten physikalisch-mechanischen Eigenschaften der Holzzellstoffe beschrieben werden.

---

[1] Rühlemann, F.: Papierfabrikant Bd. 24, S. 1—6. 1926.

Bestimmung des Sedimentiervolumens.

Die Holzzellstoffe nehmen im feuchten Zustande, nachdem sie durch das sogenannte Aufschlagen völlig mit Wasser gesättigt sind, ein sehr verschiedenes Volumen ein. Nicht nur etwa die Sulfitzellstoffe ein wesentlich kleineres Volumen als die Natronzellstoffe, sondern auch innerhalb dieser großen Klassen von Zellstoffarten ergeben sich erhebliche Unterschiede.

Prüfung des Sedimentiervolumens nach P. Klemm.

Paul Klemm[1] hat vor längerer Zeit einen Sedimentierprüfer angegeben, einen Apparat, in welchem man eine bestimmte Menge des im Versuchsholländer nur zerfaserten, aber nicht gemahlenen Zellstoffbreies durch ein Sieb nach unten abfließen läßt und nun das Volumen mißt, welches der abgetropfte Faserbrei in dem Meßrohr einnimmt. Der Nachteil des Verfahrens liegt hauptsächlich darin, daß es schwer ist, bei der verhältnismäßig großen Weite des Meßrohres einen zur genaueren Ablesung geeigneten Meniskus zu bekommen.

Bestimmung des Sedimentiervolumens nach Schwalbe.

Dem Fehler schlechter Ablesbarkeit der Menisken entgeht man, wenn man sehr dünne Fasersuspensionen in Meßzylindern während bestimmter Zeiträume absitzen läßt. Schwalbe und Feldtmann[2] geben zur Bestimmung des Sedimentiervolumens folgende Vorschrift: 0,4 g nur roh auf der Handwaage abgewogener lufttrockener Stoff werden von Hand fein zerfasert und in einer 300 cm³ fassenden Pulverflasche, deren Boden mit einer einfachen Schicht von Glaskugeln bedeckt ist, mit 100 cm³ weichem Wasser und 2 cm³ Eisessig übergossen. Es empfiehlt sich, nur mit enthärtetem Leitungswasser zu arbeiten, um alle Spuren von Fett auszuschalten. Destilliertes Wasser steht einmal nicht überall zur Verfügung und enthält ferner aus mannigfaltigen Gründen meistens zwar kaum nachweisbare, aber immerhin in ihrer Auswirkung bei der Sedimentation von Zellstoffasern in Erscheinung tretende Spuren von Fett. Nach zweistündigem Schütteln auf der Schüttelmaschine wird die Suspension in einen mit eingeschliffenem Glasstopfen verschließbaren, mit Chromschwefelsäure von Fettspuren sorgfältig gereinigten Mischzylinder von 500 cm³, der eine Unterteilung in je 5 cm³ besitzt, gebracht. Die Pulverflasche wird so oft mit Wasser ausgespült, bis sich sämtliche Fasern in dem Zylinder befinden. Nachdem man bis zur 500-cm³-Marke aufgefüllt und genau 3 Tropfen eines handelsüblichen 50proz. Türkischrotöls hinzugegeben

---

[1] Herzberg: Papierprüfung. 6. Aufl., S. 228. Berlin 1927.

[2] Schwalbe-Feldtmann: Wochenbl. f. Papierfabr. Bd. 56, S. 251—256. 1925.

hat, wird der Zylinder mit der Hand kräftig durchgeschüttelt. Um bei sehr langfaserigen Zellstoffen ein sicheres Absetzen zu erreichen, wird in der Mitte der Suspension durch Umrühren mit einem Glasstab schnell ein Wirbel erzeugt. Nach 45 Minuten, von diesem Moment an gerechnet, wird die Höhe des Meniskus abgelesen und das absolute Trockengewicht des im Zylinder befindlichen Stoffes bestimmt. Als Sedimentvolumen (in cm³) wird das Volumen bezeichnet, das 1 g absolut trockener Faserstoff bei freiwilliger Sedimentation nach einem Zeitraum von 45 Minuten einnimmt.

Wertbestimmung der Zellstoffe nach der Siebmethode von Schafer und Carpenter[1].

In Anlehnung an die Wertbestimmung von Holzstoffen durch Mehlstoffbestimmung und Messung der Faserlänge nach Absiebung haben Schafer und Carpenter diese Methode auch bei Zellstoffen erprobt. Mit Hilfe von Sieben verschiedener Maschengröße werden die Mengen der einzelnen Fasergrößen eines Zellstoffes bestimmt und hiernach die Güte des Zellstoffes beurteilt. Die Apparatur besteht in einem rechteckigen Siebkasten mit auswechselbarem Bodensieb. Zur Aussortierung einer Fasergröße auf einem bestimmt gelochten Sieb wird mit einem Wasserstrahl während 10 Minuten die Menge von 100 g Faserstoff aufgewirbelt und hierauf zur weiteren Sortierung die nächstgröbere Siebnummer in den Siebkasten eingesetzt. Die Autoren haben auch eine Methode zur Berechnung der durchschnittlichen Faserlänge entwickelt. Mittels des Feinheitsmoduls kann die Faserlänge zahlenmäßig ausgedrückt werden.

Die Prüfung des Quellgrades.

Bei der Quellung verändern die Fasern ihr Volumen. Sie nehmen Wasser auf. Ein Teil desselben erfüllt die Kapillaren, adsorbiert an den Oberflächen der Zellmembranen oder wird endlich zwischen die Mizellen eingelagert oder von diesen unter Volumenzunahme aufgenommen. Diese Quellung ist von großer Bedeutung für das Verhalten des Zellstoffes bei der Verarbeitung auf Papier, bei der Mahlung im Holländer. Im Holländer vollzieht sich eine Zerkleinerung, Fibrillisierung, eine Knetung und Stauchung der Fasern, welche zur mehr oder minder raschen Aufnahme von Wasser in verschiedenen Bindungsformen führt. Die Stauchung veranlaßt eine Ausscheidung von Schleim, der die Fasern überkleidet, zum Teil aber auch von den Fasern abgestreift wird oder sich aus Fasertrümmern als strukturloser Schleim bildet. Die Veränderung durch Wasseraufnahme, welche nicht zur

[1] Schafer u. Carpenter: Paper Trade Journal, Tappi Section Bd. 90, S. 258. 1930; Technologie u. Chemie der Zellstoff- u. Papierfabrikation Bd. 27, S. 170. 1930.

Entstehung von Schleim führt, kann als das Quellvermögen der Fasern bezeichnet werden. Es gibt eine Reihe von chemischen Methoden für die Quellgradbestimmung, die in dem Abschnitt „Untersuchung der gebleichten Zellstoffe" beschrieben werden sollen. Für die Untersuchung der Festigkeitseigenschaften der Fasern kommen einige Methoden in Betracht, durch welche man in verhältnismäßig roher, aber für die Bedürfnisse der Praxis ausreichender Art und Weise die Wasserbindung bestimmen kann.

Quellgradbestimmung nach der Streifenmethode von Schwalbe[1].

Schneidet man aus Zellstoffpappen Streifen von etwa 3—4 cm Breite und 5—7 cm Länge, taucht sie in destilliertes Wasser während $^1/_2$ Stunde bzw. 4 Stunden ein, läßt abtropfen und tupft vorsichtig ohne Druck auf Filtrierpapier das äußerlich noch anhaftende Wasser fort und wägt dann die Streifen, so ergibt der Unterschied zwischen dem Trockengewicht und dem Naßgewicht den Quellgrad des betreffenden Zellstoffes. Natürlich handelt es sich hierbei nicht lediglich um Wasser, welches von Fasern selbst aufgenommen wäre, sondern es wird auch das Wasser mitgewogen, welches in den Kapillaren der Zellstoffpappen sich befindet. Infolgedessen ist die Probe von dem Grade der Pressung der Pappe abhängig. Man kann also nicht bei Einhaltung derselben Zeiten den Quellgrad einer hydraulisch gepreßten Pappe mit demjenigen einer nur wenig gepreßten in Vergleich setzen. Die Wasseraufnahme der hydraulisch gepreßten Zellstoffpappe vollzieht sich wesentlich langsamer als bei nicht gepreßten. Den Fehlern, die durch verschiedene Grade geringeres Pressen dennoch entstehen können, geht man aus dem Wege durch Bestimmung des Raumgewichtes der Pappen, aus welchem man einen Schluß auf den Grad der Pressung ziehen kann.

Quellgradbestimmung nach der Schleudermethode.

Von verschiedenen Seiten ist versucht worden, den Quellgrad durch Abschleudern der mit Wasser getränkten Fasern zu bestimmen. Die Methode hat bei Kunstseide und Baumwollfasern gute Ergebnisse gezeitigt. Dahingehende Versuche sind von Schwalbe und Teschner[2] beschrieben worden. Für derartige Quellgradbestimmungen steht in der schon früher oben erwähnten Pan-Zentrifuge ein geeigneter Apparat zur Verfügung. Durch Wägung des aus gleichen Stoffmengen erhaltenen Schleuderkuchens kann bei gleichbleibenden Tourenzahlen der Zentrifuge das Wasserbindungsvermögen des Zellstoffs bestimmt werden,

[1] Papierfabrikant Bd. 21, S. 73—80. 1923; Z. angew. Chem. Bd. 37, S. 125—128. 1924; Zellstoff u. Papier Bd. 4, S. 178—180. 1924; Kunstseide Bd. 7, S. 286. 1925.

[2] Schwalbe u. Teschner: Z. angew. Chem. Bd. 37, S. 125—128. 1924. Vgl. ferner Schwalbe: Zellstoff und Papier Bd. 3, S. 10—11. 1923.

wobei selbstverständlich nicht nur das Wasser, welches in den Fasern vorhanden ist, sondern auch das Wasser, welches nach dem Schleudern zwischen den Fasern zurückbleibt, mitgewogen wird.

Es steht diese Bestimmung in engem Zusammenhang mit dem Verfahren zur Stoffdichtebestimmung, wie es A. Noll[1] beschrieben hat.

Bestimmung der Quellfähigkeit nach Nippe[2].

Nach Nippe ist die spezifische Quellfähigkeit das Vermögen der Faser, eine bestimmte Wassermenge unter Volumenvergrößerung in sich homogen aufzunehmen.

Bringt man die Zellstoffasern in einen Raum, der zur Vermeidung der Taubildung nicht mit Wasserdampf gesättigt ist, so nehmen sie Wasserdampf aus der Luft auf, und zwar so viel, bis die Dampftension der durch Quellung aufgenommenen Flüssigkeit mit der Dampftension des Raumes im Gleichgewicht steht. Nippe gibt folgende Vorschrift: 1—2 g der Zelluloseblätter werden in Wägegläschen bei Zimmertemperatur im Hochvakuum über Phosphorpentoxyd getrocknet, was 12 bis 36 Stunden Zeit in Anspruch nimmt. Zur Quellung werden die Proben dann in einen Exsikkator gebracht, dessen unterer Raum mit feuchtem Kochsalz gefüllt ist und durch dessen Tubus eine Zu- und eine Ableitung der auf 80% relative Feuchtigkeit einregulierten Luft führt. Diese wird einer Druckleitung entnommen und hat nacheinander eine Flasche mit Wasser und 3 Flaschen mit gesättigter Kochsalzlösung und festem Kochsalz als Bodenkörper passiert. Als Sicherheitsabschluß dient eine Flasche mit festem Kochsalz, die die aus dem Exsikkator austretende Luft noch durchstreichen muß. Der Deckel des Exsikkators wird gut gefettet und mit einem Metallbügel befestigt. Die ganze Apparatur wird dann in einen mit Wasser gefüllten Thermostaten versenkt, dessen Temperatur elektrisch auf $30 \pm 0{,}25^\circ$ einreguliert wird. Der Austritt der Luft aus der Quellungsapparatur wird unter die Oberfläche des Thermostatenwassers verlegt. Hierdurch wird dieses in ausreichende Bewegung versetzt, so daß auf eine besondere Rührung verzichtet werden kann. Die Proben werden bis zur Gewichtskonstanz gequollen. Die von 100 g trockener Zellulose aufgenommene Wassermenge wird der Einfachheit halber mit Quellzahl bezeichnet. Die Quellung erreicht in 2—3 Tagen einen konstanten Wert. Die Kontrollwägungen stimmen auf $\pm 0{,}075\%$ überein. Da auch bei Parallelversuchen die Abweichungen diesen Wert nicht übersteigen, kann man die Fehlergrenze mit $\pm 0{,}075\%$ (absolut) annehmen. Die Hauptfehlerquelle der Bestimmung bildet wohl die Wägung des trockenen Stoffes. Hier ist schnelles Arbeiten beim Öffnen der Exsikkatoren und Schließen

[1] Noll, A.: Papierfabrikant Bd. 26, S. 664—667. 1928.

[2] Nippe, W.: Papierfabrikant Bd. 26, S. 501—506. 1928.

der Wägegläschen unbedingt erforderlich. Man muß es deshalb vermeiden, mehr als 8 Gläschen gemeinsam in einem Exsikkator zu trocknen (oder auch zu quellen) und muß vor allem die Deckel der Wägegläschen so bereit halten, daß sie ohne Zeitverlust sofort auf das richtige Gläschen gesetzt werden können.

Das von der trockenen Zellulose durch Quellung aufgenommene Wasser steht mit dem Wasserdampf des Gasraumes im Gleichgewicht, sobald Gewichtskonstanz eingetreten ist. Der Dampfdruck des Quellungswassers ist dann gleich dem Partialdruck des Wasserdampfes in der Atmosphäre. Im allgemeinen können Gleichgewichte von zwei Seiten aus erreicht werden. Lösungsgleichgewichte erhält man beispielsweise sowohl von der untersättigten wie übersättigten Lösung aus. Auf die hygroskopische Quellung übertragen, müßte sich das Gleichgewicht bei konstanter Temperatur und Luftfeuchtigkeit einstellen, ganz gleich, ob getrocknete oder durchnäßte Zellulose zur Prüfung gelangte. Die Quellung der Zellulose verhält sich jedoch anders.

Geht man bei den Untersuchungen nicht von getrocknetem, sondern von nassem Stoff aus, so sinkt die Quellzahl nicht bis auf den Wert, der für die getrocknete Zellulose gefunden wurde. Wir haben es hier mit Erscheinungen der Hysteresis zu tun, wie man sie bei Quellungen recht allgemein findet. Um diese zu eliminieren, werden vielfach die Quellungen von der trockenen und von der nassen Substanz ausgehend bestimmt und der Mittelwert als wirklicher Quellungswert angenommen. Bei der vorstehend beschriebenen Methode wird jedoch auf die Entquellungsbestimmungen verzichtet. Die Bestimmung der Entquellung bedeutet wegen ihres langsamen Verlaufes eine unnötige Komplizierung. Es kommt nur auf Relativwerte an. Im übrigen konnte man bei der Entquellungskurve feststellen: Von „lufttrockener“ Zellulose ausgehend, ist es nicht möglich, reproduzierbare Zahlen zu erhalten, da bei dieser die Hysteresis verschieden stark in Erscheinung tritt, je nach dem wechselnden Feuchtigkeitsgehalt der Atmosphäre, in der die Proben vorher aufbewahrt wurden. Es ist jedoch nicht notwendig, den Zellstoff vollkommen zu trocknen, um reproduzierbare Zahlen zu erhalten; Zellstoffe, die noch rund 5% Wasser enthielten, erreichten die Quellzahlen des absolut getrockneten Stoffes.

Die Bestimmung des Mahlgrades.

Das Verhalten der Zellstoffe im Holländer bei der Mahlung ist von ausschlaggebender Bedeutung für die Verarbeitbarkeit zu Papier. Man hat deshalb versucht, die Veränderung des Zellstoffes, das mehr oder weniger rasche „Schmierigwerden“ des Stoffes bzw. seine „Röschheit“ durch Mahlgradbestimmungen festzulegen. Eine sehr große Schwierigkeit liegt darin, im Versuchsmaßstabe die Mahlarbeit der großen Holländer nachzuahmen, die mit verhältnismäßig hohen Stoffdichten von 5—8% arbeiten, während es in den sogenannten Versuchsholländern nur schwer oder gar nicht gelingt, diese hohe Stoffkonzentration oder andere wichtige Bedingungen der technischen Mahlarbeit einzuhalten.

Die Mahlmaschinen für Versuchszwecke.

Bei der Konstruktion von Versuchsholländern hat man meist nur die Dimensionen der Betriebsholländer verkleinert in der Hoffnung, daß die Mahlarbeit annähernd im gleichen Sinne bei Verwendung kleiner Stoffmengen vor sich gehen möchte. Bedenkt man jedoch, daß die Breite der Messer, das Gewicht der Walzen, die Reibung an den Trogwänden bei der Verkleinerung ganz andere Versuchsbedingungen schaffen, als sie im Großbetriebe obwalten, so ist es nicht verwunderlich, daß die Versuchsholländer bei der Mahlarbeit andere Ergebnisse zeitigen, als man sie in der Fabrikpraxis beobachtet. Man hat die Versuchsholländer mit besonderen Propellern ausgestattet, um auf höhere Stoffdichten zu kommen und zum mindesten deren praktische untere Grenze von etwa 5% zu erreichen. Doch bleibt der Mangel der schmalen, viel zu stark schneidenden Messer. Rieth[1] hat deshalb dem Versuchsholländer eine Walzenkonstruktion gegeben, bei welcher relativ sehr breite Messer eingesetzt sind. Er hat mit diesem Versuchsholländer zufriedenstellende Ergebnisse erlangt.

Große Verbreitung haben die Kugelmühlen gefunden. In den Vereinigten Staaten wurde ursprünglich mit der Pebble-Mill[2] gemahlen, bei welcher die Füllung aus unregelmäßig geformten Feuersteinstücken besteht. Die Ergebnisse sind häufig nicht befriedigend. Auch ist sehr lästig die sehr starke Abnutzung der Steine und die Beladung des Stoffbreis mit Mineralbestandteilen. Verwendet man an Stelle von Feuersteinstücken Porzellankugeln, so hängt die Wirkung durchaus von der Größe der Kugeln und der Stoffkonzentration ab, so daß es schwer ist, reproduzierbare Werte zu erlangen. An Stelle von Porzellankugeln sind dann auch Bronzekugeln zur Anwendung gelangt, die in den Vereinigten Staaten zufriedenstellende Ergebnisse gezeitigt haben. Neustens wird dort eine Miniaturnachahmung der Stabmühle (Rod-Mill) mit Bronzestäben empfohlen, über deren Brauchbarkeit jedoch noch genauere Mitteilungen abzuwarten sind.

Ein großer Fortschritt für die Kugelmühlenarbeit war die Apparatur von Lampén[3], bei welcher an Stelle vieler Kugeln eine einzige

[1] Rieth: Jahresbericht der Zellstoff- u. Papier-Chemiker u. Ingenieure 1928, S. 118.

[2] Vgl. z. B. Richter, E.: Wochenbl. f. Papierfabr. Bd. 60, S. 263. 1929.

[3] Lampén: Zellstoff u. Papier Bd. 8, S. 289. 1928, ferner Papierfabrikant Bd. 27, S. 256. 1929 und Technologie u. Chemie der Papier- u. Zellstoffabrikation Bd. 26, S. 87. 1929.

sehr schwere Bronzekugel in einem Bronzegehäuse rotiert. Die Arbeit mit der Lampén-Mühle[1] verschiedener Größenordnung hat sich wohl am meisten eingebürgert und soll der kurzen Beschreibung der Versuchsmahlung zugrunde gelegt werden. Man versucht gegenwärtig, durch andere Mahlmaschinen, wie z. B. mit Hilfe von Scheibenholländern, also Maschinen, die mit Mahlscheiben arbeiten, zu noch besser geeigneten Konstruktionen zu kommen. Die neuste Maschine dieser Art, die sogenannte Darmstädter Mahlmaschine von Kroß[2] und Jonas[3] arbeitet mit einer größeren Zahl von Mahlbüchsen, in welchen ein Stahlzylinder mit Fräsnuten, welche etwa der Holländerwalze entspricht, durch die Fliehkraft an die Wand der Büchsen gepreßt wird. Die Maschine bietet die Möglichkeit, sozusagen während des Betriebes Proben entnehmen zu können, indem man eine der Büchsen ausschaltet und den Betrieb der anderen Büchsen nach Bedarf weiter fortsetzt, bis die gewünschte Mahldauer erreicht ist.

Mahlung mit der Lampén-Mühle.

Im Holzforschungs-Institut Eberswalde wird mit der Lampén-Mühle[4] nach folgender Vorschrift gearbeitet:

25 g lufttrockener Zellstoff werden im Zerfaserer Abb. 53 mit 1 l Wasser aufgeschlagen. Nachdem das Material homogen verteilt ist, wird es auf dem Büchner-Trichter abgesaugt, und zwar so, daß der Stoff eben nicht mehr tropft. Ein scharfes Absaugen ist nicht anzuraten wegen der schlechten Verteilung von zu festem Material in der Lampén-Mühle. Durch Abnehmen des Verschlußdeckels wird die Mühle (vgl. Abb. 54) geöffnet und mit dem abgesaugten, feuchten Stoff beschickt. Hierauf wird die Lampén-Mühle durch den Deckel verschlossen. Die Stoffkonzentration bei der Mahlung beträgt 5%. Die noch notwendige Wassermenge wird durch eine seitliche Öffnung, die durch einen Pfropfen

Abb. 53. Zerfaserer von Louis Schopper, Leipzig.

[1] Schwalbe, H.: Papierfabrikant Bd. 23, S. 234—241. 1925. Sieber: Papierfabrikant Bd. 23, S. 245. 1925.

[2] Kroß: Diss. Darmstadt 1930.

[3] Jonas: Wochenbl. f. Papierfabr. Bd. 61, S. 1526. 1930.

[4] Von den Lampénmühlen sind von der Herstellerin verschiedene Typen herausgebracht worden. Die Mühle kann auch von der Firma Louis Schopper, Leipzig, bezogen werden.

mit Gewinde verschließbar ist, zugefügt. Hierauf wird die Lampén-Mühle von Hand einige Male gedreht und dann kurze Zeit sich selbst überlassen, damit das zugefügte Wasser sich mit dem feuchten Zellstoff mischen kann. Nach Ablauf von ungefähr 5 Minuten läßt man die Mühle mit 320 Umdrehungen je Minute laufen. Um nach einer gewissen Zeit den erreichten Mahlgrad zu bestimmen, wird der Verschlußdeckel der Lampén-Mühle abgeschraubt, der Stoffbrei mit Hilfe eines Wasserstrahles in einen Stutzen gespült und auf ein bestimmtes Volumen (5 l) aufgefüllt. Von einem aliquoten Teil wird auf bekannte Weise

Abb. 54.

der Mahlgrad bestimmt. Soll der Stoff noch weiter gemahlen werden, so wird alles in einem Büchner-Trichter gesammelt, abgesaugt und wieder in die Mühle gebracht, wie oben ausgeführt.

Mahlgradprüfer von Schopper-Riegler usw.[1]

Die Wirkung der Mahlung prüft man mit sogenannten Mahlgradprüfern, bei welchen der Stoffbrei durch ein Sieb abfiltriert und aus der Menge des rasch und langsam abtropfenden Wassers ein Rückschluß auf die rösche oder schmierige Beschaffenheit der Fasern gezogen werden kann. Die Mahlgradprüfer haben mannigfaltige Modifikationen erfahren. Ihre Konstruktion zu beschreiben ist nicht notwendig, da dies schon in der Fachliteratur zur Genüge geschehen ist[2]. Die Genauigkeit der Prüfungen hängt sehr davon ab, daß man fettfreie Siebe verwendet oder durch einige Vorversuche fettfrei macht. Von Bedeutung ist auch die Art, wie man den das Sieb bedeckenden Konus emporzieht. Geschieht dies ungleich, so werden auch ungleiche Zahlen erhalten. Schopper

[1] In den Vereinigten Staaten ist eine Ausführungsform von F. W. Williams verbreitet. F. W. Williams: Pulp and Paper Magazine Bd. 23, S. 443. 1925; Referat: Papierfabrikant Bd. 23, S. 420. 1925.

[2] Siehe z. B. Herzberg: Papierprüfung 6. Aufl. Berlin 1927, S. 229.

hat deshalb einen Mahlgradprüfer herausgebracht, bei welchem das Abheben des Konus gewissermaßen maschinell geschieht und dadurch eine große Gleichmäßigkeit auch bei geringer Übung des Experimentators erzielt werden kann. Die Werte, welche man bei der Mahlgradprüfung erhält, kann man zu Kurven zusammenfassen und so feststellen, in welcher Zeit, d. h. also mit welcher Mahldauer ein bestimmter Mahlgrad erreicht werden kann. Diese Kurven sind zu einer sicheren Beurteilung der Mahlwirkung natürlich weit besser geeignet, als wenn nur ein bestimmter hoher Mahlgrad als Grenzwert festgelegt wird.

Mahlgradbestimmung durch Messung der Alkalilöslichkeit nach Schwalbe.

Wünschenswert wäre eine Kontrolle der Mahlgrade durch chemische Methoden. Einen Versuch in dieser Richtung hat C. G. Schwalbe[1] unternommen, indem er die Alkalilöslichkeit der Zellstoffschleime bestimmt. Je weiter die Mahlung fortschreitet, je größer die sich bildenden Schleimmengen sind, um so größere Löslichkeit des Zellstoffschleimes wird erreicht.

Der beim Mahlen sich bildende Schleim wird mit fortschreitender Mahlung immer alkalilöslicher, so daß man mit Hilfe der Bestimmung der Alkalilöslichkeit die Mahlgradwerte des Schopper-Riegler-Apparates kontrollieren kann. Man verwendet zur Bestimmung 1,5 l 1proz. Stoffbrei, der auf einem Büchner-Trichter abgesaugt, dann naß gewogen wird. Hierauf bringt man den Stoffkuchen in eine Reibschale und fügt 10proz. Ätznatronlauge zu, so viel, daß auf 15 g Ausgangsstoff 150 cm³ der Natronlauge angewendet werden. Nach 7 Minuten langem Kneten des Stoffbreies in der Reibschale wird der Stoff wieder auf dem Büchner-Trichter abgesaugt und das in der ersten Minute abfließende Filtrat weiter verarbeitet. Von diesem Filtrat werden 20 cm³ mit etwa 5 cm³ konzentrierter Salzsäure neutralisiert, 10 cm³ 97proz. Alkohol hinzugefügt und in der Einsatzröhre einer Schleuder zentrifugiert. Nach etwa 5 Minuten hat sich der Stoff genügend abgeschieden, so daß man an der mit Teilung versehenen Röhre ablesen kann. Zweckmäßig sind Schleudern, welche enge Einsatzröhren von 10 mm Weite haben, doch war auch ein Einsatzrohr mit 29 mm Weite anwendbar. Die beobachteten Absatzhöhen sind proportional der Mahldauer. Es entsprechen beispielsweise 29 Schopper-Riegler-Grade 7,75 cm Absatzhöhe, 59 Schopper-Riegler-Grade 11,0 cm Absatzhöhe.

Bestimmung der Festigkeit von Zellstoffen.

Es ist oben bereits ausgeführt worden, daß die Prüfung der Zellstofffasern auf Festigkeit durch Herstellung von Probeblättern und Zerreißen

[1] Wochenbl. f. Papierfabr., Festheft 1928, S. 107.

derselben aus ungemahlenem Zellstoff eine sehr verschiedene Beurteilung erfahren hat. Dagegen ist man sich einig über den Wert der Festigkeitsbestimmung an Probeblättern, welche aus gemahlenem Zellstoff hergestellt sind. Es ist deshalb in neuerer Zeit üblich geworden, Zellstoffbreie verschiedenen Mahlgrades zu Papierblättern zu formen und diese Festigkeitsprüfungen zu unterwerfen. Von ausschlaggebender Bedeutung ist dabei die Herstellung einwandfreier Probeblätter, welche beim Zerreißen annähernd die gleichen Werte geben.

Blattbildung.

Für die Güte der Probebogen ist die Zeit, die zwischen der Mahlung und Blattbildung vergeht, von Bedeutung. Das heißt, man darf nicht bei Vergleichen den gemahlenen Stoffbrei in einem Falle sofort nach Fertigstellung der Mahlung verarbeiten, im anderen Falle aber etwa diesen Stoffbrei 12 Stunden, 24 Stunden oder noch länger vor der Verarbeitung liegen lassen. Hierdurch können Fehler entstehen, weil die Quellung in etwa 8 Stunden ihr Maximum erreicht, um hierauf allmählich wieder zurückzugehen. Da die Quellung die Plastizität bedingt, und diese von erheblichem Einfluß auf die Festigkeit des Papierblattes ist, sollte man dem Zeitfaktor die erforderliche Beachtung schenken.

Man kann Probebogen von entsprechenden Eigenschaften durch Schöpfen mit dem Schöpfrahmen herstellen. Doch erfordert diese Schöpfarbeit eine große Übung, wenn verläßliche gleichmäßige Ergebnisse erzielt werden sollen. Man ist deshalb zu der Blattbildung in besonderen „Blattapparaten“ übergegangen, bei welchen der Papierbrei auf ein Sieb aufgebracht und durch Abfließenlassen des Wassers, was vielfach durch Saugen unterstützt wird, das Papierblatt gebildet wird. Man hat diese Apparate in rechteckiger und runder Form konstruiert. Beide Formen haben Anhänger und Gegner. Für die rechteckige Form spricht die bessere Ausnutzung der Probeblätter bei der Herstellung von Streifen für die Zerreißprobe, für die runde Form die theoretisch und wohl auch praktisch leichtere Herstellung gleichmäßiger Blätter. Beim Aufgießen des Zellstoffbreies auf das Sieb kommt es sehr darauf an, daß nicht dünne Stellen im Papierblatt entstehen. Es muß also der Zellstoffbrei gleichmäßig aufgegossen oder gleichmäßig verteilt werden. Damit nicht durch vorzeitig abfließendes Wasser von vornherein dünne Stellen entstehen, füllt man den Raum unter dem Sieb mit Wasser an und läßt dieses erst durch Öffnen eines Hahnes abfließen, wenn auf dem Sieb gleichmäßige Verteilung des Stoffbreies erreicht ist. Man hat sich viel um gleichmäßige Saughöhen bemüht und behauptet, daß nur bei einer bestimmten Saugung die Herstellung gleichmäßiger Blätter möglich sei. Nach den Erfahrungen des Holzforschungs-

Instituts Eberswalde kommt es eigentlich nur darauf an, daß man den Stoffbrei auf dem Sieb gleichmäßig verteilt. Es wird dies in Eberswalde bei einem rechteckigen Blattbildungsapparat (vgl. Abb. 55) dadurch erreicht, daß in dem Sieb ein Verteiler eingebaut ist (vgl. Abb. 56). Auf die Spitze der viereckigen Pyramide aus Zinkblech, welche dieser darstellt, wird der Zellstoffbrei gegossen. Er gleitet an den vier Flächen des Verteilers herunter und prallt etwa 1 cm über dem Sieb an die vier Wandungen des Blattapparates. Zieht man nach Aufgießen des gesamten Zellstoffbreis den Verteiler empor, so bringen die entstehenden Wirbel eine sehr gleichmäßige Verteilung der Zellstoffasern zuwege, so daß beim nachherigen Ablassen des Wassers ohne Saugung sehr gleichmäßige Blätter entstehen[1]. Es wird wie folgt gearbeitet:

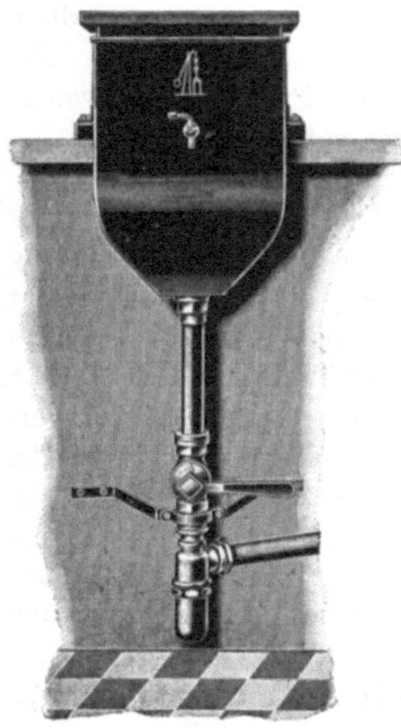

Abb. 55. Blattbildungsapparat nach Louis Schopper, Leipzig.

Nach Erreichen des gewünschten Mahlgrades werden Probeblätter für die mechanische Prüfung nach folgender Vorschrift hergestellt: Der gesamte Stoff wird durch ein Schlitzsieb von 0,4 mm sortiert, um evtl. vorhandene Knoten zurückzuhalten. Der durch das Sieb gelaufene dünne Stoffbrei wird in einen Stutzen gefüllt. Nach dem Absitzen des Stoffes wird das klare, überstehende Wasser abgehebert und dann der Stoffbrei bis auf 12 l aufgefüllt. Der Wasserkasten des Blattbildungstrichters wird gefüllt, so daß das Wasser noch 1 cm über dem Sieb steht. 7 cm oberhalb des Wasserspiegels ist der Verteiler angebracht, dessen Form aus der oben erwähnten Zeichnung zu ersehen ist. Nach guter Durchmischung des Stoffbreis im Stutzen werden 2 l entnommen und auf den Verteiler des Blattbildungsapparates im gleichmäßigen Strom gegossen. Der Verteiler wird entfernt und nach bekannter Vorschrift das Papierblatt hergestellt. Die Höhe des Saugkastens beträgt 28 cm; die Papiere werden auf einem nassen Filz abgegautscht und in der hydraulischen Presse entwässert.

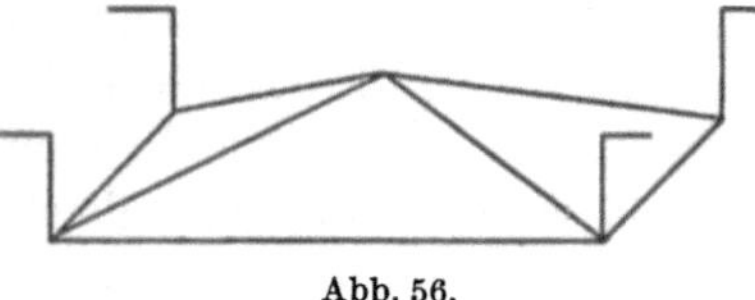

Abb. 56.

[1] Nach einer Notiz in der Dissertation von Kroß (Darmstadt 1930) über die Darmstädter Mahlmaschine arbeitet Bergman in Helsinki bei einem runden Apparat ebenfalls mit einem Verteiler. Nach Jonas soll man mit einem Schlitzapparat gleichmäßige Verteilung auf dem Sieb bekommen.

Das Pressen der Probeblätter.

Bei der Einführung der Festigkeitsbestimmung hat man sich zumeist mit der Anwendung einer Kopierpresse begnügt. Später hat man gefunden, daß gleichmäßigere Ergebnisse mit einer hydraulischen Presse erreicht werden können. Bei dem an und für sich zu befürwortenden Versuch, zu einer allgemeingültigen Vorschrift für die Festigkeitsprüfung zu kommen, hat die Festsetzung des geeigneten hydraulischen Druckes eine große Rolle gespielt. Doch ist noch immer keine Einigung in dieser Hinsicht erzielt. Mit einem Druck von 40 Atmosphären erhält man jedenfalls sehr gleichmäßige Ergebnisse. Es kommt weniger darauf an, wie hoch der Druck ist, als daß man immer denselben Druck verwendet.

Die Trocknung der Papierblätter.

Die Trocknung der Papierblätter wird häufig auf dampfgeheizten Trockenzylindern vorgenommen. Die Papierblätter werden mit einem Filz, der durch eine schwere Eisenstange beschwert ist, auf den Zylinder aufgepreßt, wenn man nicht rotierende Trockenzylinder zur Verfügung hat. Es wird ferner in Trockenschränken unter Beschwerung getrocknet.

Trocknung der Blätter nach A. Frohberg, Apparatur der Firma Hoesch & Co., Pirna. Die auf Chromoersatzkarton aufgegautschten und mit einem ebensolchen Karton bedeckten Blätter werden nach der Pressung in einer Lage von 5 Stück zwischen gelochte Kupferplatten (von einem alten Voithschen Sortiersieb geschnitten) gelegt und mit einer Bleiplatte von etwa 10 kg Gewicht belastet. Diese Bleiplatte steht auf 6 Füßen, damit das verdampfende Wasser gut abziehen kann. Nun werden die so belasteten Blätter in ein an 3 Seiten geschlossenes Regal gelegt, unter dem sich ein Rippenheizrohr befindet. Die Temperatur wird auf etwa 70° eingestellt. Nach etwa 6—8 Stunden sind die Blätter trocken und können leicht von dem Karton entfernt werden.

Legt man nur 1 Blatt zwischen die Kupferplatten, so verkürzt sich die Trockenzeit auf etwa eine Stunde, was für eilige Betriebsuntersuchungen von großem Vorteil ist.

Methode des Holzforschungs-Instituts Eberswalde. Da in einem Trockenschrank die abströmende feuchte Luft mit den übereinander gestapelten Proben in Berührung bleibt und demnach die im oberen Teil befindlichen Proben infolge der feuchten Luft schwerer und langsamer trocknen als die im unteren Teil befindlichen, wird in Eberswalde die Trocknung folgendermaßen ausgeführt. Die noch feuchten Papierblätter werden in einem Trockenapparat folgender Konstruktion getrocknet: Zwischen zwei perforierte Zinkplatten, die innen mit einem feinen Papiermaschinensieb überzogen sind, legt man das feuchte Papierblatt, das von beiden Seiten von je drei dünnen Wollfilzen umgeben ist. Die 2 Zinkplatten werden durch von außen aufgelegte Klammern zusammengehalten[1] und durch ein Spezialstativ in senkrechter Lage während der Trocknung im Trockenschrank gehalten. Die Temperatur beträgt 60—80°. Die Trocknung dauert etwa $1^1/_2$ Stunden.

Die Vorbereitung der Papierblätter für die Zerreißprobe usw.

Bekanntlich müssen die Festigkeitsbestimmungen bei gleichbleibendem Luftfeuchtigkeitsgehalt durchgeführt werden. Die Einstellung der Luftfeuchtigkeit in dem Meßraum kann durch Verstäuben von Wasser und durch Anwendung einer elektrischen Heizsonne oder durch Kühlung mit Eis erfolgen. Will oder muß man von diesen Einrichtungen absehen, so kann man sich dadurch helfen, daß man die für die Zerreißprobe u. dgl. geschnittenen Papierstreifen in einen Raum mit geeigneter Feuchtigkeit bringt und dort bis zur Annahme der normalen Feuchtigkeit beläßt, wozu meist 4 Stunden erforderlich sind. Man erreicht den richtigen Luftfeuchtigkeitsgehalt in solch geschlossenen Räumen durch Anwendung von hochkonzentrierten Salzlösungen, in welchen das gelöste Salz als Bodenkörper im Überschuß vorhanden ist[2]. Für die Luftfeuchtigkeit von 65% ist Ammonnitrat das geeignetste. Man kann etwa in flachen Glasbüchsen, welche mit aufgeschliffenem Deckel versehen sind, auf dem Boden das Salz ausbreiten, mit Wasser überdecken und dann auf einem Siebboden die Streifen ausbreiten, welche den Festigkeitsproben unterworfen werden sollen. Werden diese Streifen rasch herausgenommen und sofort zerrissen, so gelingt es, gleichmäßige Ergebnisse auch in einem Raum zu erhalten, welcher bezüglich seiner Luftfeuchtigkeit und Temperatur nicht genau den normalen Bedingungen entspricht.

Die Bestimmung der Reißlänge, Falzzahl und des Berstdruckes.

Diese sind in dem schon erwähnten Werk von Herzberg „Die Papierprüfung" eingehend beschrieben, so daß hier nur festgestellt werden soll, daß man in neuerer Zeit neben der Reißlänge die Falzzahl und die Berstfähigkeit zu bestimmen pflegt. Für diese Bestimmungen können die bekannten Zerreiß- und Falzapparate von Schopper und der Mullen Tester[3] Verwendung finden.

---

[1] Bezüglich des Einflusses der Spannung und Trocknung vgl. G. P. Gensberg: Papierfabrikant Bd. 23, S. 391. 1925.

[2] Obermiller: Z. angew. Chem. Bd. 36, S. 429. 1923; Bd. 37, S. 940. 1924; Bd. 40, S. 419. 1927.

[3] In etwas abgeänderter Form wird diese amerikanische Prüfmaschine auch von der Firma Louis Schopper, Leipzig, gebaut.

Bestimmung der Festigkeit von Zellstoffen nach A. Küng und E. Seger[1].

Die wissenschaftliche Methode. In Anlehnung an die Vorschläge des Festigkeitsausschusses des Vereins der Zellstoff- und Papierchemiker und Ingenieure wurde wie folgt gearbeitet:

Abwägen und Aufschlagen: Von einer guten Durchschnittsprobe wird zunächst der Trockengehalt bestimmt und soviel Material verwendet, als 40,0 g absolut trockenem Zellstoff entspricht. Der Stoff wird im Schopperschen Zerfaserer aufgeschlossen, der sich hierzu vorzüglich eignet. Der Stoff wird von Hand gröblich zerzupft in den Apparat eingefüllt, den man, um rascher zum Ziele zu kommen, mit heißem Wasser beschickt. Der Apparat läuft mit 400 Umdrehungen pro Minute. In maximal 2 Stunden ist auch der härteste Stoff vollständig aufgeschlossen Nun kippt man den Apparat um, indem man den Inhalt in das unter dem Trog aufgestellte Blechgefäß ausgießt und mit Druckwasser quantitativ ausspült. Bevor man zur Mahlung schreitet, wird der Stoff auf dem Schopperschen Blattgußapparat konzentriert, der Kuchen auf dem Sieb zusammengerollt, in einen weiten Meßzylinder von 1 l gebracht, mit Wasser bis zur Marke aufgefüllt, mit einem Glasstabe umgerührt, bis ein homogener Stoffbrei entstanden ist und mit diesem die Lampén-Mühle gefüllt.

Mahlung. Man benutzt in Attisholz sowohl das alte Modell mit den beiden Probeentnahmestopfen als auch das neue, kippbare Modell. Die Resultate sind genau dieselben innerhalb der Fehlergrenzen. Die alte Mühle hatte jedoch den Nachteil, daß sie sowohl durch die Stopfen als unter dem Deckel Wasser verlor, wodurch die Resultate unsicher wurden. Man behob diesen Übelstand durch Abdrehen und gewann dadurch Raum für Dichtungen. Endlich machte man die alte Mühle nach rückwärts kippbar, indem man sie auf einen Schlitten setzte, welcher gestattet, die Mühle erst nach vorwärts zu ziehen und dann nach rückwärts zu kippen. In dieser Lage kann man allen Stoff quantitativ bei abgenommenem Deckel eintragen. Auch die Mahlgradproben entnimmt man auf diese Weise und benutzt die Zapfen nur noch zum Ausspülen der letzten Stoffreste nach beendeter Mahlung. Die Lampén-Mühlen laufen in Attisholz normalerweise mit 450 Touren ohne das geringste Klopfen. Guter Aufschluß und ein sicheres Fundament sind die Vorbedingungen, dies zu erreichen. Es wurde früher, namentlich zu Anfang der Mahlung, auch gelegentliches Klopfen beobachtet, jetzt nicht mehr.

Mahlgrad nach Schopper-Riegler. Man entnimmt der Mühle 50 cm^3, entsprechend 2,0 g Stoff, verdünnt mit Wasser von 20° zum

---

[1] Küng, A., u. E. Seger: Papierfabrikant Festheft. Bd. 27, S. 96. 1929. Vgl. auch W. Humm: Papierfabrikant Bd. 29, 431. 1931.

Liter, läßt einige Minuten am Propellerrührwerk laufen, um allfällige Knöllchen aufzulösen, und preßt, falls der gewünschte Mahlungsgrad erreicht ist, den auf dem Sieb verbliebenen Stoff ab, trocknet und wägt. Die Kontrolle ergibt in seltenen Fällen größere Abweichungen als 0,1 g, andernfalls korrigiert man den Mahlgrad nach der von Korn[1] angegebenen Tabelle. Ist der gewünschte Mahlgrad noch nicht erreicht, so gibt man den Stoff in der ursprünglichen Verdünnung wieder in die Mühle zurück.

Die Herstellung des Papierblattes. Man entleert die Mühle, entwässert den Stoff auf dem Blattgußapparat, rollt ihn auf dem Sieb zusammen, wägt und teilt das Ganze in so viel Gewichtsteile, als man Blätter zu formen wünscht, d. h. in 10 Teile oder, falls Stoff für zwei Mahlgradbestimmungen weggenommen wurde, in 9 Teile. Man schließt jeden Teil in dem obenerwähnten Propellerrührwerk, zu 1 l gelöst, auf und läßt während des Eingießens in den Schopperschen Blattapparat gleichzeitig einen kräftigen Wasserstrahl in den Kasten laufen. Die Verteilung ist so eine bessere, als wenn man den Stoff vorher auf 2 l verdünnt und eingegossen hat. Ist der Stoff zur Ruhe gekommen, so saugt man mit 75 cm-Wassersäule ab, erst langsam, dann bei voll geöffnetem Hahn. Künstliches Vakuum wird nicht verwendet.

Abgautschen. Man benützt hierzu weiße, geleimte, also nicht gewebte Wollfilze von 20 cm Länge und $22^1/_2$ cm Breite, entsprechend 652 cm² Fläche und preßt jedes Blatt einzeln ab. Die Filze legt man zwischen zwei Messingplatten, die mit Handgriffen versehen sind. Man verwendet in Attisholz eine hydraulische Presse von Rucks & Sohn, Glauchau (Sachsen). Sie ist bis zu einem Höchstdruck von 128 Atmosphären bzw. 40000 kg Gesamtdruck gebaut. Das Anziehen des oberen Spindelrades erlaubt ein sehr rasches Arbeiten, und es genügen nachher nur wenige Kolbenhübe, um den gewünschten Druck, in Attisholz von 20000 kg (am Manometer 64 Atmosphären), zu erreichen.

Trocknung. Sie ist bekanntlich von großem Einfluß auf die Festigkeit eines Blattes. In Attisholz wurde ein elektrisch heizbarer Trockenzylinder aus Aluminiumguß von 2 m Umfang und 32 cm Breite gebaut. Er besitzt Leit- und Spannrollen für den Siebüberzug. Der Heizstrom wird durch 6 Schleifringe mit Bürsten zugeführt. Drei Ringe schließen an ein Widerstandssystem von 1 kW, drei andere von 2 kW an. Man kann entweder mit 1,2 oder 3 kW arbeiten. Hebt man von den drei Bürsten eine ab, so kann die Regulierung der Temperatur noch weiter getrieben werden. Man arbeitet durch Abheben einer Bürste mit nur etwa $^2/_3$ kW und erhält so eine Oberflächentemperatur von 45—50°. Sämtliche Widerstände befinden sich unter dem abnehmbaren Felgenkranz isoliert eingebaut. Die Trocknung normaler Versuchsblätter er-

[1] Papierfabrikant Bd. 27, S. 123. 1929.

folgt in etwa 10—12 Minuten. Die Blätter sind glatt, auch bei hohen Mahlgraden und gehen nur um wenige Prozente ein. Ein großes Handrad gestattet das bequeme Drehen des Zylinders, um die Blätter einzuführen und nach erfolgter Trocknung herauszubekommen. Man läßt die Blätter während einiger Stunden an der Luft liegen, welche auf 65% relative Feuchtigkeit und, soweit dies vorläufig möglich ist, auch auf 20° gehalten wird. Die Luftfeuchtigkeit mißt man mit dem Psychrometer von Heyde, das durch Einstellung von zwei gekoppelten Thermometerzeigern ohne Benützung von Tabellen an einer Skala die relative Feuchtigkeit angibt.

Die vorhin beschriebene Arbeitsweise — 6 Einzelmahlungen zu 40 g — hat den unbestrittenen Vorteil, die genauesten Ergebnisse zu liefern. Man bekommt je 9—10 Blätter von 300 cm² und etwa 4 g Gewicht; man kann die besten Blätter auslesen zur Bestimmung der Reißlänge, des Berstdruckes, der Einreißfestigkeit (Tearing resistance nach Elmendorf) und der Falzzahl; es verbleibt außerdem noch ein genügend großer Vorrat für allfällig notwendige Kontrollbestimmungen, aber als Betriebskontrolle fällt sie außer Frage.

Die Festigkeitsbestimmung in vereinfachter Form (Betriebsmethode). Es wurde deshalb, einen Vorschlag von Wenzl befolgend, dazu übergegangen, die Lampén-Mühlen mit abnehmbarer Stoffmenge bei möglichst hoher Tourenzahl (450) laufen zu lassen. Die Mühle wird wiederum mit 40 g Stoff beschickt, der zu 1 l gelöst ist. Nach genau 20 Minuten entnimmt man 200 cm³, entsprechend 8 g Stoff, bestimmt den Mahlgrad und formt zwei Blätter, läßt unterdessen die Mühle weiterlaufen, entnimmt ihr nach 40 Minuten erneut 8 g Stoff usw. Zuletzt läuft die Mühle mit 8 g Charge, und nach 100 Minuten bricht man den Versuch ab. Man kann so 5mal Stoff entnehmen, erhält von jeder Mahlung 2 Blätter, welche ausreichen zur Bestimmung der Reißlänge, des Berstdruckes und der Falzzahl. Daß die Mühle mit abnehmbarer Beschickung rascher mahlt als bei konstanter Stoffmenge, ist evident, auch entfernt man sich dadurch von der Fabrikpraxis, gewinnt aber anderseits soviel an Zeit, daß ein fleißiger und geschickter Laborant in einer Tagesarbeit leicht drei Festigkeitskurven bewältigen kann. Interessiert die Festigkeit des ungemahlenen Stoffes (non beating test), so wird sie in gesonderter Probe bestimmt.

Weitere Methoden zur Bestimmung der Festigkeit von Holzzellstoffen.

Die sehr umfangreiche Literatur über diesen Gegenstand findet sich zusammengestellt für die Zeit von 1912—1924 in einem Aufsatz von H. Schwalbe[1], ferner für die Zeit von 1905—1929 in der Bibliographie

[1] Schwalbe, H.: Papierfabrikant Bd. 23, S. 241. 1925.

von Moore[1]. Eine ergänzende Bibliographie hat D. E. Cable[2] gegeben. Die Verhandlungen der Festigkeitskommission des Vereines der Zellstoff- und Papier-Chemiker und -Ingenieure sind zusammengefaßt in einem Aufsatz von Possanner von Ehrenthal[3] und in einem Bericht über die Verhandlungen des Ausschusses.

Die schwedische Arbeitsweise kann den Aufsätzen von Gösta Hall[4] entnommen werden.

Die britische Prüfmethode ist von Harrison[5] kurz beschrieben, ausführlich in dem Buche: "Interim Report of the Pulp Evaluation Committee to The Technical Section of the Papermakers' Association of Great Britain and Ireland." Bezüglich der amerikanischen Vorschläge vergleiche man die Aufsätze von Rothchild[6] und von Merle B. Shaw[7].

Die Klassifikation der Holzzellstoffe.

Es gibt eine außerordentlich große Zahl von Handelsmarken von Zellstoffen, die für die verschiedenartigen Bedürfnisse des Papiermachers hergestellt werden. Man unterscheidet etwa Zellstoffe für Schreib-, Druck-, Packpapier, Pergamynpapier, Kunstseiden-Zellstoff u. dgl. mehr. Neben dieser Einteilung nach dem Verbrauchszweck sind noch viel gebräuchlicher charakterisierende Beiworte wie zäh, fest, weich, stark, bleichfähig, endlich Bezeichnungen nach der Herstellungsart: Sulfit-, Natronzellstoffe, Ritter-Kellner-, Mitscherlich-Zellstoffe, voll gebleichte, halb gebleichte, $^1/_4$ gebleichte Zellstoffe u. a. m. Es wird seit langem angestrebt, solche Zellstofftypen näher zu charakterisieren.

Eine solche Charakterisierung setzt ein einheitliches Untersuchungsschema voraus, nach welchem die einzelnen Typen untersucht werden, so daß man für die Zellstoffe gewisse Kennzifferintervalle für die ein-

[1] Moore, W. F.: Paper Trade J., Tappi Section Bd. 89, S. 112—122. 1929.

[2] Cable, D. E.: Paper Trade J., Tappi Section Bd. 92, S. 118—122. 1931.

[3] Possanner v.: Jahresbericht des Vereins der Zellstoff- und Papier-Chemiker und -Ingenieure 1929, S. 20. Vgl. ferner W. Nippe: Papierfabrikant Bd. 29, 418. 1931.

[4] Hall, Gösta: Svensk Pappers Tidning Bd. 17, 18, 19, S. 488. 1926. Referat: Papierfabrikant Bd. 25, S. 153. 1927. Vgl. ferner: Worlds Paper Trade Review Bd. 91, Nr. 16, S. 1340. 1929. Erschöpfender Bericht in zahlreichen Fortsetzungen. Vgl. auch Papierfabrikant Bd. 27, S. 640. 1929.

[5] Harrison, A.: Paper Trade J., Tappi Section Bd. 89, S. 99. 1929 v. 5. September.

[6] Rothchild, H. A., Ivar Lundbeck u. C. E. Cable: Paper Trade J., Tappi Section Bd. 90, S. 143. 1930. Referat: Technologie und Chemie der Zellstoff- u. Papierfabrikation Bd. 27, S. 168. 1930.

[7] Shaw, Merle B., G. W. Bicking u. Leo W. Snyder: Paper Trade J., Tappi Section Bd. 90, S. 225. 1930. Mit zahlreichen Abbildungen der benutzten Apparate.

zelnen Eigenschaften festsetzen kann. Dabei muß maßgebend sein, daß diese Charakterisierung nur mit einer kleinen Zahl von gut ausgewählten analytischen Methoden ausgeführt wird. Die Überfülle von analytischen Bestimmungen, wie sie jetzt existieren, können im laufenden Betrieb des Erzeugers und Verbrauchers nicht wohl alle durchgeführt werden, sondern nur einige wenige. Je weniger, desto besser. Man muß demnach Standardzellulosen für technische Zwecke schaffen, wie dies für wissenschaftliche Zwecke versucht worden ist. Für diesen Abschnitt des Werkes kommen hier nur die Papier-Standard-Holzzellstoffe in Betracht[1]. Die Art der nach seiner Ansicht zweckmäßigen Prüfung hat C. G. Schwalbe in einem älteren Aufsatz charakterisiert. Von weiteren Versuchen zur Klassifikation von Holzzellstoffen seien aus der umfangreichen Literatur die Arbeiten von H. Krull[2], Roschier und Backmann[3], R. Sieber[4], G. P. Gensberg[5], I. Crolard[6], I. L. A. Macdonald und G. A. Cramond[7] genannt.

Jute, Hanf, Leinen und Baumwollfaserstoffe (Hadern).

In besonderen Halbstoffwerken werden für die Papierfabrikation Hadernhalbstoffe erzeugt. In den meisten Papierfabriken werden diese selbst erzeugt. Das Rohmaterial der Fabrikation sind die Hadern oder Lumpen, welche aus Baumwoll-, Flachs-, Hanf- oder Jutefasern zu bestehen pflegen. Hinzu kommen noch die bei der Verarbeitung in den Bekleidungsindustrien abfallenden sogenannten neuen Abschnitte, endlich die Abfälle der Textilindustrie, Werg (Hede) und die Abfälle bei der Baumwollgewinnung, die Linters.

Bei der Untersuchung der Rohmaterialien und bei der Betriebskontrolle spielt die mikroskopische Untersuchung eine hervorragende Rolle. Sie gewährt nicht nur Aufschlüsse über das vorliegende Material,

---

[1] Schwalbe, C. G.: Die Standardcellulosen. Papierfabr. Bd. 24, S. 769. 1926.

[2] Krull, H.: Papierfabrikant, Festheft Bd. 19, S. 65—70. 1921.

[3] Roschier u. Backmann: Pappers och Trävarutidskrift för Finland 1923, S. 65.

[4] Sieber, R.: Papierfabrikant Bd. 22, Fest- und Auslandsheft, S. 59—65. 1924.

[5] Gensberg, G. P.: Papierfabrikant Bd. 23, 391. 1925.

[6] Crolard, I.: Wochenbl. f. Papierfabr. Bd. 56, S. 591. 1925.

[7] Macdonald, I. L. A. u. G. A. Cramond: Paper Trade J., Tappi Section Bd. 87, S. 37. 1928. Referat: Papierfabrikant Bd. 26, S. 606. 1928. Vgl. ferner R. N. Miller: Paper Trade Journal Bd. 82, Nr. 16, S. 44—51; Referat: Chem. Zentralbl. 1926 II, S. 515. R. H. Rasch: Paper Trade Journ. Bd. 88, Nr. 8, S. 233—268. 1929; Referat: Chem. Zentralbl. 1929 I, S. 2493. Macdonald u. Cramond: Paper Trade Journ. Bd. 87, Nr. 5, S. 51. 1928; Referat: Technologie u. Chemie der Papier- u. Zellstoffabrikation Bd. 26, S. 81. 1929.

sondern auch über den durch Koch- und Bleichprozesse erzielten Aufschlußgrad. Sie hat vor anderen Untersuchungs- und Kontrollmethoden den Vorzug verhältnismäßig sehr rascher Ausführbarkeit. Sie muß deshalb auf das angelegentlichste empfohlen werden. Über die mikroskopische Technik im allgemeinen kann auf das Buch von Herzberg[1], „Die Papierprüfung“, verwiesen werden. Nachstehend seien jedoch noch einige Angaben zur Unterscheidung der Bastfaserarten und der verschiedenen Sorten von Baumwolle beschrieben.

Bastfaserstoffe.

Unterscheidung der Bastfasern von den Baumwollfasern (Baumwolle und Leinen).

Taucht man Halbleinen 1—2 Minuten lang in konzentrierte Schwefelsäure, so lösen sich zuerst die Baumwollfasern, die Leinenfasern widerstehen länger. Durch Spülen mit Wasser, schwaches Reiben mit den Fingern, Einlegen in Ammoniak und Trocknen kann nach Kind die Probe weiter verschärft werden.

Nach Ausfärbungen von Halbleinen in alkoholischer Cyaninlösung entfärben sich beim Einlegen in verdünnte Schwefelsäure nur die Baumwollfasern; die Flachsfasern bleiben blau, eine Färbung, die durch Einlegen in verdünntes Ammoniakwasser verstärkt wird.

Nach Herzog[2] speichert Flachs viel mehr Kupfersulfat auf als Baumwolle. Legt man daher Halbleinen für etwa 10 Minuten in ungefähr 10proz. Kupfersulfatlösung ein, spült das Gewebe dann mit Wasser aus und bringt in 10proz. Ferrozyankaliumlösung, so wird die Leinenfaser durch Ferrozyankupfer rot gefärbt, die Baumwollfaser bleibt weiß.

Die quantitative Bestimmung der verschiedenen Faserarten in gemischten Geweben geschieht nach A. Herzog[3] am besten durch mikroskopische bzw. optische Methoden.

Unterscheidung von Flachs- und Hanffasern.

Auch diese Unterscheidung ist nach F. Tobler[4] durch mikroskopische Untersuchung zu bewirken.

Bestimmung des Aufschlußgrades beim Flachs.

Zur Bestimmung des Aufschlußgrades beim Flachs kann die Ermittlung des Fett- und Wachsgehaltes, ferner die Furfurolbestimmung

[1] Verlag von Julius Springer, 6. Aufl., Berlin 1927.

[2] Herzog: Z. f. Farben- u. Textilindustrie Bd. 4, S. 12. 1905; Bd. 7, S. 83. 1908.

[3] Herzog, A.: Textile Forschung Bd. 4, S. 55—58, 58—61. 1922.

[4] Tobler, F.: Faserforschung Bd. 6, S. 85—88. 1927; Referat: Melliands Textilberichte Bd. 8, S. 629. 1927.

dienen. Letztere insofern, als Pektin bei der Hydrolyse Furfurol abspaltet. Da der reine Flachs von Pektin nur noch wenig oder gar nichts enthalten soll, ist also eine kleine Furfurolzahl ein Anzeichen für gute Bleiche der Flachsfaser.

Bei der Bleiche der Flachsfaser ist Rücksicht zu nehmen auf einen möglichen Gehalt an Chloramin, das bei der Einwirkung von Chlor bzw. chlorhaltigen Bleichmitteln auf die Flachsfaser entsteht. Die gebleichte reine Faser kann trotz sorgfältigsten Auswaschens und Absäuerns noch die Chlorreaktion geben, die jedoch nicht durch Chlor selbst, sondern durch die Verbindung von Chlor mit den Stickstoffbestandteilen des Eiweißes hervorgerufen wird. Diese Chloramine sind leicht zu beseitigen durch kochendes Wasser, einfacher durch die sogenannten Antichlorpräparate, wie z. B. Natriumsulfit. Die Gegenwart der Chloramine kann erhebliche Festigkeitsverminderung der Fasern, insbesondere beim Erhitzen und bei der Einwirkung von Alkalien hervorrufen. Man wird also gebleichte reine Faser mit Jodkaliumstärkepapier zu prüfen haben, um beim Ausbleiben der Reaktion sicher zu sein, daß weder Chlorreste von der Bleiche, noch Chloramine vorhanden sind[1].

Als Anzeichen für Pektingehalt der reinen Faser gilt das Verhalten gegen verdünntes Ammoniak[2]. Nur ein völlig von Pektinstoffen befreites Garn oder Gewebe bleibt farblos, andernfalls tritt eine Gelbfärbung auf. Pektinhaltige reine Faser läßt allmähliches Gelbwerden voraussehen. Besser noch soll die Anwendung von siedendem Ammoniak[3] bei der Reaktion sein.

P. Budnikoff und Solotareff[4] schlagen vor, den wertvollen Bestandteil der mehr oder weniger rohen Flachsfasern mit Hilfe der Verzuckerungsmethode zu bestimmen. Wegen der Ausführung sei auf Abschnitt II bzw. auf das Original verwiesen.

Untersuchung des Aufschlußgrades von Hanf.

Der Aufschlußgrad der Hanffasern kann nach F. Tobler[5] an den mikroskopischen Bildern erkannt werden, welche sich bei der Quellung mit Kupferoxydammoniak ergeben.

Untersuchung von Werg und Hede.

Als Hanfwerg und Hanfhede kommen die mannigfaltigen Abfälle der Hanf verarbeitenden Spinnfaser- und Webindustrien in Frage. Ähnliches gilt von den Abfällen des Flachses, den Trocken- und Naß-Spinnabfällen, den Karden- und Kammstuhlabfällen. Bei diesen Halb-

---

[1] Heincke: Chem.-Zg. Bd. 31, S. 974. 1907.
[2] Kolb, J.: Bull. Mulhouse Bd. 38, S. 924. 1868.
[3] Tassel: Rev. mat. Bd. 4, S. 127. 1900.
[4] Budnikoff, P., u. Solotareff: Z. angew. Chem. Bd. 36, S. 138. 1923.
[5] Tobler, F.: Faserforschung Bd. 6, S. 85—88. 1927.

stoffen kommt es im wesentlichen darauf an, die Menge der sogenannten Scheben oder Schewen, der an den Fasern noch hängengebliebenen verholzten Teile des Stengels zu bestimmen. Dies wird am einfachsten durch Auskämmen der Schewen geschehen. Für die Bestimmung des Hanf- und Flachswachses, des Pektins, scheint ein Bedürfnis noch nicht zu bestehen.

Erkennung von Jutefasern.

Man prüft am besten mit der Chlor-Natriumsulfit-Reaktion. Die Faser wird in Wasser abgekocht, etwas ausgepreßt und dann in eine Chlorgasatmosphäre oder eine stark angesäuerte Chlorkalklösung gebracht. Ist nach 5—10 Minuten die Faser weiß geworden, so wird möglichst in fließendem Wasser gründlich bis zum Verschwinden des Chlors gespült, dann in eine Auflösung von neutralem Natriumsulfit getaucht. Eine purpurrote Färbung zeigt das Vorhandensein von Jute an[1].

Baumwolle.

Linters und Samenschalenfasern (Hull-Fibre).

Von der Rohbaumwolle gelangen in die Papierfabriken nur die Linters, sogenannte Abfälle, die langen Samenhaare, welche an den Baumwollsamen bei der Egrenierung hängen bleiben, ferner die sogenannten Samenschalenfasern, die „hull-fibre", die kurzen Fasern, welche von den Samenschalen selbst durch mechanische Verfahren abgetrennt werden können. Beide Materialien weichen insofern von der eigentlichen Baumwollfaser ab, als unreife und unvollkommen ausgebildete Fasern von geringer Widerstandsfähigkeit in diesem Material enthalten sind. — Allenfalls kommt noch in Betracht der Kapok, ein minderwertiges Samenhaar, das von Baumwolle auf Grund der Anilinsulfatreaktion (Baumwolle farblos, Kapok gelb) unterschieden werden kann[2]. — Hull-fibre und Linters unterscheiden sich vorzugsweise durch den Gehalt an Samenschalenresten, der bei ersterer sehr hoch, bei letzteren verhältnismäßig gering ist. Man könnte eine analytische Kontrolle des Gehaltes an Samenschalen auf dem hohen Pentosangehalt dieser aufbauen. Bei der chemischen Untersuchung der Linters käme etwa der Gehalt an Baumwollwachs und Asche, sowie Pektin oder Pentosan in Frage. Über die Analyse der Rohbaumwolle liegen ausgedehnte Arbeiten von amerikanischen Autoren vor[3].

---

[1] Croß, Bevan u. Smith: Berichte der deutschen chem. Gesellschaft Bd. 27, S. 1001. 1914.

[2] Vgl. A. Lejeune: Soc. Dyers Col. Bd. 42, S. 232. 1926; Referat: Cellulosechemie Bd. 7, S. 150. 1926.

[3] Vgl. z. B. Douglas A. Clibbens u. B. P. Ridge: Cellulosechemie Bd. 8, S. 95. 1927; Original: Textile Inst. Bd. 18, S. 135. 1927. H. Fikentscher: Melliands Textilberichte Bd. 9, S. 479—482, 566—567. 1928.

Baumwollgewebe.

Als solche kommen gegenwärtig die gewöhnlichen Baumwollgewebe und die merzerisierten in Frage, sowie deren Verunreinigung mit den vom Papiermacherstandpunkt aus minderwertigen Kunstseidengeweben[1].

Bestimmung des Aufschlußgrades der Baumwolle.

In den Aufschließoperationen werden stickstoffhaltige Eiweißbestandteile, Fette und Wachse, Farbstoffe, pektinartige Stoffe u. a. m. entfernt. Die Güte der Aufschließarbeit kann also durch Bestimmung von Stickstoff[2] nach Kjeldahl (vgl. Abschnitt VII) und von Fett und Wachs[3] kontrolliert werden[4]. Da fettartige Bestandteile, an Kalk gebunden, in der Faser verbleiben könnten, empfiehlt sich die Fettbestimmung mittels organischer Lösungsmittel auch am vorher gesäuerten Material. Bei guter Bleiche darf der Ätherauszug nicht mehr als 0,025%, die mit 5proz. Salzsäure behandelte Faser darf nicht mehr als 0,03 bis 0,04% durch Äther extrahierbare Fettsäuren ergeben. Die ausgezogenen Fettsäuren werden nach der Wägung in heißem Alkohol gelöst und zur Kontrolle unter Zusatz von Phenolphthalein mit $^{n}/_{20}$ Natronlauge titriert. Der Aschengehalt ist auch für gute Reinigung charakteristisch; er soll nicht mehr als 0,03—0,05% betragen.

Einfacher noch als die Bestimmung des Stickstoffes ist die Sichtbarmachung von Resten verholzten Pflanzenmaterials in der gereinigten Baumwolle. Es kann dies durch Ausfärben mit Farbstoffen und nachheriger Zerstörung der Farbstoffe durch Oxydationsmittel geschehen. Die gefärbten holzigen Verunreinigungen widerstehen der Wirkung des Oxydationsmittels weit länger als die gefärbten Baumwollfasern selbst.

Barrett[5] beschreibt folgendermaßen dieses Färbeverfahren:

Eine Malachitgrünlösung, die 0,1 g in 100 cm³-Lösung enthält, wird auf 500 cm³ verdünnt, 50 cm³ 40proz. Formaldehydlösung und 1 g Natriumbisulfat zugefügt, das Ganze auf 1 l gestellt. Mit dieser Lösung wird das zu untersuchende Fasermaterial, etwa 2 g, ausgefärbt. Das Färben wird in 500 cm³ haltenden Porzellanbechern vorgenommen, die in Wasserbäder eingehängt sind. Es werden etwa 3 g Faser auf 300 cm³ Farbstofflösung verwendet und 10 Minuten lang bei Kochtemperatur

---

[1] Vgl. Shaw u. Bicking: Paper Trade Journal, Tappi Section Bd. 91, S. 95. 1930.

[2] Trotman u. Pentecost: J. Soc. Chem. Ind. Bd. 29, S. 4. 1910.

[3] Ambühl: Chem.-Zg. Bd. 27, S. 792. 1903.

[4] Nach Ridge ist die Bestimmung des Stickstoffs für die Bleichkontrolle belanglos. C. C. 1926 I, S. 1072; J. Textile Inst. Bd. 15, S. 94—103. 1925.

[5] Frank Leslie Barrett: Nachweis von ligninartigen Verunreinigungen in Baumwolle und Baumwollabfällen. Paper Bd. 26, Nr. 9 vom 5. Mai 1920; Papier-Fabrikant Bd. 18, S. 575—576. 1920, Nr. 13; J. Soc. Chem. Ind. Bd. 39, S. 81—82. 1920; Chem. Zentralblatt Bd. 4, S. 159. 1920.

unter zeitweiligem Umrühren belassen. Hierauf werden 125 cm³ einer Chlorkalklösung, die 20 g Chlorkalk auf 1 l Wasser enthält, hinzugefügt und tüchtig umgerührt. Die Farbe verschwindet sofort; nach einigen Minuten wird die heiße Flüssigkeit abgegossen, die Baumwolle mit Leitungswasser, dann mit destilliertem Wasser gewaschen und hierauf naß auf grüne Flecken geprüft. Die verholzten Teilchen sind grün, während die Baumwolle selbst entfärbt ist.

Schwefelbestimmung in Baumwolle. Bei den Reinigungsoperationen der Baumwolle wird Schwefelsäure verwendet, die bei schlechtem Spülen in der Faser zurückbleibt und schwere Schädigungen durch Zermürbung — Hydrozellulosebildung — hervorrufen kann. Zur Bestimmung kleinster Schwefelmengen in Baumwolle empfehlen Zänker und Weyrich[1] folgendes Verfahren:

In einem geräumigen Porzellantiegel werden etwa 2,5 g der zu untersuchenden Baumwolle mit 10 cm³ konzentrierter Salpetersäure und 2 g Kaliumnitrat auf dem Wasserbade fast zur Trockne verdampft. Hierzu setzt man 5 g reines sulfatfreies Ammoniumnitrat und verdampft vollständig zur Trockne. Dann wird auf der Asbestplatte vorsichtig weiter erhitzt. Nach kurzer Zeit verbrennt der gesamte Tiegelinhalt ruhig und ohne Verpuffung. Ist die Reaktion beendet, so wird der Tiegel auf freier Flamme erhitzt, bis der gesamte Inhalt weiß erscheint. Die Schmelze ist in Wasser leicht löslich; in der Lösung wird in üblicher Weise durch Fällen mit Chlorbarium die Schwefelsäure bestimmt.

Erkennung merzerisierter Baumwolle.

Die Erkennung merzerisierter Faser geschieht am besten durch Betrachtung des mikroskopischen Bildes, gegebenenfalls unter Anfärbung mit Chlorzinkjod und nachfolgender Wässerung. Von makroskopischen Proben sind etwa die folgenden brauchbar:

Charakteristisch ist die satte Blaufärbung mit Chlorzinkjodlösung, eine Färbung, die beim Auswaschen sehr langsam verschwindet, während gewöhnliche Baumwolle eine etwaige Dunkelfärbung sehr rasch wieder verliert.

Nach Hübner[2] verwendet man zur bloßen Erkennung der Merzerisation eine Lösung von 20 g Jod in 100 cm³ einer gesättigten Jodkaliumlösung. Die zu untersuchenden Proben werden für einige Minuten in diese Lösung getaucht, dann gewässert. Die nichtmerzerisierte Baumwolle wird beim Wässern weiß, die merzerisierte Baumwolle bleibt blauschwarz.

Will man den Grad der Merzerisation und damit den Stärkegrad der zur Merzerisation verwendeten Natronlauge festlegen, so fügt man

[1] Zänker, W., u. Paul Weyrich: Färber-Zg. Bd. 26, S. 338. 1911.
[2] Hübner: Journ. Soc. Chem. Ind. Bd. 27, S. 106. 1908.

kurz vor dem Versuch zu einer Chlorzinklösung, die in 100 cm³ Wasser 93,3 g Chlorzink enthält, 10—15 Tropfen einer Jodkaliumlösung, die 1 g Jod und 2 g Jodkalium in 100 cm³ enthält. Die befeuchteten Proben werden eingelegt: die nichtmerzerisierten bleiben farblos, die merzerisierten färben sich mehr oder weniger blau. Ein Waschen ist nicht nötig. Bei gefärbten Proben zieht man vor dem Versuch die Farbe mit Permanganat und Oxalsäure oder Bisulfit ab.

Nach Kinkead[1] wird eine kleine Probe in einer Lösung mit 0,001% Methylenblau und 0,5% Soda gefärbt, mit destilliertem Wasser gewaschen und in einem Reagenzglas mit 10 cm³ 3proz. Sodalösung bedeckt. Nach Zusatz von 4 Tropfen einer Lösung von 1% Jod in 10proz. Jodkalilösung wird aufgekocht, die Lösung abgegossen und durch kalte Sodalösung ersetzt. Merzerisiertes Material ist purpurrot, nichtmerzerisiertes blau bis blaugrün gefärbt.

Die bekannte Tatsache, daß merzerisierte Baumwolle durch substantive Farbstoffe tiefer angefärbt wird als nichtmerzerisierte, wird von R. Haller[2] zur Bestimmung des Merzerisationsgrades benutzt. Durch Messung des Schwarz-Weißgehaltes der Farbe nach Ostwald ergibt sich, daß mit steigender Merzerisation und höheren Farbstoffmengen der Schwarzgehalt der Farbe wächst. Durch Vergleich des Schwarzgehaltes der Farbe der nichtmerzerisierten Faser mit dem der merzerisierten läßt sich der Grad der Merzerisation abschätzen.

Untersuchung roher und gekochter Hadern.

Untersuchung roher Hadern.

Eine chemische Untersuchung dieser Papiermacher-Rohstoffe findet im allgemeinen zwar noch nicht statt, würde aber doch wohl zweckmäßig sein. Schon die Bestimmung des Aschengehaltes vor und nach der Aufschließung würde beurteilen lassen, ob es durch die Kochung gelungen ist, den anhaftenden und anklebenden Schmutz zu entfernen. In gleicher Hinsicht würde eine Bestimmung des Fettgehaltes — zweckmäßig mit einem Gemisch von gleichen Volumteilen Alkohol und Benzol — vor und nach der Kochung darüber belehren, ob die Verseifung der fettigen Schmutzbestandteile eine genügende gewesen ist. — Von Interesse würde unter Umständen auch die Ermittlung gewisser Aschenbestandteile sein. Bei Verarbeitung bedruckter Hadern (Kattun) verbleiben im gekochten Material die Metalle der Farbstoffbeizen, z. B. Chrom, die bei der Bleiche schädlich wirken können.

Vielfach wird die Ansicht vertreten, daß derartige Bestimmungsmethoden an der Ungleichheit des Materials scheitern. Dies wird bei

[1] Kinkead, K. W.: Einfache und zuverlässige Prüfung der Merzerisation. Ref. in Soc. Dyers Col. Bd. 42, S. 232. 1926; Cellulosechemie Bd. 7, S. 150. 1926.

[2] Haller, R.: Textilberichte Bd. 7, S. 65. 1926.

Rohmaterialien bis zu gewissem Grade zutreffen, obwohl durch eine sorgfältige Probenahme auch hier in vielen Fällen die Bestimmung der chemischen Eigenschaften, soweit sie von Interesse ist, möglich sein wird.

H. V. Kiely[1] empfiehlt zur Probenahme von jedem Ballen je eine Probe von 250 g aus der Mitte und 25 cm von der Umhüllung zu entnehmen. Die Feuchtigkeit soll nach folgender Vorschrift bestimmt werden: Die Probe wird 12 Stunden lang bei 105° getrocknet. Ein Feuchtigkeitsgehalt von über 3% kann auf absichtliche Feuchtung deuten.

Der Gehalt an Fetten und Ölen wird in einem 200 g-Muster durch 4—5stündige Extraktion mit Tetrachlorkohlenstoff ermittelt. Der Abdampfrückstand der Tetrachlorkohlenstoff-Lösung wird bei 100—104° getrocknet.

Untersuchung gekochter Hadern.

Die Halbstoffausbeute wird entweder durch eine Probekochung im Betrieb oder annähernd im Laboratorium wie folgt ermittelt: Eine trockene Probe von 450 g wird mit 2% Soda 5 Stunden im Autoklaven bei 150° gekocht, dann 6—8 Stunden im fließenden Wasser gewaschen. Hierauf mit 2% Chlorkalk gebleicht und abermals 2 Stunden gewaschen. Der so gefundene Verlust dürfte jedoch nur die Hälfte des Betriebsverlustes ausmachen.

Bei den gekochten Hadern, die den Waschholländer passiert haben, ist die Gleichmäßigkeit groß genug, um durch Fett- und Wachsbestimmungen usw. Vergleichszahlen für den Erfolg der Kochungen gewinnen zu können. Wahrscheinlich würde auch eine Stickstoffbestimmung (vgl. Abschnitt VII) gute Anhaltspunkte zur Beurteilung des Reinheitsgrades der Fasern geben.

Aufschlußgradbestimmung nach Schwalbe-Grimm. Außer den angedeuteten Bestimmungsmethoden kann man sich bei der Beurteilung neuer Kochverfahren wohl gelegentlich der von Schwalbe und Grimm[2] versuchsweise angewendeten Azetylierprobe bedienen. Die Erkennung der nicht aufgeschlossenen verholzten Fasern in dem gekochten oder gebleichten Hadernmaterial kann durch Azetylierung ermöglicht werden. Nur Zellulose selbst ist in den üblichen Azetylierungsgemischen klar löslich. Die verholzten Fasern bleiben ungelöst und werden als braune oder schwarze Splitter sichtbar. Grimm gibt folgende Vorschrift:

---

[1] Kiely, H. V.: Standardmethode zur Prüfung von Lumpen. Paper Trade Journal Bd. 53, 80, Nr. 6, S. 149. 1925; Referat: Papierfabr. Bd. 23, S. 454. 1925.

[2] Grimm, H.: Über die Einwirkung von Alkalien und alkalischen Erden auf Spinnfaser-Zellstoffe (Hadernkochung). Zellstoff u. Papier Bd. 1, S. 33—56. 1921, Nr. 2.

1 g lufttrockenes Material wird in einem weiten festen Rohre mit einer Mischung von 5 g Essigsäureanhydrid, 5 g Eisessig und 0,15 g Schwefelsäure, 1,84 spez. Gewicht, übergossen (die Schwefelsäure wird in den Eisessig eingeträufelt und darauf das Anhydrid zugegeben) und unter zeitweiligem Durchkneten, besonders häufig in den ersten 6 Stunden, mit einem dicken Glasstabe 24 Stunden lang azetyliert. Darauf wird mit 15 cm³ des Azetylierungsgemisches verdünnt und die gesamte Flüssigkeit nach gutem Durchrühren in ein graduiertes Glasrohr umgefüllt und in einer Zentrifuge 25 Minuten lang ausgeschleudert. Die nicht gelösten Bestandteile setzen sich zu Boden, die Höhe des Absatzes wird an der Skala abgelesen und der Wert in Prozenten wasser- und aschefreier Faser angegeben. Das Material muß vollkommen lufttrocken und sehr fein zerfasert sein, was z. B. bei getrockneten Halbstoffen etwas schwierig ist. Am besten ist es, den Halbstoff durch Schöpfen in Papierform zu bringen, zu trocknen, darauf zu raspeln und durch Absieben des Raspelstaubes und der Knötchen das geeignete Material zu gewinnen. Da das Umfüllen nach der Verdünnung, besonders bei sehr unreinen Stoffen, unmöglich genau gemacht werden kann, ist es zweckmäßig, die Azetylierung hier gleich in den graduierten Rohren vorzunehmen, die mit einem Korkstopfen verschlossen sind, durch den der Glasstab hindurchführt und diese dann in die Glasrohre der Zentrifuge mit Watte einzusetzen. Der Durchmesser der graduierten Rohre betrug bei Grimms Versuchen 15 mm, die Höhe 165 mm, die Einteilung ging bis 30 cm³, gefüllt wurde nur bis 25 cm³, der äußere Schleuderdurchmesser betrug 550 mm, die Umdrehungszahl in der Minute 1060. Die Ablesung erfolgt am besten so, daß man nach Beendigung des Schleuderns die Rohre umdreht und die überstehende mehr oder minder viskose Flüssigkeit ablaufen läßt, während der meist dunkler gefärbte Absatz als fester Pfropfen darin bleibt.

VI. Die Betriebskontrolle in der Bleicherei.

Von **Carl G. Schwalbe.**

Aufgabe der Bleiche ist die Entfärbung und Reinigung der Halbstoffe. Es sollen die Natur-Farbstoffe zerstört oder farblos gemacht werden. Es sollen ferner gefärbte Produkte, die bei der Aufschließarbeit entstanden sind, in gleicher Weise vernichtet und entfärbt werden. Endlich soll die Aufschlußarbeit durch die im wesentlichen oxydative Bleiche eine Fortführung oder Vollendung erfahren. Es sollen also Reste des Lignins und Anteile der Hemizellulosen während der Bleichoperation verschwinden. Der Grad, bis zu welchem eine solche Bleiche durchzuführen ist, hängt ganz von den an das Papier zu stellenden Ansprüchen ab. Die Wirkung der Bleichoperation läßt sich annähernd durch die Weißmessung (s. unten) ermitteln.

Die Bleiche wird gegenwärtig in sehr verschiedenartiger Weise durchgeführt. Man wendet in sehr großem Maßstabe die sogenannte Stufenbleiche an, wobei die Bleichoperation durch Wasser- oder alkalische Wäsche unterbrochen wird, zwecks Entfernung von löslich gemachten Verunreinigungen. Hinsichtlich der Bleichmittel spielen immer noch Chlorkalk und Natriumhypochloritlösung, aus flüssigem Chlor oder durch Elektrolyse bereitet, die Hauptrolle.

Die Untersuchung der Bleich-Chemikalien.

Chlorkalk.

Die technische Untersuchung von Chlorkalk erstreckt sich im wesentlichen auf die Ermittlung seines Gehaltes an bleichendem Chlor. Bevor auf diese Bestimmung eingegangen wird, soll die Entnahme von Proben aus den Chlorkalkfässern und deren Aufbewahrung erörtert werden.

Probenahme.

Nach Mitteilung der Chemischen Fabrik Griesheim Elektron verfährt man zur Probeentnahme zweckmäßig wie folgt: Man benutzt einen Probestecher nach Abb. 57, welcher in einfacher Weise aus einem $1^1/_2''$ Gasrohr durch Aufmeißeln in der Längsrichtung hergestellt wird derart, daß die entstehende Längsöffnung eine Breite von 25 mm besitzt. Der untere Teil *b* des Stechers wird etwas zugespitzt und geschärft. Auch eine Seite der Längsöffnung *a* wird mit einer Schärfe versehen. Zur leichteren Handhabung bringt man am oberen Ende den Griff *c* an.

Zur Entnahme der Durchschnittsprobe wählt man je nach der Größe der Sendung jedes dritte, fünfte oder zehnte Faß aus, läßt es aufrecht stellen, gut durchrütteln, seinen Deckel entfernen oder diesen anbohren[1]. In den Inhalt des Fasses treibt man den Probenehmer hinein, welcher so lang sein soll, daß er ziemlich bis zur Mitte des Fasses reicht. Durch Umdrehen des Stechers um seine Achse derart, daß die geschärfte Seite den Chlorkalk durchschneidet, füllt man ihn.

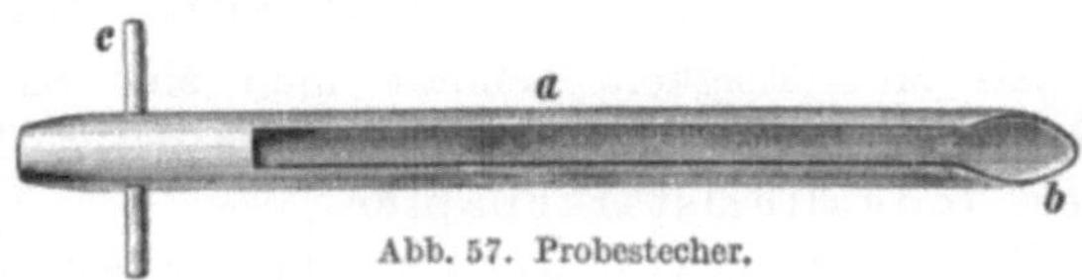

Abb. 57. Probestecher.

Nach dem Herausziehen breitet man die Probe auf Papier aus, zerkleinert nötigenfalls größere Stückchen und gibt mittels eines Spatels von verschiedenen Stellen Pröbchen in ein braunes Pulverglas, welches die Gesamtmenge der aus den einzelnen Fässern entnommenen Proben aufzunehmen vermag. Den Inhalt dieser Flasche verringert man in der bereits an anderer Stelle wiedergegebenen Weise[2] auf die für die eigentliche Analyse nötige Menge. Es ist wesentlich, bei der Probeziehung so rasch als möglich zu verfahren und das Durchschnittsmuster des Chlorkalks sobald als angängig nach seiner Entnahme zu untersuchen.

Um Zersetzung des Chlorkalkes und damit Verluste an wirksamem Chlor zu vermeiden, muß der Chlorkalk sorgfältig vor Licht geschützt, in kühlen, trockenen Räumen aufbewahrt werden. Bei unsachgemäßer Lagerung kann sich der Chlorkalk derart erhitzen, daß schließlich eine Selbstzersetzung mit explosionsartiger Heftigkeit einsetzt[3].

Von großer Wichtigkeit für den Verbraucher ist die Klärungsgeschwindigkeit des mit Wasser angerührten Chlorkalks. Da anscheinend eine allgemein gebräuchliche diesbezügliche Untersuchungsmethode nicht existiert, muß man verschiedene Chlorkalkmuster bezüglich ihrer Klärungsgeschwindigkeit vergleichen.

Bestimmung des bleichenden Chlors.

Zur Bestimmung des Gehaltes an bleichendem Chlor im Chlorkalk ist eine große Anzahl verschiedener Methoden vorgeschlagen worden, von denen sich vornehmlich die jodometrische Methode von Bunsen und jene von Penot in der Praxis eingebürgert haben. Die erste

[1] Die Bohröffnung wird nach erfolgter Probenahme durch Verkleben mit Papier wieder verschlossen.

[2] Siehe Abschnitt Kohle.

[3] Vgl. Schwarz, Richard: Färber-Zg. 1908, Heft 1.

Methode gibt nur bei sehr peinlichem Ausführen gute Resultate und stellt sich bei häufiger Anwendung infolge ihres ziemlich erheblichen Bedarfes an Jodkalium verhältnismäßig viel teurer als die zweite Methode von Penot. In der von Lunge gegebenen Form ist diese Methode einfach und bequem auszuführen und ergibt Werte von großer Genauigkeit. Diese Vorzüge lassen es berechtigt erscheinen, die Methode an erster Stelle hier wiederzugeben.

Bestimmung mittels Arsenitlösung nach Penot.

Als Maßflüssigkeit benützt man eine alkalische $^{n}/_{10}$ Arsenitlösung[1], als Indikator zur Erkennung des Endpunktes der Titration dient Jodkaliumstärkepapier.

Herstellung von Jodkaliumstärkepapier. 1 g Stärke wird mit Wasser zur Milch verrieben und in 100 Teile siedendes Wasser eingetragen. Nach etwa 5 Minuten langer Erhitzung wird 1 g Jodkalium eingerührt. Man tränkt reines Filtrierpapier mit der Lösung und trocknet an einem staub- und säurefreien, vor Licht geschützten Ort.

Man wägt zur Bestimmung 7,092 g des gut gemischten Durchschnittsmusters von Chlorkalk in einem verschlossenen Wägegläschen ab, gibt diese Menge in einen Porzellanmörser und rührt sie unter allmählichem Zusatz von Wasser zu einem feinen gleichmäßigen Brei an. Nach Zusatz von mehr Wasser spült man ihn in einen Literkolben, welchen man schließlich bis zur Marke auffüllt. Zur Titration entnimmt man dem unmittelbar vorher gut durchgeschüttelten Inhalte des Kolbens 50 cm³, gibt diese in einen Titrierbecher oder eine Porzellanschale und läßt nach Zugabe von etwas destilliertem Wasser unter ständigem Umschwenken bzw. Umrühren mit einem Glasstabe hierzu die $^{n}/_{10}$ Arsenlösung fließen, bis nahezu der Endpunkt der Titration erreicht ist. (Da der Chlorkalk selten weniger als 30% bleichendes Chlor enthält, so kann man zunächst etwa 30 cm³ der Meßflüssigkeit zulaufen lassen.) Die Titration führt man nun so zu Ende, daß man die Meßflüssigkeit in immer kleiner werdenden Mengen zugibt und zwischen den einzelnen Zugaben ein Tröpfchen des Gemisches auf Jodkaliumstärkepapier aufbringt. Je nach der Tiefe der entstehenden Färbung setzt man neuerdings mehr oder weniger Arsenitlösung zu, bis schließlich beim Tüpfeln kein Fleck mehr zu beobachten ist. Zur Kontrolle wiederholt man nun die Bestimmung, wobei man jedoch auf einmal soviel Arsenitlösung zusetzt, daß nur noch einige $^{1}/_{10}$ cm³ bis zum völligen Verschwinden der Färbung dann tropfenweise zugefügt zu werden brauchen. Die Anzahl der verbrauchten Kubikzentimeter Meßflüssigkeit geben unmittelbar den Gehalt an bleichendem Chlor in Prozenten an.

---

[1] Bereitung und Titerstellung siehe Anhang.

Nach Rodt[1] kann man die Genauigkeit des Verfahrens von Penot steigern, wenn man nach Beendigung des Tüpfelns 1 cm³ Jodstärkelösung zusetzt und bis zur Entfärbung titriert.

Eine zur Ausführung durch Arbeiter geeignete Form der Penot-Bestimmung gibt Barnes[2] an. Als Standardlösung wird $^n/_{10}$ Lösung von arseniger Säure benutzt, die auf 2 l 1 g Jodkalium enthält, außerdem dazu die Lösung aus 1 g Stärke, die man mit 300 cm³ Wasser gekocht hat und absetzen ließ. Von dieser Arsenitlösung werden 25 cm³ in $^1/_2$ l Wasser gegossen und die zu untersuchende Bleichflüssigkeit aus einem graduierten Zylinder so lange unter Umrühren hinzufließen gelassen, bis blaue Farbe auftritt.

Das Chlor in sehr verdünnter Lösung soll man nach Dienert und Wandenbulcke[3] mit besonderer Genauigkeit bestimmen können, wenn man wie folgt verfährt: 1 cm³ Bleichlösung gibt man mit 2 g Ammonsulfat zu 1 l destilliertem Wasser, fügt nach Durchschütteln etwas Jodkali und Stärkelösung zu und titriert das freigemachte Jod mit einer alkalischen $^n/_{25,5}$ As_2O_3-Lösung. Dann entspricht 1 cm³-Lösung einem Milligramm Chloräquivalent.

Bestimmung mittels Jodkalium-Lösung nach Bunsen.

Nach Griffin und Hedallen[4] sind die Titrationsergebnisse nach Penot um 6% geringer als die nach der gleich zu beschreibenden Bunsen-Methode. Will man diese durch Verwendung von Jodkalium kostspielige Methode benutzen, so kann man wie folgt verfahren[5]:

10 g Chlorkalk werden nach dem Anreiben mit $^1/_2$ l Wasser einige Minuten geschüttelt. Die Flüssigkeit ergänzt man zu einem Liter und mischt gründlich. Nach dem Absetzen bringt man 10 cm³ der klaren, überstehenden Flüssigkeit in einen Kolben, in welchen man vorher erst 10 cm³ einer 10proz. Kaliumjodidlösung und dann 10 cm³ verdünnte Essigsäure oder Salzsäure (1 : 10) hat einfließen lassen, und titriert unter Zusatz von Stärkekleister mit $^n/_{10}$ $Na_2S_2O_3$. Die verbrauchte Anzahl Kubikzentimeter $^n/_{10}$ $Na_2S_2O_3$ mit 11,2 multipliziert ergibt den französischen chlorometrischen Grad.

Wendet man bei der Gehaltsbestimmung des Chlorkalks 50 g desselben an, stellt diese Menge auf 500 cm³ und benutzt 10 cm³ zur Titration, so geben bei Anwendung einer Natriumthiosulfatlösung, die

---

[1] Rodt: Z. angew. Chem. Bd. 37, S. 38. 1924.

[2] Barnes, J.: Journ. of the Society of Dyers and Colourists Bd. 29, S. 12. 1913.

[3] Dienert u. Wandenbulcke: Papierfabrikant Bd. 21, S. 449. 1923.

[4] Griffin u. Hedallen: Journ. Soc. Chem. Ind. Bd. 34, S. 530—533. 1915; Chem. Zbl. Bd. 2, S. 436. 1915.

[5] Comte: Z. analyt. Chem. Bd. 57, S. 199. 1918.

70,06 g im Liter enthält[1], die Kubikzentimeterzahlen die Anzahl von Gewichtsprozenten aktiven Chlors im Chlorkalk an.

Bestimmung mittels Nitritlösung nach Kertész.

An Stelle der Arsenitlösung zur Bestimmung des Chlorkalkes schlägt Kertész[2] Nitritlösung vor. Natrium- oder Kaliumnitrit wird durch unterchlorige Säure bzw. durch Chlorkalk zu Nitrat oxydiert. Man verfährt wie folgt:

Man löst 3,6 g $NaNO_2$ (oder 4,5 g KNO_2) und 20 g Natriumbikarbonat in Wasser zu einem Liter. Die Lösung wird mit $^n/_{10}$ Kaliumpermanganatlösung folgendermaßen eingestellt: Man säuert in einem Becherglase 2—300 cm³ destilliertes Wasser mit 20 cm³ verdünnter Schwefelsäure von 20% H_2SO_4 an, läßt 50 cm³ $^n/_{10}$ Nitritlösung unter fortdauerndem Umrühren langsam hinzulaufen, bis die Farbe des Permanganats verschwindet. In diesem Moment ist schon ein kleiner Nitritüberschuß vorhanden. Man läßt dann nach jedesmaliger Entfärbung tropfenweise soviel Permanganat hinzulaufen, bis eine schwache, mindestens 5—8 Minuten bleibende Rötung entsteht, die dann auch mehrere Stunden unverändert bleibt. Die Titrationsergebnisse mit der in solcher Weise eingestellten Nitritlösung sind sehr genau und stimmen mit den aus reinen Präparaten frisch hergestellten Arsenitlösungen vollkommen überein. Den theoretischen Titer der Permanganatlösung ermittelt man entweder mit Natriumoxalat nach Sörensen oder, falls genau eingestellte $^n/_{10}$ Thiosulfatlösung zur Verfügung steht, nach Volhards Verfahren. Um die Permanganatlösung und die für die Vergleichsanalysen gebrauchte, frisch bereitete Arsenitlösung zu vergleichen, titriert man von der Permanganatlösung ausgeschiedenes Jod statt mit Thiosulfat unter Zufügen von Natriumbikarbonat mit der Arsenitlösung.

Für den Fall, daß der Chlorkalk sehr viel Kalziumhydroxyd enthält, muß Natriumbikarbonat zugesetzt werden. Bei Vorhandensein von Natriumhydroxyd oder Kaliumhydroxyd ist ein Zusatz von Borsäure erforderlich.

Die Titration wird genau so ausgeführt wie bei der Methode von Penot-Lunge.

Natriumnitrit reagiert mit dem Hypochlorit wie folgt:

$$NaNO_2 + HClO = NaNO_3 + HCl \ldots\ldots$$

oder

$$NaNO_2 + CaCl(OCl) = NaNO_3 + CaCl_2.$$

Die vorhandenen Chlorate und etwa vorhandene Ferriverbindung sind ganz ohne Einfluß. Die Oxydation des Nitrits tritt ganz glatt ohne

[1] Ebert, W.: Bestimmung des Gehaltes an aktivem Chlor. Papierfabrikant Bd. 5, S. 692. 1907.

[2] Kertész: Z. angew. Chem. Bd. 36, S. 596. 1923; Referat: Z. analyt. Chem. Bd. 74, S. 105. 1928.

Entweichen von Chlor ein, und das Ende der Reaktion wird durch Bläuung von Jodstärkepapier oder Jodzinkstärketropfen vollkommen scharf angezeigt.

Die elektrometrische Titration der unterchlorigen Säure.

Nach Schleicher und Toussaint[1] kann man mit gewissen Verbesserungen ein elektrometrisches Titrationsverfahren von Treadwell benutzen. In die zu untersuchende Lösung wird ein Platindraht als Indikatorelektrode und eine Umschlags- oder Vergleichselektrode getaucht und beide durch ein Galvanometer kurz verbunden. Die Umschlagselektrode besteht aus einem Glasrohr mit Kapillare, in welchem sich eine Kaliumsulfatlösung, der etwas fertig titrierte Hypochloritlösung zugesetzt ist, und ein kleiner Platindraht befindet. Man titriert nun mit arseniger Säure bis Stromlosigkeit eintritt. Die genannten Autoren, fanden, daß man an Stelle der austitrierten Lösungen zweckmäßiger andere Zusätze macht wie z. B. 3proz. Wasserstoffsuperoxydlösung, Ammoniumchromat (0,5 g in 50 cm³ Wasser), $^{n}/_{5}$ Kaliumchromatlösung, Kaliumbichromatlösung (0,93 g in 50 cm³ Wasser). Als zweckmäßige Apparatur empfehlen sie den von A. Fischer in die Praxis der elektrometrischen Methodik eingeführten Kompensationsapparat[2].

Bestimmung des Chloridchlors.

Die Bestimmung des Chloridchlors im Chlorkalk ist von Wichtigkeit, um eine beginnende Chloratbildung festzustellen. Erhält man eine größere Differenz als 4% zwischen dem Chloridchlor und dem bleichenden Chlor, so ist eine Überchlorierung vorhanden. Die Bestimmung des Chloridchlors kann nach der Titrierung mit Arsenitlösung in bekannter Weise mit Hilfe von Silbernitrat-Titration geschehen. Um den ursprünglichen Chloridgehalt zu ermitteln, hat man von der gefundenen Chlormenge das bleichende Chlor abzuziehen.

Bezeichnung der Grädigkeit des Chlorkalks.

Man unterscheidet englische und französische (Gay-Lussac-) Grade. Die letzteren geben an, wieviel Liter Chlorgas aus 1 kg Chlorkalk erhalten werden können. (1 l Chlorgas bei 0° und 760 mm Druck = 3,1776 g, Atomgewicht für Chlor 35,48 angenommen.) Die englischen Grade geben den Gehalt an bleichendem Chlor in Gewichtsprozent an. Durch Multiplikation der französischen Grade mit 0,318

---

[1] Schleicher, A. u. L. Toussaint: Z. analyt. Chem. Bd. 65, S. 399. 1924/25.

[2] Vgl. z. B. das Buch „Elektroanalytische Schnellmethoden". Stuttgart 1908, S. 100. Vgl. ferner die Apparatur von Thrun und Tödt mit der Wasserstoffelektrode, welche von Ströhlein u. Co. in Düsseldorf gebaut wird. Wochenbl. f. Papierfabr. Bd. 59, S. 1040. 1928.

(nach neueren Bestimmungen 0,3219) erhält man die englischen Grade. Es sind:

Franz. Grade = % wirksamen Chlors		
60° = 19,07%	90° = 28,60%	110° = 34,95%
80° = 25,42%	100° = 31,78%	115° = 36,54%

Chemikalien bei der Arbeit mit Elektrolytchlor und flüssigem Chlor.

In manchen Zellstoff- und Papierfabriken wird das Bleichmittel in eigenem Betriebe durch Elektrolyse von Kochsalz erzeugt. In zahlreichen anderen Fabriken wird die Bleichlauge durch Einleiten von vergastem Chlor, das in flüssigem Zustande in Tankwagen oder Stahlflaschen bezogen wird, in Ätznatron-Soda-Bikarbonatlösungen oder in Kalkmilch hergestellt. In seltneren Fällen wird das Chlorgas aus den Stahlflaschen mit flüssigem Chlor zur Gasbleiche von Hadernzellstoff verwendet. Die Untersuchung der erforderlichen Chemikalien ist nachstehend kurz beschrieben.

Chlorgas.

Für die maßanalytische Bestimmung wird das Chlor entweder durch eine Jodkaliumlösung absorbiert und das freigewordene Jod mit Thiosulfatlösung titriert oder es erfolgt die Absorption durch überschüssige Arsenitlösung, deren Überschuß mittels Jodlösung bestimmt wird. Da die Menge verunreinigender Gase im Elektrolytchlor sehr klein ist, gestalten sich solche Titrationen recht schwierig.

Die Bestimmung des als Verunreinigung auftretenden Kohlendioxyds kann in folgender Weise geschehen: In eine trockene Bunte-Bürette, deren Gesamtinhalt (v) bekannt ist, wird das zu untersuchende Gas durch den unteren Hahn eingeleitet, wobei das schwere Chlor die leichtere Luft schnell verdrängt. An die so gefüllte Bürette wird an dem unteren Hahne ein mit Quecksilber gefülltes Niveaurohr angeschlossen, so daß keine Luft in die Bürette eindringen kann. Nach Öffnen des unteren Hahnes steigt das Quecksilber in die Bürette und absorbiert das Chlor nach einigem Schütteln der Bürette vollständig. Nach 10—15 Minuten langem Stehen bringt man in den oberen Becher 1—2 cm^3 gesättigte Kochsalzlösung und saugt diese durch Erzeugung von Minderdruck in die Bürette, ohne daß Luft mit eintritt. Der pulverige Körper (Hg_2Cl_2), der auf dem Quecksilber schwimmt und sonst die genaue Ablesung unmöglich macht, sinkt zu Boden. Das Gasvolumen (a) wird nun abgelesen, hierauf das Kohlendioxyd mit etwas Kalilauge (1 : 2), die durch den Becher in die Bürette eingelassen wird, absorbiert und nach Einstellung auf Atmosphärendruck wieder abgelesen (b). Die Formel $[(a - b) \times 100] : v$ ergibt die Prozente CO_2 im untersuchten Cl-Gase. Die oft unangenehme Verschmierung der Bürette kann man durch Einbringen von 1—1,5 cm^3 konzentriertem Jodkalium vor dem Quecksilber beseitigen.

Für die Untersuchung des im Elektrolytchlor noch vorhandenen Wasserstoffs und Sauerstoffs absorbiert man Chlor und Kohlendioxyd durch Kalilauge. Den Sauerstoff kann man durch Absorption mit Pyrogallollösung bestimmen, den Wasserstoff führt man durch Verbrennung in Wasser über. In Rücksicht auf die geringen Mengen an Wasserstoff müssen entsprechend große Gasvolumina (etwa 10 l) verwendet werden. Das flüssige Chlor in den Stahlflaschen oder Tankwagen ist so rein, daß im allgemeinen eine Untersuchung nicht erforderlich erscheint. Soll sie dennoch durchgeführt werden, so kann man die vorstehend skizzierte Methode anwenden.

Kochsalz.

Für den glatten Betrieb der elektrolytischen Anlage ist möglichst reines Kochsalz von großer Wichtigkeit. Die Wertbestimmung geschieht durch Titration mit Silbernitrat unter Verwendung von Chromat als Indikator. Sulfat bestimmt man mit Bariumchlorid, Kalzium- und Magnesiumgehalt nach den üblichen Methoden (vgl. z. B. Abschnitt Kesselhaus).

Das rohe Kochsalz wird gelöst und gegebenenfalls gereinigt. Die Lösung ist nach der Reinigung wiederum auf Sulfat, Kalzium-Magnesiumgehalt und Kochsalzgehalt in der angedeuteten Weise zu untersuchen. Der Gehalt an Kochsalz kann auch durch Spindelung mittels eines Ariometers nach der im Anhang wiedergegebenen Zahlentafel ermittelt werden.

Ätznatron.

Die Untersuchung des Ätznatrons erfolgt nach Mitteilung der Feldmühle-A.-G., Werk Odermünde nach folgender Vorschrift: 50 g werden zu 500 cm³ aufgelöst und 20 cm³ der Lösung mit $^{n}/_{1}$ Salpetersäure (Phenolphtalein, und nach Verschwinden der Färbung Methylorange als Indikator) titriert. Anschließend daran Titration des NaCl mit Silbernitrat.

Soda und Bikarbonat.

Für diese Untersuchung können wiederum die in Abschnitt I gegebenen Methoden herangezogen werden.

Ätzkalk.

Die Güte des Ätzkalks ist von wesentlicher Bedeutung für die Brauchbarkeit der mit ihrer Hilfe hergestellten Bleichlauge. Außer den schon in den früheren Abschnitten I und III gemachten Angaben über die Wertbestimmung von Ätzkalk, Kalkbrei bzw. Kalkmilch erscheinen folgende Ausführungen von Hooker[1] beherzigenswert:

[1] Hooker: Paper Trade J. Bd. 85, S. 52. 1927; Referat: Papierfabrikant Bd. 25, S. 757. 1927.

Bei dem zu verwendenden Kalk kommt es nicht nur auf seinen Gehalt an Kalziumhydroxyd, sondern auch auf die Verunreinigungen des Kalkes an. Der Kalk darf nicht mehr als 1% Silikat, 2% Magnesia und nicht über 0,5% Aluminium, Eisen usw. enthalten. Fügt man zu 100 g gepulvertem, gebranntem Kalk 60 cm³ Wasser, so darf die Volumenzunahme 200 cm³ nicht überschreiten. Gelöschter Kalk kann nur durch Umsetzung mittels Chlors, Absitzenlassen und nochmaliges oder mehrmaliges Umsetzen des Schlammrückstandes mit Chlor beurteilt werden.

Für den Betrieb kommt auch Schnellbestimmung der anzuwendenden Kalkmilch in Frage. Eine Zahlentafel über den Gehalt der Kalkmilch an CaO auf Grund der Bestimmung des spez. Gewichts durch Spindelung ist im Anhang gegeben.

Betriebskontrolle bei der Herstellung von Natriumhypochloritlösungen.

Die zur Verwendung kommenden basischen Lösungen wie Ätznatron, Soda, Bikarbonat können nach den in den vorhergehenden Abschnitten dieses Buches (Abschnitt I und III) angegebenen Vorschriften untersucht werden.

Bei der Einleitung des Chlors ist es von großer Bedeutung, die Neutralitätsgrenze nicht zu überschreiten, da sonst weitgehende Zersetzung der Bleichlaugen die Folge sein kann. Zur Kontrolle kann man eine elektrometrische Methode benutzen, die von Erich Müller[1] im Verein mit der Chemischen Fabrik Buckau ausgearbeitet worden ist und die auf bequeme und einfache Weise mit Hilfe einer elektrometrischen Methode das Ende der Reaktion automatisch anzeigt. Dem Verfahren liegt die Beobachtung zugrunde, daß das Potential einer unangreifbaren Elektrode, die in die zu chlorierende Lauge taucht, beim Einleiten von Chlor eine sprunghafte Änderung auf den Wert erfährt, den die Lösung nach Eintritt der Äquivalenz aufweist; man nennt ihn das Umschlagspotential. Für die Praxis ist ein Apparat gebaut worden[2], der aus einer Tauchdoppelelektrode und einer galvanischen Anzeigevorrichtung besteht. Bei Erreichung der Reaktionsgrenze geht die Nadel des Anzeigeinstrumentes durch den Nullpunkt, und es ertönt ein Klingelzeichen oder eine Glühlampe leuchtet auf.

Untersuchung der Hypochloritlösungen.

Chlorkalklösungen.

Chlorkalklösungen werden fast ausschließlich nur auf ihren Gehalt an bleichendem Chlor untersucht.

[1] Die Chemische Fabrik 1928, S. 677.

[2] Genaue Beschreibung und Abbildung siehe Original.

Zur Überwachung des Betriebes der Chlorwasseranlage genügt es, den Gehalt an wirksamem Chlor mit Hilfe des Aräometers zu bestimmen. Eine hierfür geeignete Zahlentafel ist im Anhang zu finden. Die angeführten Werte gelten jedoch nur für frisch bereitete Lösungen, welche unter Benutzung guter Ware erzeugt worden sind. Alte oder ausgebrauchte Chlorkalklösungen spindeln ebenso hoch wie frische.

Je nachdem man den Chlorkalk mit viel oder wenig Wasser ansetzt und verreibt, erhält man Lösungen von größerem oder geringerem Ätzkalkgehalt. Da die Alkalinität einer Chlorkalklösung von wesentlicher Bedeutung für die Geschwindigkeit der Bleichoperation ist, kann eine Bestimmung des Alkalinitätsgrades notwendig werden, dann nämlich, wenn bei Herstellung der Chlorkalklösungen mit anderen Wassermengen als üblich gearbeitet worden ist. Über die Ausführung der Bestimmungen vergleiche man den späteren Abschnitt über die Ermittlung der Alkalinität der Bleichlösungen. Es ist demnach weit besser, sich nicht auf die Spindelung zu verlassen, sondern den Gehalt an wirksamem Chlor durch Titration zu bestimmen. Die Ermittlung der Menge der übrigen Bestandteile wie Ätzkalk, Chlorkalzium, Kalziumchlorat kommt nur selten in Frage und wird im Bedarfsfalle wie unten für die Hypochloritlösungen beschrieben durchgeführt.

Bestimmung des wirksamen Chlors in der Chlorkalklösung.

Das wirksame Chlor muß durch fortlaufende Titration der täglich erzeugten Chlorwassermengen geschehen. Als Bestimmungsmethode benutzt man das bereits angeführte Verfahren von Penot. Man gibt 10 cm³ der Chlorkalklösung in einen 100 cm³ fassenden Meßkolben, füllt mit Wasser bis zur Marke auf und entnimmt der Lösung 10 cm³, welche man mit $^{n}/_{10}$ Arsenitlösung, wie beim Chlorkalk beschrieben, titriert. Jeder Kubikzentimeter der $^{n}/_{10}$ Arsenitlösung entspricht 0,003564 g Chlor. Als Ergebnis der Bestimmung gibt man den wirksamen Chlorgehalt in 1 l des Bleichwassers an.

Wenn man zu dieser Bestimmung sich einer Pipette bedient, welche 35,5 cm³ faßt, die mit ihr entnommene Bleichlösung auf 500 cm³ verdünnt und von der erhaltenen Flüssigkeit je 50 cm³ mit $^{n}/_{10}$ Arsenitlösung titriert, so gibt die Zahl der verbrauchten Kubikzentimeter ohne weiteres das wirksame Chlor in Gramm im Liter an.

Für Betriebe, welche nicht über geübte Chemiker oder Laboranten verfügen, ist die Methode von Theis[1] empfehlenswert. Man verwendet eine eingestellte Indigolösung, erhalten durch Auflösen von Indigo rein in konzentrierter Schwefelsäure und Verdünnen, und titriert 10 oder 20 cm³ mit der Chlorkalklösung bis zur Gelbfärbung, wobei auf 1 Molekül

[1] Theis: Leipz. Monatsschr. Textilind. Bd. 37, S. 216. 1922.

Indigo 2 Moleküle Isatin unter Verbrauch von 2 Atomen Sauerstoff entstehen.

Danach verbrauchen 266 Teile Indigo 142 Teile wirksames Chlor; hat man daher 1,873 g Indigo rein zu 1 l gelöst, so entsprechen 10 cm³ 0,01 g Chlor, und dieser Betrag ist in der Anzahl Kubikzentimeter Bleichbad enthalten, die zum Entfärben der Indigolösung verbraucht werden. Die Indigolösung ist durch eine Chlorkalklösung von bekanntem Gehalte einzustellen.

Nach J. Hausner[1] verläuft die Oxydation zu Isatin nicht quantitativ; er schlägt daher vor, die Hauptmenge des aktiven Chlors durch Natriumthiosulfat zu titrieren und nur eine kleine Menge Indigo als Indikator zuzusetzen.

Hausner empfiehlt für die Bestimmung den „Chlorzylinder" der Chem. Fabrik Pyrgos in Radebeul-Dresden. In diesen werden 5 cm³ der Chlorkalklösung 10 : 1000 eingefüllt und dazu so lange mit Indigo versetzte $^{n}/_{35,46}$ $Na_2S_2O_3$-Lösung gegeben, bis keine Entfärbung mehr eintritt. Je 1 Teilstrich des Zylinders entspricht 5 cm³, mithin 5 mg aktiven Chlors und, da 5 cm³ Chlorkalklösung = 50 mg Chlorkalk angewendet wurden, 10% aktiven Chlors.

Volumetrische Bestimmung.

Durch Zusatz von Wasserstoffsuperoxyd zu einer schwach alkalischen Bleichlösung wird diese zersetzt und ein dem wirksamen Chlor gleiches Volumen Sauerstoff in Freiheit gesetzt[2]. Dieses volumetrische Verfahren läßt sich von jedem Arbeiter durchführen. Eine dafür geeignete Apparatur, die von der Firma Janke & Kunkel A.-G. in Köln auf den Markt gebracht ist, beschreibt H. Wenzl (vgl. Abb. 58).

Der Apparat besteht aus drei Teilen: Tropftrichter mit Meßeinteilung, Reaktionskölbchen und Quecksilbermanometer. Durch geeignete Konstruktion sind die Schwierigkeiten, die beim Zufließen des Wasserstoffsuperoxyds durch den entstehenden Sauerstoffüberdruck sich bemerkbar machen, beseitigt worden.

Von der zu untersuchenden Bleichflüssigkeit oder Chlorkalkaufschlämmung werden 10 cm³ mit der dem Apparat beigegebenen Pipette in das Reaktionskölbchen gebracht. Der Tropftrichter wird mit wagerecht stehendem Dreiwegehahn aufgesetzt und der Gummistopfen bis zur Strichmarke eingepreßt. Man faßt hierbei das Kölbchen zweckmäßig am Kolbenhals, um eine unnötige Erwärmung zu vermeiden.

In den aufgesetzten Tropftrichter werden 10 cm³ 3proz. Wasserstoffsuperoxydlösung und 20 cm³ Wasser eingebracht. Hierzu genügt die eingeätzte Meßeinteilung, es braucht also nicht pipettiert zu werden.

---

[1] Hausner, J.: Chem.-Zg. Bd. 51, S. 373 u. 580. 1927.

[2] Z. ges. Textilind. 1913, S. 84.

Der Tropftrichter wird durch Einschieben des Stopfens bis zur Marke verschlossen und die Schlauchverbindung zwischen Kölbchen und Manometer hergestellt. Das Quecksilber im Manometer steht in beiden Schenkeln gleich hoch. Die bewegliche Skala des Manometers wird solange verschoben, bis der obere Meniskus des Quecksilbers auf Null einsteht. Hierauf wird der Dreiwegehahn rasch um 90° gedreht, so daß das Wasserstoffsuperoxyd aus dem Trichter in kräftigem Strahl zur Bleichflüssigkeit fließt. Hierbei steigt gleichzeitig der Druck am Manometer. Nachdem alle Flüssigkeit aus dem Trichter zugeflossen ist, liest man **sofort** den Überdruck am Manometer in Millimetern Quecksilber ab. Es genügt hierbei die Ablesung der Quecksilbersäule im rechten Schenkel des Manometers. Ist der Apparat auf Gramme wirksamen Chlors pro Liter geeicht, so kann man aus der Vergleichstabelle direkt den Wert für Chlor entnehmen. Da die ganze Messung nur wenige Minuten in Anspruch nimmt, empfiehlt sich die Ausführung von zwei Bestimmungen und die Berechnung des Mittelwertes. Die Genauigkeit des Apparates betrug bei Messungen, die an Lösungen von 5—30 g wirksamen Chlors pro Liter ausgeführt worden sind, durchschnittlich 1 g wirksamen Chlors pro Liter.

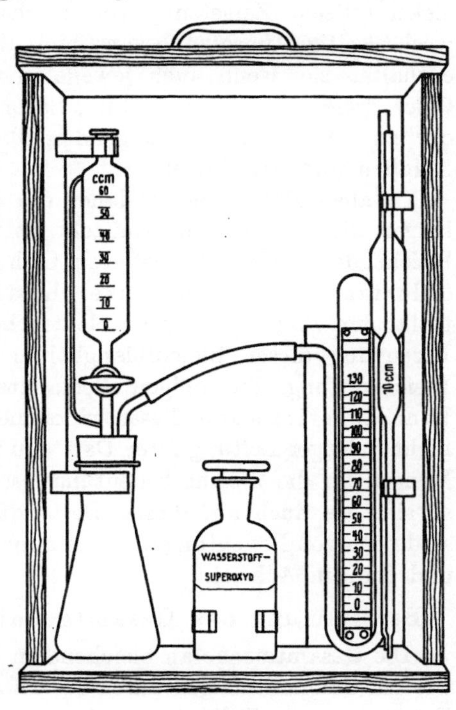

Abb. 58.

Zu beachten ist die Notwendigkeit, sofort nach dem Zufließen des Wasserstoffsuperoxydes abzulesen und vom Augenblick der Hahnumstellung an jede Erschütterung, vor allem aber jedes Umschütteln unbedingt zu vermeiden. Die Wasserstoffsuperoxyd-Lösung spaltet, da im Überschuß angewendet, bei stärkerem Schütteln sofort, bei längerem Zuwarten allmählich Sauerstoff ab, wodurch falsche Ablesungen hervorgerufen werden.

Werden Chlorkalklösungen oder Natriumhypochlorit-Lösungen geprüft, die über 30 g wirksamen Chlors im Liter enthalten (spez. Gewicht bei Chlorkalklösungen über 1,05), so sind 20 cm³ Wasserstoffsuperoxyd, 3proz. und 10 cm³ Wasser in den Tropftrichter einzufüllen. Sehr starke Hypochloritlösungen (über 45 g wirksamen Chlors im Liter) werden zweckmäßig zuvor unter Zuhilfenahme eines Meßkölbchens in bestimmtem Verhältnis verdünnt und das erhaltene Messungsergebnis mit dem Verdünnungsfaktor multipliziert.

Hypochloritlösungen.

Die Hypochloritlaugen, auf welche Art sie auch immer dargestellt sein mögen, ob durch Einleiten von Chlorgas in Kalkmilch oder durch elektrolytische Zersetzung von Kochsalzlösungen oder endlich durch wechselseitige Umsetzung von Chlorkalk mit Alkalisalzlösungen, immer enthalten sie, wenn auch jeweils in verschiedenem Verhältnis, freies Chlor, freie unterchlorige Säure, Salze dieser Säure, Chlorate, Chloride der zur Anwendung gelangenden Basen und zuweilen kohlensaure Alkalien und Ätzalkalien.

In allen Fällen bleibt daher die Untersuchung der Hypochloritlaugen die gleiche. Zu ermitteln ist vor allem die Gesamtmenge an bleichendem Chlor, das ist der Gehalt an freiem Chlor, unterchloriger Säure und unterchlorigsauren Salzen. Zur Kontrolle der chemischen bzw. elektrochemischen Umsetzungen bei der Erzeugung dieser Bleichflüssigkeiten und infolge der verschiedenen Bleichwirkung, die obigen Bestandteilen zukommt, ist öfters eine Einzelbestimmung dieser wirksamen Stoffe von Interesse. Da bei nicht richtiger Leitung ihrer Darstellung die Hypochloritlaugen größere Mengen für die Bleiche bedeutungslosen Chlorates enthalten können, so sind sie auch auf diesen Bestandteil zu untersuchen. Schließlich sind noch von Bedeutung die Bestimmungen von vorhandenem Chlorid und freiem Alkali.

Bestimmung des Gesamtgehaltes an wirksamem Chlor.

Die Gesamtmenge an bleichendem Chlor wird in Hypochloritlaugen wie bei Chlorkalklaugen durch Titration mit $^{n}/_{10}$ arseniger Säure unter Benutzung von Jodkaliumstärkepapier als Indikator ermittelt.

Es mag erwähnt werden, daß bei diesen Laugen das aktive Chlor niemals durch Spindelung mittels des Aräometers bestimmt werden kann; dieser Umstand ist zurückzuführen auf den Gehalt der Laugen an einer Anzahl verschiedener Salze, die sämtlich das spez. Gewicht der Flüssigkeit beeinflussen.

Bestimmung und Unterscheidung von unterchloriger Säure und freiem Chlor nach Lunge. Die Methode beruht darauf, daß unterchlorige Säure im Gegensatz zu freiem Chlor aus neutraler Jodkaliumlösung Ätzkali frei macht:

$$HOCl + 2\,KJ = KCl + KOH + J_2\,, \qquad (1)$$

$$Cl_2 + 2\,KJ = 2\,KCl + J_2\,. \qquad (2)$$

Durch Zugabe einer bestimmten Menge überschüssiger Salzsäure läßt sich verhindern, daß das nach Gleichung 1 entstehende Alkali weiter mit Jod reagiert. Wie die folgenden Gleichungen zeigen, ist es nun beim Bekanntsein der Menge der zugesetzten Säure ohne weiteres möglich, zwischen freiem Chlor und unterchloriger Säure zu unterscheiden: Bei unterchloriger Säure wird nämlich auf

$$HOCl + 2\,KJ + HCl = 2\,KCl + J_2 + H_2O\,, \qquad (1a)$$

$$Cl_2 + 2\,KJ + HCl = 2\,KCl + J_2 + HCl \qquad (2a)$$

jedes Molekel derselben ein Molekel HCl neutralisiert; bei der ihr chlorometrisch gleichwertigen Chlormenge bleibt jedoch die zugesetzte Menge Salzsäure unverändert. Im ersten Falle reagiert die Flüssigkeit nach der Titration des freien Jods mit Thiosulfat neutral, im letzten Falle hingegen sauer. Die Ausführung der Bestimmung gestaltet sich nun folgendermaßen. Man versetzt eine Jodkaliumlösung mit einer gemessenen Menge $^n/_{10}$ Salzsäure, läßt zu dieser Lösung die abgemessene Probe der Hypochloritlauge fließen und titriert das ausgeschiedene Jod mit $^n/_{10}$ Thiosulfatlösung. Nach Zusatz von Methylorange zur farblosen Flüssigkeit titriert man den Säureüberschuß mit $^n/_{10}$ Natronlauge zurück. Das von der unterchlorigen Säure in Freiheit gesetzte Ätzkali bzw. die vorgelegte Salzsäure benötigt halb soviel $^n/_{10}$ Lauge zur Neutralisation als $^n/_{10}$ Natriumthiosulfat-Lösung zur Reduktion des durch die unterchlorige Säure ausgeschiedenen Jods.

Zur Erläuterung sei hier ein Beispiel angeführt: Es seien angewandt worden A cm³ (Chlor + unterchlorige Säure). Die Zahl der vorgelegten Kubikzentimeter Salzsäure sei B. Zur Bestimmung des Gesamtjods seien C cm³ $^n/_{10}$ Thiosulfat und zur Neutralisation der überschüssigen Säure b cm³ $^n/_{10}$ Natronlauge verbraucht worden. Zur Neutralisation des von der unterchlorigen Säure freigemachten Ätzkalis sind demnach erforderlich gewesen $(B - b)$ cm³ $^n/_{10}$ Säure, auf welche nach Gleichung 2a die doppelte Menge, also $2\,(B - b)$ cm³ $^n/_{10}$ Jodlösung kommt. Die Menge HOCl in Gramm in A cm³ der Bleichlauge ist sonach: $(B - b) \cdot 0{,}005247$ (HOCl = 52,468), die Menge Chlor in Gramm ist andererseits gleich $C - 2\,(B - b) \cdot 0{,}003546$.

Bei Anwesenheit von freiem bzw. kohlensaurem Alkali ist diese Methode nicht gut anwendbar, aber in diesem Falle ist freies Chlor ohnehin nicht vorhanden.

Bestimmung von Chlorat.

Von den zur Ermittlung des Chloratgehaltes in Bleichlaugen bekannten Methoden sind einige umständlich und zeitraubend, andere nur unter gewissen Voraussetzungen anwendbar. Von für die Praxis hinreichender Genauigkeit ist das von Lunge gegebene Bestimmungsverfahren, das sich durch schnelle Ausführung auszeichnet. Nach diesem bestimmt man zunächst das bleichende Chlor und ermittelt dann dieses zusammen mit dem Chloratchlor durch Kochen mit Eisenvitriol und Zurücktitrieren mit Permanganat. Der Unterschied in den erhaltenen Werten ergibt den Gehalt an Chlorat. Die Ausführung der Methode gestaltet sich wie folgt:

10 cm³ der Bleichlauge werden in einem 100 cm³ fassenden Kolben mit destilliertem Wasser bis zur Marke verdünnt. Von dieser verdünnten Lauge läßt man 10 cm³ zu 50 cm³ Ferrosulfatlösung (100 g Ferrosulfat, 100 cm³ konzentrierte Schwefelsäure mit Wasser zu 1 l verdünnt) fließen. Als Aufnahmegefäß für diese Mischung bedient man sich eines Kolbens mit Ventilstopfen nach Bunsen oder Contat-Göckel. Unter Luftabschluß läßt man den Kolbeninhalt zunächst einige Minuten ruhig stehen und erhitzt nun $^1/_4$ Stunde lang ohne aufgesetzten Ventilstopfen. Hierauf verschließt man wiederum, läßt erkalten und titriert mit $^n/_{10}$ Permanganat. Erfordern 50 cm³ der ursprünglichen Eisenlösung z. B. a cm³ Permanganat und sind nach dem Kochen mit der Bleichlauge noch b cm³ hierzu erforderlich, so ergibt sich aus $(a - b)$ die Menge des zum Oxydieren des Ferrosalzes verbrauchten Chlors in Form von Chlorat, Hypochlorit und freiem Chlor. Vermindert man diesen Wert um den sich bei der Titration mit Arsenitlösung ergebenden Betrag von aktivem Chlor, so erhält man die Menge Chlorat-Chlor in Gramm in 1 cm³ der Bleichlauge.

Auch hier ist es sehr zweckmäßig, sich zur Abmessung der Bleichlauge einer Pipette zu bedienen, welche 35,5 cm³ faßt. Verdünnt man diese Menge Bleichlauge auf 500 cm³ und verwendet zur Bestimmung je 50 cm³ dieser Lösung, so ergeben die erhaltenen Werte ohne weiteres den Gehalt an Chlorat-Chlor im Liter Bleichlauge. Die beschriebene Methode gibt bis auf 0,1 oder 0,2% richtige Ergebnisse.

Nach E. Rys[1] ist die Methode von Lunge bei Gegenwart organischer Verbindungen unsicher. Man kann zwar unter gewissen Bedingungen auch mit dieser Methode gute Ergebnisse erhalten. Besser soll jedoch folgende Methode sein:

Eine entsprechende Menge der Lösung der Chloride, Hypochlorite und Chlorate wird auf 100 cm³ gebracht, 5 cm³ 10proz. $NaNO_2$ (chloridfrei) zugesetzt und unter fortwährendem Rühren langsam mit 10 bis 15 cm³ konzentrierter reiner HNO_3 versetzt. Nach einstündigem Stehen gibt man 1 cm³ H_2O_2 (Perhydrol pro analysi) zu, läßt 15 Minuten stehen, verdünnt auf 175 cm³ und titriert mit $^n/_{10}$ $Hg(NO_3)_2$ nach Votoček[2]. Dadurch wird das Chlor bestimmt, das als Chlorid, Hypochlorit und Chlorat vorhanden ist.

---

[1] Rys, E., Eichmann & Co.: Papierfabrikant Bd. 24, S. 625. 1926.

[2] Votoček: Chem.-Zg. Bd. 42, S. 259. 1918.

In einer anderen Probe der zu untersuchenden Flüssigkeit wird das Hypochlorit durch H_2O_2 zerstört, die Lösung mit HNO_3 angesäuert und das Chlor, welches als Chlorid und Hypochlorit anwesend ist, mit $^n/_{10}$ $Hg(NO_3)_2$ bestimmt. Der Unterschied zwischen beiden Bestimmungen gibt die Menge des Chlorates an.

Votoček gibt folgende Vorschrift zur Darstellung von $^n/_{10}$ Quecksilberlösung mit $^1/_{10}$ normalem Wirkungswerte. Etwas mehr als $^1/_{20}$ Mol.-Gewicht reinsten Merkurinitrats ($Hg(NO_3)_2 \cdot {}^1/_2\, H_2O$) oder Kahlbaumschen reinsten Quecksilberoxydes werden in Wasser unter Zusatz der nötigen Menge von Salpetersäure zu 1 l klar gelöst. Die Lösung läßt man aus einer Bürette in ein Becherglas, das 25 cm³ $^n/_{10}$ Kochsalz (geschmolzen), 150 cm³ destilliertes Wasser, 6 Tropfen einer Natriumnitroprussidlösung (durch Lösen von 6 g des kristallisierten Salzes in 30 cm³ destilliertem Wasser bereitet) und 10 Tropfen reinster chlorfreier konzentrierter HNO_3 enthält. Als Unterlage des Becherglases verwendet man schwarzes Papier. Die Titration ist zu Ende, sobald sich eine gut merkbare bläulich-milchige Opaleszenz (verursacht durch kolloidales Merkurinitroprussid) bildet, die im Verlaufe einer Minute nicht verschwindet. Man erkennt diesen Punkt am schärfsten, wenn man das Becherglas schräg gegen eine schwarze Unterlage hält. Von dem verbrauchten Volumen (v) der Hg-Lösung wird die Trübungskorrektion (k), welche bei 200 cm³ Gesamtvolumen der Flüssigkeit etwa 0,025 cm³ $^n/_{10}$ Hg-Lösungen bzw. bei konzentrierten Hg-Lösungen entsprechend weniger ausmacht, abgezogen. Je ($v - k$) cm³ der Hg-Lösung werden sodann auf 25 cm³ verdünnt. Der Titer der so erhaltenen Lösung wird durch einen gleichen Titrationsversuch kontrolliert und, falls der $^n/_{10}$ Wirkungswert nicht genau getroffen wurde, mit dem betreffenden Umrechnungsfaktor versehen. Direkt erhält man eine $^n/_{10}$ wirkende Quecksilberlösung durch Auflösen von 10,9307 (d. h. HgO/20 · 1,0093 g) reinsten Kahlbaumschen getrockneten Quecksilberoxyds in der nötigen Menge reiner chlorfreier Salpetersäure und Auffüllen auf 1 l.

Nach Prelinger[1] erhält man weit genauere Werte, wenn man das Chlorat mit Hilfe von schwefliger Säure zu Chlorid reduziert, den Überschuß wegkocht und nunmehr das Chlorid in üblicher Weise bestimmt. Prelinger gibt folgende Vorschrift: 1—5 cm³ der Probe (je nach dem Chloratgehalt) werden zwecks Reduktion mit schwefliger Säure versetzt. Der Überschuß an SO_2 wird sorgfältigst weggekocht, hierauf versetzt man mit einer gemessenen Menge von $^n/_{10}$ $AgNO_3$ im Überschuß (a cm³) und fügt ein paar Tropfen konzentrierter Salpetersäure hinzu. Der Niederschlag von AgCl wird quantitativ durch ein dichtes Filter (Schleicher & Schüll Blauband) filtriert und auf $AgNO_3$-Freiheit ausgewaschen.

---

[1] Prelinger, H.: Zellstoff u. Papier Bd. 8, S. 294—295. 1928.

Im klaren Filtrat wird der Überschuß an $^{n}/_{10}$ $AgNO_3$ mit $^{n}/_{10}$ KCNS (b cm³) und Ferrinitratlösung als Indikator (2—3 cm³ auf 50 cm³ Flüssigkeit) bis zu schwacher Rosafärbung zurücktitriert. Der Chloratgehalt errechnet sich dann:

$$a - b = c \cdot 0{,}012256 \text{ für } KClO_3,$$
$$\cdot\, 0{,}010646 \text{ für } NaClO_3,$$
$$\cdot\, 0{,}010349 \text{ für } Ca(ClO_3)_2.$$

Bestimmung von Chlorid.

Nach Lunge wird das Chloridchlor der Bleichlaugen wie folgt ermittelt: In der mit arseniger Säure titrierten Probe der Bleichflüssigkeit stumpft man das von der Arsenlösung herrührende Alkali so weit mit Salpetersäure ab, daß die Flüssigkeit schwach alkalisch bleibt (Säureüberschuß schadet!). Alsdann titriert man mit neutraler $^{n}/_{10}$ Silbernitratlösung unter beständigem Umrühren, bis der entstehende Niederschlag ein wenig rötlich geworden ist. Dieses Entstehen der rötlichen Farbe wird verursacht durch bei der Titration der Probe mit Arsenitlösung sich bildendes Natriumarseniat, das selbst einen vorzüglichen Indikator für die Silbertitration darstellt. Bei dieser Bestimmung ermittelt man sowohl das Chlorid-Chlor als auch das in Chlorid durch die Arsentitration übergeführte bleichende Chlor; das ursprünglich vorhandene Chlorid-Chlor wird demnach als Differenz des nach dieser Methode erhaltenen Wertes und früher ermittelten Gehaltes an bleichendem Chlor gefunden.

Nach Prelinger[1] bestimmt man die Chloride in einem Teil der Probe nach Volhard. Einen zweiten Teil der Probe versetzt man, wie oben angegeben, mit SO_2 und bestimmt in ähnlicher Weise die Gesamtchloride. Aus dem Unterschied der Gesamtchloride und der ursprünglichen Chloride erhält man jene Menge an Chlorid, die dem Chlorat entspricht. Nach Umrechnung, wie oben angegeben, erhält man die Menge des vorhandenen Chlorats.

Bestimmung von Chlor, Chlorat und Chlorid in einer Lösung.

Hierfür empfiehlt Carnot[2] nachstehend beschriebenes Verfahren: Man reduziert zunächst das Hypochlorit mit Arsenigsäurelösung von bekanntem Gehalt zu Chlorid (Methode von Pénot); dann fügt man nach Ansäuern mit Schwefelsäure etwa das Zwanzigfache des vermuteten Chlorates an Eisenammon-Alaun (chemisch rein, genau abgewogen) zu, erhitzt auf 100° und läßt allmählich kleine Quantitäten von 5 cm³ Schwefelsäure in 15 cm³ Wasser zufließen Das Chlorat oxydiert das Ferrosalz zu Ferrisalz und geht selbst in Chlorid über; der Ferrosalzüberschuß wird mit Permanganat zurücktitriert. Nun befindet sich das gesamte

[1] a. a. O. [2] Carnot: Papierfabrikant Bd. 21, S. 518. 1923.

Chlor als Chlorid in der Lösung. Nach Zugabe einer Spur Ferrosulfat, welches den rötlichen Ton des Permanganats wieder wegnimmt, wird sämtliches Chlorid durch im Überschuß zugefügte Silberlösung als Chlorsilber gefällt und der Silberüberschuß mit Thiocyanidlösung zurücktitriert. Das früher gebildete Ferrisalz spielt die Rolle des Indikators: nach Verbrauch des gesamten Silbers tritt die Rotfärbung von Eisenrhodanid auf. Die Differenz aus dem gefundenen Gehalt an Gesamtchlorid und dem Chlorid, welches sekundär aus Hypochlorit und Chlorat gebildet wurde, gibt dann den Chloridgehalt des Chlorkalks an.

Bestimmung der Azidität oder Alkalinität von Hypochloritlaugen.

Bestimmung von freiem Alkali[1]. Zum Nachweis von freiem Alkali in Bleichflüssigkeiten kann, solange es sich um qualitative Prüfung handelt, die Vorschrift von Blattner dienen. Nach dieser bewahrt nämlich Phenolphtalein in einer Hypochloritlösung seine rote Farbe, solange noch Ätznatron vorhanden ist. Sobald dieses verschwunden ist, wird die rote Farbe durch freies Chlor sehr schnell zerstört.

Zur quantitativen Bestimmung benutzt man folgende sehr einfache Methode. 25 cm^3 Hypochloritlauge werden mit 2 cm^3 $^n/_{10}$ Natronlauge versetzt und alsdann Wasserstoffsuperoxyd zugegeben, bis ein Tropfen der Flüssigkeit auf Jodkaliumstärkepapier keinen blauen Fleck mehr verursacht. Die dann mit Phenolphtalein rot gefärbte Lösung wird mit $^n/_{10}$ Salzsäure bis zur Entfärbung titriert. Von der verbrauchten Säuremenge bringt man die zugesetzten 2 cm^3 Lauge in Abzug und erhält alsdann die wahre Alkalität der Bleichflüssigkeit, die man zweckmäßig als Na_2O ausdrückt.

Nach Rupp und Lewy[2] kann man auch ohne Zusatz von Alkali arbeiten. Man versetzt die Lösung in kleinen Portionen mit etwa 3proz. säurefreiem Wasserstoffsuperoxyd, bis kein Aufbrausen von Sauerstoff mehr stattfindet. Hierauf titriert man das Alkali neben verbliebenem Chlorid und evtl. vorhandenem Chlorat mit $^n/_{10}$—$^n/_4$ Säure und Methylorange als Indikator. Bei zu großem Superoxydüberschuß kann der Indikator alsbald verbleichen. Man kocht dann einige Minuten, um den Superoxydüberschuß zu zerstören, läßt erkalten und titriert nach erneutem Methylorangezusatz.

Die Bestimmung der Wasserstoff-Ionen-Konzentrationen bei der Bleiche ist, wie sich aus einer Veröffentlichung von H. Wenzl[3]

[1] Vgl. Förster u. Jorre: Z. anorg. allg. Chem. Bd. 23, S. 181. 1900.

[2] Rupp, E. u. F. Lewy: Z. analyt. Chem. Bd. 73, S. 283. 1928.

[3] Wenzl, H.: Technologie und Chemie der Zellstoff- und Papierfabrikation Bd. 26, S. 17—37. 1930, ferner Privatmitteilung. Vgl. auch den Vortrag von H. Wenzl über Zellstoffbleiche. Papierfabrikant Bd. 29, S. 49—55. 1931.

sowie aus einer Arbeit von Bergqvist[1] ergibt, zwecklos, und zwar innerhalb des Aziditätsbereiches: Normalität Säure 0,01—Normalität Alkali 0,05, also praktisch über den ganzen Bereich der technischen Bleiche. Es handelt sich nämlich um ein gepuffertes System. Praktisch konstant 6,4—6,8. Will man trotzdem p_H-Messungen machen, so geschieht dieses mit Hilfe des an und für sich sehr brauchbaren Universalindikators nach Merck[2] nach vorheriger Zerstörung des wirksamen Chlors mit genau $p_H = 7$ eingestelltem Wasserstoffsuperoxyd. Man erhält aber falsche Werte, da stets unterchlorige Säure durch Dissoziation zugegen ist.

Die Untersuchung des Bleichgutes.

Bleichbarkeitsprüfungen.

Die Bleichbarkeit oder Bleichfähigkeit von Zellstoffen wird gegenwärtig nach dem Ausfall der Bestimmung des Aufschlußgrades beurteilt. Die anwendbaren quantitativen und qualitativen Methoden sind ausführlich im Abschnitt V beschrieben worden.

Es sind, um unmittelbar aus dem Ergebnis der Aufschlußgradbestimmung den Bedarf an Bleichchlor zahlenmäßig ermitteln zu können, verschiedene Formeln aufgestellt worden. Bedeutet im folgenden Cl den Bleichchlorbedarf von 100 g abs. trockenem Stoff, P.Z. die Permanganatzahl nach Johnsen, Si.Z. die Sieberzahl, so ist nach Johnsen[3]:

$$\text{Cl} = (0{,}104 + 0{,}00144\ \text{Si.Z.}) \cdot \text{Si.Z.}$$

$$\text{Cl} = (0{,}415 + 0{,}025 \cdot \text{P.Z.}) \cdot \text{P.Z.}$$

Genauere Werte gibt nach Sieber[4]:

$$\text{Cl} = (0{,}08 + 0{,}00144 \cdot \text{Si.Z.}) \cdot \text{Si.Z.}$$

Ferner ist, wenn E.Z. die Ensozahl des lufttrockenen Stoffes 90/100 und B.Z. die Bergmanzahl für den gleichen Stoff absolut trocken bedeutet[5]:

$$\text{B.Z.} = (0{,}70 + 0{,}23 \cdot \text{E.Z.}) \cdot \text{E.Z. für Sulfitstoff,}$$

$$\text{B.Z.} = (0{,}82 + 0{,}11 \cdot \text{E.Z.}) \cdot \text{E.Z. für Sulfatstoff.}$$

Endlich ist nach Tingle[6].

$$\text{Cl} = \text{Tingle Chlorfaktor} \cdot 3.$$

---

[1] Bergqvist: Svensk Pappers Tidning Bd. 30, S. 686. 1927.

[2] Ein weiteres Kolorimeter, bei welchem die charakteristische Farbenskala auf Porzellan eingebrannt ist, hat die Firma F. Hellige & Co., Freiburg im Breisgau, in den Handel gebracht. — Eine Tüpfelapparatur hat auch Tödt konstruiert, die von der Firma Ströhlein & Co., Düsseldorf, gebaut wird. (Wochenbl. f. Papierfabr. Bd. 59, S. 1040. 1928.)

[3] Zellstoff u. Papier Bd. 2, S. 185. 1925.

[4] Sieber, Privatmitteilung.

[5] Papierfabrikant Bd. 24, S. 742. 1926.

[6] Zellstoff u. Papier Bd. 2, S. 103. 1922.

Genauer jedoch nach Bergmans[1] Feststellungen:

$$\text{Cl} = \text{Tingle Chlorfaktor} \cdot 2{,}3 \text{ für Sulfitstoff,}$$

$$\text{Cl} = \text{Tingle Chlorfaktor} \cdot 4{,}0 \text{ für Sulfatstoff,}$$

alles auf abs. trockenen Stoff bezogen.

Gewissermaßen zur Bestätigung der Prüfungen des Aufschlußgrades kann man Bleichbarkeitsbestimmungen durchführen, indem man Bleichversuche mit dem aufgeschlagenen Stoff in kleinem oder größerem Maßstabe anstellt.

Zur quantitativen Feststellung der zur Bleiche erforderlichen Menge Bleichlösung sind eine ganze Reihe von Verfahren im Gebrauch, die nachstehend beschrieben werden sollen. Den Verhältnissen der Praxis kommt, abgesehen von der Bewegung des Stoffbreies, wohl das zuerst angeführte Verfahren von Arnot am nächsten.

Die Bestimmung der Bleichbarkeit von Holzzellstoffen. Nach Arnot[2] werden 20 g Zellstoff lufttrocken möglichst gut zerkleinert und im Becherglas oder in einer Porzellanschale mit 250 cm³ Betriebswasser von gleicher Wärme, wie sie das Bleichholländerwasser hat, versetzt. Die Masse muß genau die Stoffdichte des Bleichholländers haben. Der Brei wird mit einem Überschuß von titrierter Chlorkalklösung versetzt und bleibt dann unter zeitweiligem Umrühren so lange stehen, bis die Weiße eines feuchten, in einer versiegelten farblosen Glasröhre aufbewahrten Standardmusters erreicht ist. Man entnimmt dann mit der Pipette 5 oder 10 cm³ Bleichflüssigkeit und titriert, indem ein Überschuß an zehntelnormaler arseniger Säure zugesetzt und mit zehntelnormaler Jodlösung zurückgemessen wird. Man kennt dann die Menge des für 20 g Zellstoff verbrauchten Chlors, die man auf 100 umrechnet.

Wrede[3] hat dieses Verfahren folgendermaßen abgeändert. Er benutzt 25 g trockenes oder 27,7 g lufttrockenes Material. Preßt man mit der Hand oder unter Zuhilfenahme eines zusammengedrehten Handtuches feuchten Stoff kräftig aus, so entsprechen 83 g ausgepreßter Stoff 25 g absolut trockenem Stoff ziemlich genau. (Dieses Verhältnis gilt, wie bemerkt sei, nur bei Zellstoffen.) Diese Menge verwandelt man mit 500 cm³ Fabrikationswasser in einen Brei, fügt bei leicht bleichbaren Stoffen 225 cm³, bei schwer bleichbaren 450 cm³ einer Chlorkalklösung hinzu, die einer viertelnormalen Arsenigsäurelösung entspricht. Nun erhitzt man im 2-l-Kolben binnen 10 Minuten auf 40°, welche Temperatur man am Thermometer im durchbohrten Stopfen des Gefäßes abliest. Nach weiteren 50 Minuten unterbricht man den Versuch und titriert mittels viertelnormaler Arsenigsäurelösung zurück unter Ver-

---

[1] S. o. Anm. 5. a. S. 372. [2] Arnot: Papier-Zg. Bd. 34, S. 1274. 1909.
[3] Wrede: Papier-Zg. Bd. 34, S. 806. 1909.

wendung von Jodkaliumstärkepapier als Indikator. Man kann gegen diese Form der Methode einwenden, daß sie mit verhältnismäßig geringer Stoffdichte und mit Erwärmung arbeitet. Durch Erwärmung geht aber außerdem Chloratbildung vor sich, so daß der Verbrauch höher ausfallen muß, als er wirklich ist. Das Verfahren hat sich jedoch in der Fabrikpraxis als brauchbar erwiesen. Für genaue Bleichbarkeitsbestimmungen muß selbstverständlich der Wassergehalt des lufttrockenen Stoffes berücksichtigt werden.

Die im Abschnitt V beschriebene Methode der Bestimmung des Aufschlußgrades nach Enso ist nach Bergman eine verbesserte Ausführungsform der Wrede-Bestimmung. Die Ensozahl-Methode kann also auch zu den Methoden der Bleichbarkeitsprüfung gezählt werden.

Klemm[1] beschickt 4 zylindrische Gefäße mit den 15, 20, 25 und 30 Teilen Chlorkalk auf 100 Teile des lufttrockenen Zellstoffs entsprechenden Mengen von klarer Chlorkalklösung und fügt die in Wasser aufgequirlten Stoffproben von je 5 g hinzu. Die Gesamtwassermenge wird auf 400 cm³ bemessen. Die 4 Gefäße werden in einem großen Wasserbad auf 30—40° erwärmt und der Stoffbrei mit Glasrührern umgerührt. Versuchsdauer 5 Stunden. Probeentnahme mit Pipette, auf deren Spitze eine Hülse von Kupferdrahtnetz geschoben ist, zur maßanalytischen Bestimmung des unverbrauchten, wirksamen Chlors. Nach Beendigung des Versuchs Absaugen und Abpressen auf Büchner-Trichter, zweimaliges Aufschütteln und Auswaschen mit je 1 l Wasser. Der Stoffbrei wird dann in 500 cm³ Wasser aufgequirlt und aus diesem 1proz. Brei Papierblätter durch Absaugen oder Ablaufenlassen auf Trichter (besser Hahntrichter) geformt. Die Papierblätter werden abgepreßt, getrocknet und zwecks Vergleichung auf Bleichgrad nebeneinander geklebt.

Die englischen Papierchemiker Sindall und Bacon geben nachstehende Vorschrift zur Bleichbarkeitsprüfung[2]. 5 g Zellstoff werden in einem Mörser mit etwa 50 cm³ Wasser angerieben. Von einer etwa 5% Chlorkalk enthaltenden Lösung, deren Titer durch Titration mit Zehntelnormal-Arsenigsäure-Lösung bestimmt ist, wird die 20% Chlorkalk entsprechende Menge genommen, mit dem Stoff in einer Flasche vermischt und das Volumen der Flüssigkeit auf 125 cm³ gebracht. Unter zeitweiligem Schütteln wird bei etwa 40° C (100° F) gebleicht, bis die Farbe das Maximum erreicht hat, dann wird abfiltriert und gründlich ausgewaschen. Im Filtrat und den Waschwässern wird die unverbrauchte Chlorkalklösung mit Arsenigsäure-

[1] Klemm, Paul: Wochenbl. f. Papierfabr. Bd. 40, S. 3973—3976. 1909; ferner P. Klemm: Bleichbarkeitsprüfung. Chem.-Zg. Bd. 44, S. 458. 1920, Nr. 74: Ausführliches Referat.

[2] Sindall u. Bacon: Worlds paper trade review Bd. 56, S. 817, 977, 1129; Bd. 57, S. 97. 1911.

lösung gemessen. Ist dieser Überschuß groß, so wird ein zweiter Bleichversuch angesetzt, bei welchem nur wenig mehr Chlorkalklösung angewendet wird, als im ersten Versuch tatsächlich verbraucht wurde. Aus dem gebleichten Stoff werden Handmuster geformt, deren Weiße im Lovibondschen Tintometer mit dem Weiß des gefällten Gipses verglichen wird.

Nach Sutermeister[1] verfährt man zur Bleichgradbestimmung wie folgt: 3 Muster von je 50 g Faser werden hergestellt und die Feuchtigkeit bestimmt, damit man auf sogenannte lufttrockene, 10% Feuchtigkeit haltende Faser umrechnen kann. Eine dieser Proben wird mit 1 l Wasser aufgeschlagen und nach völliger Zerkleinerung zu Zellstoffbrei auf $2^1/_2$ l verdünnt. Zu diesem Brei wird dann Bleichlösung zugefügt, deren Menge so berechnet ist, daß die Bleichmittelmenge ausreicht zur völligen Bleiche der Faser. Der Inhalt des Gefäßes wird dann in einem Wasserbade unter beständigem Umrühren bei 35—40° bis zur Erschöpfung des Bleichmittels gerührt. Das Fasermaterial wird schließlich sorgfältig gewaschen und mit einem Schöpfrahmen in Bogenform gebracht. Die Bogen werden an der Luft getrocknet, in einer Kopierpresse gepreßt und in bezug auf Farbe mit den Standardpapierbogen verglichen, welche in genau der gleichen Weise angefertigt worden sind. Zeigt der Vergleich beim ersten Versuch, daß die Bleiche ein zu hohes Weiß oder eine zu stark gelbe Färbung ergeben hat, so wird eine zweite Probe in genau der gleichen Weise unter Verwendung von größeren oder geringeren Mengen des Bleichmittels hergestellt, so lange, bis Bogen erhalten werden, die in der Farbe dem Standard entsprechen. Wenn man etwas Übung besitzt, ist es selten nötig, mehr als 2 Muster derselben Faser zu bleichen, und die endgültige Schätzung des erforderlichen Aufwandes an Bleichmitteln kann leicht innerhalb der Fehlergrenze von $^2/_{10}$ oder $^3/_{10}$% derjenigen Menge angegeben werden, die man in der fabrikatorischen Praxis tatsächlich findet.

Kontrolle während der Bleiche.

Diese erstreckt sich im wesentlichen auf die Beobachtung der Veränderung der Farbe und die Feststellung der Erschöpfung des Bleichmittels. Man kann z. B. mit Jodkaliumstärkepapier das allmähliche Schwächerwerden der Bleichlösung verfolgen. Man kann auch durch Titration, wenn dies erforderlich erscheint, genauer den jeweiligen Gehalt des Bleichbades feststellen. Bei der Stufenbleiche wird man das Waschwasser und bei der alkalischen Wäsche das Verschwinden der Alkalinität beim Waschvorgang kontrollieren. Am Schluß des Bleichvorganges kann man durch Vergleichung des gebleichten Stoffes mit

---

[1] Sutermeister: „Paper“ Nr. 21. 1914.

bereitgehaltenen feuchten Stoffmustern, die man in einem gut verschlossenen Gefäß aufbewahrt, den Grad der erreichten Bleiche, wie oben schon bei der Arnot-Methode erwähnt, kontrollieren.

Kontrolle nach der Bleiche.

Ist die Bleiche beendet, aber noch unverbrauchtes Hypochlorit vorhanden, so kann dieses durch Zugabe geeigneter Chemikalien vernichtet werden, falls man nicht die Absicht hat, durch eine Nachbleiche etwa in den Stoffkästen die immer langsamer werdende Wirkung eines Hypochloritrestes noch auszunutzen. Die weitere Untersuchung wird sich am gewaschenen Stoff vollziehen, in welchem auf etwa noch vorhandenen Gehalt an Bleich- und gegebenenfalls auch Säureresten untersucht werden muß.

Antichlor.

Unter dem Namen Antichlor versteht man Substanzen, welche imstande sind, etwa bei Beendigung der Bleiche vorhandenes überschüssiges Bleichchlor zu zerstören. Notwendig ist eine Zerstörung dieses Überschusses einmal deswegen, weil Bleichchlorreste später zugesetzte Farbstoffe beeinflussen könnten, andererseits, weil Reste von Bleichchlor auch nicht ohne schädigende Einwirkung auf die Maschinerie, Papiermaschine u. dgl. sind. Zur Zerstörung der Bleichchlorreste dienen Natriumthiosulfat, Natriumsulfit und Natriumbisulfit; Ammoniak und Wasserstoffsuperoxyd sind für den allgemeinen Gebrauch zu teuer. Das Natriumthiosulfat ergibt bei seiner Umsetzung mit Bleichchlor eine Salzsäure- und Schwefelabscheidung, was unter Umständen nicht erwünscht ist. Bei der Natriumbisulfitlösung muß man mit der Bildung einer kleinen Menge Schwefelsäure rechnen, während man bei der Verwendung von Natriumsulfit keinerlei Säurebildung zu fürchten hat. Die Verwendung des einen oder des anderen Mittels muß jedoch im wesentlichen von Preisrücksichten abhängig gemacht werden. — Die Salze wirken derart, daß sie Hypochlorite des Kalziums und Natriums in Chloride überführen, wobei sie selber in Salze der Schwefelsäure, bzw. in freie Schwefelsäure übergehen. Die Wirksamkeit dieser Stoffe hängt ab von ihrem Gehalt an freier oder gebundener Schwefligsäure; die Wertbestimmung geschieht deshalb in der Art, daß man mit einer $^{n}/_{10}$ Jodlösung titriert und so die Menge der schwefligen Säure bestimmt.

Man wendet beispielsweise etwa 1 g fein gepulvertes Natriumsulfit ($Na_2SO_3 + 7\,H_2O$) an, übergießt es mit 20 cm^3 einer $^{n}/_{10}$ Jodlösung und schüttelt so lange, bis das Kristallpulver sich vollständig aufgelöst hat. Hierauf wird $^{n}/_{10}$ Thiosulfatlösung vorsichtig so lange zugeführt, bis die gelbe Jodfarbe zerstört ist. Den genauen Endpunkt erkennt man nach Zusatz einer kleinen Menge Stärkelösung. Da 1 cm^3

$^n/_{10}$ Jodlösung 0,0032 g SO_2 entspricht, zieht man die Zahl der verbrauchten Kubikzentimeter $^n/_{10}$-Thiosulfat von 20 ab, multipliziert mit 3,2 und erhält so den Prozentgehalt an SO_2.

Bei Natriumthiosulfat $Na_2S_2O_3 + 5\,H_2O$ (fälschlich auch Hyposulfit genannt) werden 10 g in 100 cm³ destilliertem Wasser gelöst und 10 cm³ der Lösung mit $^n/_{10}$ Jod titriert. 1 cm³ $^n/_{10}$ Jodlösung entspricht 0,0248 g Natriumthiosulfat.

Ammoniaklösung. Ammoniak kommt als wässerige Lösung in den Handel, welche bis zu 35% NH_3-Gas enthält (spez. Gewicht etwa 0,880 bei 15° C). Der Gehalt der Lösung wird entweder durch Spindelung oder titrimetrisch bestimmt; eine entsprechend verdünnte Probe wird mit Normalsäure unter Benutzung von Methylorange als Indikator titriert. 1 cm³ Normalsäure entspricht 0,017 g NH_3.

Bleichmittel- und Säurereste im Bleichgut.

Die Anwesenheit von Bleichresten in gebleichten Zellstoffen wird an der Blaufärbung von Jodkaliumstärkepapier erkannt, das man zwischen einzelne ausgepreßte Proben des feuchten Zellstoffmaterials legt und die man auf das Reagenzpapier kräftig aufpreßt.

Werden Zellstoffe, z. B. Strohzellstoffe, unter Zusatz von Säure gebleicht, so ist es, falls der gebleichte Stoff nicht ausgewaschen wird, notwendig, auf etwaigen Säuregehalt zu prüfen. Ist überschüssige Säure im Stoff, so kann die Säure beim Lagern Hydrozellulosebildung hervorrufen und damit den Zellstoff also weniger fest, ja brüchig und dadurch minderwertig machen. Wird freilich der Zellstoff sogleich nach der Bleiche auf geleimtes Papier verarbeitet, so scheint die Gefahr eines Mürbewerdens nicht sehr groß, denn bei der Leimung wird ein säureabstumpfendes Alkali in Form des harzsauren Natrons zugegeben. Immerhin besteht auch hier die Möglichkeit, daß die Umsetzung zwischen harzsaurem Natron und der im Innern der Faser enthaltenen Säure eine unvollständige ist. Die Hydrozellulosebildung geht nun, wie Girard schon 1881 nachgewiesen hat, selbst mit sehr kleinen Säuremengen (etwa 0,006%), allerdings erst nach monatelanger Einwirkung, vor sich. Es ist also sicherlich besser, man sorgt dafür, daß überhaupt keine Säure von der Bleiche her im Zellstoff enthalten sein kann.

Es ist sonach eine Prüfung der Reaktion des fertig gebleichten Stoffes erforderlich, damit etwaige fehlerhafte, zu große Zusätze an Säure erkannt werden können. Die gebräuchlichen Reagenzpapiere sind in Gegenwart von unverbrauchtem Bleichchlor unzuverlässig, da ihre Farbstoffe auch einer Bleichung unterliegen.

Der Nachweis freier Säure muß gelingen, wenn das noch vorhandene überschüssige Bleichchlor entfernt ist. Von den für die Entfernung überschüssigen Bleichchlors üblichen Präparaten werden aber nur die anwendbar sein, die bei ihrer Zersetzung lediglich neutrale Endprodukte ergeben. Natriumthiosulfat und Natriumbisulfit lassen Mineralsäure entstehen. Wasserstoffsuperoxyd ist sehr geeignet, da bei seiner Zersetzung nur neutrale Produkte sich bilden. Aber die Zersetzung geht nur in alkalischer Lösung glatt und rasch vonstatten. Man setzt zu dem zu prüfenden Stoffwasser eine gemessene Menge von $^n/_{10}$ bzw. $^n/_5$ Natronlauge und einen Überschuß an neutralem Wasserstoffsuperoxyd. Mit stürmischem Aufbrausen entweicht der Sauerstoff. Man titriert dann mit einer $^n/_{10}$ bzw. $^n/_5$ Säure zurück. Nach Abzug der für Neutralisation der gemessenen Natronlauge erforderlichen Kubikzentimeter an Säure gibt der übrigbleibende Rest ein Maß für die im Stoff vorhandene Säure. Waren z. B. 5 cm³ $^n/_{10}$ Natronlauge angewendet, so sollten 5 cm³ $^n/_{10}$ Säure zur Neutralisation erforderlich sein. Werden aber nur noch 2 cm³ verbraucht, so sind 3 cm³ $^n/_{10}$ Natronlauge durch die im Stoff vorhandene Säure aufgezehrt worden, deren Menge ist damit also bestimmt.

Man wird meist auf diese quantitative immerhin etwas umständliche Bestimmung verzichten können, denn man will ja einen Stoff erzielen, der überhaupt keine überschüssige Säure enthält. Der also nur qualitativ erforderliche Nachweis läßt sich unter Anwendung von Natriumsulfit, Jodkaliumstärkepapier, Lackmuspapier oder Kongopapier außerordentlich einfach gestalten. Man nimmt eine beliebige Menge Stoffbrei aus dem Bleichholländer heraus, bringt ihn in eine Porzellanschale oder in einen dickwandigen, ebenfalls nicht so leicht zerbrechlichen Stutzen aus Glas und fügt nun tropfenweise Natriumsulfitlösung (etwa 5proz.) so lange hinzu, bis ein in den Stoff eingetauchtes und zweckmäßig mit ihm zwischen den sauberen Fingern oder einem Porzellanspatel und der Gefäßwandung zusammengepreßtes Stück empfindliches Jodkaliumstärkepapier keine Blaufärbung mehr ergibt. Ist nunmehr also das Chlor völlig zerstört, so prüft man den Stoff mit Kongopapier oder blauem Lackmuspapier auf Säuregehalt. Das Lackmuspapier ist vorzuziehen, da es weit empfindlicher als das Kongopapier ist.

Die Weißgradbestimmung.

Das Abmustern.

Wie oben bei den Bleichbarkeitsprüfungen beschrieben, müssen für die Beurteilung des Bleichergebnisses neben dem feuchten Stoff auch die aus diesem gefertigten Papierprobebogen hinsichtlich ihres Weißgrades untersucht werden. Voraussetzung für eine solche Untersuchung ist die Blattbildung. Die gebleichten Fasern müssen zu möglichst gleichmäßigen Blättern geformt werden, damit ein Vergleich mit Standard-

oder Typmustern möglich ist. Die für die Blattbildung gegenwärtig als besonders brauchbar erkannte Apparatur ist im Abschnitt V bereits beschrieben worden. Die in dieser Vorrichtung gewonnenen Bogen müssen für das Abmustern unter völlig gleichen Bedingungen gepreßt und getrocknet worden sein, damit eine gleichmäßige Oberfläche erzielt wird. Die Beurteilung der Farbe ist mit einem sehr starken persönlichen Faktor behaftet. Durchaus nicht jedes Auge ist für die Beurteilung des Weißgrades geeignet. Sehr viel Menschen sind, ohne es zu wissen, mehr oder weniger farbenblind. Selbstverständlich spielt auch die Übung eine große Rolle, andererseits auch die Ermüdung des Auges, was die andauernde Beschäftigung ein und derselben Person mit Abmusterungsversuchen erschwert.

Von Bedeutung ist natürlich auch die Beleuchtung, also der Zustand des Himmels, der Grad der Bewölkung. Von Einfluß ist auch das Reflexlicht. So gelingt einwandfreies Abmustern nicht, wenn man den Reflex stark gefärbter Wände, etwa von hohen Ziegelmauern, in den Kauf nehmen muß. Unter diesen Umständen empfiehlt es sich, die Abmusterung mit Hilfe der sogenannten Tageslichtlampe durchzuführen. Als Vergleichsmuster kommen in erster Linie Zellstoffbogen in Frage, die man zum Vergleich sorgfältig aufbewahren muß. Nach Sutermeister sind Musterbogen aus Sulfitzellstoff 5 Monate haltbar, sofern sie in einer Schublade aus Hartholz, jedoch nicht aus Fichten- oder Kiefernholz, besser in einer Blechkapsel aufbewahrt werden. Natronzellstoffmuster müssen in kürzeren Zwischenräumen erneuert werden.

An Stelle der Vergleichsmuster aus Zellstoffasern hat man auch andere hochweiße Stoffe empfohlen, z. B. fein gemahlenen Gips[1], Kreideblöcke, matte Porzellanplatten.

Weißmessung in Photometern.

Für genauere Weißmessungen bedient man sich der Kolorimeter bzw. Photometer. Für die subjektive Messung des Weißgrades kommt nach Wenzl[2] vorerst noch die subjektive Methode — Messung mit dem Auge — in Frage. Für die subjektive Photometrie bedient man sich vorteilhaft der Apparate von Zeiss, Jena, oder von Janke & Kunkel. Das Stufenphotometer nach Pulfrich ist nicht ohne Zusatzvorrichtungen für die Weißgehaltsprüfung von Zellstoff geeignet. Bei Anwendung

[1] Porrvik, G.: Papierfabrikant Bd. 27, S. 333. 1929; Chemie u. Technologie der Papier- u. Zellstoffabrikation Bd. 25, S. 185. 1928.

[2] Vgl. hierzu weitere Mitteilungen zur Frage „Optische Weißmessungen". Papierfabrikant Bd. 27, S. 569. 1929. — Wenzl, H.: Wochenbl. f. Papierfabr. Bd. 56, S. 1122. 1925; Papierfabrikant Bd. 24, S. 409. 1926; Jahresbericht des Vereins der Zellstoff- und Papier-Chemiker und -Ingenieure 1929, S. 14 und Technologie und Chemie der Zellstoff- und Papierfabr. Bd. 28, S. 1—6. 1931.

solcher gelingt die Prüfung rauher Zellstoffproben ohne vorherige Glättung. Auch für die Glanz- und Farbenmessung ist das Stufenphotometer mit entsprechenden Zusatzvorrichtungen anwendbar. Für die Weißgehaltsprüfung von Zellstoff, nicht aber von Papier, eignet sich der Farbmultiplikator von Zeiss.

Das Photometer nach Ostwald wurde von Janke & Kunkel für die Zwecke der Weißmessungen an Papier und Zellstoffen umkonstruiert. Mit diesem Instrument sind die Prüfungen gut durchführbar. Es muß aber die Oberfläche glatt sein.

Genauer als die subjektiven Meßmethoden sind die objektiven Differentialmethoden unter Verwendung von Photozellen. Selenzellen kommen für diesen Zweck weniger in Frage. Man verwendet vielmehr Alkaliphotozellen. Gasfreie Zellen sind weniger empfindlich als die gasgefüllten Zellen. Die sehr geringen Photoströme erfordern eine Verstärkung, und die Fortschritte in der Radiotechnik haben die Verwendung der Verstärkerröhren nahegelegt. Jedoch sind die Apparaturen noch in der Entwicklung begriffen. Versuchsweise ist in Frankreich das „T.C.B.“-Kolorimeter von Maillard-Dantzer, in den Vereinigten Staaten der Razek-Mulder-Color Analyzer gebaut worden.

Beachtenswerte Literatur.

Brecht, W.: Das Eastman-Kolorimeter. Papierfabrikant Bd. 24, Festheft S. 72. 1926.

Melrose Arnot, J.: Die Messung der Farbe. Papierfabrikant Bd. 22, S. 349. 1924. Das Ostwaldsche Photometer wird neben dem Ivesschen Photometer empfohlen. Dessen Beschreibung von P. K. Baird siehe Paper Trade J. Bd. 44, S. 239. 1927; Referat: Wochenblatt f. Papierfabrikation Bd. 58, S. 1106. 1927.

Zieger, E.: Weißmessungen. Melliands Textilberichte Bd. 9, S. 916. 1928.

Pinte, J.: Das T.C.B.-Photo-Colorimeter. Papierfabrikant Bd. 27, S. 260. 1929.

Burgess, J.: Farbenanalysator für Papier. Paper Trade J., Tappi Sect. Bd. 91, S. 111. 1930.

Barnard, M., u. P. McMichael: Apparatur zur Präzisions-Farbenmessung. Paper Trade J., Tappi Sect. Bd. 91, S. 147. 1930.

Prüfung der Vergilbbarkeit.

Solche Prüfungen, welche das Verhalten der Zellstoffe gegenüber Licht und Luft feststellen sollen, werden am besten an Zellstoffbogen vorgenommen. Man darf jedoch nicht die Gilbung vergleichen mit derjenigen Farbe, welche ein mit schwarzem photographischen Papier bedeckter Teil desselben Musters nach einer Belichtungsprobe aufweist. Man findet nämlich, daß die Farbenveränderung in dem vom schwarzen Papier bedeckten Teil ausgesprochener ist als in demjenigen Teil, der dem Licht ausgesetzt war. Man muß demnach mit einem Muster vergleichen, welches in einer Blechkapsel verwahrt gewesen ist. Die Vergilbungsproben an Luft und Licht nehmen lange Zeit in Anspruch. Man kann durch Einwirkung von Oxydationsmitteln Bedingungen schaffen, unter denen die Vergilbung rascher abläuft als durch das Tageslicht. Dessen Wirkung ist zudem ganz abhängig von dem Grade der Bewölkung.

Als solche chemische Mittel können dienen die Salpetersäuredämpfe. Bedeckt man den Boden eines Becherglases mit konzentrierter Salpetersäure und befestigt über der Öffnung des Becherglases einen Probebogen des zu prüfenden Zellstoffes, so beobachtet man ein rasches Vergilben der Zellstoffasern. Durch Vergleichen mit dem als gut brauchbar befundenen, wenig vergilbenden Zellstoff kann man dann den Grad der Vergilbung annähernd abschätzen.

In der Textilindustrie ist ein Verfahren im Gebrauch, welches vielleicht auch für die Zellstoff- und Papierindustrie Bedeutung erlangen könnte. Man tränkt in den Baumwollbleichereien das gebleichte Gewebe mit 1—2proz. wässerigen Lösungen von Türkischrotöl und dämpft die Proben während $^1/_4$ Stunde im strömenden Wasserdampf. Hierdurch treten Vergilbungen auf, die um so stärker ausfallen, je schlechter die Bleiche gewesen ist. Die Vergilbung ist zurückzuführen auf nicht beseitigte Inkrustenreste einerseits oder auf Überbleichung der Zellstoffasern (Bildung von Oxyzellulose) andererseits. Vergilbungsversuche werden auch mit starken künstlichen Lichtquellen durchgeführt. Die bekannten Quarzlampen sind auch für solche Versuche brauchbar. Doch muß man berücksichtigen, daß die Wirkung des Quarzlampenlichtes eine außerordentlich intensive ist und daher tiefgreifende Änderungen sich vollziehen, wie solche bei normaler Beanspruchung der Zellstoffasern nicht oder nur nach sehr langer Zeit vorkommen.

VII. Untersuchung der gebleichten Zellstoffe.

Von Carl G. Schwalbe.

Die Untersuchung der gebleichten Zellstoffe deckt sich zu einem erheblichen Teil mit derjenigen der ungebleichten Zellstoffe, der schon besprochenen Halbstoffe. Jedoch treten durch die Bleiche häufig unliebsame Veränderungen der Faser ein, die auf die Bildung von Oxyzellulose, die Verringerung der sogenannten resistenten Zellulose und einiger Inkrustenarten, Pentosan, Mannan, Galaktan und Lignin hinauskommen. In den gebleichten Zellstoffen treten auch die Fehler, die etwa bei der Aufschließarbeit gemacht worden sind, in Erscheinung. Die zu weit getriebene Hydrolyse bei der sauren oder alkalischen Kcchung läßt sich bei den gebleichten Zellstoffen durch Bestimmung des Reduktionsvermögens oder durch Bestimmung der Viskosität der Zellstofflösungen und des Quellgrades erkennen, während bei den ungebleichten Zellstoffen infolge des höheren Inkrustengehaltes die charakteristischen Reaktionen der Hydrolysierprodukte — Hydrozellulosen — überdeckt werden von denjenigen der Inkrusten.

Nachstehend sind diejenigen Methoden ausführlich abgehandelt, welche zu den schon im Abschnitt V beschriebenen hinzukommen bzw. neue Ausführungsformen der dort erwähnten Methoden, wenn sie für gebleichte Zellstoffe zweckmäßig eine Abänderung erfahren. Die gebleichten Zellstoffe sind in der nachfolgenden Darstellung in zwei große Gruppen unterschieden: Holz- und Strohzellstoffe einerseits, Hadernzellstoffe andererseits. Die Untersuchung der sonst noch in der Papierfabrikation verwendeten Zellstoffarten (Esparto, Mais, Bambus) kann nach den für Holz- und Strohzellstoff gegebenen Methoden vorgenommen werden. Diese neuen Zellstoffarten spielen auch noch, abgesehen von Esparto, keine besonders wichtige Rolle in der Papierfabrikation.

Holz- und Strohzellstoffe.

Die Bestimmung des Wassergehaltes, der Asche, von Harz, Fett und der wasserlöslichen Substanzen.

Diese Bestimmungen können bei den gebleichten Zellstoffen genau in der gleichen Weise ausgeführt werden, wie dies bei den Halbstoffen beschrieben ist. Auch hier ist für die Untersuchung von Wichtigkeit, daß die Probenahme sorgfältig geschieht, wofür die im Abschnitt V, Halbstoffe, beschriebene Keilmethode oder auch die folgende geeignet ist. Es werden aus den einzelnen Ballen Zellstoffpappen entnommen, sie werden numeriert und hierauf aus dem 1. Bogen ein 3 cm breiter Diagonalstreifen von links unten nach rechts oben geschnitten, während bei dem 2. Bogen die Diagonale von links oben nach rechts unten verläuft. Hat man aus den sämtlichen Probebogen die Diagonalen in der angegebenen Weise entnommen, so folgt die Unterteilung dieser Streifen in Stücke von etwa 5 cm Länge. Sie werden darauf von Hand gründlich gemischt oder besser auch noch numeriert und von jedem Teilstück ein cm^2 großes Stückchen abgeschnitten, die dann einer nochmaligen Mischung für die Analyse unterliegen. Für manche Bestimmungen kann man diese Art der Probenahme nicht verwenden und muß von größeren Zellstoffstückchen von mindestens 10 cm Kantenlänge ausgehen, z. B. dann, wenn diese Stücke einer Raspelung unterworfen werden müssen. Der Zweck dieser umständlichen Probenahme ist, die vorkommenden Ungleichmäßigkeiten in der chemischen Zusammensetzung der Pappen auszugleichen. Für die Raspelung können die Streifen aufeinandergelegt und fest zusammengerollt werden, worauf es möglich ist, mit der Handreibe oder in den Reibemaschinen das Raspelgut in kurzer Zeit herzustellen.

Bestimmung eines Gehaltes an Hydro- und Oxyzellulosen, des Reduktionsvermögens (Kupferzahl).

Wie oben ausgeführt, enthalten die gebleichten Zellstoffe von der Bleiche her häufig Oxyzellulose; sie sind also überbleicht worden. Von der Kochung her (Aufschließung) enthalten sie Hydrozellulosen, worunter die durch Hydrolyse entstehenden, in ihren chemischen und physikalischen Eigenschaften veränderten Zellulosen verstanden werden sollen. Auf eine Erörterung des gegenwärtigen Begriffs der Hydrozellulosen kann an dieser Stelle verzichtet werden[1]. Man hat für die Erkennung der Hydro- und Oxyzellulosen zunächst in der Textilindustrie und zwar für die Baumwoll- und Leinenwaren Methoden ausgearbeitet, welche qualitativ und quantitativ eine Erkennung ermöglichen sollen. Man hat z. B. Ausfärbungen mit Methylenblau vorgenommen, durch welche die an Oxyzellulose reichen Stellen, beispielsweise eines Gewebes, dunkler angefärbt werden als die oxyzellulosefreien Teile desselben. Man hat auch durch kolorimetrische Bestimmungen den Verbrauch an Methylenblau festgestellt. Es hat sich jedoch gezeigt, daß diese Methode mit starken Fehlern behaftet ist und nur unter bestimmten Bedingungen,

[1] Vgl. Heß: Cellulosechemie. Leipzig 1928, S. 450.

insonderheit bei Geweben, brauchbar erscheint. Die Färbeverfahren leiden außerdem an dem Nachteil, daß je nach dem Quellungszustand der Fasern und je nach der Art des angewendeten Farbstoffes erhebliche Farbunterschiede auftreten können.

Eine hervorstechende Eigenschaft der Oxyzellulose und Hydrozellulose ist das Reduktionsvermögen. Man hat schon frühzeitig dieses Reduktionsvermögen an den wässerigen Auszügen beobachtet, welche man durch Digerieren der verdächtigen Faserproben mit Wasser erhalten kann.

Es kommt aber bei den Schädigungen, die in der Praxis sich zeigen, meist nicht bis zur Bildung von wasserlöslichem Traubenzucker, sondern nur bis zur Bildung von Zellulosedextrinen, welche in Wasser unlöslich sind und demnach nicht durch Prüfung des wässerigen Auszuges auf Reduktionsvermögen erkannt werden können.

Schwalbe[1] hat nun 1910 gezeigt, daß auch die unlöslichen Zellulosedextrine, die auf und in der Faser sich befinden, durch Abkochen mit Fehlinglösung erkannt und sogar quantitativ bestimmt werden können. Die Fehlinglösung liefert mit solchen Fasern eine gewisse Menge von Kupferoxydul, das man analytisch bestimmen kann. Schwalbe hat die Menge Kupferoxydul, welche von 100 g Fasermaterial abgeschieden wird, auf Kupfer umgerechnet und das Reduktionsvermögen als „Kupferzahl" ausgedrückt. Die Kupferzahl gibt also an, welche Mengen von Kupfer in der Form von Kupferoxydul von 100 g Faser, trocken gedacht, abgeschieden werden[2].

Bei der Schwalbeschen Originalmethode wird das gut zerfaserte Material eine bestimmte Zeit hindurch in Fehlinglösung gekocht. Darauf wird abfiltriert bzw. abgsaugt und kupferfrei gewaschen. Das gebildete Kupferoxydul bleibt an der Faser haften, nur in einzelnen Fällen hat man mit kolloidgelöstem Kupferoxydul zu kämpfen. Jedoch kann der Übelstand durch Kieselgurfiltration beseitigt werden. Das Kupferoxydul wird aus der Faser mit Salpetersäure herausgelöst und durch Elektrolyse die Menge des zunächst als Kupferoxydul abgeschiedenen Kupfers bestimmt. Da die Fasern aus einer alkalischen Fehlinglösung schon in der Kälte eine gewisse Menge von Kupfer aufnehmen, indem sie die alkalische Lösung adsorbieren (speichern), muß man eine Korrektur anbringen. Die Kupferzahl muß korrigiert werden, indem man die durch Quellung festgehaltene Menge Kupfer in Abzug bringt. Man muß also eine Hydratkupfer-Bestimmung durchführen, um zu der allein

[1] Schwalbe: Z. angew. Chem. Bd. 23, S. 924. 1910.

[2] Bergmann u. Machemer empfehlen die Addition von Jod an aldehydgruppenhaltige Zellulose (vgl. Abschnitt VII). Ber. dtsch. chem. Ges. Bd. 63, S. 2304. 1930.

maßgebenden korrigierten Kupferzahl[1] zu gelangen. Hierin liegt eine gewisse Umständlichkeit der Methode. Hägglund hat gezeigt, daß man auf die Bestimmung der Hydratkupferzahl, die allerdings in anderer Richtung auch charakteristisch für einen Zellstoff sein kann, verzichten darf, wenn man das in und auf der Faser abgeschiedene Kupferoxydul in stark saurer Ferrisulfatflüssigkeit auflöst. Das Kupferoxydul bewirkt eine teilweise Reduktion des Ferrisulfats; die gebildete Ferroverbindung kann durch eine Titration mit Kaliumpermanganatlösung bestimmt werden. Es ist also bei dieser Ausführungsform der Originalmethode nicht nötig, eine besondere Hydratkupferzahl zur Korrektur des Kupferzahlwertes durchzuführen, sondern man gewinnt durch die Titration sofort die „korrigierte" Kupferzahl. Die Originalmethode von Schwalbe verlangt eine Rührapparatur, die verhältnismäßig kostspielig und umständlich ist. Es ist mehrfach versucht worden, diese Rührung zu umgehen[2] und die Erhitzung der Faser mit der Fehlinglösung auf freier Flamme im Wasserbade oder im Chlorcalciumbade vorzunehmen.

Es hat sich gezeigt, daß bei Verzicht auf die Rührung Fehler durch Überhitzung der Gefäßwände entstehen. Bei der Einhaltung einer bestimmten Erhitzungszeit gerät man bei Ersatz der direkten Erhitzung durch diejenige mittels eines Chlorcalcium- oder Ölbades insofern in Schwierigkeiten, als die Zeitspanne, welche nötig ist, die Siedetemperatur zu erreichen, bei diesen Bädern naturgemäß länger ist, als wenn man über freier Flamme erhitzt. Dadurch ergeben sich Unregelmäßigkeiten in bezug auf die Einhaltung der vorgeschriebenen Erhitzungsdauer. Wendet man endlich ein Wasserbad an, so verzögert sich die Reaktion ganz beträchtlich, und statt der 15 Minuten muß 3 Stunden erhitzt werden, wie dies z. B. bei dem Verfahren von Braidy, das uspründlich für Baumwolle ausgearbeitet wurde, der Fall ist. Man hat auch, um das lästige Filtrieren einer verhältnismäßig großen Flüssigkeitsmenge und das völlige Auswaschen der mit Kupferoxydul beladenen Faser zu vermeiden, danach gestrebt, die Menge des unverändert gebliebenen Kupfersulfates zu bestimmen. Die diesbezügliche Methode von Schandroch[3] hat sich jedoch nicht einführen können aus Gründen,

[1] Siehe im Abschnitt „Quellgradbestimmung".

[2] Nach H. L. Barthelemy soll man Stickstoffgas zwecks Rührung einleiten, wodurch man gleichzeitig den Vorteil der Ausschließung des schädlichen Luftsauerstoffes hat. Rev. univ. Soies et Soies artif. Bd. 5, S. 1111—1117. 1930; Referat: C. C. 1930 II, 2594.

[3] Papierfabrikant Bd. 23, S. 43. 1925. Vgl. auch Bruhns Z. Zuckerind. tschechoslowak. Industrie Bd. 45, S. 101—104. 1922. Nach Vorschlag von Fontès und Thivole (C. r. Soc. Biol. Paris Bd. 84, S. 669 — C. C. 1921 IV, 320) und einer neueren Vorschrift von Gault und Mukerji (C. r. Acad. Sci. Paris Bd. 178, S. 711—713 — C. C. 1924 I, 1982) ist es von Vorteil, das Kupferoxydul in einem Phosphormolybdän-Säuregemisch zu lösen und titrimetrisch zu bestimmen.

die zu erörtern hier zu weit führen würde[1]. An Stelle der Fehlinglösung haben manche Autoren die Ostsche Kupfercarbonatlösung verwendet. Diese Lösung gibt etwas abweichende Werte. Sie hat den Vorteil, daß Seignettesalz bei der Herstellung der Fehlinglösung nicht erforderlich ist. Die durch schlechtes Seignettesalz entstehenden Fehler und ihre Ausschaltung sind unten bei der Beschreibung der Originalmethode besprochen. Doch ist es nicht zu verkennen, daß es zweckmäßiger wäre, eine Substanz von stets gleichbleibender Reinheit verwenden zu können. Wenzl hat deshalb das weinsaure Natrium-Kalium durch zitronensaures Salz ersetzt. Er erreicht dadurch noch den Vorteil, daß die erforderliche Lösung, bestehend aus Alkali, Zitronensäure und Kupfersulfatlösung, von vornherein zusammengemischt und aufbewahrt werden kann. Sie verändert sich nicht, wie dies bei einer Fehlinglösung geschieht, die man deshalb, wie üblich, erst unmittelbar vor der Verwendung aus den einzeln aufzubewahrenden alkalischen Seignettesalz- und Kupfersulfatlösungen zusammengießt.

Die Literatur über die Kupferzahl ist außerordentlich angeschwollen. Sie kann nicht im vollen Umfange hier berücksichtigt werden. Es sollen nachstehend nur diejenigen Methoden beschrieben werden, welche größere Verbreitung gefunden haben: die Originalmethode, die Methode von Schwalbe-Hägglund[2], Schwalbe-Braidy, Schwalbe-Wenzl.

Die letztgenannten 4 Methoden sind einer vergleichenden Prüfung in der Faserstoff-Analysenkommission des Vereins der Zellstoff- und Papier-Chemiker und -Ingenieure unterworfen worden. In 9 verschiedenen Laboratorien wurden an gewissen Zellstoffmustern eine größere Anzahl von Bestimmungen durchgeführt[3]. Bei dieser kritischen Prüfung hat sich ergeben, daß innerhalb der Laboratorien mit allen Methoden ganz zufriedenstellende Ergebnisse erzielt werden können. Jedoch zeigt es sich, daß offenbar diese Methoden mit einem starken persönlichen Fehler behaftet sind, da bei einem Vergleich der Werte verschiedener Laboratorien sich zum Teil große Unterschiede ergeben haben. Diese Unterschiede sind genau ausgewertet und auf Grund des umfangreichen Zahlenmaterials[4] hat sich ergeben, daß gegenwärtig die genauesten Werte mittels der Methode Schwalbe-Wenzl erhalten werden können. Da bei dieser Methode nur eine einzige Lösung herzustellen ist und sie in 20 Minuten durchgeführt werden kann, also in kaum längerer Zeit als die Originalmethode, muß sie als die gegenwärtig beste empfohlen werden.

[1] Vgl. Carl G. Schwalbe: Die Bestimmung der Kupferzahl. Papierfabrikant Bd. 25, S. 157—160. 1927.

[2] Nach dem Vorschlag von Clibbens und Geake sollen die Ausführungsformen der Schwalbeschen Originalmethode in der angegebenen Weise gekennzeichnet werden. Papierfabrikant Bd. 25, S. 401. 1927.

[3] Schwalbe. C. G.: Papierfabrikant Bd. 27, S. 2. 1929.

[4] Vgl. Schwalbe: Jahresbericht des Vereins der Zellstoff- und Papier-Chemiker und -Ingenieure 1930, S. 99.

Die Kupferzahl-Bestimmung hat auch besonders in den Vereinigten Staaten intensive Bearbeitung gefunden, wie z. B. die Braidysche Methode aus den Vereinigten Staaten stammt. Man hat sich dort gegenwärtig eine Standardmethode geschaffen, die als verbindlich für die Kupferzahl-Bestimmung erachtet wird. Es ist darum auch diese amerikanische Vorschrift zum Abdruck gebracht worden.

Vorbereitung des Zellstoffmaterials für die Kupferzahl-Bestimmung.

Einfluß der Trocknung auf die Kupferzahl. Die Zellstoffe werden für die Untersuchung teils trocken, teils naß in Pappenform verwendet. Die Trocknung auf der Entwässerungsmaschine bewirkt eine Veränderung der Kupferzahl, selbstverständlich auch das in wissenschaftlichen Laboratorien vor Beginn einer Analyse beliebte Trocknen auf 105°. Man muß sich also darüber klar sein, daß man bei der Untersuchung ein und desselben Zellstoffes verschiedene Werte erhalten wird, wenn man ihn naß oder trocken verwendet.

Zerkleinerung. Bei der Untersuchung trockener Zellstoffpappen wird meist die Zellstoffpappe durch Raspeln zerkleinert, indem man ein Stück Pappe aufrollt und den Pappenwickel auf einer Handreibe oder in einer Mühle zerkleinert. Bei der Zerkleinerung durch eine Mühle können bei schnellen Umdrehungszahlen des raspelnden Organes der Maschine Überhitzungen von Zellstoff vorkommen. Ebenfalls muß man damit rechnen, daß das Material der Mühle, also Eisen, in den Zellstoff gerät und bei der eben schon erwähnten analytischen Bestimmung des Kupferoxyduls mit Hilfe von Ferrisulfatlösung und Kaliumpermanganattitration Fehler durch Eisengegenwart entstehen können. Es ist üblich, das durch Raspeln gewonnene Material abzusieben, da erfahrungsgemäß der feine Staub zu Fehlern Anlaß gibt. Bei den Arbeiten der obenerwähnten Analysenkommission haben sich beispielsweise größere Unterschiede in den Zahlenwerten der einzelnen Laboratorien ergeben, wenn das Material geraspelt, als wenn es in zerzupftem oder naß zerfaserten Zustand angewendet wurde. Der Staub kann auch insofern schädlich wirken, als er durch die Filter geht und in die mit Kaliumpermanganat zu titrierende Lösung gelangt, wobei durch Reaktion zwischen dem Staub und dem Kaliumpermanganat ein zu hoher Verbrauch des letzteren eintritt.

Um diese Fehler auszuschließen, ist vorgeschlagen worden, den Zellstoff vor der Kupferzahl-Bestimmung naß zu zerfasern. Es hat dies unstreitig den Vorteil, daß man eine gleichmäßige Zerteilung des Zellstoffes erreicht, ohne die Willkür einer teilweisen Beseitigung des Untersuchungsmaterials, wie sie bei dem Absieben des geraspelten Zellstoffes besteht. Nach E. Richter ist die Anwendung des nassen Zellstoffes auch deshalb von erheblichem Vorteil, weil man bei der so wichtigen Festigkeitsuntersuchung auch den nassen Zellstoff verarbeitet. Nach

Richter besteht ein Zusammenhang zwischen den Festigkeitseigenschaften und der Kupferzahl, worauf unten noch näher hingewiesen werden soll. Für die Vorbereitung des Analysenmaterials hat Jonas[1] folgende Vorschrift gegeben:

2,5 g Stoff werden in einer länglichen Pulverflasche mit Schliffstopfen von etwa 300 cm³ Inhalt, 50 mm innerem Durchmesser und 150 mm lichter Höhe in 50 cm³ Wasser (bei stark gepreßtem Stoff am besten über Nacht) eingeweicht, dann mit 25 (nicht, wie ursprünglich vorgeschlagen, 40) Glasperlen von 7 mm Durchmesser von Hand 2 Minuten lang kräftig geschüttelt und mit 50 cm³ Wasser in einen 300 cm³ fassenden Erlenmeyer gespült. Diese Wassermenge kann in der Weise „vermehrt" werden, daß zunächst ein kleiner Teil des aufgeschlagenen Stoffes als Filter auf einen auf den Erlenmeyer aufgesetzten Trichter gebracht, dann die Hauptmenge nachgespült und das auf diese Weise wiederholt filtrierte Wasser zum Trennen des Stoffes von den Kugeln und zum Überspülen in das Kochgefäß benutzt wird.

Man hat gegen diese nasse Zerfaserung eingewendet, daß dabei eine Auslaugung stattfände und durch Herauslösung reduzierenden Materials zu geringe Kupferzahlen gefunden werden. Aber da es ja darauf ankommt, das Reduktionsvermögen der Faser zu prüfen, wie sie nach der Berührung mit sehr viel Wasser im Papierblatt vorliegt, fällt dieser Einwand nicht ins Gewicht. Von wesentlicher Bedeutung ist jedoch die Einhaltung genauer Zeiträume zur Einweichung des Zellstoffes und der Durchführung der Kupferzahl-Bestimmung nach der Einweichung. Es ist beispielsweise nicht statthaft, in dem einen Falle unmittelbar nach der Zerfaserung die Kupferzahl-Bestimmung zu machen, während bei der Vergleichsuntersuchung eines anderen Zellstoffs eine längere Pause von 12 Stunden und mehr gemacht wird. Die Quellung der Zellstoffasern in Wasser bedingt eine Volumenzunahme der Faser, welche sich zunächst durchschnittlich bis zu 8 Stunden vergrößert, um dann wieder langsam abzunehmen. Zur Erzielung genauer Zahlen müssen die Fasern in dem gleichen Quellungszustand untersucht werden, da bei der Bestimmung der Kupferzahl Adsorptionsvorgänge zwischen der alkalischen Kupferlösung und dem Zellstoff sicherlich eine ausschlaggebende Rolle spielen.

Bestimmung der Kupferzahl nach Schwalbe[2] (Originalmethode).

2—3 g lufttrockene Substanz werden in einen Rundkolben[3] von 1,5 l Inhalt (Abb. 59a) gebracht und mit 250 cm³ destilliertem Wasser über-

[1] Vgl. K. G. Jonas u. A. Drössel: Papierfabrikant Bd. 27, S. 109. 1929 (Fest- und Auslandsheft) — Referat: Cellulosechemie Bd. 11, S. 79. 1930.

[2] Schwalbe, C. G.: Die Chemie der Zellulose. Berlin 1911, S. 625—629.

[3] Der vollständige Apparat wird von der Firma Erhardt & Metzger Nachf., Darmstadt, geliefert.

gossen. Der Kolben wird von unten her über einen Glaskühler geschoben, so daß der letztere in den Kolbenhals hineinhängt und nur äußerst wenig Spielraum zwischen Kolbenhals und Kühlerwand bleibt. Der Kühler ist an einem Nickeldraht aufgehängt. Er besitzt ein zentrales Rohr, in welches ein mit seitlichem Ansatz versehenes Glasrohr bis etwa zur Mitte hineinragt. Durch das innere Rohr hindurch führt der Glasrührer, je nach dem anzuwendenden Material, entweder ein Zentrifugalkugelrührer oder aus einem Glasstab so gebogen, daß das Glasstabende dem Stab des Rührers anliegt und aus der Flüssigkeit hervorragt. Letztere Form (Abb. 59b) ist für lose Baumwolle besonders empfehlenswert. Das seitliche Ansatzrohr gestattet das Eingießen von Flüssigkeiten durch den Tropftrichter. Der Kolben selbst ruht auf einem daruntergestellten Dreifuß mit Drahtnetz und wird durch einen Teklubrenner mit Pilzaufsatz erwärmt. Die Kühlung der aufsteigenden heißen Dämpfe ist so vorzüglich, daß selbst bei einer Flüssigkeitsmenge von 1 l beim Sieden keine Verdampfverluste eintreten. Der Rührer wird durch eine mit Wasserkraft oder durch Elektromotor angetriebene Turbine in Umdrehung versetzt. Der Vorteil dieser Apparatanordnung besteht darin, daß die zu reduzierende Flüssigkeit nur mit Glas, nicht aber mit Stoffen in Berührung kommt, die wie Kautschuk und Kork an Wasser bei längerem Kochen reduzierende Substanzen abzugeben vermögen.

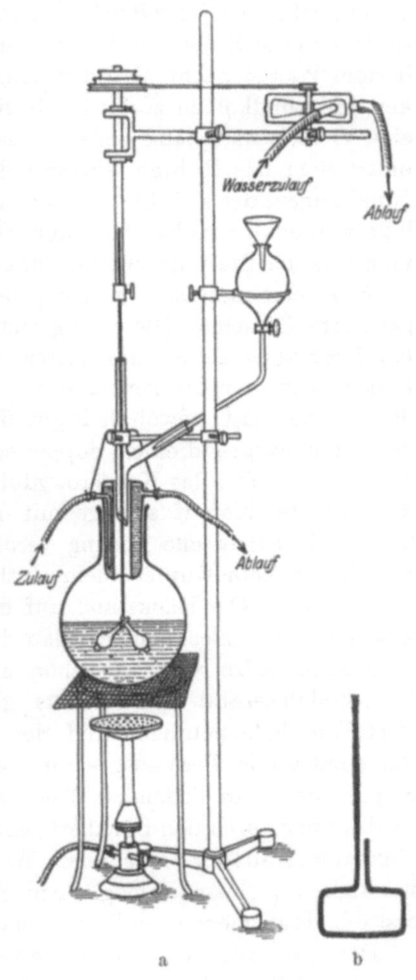

Abb. 59 a. Apparat zur Kupferzahl-Bestimmung nach Schwalbe. Abb. 59 b. Rührform für den Kupferzahl-Apparat.

Während nun die Flüssigkeit unter Rühren zum Sieden erhitzt wird, werden 50 cm³ Kupfersulfatlösung und 50 cm³ alkalische Seignettesalzlösung mit Pipetten abgemessen und jede für sich in einen ca. 200 cm³ fassenden Erlenmeyerkolben einlaufen gelassen. In diesem werden die

Lösungen für sich zum Sieden erhitzt. Sobald die Flüssigkeit mit der Zellulose siedet, gießt man die heiße Kupfersulfatlösung zur heißen alkalischen Seignettesalzlösung und gibt das Gemisch — die Fehlingsche Lösung — auf einmal in den Tropftrichter, dessen Hahn ganz geöffnet ist. Hierauf spült man die Kolben und den Tropftrichter mit 50 cm^3 heißem, destilliertem Wasser nach. Von dem Augenblick an, in welchem die Flüssigkeit im Rundkolben zu sieden beginnt, läßt man unter Rühren genau eine Viertelstunde lang sieden. Alsdann nimmt man den Brenner weg, unterbricht das Rühren, entfernt den Dreifuß und schiebt den heißen Rundkolben, der sich übrigens am Hals bequem mit der Hand anfassen läßt, wieder vom Kühler herunter. Den Kühler wie auch den Rührer spült man mit der Spritzflasche von anhängender Lösung in den Kolben ab.

Nun setzt man ca. 1 g in ungefähr 50 cm^3 destilliertem Wasser suspendierte Kieselgur (Bereitung siehe unten) zu, falls Durchgehen des Kupferoxyduls durch das Filter zu befürchten ist (in den meisten Fällen kann man übrigens von der Verwendung der Kieselgur absehen, da sich das Cu_2O gewöhnlich gut filtrieren läßt), schüttelt den Kolben durch und saugt auf einem doppelten Filter, im Büchnertrichter liegend, schnell ab, wobei das Kupferoxydul nicht trocken gesaugt werden darf. Man wäscht hierauf solange mit heißem, destilliertem Wasser nach, bis alle Fehlingsche Lösung verdrängt ist, d. h., bis die ablaufende Flüssigkeit kein Kupfer mehr enthält (Ferrocyankaliumprobe, unten beschrieben). Der Rückstand auf dem Filter ist auch nach dem Auswaschen mehr oder weniger blau durch zurückgehaltene, unauswaschbare Kupfersalze, was die schon erwähnte Korrektur (Hydratkupfer- bzw. Zellulosezahl) bedingt. Der gesamte Trichterinhalt wird in eine Porzellanschale gebracht und der Trichter quantitativ mit 6,5proz. Salpetersäure in diese ausgespült. Sobald sich nach kurzem Stehen der Schale auf einem siedenden Wasserbade alles Kupferoxydul gelöst hat, wird wieder durch den Büchnertrichter mit einem Filter vom Ungelösten abgesaugt. Falls der Faserbrei ein Ausgießen aus der Porzellanschale ohne Flüssigkeitsverluste unmöglich macht, wird mit einem Porzellanlöffel erst die Hauptmenge des Breies quantitativ auf den Trichter geschöpft.

Der ungelöste Rückstand, bestehend aus Kieselgur, Filtrierpapier und den Zellulosefasern, hält nun zumeist aber noch Kupfersalzlösung zurück, die durch Heißauswaschen nicht entfernt werden kann. Man muß deshalb den Rückstand mit konzentriertem Ammoniak im Trichter übergießen, worauf sich der Kupfergehalt der Fasermasse durch Blaufärbung zu erkennen gibt. Besser noch digeriert man nach dem Abgießen der salpetersauren Lösung, falls dies möglich ist, die restierenden Fasern mit ziemlich konzentrierter warmer Ammoniaklösung. Nachdem man alles Ungelöste auf dem Trichter bzw. in der Schale wiederum mit 6,5proz. Salpetersäure und schließlich mit heißem, destilliertem Wasser nachgespült hat, darf sich bei einer Prüfung mit Ferrozyankalium Kupfer nicht mehr nachweisen lassen[1].

Das grüne bis gelbgrüne Filtrat wird nun in einer Porzellanschale auf dem Wasserbade zur Trockne verdampft, mit einem genau an die Schale anschließenden Glastrichter bedeckt und auf dem Sandbade abgeraucht[2]. Hierdurch werden die etwa noch vorhandenen organischen Stoffe derart verändert, daß sie sich bei der später folgenden Elektrolyse nicht mehr in und unter dem Kupferniederschlage absetzen und so das Gewicht des abgeschiedenen Kupfers vermehren können. Das beim Abrauchen in der Schale gebildete Kupferoxyd löst sich leicht in warmer 6,5proz. Salpetersäure; mit solcher spült man auch den Glastrichter sorgfältig nach. Die saure Lösung wird in eine Platinschale gebracht, die Porzellanschale mit ganz wenig Ammoniak digeriert, mit 6,5proz. Salpetersäure und schließlich mit destilliertem Wasser nachgespült und noch 1 cm³ Schwefelsäure (1 : 10) in die Platinschale zugegeben.

Alsdann wird die Lösung mit Hilfe einer schnell rotierenden Rühranode elektrolysiert. Letztere besteht am besten aus einem an einen dicken Platindraht angeschweißten Platinblech. Die Stromstärke soll durchschnittlich 2—3 Ampère betragen. Das an der Kathode abgeschiedene Kupfer ist schön blank, während oft braunrot gefärbte, jedoch kupferfreie Zellulosepartikel in der entkupferten Lösung schwimmen, sich aber nicht mit dem Kupfer niederschlagen, so daß ein Filtrieren vor der Elektrolyse nach dem Abrauchen unnötig wird. Gegen Ende der Elektrolyse, die je nach der abzuscheidenden Kupfermenge eine Viertel- bis eine ganze Stunde dauern kann, prüft man, ob alles Kupfer niedergeschlagen ist. Während der Rotation des Rührers hebert man 1—2 cm³ aus der Platinschale ab, versetzt die Probe in einem Reagierzylinder mit ein paar Tropfen einer Lösung von essigsaurem Natrium zwecks Abstumpfung der Säure, bringt von dieser Lösung einige Tropfen auf ein Stück Filtrierpapier und läßt auf den Auslaufrand einen Tropfen Ferrozyankaliumlösung fallen. Sind noch Spuren Kupfer in der Lösung vorhanden, so entsteht an der Berührungsstelle beider Tropfenränder eine kupferrote Linie von Ferrocyankupfer.

Über die besten Bedingungen zur Ausführung dieser Kupferprobe machen die Autoren Pritz, Guillaudeu und Withrow[3] folgende Angaben:

---

[1] Gegebenenfalls ist sonst die Digestion mit Ammoniak zu wiederholen.

[2] Bei Baumwolle unnötig, nur bei Zellstoffen erforderlich. Bei Baumwolle wird nur soweit eingedampft, daß man die Flüssigkeitsmenge in der Platinschale unterbringen kann.

[3] Pritz, W. B., Guillaudeu, A. u. J. R. Withrow: Z. analyt. Chem. Bd. 58, 4. Heft, S. 163 — Chem.-Zg. Bd. 42, S. 205. 1918 — J. Am. Chem. Soc. Bd. 35, S. 168. 1913.

Sie bringen 1 cm³ Badflüssigkeit in ein Vergleichsglas (ein dünnwandiges Reagensglas von 3—5 mm innerem Durchmesser und 15 cm Länge, das etwa 3 cm³ faßt), machen mit Ammoniak alkalisch, säuern mit Eisessig an und geben 2 Tropfen einer 2proz. Kaliumferrozyanidlösung zu; eine ausgesprochene rote Färbung zeigt an, daß mehr als 1 mg Cu zugegen ist. Als Gegenprobe behandelt man 1 cm³ destilliertes Wasser in derselben Weise. Läßt sich ein Farbenunterschied nicht feststellen, so ist sicher nicht mehr als 0,1 mg Cu in dem ganzen Elektrolyten vorhanden. Ammoniumnitrat verstärkt die Reaktion, Ammoniumazetat und Eisessig beeinflussen sie nicht, dagegen wirkt Salpetersäure störend. Bei Gegenwart von Zink ist die Prüfung mit Ammoniak vorzunehmen.

Erweist sich bei dieser Prüfung die Lösung als kupferfrei, so stellt man das Rührwerk ab, gießt gleich destilliertes Wasser bis zum Rand der Platinschale nach und hebert bei andauerndem Nachfüllen mit destilliertem Wasser solange ab, bis kein Strom mehr durch die Flüssigkeit geht, was an dem Erlöschen der als sehr bequemer elektrischer Widerstand benutzten Glühbirnen leicht zu erkennen ist. Ist der Niederschlag beim Auswaschen an den Rändern oder ganz und gar dunkelbraun geworden, so hat dies erfahrungsgemäß weiter keine Bedeutung.

Die Platinschale wird zwecks schnelleren Trocknens mit reinem Alkohol ausgespült und im Wassertrockenschranke getrocknet. Ebenso wird auch mit der leeren Platinschale vor der Wägung verfahren. Ergeben z. B. 1,7832 g Sulfitzellulose 0,0427 g Kupfer, so würden 100 g Sulfitzellstoff 2,39 g Kupfer abscheiden. Der Sulfitzellstoff hat dann die Kupferzahl 2,39. Da, wie oben erwähnt, Fehlinglösung von der mehr oder weniger gequollenen Faser aufgespeichert wird, muß zur Korrektur des gefundenen Wertes eine sogenannte Hydratkupferzahl-Bestimmung vorgenommen werden[1]. Die festgehaltene Kupfermenge wird von der wie oben ermittelten Kupferzahl abgezogen und so die korrigierte Kupferzahl gefunden.

Reinigung der Kieselgur. Zur Reinigung der Kieselgur wird wie folgt verfahren: Die käufliche Terra silicea, geglüht (Merck) wird mit Fehlingscher Lösung 1 Stunde ausgekocht, auf großen Leinenfiltern abgesaugt und eine Probe auf ihr Reduktionsvermögen geprüft. Ein solches darf nicht mehr vorhanden sein. Dann wird mit heißem, destilliertem Wasser digeriert und unter Zugabe von konzentrierter Salpetersäurelösung längere Zeit gekocht. Nach dem Absaugen und Auswaschen soll alles Kupfer herausgelöst sein (Ferrozyankaliumprobe). Hiernach wird mit konzentrierter Salzsäurelösung kurz aufgekocht, abgesaugt, ausgewaschen und die so bereitete Kieselgur in

[1] Vgl. unten Abschnitt „Quellgradbestimmung“.

destilliertem Wasser, ca. 20 g im Liter, in Flaschen aufbewahrt. Vor dem Gebrauch schüttelt man die Flasche um und fügt der betreffenden Lösung 50 cm³ (ca. 1 g) in Wasser fein suspendierter Kieselgur zu.

Herstellung der Fehlingschen Lösung. Lösung I: 692 g Seignettesalz, pro anal., und 200 g Natriumhydroxyd, Alcohol. depur. (Mercks purum) werden zu 2 l gelöst und die Lösung durch einen Glastrichter mit Filtrierplättchen und Asbestbelag abgesaugt. Berührung mit Gummi, Kork und ähnlichem organischen Material ist unbedingt zu vermeiden.

Lösung II: 138,6 g Kupfersulfat, pro anal., werden zu 2 l gelöst und durch Leinenfilter gesaugt. — Die Lösungen werden getrennt aufbewahrt.

Verunreinigungen, besonders die gewisser Sorten Filtrierpapier, Gummi, Kork usw. können eine Zersetzung der Fehlingschen Lösung beim Kochen veranlassen — Abscheidung eines schwarzen, flockigen Niederschlages —, wie dies wiederholt beobachtet worden ist.

Ferner ist durch eingehende Versuche festgestellt worden, daß Schwankungen in dem Flüssigkeitsvolumen bei der Zugabe der Fehlingschen Lösung, statt wie üblich 250 cm³, bis zu 500 cm³ ohne irgendwelchen Einfluß auf das Resultat sind. Das gleiche gilt auch für die Menge des angewandten Ausgangsmaterials, so daß demnach in dieser Beziehung weiter Spielraum gelassen ist. Mit Rücksicht auf den hohen Faktor, mit dem man bei der Umrechnung auf 100 multipliziert, sind zu kleine Substanzmengen nicht ratsam.

Vorsichtsmaßregeln bei der Durchführung der Bestimmung: Überhitzung des oberen Kolbenteiles durch heiße Flammgase muß vermieden werden. Durch teilweise Zersetzung der vom Rührer emporgeschleuderten Seignettesalzteilchen können reduzierende Stoffe erzeugt werden, so daß Überhitzung zu hohe Kupferzahlenwerte veranlaßt. Zum Schutz gegen Überhitzung sollte man daher einen Pilzbrenner verwenden und eine bestimmte Flammengröße sowie eine stets gleichbleibende Entfernung zwischen Flamme und Kolbenboden einhalten. Zur größeren Sicherheit kann man noch über den Kolben einen Asbestring stülpen, der die aufsteigenden Flammengase vom Oberteil des Kolbens fernhält. Auch wird Unterlegen eines Kupferbleches empfohlen.

Beim Abfiltrieren der Fasern nach beendetem Sieden soll man nach Freiberger[1] die Flüssigkeit sofort in ein Becherglas ausgießen, die Fasern im Rundkolben aber mehrmals mit destilliertem Wasser von 80° abspülen und dann lauwarmes Wasser auf die Faserreste aufgießen; Kochtemperatur ruft in sehr verdünnten Fehlingschen Lösungen Trübungen hervor.

---

[1] Freiberger: Z. angew. Chem. Bd. 30, S. 121. 1917.

Mit einem gebogenen Glasstabe werden nach beendeter Filtration der Lösung und der Waschwässer durch ein glattes Filter (Nr. 595 Schleicher und Schüll) in einen Büchnertrichter schließlich die Fasern auf das Filter gebracht. Filter sind dem ebenfalls empfohlenen Goochtiegel mit Asbest vorzuziehen. Auswaschen und Filtrieren läßt sich in 15—20 Minuten erledigen.

Neigen die Niederschläge zum Durchgehen durch das Filter, was bei Baumwollen fast nie, wohl aber häufig bei Holzzellstoffen der Fall ist, so setzt man, wie oben erwähnt, gereinigte Kieselgur zu, mit deren Hilfe man völlig klare Filtrate erhält.

Zur Erzielung scharfer Werte ist gute Beschaffenheit des Seignettesalzes erforderlich. Es kommen Präparate im Handel vor, die auch ohne Fasern beim blinden Versuch bei Gegenwart von Kupfersulfat Kupfer abscheiden. Vermutlich ist ein stark schwankender Gehalt an oxalsaurem Salz die Ursache der unliebsamen Erscheinung. Auch auf Reinheit des destillierten Wassers ist zu achten. Ölspuren im Wasser, wenn solches etwa aus elektrischen Zentralen, aus Kondensator-Anlagen stammt, können ebenfalls zu Reduktionserscheinungen Anlaß geben. Man schützt sich gegen derartige Fehlerquellen durch Anstellung blinder Versuche[1]. 400 cm^3 heißes destilliertes Wasser werden mit 50 cm^3 Ätznatron-Seignettesalzlösung und 50 cm^3 Kupfersulfatlösung versetzt und eine Viertelstunde lang im Sieden erhalten. Die Lösung darf weder grüne Farbtöne annehmen, noch gar einen Niederschlag abscheiden. In Ermanglung völlig reiner Seignettesalzpräparate kann man dennoch zuverlässig arbeiten, wenn man die abgeschiedene Menge Kupfer ermittelt und als Korrektionsfaktor benutzt. Hat man eine reine Typbaumwolle zur Verfügung, so kann man an deren Aussehen nach viertelstündiger Kochung mit Fehlinglösung die Güte dieser Lösung feststellen. Die Baumwolle darf weder braun noch schwarz werden, sondern muß vielmehr weiß bleiben oder sich nur schwach rötlich-gelb färben.

Nach Freiberger[2] muß man bei der Kupferzahl ferner noch folgende mögliche Fehlerquellen berücksichtigen: Das Alkali greift die verschiedenen Glassorten ungleich stark an. Das in der Seignettesalzlösung enthaltene Natriumsilikat erhöht die Kupferzahl stark. Auch destilliertes Wasser löst bei längerem Stehen aus Glasgefäßen Silikate auf, die, wie oben das Natriumsilikat, wirken. Der Verfasser empfiehlt, um derartige Fehler möglichst auszuschalten, stets einen blinden Versuch auszuführen, was auch schon Schwalbe empfohlen hat. Bei der Bereitung der Ätznatronlösung ist es nach Freiberger[3] zweckmäßig,

---

[1] Schwalbe: Z. angew. Chem. Bd. 27, S. 567—568. 1914.

[2] Freiberger: Z. angew. Chem. Bd. 30, S. 121—122. 1917.

[3] Freiberger: a. a. O.

sie aus Natriummetall in eisernen fettfreien Gefäßen herzustellen, weil bei Anfertigung in Glasgefäßen Natriumsilikat entsteht, das, wie schon hervorgehoben, zu starken Erhöhungen der Kupferzahl Anlaß geben kann. Nach dem Abkühlen gibt man die Natronlauge zu der ebenfalls gekühlten, wässerigen, frisch bereiteten Seignettesalzlösung. Die Kupfersulfatlösung sollte man nach Freiberger nicht zu alt werden lassen, da zu hohe Kupferzahlen bei Verwendung sehr alter Lösungen beobachtet wurden. Schwalbe hat Abscheidung hellgrüner basischer Kupfersalze beim Lösen mancher Kupfervitriolsorten in siedendem Wasser beobachtet.

Bestimmung des abgeschiedenen Kupferoxyduls nach Falke.

Die kostspielige Elektrolysiereinrichtung und die umständliche Vorbereitung des Kupferoxyduls für die Elektrolyse kann man nach Falke[1] in folgender Weise umgehen:

Nachdem man in üblicher Weise durch Kochen mit Fehlinglösung Kupferoxydul auf dem Fasermaterial niedergeschlagen hat, wird das Faser-Kupferoxydul-Gemisch nach völligem Auswaschen in einen 500 cm³ Jenakolben mit langem Hals übertragen und hierauf mit Königswasser versetzt, dann über freier Flamme ohne Drahtnetz eingedampft. Da der Kolben in fast wagerechter Lage eingespannt wird und langhalsig ist, geht durch Verspritzung nichts verloren; man kann in einer halben Stunde die gesamte Flüssigkeitsmenge so weit eindunsten, daß etwas zugesetzte Schwefelsäure zu rauchen beginnt. Ist dieser Punkt erreicht, so verdünnt man etwas mit Wasser und fügt Natriumthiosulfat hinzu. Hierauf wird kurze Zeit gekocht, worauf ein Niederschlag von Kupfersulfür ausfällt, der beim Abfiltrieren sich als genügend luftbeständig erweist. Durch Veraschung im Porzellantiegel wird das Kupfer schließlich als Kupferoxyd bestimmt.

Bestimmung der Kupferzahl nach Schwalbe-Hägglund.

Nach Hägglund[2] kommt man schneller bei der Bestimmung der Kupferzahl zum Ziel, wenn man das durch siedende Fehlinglösung gebildete Kupferoxydul nach einer Methode von Bertrand[3] in Ferrisulfat-Schwefelsäure löst und das gebildete Ferrosulfat mit Kaliumpermanganat titriert. Das, wie oben beschrieben, ausgewaschene Kupferoxydul bzw. das kupferoxydulhaltige Faser- oder Zellstoffmaterial wird dann mit 100 cm³ kalter Ferrisulfat-Schwefelsäure behandelt. Diese Lösung wird aus 50 g Ferrisulfat und 200 g Schwefelsäure im Liter hergestellt. Die Eisenlösung darf jedoch Permanganat

[1] Privatmitteilung des Autors.

[2] Hägglund: Papierfabrikant Bd. 17, S. 301—305. 1919.

[3] Bertrand: Bull. Soc. Chim. Bd. 35, S. 1285. 1906.

nicht reduzieren, wovon man sich durch Zusatz einiger Tropfen $^{n}/_{10}$ Kaliumpermanganat-Lösung überzeugt. Ein sofortiger Farbenumschlag zu Rosa soll dabei hervorgerufen werden. Ist dies nicht der Fall, so wird Kaliumpermanganat-Lösung hinzugefügt, bis der Farbenumschlag eintritt, erst dann ist die Eisenlösung zum Gebrauch fertig. Das Kupferoxydul geht bei dem Zusatz der Eisenlösung unmittelbar von Rot in Schwarzblau über und liefert dann eine hellgrüne Lösung. Nachdem alles Kupferoxydul gelöst ist, was man daran bemerkt, daß alle schwarzblauen Flecken verschwunden sind, wird die Lösung filtriert, wobei auch die im Tiegel oder im Trichter vorhandenen kleinen Mengen Kupferoxydul gelöst werden. Die Auflösung geht nach folgender Gleichung vonstatten:

$$Cu_2O + Fe_2(SO_4)_3 + H_2SO_4 = 2\,CuSO_4 + 2\,FeSO_4 + H_2O.$$

Nunmehr wird der Faserbrei mit kaltem, destillierten Wasser mehrmals abgesaugt und gewaschen. Die Lösung wird im Filtrierkolben mit $^{n}/_{10}$ Kaliumpermanganat-Lösung direkt titriert. Der Farbenumschlag von Grün in Rosa ist scharf. Da man in diesem Falle nur das Kupferoxydul umsetzt und das im übrigen von der Faser festgehaltene „Hydratkupfer" nicht mitbestimmt, so erübrigt sich dessen Bestimmung (siehe Hydratkupferzahl); man erhält direkt die wahre oder die korrigierte Kupferzahl. Es entspricht 1 cm^3 $^{n}/_{10}$ $KMnO_4$ 0,00636 g Cu.

Nach Sieber[1] erhält man bei kleinen Cu-Zahlen relativ kleine Verbrauchsmengen von Kaliumpermanganat, weshalb es zweckmäßig ist, in solchen Fällen mit $^{n}/_{25}$ Kaliumpermanganat-Lösung zu arbeiten. Bei zu erwartenden kleinen Kupferzahlen kann man mit der Menge des zum Auflösen verwendeten Ferrisulfates zurückgehen. Man erhält dann Lösungen, welche geringe Eigenfarbe besitzen und die die Anwendung von $^{n}/_{25}$ Kaliumpermanganat-Lösung ermöglichen. 1 cm^3 $^{n}/_{25}$ $KMnO_4$ entspricht 0,002543 g Cu.

Bestimmung der Kupferzahl nach Schwalbe-Hägglund, neu[2].

Das lufttrockene Material — der Zellstoff — wird geraspelt und darauf durch ein grobmaschiges Sieb gesiebt. Von dem gesiebten Material wird etwa 1 g abgewogen und in eine siedende Kupferlösung eingetragen, welche aus 20 cm^3 der Lösung I und 20 cm^3 der Lösung II nach Bertrand besteht. Die Zusammensetzung der beiden Lösungen ist wie folgt: Lösung I: 62,5 g $CuSO_4 \cdot 5\,H_2O$ im Liter. Lösung II: 200 g Seignettesalz und 150 g NaOH im Liter. Das Kochen, welches genau 3 Minuten dauert, geschieht zweckmäßig in einer Berliner Por-

[1] Sieber: Privatmitteilung.

[2] Hägglund, E.: Studien über die Bestimmung der Kupferzahl. Cellulosechemie Bd. 11, S. 1—4. 1930.

zellanschale. Umrührung ist nicht notwendig, da sich die Flüssigkeit sofort mit dem Stoff zu einem homogenen Brei mischt. Nach Abkühlung wird der Inhalt der Schale durch einen kleinen Büchnertrichter mit gehärtetem Filter (Schleicher und Schüll, Nr. 575) unter schwachem Saugen filtriert. Man wäscht mit warmem Wasser nach. Sobald das Waschwasser farblos durchgeht, wird die Saugflasche gegen eine andere ausgetauscht, das Kupferoxydul in bekannter Weise mit Ferrisulfatlösung in kleinen Portionen ausgelöst, etwa 10 cm^3 jedesmal, so daß die Gesamtmenge etwa 30—40 cm^3 beträgt, worauf mit $^n/_{10}$ Permanganatlösung titriert wird.

Bestimmung der Kupferzahl nach Schwalbe-Braidy[1].

Für die Braidy-Bestimmung sind außerordentlich viele, in ihren Einzelheiten etwas abweichende Vorschriften gegeben worden, von denen in der Fußnote einige mitgeteilt sind. Die hier ausführlich wiedergegebene Ausführungsform der Braidy-Vorschrift nach Wenzl[2] ist von der „Kupferzahlkommission", die innerhalb des Rahmens der Faserstoff-Analysenkommission arbeitete, befolgt worden[3].

Zu 15 cm^3 der Lösung I (100 g reines $CuSO_4$ in 1000 cm^3 destilliertem Wasser) gibt man 95 cm^3 der Lösung II (50 g reines $NaHCO_3$ und 130 g Na_2CO_3 in 1000 cm^3 destilliertem Wasser), kocht auf, gießt die Lösung über 2,5 g des zu untersuchenden Materials und erhitzt im siedenden Wasserbad 3 Stunden lang. Dann wird durch ein Jenaer Glasfilter abgesaugt, mit verdünnter Sodalösung und heißem Wasser gewaschen und das Kupferoxydul wie gewöhnlich durch Lösen in Ferrisulfat-H_2SO_4 und Titration mit $KMnO_4$ bestimmt.

Die Umrechnung der Schwalbe-Hägglund-Werte auf die Schwalbe-Braidy-Werte ist möglich unter Benutzung des Zahlenverhältnisses von 1,3 : 1,5.

Schwalbe-Braidy-Methode in der Ausführungsform von E. Richter[4]. Lösung I: 100 g krist. chemisch reines Kupfersulfat pro 1 l. Lösung II: 130 g wasserfreie chemisch reine Soda und 50 g chemisch reines Bikarbonat, gelöst in 1 l.

---

[1] Braidy: Rev. gén. Stat. color. Bd. 25, S. 35. 1921. — Clibbens u. Geake: Textile Institute Bd. 15, T. 27. 1924 — Referat: Cellulosechemie Bd. 5, S. 99. 1924. — Jonas, K. G.: Papierfabrikant, Festheft 1929, S. 109ff. — Wenzl, H.: Technologie und Chemie der Zellstoff- und Papierfabrikation Bd. 26, S. 109. 1929. — Richter, E.: Technologie und Chemie der Zellstoff- und Papierfabrikation Bd. 26, S. 157. 1929. — Wochenbl. f. Papierfabr. Bd. 60, S. 261. 1929.

[2] Wenzl, H.: Technologie und Chemie der Zellstoff- und Papierfabrikation, Beilage zum Wochenblatt für Papierfabrikation Bd. 25, S. 77. 1928.

[3] Vgl. C. G. Schwalbe: Wochenbl. f. Papierfabr. Bd. 62, S. 279—280. 1931.

[4] Richter, E.: Technologie und Chemie der Papier- und Zellstoff-Fabrikation, Beilage zum Wochenblatt für Papierfabrikation Bd. 26, S. 179. 1929.

500 cm³ Zellstoffsuspension, entsprechend 2—2,5 g Zellstoff werden mit Glasperlen oder Glasstabstückchen aufgeschlagen und der Brei in einem 1-l-Kolben mit 30 cm³ Lösung I versetzt, umgeschwenkt und 10—20 Minuten stehengelassen. 190 cm³ Lösung II werden dann zugefügt, der Kolben mit einem kleinen Trichter oder einer Glaskugel geschlossen und dann in ein Dampfbad gestellt.

Das Dampfbad kann ein rechteckiger Kasten sein (Maße etwa 55 × 40 × 18 cm hoch). In der Mitte einer Schmalseite, etwa 3 cm vom Boden, tritt Dampf ein, auf der entgegengesetzten Seite tritt das Wasser möglichst nahe am Boden aus. Ein solcher Dampfkasten ist für 6 Bestimmungen gleichzeitig ausreichend. Abschluß des Kolbenhalses nach oben geschieht durch einen Ring und zuletzt durch einen Stofflappen. Bei einem neuerdings an anderer Stelle aufgestellten Wasserbad mit etwas größerem Volumen hat es sich herausgestellt, daß es sicherer ist, den Dampf mit etwa 10 cm Wassersäulendruck durch eine 2—3-cm-Wasserschicht hindurchgehen zu lassen, weil sonst die Temperatur in den Kolben wesentlich über 94° C steigt. Alle neuen Dampfbadversuche ergaben, daß mit feuchtem Dampf die Temperatur auch ohne Thermostat gut auf 93—94° C gehalten werden kann. Wenn man ohne Thermostat ganz sicher gehen will, muß man Einzelbäder von 20 · 20 · 20 cm (verzinktes Blech) mit etwa 10 cm hoher Wasserschicht nehmen. Dieser Kasten strahlt so viel Wärme ab, daß bei vernünftigem Dampfdurchgang und gesättigtem oder nahezu gesättigtem Dampf eine Maximaltemperatur von 95° C im Kolben erzielt wird. Die Bestimmung wird 3—3 Stunden 10 Minuten im mäßig strömenden Dampf stehen gelassen. Dann wird auf einem Büchner- oder Jenaer Glasfilter filtriert, ohne trocken zu saugen, zweimal mit $^1/_2$ l kaltem destillierten Wasser gewaschen, zweimal mit $^1/_4$ l kochendem Wasser übergossen, wieder durch zwei Portionen kaltes Wasser abgekühlt. In den durch das erste kalte Wasser schon ziemlich gereinigten Kolben werden 15—25 cm³ Schwefelsäure (10%) laufengelassen und gut geschwenkt. Der Niederschlag auf dem Filter und in den Fasern wird mit 25 cm³ Ammon. ferric. Alaunlösung (100 g Eisenammonalaun mit 140 cm³ konzentrierter Schwefelsäure auf 1 l) und 80—90 cm³ 10proz. Schwefelsäure gelöst. (Umrühren mit Glasstab, natürlich ohne Saugung, bis alles gelöst ist.) Wenn die Masse durchaus grün geworden ist, wird abgesaugt. Die erste Waschung geschieht mit der Schwefelsäure aus dem Kolben plus Wasser. Dann werden Kolben und Niederschlag noch etwa 3—4mal mit kaltem Wasser nachgespült, jeweils abgesaugt (anfangs nicht ganz trocken saugen) und das Filtrat mit Permanganat titriert. (Günstige Konzentration: 1 cm³ Permanganat für 0,004—0,005 g Cu.)

(Wenn man ein paar Stunden Zeit hat, um die Suspension stehenlassen zu können, kann man die Kontrollbestimmung auch so ausführen, daß man 30 cm³ Lösung I mit 190 cm³ Lösung II mischt, schwenkt, bis der erste Niederschlag wieder in Lösung gegangen ist und die komplexe Kupferlösung der Zellstoffsuspension direkt zusetzt. Im übrigen verfährt man wie oben. Bei Gebrauch eines Filtrierpapiers sollte man einen blinden Versuch machen, da die meisten Papiere 0,2—0,3 cm³ $KMnO_4$ durch Reduktion von etwas Cu verbrauchen.)

Nach Richter besteht ein Zusammenhang zwischen den Festigkeitseigenschaften der Faser und der Kupferzahl, wenn man diese in der von ihm vorgeschlagenen Form, nämlich in stark verdünnter Lösung, durchführt.

$$\frac{\text{Festigkeit} \cdot \text{Mahlungsgrad (Freeness)}}{100 \cdot \text{Kupferzahl}} = \text{Konstant}.$$

Die Kupferzahl ist mit 100 zu multiplizieren, um handliche Endzahlen zu bekommen. Richter nennt diese Konstante die R.-Zahl. Die R.-Zahl ist ein dem Absoluten angenäherter Qualitätsausdruck für Zellstoff. Diese neue Zahl gleicht nach Richter einen großen Teil, wenn nicht so gut wie alle Differenzen aus, welche entstehen, wenn in verschiedenen Laboratorien die gleichen Muster Zellstoff untersucht werden. Sie dürfte auch dann die häufig auftretenden Differenzen beseitigen, wenn nicht nur verschiedene gleichartige Mahlmaschinen benutzt werden, sondern auch dann, wenn z. B. Holländer und Kugelmühle oder zwei Arten Kugelmühlen angewendet werden. Für die Festigkeitsprüfungen zeigt sie auch, daß selbst nur unter annehmbar angenäherter Gleichheit der Versuchsbedingungen, worunter Richter die Konsistenz beim Mahlen und Blattbilden, beiläufig gleichen Pressendruck und ungefähr gleiche Feuchtigkeitsbedingungen beim Prüfen mit Mullentester versteht, die Resultate in der R.-Zahl übereinstimmend ausfallen werden.

Ausführungsform der Forest Products Laboratories[1].

1. Herstellung der Fehlinglösung. 137 g reines kristallisiertes Kupfersulfat werden mit destilliertem Wasser auf 2 l gestellt, 692 g reines Seignettesalz werden in destilliertem Wasser aufgelöst, 200 g reines Ätznatron in Wasser gelöst werden zusammengegossen und auf 2 l gestellt.

2. Herstellung der Ferriammonsulfatlösung. 100 g reines kristallisiertes Ferriammonsulfat werden in 700 cm³ destilliertem Wasser gelöst, 140 cm³ reine konzentrierte Schwefelsäure hinzugefügt und nach Klärung der Flüssigkeit auf 1 l gestellt. 25 cm³ sollten nicht mehr als 0,3 cm³ einer 0,04 n-Kaliumpermanganatlösung bis zum Endpunkt der Titration erfordern.

[1] Staud u. Gray bzw. Forest Products Laboratories: Paper Trade J., Tappi Sect. Bd. 87, S. 64. 1928.

3. Normal-Permanganatlösung. 1,2644 g reines Kaliumpermanganat werden zu 1 l gelöst, so daß eine 0,04 n-Lösung des Salzes entsteht. Die Lösung wird mit reinem Natriumoxalat eingestellt. 1 cm³ 0,01 n-Kaliumpermanganat = 0,00254 g Kupfer.

4. 2 n-Normal-Schwefelsäure.

2 g Zellstoff, bei 105° getrocknet, werden mit 200 cm³ Wasser in einen 600 cm³ fassenden Erlenmeyer gebracht. Man setzt zweckmäßigerweise gleichzeitig zwei Bestimmungen an. 2 Erlenmeyerkolben werden mit Luftkühlrohren versehen und in einem Salzbade erhitzt, das bei 100—101° C siedet. Wenn der Inhalt der Flasche die Temperatur des Heizbades erreicht hat, werden 25 cm³ der Lösung A mit 25 cm³ der Lösung B in einem Becherglase gemischt. Die Mischung wird zu dem Zellstoffbrei gegeben. Man erhält bessere Zahlen mit kalter als mit vorher erhitzter Fehlinglösung. Die Erlenmeyerkolben werden umgeschüttelt, um völlige Mischung zu erzielen. Nach der Zufügung der Fehlinglösung wird 45 Minuten lang erhitzt, ohne weiteres Umrühren. Der Zellstoffbrei wird dann heiß durch einen porösen Porzellan- (Porosität R. A. 98) oder Jenaer Glasfiltertiegel filtriert und mit heißem Wasser gewaschen. In den Erlenmeyerkolben werden dann 50 cm³ Ferriammonsulfatlösung hinzugegeben. Diese Menge des Reagenses wird in den Tiegel in Portionen von 25 cm³ gegossen, um das Kupferoxydul zu lösen. Wenn die Lösung erfolgt ist, wird abgesaugt. Der Zellstoff im Tiegel wird mit 50 cm³ einer 2 n-Normalschwefelsäure gewaschen. Das Filtrat wird sofort mit der 0,04 n-Kaliumpermanganatlösung titriert.

Berechnung.

$$\frac{\text{cm}^3\ \text{KMnO}_4 \cdot N \cdot 0{,}0635}{W} \cdot 100 = \text{Kupferzahl.}$$

N = Normalität der Kaliumpermanganatlösung.

W = Gewicht des trockenen Zellstoffes.

1 cm³ normale Kaliumpermanganatlösung = 0,0635 g Kupfer.

Bestimmung der Kupferzahl nach H. Wenzl[1].

25 g chemisch reines Kupfersulfat, 20 g chemisch reine kristallisierte Zitronensäure und 144 g Natriumcarbonat, chemisch rein, wasserfrei, werden zu 1 l aufgelöst.

2,5 g lufttrockener Zellstoff, geraspelt und durch Sieben über ein weitmaschiges Drahtsieb von Staub befreit, werden in einem Erlenmeyerkolben mit einer Mischung von 50 cm³ obiger Kupferlösung und 60 cm³ destilliertem Wasser, die vorher zum Sieden erhitzt worden ist, über-

[1] Wenzl, H.: Technologie und Chemie der Papier- und Zellstoff-Fabrikation, Beilage zum Wochenblatt für Papierfabrikation Bd. 26, S. 109—112. 1929.

gossen und die Reaktionsmischung während genau 20 Minuten im gelinden Sieden am Rückflußkühler erhalten. An Stelle des Rückflußkühlers kann auch ein längeres Steigrohr Verwendung finden. Die Erhitzung geschieht mit sehr kleiner Flamme unter Abschirmung des Kolbens mit Asbestpappe oder im Chlorkalziumbad oder auf elektrischer Heizplatte[1].

Nach genau 20 Minuten wird die Reaktionsmischung auf einem Büchnertrichter oder Jenaer Glasfilter abgesaugt, heiß gewaschen und der Rückstand in üblicher Weise mit Ferrisulfatschwefelsäure behandelt.

Die Bestimmung des Holzgummis, der Alpha- (α), Beta- (β), Gamma- (γ) Zellulose und der Barytresistenz.

Die ungebleichten und gebleichten Zellstoffe enthalten Inkrustenreste verschiedenster Art: Lignin, Hexosan, Pentosan, Hydro- und Oxyzellulose, Harz und Fett. Von diesen Stoffen können gewisse Anteile durch Alkali in Lösung gebracht werden. Es ist schon im Abschnitt II, „Rohfaserstoffe", davon gesprochen worden, daß die Bestimmung der Alkalilöslichkeit unter Umständen bei solchen Rohmaterialien von Interesse ist. Im erhöhten Maße gilt dies von der Bestimnung der Alkalilöslichkeit der Zellstoffe. Man hat für die analytische Bestimmung zwei Wege eingeschlagen, indem man einerseits die Widerstandsfähigkeit der Zellstoffe gegenüber Alkali verschiedener Konzentration prüft, andererseits die in Alkali gelösten Substanzen durch Ausfällung oder durch Titration zu bestimmen sucht. Die Widerstandsfähigkeit der in den Zellstoffen enthaltenen Zellulose hängt von der Konzentration der Natronlauge und verschiedenen, unten noch zu erörternden Faktoren ab. Der Angriff des Alkalis beschränkt sich nicht auf die Inkrusten, sondern es wird auch Zellulose gelöst. Bei fortgesetzter Einwirkung von Alkali kann schließlich der Fall eintreten, daß mehr Zellulose als Inkrustenreste (Pentosan) in Lösung gehen. Die zurückbleibende Zellulose ist daher nicht völlig rein zu erhalten, sondern sie enthält stets Pentosan und andere Hemizellulosen. Will man den wahren Wert der „resistenten" Zellulose kennenlernen, so muß in dem Rückstand von der Alkalibehandlung noch eine Pentosanbestimmung gemacht werden. Das Alkali wird bei derartigen Bestimmungen niemals verbraucht. Doch wird die Einwirkung des Alkalis allmählich schwächer, je mehr sich die Alkalilauge mit den kolloiden Holzgummi-Bestandteilen anreichert.

[1] Die betriebsmäßige Ausprobierung der neuen Modifikation hat inzwischen ergeben, daß man bei Verwendung eines auf etwa 110° C angeheizten Chlorkalziumbades oder einer entsprechend geheizten elektrischen Heizplatte durch Aufsetzen der anderen Ortes beschriebenen Glashohlkörper auf die Reaktionskolben auskommen kann, womit Steigrohr und Rückflußkühler entbehrlich werden.

Die bei der Analyse zur Verwendung kommende Konzentration der Natronlauge ist sehr verschieden. Man hat ursprünglich diese Art der Bestimmung bei der Rohbaumwolle, den Linters und den halb- oder ganz gebleichten Baumwollwaren angewendet und dabei 2- oder 5proz. Natronlauge benutzt. Die Bestimmung mit Hilfe 5proz. Natronlauge ist dann auf die Holzzellstoffe übertragen worden. Für Baumwolle ist nach Robinoff die 4- bis 5proz. Natronlauge besonders angreifend. Für Holzzellstoffe wird behauptet, daß entweder die 9- oder die 12,5proz. am stärksten löst[1].

Aus dem Gesagten geht hervor, daß die Feststellung der Alkalilöslichkeit keine streng wissenschaftliche Methode zur Bestimmung ist, sondern nur eine durchaus konventionelle Methode, die nur bei genauester Einhaltung der gleichen Versuchsbedingungen zu annähernd gleichen Werten führt.

Die Bestimmung des Holzgummis.

Die Holzgummibestimmung wurde an Zellstoffen früher häufiger als jetzt durchgeführt. Man digerierte den Zellstoff eine bestimmte Zeit hindurch mit 5proz. Natronlauge, trennte die Fasern von der Lauge durch Filtration und fügte zur alkalischen Flüssigkeit Säure bis zur Neutralisation, gegebenenfalls im Überschuß, hinzu. Die sich abscheidenden Niederschläge wurden filtriert, ausgewaschen, getrocknet und gewogen. Ein gewisser Anteil blieb in Lösung. Für die Bestimmung des Holzgummis sind nachstehend zwei Vorschriften gegeben, für die „neutrale“ und für die „saure“ Gummizahl.

Neutrale Gummizahl[2]. 15 g getrocknete Baumwolle oder Zellstoff (bei 90° C im Wassertrockenschrank) werden mit 300 cm³ einer genau 5proz. Natronlauge übergossen und unter öfterem Umschütteln 24 Stunden stehen gelassen. Hierauf saugt man von den Fasern ab und mischt 100 cm³ des klaren Filtrates mit 200 cm³ Alkohol von 95 Gewichtsprozent Gehalt. Zu dieser Mischung läßt man nach Zusatz eines Tropfens Phenolphtalein 9,5 cm³ konzentrierte Salzsäure (spezifisches Gewicht 1,19) und soviel Normalsalzsäure fließen, bis die Rotfärbung eben verschwunden ist. Die Flüssigkeit bleibt nun 24 Stunden in geschlossenem Gefäß (bei Zimmertemperatur von ca. 20° C) stehen. Dann wird der Niederschlag auf einem mit Asbest beschickten Goochtiegel gesammelt, der zuvor in einem gut schließenden Wägeglase nach dem Trocknen bei 105° C gewogen worden ist. Zuerst wird mit Alkohol von 95,5 Gewichtsprozenten, dann mit Äther ausgewaschen, bei 105° C bis zur Gewichts-

---

[1] Vgl. auch H. Bubeck: Papierfabrikant Bd. 25, S. 617. 1927.

[2] Kast: Untersuchung der Spreng- und Zündstoffe. S. 919. 1909. — Ferner Piest: Die Zellulose. S. 122. 1910.

konstanz — ca. 2 Stunden — wieder im Wägeglas getrocknet und gewogen. Durch eine Veraschung bei mäßigen Temperaturen — zur Vermeidung der Verflüchtigung von Chlornatrium bei höheren Temperaturen — sollte man sich über den Kochsalzgehalt des Fällproduktes vergewissern.

Saure Gummizahl[1]. Ihre Bestimmung geschieht genau wie die der neutralen Gummizahl, nur werden nach der Neutralisation mit Normalsalzsäure noch 5 cm³ Säure als Überschuß hinzugegeben. Die Werte für die sauren Gummizahlen fallen in allen untersuchten Fällen stets niedriger als die entsprechenden bei den neutralen Bestimmungen aus.

Die Bestimmung der α-Zellulose.

Der Begriff α-Zellulose ist gleichbedeutend mit resistenter Zellulose und mit der Bestimmung der Merzerisation. Wie schon in der Einleitung zur Holzgummibestimmung auseinandergesetzt wurde, handelt es sich um konventionelle Methoden, bei welchen es sehr auf die Ausführungsform und den persönlichen Faktor des Experimentators ankommt. Die α-Zellulosebestimmung wird durchweg mit 17,5proz. Natronlauge, mit einer sogenannten „Merzerisierlauge" durchgeführt. In der Baumwollgewebs-Veredelung hat man bei Einführung der Merzerisation die Gewebe auf ihre Widerstandsfähigkeit gegen die Merzerisierflüssigkeit, nämlich die 18—20proz. Ätznatronlauge geprüft. Diese Prüfung wurde auf Holzzellstoff übertragen, als sich die Viscosefabrikation entwickelte und stets größer werdende Mengen von Holzzellstoff durch die Behandlung mit Alkali und Schwefelkohlenstoff in Viscosekunstseide überführt wurden. Die älteste Vorschrift für die Untersuchung der Holzzellstoffe auf den Gehalt an widerstandsfähiger Zellulose, welche die Behandlung während der Viscosefabrikation überdauert, stammt von Jentgen. Die Methode ist in der Folge von vielen Seiten studiert und ihre Verbesserung versucht worden. In den Jahren 1925 und 1927 sind von dem Vorsitzenden der Faserstoff-Analysenkommission drei experimentelle Prüfungen durch eine Arbeitskommission vorgenommen worden[2], bei welchen im ganzen 6 verschiedene Methoden geprüft worden sind. Von diesen sind nachstehend drei wiedergegeben. Es erscheint zweckmäßig, noch weitere Vorschriften zu geben, die in den skandinavischen und angelsächsischen Ländern im Gebrauch bzw. vorgeschlagen sind, nämlich die Methoden von Bergqvist, Porrvik und die Methode von Ritter, die von einer amerikanischen Arbeitskommission empfohlen worden ist.

---

[1] Piest: Z. angew. Chem. Bd. 22, S. 1215. 1909.

[2] Schwalbe, Carl G.: Die Bestimmung der Alpha-Zellulose. Papierfabrikant Bd. 23, S. 697—705. 1925; Bd. 26, S. 189—198. 1928.

Die Literatur über α-Zellulose ist entsprechend der Wichtigkeit der Bestimmung allmählich sehr umfangreich geworden. Schwalbe[1] hat zu verschiedenen Zeiten Übersichten gegeben. Besonders ausführlich hat den Gegenstand Porrvik[2] bearbeitet. Einzelne, besonders wichtige Momente sind in den unten wiedergegebenen Vorschriften von den jeweiligen Autoren besonders hervorgehoben worden. Zusammenfassend seien die bei der Durchführung der α-Zellulosebestimmung wichtigsten Faktoren nachstehend zusammengestellt.

Von erheblicher Bedeutung für die Genauigkeit der Ergebnisse ist nach Wahlberg[3] die Trocknungstemperatur und die Trocknungsdauer der Zellstoffe. Werden diese längere Zeit bei 105° C getrocknet, so erhält man stark abweichende Werte, und zwar niedrigere Werte für die α-Zellulose, so daß es unbedingt erforderlich ist, die Trocknung bei 105° C gänzlich zu vermeiden und vom lufttrockenen Material auszugehen. Die erforderliche Trockengehalts-Bestimmung muß in einer besonderen Probe gemacht werden.

Der Feuchtigkeitsgehalt des Zellstoffes bewirkt eine Quellung. Je stärker der Zellstoff gequollen ist, um so stärker der Angriff der Natronlauge. Bei der Ungleichheit des Wassergehaltes innerhalb einiger Zellstoffpappen hält Bergqvist[4] einen längeren Ausgleich der Feuchtigkeit der in kleine Stückchen von 1 cm Kantenlänge zerschnittenen Pappen für notwendig. Die Zerkleinerung darf nicht durch Raspeln erfolgen. Auch die Benutzung einer Exzelsiormühle gibt zu Fehlern Anlaß. Am besten ist natürlich die Zerzupfung, die aber im Fabriklaboratorium wohl kaum durchgeführt werden kann. Bei der Merzerisation sind Temperaturschwankungen nicht von solcher Bedeutung, wie dies von einzelnen Autoren behauptet worden ist. Man kann von einem Thermostaten absehen. Jedoch empfiehlt Bergqvist die Raumtemperatur bei der Merzerisation zu beachten und je Grad eine Korrektur von +0,1% α-Zellulose bei Temperaturen unter 20° C hinzuzuzählen, bei Temperaturen über 20° C abzuziehen. Die starke Knetung bei der Merzerisation bewirkt lange Filtrations- und Waschdauer und damit niedere α-Zellulosewerte. Die Schnelligkeit der Filtration schwankt bei verschiedenen Zellstoffen. Möglicherweise ist eine Einwirkung der Luftkohlensäure von Bedeutung. Der Hauptfehler bei der α-Zellulose-Bestimmung ergibt sich bei der Wäsche. Mit zunehmender Ver-

[1] Schwalbe, C. G.: Papierfabrikant Bd. 23, S. 185, 477—480. 1925; außer den oben angegebenen Literaturstellen vgl. man noch

[2] Porrvik: Papierfabrikant Bd. 26, S. 120, 133, 151, 179. 1928; Chem. Zentralbl. 1928 I, S. 2473; Svensk Pappers Tidning Nr. 3 vom 15. Febr. 1928.

[3] Wahlberg, H. E.: Cellulosechemie Bd. 7, S. 67. 1926.

[4] Die Vorschrift von Bergqvist siehe unten. — Über den Einfluß der Feuchtigkeit des Zellstoffs auf die Bestimmung der α-Zellulose vgl. auch H. Pinkass: Kunstseide Bd. 12, S. 282. 1930 — Cellulosechemie Bd. 11, S. 179. 1930.

dünnung der Natronlauge wird die besonders stark lösende Konzentration von 12% durchlaufen. Je nach der Durchführungsart der Wäsche, der Wassermenge, der Temperatur, der Schnelligkeit und Stärke des Absaugens, des Auswaschens kann man verschiedene Werte erhalten. Ein weiterer Fehler entsteht durch Anwendung von Filtern, weil diese von der beim Waschen ausfallenden Hemizellulose verstopft werden. Die Anwendung von Filtern ist deshalb zu verwerfen und auch gar nicht erforderlich. Die Natronlauge führt β-Zellulose langsam in γ-Zellulose über, so daß auch der Zeitfaktor beim Auswaschen eine große Rolle spielt. Porrvik hat deshalb vorgeschlagen, auf ein Auswaschen überhaupt zu verzichten. Neben den Methoden von Jentgen, Waldhof, Bergqvist, Ritter ist deshalb auch die neueste Methode von Porrvik wiedergegeben. Porrvik schlägt vor, ohne Verdünnung abzusaugen und den Saugkuchen in Schwefelsäure zu lösen. Die Korrektur für die in der anhaftenden Lauge befindliche β-Zellulose ergibt sich aus einer Bestimmung dieser im Filtrat der Absaugung. Die Schwefelsäurelösung des Saugkuchens wird mit Kaliumbichromat oxydiert.

Vorschrift von Jentgen[1].

Der Feuchtigkeitsgehalt des zu untersuchenden Zellstoffes wird in einer besonderen Probe bestimmt. Von dem lufttrockenen Zellstoff werden genau 3 g eingewogen, in eine Reibschale gebracht, mit 15 cm³ 17,5proz. Natronlauge übergossen und mit dem Pistill unter Zuhilfenahme eines Porzellanspatels gründlich durchgeknetet. Die Masse bleibt eine halbe Stunde vom Beginn des Knetens ab gerechnet unter mehrfachem abermaligem Durchkneten stehen; dann werden 15 cm³ destilliertes Wasser zugesetzt und mit dem Spatel das Ganze verrührt, wozu etwa eine halbe Minute erforderlich ist, bis ein gleichmäßiger Brei entsteht. Die Masse wird auf eine Porzellannutsche von 5—7 cm Durchmesser ohne Filter gebracht, abgesaugt und mit einem Glasstopfen zusammengedrückt. Das Filtrat wird zweimal durch die Nutsche zurückgegossen, um die etwa im Filtrat befindlichen Fasern auf den Saugkuchen zu bringen. Dann wird mit 750 cm³ Wasser wie folgt ausgewaschen: das Vakuum wird aufgehoben, 75 cm³ Wasser auf die Nutsche gegossen und gewartet, bis das Wasser gleichmäßig durchtropft. Nach etwa $^1/_2$ Minute wird das Waschwasser abgesaugt. Der Vorgang wiederholt sich von neuem, bis die gesamte Waschwassermenge verbraucht ist. Danach wird zweimal mit je 50 cm³ heißer 10proz. Essigsäure und nochmals mit 750 cm³ heißem Wasser in der oben geschilderten Weise gewaschen.

Die α-Zellulose wird in der Nutsche im Trockenschrank 2 Stunden bei 105° C getrocknet. Sie wird hierauf in einen gewogenen Porzellan- oder Quarztiegel gebracht, der in einem gewogenen, gutschließenden Wäge-

[1] Jentgen: Papierfabrikant Bd. 26, S. 196. 1928.

glas steht, nochmals $2^1/_2$ Stunden bei 105° C getrocknet, gewogen und verascht.

Vorschrift der Zellstoffabrik Waldhof.

3,5 g lufttrockener (ca. 7—8% H_2O) Zellstoff, dessen Feuchtigkeitsgehalt durch Trocknen bei 105° C bis zur Konstanz in besonderer Probe nebenher bestimmt wird, werden in einem 100 cm^3 fassenden Hartglasbecher mit 50 cm^3 mittels Pipette entnommener Ätznatronlösung von 17,5 Gewichtsprozent NaOH-Gehalt, deren Temperatur genau auf 20° C eingestellt ist, übergossen, gründlich durchgemischt (Zeitdauer ca. 1 Minute) und, mit Uhrglas bedeckt, $^3/_4$ Stunden in temperiertem Wasser von 20° C stehen gelassen. Dann wird nach einmaligem Durchmischen des Stoffbreies dieser durch einen mit Porzellansiebplatte versehenen Trichter filtriert, das Filtrat zwecks Vermeidung von Faserverlusten nochmals auf den Trichter gegeben und abgesaugt. Dann wird zunächst mit 400 cm^3 Natronlauge von 8 Gewichtsprozenten NaOH-Gehalt, die ebenfalls genau auf 20° C eingestellt ist, nachgewaschen, worauf unter Absaugen fest abgepreßt wird. Hierauf wird mit destilliertem Wasser ausgewaschen bis zur Neutralität (wozu etwa 2 l Wasser nötig sind); dann werden 100 cm^3 10proz. Essigsäure zu der Masse auf den Trichter gegeben, nach einigen Minuten abgesaugt und alsdann mit destilliertem Wasser vollkommen neutral gewaschen, wozu ebenfalls etwa 2 l Wasser nötig sind. Zuletzt wäscht man noch mit 96proz. Alkohol nach, trocknet bei 105° C und wägt nach dem Erkalten im Exsikkator. Von der Waschung mit Alkohol ist in keinem Falle abzusehen, da sonst erhebliche Analysendifferenzen entstehen.

Bei Durchführung der Analyse ist besonders sorgfältig auf die Temperatur der Natronlaugen zu achten. Vor Beginn der Analyse ist sowohl die 17,5proz. als auch die 8proz. Lauge im Wasserbad auf genau 20° C einzustellen. Dann erst sind die benötigten Mengen abzumessen. Dabei sind die zum Nachwaschen dienenden 400 cm^3 8 gewichtsprozentige (= 8,8 volumpronzentige) Natronlauge in einem 500-cm^3-Erlenmeyer in ein Wasserbad von 20° C zu bringen und während der gesamten Filtration unter dauernder genauester Kontrolle der Temperatur zu halten, also nach Aufgießen eines Teiles auf das Filter stets sofort wieder in das temperierte Wasserbad zurückzustellen.

Für das Auswaschen mit den vorgeschriebenen 400 cm^3 8proz. Natronlauge soll eine Zeitdauer von genau 10 Minuten eingehalten werden.

Vorschrift von Bergqvist[1].

Zerteilen des Stoffes auf Stückgröße unter 1 cm, Mischen und Lagern im verschlossenen Glasgefäß (3 Stunden). Einwiegen von 10 g für die

[1] Bergqvist: Svensk Pappers Tidning Bd. 31, S. 76. 1928 — Referat Papierfabrikant Bd. 26, S. 447. 1928 — Technologie und Chemie der Zellstoff- und Papierfabrikation Bd. 25, S. 69. 1928.

Feuchtigkeits- und 10 g für die α-Zellulosebestimmung. Zusatz von 50 bis 60 cm³ 18proz. Natronlauge. Temperatur in Übereinstimmung mit Raumtemperatur und Aufzeichnung derselben. Ohne allzu hartes Bearbeiten 7 Minuten langes Kneten im 400 cm³ Mörser; 30 Minuten stehen lassen, mit 300 cm³ 20° C warmem Wasser anrühren und zwecks Filtration rasch auf einen Trichter bringen. Neutralwaschen des Faserbreies mit Wasser (20° C), Durchtränken mit 100 cm³ 10proz. warmer Essigsäure und Auswaschen mit warmem Wasser (1/2 Stunde), Trocknen in einem Wägeglas bei 100—104° C (gleichzeitig mit der Feuchtigkeitsbestimmung). Bei einer Raumtemperatur von unter 20° C (während der Adsorption) wird zum erhaltenen α-Wert 0,1 per Grad addiert, bei über 20° C wird derselbe Betrag subtrahiert. Bei gleichzeitiger Bestimmung von β-Cellulose wird der erhaltene Wert gleicher Art, jedoch in umgekehrter Ordnung, korrigiert.

Vorschrift von Ritter[1].

Die Baumwolle wird keiner Vorbehandlung unterworfen. Zellstoff wird in Quadrate von 1,25 cm Seitenlänge geschnitten. Das Material, das zur Feuchtigkeits- und α-Zellulosebestimmung benutzt werden soll, wird für 48 Stunden in ein Wägeglas mit Glasstopfen gegeben, um einen gleichförmigen Feuchtigkeitsgehalt der ganzen Proben zu erhalten.

Annähernd 3 g werden in einem Wägeglas genau gewogen und in einen 250-cm³-Pyrexbecher getan. 35 cm³ 17,5proz. carbonatfreier Natriumhydroxydlösung (17,5 g Natriumhydroxyd auf 100 g Lösung) (20° C) werden hinzugefügt (s. entsprechenden Hinweis für die Herstellung unten in den Anmerkungen). Das Ganze bleibt dann 5 Minuten stehen. Mit einem kurzen Glasstab, dessen Ende zu einer Scheibe von 1 cm Durchmesser verbreitert ist, wird der Zellstoff oder die Baumwolle 10 Minuten mazeriert. Währenddessen fügt man in 10-cm³-Portionen nacheinander insgesamt 40 cm³ Natriumhydroxyd-Lösung (20° C) hinzu (s. Anmerkung). Der Becher wird mit einem Uhrglas bedeckt. Nach einer weiteren halbstündigen Merzerisation in einem Wasserbad von 20° C (vollständige Merzerisationszeit 45 Minuten) werden 75 cm³ destilliertes Wasser (20° C) der Alkalizellulosemischung zugefügt und dann das Ganze tüchtig gerührt. Der Inhalt des Bechers wird unmittelbar mit Hilfe einer Absaugevorrichtung durch einen 40-cm³-Goochtiegel filtriert (s. Anmerkung), der einen fein durchlöcherten Boden hat, so daß die Zellulose ihre eigene Filtermasse bilden kann. Das Filtrat wird nötigenfalls ein zweites und drittes Mal zurückgegossen, um etwaige

[1] Ritter, G. J.: Papierfabrikant Bd. 27, S. 678—682. 1929. Arbeitsbericht des Unterausschusses II der Abteilung für Zellulosechemie der Amerikanisch-Chemischen Gesellschaft. — Eine neue Abänderung, die für Routineanalysen geeignet sein soll, hat Willetts im Paper Trade Journ., Tappi Section Bd. 92, S. 79. 1931 gegeben.

feine Teilchen zurückzuhalten. Der Rückstand im Goochtiegel wird mit 750 cm^3 destillierten Wassers (20° C) mittels einer Absaugevorrichtung ausgewaschen. Die Saugvorrichtung wird dann abgestellt, und es werden 40 cm^3 10proz. Essigsäure (20° C) hinzugefügt. Diese läßt man 5 Minuten wirken. Darauf wird wieder abgesaugt. Dann wird die α-Cellulose mit destilliertem Wasser (20° C) ausgewaschen, bis sie säurefrei ist. Zur Prüfung des Filtrates (s. Anmerkung) wird Lackmuspapier benutzt. Die α-Zellulose wird hierauf sorgfältig vom Goochtiegel in ein tariertes, flaches, mit einem Glasstopfen versehenes Wägeglas gebracht und wird im offenen Glas bei 105° C auf konstantes Gewicht getrocknet, d. h., es gelten die ersten aufeinanderfolgenden konstanten Gewichtszahlen, die nach einer Trockenzeit von mindestens 6 Stunden nach 1stündigem Trocknungsintervall erhalten werden. Das Wägeglas mit Inhalt wird in einem Exsikkator 30 Minuten abgekühlt und dann gewogen.

Die α-Zellulose wird aus dem Trockengewicht des Stoffes berechnet. Zwei 3-g-Proben für die Feuchtigkeitsbestimmung sollen zur selben Zeit eingewogen werden, in der die Proben zur α-Zellulosebestimmung gezogen werden.

Anmerkungen: Die Natriumhydroxydlösung wird dadurch hergestellt, daß Ätznatron in einer entsprechenden Gewichtsmenge Wasser aufgelöst wird. Dann läßt man die Lösung 10 Tage stehen, damit sich Natriumkarbonat und unreine Bestandteile absetzen können; die darüber befindliche klare Flüssigkeit wird abgegossen und mit kohlesäurefreiem Wasser verdünnt, bis ihre Dichte bei 15° C 1,197 beträgt. Eine derartige Lösung enthält 17,5 $\pm$ 0,1 g Natriumhydroxyd pro 100 g Lösung.

Zwischen der Alkalibehandlung der drei Einzelproben soll je eine Pause von 15 Minuten liegen. Dadurch wird Zeit gewonnen für die verschiedenen Arbeitsvorgänge wie Imprägnierung, Mazeration, Filtration und partielle Auswaschung.

Wenn 5 Minuten zwischen der Zugabe eines Teiles der Ätznatronlösung und dem Beginn der Mazeration vergehen, wird man finden, daß Sulfitzellstoff sein Volumen um ein Fünf- oder Sechsfaches vergrößert und die Fasern leichter mazeriert werden können. Das 10-Minutenintervall, während welcher die restlichen 40 cm^3 Ätznatronlösung (die Totalmenge beträgt 75 cm^3) hinzugefügt wird, wurde für die Mazeration des Zellstoffs als genügend befunden. Nach einem derartigen Schema würde z. B. das Ätznatron den Lösungen beigefügt, um 9 Uhr, 9,15 Uhr und 9,30 Uhr. Die Filtration würde um 9,45, 10 und 10,15 Uhr beginnen.

Filtriertiegel aus Jenaer Glas (gewöhnliche) können an Stelle des Goochtiegels verwendet werden.

Für die Prüfung des Waschwassers mit Lackmuspapier auf Säure sollen immer die letzten Tropfen nach der Zugabe des Wassers geprüft werden.

Vorschrift von G. Porrvik[1].

Etwa 2,5 g Stoff werden mit 70 cm^3 Lauge auf hergebrachte Weise merzerisiert und darauf 50 cm^3 Lauge abgesaugt. Die darin enthaltene Menge Hemizellulose wird durch Bichromatoxydation bestimmt, wobei für die Oxydation h cm^3 $^n/_{10}$ $K_2Cr_2O_7$ verbraucht werden. Der zurück-

[1] Porrvik, G.: Papierfabrikant Bd. 26, S. 122. 1928.

gebliebene ungelöste Stoffkuchen samt anhaftender Lauge wird in konzentrierter H_2SO_4 gelöst. Deren Menge an organischer Substanz, K g, wird ebenfalls durch Bichromatoxydation bestimmt. Der Verbrauch wird eingesetzt in k cm³ $^n/_{10}$ $K_2Cr_2O_7$. Wenn 1 cm³ $^n/_{10}$ $K_2Cr_2O_7$ von t g Zellulose verbraucht wird, so haben wir $H = ht$ und $K = kt$ und die organische Substanz in der abgewogenen Probe $H + K = ht + kt$.

Die Menge an organischer Substanz in der abgesaugten Lauge ist in Prozent der Menge organischer Substanz in der ursprünglichen Probe ausgedrückt.

$$\frac{100 \cdot H}{H + K} = \frac{100 \cdot ht}{ht + kt} = \frac{100 \cdot h}{h + k}$$

und die Menge organischer Substanz im Stoffkuchen, d. h. in der ungelösten Zellulose + anhaftender Lauge ist

$$\frac{100 \cdot K}{H + K} = \frac{100 \cdot kt}{ht + kt} = \frac{100 \cdot k}{h + k}.$$

Die fraglichen Prozentziffern $\frac{100 \cdot h}{h + k}$ und $\frac{100 k}{h + k}$ sind also sowohl von der Feuchtigkeit der abgewogenen Probe als auch deren exakter Menge unabhängig (ein ungefähres Abwiegen von 2,5 g ist natürlich zweckdienlich, um die wünschenswerten Proportionen und Mengen während der Ausführung der Analysen einhalten zu können). Des weiteren sind die Prozentziffern vom Titer und eventuellen Einstellungsfehlern der angewandten $K_2Cr_2O_7$- und $Na_2S_2O_3$-Lösungen unabhängig.

Bestimmung der β- und γ-Zellulose.

Neben der Bestimmung der α-Zellulose ist von Interesse die Bestimmung der in Natronlauge löslichen Bestandteile der Faser. Man bestimmt entweder die Summe aller in Natronlauge löslichen Anteile, oder man fällt durch Säure die sogenannte β-Zellulose aus, bestimmt diese durch Wägung oder Oxydation gesondert und hierauf die γ-Zellulose durch Oxydation im Filtrat.

Bestimmung der Summe von β- und γ-Zellulose. Zur Bestimmung der β- und γ-Zellulose wird das Filtrat von der α-Zellulose mit einem Oxydationsmittel behandelt und der Verbrauch an Oxydationsmittel gemessen.

Die nachstehend beschriebene Ausführungsform gilt als Normalmethode bei der Untersuchung der Holzzellstoffe[1], wird aber wohl für alle Zellstoffe als typisch gelten können. Von dem wie oben bei der Bestimmung der α-Zellulose sich ergebenden Filtrat wird ein aliquoter Teil in überschüssige, mit Schwefelsäure angesäuerte Bichromat-

[1] Vgl. z. B. Bronnert: α-, β-, γ-Zellulose in „Die chemische Untersuchung pflanzlicher Rohstoffe und daraus abgeschiedenen Zellstoffe“ von C. G. Schwalbe. Verlag der Papier-Zg. Bd. 11, 1920. Carl Hofmann, Berlin SW.

lösung eingegossen, aufgekocht und heiß noch einige Zeit digeriert. Nach dem Erkalten wird der Überschuß an Bichromat mittels Ferroammonsulfat zurückgemessen.

Ferroammonsulfat wird im abgewogenen Überschuß zugesetzt und das unverändert gebliebene Salz, das natürlich ferrisalzfrei sein muß, mit Permanganat zurücktitriert. Fällt man aus einem anderen Teil des Filtrates die β-Zellulose durch Essigsäure aus, so kann man im Filtrat dieser Fällung auch die γ-Zellulose direkt durch Oxydation bestimmen.

Bei der Oxydation zerfällt die Zellulose wie folgt:

$$C_6H_{10}O_5 + 6\,O_2 = 6\,CO_2 + 5\,H_2O\,.$$

1 Mol. Bichromat (K_2O, Cr_2O_3, 3 O) gibt 3 Sauerstoff ab. Also zur Oxydation von 1 Mol. Zellulose gehören 4 Mol. Bichromat oder in Formeln ausgedrückt:

$$\begin{array}{cc} C_6H_{10}O_5 : & 4 \cdot K_2Cr_2O_7\,. \\ 162{,}1 & 294{,}5 \end{array}$$

Folglich entspricht 1 g $K_2Cr_2O_7$: 0,1375 g Zellulose. Um nun die Stärke einer Bichromatlösung, deren Zusammensetzung nicht konstant bleibt, jedesmal ermitteln zu können, stellt man sie gegen eine Ferroammonsulfatlösung ein, deren Konzentration genau bekannt ist. Als Indikator benutzt man Ferrizyankaliumlösung, die genau nach Vorschrift hergestellt und aufbewahrt sein muß.

Ferroammonsulfat:	Kaliumbichromat:
$FeSO_4(NH_4)_2SO_4 + 6\,aq$	$K_2Cr_2O_7$
392,4	294,5
$2\,FeO + O = Fe_2O_3$	3 O,

also entsprechen 6 Ferroammonsulfat: 1 Kaliumbichromat bei der Oxydation.

Soll nun eine 10proz. Bichromatlösung hergestellt werden, so müßten $\frac{6 \cdot 392{,}4 \cdot 100\ \text{g}}{294{,}5}$ Ferromamonsulfat auf 1 l gelöst werden (799,5 g). Die Löslichkeit des Ferroammonsulfates ist aber nur 170 g im Liter, folglich muß eine schwächere Lösung hergestellt werden.

Zur Herstellung der Kaliumbichromatlösung werden 90 g $K_2Cr_2O_7$ pro analysi abgewogen und zu einem Liter gelöst.

Zur Herstellung der Ferroammonsulfatlösung werden $\frac{799{,}5}{5} = 159{,}9$ g Mohrsches Salz zu einem Liter gelöst unter Zusatz von 5 cm³ 10proz. Schwefelsäure, um Ausscheidung von basischem Salz zu verhindern. 50 cm³ dieser Lösung entsprechen dann 1 g Kaliumbichromat oder 0,1375 g Zellulose.

Die Herstellung des Indikators Kaliumferrizyanid geschieht durch Lösen von 1 g in ca. 500 cm³ destilliertem Wasser. Das Kaliumferrizyanid muß vollkommen frei von Ferrozyankalium sein. Man prüft dies, indem man zu der Ferrizyankaliumlösung eine Eisenoxydlösung setzt, die zuverlässig kein Oxydul enthält. Diese letztere Bedingung läßt sich leicht erfüllen bei Anwendung von reinem Eisenoxydammonalaun oder Eisenchlorid, dessen verdünnte Lösung von einem Tropfen Permanganatlösung schon deutlich gefärbt wird oder ein Eisenchlorid, welches durch Oxydation mit Salpetersäure kein Oxydul enthalten kann. Wird das Kaliumferrizyanid von dem reinen Eisenoxydsalz bräunlich gefärbt, ohne Spur einer Beimischung von Blau oder Grün, so ist es frei von gelbem Blutlaugensalz $K_4Fe(CN_6)$ und brauchbar.

Einstellung der Kaliumbichromatlösung auf Ferroammonsulfatlösung. 25 cm³ Ferroammonsulfatlösung werden in einem ca. 100 cm³ fassenden Hartglasbecher unter Zusatz von 5 cm³ Schwefelsäure (1 : 10) mit Kaliumbichromatlösung titriert. Als Indikator dient Kaliumferrizyanid. Dieses soll sich stets in einer Flasche befinden, die in einer schwarzen Schutzhülle aus Pappe steht und einen ebensolchen Deckel als Lichtabschluß besitzt. Man bringt von dieser gelben Indikatorlösung eine Reihe Tropfen auf eine weiße Porzellanplatte, die speziell für Tüpfelanalysen kreisrunde Vertiefungen hat. Nach jeweiligem Zusatz der Bichromatlösung rührt man mit einem Glasstab gut um und nimmt einen Tropfen heraus, den man zu einem Tropfen Kaliumferrizyanid auf der Porzellanplatte fallen läßt. Anfangs bleibt die nun entstehende Mischfarbe tiefblau und geht allmählich durch Dunkelgrün, Grün, Hellgrün in Hellbraun bis Gelbbraun über. Der Punkt, wo ein Tropfen der zu titrierenden Ferroammonsulfatlösung mit einem Tropfen Kaliumferrizyanid eine braune Färbung, ohne Beimischung von Grün, ergibt, gilt als Endpunkt der Titration. Man liest hierauf die verbrauchten Kubikzentimeter Kaliumbichromatlösung ab und prüft, ob ein Überschuß von Kaliumbichromat (es genügen 2 Tropfen) die Färbung noch wesentlich verändert.

Von dem wie oben bei der α-Zellulosebestimmung gewonnenen Filtrat werden 100 bzw. 200 cm³ mit 15 cm³ Bichromatlösung und 10 cm³ konzentrierter Schwefelsäure zum Sieden erhitzt, etwa 4 Minuten lang gekocht, erkalten gelassen, hierauf mit Ferroammonsulfat zurücktitriert.

Beispiel: 25 cm³ Ferroammonsulfatlösung verbrauchten 5,6 cm³ Kaliumbichromat. 50 cm³ Ferroammonsulfatlösung entsprechen 1 g Kaliumbichromat resp. 0,1375 g Zellulose. Demnach 25 cm³ Ferroammonsulfatlösung = 5,6 cm³ Kaliumbichromatlösung = 0,5 g Kaliumbichromat = 0,06875 g Zellulose.

Bestimmung der β-Zellulose durch Wägung. Das bei der Bestimmung der α-Zellulose gewonnene Filtrat und die Waschwässer werden vereinigt und auf 1000 bzw. 2000 cm³ gestellt. 100 bzw. 200 cm³ dieses Filtrates werden mit $^{n}/_{1}$ Salzsäure oder besser Essigsäure bis zur deutlich sauren Reaktion zersetzt. Das zunächst braun gefärbte Filtrat hellt sich beim Zusatz der Säuren auf, und β-Zellulose scheidet sich in fein verteiltem Zustande ab. Zur besseren Koagulation der Niederschlagsteilchen wird auf dem Wasserbade so lange erhitzt, bis sich der Niederschlag klar abgesetzt hat, worauf man durch ein kleines Baumwollfilter oder einen Filtertiegel abfiltriert, 6—8mal mit heißem Wasser auswäscht, trocknet und wägt. Eine Veraschung ist erforderlich mit Rücksicht auf die Festhaltung von Salzen infolge der kolloiden Beschaffenheit des Niederschlages. Außer der wie vorstehend beschriebenen Bestimmung der β-Zellulose durch Fällung kann diese auch durch Oxydation der alkalischen Lösung ermittelt werden, wenn nachträglich noch eine Bestimmung der γ-Zellulose im Filtrat des β-Zellulosenniederschlages vorgenommen wird.

Bestimmung der γ-Zellulose durch Oxydation. Wünscht man die γ-Zellulose zu bestimmen, so muß man das Filtrat verwenden, welches bei der Bestimmung der β-Zellulose durch Wägung (siehe oben) gewonnen wird. Dieses Filtrat wird in genau der gleichen Weise wie vorstehend beschrieben, mit angesäuerter Bichromatlösung oxydiert und der Überschuß an Bichromat mit Ferroammonsulfat zurückgemessen. Zieht man den Wert für γ-Zellulose von dem durch Titration gefundenen Wert für β- und γ-Zellulose ab, so erhält man einen Wert für β-Zellulose.

Bestimmung der „Barytresistenz“.

In der Erwägung, daß sich bei der Einwirkung von konzentrierter Natronlauge von 17,5% NaOH-Gehalt gewisse Anteile der Zellulose lösen werden, haben Schwalbe und Becker[1] an Stelle der Natronlauge Barytwasser bei Siedetemperatur zur Bestimmung der chemisch widerstandsfähigen (resistenten) Zellulose angewendet. Dies geschah, nachdem festgestellt war[2], daß alkalische Erden nur die Abbauprodukte der Zellulose (Zellulosedextrine, Hemizellulosen) lösen, während die reine Zellulose durch Behandeln mit einer kochenden Lösung alkalischer Erden nicht gelöst wird. Die bisher durchgeführten vergleichenden Untersuchungen lassen erkennen, daß man ähnliche Zahlen wie bei der α-Zellulosebestimmung erhält. Der Angriff der Barytlösung ist etwas stärker, wenn es sich um Zellulosen handelt, die keinerlei nachträgliche Reinigung mit alkalischen Stoffen erfahren haben. Bei Natronzellstoffen sind die Werte für Barytresistenz weit höher als für α-Zellulose, wahrscheinlich deshalb, weil die starke Natronlauge mehr Zellulose löst als Barytwasser.

[1] Schwalbe u. Becker: Zellstoff u. Papier Bd. 1, S. 100—102. 1921. — Ferner Carl G. Schwalbe: Zellstoffchem. Abhandlungen Bd. 1, S. 115. 1921.

[2] Schwalbe u. Becker: J. prakt. Chem. Bd. 100, S. 19. 1920.

Bestimmung der Barytresistenz nach Schwalbe-Becker[1].

3 g des lufttrockenen Zellstoffes werden mit 200 cm^3 kalt gesättigter Bariumhydroxydlösung versetzt und am Rückflußkühler genau 1 Stunde lang zum Sieden erhitzt. Die heiße Mischung wird in einem Goochtiegel mit eingelegter englochiger Siebplatte — die Anwendung eines Filters hat sich als nicht notwendig erwiesen — abgesaugt und mit heißem Wasser reichlich ausgewaschen. Hierauf wird mit kalter 1 proz. Salzsäure unter vorsichtigem Umrühren und Stehenlassen so lange ausgewaschen[2], bis sich im Filtrat Barium durch Fällung mit Schwefelsäure nicht mehr nachweisen läßt. Man wäscht hierauf mit kochendem Wasser zur Entfernung der Salzsäure nach, trocknet im Trockenschrank 4 Stunden bei 105° C, wägt und bringt durch Veraschung eine etwa notwendig werdende Aschenkorrektur an. — Beim Pipettieren der konzentrierten Bariumhydroxydlösung empfiehlt es sich, in die Pipette oberhalb des Meßstriches einen Wattepfropfen einzuschieben, um eine Fällung durch die Atmungskohlensäure zu vermeiden.

Bestimmung der Einzelbestandteile der Inkrustenreste.

Bestimmung des Pentosans.

Diese geschieht nach den im Abschnitt II wiedergegebenen Methoden: Tollenssche Salzsäuredestillation mit Phloroglucinfällung des Furfurols bzw. Bromid-Bromattitration nach Kullgren.

Neben diesen Bestimmungsmethoden kommt vielleicht für gröbere Schätzungen folgende Schnellmethode in Frage, die von Schwalbe und Johnsen angegeben worden ist.

Bei der üblichen Tollensschen Furfuroldestillation wird, wie sich durch getrenntes Auffangen und Untersuchen der einzelnen 30-cm^3-Destillate feststellen läßt, die Hauptmenge des Furfurols in den ersten 2 oder 3 Destillationen erhalten. Demnach sind die ersten 60 oder 90 cm^3 Destillat für jeden Stoff typisch; weitere Destillate ändern bei ihrem geringfügigen Furfurolgehalt das Endergebnis nur unwesentlich. Schon beim Zusammenmischen der ersten 60 cm^3 Destillat jedes Stoffes und Fällen dieses Gemisches mit Phloroglucin-Salzsäure kann man direkt aus den Niederschlagshöhen den Unterschied der Stoffe erkennen. Deutlicher aber kann man den Unterschied sehen, wenn man aus den Destillatgemischen eine bestimmte kleine Menge

[1] Schwalbe u. Becker: prakt. Chem. Bd. 100, S. 19. 1920; Zellstoff u. Papier Bd. 1, S. 100—102. 1921. — Schwalbe: Zellstoffchem. Abhandlungen Bd. 1, S. 115. 1921. — Schwalbe u. Wenzl: Zellstoff u. Papier Bd. 2, S. 75—80. 1922.

[2] Nach Sieber (Privatmitteilung) ist eine Behandlung mit Natriumazetat-Lösung zwecks Entfernung schädlicher Salzsäurereste zweckmäßig.

fällt, den Niederschlag in Amylalkohol löst und mit Amylalkohol solange verdünnt, bis die Lösung durchscheinend ist und dann die Höhe der Alkoholschicht abliest. Es wird hierbei die Voraussetzung gemacht, daß die benutzten Reagenzgläser oder Meßröhren denselben Durchmesser haben. Da es nicht leicht ist, immer Meßröhren von genau demselben, oder von einem vorgeschriebenen Durchmesser zu bekommen, soll in folgendem angegeben werden, wie die Reaktion im Reagenzglase ausgeführt werden kann.

2 g lufttrockener, auf einer Handwaage abgewogener Zellstoff werden in einem Rundkolben mit 100 cm³ Salzsäure vom spezifischen Gewicht 1,96 zusammengebracht und in ein auf 150° C erhitztes Ölbad in Verbindung mit einem Kühler eingehängt. Die Destillation wird in derselben Weise ausgeführt, wie bei der quantitativen Bestimmung, indem jede 30 cm³ Destillat durch 30 cm³ Salzsäure (13 proz.) ersetzt werden. Nachdem 60 cm³ überdestilliert sind, wird das Destillat gut durchgeschüttelt, 1 cm³ abgemessen und mit 1 cm³ Phloroglucinlösung (5 g in 1 l HCl vom spezifischen Gewicht 1,06) in ein Reagenzglas vom Durchmesser ca. 8 mm gebracht. Das Reagenzglas wird in ein mit 80° C warmem Wasser gefülltes Becherglas gestellt, bis der Niederschlag sich abgesetzt hat (5—10 Minuten). Nach Abkühlung unter der Wasserleitung wird vorsichtig Amylalkohol hinzugefügt, bis sich der Niederschlag gelöst hat und die Lösung eben durchscheinend ist. Dann wird die Höhe der Amylalkohollösung durch Anlegen eines Maßstabes abgelesen und mit derjenigen verglichen, die ein sehr reiner Natronzellstoff oder ein unreiner Mitscherlichstoff bei der gleichen Behandlung liefert.

Zur Ausführung einer quantitativen Analyse sind bei der üblichen Tollensbestimmung mindestens 10 Stunden erforderlich, während man bei dieser Schnellbestimmung das Ergebnis innerhalb $1^1/_2$ Stunden erhält.

Bestimmung des Pentosans bzw. der Furfurolzahl nach Noll.

Wie bereits im Abschnitt II beschrieben, kann man nach Noll[1] das in üblicher Weise abgeschiedene Furfurol nach Behandlung mit Hydroxylchlorhydrat durch eine Salzsäuretitration bestimmen.

Bestimmung der Hexosane.

Die Bestimmungsmethoden für Mannan und Galaktan sind schon im zweiten Abschnitt gegeben. Ergänzend sollen noch nachstehende Angaben für die Untersuchung gebleichter Zellstoffe gemacht werden:

Bestimmung des Galaktans.

Die Bestimmung des Galaktans durch Oxydation zur Schleimsäure ist im Abschnitt II bereits beschrieben. Man kann die Schleimsäure

[1] Noll, A.: Papierfabrikant, Festheft 1928, S. 59—61.

auch titrimetrisch bestimmen[1], indem man sie in saurer Lösung bei Siedetemperatur mit überschüssiger Kaliumpermanganatlösung oxydiert und den Überschuß mit Oxalsäurelösung zurückmißt. Ein Gemisch von Oxalsäure und Schleimsäure fällt man zunächst als Kalksalze aus, filtriert, löst in Schwefelsäure und bestimmt die Säuren nebeneinander, indem man zuerst bei 50° C die Oxalsäure und dann wie oben die Schleimsäure oxydiert.

Bestimmung des Lignins.

Zur Bestimmung des Lignins in gebleichten Zellstoffen können die in Abschnitt II und in Abschnitt V unter der Bezeichnung „Ermittlung des Aufschlußgrades" wiedergegebenen Methoden dienen. Hinzugefügt sei noch eine weitere, die sich für reine Zellstoffe gut eignet, da sie nicht nur das Lignin, sondern auch Hemizellulosen, Pentosan, Mannan, Galaktan abzuschätzen gestattet.

Bestimmung der Inkrustenreste durch Azetylierung nach Schwalbe-Grimm[2].

1 g lufttrockenes Material wird in einem weiten festen Rohre mit einer Mischung von 5 g Essigsäureanhydrid, 5 g Eisessig und 0,15 g Schwefelsäure, 1,84 spez. Gewicht übergossen (die Schwefelsäure wird in den Eisessig eingeträufelt und darauf das Anhydrid zugegeben) und unter zeitweiligem Durchkneten, besonders häufig in den ersten 6 Stunden, mit einem dicken Glasstabe 24 Stunden lang azetyliert. Darauf wird mit 15 cm³ des Azetylierungsgemisches verdünnt und die gesamte Flüssigkeit nach gutem Durchrühren in ein graduiertes Glasrohr umgefüllt und in einer Zentrifuge 25 Minuten lang ausgeschleudert. Die nicht gelösten Bestandteile setzen sich zu Boden, die Höhe des Absatzes wird an der Skala abgelesen und der Wert in Prozenten wasser- und aschefreier Faser angegeben. Das Material muß vollkommen lufttrocken und sehr fein zerfasert sein, was z. B. bei getrockneten Halbstoffen etwas schwierig ist. Am besten ist es, den Halbstoff durch Schöpfen in Papierform zu bringen, zu trocknen, darauf zu raspeln und durch Absieben des Raspelstaubes und der Knötchen das geeignete Material zu gewinnen. Da das Umfüllen nach der Verdünnung besonders bei sehr unreinen Stoffen unmöglich genau gemacht werden kann, ist es zweckmäßig, die Azetylierung hier gleich in den graduierten Rohren vorzunehmen, die mit einem Korkstopfen verschlossen sind, durch den der Glasstab hindurchgeführt und diese dann in die Glasrohre der

[1] Vgl. E. O. Whittier: J. Amer. Chem. Soc. Bd. 45, S. 1391—1397 — Referat: C. C. 1923 IV, S. 788.

[2] Grimm, Hermann: Über die Einwirkung von Alkalien und alkalischen Erden auf Spinnfaser-Zellstoffe (Hadernkochung). Zellstoff u. Papier Bd. 1, S. 33—56. 1921.

Zentrifuge mit Watte einzusetzen. Der Durchmesser der graduierten Rohre betrug bei Grimms Versuchen 15 mm, die Höhe 165 mm, die Einteilung ging bis 30 cm^3, gefüllt wurde nur bis 25 cm^3, der äußere Schleuderdurchmesser betrug 550 mm, die Umdrehungszahl in der Minute 1060. Die Ablesung erfolgt am besten so, daß man nach Beendigung des Schleuderns die Rohre umdreht und die überstehende mehr oder minder viskose Flüssigkeit ablaufen läßt, während der meist dunkler gefärbte Absatz als fester Pfropfen darin bleibt.

Bestimmung des Lignins nach Noll.

Wie im Abschnitt V angedeutet, kann man nach Noll[1] durch Behandlung mit Dimethylanilin-Schwefelsäure rasche Verzuckerung der Zellulose erreichen, das zurückbleibende Lignin dann leicht abtrennen und zur Wägung bringen.

Die Bestimmung der Festigkeit.

Für die Bestimmung der Festigkeit sind bereits im Abschnitt V ausführliche Vorschriften gegeben, die auch für die Prüfung der gebleichten Zellstoffe keiner Abänderung bedürfen. Noch einmal soll darauf hingewiesen werden, daß es nicht genügt, an einem Papier aus einem Faserbrei bestimmten Mahlgrades die Festigkeit zu prüfen, sondern daß man nicht nur Mahlgradkurven, sondern auch die Festigkeitskurven der jeweils zu bestimmten Mahlgraden gehörenden Papiere bestimmen sollte, wenn man eine einigermaßen erschöpfende Auskunft über die mechanischen Eigenschaften der Fasern haben will.

Quellgradbestimmung.

Für die Quellgradbestimmung sind schon im Abschnitt V zwei Methoden gegeben. Die Streifenmethode, bei welcher die Wasseraufnahme von Zellstoffpappenstreifen bestimmt wird und die sehr langwierige und schwierig auszuführende Methode der Feuchtigkeitsaufnahme nach Nippe.

Bei den gebleichten Zellstoffen sind einige andere Bestimmungsmethoden des Quellgrades von Bedeutung bzw. wenigstens von Interesse, zunächst die Bestimmung der Quellung durch verdünnte Essigsäure[2], durch Natronlauge von der Merzerisationskonzentration, ferner die Bestimmung der Hydrolysierbarkeit, der Adsorption von Kupfersalz aus einer Fehlinglösung und derjenigen von Ferrihydroxyd aus einer Ferriazetatlösung. Es hat sich nämlich herausgestellt, daß stark gequollene

[1] Noll, A.: Papierfabrikant, Festheft 1928, S. 59—61; Papierfabrikant Bd. 29, S. 485—490. 1931.

[2] Zur Charakterisierung eines Kunstseidenzellstoffes ist auch von Interesse die Aufnahme verdünnter 0,1- und 1proz. Essigsäure. Die Arbeitsvorschrift ist die für Natronlauge gegebene.

Zellulose während einer bestimmten Zeit hindurch mit Säure hydrolysiert mehr Glukose entstehen läßt, als die wenig oder gar nicht gequollenen Zellulosen.

Bestimmung der Natronlaugenaufnahme nach der Streifenmethode von Schwalbe.

Diese Methode ist von Schwalbe zuerst für die Untersuchung von Kunstseidenzellstoffen gutachtlich angewendet worden, hat sich dann in den Kunstseidenfabriken verbreitet. Sie ist zuerst beschrieben von Schwalbe und Teschner[1]. Ausführliche wissenschaftliche Durcharbeitung der Methode ist von D'Ans und Jäger[2] und von Faust[3] gegeben worden. Die Methode wird wie folgt ausgeführt:

Streifen von Zellstoffpappen werden in ungefähr 4 cm Breite und 8 cm Länge so geschnitten, daß sie gerade in Wägegläser mittlerer Größe hineinpassen. Diese genau gewogenen lufttrockenen Streifen läßt man, nachdem sie 5 Minuten in 17,5proz. Natronlauge von Zimmertemperatur gelegen haben, durch vorsichtiges Anfassen an einer Ecke genau 120 Sekunden abtropfen, tupft sie mit einem Filtrierpapier beiderseits schnell ab und bringt sie dann naß im Wägeglas zur Wägung. Die Analysenwerte berechnen sich folgendermaßen: 100 g absolut trockener und aschefreier Zellstoff quellen auf x g Zellstoff.

Bestimmung der Quellung nach der Methode der Zellstoffabrik Waldhof[4].

In der Zellstoffabrik Waldhof wird die Quellung nach folgender Methode ausgeführt.

Unter dem Sammelbegriff Quellungskriterien werden folgende Einzeldaten zusammengefaßt:

Saughöhe, in Wasser nach 10 und 60 Minuten in der Längs- und Querrichtung des lufttrockenen Stoffes gemessen (Temperatur 20° C).

Lineare Ausdehnung des lufttrockenen Stoffes bei der Quellung in Natronlauge von 17,5 Gew.-% (Temperatur 20° C).

Quellmittelaufnahme[5] (Gewichtszunahme) des lufttrockenen Stoffes bei der Quellung in Natronlauge von 17,5 Gew.-% (Temperatur 20° C).

Als Ergänzung vorstehender Daten erfolgt ferner die Bestimmung der

Bogendichte, des Quotienten aus $\frac{\text{Quadratmetergewicht}}{\text{Bogenstärke}}$.

---

[1] Schwalbe u. Teschner: Z. angew. Chem. Bd. 37. S. 218—222. 1924. — Schwalbe, C. G.: Kunstseide Bd. 12, S. 286. 1925.

[2] D'Ans u. Jäger: Kunstseide Bd. 11, S. 252. 1925.

[3] Faust, O.: Cellulosechemie Bd. 7, S. 153—156. 1926.

[4] A. Noll: Papierfabrikant Bd. 29, S. 114—116. 1931. — Vgl. auch L. Rys, Papierfabrikant Bd. 29, S. 325. 1931.

[5] Vgl. die oben beschriebene Streifenmethode.

Die Bestimmung der Saughöhe eines Zellstoffes erfolgt nach der von P. Klemm ursprünglich für Löschpapier ausgearbeiteten Vorschrift und unter Benutzung seines Apparates (beschrieben von Herzberg[1]). Jedoch wird die Saughöhe bei Zellstoffen nicht nur nach 10, sondern auch nach 60 Minuten gemessen bei einer Versuchstemperatur von 20° C.

Die Bestimmung der linearen Ausdehnung und der Quellmittelaufnahme (Gewichtszunahme) des Stoffes erfolgt mittels der aus beiliegender Abbildung ersichtlichen Apparatur nach folgender Vorschrift.

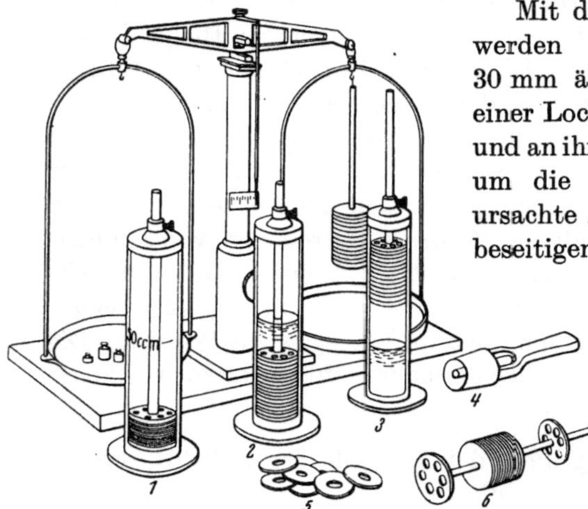

Abb. 60. Abbildung der Apparatur.

Mit dem kombinierten Locheisen werden 10 Zellstoffplättchen von 30 mm äußerem Durchmesser sowie einer Lochung von 8 mm ausgestanzt und an ihrem Rand etwas beschnitten, um die durch das Locheisen verursachte Ausbiegung der Ränder zu beseitigen. Nun wird das Gewicht der jetzt genau aufeinanderpassenden 10 Scheibchen festgestellt, dieselben über den Stab gesteckt, die lose Scheibe aufgesetzt und die ganze Vorrichtung nochmals gewogen. Nunmehr erfolgt die Dickenmessung der 10 Blättchen mit einem genauen Maßstab unter Andruck der beiden Nickelplatten mit dem Daumen, Zeige- und Mittelfinger.

Dann wird die Vorrichtung nach passender Arretierung des Deckels in das vorher mit 50 cm³ Merzerisierlauge (17,5 Gew.-% NaOH) von 20° C beschickte Glasgefäß vorsichtig eingetaucht und die Zeit notiert. Je nach der Natur des zu untersuchenden Stoffes erfolgt jetzt eine mehr oder weniger starke Quellung der Scheibchen, verbunden mit einem Hochheben der 10 g schweren Belastungsscheibe. Der Vorgang erfolgt ganz gleichmäßig, da die Stoffblättchen durch den Metallstab eine zentrale Führung erhalten, sich also nicht schief legen und dadurch sowie durch etwaige Reibung an der Glaswand sperrend wirken können.

Nach Ablauf von 5 Minuten wird nun die lineare Ausdehnung durch Ablesen an der Skala des Stabes oder durch Anhalten eines Maßstabes an die äußere Wandung des Glasgefäßes festgestellt und sodann, ähnlich wie bei einem Chromsäureelement nach Gebrauch die Zinkplatte, die Tauchvorrichtung aus der Lauge herausgezogen, mittels der Stellschraube arretiert und 5 Minuten abtropfen gelassen. Dann wird die

[1] Papierprüfung. 6. Aufl., S. 196. 1927.

Tauchvorrichtung herausgenommen, mittels eines durch die am oberen Ende des Metallstabes befindliche Bohrung hindurchgesteckten Drahtes an der Waage befestigt und das Gewicht nochmals festgestellt. Es empfiehlt sich, die untere Scheibe der Tauchvorrichtung mittels Filtrierpapier etwas abzutupfen, um einem etwaigen Nachtropfen während der Wägung zu begegnen. Zur Wägung selbst genügt eine genaue technische Waage von 500 g Tragfähigkeit.

Da die Blättchen vorher allein gewogen waren und ferner das Gewicht des Tauchstabes mit den 10 Blättchen bekannt ist, läßt sich aus dem nunmehr ermittelten Gewicht die von den Stoffscheiben nach einer Quell- und Abtropfzeit von je 5 Minuten aufgenommene Laugenmenge feststellen und als prozentuale Quellmittelaufnahme (Gewichtszunahme) ausdrücken.

Die Bestimmung der Bogendichte erfolgt so, daß zunächst an einem Quadratdezimeter des lufttrockenen Stoffes 20 Dickenmessungen vorgenommen und das Mittel aus denselben als Bogenstärke ausgedrückt wird.

Sodann wird das Gewicht des lufttrockenen Quadratdezimeters festgestellt und nach erfolgter separater Feuchtigkeitsbestimmung das Quadratmetergewicht des absolut trockenen Stoffes errechnet. Man kann auch so verfahren, daß man einen Quadratdezimeter Stoff zunächst trocknet, dann wägt und auf das Quadratmetergewicht umrechnet. Die Handhabung des gesamten Untersuchungsganges ergibt sich dann aus folgendem Beispiel:

I. Bestimmung der Saughöhe:

nach 10 Min.		nach 60 Min.	
längs	quer	längs	quer
36	34	98	92 mm

II. Bestimmung der linearen Ausdehnung:

a) Höhe der 10 Stoffscheiben lufttrocken . . . 8 mm,
b) Höhe der 10 Scheibchen nach der Quellung 50 „
c) Höhenzunahme somit . . . . 42 „
Lineare Ausdehnung $= a : c = 100 : x$ $x = 525\%$.

III. Bestimmung der Quellmittelaufnahme (Gewichtszunahme):

a) Taragewicht der Tauchvorrichtung . . . . 93,0 g,
b) Gewicht der 10 Stoffscheibchen lufttr. . . . 3,5 „
c) Gewicht der Tauchvorrichtung mit Stoffscheibchen vor der Quellung . . . . 96,5 „
d) Gewicht der Tauchvorrichtung mit Stoffscheibchen nach der Quellung . . . . . . 121,5 „
e) Vom Zellstoff aufgenommene Laugenmenge. 25,0 „
Quellmittelaufnahme (Gewichtszunahme) $= b : e = 100 : x$
$x = 714\%$

IV. Bestimmung der Bogendichte.

a) Quadratmetergewicht des absolut trockenen Stoffes . . . . 650 g

b) Bogenstärke des lufttrockenen Stoffes (Mittel aus 20 Einzelmessungen) . . . . 0,910 mm

$$\text{Bogendichte} = \frac{650}{0{,}910} = 714\,.$$

Es ist zu beachten, daß die beschriebene Verfahrensart eine rein konventionelle ist und deshalb zur Erzielung reproduzierbarer Ergebnisse die genaue Einhaltung der erwähnten Versuchsausführung erforderlich macht[1].

Bestimmung der Kupfersalzaufnahme nach Schwalbe (Hydratkupferzahl, Zellulosezahl).

Es ist in dem Abschnitt über die Kupferzahl bereits diese Methode erwähnt worden, daß die Kupfersalzaufnahme aus alkalischer Fehlinglösung bei der Originalmethode der Kupferzahlbestimmung bekannt sein muß. Nachstehend ist eine Vorschrift für die Durchführung der Hydratkupfer-Bestimmung gegeben:

Hydratkupfer- oder Zellulosezahl[2]: Etwa 2—3 g lufttrockene Substanz werden in 250 cm³ kaltes destilliertes Wasser gebracht, 100 cm³ kalte Fehlinglösung zugegeben und mit 50 cm³ kaltem, destillierten Wasser nachgespült. Unter öfterem Umschütteln bleibt die Flüssigkeit $^3/_4$ Stunde bei Zimmertemperatur stehen, dann werden 50 cm³ suspendierte Kieselgur (ca. 1 g) zugefügt, durch Doppelfilter abgesaugt und mit ungefähr 1 l kaltem, dann mit heißem destillierten Wasser ausgewaschen. Heißes Wasser darf jedoch erst verwendet werden, wenn die Hauptmenge der Fehlinglösung weggewaschen ist, weil sonst leicht Reduktion der heißen Fehlinglösung in Berührung mit den Zellulosefasern eintreten könnte. Die weitere Behandlung des auf dem Büchnertrichter Zurückgebliebenen geschieht gemäß der für die Kupferzahl angegebenen Vorschrift.

Der bei Wägung des elektrolytisch abgeschiedenen Kupfers erhaltene Wert wird auf 100 g Zellulose umgerechnet. Man erhält so die Hydratkupfer- oder Zellulosezahl (abgekürzt C.Z.). Zieht man die Zellulosezahl von der Kupferzahl ab, so erhält man die „korrigierte Kupferzahl".

Titrimetrische Bestimmung des Kupfers nach Schandroch-Bruhns.

Die Bestimmung des Kupfers durch Elektrolyse kann selbstverständlich durch andere Bestimmungsmethoden ersetzt werden. In Betracht

[1] Vgl. Noll: Cellulosechemie Bd. 12, S. 217. 1931. — L. Rys: Papierfabrikant Bd. 29, S. 325. 1931.

[2] Schwalbe: Die Chemie der Zellulose. Berlin 1911, S. 634.

kommt die Kupferoxydmethode von Falke oder eine Titration des vorhandenen Kupfersulfats nach Schandroch[1]. Die gut ausgewaschene kupferhaltige Faser wird mit verdünnter Salpetersäure digeriert, dann ausgewaschen bis bei Zusatz einer neuen Salpetersäuremenge keine Kupferreaktion mit Ferrizyankalium erhalten werden kann. Hierauf wird mit Ammoniak ammoniakalkalisch gemacht, der Überschuß des Ammoniaks durch Eindampfen beseitigt und mit Essigsäure angesäuert. Diese Lösung wird dann nach den untenstehenden Angaben von Schandroch titriert.

Die Methode fußt auf der bekannten Kupferbestimmung von De Haen-Low. Aus einer Cuprisalzlösung wird bei Überschuß von Jodkalium nach der Gleichung:

$$2\,CuSO_4 + 4\,KJ = Cu_2J_2 + 2\,K_2SO_4 + J_2,$$

das Kupfer als unlösliches Cuprojodid gefällt, während je 1 Atom Cu 1 Atom Jod in Freiheit setzt, das mittels Natriumthiosulfat gemessen werden kann. Das Cuprojodid fällt nur zum Teil aus, und zwar um so mehr, je mehr Kupfer in der Lösung ist, da Curpojodid in Jodkali beträchtlich löslich ist. Dieser Umstand beeinflußt aber die Titration nicht.

Erforderlich sind: Fehlinglösung nach Schwalbescher Vorschrift, ferner $^n/_{10}$ Natriumthiosulfatlösung. Es ist empfehlenswert, die Thiosulfatlösung in größerem Vorrat, ungefähr $^n/_{10}$, herzustellen. Man filtriert sie nach zweiwöchigem Stehen ab und stellt sie auf Kupfer ein (s. Treadwell, Lehrbuch der analytischen Chemie, Bd. 2, S. 581. 1922).

Zur Ausführung der Kupferbestimmung muß nun der Titer für die Fehlinglösung festgelegt werden, welcher nur bei der Erneuerung der Fehlinglösung neu bestimmt werden muß. In einem Kochkolben von 1 l Fassungsraum, der am Hals bei 1000 cm³ eine Marke trägt, werden 300 cm³ Wasser mit 100 cm³ Fehlinglösung genau $^1/_4$ Stunde gekocht. Nach dem Abkühlen unter der Wasserleitung wird auf 1000 cm³ genau aufgefüllt und gut durchgemischt. Dann wird ein Teil auf einem quantitativen Filter abfiltriert (nicht genutscht). Von dem Filtrat werden 200 cm³ abpipettiert, mit Salzsäure in eben merklichen Überschuß versetzt (sonst tritt die Reaktion nicht ein; erforderlich sind etwa 20 cm³ verdünnte Säure), 2 g Kaliumjodid oder die entsprechende Lösung zugegeben und dann mit Natriumthiosulfat titriert. Vor dem Entfärben werden einige Tropfen Stärkelösung hinzugefügt. Die Anzahl der verbrauchten Kubikzentimeter Thiosulfat bilden den Titer der Fehlinglösung.

---

[1] Schandroch, J.: Maßanalytische Schnellbestimmung der Kupferzahl für Zellstoffe. Papierfabrikant Bd. 23, S. 43. 1925.

An Stelle dieser Vorschrift empfiehlt Bruhns[1] die folgende:

Titerstellung der Fehlinglösung. In einem Kolben von 1 l Fassungsraum, der am Hals bei 1000 cm³ eine Marke trägt, werden 300 cm³ Wasser mit 100 cm³ Fehlinglösung genau $^1/_4$ Stunde gekocht. Nach dem Abkühlen unter der Wasserleitung wird auf 1000 cm³ genau aufgefüllt und gut durchgemischt. Dann wird ein Teil durch ein quantitatives Filter abfiltriert (nicht abgesaugt). Von dem Filtrat werden 200 cm³ abpipettiert, mit 5 cm³ Rhodan-Jodkaliumlösung (0,65 g KCNS und 0,10 g KJ enthaltend) versetzt und gut umgeschwenkt und ferner 10 cm³ verdünnte (etwa $^n/_{6,5}$) Schwefelsäure schnell unter Schwenken zugefügt. Dann läßt man sofort rasch Thiosulfat zulaufen, bis die anfängliche Bräunung (unter Schwenken) zeitweilig in Grau übergeht. Sodann (nicht zu wenig) Stärkelösung zusetzen und die Messung zu Ende führen, bis die Flüssigkeit nicht mehr blau oder grau wird. Die Anzahl der verbrauchten cm³ Thiosulfat bilden den Titer der Fehlinglösung.

Bestimmung der Aufnahme von Ferrihydroxyd nach Schwalbe-Feldtmann[2].

Gequollene Zellulosen nehmen von Beizsalzlösungen mehr auf als nicht gequollene, so daß die aufgenommenen Mengen von Beizsalz ein Maß für den Quellgrad abgeben können. Nachstehend ist eine Beschreibung der Methode gegeben, welche mit Ferriazetat durchgeführt werden kann. Bei der Arbeit mit Chromverbindungen und Aluminiumverbindungen wurden weniger günstige Resultate erhalten.

Die erforderliche Ferriazetat-Lösung wird durch Umsatz von Ferrisulfat und Bleiazetat bereitet, derart, daß die Lösung 3,21356 g Fe_2O_3 in 100 cm³ enthält, was etwa einem Gehalt von $^2/_{10}$ g-Mol.-% entspricht. Soviel lufttrockenes Fasermaterial, wie 2,0000 g absolut trocken entspricht, wird von Hand fein zerzupft und in einer 300 cm³ fassenden Pulverflasche mit 200 cm³ destilliertem Wasser und 3 Tropfen eines handelsüblichen 50proz. Türkischrotöls unter Zugabe einer geeigneten Menge von Glaskugeln 1 Stunde auf der Schüttelmaschine geschüttelt. Hierdurch wird fast stets eine einigermaßen vollständige Zerfaserung erzielt. Die so isolierten und vorgequollenen Fasern werden nach Fortnahme des größeren Teiles des Wassers quantitativ in einen graduierten, verschließbaren Meßzylinder von 200 cm³ Inhalt gebracht. Der Zylinder wird mit 50 cm³ der oben beschriebenen Ferriazetat-Lösung und mit Wasser bis zur 200 cm³-Marke aufgefüllt. Die Lösung enthält also ungefähr $^1/_{10}$ g-Mol.-% Fe_2O_3. Nach einer abermaligen einstündigen Schüttelung auf der Schüttelmaschine wird der Faserbrei abgesaugt

[1] Bruhns: Z. Zuckerind. tschechoslowak. Republik Bd. 45, S. 101—104. 1922.

[2] Feldtmann, G. A.: Dissertation. Chemie der Sulfatholzzellstoff-Fabrikation. Berlin 1928, S. 157.

und mit möglichst gleichen Mengen kalten destillierten Wassers bis zum Verschwinden der Rotfärbung ausgewaschen. Auch mit Rhodanammonium darf dann keine Rotfärbung des Waschwassers mehr feststellbar sein. Die je nach der Menge adsorbierten Eisenhydroxyds stärker oder schwächer braun gefärbten Fasern werden mit 100 cm^3 10proz. Salzsäure in der Kälte behandelt. Nachdem alles Ferrihydroxyd gelöst ist, wird filtriert und der Faserbrei gut mit kaltem destillierten Wasser gewaschen. Die Lösung wird dann quantitativ in einen Rundkolben umgegossen und bis ungefähr 50 bis 100 cm^3 eingedampft. Die Titration erfolgt dann, wie schon angegeben, mit $^1/_{80}$n-Permanganat, von dem 1 cm^3 ungefähr 1 mg Fe_2O_3 entspricht (genau 0,000998 g Fe_2O_3)[1]. Es lassen sich sehr gut bei geeigneter Wahl der Gefäße und der Schüttelmaschine mehrere Analysen nebeneinander ansetzen, da die Adsorption in geringen Grenzen von der Zeit unabhängig ist; denn Adsorptionsgleichgewichte stellen sich bekanntlich sehr rasch ein.

In Analogie zu der Al-Oxyd-Zahl von Schwalbe und Teschner wird die von 100 g asche- und wasserfreier Faser aufgenommene Menge Fe_2O_3 mit Eisenoxydzahl bezeichnet.

Bestimmung der Hydrolysierzahl nach Schwalbe.

Der Quellgrad kann auch durch Bestimmung der sogenannten Hydrolysierzahl angegeben werden; je höher nämlich der Quellgrad ist, um so leichter und rascher werden bei der sauren Hydrolyse zuckerartige, Fehlinglösung reduzierende Stoffe gebildet. Durch Bestimmung der Zuckermengen kann man auch den Quellgrad ermitteln. Die Ausführung geschieht nach Schwalbe wie folgt:

2—3 g lufttrockene Substanz werden in einem Rundkolben mit 250 cm^3 5proz. Schwefelsäure übergossen, an ein Rückflußrührwerk gesetzt und vom Beginn des lebhaften Siedens genau $^1/_4$ Stunde lang unter anhaltendem Rühren im Sieden erhalten, also hydrolysiert. Hieraus wird mit der entsprechenden Menge Natronlauge, 10 g in 25 cm^3 gelöst, neutralisiert, 100 cm^3 heiße Fehlinglösung, wie bei der Kupferzahl beschrieben, zugefügt und, vom Beginn des Siedens an gerechnet, wieder genau $^1/_4$ Stunde gekocht. Die weitere Aufarbeitung gestaltet sich analog

[1] Die Bestimmung des Eisens läßt sich selbstverständlich für Reihenanalysen sehr vereinfachen. Man könnte das Eisenhydroxyd auf der Faser in Berlinerblau oder Ferrirhodanid überführen, so daß man aus der Stärke der Anfärbung auf die Größe der Adsorption schließen kann. Man könnte auch das als Ferrichlorid oder -sulfat von der Faser abgelöste Eisen kolorimetrisch bestimmen. Auch andere, vielleicht einfachere Titrationsmethoden lassen sich anwenden, durch die das lästige Eindampfen der Lösung vermieden wird. Am besten aber geht man der subtilen Titration überhaupt aus dem Wege, indem man die Adsorption mit größeren Zellstoffmengen im Versuchsholländer durchführt und das aufgenommene Eisenoxyd durch bloße Veraschung des Zellstoffes feststellt.

den bei der Kupferzahl gegebenen Vorschriften. Der ermittelte Kupferwert wird als „Hydrolysierzahl" bezeichnet (abgekürzt H.Z.)[1].

Da in heißer Fehlinglösung, wie oben bei der Kupferzahl beschrieben, jede Zellulose Kupferreduktion hervorruft, muß man die Kupferzahl von der Hydrolysierzahl abziehen, wenn man die durch Hydrolyse gebildete Zuckermenge zahlenmäßig als Kupfer zum Ausdruck bringen will. Man erhält so die Hydrolysierdifferenz. Für sehr genaue Bestimmungen muß man diese Hydrolysierdifferenz von der Kupferzahl in Abzug bringen.

Die mangelhafte Übereinstimmung der Werte hat nach Bernardy[2] ihre Ursache in Fehlern, welche bei der Neutralisation der Schwefelsäure mit Natronlauge sich einstellen. Versetzt man das Reaktionsgemisch nach dem Sieden mit etwas Phenolphtalein und tropft die Natronlauge unter Rühren hinzu, so erhält man genaue, gut übereinstimmende Zahlen. — Es erscheint noch zweckmäßiger, an Stelle der Natronlauge zur Neutralisation Bariumkarbonat zu verwenden, da dann eine schädliche Einwirkung von Base auf den Zucker ausgeschlossen ist.

Die Bestimmung der Viskosität von Zellstofflösungen.

Bei der Auslösung der Zellulose aus den Rohfaserstoffen sind hydrolytische und oxydative Einwirkungen auf die Zellulose in geringem Grade unvermeidlich, so daß die aus dem Koch- und Bleichprozeß hervorgehenden gebleichten Zellstoffe nicht mehr identisch sind mit der Zellulose, welche in den Rohfasern enthalten war. Man hat nun gefunden, daß diejenigen Zellulosen, welche bei der Reinigung wenig oder gar nicht gelitten haben, höhere Viskosität ihrer Lösungen zeigen als diejenigen, welche starken Eingriffen ausgesetzt waren. Man kann demnach durch Bestimmung der Viskosität von Zellstofflösungen sich ein Urteil bilden über den Grad der Veränderungen, welche mit der Zellulose während der Aufschließ- und Reinigungsvorgänge vor sich gegangen sind. Zur Herstellung der Lösungen sind zwei Methoden im Gebrauch. Die Auflösung der Zellulose in Kupferoxydammoniak-Lösung und die Lösung der Zellulose als Xanthogenat.

Die Messung der Viskosität der Zellstofflösungen.

Messung der Ausflußzeit aus einer Pipette. Sind die Zellstofflösungen nach der einen oder anderen Methode hergestellt worden, so muß die Viskosität gemessen werden. Dies kann in roher, aber für technische Zwecke meist völlig genügender Art und Weise durch Ausfließen-

[1] Schwalbe: Die Chemie der Zellulose 1911, S. 635.

[2] Bernardy: Z. angew. Chem. Bd. 39, S. 259. 1926; Cellulosechemie Bd. 6, S. 92. 1926.

lassen der Lösung aus einer Pipette von 50 cm^3 Inhalt geschehen. Man muß die Pipette vorher mit Wasser eichen und feststellen, wieviel Sekunden 50 cm^3 Wasser bei einer bestimmten Temperatur zum Ausfließen, an der Stoppuhr gemessen, verbrauchen. Diejenigen Pipetten, welche gute Übereinstimmung der Werte zeigen, werden dann zur Bestimmung der Viskosität von Zellstofflösungen benutzt. Man muß Pipetten wählen, welche kurze Spitzen haben, weil sonst die Gefahr des Zerbrechens zu groß ist. Eine gewisse Schwierigkeit bei der Viskositätsmessung nach dieser etwas rohen Methode besteht darin, daß es schwer ist, nach der Benutzung die Pipetten völlig zu reinigen, so daß manchmal unsichtbare glasklare Häute von Zellulose in der Pipette zurückbleiben, die feine Ausflußöffnung mehr oder weniger verstopfen und so zu Fehlern Anlaß geben. Man muß also nach Benutzung der Pipetten sie sehr sorgfältig reinigen, am besten sie in Kaliumbichromat-Schwefelsäure aufbewahren, damit die etwa vorhandene Zellulosehaut durch Oxydation verschwindet.

An Stelle der Pipetten verwendet man nach Jentgen[1] Röhren, die am unteren Ende trichterförmig verjüngt sind. Zum Vergleich wird die Viskosität von chemisch reinem Glyzerin von 30° Bé gemessen. Das Glasrohr hat etwa 30 mm inneren Durchmesser und 150 mm Länge und ist unten trichterförmig verengt. Die untere Ausflußöffnung von etwa 2—3 mm verschließt man mit dem Daumen und füllt annähernd bis zum oberen Rande Glyzerin von 30° Bé bei einer Temperatur von 18° C ein. Man markiert den oberen Stand des Glyzerins und läßt hierauf unter Verwendung einer Stoppuhr genau 100 Sekunden lang Glyzerin auslaufen, alsdann markiert man den Stand des Glyzerins in der 100. Sekunde, auf diese Weise eicht man das Instrument. — Zur Viskositätsmessung einer Zellstofflösung, z. B. Viskose füllt man nun das Glasrohr bis zur oberen Marke mit Viskose und mißt die Sekundenanzahl, welche notwendig ist, bis daß die Viskose bis zur unteren Marke ausläuft. Sind hierzu etwa 114 Sekunden nötig, so hat die Viskose die Viskosität 114. — Noch einfacher kann man verfahren, wenn man von einer Viskose ausgeht, deren Viskosität man als normal für den Betrieb betrachtet, und mit dieser an Stelle des Glyzerins das Rohr eicht. Auch kann man von einer fiktiven Viskosität ausgehen, indem man ein Rohr von einem inneren Durchmesser von 30 mm und einer Länge von etwa 170 mm herstellen läßt, das sich in seinem unteren Teile auf einer Strecke von 10 mm zu einer Öffnung von 6 mm verjüngt. In dieses Rohr füllt man 100 cm^3 Viskose hinein, läßt auslaufen und mißt die Anzahl Sekunden, die zum Auslaufen notwendig sind. Diese sollten unter normalen Verhältnissen 100 Sekunden betragen. Die Auslaufzeit der also gleich-

[1] Jentgen, H.: Laboratoriumsbuch für die Kunstseide- und Ersatzfaserstoff-Industrie. S. 53. Halle: Wilhelm Knapp 1923.

bleibenden Menge Viskose, in Sekunden gemessen, ergibt das Maß der Viskosität.

Die Messung der Ausflußzeit im Viskosimeter. Feinere Messungen kann man natürlich mit den zahlreichen Konstruktionen der Viskosimeter nach Ostwald-Kochius[1] u. a. erreichen.

Die Messung der Viskosität nach der Kugelfall-Methode. In Rücksicht auf die vorerwähnten Schwierigkeiten wird in der Technik häufig die Kugelfall-Methode benutzt, bei welcher man eine kleine Stahlkugel in der in einem verhältnismäßig weiten Rohr befindlichen Zellstofflösung herunterfallen läßt. Man mißt die Zeit, welche zum Durcheilen einer bestimmten Strecke notwendig ist und gibt die Ausflußzeit in Sekunden an.

Die Messung der Viskosität durch Tropfenzählung im Stalagmometer. Nach Baur[2] ist zweckmäßiger als die Kugelfallmethode die Messung mit dem Stalagmometer. Diese Tropfenzählmethode soll bessere Ergebnisse als die vorstehend skizzierte Methode zeitigen.

Viskositätsbestimmung von Zellstoff in der Kupferoxydammoniak-Lösung.

Vorschrift zur Herstellung von Kupferoxydammoniak-Lösung nach Ost.

Zur Herstellung von Kupferoxydammoniak-Lösungen sind eine ganze Anzahl von Methoden in Anwendung, von denen einige nachstehend beschrieben werden sollen. Bei der Herstellung und Anwendung solcher Lösung kommt es vor allen Dingen darauf an, genügende Mengen von Kupfer aufzulösen, weil mit der Menge des Kupfers die gelöste Zellulosemenge steigt.

Zur Herstellung einer lösekräftigen Kupferoxydammoniakflüssigkeit von konstanter Zusammensetzung empfiehlt Ost[3] nachstehende Vorschrift:

Eine „Normalkupferoxydammoniaklösung“ erhält man durch Auflösen des basischen Kupfersulfates, welches aus Kupfervitriollösung mit Ammoniak gefällt wird, in Ammoniak von 0,900 spez. Gewicht bis zur Sättigung.

59 g Kupfersulfat, entsprechend 15 g Kupfer, werden in etwa 3 l heißem Wasser gelöst und mit Ammoniak gefällt, so daß kein Kupfer in Lösung bleibt; ein etwaiger kleiner Überschuß von Ammoniak wird

---

[1] Bezüglich einiger Formen von Schnellviskosimetern vgl. H. W. Klever, Robert Bilfinger u. K. Mauch: Z. angew. Chem. Bd. 37, S. 693—695. 1924. — Ferner H. W. Klever: Z. angew. Chem. Bd. 37, S. 696. 1924.

[2] Baur: Melliands Textilberichte Bd. 11, S. 861. 1930.

[3] Ost, H.: Die Viskosität der Zelluloselösungen. Z. angew. Chem. Bd. 24, S. 1893. 1911.

mit Schwefelsäure neutralisiert. Der hellgrüne kochbeständige Niederschlag wird dekantiert und auf einem Faltenfilter mit heißem Wasser ausgewaschen, bis das Filtrat schwefelsäurefrei ist, was rasch vonstatten geht, dann mit dem Filter auf Papier etwas abgetrocknet, als dicke Paste in eine Literflasche gebracht und mit eisgekühltem Ammoniakwasser von 0,900 spez. Gewicht unter öfterem Durchschütteln zum Liter gelöst. Ein wenig Kupfersalz bleibt ungelöst, auch scheiden sich nach einiger Zeit tiefblaue Nädelchen von Kupferoxydammoniak aus. Die nach 24 Stunden bei Zimmertemperatur durch Asbest filtrierte Lösung enthält 13—14 g Kupfer und rund 200 g Ammoniak im Liter. Zwei Lösungen verschiedener Herstellungen enthielten a) 13,1 g Kupfer und 203 g Ammoniak, b) 14,1 g Kupfer und 202 g Ammoniak. Man bestimmt das Ammoniak und Kupferoxyd zusammen durch Titrieren mit $^n/_1$ Schwefelsäure und Methylorange und das Kupfer allein elektrolytisch. Diese normale Kupferoxydammoniaklösung löst auch von schwerlöslicher Zellulose bis 2 g in 100 cm³ auf.

Vorschrift von Joyner[1].

Nach diesem Autor erfolgt die Herstellung konzentrierter Cupriammoniumhydroxydlösung durch Einleiten von Luft in ein Gemisch von Kupferspänen und konz. Ammoniak, wobei ein geringer Zusatz an Rohrzucker (1 g je Liter) die Lösungsgeschwindigkeit wesentlich erhöht. Eine derartige konzentrierte Lösung enthält dann die 1 g salpetrige Säure je Liter entsprechende Menge Nitrit gelöst. Die Löslichkeit von Zellulose in derartigen Lösungen ist proportional dem Kupfergehalt, je 2,3 g Zellulose erfordern 1 g Kupfer, wenn der Ammoniakgehalt der Lösung genügend hoch ist. Die Viskosität der verwendeten Zellulose ist im Gegensatz hierzu auf die Löslichkeit nicht von Einfluß. Die Viskosität derartiger Baumwollösungen ist innerhalb der Fehlergrenzen der Viskositätsmessung ebenso groß wie für Baumwolle in Cupriammoniumhydroxydlösungen, die durch Auflösen von reinstem Kupferhydroxyd in konzentriertem Ammoniak hergestellt sind.

Die Bestimmung der Viskosität erfolgt durch Messung der Zeit des Falles einer Stahlkugel von 1,58 mm Durchmesser durch 15 cm einer derartigen Lösung bei 20° C in einem Rohr von 1,0 cm Durchmesser. Durch Multiplikation des erhaltenen Wertes mit 0,52 ergibt sich die absolute Viskosität. Größere Zusätze von anorganischen Salzen oder Rohrzucker fällen die gelöste Zellulose aus, geringe Mengen dieser Stoffe sind auf die Viskosität von Zellulosecupriammoniumhydroxydlösungen einflußlos. Mit steigender Ammoniakkonzentration erniedrigt sich die Viskosität der Lösungen. Bei Auftragen des log der Konzentration gegen die Konzentration erhält man eine Linie als Kurve.

---

[1] Joyner, R. A.: J. Chem. Soc. Lond. Bd. 121, S. 1511. 1922 — Z. analyt. Chem. Bd. 82, S. 176—177. 1930.

Die beste Konzentration der Lösung zur Viskositätsmessung ist 13 g Kupfer, 20 g Zellulose und 200 g NH_2 im Liter.

J. Tankard u. J. Graham[1] haben eine Methode zur Viskositätsbestimmung von Cupriammoniumlösungen von Zellulose beschrieben, bei der die Prüfung in derselben Röhre vorgenommen wird, in der die Lösung bereitet ist und der Fall einer Stahlkugel von $^1/_{32}$ Zoll Durchmesser gemessen wird.

Vorschrift der Zellulosekommission der amerikanischen chemischen Gesellschaft[2].

Als Resultat verschiedener angewandter Methoden wird folgende als Standardmethode empfohlen. Zur Herstellung von Kupferoxydammoniaklösungen werden saubere Kupferspäne in eine Glasröhre von etwa 66 cm Länge und 10—15 mm Durchmesser gefüllt und starkes Ammoniakwasser (26—28% NH_3), enthaltend 10 g Rohrzucker pro Liter, hinzugegossen, bis die Röhre fast voll ist. Dann wird unter Eiskühlung mehrere Stunden lang Luft durchgeblasen. Nach einer Rohanalyse wird die Lösung zur Standardkonzentration aufgefüllt, und zwar durch Zufügung von Wasser, das 10 g Rohrzucker pro Liter und den ausgerechneten NH_3-Betrag enthält. Die Standardkonzentration beträgt 30 ± 2 g Cu, 165 ± 2 g NH_3 und 10 g Rohrzucker pro Liter. Diese Lösung wird dunkel und kühl aufbewahrt und kann einen Monat aufgehoben werden. Die Cu-Bestimmung kann elektrolytisch oder durch Wägung als Kupferoxyd vorgenommen werden. Das NH_3 bestimmt man am besten, indem starkes Alkali einer bestimmten Menge Kupferoxydammoniak-Lösung zugefügt, in vorgelegte Normalsäure destilliert und mit Normalalkali zurücktitriert wird. — Als Konzentration der Zellulose werden 2,5 g Baumwolle pro 100 cm³ Lösung mit Ausnahme von hochviskoser Baumwolle, wo man am besten 1,0 g pro 100 cm³ Lösung nimmt, empfohlen. — Für das Auswiegen der Baumwollproben fand man den günstigsten Feuchtigkeitsgehalt bei 5%. Trocknen durch Hitze vermindert die Viskosität in unregelmäßiger Weise. Zwischen 35 und 60% relativer Luftfeuchtigkeit schwankt der Feuchtigkeitsgehalt der Baumwolle zwischen 4 und 6%, was einen Fehler in der Ablesung der Viskosität von ungefähr 3% verursachen würde. Ist die Raumfeuchtigkeit höher als 60% oder niedriger als 35%, so empfiehlt der Ausschuß die Aufbewahrung der Proben in einem Behälter, der auf einen Feuchtigkeitsgehalt von etwa 50% gehalten werden kann[3]. — Das Fallkugel-Vis-

---

[1] Tankard, J., u. J. Graham: Textile Inst. Bd. 21, Transact. S. 260—266. 1930 — Referat: C. C. 1930 II, S. 2594.

[2] Papierfabrikant Bd. 28, S. 8. 1930.

[3] Eine passende Form des Lösungskolbens für die Aufnahme von Zellulose wird im Original an einer Abbildung gezeigt und die Füllung des Kolbens unter Ausschluß der Luft genau beschrieben.

kosimeter besteht aus einer Röhre von 30 cm Länge und 1,4 $\pm$ 0,05 cm Innendurchmesser und einem Außendurchmesser, dessen Weite am unteren Ende von 4 cm auf 1 cm abnimmt. Die Röhre ist von 5 zu 5 cm eingeteilt und von einer weiteren Röhre umgeben, die als Wassermantel dient. Das Wasser wird auf einer Temperatur von 25 $\pm$ 1° C gehalten. Das Viskosimeter arbeitet mit Baumwollmengen, die innerhalb 30 bis 300000 Centipoisen (eine Poise ist die innere Reibung von Flüssigkeiten im cgs-System) liegen, obwohl die beste Zahl zwischen 100—10000 Centipoisen liegt. — Die benutzten Kugeln sind Glaskugeln von 3,175 plusminus 0,05 mm Durchmesser und so kugelförmig wie möglich. Ihr spez. Gewicht soll zwischen 2,4 und 2,6 liegen. Die Kugeln werden in dem Viskosimeter mit Öl bekannter Viskosität kalibriert und die Konstante bestimmt. $\eta = K/t(D - d)$, wobei η = die Viskosität, t = die Zeit, D = die Dichte der Kugel und d = die der Flüssigkeit ist. Glaskugeln werden Stahlkugeln vorgezogen, da sie in einer dunklen Lösung leichter sichtbar sind. Es folgt eine Beschreibung der Ausführung der Viskositätsmessungen. — Aus den erhaltenen Fallzeiten der Kugeln wird die Mitte gebildet und mit der Konstante, die bei der Kalibrierung der Kugeln erhalten wurde, sowie mit der Differenz der Dichte zwischen der Kugel und der Lösung multipliziert. Dies scheint besser zu sein als die Viskosität in Sekundenmassen oder ähnlichen willkürlichen Größeneinheiten auszudrücken, da die Ungleichmäßigkeiten infolge der Kalibrierung berücksichtigt werden. — Ist die Viskosität zu klein, so wird das abgebildete Spezialrohr benutzt, dessen Gebrauch näher beschrieben wird. Das Maß der Viskosität ist die Zeit, in der die Flüssigkeit von einer bestimmten Marke bis zu einer anderen fällt. Das Rohr wird kalibriert durch die Bestimmung der Zeit, die ein Öl bestimmter Viskosität zum Ausfließen braucht. Die Konstante K erhält man durch die Formel $\eta = K \cdot d \cdot t$, wobei η die Viskosität, d die Dichte der Flüssigkeit und t die Zeit ist. — Bei Befolgung aller Vorsichtsmaßregeln sollen die Bestimmungen innerhalb einer Fehlergrenze von 1% übereinstimmen.

Vorschrift von E. K. Carver und Mitarbeitern.

Da bei den bisher gebräuchlichen verschiedenen Methoden zur Bestimmung der Viskosität von Zellulose Schwankungen von mehreren 100% nicht selten waren, wurde eine Methode ausgearbeitet, deren Fehlergrenze bei genauer Ausführung innerhalb von 1% liegt.

Zum Auflösen der Zellulose dient eine Kupferoxyd-Ammoniaklösung, die aus Kupferdrehspänen bereitet ist und pro Liter 30 g Kupfer, 165 g NH_3 und 10 g Glykose enthält. Nach sorgfältigster Probenahme und gutem Zerkleinern und Mischen werden auf 100 cm³ Lösung bei gewöhnlicher Zellulose allgemein 2,5 g und nur bei niedrig viskoser

5,0 g und bei hochviskoser Zellulose 1,0 g angewandt. Zum Lösen der 5% Feuchtigkeit enthaltenden Zellulose dient ein beiderseits mit Hähnen verschließbares Rohr von bestimmten Ausmaßen. Das Füllen geschieht mit einer einfachen Apparatur unter Luftausschluß im indifferenten Gasstrom. Die Messungen werden ausgeführt mit dem Fallkugel-Viskosimeter, einem von 5 zu 5 cm geeichten Glasrohr von 30 cm Länge und 1,4 cm Durchmesser, das mittels eines Wassermantels auf 25° C gehalten wird. Die Viskosität wird aus der Zeit berechnet, die eine vorher mit Öl von bekannter Viskosität geeichte Glaskugel braucht, um eine bestimmte Strecke des mit der Lösung gefüllten Rohres zu durchfallen[1].

Viskositätsbestimmung von Zellstoff in der Viskoselösung.

Vorschrift der Zellstoffabrik Waldhof.

5 g fein gezupfter Zellstoff werden mit 25 cm³ 17,5 Vol.-proz. Natronlauge behandelt und 1 Stunde stehen gelassen. Die Alkalizellulose wird auf der Nutsche abgepreßt und die Kubikzentimeter an Preßlauge gemessen. Darauf bleibt die Alkalizellulose in geschlossener Flasche 22 Stunden bei 30—31° C stehen. Zum Sulfidieren werden 3,6 cm³ CS_2 zugesetzt. Die Alkalizellulose wird mit dieser Schwefelkohlenstoffmenge etwa $4^1/_2$—5 Stunden unter gutem Schütteln bei 15° C behandelt. Man geht hierbei zweckmäßig folgendermaßen vor: Die geschlossenen Pulverflaschen mit der Sulfidiermasse stehen in genau auf 15° C gehaltenem Wasser. Jede Flasche wird etwa alle Viertelstunden einmal herausgenommen und die Masse durch Aufschlagen der Flasche auf die innere Handfläche und kräftiges Schütteln mit beiden Händen durcheinandergebracht; die ganze Prozedur dauert jedesmal etwa $^1/_2$—1 Minute. Nachdem sodann der überschüssige Schwefelkohlenstoff durch Absaugen entfernt ist, gibt man zur sulfidierten Masse 17,5 Vol.-proz. Natronlauge, und zwar 2 cm³ mehr als vorher abgepreßt wurden. Zweckmäßig verdünnt man die Lauge vor dem Zusetzen mit Wasser auf ungefähr 90 cm³, spritzt den Hals der Flasche und den Glasstopfen mit etwas Wasser ebenfalls in die Flasche ab und schüttelt diese, gut geschlossen, $1^1/_2$ bis 2 Stunden auf der Schüttelmaschine bis zur vollständigen Auflösung. Darauf spült man die Viskose quantitativ mit Wasser in einen 500-cm³-Meßkolben, füllt bei 15° C zur Marke auf und bestimmt sofort bei genau 15° C die Viskosität, z. B. mit dem Ostschen Viskosimeter, indem man den Wasserwert des Viskosimeters = 1 setzt. Man verfährt hierbei zweckmäßig folgendermaßen: Sobald die Viskoselösung bis zur Marke aufgefüllt und gut durchgemischt ist, wird ein Teil in einem kleinen Erlenmeyer durch Eintauchen in Kühlwasser und Schütteln genau auf

[1] Ind. Engg. Chem., Analytical Edition Bd. 1, S. 49. 1929 — Referat Cellulosechemie Bd. 11, S. 80. 1930.

die Temperatur von 15° C gebracht und dann in den Viskosimeter gegeben. Dieser hängt in einem mit 15° C warmem Wasser gefüllten Zylinder. Um das Einhängen des Viskosimeters in Wasser zu ermöglichen, setzt man in das untere Ende desselben mittels eines zwischengeschobenen Gummischlauchstückchens ein über das Wasser ragendes Steigrohr.

Vorschrift von Küng und Seger[1].

Die Autoren haben ihre Methode wie folgt kurz beschrieben: Es wird eine sogenannte Schnellmethode beschrieben zur Messung des Flüssigkeitsgrades von Zellstoffen nach dem Viskoseverfahren, welche Messungen schon nach $9^1/_2$—10 Stunden erlaubt. Der Zellstoff wird in Stücke von etwa 1 mm^2 zerschnitten. Man wiegt soviel ab, als 0,9 g Absolutgewicht entspricht, taucht bei 20° C in 10 cm^3 17,5proz. Natronlauge, preßt auf 3,0 g ab, sulfidiert in einer rotierenden Flasche mit angebohrtem Glasstopfen, in dessen Hohlraum 0,6 cm^3 Schwefelkohlenstoff sind, löst das Xanthogenat in 100 cm^3 Normalnatronlauge und mißt im Ostwaldschen Viskosimeter. Tauchung 2 Stunden, Abpressen, Wägen $^1/_2$ Stunde, Sulfidierung (gasförmig) 5 Stunden, Lösung 2 Stunden, Messung $^1/_2$ Stunde. Alle Operationen werden bei 20° C ausgeführt. Einzelheiten müssen dem Original entnommen werden, woselbst auch einige schematische Zeichnungen für das Filtriergefäß, für den Sulfidierthermostaten und die Sulfidierflasche zu finden sind.

Weitere Angaben über die zu beachtenden Vorsichtsmaßregeln bei der Durchführung von Viskositätsbestimmungen und Arbeiten mit Viskosimetern usw. hat Öman[2] gegeben.

Bestimmung des Drehwertes.

Nach Heß[3] kann man durch Polarisation einer Kupferoxydammoniak-Zelluloselösung die Reinheit der Zellulose nach dem Drehwert beurteilen.

Bei Zellulosepräparaten, die nicht leicht in der üblichen Weise in Lösung gebracht werden können, empfiehlt es sich, die Präparate zunächst mit etwa der 20fachen Menge $^n/_{10}$ Ammoniak etwa 16 Stunden zweckmäßig auf der Schüttelmaschine vorzuquellen. Auf Zusatz von Kupferhydroxyd löst sich das so vorbehandelte Präparat beim Schütteln sehr schnell. Nach Auffüllen auf das gewünschte Volumen mit einer Lösung von $^n/_{10}$ Ammoniak und so viel Natronlauge, daß die erhaltene Lösung $^n/_{0,2}$ daran ist, gewinnt man bei reiner Zellulose eine vollkommen klare, ohne weiteres polarisierbare Lösung. Ist die Zellulose mit anderen

---

[1] Küng, A., u. E. Seger: Papierfabrikant Bd. 27, S. 433—436. 1929.

[2] Öman: Papierfabrikant Bd. 26, S. 770—778. 1928.

[3] Heß u. Ljubitsch, Liebigs Ann. Bd. 466, S. 1—18. 1928. — C. C. 1929, 1, S. 233.

Stoffen verunreinigt, so sind die Lösungen meistens trübe und müssen filtriert werden. Gewichtsmäßig ist die Trübung der Zellstofflösungen nicht bemerkbar.

Zur Filtration bedient man sich der Anordnung in Abb. 61, die ohne weiteres verständlich ist. Es ist zweckmäßig, die Kupferammin-lösungen in dieser Apparatur stets zu filtrieren, auch wenn sie bereits ohne weiteres klar erscheinen.

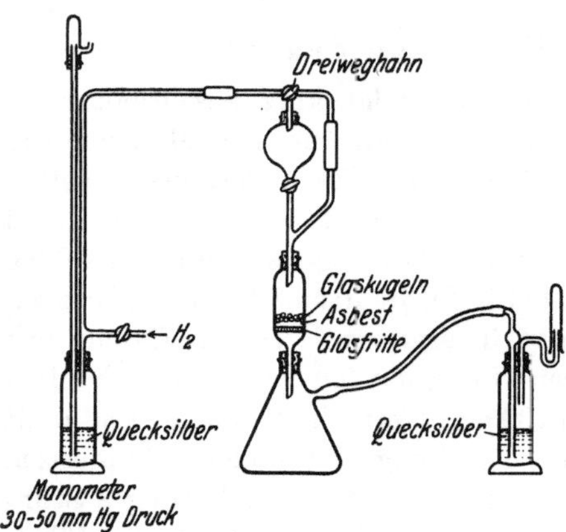

Abb. 61. Filterapparat nach Heß.

Von wesentlichem Einfluß auf die leichte und störungsfreie Ausführung der Versuche ist auch die Güte des benutzten Kupferhydroxyds. Zu seiner Darstellung muß man von möglichst vollkommen eisenfreiem Kupfersulfat ausgehen und muß das Kupferhydroxyd gründlich auswaschen. Geringe Spuren von Eisen im Hydroxyd rufen beim Filtrieren der Kupferaminlösungen leicht Störungen durch zu langsames Filtrieren sowie Trübungen in den Meßlösungen hervor. Auch im übrigen muß man sich genau an die Vorschrift halten. Man benutzt zweckmäßig für die Darstellung von Kupferhydroxyd folgende Vorschrift. In eine Lösung von 286,5 g $CuSO_4 \cdot 5$ aq in 688 cm³ Wasser wird bei 90° C (die Temperatur ist genau einzuhalten) eine 90° C heiße Lösung von 98,5 g Soda in 522 cm³ Wasser langsam unter starkem Rühren so eingetragen, daß immer nur schwaches Aufschäumen erfolgt. Nach 6- bis 8maligem Dekantieren mit destilliertem Wasser (je 15—20fache Menge) werden 220 cm³ 16,3proz. Natronlauge unter Rühren zugegeben, 10mal bis zur völligen Alkalifreiheit mit reichlichen Mengen destilliertem Wasser dekantiert und getrocknet.

Zur bequemen Herstellung der gewünschten Konzentrationen wird eine Hauptlösung angefertigt, von der aus alle übrigen Lösungen durch Kupferzusatz oder Verdünnen bereitet werden. Für eine Drehwertsreihe mit der Grundkonzentration von 4 mg-Mol $C_6H_{10}O_5$ bzw. Kupfer ergibt sich folgende Arbeitsweise:

Hauptlösung: Zu ihrer Herstellung werden in einem 500-cm³-Meßkolben 3,9515 g Zellulosepräparat (enthaltend 1 mg-Mol $C_6H_{10}O_5$ in 0,1756 g), sowie 1,9870 g $Cu(OH)_2$ (enthaltend 1 mg-Mol Cu in 0,1009 g) eingewogen; das entspricht genau 4,5 mg-Mol $C_6H_{10}O_5$ und 3,94 mg-Mol Cu in 100 cm³ Lösung. Nach dem Verdrängen der Luft durch Wasserstoff werden etwa 50 cm³ einer Vorratslösung unter Luftabschluß zugegeben, die in 100 cm³ 1000 mg-Mol NH_3 und 20 mg-Mol NaOH enthält. Nachdem unter Schütteln Durchquellung eingetreten ist, wird mit der Vorratslösung aufgefüllt. Nach der Filtration der Lösung in der abgebildeten Apparatur wird das spezifische Gewicht der Lösung bestimmt; $s = 0{,}945$.

Zur Kontrolle wird der Kupfergehalt der Lösung nochmals bestimmt. Dafür werden 25 cm³ der Lösung mit 25proz. Schwefelsäure im 100 cm³-Meßkolben angesäuert, die Lösung nach dem Abkühlen mit destilliertem Wasser auf Marke gefüllt, die ausgeschiedene Zellulose durch ein Faltenfilter filtriert und in der Lösung Kupfer elektrolytisch wie üblich bestimmt. Dabei wird die Kupferkonzentration 3,94 mg-Mol gefunden.

Aus der Hauptlösung werden die folgenden 4 Lösungen hergestellt:

Lösung *a* (150 cm³) soll auf 100 cm³ 4,5 mg-Mol $C_6H_{10}O_5$ und 4 mg-Mol Cu enthalten. Da die Hauptlösung 4,5 mg-Mol $C_6H_{10}O_5$ und 3,94 mg-Mol Cu enthält, fehlen 0,06 mg-Mol Cu in 100 cm³, die durch Zugabe von 0,0091 g $Cu(OH)_2$ ergänzt werden. Hat sich bei der Kupferanalyse der Hauptlösung der Kupferwert niedriger als 3,94 mg-Mol ergeben, wird jetzt entsprechend mehr Kupfer zugesetzt.

Lösung *b* (200 cm³) soll auf 100 cm³ 4 mg-Mol $C_6H_{10}O_5$ und 3,5 mg-Mol Cu enthalten. Dafür werden 167,80 g = 177,77 cm³ der Hauptlösung im 200 cm³-Meßkolben eingewogen und mit der Vorratslösung aufgefüllt.

Lösung *c* (200 cm³) soll auf 100 cm³ 4 mg-Mol $C_6H_{10}O_5$ und 13,5 mg-Mol Cu enthalten. Dafür werden 167,80 g der Hauptlösung im 200 cm³-Meßkolben abgewogen, 2,0180 g $Cu(OH)_2$ (= 10 mg-Mol Cu in 100 cm³) zugewogen und mit der Vorratslösung aufgefüllt. Nach Lösung des Kupferhydroxyds bleiben mitunter Partikelchen ungelöst, die durch Filtration in der abgebildeten Apparatur entfernt werden. Der Kupfergehalt muß dann nochmals kontrolliert und eventuell ergänzt werden.

Lösung *d* (150 cm³) soll auf 100 cm³ 4 mg-Mol Cu enthalten. Dafür werden 0,6054 g $Cu(OH)_2$ in 150 cm³ der Vorratslösung gelöst.

Zur Herstellung der Lösungen, deren Drehwert bestimmt werden soll, werden Lösungen *a*, *b*, *c* und *d* in folgendem Verhältnis gemischt:

Für Lösungen mit konstantem Kupfergehalt

Nr.	Lösung *a* in cm³	Lösung *d* in cm³	mg-Mol Cu	mg-Mol $C_6H_{10}O_5$
1	10	40	4,00	0,90
2	10	15	4,00	1,80
3	15	10	4,00	2,70
4	35	15	4,00	3,15
5	20	5	4,00	3,60
6	45	5	4,00	4,05
7	25	0	4,00	4,50

Für Lösungen mit konstantem Zellulosegehalt

Nr.	Lösung *b* in cm³	Lösung *c* in cm³	mg-Mol Cu	mg-Mol $C_6H_{10}O_5$
8	25	0	3,50	4,00
9	47,5	2,5	4,00	4,00
10	45	5	4,50	4,00
11	20	5	5,50	4,00
12	17,5	7,5	6,50	4,00
13	15	10	7,50	4,00
14	10	15	9,50	4,00
15	15	35	10,50	4,00
16	10	40	11,50	4,00
17	0	25	13,50	4,00

Die Messungen werden im 10-cm-Rohr gemacht und die Drehwerte auf 5 cm umgerechnet.

Hägglund[1] hat bei vergleichender Untersuchung von Baumwolle und Holzzellstoffen darauf hingewiesen, daß durch die Drehwerte der üblichen Holzzellstoffverunreinigungen wie Mannan, Xylan usw. der Drehwert der reinen Zellulose vorgetäuscht werden kann. Nach Heß und Ljubitsch kann man jedoch durch Aufnahme der Drehwertkurve auch bei Anwesenheit von Verunreinigungen den Reinheitsgrad messen.

Nach Hess ist die vermutliche Fehlerquelle bei den abweichenden Ergebnissen von Hägglund und Klingstedt dadurch entstanden, daß die Kohlehydratkonzentrationen durch Wägung der aus den Kupferaminlösungen beim Ansäuern entstandenen Niederschläge bestimmt worden sind. Die Autoren waren zu dieser Arbeitsweise gezwungen, weil es ihnen nicht gelungen ist, die Zellulosepräparate vollständig in Lösung zu bringen. Eine derartige Konzentrationsbestimmung des Kohlehydrates ist nur bei reiner Zellulose, wie z. B. dem reinen Zellstoff, statthaft. Bei dem untersuchten rohen Zellstoff, der Mannan und Xylan enthält, ist diese Arbeitsweise nicht möglich, da diese beiden Kohlehydrate beim Ansäuern aus Kupferaminlösung nur teilweise ausgefällt werden. Dadurch erklärt sich auch z. B., daß Hägglund und Klingstedt für rohen Zellstoff eine geringere Abweichung von der Standardzellulose gefunden haben als für Baumwolle und „α-Zellulose". Eine weitere Fehlerquelle bei der Arbeitsweise von Hägglund und Klingstedt liegt darin, daß die Drehwerte im 2-cm-Rohr bestimmt und auf 5 cm umgerechnet wurden. Die Lösungen lassen sich bequem im 10-cm-Rohr untersuchen, wodurch naturgemäß die Fehlergrenze wesentlich enger wird.

---

[1] Hägglund u. Klingstedt: Liebigs Ann. Bd. 459, S. 26. 1927 — Technologie und Chemie der Zellstoff- und Papierfabrikation Bd. 25, S. 139. 1928 — C. C. 1928 I, S. 799.

Hadernzellstoffe.

Bei der Untersuchung der gebleichten Hadernzellstoffe wird man sich im allgemeinen der Methoden bedienen, welche vorstehend für die gebleichten Holzzellstoffe bereits ausführlich beschrieben sind. Nachstehend sollen noch einige weitere Bestimmungsmethoden angeführt werden, welche möglicherweise für die Sonderuntersuchung der Hadernzellstoffe in Betracht kämen, obwohl sie bisher ausschließlich in der Textilindustrie angewandt werden.

Bestimmung von Fett und Wachs.

Bei der Baumwollfaser ist die Entfernung von Baumwollwachs ein gutes Kriterium für die erfolgreiche Durchführung der sogenannten Bäucharbeit. Bei dem Flachs (Leinenfasern) kann ein bestimmter Gehalt an Flachswachs charakteristisch für die vielen verschiedenen Stufen der Aufschließung bzw. Bleiche der Bastfasern sein.

Bezüglich der Durchführung der Bestimmung kann auf die im Abschnitt V bzw. im Abschnitt II gegebenen Vorschriften verwiesen werden.

Erkennung der Hydro- und Oxyzellulosen, Kupferzahlbestimmung.

Die Kupferzahlbestimmung hat bei der Untersuchung von Baumwollwaren nicht voll befriedigt. Man hat gegen die Methode insbesondere eingewendet, daß bei der Bleiche mit stark alkalischen Natriumhypochloritlösungen die etwa gebildete Oxyzellulose durch das Alkali weggelöst werden kann, wodurch bei der nachherigen Kupferzahlbestimmung natürlich niedere Werte für die Kupferzahl erhalten werden. So wird ein guter Zustand des Gewebes vorgetäuscht, obwohl die Festigkeitsuntersuchung ergibt, daß starke Schädigungen stattgefunden haben, die sich aber aus dem angeführten Grunde eben durch die Kupferzahl nicht nachweisen lassen.

Wie schon in dem entsprechenden Abschnitt der Untersuchung von Holzzellstoffen ausgeführt worden ist, hat man sich in der Textilindustrie bemüht, die Kupferzahlmethode durch andere zu ersetzen. Die Kaufmannsche Abkochzahl ist bereits erwähnt. Nachstehend sei auf die Jodzahl von Bergmann und Machemer[1] hingewiesen und eine Vorschrift für die „Silberzahl" von Götze gegeben.

[1] Nach Bergmann und Machemer (Berichte der Deutschen chemischen Gesellschaft Bd. 63, S. 2304. 1930) kann man die durch Hydrolyse entstandenen Aldehydgruppen der Zellulose durch Jod fällen und durch eine verhältnismäßig einfache Titration dasselbe erreichen wie durch die Kupferzahl-Methode. — Vgl. E. Borchers: Wochenblatt für Papierfabrikation Bd. 62, S. 572. 1931 und Papierfabrikant Bd. 29, S. 408. 1931; ferner Schmidt-Nielsen, Papir-Journalen Bd. 17, S. 54. 1929. Übersetzung Papierfabrikant Bd. 27, S. 543. 1929.

Silberzahl nach Götze[1].

Im allgemeinen kommt man mit einer 1proz. Silbernitratlösung, der man so viel konzentrierten Ammoniak zugesetzt hat, daß sich der entstandene Niederschlag eben wieder löst, zum Nachweis oxydierter Zellulosebestandteile vollkommen aus. Zum quantitativen Nachweis erwärmt man die Fasern mit der gleichen Menge 1proz. Silber-Azetatlösung $^1/_2$ Stunde auf dem siedenden Wasserbad, saugt ab, wäscht, löst das Silber in 25proz. Salpetersäure und titriert mit $^n/_{100}$ Rhodanammon. Durch die Silberlösung erfolgt eine gleichmäßige Veränderung (Oxydation) der Faser. Es ist aber für die Ermittlung der Silberzahl unnötig, die Analyse bis zur Festlegung des Grundwertes zu treiben, es genügt die einfache Bestimmung. Für exakte wissenschaftliche Feststellungen ist aber die Durchführung bis zum Grundwert unerläßlich. Die unter Benutzung des Grundwertes erhaltene Zahl wird als „korrigierte Silberzahl" bezeichnet. Auch rohe Baumwolle zeigt gegenüber Silberlösung ein starkes Reduktionsvermögen, das Abkochen mit Sodalösung setzt die Reduktionskraft nicht herab. Merzerisierte Baumwolle verhält sich bezüglich Silber- und Kaliumpermanganatzahl wesentlich anders als unmerzerisierte.

Nach E. Richter[2] braucht die Bestimmung 24 Stunden Zeit. Sie ist daher für die Betriebskontrolle von geringem Wert.

Die Untersuchung von Baumwolle mittels Dämpfen[3].

Um schnell Schlüsse auf die Reinheit der Baumwolle ziehen zu können, hat Freiberger das Vergilben der Baumwolle beim Dämpfen auch in alkalischen Lösungen, z. B. in verdünnter Seifenlösung (15 g Na-Ricinoleat im Liter) verfolgt, als ein Mittel, das die Reaktionsgeschwindigkeit des Vergilbungsvorgangs erhöht. Die Ergebnisse der Versuche sind, daß sowohl trockenes Erhitzen als auch Dämpfen Baumwolle aus allen Stufen der Reinigungs- und Bleichereivorgänge gilbt, das Dämpfen um so mehr, je länger die Stoffe dem Dampfe ausgesetzt worden sind. Gegenwart von Alkali verstärkt das Bräunen. Vollgebäuchte Baumwolle gilbt nur etwas weniger als rohe Ware. Am stärksten gilbt chlorierte Ware. Merzerierte Baumwolle, Hydrozellulose hält sich gut; Oxyzellulose wurde beim Dämpfen cachoubraun, etwa hundertmal so dunkel als Zellulose, Hydrozellulose gilbt weniger als Zellulose. Beim Kochen mit NaOH wird Oxyzellulose dunkelgelb, Hydrozellulose gelblich; nach dem Er-

[1] Götze: Melliands Textilberichte Bd. 8, S. 624—626, 696—699. 1927 — C. C. 1927 II, S. 1912.

[2] Richter, R.: Technologie und Chemie der Zellstoff- und Papierfabrikation Bd. 26, S. 157—165, 173—180. 1929.

[3] Freiberger, M.: Färber-Zg. Bd. 28, S. 221—224, 235—236, 249—252. 1917 — Referat: C. C. 1917 II, S. 655.

kalten werden die Lösungen wieder farblos. Am meisten ausschlaggebend für die Bräunung der Stoffe ist demnach ohne Zweifel der Gehalt an Oxyzellulose. Das Verfahren des Dämpfens der mit Na-Ricinoleat vorbehandelten und nicht vorbehandelten Baumwolle und die Beobachtung der Veränderung ihres Weiß gibt sonach ein Mittel, ihren relativen Gehalt an Oxyzellulose und damit ihre Widerstandsfähigkeit gegen das Vergilben zu bestimmen. Die Ursache des Vergilbens beruht zum überwiegenden Teil auf dem Gehalt der Baumwolle an β-Oxyzellulose. Die Zellulose-, Kupfer- und Viewegschen Zahlen können mit den nach dem Dämpfverfahren erhaltenen Zahlen nicht genau übereinstimmen, weil das Dämpfen vorwiegend die relativen Mengenverhältnisse der Oxyzellulose angibt. Die absoluten Mengen von Oxy- und Hydrozellulose festzustellen, ist zur Zeit nicht möglich. Die nach Vorbehandlung und Dämpfen erhaltenen Zahlen bezeichnet Verfasser als „Dämpfzahlen alkalisch", diejenigen ohne Vorbehandlung als „Dämpfzahlen" schlechthin.

Bestimmung des Stickstoffgehaltes.

Bei der Reinigung der Baumwolle geht der normale Stickstoffgehalt der Rohfaser allmählich zurück, so daß man aus der Menge des Stickstoffes auf den Reinigungsgrad der Baumwolle schließen kann. Man bedient sich zur Bestimmung des Stickstoffes der bekannten Kjehldalmethode, für die nachstehend eine Ausführungsform und einige neuzeitliche Abänderungen derselben gegeben sind.

5—6 g Zellulose werden in einem Kjeldahlkolben mit 30 cm³ rauchender (8—10% freies SO_3) und 20 cm³ 95—96proz. Schwefelsäure übergossen, 0,25 g Quecksilber und 2—3 g Kaliumsulfat zugegeben, erst über kleiner und dann über starker Flamme so lange erhitzt, bis die Flüssigkeit hell wird, wozu etwa 5—6 Stunden erforderlich sind. Zum Abmessen des Quecksilbers wird eine Glasröhre U-förmig gebogen, der eine Schenkel in eine Kapillare ausgezogen und nach unten gebogen. 10 Tropfen Quecksilber aus solch feiner Kapillare wiegen ungefähr 0,25 g.

Nach dem Erkalten wird der Inhalt des Kjeldahlkolbens in einen Rundkolben von 1 l Inhalt gestülpt und mit stickstofffreier Natronlauge (330 g im Liter) neutralisiert. Nach Zusatz von 0,3 g Na_2S und 30 cm³ Natronlauge im Überschuß werden Zinkspäne hinzugegeben und 45 Minuten lang in vorgelegte $^n/_5$ Schwefelsäure destilliert. Die überschüssige Schwefelsäure wird, wie üblich, mit $^n/_5$ Natronlauge zurücktitriert (Indikator Methylorange).

Neuestens hat Kleemann[1] eine Abänderung der Kjeldahlmethode beschrieben, bei welcher man durch Verwendung von Wasserstoffsuper-

[1] Kleemann: Z. angew. Chem. Bd. 34, S. 672. Nr. 100. 1921.

oxyd eine wesentliche Abkürzung der Stickstoffbestimmung erreichen kann. Der Autor beschreibt das Verfahren wie folgt:

5 g Substanz und 1 Tropfen Quecksilber werden in einem 500 cm³ fassenden, mit Marke versehenen Rundkolben aus Jenenser Glas mit 25 cm³ 30proz. Wasserstoffsuperoxyd übergossen, gut durchgeschüttelt und dann 40 cm³ konzentrierte Schwefelsäure (1,84) in dünnem Strahle — mit kurzer zeitweiser Unterbrechung, je nach der Heftigkeit des Oxydationsprozesses — zugesetzt.

Nachdem die mitunter oft stürmisch verlaufende Oxydation unter Bildung namentlich reichlicher Mengen an Kohlendioxyd und anderen gasförmigen Oxydationsprodukten zu Ende ist, erhitzt man die erhaltene dunkelbraune Flüssigkeit zunächst 15 Minuten bei voller Flammenhöhe, gibt 15—20 g Kaliumsulfat zu und kocht so lange, bis die Flüssigkeit völlig klar geworden ist. In der Regel ist dies nach 25—30 Minuten langer Gesamtkochdauer erreicht. Um aber ganz sicher zu sein, daß man die Maximalstickstoffausbeute erhält, dehnt man die Gesamtkochdauer auf etwa 45 Minuten aus. Nach hinreichender Abkühlung verdünnt man die Flüssigkeit mit Wasser, füllt bis zur Marke auf und nimmt 100 oder 200 cm³ entsprechend 1 oder 2 g der Substanz zur Ammoniakdestillation.

Da unter Umständen nicht aller vorhandener Stickstoff als Ammoniak abgespalten wird, empfehlen P. Fleury und H. Levaltier[1] Zusatz von Zinkstaub bzw. Zinkstaub und Benzoesäure, um diese Verluste zu verhüten. — Für die glatte Durchführung der Bestimmung sind eine Anzahl von Kunstgriffen empfohlen worden. W. E. Dickinson[2] will, um das Stoßen der Flüssigkeit zu verhüten, kleine Mengen, 1—5 mg Koksstaub oder 0,5 g Graphitstaub hinzusetzen.

Bestimmung des Zellulosegehaltes von Baumwolle.

Nach Birtwell und Ridge[3] kann man die Zellulose durch Oxydation mit Chromsäure bestimmen. Man kann entweder die verbrauchte Menge an Chromsäure messen oder das entstandene Kohlendioxydgas volumetrisch bestimmen[4].

Herstellung reiner Baumwollzellulose, Standard-Baumwollzellulose als Vergleichsmuster.

Da fast alle wissenschaftlichen Untersuchungen an Baumwollzellulose durchgeführt sind und diese in jeder Beziehung am eingehendsten erforscht ist, muß die Baumwollzellulose als das bestgeeignete Ver-

[1] Fleury, P., u. H. Levaltier: Brennstoffchemie Bd. 6, S. 196. 1925.

[2] Dickinson, W. E.: Z. analyt. Chem. Bd. 64, S. 358. 1924.

[3] Birtwell, C., u. B. P. Ridge: Textile Institute Bd. 19, S. 341. 1928; Referat Cellulosechemie Bd. 10, S. 96. 1929.

[4] Vgl. H. Hibbert u. S. M. Hassan: Chemistry and Industry Bd. 46, S. 407. 1927; Referat Papierfabrikant Bd. 26, S. 126. 1928.

gleichsmuster bei wissenschaftlich-technischen Untersuchungen gelten. Baumwollzellulose kann verhältnismäßig leicht in sehr reinem Zustande erhalten werden; sie eignet sich daher als Typ, Standard- oder Vergleichsmuster. Die reinste Form der Baumwollcellulose ist jedoch nicht, wie irrtümlich vielfach angenommen wird, die Verbandwatte; diese ist häufig mit Säurespuren (Schwefelsäure, Stearinsäure) zur Erzielung des krachenden Griffs beschwert und kann bei der Reinigung (Bleiche) gelitten haben und erhebliche Mengen von Oxy- und Hydrozellulosen enthalten. Will man einwandfreie, reinste Baumwollzellulose zu Vergleichszwecken darstellen, so ist es zweckmäßig, die Baumwolle in der Form von ungebleichtem Kardenband anzuwenden, oder sich das feinste gebleichte Baumwollgewebe zu verschaffen, wie solche für die Färbung mit Alizarinrot (Türkischrot) erzeugt werden.

Nach Heß hat es keinen Zweck, solche Standardzellulose herzustellen, weil die Baumwollzellulose kein chemischer Stoff von konstanter Zusammensetzung ist, sondern ihre chemische und physikalische Reaktionsfähigkeit abhängt von dem Zustand der Witterung, der Vegetationsperiode, den Boden- und vielen anderen Einflüssen. Man kann also nach diesem Autor eine völlig einheitliche Baumwollzellulose überhaupt nicht erhalten. Es muß zugegeben werden, daß in der Tat die erwähnten Einflüsse von Bedeutung auf den Feinbau der Baumwolle sind, aber wenn man Baumwolle, die unter normaler Witterung und Bodenverhältnissen gewachsen ist, in größerer Menge darstellt, hat man jedenfalls ein Versuchsmaterial, welches für wissenschaftliche Untersuchungen besser geeignet ist, als wenn man von Baumwolle unbekannter Herkunft ausgeht und sich selber durch mehr oder minder unvollkommene Reinigungsversuche ein Vergleichsmuster herzustellen sucht. Dieser von Schwalbe geäußerten Ansicht hat sich auch die Zellulosekommission der amerikanischen chemischen Gesellschaft angeschlossen. Nachstehend sind zwei Vorschriften für die Herstellung von Standard-Baumwollzellulose wiedergegeben.

Herstellung von Standard-Baumwollzellulose nach Schwalbe-Robinoff.

Die Reinigung solcher Baumwolle geschieht unter Verwendung einer Vorschrift von Tamin (Tomann) nach Schwalbe[1] und Robinoff folgendermaßen:

Man kocht schalenfreie rohe Baumwolle etwa in Form von Kardenband 4 Stunden mit 10 g Ätznatron und 5 g Harz im Liter, spült mehrfach mit einer kochendheißen Lösung von 1 g Ätznatron in 1 l, chlort

[1] Schwalbe: Die Chemie der Zellulose. Berlin 1911, S. 602. — Schwalbe u. Robinoff in Robinoff: Dissertation Darmstadt S. 20. 1912. — Ferner Schwalbe u. Bay, in Bay: Dissertation Gießen S. 21. 1913.

in einer Natriumhypochloritlösung von 0,2% Chlor $1^1/_2$ Stunden lang, spült, säuert, spült, behandelt mit Bisulfit und spült wieder. Zweckmäßiger ist es, das Säuern zu unterlassen, die Baumwolle behält zwar einen gelben Stich, die Kupferzahl nimmt aber nicht zu, wie es beim Säuern geschieht. Zieht man vor oder nach der Kochung mit einem Fettlösungsmittel aus; so erhält man eine Baumwollzellulose, die weder Stickstoff noch Fett und nur 0,03% Asche und eine Kupferzahl von 0,04 besitzt. Ohne Fettextraktion werden nur etwa 75% des vorhandenen Fettes entfernt[1].

Vorschrift zur Herstellung reiner Baumwollzellulose der Abteilung für Zellulosechemie der amerikanischen chemischen Gesellschaft[2].

Ausgangsmaterial. Eine besonders zarte und kurzfaserige Rohbaumwolle (Wanamakers Cleveland, wie sie auf der Musterfarm St. Matthews S. C. wächst). Die sichtbaren Unreinigkeiten (Samenteile) werden von Hand entfernt.

Entfernung von Fett- und Wachssubstanzen. 100 g gelesene Rohbaumwolle werden 4 Stunden lang mit 3 l einer Harzseifenlösung gekocht, die im Liter 10 g Ätznatron und 5 g bestes Kolophoniumharz (möglichst aschearm) enthält. Um örtliche Überhitzung der Baumwolle durch Berührung mit den Wänden des Kochgefäßes zu verhindern und die atmosphärische Luft möglichst von der Baumwolle abzuhalten, wird diese in einen Nickeldrahtkorb eingelegt, der durch eine Kette im Kochgefäß (Becherglas) dadurch schwebend gehalten wird, daß diese durch ein in dem Gefäßdeckel (Nickelblech) angebrachtes Loch geführt wird. Der beschickte Nickeldrahtkorb wird in die siedende Lösung eingeführt und während der Extraktion durch ein mit der Kette verbundenes Getriebe auf und nieder bewegt, wobei die Ware stets mit Lösung bedeckt gehalten wird.

Die Verwendung von Harzseife hat sich zur Entfernung der Fett- und Wachssubstanzen günstiger erwiesen als freies Alkali. Dabei wird außerdem die Faser weich (für alle Operationen selbstverständlich nur destilliertes Wasser verwenden!).

Nach vierstündigem Kochen wird die braune, alkalische Lösung bis fast zum Verschwinden der alkalischen Reaktion mit heißem Wasser verdrängt. Zur völligen Entfernung des Harzes wird nochmals mit 3 l Ätznatronlauge (1 l enthaltend 5 g Natriumhydroxyd) 15 Minuten gekocht, wieder mit heißem, destillierten Wasser ausgewaschen und schließ-

[1] Nach Freiberger ist es zweckmäßiger, im geschlossenen Gefäß zu arbeiten.

[2] Hibbert, Henderson, Johnsen, Mitscherling und Wise: Ind. and Engin. Chem. Bd. 15, S. 748. 1923. — Vgl. auch Correy und Gray, Ind. and Engin. Chem. Bd. 16, S. 853, 1130. 1924.

lich nochmals 10 Minuten mit 3 l 0,1 proz. Lauge erhitzt. Um beim Abkühlen Oberflächenveränderungen zu vermeiden, wird die Baumwolle aus dem Drahtkorb in eine reichliche Menge kaltes Wasser gestürzt und nach dem Abkühlen auf 18—20° C abtropfen gelassen.

Bleichung. Hierzu wird eine frisch bereitete Natriumhypochloritlösung benutzt. Diese wird durch Einleiten von reinem Elektrolytchlor bis zur neutralen Reaktion (Phenolphtalein) in eine Natronlauge, die in 8 l destilliertem Wasser 480 g reines Ätznatron enthält, dargestellt.

In 3 l dieser Natriumhypochlorit-Lösung wird die abgetropfte Baumwolle eingetragen und die Lösung durch Verdünnen auf einen Gehalt von 0,1% Cl gebracht. Nach einstündigem Stehen in zerstreutem Tageslicht bei 20° C wird die Baumwolle in einem Büchnertrichter mit destilliertem Wasser ausgewaschen (30 Minuten lang). Um die letzten Spuren Chlor zu entfernen, wird gegen Ende des Auswaschens so lange tropfenweise eine gesättigte Natriumbisulfit-Lösung zugegeben, bis Jodzink-Stärkepapier nicht mehr gefärbt wird. Nach dem Auswaschen mit destilliertem Wasser wird die Baumwolle durch Einschlagen in ein von saugfähigem Filtrierpapier umgebenes Leinentuch nach dem Ausdrücken mit der Hand schließlich durch mehrtägiges Liegen an der Luft getrocknet.

Die auf diese Weise gereinigte Baumwolle enthält nur noch Spuren von Fett, die vernachlässigt, unter Umständen aber auch durch Extraktion mit einer Alkohol-Benzolmischung völlig entfernt werden können.

Analysenzahlen für verschiedene Baumwollsorten.

	Baumwollsorte			
	Sea-Island	Wanamakers Cleveland	Lone Star	Acela
Stickstoff	—	—	—	—
Fett	geringe Spuren (4,25—5,00%)	geringe Spuren (4,00—4,1%)	geringe Spuren (4,00—4,13%)	geringe Spuren (4,21—4,32%)
Asche	0,05—0,09% (1,11—1,34%)	0,08—0,15% (1,00—1,10%)	0,08—0,14% (1,11—1,27%)	0,07—0,24% (1,00—1,72%)
Korrigierte Kupferzahl	0,26—0,32%	0,26—0,32%	0,27—0,34%	0,31—0,50%

Gewinnung von reiner Flachsfaserzellulose.

Cross und Bevan[1] empfehlen, die Flachsfaser (Röstflachs) zunächst im Soxhlet mit fettlösenden Mitteln, z. B. Alkohol-Äther, zu extrahieren, dann 1 Stunde mit 2 proz. Natronlauge zu kochen, zu waschen und mit einer 0,5 proz. Lösung von Natriumhypochlorit zu bleichen, mit verdünnter Schwefelsäure und dann mit Wasser auszuwaschen. Statt Hypochloritlösung empfehlen die Autoren auch mehrstündiges Einlegen in Bromwasser und nachfolgendes Auskochen mit Sodalösung. Die Behandlung ist zu wiederholen, bis die Faser rein weiß ist.

[1] Cross und Bevan, Cellulose, S. 218, 244, London 1918.

VIII. Die chemische Betriebskontrolle in der Papierfabrikation.

Von **Rudolf Sieber.**

Die Untersuchung der chemischen Hilfsstoffe.

Leimstoffe.

Harz.

Allgemeines. Das zum Leimen des Papiers zur Verwendung kommende Harz stellt den Rückstand der Destillation des Harzflusses der Kiefer dar. In seltenen Fällen nur gelangt zum genannten Zweck Fichtenharz in den Handel.

Das Harz stammt in überwiegendem Maße aus dem Süden der Vereinigten Staaten, besonders aus Florida und Georgia. Ein kleinerer Teil ist europäischen Ursprungs und wird von Südfrankreich (Landes), von Griechenland, von einigen Ländern der ehemaligen österreichisch-ungarischen Monarchie, von Rußland und auch von Spanien geliefert. Ebenso ist Kleinasien ein, allerdings nur in bescheidenem Maße, harzerzeugendes Land.

Durch den Weltkrieg gezwungen, ist Deutschland ebenfalls zur Harzung seiner Nadelholzwaldungen geschritten, wie auch die ehemaligen Länder Österreich-Ungarns ihre bislang bescheidene Erzeugung erhöht haben.

Die größte Reinheit der verschiedenen Sorten besitzt die französische Ware, sie ist von schöner heller Farbe und nur schwach terpentinhaltig. Die amerikanischen Harze sind im allgemeinen dunkler und enthalten bisweilen größere Mengen Terpentin. Die Qualität der übrigen Sorten steht den genannten sowohl hinsichtlich Farbe als leimender Wirkung beträchtlich nach. Es gilt dies besonders von den griechischen Harzen.

Die einzelnen Sorten werden im Handel nach ihrer Farbe mittels der Buchstaben des Alphabetes unterschieden. Mit „A“ wird die dunkelste Marke bezeichnet, die hellsten sind „W“ oder „WG“ (Wasserglas) oder „WW“ (Wasserweiß). Für Leimungszwecke gelangen zumeist die Sorten „F“ bis „J“ zur Verwendung. Harz soll einen muschelförmigen Bruch mit spiegelnder Oberfläche haben und klar und durchsichtig sein. Eine undurchsichtige Beschaffenheit sowie eine rauhe, porige Bruchfläche weisen von vornherein auf die Gegenwart gummiartiger und auch unverseifbarer Stoffe, die sich wohl in Ätzalkali oder Soda lösen, aber beim Verdünnen der Seife mit Wasser wieder ausfallen.

Harz wird gewöhnlich untersucht auf seinen Gehalt an flüchtigen Stoffen, Verunreinigungen und unverseifbaren Stoffen sowie auf seine Verseifungszahl.

Zu diesen Untersuchungen muß aus den verschiedenen Fässern eine gute und größere Durchschnittsprobe entnommen werden, die entsprechend auf eine kleinere Menge verringert wird.

Bestimmung der flüchtigen Bestandteile. Etwa 3 g Harz werden bei 100° im Trockenschrank 2—3 Stunden getrocknet. Zweckmäßig gibt man die Harzprobe in eine flache Schale; nach erfolgtem Schmelzen im Trockenschrank bildet sie dann eine dünne Schicht, aus welcher die flüchtigen Stoffe leichter entweichen können.

Bestimmung der groben Verunreinigungen und des mineralischen Rückstandes. Man löst etwa 20 g der Durchschnittsprobe nach sehr guter Zerkleinerung in Alkohol auf und filtriert die erhaltene Lösung durch ein getrocknetes und gewogenes Filter. Das Filter wird nochmals mit heißem Alkohol gut ausgewaschen, alsdann in einem gewogenen Wägegläschen getrocknet und schließlich nach dem Abkühlen zur Wägung gebracht. Das gefundene Ergebnis stellt den Gesamtrückstand dar. Dieser wird dann zur Ermittlung der mineralischen Verunreinigungen samt dem Filter in einem gewogenen Tiegel verascht. Direkte Aschenbestimmung im Harz durch Verbrennen und Glühen ist nicht ratsam, da durch heftiges Spritzen leicht Anteile verlorengehen. Handelt es sich nur um die Bestimmung des Gesamtrückstandes, so ist die Anwendung eines mit Asbest beschickten Goochtiegels, zweckmäßig.

Der Gehalt an beiden Arten der Verunreinigungen ist je nach Herkunft und der Sorgfalt, die im Laufe der Fabrikation aufgewendet wurde, sehr verschieden. Der Gesamtgehalt soll 4—6% nicht übersteigen, der Aschengehalt nicht mehr als 1—1$^1/_2$% betragen. Als seltenere Fälschung kommen Gehalte von über 10% meist mineralischer Beschwerungsmittel vor.

Bestimmung der unverseifbaren Bestandteile. Handelsharz enthält, wie bereits erwähnt, Stoffe, welche nicht wie Kolophonium selbst als Säure in der Lage sind, Salze oder Seifen mit Alkali zu bilden. Deren Gehalt kann bis zu 15% betragen, übersteigt gewöhnlich aber nicht 6—8%. Nachstehend sind einige an amerikanischen Harzen beobachtete Werte wiedergegeben:

Amerikanisches Harz	F	7,9%	Amerikanisches Harz	WW	6,9%
	M	7,6%		WG	5,0%.
	W	5,9%			

Der unverseifbare Rückstand ist bisweilen der Anlaß zu unangenehmen Erscheinungen bei der Leim- und Papierbereitung. Beim Abkühlen der fertigen Harzmilch scheiden sich diese Stoffe in Krusten in den Behältern und Rohrleitungen ab, und wenn Teilchen dieser Krusten ihren Weg in den Papierstoff finden, so geben sie Anlaß zur Bildung der unliebsamen Harz-„Strippen“.

Die Bestimmung des Unverseifbaren im Harz beruht darauf, daß es zum Unterschied von Harzseife in Äther löslich ist. Die Bestimmung wird wie folgt ausgeführt. Man löst 10 g Harz in einem Glaskolben, der eine alkoholische Natronlauge enthält, auf. (5 g NaOH werden in wenig Wasser gelöst und 50 cm^3 Alkohol zugefügt[1].) Nach Aufsetzen eines Rückflußkühlers erhitzt man im Wasserbad und hält den Inhalt des Kolbens gerade im Sieden. Es wird etwa $^1/_2$ Stunde verseift. Man destilliert dann den Alkohol ab und fügt zur verbleibenden Harzseife 50 cm^3 heißes Wasser, wodurch diese in Lösung gebracht wird. Den Inhalt des Kolbens spült man dann quantitativ in einen Scheidetrichter, fügt nach dem Abkühlen etwa 50 cm^3 Äther hinzu und schüttelt kräftig, möglichst unter kreisender Bewegung des Scheidetrichters, zur Verhütung des Entstehens schwer trennbarer Emulsionen durch. Zur vollständigen Scheidung von Äther und Wasser läßt man den Trichter längere Zeit, zweckmäßig über Nacht, stehen und zieht dann die wässerige Lösung quantitativ ab. Der verbleibende Äther wird einige Male mit Wasser ausgewaschen, dann quantitativ in ein gewogenes Kölbchen überführt und auf dem Sicherheitswasserbade abdestilliert. Der erhaltene Rückstand, das Unverseifbare, wird im Kölbchen bei 100—110° bis zur annähernden Gewichtskonstanz getrocknet.

Bestimmung der Säure- und Verseifungszahl (Sodazahl). Zur Einhaltung der stets gleichen Zusammensetzung der Harzmilch ist die Bestimmung der Verseifungszahl des Harzes notwendig, eine Zahl, welche aussagt, wieviel Gramm Ätznatron nötig sind, um 100 g Harz zu verseifen[2]. Da die Verseifung in der Praxis in den meisten Fällen mit Soda durchgeführt wird, hat Schwalbe statt jener die „Sodazahl“ zur Anwendung empfohlen, eine Zahl, welche angibt, wieviel Teile Soda zu vorliegendem Zweck notwendig sind.

Zur Bestimmung dieser Kennziffern wägt man 1—2 g des feingepulverten Harzes aus der Durchschnittsprobe genau ab und löst es völlig in neutralem (Prüfung!) Alkohol auf. Die erhaltene Lösung titriert man dann mit $^n/_{10}$ Alkalilauge unter Benutzung von Phenolphthalein als Indikator bis auf schwache Rotfärbung. Bei dunklen

---

[1] Siehe auch Normallösungen.

[2] Diese Zahl wäre in Übereinstimmung mit der unten gegebenen Ausführungsform und der in der Harz- und Fettchemie üblichen Bezeichnung richtiger als „Säurezahl“ zu bezeichnen.

Harzen ist es unter Umständen zweckmäßiger, Alkaliblau 4 B in 1proz. alkoholischer Lösung als Indikator anzuwenden. Da 1 cm³ der $^{n}/_{10}$ Lauge 0,0004 g NaOH enthält, so erhält man die gesuchte Verseifungs-(Säure-) Zahl S.Z. aus der verbrauchten Anzahl der Kubikzentimeter und dem Gewicht der angewandten Harzmenge in Gramm p aus der Gleichung:

$$\text{S.Z.} = 0{,}004 \cdot 100 \cdot \frac{n}{p}\,.$$

Die Sodazahl So.Z. ergibt sich dann zu

$$\text{So.Z.} = 0{,}0053 \cdot 100 \cdot \frac{n}{p}\,.$$

Bei Verwendung dieser Zahlen in der Praxis ist nicht zu übersehen, daß besonders das technische Ätznatron, das zur Verseifung angewandt wird, selbst kein chemisch reiner Stoff ist. Infolgedessen muß auch dessen Zusammensetzung genau ermittelt werden.

Bei Soda fällt im allgemeinen eine notwendige Korrektur für die praktische Auswertung fort, da dieses Salz in Form von Ammoniaksoda, also sehr rein, in den Handel gelangt.

Bei Anwendung größerer Harzmengen (10 g) kann die Bestimmung mit gewöhnlicher wässeriger $^{n}/_{1}$ Natronlauge durchgeführt werden.

Anstatt die Bestimmung wie hier beschrieben auszuführen, kann man auch so verfahren, daß man eine Harzprobe mit überschüssigem $^{n}/_{10}$ Alkali auf dem Wasserbade eine Stunde lang erhitzt (verseift) und alsdann bis zur Neutralisation mit $^{n}/_{10}$ Säure zurücktitriert. Da in diesem Falle das Alkali auch mit den schwerer neutralisierbaren Estern der Harzsäuren reagiert, so ergibt sich ein größerer Verbrauch an Alkali. Rechnet man diesen auf 100 g um, so erhält man die eigentliche Verseifungszahl des Harzes. Es ist zweckmäßig, auch diese Bestimmung durchzuführen, um ein genaues Bild von dem Verhalten des Harzes beim Verseifen im großen zu erhalten.

Die Bestimmung der Verseifungszahl ist gleichzeitig eine Prüfung auf die Reinheit des Harzes. Je größer diese ist, desto mehr nähert sich jene Zahl der Säurezahl der reinen Sylvinsäure, welche 13,2 beträgt.

Verhältnis zwischen Kristallsoda, kalzinierter Soda und Ätznatron. Bezogen auf den Gehalt an Na_2O ist:

1 kg Kristallsoda	= 0,37 kg kalzinierte Soda	= 0,27 kg Ätznatron
1 kg kalzinierte Soda	= 2,7 kg Kristallsoda	= 0,75 kg Ätznatron
1 kg Ätznatron	= 1,33 kg kalzinierte Soda	= 3,75 kg Kristallsoda

Durchschnittliche Verseifungszahlen nach Schwalbe und Küderling[1]:

französisches Harz:	11,17—12,13,
amerikanisches Harz:	11,11—12,22.

[1] Schwalbe u. Küderling: Wochenbl. f. Papierfabrikation Bd. 42, S. 4197. 1911.

Bestimmung des in Petroläther unlöslichen Teiles eines Harzes. Untersuchungen von Schwalbe und Küderling[1] haben gezeigt, daß die bekannte Erscheinung der Oxydation von Harzen an ihrer Oberfläche sich durch Bestimmung des in Petroläther unlöslichen Rückstandes eines Harzes verfolgen läßt. Da bei dieser Oxydation des Harzes Stoffe gebildet werden, welche für Leimungszwecke nicht mehr verwertbar sind und deren Entstehen sonach eine Entwertung des Harzes darstellt, so dürfte die Bestimmung des petrolätherunlöslichen Rückstandes eines Harzes doch gelegentlich sich als notwendig erweisen. Dies um so mehr, als äußerlich den oxydierten Harzen die Entwertung nicht anzumerken ist und sie bisweilen beträchtliche Mengen solcher Stoffe enthalten, welche sie, trotz ihrer sonstigen scheinbar guten Eigenschaften, zur Leimung eigentlich nur wenig brauchbar machen.

Die genannten Verfasser haben, in sogenannten „Sonnenharzen", bis zu 88% solcher petrolätherunlöslicher Bestandteile gefunden. Die Menge an diesen sollte aber so klein als möglich sein; normalerweise schwankt sie zwischen 2,0—7,0%. Zu ihrer Bestimmung verfährt man folgendermaßen:

Man wägt in einem etwa 250 cm³ fassenden Bechergläschen 10 g Harz genau ab und übergießt diese Menge mit 200 cm³ Petroläther vom Siedepunkt etwa 70°. Mittels eines Glasstabes verrührt man das Harz gut und läßt während einer Dauer von 2 Stunden den Petroläther seine lösende Wirkung ausüben. Nach dieser Zeit trennt man die Flüssigkeit vom Rückstand, und zwar in einfacher Weise durch vorsichtiges Abgießen oder noch besser durch Abhebern des Lösungsmittels mittels eines kleinen Hebers. Den Rückstand übergießt man von neuem mit 100 cm³ Petroläther, läßt $^1/_4$ Stunde nach dem Umrühren gut absitzen und trennt wiederum die Flüssigkeit vom Rückstand. Schließlich trocknet man diesen bei 98—100° im Wassertrockenschrank bis zum annähernd konstant bleibenden Gewicht.

Harzleim.

Allgemeines. Bei der Untersuchung von Harzleimen ist von vornherein zu unterscheiden, ob es sich um solche handelt, welche als leimende Stoffe lediglich Harz und Harzverbindungen enthalten, oder ob Leime vorliegen, zu welchen außer jenen noch Kolloide: Tierleim, Stärke, Kasein, Wasserglas und ähnliches zugesetzt worden sind. Im allgemeinen ist der Gesamtharzgehalt einer der am meisten ausschlaggebenden Punkte für die Beurteilung eines Leimes. Bei Vorhandensein leimend wirkender Kolloidzusätze ist jedoch auch die Bestimmung ihrer Menge und ihrer

[1] Schwalbe u. Küderling: Wochenbl. f. Papierfabrikation Bd. 42, S. 4197. 1911. Man vgl. zu der Frage des Unlöslichwerdens in Petroläther: Géréboff, Über Papierleimung. La Papeterie Bd. 46, S. 6 u. 65. 1924.

Art zur Erlangung eines einwandfreien Urteiles notwendig, und zwar um so mehr, als heutzutage ein großer Teil aller Handelsharzleime solcher zusammengesetzter Beschaffenheit ist. Sowohl für die leimende Wirkung als für die praktische Verwendung in der Fabrik ist von Bedeutung der Freiharzgehalt, denn sehr freiharzreiche Leime können nur bei Vorhandensein eines Zerstäubungsapparates glatt gelöst werden. Wichtig ist auch die Bestimmung des Trockengehaltes. Einerseits hat sich hier das Bestreben geltend gemacht, zur Vermeidung hoher Transportkosten Leime mit hohem Trockengehalt in den Handel zu bringen, andererseits wiederum werden Leime erzeugt, welche bis 60% Wasser enthalten, die aber ohne vorherige Auflösung unmittelbar dem Stoffbrei im Holländer zugeteilt werden können und durch diese Arbeitsweise die Fabrikation einfacher gestalten.

Probenahme. Äußerliche Prüfung. Zur Erlangung einer guten Durchschnittsprobe muß je nach Größe der Sendung aus einer mehr oder weniger großen Anzahl Fässer nach deren Anbohren etwas Leim, zweckmäßig mit einem Probestecher mit verschließbarer Klappe, herausgenommen werden. Es ist empfehlenswert, die zur Probenahme bestimmten Fässer für einige Zeit in einem warmen Raum liegenzulassen und währenddessen sie gelegentlich hin- und herzurollen. Die Probe soll möglichst nicht zu nahe dem Äußeren des Fasses entnommen werden. Zwecks guter Vermengung erwärmt man die in einem Gefäß gesammelten Einzelproben auf etwa 50—60° und mischt gut durch.

Bei dieser Probenahme läßt sich bereits manches Wichtige für die Beurteilung des Leimes erkennen. Guter Leim soll sich in möglichst lange goldglänzende Fäden ausziehen lassen und nicht kurz abreißen. Je besser das verwandte Harz ist, um so heller ist bei gleichem Freiharzgehalt die Farbe des Harzleimes[1].

Bestimmung des Wassergehaltes. Die Bestimmung kann auf verschiedene Weise vorgenommen werden.

a) Durch Trocknen. Die einfachste Art ist die, daß man etwa 2 g der Durchschnittsprobe auf ein gewogenes Uhrglas möglichst in dünner Schicht aufstreicht und diese Probe dann bei 105° im Trockenschrank bis zur Gewichtskonstanz trocknet. Diese Art der Trocknung erfordert jedoch einen ziemlich langen Zeitaufwand.

Rascher zum Ziel kommt man nach der von Dreher angegebenen Methode. Man gibt in eine kleine trockene Porzellanschale etwa 10 g gereinigten, getrockneten Seesand, sowie ein kleines, für späteres Umrühren bestimmtes Glasstäbchen und trocknet alles nochmals etwa 1 Stunde, worauf man die Schale samt Inhalt genau auswägt. Alsdann fügt man etwa 1 g des zu untersuchenden Harzleimes zu und wägt

[1] Whittington, E. Fr.: Eine vorgeschlagene Methode zur Analyse von Harzleim. Chem. Zentralbl. I S. 2493, Nr. 20. 1929.

wieder. Die Schale erwärmt man dann auf einem Wasserbad, fügt etwa 5 cm³ 96proz. Alkohol hinzu und verrührt nun die Masse so lange, bis sie gleichmäßig pulverig geworden ist. Alsdann trocknet man im Trockenschrank bis zum konstanten Gewicht und errechnet aus dem Gewichtsverlust den Wassergehalt des Leimes.

b) Durch Destillation. Schwalbe hat für die Bestimmung des Trockengehaltes eine Methode vorgeschlagen, welche auch in anderen Zweigen der chemischen Praxis Anwendung findet. Die Methode besteht darin, daß eine größere Probe (40—50 g) des Harzleimes mit Petroleum gemischt und hierauf durch Erhitzen abdestilliert wird, wobei das vorhandene Wasser mit dem Petroleum in ein als Vorlage dienendes Meßgefäß hinübergerissen wird. Zur Ausführung der Bestimmung wird der oben in Abb. 10 wiedergegebene Apparat benutzt[1]. Die Bestimmung läßt sich nach dieser Methode sehr rasch ausführen, da man einerseits keine feinen Wägungen auszuführen hat und andererseits das Destillieren nur etwa $^1/_4$ Stunde lang vorgenommen zu werden braucht. Die im Meßrohr abgesetzte Menge Wasser kann man nach einer Stunde ablesen. Das darüberstehende Petroleum kann zu weiteren Bestimmungen verwendet werden.

Bestimmung des Unverseifbaren. In einem kleinen Kolben wiegt man 2 g des Harzleimes ab. Man löst ihn in etwas alkoholischer Kalilauge und verseift vollkommen nach Aufsetzen eines Rückflußkühlers durch $^1/_2$stündiges Erhitzen auf dem Wasserbad. Den abgekühlten Inhalt des Kolbens spült man in einen etwa 250 cm³ fassenden Scheidetrichter. Man schüttelt die Flüssigkeit mehrmals nacheinander mit zwischen 30 und 50° siedendem Petroläther aus. Die in einem zweiten Scheidetrichter vereinigten Auszüge werden mit 10 cm³ 50proz., mit einigen Tropfen Kalilauge versetztem Alkohol ausgeschüttelt. Der alkoholische Auszug wird zur Hauptmenge der Harzseifenlösung gegeben, während die Petrolätherlösung in einem gewogenen Kolben eingedampft wird. Man trocknet den erhaltenen Rückstand — die unverseifbaren Bestandteile — 10 Minuten im Wassertrockenschrank und wägt ihn nach dem Erkalten.

Bestimmung des Gesamtharzgehaltes. In der von den unverseifbaren Bestandteilen befreiten Harzseifenlösung fällt man das Harz durch Zusatz von verdünnter Schwefelsäure aus. Zur vollständigen Ausfällung muß schwach saure Reaktion des Trichterinhaltes auch nach gutem Durchschütteln noch vorhanden sein. Man gibt dann etwa 50 cm³ Äther in den Scheidetrichter und schüttelt unter kreisender Bewegung des Scheidetrichters — zur Vermeidung der Bildung schwer trennbarer Emulsionen — gut durch, wodurch sämtliches Harz vom Äther aufgenommen wird. Nach vollkommener Scheidung der beiden

---

[1] Man vgl. Abschnitt „Untersuchungen der pflanzlichen Rohstoffe“ S. 75.

Flüssigkeiten läßt man die wässerige ab, während man die ätherische in einem kleinen gewogenen Kölbchen unter Wiedergewinnung des Äthers auf einem Sicherheitswasserbad abdampft. Das Kölbchen samt Inhalt wird dann im Trockenschrank bei 100—105° getrocknet und nach dem Abkühlen im Exsikkator gewogen.

Von dieser Harzprobe bestimmt man dann zweckmäßig die Verseifungszahl nach der im Abschnitt Harz angegebenen Vorschrift.

Bestimmung des Freiharzgehaltes nach Dreher. Man wägt hierzu in einer 100 cm³ fassenden Porzellanschale mit einem kleinen Glasstab etwa 1 g Harzleim genau ab und löst ihn unter schwachem Erwärmen auf dem Wasserbad in 50 cm³ 96proz. Alkohol vollkommen auf. Man titriert dann die warme Lösung nach Zusatz von Phenolphthalein mit $^n/_1$ Natronlauge bis zur Rotfärbung. Wenn ausdrückt:

p das Gewicht der angewandten Harzleimmenge,
n die Anzahl der verbrauchten Kubikzentimeter Natronlauge,
f die Harzmenge, welche von 1 cm³ $^n/_1$ Natronlauge gebunden wird und welche sich aus der Verseifungszahl S.Z. errechnet

$$\text{zu } f = \frac{100 \cdot 0{,}04}{\text{S.Z.}},$$

so ist der Freiharzgehalt

$$x = 100 \cdot \frac{f \cdot n}{p}\,\%.$$

Bestimmung des Gesamtalkaligehalts. In einem Platin- oder Porzellantiegel wägt man 2—3 g des Harzleimes genau ab und erwärmt nun zunächst vorsichtig über einer kleinen Flamme, bis sämtliches Wasser verdampft ist. Hierauf steigert man die Flammentemperatur und glüht so lange, bis der Tiegelinhalt weiß ist. Das Gewicht der Asche stellt die vorhandene Menge Gesamtalkali in Form von Natriumkarbonat dar, aus welchem dieses auf Na_2O durch Multiplikation mit 0,68 umgerechnet werden kann. Zweckmäßig löst man die erhaltene Asche durch mehrmaliges Behandeln mit heißem Wasser und titriert die gesammelten Flüssigkeiten mit $^n/_{10}$ Säure unter Benützung von Methylorange als Indikator. 1 cm³ der Säure entspricht 0,0053 g Na_2CO_3 (wasserfrei). Hieraus läßt sich wieder der Na_2O-Gehalt des Harzleimes errechnen. Gewöhnlich erhält man bei dieser titrimetrischen Kontrollbestimmung einen etwas kleineren Wert als bei der gewichtsanalytischen. Dies ist darauf zurückzuführen, daß im Harzleim oft noch geringe Mengen unlöslicher mineralischer Bestandteile enthalten sind, deren Menge sich also durch Ausführung der Kontrollanalyse ermitteln läßt.

Bestimmung von ungebundenem Alkali. In freiharzarmen und vollverseiften Leimen kann ungebundenes Alkali vorkommen, und zwar als Mono- wie auch als Bikarbonat.

a) Methode von Dalén. Man löst 10 g Harzleim in wenig Wasser und bringt die Lösung in einen Scheidetrichter. Man setzt dann Kochsalz bis zur Sättigung hinzu. Die sich absetzende wässerige Lösung nimmt das vorhandene Alkali sowie etwas neutrale Seife auf. Sie wird vorsichtig abgelassen und in einem zweiten Scheidetrichter mit 80 cm^3 $^n/_{10}$ Säure und mit Äther ausgeschüttelt. Die wässerige Lösung wird abgelassen und zu ihr das Waschwasser gegeben, das beim Durchschütteln der ätherischen Lösung mit destilliertem Wasser anfällt. Man titriert dann die ätherische und die wässerige Lösung mit $^n/_{10}$ Lauge. Werden hierzu m und n cm^3 verbraucht, so berechnet sich die Menge des ungebundenen Alkalis zu:

$$Na_2CO_3\,g = [80 - (m + n)] \cdot 0{,}0053.$$

b) Methode von Griffin. 10 g Leim werden in 200 cm^3 säurefreiem absoluten Alkohol gelöst. Die erhaltene Lösung bleibt am besten über Nacht stehen. Zufolge seiner Schwerlöslichkeit scheidet sich das vorhandene Karbonat nahezu vollständig am Boden des Gefäßes ab. Man filtriert durch ein trockenes Filter und wäscht mit etwas absolutem Alkohol nach. Den verbleibenden Salzrückstand löst man in wenig warmem Wasser und titriert ihn dann mit $^n/_{10}$ Säure unter Anwendung von Methylorange als Indikator. Der Wassergehalt des Harzleimes darf den angewandten Alkohol nicht mehr als bis auf 95 Vol.-% verdünnen. 200 cm^3 von 95proz. Alkohol lösen in 16 Stunden 0,0075 g Na_2CO_3, so daß mit den oben angegebenen Substanzmengen die Ergebnisse um 0,07% zu niedrig sind.

Abgekürzte Untersuchungsmethoden. Außer der oben angegebenen ausführlichen Vorschrift sind noch abgekürzte Untersuchungsverfahren in Gebrauch. Wenn sie auch zufolge gewisser Vereinfachung nicht die Genauigkeit der früheren besitzen, so bringt ihre Anwendung doch eine erhebliche Zeitersparnis mit sich. Von diesen Verfahren seien folgende erwähnt.

Methode von Scheufelen und Goldberg. 3—5 g Harzleim werden in 100 cm^3 warmem destillierten Wasser gelöst, wobei unter Umständen bei freiharzreichen Leimen zum Lösungswasser eine genau abgemessene, aber möglichst kleine Menge $^n/_{10}$ Natronlauge (a cm^3) zugesetzt werden muß. Die erhaltene Lösung spült man quantitativ in einen Scheidetrichter und fügt nun aus einer Bürette oder Pipette so viel Kubikzentimeter $^n/_{10}$ Schwefelsäure zu, bis deutlich saure Reaktion auch nach dem Umschütteln noch vorhanden ist (b cm^3). Alsdann wird nach Zusatz von 50 cm^3 Äther kräftig durchgeschüttelt und nach erfolgter Scheidung die wässerige Lösung in ein Becherglas und die ätherische in ein gewogenes Glaskölbchen abgelassen. Auf einem Wasserbad dampft man aus dem Kölbchen den Äther unter Wiedergewinnung ab, trocknet bei 105° und wägt den Rückstand, welcher das Gesamtharz darstellt.

Diesen Rückstand benutzt man zur Bestimmung der Verseifungszahl des Harzes.

Die wässerige Lösung aus dem Scheidetrichter titriert man mit $^n/_{10}$ Natronlauge unter Benutzung von Phenolphthalein als Indikator (c cm^3). Unter Berücksichtigung der anfänglich zum Lösen zugesetzten Menge Lauge wird aus der Differenz der verbrauchten Anzahl Kubikzentimeter $^n/_{10}$ Säure und $^n/_{10}$ Lauge die Menge Alkali als Na_2O berechnet, welche im angewandten Harzleim vorhanden war. Da 1 cm^3 $^n/_{10}$ Säure 0,0031 g Na_2O entspricht, ergibt sie sich zu $[b-(a+c)] \cdot 0{,}0031$. Hieraus wiederum wird mit Hilfe der bestimmten Verseifungszahl des Harzes der Freiharzgehalt des Leimes ermittelt.

In der wässerigen Lösung sind gewöhnlich die mechanischen Verunreinigungen des Leimes enthalten. Man filtriert zu ihrer Bestimmung diese Lösung durch ein getrocknetes gewogenes Filter, spült auch etwa im Scheidetrichter zurückgebliebene Teile nach, trocknet das Filter im Wägegläschen und wägt.

Als Beispiel seien die Zahlen einer Harzleimanalyse wiedergegeben:

Angewandt	2,16 g Leim
Wassergehalt	26,1%
Gesamtharz	1,485 g.

Zum Lösen wurden 5 cm^3 $^n/_{10}$ Lauge angewandt. Zur Erreichung einer sauren Reaktion im Scheidetrichter mußten 38 cm^3 $^n/_{10}$ Säure zugefügt werden. Zum Zurücktitrieren waren schließlich erforderlich 4,2 cm^3 $^n/_{10}$ Lauge. Demnach wurden zur Neutralisation des an Harz gebundenen Alkalis verbraucht: $38 - (4{,}2 + 5) = 28{,}8$ cm^3 $^n/_{10}$ Säure. Diese entsprechen $0{,}0031 \cdot 28{,}8 = 0{,}08928$ g Na_2O. Die Verseifungszahl des Harzes war gefunden worden zu S. Z. = 12,2, d. h. 100 g dieses Harzes benötigten zur vollkommenen Neutralisation 12,2 g NaOH oder 9,46 g Na_2O.

Auf 1,4850 g Harz kommen im Leim 0,08928 g Na_2O oder auf 100 g Harz 6,01 g Na_2O. Es errechnet sich also der Anteil x an gebundenem Harz vom Gesamtharz aus:

$$\frac{x}{100} = \frac{6{,}01}{9{,}46} \cdot \text{zu } x = 63{,}5\%$$

der Freiharzgehalt als zu . . . . 36,5%.

M e t h o d e z u r B e s t i m m u n g d e s F r e i h a r z e s u n d d e s g e b u n d e n e n H a r z e s. Eine andere Untersuchungsmethode für Harzleim ist die folgende, bei welcher freies und gebundenes Harz jedes für sich direkt bestimmt wird. Etwa 3 g Harzleim werden in einem kleinen Becherglas genau abgewogen und nach dem Auflösen in 50 cm^3 warmem Wasser in einen Scheidetrichter gespült. Man fügt dann etwa 25 cm³ Äther hinzu und schüttelt gut durch, wodurch der größte Teil des freien Harzes von diesem aufgenommen wird. Nach erfolgter Trennung der beiden Flüssigkeiten wird die untere wässerige Lösung in einen zweiten Scheidetrichter abgelassen und dann die ätherische in ein gewogenes Glaskölbchen vorsichtig abgegossen. Die wässerige Harzlösung, welche bereits die Hauptmenge des in Äther unlöslichen harzsauren Natriums enthält, wird im zweiten Scheidetrichter durch nochmaliges Ausschütteln mit Äther vollkommen von noch vorhandenem Freiharz befreit. Die wässerige Lösung wird wiederum in einen Scheidetrichter abgelassen, die ätherische wird in das Kölbchen gegossen, aus welchem der Äther unter Rückgewinnung abgedampft wird. Der Rückstand, das freie Harz, wird getrocknet und gewogen. Die wässerige Lösung wird im Scheidetrichter mit verdünnter Säure bis zur sauren Reaktion versetzt, wodurch sämtliches Harz in freier Form abgeschieden wird. Dieses wird nun mittels Äther ausgeschüttelt, die wässerige Lösung wird abgelassen und die ätherische dann in einem gewogenen Glaskölbchen aufgefangen. Der Äther wird abgedampft, der Rückstand getrocknet und als gebundenes Harz zur Wägung gebracht. Mittels dieser und der Harzmenge von der Freiharzbestimmung wird die Verseifungszahl bestimmt, wodurch genügend Daten vorhanden sind, um die Zusammensetzung des Leimes genau anzugeben: Gesamtharz aus der Summe von Freiharz und gebundenem Harz, Alkaligehalt aus Verseifungszahl und Freiharzanteil. Auch hier lassen sich die Verunreinigungen in gleicher Weise wie bei der vorigen Methode durch Filtration der wässerigen Endlösung ermitteln. Diese Methode ist für sehr freiharzreiche Leime nicht verwendbar, da durch Zusatz von Alkali beim Lösen die Methode weiterhin zu kompliziert würde.

Kolorimetrische Probe zur Beurteilung der Güte des im Harzleim verwendeten Harzes[1]. Man löst je nach der Konzentration des Harzleimes soviel davon in 50° warmem Wasser, daß beim Verdünnen auf ein Liter eine 50proz. Lösung entsteht, also beispielsweise bei einem 60proz. Leim 83,3 g. In einen Scheidetrichter bringt man 25 cm³ einer gesättigten Kochsalzlösung, sowie 5 cm³ einer 50proz. Essigsäure und schließlich 25 cm³ farbloses Toluol. Zu diesem Gemisch läßt man dann 10 cm³ der Harzleimauflösung fließen, schüttelt mehreremal gut durch und läßt dann die wässerige Lösung sich vom Toluol trennen. Nach Ablassen der wässerigen Lösung aus dem Trichter gießt man die Toluollösung durch ein Filter in einen Kolorimeterzylinder und betrachtet die Farbe der Lösung in Aufsicht und Durchsicht. Für Papierleimung geeignetes Harz soll dem Toluol eine hellgrüne bis lichtzitronengelbe Farbe erteilen. Je dunkler andererseits die Lösung gefärbt ist, um so geringwertiger ist das zur Herstellung des Leimes verwendete Harz.

[1] Paper Makers Monthly J. Bd. 63, S. 212. 1925.

Maßanalytische Bestimmung des Harzgehaltes im Harzleim nach E. Heuser[1]. Man verfährt zur titrimetrischen Harzgehaltbestimmung derart, daß man eine Harzleimprobe zunächst in Wasser auflöst, dann das Harz im Schütteltrichter mit verdünnter Schwefelsäure ausfällt und es mit Äther ausschüttelt. Die ätherische Lösung wird abgetrennt, mit reichlich neutralem Alkohol versetzt und unter Benutzung von Phenolphthalein mit $^n/_{10}$ Alkali titriert. Wenn man die Säurezahl des Harzes nicht kennt, so legt man als solche die Zahl 12 zugrunde. 1 cm^3 $^n/_{10}$ Natronlauge entspricht dann 0,0333 g Harz. Aus dieser Zahl und der bei der Analyse verbrauchten Anzahl Kubikzentimeter läßt sich leicht der Harzgehalt errechnen.

Zu beachten ist hierbei, daß man die ätherische Lösung bis zur neutralen Reaktion mit destilliertem Wasser auswaschen muß.

Sind im Harzleim kolloidale Zusätze, so entfernt man diese durch Behandeln der Leimprobe mit Alkohol. Man filtriert dann, bringt die alkoholische Harzlösung in den Schütteltrichter. versetzt mit Wasser und arbeitet dann nach obiger Vorschrift.

Allgemeines zu der Ausführung der Untersuchung des Harzleimes. Beim Abwägen der Proben hat es sich als zweckmäßig erwiesen, wie folgt zu verfahren. Man gibt in ein nicht zu großes Becherglas etwa 5 g Harzleim und ein kleines Glasstäbchen. Nach dem genauen Abwägen des Glases entnimmt man ihm mittels des Glasstäbchens die zur Analyse erforderliche Harzleimmenge, welche man unmittelbar in den Scheidetrichter eintropfen läßt. Dann wiegt man den Becher zurück und findet so die angewandte Harzleimmenge. Auf diese Weise vermeidet man das mehrmalige Umgießen von Harzlösungen und das Nachspülen von Gefäßen und erhält kleine Volumina.

Beim Ausschütteln mit Äther im Scheidetrichter benutzt man zum Verschließen dieses einen gewöhnlichen gutschließenden Kork, da ein solcher nicht durch den Druck des Ätherdampfes herausgeschleudert wird und auch nicht, wie Glasstopfen es häufig tun, ätherische Harzlösung am Rande durchdringen läßt. Die Anwendung von Trichtern, welche nur ganz kurze Ablaufrohre besitzen, bringt bei diesen Analysen Vorteile mit sich.

Das Durchschütteln mit Äther im Scheidetrichter soll vorsichtig und nicht zu heftig geschehen. Zu starkes Schütteln führt zur Bildung von Luftblasen, welche die vollkommene Scheidung von Wasser und Äther verzögern und unscharf gestalten. Beim Schütteln hält man zweckmäßig einen Finger auf den Stopfen. Während des Schüttelns dreht man mehrmals, ohne den Finger wegzunehmen, den Kork nach unten und öffnet vorsichtig den Hahn, um den Druck entweichen zu

[1] Heuser, E.: Papier-Zg. 1916, Nr. 78.

lassen. Dann setzt man den Trichter zwecks Scheidung der Flüssigkeiten in ein Stativ. Diese Scheidung kann man oft dadurch beschleunigen, daß man etwas neutrales Kochsalz in den Trichter gibt. Auch die Erzeugung von Unterdruck im Trichter durch Abkühlen unter der Wasserleitung bewirkt häufig raschere Trennung der Schichten.

Statt Äther haben sich zum Ausschütteln auch Chloroform und Tetrachlorkohlenstoff als praktisch erwiesen. Da diese Flüssigkeiten schwerer als Wasser sind, so setzen sich die Harzlösungen bei ihrer Anwendung unten im Trichter ab.

Zusammengesetzte Harzleime.

Qualitative Ermittlung der Beimengungen. Für die Untersuchung von Harzleimen, welche organische Kolloide, wie Kasein, Albumin, Tierleim, Stärke, Dextrin, Pflanzenleim und Wasserglas enthalten, hat Marcusson[1] eine Prüfungsmethode ausgearbeitet. Bei dieser wird als Trennungsmittel des Harzleimes von den übrigen Stoffen Alkohol benutzt, der nur den Harzleim zu lösen vermag.

Die Zusatzstoffe sind andererseits in Alkohol unlöslich, lassen sich daher abtrennen und dann der Menge nach bestimmen. In erster Linie muß man den alkoholunlöslichen Rückstand auf Aschengehalt prüfen, um etwa zugesetzte Beschwerungsmittel, wie Ton und Schwerspat, erkennen zu können. Fehlt der Aschengehalt, so erhitzt man eine Probe zwecks Prüfung auf Stickstoff mit Kalium oder Natrium in Glühröhrchen, bringt das Reaktionsprodukt in Wasser, filtriert von der Kohle ab, erhitzt unter Zugabe einiger Tropfen Eisenvitriol und Eisenchloridlösung einige Augenblicke zum Kochen, filtriert und fügt noch Salzsäure hinzu. Die entstehende Berlinerblaureaktion ergibt den Nachweis des Stickstoffes.

Erweisen sich die alkoholunlöslichen Stoffe als stickstofffrei, so kommen als Zusätze Leim, Albumin und Kasein nicht in Frage, es können jedoch Stärke, Dextrin, Gummi arabicum, Pflanzenschleim und Viskose vorhanden sein. Als sehr häufiger Zusatz wird sich Stärke vorfinden, die mikroskopisch an ihren charakteristischen Formen, ferner am Eintreten tiefblauer Färbung beim Behandeln mit Jodlösung erkannt werden kann. Die Stärke läßt sich von Dextrin und Gummi arabicum infolge ihrer Schwerlöslichkeit in kaltem Wasser annähernd trennen. Dextrin und Gummi arabicum lassen sich durch ihr Verhalten gegen Bleiessig unterscheiden; ersteres wird durch Bleiessig nicht, Gummi arabicum hingegen als klumpiger Niederschlag gefällt. Dextrin ist zudem stark rechtsdrehend, Gummi arabicum dreht dagegen in der Regel die Ebene des polarisierten Lichtes nach links.

[1] Marcusson: Die Untersuchung des Harzleimes. Wochenbl. f. Papierfabr. Bd. 45, S. 1005—1007. 1914.

Falls Viskose, das Einwirkungsprodukt von Alkali und Schwefelkohlenstoff auf Zellstoff vorhanden ist, so kann man durch Behandeln mit verdünnten Mineralsäuren die Viskose zersetzen, wobei Schwefelwasserstoff, der leicht am Geruch oder durch Bleiwasser zu erkennen ist, entwickelt wird. — Sollten Pflanzenschleime dem Harzleim zugefügt sein, so scheiden sie sich aus der alkoholischen Lösung des Leimes als flockige, durchscheinende Massen aus. Löst man diese Massen in Wasser auf, so gibt Bleiessig darin eine gallertartige Fällung. Einige Pflanzenschleime, wie Leinsamenschleim, Salepschleim und Gummi Tragasol liefern mit einer 5prcz. Tanninlösung unlösliche Niederschläge. Durch diese Reaktion unterscheiden sie sich vom Gummi arabicum, das durch Bleiessig, ebenso wie Pflanzenschleim, gefällt wird.

Sollten die alkoholunlöslichen Stoffe stickstoffhaltig sein, so ist in erster Linie die Gegenwart von tierischem Leim wahrscheinlich. Man prüft zunächst das Verhalten der alkoholunlöslichen Substanz gegen Wasser und Essigsäure. Tierischer Leim löst sich nämlich in Wasser völlig auf, und die Lösung wird durch Essigsäure weder in der Kälte, noch durch Hitze gefällt. Genauer kann man den tierischen Leim charakterisieren durch eine Stickstoffbestimmung, denn tierischer Leim enthält etwa 18% Stickstoff, andererseits aber nur wenig Schwefel, 0,2—0,25%. Beim Erwärmen mit alkalischer Bleioxydlösung erhält man deshalb keine Abscheidung von Schwefelblei, wie eine solche für Pflanzenleim, Albumin und Kasein erhalten wird. Durch Tanninlösung erhält man mit tierischem Leim eine Fällung. Albumin (Eieralbumin) löst sich ebenso wie Tischlerleim in kaltem Wasser, fällt jedoch beim Erhitzen, besonders nach Zusatz von Essigsäure, aus.

Pflanzenleim (Kleber) und Kasein sind nicht in Wasser löslich, lösen sich jedoch, wenn Alkali oder Ammoniak zugesetzt wird; diese Alkalilösungen werden durch Essigsäure gefällt. Man kann Kasein am Phosphorgehalt (0,8%) erkennen, durch den es sich von allen übrigen Eiweißkörpern unterscheidet. Neben den stickstoffhaltigen Bestandteilen können natürlich auch noch stickstofffreie Klebestoffe (Stärke, Dextrin und Gummi arabicum) zugegen sein. Stärke kann man durch die Jodreaktion nachweisen. Um auf Dextrin und Gummi arabicum prüfen zu können, muß man zunächst die Stickstoffverbindungen durch Tanninlösung ausfällen. Nach dem Abfiltrieren des Niederschlages wird das Filtrat zur Trockne verdampft und mit einigen Kubikzentimetern Wasser wieder aufgenommen. Dabei scheiden sich noch geringe Mengen der Tannindoppelverbindung unlöslich ab. Diese werden wiederum durch Filtration entfernt und die wässerige Lösung nunmehr mit reichlichen Mengen Alkohol versetzt. In diesem löst sich überschüssiges Tannin auf, während Dextrin und Gummi arabicum gefällt werden. Nach Lösen der Fällung in Wasser kann man die genannten Stoffe durch Bleiessig.

fällung nachweisen. Hat man nach Entfernung des Tannins bei Zusatz von Alkohol keinen Niederschlag, sondern nur eine schwache Trübung erhalten, so fehlen Dextrin und Gummi arabicum.

Bestimmung der Gesamtmenge der leimenden Stoffe nach M. Gottlöber[1]. Man löst eine Probe des Leimes in Wasser und stellt die Lösung so ein, daß ihr Gehalt an leimenden Stoffen ungefähr zwischen 15—20 g im Liter beträgt. 25 cm^3 dieser Leimmilch bringt man in ein Becherglas und setzt nun verdünnte Schwefelsäure bis zur deutlich sauren Reaktion hinzu. Man filtriert dann durch ein bei 105° getrocknetes und gewogenes Filter, wäscht mit kaltem bis lauwarmem Wasser bis zum Verschwinden der Schwefelsäurereaktion im Waschwasser aus, trocknet den Niederschlag mit dem Filter bei 105° und wägt wieder. Durch die Fällung mit Säure werden außer dem Harz mit für die Praxis hinreichender Vollständigkeit auch die anderen leimenden Kolloide gefällt. Beim Auswaschen muß man die Anwendung von zu warmem Wasser vermeiden, da dabei ein Zusammensintern des Niederschlages eintritt, wobei leicht Schwefelsäure unauswaschbar eingeschlossen werden kann.

Harzmilch.

Bestimmung des Gesamtharzgehaltes. a) nach Sieber. Man gibt bei hoher Konzentration 50 cm^3, bei geringerer 100 cm^3 Leimmilch in einen etwa 200 cm^3 fassenden Schütteltrichter, fügt einige Kubikzentimeter verdünnte Schwefelsäure und etwas Äther hinzu. Man schüttelt gut durch, bis alles Harz vom Äther aufgenommen ist, wäscht diesen 2—3mal mit Wasser, gibt etwa das gleiche Volumen Alkohol zu und läßt die gemischte Alkoholätherlösung in eine Titrierschale ab. Man titriert dann mit $^n/_{10}$ Alkali und Phenolphthalein. Da man die Verseifungszahl des Harzes kennt bzw. leicht bestimmen kann, ist man in der Lage, festzustellen, ob die Milch die geforderte Konzentration hat. 1 cm^3 $^n/_{10}$ NaOH entspricht $\frac{0{,}4}{\text{S.Z.}}$ g Harz.

b) Nach R. Lorenz. Lorenz hat bei seinen kolloidchemischen Studien über die Harzleimung[2] gefunden, daß sich auf der Verschiedenheit der Oberflächenspannungen von Harzmilch und Wasser eine Methode zur Bestimmung der Konzentration der Milch, wie auch ihres Freiharzgehaltes gründen läßt. Der einfachste Apparat zur Ermittlung der Größe der Oberflächenspannung ist der Tropfenzähler (Stalagmometer). Er besteht in seiner einfachsten Form aus einer Pipette mit unterem kapillaren Ausflußansatz, dessen Ende glatt abgeschliffen ist. Eine Flüssigkeit ohne Oberflächenspannung würde bei dem Auslaufen

[1] Papierfabrikant Bd. 24, S. 125. 1926.

[2] Lorenz, R.: Kolloidstudien über die Harzleimung des Papiers. Papierfabrikant Bd. 21, S. 243ff. 1923.

aus dieser Öffnung einen geraden ununterbrochenen Strahl bilden. Das Auftreten einer Oberflächenspannung an der Auslauföffnung bewirkt dagegen, daß dies nicht geschieht, sondern daß die Flüssigkeit sich zunächst in einem Tropfen ansammelt, welcher abreißt, sobald sein Gewicht größer geworden ist als die tragende Kraft. Es ist leicht einzusehen, daß sich aus dem gleichen Volumen Flüssigkeit um so mehr Tropfen bilden werden, je geringer die tragende Kraft der Oberflächenspannung ist. Bei der praktischen Ausführung solcher Messungen bestimmt man, um unabhängig von der Ausführung des Stalagmometers zu sein, das Verhältnis der Tropfenzahl (δ) der zu untersuchenden Lösung zu jener, welche das gleiche Volumen Wasser (δ_0) beim Auslaufen ergibt.

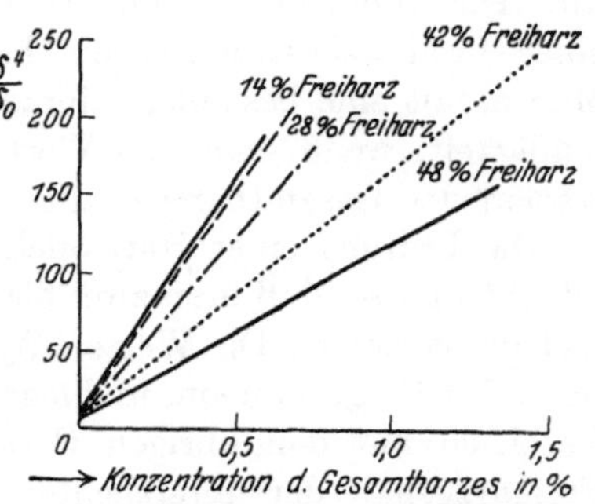

Abb. 62. Diagramm für Freiharzbestimmung nach R. Lorenz.

Die Anwendung der stalagmometrischen Methode zur Kontrolle der Konzentration der Leimmilch gestaltet sich nach einem Beispiel von Lorenz wie folgt: Angenommen, man ist bestrebt, den Leim regelmäßig auf 2%, d. h. auf 20 g im Liter zu verdünnen. Man pipettiert dann aus der zu prüfenden Milch 10 cm³ heraus, verdünnt auf 100 cm³ und zählt die Tropfen, welche ein bestimmtes Volumen dieser Lösung beim Ausfließen aus dem Stalagmometer[1] bei einer bestimmten Temperatur (15 oder 20°) bilden. Man zählt nun beispielsweise 143 Tropfen, wenn die Leimmilch 2proz. war. Bildet jetzt eine andere Lösung bei gleicher Handhabung mehr Tropfen, so muß die Milch noch verdünnt werden, bildet sie aber weniger Tropfen, so ist die Leimmilch bereits zu stark verdünnt worden. Mit Hilfe von Tabellen, welche man sich auf Grund von Versuchen aufstellt, kann man aus der beobachteten Tropfenzahl rasch feststellen, wie stark gegebenenfalls die Milch noch weiter zu verdünnen ist oder wieviel konzentrierte Leimmilch zugegeben werden muß, um die geforderte Konzentration zu erhalten.

Die Methode läßt sich sehr rasch durchführen und ist in ihrer Genauigkeit häufig zu findenden Aräometermessungen weit überlegen. Sie ist, wie erwähnt sei, in verschiedenen Fabriken im Gebrauch.

Bestimmung des Freiharzgehaltes. a) Nach Codwise[2]. 50 cm³ einer verdünnten Harzmilch, deren Gehalt nicht über 5% beträgt, werden mit 200 cm³ Wasser verdünnt. Die erhaltene Lösung wird möglichst

[1] Zu beziehen von der Firma R. Goetze, Leipzig, Nürnberger Str.

[2] Codwise, P. W.: Kontrolle der Harzleimmilch. Paper Trade J. Bd. 76, H. 2. 1923.

bei Siedehitze mit $^n/_{10}$ Alkali unter Anwendung von Thymolphthalein als Indikator titriert. Der Endpunkt ist erreicht, wenn der Farbton der Lösung in schwach blau übergeht. Die Berechnung des Freiharzanteiles gestaltet sich wie oben jene des Gesamtharzes. Diese Titration darf in höchstens 1proz. Lösung ausgeführt werden. Zur Herstellung des Indikators werden 0,5 g des Farbstoffes in 100 cm³ 50proz. Alkohol gelöst.

b) Nach R. Lorenz. Nach Lorenz hängt der Wert des Verhältnisses δ/δ_0 (s. oben) bei verschiedenen Sorten von Leimmilch von gleicher Konzentration an Gesamtharz von deren Gehalt an Freiharz ab. Die Unterschiede sind so deutlich, daß man sie zur Grundlage einer Freiharzbestimmungsmethode in der Harzmilch machen kann. Man erhält eine besonders einfache graphische Darstellung der Gesetzmäßigkeit, wenn man den Wert $(\delta/\delta_0)^4$ in Abhängigkeit zur Konzentration des Gesamtharzes aufzeichnet (Abb. 62).

Die Prüfung einer Harzmilch von unbekanntem Freiharzgehalt geschieht nun so, daß man zwei bis drei nicht zu schwache Verdünnungen stalagmometriert. Die Werte δ/δ_0 erhebt man in die 4. Potenz, zeichnet sie in das Diagramm ein, und legt durch die Punkte eine Gerade. Durch Vergleich mit den übrigen Geraden der Abb. 62 läßt sich dann der Freiharzgehalt der untersuchten Milch ziemlich genau ermitteln. Das Ergebnis wird um so genauer ausfallen, je höher der Freiharzgehalt ist.

Gelatine und Tierleim.

Allgemeines. Da Gelatine und Tierleim lediglich verschiedene Sorten des gleichen chemischen Stoffes sind, so sind die Richtlinien für ihre Prüfung im großen und ganzen die gleichen. Maßgebend für die Untersuchung ist immer der Verwendungszweck. So ist zu unterscheiden, ob die Ware für die Oberflächenleimung allein benutzt wird oder ob sie als Zusatzmittel bei der Leimung in der Masse zur Anwendung gelangt, dann, ob sie zur Erzeugung gestrichener oder Kunstdruckpapiere verwandt wird und endlich, ob sie Klebezwecken dienen soll. Die Verwendung zur Leimung setzt voraus, daß der Leim dem Eindringen von Tinte möglichst großen Widerstand bietet, d. h., solcher Leim darf nur langsam quellen. Da die Oberflächenleimung nur bei besseren Papieren zur Anwendung gelangt, so ist für diesen Zweck die Abwesenheit dunkelfärbender gelber bis brauner Stoffe sehr erwünscht. Das gleiche gilt, wenn der Leim als Zusatzmittel zum Harz bei der Leimung in der Masse benutzt wird, da dunkle Leime eine trübe Durchsicht geben. Mit Rücksicht auf rentabeles Arbeiten ist hier weiterhin die Prüfung auf die Ergiebigkeit erforderlich. Die Anwendung des Leimes in der Kunstdruckpapierfabrikation und für die genannten anderen Zwecke bedingt vor allem eine hohe Bindekraft und die Abwesenheit störender Verunreinigungen (Säure und Alkali). Für alle Verwendungszwecke ist schließlich die Prüfung des Wassergehaltes und die auf Aschenbestandteile vom Standpunkt eines vorteilhaften Einkaufes notwendig[1].

Gelatine und Tierleim kommen gewöhnlich in Tafelform, neuerdings auch in Perlform in den Handel[2]. Im allgemeinen gilt, daß die Qualität um so besser ist, je dünner die Tafel ist. Die Dicke der Tafel ist stets in Betracht zu ziehen, wenn man sich über verschiedene Sorten schnell ein Bild machen will und sie äußerlich auf Farbe, Geruch und Geschmack prüft. Selbst bei großer Erfahrung ist aber eine derartige Prüfung durchaus nicht immer zuverlässig.

Bestimmung der Feuchtigkeit. 2—3 g Leim werden mit einer scharfen Raspel von verschiedenen Leimtafeln abgefeilt und rasch in ein gewogenes Wägegläschen gegeben. In diesem wird die Probe 10 Stunden lang bei 100—110° getrocknet. Nach dem Abkühlen im Exsikkator wird der Gewichtsverlust ermittelt. Da ein konstantes Gewicht beim Trocknen in den wenigsten Fällen erreicht wird, ist es notwendig, alle solche Feuchtigkeitsbestimmungen stets genau in der gleichen Weise durchzuführen, um einwandfreie Vergleichswerte zu erhalten.

Leim enthält gewöhnlich 12—15% Wasser, in seltenen Fällen bis zu 18%. Sehr geringe Werte deuten auf eine Übertrocknung, durch welche die leimende Wirkung herabgemindert wird.

Aschenbestimmung. Zur Aschenbestimmung benutzt man zweckmäßig die zur Ermittlung des Wassergehaltes verwendete Probe. Verfügt man über einen genügend großen Platintiegel, so erhitzt man ihn nach dem Eintragen der Probe und dem Verschließen mit einem Deckel unmittelbar auf höhere Temperatur. Es gelingt hierdurch, ziemlich rasch die Veraschung durchzuführen. Allerdings werden bei der raschen Verbrennung bisweilen Spuren von Mineralbestandteilen mit fortgerissen, dies ist jedoch ohne irgendwelche praktische Bedeutung. Wenn man einen kleinen Tiegel anwendet, so muß man unbedingt zuerst langsam erhitzen, da die Masse sich stark aufbläht und möglicherweise über den Tiegelrand läuft. Erst allmählich kann man in diesem Fall die Temperatur steigern. Die Asche hält häufig hartnäckig Kohleteilchen zurück, welche man nur durch wiederholtes Abkühlenlassen, Befeuchten und weiteres Glühen verbrennen kann.

Qualitative Untersuchung der Asche. Im allgemeinen enthält Leim etwa 1,5% Asche. Ist der Anteil der Mineralbestandteile ein höherer, so ist auf absichtlichen Zusatz von Beschwerungsmitteln zu schließen. Als solche kommen Karbonate und Sulfate vom Blei, Zinkoxyd, Schwer-

---

[1] Man vgl. T. Sörensen: Knochen- und Lederleim und dessen Beurteilung. Papierfabrikant Bd. 27, S. 641. 1929. — Sauer, E.: Die Wertbestimmung des Leimes. Z. Kolloidchem. Bd. 33, S. 40. 1923.

[2] Blasweiler, Th. E.: Papierfabrikant Bd. 23, S. 266. 1925.

spat und anderes in Betracht. Diese Zusätze lassen sich durch die üblichen Nachweise feststellen. Durch die Untersuchung der Asche läßt sich auch die Frage beantworten, ob Leder-(Haut-) oder Knochenleim vorliegt.

Die Asche von Lederleimen schmilzt infolge ihres hohen Gehaltes an Ätzkalk nicht in der Flamme des Bunsenbrenners. Sie reagiert stark alkalisch und ist frei von Phosphor und Chlor. Die Asche von Knochenleim andererseits schmilzt leicht, ihre wässerige Lösung reagiert gewöhnlich neutral, und in ihrer salpetersauren Lösung können Phosphor und Chlor leicht nachgewiesen werden.

Prüfung der Reaktion. Helle Leime und Gelatine enthalten bisweilen Säurereste, besonders schweflige Säure, welche zwecks Bleichung im Laufe der Fabrikation zugesetzt wurde. Abgesehen hiervon reagieren Hautleime gewöhnlich alkalisch, Knochenleime häufig sauer. Im allgemeinen schadet das Vorhandensein geringer Säurereste (herstammend von der Entfernung der Kalksalze aus den Knochen) für die zum Zweck der Oberflächenleimung benutzten Tierleime wenig oder gar nicht. Unangenehmer ist die alkalische Reaktion.

Es kommen jedoch nicht selten Tierleime vor, welche über 2% Säure enthalten, ein derartiger Gehalt ist für die verschiedenartigste Verwendung des Tierleimes (und der Gelatine) sehr nachteilig. So sei z. B. erwähnt, daß ein solcher Säuregehalt bei der Erzeugung von Kunstdruckpapier in der Kartonnagen- und Buntpapierfabrikation, ferner bei Erzeugung von Heften, bei Buchbinderarbeiten und endlich beim Verpacken des fertigen Papiers durch seinen farbenverändernden Einfluß unliebsame Erscheinungen zur Folge haben kann.

Auf die Reaktion prüft man in sehr einfacher Weise qualitativ dadurch, daß man Lackmuspapier in die warme Auflösung des Leimes taucht. Macht sich auf Grund dieses Ergebnisses eine quantitative Prüfung notwendig, so verfährt man wie folgt.

Man läßt 10—25 g Gelatine oder Tierleim (Durchschnittsprobe) in 70 cm^3 Wasser aufquellen und löst späterhin durch Erwärmen auf einem Wasserbad den Leim vollkommen auf. Nachdem man die Lösung nach erfolgtem Abkühlen in einen 200 cm^3 fassenden Meßkolben gespült und diesen bis zur Marke aufgefüllt hat, titriert man einen aliquoten Teil der Flüssigkeit mit $^n/_{10}$ Säure oder Lauge unter Benutzung von Phenolphthalein als Indikator.

Prüfung auf Fettkörper. Zur Prüfung auf Fettkörper, welche bei mangelhafter Fabrikation (schlechter Reinigung der Häute und Knochen) nicht selten im Leim zu finden sind, werden 10—20 g Substanz in einem Soxhlet mit Äther 6 Stunden lang extrahiert, worauf die Menge des Rückstandes nach Abdampfen des Äthers in der üblichen Weise bestimmt wird. Geringe Mengen Fett sind weniger für die Verwendung des Leimes oder der Gelatine für Leimungs- als für andere Zwecke von Belang. Größere Extraktmengen zeigen schon an und für sich eine unreine Qualität an.

Prüfung auf farbige gelbbraune Körper. In einfacher Weise geschieht diese Prüfung derart, daß man eine Durchschnittsprobe des Leimes in Wasser von gewöhnlicher Temperatur in einer Porzellanschale quellen läßt. Der Leim ist um so besser, je geringer das Wasser sich nach 12 Stunden gefärbt hat.

Gut vergleichbare Ergebnisse erhält man rasch auf folgende Weise. Man löst ein fein geraspeltes Durchschnittsmuster des Leimes in einem Becherglas zu einer 5proz. Lösung, indem man es anfangs mit wenig Wasser etwa 1 Stunde quellen läßt und es späterhin mit mehr Wasser auf einem Wasserbad bei 100° vollkommen auflöst. In der gleichen Weise verfährt man mit der Probe eines Leimes, der erfahrungsgemäß hinsichtlich seiner Farbe in der Praxis sich als befriedigend bewährt hat. Gleiche Mengen der Leimlösung füllt man nach dem Erkalten in zwei vollkommen gleichartige Standzylinder und vergleicht nun die Farbe beider in der Durchsicht. Zur Durchführung der Prüfung ist ein Kolorimeter gut geeignet.

Quellfähigkeit. Der Gegenstand dieser Prüfung ist die Feststellung, wieviel Wasser vom Leim oder der Gelatine innerhalb 24 Stunden bei konstanter Temperatur des Wassers von 15° C aufgenommen wird. Man legt zu diesem Zweck eine oder mehrere Tafeln des Leimes derart in Wasser von obiger Temperatur, daß sie vollkommen bedeckt sind. Nach 24 Stunden nimmt man die Tafel aus dem Wasser, läßt die anhaftende Flüssigkeit abtropfen und wägt. Die prozentual aufgenommene Wassermenge ist ein Maßstab für die Beurteilung der Güte des Leimes. Zu beachten ist jedoch, daß die Aufnahmefähigkeit gegenüber Wasser nicht allein von der Temperatur des Wassers, sondern auch von der Dicke der Tafeln abhängt, so daß man diese bei den Versuchen auch möglichst gleichartig wählen muß. Bei Hautleimen nehmen Tafeln der üblichen Dicke in 24 Stunden etwa das Dreifache ihres Gewichtes an Wasser auf, während Knochenleime gewöhnlich kaum das Zweieinhalbfache adsorbieren. Zweckmäßig ist es, die gequollenen Tafeln dann noch weiterhin im Wasser zu belassen und zu beobachten, wann der Zerfall der Tafeln eintritt. Man erlangt hierdurch wieder ein Mittel zur Beurteilung, welcher Leim gegenüber dem Eindringen von Tinte am beständigsten ist. Es gibt Leime, welche das Fünffache ihres Gewichtes an Wasser aufzunehmen vermögen und in diesem höchsten Quellungszustande eine noch nicht zerfallende Masse bilden. Solche Leime sind für die Leimung natürlich sehr vorteilhaft.

Ergiebigkeitsprüfung (gelatinierende Kraft). Diese Prüfung ist bedeutungsvoll für die Beurteilung des Leimes hinsichtlich seiner rentablen

Verwendung zur Leimung. Die Ergiebigkeitsprüfung läßt erkennen, ob beim Abkühlen auf 15° C die Lösung einer bestimmten Konzentration (5%) noch ebenso erstarrt, wie es bei erfahrungsgemäß guten Leimsorten der Fall ist. Zur Ausführung der Bestimmung verfährt man nach Brauer wie folgt. Man gibt in ein Becherglas von etwa 5 cm³ Durchmesser und etwa 10 cm Höhe 10 g grob zerstoßenen Leim und so viel Wasser, daß vollkommene Quellung erfolgt. Nach etwa 15stündigem Einweichen (über Nacht) löst man den Leim durch Erwärmen auf dem Wasserbad bei 75° C unter Zusatz weiteren Wassers vollkommen auf. Nach diesem Auflösen ergänzt man auf genau 200 cm³ und stellt hierauf das Glas zum Abkühlen in kaltes Wasser, bis eine Temperatur von 15° C erreicht ist. 10 Minuten nach Erreichung dieses Punktes soll der Leim erstarrt sein und darf bei geneigter Lage des Gefäßes nicht mehr ausfließen.

Da man bei dieser Methode nur ziemlich erhebliche Unterschiede feststellen kann, so ist es bei sehr ähnlichen Leimen gut, die erhaltene Gallerte noch dadurch zu prüfen, daß man durch Eindrücken des Fingers in ihre Oberfläche ihre Konsistenz ermittelt. Es gelingt nach einiger Erfahrung sehr gut, durch diese Prüfung selbst zwischen sonst sehr ähnlichen Leimen noch manchmal gut merkbare Unterschiede festzustellen.

Bestimmung der Viskosität. Die Bestimmung der Viskosität von Tierleimen und Gelatine bzw. die ihrer Lösungen stellt eine gut brauchbare Methode dar, um objektive Vergleichswerte für die Eignung verschiedener Sorten für Leimungszwecke zu erhalten. Zur Ausführung dieser Bestimmung benutzt man eine 1proz. Leimlösung, deren Temperatur 15° beträgt. Man bestimmt dann die Zeit, welche für das Auslaufen von 50 cm³ Leimlösung aus einer Bürette notwendig ist. Zu diesen Vergleichsversuchen muß man selbstverständlich stets die gleiche Bürette benutzen und zur Erlangung eines guten Mittelwertes etwa 10—12 Auslaufversuche ausführen.

Je länger das Ausfließen dauert, um so größer ist die Viskosität und je besser die Qualität der Ware. Zweckmäßig vergleicht man alle Proben mit einem Leim, der sich in der Fabrikation als gut bewährt hat und dessen Viskosität gleich 1 gesetzt wird.

Bestimmung der leimenden Kolloide in Gelatine und Tierleim durch Adsorptionsanalyse nach Wislicenus und R. Lorenz[1]. Die leimenden Kolloide im Tierleim und der Gelatine lassen sich ihrer Menge nach gemäß einer von den genannten Forschern ausgearbeiteten Methode durch Adsorption auf Fasertonerde bestimmen. Für die Ausführung der Analyse hat F. Lorenz[2] eine Vorschrift gegeben, welche

[1] Wislicenus, H. u. R. Lorenz: Über kolloidchemische Wertbestimmung der Klebestoffe. Papierfabrikant Bd. 22, S. 337. 1924.

[2] Lorenz, F.: Quantitative Bestimmung der leimenden Kolloide im Tierleim. Papierfabrikant Bd. 21, S. 105. 1923.

im folgenden wiedergegeben ist unter Berücksichtigung der Abänderung, welche sich auf Grund der Einwände von Kirchhoff[1] erforderlich machten.

Zur Untersuchung benötigt man eine etwa 0,1 proz. Leimlösung, welche vollständig klar und blank sein muß und welche man mit Hilfe einer Filterkerze oder durch Anwendung eines Goochtiegels mit gefrittetem Glasboden leicht erhalten kann. Zur genauen Gehaltsbestimmung der Lösung dampft man 100 cm³ auf dem Wasserbade in einer kleinen gewogenen Schale ein, trocknet den Rückstand bis zur Gewichtskonstanz bei 100 bis 105° und wägt. Den für die Adsorptionsanalyse erforderlichen Apparat zeigt in einfacher Ausführung die Abb. 63. *A* ist ein Niveaugefäß der üblichen Ausführung, welches durch einen Schlauch mit dem Adsorptionsgefäß *B* verbunden ist, in welchem sich die Fasertonerde (Merck) oben und unten durch ein Wattepolster abgeschlossen befindet. Das Adsorptionsgefäß ist mit einem durchbohrten Stopfen verschlossen, durch den ein gemäß der Abbildung gebogenes Glasrohr führt. Als Vorlage dienen Erlenmeyerkolben mit langem Hals, welche Marken bei teils 30, teils 100 cm³ tragen. Die Menge der anzuwendenden Tonerde beträgt etwa 7,5 g. Man füllt in die tiefgestellte Niveaukugel 180—200 cm³ der klaren Leimlösung, hebt dann das Gefäß bis die Leimlösung die Tonerde vollkommen bedeckt und wartet bis diese sich ganz vollgesogen hat. Dann stellt man die Kugel so hoch, daß die Leimlösung in schwachem Strom durch die Apparatur durchfließt. Um sicher zu sein, daß vollkommene Adsorption erfolgt, regle man die Fließgeschwindigkeit so, daß 100 cm³ in etwa 6—8 Stunden durchfließen. Nach dem Auffangen der ersten 30 cm³ wechselt man den kleinen Kolben gegen den größeren aus. Nur die in diesem aufgefangene Lösung wird zur weiteren Untersuchung verwandt.

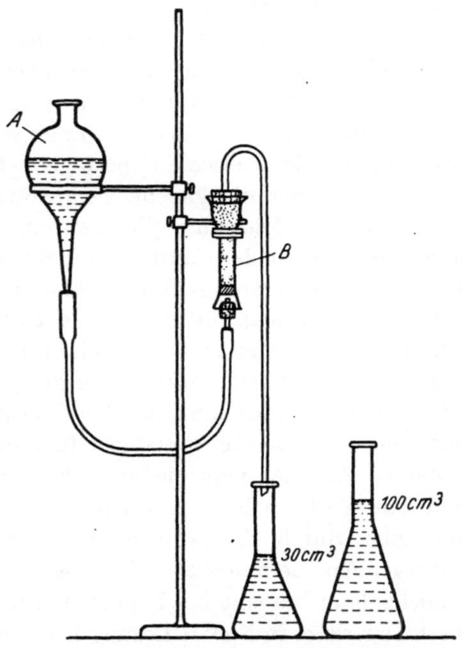

Abb. 63. Bestimmung der leimenden Kolloide im Tierleim.

[1] Kirchhoff, P.: Einige Bemerkungen zu dem Aufsatz von F. Lorenz. Papierfabrikant Bd. 21, S. 529. 1923.

Zweckmäßig überzeugt man sich in bekannter Weise durch Prüfen mit Tannin in einer Probe der durchgelaufenen Lösung, ob die Adsorption bei den gewählten Versuchsbedingungen (Menge der Tonerde und Geschwindigkeit des Durchflusses) vollkommen war. Von der durchgeflossenen Lösung werden dann 100 cm³ abpipettiert, in eine gewogene Schale gegeben und zur Trockne verdampft. Der wie oben angegeben behandelte Rückstand wird gewogen. Aus der Differenz gegenüber dem Rückstandsgewicht der ursprünglichen Lösung ergibt sich die Menge der leimenden Kolloide.

Schnellverfahren zur Begutachtung von Tierleim nach F. John[1]. Man stellt sich von dem zu untersuchenden Leim eine 15proz. Lösung dar. 100 cm³ dieser Lösung werden auf eine Temperatur von 25° gebracht und 140 g Blanc-fixe hineinverrührt. Die Temperatur der Mischung soll jetzt etwa 22° betragen. Darauf, daß bei den Vergleichsversuchen immer die gleiche Temperatur eingehalten wird, ist genau zu achten. Zur Mischung gibt man nun aus einer Tropfbürette tropfenweise neutrale ameisensaure Tonerdelösung von 15° Bé hinzu. Scheidet sich schon beim ersten Kubikzentimeter die Gallerte klumpig oder grießlich ab, so muß man mit der Konzentration des Leimes herabgehen (bei sehr guten Lederleimen sogar bis auf 5proz. Lösung). Bei 2—6 cm³ Verbrauch an ameisensaurer Tonerde spürt man ein beinahe plötzliches Dickwerden der Mischung, und bei richtigem Zusatz läßt sich die Gallerte mit dem Glasstab nun zu langen Bändern ausziehen, bis sie bald völlig erstarrt. Aus der verschiedenen Konzentration des Leimes einerseits und dem Verbrauch an ameisensaurer Tonerde andererseits ergibt sich eine gute, durch Erfahrungen im Betriebe bestätigte Beurteilung der vorliegenden Leimproben. Ein sehr schlechter, stark wasserhaltiger Knochenleim braucht bei 15proz. Lösung 6—9 cm³, während ein tadelloser Lederleim in 5proz. Lösung bei 2 cm³ des Fällmittels genau gleich ausfällt. Enthält ein Leim viel freie Säure oder ist die Leimlösung durch zu langes Stehen sauer geworden, so ist diese Untersuchungsmethode nicht brauchbar, da der Leim dann klumpig ausfällt.

Auf die vollständige Säurefreiheit der angewandten ameisensauren Tonerde ist zu achten.

Kasein.

Allgemeines. Kasein kommt als gelbliches, sandartiges Pulver in den Handel. Je feiner es ist, um so leichter löst es sich. Es ist darauf zu achten, daß Kasein vollkommen trocken einlangt und vor Feuchtigkeit geschützt gelagert wird, da schon geringe Mengen Feuchtigkeit Veranlassung zur Pilzentwicklung geben können. Kasein ist zum Unterschied von Leim in Wasser unlöslich, dagegen wird es leicht von schwachen Alkalien gelöst.

[1] Chem.-Zg. Bd. 46, S. 974. 1922.

Die Untersuchung des Kaseins erstreckt sich auf die Bestimmung seiner Feuchtigkeit und Löslichkeit, auf die Ermittlung von Verunreinigungen, ferner auf die Feststellung von Säure- und Fettresten von seiner Darstellung her, auf Stärke, sowie endlich auf sein Kaolinbindungsvermögen bei Sorten, die für gestrichene Papiere verwendet werden sollen. Quantitative Bestimmung des Kaseingehaltes wird seltener in Frage kommen[1].

Bestimmung der Feuchtigkeit. 2—3 g Kasein werden in einem gewogenen Wägegläschen 6—8 Stunden bei 100—105° getrocknet.

Der Gewichtsverlust ergibt unmittelbar den Wassergehalt. Gutes Kasein soll nicht mehr als 12% Feuchtigkeit enthalten.

Prüfung auf anorganische Verunreinigungen. Anorganische Stoffe können durch eine Aschenbestimmung ermittelt werden. Reinstes Kasein hat nie mehr als 0,5% Asche, in technischem Kasein finden sich jedoch nicht selten bis zu 6% Asche. Ein höherer Aschengehalt kann unter allen Umständen beanstandet werden. Zu einer Aschenbestimmung verbrennt man 1—2 g Kasein in einem Platintiegel.

Aus der Höhe des Aschenrückstandes läßt sich schließen, ob es sich um Säurekaseine oder um Labkaseine handelt. Diese enthalten 5—8,5% Asche, jene beträchtlich weniger.

Prüfung der Löslichkeit. a) Nach der Methode der Internationalen Galalith-Gesellschaft[2]. Das Kasein wird so fein gemahlen, daß es durch ein 20er Maschensieb hindurchgeht. 100 Teile der gut gemischten Probe werden mit 400 Teilen Wasser und 15 Teilen Borax (Handelsware) gemischt, im Dampf oder Wasserbade (nicht durch direkten Dampf) auf nicht mehr als 100° erwärmt und gerührt, bis Lösung erfolgt ist. Die Rührzeit darf nicht mehr als 10 Minuten betragen. Das Kasein muß dann klar gelöst sein; einer reinen Messerklinge oder einem reinen Papierstreifen, die bis auf den Boden des Lösegefäßes eingetaucht werden, dürfen unlösliche Teilchen nicht anhaften.

b) Nach Höpfner und Burmeister. Man wiegt in einem Becherglas 10 g Kasein ab, übergießt sie mit 50 cm³ Wasser, welche 1—2 Tropfen 33proz. Ammoniak enthalten. Nach einigen Stunden erwärmt man

---

[1] Die Prüfverfahren für Milchsäurekasein werden während der Abfassung des Buches vom Reichsausschuß für Lieferbedingungen ausgearbeitet und geprüft. Zur Zeit der Drucklegung waren die Arbeiten des Ausschusses noch nicht so weit gediehen, als daß eine Veröffentlichung der vorgeschlagenen Prüfungsverfahren schon möglich war. — Man vgl. im übrigen für die Kaseinuntersuchung noch folgendes: Ulex, H.: Analytische Untersuchungen von technischem Kasein. Chem. Zentralblatt 1925 II, S. 2114. — Baum, Fr.: Über die analytische Bewertung von technischen Kaseinen. Chem. Zentralblatt 1928 II, S. 954. — Höpfer, W., u. K. Jandas: Über die Bestimmung der freien Säure und des Fettes in technischem Kasein. Chem.-Zg. Bd. 49, S. 641. 1925 u. Bd. 50, S. 325. 1926.

[2] Chem.-Zg. Bd. 37, S. 288. 1913.

den Inhalt des Glases auf dem Wasserbad auf 60°. Reines Kasein gibt hierbei eine zähe, schlüpfrige, durchsichtige Lösung, während lang gelagerte oder bei zu hoher Temperatur getrocknete Ware trüb bleibt. Mineralische Beimengungen (Sand) und andere Unreinheiten setzen sich ab, so daß durch diesen Versuch auch über die Reinheit der Ware Aufschluß gewonnen werden kann.

Prüfung auf Fettgehalt. Zu seiner Ermittlung extrahiert man 10 g Kasein in einem Soxhletapparat 2 Stunden lang mit Äther und dampft die erhaltene Lösung unter Wiedergewinnung des Äthers auf einem Wasserbade in einem gewogenen Kölbchen zur Trockne ein.

In Ermangelung eines Soxhlets kann man auch derart verfahren, daß man 10 g Kasein in einer verschließbaren Flasche mit 100 cm³ Äther während 2 Stunden öfters gut durchschüttelt, dann durch ein trockenes Filter rasch in ein gewogenes Kölbchen filtriert, worauf aus diesem der Äther wieder abgedampft wird. In beiden Fällen trocknet man hierauf 2 Stunden lang im Wassertrockenschrank und bringt nach dem Erkalten zur Wägung. Kasein soll nicht mehr als 0,1% Fett enthalten.

Eine andere Vorschrift, welche von Werner-Schmidt stammt, und die zufolge einer kritischen Prüfung verschiedener Methoden durch Bray und Mayr[1] von diesen als die beste empfohlen wird, lautet wie folgt: Man erwärmt 5 g des fein gepulverten Kaseins im Wasserbad mit 10 cm³ Wasser und 20 cm³ konzentrierter Salzsäure (spez. Gew. 1,16) 40 Minuten lang, wobei von Zeit zu Zeit geschüttelt oder umgerührt wird. Nach dem Abkühlen wird die wässerige Lösung mit Äther erschöpfend extrahiert; die Ätherlösung wird mit wasserfreiem Natriumsulfat getrocknet, der Äther abdestilliert und der Rückstand mit Ligroin ausgezogen. Man dampft die Ligroinlösung ein und der erhaltene Rückstand wird bei 100° bis zum konstanten Gewicht getrocknet; er stellt den Fettgehalt des Kaseins dar.

Prüfung auf Säure. Als solche kommt in den meisten Fällen Essig- oder Milchsäure in Betracht. Der Nachweis der Säure geschieht dadurch, daß man 10 g des Kaseins mit 100 cm³ Wasser gut durchschüttelt und diesen Auszug nach dem Filtrieren auf seine Reaktion prüft. Es darf nur sehr schwach saure Reaktion vorhanden sein. Falls man das Filtrat nach Zusatz von Phenolphthalein titriert, so soll bei obiger Menge nicht mehr als 1 cm³ $^n/_{10}$ Lauge verbraucht werden.

Bestimmung des Säure- und Fettgehaltes nach Marcusson und Picard[2]. Man läßt 5 g Kasein nach dem Verreiben mit etwas Quarz-

---

[1] Bray, G. T., u. F. Mayr: Die Bestimmung von Fett in Kasein. Literatur-Auszüge H. 2, S. 26. 1923.

[2] Marcusson, J., u. M. Picard: Die Bestimmung des Säure- und Fettgehaltes von Kaseinen. Chem.-Zg. Bd. 51, S. 104. 1927. Man vgl. auch Chem.-Zg. Bd. 52, S. 517. 1928.

sand zusammen mit 5 g Wasser etwas anquellen. Die gequollene Masse bringt man in eine Extraktionshülse und zieht sie dann in einem Soxhlet erschöpfend mit Äther aus. Der hierbei erhaltene Ätherauszug wird nach dem Überführen in einen kleinen Scheidetrichter 3—4mal mit Wasser ausgeschüttelt. Hierdurch wird vorhandene Milchsäure in den Wasserauszug übergeführt und sie kann nach dessen Ablassen aus dem Trichter durch Titration mit $^n/_{10}$ Natronlauge unter Anwendung von Phenolphthalein als Indikator der Menge nach bestimmt werden. 1 cm^3 $^n/_{10}$ Lauge entspricht 0,009 g Milchsäure. Die höheren Fettsäuren wie auch das Neutralfett verbleiben im Äther. Die Menge der vorhandenen höheren Fettsäuren wird durch Titration der Ätherlösung mit alkoholischer $^n/_{10}$ Lauge und Phenolphthalein ermittelt, wobei der Berechnung ein mittleres Molekulargewicht von 280 zugrunde gelegt wird; 1 cm^3 Lauge entspricht demnach 0,028 g Fettsäuren. Schüttelt man nun die Ätherlösung nochmals mit Wasser aus — etwa zweimal —, so wird die bei der Titration gebildete Seife aus dem Äther entfernt, dieser enthält dann also nur noch das Neutralfett. Es wird quantitativ dadurch ermittelt, daß man die Ätherlösung nach dem Überführen in einen gewogenen kleinen Kolben abdestilliert und den Rückstand nach dem Trocknen wiegt.

Diese Methode soll sehr verläßliche und aufschlußreiche Zahlen ergeben.

Gesamtmenge der Verunreinigungen. Diese wird wie folgt bestimmt. Man befeuchtet in einem kleinen Becher 1 g Kasein mit 10 Tropfen konzentriertem Ammoniak, fügt 25 cm^3 Wasser hinzu und löst nach längerem Quellen in der Wärme auf. Die Unreinheiten läßt man nun einige Zeit absitzen, gießt dann ab und wäscht mehrmals mit frischem Wasser aus, wobei man jedesmal gut absitzen läßt. Der Rückstand wird in dem benutzten Becher getrocknet und zur Wägung gebracht. Er kann später statt einer neuen Probe zur Aschenbestimmung verwandt werden.

Quantitative Bestimmung des Kaseins. Ist in besonderen Fällen eine solche Bestimmung notwendig, so geschieht diese zweckmäßig durch Ermittlung des Stickstoffgehaltes nach Kjeldahl. Den gefundenen Wert an Stickstoff multipliziert man mit 6,99, und man verlangt von einem guten Kasein, daß hierbei sich annähernd die Zahl 100 ergibt. Der Wert 6,99 erklärt sich aus der Tatsache, daß reines Milcheiweiß 14,3% Stickstoff enthält.

Prüfung auf Stärke. Man erwärmt eine Probe des Kaseins mit destilliertem Wasser, fügt dann zur Flüssigkeit etwas verdünnte Säure und nach dem Abkühlen einige Tropfen einer verdünnten Jodlösung. Bei Anwesenheit von Stärke im Kasein tritt die bekannte Blaufärbung ein.

Bestimmung des Kaolinbindungsvermögens nach Griffin[1]. Es wird zunächst eine Auflösung von Kasein mit Hilfe von Borax hergestellt.

[1] Griffin: Technical Methods of Analysis. New York 1921.

(Siehe die Ausführung der Löslichkeitsbestimmung.) Die Lösung wird mit Hilfe von heißem Wasser so gestellt, daß 10 cm^3 gerade 1 g Kasein enthalten. Diese verdünnte Lösung muß während der Durchführung der Versuche dauernd heiß gehalten werden. Ferner sind notwendig 100 g im Trockenschrank getrocknetes Kaolin, welche Menge in einer Porzellanschale mit 65 cm^3 Wasser sorgfältig gemischt wird. Wenn die Mischung vollkommen ist und keine Klumpen mehr vorhanden sind, fügt man 50 cm^3 der heißen Kaseinlösung, das sind also 5% Kasein, bezogen auf das absolut trockene Kaolingewicht, hinzu. Man mischt vorsichtig mit Hilfe eines $^3/_4$zolligen Malerpinsels und bringt schließlich einen Pinsel voll der Mischung auf die eine Seite eines Papierstreifens und erzeugt durch gleichmäßige Verteilung einen glatten Aufstrich. Ein glattes, stärkeres Papier ist für die Versuche am geeignetsten.

Man fügt darauf von neuem 10 cm^3 Kaseinlösung zur Tonaufschlämmung und mischt die jetzt 6% Kasein enthaltende Mischung wieder gut, worauf man in gleicher Weise wie oben verfährt. In dieser Weise stellt man nacheinander auf Papierstreifen Aufstriche dar, welche bis zu 14% Kasein enthalten. Die gestrichenen Papiere läßt man über Nacht oder 3 Stunden bei 55° trocknen und bestimmt dann wie folgt jenen Punkt, bei welchem die angewandte Kaseinmenge nicht mehr vollständig von dem Ton zurückgehalten wird.

Hierzu erwärmt man ein Stück Siegellack ungefähr 1 cm über einer elektrischen Heizplatte derart, daß es gerade leicht knetbar wird.

Nachdem man es dann wieder während genau 15 Sekunden hat abkühlen lassen, hält man es nochmals während 15 Sekunden in derselben Entfernung über die Wärmplatte und preßt es dann für einen Augenblick auf die 5% Kasein enthaltende Aufstrichprobe. Man zieht das Siegellackstück darauf rasch ab und beobachtet, ob nur der Aufstrich oder auch einige Fasern mit folgen. Danach erwärmt man den Lack von neuem genau 15 Sekunden und prüft nun die nächste Probe genau so. Derart geht man weiter, bis jener Punkt erreicht ist, wo der Aufstrich so fest am Papier haftet, daß beim Abziehen auch einige Fasern mit losgerissen werden. Diesen kritischen Punkt bestimmt man nun nochmals, indem man mit dem Aufstrich beginnt, der den höchsten Kaseingehalt enthält.

Man drückt das Kaolinbindungsvermögen aus in Anzahl Teilen Kaolin, welche von einem Teil Kasein gebunden werden. Man erhält diesen Wert, wenn man 100 durch den Prozentsatz an Kasein dividiert, den der kritische Aufstrich besaß. Wurde z. B. der kritische Punkt bei einem Aufstrich mit 9% Kasein gefunden, so ist das Kaolinbindungsvermögen $100 : 9 = 11{,}1$. Diese Versuche sind natürlich gleichzeitig mit einem Standardkasein auszuführen. Gutes Kasein weist ein Kaolinbindungsvermögen von ungefähr 11 auf.

Stärke.

Allgemeines. Die Prüfung der Stärke erstreckt sich auf die Ermittlung ihres Wassergehaltes, auf die Bestimmung eines etwaigen Säuregehaltes und eines solchen von mineralischen Beimengungen. Auch auf Rohzellulose und auf ihre Klebfähigkeit wird die Stärke häufig geprüft[1].

Bestimmung des Wassergehaltes. Der Wassergehalt der Stärke ist ein sehr wechselnder. Handelsstärke enthält gewöhnlich nicht mehr als 20%. Ein höherer Wassergehalt ist unzulässig.

a) Durch Trocknen. Die zuverlässigste Methode der Feuchtigkeitsbestimmung ist die folgende. Man wiegt 5—10 g Stärke in einem verschließbaren Wägeglas ab und trocknet zunächst 1 Stunde bei 45°; darauf trocknet man weitere 4 Stunden bei genau 120°, läßt im Exsikkator erkalten und bestimmt den Gewichtsverlust, der, entsprechend umgerechnet, den Wassergehalt ergibt.

Ein direktes Erhitzen auf hohe Temperatur darf nicht vorgenommen werden, da sonst Kleisterbildung eintritt.

Geringe Säuremengen (bis zu 0,1% Schwefelsäure) sind ohne praktischen Einfluß auf die Ergebnisse der Bestimmung. Es wird wohl beim Trocknen Zucker gebildet, doch ist seine Menge so gering, daß der durch ihn zurückgehaltenen Wassermenge keine Bedeutung zukommt.

b) Nach Saare[2]. Bei dieser Methode wird der Wassergehalt der Stärke aus ihrem jeweiligen spez. Gewicht ermittelt. Das spez. Gewicht absolut trockener Stärke beträgt 1,65, d. h., 1 cm^3 Stärke wiegt 1,65 g. 100 g trockene Stärke nehmen also einen Raum von 60,60 cm^3 ein; füllt man diese Menge in einen Meßkolben von 250 cm^3, so braucht man, um bis zur Marke aufzufüllen, $250 - 60{,}60 = 189{,}40$ cm^3 oder g Wasser. Der Inhalt des Kolbens wiegt dann 289,40 g. Ist die Stärke feucht, so benötigt man zum Auffüllen bis zur Marke in dem Maße weniger Wasser, als der Wassergehalt der Stärke größer ist, oder mit anderen Worten, das Gewicht des gefüllten Kolbens ist um so geringer, je größer der Feuchtigkeitsgehalt ist.

Die Bestimmung wird wie folgt ausgeführt. 100 g Stärke werden in einer Porzellanschale abgewogen, mit destillertem Wasser angerührt und in einen gewogenen Meßkolben von 250 cm^3 Inhalt gespült. Man füllt dann bis zur Marke auf, und zwar mit Wasser von 17,5° C. Nach Abwägung des gefüllten Kolbens wird durch Abzug des Kolbengewichtes

[1] Man vgl. Papyro: Prüfung von zur Papierfabrikation dienenden Stärken und Stärkemehlen. Papetrie Bd. 50, S. 177. 1928; Referat in Technol. u. Chemie d. Pap. u. Zellstoffabr. Bd. 25, S. 98. 1928 (Beilage z. Wochenbl. f. Papierfabr.)

[2] Saare: Fabrikation der Kartoffelstärke. 1897. S. 509. Abdruck der Tabelle im Anhang.

das Gewicht des Kolbeninhaltes ermittelt und mit dessen Hilfe aus der Tabelle von Saare der Wassergehalt der Stärke abgelesen.

Die Bestimmungsmethode von Saare gibt bis auf 0,5% richtige Werte. Sie ist jedoch nur für Kartoffelstärke anwendbar. Eine Methode, die bei allen Arten von Stärke angewendet werden kann, ist die bereits mehrfach erwähnte Destillationsmethode mit Kohlenwasserstoffen.

Prüfung auf Säure. Qualitativ wird Stärke auf Säure vermittels verdünnter neutraler Lackmuslösung geprüft. Man tropft auf eine glattgestrichene Stärkeprobe etwas von dieser Lösung. Wird die Stärke blau oder violett, so ist sie vollkommen säurefrei, wird sie weinrot bis ziegelrot, so ist sie schwach bis stark sauer.

Zur quantitativen Bestimmung der Säure verfährt man nach Saare folgendermaßen. Man rührt 25 g Stärke mit 25—30 cm^3 Wasser zu einem dicken Brei an und titriert diesen unter gutem Rühren mit $^n/_{10}$ Natronlauge. Der Endpunkt ist erreicht, wenn ein Tropfen der Stärkemilch, auf mehrfach gefaltetes Filtrierpapier aufgetragen, durch Lackmuslösung nicht mehr rot gefärbt wird. Als Kontrolle dient eine Stärkeprobe, die neutral reagiert und zu einer ebenso dicken Stärkemilch angerührt wurde. Je nachdem ob für 100 g Stärke bis 5, bis 8 oder über 8 cm^3 $^n/_{10}$ Natronlauge verbraucht werden, ist die Stärke „zart sauer", „sauer" oder „stark sauer".

Prüfung auf mineralische Beimengungen. Als mineralische Verfälschungen kommen, allerdings nur in seltenen Fällen, Ton, Gips, Kreide und Schwerspat in Betracht. Zur Ermittlung solcher Verunreinigungen kann man entweder die Stärke veraschen oder aber sie lösen und den Rückstand untersuchen.

Zur Veraschung bedient man sich eines gewogenen Platintiegels, in welchem man 5—10 g Stärke verbrennt. Da die Asche häufig unverbrannte Rückstände enthält, ist es zweckmäßig, sie nach dem Abkühlen mit Wasser zu befeuchten und von neuem zu glühen.

Der Aschengehalt von Stärke überschreitet in den meisten Fällen nicht 0,5%. Wenn er größer als 1% ist, so darf mit Bestimmtheit auf die Anwesenheit anorganischer Beimengungen geschlossen werden. Ihre genaue Menge und Beschaffenheit ermittelt man dann zweckmäßig durch Veraschung einer größeren Stärkeprobe. Es ist hierbei zu berücksichtigen, daß manche der Beimengungen, z. B. Kreide und Gips, durch Abgabe von Kohlensäure bzw. schwefliger Säure an Gewicht verlieren und die erhaltene Aschenmenge daher kleiner ist als das Gewicht der zugemischten Körper.

Will man zur Ermittlung der Verunreinigungen die Stärke lösen, so wendet man zweckmäßig starke Salpetersäure an oder man übergießt die Stärke nach Verkleisterung mit einem Malzauszug. Man verdünnt dann die erhaltene Lösung und sammelt den Rückstand zwecks weiterer Untersuchung auf einem Filter.

Zur Ermittlung von anorganischen Beimengungen eignet sich auch sehr gut das Mikroskop.

Prüfung auf Rohzellulose. Durch mangelhafte Sorgfalt bei der Fabrikation kann in der Stärke Rohzellulose zurückbleiben. Man prüft auf ihr Vorhandensein am schnellsten und sichersten mittels des Mikroskopes. Zum Ausfärben des Präparates bedient man sich einer Jod-Jodkaliumlösung, durch welche die Stärkekörner tiefblau gefärbt werden, während andererseits die Bruchstücke der Pflanzenzellen hierdurch im Präparat als schwach gelbe Teilchen erscheinen.

Mikroskopische Prüfung der Stärke. Zur Unterscheidung der verschiedenen Stärkesorten und zur Feststellung, ob billigere Stärkearten einer wertvolleren beigemengt worden sind, benutzt man das Mikroskop. Nachstehende Angaben lassen die Unterschiede der einzelnen Arten leicht erkennen.

a) Kartoffelstärke. Die Körner sind eiförmig. Ein fast stets wahrnehmbarer Kern liegt exzentrisch; um ihn herum sind Schichten gleichfalls exzentrisch angeordnet. Ungefähre Größe der Körner: 0,04 mm lang, 0,03 mm breit.

b) Maisstärke. Die Körner sind rund oder vieleckig. Die meisten Körner zeigen einen Kern. Schichtenbildung ist selten. Trockene Körner zeigen radiale, vom Kern ausgehende Risse.

c) Reisstärke. Die Körner sind vieleckig (meistens fünf- bis sechseckig). Statt des Kernes zeigen sie häufig sternförmige Höhlungen. Die Körner ähneln denen der Maisstärke, sind jedoch bedeutend kleiner als diese.

d) Weizenstärke. Die Körner der Weizenstärke (Roggen- und Gerstenstärke sind von ihr nur schwer zu unterscheiden) haben eine abgerundete Form, die manchmal einen Kern und Schichtenbildung zeigen. Auch netzartige Struktur und Rißbildung kann häufig beobachtet werden. Charakteristisch ist, daß neben größeren Körnern nur kleinere vorhanden sind, Übergangsgrößen kommen nicht vor.

Empfohlen wird auch folgendes Verfahren der verschiedenfarbigen Ausfärbungen der einzelnen Stärkearten.

Mikroskopisch-färberischer Nachweis von Weizen-, Roggen- und Kartoffelstärke nebeneinander[1]. 5—10 g des zu untersuchenden Mehles werden mit 3 proz. Karbolwasser kurz geschüttelt und 24 Stunden stehengelassen, worauf man hiervon etwas auf einen Objektträger streicht und lufttrocken werden läßt. Das Präparat wird zunächst in einem Standgefäß 10 Minuten lang mit einer Mischung, bestehend aus 1 g einer „Wasserblau-Orcein-Mischung“ (Wasserblau 1,0,

[1] Unna, E.: Z. Unters. Nahr.- u. Genußm. Bd. 36, S. 49. 1918; Chem.-Zg Bd. 43, Nr. 77, Beilage S. 142. 1919.

Orcein 1,0, Eisessig 5,0, Glyzerin 20,0, Alkohol (86proz.) 50,0 mit Wasser zu 100 Teilen) und Eosinlösung (1 g alkohollösliches Eosin zu 100 g 60proz. Alkohol) gefärbt, dann gut abgespült und 15 Minuten lang in einem weiteren Standgefäß mit 1proz. Safraninlösung gefärbt, wieder gut abgespült und 20—30 Minuten lang in einem dritten Standgefäß mit 0,5proz. Kaliumbichromatlösung gebeizt, dann mit Wasser und Alkohol abgespült, wenn nötig, mit Xylol aufgehellt und mit Kanadabalsam und Deckglas versehen. Bei dieser Färbung wird die Kartoffelstärke durch aufgenommenes Safranin stark rot, die Weizenstärke nur schwach rosa gefärbt, während die Roggenstärke das Safranin in seine metachromatische Form verwandelt und sich dunkelgelb bis hellbraun färbt mit außerordentlich deutlicher konzentrierter Schichtung, und das Klebereiweiß sich blau färbt.

Bestimmung der Klebfähigkeit von Stärke. Je größer die Kleisterzähigkeit ist, desto besser ist die Klebfähigkeit der Stärke. Eine praktische Prüfung ist hierfür von Schreib[1] angegeben. Nach seiner Vorschrift rührt man Stärke mit Wasser zu einer Milch an und kocht diese dann über einem Bunsenbrenner unter stetigem Umrühren fertig. Das Kochen soll nicht länger als 1 Minute dauern. Man entfernt den Brenner, sobald nach erfolgtem Klarwerden der Kleister aufzuschäumen beginnt. Bei Anwendung von 4 g Stärke auf 50 cm^3 Wasser soll eine normale Stärke einen nach dem Erkalten festen Kleister geben, der nicht mehr aus dem Glas ausfließt. Man erhält nach dieser Methode sehr gut vergleichbare Werte.

Genauer kann man die Klebefähigkeit bzw. die Viskosität bestimmen, wenn man einen wie vorstehend beschrieben hergestellten Stärkekleister in einem Viskosimeter auf Ausflußgeschwindigkeit prüft, in ähnlicher Weise wie die Viskosität von Schmierölen bestimmt wird.

Alaune, schwefelsaure Tonerde.

Allgemeines. Als Fällungsmittel für Harzleim beim Färben, bei der Oberflächenleimung, zum Klären des Wassers und für manche andere Zwecke werden obengenannte Stoffe in großen Mengen in der Papierindustrie angewandt.

In Verwendung stehen:

Ammoniakalaun, Kalialaun und Aluminiumsulfat, sogenannter konzentrierter Alaun. Die theoretische Zusammensetzung dieser Salze zeigt folgende Übersicht.

	Molekulare Formel	Prozentuale Zusammensetzung					Mol. Gew.
		K_2O	NH_3	Al_2O_3	SO_3	H_2O	
Ammoniakalaun	$(NH_4)_2SO_4Al_2(SO_4)_3+24H_2O$		3,76	11,27	35,31	49,66	453,5
Kalialaun . . .	$K_2SO_4Al_2(SO_4)_3+24H_2O$.	9,93		10,77	33,75	45,55	474,5
Aluminiumsulfat	$Al_2(SO_4)_3+18H_2O$			15,33	36,03	48,64	666,7

[1] Schreib: Z. angew. Chem. Bd. 1, S. 694. 1888.

Während die Handelswaren der beiden ersten Sorten gewöhnlich dieser theoretischen Zusammensetzung sehr nahekommen, gilt dies nicht im gleichen Maße von dem dritten Produkt. Von diesem sind hauptsächlich 3 Sorten im Handel: Rohsulfat, gewöhnliche Ware und hochprozentige Ware. Der Gehalt an Aluminiumoxyd in ihnen schwankt zwischen 8% bei der geringsten und 18% bei der besten. (Siehe untenstehende Übersicht.) Die 18proz. Ware ist infolge des benutzten Rohstoffes, als welcher meist eisenarmer Bauxit verwandt wird, und infolge der Darstellungsweise praktisch absolut eisenfrei und enthält auch sonst nur wenig verunreinigende Stoffe. Die nächste Sorte mit durchschnittlich 15% Al_2O_3 enthält, da zu ihrer Erzeugung vorzugsweise etwas eisenhaltiges Kaolin benutzt wird, häufig schon merkbare Mengen von Eisen. Die dritte Sorte endlich ist in dieser Hinsicht noch bei weitem geringwertiger, und sie eignet sich infolgedessen nur für die Leimung minderer Papiere. Was den Eisengehalt anbelangt, so setzt die Verwendung zu besseren Papieren voraus, daß dieser auf keinen Fall 0,1% übersteigt. Die Versuche von Oeman[1], gemäß welchen ein Gehalt an Gesamteisen von bis zu 1% kein Hindernis für die Anwendung des Alauns bei der Leimung weißer Papiere sein soll, stehen mit den Erfahrungen der Praxis nicht im Einklang.

Zusammensetzung der verschiedenen Handelssorten schwefelsaurer Tonerde.

	Ungefährer Prozentgehalt an			Bemerkung
	Al_2C_3	Unlöslichem	Eisen	
Rohsulfat	8—12	6—25	0,3—1,5	Viel freie Säure
Gewöhnliche Ware	15	0,1—0,5	0,03—0,01	Bisweilen geringe Mengen Natron. Enthält 18 Mol. Wasser
Hochkonzentrierte Ware	18	0,1—0,3	0,002—0,005	Enthält 12 Mol. Wasser

Ein möglichst geringer unlöslicher Rückstand ist nicht allein aus Gründen vorteilhafter Transportverhältnisse, sondern auch vom Standpunkt einer ökonomischen Verwendung das beste. Große Mengen Rückstand erfordern nach dem Auflösen lange Zeit zum Absetzen, und der Bodensatz enthält dann noch erhebliche Mengen Aluminiumsulfat, die, wenn nicht ein nochmaliges Auswaschen stattfindet, beim Ablassen des Schlammes verlorengehen. Das Vorhandensein von freier Säure ist, solange es sich um geringe Mengen handelt, weniger für den Leimungsvorgang schädlich, als vielmehr durch die Tatsache, daß dadurch allmählich Korrosionen an der Ausrüstung der Holländer und Papiermaschinen hervorgerufen werden können.

[1] Svensk Papperstidning 1925, Heft 19.

Der Gehalt an Natron, der bisweilen bei der zweiten Sorte vorkommt, ist für die Verwendung des Tonerdesulfats zur Leimung nachteilig.

Bestimmung des Wassergehaltes. Zur genauen Bestimmung des Wassergehaltes einschließlich des Kristallwassers verfährt man folgendermaßen. Man wiegt in einem geräumigen Porzellantiegel etwa 3 g frisch ausgeglühtes Bleioxyd genau ab und gibt hierzu etwa 0,5 g einer Durchschnittsprobe des Alauns oder der schwefelsauren Tonerde, deren Gewicht man durch abermaliges Wiegen des Tiegels feststellt. Nach gutem Durchmischen des Tiegelinhaltes glüht man ihn über einer Bunsenflamme gut aus und bestimmt nach erfolgtem Abkühlen den Gewichtsverlust.

Genügen angenäherte Werte, so kommt man schneller zum Ziel, wenn man eine Probe des Alauns (etwa 10 g) in einer Porzellanschale unmittelbar bis zum konstanten Gewicht ausglüht. Das Salz schmilzt anfangs und bläht sich hierbei stark auf, so daß man vorsichtig erwärmen muß. Vor zu starkem Erhitzen muß man sich hüten, da in diesem Falle leicht eine Zersetzung der Tonerdeverbindung eintritt, was am Auftreten des Geruches von schwefliger Säure erkannt werden kann. Aus dem ermittelten Gewichtsverlust kann man nach Abzug des Kristallwassers annähernd den Feuchtigkeitsgehalt feststellen.

Bestimmung des unlöslichen Rückstandes. Eine Durchschnittsprobe der Ware, etwa 5 g, wird grob zerkleinert und in 200 cm^3 heißem destillierten Wasser gelöst. Bei guten Sorten soll hierbei eine opalisierende Flüssigkeit entstehen und nur wenig Bodensatz verbleiben. Zu seiner Bestimmung wird er auf einem Filter gesammelt, gut ausgewaschen, dann samt dem Filter im gewogenen Platintiegel naß verascht und späterhin zur Wägung gebracht. Der unlösliche Rückstand soll 0,25% nicht übersteigen[1].

Das Filtrat samt den Waschwässern wird auf 500 cm^3 aufgefüllt und zur weiteren Analyse verwandt.

Bestimmung der Tonerde. a) Gewichtsanalytische Methode. 100 cm^3 der filtrierten Lösung, enthaltend ungefähr 1 g der ursprünglichen Substanz, werden nach Zusatz einiger Tropfen Salpetersäure in einem Becherglas mit Ammoniumchlorid bis auf etwa 80° erhitzt; alsdann wird so viel Ammoniaklösung zugefügt, daß die Flüssigkeit deutlich, aber nicht zu stark nach Ammoniak riecht. Man erhitzt weiter bis zum Sieden und läßt etwa 1—2 Minuten schwach kochen, bis der Geruch nach Ammoniak nur noch schwach bemerkbar ist. Hierauf läßt man den Niederschlag über kleiner Flamme gut absitzen. Nach mehrmaligem Auswaschen mit heißem Wasser und Absetzenlassen wird das gefällte Hydroxyd auf einem Filter gesammelt, auf diesem bis zum Ver-

[1] Kennedy, G. F.: Papiermacheralaun. Paper Trade J. Bd. 53, S. 57. 1925.

schwinden der Schwefelsäurereaktion im abfließenden Waschwasser ausgewaschen, worauf das noch feuchte Filter in einem gewogenen Platintiegel verbrannt und verascht wird. Der Rückstand ($Al_2O_3 + Fe_2O_3$) soll keine schwarzen Kohlenteilchen mehr enthalten; er wird nach dem Abkühlen des Tiegels im Exsikkator zur Wägung gebracht.

Eine gelbliche Färbung des Tiegelinhaltes weist auf die Gegenwart von Eisen. Dessen Menge ist gegebenenfalls zu bestimmen und in Abzug zu bringen.

b) Maßanalytische Bestimmung nach Stock[1]. Diese Bestimmung eignet sich im allgemeinen nur für reine Salze, da die Gegenwart löslicher Verunreinigungen und von Eisensalzen fehlerhafte Werte geben kann. Sie ist gut für kristallisierte Salze (Alaune) verwendbar. Voraussetzung zur Erlangung einwandfreier Ergebnisse ist die Bedingung, daß in 100 cm^3 der zu titrierenden Lösung nicht mehr als 0,3 bis 0,5 g Substanz enthalten sind. Weiterhin ist es notwendig, die zur Anwendung gelangende $^n/_{10}$ Natronlauge durch Zusatz von Bariumchlorid karbonatfrei zu machen und zum Lösen der Tonerdeverbindung Wasser zu verwenden, das durch Kochen von Kohlensäure befreit wurde. Die zur Bestimmung benutzte Flüssigkeit wird in einem Titrierbecher mit neutraler Bariumchloridlösung (10 cm^3 10proz. $BaCl_2$-Lösung genügen für 1 g Kalialaun) versetzt, dann auf 90° C erhitzt und nach Zusatz von Phenolphthalein mit $^n/_{10}$ Natronlauge auf schwache Rosafärbung titriert. Es entspricht 1 cm^3 $^n/_{10}$ Lauge 0,0017 g Al_2O_3.

Bestimmung der Schwefelsäure. a) Gravimetrisch. 50 cm^3 der filtrierten Lösung werden zum Sieden erhitzt und mit siedendem Bariumchlorid gefällt, worauf der erhaltene Niederschlag in der bekannten Weise aufgearbeitet wird.

b) Maßanalytisch nach Qvist und Otterström[2]. Die gegebene Methode stellt eine Abänderung der ursprünglich von Moody veröffentlichten dar, und gründet sich auf die leichte Hydrolysierbarkeit der Aluminiumsalze, welche Spaltung bei Einhaltung bestimmter Versuchsbedingungen zu einer vollständigen wird. Sie ist daher nur dann anwendbar, wenn andere leicht hydrolysierbare Salze nicht mit anwesend sind. Die Einzelheiten der gegebenen Vorschrift lauten wie folgt: Eine bestimmte Menge Aluminiumsulfat oder Alaun (fest oder in Lösung), enthaltend 100—200 mg freie und an Aluminium gebundene Schwefelsäure, wird in einen Erlenmeyerkolben gebracht. Wenn die Reaktion nicht neutral ist, so wird je nach Bedarf $^n/_{10}$ Alkali oder Säure zur Neutralisation hinzugegeben. Man fügt dann 1 g in wenig Wasser gelöstes Strontiumchlorid hinzu, sowie einen Überschuß einer $^n/_{10}$-

[1] Stock: Ber. dt. chem. Ges. Bd. 33, S. 548. 1900.

[2] Qvist, W., u. E. Otterström: Bestimmung der Gesamtschwefelsäure in Aluminiumsulfat und Alaun. Literaturauszüge Papierfabrikant Bd. 28, S. 576. 1930.

Kaliumjodat(KJO_3)lösung und endlich eine genügende Menge Kaliumjodidlösung. Die Mischung wird auf 150 cm³ verdünnt und dann auf freier Flamme $1^1/_2$ Stunden lang gekocht, wodurch vollkommene Hydrolyse herbeigeführt wird und eine der freigemachten Schwefelsäure entsprechende Jodmenge durch Umsetzung mit dem Kaliumjodat und Kaliumjodid in Freiheit gesetzt und verflüchtigt wird. Nach dem Abkühlen des Reaktionsgemisches wird mit einem Überschuß von Salzsäure versetzt, wodurch dem der restlichen Menge des Jodats entsprechendes Jod frei wird. Diese Jodmenge wird anschließend mit $^n/_{10}$ Thiosulfat zurücktitriert. Die Differenz zwischen zugesetztem und durch diese Titration wiedergefundenem Kaliumjodat ist äquivalent mit der in freier Form und als Aluminiumsulfat vorkommenden Schwefelsäure. Falls vorher eine Neutralisation vorgenommen wurde, so ist diese bei der Berechnung zu berücksichtigen. Aus der sich abspielenden Reaktion:

$$3\,H_2SO_4 + KJO_3 + 5\,KJ = 3\,K_2SO_4 + 3\,J_2 + 3\,H_2O$$

ergibt sich, daß zur Herstellung einer $^n/_{10}$-Kaliumjodat $KJO_3/60$, also 35,67 g je Liter erforderlich sind. 1 cm³ dieser Lösung entspricht 0,0048 g SO_4. Die Methode soll nach den Angaben von Qvist und Otterström bis auf wenige Zehntelprozent genau sein, und sie hat weiter den Vorteil, daß sie sich mit meistens in den Fabrikslaboratorien vorhandenen Reagenzien und Lösungen durchführen läßt.

Prüfung auf Eisen. Der in den meisten Fällen sehr geringe Eisengehalt macht bei der Schwierigkeit der Trennung des Eisens von dem Aluminium seine gewichtsanalytische Bestimmung von vornherein aussichtslos. Geeignet ist bei den geringen Mengen die kolorimetrische Methode in der von Lunge und v. Kéler gegebenen Ausführungsform[1].

Ist die Eisenmenge größer, so kann man sie mittels Permanganat bestimmen. Man verfährt dann so, wie folgt beschrieben.

Bestimmung des Eisens. Man löst je nach der Eisenmenge eine Probe von 5—10 g auf, fügt zu der auf 100 cm³ gestellten Lösung einige Kubikzentimeter konzentrierte Schwefelsäure und erwärmt bis zum Sieden. Zu der heißen Lösung setzt man tropfenweise Permanganatlösung, bis sie dauernd schwach rosa gefärbt bleibt. Nachdem auf diese Weise sämtliche reduzierende Bestandteile oxydiert worden sind, wird das gesamte vorhandene Eisen in die Ferrostufe übergeführt. Das kann auf verschiedene Weise geschehen, z. B. mit Schwefelwasserstoff. Man füllt die Lösung in einen Erlenmeyerkolben, der mit einem doppelt durchbohrten und mit Gas-Zu- und Ableitungsrohr versehenen Stopfen verschlossen ist und leitet in die zum Sieden erhitzte Flüssigkeit Schwefelwasserstoff bis zum Farbloswerden ein. Der Überschuß an Schwefel-

[1] Man vgl. den Abschnitt über Wasseruntersuchung S. 16.

wasserstoff wird dann durch einen gleichfalls unter Kochen eingeleiteten Kohlendioxydstrom vertrieben, worauf man in diesem Strom erkalten läßt und schließlich mit Permanganat austitriert.

1 cm³ $^n/_{10}$ Permanganat entspricht 0,005585 g Fe oder 0,007985 g Fe_2O_3. Über die Reduktion der Eisenlösung mit anderen Stoffen geben die Lehrbücher der analytischen Chemie Auskunft. (Siehe auch Untersuchung des Kalksteins, Eisenbestimmung.)

Falls es notwendig sein sollte, im Aluminiumsulfat die beiden Oxydationsstufen des Eisens getrennt zu bestimmen, so kann das nach der Methode von Fresenius geschehen. (Reduktion des Ferrieisens mit Zinnchlorürlösung.) In einer Probe führt man die Bestimmung unmittelbar durch, in einer zweiten nachdem man vorher auch das Ferroeisen durch Oxydation in die Ferristufe übergeführt hat. Genaue Anweisungen für die Durchführung der Bestimmung beider Oxydationsstufen gibt z. B. Treadwell, Analytische Chemie II, S. 571, 5. Aufl.

Prüfung auf freie Säure. Zur qualitativen Prüfung auf freie Säure (H_2SO_4) verfährt man wie folgt. Man gibt 1 g gepulvertes Aluminiumsulfat in ein Reagenzglas und fügt absoluten Alkohol hinzu. Ist freie Säure vorhanden, so löst diese sich in Alkohol auf und kann nachgewiesen werden durch Zufügen einer Auflösung von Kongorot in absolutem Alkohol: die rote Farbe geht in Blau über.

Nach Donath[1] soll man eine geringe Menge Jodkaliumstärkelösung und einige Tropfen stark verdünnte Kaliumbichromatlösung zusetzen. Es entsteht Blaufärbung, wenn sehr geringe Mengen freier Säuren vorhanden sind.

Bestimmung der freien Säure. Die quantitative Bestimmung der freien Säure im Alaun ist ziemlich schwierig. Es sind verschiedene Methoden hierfür vorgeschlagen worden, doch ist es noch nicht möglich, sich darüber zu äußern, welche von ihnen die verläßlichsten Werte zu ergeben vermag.

a) Methode von Beilstein und Grosset. Sie beruht auf der Tatsache, daß durch Zusatz von neutralem Ammoniumsulfat zu schwefelsaurer Tonerde diese nahezu quantitativ als Ammoniakalaun niedergeschlagen wird, während die freie Säure in Lösung bleibt. Der Rest des Alauns wird wie das überschüssige Ammoniumsulfat durch Alkohol gefällt, so daß in der alkoholischen Lösung neben der freien Säure nur etwas Ammonsulfat verbleibt.

Zur Bestimmung sind erforderlich:

1. eine kalt gesättigte Lösung von neutralem Ammonsulfat,
2. 95proz. Alkohol (auf neutrale Reaktion zu prüfen),
3. eine $^n/_{10}$ Alkalilösung.

---

[1] Goldberg, A.: Chem.-Zg. Bd. 41, S. 599. 1917.

1—2 g genau abgewogener Alaun werden in 5 cm^3 destilliertem Wasser gelöst, worauf man zur Lösung 5 cm^3 einer kalt gesättigten Ammonsulfatlösung hinzufügt. Man läßt $^1/_4$ Stunde unter häufigem Umrühren stehen, gibt zwecks Ausfällung 50 cm^3 95proz. Alkohol hinzu und filtriert. Man wäscht den Niederschlag nochmals mit 50 cm^3 Alkohol aus und dampft auf einem Wasserbad den gesamten Alkohol des Filtrates ab. Den Rückstand nimmt man mit Wasser auf und titriert ihn mit $^n/_{10}$ Alkali unter Benutzung von Phenolphthalein.

Die Werte dieser Methode sind gewöhnlich um etwa 0,25% zu hoch; der Alkohol löst unter den angegebenen Bedingungen etwas Alaun, welcher Umstand auf das Ergebnis einwirkt.

b) Nach Bellucci und Lucchesi[1]. Nach dieser Methode soll man in Tonerdesulfatlösungen auf folgende Weise den Säuren- und Basengehalt bestimmen können: Die Flüssigkeit muß so weit verdünnt werden, daß bei Zusatz von Ammoniak das Aluminiumhydroxyd nicht als gelatinöse Masse, sondern in kleinen einzelnen Flocken ausfällt. Von dieser verdünnten Flüssigkeit werden zwei gleiche, genau abgemessene Mengen mit je 2 cm^3 $^n/_1$ Schwefelsäure, 3 Tropfen einer wässerigen, 0,02proz. Lösung von Methylorange und 5 Tropfen einer 1proz. alkoholischen Lösung von Phenolphthalein versetzt. In einer der beiden roten Proben wird unter Vergleich mit der anderen Probe die freie Säure mit $^n/_1$ Sodalösung bis zum Farbenumschlag nach Orange titriert (a cm^3 $^n/_1$ Sodalösung). Zu derselben Probe werden dann (zur Vermeidung der Fällung basischer Sulfate) 5 cm^3 einer kalt gesättigten Chlorbariumlösung zugesetzt, worauf nach Verdünnung auf 200 bis 500 cm^3 weiter $^n/_1$ Sodalösung unter fortwährendem Schütteln zugegeben wird, bis die Rosafärbung des Phenolphthaleins einige Minuten erhalten bleibt (b cm^3 $^n/_1$ Sodalösung einschließlich der vorher verbrauchten a cm^3). Dann wird die zweite Probe mit 5 cm^3 Chlorbariumlösung wie vorher mit Wasser und schnell mit $b-2$ cm^3 $^n/_1$ Sodalösung versetzt, etwa 5 Minuten gekocht und nach dem Abkühlen zu Ende titriert (c cm^3 $^n/_1$ Sodalösung). Dann ergibt $(a-2)$ die freie Schwefelsäure, $(c-a)$ die gebundene Tonerde und $(2-a)$ die freie Tonerde.

c) Methode von Th. J. Craig[2]. Die Methode, welche Griffin[3] empfiehlt, beruht darauf, daß neutrales Fluorkalium sich mit Aluminiumsulfat unter Bildung beständiger, neutral reagierender Verbindungen

[1] Bellucci, J., u. F. Lucchesi: Acidimetrische Bestimmungen in den Flüssigkeiten der Aluminiumsulfatfabrikation. Gazz. chim. ital. Bd. 49, I, S. 216—241, 10/7; Chem. Zentralbl. Bd. 4, Nr. 24, S. 990—991. 1919.

[2] Man vgl. Papierfabrikant Bd. 9, S. 495. 1911.

[3] Griffin: Methods of Analysis. New York 1921. S. 305.

umsetzt, während gleichzeitig etwa vorhandene Säure hierbei unverändert bleibt. Die Reaktionsgleichung ist die folgende:

$$Al_2(SO_4)_3 + H_2SO_4 + 12\,KF = 2\,(AlF_3 \cdot 3\,KF) + 3\,K_2SO_4 + H_2SO_4 .$$

Zur Ausführung der Bestimmung sind die folgenden Lösungen vorrätig zu halten:

Kaliumfluoridlösung, hergestellt durch Auflösung von 500 g Kaliumfluorid in 600 cm^3 Wasser. Diese Lösung wird nach Zusatz von Phenolphthalein mit Kalilauge bzw. Schwefelsäure so weit neutralisiert, daß 1 cm^3 beim Verdünnen mit der 10fachen Wassermenge noch schwache Rosafärbung zeigt. Unlösliche Teile werden abfiltriert, und das klare Filtrat wird schließlich mit Wasser auf 1000 cm^3 aufgefüllt. Das zur Bereitung der Lösung benutzte Wasser muß durch längeres Auskochen von Kohlensäure befreit werden. Die Fluoridlösung wird in einer inwendig ausgewachsten Flasche aufbewahrt.

$^n/_2$ Kalilauge und $^n/_2$ Schwefelsäure. Beide Lösungen sind gegeneinander einzustellen, und zwar derart, daß zu der Titrationsprobe gleichzeitig neben 40 cm^3 Wasser noch 10 cm^3 der Fluoridlösung gegeben werden.

Durchführung der Bestimmung. Hierzu benutzt man nach Griffin zweckmäßig eine genau 5proz. filtrierte Lösung des Aluminiumsulfates. Bei deren Anwendung und der im folgenden angegebenen Mengenverhältnisse gestaltet sich dann die Berechnung des Ergebnisses sehr einfach. Man versetzt 68 cm^3 der Alaunauflösung in einem Titrierbecher mit 35 cm^3 destilliertem Wasser und erhitzt zum Sieden. Dann fügt man 10 cm^3 $^n/_2$ Schwefelsäure zu und läßt abkühlen, worauf 18 bis 20 cm^3 der Fluorid-Lösung und einige Tropfen Phenolphthalein zugegeben werden. Man titriert jetzt mit der $^n/_2$ Lauge zurück, wobei man diese nur tropfenweise zufügt. Der Endpunkt ist erreicht, wenn die Rosafärbung 1 Minute bestehen bleibt. Diese Titration zeigt unmittelbar, ob der Alaun basisch oder sauer ist.

Werden nämlich weniger Kubikzentimeter Lauge verbraucht, als Kubikzentimeter Säure zugefügt wurden, so liegt ein basischer Alaun vor, andererseits ist freie Säure vorhanden, wenn mehr als 10 cm^3 Lauge verbraucht werden. Die Berechnung des Gehaltes an freier Tonerde oder Säure geschieht wie folgt. Der Bedarf an $^n/_2$ Lauge sei a cm^3. Dann ist der Alaun basisch, wenn $a < 10$, und er ist sauer, wenn $a > 10$ ist. 1 cm^3 $^n/_2$ Alkali entspricht 0,00852 g Al_2O_3 und 0,0245 g H_2SO_4. In den angewandten 68 cm^3 Alaunlösung sind demnach, je nachdem, ob saure oder basische Ware vorliegt:

$$(a - 10) \cdot 0{,}0245 \text{ g } H_2SO_4$$

oder

$$(10 - a) \cdot 0{,}00852 \text{ g } Al_2O_3 .$$

Da die angewandte Lösung des Aluminiumsulfates genau 5proz. ist, so ergibt sich dessen Prozentgehalt an

freier Schwefelsäure zu: $\frac{(a-10)\cdot 0{,}0245\cdot 100\cdot 100}{68\cdot 5} = 0{,}72\cdot(a-10)$

oder an

freiem Tonerdehydrat zu: $\frac{(10-a)\cdot 0{,}00852\cdot 100\cdot 100}{68\cdot 5} = 0{,}25(10-a)$.

Sind Eisensalze reichlich vorhanden, so beeinflussen sie die Bestimmung etwas, und es ist ratsam, etwas mehr Kaliumfluoridlösung zu nehmen. Anwesende Ammoniaksalze müssen durch Kochen mit einem bekannten Überschuß von $^n/_2$ Alkali vor der eigentlichen Bestimmung entfernt werden.

d) Methode von Iwanow[1], abgeändert von Zschokke und Häuselmann[2]. Nach Beobachtungen von Iwanow läßt sich das neutrale Aluminiumsulfat durch Ferrozyankalium in der Hitze fällen, während die freie Säure in Lösung bleibt und im Filtrat mit Alkali titriert werden kann. Nach der abgeänderten Vorschrift werden folgende Lösungen benötigt:

1. Bariumchloridlösung 1 : 10.
2. Kaliumferrozyanidlösung 1 : 10.
3. Gelatinelösung 1 : 50.

Die Gelatinelösung bereitet man nach folgender Vorschrift.

Man lasse 2 g hellste Gelatine über Nacht quellen, um sie am nächsten Morgen zu lösen und auf 100 cm³ zu stellen. Durch Zugabe einiger Tropfen Nitrobenzol wird die Lösung haltbarer gemacht. Sie ist nur so lange brauchbar, als sie bei Zimmertemperatur immer wieder gelatiniert. Vor Gebrauch stellt man die Flasche in heißes Wasser, um die Gelatine wieder zu schmelzen.

Ausführung: In ein Meßkölbchen zu 100 cm³ bringt man 10 cm³ der zu untersuchenden Tonerdelösung, dazu 10 cm³ Chlorbarium, ferner 5 cm³ Kaliumferrozyanid (nie über 6 Tage alt) und fügt hierauf 60 cm³ siedendes Wasser zu. Nun gibt man unter Umschütteln tropfenweise Gelatinelösung zu, bis der gebildete Niederschlag flockig wird und sich leicht absetzt, was nach Zusatz von 1—1,5 cm³ der Fall ist. Nach dem Kühlen stellt man auf 100 cm³, läßt 1—2 Minuten absetzen und filtriert durch ein Faltenfilter. Von der farblosen, klaren Lösung pipettiert man 50 cm³ ab, gibt 50 cm³ Wasser hinzu und titriert mit $^n/_{10}$ NaOH und Methylorange als Indikator bis zum neutralen Ton. 1 cm³ $^n/_{10}$ NaOH entspricht 0,0049 g H_2SO_4.

Es ist bei der Durchführung der Bestimmung auf folgende Punkte zu achten: 1. Die Temperatur der heißen Lösung darf auf keinen Fall

[1] Chem.-Zg. Bd. 37, S. 814. 1913. [2] Chem.-Zg. Bd. 46, S. 302. 1922.

85° C überschreiten, damit die sich bildende Ferrozyanwasserstoffsäure nicht zersetzt wird. 2. Der Überschuß an Kaliumferrozyanid darf kein zu großer sein, da sonst die Resultate herabgedrückt werden. (Obiges Verhältnis ist bestimmt für Lösungen von 7—9 g Al_2O_3 im Liter). 3. Ist die zu titrierende Lösung auf Zusatz von Methylorange neutral, so muß eine neue Probe angesetzt werden, der vorher einige Kubikzentimeter $^n/_{10}$ H_2SO_4 zugesetzt wurden. Auf diese Weise kann ein etwaiger Säureunterschuß in der Tonerdelösung bestimmt werden. 4. Ist der Säureüberschuß ein großer, z. B. über 6 g im Liter, so bleibt das Filtrat trüb. Man korrigiert dann mit einigen Kubikzentimetern $^n/_{10}$ Lauge vor dem Ausfällen.

Füllstoffe.

Allgemeines. Füllstoffe werden in der Papierfabrik in sehr großen Mengen verbraucht. Als Grundlage für ihren Einkauf dient meistens lediglich die praktische Erfahrung, welche durch Versuche im Betrieb den geeignetsten und billigsten Füllstoff ausfindig macht.

Bei dem Umfange des Bedarfes ist der schlußmäßige Kauf das Natürliche. Bei der daher nur nach und nach stattfindenden Auslieferung der gekauften Ware ist sonach ein ständiger Vergleich mit der anfänglich gelieferten Qualität notwendig, da durch sich stetig während der Auslieferung des Schlusses steigernde Abweichungen möglicherweise erhebliche Qualitätsverschlechterungen bewirkt werden können. Außer dieser Vergleichsuntersuchung wird man gewöhnlich nur noch eine Bestimmung des Trockengehaltes der Ware durchführen, besonders dann, wenn die Ware ab Erzeugungsort gekauft wird, um sich vor zu hohen Frachtunkosten zu schützen.

Eingehendere Prüfung von Füllstoffen dürfte nur im Falle erheblicher Abweichungen vom ursprünglichen Kaufmuster und bei einem Wechsel der Bezugsquelle sich als notwendig erweisen.

Je nach der Art und der Herstellung der Füllstoffe kommen für einzelne auch gewisse, stets auszuführende Reinheitsproben in Betracht.

a) Allgemeine Untersuchungen.

Feuchtigkeitsbestimmung. Der Wassergehalt von Erden wird in einfacher Weise durch Trocknen von 1—2 g des sorgfältig gezogenen Durchschnittsmusters im Wassertrockenschrank ermittelt. Lediglich bei Gipserden ist es in gewissen Fällen nicht angängig, auf diese Weise zu verfahren, da sie Kristallwasser bisweilen bereits bei 100° verlieren. Man verfährt bei solchen Füllstoffen zweckmäßig so, daß man eine Probe im Tiegel bis zum konstanten Gewicht glüht. Den Rückstand kann man als Anhydrit betrachten und mit Hilfe seines Betrages berechnen, wieviel Kristallwasser die angewandte Probe enthalten muß gemäß der Formel $CaSO_4 \cdot 2\,H_2O$. Aus diesem Wert und dem gefundenen Glühverlust kann der Feuchtigkeitsgehalt der Erde leicht gefunden werden. Wenn auch vom Gesichtspunkte der Frachtersparnis eine trockene Ware Vorteile bringt, so ist doch wiederum zu beachten, daß sehr trockene Erden beim Ausladen und bei der Verwendung starken Verstäubungsverlust ergeben. Auch sind trockene Erden schwer mischbar. Als durchschnittliche Werte für den Feuchtigkeitsgehalt können etwa die folgenden gelten:

Deutsches Kaolin 12—15%,
Böhmisches Kaolin 8—10 bis höchstens 15%,
Englisches Kaolin 5—6, in seltenen Fällen bis 15%,
Talkum bis 3%,
Gipserden (Annaline, Lenzin, Brillantweiß, Blütenweiß u. a.) bis 1%,
Schwerspat (Baryt) bis 1%,
Blanc fixe (Teig) bis 30%.

Da irgendwelche Festsetzungen bislang nicht gemacht worden sind, so ist es immer empfehlenswert, beim Kauf von vornherein den Höchstfeuchtigkeitsgehalt zu bestimmen.

Farbton (Vergleichsprobe). Zum Vergleich zweier Füllstoffe hinsichtlich ihrer Weiße verfährt man in folgender einfacher Weise. Man bringt auf eine Glasplatte je eine Probe der zu vergleichenden Füllstoffe und preßt sie durch eine zweite darübergelegte Platte möglichst flach, wobei man darauf achtet, beide Proben in einer längeren Linie in Berührung zu bringen. Nach dem Abheben der zweiten Glasplatte werden die Proben verglichen.

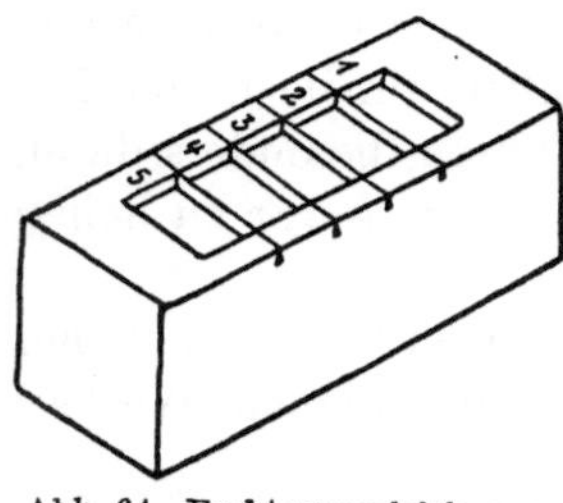

Abb. 64. Farbtonvergleich von Füllstoffen.

Nach Sutermeister[1] bedient man sich zum Farbtonvergleichen der nebenstehend abgebildeten Vorrichtung. Ein Holzblock besitzt an seiner oberen Fläche eine Aussparung, welche durch messerartig geformte Eisenstreifen in mehrere kleinere Fächer unterteilt ist. In eines dieser Fächer wird die Standard-, in die anderen werden die zu prüfenden Proben gebracht, an ihrer Oberfläche glatt abgestrichen, worauf der Vergleich erfolgen kann. Die oben sehr schwachen Trennwände der einzelnen Fächer gestatten es, die Proben dicht aneinander zu bringen. Der ganze Block kann mit den Proben sehr leicht gehandhabt werden, und ist es ohne weiteres möglich, ihn je nach den Lichtverhältnissen an verschiedene Stellen des Raumes zu bringen.

Es ist bei dieser Untersuchung notwendig, das Material vorher im Wassertrockenschrank zu trocknen, da die Farbe der Füllstoffe durch Feuchtigkeit sehr beeinflußt werden kann.

[1] Sutermeister: Chemistry of Pulp and Paper Making. New York 1920. S. 302.

Diese Art der Prüfung ergibt kein zahlenmäßig ausdrückbares Ergebnis. Um ein solches zu erhalten, hat man versucht, die Prüfung mit dem als Halbschattenphotometer[1] bekannten Apparat durchzuführen. Genauere Angaben über die Brauchbarkeit dieser Methode liegen bislang noch nicht vor.

Prüfung auf Farbstoffe. Die hochwertigen Füllstoffe werden manchmal, um gelbliche Färbungen zurückzudrängen, mit blauen Farbstoffen getönt. Als solche Farbstoffe kommen meistens nur Anilinfarben in Betracht, seltener mineralische Farben wie Ultramarin oder Berlinerblau.

Teerfarben können durch Ausschütteln der Füllstoffe mittels Alkohol erkannt werden. Sie sind in ihm mit verhältnismäßig dunklem Farbton löslich.

Die Mineralfarben sind unter dem Mikroskop als blaue Körnchen deutlich erkennbar. Da jedoch nicht selten besonders Tone kleine bläuliche Teilchen enthalten, welche aus dunklen Adern der Lager stammen (Korund), ist die mikroskopische Probe nicht ganz einwandfrei. Um Ultramarin sicher nachzuweisen, verfährt man daher wie folgt. Man gibt in ein Reagenzglas eine Probe des Füllstoffes und übergießt sie mit verdünnter Salzsäure. Das Glas verschließt man dann mit einem Wattepfropfen, mit welchem man einen Streifen angefeuchtetes Bleipapier im oberen Teil des Glases festklemmt. Spuren von aus dem Ultramarin stammendem Schwefelwasserstoff machen sich durch Braunfärbung des Streifens erkennbar.

Ist dem Füllstoff Berlinerblau beigemengt, so verschwindet der blaue Ton nicht durch eine solche Behandlung mit Salzsäure, wohl aber durch Kochen mit verdünnter Natronlauge oder durch Glühen.

Zur Feststellung künstlicher Färbung von Kaolin pflegt man ihn bisweilen mit Terpentin anzureiben. Hierbei soll eine blaugrüne Färbung des Tones auftreten. Diese Probe ist jedoch keineswegs stichhaltig, da auch ungeschönte, besonders englische Kaoline sich derart verhalten. Besser ist es nach Griffin[2], künstliche Bläuung von Tonen wie folgt nachzuweisen. Man bringt in eine von zwei gleichweißen Porzellanschalen etwas frisch bereitetes klares Kalkwasser und in die andere destilliertes Wasser. In jede der Schalen gibt man nun etwas von dem zu untersuchenden Kaolin. Durch das Kalkwasser wird die künstlich zugesetzte Farbe so verändert, daß beide Proben nach dem Abgießen der Flüssigkeit deutlich voneinander in der Färbung abweichen werden.

Zusätze von Kalksalzen. Teueren Füllstoffen (Blanc fixe, Talkum u. a.) werden manchmal Zusätze von Kreide oder Gips gegeben. Solche Zusätze können beim Schwerspat schon durch Ermittlung des spez.

---

[1] Siehe Ostwald, Wilhelm: Die Farbenlehre, Bd. II, S. 80. Leipzig 1923.

[2] Griffin: Methods of Analysis. New York 1921. S. 319. Siehe auch Sutermeister: Chemistry of Pulp and Papermaking. New York 1920. S. 303.

Gewichtes (Pyknometer) festgestellt werden. Zweckmäßiger ist es jedoch, in einem solchen Falle eine chemische Prüfung auszuführen. Man erwärmt zu diesem Zweck eine Probe des Füllstoffes mit verdünnter Salzsäure etwa 10 Minuten lang. Den hierbei erhaltenen Auszug neutralisiert man nach dem Filtrieren mit Ammoniak. Sind Kalksalze vorhanden gewesen, so entsteht nach weiterem Zusatz von Ammoniumoxalat ein kristallinischer Niederschlag von weißem oxalsaurem Kalk. Macht sich eine quantitative Ermittlung dieser Beimengungen notwendig, so verfährt man in der beschriebenen Weise mit etwa 5 g des Füllstoffes und bringt schließlich den erhaltenen Niederschlag nach dem Glühen als CaO zur Wägung. Statt dessen kann man auch den Niederschlag von Kalziumoxalat nach genügendem Auswaschen mit $^{n}/_{10}$ Permanganatlösung bei 60° Wärme bis zur Rotfärbung titrieren (1 cm^3 $^{n}/_{10}$ Permanganat entspricht 0,0028 g CaO oder 0,005 g $CaCO_3$).

Bestimmung der Feinheit und des Sandgehaltes. Außer von dem Farbton hängt die Güte eines Füllstoffes noch ab von der Größe seiner Teilchen und von der Menge der sandigen Beimengungen. Je feiner geschlämmt ein natürlicher Füllstoff ist (Kaolin), um so wertvoller ist er für den Papiermacher und um so geringer werden die sandigen Beimengungen sein.

a) Qualitative Proben. Über die Feinheit gibt schon die mikroskopische Prüfung bei Vergleichen guten Aufschluß. Weiter kann man hierüber Näheres erfahren, wenn man eine Probe des Füllstoffes in einen kleinen, mit Wasser gefüllten Standzylinder wirft: je feiner geschlämmt oder gemahlen der Füllstoff ist, um so langsamer wird er sich absetzen. Bei dieser Prüfung sinken etwa vorhandene sandige Beimengungen rasch auf den Boden des Gefäßes. Eine weitere einfache Probe, um solche sandigen Beimengungen besonders beim Kaolin zu ermitteln, besteht darin, daß man eine Probe des Füllstoffes auf ein Blatt Papier bringt und mit einem Messer flach überstreicht. Sandige Teilchen ragen aus der sonst glatten Fläche hervor, sind auch durch ihre Farbe und ihren Glanz erkennbar.

Die bisher wiedergegebenen Prüfungen sind lediglich Vergleichsuntersuchungen. Will man ein mehr objektives Bild von der Feinheit und Reinheit eines Füllstoffes haben, so kann man dies erhalten mit Hilfe von Sieben oder durch eine Schlämmanalyse.

b) Quantitative Trennung der Einzelbestandteile durch Absieben. Zur Abtrennung der groben Teilchen durch Siebe benutzt man die bei der Tonprüfung üblichen feinen Seidenflorsiebe, die bis zu 4900 Maschen auf den Quadratzentimeter besitzen. Man stellt mittels warmen Wassers eine vollkommen gleichmäßige Aufschlämmung der gewogenen Füllstoffprobe (50—100 g) her und gießt diese durch das Sieb. Der auf diesem verbleibende Rückstand wird sorgfältig ausgewaschen, getrocknet und zur Wägung gebracht. Durch Anwendung von Sieben verschiedener Feinheitsgrenze von 3600—4800 Maschen auf den Quadratzentimeter ist es möglich, festzustellen, wieviel eine bestimmte Größe übersteigende Bestandteile in dem Füllstoff vorhanden sind.

c) Quantitative Trennung der Einzelbestandteile durch Schlämmanalysen[1]. Zu einer genauen Sortierung der verschiedenen Bestandteile nach ihrer Größe benutzt man Schlämmapparate in der bekannten, in der keramischen Industrie üblichen Ausführung. Bei dem Schlämmversuch werden die feineren und leichteren Teile des Füllstoffes durch fließendes Wasser abgeschlämmt, gesammelt und gewogen. Ebenso werden die gröberen Bestandteile ihrer Menge nach ermittelt.

Da es in der Praxis vor allem darauf ankommt, festzustellen, ob der Füllstoff sehr grobe Teile und besonders Sand enthält, kann man statt der immerhin zeitraubenden vollständigen Schlämmanalyse sich abgekürzter Verfahren bedienen, die gerade die genannten Bestandteile rasch zu ermitteln gestatten. Von solchen Verfahren seien hier folgende erwähnt:

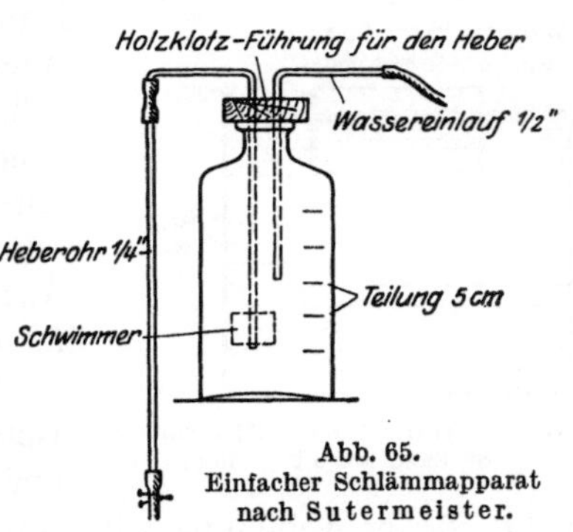

Abb. 65. Einfacher Schlämmapparat nach Sutermeister.

1. Methode von Sutermeister. Der hierbei benutzte Apparat ist sehr einfach, und er kann leicht selbst zusammengesetzt werden. Die Abb. 65 gibt ihn wieder. Bei dieser Einrichtung bedarf nur das Abheberrohr einer Erläuterung. Es ist mit einem Schwimmer ausgerüstet und in der senkrechten Richtung so leicht beweglich, daß es dem sinkenden Wasserspiegel leicht folgen kann. Die Schwere des Schwimmers ist so gewählt, daß das Ende des Rohres jeweils nur ein wenig unter der Wasseroberfläche liegt. Dadurch wird bewirkt, daß der Einlauf in das Rohr auch während des Absinkens des Spiegels sich nur wenig unter diesem befindet. Ein Anschlag verhindert so weites Sinken, daß die Flasche vollständig leer wird. In die Flasche wird eine größere gewogene Probe des Füllstoffes gegeben, worauf man die Flasche bis zu einer Marke am Halse mit Wasser füllt und hierbei eine feine, gleichmäßige Verteilung der zu untersuchenden Probe im Wasser herbeiführt. Man läßt jetzt eine (stets gleiche) bestimmte Zeit stehen, worauf man das Heberrohr in Gang setzt. Man wiederholt diesen Versuch nun so oft, bis am Ende

[1] Über eine Methode und die dafür benötigte Apparatur für die Messung von Korngrößen von Pulvern nach dem Wiegner-Geßnerschen Prinzip berichtet R. Lorenz in Papierfabrikant Bd. 24, S. 91. 1926. Die sehr exakte Methode wird jedoch nur in besonderen Fällen zur Betriebskontrolle Anwendung finden.

der Absetzzeit das Wasser zwischen der oberen Füllmarke und einer auf Grund von Erfahrung gewählten unteren Marke klar ist. Diese Marke muß so gewählt werden, daß mit ziemlicher Gewißheit der unter den gewählten Versuchsbedingungen verbleibende Rückstand als Sand angesehen werden kann. Sutermeister gibt keine genaueren Vorschriften für die Ausführung an, und es dürfte daher ratsam sein, sich durch Herstellung einer Mischung von Kaolin mit ein wenig Sand ein Material zu schaffen, mit dessen Hilfe man den Apparat ausprobiert und die geeignetste Arbeitsweise ermittelt.

Der verbleibende Rückstand wird quantitativ aus der Flasche gespült, auf einem Filter gesammelt, getrocknet und dann für sich gewogen.

Es ist sehr empfehlenswert, den bei dieser Bestimmung gefundenen Rückstand unter dem Mikroskop zu betrachten. Hierbei erfährt man, um was es sich handelt, ob Glimmer oder Sand, und kann die Schwierigkeiten voraussehen, die bei der Verarbeitung des Materials zu erwarten wären.

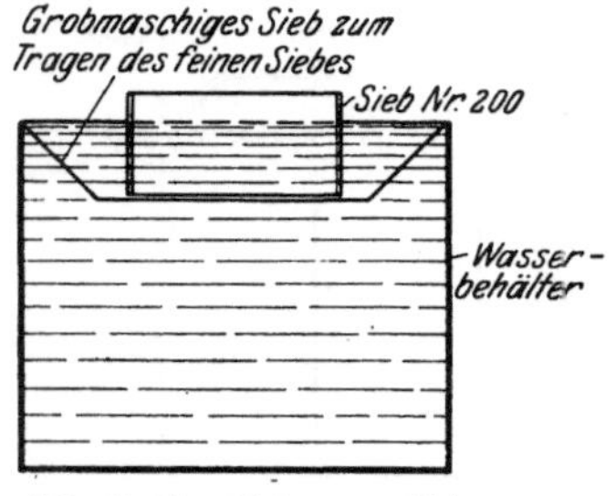

Abb. 66. Vorrichtung zur Abtrennung von Sand aus Füllstoffen.

2. Methode von Shaw und Bicking[1]. Eine weitere einfache Vorrichtung zur Ermittlung der Menge der sandigen Verunreinigungen zeigt die Abb. 66. Zu seiner Anwendung geben Shaw und Bicking folgende Vorschrift.

Aus Sieb Nr. 200 wird ein zylindrisches Gefäß geformt, dessen Durchmesser 10 cm und dessen Höhe 5 cm beträgt. Dieses Sieb ruht, wie die Abbildung zeigt, auf einer grobmaschigen Unterlage, die in ein größeres Gefäß eingehängt wird, und zwar so, daß das Wasser im feinen Sieb etwa 25 mm hoch steht. Zur Ausführung des Versuches werden 100 g trockener Füllstoff zunächst mit Wasser zu einem Brei angerührt und mehrere Stunden in dieser Form sich selbst überlassen, um eine vollständige Benetzung aller Füllstoffteilchen herbeizuführen. Man gießt dann diesen Brei vorsichtig in das feine Sieb und läßt gleichzeitig mittels eines Schlauches einen schwachen Wasserstrom in das Sieb einlaufen. Durch den nach unten gerichteten Strom des Wassers folgen die Füllstoffteilchen durch das Sieb mit. Wenn das Wasser schließlich ungetrübt über den Rand des Gefäßes abläuft, unterbricht man den Wasserstrom, sammelt den Rückstand auf einem gewogenen Filter, trocknet und wägt.

d) Quantitative Trennung der Korngrößen mittels der Pipettenmethode[2]. Das in neuerer Zeit besonders in der Bodenanalyse in Anwendung gekommene sehr einfache Verfahren besteht in

[1] Paper Trade Journ. Bd. 54, Vol. 82, S. 46. 1926.

[2] Krauss, G.: Internat. Mitt. Bodenkunde Bd. 13, S. 147. 1923.

einer Nutzanwendung des Stocke-Osseenschen Gesetzes, gemäß welchem die Fallgeschwindigkeit kleinster fester Körper von Kugelgestalt in Flüssigkeiten berechnet werden kann. Unter sonst gleichartigen Versuchsbedingungen ist die Fallgeschwindigkeit solcher Körper bestimmten spez. Gewichtes nur von deren Radius abhängig. Läßt man also eine ursprünglich ganz gleichmäßig verteilte Suspension von Kugelkörpern verschiedener Durchmesser sich absetzen, so müssen sich nach einer bestimmten Zeit zwischen der Oberfläche und einer beliebig gelegten Niveauebene nur Teilchen befinden, deren Größe einen rechnerisch ermittelbaren Wert nicht übersteigt. Eine in dieser Niveauebene entnommene Probe der Suspension ermöglicht nach dem Eindampfen zur Trockne die Menge aller kleineren Teilchen in der ursprünglichen Suspension zu errechnen. Es ist einleuchtend, daß durch Wiederholung der Probenahme nach verschiedenen Zeiten vom Beginn des Versuches gerechnet nach und nach in einfacher Weise Aufschluß über das mengenmäßige Vorhandensein der Teilchen verschiedener Korngröße in der Suspension erhalten werden kann. Die Ausführung der Untersuchung geschieht zweckmäßig mit einem besonders dafür gebauten einfachen Apparat[1], der eine leichte und genaue Probenahme in der gewünschten Höhe der Suspension entnehmen läßt. Voraussetzung für die Ausführung der Analyse ist die Kenntnis des genauen spez. Gewichtes des Füllstoffes, welches mit dem Pyknometer ermittelt werden kann. Es ist dann als Vorbereitung nur noch nötig, vollkommen gleichmäßige Suspension des Füllstoffes von bekanntem Gehalt herzustellen. Es geschieht dies durch Abwiegen einer bestimmten Menge des trockenen Füllstoffes und Aufschwemmen dieser in destilliertem Wasser. Der Zeit- und Arbeitsaufwand bei der Ausführung der Pipettenanalyse eines Füllstoffes ist, verglichen mit anderen Arten der Untersuchung der Korngröße, klein. Die Genauigkeit ist für technische Zwecke voll ausreichend.

b) Besondere Untersuchungen bei einzelnen Füllstoffen.

Kaolin.

Prüfung auf Eisen. Der Eisengehalt im Kaolin ist durch den gelben Farbton, welchen er diesem Füllstoff verleiht, eine unangenehme Erscheinung, falls der Füllstoff nicht für gelbliche Papiere zur Anwendung gelangt. Zu seiner quantitativen Ermittlung behandelt man das Kaolin mit verdünnter Salzsäure in der Wärme und prüft die erhaltene Lösung kolorimetrisch auf Eisen. Bei Vergleichsproben kann man auch so ver-

[1] Die Apparatur wird geliefert von Bartsch, Quilitz & Co., Berlin NW 40, Döberitzer Str. 3—4.

fahren, daß man die salzsaure Lösung mit einer Lösung von gelbem Blutlaugensalz bekannter Konzentration tropfenweise versetzt und den entstandenen Farbton vergleicht.

Talkum.

Prüfung auf Kalziumkarbonat. Als verhältnismäßig teurer Füllstoff enthält Talkum bisweilen Verfälschungen in Form von kohlensaurem Kalk. Auf diesen wird geprüft dadurch, daß man den „Säureverlust" ermittelt, d. h. den Verlust an Gewicht beim Behandeln mit verdünnter Salzsäure. Nach Wittel und Welwart arbeitet man nach folgender Vorschrift: 1 g Talkum wird mit 200 cm^3 destilliertem Wasser übergossen, dann werden 3 cm^3 Salzsäure vom spez. Gewicht 1,12 zugefügt, und hierauf wird das Gemisch 15—20 Minuten im Sieden erhalten. Nach Filtration und Trocknen wird der Rückstand gewogen. Der Säureverlust schwankt nach Wittel und Welwart zwischen 1,97 und 11,69%.

Prüfung auf Gips. Man kocht 2 g Talkum mit 25 cm^3 Salzsäure (etwa 1 : 4), filtriert und prüft das klare Filtrat mit Bariumchlorid. Falls ein deutlicher Niederschlag erscheint, wird in der gleichen Weise der Versuch auf quantitativer Basis wiederholt und der mit Bariumchlorid erhaltene Niederschlag in bekannter Weise weiterverarbeitet. Es ist zweckmäßig, nach der Fällung längere Zeit zu kochen, um die Umsetzung des Gipses vollständig zu machen. Es ist:

$$BaSO_4 \cdot 0{,}7375 = CaSO_4 \cdot 2\,H_2O\,.$$

Wenn Talkum mit Baryt und ähnlichem verfälscht ist, so gibt sich das deutlich bei der Bestimmung des spez. Gewichtes zu erkennen. Dies kann nach bekannten Regeln durchgeführt werden (Pyknometer). Man kann annehmen, daß bei einem spez. Gewicht größer als 2,9 eine Beimengung von Baryt, Feldspat oder ähnlichem vorliegt. Gewöhnlich ist das spez. Gewicht 2,7—2,9.

Als natürliche Beimengung ist Kalziumkarbonat nur bis zu 4% zu betrachten.

Schwerspat, Blanc fixe.

Prüfung auf einen Zusatz von Bleisulfat. Schwerspat wird manchmal durch Zusatz von Bleisulfat gefälscht. Ein solcher Zusatz läßt sich folgendermaßen ermitteln. Man erwärmt eine Probe des Füllstoffes mit kohlensaurem Natron und läßt dann etwa 12 Stunden stehen. Nach dieser Zeit wird filtriert, ausgewaschen und der Rückstand mit sehr verdünnter Salpetersäure behandelt. Entsteht beim Einleiten von Schwefelwasserstoff in die dann erhaltene, schwach saure Flüssigkeit ein brauner bis schwarzer Niederschlag, so ist Blei anwesend.

Säurereste. Künstlicher Schwerspat (Blanc fixe) enthält häufig von der Herstellung her im Teig verbliebene Säurereste. Qualitativ ermittelt man solche mittels blauem Lackmuspapier, das man in den mit Wasser verdünnten Teig eintaucht.

Zur quantitativen Bestimmung größerer Säurereste verreibt man in einem Mörser 10—20 g Teig mit heißem Wasser, spült in ein Becherglas, kocht auf und titriert mit $^{n}/_{10}$ Lauge.

Zusammenstellung der gebräuchlichsten Füllstoffe.

Gattung	Sorte	Spez. Gewicht	Bemerkung
Karbonate	Kohlensaurer Kalk, Kreide, $CaCO_3$	2,6—2,8	
	Kohlensaurer Baryt, Patentweiß, Witherit, $BaCO_3$	4,2—4,3	
Sulfate	Schwefelsaurer Kalk Wasserfreies Salz: Annaline $CaSO_4$ Wasserhaltiges Salz: Pearl Hardening $CaSO_4 + 2\,H_2O$ Andere Bezeichnungen: Satinite, Brillantweiß, Gips	2,8—3,0 2,2—2,4	In Wasser löslich im Verhältnis 1:400 Viel Verlust im Abwasser; bis zu 70% Satinite künstlich erzeugt aus Kalkmilch u. Aluminium-Sulfat. Enthält Tonerde neben Kalziumsulfat. Kommt als Paste in den Handel
	Schwefelsaurer Baryt, Blanc fixe, Permanentweiß, Schwerspat, $BaSO_4$	4,3—4,5	Wenn im Stoff erzeugt, etwa 35% Verlust. Bei Anwendung von fertigem Füllstoff Verluste bis zu 50%
Silikate	Kieselsaure Tonerde, China-Clay, Porzellanerde, Kaolin, $H_2Al_2(SiO_4)_2 + H_2O$	2,2—2,8	Wichtigster Füllstoff. Es bleiben bis 70% im Papierstoff
	Kieselsaure Magnesia, Talkum, $H_2Mg_3(SiO_3)_4$	2,7—2,8	Etwa 50—60% bleiben im Stoff
	Kieselsaure Magnesium-, Aluminium-, Kalzium-Verbindung, Asbestine Agalite, Nematolyte	2,2—2,5	Enthält bis 96% kieselsaure Magnesia. Es bleiben bis zu 80% des Füllstoffs im Papier

Aussehen der Füllstoffe unter dem Mikroskop. Zur schnellen Ermittlung der Art eines Füllstoffes läßt sich auch sehr gut das Mikroskop anwenden. Besonders charakteristische Merkmale enthält folgende Übersicht.

Füllstoff	Aussehen unter dem Mikroskop
Kaolin	Die einzelnen Teilchen sind ziemlich gleichförmig, meistens rund, ohne scharfe Ecken. Nur bei geringeren Sorten treten große Verschiedenheiten der Teilchen hervor
Talkum	Schuppenförmige Kristallbruchstücke
Asbestine, Agalite	Nadelförmige, faserige, ungleichartige Bruchstücke
Kalziumsulfate	Gemenge von nadelartigen und größeren Bestandteilen. Bringt man einen Tropfen Salzsäure zusammen mit etwas Füllstoff auf das Präparatenglas, erwärmt vorsichtig und raucht schließlich langsam ab, so scheidet sich der anfangs gelöste Gips in Form von langen Nadeln wieder ab, die deutlich unter dem Mikroskop wahrgenommen werden können
Schwerspat	Stellt sich unter dem Mikroskop als ein Gemenge verschieden großer, eckiger Teilchen dar

Bestimmung der Konzentration fertiger Erdmilch.

Es ist empfehlenswert, des öfteren zu prüfen, ob die fertige Erdlösung tatsächlich die vorgeschriebene Konzentration aufweist. Zu deren Ermittlung kann man nach einer von Sutermeister[1] angegebenen Methode verfahren.

Zur Untersuchung ist eine Flasche mit weitem Hals erforderlich. Sie wird mit der zu prüfenden Erdenmilch vollkommen gefüllt und dann gewogen. Es sei nun:

x das Gewicht des trockenen Kaolins in der Flasche,
2,6 sein spez. Gewicht (absolut trocken),
y das Gewicht der Wassermenge in der Kaolinmilch in der Flasche,
w das Gewicht der Flasche voll mit Kaolinmilch,
c der Rauminhalt der Flasche in Kubikzentimetern oder das Gewicht der Wassermenge, die die Flasche aufnehmen kann in Gramm,
f das Gewicht der leeren Flasche in Gramm.

Es ist dann:

$$x = w - f - y,$$

$$y = c - \frac{x}{2{,}6},$$

$$x = w - f - c + \frac{x}{2{,}6},$$

$$x = \frac{2{,}6\,(w - f) - 2{,}6\,c}{1{,}6},$$

$$x = 1{,}625\,w - 1{,}625\,(f + c),$$

da der letzte Wert eine konstante Größe k hat, kann man auch schreiben:

$$x = 1{,}625\,w - k.$$

[1] Sutermeister a. a. O. S. 297.

Sind die erforderlichen Konstanten also einmal bestimmt, so genügt eine einzige Wägung für die Kontrolle der Erdenmilch.

Es ist nicht zu übersehen, daß bei anderen Füllstoffen die entsprechenden spez. Gewichte einzusetzen sind.

Farbstoffe.

Ultramarin.

Allgemeines. Ultramarin ist der am häufigsten benutzte blaue Mineralfarbstoff, der infolge seines reinen und ziemlich unveränderlichen Farbtones immer noch manche Vorzüge gegenüber Teerfarbstoffen besitzt. Ultramarin kommt in verschiedener Tönung und Farbkraft in den Handel. Von Einfluß auf die Färbung ist auch seine Mahlung. Ein Nachteil dieses Farbstoffes ist seine mehr oder weniger starke Empfindlichkeit gegen schwefelsaure Tonerde und freie Säure selbst. Ultramarin enthält bisweilen Verfälschungen in Form von Ton, Gips, Schwerspat, ferner zur Erzielung dunkler Töne Beimengungen von Glyzerin und Sirup. Aus vorstehendem folgt ohne weiteres, auf welche Punkte sich eine Untersuchung des Ultramarins zu erstrecken hat.

Prüfung auf Färbvermögen. Man kann auf zwei verschiedene Arten verfahren:

a) Man mischt 1 Teil der Probe mit 5 Teilen eines weißen Kaolins und rührt mit einer bestimmten Wassermenge zu einem Brei an. In der gleichen Weise wird ein Normalmuster zu einer Paste angerieben, und beide Farbstoffe werden dann auf ihren Ton verglichen. Es gelingt auf diese Weise, einen guten Maßstab für die Farbkraft zu erhalten.

b) Eine mehr praktische Prüfung ist die folgende. Sie besteht darin, daß man eine abgewogene Menge aufgeschlagenen Papierstoff mit einer bestimmten Farbstoffmenge ausfärbt, dann ein Handmuster aus dem Brei schöpft und dieses mit einer gleichartigen Ausfärbung des Normalmusters vergleicht.

Prüfung der Feinheit. Man bringt eine Probe Ultramarin auf ein kleines Sieb, das aus feinster Seidengaze besteht und verreibt mit dem Finger. Gröbere Teilchen lassen sich gut herausfühlen.

Statt dessen kann man auch die folgende Probe anwenden. 1 g Ultramarin wird in einer Flasche mit 200 cm³ Wasser gut geschüttelt, worauf man die Flasche stehen läßt. Das Wasser bleibt um so länger blau gefärbt, je feiner der Farbstoff gemahlen ist. Ultramarine, die bei dieser Probe sich unvollkommen oder gar nicht verteilen, sind für die Zwecke der Papierfärberei unbrauchbar.

Prüfung auf Alaunbeständigkeit. Man schüttelt 0,05—0,1 g des zu prüfenden Farbstoffes mit 10 cm³ einer 10proz. filtrierten Lösung von schwefelsaurer Tonerde in einem Reagenzglas. Man vergleicht hierbei sein Verhalten mit dem eines bekannten Ultramarines. Widerstandsfähige Ultramarine verblassen erst nach Tagen, hingegen empfindliche bereits nach wenigen Minuten.

Prüfung auf Verfälschungen und Beimengungen. a) Mineralische Stoffe. Sie können unter dem Mikroskop gut erkannt werden. Neben den blauen Teilchen sind farblose, unregelmäßige Körnchen enthalten, die, wenn es sich um Schwerspat oder Ton handelt, in Wasser unlöslich sind.

Zur Feststellung von Gips kocht man Ultramarin mit Wasser, filtriert und fügt zum Auszug oxalsaures Ammon: eine mehr oder weniger starke Trübung läßt auf Gegenwart von Gips schließen.

Ultramarin enthält bisweilen von seiner Darstellung her Reste von Glaubersalz, die unvollständige Verteilbarkeit des Farbstoffes im Wasser bewirken können. Man prüft auf diesen Stoff vermittels eines wässerigen Auszuges aus einer Farbstoffprobe. Der Auszug gibt in einem solchen Falle mit Bariumchlorid eine weiße Fällung, und der bei seinem Eindampfen auf einem Platintiegeldeckel erhaltene Rückstand färbt die nicht leuchtende Bunsenflamme stark gelb.

b) Organische Beimengungen. Zur Prüfung auf Glyzerin und Sirup stellt man sich einen wässerigen Auszug des Farbstoffes her. Diesen Auszug dampft man zur Trockne ein und erhitzt ihn dann vorsichtig. Auf das Vorhandensein der genannten Stoffe kann geschlossen werden, wenn hierbei Bräunung eintritt und sich der charakteristische Geruch verbrennender organischer Substanzen bemerkbar macht.

Teerfarbstoffe.

Prüfung auf Einheitlichkeit. Zur Prüfung, ob ein einheitlicher Farbstoff oder ein Gemenge von Farbstoffen vorliegt, befeuchtet man ein Stück Filtrierpapier mit Wasser, hält es waagrecht und bläst dann eine kleine Menge von fein gepulvertem Farbstoff derart auf die feuchte Papierfläche, daß sich die Teilchen gesondert als Farbpünktchen im Wasser des Papierblattes lösen können. Die verschiedenen Farbflecke geben Anhaltspunkte für die Zahl und die Farbtöne der etwa gemischten Farbstoffe. Weitere Unterschiede können unter Umständen bei den in Wasser nur mit ähnlichem Farbton löslichen Farbstoffen durch Aufblasen auf konzentrierte Schwefelsäure ermittelt werden.

Bestimmung der Farbstoffklasse. Die Feststellung der Farbstoffklasse ist von Bedeutung für das anzuwendende Färbeverfahren. Meist wird freilich der Name des Farbstoffes bekannt sein und der Lieferung eine Färbevorschrift beigegeben sein. In Zweifelsfällen kann man sich durch Probefärbungen auf Spinnfasern verhältnismäßig leicht darüber unterrichten, ob man es mit einem sauren, basischen oder substantiven, Beizen- oder Küpenfarbstoff zu tun hat.

Zur Erkennung eines etwa vorhandenen sauren Farbstoffes bringt man in die ungefähr 1proz. kochende Lösung nach Zusatz von einigen

Tropfen Essigsäure ein ungefärbtes Wollgarnsträngchen ein, hält unter häufigem Umziehen des Strängchens die Färbeflüssigkeit $^1/_4$—$^1/_2$ Stunde im Kochen, spült dann aus und beobachtet, ob aus der Farblösung der Farbstoff ganz oder doch größtenteils ausgezogen worden ist und beim kräftigen Spülen auf den Fasern des Wollsträngchens verbleibt.

Zur Erkennung der basischen Farbstoffe verwendet man ein durch Einlegen in Tannin und Fixieren mit Brechweinstein gebeiztes Baumwollgarnsträngchen an. Basische Farbstoffe fixieren sich auf derart gebeizten Fasern sehr gut. Die Lösungen von basischem Farbstoff geben übrigens bei vorsichtigem Zusatz von Tanninlösung eine Fällung, so daß auch ohne Ausfärbung ihre Natur erkannt werden kann.

Der Nachweis substantiver Farbstoffe gelingt durch Ausfärbung in einer 2—5proz. Farbstofflösung, der man Kochsalz oder Glaubersalz in solchen Mengen beigefügt hat, daß 10—20% des Fasergewichtes an Salz vorhanden sind. Substantive Farbstoffe lassen sich beim kochenden Ausfärben binnen $^1/_2$ Stunde auf der Baumwollfaser fixieren.

Küpenfarbstoffe können an ihrem Verhalten zu Hydrosulfit und Alkali erkannt werden. Sie gehen bei der Behandlung mit diesen Reagenzien meist unter Farbänderung in Lösung.

Beizenfarbstoffe färben in Suspension oder Lösung ungebeizte Baumwolle oder Wolle nicht an. Kocht man aber in der Farbstoffbrühe ein Strängchen gebeizter Faser — besser noch, verwendet man Streifchen von Baumwollstoff, der mit Beizen bedruckt ist —, so kann an der Farbveränderung der gebeizten Faser der Beizcharakter des Farbstoffes erkannt werden.

Probefärbung. Die Ausgiebigkeit von Farbstoffen, ihren Farbton auf Papierstoffen, kann man nur durch Probefärben erkennen. Man nimmt eine bestimmte Menge Papierstoffbrei, setzt eine entsprechende Menge Farbstofflösung dazu, fällt mit Tonerdesulfat, gegebenenfalls mit Harzleim und Tonerdesulfat unter Umrühren, am besten in einem dickwandigen Glasgefäß (sog. „Stutzen") aus und saugt die gefärbte Papiermasse auf einer Nutsche über Filtriereinlagen aus feinem Baumwollstoff ab. Filter samt Niederschlag werden in einer Presse — eine Kopierpresse genügt — abgepreßt, worauf sich die Filtriertuchschicht bei einiger Vorsicht ohne Verletzung des entstandenen Papierblattes abheben läßt. Das Papierblatt wird darauf an der Luft, besser heiß getrocknet, wobei man durch Spannung ein Einschrumpfen und Blasigwerden verhüten kann.

Tannin.

Allgemeines. Das für Färbezwecke benutzte Tannin kommt als ein gelbliches Pulver oder aber in kristallähnlichen Schuppen in den Handel. Charakteristisch ist die schwarzblaue Färbung, die seine wässerige

Lösung mit Eisenchlorid gibt und seine Fähigkeit, Eiweiß und Leim zu fällen.

Die Prüfung des Tannins erstreckt sich gewöhnlich auf die Bestimmung seines Wassergehaltes und den Nachweis etwa vorhandener anorganischer Verunreinigungen.

Bestimmung des Wassergehaltes. Man trocknet 1—2 g Tannin bei 100° bis zur Gewichtskonstanz und ermittelt den Gewichtsverlust. Der Wassergehalt darf 12% nicht übersteigen.

Prüfung auf anorganische Verunreinigungen. Ihre Ermittlung geschieht durch eine Aschenbestimmung, die man mit 1—2 g Tannin durchführt. Der meist aus Zinkoxyd bestehende Aschengehalt soll 0,15% nicht übersteigen.

Andere Chemikalien.

Formaldehyd.

Der technische Formaldehyd kommt als eine 40proz. Lösung (Formol) in den Handel.

Von den Verunreinigungen, auf die Formalin für die Zwecke der Leimung zu prüfen ist, kommt hier bloß freie Säure in Betracht. Außer dieser Prüfung sollte die Lösung stets quantitativ auf ihren Gehalt an Formaldehyd untersucht werden.

Prüfung auf freie Säure. Man versetzt 10 cm^3 Formaldehyd mit 10 Tropfen Normalalkalilauge. Die Lösung darf dann nicht mehr sauer reagieren. Formaldehyd enthält nicht selten bis zu 0,2% Ameisensäure.

Quantitative Gehaltsbestimmung. Zur schnellen quantitativen Bestimmung kann die Ermittlung des spez. Gewichtes dienen (s. die Tabelle im Anhang). Da Formaldehyd stets etwas Methylalkohol enthält, ist diese Bestimmung jedoch nicht ganz verläßlich.

Zur genauen quantitativen Bestimmung benutzt man die von W. Fresenius und L. Grünhut[1] gegebene Vorschrift. Die Methode beruht auf folgender Umsetzung des Formaldehyds in alkalischer Lösung mit Wasserstoffsuperoxyd:

$$2\,H\cdot CHO + H_2O_2 + 2\,NaOH = 2\,H\cdot COONa + H_2 + 2\,H_2O\,.$$

Die praktische Ausführung ist die folgende. Man wägt etwa 3 g Formalinlösung in einem engen Wägeröhrchen mit eingeschliffenem Stopfen ab. Das geöffnete Wägeglas läßt man dann, ohne daß es umfällt, in einen Erlenmeyerkolben von etwa 500 cm^3 Inhalt gleiten, der bereits mit 25—30 cm^3 kohlensäurefreier doppeltnormaler Natronlauge beschickt ist. Durch Kippen und Umschwenken mischt man dann das Formol mit der Lauge und gibt gleichzeitig 50 cm^3 3proz. H_2O_2 zu,

[1] Fresenius u. Grünhut: Z. analyt. Chem. Bd. 44, S. 13. 1905.

die man unter weiterem Umschwenken langsam innerhalb 3 Minuten durch einen Trichter zufließen läßt. Man läßt dann 5—10 Minuten stehen und titriert nach dem Abspülen des Trichters das überschüssige Alkali mit doppeltnormaler Säure unter Benutzung von Lackmus als Indikator zurück.

1 cm³ 2n-Lauge entspricht 0,06 g CH_2O. Die eigene Azidität der Formalinlösung sowie die des Wasserstoffsuperoxydes ist bei dieser Bestimmung zu berücksichtigen.

Natriumbisulfit.

Allgemeines. Das besonders zum Bleichen von Holzschliff verwendete Natriumbisulfit kommt entweder als Pulver mit rund 60—62% SO_2 oder als Lauge von 38—40° Bé in den Handel. Es wird im allgemeinen nur auf seinen Gehalt an schwefliger Säure untersucht, nur in Ausnahmefällen wird auch der Gehalt an Eisen, der selten 0,01% überschreitet, zu ermitteln sein.

Bestimmung des Gehaltes an schwefliger Säure. Wenn es sich um Lauge handelt, so verdünnt man 20 cm³ einer Durchschnittsprobe in einem 1000 cm³ fassenden Meßkolben mit destilliertem Wasser bis zur Marke und verwendet von der so erhaltenen Lösung 25 cm³ zur Titration. Zu ihrer Durchführung gibt man in eine geräumige Porzellanschale 150 cm³ Wasser, dann die 25 cm³ der verdünnten Bisulfitlösung und titriert mit $^n/_{10}$ Jodlösung. Es entspricht 1 cm³ dieser Meßlösung 0,0032 g SO_2; der Gehalt an Schwefeldioxyd in der Bisulfitlauge ist bei einem Verbrauch von n cm³ Jodlösung unter obigen Bedingungen

$$SO_2 = n \cdot 0{,}0032 \cdot 200\,\% \,.$$

Liegt feste Ware vor, so löst man 10 g eines Durchschnittsmusters in 1 l Wasser und titriert davon 20 oder 25 cm³ wie oben angegeben mit $^n/_{10}$ Jodlösung.

Bestimmung von Eisen. 10 cm³ der ursprünglichen Lösung oder 5 g festes Salz werden in einer Schale mit 5 cm³ konzentrierter Salzsäure zersetzt und eingedampft. Dann werden weitere 5 cm³ konz. HCl und einige Tropfen konz. HNO_3 zugegeben; die Lösung wird nochmals mäßig erwärmt, dann in einem 50 cm³ fassenden Meßkolben gespült, der bis zur Marke mit destilliertem Wasser aufgefüllt wird. In dieser Lösung wird das Eisen kolorimetrisch bestimmt. Über die Ausführung der Bestimmung vergleiche man das Kapitel: Untersuchung des Fabrikationswassers, Bestimmung von Eisen.

Wasserglas.

Allgemeines. Das in unserer Industrie verwandte Wasserglas ist eine Verbindung von Natriumoxyd und Kieselsäure, und zwar ist es ein Gemisch von Natriumtri- und -tetrasilikat. In den Handel kommt es meist als sirupöse Flüssigkeit von 37—48° Bé. Beim Stehen an der Luft zersetzt es sich leicht durch die Einwirkung der Kohlensäure der Luft, wobei sich Kieselsäure abscheidet. Darauf ist bei der Aufbewahrung Rücksicht zu nehmen. Die oft grünliche oder graugelbe Färbung wird durch einen Gehalt an Eisen hervorgerufen. Wichtig für die Beurteilung ist das Verhältnis von $SiO_2 : Na_2O$. Bei gutem Wasserglas soll es 3 : 1 betragen, d. h., es soll auf 3 Teile Kieselsäure 1 Teil Natriumoxyd kommen. Als Verunreinigung kommen Eisen, freies Ätznatron, Chlornatrium, Soda und Aluminium als Natriumaluminat in Frage.

Bestimmung von gebundenem und freiem Natriumoxyd. 20 g Wasserglas werden in einem 500 cm² Meßkolben bis zur Marke mit destilliertem Wasser versetzt. Die Lösung muß vollkommen klar sein und darf auch nach längerem Stehen nicht absetzen (kohlensäurefreies Wasser verwenden!). 100 cm³ dieser Lösung werden mit $^n/_1$ H_2SO_4 und Methylorangelösung titriert. Da 1 cm³ $^n/_1$ Säure 0,031 g Na_2O entspricht, ist bei einem Verbrauch von n cm³ der Gehalt an Natriumoxyd:

$$Na_2O = n \cdot 0{,}031 \cdot 25\% .$$

Kieselsäure. 100 cm³ der obigen Lösung = 4 g Wasserglas werden in einer Porzellanschale mit konzentrierter Salzsäure zersetzt und eingedampft. Der Rückstand wird mit Salzsäure angefeuchtet und wieder eingedampft. Das wird nochmals wiederholt, worauf die Schale mit dem Rückstand 1 Stunde lang im Trockenschrank auf 110° C erhitzt wird, um die Kieselsäure unlöslich zu machen. Danach wird mit verdünnter Salzsäure aufgenommen, durch ein aschefreies Filter filtriert, mit heißem, salzsäurehaltigem Wasser ausgewaschen, worauf schließlich Filter samt Rückstand in einem gewogenen Platintiegel verascht werden. Zuletzt wird vor dem Gebläse geglüht und die Kieselsäure nach dem Erkalten gewogen. Bei k g Kieselsäure ist der Gehalt hieran:

$$SiO_2 = 25\, k\ \% .$$

Gehaltsbestimmung von Mineralsäuren.

Schwefel- und Salzsäure. Beide Säuren gelangen häufig in Papier- und Zellstoffabriken zur Anwendung. Zur rascheren Ermittelung ihres Gehaltes dient die Bestimmung des spez. Gewichtes mit Hilfe eines Aräometers. Die genaue Gehaltsermittlung geschieht durch Titration einer genau abgemessenen oder abgewogenen und entsprechend verdünnten Probe mit $^n/_{10}$ Alkalilösung, wobei man Methylorange als Indikator verwendet.

Schwefelsäure kommt in konzentriertem Zustand als ölige Flüssigkeit vom spez. Gewicht 1,85 in den Handel. Verdünnte Säuren werden fast ausnahmslos aus der konzentrierten durch Einlaufenlassen in Wasser hergestellt. (Größte Vorsicht notwendig, Säure muß in dünnem

Strahl ins Wasser laufen, wobei ständig gerührt werden muß.) Konzentrierte Säure enthält bisweilen von ihrer Darstellung her geringe Mengen Blei. Sie können nachgewiesen werden durch Verdünnen mit Wasser, wobei das Blei als Sulfat in feiner Trübung ausfällt. Die Säure soll möglichst farblos sein.

Salzsäure wird gewöhnlich als eine 30—36proz. Auflösung des Chlorwasserstoffgases gehandelt. Diese wässerige Auflösung enthält stets Eisen, dem sie ihre gelbe Farbe verdankt. Wenn sonst kein Hindernis vorliegt, benutzt man daher in allen Fällen, wo Säure mit dem Papierstoff in Berührung kommt (z. B. am Ende der Bleiche) vorzugsweise Schwefelsäure, selbst auf die Gefahr einer Anreicherung des Halbstoffes mit unlöslichen Salzen.

Es entspricht:

$$1\ cm^3\ {}^{n}/_{10}\ \text{Alkalilösung} = 0{,}0049\ g\ H_2SO_4$$

$$1\ cm^3\ {}^{n}/_{10}\ \text{„} = 0{,}00365\ g\ HCl.$$

Zur Bestimmung der Wasserstoffionenkonzentration bei der Erzeugung des Papiers.

Eine ganze Reihe von technologischen Prozessen bei der Herstellung des Papiers, wie Mahlung, Leimung, Füllung, Siebwasserführung und anderes mehr, erfordern für ihre geeignetste Durchführung und Leitung die Einhaltung einer bestimmten Wasserstoffionenkonzentration im Reaktionsgemisch. Für alle diese Zwecke hat sich die kolorimetrische Methode, sei es in Form des Bjerrum-Arrheniusschen Doppelkeilkolorimeters oder des Wulffschen Folienkolorimeters oder endlich der Tödtschen Tüpfelapparatur als brauchbar und ausreichend erwiesen. Für manche Zwecke genügt bereits der Universalindikator von Merck. Um die Kontrolle möglichst wirksam zu machen, muß sie ständig von dem Überwachungspersonal ausgeübt werden. Es kann für diesen Zweck vorteilhaft sein, wenn man an den einzelnen zu überwachenden Stellen die Prüfung mit Reagenzpapier, das mit den in Frage kommenden Farbstoffen getränkt ist, vornehmen läßt. Es ist aber dann nicht zu umgehen, daß täglich mindestens einmal durch eine genauere Untersuchung im Laboratorium das Ergebnis des Betriebes kontrolliert wird.

Schwierigkeiten für die kolorimetrische Messung des p_H-Wertes der hier in Betracht kommenden Flüssigkeiten bestehen eigentlich kaum. Es kann aber bisweilen Vorteil bieten, wenn man statt der Indikatoren der normalen Reihen den einen oder anderen durch solche mit günstiger liegendem Umschlagsintervall ersetzt. Dadurch kann man oft wesentlich einfacheres Arbeiten und nicht selten auch größere Genauigkeit erzielen, als wenn man bei der Anwendung normaler Indikatoren gerade im Grenzgebiet zweier Indikatoren arbeiten muß. Die kolorimetrische Messung schwach gefärbter Flüssigkeiten ist im allgemeinen kaum schwierig, und selbst bei solchen mit stärkerer Eigenfarbe gibt sie bei einiger Übung noch brauchbare Ergebnisse. Schwieriger ist es im allgemeinen, den p_H-Wert in trüben Flüssigkeiten auf kolorimetrischem Wege festzustellen. Es erhöht jedenfalls stets die Genauigkeit der Messung, wenn solche Wässer vorerst filtriert werden oder aber, falls dies zu langwierig ist, durch Zentrifugieren von den die Trübung bedingenden Stoffen befreit werden.

Es hat übrigens nicht an Vorschlägen gefehlt, auch die elektrischen Methoden der p_H-Bestimmung für diese Zwecke nutzbar zu machen. So haben Thiriet und Delcroix[1] z. B. empfohlen, über den Weg der Leitfähigkeitsmessung den p_H-Wert des Siebabwassers laufend durch ein Zeiger- und Registrierinstrument zu beobachten. Wie Lorenz aber bemerkt, dürften solche Messungen bei Vorhandensein von bedeutenden Salzmengen im dauernd umlaufenden Verdünnungswasser doch dadurch erheblich beeinflußt werden können. Empfehlenswerter ist es jedenfalls statt dessen mittels Potentiometern unter Anwendung der Chinhydronelektrode den p_H-Wert des Stoffwassers selbst zu messen[2]. Nachstehend sollen noch einige für die einzelnen Prozesse wichtige p_H-Werte gegeben werden.

Für den Leimungsprozeß im Holländer wird als der günstigste Wert nach Feststellung verschiedener Beobachter $p_H = 4{,}5$ bis 5,0 und 5,0 bis 5,5 angegeben. Ebenso soll die beste Füllstoffausbeute bei Werten von $p_H = 5{,}0$ bis 5,5 erzielt werden. Das lästige Schäumen des Stoffes bei seiner Verarbeitung kann bei Werten $p_H = 4{,}5$ bis 5,5 in den engsten Grenzen gehalten werden. Andererseits läßt sich das die Fabrikation so äußerst störende Kleben der Stoffbahn an den Pressen beispielsweise bei der Erzeugung von Rotationsdruck weitgehend dadurch ein-

---

[1] Thiriet, A., u. P. Delcroix: Die Leimung des Papiers. Le Papier, Novemberheft 1925, S. 1231; angeführt bei R. Lorenz: Über p_H-Messung und ihre Anwendung in der Papierindustrie. Papierfabrikant Bd. 26, S. 430. 1928.

[2] Karlberg, R.: Über p_H-Kontrolle und Harzschwierigkeiten in der Papierfabrik. Papierfabrikant Bd. 27, S. 358. 1929. — Außer den früher genannten elektrometrischen Instrumenten zur Bestimmung der Wasserstoffionenkonzentration sei hier noch auf folgende Instrumente hingewiesen: Das Mikro-Ionometer der Firma Lautenschläger in München, das Statometer nach Wulff der gleichen Firma, welches ähnlich wie amerikanische Instrumente mit einer Registriervorrichtung zur fortlaufenden Beobachtung der Änderung der p_H ausgerüstet werden kann; weiter auf das Azidimeter nach Trénel, welches von der Firma Siemens & Halske hergestellt wird. Schließlich möge noch das Triodometer nach Ehrhardt erwähnt sein, das nach Angaben der I. G. Farbenindustrie von der Firma Kurt Retsch in Düsseldorf gebaut und vertrieben wird. Dieses im Aufbau einfache und widerstandsfähige Instrument, welches auch ein großes Anwendungsgebiet besitzt, zeichnet sich gegenüber den anderen Instrumenten durch seine Wohlfeilheit aus.

schränken, daß dem Stoff durch anfängliche Zuteilung von Kalkmilch ein p_H-Wert von 8,5 erteilt wird, welcher Wert dann später vor der Verarbeitung auf der Maschine durch Zuteilung von Alaun wieder auf 4,3 gebracht wird. Zuteilung von Kalkmilch beim Waschen von Zellstoff kann diesem je nach dem hierbei erreichten p_H-Wert einen anderen Charakter sowie andere papiertechnische Eigenschaften erteilen. Schließlich sei erwähnt, was allerdings noch nicht einwandfrei festzustehen scheint, daß ein p_H über 7 bei der Mahlung schneller schmierigen Stoff herbeiführt, während demgegenüber ein p_H unter 7 Bildung der Eigenschaften des röschen Stoffes begünstigt.

Beachtenswerte Literatur.

Harz.

Schichirew: Die Bestimmung des Harzes in der Harzmilch. Bumaschnaja Promischlenost Bd. 7, S. 562. 1928.

Verfasser schlägt vor, in 25 cm³ Harzmilch mit 25 cm³ $^n/_{10}$ Säure das Harz auszufällen, durch Erwärmen der Flüssigkeit zu einem Klümpchen zusammenzuballen, die Flüssigkeit dann durch Glaswolle zu filtrieren und im Filtrat die unverbrauchte Säure zurückzutitrieren. Die verbrauchte Anzahl cm³ Säure wird mit dem Molekulargewicht des Harzes (302) und mit 0,04 multipliziert, um den Gehalt (an gebundenem Harz) pro Liter zu ermitteln. Die so erhaltene Zahl muß noch mit einem Faktor multipliziert werden, welcher das Verhältnis des gesamten Harzes zum gebundenen anzeigt und welcher Wert hin und wieder bestimmt werden muß.

Gelatine.

Allen, J. S.: Gelatine. Paper Trade Review Bd. 85, S. 812, Nr. 11. 1926. Man vgl. Literaturauszüge Papierfabrikant Bd. 24, S. 522. 1926.

Neben anderen für das Arbeiten mit Gelatine bedeutsamen Ausführungen werden hier folgende für die Betriebskontrolle wichtige Angaben gemacht. Die Quellung der Gelatine und andere wichtigen physikalischen Eigenschaften hängen in hohem Maße von der Wasserstoffionenkonzentration der Lösung ab, so daß die Bestimmung des p_H-Wertes unerläßlich ist. Beim isoelektrischen Punkt $p_H = 4{,}7$ zeigt Gelatine die geringste Quellfähigkeit und damit geringe Viskosität. Zur Bestimmung des p_H-Wertes eignet sich die kolorimetrische Methode gut, in Frage kommen besonders die Reaktionsgebiete von Methylrot und von Thymolblau. — Je größer die Viskosität, desto besser ist auch die Tragfähigkeit für die verschiedenen Aufstreichmittel (Kaolin). Dieses Tragvermögen kann dadurch bestimmt werden, daß man die Zeit mißt, in der sich eine bestimmte Menge $BaSO_4$ aus einer 10proz. Gelatinelösung bei 40° absetzt.

Alaun.

Feigl, F., u. G. Krauss: Eine komplexchemische Methode zur volumetrischen Bestimmung der Azidität, Basizität und des Aluminiumgehaltes in Aluminiumlösungen. Ber. Bd. 58, S. 398. 1925. Literaturauszüge, Chemie 1925, H. 2, S. 49.

Die Metalle leicht hydrolysierbarer Salze werden durch Überführung in eine stabile Komplexverbindung maskiert, so daß nur die ursprünglich vorhandene freie Säure der jodometrischen Titration gemäß der Gleichung $6\,H' + 5\,J' + JO_3' = H_2O + 6\,J$ zugänglich ist. Als Komplexbildner für Aluminiumsalze eignen sich Alkalioxalate, deren komplexe Verbindungen z. B. $K_3[Al(C_2O_4)_3]$ aus einem

Jodid-Jodat-Gemisch kein Jod in Freiheit setzt. Zur Bestimmung der freien Säure gibt man 3 g Natriumoxalat zur Auflösung der Probe (1 g $AlCl_3$/150 cm^3) und versetzt mit einem Überschuß von Kaliumjodid und Jodat und hierauf mit einer gemessenen Menge Thiosulfatlösung, erwärmt 10 Minuten lang auf dem kochenden Wasserbad und titriert den Thiosulfatüberschuß mit Jod zurück.

Wasserstoffionenkonzentration.

Klein, A. St.: Wasserstoffionenkonzentration in der Papierindustrie. Papierfabrikant Bd. 26, S. 145. 1928.

Lorenz, R.: Über p_H-Messung und ihre Anwendung in der Papierindustrie. Papierfabrikant Bd. 26, S. 365. 1928.

Roschier, H.: Die Bedeutung der $H^{\cdot}$-Konzentration bei der Papierfabrikation. Siehe Literaturauszüge, Chemischer Teil 1927, S. 161 u. 1928, S. 178.

Oeman, E.: Aluminiumresinat bei der Harzleimung von Papier. Papierfabrikant Bd. 24, S. 451. 1926.

Chintschin: Die Bestimmung der Wasserstoffionenkonzentration in der Papierindustrie. Literaturauszüge, Chemischer Teil 1929, S. 161.

Oeman, E.: Untersuchung über das Waschen von Sulfitzellstoff während der Aufbereitung. Festheft Papierfabrikant 1928, S. 92.

Shaw, M. B.: Die Wasserstoffionenkonzentration in der Papierfabrik. Paper Trade J. Jg. 53, Bd. 81, S. 59. 1925.

Karlberg, R.: Über p_H-Kontrolle und Harzschwierigkeiten in der Papierfabrik. Papierfabrikant Bd. 27, S. 359. 1929.

Chemische Untersuchung von Papier.

Scribner, B. W., u. W. R. Brode: Kupferzahlbestimmung von Papier. Papierfabrikant Bd. 27, S. 260. 1929.

Zur Bestimmung der Kupferzahl von hochwertigem Dokumenten- und Urkundenpapier empfehlen die Verfasser eine Methode, bei welcher die Menge des in bekannter Weise auf den Fasern abgeschiedenen Kupferoxyds in neuartiger Weise ermittelt wird. Es wird in einer Lösung von Molybdänphosphorsäure in Schwefelsäure gelöst; hierbei wird ein Teil der Molybdänlösung reduziert und deren Menge kann dann durch Oxydation mit Permanganat sehr genau ermittelt werden.

Bright: Die Bright-Lösung zur Unterscheidung von gebleichtem und ungebleichtem Sulfitzellstoff im Papier. Papierfabrikant Bd. 25, S. 169. 1927.

Bei der Prüfung wird eine Mischung von Ferrichlorid- und Ferrizyankaliumlösung verwandt, und nach Behandlung hierin gelangt die zerfaserte Papiermasse in eine Auflösung eines roten substantiven Farbstoffes (Du Pont Purpurine 4 B spezial für Brightlösung). Es färben sich nach dieser Behandlung ungebleichte Sulfitstoffasern blau, gebleichte hingegen rot an.

Schulze, B.: p_H-Bestimmung von Papier. Papierfabrikant Bd. 26, S. 625. 1928 u. Bd. 27, S. 274. 1929.

Eine Extraktion des Papiers mit kaltem Wasser und Prüfen der erhaltenen Lösung auf kolorimetrischem Wege führt zu falschen Zahlen. Man muß heiß ausziehen, ohne doch zu kochen. Die p_H-Bestimmung ist auch ohne Extraktion möglich bei Verwendung von nicht im Handel befindlichem Indikatorpapier nach Behrens (Z. analyt. Chem. Jg. 73, Bd. 4, S. 129. 1928).

IX. Die Untersuchung von Abwässern.

Von **Rudolf Sieber.**

Allgemeines. Der Untersuchung der Abwässer wird in vielen Fällen durchaus nicht jene Bedeutung zugemessen, welche ihr wirklich zukommt. Zwei wichtige Gründe sind es, die eine solche Untersuchung rechtfertigen. Es ist bekannt, daß gerade wegen des Abwassers nicht selten sehr unliebsame Streitigkeiten mit dem Wassernachbar im Unterlauf veranlaßt werden. Eine genügende Kontrolle des Gesamtabwassers der Anlage und die Ergreifung von geeigneten Maßregeln auf Grund des Ausfalles dieser Untersuchung ist gewiß ein Vorbeugungsmittel gegen das Entstehen solcher Zwistigkeiten, zumal derartige Klagen der Nachbarn nicht selten ganz unberechtigt sind, andererseits aber in vielen Fällen wesentlich übertrieben werden.

Weiterhin ist die Abwasseruntersuchung auch vom ökonomischen Standpunkt aus gerechtfertigt. Es ist gewiß nicht zuviel gesagt, wenn man behauptet, daß eine dauernde Untersuchung der Abwässer der einzelnen Betriebsabteilungen einen guten Anhaltspunkt für die Beurteilung ihres Arbeitens in wirtschaftlicher Hinsicht ergibt.

Aus diesen Betrachtungen folgt, daß bei der Untersuchung von Abwässern zu unterscheiden ist, ob es sich um solche handelt, die von einer der verschiedenen Betriebsabteilungen stammen, oder ob das Gesamtwasser einer Anlage vorliegt.

Bei den erstgenannten, also bei unvermischten Abwässern von den Papier- und Entwässerungsmaschinen, von den Waschholländern, von der Chlorwasserbereitung, von der Leimküche, von der Schleiferei und von den verschiedenen anderen Abteilungen ist in erster Linie der Verlust an verwertbaren Substanzen der Anlaß zur Untersuchung. Der Zweck der Untersuchung des Gesamtwassers ist hingegen zumeist die Feststellung der Schädlichkeit für Anwohner, für die Fischzucht und die der Eignung für weitere gewerbliche Zwecke.

Für beide Arten der Untersuchungen können hier in Anbetracht der großen Verschiedenheit der praktischen Verhältnisse nur allgemeine Richtlinien gegeben werden.

Die Untersuchung des Gesamtabwassers.

Die Prüfung des gesamten Abwassers zerfällt in eine Untersuchung an Ort und Stelle, d. h. in eine örtliche Begehung und Betrachtung des Abwasserlaufes und in eine chemische Untersuchung auf schädliche Stoffe im Laboratorium.

Es sei nun von vornherein darauf aufmerksam gemacht, daß den Ergebnissen einer im eigenen Laboratorium vorgenommenen Wasseranalyse vor Gericht keine unbedingte Beweiskraft zukommt. Eine solche besitzen lediglich die Analysen von vereideten Sachverständigen, welche aber in ihrem Gutachten gewiß auch die im Laboratorium der Fabrik gewonnenen Ergebnisse heranziehen und besprechen werden und ihnen damit doch eine gewisse Bedeutung verleihen.

Örtliche Prüfung. Die Prüfung an Ort und Stelle hat sich hier auf folgende Punkte zu erstrecken:

1. Äußeres Aussehen des Wassers.
2. Geruch.
3. Reaktion.

Zu 1. Es ist zu beachten, ob das Abwasser stärker getrübt oder gefärbt ist als normal, ferner, ob es sichtbare Mengen von Abfallstoffen enthält. Es ist endlich festzustellen, wie weit unterhalb der Fabrik solche Verunreinigungen im Fluß jeweils beobachtet werden können und wann das Abwasser oder der Flußlauf äußerlich einwandfrei erscheinen. Es sei bemerkt, daß trübes oder gefärbtes Wasser an und für sich nicht schädlich zu sein braucht, daß hierüber lediglich die Untersuchung der Schwebestoffe Aufschluß geben kann, ein Umstand, der besonders bei Angaben von Laien beachtet zu werden verdient.

Zu 2. Von den Gerüchen, auf die hier zu prüfen wäre, kommen als schädlich in Betracht: schweflige Säure, Chlor, Schwefelwasserstoff und Merkaptane (Natron-Sulfat-Kochverfahren).

Zu 3. Die Reaktion wird durch Eintauchen von empfindlichem Lackmuspapier an verschiedenen Stellen des fließenden Abwassers festgestellt.

Untersuchung im Laboratorium. Hierzu ist die Entnahme einer genügend großen Probe notwendig, und diese muß tatsächlich eine gute Durchschnittsprobe darstellen. Solange es sich um stets gleichmäßig abfließendes Wasser handelt, ist die Probeentnahme rasch durchgeführt. An einer Stelle des Unterlaufes werden aus der Mitte und von den beiden Seiten, von der Oberfläche und aus größeren oder geringeren Tiefen mittels eines Schöpfers bzw. einer erst unter der Oberfläche des Wassers zu öffnenden Flasche Proben genommen. Diese werden in einem größeren, mit dem zu untersuchenden Wasser ausgespülten Gefäß gesammelt, worauf nach gutem Durchmischen zur eingehenden Untersuchung eine Probe von etwa 5—10 l in verschließbare Flaschen gegeben wird.

Läuft das Abwasser in wechselnder Zusammensetzung ab, so muß die Probeentnahme über einen längeren Zeitraum verteilt werden und

z. B. einige Stunden lang alle $^1/_4$ Stunden eine Probe in der oben beschriebenen Weise entnommen werden.

Wird von Zeit zu Zeit Wasser abgelassen, das in seiner Beschaffenheit wesentlich von dem normalen Abwasser abweicht, z. B. beim Abstoßen von Ablauge, Reinigen der Chlorkalkauflöser usw., so ist es zweckmäßig, dieser Verschiedenheit dadurch Rechnung zu tragen, daß man das normale Abwasser und jenes, das zu diesen Zeitpunkten abfließt, getrennt voneinander untersucht, also zweierlei Proben entnimmt.

In vielen Fällen wird zu ermitteln sein, ob die in einen öffentlichen Flußlauf einmündenden Abwässer diesen selbst derart verunreinigen, daß sein Wasser schädliche Beschaffenheit annimmt. Dann ist die Wasserprobe unter der Einmündungsstelle des Abwasserkanals in den Fluß erst dort zu entnehmen, wo eine vollkommene Mischung beider stattgefunden hat. Dies kann je nach der Fließgeschwindigkeit des Flusses und je nach seinem Lauf — ob gerade oder gewunden — früher oder später der Fall sein. Krümmungen, Buhnen, Landzungen, Wehre und ähnliches befördern das Vermischen.

Bei der Untersuchung im Sinne des letztgenannten Zweckes ist es endlich notwendig, auch oberhalb der Anlage aus dem Fluß eine Probe zu entnehmen, um dadurch festzustellen, ob und welche schädlichen Stoffe schon vor Einlauf der Abwässer im Wasser vorhanden sind. Auch darauf wäre zu achten, ob nicht erst durch das Zusammentreffen des Abwassers mit anderen Abwässern Reaktionen ausgelöst werden, die zur Schädlichmachung des Flußwassers führen können; derart, daß z. B. durch Einwirkung von Säure auf Chlorkalkreste Chlor in erheblicher Menge ziemlich plötzlich entbunden wird.

Wenn auch die Durchführung der Probeentnahme in allen Fällen die gleiche wie beschrieben ist, so muß doch nach den jeweiligen Verhältnissen selbst bestimmt werden, wo überall solche entnommen werden müssen, um ein einwandfreies Ergebnis zu erhalten.

Eigentliche Untersuchung. Die entnommene Probe ist möglichst bald nach Entnahme zu untersuchen, da ihre Zusammensetzung durch Entweichen von Gasen, Ausscheidung unlöslicher Stoffe und ähnliches sich ändern kann. Als Konservierungsmittel, wenn die Untersuchung nicht sofort vorgenommen werden kann, hat sich der Zusatz von einigen Tropfen Chloroform als zweckmäßig bewährt.

Bei der Untersuchung im Laboratorium sind zunächst die an Ort und Stelle ausgeführten Untersuchungen zu wiederholen. Bei der Prüfung auf den Geruch sei erwähnt, daß dieser sich deutlicher bemerkbar macht, wenn man eine Wasserprobe auf 40—50° C erwärmt.

Bestimmung des Abdampf- und Glührückstandes. 250—500 cm^3 Wasser werden in einer ausgeglühten und gewogenen Platinschale auf dem Wasserbad zur Trockne eingedampft. Der Rückstand wird nach dem Trocknen bis zur Gewichtskonstanz bei 105° gewogen.

Der Rückstand wird geglüht, darauf mit Ammoniumkarbonat befeuchtet und nochmals schwach geglüht. Der nach dem Erkalten gewogene Rückstand gibt die Menge der wasserfreien Mineralstoffe an. Der Verlust gibt einen gewissen Anhaltspunkt dafür, wie groß annähernd die Menge der organischen Stoffe ist. Allerdings kommt hier auch die Menge des vorhandenen Kristallwassers oder der abgespaltenen Kohlensäure in Betracht, die jedoch gewöhnlich nicht sehr groß sein wird.

Bestimmung der Schwebe- und Sinkstoffe. Zur Bestimmung der Menge dieser Stoffe werden je nach den Verhältnissen 250—1000 cm^3 Abwasser durch einen mit Asbest beschickten gewogenen Goochtiegel filtriert. Dieser wird bei 105° getrocknet und nach dem Erkalten gewogen, wodurch die Gesamtmenge (anorganische + organische) der genannten Stoffe bestimmt ist.

Der Tiegel wird dann geglüht und späterhin wieder gewogen. Die Differenz ergibt die Menge der organischen Stoffe.

Sind erhebliche Mengen von Sink- und Schwebestoffen vorhanden, so kann man zur Beschleunigung der Analyse so verfahren, daß man die hierzu bestimmte Wasserprobe in einem Standzylinder längere Zeit ruhig stehenläßt, die überstehende, ziemlich klare Flüssigkeit abhebert, durch den Trichter gibt und dann erst mit dem trüben Rest ebenso verfährt.

Enthält das Abwasser viel freien Kalk, so leitet man vor dem Filtrieren überschüssige Kohlensäure in das Wasser, worauf man wie vorher verfährt. Da man in diesem Fall ohnehin die Menge des freien Kalkes später bestimmt, so läßt sich auch die ihm entsprechende Menge Kohlensäure errechnen und von dem gefundenen Gesamtrückstand in Abzug bringen.

Bestimmung der freien Säure. Da in den Abwässern der Papier- und Zellstoffindustrie Metalloxyde (Zink, Kupfer, Eisen) kaum vorhanden sind, so lassen sich die freien Säuren unmittelbar mit $^{n}/_{10}$ Lauge titrieren, wobei man Methylorange als Indikator anwenden kann.

Bestimmung der Alkalinität. Die Alkalinität der in Frage stehenden Abwässer kann bewirkt sein durch freien Kalk, durch Abwässer der Natronzellstoffkochungen, durch solche von den Mischern usw. Vorherrschen werden im allgemeinen aber wohl saure Abwässer. Die Alkalinität eines Abwassers wird durch Titration mit $^{n}/_{10}$ Salzsäure unter Benutzung von Methylorange als Indikator bestimmt. Die Alkalinität rechnet man je nach der vorherrschenden Base auf Milligramm CaO oder Milligramm Na_2O im Liter um.

Bestimmung der schwefligen Säure. Die Menge der freien schwefligen Säure wird dadurch bestimmt, daß man je nach Maßgabe der Verhältnisse 250—500 cm³ Abwasser in einer Retorte oder einem Kolben mit vorgelegtem Kühler in frisch bereitete Jodlösung bei eintauchendem Vorstoß auf ungefähr die Hälfte des Volumens abdestilliert. Im Destillat wird dann die hierbei gebildete Schwefelsäure durch Fällen mit Bariumchlorid nach erfolgtem Ansäuern mit Salzsäure gewichtsanalytisch ermittelt.

Die gebundene schweflige Säure wird im Destillationsrückstand bestimmt, indem man diesen mit Phosphorsäure ansäuert, darauf in der beschriebenen Weise destilliert und weiter verfährt. Wenn, wie es gewöhnlich der Fall ist, die schweflige Säure sowohl im gebundenen als freien Zustand vorhanden ist, so wird schon bei der ersten Destillation — also bereits vor dem Zufügen der Phosphorsäure — teilweise gebundene Säure mit abgespalten, wodurch eine genaue Trennung beider Formen unmöglich wird. In solchen Fällen bestimmt man zweckmäßig die Gesamtmenge der schwefligen Säure durch einmalige Destillation nach Zusatz von Phosphorsäure.

Stutzer[1] destilliert die Ablauge mit 25proz. Essigsäure, nachdem er die Luft im Destillationsapparat durch Kohlensäure verdrängt hat. Das Destillat fängt er in Jodlösung auf, die gebildete Schwefelsäure wird als Bariumsulfat bestimmt. Nach Stutzer wird hierbei die als Sulfit vorhandene schweflige Säure völlig in Freiheit gesetzt. Die esterartig an Kohlehydrate gebundene schweflige Säure wird nur teilweise frei, Ligninsulfosäuren werden nur zu etwa 3,3% gespalten.

Vogel[2] leitet zur Bestimmung der freien schwefligen Säure 8 bis 10 Stunden lang einen Kohlensäurestrom bei Zimmertemperatur durch die Ablauge und fängt die ausgetriebene schweflige Säure in Jodlösung auf, deren unverbrauchter Anteil mit Natriumthiosulfat zurücktitriert wird. Die fester gebundene schweflige Säure wird in der gleichen Probe durch Zugabe von konzentrierter Salzsäure bestimmt, indem unter weiterem Durchleiten mit Kohlensäure aufgekocht wird, wobei Vorsicht vonnöten, da die Lauge stark stößt. Die ausgetriebene schweflige Säure wird in frisch vorgelegter Jodlösung aufgefangen, der Jodüberschuß wird dann durch Natriumthiosulfat bestimmt.

Bestimmung von Schwefelwasserstoff und Sulfiden. Durch die Ablaugen von Natron- und Sulfatzellstoffanlagen können den Abwässern Sulfide (Na_2S, CaS) zugeführt werden, welche beim Zusammentreffen mit säurehaltigen Abläufen Schwefelwasserstoff entbinden. Die Bestimmung des Schwefelwasserstoffes durch Titration mit Jod ist nur bei der Anwesenheit von geringeren Mengen organischer Stoffe genau. Bei Anwesenheit größerer Mengen solcher Stoffe ermittelt man durch einen Vorversuch, wieviel Jodlösung man für 250 cm³ Abwasser bis zur Blaufärbung benötigt. Nicht ganz diese ermittelte Menge gibt man

[1] Stutzer: Chem.-Zg. Bd. 34, S. 1067. 1910.
[2] Vogel in Enzyklopädie der technischen Chemie, Bd. 1, S. 79. Berlin 1914.

dann in einen Kolben, setzt rasch die 250 cm^3 Abwasser zu, schüttelt gut durch und fügt nach dem Zusatz von Stärkelösung so viel Kubikzentimeter Jodlösung hinzu, daß Blaufärbung erreicht wird. Die exakte Bestimmung dieser Verbindungen ist ziemlich schwierig durchführbar und zeitraubend und muß für solche Zwecke auf Spezialwerke verwiesen werden. (Vgl. C. Weigelt, Vorschriften für die Entnahme und Untersuchung von Abwässern und Fischwässern. Berlin 1900. Ferner W. Marzahn, Über ein neues Verfahren zur Bestimmung des Schwefelwasserstoffes im Abwasser durch Titration. Hyg. Rundschau 1919, Nr. 16, S. 557—560: Wasser und Abwasser 15, 208 (1920) Nr. 7; C. C. IV 776 (1919) Nr. 19.)

Bei dem bisher am häufigsten gebrauchten Verfahren wird der Schwefelwasserstoff abdestilliert und in Bromwasser aufgefangen, die dabei gebildete Schwefelsäure mit Chlorbarium ausgefällt und aus dem Gewicht des Bariumsulfates der Schwefelwasserstoff berechnet. Dies ist als Gewichtsanalyse zeitraubend und wegen der Bromdämpfe unangenehm. Marzahn (s. o.) empfiehlt deshalb, den abdestillierten Schwefelwasserstoff in eine Kadmiumazetatlösung einzuleiten, das dabei entstehende Kadmiumsulfid mit einer eingestellten Jodlösung in Kadmiumjodid umzusetzen und durch Zurücktitrieren mit Natriumthiosulfat den Jodverbrauch zu bestimmen. Daraus läßt sich die Schwefelwasserstoffmenge leicht berechnen. Dieses Verfahren erfordert nur kurze Zeit ($^3/_4$ Stunde) und hat sich nach dem Verfasser gut bewährt.

Bestimmung von Chlor. Durch die Abläufe der Bleichanlage kommen stets mehr oder weniger große Mengen von Chlor in freier und gebundener Form in das Gesamtwasser der Anlage.

a) Freies Chlor. Man versetzt 100—500 cm^3 des Abwassers mit 1 g Jodkalium und Salzsäure (nach R. Schultz ist Essigsäure zu empfehlen) und titriert das in Freiheit gesetzte Jod mit $^n/_{10}$ Thiosulfat, wobei man erst gegen Ende der Titration etwas Stärkelösung zusetzt. Es entspricht 1 cm^3 $^n/_{10}$ Jod 0,003546 g Chlor.

b) Gebundenes Chlor. Dieses wird zweckmäßig durch Titration mit $^n/_{10}$ Silberlösung bestimmt. In diesem Fall müssen jedoch vorher die silberverbrauchenden organischen Stoffe durch Oxydation mit Permanganat entfernt werden. 100—250 cm^3 Wasser werden nach dem Filtrieren zum Sieden erhitzt, worauf sie mit wenig Permanganat versetzt und dann weiter gekocht werden, bis sich die Manganoxyde flockig abscheiden. Ein dann noch vorhandener rötlicher Ton — bei zu reichlichem Zusatz von Permanganat — kann leicht durch Zutropfenlassen von absolutem Alkohol beseitigt werden. Nach dem Absetzen des flockigen Niederschlages filtriert man die Flüssigkeit, wäscht heiß aus und titriert das klare Filtrat mit $^n/_{10}$ Silberlösung, von welcher 1 cm^3 0,003546 g Chlor entspricht.

Bestimmung der Basen. Kalzium, Aluminium und Natrium werden, falls es sich als notwendig erweisen sollte, nach den bekannten allgemeinen Methoden bestimmt. Es ist dann zweckmäßig, stets eine größere Wassermenge anzuwenden und diese durch Eindampfen vor der Bestimmung auf ein kleineres Volumen zu bringen.

Bestimmung der Oxydierbarkeit. — Reduktionsvermögen. Wichtig für die Beurteilung des Abwassers ist sein Gehalt an gelösten oder suspendierten organischen Stoffen insofern, als für ihre Oxydation oft erhebliche Mengen des im Wasser gelösten Sauerstoffes verbraucht werden und dieses dadurch z. B. schädlich für Fische machen. Die bekannteste Methode zur Bestimmung der Oxydierbarkeit eines Wassers ist die Ermittlung seines Verbrauches an Kaliumpermanganat. Obwohl diese Methode kein absolutes Maß für den Gehalt an oxydierbaren Stoffen im Wasser gibt — der Verbrauch hängt nämlich auch von der Art der organischen Verbindungen ab —, erhält man doch, wenn es sich um das gleiche Wasser handelt und die Ausführung stets genau gleich durchgeführt wird, gut vergleichbare Werte.

Benutzt wird zur Ausführung immer filtriertes Abwasser, das so verdünnt wird, daß die jeweils angewandte Menge beim Kochen mit $^{n}/_{10}$ Permanganatlösung noch gerötet bleibt. Die Bestimmung wird zweckmäßig in saurer Lösung (nach Kubel) ausgeführt. Da eine Verdünnung mit destilliertem Wasser stets vorgenommen werden muß und dieses selbst Permanganat verbraucht, so ist dessen Verbrauch durch einen blinden Versuch zunächst zu ermitteln.

Die eigentliche Bestimmung wird in der unter Abschnitt Betriebswasser vorgeschriebenen Form durchgeführt.

Der Wert für den Permanganatverbrauch läßt sich auch auf Milligramm Sauerstoff je Liter umrechnen, und zwar durch Multiplikation mit 0,08. Unter Zugrundelegung eines mittleren Sauerstoffgehaltes von 2,8 cm^3 im Liter in fließendem Wasser läßt sich dann die nach Oxydation der organischen Stoffe ungefähr verbleibende Sauerstoffmenge berechnen.

Nach neueren Untersuchungen ist der Permanganatverbrauch der im Wasser vorkommenden organischen Stoffe doch so verschieden, daß es kaum angängig erscheint, mit einer solchen Durchschnittszahl allgemein zu rechnen. Splittgerber[1] macht hierüber beispielsweise für die Stoffe, welche im besonderen unsere Industrie interessieren, folgende Angaben. Es benötigt je 1 g der folgend aufgeführten Stoffe im Liter reinen Wassers an Permanganat:

Gerbsäure	3530 mg
Rohrzucker	2650 „
Dextrin	846 „

[1] Splittgerber: Papierfabrikant Bd. 29, S. 83. 1931.

Humussäuren	219 mg
Leim, tierischer	199 „
Gelatine	127 „
Essigsäure	5 „

Beurteilung der Schädlichkeit der Abwässer. Abwässer können durch Einlauf in einen Fluß dessen Unbrauchbarwerden für weitere gewerbliche Zwecke herbeiführen. Sie können weiter das Wasser für die Fischzucht schädlich beeinflussen und ebenso eine Schädigung des Grund- und Brunnenwassers bewirken. Eine genaue Feststellung dieser Schädlichkeit ist nicht die Aufgabe des Fabriklaboratoriums. Diesem fällt es lediglich zu, durch Analysen zu ermitteln, ob ein gewisser Gehalt an Abfallstoffen, der sich als noch nicht schädlich erwiesen hat, nicht überschritten wird.

Schädlichkeit für gewerbliche Zwecke. Hauptbedingung für die meisten technischen Betriebe ist ein gutes Kesselspeisewasser. Einerseits sollten daher durch die Abwässer nicht zuviel Härtebildner abgeführt werden, also Stoffe wie Kalziumsulfat und -karbonat sowie Magnesiumsalze. Andererseits darf das Abwasser nicht große Mengen solcher Stoffe enthalten, welche das Kesselblech selbst angreifen, also freie Säuren, Ammoniumsalze, viel gelösten Sauerstoff, Humussubstanzen, Fette und Öle (von Maschinenschmierung stammend) und ähnliches.

Der Schädlichkeitsgrad von Abwässern der Papier- und Zellstofffabriken hängt in dieser Beziehung lediglich davon ab, welche Menge Flußwasser zur Aufnahme des Abwassers zur Verfügung steht, und davon, wie weit unterhalb der Anlage der nächste technische Betrieb liegt, der auf die Entnahme des Flußwassers angewiesen ist.

Auch für die Beurteilung, ob das Wasser für die besonderen Zwecke dieses Betriebes noch ohne Anstand verwendbar sein wird, sind diese Punkte maßgebend. Daraus folgt auch, daß bei etwaigen Untersuchungen zur Feststellung der Eignung für diesen weiteren gewerblichen Zweck dem Wasserlauf erst kurz vor der neuen Verbrauchsstelle eine Probe entnommen werden muß, die auf die jeweils schädlichen Stoffe zu prüfen wäre.

Schädlichkeit für die Fischzucht. Schädlich für die Fische kann ein zu geringer Gehalt an Sauerstoff sein, der wiederum durch große Mengen oxydierbarer organischer Stoffe bedingt ist, weiter ein großer Gehalt an Säuren und mineralischen Stoffen, von denen hier in Betracht kommen: Schweflige Säure, freie Salz- und Schwefelsäure, freier Kalk, Schwefelwasserstoff, Chlornatrium (elektrische Bleiche) und Soda. Haselhoff[1] hat durch eingehende Untersuchungen festgestellt, daß im allgemeinen als Grenzzahlen, bei welcher Erkrankungen von

[1] Haselhoff, vgl. Lunge: Untersuchungsmethoden. 7. Aufl. 1921. S. 628ff.

Fischen beobachtet worden sind, die folgenden Werte gelten. (Sie geben den Gehalt in Milligramm in 1 l an.)

Sauerstoff: Bei 2,8 cm^3, d. i. bei ungefähr $^1/_3$ der gewöhnlich im Wasser vorkommenden Menge Sauerstoff können Fische noch fortkommen. Allerdings ist nun zu beachten, daß Wässer infolge von Sauerstoffmangel leicht faulen können und hierdurch wiederum die Fische zu schädigen vermögen, z. B. durch reichliche Bildung von Kohlensäure und Schwefelwasserstoff.

Schweflige Säure 20—30 mg.

Freie Schwefelsäure 35—50 mg SO_3.

Freie Salzsäure 50 mg.

Freier Kalk 23 mg CaO.

Schwefelwasserstoff 8—12 mg.

Chlornatrium 15 g.

Soda 5 g.

Diese Grenzzahlen sollen nach Haselhoff durchaus nicht als unbedingt feststehend betrachtet werden, da einerseits die einzelnen Fischarten verschieden empfindlich gegen diese Stoffe sind, andererseits auch die Fische derselben Art je nach Alter und Größe ein anderes Verhalten zeigen.

Abwässer, welche größere Mengen organischer Stoffe enthalten, können im frischen Zustand bisweilen ganz unschädlich sein, später aber durch Fäulnis solcher Stoffe besonders an ruhigen Stellen des Flußlaufes nachteilig für die Fische werden. Von die Schädlichkeit verstärkendem Einfluß ist auch die Temperatur des Abwassers, was unter Umständen beim Ablassen von heißen Kocherablaugen mit in Betracht zu ziehen ist.

Schädlichkeit für das Grund- und Brunnenwasser. Eine Verunreinigung des Grundwassers kann überall dort eintreten, wo Abwässer im Boden versickern. Es ist in solchen Fällen notwendig, im gewissen Umkreis von der Sickerstelle gelegentlich das Grundwasser auf schädliche Stoffe aus dem Abwasser zu untersuchen. Für genauere Untersuchungen solcherart verunreinigten Wassers muß auf Sonderabhandlungen verwiesen werden. (Haselhoff, Wasser und Abwässer, ihre Zusammensetzung und Untersuchung. Leipzig 1909.)

Untersuchung der Abwässer der einzelnen Betriebsabteilungen.

Allgemeines. Die Aufgabe dieser Untersuchung ist vor allem die Feststellung, ob und welche Mengen verwertbarer Substanz verlorengehen. Zu diesem Zweck ist also lediglich die Prüfung einer Durchschnittsprobe auf diese brauchbaren Stoffe notwendig. Aus dem gesamten Ablauf und dem Gehalt an verwertbarer Substanz im Liter läßt sich dann der Gesamtverlust ermitteln.

Entnahme der Proben[1]. Wichtig für die genaue Beurteilung der Größe dieser Verluste an wertvollen Stoffen ist die Entnahme einer Probe, welche tatsächlich den Durchschnitt der obwaltenden Verhältnisse darstellt. Nicht selten findet man in großen Werken selbsttätig arbeitende Probenehmer in Benutzung, wenn für deren Anbringung günstige Bedingungen vorhanden sind. Läuft nämlich das zu prüfende Abwasser in einem offenen Gerinne, so läßt sich zumeist ein durch die Bewegung des Wassers in Drehung versetztes Schaufelrad an geeigneter Stelle anbringen. Dieses Rad setzt durch seine Umdrehungen ein kleines Vorgelege in Bewegung, mit dem ein Probenehmer verbunden ist, welcher dadurch ständig aus dem Abwasser eine kleine Menge schöpft und sie in die Zulaufrinne zu einem größeren Gefäß ausgießt. Nach bestimmten Zeiten wird die so gesammelte Probe untersucht. Verfügt man nicht über eine solche Einrichtung, so muß durch möglichst häufiges Schöpfen von Hand während eines bestimmten Zeitabschnittes versucht werden, eine zuverlässige Probe zu erhalten.

Untersuchung der Probe. Alle solche Abwässer sind infolge des Gehaltes an Faserschleim, Leim u. ä. sehr schwer durch gewöhnliche Filter zu filtrieren. Ebenso ist die Filtration durch mit Asbest beschickte Goochtiegel meist sehr langwierig. Man kommt schneller zum Ziel, wenn man in der zu untersuchenden Probe die Faser- und Füllstoffe durch Abschleudern von der Hauptmenge des Wassers trennt und den erhaltenen Rückstand dann in gewogenen Tiegeln trocknet. Zur Ausführung dieses Abschleuderns sind Zentrifugen mit hohen Umdrehungszahlen notwendig. Herdey[2] empfiehlt eine Einrichtung und Arbeitsweise, die nachstehend beschrieben sind.

Der Apparat besteht aus einem Armkreuz mit 4 Gehängen, welche zur Aufnahme von konischen und graduierten Mensuren mit 15 cm^3 Inhalt dienen. Das Armkreuz wird auf eine senkrecht stehende Welle aufgesteckt, die entweder mittels Handkurbel und Räderübersetzung oder (des gleichmäßigen Meßergebnisses halber) mit einem Elektromotor direkt gekuppelt ist. Der Mensurboden muß eine Umfangsgeschwindigkeit von etwa 30 m/sec erhalten, was rd. 2000 Umdrehungen in der Minute entspricht. Die Mensuren werden mit Stoffwasser gefüllt, der Zentrifugalkraft unterworfen, und innerhalb einer Minute setzen sich alle Stoffteile zu Boden.

Der Inhalt der Mensuren läßt sich dann mit wenig Wasser leicht in gewogene Tiegel spülen und durch Verwahren im Trockenschrank in absolut trockene Form überführen. Nach dem Wägen wird verascht

---

[1] Man vgl. W. L. Stevenson: Messen, Probenehmen und Stoffprüfung von Papierfabriks-Abwässern. Paper Trade J. Jg. 56, Bd. 85, H. 6, S. 54. 1927.

[2] Zellstoff u. Papier Bd. 5, S. 348. 1925; ferner H. Schwalbe: Die Kontrolle der Stoffkonzentration in Abwässern. Papierfabrikant, Festheft 1926, S. 71.

und wieder gewogen und auf diese Weise die Menge der organischen — Faserstoffe — und anorganischen — Füllstoffe — Bestandteile ermittelt. Einfacher gestaltet sich die Untersuchung, wenn man nach dem Zentrifugieren das Wasser vom abgesetzten Stoff vorsichtig abgießt und den Faserrückstand in der Mensur trocknet. Nach dem Trocknen läßt er sich dann leicht herausnehmen und wiegen.

Herdey empfiehlt weiter, für vergleichende Betriebsanalysen die Bestimmung derart zu vereinfachen, daß lediglich die Höhe des am Boden der Mensur sitzenden Rückstandes bestimmt wird. Mit Hilfe von Durchschnittswerten des Trockengehaltes dieses Rückstandes kann dann auch eine Umrechnung auf trockene Faser- und Füllstoffsubstanz erfolgen. Bei dieser Arbeitsweise ist es doch erforderlich, die Laufzeit der Zentrifuge durch einen elektrischen Zeitschalter immer genau und unabhängig

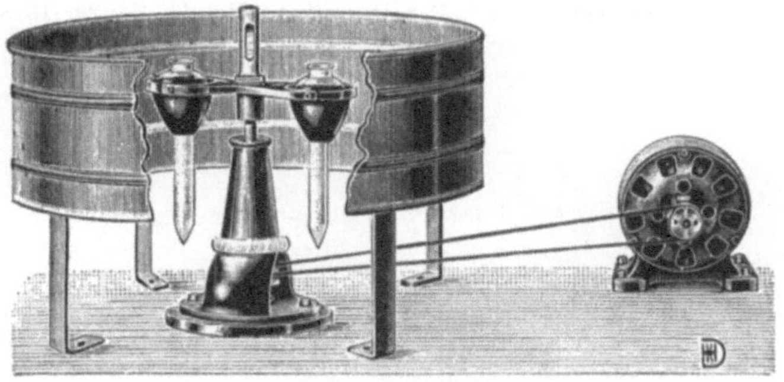

Abb. 67. Zentrifuge zur Bestimmung der Verluste im Abwasser.

vom Bedienungspersonal einzuhalten. H. Schwalbe gibt als notwendige Zeit für das Zentrifugieren 4 Minuten an.

Eine für den gleichen Zweck von H. Schwalbe vorgeschlagene Ausführung einer Zentrifuge zeigt Abb. 67[1].

Bestimmung der Wasserstoffionenkonzentration in Abwässern. Über die Methodik der Durchführung dieser Kontrolle gilt im allgemeinen das gleiche, was oben bei ihrer Ausführung in der Papierfabrik gesagt worden ist. In den meisten Fällen wird man diese Bestimmung durchzuführen haben, um die Wirkungsweise von Stoffängeranlagen (Kratzern, Trichtern und ähnlichem) zu überwachen. Alle diese Wässer sind begreiflicherweise mehr oder minder getrübt und enthalten Suspensionen von Fasern und anderen Stoffen. Man wird also vor der Ausführung der Bestimmung, welche auch hier kolorimetrisch geschieht, die Wässer filtrieren oder zentrifugieren, um genauere Werte zu erhalten. Seltener wird der Fall vorkommen, daß Abwässer zu untersuchen sind, welche

[1] Die Zentrifuge ist für Hand- und elektrischen Betrieb bei der Firma Hugo Keyl, Dresden-A. 1, Marienstraße 24, käuflich.

beispielsweise durch Ablaugen eine Eigenfärbung besitzen. Auch diese lassen sich ohne große Schwierigkeiten noch auf kolorimetrischem Wege prüfen. Wenn notwendig, können sie vor der Untersuchung stets im gleichen Verhältnis verdünnt werden, um eine Aufhellung herbeizuführen. So ist z. B. Oeman[1] verfahren bei der Untersuchung von Sulfitablaugen. Auch hier sei abschließend ein Erfahrungswert für die günstigste Wasserstoffionenkonzentration in Stoffanganlagen mitgeteilt. Nach Angaben von Klein werden die günstigsten Sedimentierungsergebnisse dann erzielt, wenn der p_H-Wert zwischen 4,2 bis 5,0 liegt, doch wird ausdrücklich darauf aufmerksam gemacht, daß man bei der Verschiedenheit der Verhältnisse hier eigentlich schwer Zahlen allgemeiner Gültigkeit geben kann.

[1] Oeman, E.: Welchen Einfluß übt das Einleiten der Sulfitablauge in Flußwasser auf dessen Säuregrad aus? Papierfabrikant Bd. 26, S. 529. 1928.

X. Anhang.

1. Herstellung von Normallösungen.

a) Normalsäure und Normallauge.

Die nachstehend beschriebenen Methoden zur Einstellung von Normallösungen erfordern Übung und Zeit. Man kann in bequemer Weise sich Normallösungen rasch und mit den erforderlichen Genauigkeitsgraden beschaffen, wenn man die Fixanal-Tabletten der Riedel de Haen A. G. in Berlin benutzt. Die in Ampullen abgefüllten Mengen von Säuren und Basen usw. können in sehr einfacher Weise zu Normal-Flüssigkeiten in Meßkolben verdünnt werden. Sie haben sich im Fabriklaboratorium durchaus bewährt. Wird dennoch die Selbstbereitung der Normallösungen vorgezogen, so können die folgenden Vorschriften benutzt werden.

Als Normalsäure verwendet man zweckmäßig Salzsäure, da diese vor Schwefelsäure und Oxalsäure den Vorzug hat, allgemeiner verwendbar und genauer einstellbar zu sein. Zu ihrer Darstellung verdünnt man reine Salzsäure auf etwa 1,020 spez. Gewicht, wodurch zunächst eine etwas zu starke Säure erhalten wird. Die genaue Einstellung dieser Säure erfolgt mit käuflichem, chemisch reinem Natriumkarbonat. Vor der Verwendung wird dieses Salz von Wasser und etwa in Spuren vorhandenem Bikarbonat befreit. Man erhitzt es zu diesem Zweck unter öfterem Umrühren mit einem Thermometer in einem Platintiegel auf einem Sandbad bei einer Temperatur von 270—300° etwa 30 Minuten lang. Um neues Verändern der Soda, durch Anziehen von Luftfeuchtigkeit zu vermeiden, bringt man sie möglichst heiß in ein verschließbares Wägegläschen und läßt längere Zeit im Exsikkator erkalten. Für die Titerstellung von Normalsäure, die 36,47 g HCl im Liter enthält, wägt man 4 Proben von etwa 2 g nacheinander in die zur Titration verwendeten Titrierbecher ab. (Bei Darstellung der ebenfalls viel benutzten $^{n}/_{5}$ Säure werden Proben von etwa 0,4 g Soda abgewogen.) Diese Proben werden in etwa 100 cm³ destilliertem, aufgekochtem und gegebenenfalls neutralisiertem Wasser gelöst und mit der in eine Bürette gefüllten Säure titriert. Werden hierzu a cm³ verbraucht und ist die angewandte Sodamenge w, so müßte im Falle, daß die Säure tatsächlich normal wäre, $a = \frac{w}{\frac{Na_2CO_3}{1000 \cdot 2}} = 0{,}053 \cdot w$ sein. Dies wird selten zutreffen, vielmehr wird, da die Säure stärker ist, a kleiner als der Wert des Quotienten sein, welcher die Zahl der Kubikzentimeter wirklicher Normalsäure, die zur Neutralisation der w g Soda erforderlich sind, angibt. Bezeichnet man diese Zahl mit b, so läßt sich die Anzahl v der Kubikzentimeter der Säure errechnen, die auf 1000 cm³ aufzufüllen sind, um sie tatsächlich normal zu machen. Es ist nämlich $\frac{1000}{b} = \frac{v}{a}$. Diese v cm³ werden in einen Meßzylinder gegeben und bis auf 1000 cm³ verdünnt. Die so erhaltene Säure muß nun noch ein zweites Mal in der gleichen Weise mit geglühter Soda genau daraufhin untersucht werden, ob sie tatsächlich normal geworden ist.

Die erste Einstellung kann man statt mit fester Soda auch mit einer etwa vorhandenen brauchbaren Normalnatronlauge ausführen und dadurch die Zeit der Einstellung abkürzen.

Normalalkalilösung wird durch Auflösen von 50 g reinem Ätznatron (durch Alkohol gereinigt) in 1 l destilliertem Wasser dargestellt. Zu ihrer Einstellung titriert man 50 cm³ der Lösung mit Normalsäure. Bei Anwendung der obigen Menge Ätznatron ist auch diese Lösung etwas stärker als normal, so daß man zu ihrer Neutralisation mehr als 50 cm³ Säure benötigen wird. Aus der Zahl a der tatsächlich verbrauchten Kubikzentimeter findet man die Anzahl w cm³, die auf 1 l zu verdünnen ist, um genaue Normallösung zu erhalten aus der Beziehung $w = \frac{50 \cdot 1000}{a}$. Die nach dem Verdünnen erhaltene Lösung ist durch abermalige Titration auf ihre Richtigkeit zu prüfen.

Diese alkalische Normallösung ist gegen das Aufnehmen von Kohlensäure aus der Luft zu schützen.

Als Indikator benutzt man sowohl bei der Einstellung der Säure mit Soda, als auch bei der gegenseitigen Einstellung von Säure und Lauge das im Gegensatz zu Phenolphthalein und Lackmustinktur gegen Kohlensäure unempfindliche Methylorange in verdünnter wässeriger Lösung. Bei der Einstellung der Säure geht die durch Zusatz des Indikators gelbliche Lösung der Soda in eine bräunliche über, wenn diese durch die Säure vollkommen neutralisiert ist. Ein weiterhin zugesetzter Tropfen Säure muß, wenn die Titration beendet war, Rotfärbung der Lösung bewirken. Umgekehrt verläuft der Farbenumschlag bei der Einstellung der Lauge.

Bei Normal- und Halbnormallösungen wird der Umschlag oft direkt von Rot nach Gelb erfolgen, bei Fünftel- und Zehntelnormalflüssigkeiten wird man jedoch stets auf die bräunliche Farbe kommen.

Der für die einzelnen mittels der Alkali- und Azidimetrie ausführbaren Bestimmungen geeignetste Indikator ist jeweils an den betreffenden Stellen angegeben, wo auch die für die Berechnung der Analyse notwendigen Daten angeführt sind.

b) Arsenlösung. Jodlösung. Thiosulfatlösung.

Arsenlösung. Als Ausgangslösung benutzt man in der Jodometrie vorteilhaft eine $^{n}/_{10}$ Auflösung von arseniger Säure. Arsenige Säure ist käuflich in sehr reiner Form erhältlich, sie ist nicht hygroskopisch, und ihre wässerige Auflösung ist unveränderlich haltbar. Zur Herstellung der Lösung werden 4,948 g des weißen Pulvers genau abgewogen, nachdem man es vorher zweckmäßig im Exsikkator über Schwefelsäure getrocknet hat. Es wird in wenig heißer Natronlauge gelöst, und die Lösung wird mit Salzsäure oder Schwefelsäure neutralisiert (Phenolphthalein). Man fügt 20 g in destilliertem Wasser gelöstes Bikarbonat zu und füllt das Ganze nach dem Erkalten in einem Literkolben bis zur Marke auf. Je 1 cm^3 der erhaltenen Lösung entspricht 0,01269 g Jod[1].

Jodlösung. Die fast durchgängig benutzte $^{n}/_{10}$ Jodlösung wird wie folgt hergestellt. 12,69 g reines umsublimiertes Jod werden rasch abgewogen und in einer konzentrierten Lösung von 20—25 g Jodkalium in einem Literkolben unter kräftigem Umschütteln gelöst. Durch Verdünnen mit destilliertem Wasser wird diese Lösung auf einen Liter aufgefüllt. Die erhaltene Jodlösung wird mit der $^{n}/_{10}$ Arsenlösung eingestellt. 25 cm^3 gut durchgemischte Jodlösung werden in einen Titrierbecher gegeben und arsenige Säure wird aus einer Bürette so lange zugegeben, bis die Lösung schwach gelb gefärbt ist. Man versetzt sie alsdann mit einigen Tropfen Stärkelösung und titriert nun zu Ende bis zum Verschwinden der Blaufärbung. Die beiden Lösungen sollen einander genau äquivalent sein, die Jodlösung ist nötigenfalls zu korrigieren.

Die Jodlösung ist in gut verschlossenen braunen Flaschen lange haltbar, von Zeit zu Zeit ist eine Kontrolle mit Arsenlösung angebracht.

Die Titrationen mit Jodlösung müssen in neutraler oder schwach saurer (Essigsäure) Lösung ausgeführt werden, da Alkali Jod verbraucht[2].

Thiosulfatlösung. Die in der Jodometrie ebenfalls häufig benutzte $^{n}/_{10}$ Thiosulfatlösung erhält man durch Auflösen von 25 g des kristallisierten Salzes in 1 l destilliertem Wasser. Diese Lösung läßt man etwa 8 Tage stehen, damit die den Titer beeinflussende Umsetzung zwischen der im destillierten Wasser enthaltenen Kohlensäure und dem Thiosulfat stattfinden kann. Die Thiosulfatlösung wird dann mittels der $^{n}/_{10}$ Jodlösung eingestellt in der gleichen Weise, wie das bei der Einstellung der Jodlösung angegeben wurde. Die Thiosulfatlösung ist nur

---

[1] Vgl. hierzu: L. W. Winkler: Über die Titerbeständigkeit der Arsenitlösungen. Z. analyt. Chem. Bd. 67, S. 456. 1926.

[2] Kleinstück, M.: Wiedergewinnung des Jods aus Titrationsrückständen. Zellstoff u. Papier Bd. 3, S. 261. 1923; Bd. 4, S. 7. 1924 — Referat Papierfabrikant Bd. 22, S. 124. 1924.

dann ohne irgendwelche Veränderung haltbar, wenn zu ihrer Darstellung reinstes destilliertes Wasser verwandt wurde. Verunreinigungen, wie Spuren von Metallsalzen, ferner auch Kohlensäure verursachen bald eine Zersetzung des Thiosulfates, kenntlich an der feinen Schwefelausfällung. Zeitweise Überprüfung des Titers ist daher zu empfehlen[1].

c) Kaliumpermanganatlösung und Oxalsäurelösung.

Kaliumpermanganat. Meistens wird eine $^{n}/_{10}$ Kaliumpermanganatlösung benutzt[2]. Zur Darstellung einer solchen werden 3,3—3,5 g des Salzes auf einer Handwaage abgewogen und in 1 l destilliertem Wasser gelöst. Ein genaues Abwiegen ist zwecklos: das Salz kommt zwar in einem sehr hohen Reinheitsgrad in den Handel, aber gewisse, auch im destillierten Wasser enthaltene Stoffe, z. B. organische Substanzen, Ammoniak usw., werden durch Permanganat oxydiert, so daß sich der Titer einer frisch bereiteten Lösung beständig ändert. Man läßt aus diesem Grunde die erhaltene Lösung etwa 8 Tage stehen und bestimmt dann erst ihren Wirkungswert. Dies geschieht am zweckmäßigsten nach Sörensen mittels Natriumoxalat, das wasserfrei kristallisiert und nicht hygroskopisch ist. Man erhitzt das in einem Wägegläschen befindliche Salz etwa 2 Stunden lang im Wassertrockenschrank und läßt es über Chlorkalzium im Exsikkator erkalten. Man wägt dann etwa 0,25—0,3 g genau ab, löst es in etwa 200 cm³ Wasser von 70°, fügt ungefähr 10 cm³ Schwefelsäure 1 : 3 hinzu und titriert mit der Permanganatlösung bis zur schwachen Rosafärbung. Aus der Beziehung, nach welcher 0,0067 g Natriumoxalat einem Kubikzentimeter $^{n}/_{10}$ Permanganatlösung entsprechen, läßt sich errechnen, wie weit die hergestellte Lösung von einer solchen abweicht, und daraus ist wiederum bestimmbar, wie stark verdünnt werden muß, um sie genau zu einer $^{n}/_{10}$ Lösung zu machen[3]. Diese korrigierte Lösung wird in der beschriebenen Weise nochmals auf ihren Titer geprüft.

Die erhaltene Lösung, welche in einem Liter 3,1506 g Permanganat enthält, wird in braunen Flaschen vor Licht geschützt aufbewahrt; ihr Titer ist von Zeit zu Zeit zu prüfen.

Oxalsäurelösung. Die als Gegenflüssigkeit zur Permanganatlösung Verwendung findende $^{n}/_{10}$ Oxalsäurelösung wird erhalten durch Auflösen von 6,3 g reiner kristallisierter Oxalsäure in 1 l destilliertem Wasser. Die Einstellung dieser Lösung geschieht mit der $^{n}/_{10}$ Permanganatlösung in entsprechender Weise wie deren Einstellung mit Natriumoxalat.

---

[1] Skrabal, A.: Über das Altern der maßanalytischen Thiosulfatlösung. Z. analyt. Chem. Bd. 64, S. 107—112. 1924.

[2] Kolthoff, J. M.: Die Selbstzersetzung von Permanganat unter verschiedenen Umständen. Pharm. Weekbl. Bd. 61, S. 337—343. 1924.

[3] Man vergleiche hierfür das bei der Einstellung der Normalsäure mit Soda Gesagte.

d) Silberlösung. Rhodanammonlösung. Kochsalzlösung.

$^n/_{10}$ Silberlösung. Es werden 16,989 g reines kristallisiertes Silbernitrat (das vorher zweckmäßig einige Zeit im Exsikkator aufbewahrt wird) genau abgewogen und in 1 l destillierten Wassers gelöst.

$^n/_{10}$ Rhodanammoniumlösung. Rhodanammonium ist hygroskopisch und läßt sich ohne Zersetzung nicht trocknen. Aus diesem Grunde kann die Normallösung nicht durch direktes Abwägen des Salzes hergestellt werden. Man wägt daher nur ungefähr die richtige Menge ab, etwa 9 g, löst zum Liter und stellt die Lösung mit der $^n/_{10}$ Silberlösung ein. Zu diesem Zweck gibt man 20 cm³ der Silberlösung in ein Becherglas, verdünnt mit etwa 30 cm³ Wasser, fügt 1 cm³ Eisenammonlösung hinzu und läßt die Rhodanatlösung unter beständigem Umrühren zur Flüssigkeit fließen, bis eine bleibende Rosafärbung auftritt. Werden hierzu z. B. 19,4 cm³ (statt 20) verbraucht, so sind 970 cm³ der Rhodanlösung auf 1000 cm³ zu verdünnen, um diese genau $^n/_{10}$ zu machen. Die so verdünnte Lösung wird von neuem auf ihren Titer geprüft.

Die Indikatorlösung, Eisenammoniumalaunlösung, wird bereitet durch Auflösen des reinen Salzes in Wasser bis zur Sättigung, wobei man so viel Salpetersäure zusetzt, daß die braune Färbung verschwindet. Man verwendet von diesem Indikator stets die gleiche Menge, und zwar für je 100 cm³ Flüssigkeit etwa 1—2 cm³.

$^n/_{10}$ Kochsalzlösung. Die als Gegenflüssigkeit zur Silberlösung gleichfalls verwendete Kochsalzlösung wird durch Auflösen von 5,85 g des chemisch reinen trockenen Salzes in 1 l Wasser erhalten. Will man die Lösungen auf ihre gegenseitige Übereinstimmung prüfen, so gibt man 20 cm³ der Kochsalzlösung in ein Becherglas, fügt einige Tropfen Kaliumchromatlösung bis zur Gelbfärbung hinzu und titriert nun mit Silberlösung. Der Endpunkt der Titration wird durch das Auftreten der rötlichen Farbe von Silberchromat angezeigt. Die Kochsalzlösung ist im Falle, daß nicht genau 20 cm³ der Silberlösung verbraucht werden, zu korrigieren und von neuem mit der Silberlösung zu vergleichen.

2. Herstellung verschiedener Lösungen und Reagenzien.

Phenolphthalein. 1,0 g wird in 100 cm³ 96proz. Alkohol gelöst.

Methylorange. 0,1 g werden in 100 cm³ heißem destillierten Wasser gelöst.

Methylrot. 0,2 g werden in 60 cm³ 96proz. Alkohol gelöst und mit Wasser auf 100 cm³ verdünnt.

Thymolblau. 0,1 g werden in 20 cm³ warmem Alkohol gelöst und mit Wasser auf 100 cm³ verdünnt.

Nilblau. 0,1 g werden in 100 cm³ destilliertem Wasser gelöst.

Bromphenolblau. Die Lösung geschieht wie bei Thymolblau angegeben.

Stärkelösung. Die als Indikator benutzte Stärkelösung erhält man auf folgende Weise. Man verreibt 5 g Stärke mit wenig Wasser zu einem gleichmäßigen Brei; diesen Brei gießt man unter beständigem Umrühren allmählich in 1 l in einer Porzellanschale kochendes Wasser und kocht so lange, etwa 2 Minuten, bis eine nahezu klare Lösung erhalten ist. Man läßt diese in einem hohen Glas erkalten und die ungelösten Teile sich absetzen. Die über dem Bodensatz stehende klare Lösung gibt man in kleine, etwa 50 cm³ fassende, durch längeres Verwahren im Trockenschrank bei 100° sterilisierte Fläschchen. Diese Fläschchen erhitzt man, bis zum Halse im Wasserbad stehend, 2 Stunden lang, setzt einige Tropfen Formalin hinzu und verschließt sie mit durch die Flamme gezogenen dichten Korkstopfen. Derart sterilisierte Stärke ist lange Zeit haltbar. Zum Gebrauch geöffnete Fläschchen verderben etwa nach einer Woche durch Schimmelbildung.

Durch Verteilung des Stärkelösungsvorrates auf eine größere Zahl von Fläschchen hat man für lange Zeit hinaus stets zuverlässige Stärkelösung im Vorrat.

Häufig benutzt wird die wasserlösliche Stärke von Zulkowsky. Sie wird in Form eines dicken Breies aufbewahrt, der nicht eintrocknen darf. Das Reagens wird durch Zugabe einer kleinen Probe des Breies zu kaltem Wasser erhalten.

Salzsäure vom spez. Gewicht 1,06 für die Furfurol- und Pentosanbestimmung. 1000 g oder 842 cm³ konzentrierte Salzsäure vom spez. Gewicht 1,19 werden mit 2080 cm³ Wasser gemischt.

72proz. Schwefelsäure für die Ligninbestimmung. Solche Säure wird dadurch erhalten, daß man in 335 g kaltes Wasser vorsichtig 542 cm³ oder 1 kg konzentrierte Schwefelsäure vom spez. Gewicht 1,84 in dünnem Strahle unter gutem Umrühren einlaufen läßt.

Bereitung von mit Lauge klarbleibendem Alkohol[1]. Alkohole werden, mit Lauge versetzt, zumeist dunkler, manchmal nimmt sogar die alkoholische Kalilauge eine ganz dunkelbraune Färbung an, was bei der Titrierung mit diesem Reagens sehr unangenehm ist. Zur Vermeidung dieses Übelstandes bereitet man die Lauge nach folgender Vorschrift: Man gibt zu je 1 l des Spiritus 5 cm³ 50proz. Natronlauge und 5 g Zinkstaub und kocht bei Benutzung eines Rückflußkühlers $^1/_2$ Stunde. Das aus diesem Reaktionsgemisch dann erhaltene Destillat bleibt auch nach stundenlangem Kochen mit konzentrierter Lauge farblos und klar.

Eine zweite sehr wirksame Methode zur Entfernung des die Dunkelfärbung verursachenden Aldehyds besteht in dessen Oxydation mit Wasserstoffsuperoxyd im alkalischen Medium. Am zweckmäßigsten ist es, zum Alkohol etwas konzentrierte Natronlauge und einige Tropfen Perhydrol zu geben; da letzteres in Alkohol unlöslich ist, muß man gut mischen oder

[1] Dubovitz: Chem.-Zg. Bd. 46, S. 654. 1922.

stark schütteln und am Ende $^1/_2$ Stunde erhitzen, damit die Reaktion zu Ende geht und sich der Überschuß des Wasserstoffsuperoxydes zersetzt. Danach wird der Alkohol abdestilliert, wobei ein vollkommen neutraler, bei Einwirkung von Lauge ganz licht und klar bleibender Alkohol erhalten wird.

3. Zahlentafeln.

A. Zahlentafeln zu I: Die chemische Betriebskontrolle in Kesselhaus und Kraftanlage.

1. Tabelle für die Härtebestimmung nach Clark.

Seifenlösung cm³	Härtegrad	Differenz für 1 cm³ Seifenlösung	Seifenlösung cm³	Härtegrad	Differenz für 1 cm³ Seifenlösung
3,4	0,5	0,25°	26,2	6,5	0,277°
5,4	1,0		28,0	7,0	
7,4	1,5		29,8	7,5	
9,4	2,0		31,6	8,0	
11,3	2,5	0,26°	33,3	8,5	0,294°
13,2	3,0		35,0	9,0	
15,1	3,5		36,7	9,5	
17,0	4,0		38,4	10,0	
18,9	4,5		40,1	10,5	
20,8	5,0		41,8	11,0	
22,6	5,5	0,277°	43,4	11,5	0,31°
24,4	6,0		45,0	12,0	

2. Faktorentabelle für die Bestimmung der Härte im Wasser mit Kaliumpalmitatlösung nach Blacher.

Verbrauch an $^n/_{10}$ Kaliumpalmitatlösung für 100 cm³ Chlorbariumlösung: (0,523 g i. l)	Bei Anwendung von 100 cm³ Wasser entspricht 1 cm³ $^n/_{10}$ Kaliumpalmitatlösung an deutschen Härtegraden:	Verbrauch an $^n/_{10}$ Kaliumpalmitatlösung für 100 cm³ Chlorbariumlösung: (0,523 g i. l)	Bei Anwendung von 100 cm³ Wasser entspricht 1 cm³ $^n/_{10}$ Kaliumpalmitatlösung an deutschen Härtegraden:
3,0	4,00	4,6	2,61
3,1	3,87	4,7	2,55
3,2	3,75	4,8	2,50
3,3	3,64	4,9	2,45
3,4	3,53	5,0	2,40
3,5	3,43	5,1	2,35
3,6	3,33	5,2	2,31
3,7	3,24	5,3	2,26
3,8	3,16	5,4	2,22
3,9	3,08	5,5	2,18
4,0	3,00	5,6	2,14
4,1	2,93	5,7	2,10
4,2	2,86	5,8	2,07
4,3[1]	2,79	5,9	2,03
4,4	2,73	6,0	2,00
4,5	2,67		

[1] Beim Verbrauch von 4,3 cm³ ist die Palmitatlösung genau $^n/_{10}$.

3. Korrekturtabelle für die Bestimmung der freien Kohlensäure im Wasser.

Karbonathärte	Verbrauch $^n/_{10}$ Sodalösung und Korrekturen		
	1 cm^3	3 cm^3	5 cm^3
0°	+0,1 cm^3	+0,2 cm^3	+0,3 cm^3
10°	+0,2 „	+0,3 „	+0,4 „
15°	+0,4 „	+0,5 „	+0,6 „
20°	+0,5 „	+0,6 „	+0,7 „
25°	+0,6 „	+0,7 „	+0,8 „
30°	+0,8 „	+0,9 „	+1,0 „
35°	+0,9 „	+1,0 „	+1,1 „
40°	+1,0 „	+1,1 „	+1,2 „

4. Tabelle zur Gehaltsbestimmung der Kalkmilch nach Lenart.

Alte Bé.-Grade	Bg.-Grade	Spez. Gewicht bei 20°	1 l enthält CaO g	Gewichtsprozente CaO	1 l enthält $Ca(OH)_2$ g	Gewichtsprozente $Ca(OH)_2$
1,5	2,7	1,0085	10	0,99	13,2	1,31
2,7	4,8	1,017	20	1,96	26,4	2,59
3,7	6,7	1,0245	30	2,93	39,6	3,87
4,7	8,4	1,0315	40	3,88	52,8	5,13
5,7	10,3	1,039	50	4,81	66,1	6,36
6,7	12,0	1,046	60	5,74	79,3	7,58
7,6	13,7	1,0535	70	6,65	92,5	8,79
8,5	15,3	1,0605	80	7,54	105,7	9,96
9,5	17,1	1,0675	90	8,43	118,9	11,14
10,35	18,7	1,075	100	9,30	132,1	12,29
11,2	20,3	1,0825	110	10,16	145,3	13,43
12,1	21,9	1,0895	120	11,01	158,6	14,55
13,0	23,6	1,0965	130	11,86	171,8	15,67
13,9	25,1	1,104	140	12,68	185,0	16,76
14,7	26,7	1,111	150	13,50	198,2	17,84
15,55	28,2	1,1185	160	14,30	211,4	18,90
16,4	29,7	1,1255	170	15,10	224,6	19,95
17,2	31,3	1,1325	180	15,89	237,9	21,00
18,0	32,7	1,140	190	16,67	251,1	22,03
18,8	34,2	1,1475	200	17,43	264,3	23,03
19,6	35,7	1,1545	210	18,19	277,5	24,04
20,35	37,1	1,1615	220	18,94	290,7	25,03
21,1	38,5	1,1685	230	19,68	303,9	26,01
21,85	39,9	1,176	240	20,41	317,1	26,96
22,65	41,4	1,1835	250	21,12	330,4	27,91
23,3	42,8	1,1905	260	21,84	343,6	28,86
24,1	44,1	1,1975	270	22,55	356,8	29,80
24,8	45,5	1,205	280	23,24	370,0	30,71
25,5	46,8	1,2125	290	23,92	383,2	31,61
26,2	48,1	1,2195	300	24,60	396,4	32,51

B. Zahlentafeln zu II: Die Untersuchung der Rohfaserstoffe: Holz, Stroh usw.

Tabellen zur Berechnung des Methylalkoholgehaltes aus den gefundenen Farbstärken.

Tabelle 1.

a) Unter Verwendung des Types von 5 mg und Verdünnen mit 100 cm³ Wasser.

Farbstärke	mg CH_3OH	Differenz	Farbstärke	mg CH_3OH	Differenz	Farbstärke	mg CH_3OH	Differenz
					0,18			0,16
0,4	0,60	0,30	3,8	3,93	0,18	7,2	6,66	0,16
0,6	0,90	0,27	4,0	4,11	0,19	7,4	6,82	0,16
0,8	1,17	0,24	4,2	4,30	0,18	7,6	6,98	0,17
1,0	1,41	0,20	4,4	4,48	0,18	7,8	7,15	0,17
1,2	1,61	0,21	4,6	4,66	0,17	8,0	7,32	0,48
1,4	1,82	0,18	4,8	4,83	0,17	8,5	7,80	0,50
1,6	2,00	0,18	5,0	5,00	0,16	9,0	8,30	0,50
1,8	2,18	0,18	5,2	5,16	0,16	9,5	8,80	0,50
2,0	2,36	0,17	5,4	5,32	0,15	10,0	9,30	1,15
2,2	2,53	0,18	5,6	5,47	0,15	11,0	10,45	1,25
2,4	2,71	0,17	5,8	5,62	0,15	12,0	11,70	1,40
2,6	2,88	0,17	6,0	5,77	0,14	13,0	13,10	1,30
2,8	3,05	0,17	6,2	5,91	0,14	14,0	14,40	1,40
3,0	3,22	0,18	6,4	6,05	0,15	15,0	15,80	1,35
3,2	3,40	0,18	6,6	6,20	0,15	16,0	17,15	1,40
3,4	3,58	0,17	6,8	6,35	0,15	17,0	18,55	1,75
3,6	3,75	0,18	7,0	6,50	0,16	18,0	20,30	

Tabelle 2.

b) Unter Verwendung des Types von 1 mg und Verdünnen mit 25 cm³ Wasser.

Farbstärke	mg CH_3OH	Differenz	Farbstärke	mg CH_3OH	Differenz	Farbstärke	mg CH_3OH	Differenz
					0,052			0,062
0,13	0	0,036	0,6	0,658	0,050	1,2	1,132	0,060
0,15	0,036	0,092	0,65	0,708	0,047	1,3	1,192	0,063
0,2	0,128	0,085	0,7	0,755	0,049	1,4	1,255	0,061
0,25	0,213	0,074	0,75	0,804	0,047	1,5	1,316	0,064
0,3	0,287	0,073	0,8	0,851	0,039	1,6	1,380	0,060
0,35	0,360	0,066	0,85	0,890	0,038	1,7	1,440	0,068
0,4	0,426	0,059	0,9	0,928	0,038	1,8	1,508	0,062
0,45	0,485	0,065	0,95	0,966	0,034	1,9	1,570	0,060

Tabelle 2 (Fortsetzung).

Farbstärke	mg CH_3OH	Differenz	Farbstärke	mg CH_3OH	Differenz	Farbstärke	mg CH_3OH	Differenz
		0,065			0,034			0,060
0,5	0,550		1,0	1,000		2,0	1,630	
		0,056			0,070			
0,55	0,606		1,1	1,070				
		0,052			0,062			

Tabelle 3.

c) Unter Verwendung des Types von 0,3 mg und Verdünnung mit 25 cm³ Wasser.

Farbstärke	mg CH_3OH	Differenz	Farbstärke	mg CH_3OH	Differenz	Farbstärke	mg CH_3OH	Differenz
					0,020			0,014
0,096	0		0,30	0,300		0,52	0,467	
		0,014			0,020			0,013
0,10	0,014		0,32	0,320		0,54	0,480	
		0,046			0,017			0,013
0,12	0,060		0,34	0,337		0,56	0,493	
		0 040			0,017			0,013
0,14	0,100		0,36	0,354		0,58	0,506	
		0,027			0,016			0,014
0,16	0,127		0,38	0,370		0,60	0,520	
		0,031			0,014			0,013
0,18	0,158		0,40	0,384		0,62	0,533	
		0,029			0,015			0,013
0,20	0,187		0,42	0,399		0,64	0,546	
		0,025			0,014			0,014
0,22	0,212		0,44	0,413		0,66	0,560	
		0,023			0,014			0,013
0,24	0,235		0,46	0,427		0,68	0,573	
		0,023			0,013			0,014
0,26	0,258		0,48	0,440		0,70	0,597	
		0,022			0,013			
0,28	0,280		0,50	0,453				
		0,020			0,014			

Umrechnung von Furfurol in Pentosan.

Aus der Menge des gewogenen Niederschlages von Furfurol-Phlorogluzin. dem Phlorogluzid, berechnet man nach Tollens die Menge von Furfurol:

Erhaltene Phlorogluzidmenge in g	Divisor für die Berechnung auf Furfurol
0,20	1,820
0,22	1,839
0,24	1,856
0,26	1,871
0,28	1,884
0,30	1,895
0,32	1,904
0,34	1,911
0,36	1,916
0,38	1,919
0,40	1,920
0,45	1,927
0,50	1,930
0,60	1,930

Bei kleinen Mengen Niederschlag durch Division mit 1,82, bei größeren Mengen Niederschlag durch Division mit 1,93, im Mittel mit 1,84.

Genauere Divisoren je nach der Menge des Niederschlages gibt nebenstehende Zusammenstellung.

Aus dem Furfurol berechnet man dann die betreffenden Pentosane wie folgt:

Pentosane:

(Furfurol — 0,0104) · 1,68 = Xylan,
(Furfurol — 0,0104) · 2,07 = Araban,
(Furfurol — 0,0104) · 1,88 = Pentosane (im allgemeinen).

Pentosen:

(Furfurol — 0,0104) · 1,91 = Xylose,
(Furfurol — 0,0104) · 2,35 = Arabinose,
(Furfurol — 0,0104) · 2,13 = Pentosen (im allgemeinen).

C. Zahlentafeln zu III: Die chemische Betriebskontrolle in der Natron- und Sulfatzellstoff-Fabrikation.

1. Tafel zur Gehaltsbestimmung von Schmelzsodalösungen nach Sieber.
(In groben Zügen gültig.)

bei Bé°	18	18,5	19	19,5	20	20,5	21	21,5	22	22,5	23	23,5	24
enthält 1 cm^3 Lösung bei 20° C etwa kg Soda	166	170	175	178	183	187	191	196	200	205	209	213	217

2. Berechnung des Verdünnungs- oder Konzentrationsgrades der Schwarzlauge.

Es ist:

$$P = \frac{100 \cdot f \cdot (N - n)}{N \cdot (f - n)}.$$

Hierin bedeuten:

P den Verdünnungs- oder Konzentrationsgrad,
f den Faktor 1443,
N die Bé-Grade der starken Lauge,
n die Bé-Grade der schwachen Lauge.

Beispiel: $N = 40$, $n = 14$.

$$P = \frac{100 \cdot 144{,}3 \cdot (40 - 14)}{40\,(144{,}3 - 14)}.$$

$P = 71{,}9$, d. h. 100 l Schwarzlauge von 14° Bé geben beim Eindampfen 71,9 l Schwarzlauge von 40° Bé.

D. Zahlentafeln zu IV: Die chemische Betriebskontrolle in der Sulfitzellstoff-Fabrikation.

1. Messung der Temperaturen im Schmelzofen, Kiesofen usw.

a) Schmelzpunkte von Seger-Kegeln[1].

Kegelnummer	Temperatur	Kegelnummer	Temperatur	Kegelnummer	Temperatur	Kegelnummer	Temperatur	Kegelnummer	Temperatur
022	590	09	970	5	1230	18	1490	31	1750
021	620	08	990	6	1250	19	1510		(1618)
020	650	07	1000	7	1270	20	1530	32	1770
019	680	06	1030	8	1290	21	1550		(1635)
018	710	05	1050	9	1310	22	1570	33	1790
017	740	04	1070	10	1330	23	1590		(1650)
016	770	03	1090	11	1350	24	1610	34	1810
015	800	02	1110	12	1370	25	1630		(1670)
014	830	01	1130	13	1390	26	1650	35	1830
013	860	1	1150	14	1410	27	1670		(1685)
012	890	2	1170	15	1430	28	1690	36	1850
011	920	3	1190	16	1450	29	1710		(1705)
010	950	4	1210	17	1470	30	1730 (1605)		

[1] Die eingeklammerten Werte sind von Heraeus neu bestimmt und zuverlässiger als die nicht eingeklammerten.

b) Zusammenhang zwischen Temperatur und Lichtemission.

Beginnende Rotglut	525°	Gelbglut	1100°
Dunkelrotglut	700°	Beginnende Weißglut	1300°
Kirschrotglut	850°	Volle Weißglut	1500°
Hellrotglut	950°		

c) Zusammenhang zwischen Temperatur und elektromotorischer Kraft des Platin-Platinrhodiumelementes.

Temperatur der erhitzten Lötstelle in ° C	Elektromotorische Kraft in Millivolt	Temperatur der erhitzten Lötstelle in ° C	Elektromotorische Kraft in Millivolt
300	2,27	1000	9,50
400	3,20	1100	10,67
500	4,17	1200	11,88
600	5,17	1300	13,11
700	6,20	1400	14,38
800	7,27	1500	15,69
900	8,37	1600	17,03

2. Fluchtlinientafel zur Bestimmung der Schwefelverluste im Abbrand.

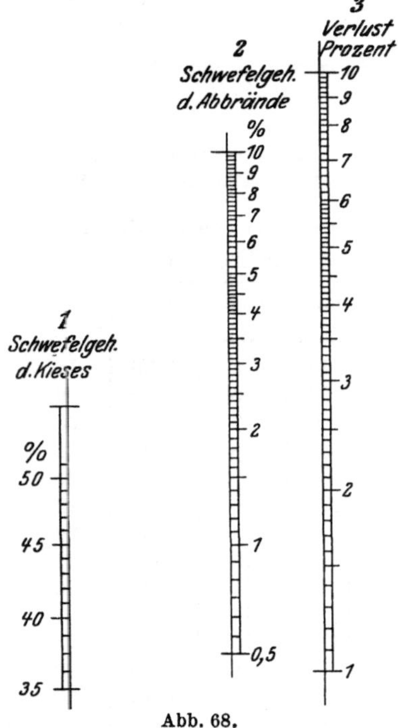

Abb. 68.

Man sucht auf Leiter 1 den Schwefelgehalt des Kieses auf, dann auf Leiter 2 den durch Untersuchung ermittelten Schwefelgehalt der Abbrände; der Schnittpunkt der Verbindungslinie dieser beiden Punkte mit der Leiter 3 gibt auf dieser an, welchen Anteil in Prozenten vom Schwefel im Kies der Abbrandverlust darstellt.

3. Tafel für die Reichsche Methode zur Untersuchung der Röstgase auf Schwefeldioxyd.

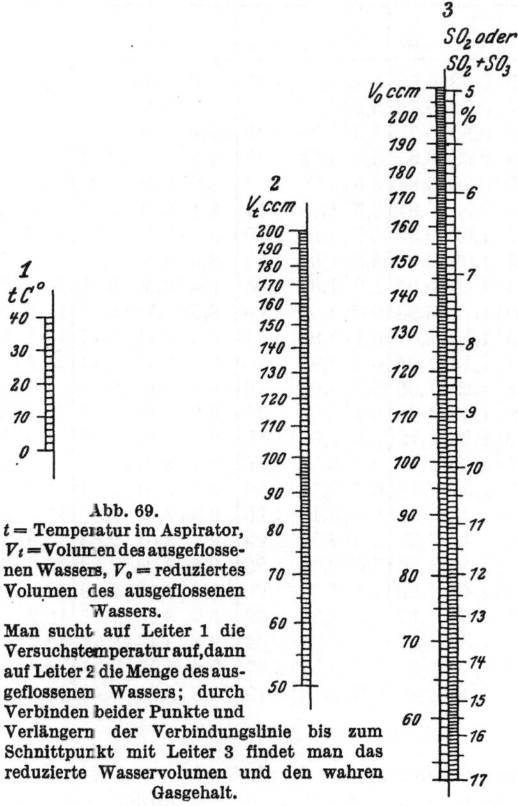

Abb. 69.
t = Temperatur im Aspirator, V_t = Volumen des ausgeflossenen Wassers, V_0 = reduziertes Volumen des ausgeflossenen Wassers.
Man sucht auf Leiter 1 die Versuchstemperatur auf, dann auf Leiter 2 die Menge des ausgeflossenen Wassers; durch Verbinden beider Punkte und Verlängern der Verbindungslinie bis zum Schnittpunkt mit Leiter 3 findet man das reduzierte Wasservolumen und den wahren Gasgehalt.

4. Spez. Gewichte von Lösungen von schwefliger Säure in Wasser.

Spez. Gew.	% SO_2	Spez. Gew.	% SO_2	Spez. Gew.	% SO_2
1,0051 bei 15,5°	0,99	1,0252 bei 15,5°	4,99	1,0492 bei 15,5°	9,80
1,0102 „ 15,5°	2,05	1,0297 „ 15,5°	5,89	1,0541 „ 15,5°	10,75
1,0148 „ 15,0°	2,87	1,0353 „ 15,5°	7,01	1,0597 „ 12,5°	11,65
1,0204 „ 15,5°	4,04	1,0399 „ 15,5°	8,08	1,0668 „ 11,0°	13,09
		1,0438 „ 15,5°	8,68		

5. Tension von schwefliger Säure in kondensiertem Zustand.

Temperatur	Druck	Temperatur	Druck	Temperatur	Druck
—30°	0,36	0°	1,51	35°	5,30
—25°	0,55	5°	1,90	40°	6,20
—20°	0,61	10°	2,35	45°	7,20
—15°	0,76	15°	2,78	50°	8,30
—10°	1,00	20°	3,30	55°	8,43
— 5°	1,25	25°	3,80	60°	11,09
		30°	4,60		

6. Tafel zur Bestimmung des Gehaltes an schwefliger Säure und Kalk von Frischlaugen durch Jod- und Alkalititration.

cm^3	% SO_2	% CaO	cm^3	% SO_2	% CaO	cm^3	% SO_2	% CaO	cm^3	% SO_2	% CaO	cm^3	% SO_2	% CaO	cm^3	% SO_2
0,1	0,032	0,028	2,6	0,83	0,73	5,1	1,63	1,43	7,6	2,43	2,13	10,1	3,23	2,83	12,6	4,03
0,2	0,06	0,06	2,7	0,86	0,76	5,2	1,66	1,46	7,7	2,46	2,16	10,2	3,26	2,86	12,7	4,06
0,3	0,10	0,08	2,8	0,90	0,78	5,3	1,70	1,48	7,8	2,50	2,18	10,3	3,30	2,88	12,8	4,10
0,4	0,13	0,11	2,9	0,93	0,81	5,4	1,73	1,51	7,9	2,53	2,21	10,4	3,33	2,91	12,9	4,13
0,5	0,16	0,14	3,0	0,96	0,84	5,5	1,76	1,54	8,0	2,56	2,24	10,5	3,36	2,94	13,0	4,16
0,6	0,19	0,17	3,1	0,99	0,87	5,6	1,79	1,57	8,1	2,59	2,27	10,6	3,39	2,97	13,1	4,19
0.7	0,22	0,20	3,2	1,02	0,90	5,7	1,82	1,60	8,2	2,62	2,30	10,7	3,42	3,00	13,2	4,22
0,8	0,26	0,22	3,3	1,06	0,92	5,8	1,86	1,62	8,3	2,66	2,32	10,8	3,46	3,02	13,3	4,26
0,9	0,29	0,25	3,4	1,09	0,95	5,9	1,89	1,65	8,4	2,69	2,35	10,9	3,49	3,05	13,4	4,29
1,0	0,32	0,28	3,5	1,12	0,98	6,0	1,92	1,68	8,5	2,72	2,38	11,0	3,52	3,08	13,5	4,32
1,1	0,35	0,31	3,6	1,15	1,01	6,1	1,95	1,71	8,6	2,75	2,41	11,1	3,55	3,11	13,6	4,35
1,2	0,38	0,34	3,7	1,18	1,04	6,2	1,98	1,74	8,7	2,78	2,44	11,2	3,58	3,14	13,7	4,38
1,3	0,42	0,36	3,8	1,22	1,06	6,3	2,02	1,76	8,8	2,82	2,46	11,3	3,62	3,16	13,8	4,42
1,4	0,45	0,39	3,9	1,25	1,09	6,4	2,05	1,79	8,9	2,85	2,49	11,4	3,65	3,19	13,9	4,45
1,5	0,48	0,42	4,0	1,28	1,12	6,5	2,08	1,82	9,0	2,88	2,52	11,5	3,68	3,22	14,0	4,48
1,6	0,51	0,45	4,1	1,31	1,15	6,6	2,11	1,85	9,1	2,91	2,55	11,6	3,71	3,25	14,1	4,51
1,7	0,54	0,48	4,2	1,34	1,18	6,7	2,14	1,88	9,2	2,94	2,58	11,7	3,74	3,28	14,2	4,54
1,8	0,58	0,50	4,3	1,38	1,20	6,8	2,18	1,90	9,3	2,98	2,60	11,8	3,78	3,30	14,3	4,58
1,9	0,61	0,53	4,4	1,41	1,23	6,9	2,21	1,93	9,4	3,01	2,63	11,9	3,81	3,33	14,4	4,61
2,0	0,64	0,56	4,5	1,44	1,26	7,0	2,24	1,96	9,5	3,04	2,66	12,0	3,84	3,36	14,5	4,64
2,1	0,67	0,59	4,6	1,47	1,29	7,1	2,27	1,99	9,6	3,07	2,69	12,1	3,87	3,39	14,6	4,67
2,2	0,70	0,62	4,7	1,50	1,32	7,2	2,30	2,02	9,7	3,10	2,72	12,2	3,90	3,42	14,7	4,70
2,3	0,74	0,64	4,8	1,54	1,34	7,3	2,34	2,04	9,8	3,14	2,74	12,3	3,94	3,44	14,8	4,74
2,4	0,77	0,67	4,9	1,57	1,37	7,4	2,37	2,07	9,9	3,17	2,77	12,4	3,97	3,47	14,9	4,77
2,5	0,80	0,70	5,0	1,60	1,40	7,5	2,40	2,10	10,0	3,20	2,80	12,5	4,00	3,50	15,0	4,80

7. Tafel zur Bestimmung der Zucker in der Sulfitlauge nach Meißl.

a = Milligramme Kupferoxyd. *b* = Milligramme Zucker.

a	*b*	*a*	*b*	*a*	*b*
112,7	46,9	212,8	89,7	312,9	134,6
118,9	49,5	219,1	92,4	319,2	137,5
125,2	52,1	225,4	95,2	325,4	140,4
131,4	54,8	231,6	97,8	331,7	143,2
137,7	57,5	237,9	100,6	338,0	146,1
143,9	60,1	244,1	103,4	344,2	149,0
150,3	62,8	250,4	106,3	350,5	151,9
156,5	65,5	256,6	109,1	356,7	154,9
162,8	68,7	262,9	111,9	363,0	157,8
169,0	70,3	269,1	114,7	369,3	160,8
175,3	73,5	275,4	117,5	375,5	163,8
181,5	76,1	281,6	120,4	381,8	166,8
187,8	78,9	287,9	123,2	388,0	169,7
194,0	81,6	294,2	126,0	394,3	172,7
200,3	84,3	300,5	128,9	400,5	175,6
206,5	87,0	306,7	131,8	406,8	178,6

7. Tafel zur Bestimmung der Zucker in der Sulfitlauge nach Meißl. (Fortsetzung.)

a	*b*	*a*	*b*	*a*	*b*
413,1	181,6	456,9	203,0	500,7	224,9
419,3	184,7	463,1	206,1	506,9	228,6
425,6	187,8	469,4	209,2	513,2	232,1
431,8	190,8	475,6	212,4	519,5	235,7
438,1	193,8	481,9	215,5	525,7	239,2
444,4	196,8	488,2	218,7	532,0	242,7
450,6	199,8	494,4	221,8	538,1	246,3

8. Gehalt an Trockenrückstand in der Sulfitablauge bei verschiedenen Konzentrationen nach R. Dieckmann.

° Bé bei 15° C	Spez. Gewicht	Trockenrückstand		Aus 1 m³ Ablauge von 7° Bé erhält man beim Eindampfen	
		kg/m³	kg i. d. Tonne	kg Ablauge	Zu verd. Wasser l
7	1,052	112,5	106,9		
8	1,060	130,5	123,1	913,6	138,4
9	1,067	148,5	139,1	808,5	243,5
10	1,075	166,5	154,5	727,9	324,1
11	1,083	184,5	170,3	660,4	391,6
12	1,091	203,5	186,5	603,0	449,0
13	1,100	223,0	202,7	554,8	497,2
14	1,108	242,0	218,4	514,9	537,1
15	1,116	262,5	235,2	478,1	573,9
16	1,125	283,0	251,4	447,3	604,7
17	1,134	303,5	267,6	420,3	631,7
18	1,142	324,5	284,1	395,8	656,2
19	1,152	345,5	299,9	375,0	677,0
20	1,162	366,5	315,4	356,6	695,4
21	1,171	387,0	330,5	340,3	711,7
22	1,180	408,5	346,2	324,8	727,2
23	1,190	430,5	361,8	310,8	741,2
24	1,200	452,5	377,1	305,2	746,8
25	1,210	475,5	393,0	286,2	765,8
26	1,220	499,0	409,0	275,0	777,0
27	1,231	523,5	425,3	264,4	787,6
28	1,241	547,5	441,2	255,5	796,5
29	1,252	572,5	457,3	245,9	806,1
30	1,263	598,5	473,9	237,3	814,7
31	1,274	625,5	491,0	229,0	823,0
32	1,285	653,0	496,6	226,9	825,1
33	1,297	681,0	525,1	214,2	837,8
34	1,308	709,5	542,4	207,3	844,7
35	1,320	741,0	561,4	200,3	851,7
36	1,322	772,5	580,0	193,9	858,1
37	1,345	804,5	598,2	188,0	864,0
38	1,357	836,5	616,4	182,4	869,6

E. Zahlentafeln zu V: Die Untersuchung der ungebleichten Zellstoffe (Halbstoffe).

Absoluttrockengewicht und Normallufttrockengewichte für Holzschliff und Holzzellstoff.

(88 absoluttrocken = 100 lufttrocken.)

Absolut-trocken	Luft-trocken	Absolut-trocken	Luft-trocken	Absolut-trocken	Luft-trocken	Absolut-trocken	Luft-trocken
24,0	27,28	43,5	49,43	63,0	71,58	82,5	93,75
24,5	27,85	44,0	50,00	63,5	72,15	83,0	94,32
25,0	28,41	44,5	50,56	64,0	72,73	83,5	94,89
25,5	28,98	**45,0**	51,13	64,5	73,29	84,0	95,45
26,0	29,55	45,5	51,70	**65,0**	73,86	84,5	96,02
26,5	30,12	46,0	52,27	65,5	74,43	**85,0**	96,59
27,0	30,68	46,5	52,84	66,0	75,00	85,5	97,16
27,5	31,25	47,0	53,41	66,5	75,57	86,0	97,73
28,0	31,82	47,5	53,97	67,0	76,13	86,5	98,29
28,5	32,39	48,0	54,54	67,5	76,70	87,0	98,86
29,0	32,96	48,5	55,11	68,0	77,27	87,5	99,43
29,5	33,53	49,0	55,68	68,5	77,84	88,0	100,00
30,0	34,09	49,5	56,25	69,0	78,40	88,5	100,57
30,5	34,66	**50,0**	56,82	69,5	78,97	89,0	101,14
31,0	35,23	50,5	57,36	**70,0**	79,54	89,5	101,70
31,5	35,80	51,0	57,95	70,5	80,11	**90,0**	102,27
32,0	36,36	51,5	58,52	71,0	80,68	90,5	102,84
32,5	36,93	52,0	59,09	71,5	81,25	91,0	103,41
33,0	37,50	52,5	59,65	72,0	81,82	91,5	103,98
33,5	38,07	53,0	60,22	72,5	82,39	92,0	104,55
34,0	38,64	53,5	60,79	73,0	82,94	92,5	105,11
34,5	39,21	54,0	61,34	73,5	83,52	93,0	105,68
35,0	39,77	54,5	61,93	74,0	84,09	93,5	106,25
35,0	40,34	**55,0**	62,49	74,5	84,66	94,0	106,82
36,0	40,91	55,5	63,06	**75,0**	85,22	94,5	107,39
36,5	41,48	56,0	63,63	75,5	85,79	**95,0**	107,95
37,0	42,04	56,5	64,09	76,0	86,36	95,5	108,52
37,5	42,61	57,0	64,78	76,5	86,93	96,0	109,09
38,0	43,18	57,5	65,34	77,0	87,50	96,5	109,66
38,5	43,75	58,0	65,90	77,5	88,07	97,0	110,23
39,0	44,32	58,5	66,47	78,0	88,64	97,5	110,79
39,5	44,89	59,0	67,04	78,5	89,21	98,0	111,36
40,0	45,45	59,5	67,61	79,0	89,77	98,5	111,93
40,5	46,02	**60,0**	68,18	79,5	90,34	99,0	112,50
41,0	46,59	60,5	68,75	**80,0**	90,90	99,5	113,07
41,5	47,16	61,0	69,31	80,5	91,47	**100,0**	113,64
42,0	47,73	61,5	69,88	81,0	92,04		
42,5	48,30	62,0	70,45	81,5	92,61		
43,0	48,86	62,5	71,02	82,0	93,18		

Nach Feststellung des Absoluttrockengewichtes eines Zellstoffs kann man aus vorstehender Tabelle das Handelsgewicht mit 12% Wasser im Hundert für feuchte Stoffe — von 24% Absoluttrockengehalt an — unmittelbar ablesen. Die Zwischenwerte erhält man leicht, wenn man berücksichtigt, daß je 0,1% absoluttrocken

0,114% lufttrocken entsprechen. Also 51,3% absoluttrocken = 57,95 + 3 · 0,114 = 58,29% lufttrocken.

Klassifikation und Aufschlußgradbestimmung von Sulfitzellstoffen.

Beziehung zwischen Cl. V. Z., Ligningehalt und Bleichbarkeit.

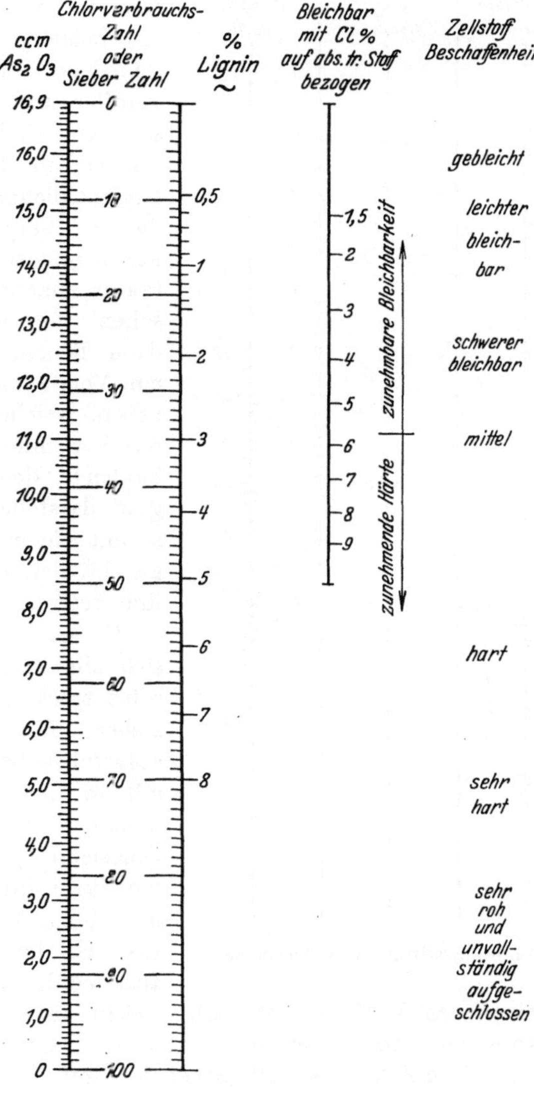

Abb. 70.

Skalen für die Aufschlußgradwerte nach Sieber.

Sieber hat für einen Vergleich der verschiedenen Aufschlußgrad-Bestimmungen Skalen für die Aufschlußgradwerte entworfen, die in nachstehender Abbildung zusammengefaßt sind.

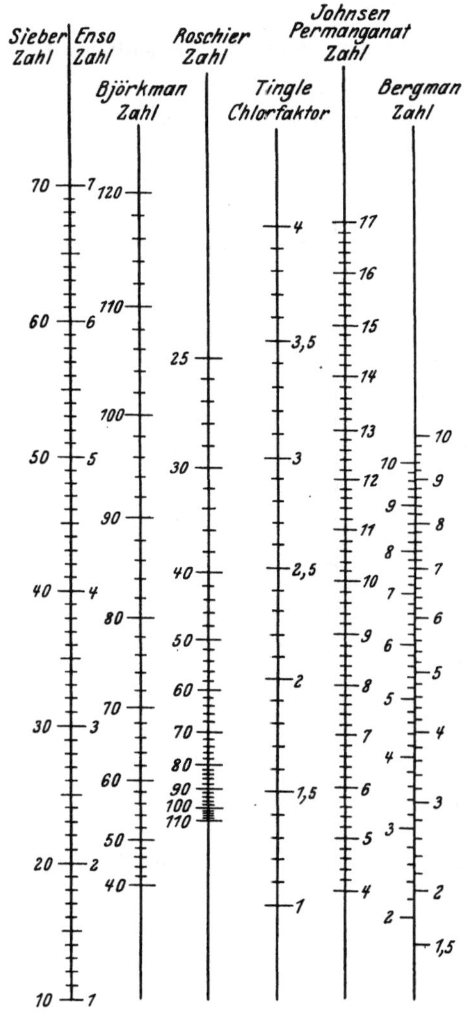

Die Abbildung ist auf Grund einer Reihe von Ergebnissen, welche verschiedene Untersucher veröffentlicht haben, zusammengestellt und gezeichnet worden. Es sei ausdrücklich erwähnt, daß diesen Vergleichsskalen nur ein orientierender Charakter zukommt. Daher sollen sie vornehmlich dazu dienen, dem Leser eine Vorstellung davon zu geben, welchen ungefähren Wert ihm unbekannte Zahlen für den Aufschlußgrad darstellen, wenn er sie mit solchen Zahlen vergleicht, deren Bedeutung ihm vertraut ist.

Abb. 71. Vergleichende Skalen für Aufschlußgradwerte.

Es sei bemerkt, daß sich alle Zahlen auf absolut trockene Stoffe beziehen. Für die zuletzt aufgeführte Bergman-Zahl gilt in diesem Fall die innere, linke Skala. Die Einzeichnung einer zweiten Skala für diese Zahl hat folgende Bewandtnis. Es kann von der Enso-Zahl, welche zumeist am lufttrockenen Stoff bestimmt wird, leicht die Bergman-Zahl des absolut trockenen Stoffes berechnet werden. Geht man gemäß diesem von der Enso-Zahl des lufttrockenen Stoffes aus, so gibt die äußere rechte Skala die Bergman-Zahl des absolut trockenen Stoffes.

Zur Aufstellung der Vergleichsskalen wurden folgende chronologisch geordnete Arbeiten benutzt:

Sieber, R.: Zur Bestimmung der Chlorverbrauchszahl von Zellstoffen. Verschiedene Abhandlungen in Zellstoff u. Papier Bd. 1. 1921: Bd. 2. 1922.

Roschier, H.: Bestimmung des Aufschlußgrades von Zellstoffen. Zellstoff u. Papier Bd. 2, S. 185. 1922.

Johnsen, B., u. J. Parsons: Über Methoden zur Bestimmung der Bleichbarkeit von Zellstoffen. Zellstoff u. Papier Bd. 2, S. 258. 1922.

Bergman, G. K.: Über das Verhältnis zwischen den Konstanten für den Grad der Aufschließung und Bleichbarkeit von Holzzellstoff. Papier-Fabr. Bd. 24, S. 742. 1926.

Björkman, C.: Eine neue Schnellmethode zur Bestimmung des Aufschlußgrades des Zellstoffes. Papier-Fabr. Bd. 25, S. 729. 1927.

Hägglund, E.: Über die Bestimmung des Aufschlußgrades von Sulfitzellstoffen. Festheft Papier-Fabr. 1928, S. 88.

Schmidt-Nielsen: Forschungsarbeiten in der Papier- und Zellstoffindustrie der Hochschule Drontheim. Papier-Fabr. Bd. 27, S. 543. 1929.

F. Zahlentafeln zu VI: Betriebskontrolle in der Bleicherei.

Gehaltsbestimmung der Kalkmilch: Vgl. Zahlentafeln zu Abschnitt I.

Gehaltsbestimmung der Kochsalzlösungen bei 15° (Gerlach).

Vol.-Gew.	NaCl %	Vol.-Gew.	NaCl %	Vol.-Gew.	NaCl %
1,00725	1	1,07335	10	1,14315	19
1,01450	2	1,08097	11	1,15107	20
1,02074	3	1,08859	12	1,15931	21
1,02899	4	1,09622	13	1,16755	22
1,03624	5	1,10384	14	1,17580	23
1,04366	6	1,11146	15	1,18404	24
1,05108	7	1,11938	16	1,19228	25
1,05851	8	1,12730	17	1,20098	26
1,06593	9	1,13523	18	1,20433	26,395

Gehaltsbestimmung der Chlorkalklösungen.

Stärke von Chlorkalklösungen. Nach Lunge und Bachofen ergänzt.

° Bé	Spez. Gewicht	g akt. Chlor pro l	° Bé	Spez. Gewicht	g akt. Chlor pro l	° Bé	Spez. Gewicht	g akt. Chlor pro l
0,3	1,002	1	2,8	1,019	11	5,0	1,036	21
0,5	1,004	2	3,0	1,021	12	5,2	1,037	22
0,8	1,005	3	3,2	1,023	13	5,4	1,039	23
1,0	1,007	4	3,4	1,024	14	5,6	1,041	24
1,3	1,009	5	3,6	1,026	15	5,9	1,042	25
1,5	1,011	6	3,9	1,028	16	6,1	1,044	26
1,8	1,013	7	4,0	1,029	17	6,3	1,046	27
2,0	1,014	8	4,3	1,031	18	6,5	1,047	28
2,3	1,016	9	4,5	1,033	19	6,7	1,049	29
2,5	1,018	10	4,8	1,035	20	7,0	1,051	30

G. Zahlentafeln zu VIII: Die chemische Betriebskontrolle in der Papierfabrikation.

Tabelle zur Bestimmung des Wassergehaltes der Stärke nach Saare.

Gefundenes Gewicht g	Wassergehalt der Stärke %	Gefundenes Gewicht g	Wassergehalt der Stärke %	Gefundenes Gewicht g	Wassergehalt der Stärke %	Gefundenes Gewicht g	Wassergehalt der Stärke %
289,40	0	285,05	11	281,10	21	277,20	31
289,00	1	284,65	12	280,75	22	276,80	32
288,60	2	284,25	13	280,35	23	276,40	33
288,20	3	283,90	14	279,95	24	276,00	34
287,80	4	283,50	15	279,55	25	275,60	35
287,40	5	283,10	16	279,15	26	275,20	36
287,05	6	282,70	17	278,75	27	274,80	37
286,65	7	282,30	18	278,35	28	274,40	38
286,25	8	281,90	19	277,95	29	274,05	39
285,85	9	281,50	20	277,60	30	273,65	40
280,45	10						

Baumé-Grade von Gelatinelösungen bei verschiedenen Temperaturen nach Sieber.

Gelatine %	° Bé 20° C	° Bé 25° C	° Bé 30° C	Gelatine %	° Bé 20° C	° Bé 25° C	° Bé 30° C
1,0	0,3	0,2	0,1	6,0	gallertig	2,2	1,7
1,5	0,5	0,4	0,2	6,5	„	2,4	1,9
2,0	0,7	0,6	0,3	7,0	„	2,6	2,1
2,5	0,9	0,8	0,45	7,5	„	2,8	2,3
3,0	1,15	1,0	0,6	8,0	fest	3,0	2,5
3,5	1,35	1,2	0,75	8,5	„	3,2	2,7
4,0	1,55	1,4	0,9	9,0	„	3,4	2,9
4,5	1,8	1,6	1,1	9,5	„	3,6	3,1
5,0	2,0	1,8	1,3	10,0	„	gallertig	3,3
5,5	2,25	2,0	1,5				

Löslichkeit der Soda bei verschiedenen Temperaturen nach Loewel.

Temperatur in C	0°	10°	15°	20°	25°	30°	38°	104°
Natriumkarbonat Na_2CO_2	6,97	12,06	16,20	21,71	28,50	37,24	51,67	45,47
Kristallsoda $Na_2CO_3 + 10\,H_2O$	21,33	40,94	63,20	92,82	149,13	273,64	1142,17	539,63

Alkalibedarf bei der Bereitung von Harzleim in Abhängigkeit vom gewünschten Freiharzgehalt.

Bei Verseifung von 100 kg Harz mit	sind im fertigen Harzleim		Bei Verseifung von 100 kg Harz mit	sind im fertigen Harzleim	
	gebundenes Harz %	freies Harz %		gebundenes Harz %	freies Harz %
6 kg Soda	40,6	59,4	11 kg Soda	74,4	25,6
7 „ „	47,4	52,6	12 „ „	81,2	18,8
8 „ „	54,0	46,0	13 „ „	87,8	12,2
9 „ „	60,8	39,2	14 „ „	94,6	5,4
10 „ „	67,6	33,4			

Dichte von Aluminiumsulfatlösungen bei 15° C. Nach E. Larsson.

Volum-Gewicht	Grade Baumé	100 Liter Lösung enthalten kg					
		Al_2O_3	SO_3	Sulfat mit 13% Al_2O_3	Sulfat mit 14% Al_2O_3	Sulfat mit 15% Al_2O_3	Sulfat mit 18% Al_2O_3
1,005	0,7	0,14	0,33	1,1	1	0,9	0,8
1,010	1,4	0,28	0,65	2,2	2	1,9	1,5
1,016	2,1	0,42	0,98	3,2	3	2,8	2,3
1,021	2,8	0,56	1,31	4,3	4	3,7	3,1
1,026	3,5	0,70	1,63	5,4	5	4,7	3,9
1,031	4,2	0,84	1,96	6,5	6	5,6	4,7
1,036	4,8	0,98	2,28	7,5	7	6,5	5,4
1,040	5,4	1,12	2,61	8,6	8	7,5	6,2
1,045	6,1	1,26	2,94	9,7	9	8,4	7,0
1,050	6,7	1,40	3,26	10,8	10	9,3	7,8
1,055	7,3	1,54	3,59	11,8	11	10,3	8,6
1,059	7,9	1,68	3 91	12 9	12	11,2	9,3
1,064	8,5	1,82	4,24	14,0	13	12,1	10,2
1,068	9,1	1,96	4,57	15,1	14	13,1	10,9
1,073	9,7	2,10	4,89	16,2	15	14,0	11,6
1,078	10,3	2,24	5,22	17,2	16	14,9	12,5
1,082	10,9	2,38	5,55	18,3	17	15,9	13,3
1,087	11,4	2,52	5,87	19,4	18	16,8	14,0
1,092	12,0	2,66	6,20	20,5	19	17,7	14,8
1,096	12,6	2,80	6,52	21,5	20	18,7	15,6
1,101	13,1	2,94	6,85	22,6	21	19,6	16,3
1,105	13,7	3,08	7,18	23,7	22	20,5	17,1
1,110	14,2	3,22	7,50	24,8	23	21,5	17,9
1,114	14,7	3,36	7,83	25,9	24	22,4	18,7
1,119	15,3	3,50	8,16	26,9	25	23,3	19,8
1,123	15,8	3,64	8,48	28,0	26	24,3	20,2
1,128	16,3	3,78	8,81	29,1	27	25,2	21,0
1,132	16,8	3,92	9,13	30,2	28	26,1	21,8
1,137	17,4	4,06	9,46	31,2	29	27,1	22,6
1,141	17,9	4,20	9,79	32,3	30	28,0	23,3
1,145	18,3	4,34	10,11	33,4	31	28,9	24,0
1,150	18,8	4,48	10,44	34,5	32	29,9	24,8
1,154	19,2	4,62	10,76	35,5	33	30,8	25,6
1,159	19,7	4,76	11,09	36,6	34	31,7	26,5
1,163	20,1	4,90	11,42	37,7	35	32,7	27,2
1,168	20,6	5,04	11,74	38,8	36	33,6	28,0
1,172	21,1	5,18	12,07	39,9	37	34,5	28,8
1,176	21,6	5,32	12,40	40,9	38	35,5	29,6
1,181	22,1	5,46	12,72	42,0	39	36,4	30,4
1,185	22,5	5,60	13,05	43,1	40	37,3	31,2
1,190	23,0	5,74	13,38	44,2	41	38,3	31,9
1,194	23,4	5,88	13,70	45,2	42	39,2	32,7
1,198	23,8	6,02	14,03	46,3	43	40,1	33,5
1,203	24,3	6,16	14,35	47,4	44	41,1	34,2
1,207	24,7	6,30	14,68	48,5	45	42,0	35,0
1,211	25,2	6,44	15,01	49,5	46	42,9	35,7
1,215	25,5	6,58	15,33	50,6	47	43,9	36,5

Dichte von Aluminiumsulfatlösungen bei 15° C. Nach E. Larsson. (Fortsetzung.)

Volum-Gewicht	Grade Baumé	100 Liter Lösung enthalten kg					
		Al_2O_3	SO_3	Sulfat mit 13% Al_2O_3	Sulfat mit 14% Al_2O_3	Sulfat mit 15% Al_2O_3	Sulfat mit 18% Al_2O_3
1,220	25,9	6,72	15,66	51,7	48	44,8	37,4
1,224	26,3	6,86	15,99	52,8	49	45,7	38,2
1,228	26,7	7,00	16,31	53,9	50	46,7	38,9
1,232	27,1	7,14	16,04	54,9	51	47,6	39,6
1,236	27,5	7,28	16,96	56,0	52	48,5	40,4
1,240	27,9	7,42	17,29	57,1	53	49,5	41,2
1,244	28,3	7,56	17,62	58,2	54	50,4	42,0
1,248	28,6	7,70	17,94	59,2	55	51,3	42,8
1,252	29,0	7,84	18,27	60,3	56	52,3	43,6
1,256	29,4	7,98	18,59	61,4	57	53,2	44,4
1,261	29,8	8,12	18,92	62,5	58	54,1	45,1
1,265	30,2	8,26	19,25	63,5	59	55,1	45,9
1,269	30,5	8,40	19,57	64,6	60	56,0	46,6
1,273	30,9	8,54	19,90	65,7	61	56,9	47,5
1,277	31,2	8,68	20,23	66,8	62	57,9	48,2
1,281	31,6	8,82	20,25	67,9	63	58,8	49,0
1,285	31,9	8,96	20,88	68,9	64	59,7	49,8
1,289	32,3	9,10	21,20	70,0	65	60,7	50,6
1,293	32,6	9,24	21,53	71,1	66	61,6	51,3
1,297	33,0	9,38	21,86	72,2	67	62,5	52,0
1,301	33,3	9,52	22,18	73,2	68	63,5	52,8
1,305	33,7	9,66	22,51	74,3	69	64,4	53,6
1,309	34,0	9,80	22,84	75,4	70	65,3	54,3
1,312	34,4	9,94	23,16	76,5	71	66,3	55,2
1,316	34,7	10,08	23,49	77,5	72	67,2	56,0
1,320	35,0	10,22	23,81	78,6	73	68,1	56,9
1,324	35,3	10,36	24,14	79,7	74	69,1	57,6
1,328	35,6	10,50	24,47	80,8	75	70,0	58,3
1,331	35,9	10,64	24,79	81,8	76	70,9	59,2
1,335	36,2	10,78	25,12	82,9	77	71,9	59,9
1,339	36,5	10,92	25,45	84,0	78	72,8	60,8

Spez. Gewichte reiner wässeriger Formaldehydlösungen bei 18°, bezogen auf Wasser von 4°, nach Auerbach.

g CH_2O in 100 ccm Lösung	g CH_2O in 100 g Lösung	Spez. Gewicht
2,24	2,23	1,0054
4,66	4,60	1,0126
11,08	10,74	1,0311
14,15	13,59	1,0410
19,89	18,82	1,0568
25,44	23,73	1,0719
30,17	27,80	1,0853
37,72	34,11	1,1057
41,87	37,53	1,1158

Englische und amerikanische Maße und Gewichte.

Englische Gewichte.

ton (long ton)	hundredweight	quarter	pound	ounze
ton	cwt.	qr.	lbs.	oz.
1 =	20 =	80 =	2240 =	35840
	1 =	4 =	112 =	1792
		1 =	28 =	448
			1 =	16

1 ton (long) = 1016,00 kg
1 cwt = 50,8 „
1 qr = 12,7 „
1 lbr = 453,59 g
1 oz = 28,35 g

Amerikanische Gewichte.

ton (short ton)	cental	quarter	pound	ounze
ton	cwt	qr	lbs	oz
1 =	20 =	80 =	2000 =	32000
	1 =	4 =	100 =	1600
		1 =	25 =	400
			1 =	16

1 ton (short) = 907,2 kg
1 cwt = 45,36 „
1 qr = 11,35 „
1 lbr = 453,59 g
1 oz = 28,35 g

Gemeinsame Gewichte und Maße.

1 gallon (gall) = 10 lbr = 4,54 l
1 cubic foot (cubic ft) = 28,38 l
1 cord of wood = 128 cubic feet = 3,625 m^3
1 pound per square inch = 0,0703 kg/cm^2
1 kg/cm^2 = 14,223 lb per square inch
1 mm Quecksilbersäule = 0,0193 lb per square inch

Thermometergrade.

$$x^\circ C = \frac{9}{5} \cdot x + 32\ F,$$

$$+ x^\circ F = \frac{(x - 32) \cdot 5}{9} C,$$

$$- x^\circ F = - \frac{(32 + x) \cdot 5}{9} C.$$

Namenverzeichnis.

Sachverzeichnis.

Papierprüfung. Eine Anleitung zum Untersuchen von Papier. Von Professor **W. Herzberg.** Siebente, verbesserte Auflage von Professor Dr. Korn und Dr. Schulze. Mit etwa 160 Textabbildungen und 31 Tafeln, davon eine farbig. Etwa 320 Seiten. In Vorbereitung.

Normung, Typung, Spezialisierung in der Papiermaschinen-Industrie. Von Dr.-Ing **Heinrich Biagosch.** 158 Seiten. 1924. Gebunden RM 15.—

Die Wärmewirtschaft in der Zellstoff- und Papierindustrie. Von Dr.-Ing **J. Frhr. v. Lassberg.** Zweite, völlig neubearbeitete Auflage. Mit 68 Textabbildungen. VI, 282 Seiten. 1926. Gebunden RM 24.—

Die Zellulose. Die Zelluloseverbindungen und ihre technische Anwendung. Plastische Massen. Von **L. Clément** und Ing.-Chem. **C. Rivière.** Deutsche Bearbeitung von Dr. Kurt Bratring. Mit 65 Textabbildungen. XVI, 275 Seiten. 1923. Gebunden RM 13.50

Über die Herstellung und physikalischen Eigenschaften der Celluloseacetate. Von Dr. **Victor E. Yarsley.** Mit 4 Textabbildungen. IV, 47 Seiten. 1927. RM 3.—

Celluloseesterlacke. Die Rohstoffe, ihre Eigenschaften und lacktechnischen Aufgaben; Prinzipien des Lackaufbaues und Beispiele für die Zusammensetzung; technische Hilfsmittel der Fabrikation. Von Dr. **Calisto Bianchi.** Deutsche, völlig neubearbeitete Ausgabe von Dr. phil. Adolf Weihe. Mit 71 Textabbildungen. XII, 329 Seiten. 1931. Gebunden RM 22.50

Die Chemie des Lignins. Von Dr. phil. **Walter Fuchs.** XII, 328 Seiten. 1926. RM 18.—

Die Chemie der Kohle. Von Dr. phil. **Walter Fuchs.** Mit 5 Textabbildungen. VIII, 510 Seiten. 1931. Gebunden RM 45.—

Brennstoff und Verbrennung. Von Prof. Dr. **D. Aufhäuser,** Inhaber der Thermochemischen Versuchsanstalt zu Hamburg.

I. Teil: Brennstoff. Mit 16 Abbildungen im Text und zahlreichen Tabellen. V, 116 Seiten. 1926. RM 4.20

II. Teil: Verbrennung. Mit 13 Abbildungen im Text. IV, 107 Seiten. 1928. RM 4.20

Teil I und II in einem Band gebunden RM 10.—

Waeser-Dierbach, Der Betriebs-Chemiker. Ein Hilfsbuch für die Praxis des chemischen Fabrikbetriebes. Von Dr.-Ing. **Bruno Waeser,** Chemiker. Vierte, ergänzte Auflage. Mit 119 Textabbildungen und zahlreichen Tabellen. XI, 340 Seiten. 1929. Gebunden RM 19.50

VERLAG VON JULIUS SPRINGER / BERLIN

Berl-Lunge

Chemisch-technische Untersuchungsmethoden

Herausgegeben von

Ing.-Chem. Dr. phil. **Ernst Berl**

Professor der Technischen Chemie und Elektrochemie
an der Technischen Hochschule zu Darmstadt

Erster Band:

Achte, vollständig umgearbeitete und vermehrte Auflage
Mit 583 in den Text gedruckten Abbildungen und 2 Tafeln. L, 1260 Seiten. 1931
Gebunden RM 98.—

Die weiteren Bände der achten Auflage befinden sich in Vorbereitung

Von der siebenten Auflage sind lieferbar:

Zweiter Band: Mit 313 in den Text gedruckten Figuren und 19 Tafeln. XLIV, 1412 Seiten. 1922. Gebunden RM 48.—

Dritter Band: Mit 235 in den Text gedruckten Figuren und 23 Tafeln. XXXI, 1362 Seiten. 1923. Gebunden RM 44.—

Vierter Band: Mit 125 in den Text gedruckten Figuren und 56 Tafeln. XXV, 1139 Seiten. 1924. Gebunden RM 40.—

Das Werk gibt eine vollständige Übersicht der in den Industriewerken und Untersuchungslaboratorien angewendeten Untersuchungsmethoden für die wichtigsten, Industrie und Handel interessierenden Stoffe. Es enthält ferner eine eingehende Darstellung der allgemeinen Laboratoriumsmethodik

---

Berl-Lunge

Taschenbuch für die anorganisch-chemische Großindustrie

Herausgegeben von

Ing.-Chem. Dr. phil. **Ernst Berl**

Professor der Technischen Chemie und Elektrochemie
an der Technischen Hochschule zu Darmstadt

Siebente, umgearbeitete Auflage. 1930

Erster Teil:

Text. Mit 19 Textabbildungen. XIX, 402 Seiten. Gebunden

Zweiter Teil:

Nomogramme. Mit einem Lineal. 4 Seiten Text und 31 Tafeln. In Mappe
Text und Nomogramme zusammen RM 37.50

Das bekannte „Taschenbuch" gehört seit Jahren zu den unentbehrlichen Hilfsmitteln, deren sich Hersteller und Verbraucher anorganischer Erzeugnisse zu bedienen pflegen. Es enthält die für die Durchführung der sogenannten anorganischen Schlüsselindustrien notwendigen analytisch-chemischen Grundlagen.